# MÓZG

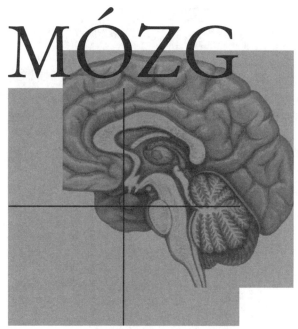

# a zachowanie

# MÓZG

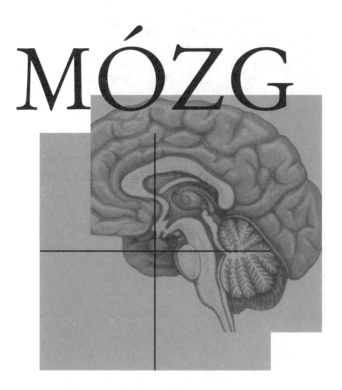

# a zachowanie

Redakcja naukowa
**Teresa Górska**
**Anna Grabowska**
**Jolanta Zagrodzka**

Wydanie trzecie zmienione

WYDAWNICTWO NAUKOWE PWN
WARSZAWA 2005

Autorzy

Maria Brzyska, Kalina Burnat, Julita Czarkowska-Bauch, Danek Elbaum, Marcin Gierdalski, Teresa Górska, Anna Grabowska, Wojciech Jegliński, Leszek Kaczmarek, Małgorzata Kossut, Danuta M. Kowalska, Paweł Kuśmierek, Henryk Majczyński, Grażyna Niewiadomska, Jolanta Skangiel-Kramska, Małgorzata Skup, Elżbieta Szeląg, Krzysztof Turlejski, Tomasz Werka, Andrzej Wróbel, Jolanta Zagrodzka, Kazimierz Zieliński, Bogusław Żernicki

Autorzy są pracownikami naukowymi Instytutu Biologii Doświadczalnej im. M. Nenckiego PAN (E. Szeląg i A. Wróbel są także wykładowcami w Szkole Wyższej Psychologii Społecznej)

Projekt okładki i stron tytułowych Edwin Radzikowski

Redaktorzy Krystyna Mostowik, Elżbieta Betlejewska

Redaktor techniczny Jolanta Cibor

Podręcznik akademicki dotowany przez Ministerstwo Edukacji Narodowej i Sportu

ISBN 83-01-14447-5

Wydawnictwo Naukowe PWN SA
00-251 Warszawa, ul. Miodowa 10
tel. (0 22) 69 54 321
fax (0 22) 69 54 031
e-mail: pwn@pwn.com.pl
www.pwn.pl

Wydawnictwo Naukowe PWN SA
Wydanie 3 zmienione
Arkuszy drukarskich 41,75
Skład i łamanie: Grafini, Brwinów
Druk ukończono w sierpniu 2005 r.
Druk i oprawa: Pabianickie Zakłady Graficzne SA
95-200 Pabianice, ul. Piotra Skargi 40/42

# Przedmowa do wydania trzeciego

Pytanie o to, jak działa mózg, zawsze pasjonowało ludzi i to nie tylko tych, którzy profesjonalnie zajmują się szeroko rozumianymi zagadnieniami neurobiologii. Szczególnie intrygujące wydaje się zagadnienie relacji między zachowaniem a procesami zachodzącymi w mózgu. W ostatnich latach osiągnięto ogromny postęp w tej dziedzinie, głównie dzięki nowoczesnym metodom badawczym ukazującym w nowym świetle złożone mechanizmy pracy mózgu. Niniejszy podręcznik stanowi próbę przedstawienia współczesnego stanu wiedzy na temat biologicznego podłoża różnorodnych form zachowania oraz psychicznych doznań zwierząt i człowieka w normie i patologii. Omówiono w nim, między innymi, podstawowe właściwości neuronów i sieci neuronowych, funkcje komórek glejowych, interakcje układów nerwowego i odpornościowego, rozwój i starzenie się układu nerwowego, a także neurobiologiczne mechanizmy zachowań ruchowych, emocji, bólu i stresu, percepcji, pamięci, uczenia się i mowy.

Obecne, trzecie już wydanie zostało uaktualnione na podstawie najnowszych osiągnięć naukowych oraz znacznie poszerzone. Dodano trzy nowe rozdziały: na temat różnic płciowych, procesów starzenia się i neuroplastyczności, a wszystkie pozostałe uległy zmianom i uzupełnieniom odpowiednio do postępu wiedzy w danej dziedzinie. Z powodu śmierci naszych kolegów: prof. Bogusława Żernickiego, doc. Danuty Kowalskiej i prof. Kazimierza Zielińskiego, rozdziały przez nich napisane zostały uzupełnione przez ich uczniów. Starali się oni zachować zasadnicze myśli swych nauczycieli, dodając treści niezbędne do odzwierciedlenia dzisiejszego stanu wiedzy.

Autorzy podręcznika postawili sobie ambitny cel przedstawienia procesów i zjawisk zachodzących na wszystkich poziomach tej skomplikowanej struktury, jaką jest mózg, poczynając od poziomu molekularnego, poprzez synapsę, neuron, struktury mózgowe wyspecjalizowane w różnych funkcjach, a kończąc na półkulach mózgowych i mózgu jako całości. Takie podejście narzuca oczywiście interdyscyplinarny charakter książki, jej autorzy muszą bowiem nawiązywać zarówno do zagadnień biologii molekularnej, biochemii, anatomii, fizjologii, jak i psychologii.

Autorami są obecni lub byli pracownicy naukowi Instytutu Biologii Doświadczalnej im. M. Nenckiego PAN, specjaliści w dziedzinie, o której piszą. Jako aktywnie pracujący naukowcy, dzielą się z Czytelnikami niejako „na gorąco" swoimi fascynacjami, odkryciami i przemyśleniami, przedstawiają nie tylko ugruntowaną już wiedzę, ale także hipotezy, inspirujące pytania i kierunki poszukiwań badawczych. Opisali także w skrócie metody, jakimi posługują się różne kierunki neurobiologii, umożliwiając tym samym zajrzenie do naukowego tygla i podpatrzenie, w jaki sposób dochodzi się do poznania faktów przedstawianych w książce.

Omówione zagadnienia stanowią przykłady tematów przybliżających nas do zrozumienia, jak działa mózg, jaka maszyneria leży u podstaw naszego zachowania i co się w niej psuje lub może zepsuć pod wpływem chorób, urazów, wieku i innych czynników wpływających na naszą osobowość.

W układzie tekstu kierowano się zasadą przedstawiania funkcji układu nerwowego od elementarnych do coraz bardziej złożonych. Stąd też jako pierwsze omówiono podstawowe mechanizmy aktywności neuronów (rozdziały 1 – 3), funkcję gleju i związek odpowiedzi immunologicznej z układem nerwowym (rozdziały 4 – 5) oraz rozwój układu nerwowego w perspektywie onto- i filogenetycznej (rozdziały 6 i 7). Dalsze części dotyczą neurofizjologicznych podstaw percepcji oraz konsekwencji braku dopływu bodźców sensorycznych, omówione głównie na przykładzie układu wzrokowego (rozdziały 8 – 9), mechanizmów leżących u podstaw zachowań ruchowych oraz interakcji układu czuciowego i ruchowego, a także mechanizmów bólu i stresu (rozdziały 10 – 13). Kolejno omówiono wybrane zagadnienia dotyczące procesów pamięci i uczenia się (rozdziały 14 – 16) oraz mechanizmy zachowania emocjonalnego i ich zaburzenia, w tym szczególnie depresję i uzależnienia lekowe (rozdziały 17 – 18). Dalsze trzy rozdziały (19 – 21) przedstawiają neuronalne mechanizmy zjawisk typowych dla człowieka, jak mowa i asymetria półkulowa, a także neuroanatomiczne podłoże zróżnicowania funkcji psychicznych w zależności od płci. Kolejne dwa rozdziały (22 i 23) omawiają zmiany w anatomii i funkcjonowaniu układu nerwowego występujące w wyniku procesu fizjologicznego starzenia się oraz chorób neurodegeneracyjnych, w tym szczególnie choroby Alzheimera. Rozdział 24 przedstawia zagadnienie plastyczności, wskazując, że układ nerwowy stanowi dynamiczny system, który przez całe życie zachowuje zdolność reorganizacji odpowiednio do zmian otoczenia oraz powstałych uszkodzeń. Wreszcie ostatni rozdział (25) stanowi próbę wyjaśnienia funkcji integracyjnej mózgu na podstawie korelacji aktywności komórek sieci neuronowej.

Użytecznym uzupełnieniem jest słowniczek, zawierający definicje podstawowych pojęć z zakresu neurobiologii, podobnie jak cała książka uaktualniony i poszerzony w obecnym wydaniu. Redaktorzy starali się w miarę możliwości ujednolicić zróżnicowaną w polskim piśmiennictwie terminologię neurobiologiczną i biochemiczną. Szczególny przykład trudności z tym związanych stanowią przymiotniki utworzone od nazw takich jak np. dopamina, które mogą występować w trzech zamiennie używanych formach: dopaminoergiczny, dopaminergiczny i dopaminowy. W niniejszym opracowaniu przyjęto drugą z wymienionych form jako, naszym zdaniem, najczęściej spotykaną w polskiej literaturze specjalistycznej. Podobne trudności budziło przyjęcie jednej formy takich określeń jak pobudzający/pobudzeniowy, hamujący/hamulcowy, neuronalny/neuronowy czy wreszcie używanie terminów bliskoznacznych, takich jak sensoryczny, czuciowy czy zmysłowy. Staraliśmy się ujednolicić zasady stosowania tych terminów, lecz zdajemy sobie sprawę, że nie wszystkie proponowane rozwiązania muszą być powszechnie akceptowane. W przypadku nazw anatomicznych lub mniej znanych terminów podano w nawiasach odpowiedniki angielskie, wyjątkowo łacińskie.

Sądzimy, że obecne wydanie podręcznika, podobnie jak poprzednie, będzie stanowiło źródło pogłębionej wiedzy dla studentów: psychologii, biologii, medycyny, bioinformatyki, pedagogiki ogólnej i specjalnej oraz wykładowców i pracowników naukowych tych dziedzin. Mamy też nadzieję, że wielu zainteresowanym Czytelnikom przybliży fascynujący świat badań nad mózgiem.

*Redaktorzy*

*Neurogeneza w dorosłym mózgu.
Czy uda się przywrócić utracone funkcje po urazie — rola kom.
macierzystych.*

# Spis treści

# ROZDZIAŁ 1

# Biologia molekularna przetwarzania informacji przez komórki nerwowe

Leszek Kaczmarek

Wprowadzenie ■ Zewnątrzkomórkowe substancje sygnałowe ■ Komórkowe receptory błonowe ■ Wtórne przekaźniki ■ Regulacyjny charakter transdukcji sygnałów ■ Regulacja ekspresji genów na poziomie transkrypcji ■ Potranskrypcyjna regulacja ekspresji genów ■ Rozdział makrocząsteczek do odpowiednich organelli komórkowych i obszarów cytoplazmy ■ Wydzielanie substancji sygnałowych. Wsteczne przekaźniki ■ Oddziaływanie neuronów z macierzą zewnątrzkomórkową ■ Uwagi końcowe ■ Podsumowanie

## 1.1. Wprowadzenie

Wśród podstawowych cech komórek nerwowych (neuronów) wyróżnia się zwykle ich pobudliwość i zdolność do przenoszenia informacji w postaci potencjału czynnościowego. Jego powstanie, generowane zwykle w obszarze początkowym aksonu, jest wynikiem zebrania pobudzających (depolaryzujących) i hamujących (hiperpolaryzujących) wpływów pochodzących z aktywacji synaps ulokowanych zarówno na dendrytach, jak i na ciele komórki nerwowej (por. rozdz. 3). Zdolność do przejawiania czynności bioelektrycznej przez neuron stanowi podstawę udziału komórki nerwowej w sieci neuronowej, a przez to w złożonych czynnościach układu nerwowego (por. rozdz. 3).

Choć komórki nerwowe mogą mieć bardzo różne kształty oraz rozmiary i mogą też być przystosowane do wypełniania bardzo różnorodnych czynności, to jednak, w gruncie rzeczy, są one zbudowane tak samo i przygotowane do wykonywania podobnych podstawowych funkcji życiowych jak niemal wszystkie pozostałe komórki organizmu. O ile przez wiele lat podkreślano swoistość neuronów, wynikającą z ich pobudliwości i zdolności do przewodzenia impulsów nerwowych, o tyle ostatnio szczególnie dużo uwagi poświęca się tym właściwościom komórek nerwowych, które wynikają z tego, że ich działanie i budowa są bardzo bliskie komórkom innych tkanek. Stwierdzenie to nabiera szczególnej mocy w kontekście analizy udziału neuronów w integracji informacji, stanowiącej istotę procesów plastycznych, w tym uczenia się i pamięci.

Rozumienie tych zjawisk wynika z postępu wiedzy w dziedzinie, która wyłoniła się w końcu lat osiemdziesiątych jako biologia molekularna komórki (ang. molecular cell biology) i jest zapewne największą syntezą poznawczą w naukach biologiczno- -medycznych w końcu XX wieku. Na wydrębnienie się tej dyscypliny znaczący wpływ miało zrozumienie wspólnego podłoża niesłychanego bogactwa danych doświadczalnych, hipotez i teorii z zakresu różnych dziedzin, często dotąd trak- towanych odrębnie: biologii molekularnej, immunologii, neurobiologii, embriologii i różnych aspektów biologii komórki, np. ruchu, adhezji, wzrostu, różnicowania, rozmnażania itd. Okazuje się bowiem, że podstawowa właściwość komórek eukario- tycznych — zdolność do przetwarzania informacji — jest realizowana w bardzo podobny sposób w każdej komórce, czy to drożdży, czy mózgu człowieka.

Mózg działa jako złożona sieć komórek nerwowych i zapewne tylko na poziomie tej sieci, czy nawet całego narządu, może nastąpić zrozumienie podstaw jego działania (por. rozdz. 25). Jednakże można też oczekiwać, że poznanie czynności mózgu jest uwarunkowane wiedzą o mechanizmach jego funkcjonowania również na poziomie pojedynczego neuronu. W niniejszym rozdziale omówiono molekularne mechanizmy funkcjonowania komórki nerwowej, podkreślając te aspekty jej działania, które nie są realizowane na poziomie tradycyjnie rozumianej sieci. Skupiono się przede wszystkim na zdolności neuronów nie tyle do przewodzenia informacji — co jest dobrze opisane w licznych podręcznikach — ile do jej przetwarzania, a zwłaszcza integracji przez pojedynczą komórkę. Badania na ten temat nie są jeszcze na tyle zaawansowane, aby można było ocenić, jak istotne są te mechanizmy w działaniu układu nerwowego. Czas zapewne zweryfikuje znaczenie regulacyjne i informacyjne różnych mechanizmów molekularnych zaprezentowanych niżej. Na koniec trzeba dodać, że mechanizmy te, z konieczności, przedstawiono w sposób bardzo skrótowy i schematyczny. Istnieje jednak obfite anglojęzyczne piśmiennictwo przeglądowe na ten temat, którego wybór przedstawiono na końcu rozdziału.

# 1.2. Zewnątrzkomórkowe substancje sygnałowe

Uporządkowane działanie licznych komórek w złożonym organizmie wielokomórkowym jest koordynowane przez zewnątrzkomórkowe substancje sygnałowe. Mogą one być wytwarzane autokrynnie, tj. przez te same komórki, na które oddziałują, parakrynnie, tzn. produkowane przez jedne komórki, wpływając na sąsiednie, i endokrynnie, czyli wytwarzane przez swoiste narządy wydzielania wewnętrznego, działając nawet na duże odległości, dzięki przenoszeniu przez krew i płyny śródtkankowe. Wszystkie te sposoby integracji funkcjonowania odnoszą się także do komórek nerwowych, choć terminologia bywa czasem inna.

Głównymi cząsteczkami sygnałowymi dostępnymi neuronom są zapewne neuro- przekaźniki (klasyczne i neuropeptydowe) (por. rozdz. 2). W dużym skrócie można powiedzieć, że mają one dwojakie działanie. Znane od lat — nie będące przedmiotem niniejszego rozdziału — tzn. pobudzające lub hamujące (depolaryzujące lub hiperpolaryzujące) oraz neuromodulacyjne. Neuromodulacja jest tu rozumiana jako wpływ sygnału na zdolność neuronu do modyfikacji odpowiedzi na ten sam lub inne sygnały w dłuższym czasie.

Inne ważne dla neuronów substancje sygnałowe to neurotrofiny (neuronowe czynniki wzrostowe), cytokiny, makrocząsteczki tworzące macierz zewnątrzkomórkową i wreszcie hormony steroidowe oraz eikozanoidy (prostaglandyny, prostacykliny, tromboksany i leukotrieny). Tylko cząsteczki tych dwóch ostatnich klas związków chemicznych (czyli steroidy i eikozanoidy) są zdolne do wnikania do wnętrza komórek. Pozostałe są w stanie oddziaływać na komórki nie przedostając się do wewnątrz neuronów. Łączą się one bowiem z receptorami błonowymi.

## 1.3. Komórkowe receptory błonowe

Komórki nerwowe, tak jak wszystkie inne, są otoczone błoną komórkową, zbudowaną z podwójnej warstwy lipidowej, z zanurzonymi w niej bądź przylegającymi białkami, zwłaszcza zaś glikoproteinami (ryc. 1.1). Niektóre z tych białek wystają na zewnątrz komórki, wykazując zdolność do bardzo swoistego i selektywnego łączenia się z określonymi cząsteczkami sygnałowymi. Białka takie nazywa się błonowymi receptorami komórkowymi. Połączenie liganda (substancji sygnałowej, inaczej przekaźnika pierwotnego, zwanego też przekaźnikiem pierwszego rzędu) z receptorem wywołuje zmianę konformacji (struktury przestrzennej) białka receptorowego, co prowadzi do przeniesienia informacji do wnętrza komórki.

Jeden rodzaj receptorów nazywany jest jonotropowymi, ponieważ ich pobudzenie prowadzi do otwarcia kanału jonowego wchodzącego w skład makrocząsteczki

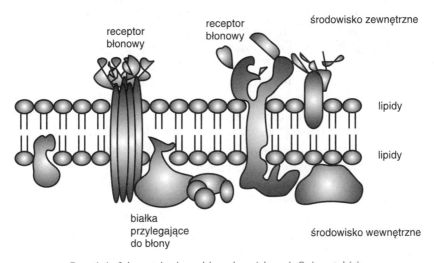

**Ryc. 1.1.** Schemat budowy błony komórkowej. Opis w tekście

11

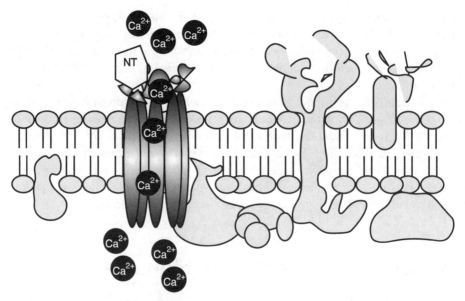

**Ryc. 1.2.** Pobudzenie receptora jonotropowego przepuszczalnego dla wapnia. NT — neuroprzekaźnik. Przyłączenie NT do miejsca wiążącego w receptorze powoduje taką zmianę konformacji tego ostatniego, która umożliwia przepływ określonych jonów (np. $Ca^{2+}$) przez receptor błonowy

receptora (często zbudowanej z pięciu podjednostek białkowych), czego wynikiem jest przepływ jonów między zewnętrznym a wewnętrznym środowiskiem komórki (ryc. 1.2). W stanie spoczynkowym te dwa środowiska są izolowane przez błonę komórkową, która ma charakter hydrofobowy (lipofilny) dzięki zawartości lipidów. Jony są hydrofilowe (lipofobowe) i nie rozpuszczając się w lipidach, nie przenikają bezpośrednio przez błonę komórkową.

Receptory jonotropowe mogą wykazywać swoistość w zakresie przepuszczanych jonów, ograniczoną do anionów (np. $Cl^-$: receptor $GABA_A$), kationów jednowartościowych (takich jak $Na^+$, $K^+$: receptor AMPA dla glutaminianu, receptor nikotynowy dla acetylocholiny), czy też dopuszczając również do przepływu kationów dwuwartościowych (np. $Ca^{2+}$: receptor NMDA dla glutaminianu). Receptory jonotropowe przepuszczalne dla jonów jednowartościowych są charakterystyczne dla klasycznych neuroprzekaźników i niewątpliwie mają decydujący udział w generowaniu potencjału czynnościowego. W tym ostatnim procesie olbrzymią rolę odgrywają też różne kanały jonowe, czyli składniki błony komórkowej zdolne do przepuszczania — zwykle bardzo selektywnego — określonych jonów, zgodnie z różnicą stężenia po obu stronach błony komórkowej. Równowaga jonowa między środowiskiem wewnętrznym a zewnętrznym komórki jest następnie regulowana za pomocą układu pomp jonowych, które mogą przenosić jony wbrew gradientowi stężenia.

Oprócz aktywnego transportu jonów przez błonę komórkową dokonuje się również wysoce swoisty transport innych substancji (np. neuroprzekaźników, glukozy, mleczanu i in.). Znaczenie tego procesu dla integracji informacji przez neurony jest słabo poznane, ale wydaje się oczywiste. Trudno bowiem sobie wyobrazić sprawnie

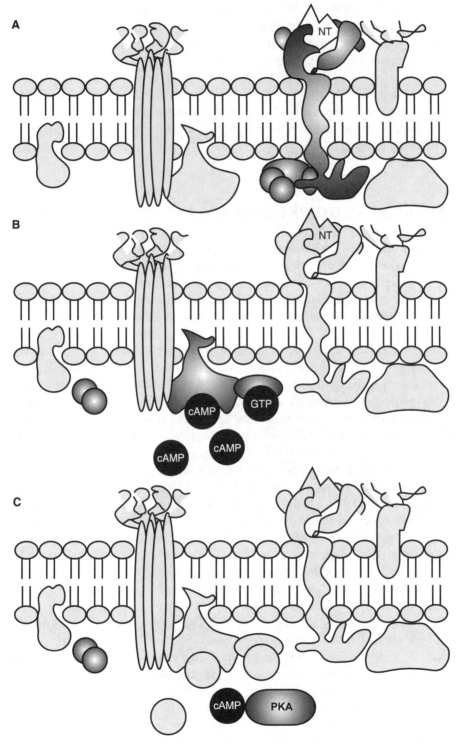

**Ryc. 1.3.** Schematyczny obraz pobudzenia receptora metabotropowego i aktywacji białka G (**A**), powstawania przekaźnika wtórnego (cAMP) (**B**) oraz pobudzenia docelowej kinazy (kinazy białkowej A, w skrócie PKA) (**C**); p. objaśnienia w tekście

działający neuron, który miałby ograniczony — w wyniku modulacji procesów transportowych — dostęp do np. substancji energetycznych.

Kolejną klasę receptorów dla neuroprzekaźnikow tworzą receptory metabotropowe. Zbudowane są one zwykle z pojedynczej cząsteczki białka, w której występuje siedem obszarów transmembranowych. Receptory te mają zdolność do wpływania na metabolizm komórki. Wynika to z faktu, że ich aktywacja prowadzi do pobudzenia lub hamowania określonych układów wtórnego przekaźnictwa (ryc. 1.3). Do wtórnych (inaczej drugiego rzędu) przekaźników należą np. cAMP, cGMP, trisfosforan inozytolu ($IP_3$), diacyloglicerole (DAG).

# 1.4. Wtórne przekaźniki

Wtórne przekaźniki (z wyjątkiem jonów wapnia) powstają (czy też znikają) dzięki uaktywnieniu swoistych enzymów zdolnych do ich syntezy lub rozkładu. Na przykład cAMP powstaje w wyniku działania cyklazy adenylanowej. Poznano wiele różnych receptorów neuroprzekaźników, które wpływają na ten enzym. Na przykład aktywacja receptora muskarynowego M2 hamuje cyklazę, a stymulacja receptora β-adrenergicznego pobudza ten enzym.

Informacja o pobudzeniu receptora metabotropowego wyraża się poprzez wpływ zmienionej konformacji tej makrocząsteczki na tzw. białka G. Są to trimery białkowe (makrocząsteczki zbudowane z trzech składników białkowych), w skład których wchodzą podjednostki określane jako α, β, γ. Całe białko jest związane z GDP. W wyniku pobudzenia receptora podjednostka α białka G przyłącza się do wewnątrzkomórkowej części (domeny) receptora (ryc. 1.3). Towarzyszy temu wymiana GDP na GTP (od udziału nukleotydów guanylowych w tym procesie pochodzi nazwa białek G). W tym samym czasie białko dysocjuje na dwa składniki: podjednostkę α związaną z GTP i połączone ze sobą podjednostki β i γ. Każdy z tych elementów może oddziaływać z określonymi białkami docelowymi, zwanymi efektorami. Na przykład efektorem dla α-GTP może być cyklaza adenylanowa, która w wyniku tej interakcji jest aktywowana, wytwarzając w rezultacie cAMP. W ostatnich latach duże zainteresowanie budzą procesy lipidacji (przyłączenia reszty kwasu tłuszczowego), np. myrystylacji, palmitylacji, prenylacji białek, czego przykładem mogą być właśnie podjednostki białek G, które w ten właśnie sposób mogą wiązać się z błoną, co wpływa na ich aktywność.

Następnie cAMP działa na swoistą kinazę białkową, zwaną kinazą A, która w wyniku aktywacji jest zdolna do fosforylacji wybranych substratów białkowych. Są wśród nich np. cząsteczki kanałów jonowych, co może modulować zdolność tych ostatnich do przewodzenia potencjału czynnościowego. Fosforylacja białek stanowi najbardziej uniwersalną modyfikację potranslacyjną, umożliwiającą czasowe modyfikowanie czynności białka. Dołączenie bowiem grupy fosforanowej wywiera bardzo znaczący wpływ na konformację i właściwości białek.

W podobny sposób, czyli na zasadzie kaskady: pobudzenie receptora – aktywacja białka G – stymulacja wytwarzania wtórnego przekaźnika – pobudzenie wybranej kinazy – fosforylacja białek docelowych – modyfikacja czynności komórki, działają różne układy przekaźnictwa informacji. Istnieją receptory sprzężone funkcjonalnie z białkami G hamującymi cyklazę adenylanową, receptory oddziałujące z białkami G pobudzającymi enzymy odpowiedzialne za wytwarzanie diglicerydów (aktywujących kinazę białkową C) i pochodnych fosfoinozytolowych, odpowiedzialnych za uwalnianie $Ca^{2+}$ z magazynów wewnątrzkomórkowych.

Schemat ten może być zresztą realizowany w wariantach uproszczonych. Na przykład neuronowe czynniki wzrostowe posługują się receptorami, które same — w wyniku pobudzenia — wykazują właściwość fosforylacji wybranych białek. Osobliwością tego układu jest to, że kinazy receptorów neurotrofin (i niektórych cytokin) fosforylują reszty tyrozynowe w białkach (mówimy zatem o kinazach tyrozynowych). Ufosforylowana zaś tyrozyna stanowi znikomy odsetek ufosforylowanych reszt aminokwasowych białek, albowiem dominuje fosforylacja seryny i treoniny. Większość kinaz, również tych pobudzanych przez wtórne przekaźniki, to kinazy serynowo-treoninowe (np. kinazy białkowe A i C).

Innym wariantem przeniesienia informacji jest otworzenie kanałów jonowych dla wapnia. Zewnątrzkomórkowe stężenie $Ca^{2+}$ jest wielokrotnie większe od wewnątrzkomórkowego. Otwarcie kanałów wapniowych w błonie komórkowej prowadzi do napływu tego jonu do cytoplazmy i w rezultacie do oddziaływania z wybranymi białkami wiążącymi wapń (np. kalmoduliną), które z kolei mogą aktywować kinazy białkowe (np. kinaza białkowa II, zależna od wapnia i kalmoduliny, ang. CamKII).

Warto też wspomnieć o interakcjach między różnymi systemami wtórnego przekaźnictwa. Mamy bowiem do czynienia zarówno z wpływem różnych szlaków na te same wewnątrzkomórkowe cząsteczki przenoszące informację, jak też z wpływem jednego receptora na wiele układów transdukcji sygnałów. Wspomniano wyżej o roli wapnia jako wtórnego przekaźnika. Wzrost jego stężenia w cytozolu może być konsekwencją zarówno napływu z zewnątrz — w wyniku otwarcia kanałów jonowych, zresztą różnego rodzaju, jak też wypływu z magazynów wewnątrzkomórkowych (np. siateczki śródplazmatycznej), co może być regulowane przez trisfosforan inozytolu ($IP_3$). Wiadomo również o interakcjach pomiędzy wapniem, białkami wiążącymi GTP oraz kinazami tyrozynowymi. Te ostatnie nie muszą być zaś integralną częścią receptora. Istnieją bowiem wśród nich i takie (np. Fyn), które są niezależnymi białkami, być może tylko asocjującymi z określonymi receptorami w momencie ich pobudzenia, a później przenoszącymi sygnał do wnętrza komórki.

# 1.5. Regulacyjny charakter transdukcji sygnałów

Warto zwrócić uwagę na wybrane cechy omawianych układów przeniesienia (transdukcji) sygnału:

1. Wybiórczy charakter odpowiedzi komórkowej wynikający z obecności określonych białek receptorowych i ich swoistego usytuowania. Jest oczywiste, że jeśli

neuron nie ma jakiegoś receptora, to nie odpowie na dany sygnał. Sprawa jest jednakże znacznie bardziej skomplikowana, albowiem zwykle istnieje liczna grupa białek receptorowych warunkujących odebranie informacji o obecności liganda. Każde z tych białek może zaś współpracować z różnymi elementami procesu transdukcji sygnału. Na przykład kwas glutaminowy — najbardziej powszechny neuroprzekaźnik pobudzający w ośrodkowym układzie nerwowym — może działać za pośrednictwem czterech podstawowych klas receptorów: trzech jonotropowych (AMPA, kainianowe i NMDA) i metabotropowego (mGluR) (por. rozdz. 2). Każda klasa jest zbiorem różnych rodzajów receptorów. Bardzo jasno jest to widoczne na przykładzie tzw. receptora metabotropowego. Istnieje co najmniej 8 genów kodujących różne białka receptorowe; np. mGluR1 i mGluR5 są sprzężone z obrotem fosfoinozytoli, czyli mogą wpływać na stężenie $Ca^{2+}$ w cytozolu i aktywację kinazy białkowej C. Aktywacja zaś pozostałych mGluR prowadzi do hamowania cyklazy adenylanowej.

Receptory AMPA i receptory kainianowe umożliwiają głównie przepływ kationów jednowartościowych. Jednakże, ponieważ każdy z tych receptorów może się składać z różnych podjednostek, to ich ostateczny skład umożliwia różny poziom tej odpowiedzi (wydajność przepływu jonów, zjawiska sensytyzacji i desensytyzacji receptora, czyli modulacji jego wrażliwości na ligand), a nawet swoistość. Wiadomo, że są takie podjednostki obu receptorów, które pozwalają na przepływ jonów wapnia przez receptor. Usytuowanie receptora warunkuje z kolei jego zdolność do interakcji z różnymi białkami błonowymi i podbłonowymi. Zupełnie inaczej będą więc wpływać na komórkę receptory postsynaptyczne, presynaptyczne, czy też pozasynaptyczne. Położenie synapsy, czy to w określonym miejscu dendrytu, czy też np. na ciele komórki też będzie decydowało o charakterze odpowiedzi (por. rozdz. 2).

2. Możliwość integracji informacji. Proces ten może zapewne zajść na każdym etapie transdukcji sygnału. Na przykład, pobudzenie receptora NMDA, będącego kanałem wapniowym, wymaga jednoczesnej obecności liganda (glutaminianu) i depolaryzacji błony, co umożliwia usunięcie z przestrzeni kanału jonów magnezowych, okupujących go w stanie spoczynkowym. Innym przykładem integracji informacji na poziomie jednej makrocząsteczki (ang. coincidence detector) może być pobudzenie cyklazy adenylanowej. Znanych jest kilka form tego enzymu. Wśród nich są takie, które osiągają maksymalną aktywność w obecności zarówno sprzężonej z GTP podjednostki $\alpha$ określonego białka G, jak i kalmoduliny aktywowanej przez wapń. Aktywność cyklazy innego rodzaju jest zwiększana dzięki działaniu podjednostek $\beta\gamma$ pochodzących z innych białek G niż podstawowy aktywator $\alpha$-GTP. W obu tych sytuacjach enzymatyczne właściwości cyklazy adenylanowej są modulowane przez pobudzenie więcej niż jednego receptora.

3. Zdolność do amplifikacji sygnału. Tak długo, jak receptor pozostaje związany z ligandem, może on pobudzać kolejne cząsteczki białka G, wzmacniając (amplifikując) w ten sposób odpowiedź komórkową. Podobnie, wzmocnienie sygnału następuje na kolejnych etapach przewodzenia informacji. Na przykład cyklaza adenylanowa może wytworzyć znaczną liczbę cząsteczek cAMP, a zależna od nich kinaza A może ufosforylować liczne cząsteczki białkowe.

**16**

4. Krótkotrwały charakter pobudzenia. Każdy z etapów transdukcji sygnału jest kontrolowany przez swoiste, również regulowane, układy hamujące. Na przykład, pobudzony receptor ulega często pobraniu przez komórkę (internalizacji), co wyłącza inicjację procesu informacyjnego. Podjednostka $\alpha$ białka G szybko hydrolizuje GTP wracając do uprzedniej konformacji, umożliwiającej ponowne związanie się z kompleksem $\beta\gamma$ i nie pobudzającej np. cyklazy adenylanowej. Aktywacji kinaz białkowych towarzyszy zwykle jednoczesna stymulacja odpowiednich fosfataz, które odszczepiają reszty fosforanowe od białek efektorowych, pozwalając im wrócić do uprzedniego stanu aktywności. Można zatem sądzić, że według opisanego powyżej schematu jest realizowana krótko- i średnioterminowa (nie przekraczająca kilku godzin) regulacja działania komórki, zależna od układu ligand – receptor – wtórny przekaźnik – kinaza. Zmiany długotrwałe, wymagające kilku godzin do ich powstania i utrzymujące się przez dni/tygodnie, a może i dłużej, opierają się na modyfikacji ekspresji genów.

# 1.6. Regulacja ekspresji genów na poziomie transkrypcji

Materiał genetyczny w komórkach mózgu znajduje się przede wszystkim w jądrach komórkowych, choć nie należy zapominać o niewielkiej liczbie genów mitochondrialnych. Wyróżniamy trzy podstawowe klasy genów jądrowych. Pierwsze ulegają transkrypcji przez RNA polimerazę I i kodują podstawowe rodzaje rRNA. Drugie kodują białka, a ich ekspresja zachodzi z udziałem RNA polimerazy II; RNA polimeraza III jest z kolei odpowiedzialna za powstawanie tzw. małych RNA (np. tRNA). Każdy z tych enzymów jest swoiście regulowany. Ze względu na szczególną rolę genów kodujących białka ich regulacja zostanie przedstawiona poniżej nieco bardziej szczegółowo.

Geny klasy II mają nader złożoną budowę. Obszary kodujące mRNA (tzw. eksony, od ang. expressed sequences) są najczęściej poprzedzielane tzw. intronami (od. ang. intervening sequences), które nie są odwzorowane w mRNA i przez to nie kodują białka. Odcinek bezpośrednio poprzedzający początek pierwszego eksonu to tzw. promotor. Jego długość jest dość umowna, zwykle ok. 100 par nukleotydów (pn), które odpowiadają za przyłączenie RNA polimerazy II i właściwą inicjację transkrypcji.

W regulacji funkcji RNA polimerazy II wielką rolę odgrywają czynniki transkrypcyjne. Są to białka zdolne do rozpoznawania sekwencji swoistych dla siebie krótkich odcinków DNA i łączenia się z nimi. Liczne sekwencje wiążące czynniki transkrypcyjne są zlokalizowane w promotorze, ale można je także spotkać i bardzo daleko od niego — nawet dziesiątki, jeśli nie setki tysięcy par nukleotydów od promotora.

DNA jądrowe występuje w kompleksie z białkami (i nowo powstającymi cząsteczkami RNA), tworząc tzw. chromatynę. Podstawą jej budowy jest interakcja zasadowych białek — histonów z DNA. Ścisłe połączenie tych makromolekuł blokuje dostęp białek regulatorowych i enzymatycznych do DNA. Kolejną zatem bardzo ważną grupą regulatorów transkrypcji są enzymy modyfikujące wiązanie histony–DNA; należą do nich np. acetylotransferazy, które dodają resztę kwasu octowego do histonów, zmniejszając ich powinowactwo do DNA, w konsekwencji prowadząc do rozluźnienia chromatyny.

W procesie ekspresji genów klasy II można w uproszczeniu wyróżnić takie etapy, jak: (1) rozluźnienie struktury chromatyny, umożliwiające dostęp czynników transkrypcyjnych i innych białek do DNA; (2) przyłączenie czynników transkrypcyjnych do swoistych dla nich odcinków regulatorowych; (3) aktywację RNA polimerazy II; (4) transkrypcję; (5) tzw. czapeczkowanie (ang. capping), czyli dołączenie reszty 7-metylo-guanylanowej do końca 5′ nowo powstającego transkryptu; (6) usuwanie intronów (ang. splicing); (7) poliadenylację końca 3′, czyli dołączenie do niego ponad 100 reszt adenylanowych; (8) eksport mRNA z jądra do cytoplazmy.

Choć każdy z tych etapów jest bardzo złożony i podlega specyficznej regulacji, to bardzo ważnym odkryciem ostatnich lat jest wykazanie, że procesy te często dzieją się jednocześnie i są wzajemnie ze sobą ściśle powiązane. Na przykład RNA polimeraza II bierze udział w procesie czapeczkowania, a usuwanie intronów jest z jednej strony warunkiem kontynuacji transkrypcji (elongacji, czyli wydłużania transkryptu), a z drugiej jest niezbędne dla eksportu mRNA do cytoplazmy.

W regulacji czynności (ekspresji) genów zasadnicze znaczenie mają czynniki transkrypcyjne swoiste dla danej tkanki, czy nawet jej stanu fizjologicznego. W gruncie

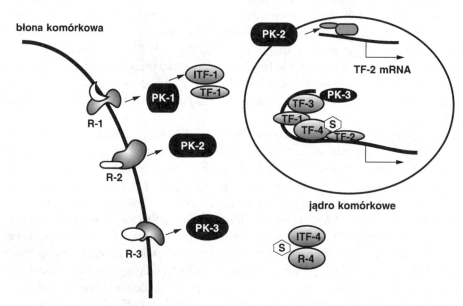

**Ryc. 1.4.** Pobudzenie czynnikow transkrypcyjnych. Schemat prezentuje różne sposoby pobudzenia czynników transkrypcyjnych w komórce nerwowej. R-1, -2, -3 — receptory błonowe związane z ligandami, R-4 — receptor hormonu steroidowego. PK-1, -2, -3 — kinazy białkowe aktywowane przez swosite wtórne przekaźniki zależne, odpowiednio, od pobudzenia R-1, -2, i-3. TF-1, -2, -3, -4 — czynniki transkrypcyjne. ITF-1 — inhibitor translokacji czynnika TF-1 z cytoplazmy do jądra komórkowego. ITF-4 — inhibitor translokacji TF-4 (tzn. R-4 związanego z ligandem: S) do jądra

rzeczy można sądzić, że fakt, iż każda komórka wykazuje pewne cechy swoiste, wynika z różnic w posiadanym zestawie czynników transkrypcyjnych regulujących jej geny. Pewne czynniki są odpowiedzialne za przynależność do danej tkanki, czy też typu komórki (np. neurony GABAergiczne lub pobudzające w tej samej strukturze mózgu będą miały niektóre podobne, a inne różne czynniki transkrypcyjne). Istnieją też czynniki warunkujące stan czynnościowy komórki (np. zdolność szyszynki do wytwarzania melatoniny jest regulowana w cyklu okołodobowym na poziomie czynnika transkrypcyjnego kontrolującego ekspresję genu, który koduje enzym syntetyzujący melatoninę).

Z faktu konieczności współdziałania przynajmniej kilku czynników transkrypcyjnych w regulacji ekspresji każdego genu wyłania się olbrzymi potencjał regulacyjny tego układu i jego zdolność do integracji informacji. Co więcej, układ ten jest bezpośrednio sprzężony z omawianą wyżej kaskadą transdukcji sygnałów. Czynniki transkrypcyjne są bowiem regulowane w sposób zależny od działania swoistych kinaz. Można wyróżnić cztery podstawowe sposoby pobudzania czynników transkrypcyjnych, widoczne w ciągu minut-godzin od dotarcia określonej cząsteczki sygnałowej do komórki.

Czynniki transkrypcyjne obecne w jądrze w stanie nieaktywnym mogą zostać tamże ufosforylowane przez kinazy wędrujące do jądra. Przykładem może być pobudzenie białka CREB (ang. cAMP responsive element binding protein; sekwencje regulatorowe często określa się skrótem: responsive element, RE) przez kinazę białkową A (R-3, PK-3, TF-3 na ryc. 1.4). Niektóre czynniki transkrypcyjne w stanie nieaktywnym znajdują się jednak w cytoplazmie związane, tak jak np. NF$\kappa$B (ang. nuclear factor $\kappa$B) z białkiem (I$\kappa$B, od ang. inhibitory) blokującym transport do jądra komórkowego. Zależne od fosforylacji i proteolizy odszczepienie tej podjednostki umożliwia przedostanie się aktywnej formy NF$\kappa$B do jądra i połączenia ze swoistymi sekwencjami regulatorowymi (R-1, PK-1, ITF-1, TF-1 na ryc. 1.4). Kolejny sposób aktywacji czynników transkrypcyjnych jest realizowany z udziałem hormonów steroidowych. Przenikają one przez błonę komórkową i zwykle w cytoplazmie łączą się ze swoistymi białkami receptorowymi, które w postaci kompleksu ligand–receptor wędrują do jądra komórkowego, działając tam jako czynniki transkrypcyjne (S, R-4, ITF-4, TF-4 na ryc. 1.4).

Opisane trzy sposoby pobudzenia czynników transkrypcyjnych opierają się na nieaktywnych białkach obecnych w komórce niepobudzonej. Kolejna droga aktywacji czynnika transkrypcyjnego wymaga — zależnej od ekspresji genów — biosyntezy jego białkowych składników (R-2, PK-2, TF-2mRNA, TF-2 na ryc. 1.4). Oczywiście droga ta musi też uwzględniać czynniki transkrypcyjne należące do wymienionych już grup. Niemniej jednak bywa ona również bardzo szybka. Przykładem może służyć czynnik transkrypcyjny AP-1 (ang. activator protein-1). Składa się on z dimeru białkowego (pary białek), w skład którego mogą wchodzić białka Fos i Jun. W neuronie „spoczynkowym" praktycznie nie ma białek c-Fos i Jun B. W ciągu kilku minut od dotarcia sygnału do błony komórkowej informacja dociera do jądra, gdzie rozpoczyna się transkrypcja odpowiednich genów. W czasie około kwadransa osiąga ona swoje maksimum, a w cytoplazmie zaczyna się gromadzić (osiągając najwyższy poziom w ok. 45 minut od zadziałania bodźca) mRNA *c-fos* i *junB*, stanowiąc matrycę dla translacji i wytworzenia białek c-Fos i JunB. Są one natychmiast przenoszone do jądra, gdzie jako dimery oddziałują ze swoistą sekwencją regulatorową. Poziom białka osiąga największą wartość w ok. 90 minut od dotarcia sygnału do komórki. Warto podkreślić, że podobnie jak w przypadku kaskady procesów prowadzących do fosforylacji białek efektorowych w cytoplazmie, również czas życia informacji realizowanej w jądrze komórkowym jest krótki. Wystarczy powiedzieć, że czas półtrwania mRNA *c-fos* to ok. kilkanastu minut, a białka c-Fos — poniżej dwóch godzin. Degradacja obu makrocząsteczek jest oczywiście zależna od swoistych układów enzymatycznych, także podlegających złożonej regulacji. Co więcej, białko c-Fos jest zdolne do negatywnej autoregulacji własnego genu. Opisane cechy czynników transkrypcyjnych omawianej grupy, do której obok AP-1 należy też zaliczyć Zif268, stały się podstawą ich szerokiego zastosowania w badaniach układu nerwowego, jako narzędzi do mapowania komórek, które zostały właśnie w danym czasie pobudzone.

# 1.7. Potranskrypcyjna regulacja ekspresji genów

Zajście procesu transkrypcji, tak starannie regulowane przez czynniki transkrypcyjne, nie wyczerpuje bogactwa procesów regulacyjnych (a zatem i przetwarzania informacji oraz możliwości jej integracji) przez neurony na etapie ekspresji genu. Wiele genów pozwala na wytworzenie różnych cząsteczek peptydowych. Dzieje się to na poziomie: różnicowego składania eksonów (odcinków kodujących białko) (ang. alternative splicing); dalszych etapów obróbki pierwotnego transkryptu, m.in. różnicowego wyboru sekwencji poliadenylacyjnych; transportu pre-mRNA do cytoplazmy; redagowania (składania) mRNA; czasu przeżycia mRNA; translacji; modyfikacji potranslacyjnych.

Na przykład receptory AMPA dla glutaminianu mogą być złożone z podjednostek wytwarzanych na bazie czterech różnych genów (*GluR1–GluR4*). Każdy z tych genów może się stać podstawą do powstania dwóch różnych mRNA (tzw. formy flip i flop) w procesie różnicowego składania eksonów. Z kolei mRNA podjednostki *GluR2* jest kodowane w postaci umożliwiającej przenoszenie jonów wapnia przez receptor z jej udziałem. Jednakże w wyniku potranskrypcyjnego redagowania następuje zamiana pojedynczego nukleotydu w mRNA *GluR2*. Zamiana ta czyni białko powstałe na tej matrycy niezdolne do przepuszczania wapnia i cecha ta jest dominująca, czyli nadaje ten charakter wszystkim receptorom AMPA z udziałem podjednostki *GluR2*. Na koniec wreszcie, czynność gotowych kompleksów receptorowych może być modulowana poprzez takie modyfikacje potranslacyjne jak np. fosforylacja. Z kolei w przypadku wytwarzania neuropeptydów szczególne znaczenie mają procesy degradacji proteolitycznej prekursorów białkowych.

# 1.8. Rozdział makrocząsteczek do odpowiednich organelli komórkowych i obszarów cytoplazmy

Ważnym elementem procesów przetwarzania informacji przez neurony jest bardzo staranne uporządkowanie składników komórki. Oczywisty jest podział na główne organelle i polaryzacja komórki, umożliwiająca w warunkach fizjologicznych przeniesienie potencjału czynnościowego w kierunku od dendrytów do końca aksonu. Nie wyczerpuje to jednak zjawisk mikrokompartmentacji (przedziałowości) komórki. Choć stosunkowo niewiele jeszcze wiadomo na ten temat, to jest już jasne, że poszczególne białka, a także i mRNA trafiają do ściśle zdefiniowanych obszarów w komórce, czy to do wybranych organelli, czy też w określone miejsca cytozolu. Umożliwia to segregację procesów biochemicznych. Na przykład wykazano, że w takich samych komórkach hipokampa napływ wapnia do komórki przez receptor NMDA aktywuje inne czynniki transkrypcyjne niż napływ wapnia przez kanały jonowe zależne od napięcia (kanały typu L). Wiadomo też o istnieniu swoistych (na poziomie mRNA i białka) składników, np. w dendrytach.

# 1.9. Wydzielanie substancji sygnałowych

Bardzo intensywnie badanym obszarem zjawisk komórkowych jest egzocytoza, czyli proces wydzielania zewnątrzkomórkowego. Z oczywistych względów komórki nerwowe stanowią szczególnie istotny przedmiot tych badań. Regulacja wydzielania ma bowiem zasadniczy wpływ na zdolność oddziaływania jednego neuronu na inne. Wiadomo, że proces wydzielania np. neuroprzekaźnika jest złożony, wieloetapowy i może być regulowany w różnorodny sposób. Zasadnicze znaczenie regulacyjne dla wydzielania zewnątrzkomórkowego ma napływ jonów wapnia w okolice błony wydzielniczej. W procesach formowania pęcherzyków wydzielniczych, ich transportu i wydzielania mają udział małe białka wiążące GTP (podobne do białek G) oraz zjawiska fosforylacji. Każdy z tych procesów może być i jest swoiście regulowany.

# 1.10. Wsteczne przekaźniki

Podłożem współczesnych rozważań nad istotą procesów plastycznych (takich jak np. uczenie się i pamięć) w ośrodkowym układzie nerwowym są poglądy zaprezentowane w połowie ubiegłego stulecia przez D. O. Hebba i J. Konorskiego. Twierdzili oni, że modyfikacja połączeń między neuronami wymaga współdziałania obu neuronów lub zespołu neuronów (ośrodków), których dotyczy ta zmiana. W dzisiejszej interpretacji mówi się najczęściej o konieczności współdziałania pre- i postsynaptycznej części złącza między komórkami nerwowymi. Powstaje pytanie: skąd obie części mogą

„wiedzieć" o wystąpieniu pobudzenia. W celu zaspokojenia tego teoretycznego postulatu podjęto liczne próby poszukiwań tzw. wstecznych przekaźników, czyli substancji sygnałowych wydzielanych przez komórkę postsynaptyczną, a działających na neuron presynaptyczny. Istnieją w tym zakresie przynajmniej cztery intensywnie rozważane propozycje:

— tlenek azotu (NO), krótkożyciowy gaz, przenikający przez błony biologiczne i zdolny do aktywowania takich układów przekaźnictwa jak ten posługujący się cGMP,

— tlenek węgla (CO), gaz o zbliżonych do NO właściwościach, wykorzystujący podobny układ przekaźnictwa informacji,

— kwas arachidonowy (AA), związek hydrofobowy, przenikający przez błonę komórkową; znany jako ważny metabolit na drodze syntezy eikozanoidów,

— czynnik aktywujący płytki (PAF), podobnie jak AA związek hydrofobowy, a zatem zdolny do bezpośredniego przenikania przez błonę komórkową. W tym przypadku również niewiele wiadomo o tym, jak informacja o obecności tego związku rozprzestrzenia się w komórce.

Wiele wskazuje na to, że wszystkie wyżej wymienione substancje mogą występować w komórkach nerwowych i odgrywać istotną rolę w komunikowaniu się tych komórek. Niemniej jednak przypisywanie wstecznym przekaźnikom określonych ról w zdefiniowanych procesach fizjologicznych stanowi ciągle jeszcze bardzo kontrowersyjny obszar badań.

## 1.11. Oddziaływanie neuronów z macierzą zewnątrzkomórkową

Komórki nerwowe wewnątrz tkanki znajdują się w starannie upakowanej strukturze, na którą składają się inne komórki (glejowe) (por. rozdz. 4) oraz białka macierzy zewnątrzkomórkowej (ang. extracellular matrix, ECM). Wiedza o tej ostatniej jest jeszcze bardzo niepełna, choć wiadomo, że może ona mieć funkcje regulacyjne i informacyjne. Na ECM składają się białka należące do różnych klas, określonych na podstawie budowy i funkcji. W analizie procesów informacyjnych szczególne znaczenie przypisuje się ostatnio białkom adhezji (przylegania) komórkowej, a zwłaszcza N-CAM (ang. neural cell adhesion molecule). Można się spodziewać, że ten kierunek badań w najbliższych latach intensywnie się rozwinie, podejmując m.in. zagadnienie modyfikacji ECM przez swoiście regulowane układy proteolityczne (degradujące białka).

## 1.12. Uwagi końcowe

Jak wynika z przedstawionych wyżej, wybranych aspektów funkcjonowania komórek nerwowych na poziomie molekularnym, zjawiska te są na tyle skomplikowane, że nie brakuje neurobiologom możliwości ich interepretacji i posiłkowania się nimi w analizie procesów plastycznych zachodzących w ośrodkowym układzie nerwowym (por. rozdz. 14 oraz 24). Dzisiejsze poglądy na komórkowe podłoże plastyczności — co zresztą stanowi jedynie fragment zagadnienia, należy zawsze bowiem pamiętać o sieciowych aspektach problemu — opierają się na wiedzy o procesach biochemicznych, czy też wręcz o cząsteczkach, które mogą integrować informację. W niniejszym rozdziale zwrócono szczególną uwagę na to, że, w gruncie rzeczy, w neuronie występuje bardzo dużo możliwości takiej integracji. Problemem współczesnej neurobiologii jest zbadanie, które z tych, jak dotychczas hipotetycznych mechanizmów są rzeczywiście używane jako podstawa procesów plastycznych. Warto w tym miejscu zwrócić uwagę, iż istnieją co najmniej trzy podstawowe sposoby wykorzystania procesów biochemicznych w komórce nerwowej. Pierwszy, to zagwarantowanie jej funkcjonowania, czyli utrzymanie podstawowego metabolizmu. Drugi, to reakcja na pobudzenie, a co się z tym łączy — na zwiększone wymagania metaboliczne i zużywanie się w tym czasie strukturalnych, enzymatycznych, energetycznych, itp. zasobów komórki. Prowadzi to do konieczności ich uzupełnienia. Warto zwrócić uwagę, że ten właśnie mechanizm świetnie tłumaczy liczne wyniki korelacji różnych procesów molekularnych ze zjawiskami plastyczności, gdzie oczywiście zawsze mamy do czynienia z pobudzeniem aktywności neuronowej. Trzeci możliwy sposób wykorzystania biochemicznej maszynerii komórki nerwowej polega na udziale tej maszynerii w integracji informacji umożliwiającej reorganizację funkcjonowania neuronu, co stanowi podstawę zmian plastycznych.

# 1.13. Podsumowanie

Biologia molekularna dostarcza neurobiologii warsztatu metodycznego i podejścia badawczego, umożliwiającego poznanie czynności układu nerwowego na poziomie oddziaływań międzycząsteczkowych. Szczególnie istotne są badania nad molekularnym podłożem procesów przekaźnictwa informacji. Uważa się, że podstawowy schemat tych procesów w układzie nerwowym jest taki sam jak w innych komórkach organizmu. Polega on na pobudzeniu komórkowych receptorów, rozprzestrzenieniu sygnału wewnątrz komórki i aktywacji docelowych, swoistych kinaz białkowych, a także innych enzymów, czynników transkrypcyjnych, itp. Ligandami pobudzającymi receptory są neuroprzekaźniki, neuropeptydy, neurotrofiny, hormony steroidowe, cytokiny, składniki macierzy zewnątrzkomórkowej i inne. Receptory są umieszczone zwłaszcza na błonie komórkowej, ale również i wewnątrz komórki. Informacja o pobudzeniu receptorów błonowych dociera do wnętrza komórki poprzez układ wtórnych przekaźników. Zmiany w funkcjonowaniu komórki — wywołane dostarczeniem informacji ze środowiska zewnętrznego — mogą trwać przez różny czas. Uważa się, że zmiany trwające do kilku godzin są bezpośrednią konsekwencją pobudzenia kinaz białkowych i fosforylacji różnych białek docelowych. Zmiany dłuższe wymagają zaś pobudzenia ekspresji genów. Procesy przekaźnictwa informacji na poziomie komórki stwarzają duże możliwości regulacyjne, zwłaszcza w postaci integracji informacji pochodzącej z różnych źródeł.

## LITERATURA UZUPEŁNIAJĄCA

Alberts B., Bray D., Lewis J., Raff M., Roberts K., Watson J.D.: *Molecular Biology of the Cell*. 3 wyd., Garland Publishing Inc., New York, London 1994.

Bourne H.R., Nicoll R.: Molecular machines integrate coincident synaptic signals. *Cell* 1993, **72** i *Neuron* 1993, **10** (wspólny: review supplement) 65 – 75.

Casey P.J.: Protein lipidation in cell signalling. *Science* 1995, **268**: 221 – 225.

Kandel E.R., Schwartz J.H., Jessel T.H.: *Principles of Neural Science*. 3 wyd., Prentice Hall International Inc., 1991.

Orphanides G., Reinberg D.: Review: A unified theory of gene expression. *Cell* 2002, **108**, 439 – 445.

Steward O., Schuman E.M.: Protein synthesis at synaptic sites on dendrites. *Annual Reviews of Neuroscience* 2001, **24**, 299 – 325.

# ROZDZIAŁ 2

# Neuroprzekaźniki i ich receptory

Jolanta Skangiel-Kramska

Wprowadzenie ■ Etapy neurotransmisji chemicznej ■ Neuroprzekaźniki — informacje ogólne ■ Receptory — informacje ogólne ■ Acetylocholina ■ Aminy biogenne ■ GABA ■ Glicyna ■ Aminokwasy pobudzające ■ Neuropeptydy ■ Transmisja objętościowa — pozasynaptyczna ■ Nietypowe neuroprzekaźniki ■ Uwagi końcowe ■ Podsumowanie

## 2.1. Wprowadzenie

Miejsca, w których neurony komunikują się ze sobą, to synapsy. Każdy z ponad 100 miliardów neuronów mózgu ma przynajmniej 1000 takich kontaktów. Ze względu na sposób przekazywania informacji możemy wyróżnić 2 typy synaps: elektryczne i chemiczne (ryc. 2.1).

Synapsa elektryczna to struktura typu złącza szczelinowego (ang. gap junction), gdzie ścisły kontakt pomiędzy błonami dwóch neuronów pozwala na bezpośredni przepływ jonów i drobnych cząsteczek przez pory utworzone z białka — koneksyny (ang. connexin). Dzięki temu informacja jest przekazywana z neuronu do neuronu praktycznie bez żadnego opóźnienia. Ponieważ synapsy elektryczne są symetryczne i informacja może przepływać dwukierunkowo, zatem każdy z tworzących je neuronów może być zarówno pre-, jak i postsynaptyczny. Istniał pogląd, że synapsy elektryczne występują głównie u zwierząt bezkręgowych. Obecnie wiemy, że są one szeroko rozpowszechnione również w układzie nerwowym kręgowców. Pełnią one funkcję w synchronizacji sieci neuronalnych, gdyż połączone w ten sposób neurony mają tendencję do równoczesnych wyładowań (por. rozdz. 25).

Drugi typ synaps to synapsy chemiczne. Informacja z neuronu do neuronu lub tkanki efektorowej (mięśnie, gruczoły, naczynia krwionośne) jest przekazywana

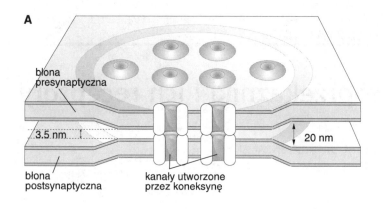

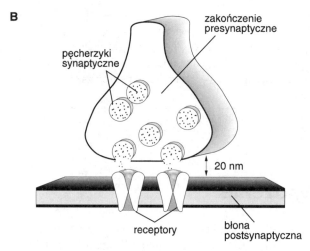

**Ryc. 2.1.** Synapsa elektryczna (**A**) i chemiczna (**B**)

poprzez substancję chemiczną zwaną neuroprzekaźnikiem lub neurotransmiterem. Synapsy chemiczne nie są tworem ciągłym. Część pre- i postsynaptyczną rozdziela szczelina (20 – 40 nm). Synapsy te mają zwykle asymetryczną budowę. Część presynaptyczna stanowi poszerzone kolbkowato zakończenie nerwowe zawierające pęcherzyki synaptyczne. Część postsynaptyczna natomiast charakteryzuje się obecnością zgrubienia, tj. zagęszczenia postsynaptycznego utworzonego przez elektronowo-gęsty materiał. Ta asymetria sprawia, że przepływ informacji jest jednokierunkowy. Obecność szczeliny synaptycznej powoduje zaś, że odpowiedź części postsynaptycznej, w postaci zmiany potencjału postsynaptycznego błony, pojawia się z pewnym opóźnieniem (por. rozdz. 3). Istnieją również dane o występowaniu synaps o charakterze mieszanym — elektryczno-chemicznym.

## 2.2. Etapy neurotransmisji chemicznej

Przebieg neurotransmisji jest następujący: potencjał czynnościowy (por. rozdz. 3) docierając do zakończenia nerwowego wywołuje depolaryzację błony presynaptycznej i wniknięcie jonów $Ca^{2+}$ ze szczeliny synaptycznej do cytoplazmy zakończenia presynaptycznego. Uruchomione zostają wtedy mechanizmy doprowadzające do fuzji pęcherzyków synaptycznych, zawierających zmagazynowany neuroprzekaźnik, z błoną presynaptyczną. W wyniku egzocytozy neuroprzekaźnik uwalnia się do szczeliny synaptycznej i dyfunduje do błony postsynaptycznej. Połączenie się neuroprzekaźnika ze specyficznymi receptorami, znajdującymi się w błonie postsynaptycznej, powoduje bezpośrednio lub pośrednio, poprzez uruchomienie mechanizmów przetworzenia sygnału, odpowiedź komórki docelowej w postaci zmiany potencjału postsynaptycznego. Działanie neuroprzekaźnika kończy się z chwilą, kiedy zostanie on enzymatycznie rozłożony lub usunięty ze szczeliny na drodze ponownego wychwytu do neuronu lub transportu do komórek glejowych (ryc. 2.2).

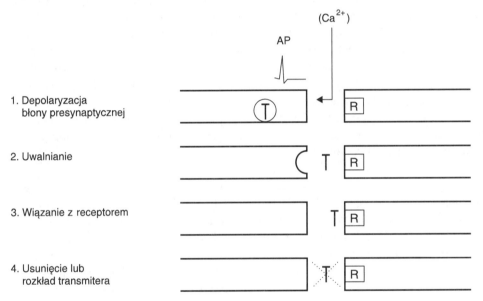

**Ryc. 2.2.** Etapy neurotransmisji. T — neuroprzekaźnik, R — receptor, AP — potencjał czynnościowy

Ze względu na wywoływany efekt (depolaryzacja lub hiperpolaryzacja błony postsynaptycznej) neuroprzekaźniki możemy podzielić na pobudzające i hamujące. O tym, jakie działanie na neuron docelowy będzie miał neuroprzekaźnik, decyduje potencjał spoczynkowy błony postsynaptycznej oraz znajdujące się w niej swoiste receptory (por. rozdz. 3).

# 2.3. Neuroprzekaźniki — informacje ogólne

W 1921 roku Otto Loewi wykazał istnienie przekaźnictwa chemicznego, przeprowadzając następujące doświadczenie. Umieścił w oddzielnych pojemnikach dwa serca żaby. Pojemniki te połączył ze sobą tak, aby zapewnić swobodny przepływ płynu fizjologicznego. Następnie drażnił elektrycznie nerw błędny jednego z serc, co powodowało spowolnienie skurczów tego serca. Z pewnym opóźnieniem spowolnienie skurczów występowało również w sercu, które nie było drażnione. Loewi wnioskował zatem, że w czasie stymulacji z nerwu błędnego uwalnia się substancja, która dyfundując poprzez płyn fizjologiczny działa na mięsień drugiego serca. Substancją tą okazała się acetylocholina. Stała się ona prototypem klasycznego neuroprzekaźnika.

Wśród substancji pełniących funkcję neuroprzekaźników są związki o bardzo różnej budowie. Należą do nich tzw. klasyczne neuroprzekaźniki: acetylocholina (ACh); aminy biogenne — noradrenalina (NA), adrenalina (A), dopamina (DA), serotonina (5-HT) i histamina (His); niektóre aminokwasy — kwas $\gamma$-aminomasłowy (GABA), glicyna (Gly), kwas glutaminowy (Glu)) i asparaginowy (Asp) oraz neuroaktywne peptydy stanowiące odrębną klasę. Szereg innych związków kandyduje do roli neuroprzekaźników, aby jednak daną substancję uznać w pełni za neuroprzekaźnik, musi ona spełnić ściśle określone kryteria: 1) substancja ta powinna być wytwarzana w ciele komórki nerwowej lub w jej zakończeniu nerwowym, muszą zatem istnieć w neuronie enzymy biorące udział w jej syntezie; 2) substancja ta powinna uwalniać się z zakończenia nerwowego pod wpływem drażnienia elektrycznego i po połączeniu się ze swoistymi receptorami wywołać odpowiedź w neuronie postsynaptycznym; 3) podana egzogennie powinna naśladować działanie endogennego neuroprzekaźnika; 4) powinien wreszcie istnieć specyficzny mechanizm usuwający ją z miejsca działania.

Jak już wspomniano wyżej, neuroprzekaźnik w zakończeniu nerwowym zmagazynowany jest w pęcherzykach synaptycznych. Elektrofizjologiczne badania przekaźnictwa w synapsach nerwowo-mięśniowych, przeprowadzone przez Katza i współpracowników w latach 50. ubiegłego stulecia, wykazały, że zawartość neuroprzekaźnika (acetylocholiny) w pojedynczym pęcherzyku synaptycznym odpowiada kwantum, które jest zdolne do wywołania miniaturowego potencjału postsynaptycznego. Wyliczono, że takiemu kwantum odpowiada 10 000 cząsteczek acetylocholiny. Pęcherzyki synaptyczne różnią się rozmiarem, kształtem i składem białkowym otaczającej błony. Te zawierające acetylocholinę i neuroprzekaźniki aminokwasowe są drobne (o średnicy 20–40 nm) i mają jasny rdzeń, przy czym pęcherzyki zawierające GABA są spłaszczone. Aminy biogenne magazynowane są zarówno w okrągłych, małych pęcherzykach o jasnym rdzeniu, jak i w dużych okrągłych pęcherzykach (40–60 nm), których rdzeń jest elektronowogęsty. Z kolei pęcherzyki zawierające neuropeptydy mają największy rozmiar (80–100 nm) i charakteryzują się obecnością ziarnistości w swym wnętrzu (por. tab. 2.1). Te morfologiczne cechy pęcherzyków stanowią często wskazówkę dotyczącą rodzaju przekaźnika uwalnianego przez zakończenie nerwowe.

**Tabela 2.1.** Porównanie niektórych cech neurotransmisji

| Neuroprzekaźniki | Aminokwasy | Aminy katecholowe | Neuropeptydy |
|---|---|---|---|
| Działanie postsynaptyczne (czas) | < 5 ms | sekundy/minuty | sekundy/minuty |
| Dostawa pęcherzyków | miejscowa recyklizacja | mieszana | z ciała neuronu |
| Rodzaj pęcherzyków | małe o jasnym rdzeniu | mieszany | duże o „gęstym" rdzeniu |
| Uwalnianie | synaptyczne | synaptyczne i pozasynaptyczne | synaptyczne i pozasynaptyczne |
| Ilość uwalniana | nmol/mg białka | pmol/mg białka | fmol/mg białka |
| Wychwyt/rozpad | bardzo efektywny | umiarkowanie efektywny | powolny |
| Kinetyka uwalniania | dwufazowa | sekundy | minuty |
| Wrażliwość uwalniania na [$Ca^{2+}$] | < 2 μM | 300–400 nM | < 200 nM |

# 2.4. Receptory neuroprzekaźników — informacje ogólne

Receptory neuroprzekaźników są integralnymi białkami błony komórkowej. Odznaczają się one dużą specyficznością wobec neuroprzekaźników. Wśród nich są receptory jonotropowe i metabotropowe (por. rozdz. 1). Różnią się one budową i sposobem działania. Receptory jonotropowe są kanałami jonowymi. Przyłączenie neuroprzekaźnika powoduje otwarcie kanału i przepływ jonów, co sprawia, że potencjał postsynaptyczny błony zmienia się szybko. Receptory metabotropowe działają za pośrednictwem różnych białek G (ryc. 2.3). Nazwa białek G pochodzi od ich zdolności do wiązania GTP i GDP oraz ich aktywności GTPazowej. Przyłączenie neuroprzekaźnika do receptora powoduje sprzęgnięcie z nim białka G. W następstwie tego procesu zostają zapoczątkowane reakcje biochemiczne, które prowadzą do wytworzenia wtórnych przekaźników i zmiany przepuszczalności kanałów jonowych. Białka G mogą wpływać na przewodność kanałów jonowych również bezpośrednio, tj. bez udziału wtórnych przekaźników. Odpowiedź neuronu po pobudzeniu receptorów metabotropowych jest znacznie wolniejsza niż w przypadku aktywacji receptorów jonotropowych (tab. 2.1). Receptory neuroprzekaźników występują nie tylko w błonie postsynaptycznej neuronu, ale mogą się znajdować również w części presynaptycznej zakończenia nerwowego. Mogą to być zarówno receptory swoiste dla neuroprzekaźnika uwalnianego przez

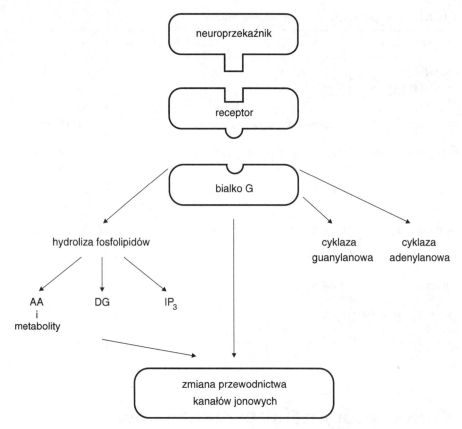

**Ryc. 2.3.** Efekty pobudzenia receptorów metabotropowych. IP$_3$ — trifosforan inozytolu, DG — diacyloglicerol, AA — kwas arachidonowy

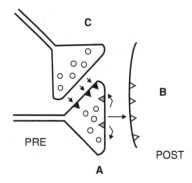

**Ryc. 2.4.** Post- i presynaptyczna lokalizacja receptorów. **A** — zakończenie neuronu presynaptycznego, **B** — neuron postsynaptyczny, **C** — zakończenie nerwowe neuronu modulującego aktywność neuronu A. Receptory postsynaptyczne — trójkąty puste, autoreceptory — trójkąty szare, heteroreceptory — trójkąty czarne

określone zakończenie nerwowe (autoreceptory), jak i receptory innych neuroprzekaźników (heteroreceptory) (ryc. 2.4). Receptory presynaptyczne regulują uwalnianie neuroprzekaźnika z zakończenia nerwowego. Jest to wyrazem współdziałania między różnymi układami neurotransmiterowymi. Ponadto receptory mogą występować poza obszarem synaps.

# 2.5. Acetylocholina

Synteza acetylocholiny (ACh) z choliny i acetylokoenzymu A zachodzi w zakończeniu nerwowym (ryc. 2.5). Uwolniona do szczeliny synaptycznej acetylocholina działa na specyficzne receptory. Wyróżniamy dwa podtypy receptorów acetylocholiny: nikotynowe i muskarynowe. Receptory nikotynowe, pobudzane przez nikotynę, są kanałami jonowymi przede wszystkim dla $Na^+$ i $K^+$. Transmisja zachodząca za ich pośrednictwem jest szybka (por. tab. 2.1). Receptory muskarynowe, pobudzane przez muskarynę, tworzą heterogenną grupę receptorów metabotropowych, działających poprzez różne białka G. Ich aktywacja powoduje uruchomienie mechanizmów prowadzących do wytworzenia wtórnych przekaźników. Reakcję rozpadu acetylocholiny katalizuje hydrolaza acetylocholiny. Uwolniona cholina jest wychwytywana następnie przez zakończenie nerwowe, gdzie służy ponownie do syntezy acetylocholiny. Acetylocholina jest neuroprzekaźnikiem w synapsach nerwowo-mięśniowych u kręgowców, gdzie działa za pośrednictwem receptorów nikotynowych. W układzie autonomicznym acetylocholina jest neuroprzekaźnikiem neuronów przedzwojowych i przywspółczulnych neuronów pozazwojowych i działa aktywując receptory muskarynowe. W mózgu większość neuronów syntetyzujących acetylocholinę występuje w skupiskach. Największym źródłem unerwienia cholinergicznego jest jądro podstawne wielkokomórkowe (u człowieka to jądro Meynerta). Szacuje się, że synapsy cholinergiczne stanowią około 5% wszystkich synaps w ośrodkowym układzie nerwowym. W mózgu występują zarówno receptory nikotynowe, jak i muskarynowe. Te ostatnie jednak znacznie przeważają. Jednym z dobrze udokumentowanych przykładów chorób związanych z upośledzeniem funkcji układu cholinergicznego jest autoimmunogenna choroba neurologiczna *miasthenia gravis*, spowodowana ubytkiem receptorów nikotynowych. Zmiany w składnikach układu cholinergicznego rejestrowane w mózgach osób dotkniętych chorobą Alzheimera, gdzie dochodzi do redukcji neuronów w jądrze Meynerta i dramatycznego obniżenia poziomu acetylocholiny, oraz inne obserwacje, zdają się wskazywać na udział tego neuroprzekaźnika w procesach uczenia się i pamięci (por. rozdz. 14 i 23).

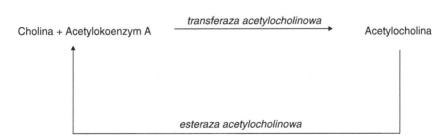

**Ryc. 2.5.** Metabolizm acetylocholiny. Enzymy katalizujące poszczególne reakcje zaznaczono pochyłym drukiem

# 2.6. Aminy biogenne

Wśród amin biogennych pełniących funkcję neuroprzekaźników są aminy katecholowe oraz serotonina i histamina. Prekursorami tych substancji są aminokwasy. Aminy biogenne mogą być syntetyzowane zarówno w zakończeniu nerwowym, jak i w ciele neuronu, skąd transportowane są do zakończenia nerwowego z wykorzystaniem mechanizmu szybkiego transportu aksonalnego. Działanie amin biogennych kończy się z chwilą ich wychwytu do zakończenia nerwowego lub na skutek degradacji enzymatycznej. Pomimo że synapsy zawierające aminy biogenne stanowią niewielki odsetek synaps obecnych w mózgu, to transmisja z ich udziałem wywiera znamienny wpływ na funkcjonowanie mózgu i w konsekwencji na zachowanie całego organizmu.

## 2.6.1. Aminy katecholowe

Noradrenalina, adrenalina, dopamina są syntetyzowane z tyrozyny (ryc. 2.6). Receptory tych neuroprzekaźników mają charakter metabotropowy i są sprzężone z różnymi białkami G. W zakończeniach neuronów syntetyzujących aminy katecholowe istnieją specyficzne mechanizmy wychwytu tych amin ze szczeliny synaptycznej i ponownego ich magazynowania w pęcherzykach synaptycznych. Rozpad niezmagazynowanych katecholamin katalizuje obecna w zakończeniach presynaptycznych oksydaza monoaminowa (MAO). Natomiast inaktywacja niewychwyconych ze szczeliny synaptycznej amin katecholowych, po ich dyfuzji do przestrzeni międzykomórkowych, może zachodzić w wątrobie i nerkach z udziałem MAO oraz metylotransferazy katecholowej.

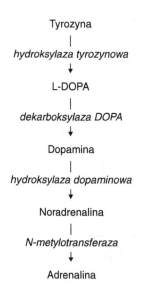

Tyrozyna
|
*hydroksylaza tyrozynowa*
↓
L-DOPA
|
*dekarboksylaza DOPA*
↓
Dopamina
|
*hydroksylaza dopaminowa*
↓
Noradrenalina
|
*N-metylotransferaza*
↓
Adrenalina

**Ryc. 2.6.** Drogi biosyntezy amin katecholowych. Enzymy katalizujące poszczególne reakcje zaznaczono pochyłym drukiem

### 2.6.1.1. Noradrenalina i adrenalina

W obwodowym układzie nerwowym noradrenalina (NA) jest neuroprzekaźnikiem neuronów zazwojowych w układzie nerwowym współczulnym. W mózgu największe skupienie neuronów noradrenergicznych występuje w miejscu sinawym w pniu mózgu. Aksony tych neuronów mają zakończenia w rdzeniu kręgowym, móżdżku, strukturach układu limbicznego (hipokamp, ciało migdałowate) i korze mózgowej. Neurony skupione w części brzusznej unerwiają pień mózgu i wzgórze. Noradrenalina działa poprzez różne receptory metabotropowe, które zalicza się do dwu podstawowych podklas $\alpha$- i $\beta$-adrenoreceptorów. W obrębie tych podklas występują receptory różniące się właściwościami farmakologicznymi i będące produktami odrębnych genów. Ze względu na udział receptorów adrenergicznych w regulacji krążenia stały się one obiektem intensywnych badań w poszukiwaniu leków naczyniowych i naser-cowych.

Neurony wytwarzające adrenalinę występują w pniu mózgu. Adrenalina na ogół pobudza te same receptory co noradrenalina, jednakże jej powinowactwo wobec tych receptorów jest odmienne.

### 2.6.1.2. Dopamina

Największym źródłem unerwienia dopaminergicznego jest istota czarna, która wysyła połączenia do pokrywy i prążkowia. Prążkowie zawiera prawie 80% całej zawartości dopaminy mózgu. Dopamina (DA) działa poprzez aktywację wielu różnych swoistych receptorów metabotropowych ($D_1 - D_5$), które są produktami odrębnych genów. Mają one odmienne właściwości farmakologiczne, sprzęgają się z różnymi białkami G i uruchamiają różne drogi przetworzenia sygnałów, a ich rozmieszczenie w mózgu jest różne.

Jednym z najlepiej udokumentowanych przykładów zaburzeń spowodowanych upośledzeniem neurotransmisji danego rodzaju jest choroba Parkinsona. Jej przyczyną jest dramatyczny spadek zawartości dopaminy w prążkowiu, spowodowany degeneracją neuronów wytwarzających dopaminę w istocie czarnej. Także przyczyn wielu schorzeń psychicznych upatruje się w zaburzeniach transmisji dopaminergicznej. Między innymi, istnieje dopaminowa hipoteza podłoża schizofrenii, oparta na obserwacjach, że leki antypsychotyczne działają na neurony dopaminergiczne i skutecznie blokują receptory dopaminowe. Trzeba jednak pamiętać, że ze względu na wiele punktów wspólnych w metabolizmie amin katecholowych trudno jest poszczególnym aminom przypisać ściśle określoną rolę w etiologii chorób afektywnych.

## 2.6.2. Serotonina

Synteza serotoniny (5-hydroksytryptamina, 5-HT) z tryptofanu obejmuje 2 etapy (ryc. 2.7). Wytworzenie 5-hydroksytryptofanu katalizuje hydroksylaza tryptofanu. Serotonina uwolniona z zakończenia nerwowego może działać na liczne swoiste

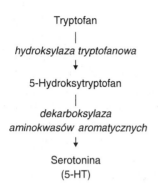

Tryptofan
|
*hydroksylaza tryptofanowa*
↓
5-Hydroksytryptofan
|
*dekarboksylaza*
*aminokwasów aromatycznych*
↓
Serotonina
(5-HT)

**Ryc. 2.7.** Drogi biosyntezy serotoniny. Enzymy katalizujące poszczególne reakcje zaznaczono pochyłym drukiem

receptory, głównie o charakterze metabotropowym, należące do dwu podklas (5-HT$_1$ i 5-HT$_2$), o różnych właściwościach farmakologicznych. Odrębnie działa receptor 5-HT$_3$, który jest receptorem jonotropowym. Działanie serotoniny kończy się z chwilą ponownego jej wychwytu do zakończenia nerwowego przez swoisty system transportu o wysokim powinowactwie.

Neurony serotoninergiczne występują głównie w jądrach szwu i w górnej części pnia mózgu. Należy zaznaczyć, że w mózgu nie ma anatomicznie wyodrębnionych struktur, które zawierałyby neurony syntetyzujące wyłącznie jeden określony typ neuroprzekaźnika. W jądrach szwu na przykład neurony syntetyzujące serotoninę stanowią tylko niewielką pulę wszystkich neuronów obecnych w tej strukturze. Różne formy schorzeń psychicznych, takich jak choroba afektywna lub schizofrenia, są wiązane z zaburzeniami transmisji serotoninergicznej. Niewątpliwie serotonina odgrywa rolę w depresji. Działanie popularnego ostatnio leku antydepresyjnego Prozac polega na blokowaniu zwrotnego wychwytu serotoniny, co zwiększa transmisję serotoninergiczną.

## 2.6.3. Histamina

Histamina (His) powstaje w wyniku dekarboksylacji histydyny. Neurony syntetyzujące histaminę występują w brzusznej części tylnego podwzgórza, a zwłaszcza w jądrze wielkokomórkowym. Histamina jest unieczynniana przez metylację w reakcji katalizowanej przez metylotransferazę histaminy i następnie może ulegać oksydacji przez MAO lub diaminooksydazę. Nie jest jasne, czy neurony histaminergiczne mają specyficzny układ wychwytu o wysokim powinowactwie, tak jak jest to w przypadku innych amin biogennych. Histamina działa przez różne swoiste receptory, które różnią się farmakologią, rozmieszczeniem oraz efektem wewnątrzkomórkowym, w którym pośredniczą. (H$_1$ aktywują drogi przemiany fosfoinozytoli i powstanie diacyloglicerolu, H$_2$ wpływają na syntezę cAMP, H$_3$ działają poprzez efektor jeszcze nieznany). Uważa się, że histamina wpływa na regulację funkcji wegetatywnych, takich jak: pobieranie pokarmu i wody, uwalnianie hormonów.

# 2.7. Neuroprzekaźniki aminokwasowe

Niektóre z powszechnie występujących aminokwasów mogą, oprócz udziału w ogólnym metabolizmie, pełnić funkcję nośników informacji w układzie nerwowym. Zaliczamy do nich kwas glutaminowy i asparaginowy, glicynę, kwas $\gamma$-aminomasłowy. Przypuszcza się, że inne aminokwasy, jak np. tauryna, również mogą być neuroprzekaźnikami.

## 2.7.1. GABA

Kwas $\gamma$-aminomasłowy (GABA) powstaje z glutaminianu w wyniku dekarboksylacji. Jego zawartość w mózgu jest od 200 do 1000 większa niż amin biogennych i acetylocholiny (w mózgu szczura 2,3 µmola/g świeżej masy). Około 20% synaps w mózgu to synapsy GABAergiczne. Postsynaptyczne działanie GABA zachodzi za pośrednictwem jonotropowych receptorów $GABA_A$. Ponieważ receptory te są kanałami dla jonów $Cl^-$, to w efekcie ich aktywacji dochodzi do hiperpolaryzacji i obniżenia pobudliwości błony. GABA zatem jest neuroprzekaźnikiem hamującym. Receptor $GABA_A$ ma wiele miejsc regulatorowych, które są punktem działania wielu leków. Jedno z nich to miejsce wiązania benzodiazepin, między innymi Valium, o działaniu przeciwlękowym i relaksacyjnym. Inne, to miejsce wiązania barbituranów (Weronal), które działają przeciwkonwulsyjnie i sedatywnie. Związanie tych substancji z receptorem wzmaga hiperpolaryzujące działanie GABA. Inne receptory — receptory $GABA_B$ należą do klasy receptorów metabotropowych. Ich aktywacja redukuje uwalnianie innych neurotransmiterów z presynaptycznych zakończeń nerwowych. Uwolniony z zakończenia nerwowego GABA może być wychwycony zwrotnie przez zakończenia nerwowe lub przetransportowany do komórek glejowych (por. rozdz. 4). W gleju z GABA może powstawać glutamina, która po wniknięciu do neuronu przekształca się w glutaminian, ten zaś staje się znów źródłem GABA. Komórki GABAergiczne raczej nie tworzą skupisk, ale występują w rozproszeniu. Zazwyczaj są to neurony wstawkowe (interneurony) o krótkich aksonach, czyli działające miejscowo.

## 2.7.2. Glicyna

Inny aminokwas glicyna (Gly) jest, podobnie jak GABA, neuroprzekaźnikiem hamującym. Jej hamujące działanie przejawia się poprzez aktywację receptorów jonotropowych, które są kanałami $Cl^-$ i są wybiórczo blokowane przez strychninę. Neurony, w których transmisja przebiega z udziałem glicyny, znajdują się głównie w rdzeniu kręgowym. W mózgu występują jeszcze inne specyficzne miejsca rozpoznające i wiążące glicynę. Odgrywają one rolę w modulacji transmisji glutaminianergicznej, zachodzącej za pośrednictwem receptorów NMDA (patrz niżej).

### 2.7.3. Aminokwasy pobudzające

Glutaminian (Glu) i asparaginian (Asp) są głównymi neuroprzekaźnikami pobudzającymi w mózgu kręgowców. Wyodrębniona, pęcherzykowa pula tych aminokwasów pełni w neuronach funkcję neuroprzekaźnika. Neurony, w których przekaźnikiem informacji jest Glu/Asp, są szeroko rozpowszechnione, a połowa synaps w mózgu to synapsy zawierające właśnie te aminokwasy. Wiadomo, że informacja wzrokowa, czuciowa, słuchowa dociera z obwodu do kory poprzez drogi glutaminianergiczne. Aminokwasy pobudzające działają zarówno przez receptory jonotropowe, jak i metabotropowe. Receptory jonotropowe to receptory nie-NMDA (AMPA i kainianowe) oraz NMDA. Podstawą takiego podziału są różnice w ich właściwościach farmakologicznych. Receptor NMDA charakteryzuje się dużą przewodnością dla jonów $Ca^{2+}$. Ma on wiele miejsc regulatorowych, między innymi miejsce wiązania glicyny, która działa jako współtransmiter (ryc. 2.8). Warunkiem otwarcia kanału jonowego receptora

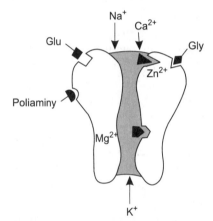

**Ryc. 2.8.** Schemat budowy receptora NMDA z zaznaczeniem niektórych miejsc regulatorowych. Glu — glutaminian, Gly — glicyna

NMDA jest nie tylko przyłączenie agonisty (glutaminianu), ale również depolaryzacja błony postsynaptycznej, która pozwala na usunięcie $Mg^{2+}$ blokującego por kanału. Sądzi się, że te szczególne właściwości receptora NMDA sprawiają, że jego aktywacja stanowi podstawę mechanizmów plastyczności układu nerwowego, w tym procesów uczenia się i pamięci. Nadmierna aktywacja receptorów glutaminianu prowadzi do efektów cytotoksycznych i degeneracji neuronów, co obserwuje się w hipoksji, hipoglikemii i udarach mózgu.

## 2.8. Neuropeptydy

Neuropeptydy stanowią odrębną grupę substancji pełniących funkcję w przekazywaniu informacji pomiędzy komórkami nerwowymi. Wykrycie neuroaktywnych peptydów zburzyło pogląd, znany jako prawo Dale'a, że jeden neuron produkuje tylko jeden

**Tabela 2.2.** Współwystępowanie klasycznych neuroprzekaźników i neuropeptydów

| Klasyczny T | Neuropeptyd | Obszar mózgu szczura |
|---|---|---|
| Dopamina | CCK | śródmózgowie (część brzuszna) |
| Noradrenalina | neurotensyna | miejsce sinawe |
| | NPY | —— „ —— |
| | wazopresyna | —— „ —— |
| GABA | CCK | hipokamp, kora, zwoje podstawy |
| | peptydy opioidowe | |
| Acetylocholina | substancja P | rdzeń przedłużony |
| | VIP | kora |
| Serotonina | TRH | rdzeń przedłużony |
| | enkefalina | pole najdalsze |

T — neuroprzekaźnik, CCK — cholecystokinina, NPY — neuropeptyd Y,
VIP — naczynioaktywny peptyd jelitowy, TRH — czynnik uwalniający hormon tyreotropowy.

neuroprzekaźnik, a także późniejszą jego modyfikację, że pojedyncze zakończenie nerwowe uwalnia tylko jeden neuroprzekaźnik. Okazało się bowiem, że w tym samym zakończeniu nerwowym mogą współwystępować klasyczne neurotransmitery i neuropeptydy (tab. 2.2). Substancje te mogą uwalniać się łącznie podczas szybkich wyładowań potencjału czynnościowego. Współwystępowanie potwierdzają obserwacje mikroskopowe wskazujące, że w niektórych zakończeniach nerwowych oprócz drobnych pęcherzyków synaptycznych, zawierających klasyczny neuroprzekaźnik, obecne są również duże pęcherzyki, z ziarnistościami zawierającymi neuropeptyd. Okazało się ponadto, że w jednym neuronie mogą współwystępować również klasyczne neuroprzekaźniki. Powstaje pytanie o znaczenie takiego współwystępowania. Na ogół uważa się, że umożliwia ono subtelną regulację charakteru odpowiedzi neuronalnej. Wynika to nie tylko z charakterystyki receptorów postsynaptycznych pobudzanych przez uwalniane substancje, ale również ze swoistych właściwości transmisji peptydergicznej.

## 2.8.1. Specyficzne cechy transmisji peptydergicznej

W przeciwieństwie do klasycznych neurotransmiterów, które mogą być wytwarzane miejscowo, dostawa neuropeptydów do zakończenia nerwowego zależy całkowicie od maszynerii syntetyzującej, która znajduje się w ciele komórki nerwowej. Nowo zsyntetyzowany neuropeptyd, zapakowany do pęcherzyków, transportowany jest szybkim transportem aksonalnym (400 mm/24 godz) do zakończenia nerwowego. Potrzebny jest zatem czas na uzupełnienie zawartości neuropeptydu w zakończeniu presynaptycznym, po wyczerpaniu się jego zapasów na skutek intensywnej stymulacji. Ponadto nie ma mechanizmu ponownego wychwytu neuropeptydów do zakończenia nerwowego lub do komórek glejowych, jak to jest w przypadku klasycznych neuroprzekaźników, więc unieczynnienie neuropeptydów zależy wyłącznie od aktywności enzymów proteolitycznych. To sprawia, że ich działanie jest przedłużone (tab. 2.1). Z kolei, powstające w trakcie proteolizy krótsze fragmenty peptydowe mogą być również neuroaktywne. Chociaż zaledwie 1% synaps zawiera określony neuropeptyd, to różnorodność neuropeptydów sprawia, że synapsy peptydergiczne stanowią znaczącą populację.

## 2.8.2. Neuropeptydy

Obecnie znanych jest ponad 50 krótkich peptydów, które działają jako neuroprzekaźniki, ale ich lista jest nadal otwarta. Neuropeptydy można zakwalifikować do różnych rodzin na podstawie podobieństwa sekwencji aminokwasowej (tab. 2.3). Jedną z nich

**Tabela 2.3.** Rodziny neuropeptydów

| Rodzina | Przykłady |
|---|---|
| Neurohormony tylnej części przysadki | wazopresyna, oksytocyna, neurofizyny |
| Opioidy | enkefaliny, endorfiny, dynorfina |
| Tachykininy | substancja P, substancja K (neurokinina A), bombezyna |
| Gastryny | gastryna, cholecystokinina |
| Sekretyny | sekretyna, glukagon |

stanowią neuropeptydy tylnej przysadki: oksytocyna, wazopresyna. Substancje te, wytwarzane przez neurony podwzgórza, wysyłają aksony nie tylko do tylnej przysadki, gdzie uwalniają się do układu krążenia, ale również do wielu obszarów mózgu. Inną grupę stanowią peptydy opioidowe, odkryte w wyniku poszukiwania endogennych substancji, naśladujących działanie morfiny i innych opioidów. Są to pentapeptydy Met-enkefalina i Leu-enkefalina oraz endorfiny i dynorfina. Z kolei wśród neuropeptydów zaliczanych do rodziny tachykinin najlepiej poznano substancję P, która, między innymi, jest współtransmiterem wraz z glutaminianem w pierwszorzędowych włóknach czuciowych. Jeszcze inną grupę stanowią sekretyny (peptydy powiązane strukturalnie z glukagonem), w tym naczynioaktywny peptyd jelitowy (VIP). Neuropeptydy można również podzielić ze względu na ich występowanie w tkankach. Neuroaktywne peptydy produkowane przez przysadkę mózgową to: $\beta$-endorfiny, tyreotropina, hormon adrenokortykotropowy, prolaktyna, hormon stymulujący $a$-melanocyty, hormon luteinizujący. Przykładami peptydów żołądkowo-jelitowych są, oprócz naczynioaktywnego polipeptydu jelitowego, cholecystokinina, glukagon, bombezyna, somatostatyna, neurotensyna i inne. Ważną grupę stanowią hormony podwzgórzowe, np. gonadoliberyna, tyreoliberyna (hormon uwalniający tyreotropinę), kortykoliberyna (hormon uwalniający kortykotropinę) i somatostatyna.

# 2.9. Transmisja objętościowa — pozasynaptyczna

Są dane wskazujące, że oprócz klasycznej neurotransmisji chemicznej, której efektem jest szybka odpowiedź komórki docelowej, istnieje dodatkowo tzw. transmisja objętościowa (ang. volume transmission), w której kluczową rolę odgrywa dyfuzja neuroprzekaźnika. Cząsteczki neuroprzekaźnika uwolnione do szczeliny synaptycznej mogą, w pewnych warunkach, dyfundować ze szczeliny synaptycznej na dostatecznie dużą odległość i aktywować receptory znajdujące się poza obrębem danej synapsy. Proces ten określany jako rozlewanie się neuroprzekaźnika (ang. spill over) powoduje, że sąsiadujące ze sobą synapsy mogą wzajemnie wpływać na siebie (ryc. 2.9). Między innymi właśnie taki mechanizm mógłby się przyczyniać do aktywacji milczących synaps (ang. silent synapse), tj. synaps glutaminianoergicznych zawierających jedynie receptory NMDA, co mogłoby stanowić podstawę zależnych od aktywności neuronalnej zmian plastycznych.

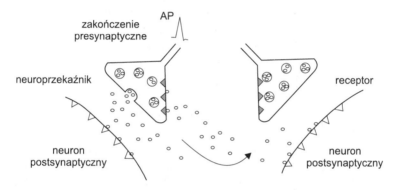

**Ryc. 2.9.** Wpływ „rozlanego" neuroprzekaźnika na sąsiednią synapsę. AP — potencjał czynnościowy. Trójkąty puste-receptory postsynaptyczne, trójkąty wypełnione — receptory presynaptyczne

Oprócz dyfuzji z obszaru synaptycznego, neuroprzekaźniki mogą być uwalniane do przestrzeni pozakomórkowej z tzw. żylakowatości, swoistych rozdęć występujących na przebiegu włókien zawierających pęcherzyki synaptyczne. Dotyczy to w szczególności neuronów aminoergicznych, których aksony są bardzo rozgałęzione, tworząc cienkie i niezmielinizowane wypustki. Brak wykształconej części postsynaptycznej sprawia, że neuroprzekaźnik może dyfundować w przestrzeni pozakomórkowej na znaczną odległość i aktywować swoiste receptory pozasynaptyczne. Świadczą o tym badania wskazujące, że istnieje często rozbieżność pomiędzy miejscem uwalniania określonego neuroprzekaźnika a lokalizacją jego receptorów. Mimo że stężenie neuroprzekaźnika maleje wraz ze wzrostem odległości od miejsca jego uwolnienia, to receptory pozasynaptyczne (zwykle metabotropowe) mogą być pobudzone, gdyż cechuje je wysokie powinowactwo. Ten sposób przesyłania informacji moduluje aktywność układu nerwowego. Zarówno w przypadku „rozlewania się" neuroprzekaźnika poza obręb synapsy, jak również w przypadku jego uwolnienia z żylakowatości do przestrzeni pozakomórkowej przekazanie informacji do innych neuronów jest znacznie wolniejsze niż podczas klasycznej transmisji synaptycznej. Ten sposób komunikacji może być łatwo zaburzony, zwłaszcza w różnych stanach patologicznych, w których dochodzi do zmian objętości przestrzeni pozakomórkowej.

# 2.10. Nietypowe neuroprzekaźniki

W miarę rozwoju wiedzy o procesach neurotransmisji kryteria określające, co można uznać za neuroprzekaźnik, dla ustalenia których wzorcem była acetylocholina, ulegały i ulegają stałej ewolucji. Już dawno zorientowano się, że na przykład pierwotny postulat dotyczący usunięcia neuroprzekaźnika ze szczeliny synaptycznej na drodze jego enzymatycznego rozkładu musi zostać zmieniony po stwierdzeniu, że unieczynnienie większości neuroprzekaźników zachodzi głównie poprzez jego ponowny wychwyt do zakończenia nerwowego lub do komórek glejowych z udziałem specyficznych transporterów. Ostatnio do substancji mogących odgrywać rolę neuroprzekaźników dołączyły proste związki, takie jak gazy: tlenek azotu (NO), tlenek węgla (CO) i prawdopodobnie również siarkowodór ($H_2S$) oraz jony pierwiastka metalu, tj. cynku ($Zn^{2+}$), a ponadto egzotyczny w świecie zwierząt aminokwas, jakim jest D-seryna.

## 2.10.1. Gazy jako neuroprzekaźniki

Tlenek azotu, tlenek węgla i siarkowodór występują endogennie i są wytwarzane w procesach enzymatycznych podlegających regulacji. Gazy te oczywiście nie są magazynowane w pęcherzykach synaptycznych, zaraz po wytworzeniu mogą przeniknąć przez błonę plazmatyczną i dyfundować do neuronów docelowych, wnikając do ich wnętrza. Stąd nie ma dla nich swoistych receptorów w błonach plazmatycznych, jak w przypadku klasycznych neuroprzekaźników lub neuropeptydów. Miejscem ich oddziaływania są różne białka wewnątrzkomórkowe, w tym niektóre enzymy, a w błonach plazmatycznych transportery neurotransmiterów (np. transportery amin katecholowych) i kanały jonowe (np. kanał potasowy) oraz receptory neuroprzekaźników (np. receptory NMDA).

Jeśli chodzi o NO, to jego powstawanie w neuronach jest ściśle i specyficznie związane z pobudzeniem receptorów NMDA i wniknięciem jonów $Ca^{2+}$ przez kanał tego receptora do cytoplazmy (ryc. 2.10). Wtedy dopiero neuronalna syntaza tlenku azotu (nNOS) ulega aktywacji i katalizuje przemianę argininy w cytrulinę z równoczesnym powstaniem NO. Ten łatwo dyfundujący wolny rodnik, którego okres półtrwania jest krótki, bo zaledwie kilka sekund, aktywuje rozpuszczalną cyklazę guanylanową (sGC), która katalizuje reakcję przemiany GTP w cGMP. Ten z kolei jest wtórnym przekaźnikiem informacji. W ten sposób NO wytworzony postsynaptycznie może wpływać na funkcjonowanie dużej liczby neuronów. Może też bezpośrednio regulować przekazywanie informacji działając na receptory NMDA i na

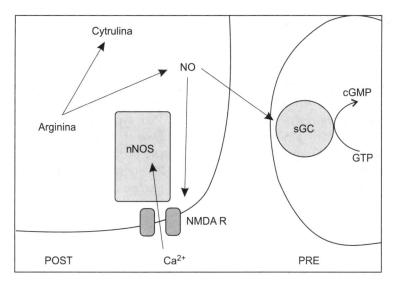

**Ryc. 2.10.** Schemat działania tlenku azotu w synapsie. POST — część postsynaptyczna, PRE — część presynaptyczna, NMDA R — receptor NMDA, nNOS — neuronalna syntaza tlenku azotu, sGC — rozpuszczalna cyklaza guanylanowa

kanały jonowe poprzez S nitrylizację. Z jednej strony, działanie NO można uznać za rozszerzenie zakresu i przedłużenie działania glutaminianu, a z drugiej strony, dyfuzja tego gazu w obrębie synapsy z części postsynaptycznej do presynaptycznej może sygnalizować, że neuron docelowy „odbiornik" przyjął informację i ją zrozumiał. W tym przypadku NO byłby przekaźnikiem działającym wstecz. Podobne działanie mogłoby mieć CO i $H_2S$ oraz kwas arachidonowy, który też łatwo dyfunduje poprzez błony plazmatyczne i wytworzony w części postsynaptycznej może dyfundować do części presynaptycznej, gdzie może działać.

Tlenek azotu wpływa na rozszerzenie naczyń i uczestniczy w transmisji synaptycznej w ośrodkowym układzie nerwowym. Działanie NO na obwodzie było znane od dawna jako czynnika relaksacyjnego naczyń. Odgrywa on rolę neuroprzekaźnika w neuronach unerwiających ciała jamiste i naczynia krwionośne penisa, a zablokowanie jego syntezy przez podanie inhibitorów NOS blokuje erekcję. Terapeutyczne działanie Viagry (inhibitor fosfodiesterazy typu 5 — enzymu rozkładającego cGMP) przy zaburzeniu erekcji jest prawdopodobnie skutkiem wzmożonej transmisji z udziałem NO. W korze mózgowej zaledwie 1% neuronów wykazuje ekspresję nNOS. Niemniej jednak neurony te mają silnie rozbudowaną sieć wypustek i prawdopodobnie wywierają wpływ na wszystkie neurony korowe.

Innym gazem, któremu przypisuje się rolę neuroprzekaźnika, jest tlenek węgla (CO) potocznie zwany czadem. Powstaje on w reakcji katalizowanej przez oksygenazę hemową, skutkiem czego zostaje przerwany pierścień porfirynowy hemu i powstaje biliwerdyna (która jest natychmiast redukowana do bilirubiny) oraz uwalnia się żelazo i CO. CO podobnie jak NO może aktywować rozpuszczalną cyklazę guanylanową.

## 2.10.2. Cynk synaptyczny

Innym nietypowym neuroprzekaźnikiem jest cynk synaptyczny. Ten pierwiastek w postaci jonowej występuje w niektórych zakończeniach nerwowych. Jest on magazynowany w pęcherzykach synaptycznych z udziałem specyficznego transportera, podobnie jak w przypadku klasycznych neuroprzekaźników. Pęcherzyki te oprócz cynku synaptycznego zawierają glutaminian. Pod wpływem depolaryzacji cynk synaptyczny uwalniany jest łącznie z tym aminokwasem pobudzającym do szczeliny synaptycznej (ryc. 2.11A). Tu nasuwa się analogia do przypadków łącznego uwalniania klasycznego neuroprzekaźnika i neuropepetydu. Jak się wydaje, działanie $Zn^{2+}$ polega przede wszystkim na regulacji aktywności szeregu receptorów jonotropowych (receptory NMDA, AMPA, $GABA_A$), a tym samym na modulacji odpowiedzi postsynaptycznej. Ostatnio pojawiły się informacje, że w rdzeniu kręgowym cynk synaptyczny może występować nie tylko w neuronach glutaminianergicznych, ale również w GABAergicznych. W procesach neurotoksyczności wywołanych nadmiernym pobudzeniem postuluje się udział cynku synaptycznego, który mógłby wnikać do wnętrza neuronu postsynaptycznego i tam indukować procesy neurodegeneracyjne.

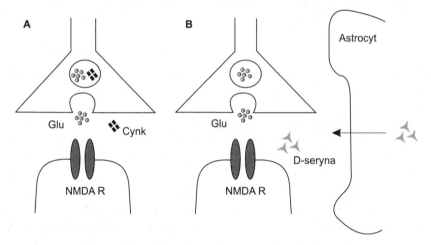

**Ryc. 2.11.** Przykłady nietypowej transmisji z udziałem: A) jonów cynku, B) D-seryny. NMDA R — receptor NMDA, Glu — glutaminian. (Wg: Baranino i in. 2001, zmodyf.)

## 2.10.3. D-Seryna

Z pewnym niedowierzaniem i zaskoczeniem przyjęto informacje, że D-seryna może być neuroprzekaźnikiem. Okazało się, że jest ona współagonistą receptorów NMDA. Ta rzadko spotykana stereoforma aminokwasów wytwarzana jest wybiórczo w niektórych astrocytach, które zawierają racemazę seryny — enzym przekształcający L-serynę w D-serynę. (Uprzednio sądzono, że tylko bakterie i niektóre bezkręgowce są zdolne do produkcji D-aminokwasów). Mianowicie w momencie kiedy w wyniku pobudzenia z neuronu presynaptycznego zostaje uwolniony glutaminian, to może on działać nie tylko na część postsynaptyczną, ale również na astrocyty, na których są receptory nie-NMDA. Jest to sygnał do wytworzenia i wydzielenia D-seryny, która łączy się z miejscem glicynowym receptora NMDA i wespół z glutaminianem powoduje otwarcie jego kanału (por. ryc. 2.8). Ta skomplikowana droga aktywacji receptora NMDA, która wymaga przyłączenia aż dwu substancji agonistycznych i depolaryzacji błony, aby otworzyć kanał receptora NMDA, może być swoistym zabezpieczeniem neuronów postsynaptycznych przed cytotoksycznym działałaniem glutaminianu uwolnionego w wyniku nadmiernego pobudzenia. W przypadku D-seryny mielibyśmy zatem do czynienia z sytuacją, kiedy substancja pełniąca funkcje neuroprzekaźnika byłaby wytwarzana w astrocytach, łamiąc tym samym wszystkie dotychczasowe reguły przyjmowane dla chemicznej transmisji synaptycznej (ryc. 2.11B).

# 2.11. Uwagi końcowe

W miarę postępu badań, które dostarczają wciąż nowych faktów, panujące poglądy na temat przekazywania sygnałów w układzie nerwowym ulegają ciągłej ewolucji. Różnorodność sposobów komunikacji między neuronami oraz współdziałanie między różnymi układami neurotransmiterowymi powoduje, że odpowiedź komórki efektorowej na docierające do niej sygnały może być precyzyjnie regulowana.

W porównaniu z klasyczną, szybką transmisją chemiczną, która ogranicza działanie neuroprzekaźnika do obszaru synapsy, transmisja objętościowa jest znacznie powolniejsza, ale obejmuje swym zasięgiem większy obszar i może kontrolować ogólną pobudliwość większej populacji komórek. Klasyczna neurotransmisja natomiast zapewnia specyficzność komunikacji między poszczególnymi neuronami. Należy pamiętać ponadto, że przyłączenie neuroprzekaźnika do receptora nie zawsze powoduje zmianę pobudliwości komórki postsynaptycznej, albowiem wytworzenie, w wyniku aktywacji receptorów metabotropowych, wtórnych przekaźników może wpływać na metabolizm komórki efektorowej bez zmiany przewodności kanałów jonowych. Może również prowadzić do powstania substancji, które łatwo dyfundując poprzez błony plazmatyczne, mogą wpływać na aktywność części presynaptycznej. Do substancji tych należą tlenek azotu (NO) i tlenek węgla (CO) oraz kwas arachidonowy.

# 2.12. Podsumowanie

Głównym sposobem komunikowania się w układzie nerwowym jest przekaźnictwo chemiczne w synapsach. Funkcję neuroprzekaźników może pełnić wiele różnych związków drobnocząsteczkowych i peptydów. Substancje te są zmagazynowane w pęcherzykach synaptycznych w zakończeniach nerwowych. Z chwilą dotarcia potencjału czynnościowego do zakończenia nerwowego neuroprzekaźnik jest uwalniany do szczeliny synaptycznej i łączy się następnie ze swoistym receptorem w błonie postsynaptycznej. Istnieje duża różnorodność wśród receptorów swoistych dla danego neuroprzekaźnika. Ze względu na sposób działania możemy podzielić receptory neuroprzekaźników na jono- i metabotropowe. Pobudzenie receptorów jonotropowych, które są kanałami jonowymi, wywołuje szybką zmianę potencjału błony postsynaptycznej. Aktywacja receptorów metabotropowych wpływa natomiast pośrednio na przewodność błony dla jonów poprzez uruchomienie procesów zachodzących z udziałem białek G. Na aktywność synaptyczną może wpływać wiele czynników, które modulują uwalnianie neuroprzekaźnika z zakończenia nerwowego lub wpływają na wzorzec odpowiedzi komórki docelowej.

*Podziękowanie*

Autorka dziękuje inż. M. Aleksy za pomoc w przygotowaniu rysunków i manuskryptu.

## LITERATURA UZUPEŁNIAJĄCA

Baranino D.E., Ferris C.D., Snyder S.H.: Atypical neural messenger. *Trends Neurosci.* 2001, **24**: 99 – 106.

Barańska J.: *Rozpad fosfolipidów a przekazywanie informacji w komórce*. Polskie Towarzystwo Biochemiczne, Warszawa 1992, 1 – 36.

Mains R.E., Eipper B.A.: Peptides. W: G.J. Siegel i wsp. (red.): *Basic neurochemistry: molecular, cellular and medical aspects*. Lippincott — Raven Publishers, Philadelphia, New York 1999, 364 – 382.

Fuxe K., Agnati L.F.: Two principal modes of electrochemical communication in the brain: volume versus wiring transmission. W: K. Fuxe, L.F. Agnati (red.), *Volume transmission in the brain: Novel mechanisms for neural transmission*. Raven Press, New York 1991, 1 – 9.

Hokfelt T.: Neuropeptides in perspective: The last ten years. *Neuron* 1991, **7**; 867 – 879.

Nieuwenhuys R.: *Chemiarchitecture of the brain*. Springer–Verlag, Berlin, Heidelberg, New York, Toronto 1985, 1 – 246.

Skangiel-Kramska J.: Receptory błonowe: klasyfikacja, struktura, funkcje. W: L. Konarska (red.), *Molekularne mechanizmy przekazywania sygnałów w komórce*. PWN, Warszawa 1995, 45 – 61.

Verhage M., Ghijsen W.E.J., Lopes da Silva F.H.: Presynaptic plasticity: The regulation of $Ca^{2''}$ — dependent transmitter release. *Prog. Neurobiol.* 1994, **42**: 539 – 574.

von Bohlen O. und Halbach, Dermietzel R.: *Neurotransmitters and Neuromodulators*. Viley — VCH Verlag GmbH, Weinheim 2002, 1 – 285.

Watson S.P., Girdlestone D.: Receptor and ion channel nomenclature. *Trends Pharmacol. Sci.* Supplement, **1995**: 2 – 63.

# ROZDZIAŁ 3

# Neuron i sieci neuronowe

Andrzej Wróbel

---

Wprowadzenie ■ Neuron — podstawowa jednostka sieci neuronowej ■ Zmienność mechanizmów neuronalnych ■ Elementy sieci neuronowej mózgu ■ Przykłady sieci neuronowych w ośrodkowym układzie nerwowym ■ Stopień skomplikowania sieci neuronowych mózgu ■ Modelowanie ■ Podsumowanie

---

## 3.1. Wprowadzenie

Pod koniec XIX wieku Ramon y Cajal, hiszpański anatom, wykazał, że układ nerwowy jest strukturą złożoną z wielu, podobnych pod względem funkcjonalnym, komórek nerwowych (neuronów). Odkrycie to otworzyło nową epokę w badaniach i rozumieniu funkcji mózgu. Z jednej strony rozpoczęto badania aktywności pojedynczych neuronów jako elementów wyspecjalizowanych w integracji i przekazywaniu między sobą informacji, a z drugiej, badania struktury i działania sieci neuronowej, której organizacja określa działanie mózgu i w konsekwencji zachowanie zwierząt i ludzi.

## 3.2. Neuron — podstawowa jednostka sieci neuronowej

Jest rzeczą niesłychanie interesującą, że mózg, którego działanie przejawia się w nieograniczonej liczbie rozmaitych aktów behawioralnych, myśli i emocji, jest zbudowany w istocie z bardzo podobnych elementów — komórek nerwowych (neuronów). Wszystkie neurony (ryc. 3.1) składają się z ciała komórkowego oraz dwu

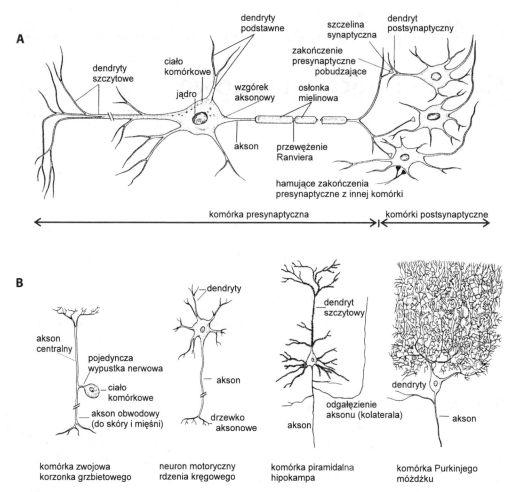

**Ryc. 3.1.** Neurony. **A** — podstawowe elementy komórki nerwowej kręgowca. Z ciała komórki wychodzą dwa rodzaje wypustek: dendryty i akson. Aksony mogą mieć różną długość, sięgającą do 1 m i są na ogół bardzo cienkie (0,2–20 μm). Potencjały czynnościowe powstają na wzgórku aksonowym i, w aksonach z osłonką mielinową, odnawiają się w kolejnych przewężeniach Ranviera. Końcowe rozgałęzienia aksonów (tzw. drzewka aksonowe) zakończone są kolbkami synaptycznymi (białe trójkąty — kolbki synaptyczne komórki pobudzającej, czarne — hamującej) na wielu (do 1000) komórkach postsynaptycznych. **B** — komórki z rozmaitymi typami morfologicznymi wypustek aksonowych i dendrytycznych. (Wg: Kandel i in. 1991, zmodyf.)

rodzajów wypustek nerwowych: dendrytów i aksonów. Funkcjonowanie mózgu polega na pobudzaniu w określonym czasie odpowiednich grup komórek. Pobudzenie to jest przekazywane między neuronami przez synapsy — wyspecjalizowane struktury błonowe składające się z zakończenia aksonu (tzw. presynaptycznej kolbki aksonowej) i części błony następnej komórki (tzw. błony postsynaptycznej). Synapsy znajdują się głównie na dendrytach i ciele komórki postsynaptycznej (ryc. 3.1A). Liczba kontaktów synaptycznych i dendrytów oraz długość i rozgałęzienia aksonów są różne dla różnych komórek, ale niezmienna pozostaje ich rola: jednokierunkowe przekazywanie pobudzenia od aksonu presynaptycznego do dendrytów następnej komórki. W ostatnich latach odkrywa się coraz więcej mechanizmów komórkowych różnicujących neurony również ze względu na ich rolę w integracji aktywności neuronalnej. Takie zjawiska jak długotrwałe wzmocnienie synaptyczne czy zdolność do wzbudzania oscylacji elektrycznych na błonie komórkowej charakteryzują najprawdopodobniej jedynie część komórek nerwowych mózgu i nie wpływają zasadniczo na podstawowy aksjomat w badaniach neurofizjologicznych, według którego nie różnorodność funkcjonalna neuronów, lecz bogactwo połączeń w sieci nerwowej określa rozmaitość naszych zachowań.

## 3.2.1. Pobudliwa błona neuronu

Wnętrze niepobudzonego neuronu ma ujemny potencjał siedemdziesięciu miliwoltów względem środowiska międzykomórkowego, zwany potencjałem spoczynkowym (ryc. 3.2). Napięcie to powstaje w wyniku aktywnego procesu biochemicznego, transportującego dodatnie jony sodu na zewnątrz komórki. Ponieważ w stanie spoczynkowym błona komórkowa jest trudno przepuszczalna dla jonów sodu, tylko niewielka ich ilość dyfunduje pod wpływem gradientu elektrycznego z powrotem do komórki, aż do stanu, w którym oba procesy (aktywny transport i dyfuzja) osiągają stan równowagi. Stan ten jest stabilizowany łatwo przepływającym przez kanaliki błony prądem jonów potasu. Gdy za pomocą specjalnej mikroelektrody (oznaczonej A na ryc. 3.2A) wstrzykniemy do komórki pewną liczbę jonów ujemnych, napięcie na błonie zwiększy się jeszcze bardziej, co nazywamy hiperpolaryzacją błony (ryc. 3.2B.1). Wstrzyknięcie do komórki niewielkiej porcji jonów dodatnich, za pomocą tej samej mikroelektrody, wywołuje również „pasywną" odpowiedź błony, w tym wypadku jednak różnica potencjałów po obu jej stronach maleje (co nazywamy depolaryzacją — ryc. 3.2B.2).

Z chwilą gdy zwiększający się potencjał błony przekroczy pewną wartość progową depolaryzacji, jego dalsza zmiana przestaje być proporcjonalna do bodźca na skutek gwałtownego zwiększenia przepuszczalności błony dla jonów sodu (poprzez otwarcie specjalnych kanalików sodowych zależnych od napięcia). Jony sodu, wpływając gwałtownie do wnętrza komórki pod wpływem gradientu elektrycznego, powodują krótkotrwałą zmianę (ok. 1 ms) polaryzacji błony, nazywaną potencjałem czynnościowym lub iglicowym (ryc. 3.2B.3). Szybką repolaryzację błony w końcowej fazie potencjału iglicowego wywołuje prąd jonów potasu wypływający z komórki. Pobudzanie komórki coraz silniejszymi prądami depolaryzującymi powoduje skracanie czasu potrzebnego do zapoczątkowania potencjałów czynnościowych, nie zmieniając ich amplitudy (ryc. 3.2B.4). Ta właściwość pobudliwej błony neuronu umożliwia kodowanie siły bodźca częstotliwością pojawiących się na niej potencjałów czynnościowych. Na rycinie 3.2.C przedstawiono, jak po wyładowaniu iglicowym wracająca do stanu spoczynkowego błona neuronu jest ponownie pobudzana przez przedłużający się bodziec (3.2C.3) i generuje nowy potencjał czynnościowy z tym krótszą latencją,

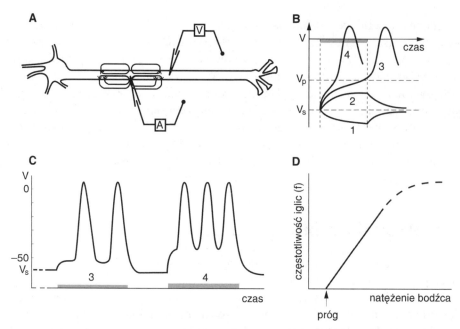

**Ryc. 3.2.** Badanie pobudliwości błony aksonu. **A** — układ doświadczalny do pomiaru potencjału błony (wzmacniacz V) i wstrzykiwania jonów do komórki (stymulator A). Komórka umieszczona jest w środowisku fizjologicznym nie zaznaczonym na rysunku. Wstrzyknięcie do wnętrza aksonu porcji jonów dodatnich powoduje rozpływ prądu wzdłuż pokazanych linii sił pola elektrycznego oraz zainicjowanie potencjału czynnościowego w miejscu stymulacji. **B** — zmiany potencjału błony komórkowej w odpowiedzi na prostokątny bodziec hiperpolaryzujący (1) i trzy bodźce depolaryzujące o różnym natężeniu (2–4). Czas trwania wszystkich bodźców zaznaczono szarym prostokątem na osi odciętych. Pierwszy z bodźców depolaryzujących (2) jest słabszy od wartości progowej potrzebnej do wytworzenia potencjału czynnościowego, a dwa następne (3, 4) są ponadprogowe. **C** — odpowiedź błony komórkowej na długo trwający bodziec depolaryzujący o różnej sile (3, 4). Bodziec o mniejszym natężeniu (3, cienki szary prostokąt na osi czasu) wywołuje pierwszy potencjał czynnościowy z dłuższą latencją, a kolejne iglice z mniejszą częstotliwością niż bodziec o większym natężeniu (4, grubszy szary prostokąt). **D** — częstotliwość wytwarzanych przez komórkę potencjałów czynnościowych (iglic) jako funkcja natężenia długo trwającego bodźca. $V_s$ — potencjał spoczynkowy; $V_p$ — potencjał progowy

im większa jest wartość wstrzykiwanego prądu jonowego (3.2C.4). Wykres na rycinie 3.2D ilustruje zbliżoną do liniowej zależność między siłą bodźca a częstotliwością wyładowań iglicowych, w zakresie od zera (dla wartości podprogowej bodźca) do maksymalnej częstości określonej przez czas trwania iglicy.

## 3.2.2. Akson — specjalizacja w przewodzeniu impulsów

W poprzednim podrozdziale opisano sposób, w jaki siła bodźca depolaryzującego błonę komórki nerwowej jest kodowana częstotliwością wyzwalanych na niej potencjałów czynnościowych. Miejscem o najniższym progu pobudzenia, w którym powstają potencjały iglicowe w warunkach fizjologicznych, jest tzw. wzgórek aksonowy — stożkowate miejsce wyjścia aksonu z wnętrza komórki (ryc. 3.1A). Stąd, potencjały czynnościowe przemieszczają się, z zachowaniem tej samej amplitudy i częstotliwości, wzdłuż aksonu, do jego zakończenia znajdującego się na dendrytach lub ciele komórki następnego neuronu. Propagacja iglic odbywa się dzięki temu, że powstający na wzgórku aksonowym potencjał czynnościowy powoduje napływ jonów dodatnich do komórki, które dyfundując depolaryzują sąsiedni odcinek błony aksonu powyżej progu pobudzenia (ryc. 3.2A), a tym samym generują iglicę w nowym miejscu. W ten sposób potencjał czynnościowy „odradza się" w kolejnych odcinkach błony aksonu i przesuwa się bez ubytku amplitudy, w kierunku od ciała komórki do końca aksonu. Chwilowe odwrócenie potencjału błony w czasie trwania iglicy uniemożliwia jej rozchodzenie się w odwrotnym kierunku, gdyż w miejscu początkowym dodatnio naładowana błona aksonu jest niepobudliwa (przez czas trwania iglicy zwany okresem refrakcji). Powstawanie napięcia błonowego i przewodzenie potencjałów iglicowych bez ubytku odbywa się kosztem energii wytwarzanej przez komórkę, i bez „zaopatrze-nia" wystarcza przeciętnie na ok. 1500 wyładowań czynnościowych. W toku ewolucji niektóre aksony zostały otoczone tzw. osłonką mielinową — nieprzewodzącą warstwą, która w zasadniczy sposób zwiększa szybkość rozchodzenia się impulsów. Akson zmielinizowany przewodzi potencjały czynnościowe ok. 100 razy szybciej od aksonu o tej samej grubości, ale pozbawionego otoczki mielinowej. Takie przyspieszenie jest spowodowane zmianą „lontowej" propagacji impulsów czynnościowych wzdłuż aksonu (jak na ryc. 3.2A) na przewodzenie „skokowe" — między przerwami w osłonce mielinowej (zwanymi przewężeniami Ranviera; ryc. 3.1A). Szybkość przewodzenia w zmielinizowanych włóknach nerwów ruchowych ssaków wynosi ok. 100 m/s. Akson ma zwykle na swym końcu szereg niezmielinizowanych odgałęzień — tzw. drzewko aksonowe (ryc. 3.1B). Dzięki drzewku końcowemu oraz odgałęzieniom bocznym (tzw. kolateralom, ryc. 3.1B) każda komórka może przekazywać pobudzenie kilku następnym (postsynaptycznym) neuronom (ryc. 3.1A). Większa liczba rozgałęzień drzewka na tej samej komórce postsynaptycznej zwiększa również zwykle siłę (wagę) oddziaływania między komórkami. Zakończenie aksonu (tzw. kolbka synaptyczna) zawiera gotowy do wyrzucenia zapas neurotransmitera (mediatora), substancji chemicznej, która wyzwala się z chwilą depolaryzacji kolbki aksonu przez potencjał czynnościowy (por. rozdz. 2). Mediator ten, wychodząc do szczeliny synaptycznej (miejsca styku między neuronami), dyfunduje w kierunku błony neuronu postsynaptycznego, łączy się z nią, zmieniając przy tym na pewien czas jej przepuszczalność i stopień polaryzacji (ryc. 3.3C, D).

## 3.2.3. Dendryty — specjalizacja w integracji aktywności wielu komórek presynaptycznych

W zależności od rodzaju wytwarzanego transmitera komórki nerwowe mogą albo zmniejszać (inaczej, depolaryzować), albo zwiększać (hiperpolaryzować) potencjał elektryczny błony dendrytu komórki postsynatycznej. W neuronach pobudzających każdy impuls czynnościowy docierający do zakończenia aksonu (ryc. 3.3A) wywołuje czasową depolaryzację błony postsynaptycznej nazywaną postsynaptycznym potencjałem pobudzeniowym (ang. excitatory postsynaptic potential, EPSP, ryc. 3.3C). Depolaryzacja ta jest wywołana przez wpływające gwałtownie do wnętrza komórki postsynaptycznej jony dodatnie (głównie jony sodu). Potencjał progowy pobudzenia błony dendrytycznej jest znacznie wyższy od omawianego wcześniej potencjału progowego błony aksonu. Dlatego też, postsynaptyczny impuls depolaryzacyjny nie wywołuje potencjału iglicowego, a rozprzestrzeniając się wzdłuż błony dendrytu jego potencjał maleje (tzw. przewodzenie „z ubytkiem", ryc. 3.4A). W wyniku rozpływania się jonów we wnętrzu komórki amplituda EPSP w miejscu powstania również maleje i potencjał ten znika w czasie od kilku do kilkunastu milisekund (ryc. 3.3C). Taki długi czas repolaryzacji (powrotu potencjału do jego wartości początkowej) błony dendrytycznej umożliwia integrację potencjałów postsynaptycznych. W typowej sytuacji pobudzeniowego przekaźnictwa synaptycznego każdy kolejny potencjał czynnościowy docierający do zakończenia aksonu wywołuje podobny EPSP, który dodaje się do poprzednich, zwiększając depolaryzację błony postsynaptycznej. Analogową zmianę potencjału postsynaptycznego błony ciała i dendrytów neuronu, w wyniku docierających do niej kolejnych porcji neurotransmitera, nazywa się wolnym potencjałem. Jest on proporcjonalny do częstotliwości potencjałów czynnościowych w zakończeniu aksonu (ryc. 3.3B, F).

Podobnie do pobudzeniowych sumują się hamujące potencjały postsynaptyczne (ang. inhibitory postsynaptic potential, IPSP). Powstają one w wyniku presynaptycznej

---

**Ryc. 3.3.** Przekazywanie aktywności przez synapsę; Wolny potencjał na komórce postsynaptycznej; Sumowanie czasowe. **A** — iglice potencjałów czynnościowych przybywające do zakończenia aksonu E. Każda z nich wytwarza na dendrycie d komórki postsynaptycznej postsynaptyczny potencjał pobudzeniowy (EPSP). **B** — sumujące się w czasie, kolejne EPSP depolaryzują w sposób ciągły błonę dendrytu, do wartości potencjału wyznaczanej przez wielkość pojedynczego EPSP i częstość iglic presynaptycznych. **C** — potencjał iglicowy w zakończeniu E (por. część A ryciny) wywołuje każdorazowo podobne EPSP, po czasie opóźnienia synaptycznego. Pole mierzone obwiednią pojedynczego EPSP odpowiada depolaryzacji błony $d_E$ (w okolicy synapsy E), w średnim interwale między impulsami (por. część B ryciny). **D** — IPSP w dendrycie d, na błonie postsynaptycznej synapsy hamującej ($d_I$). Wszystkie cztery wykresy przedstawione na ryc. A–D mają współbieżną oś czasu. **E, F** — zmiana częstości iglic presynaptycznych na zakończeniu aksonu E, $V_{WE(E)}$ wywołuje wolne zmiany średniego potencjału na błonie dendrytu d ($V_{d(E)}$). **G, H** — zmiana wolnego potencjału dendrytu d w okolicy błony postsynaptycznej synapsy hamującej (H) w odpowiedzi na dochodzące do kolbki presynaptycznej potencjały czynnościowe komórki I (G). **I** — wolny potencjał wynikający z sumowania lokalnych potencjałów postsynaptycznych $V_{d(E)}$ (F) i $V_{d(I)}$ (H). **J** — aktywność czynnościowa na wzgórku aksonowym komórki postsynaptycznej (nie pokazanym na rysunku), wynikająca z sumarycznego wolnego potencjału $V_{d(E+I)}$. **K** — częstotliwość iglic ($f_{WY}$) na wzgórku aksonowym komórki postsynaptycznej. Wszystkie siedem wykresów (E–K) mają współbieżną oś czasu. Należy zwrócić uwagę, że skala czasu została ścieśniona tak bardzo w stosunku do wykresów z lewej strony (A–D), że pojedyncze potencjały czynnościowe (na rycinach E, G, J) wyglądają jak pionowe kreski. E, I, d — zakończenia komórek presynaptycznych: pobudzającej (E) i hamującej (I) oraz wypustka dendrytyczna komórki postsynaptycznej. $V_{WE(E)}$ — potencjał błony komórki presynaptycznej E. $V_{WE(I)}$ — potencjał błony komórki presynaptycznej I. $V_s$ — potencjał spoczynkowy. $V_{pr}$ — potencjał progowy. $V_{d(E)}$ — potencjał dendrytu d w okolicy błony postsynaptycznej komórki E. $V_{d(I)}$ — potencjał dendrytu d w okolicy błony postsynaptycznej komórki I. $V_{d(E+I)}$ — sumaryczny wolny potencjał na dendrycie d. $V_{WY}$, $f_{WY}$ — potencjał i częstotliwość iglic na wzgórku aksonowym komórki postsynaptycznej

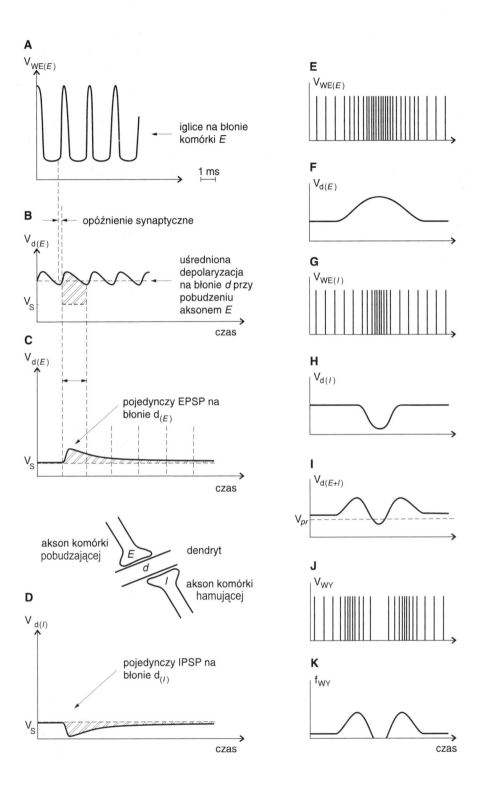

**A**

$V_{WE(E)}$

iglice na błonie
komórki $E$

1 ms

**B**

opóźnienie synaptyczne

$V_{d(E)}$

$V_S$

uśredniona
depolaryzacja
na błonie $d$ przy
pobudzeniu
aksonem $E$

czas

**C**

$V_{d(E)}$

pojedynczy EPSP na
błonie $d_{(E)}$

$V_S$

czas

akson komórki
pobudzającej

$E$

$d$

dendryt

$I$

akson komórki
hamującej

**D**

$V_{d(I)}$

pojedynczy IPSP na
błonie $d_{(I)}$

$V_S$

czas

**E**

$V_{WE(E)}$

**F**

$V_{d(E)}$

**G**

$V_{WE(I)}$

**H**

$V_{d(I)}$

**I**

$V_{d(E+I)}$

$V_{pr}$

**J**

$V_{WY}$

**K**

$f_{WY}$

czas

aktywności komórek zawierających mediator typu hamującego (ryc. 3.3D). IPSP stanowi okresową hiperpolaryzację błony postsynaptycznej spowodowaną otwarciem przez mediator kanalików przepuszczających jony o ładunku ujemnym (jony chloru). Hiperpolaryzacja ta jest tym większa, im większa jest częstotliwość czynnościowych potencjałów presynaptycznych (ryc. 3.3G, H). Neurony hamujące znajdują się w układzie nerwowym w tych miejscach, gdzie zachodzi potrzeba zmniejszenia aktywności komórki postsynaptycznej. Warto zauważyć, że większa aktywność komórki presynaptycznej, w wyniku przetworzenia przez synapsę hamującą, wywołuje hiperpolaryzację komórki postsynaptycznej. Skutkiem działania takiej synapsy jest więc „zmiana znaku" przekazywanej informacji.

## 3.2.4. Sumowanie czasowe i przestrzenne. Wolny potencjał neuronu

Jony sodu, które przedostają się przez błonę postsynaptyczną i wywołują jej czasową depolaryzację (EPSP), tworzą tam lokalny gradient potencjału zmniejszający się w przybliżeniu wykładniczo w miarę odległości od synapsy, jak to przedstawiono przerywanymi liniami na rycinie 3.4A. Gdy wiele synaps ulokowanych na tym samym dendrycie (z jednego lub różnych drzewek aksonowych) jest równocześnie pobudzonych, na błonie dendrytu tworzy się sumaryczny wolny potencjał przedstawiony na rysunku linią ciągłą. Dodawanie ładunków wpływających do komórki przez wszystkie aktywne synapsy nazywa się sumowaniem przestrzennym. Potencjał wywołany tym ładunkiem zmniejsza się co prawda wraz z odległością od pobudzonego odcinka dendrytu w kierunku ciała neuronu, ale zlewa się tam z wpływami, przychodzącymi jednocześnie od synaps położonych na innych dendrytach.

Na ciele komórki (a dokładniej na wychodzącym z niego początkowym odcinku aksonu, zwanym wzgórkiem aksonowym) na skutek sumowania czasowo-przestrzennego integrują się wszystkie dochodzące do komórki wpływy pobudzające i hamujące. Na rycinie 3.4B przedstawiono kierunek przepływu prądów jonowych przez neuron, który podlega wpływom dwu zaktywowanych w tym momencie synaps: pobudzającej i hamującej. Potencjał sumaryczny wzgórka aksonowego, zmieniający się wolno w czasie, w wyniku sumowania wpływów ze wszystkich wejść, nazywa się wolnym potencjałem wzgórka aksonowego (w skrócie — wolnym potencjałem neuronu). Gdy suma dyfundujących do wzgórka aksonowego prądów jonowych jest dodatnia, błona ulega depolaryzacji, a gdy jej potencjał przekroczy wartość progową, może zapoczątkować aktywację potencjałów czynnościowych.

Uproszczony mechanizm integracji aktywności komórek pobudzających i hamujących przedstawiony jest na rycinie 3.3E–K. Rycina 3E przedstawia serię potencjałów czynnościowych neuronu pobudzającego, który działając na błonę dendrytu komórki postsynaptycznej, wywołuje sumaryczny wolny EPSP (ryc. 3.3F), według mechanizmu opisanego wyżej. Hipotetyczna aktywność neuronu hamującego (ryc. 3.3G) wywołuje po stronie postsynaptycznej sumaryczny potencjał przedstawiony na rycinie 3.3H. Łatwo zauważyć, że ujemny potencjał błony postsynaptycznej zwiększa się w czasie wysokiej częstotliwości IPSP, a kierunek tych zmian jest odwrotny niż przy sumowaniu EPSP. Rycina 3.3I obrazuje, jak oba sumaryczne potencjały ($V_{d(E)}$) i $V_{d(I)}$), mające różne znaki polaryzacji, dodają się na dendrycie komórki postsynaptycznej do wspólnego potencjału ($V_{d(E+I)}$). Ten wynikowy, wolny potencjał, przenosi się następnie (z pewną stratą, jak na ryc. 3.4A) do wzgórka aksonu postsynaptycznego, którego próg pobudzenia ($V_{pr}$) koduje ostateczny wynik operacji w postaci serii potencjałów czynnościowych, zobrazowanej na rycinie 3.3J, K.

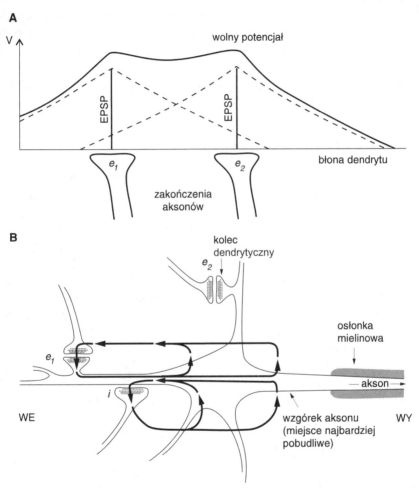

**Ryc. 3.4.** Sumowanie przestrzenne na błonie postsynaptycznej. **A** — potencjały czynnościowe dochodzące do zakończeń aksonów ($e_1$ i $e_2$) wywołują potencjały postsynaptyczne (EPSP) na błonie dendrytu, których amplitudę można odczytać na osi potencjału (V). Linie przerywane wyobrażają hipotetyczną zmianę wartości potencjału w różnych odległościach od każdej z dwu synaps, w sytuacji, gdyby nie było drugiej z nich. Linia ciągła przedstawia sumaryczny wolny potencjał wzdłuż błony dendrytu. **B** — przebieg linii sił pola elektrycznego (kierunek przepływu jonów dodatnich) przy dwu aktywnych synapsach: pobudzającej ($e_1$) i hamującej (*i*). Druga, widoczna synapsa pobudzająca ($e_2$) jest, w przedstawionym momencie, nieaktywna. WE, WY — symboliczny opis kierunku przepływu informacji w komórce (jej wejścia i wyjście)

# 3.3. Zmienność mechanizmów neuronalnych

Łatwo zauważyć, że w przedstawionym wyżej procesie przekazywania informacji w układzie nerwowym siła bodźca kodowana jest najpierw w neuronie presynaptycznym częstością impulsów, następnie w tej formie przekazywana bez strat wzdłuż jego aksonu, aby wreszcie, w wyniku sumowania czasowego na błonie postsynaptycznej, znów wyrazić się wielkością polaryzacji. Wartość potencjału postsynaptycznego, będąca wynikiem sumy aktywności wszystkich neuronów presynaptycznych pobudzających i hamujących, nazywana jest wolnym potencjałem, gdyż zmienia się znacznie wolniej niż podczas aktywacji potencjałów: czynnościowego czy postsynaptycznego (ryc. 3.3I). W pierwszym przybliżeniu można przyjąć, że sieć nerwowa działa według prostej zasady sumowania wpływów pobudzających i hamujących, a wynikiem tej operacji jest wolny potencjał neuronu. Warto jednak wiedzieć, że taki opis oddziaływań między neuronami ma swoje ograniczenia.

## 3.3.1. Potencjały odwrócenia

Zasada sumowania potencjałów postsynaptycznych proporcjonalnie do ich częstotliwości jest ograniczona przez mechanizm zmiany amplitudy tych potencjałów w zależności od stopnia polaryzacji komórki. Istnienie tzw. potencjałów odwrócenia ($E_{EPSP}$ i $E_{IPSP}$) obrazuje rycina 3.5. Po lewej stronie tej ryciny przedstawiono, jak zmienia się amplituda, a nawet polaryzacja EPSP wraz ze zmianami napięcia na błonie neuronu postsynaptycznego. Gdy komórka jest w stanie spoczynkowym (napięcie na jej błonie wynosi ok. $-65$ mV), otwarcie kanalików sodowych w błonie postsynaptycznej synapsy pobudzającej wywołuje wpływanie jonów sodu do wnętrza (pod wpływem siły gradientu elektrycznego) i depolaryzację. Amplituda tego depolaryzującego EPSP rośnie w miarę hiperpolaryzacji błony do $-70$ i $-80$ mV (gdyż rośnie wtedy siła gradientu elektrycznego wywołującego ruch jonów). Odwrotnie, gdy sumaryczny wolny potencjał neuronu postsynaptycznego zdepolaryzuje błonę postsynaptyczną do $-20$ mV, EPSP wywołane przez pojedynczy impuls presynaptyczny jest znacznie mniejsze i przy dalszej depolaryzacji (do +20 mV) aktywacja synapsy pobudzającej wywołuje hiperpolaryzację błony postsynaptycznej. Potencjał 0 V jest potencjałem odwrócenia dla EPSP. Podobnie, potencjał $-70$ mV (równy potencjałowi równowagi stężeń dla jonów chloru po obu stronach błony) nazywany jest potencjałem odwrócenia dla IPSP. Po prawej stronie ryciny pokazano, jak presynaptyczny impuls w synapsie hamującej wywołuje depolaryzujący IPSP, gdy hiperpolaryzacja błony postsynaptycznej jest większa od potencjału odwrócenia. Oba te potencjały graniczne ($E_{EPSP}$ i $E_{IPSP}$) utrzymują napięcie na błonie komórki w granicach fizjologicznie bezpiecznych, bez względu na częstotliwość impulsacji presynaptycznej.

## 3.3.2. Reakcje fazowe i toniczne

W zależności od parametrów charakteryzujących właściwości elektryczne błony dendrytycznej i wzgórka aksonowego różne komórki nerwowe charakteryzują się

potencjał błony pre- i postsynaptycznej

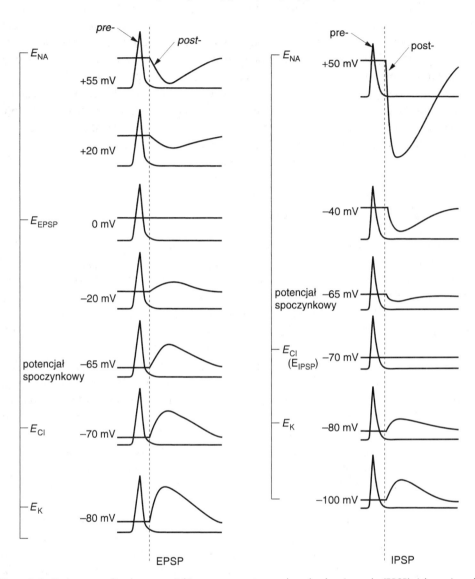

**Ryc. 3.5.** Zmiana amplitudy potencjałów postsynaptycznych pobudzeniowych (EPSP) i hamujących (IPSP) w zależności od napięcia na błonie komórki postsynaptycznej (odpowiednia kalibracja z lewej strony każdej kolumny). Początek wszystkich PSP oznaczono linią przerywaną. Moment pojawienia się potencjału czynnościowego w zakończeniu presynaptycznym przedstawiono w postaci iglicy, w każdej parze rejestracji. Ujemne wartości potencjału większe od spoczynkowego oznaczają hiperpolaryzację błony komórki; wartości potencjału wyższe od spoczynkowego — depolaryzację. $E_{EPSP}$ — potencjał odwrócenia dla EPSP; $E_{IPSP}$ — potencjał odwrócenia dla IPSP; $E_{NA}$, $E_{Cl}$, $E_K$ — potencjały równowagi stężeń po obu stronach błony, obliczone z równania Nernsta odpowiednio dla jonów sodu, chloru i potasu. Szczegółowe objaśnienia w tekście. (Wg: Kandel i in. 1991, zmodyf.)

aktywnością trwającą przez cały okres ich pobudzenia przez bodziec (komórki toniczne) lub też odpowiadają jedynie na zmiany parametrów bodźca w czasie (komórki fazowe). Hipoteza, która tłumaczy działanie sieci komórek nerwowych teorią wolnego potencjału, opiera się jedynie na właściwościach komórek tonicznych. Typowymi komórkami tego typu są drobne komórki szlaku wzrokowego zaangażowane w proces percepcji kształtu bodźca (por. podrozdz. 3.5.2. oraz rozdz. 8). Typowymi komórkami fazowymi są szybko adaptujące się mechanoreceptory skórne lub komórki szlaku wzrokowego reagujące na ruch bodźców wzrokowych. Komórki fazowe uczestniczą najprawdopodobniej jedynie w procesie szybkiego rozpoznania i nie odgrywają roli przy określaniu przedłużającej się obecności bodźca. Ich udział w procesach integracyjnych tłumaczy lepiej hipoteza oparta na synchronizacji aktywności zespołów komórkowych (podrozdz. 3.4.5).

### 3.3.3. Waga synaptyczna

Każde połączenie synaptyczne między komórkami, zarówno typu pobudzającego, jak i hamującego, wytwarza potencjały postsynaptyczne (PSP) o charakterystycznej wielkości. Amplituda PSP zależy od aktualnej liczby kontaktów synaptycznych drzewka aksonowego z komórką postsynaptyczną, od rozmaitych mechanizmów wzmocnienia dendrytycznego oraz od procesów plastycznych, które mogą zmienić efektywność tych kontaktów w inny sposób (por. niżej). Udział danego PSP w wytwarzaniu potencjału czynnościowego neuronu postsynaptycznego nazywa się wagą synaptyczną. Waga synaptyczna charakteryzuje siłę połączenia między neuronami w sieci neuronowej. Dla charakterystyki działania sieci w określonej chwili przyjmuje się przeważnie, że waga synaptyczna jest wartością stałą, choć na ogół wiele synaps podlega zmianom plastycznym zwiększającym lub zmniejszającym ich udział w wolnym potencjale postsynaptycznym. W szczególności, długotrwałe zwiększenie efektywności synapsy może nastąpić w wyniku jednoczesnego pobudzenia obu neuronów: pre- i postsynaptycznego (tzw. długotrwałe wzmocnienie synaptyczne, LTP). Zmiana wag synaptycznych prowadzi do trwałej reorganizacji struktury sieci neuronowej i leży u podłoża mechanizmów uczenia i pamięci (por. rozdz. 14 – 16).

Waga synaptyczna może się zmieniać również w krótkich odcinkach czasu, prowadząc do przejściowych zmian czułości synaptycznej (np. habituacji czy sensytyzacji; por. rozdz. 14). W wielu synapsach pobudzających stwierdzono również, że amplituda potencjału postsynaptycznego może się przejściowo zwiększyć w wyniku działania mechanizmów tzw. potencjacji częstotliwościowej lub posttetanicznej. Już drugi impuls czynnościowy, przychodzący na taką synapsę w odstępie krótszym niż 10 ms po poprzednim, wywołuje potencjał postsynaptyczny o zwiększonej amplitudzie. Przyczynę tego torowania pobudzenia upatruje się we wzroście wydzielania transmitera z zakończeń presynaptycznych (pod wpływem, podwyższonego pierwszym impulsem, stężenia jonów wapnia w kolbce aksonu). Mechanizm potencjacji częstotliwościowej może znacznie zwiększać możliwości sumowania czasowego, powodując szybkie zmiany wagi synaptycznej.

Na wielu synapsach w korze mózgu prawdopodobieństwo wywołania potencjału czynnościowego w komórce postsynaptycznej jest mniejsze niż 0,1. Dzięki mechanizmowi potencjacji seria 2 – 5 impulsów o częstotliwości ok. 200 Hz może spowodować znaczny wzrost tego prawdopodobieństwa (do 0,5 – 0,9). Takie krótkie serie impulsów, zwane paczkami (ang. bursts), mogą odgrywać istotną rolę w przekazywaniu informacji przez synapsy. Szczególnie w korze mózgu paczka impulsów może być o wiele pewniejszym nośnikiem informacji niż pojedyncze potencjały czynnościowe.

### 3.3.4. Systemy modulacyjne

W ciągu ostatnich lat notuje się znaczny postęp w badaniach neurofarmakologicznych zarówno na poziomie komórkowym, jak i behawioralnym (por. rozdz. 2 i 17). Badania te wykazały, że poziom wzbudzenia układu nerwowego w czasie czuwania jest regulowany przez wiele neurotransmiterów rozprowadzanych we wzgórzu i korze mózgowej przez systemy modulacyjne (często wzajemnie zależne) biorące początek w pniu mózgu i podwzgórzu. Mechanizm działania neuromodulatorów ma na ogół długą stałą czasu i opiera się na zmianie polaryzacji błony komórkowej, a co za tym idzie progu pobudliwości wzgórka aksonu. Depolaryzacja komórki prowadzi do zmniejszenia progu i zwiększa przez to pobudliwość neuronów na bodźce specyficzne. Działanie neuromodulatorów dotyczy zazwyczaj dużych obszarów sieci neuronowej, w obrębie określonego systemu. Działanie takie zwiększa, na przykład, odpowiedzi komórek układów czuciowych, w czasie gdy zwierzę jest głodne, przestraszone lub pobudzone w inny sposób.

# 3.4. Elementy sieci neuronowej mózgu

Wspomniano we wstępie do poprzedniego podrozdziału, że pod względem funkcjonalnym większość komórek nerwowych mózgu jest bardzo do siebie podobna. Niewielka jest również, jak się okazuje, różnorodność typów połączeń międzykomórkowych, które realizują podstawowe operacje sieciowe zarówno algebraiczne (dodawanie, odejmowanie, mnożenie), jak i logiczne (suma, iloczyn).

### 3.4.1. Dywergencja i konwergencja

Komórki nerwowe mózgu są połączone ze sobą nie każda z każdą, ale w sposób wybiórczy, tworząc w ten sposób systemy operacyjne. Struktura taka powstaje w przeważającej mierze w trakcie rozwoju osobniczego, ale może się modyfikować również w dorosłym układzie nerwowym. Cechą charakterystyczną budowy mózgu jest jego hierarchiczna organizacja, szczególnie dobrze określona w układach czuciowych (podrozdz. 3.5). Na rycinie 3.6A przedstawiono komórki powierzchni

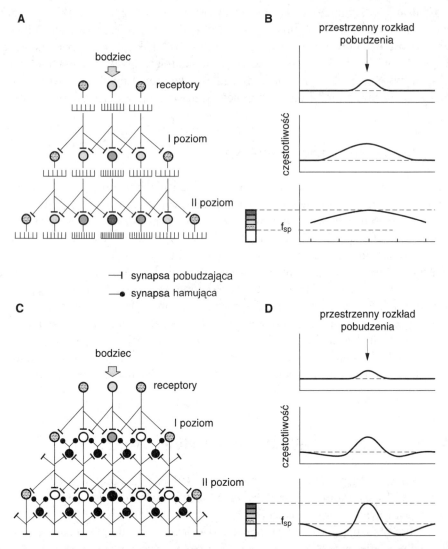

**Ryc. 3.6.** Rozkład pobudzenia w sieci neuronowej podczas drażnienia powierzchni recepcyjnej punktowym bodźcem. **A** — sieć konwergencyjno-dywergencyjna (neurony przedstawiono w postaci kółek) oraz rozkład aktywności czynnościowej (częstotliwość iglic przedstawiają kreski poniżej poszczególnych komórek), na kolejnych poziomach układu czuciowego, po pobudzeniu jednego receptora tej sieci bodźcem (strzałka). **B** — przestrzenny rozkład pobudzenia na trzech poziomach układu czuciowego wyrażony w częstotliwości wyładowań czynnościowych. Pozioma przerywana linia oznacza częstotliwość spontaniczną ($f_{sp}$). Skalę częstotliwości oznaczono stopniami szarości, według której zacieniowano również aktywność odpowiednich komórek w części A i C ryciny. **C** — ta sama sieć co w A, z dodanymi połączeniami zwrotnego hamowania obocznego. **D** — przestrzenny rozkład pobudzenia komórek przekaźnikowych na kolejnych poziomach sieci ryciny C. Czarne, duże kółka przedstawiają interneurony hamujące. (Wg: Kandel i in. 1991, zmodyf.)

recepcyjnej układu czuciowego, których aksony kontaktują się w wyższej warstwie tego układu z trzema komórkami postsynaptycznymi. Taka dywergencja połączeń powoduje, że aktywność jednej, pobudzonej przez bodziec eksteroceptywny, komórki receptorowej może się rozprzestrzeniać coraz bardziej na wyższych poziomach sieci (I, II). Odwrotnie, zbieganie się aksonów kilku komórek niższego poziomu na jednym neuronie poziomu wyższego nazywamy konwergencją. Połączenia konwergencyjne, dzięki mechanizmowi sumowania przestrzennego, pozwalają na integrację aktywności wielu komórek presynaptycznych (por. podrozdz. 3.2.3).

## 3.4.2. Pętle hamowania obocznego: wstępująca i zwrotna

Hamowanie oboczne jest powszechnym mechanizmem neuronalnym w mózgu i polega na tym, że aktywne komórki pobudzające, poprzez swoje kolaterale i neurony wstawkowe, wywierają hamujący wpływ na sąsiednie komórki tego samego poziomu przetwarzania informacji. Hamowanie oboczne jest realizowane w sieci poprzez pobudzenie neuronów wstawkowych typu hamującego, które działają albo zwrotnie (ryc. 3.6C), albo na drodze wstępującej (por. ryc. 3.7A). Oba łuki hamujące mogą ograniczać rozlewający się po sieci dywergencyjnej sygnał pobudzający. Rycina 3.6C przedstawia prostą sieć, jak w części A, uzupełnioną o system neuronów wstawkowych realizujących hamowanie oboczne. Receptor na powierzchni recepcyjnej, pobudzony bodźcem, zwiększa częstotliwość wysyłanych swoim aksonem potencjałów czynnościowych, aktywując trzy komórki pierwszego poziomu. Komórki te, poprzez kolaterale swoich aksonów, pobudzają z kolei neurony wstawkowe, które wywierają zwrotnie hamujący wpływ na sąsiednie neurony tej samej warstwy. W wyniku działania takiej sieci na jej kolejnych poziomach ustala się przestrzenny rozkład pobudzenia przedstawiony na rycinie 3.6D. Łatwo zauważyć, że w wyniku hamowania obocznego sygnał z powierzchni recepcyjnej jest odwzorowany dokładnie na „mapach" tej powierzchni, na wyższych poziomach. Co więcej, sąsiednie komórki tych poziomów zostają w wyniku działania sieci zahamowane, przez co zwiększa się względny „kontrast" między reprezentacją bodźca i jego otoczenia, w stosunku do układu bez hamowania obocznego (por. ryc. 3.6B).

Sieć neuronów z hamowaniem obocznym można obserwować doświadczalnie, badając reakcje pojedynczego neuronu czuciowego na bodźce drażniące kolejne miejsca powierzchni recepcyjnej. Efektem takiego doświadczenia jest funkcja częstotliwości impulsacji neuronu w zależności od miejsca drażnienia przedstawiona na rycinie 3.7C. Funkcja ta ma kształt „kapelusza meksykańskiego". Najwyższą aktywność badany neuron osiąga po pobudzeniu tego regionu pola recepcyjnego, który jest z nią połączony łańcuchem komórek pobudzających (ryc. 3.7A, B — mechanizm centralny aktywacji komórki). Drażnienie otoczenia tego regionu również wpływa na aktywność badanej komórki, ale, tym razem, za pośrednictwem hamujących neuronów wstawkowych, powodując zmniejszenie impulsacji spontanicznej badanego neuronu (mechanizm otoczki). Tę część powierzchni recepcyjnej układu czuciowego, której drażnienie zmienia aktywność badanego neuronu, nazywa się jego polem recepcyjnym. Typowy obraz pola recepcyjnego komórki układu wzrokowego przedstawiony jest na rycinie 3.7D. Komórki o takich polach recepcyjnych znajdują się w siatkówce, ciele kolankowatym bocznym i czwartej warstwie kory pierwszorzędowej układu wzrokowego małpy. Bodźcem, który najlepiej pobudza taką komórkę, jest plamka świetlna o wielkości równej obszarowi centralnemu pola (por. również podrozdz. 3.5.2). Równolegle, na tych samych poziomach układu wzrokowego, istnieją komórki o komplementarnych polach recepcyjnych, które są najlepiej pobudzane przez ciemny punkt na jasnym tle (por. rozdz. 8).

Liczbę komórek hamujących w mózgu szacuje się, w zależności od struktury, na 10 – 20% całej populacji. Są to z reguły neurony wstawkowe, o krótkich aksonach

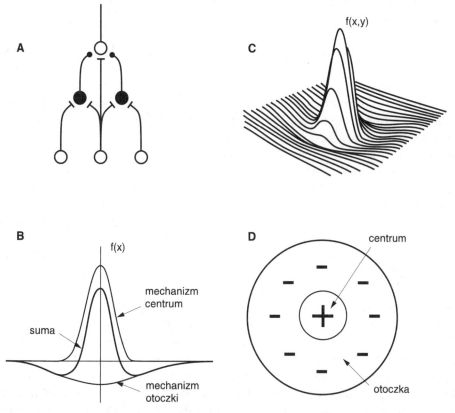

**Ryc. 3.7. A** — hamujące połączenia wstępujące będące substratem mechanizmu hamowania obocznego w polu recepcyjnym. Białe kółka oznaczają pobudzeniowe neurony przekaźnikowe, czarne — interneurony hamujące. Podobnie jak na poprzednim rysunku, synapsy hamujące oznaczono czarnymi punktami, a pobudzające — kreseczkami. **B** — rozkład pobudzenia przestrzennego (wzdłuż osi poziomej x) w koncentrycznym polu recepcyjnym komórki zwojowej siatkówki. Centrum i otoczka są wytwarzane przez oddzielne połączenia w siatkówce, a czułość ($f_x$) odpowiednich mechanizmów, wzdłuż osi pola, jest przedstawiona za pomocą cienkich linii. Pole hamujące otoczki jest większe i ma mniejszą czułość, niż pobudzającego obszaru centralnego. Gruba linia opisuje wynik sumowania obu mechanizmów. **C** — ta sama funkcja pobudzenia co w części B, ale przedstawiona na powierzchni recepcyjnej (osie x i y) przypomina kształtem kapelusz meksykański. **D** — koncentryczne obszary pola recepcyjnego w płaszczyźnie siatkówki: pobudzające centrum (+) oraz hamujące otoczenie (−)

kończących się w obrębie jednej struktury. Uważa się, że ich podstawowym zadaniem jest utrzymanie aktywności sieci neuronowej w zakresie liniowym funkcji częstotliwości (por. ryc. 3.2D) i zabezpieczenie sieci przed zbytnim obciążeniem. Neurony hamujące są wykorzystywane w sieci również jako elementy wejściowe dla sygnałów sterujących. Przez zwiększenie lub zmniejszenie ich aktywności (w wyniku działania systemów międzypoziomowej projekcji zwrotnej albo systemów neuromodulacyjnych) można bowiem regulować strumień pobudzenia przenoszony z powierzchni recepcyjnej do wyższych poziomów mózgu (por. rozdz. 25).

Każdy z dwu, omawianych w tym podrozdziale, łuków hamujących odgrywa specyficzną rolę w aktywności mózgu. Hamowanie typu wstępującego ma na ogół mniejszy zasięg i jego zadaniem jest kontrastowanie (uwypuklenie) sygnału względem tła. Sieć z hamowaniem zwrotnym pozwala natomiast na regulację pobudzenia przekazywanego przez ośrodki nerwowe. Obie te funkcje łuków hamujących są dokładniej opisane w podrozdziale 3.5.


## 3.4.3. Synapsy akso-aksonalne: wzmocnienie i hamowanie presynaptyczne

Zakończenia aksonów znajdują się przede wszystkim na dendrytach i ciałach komórek postsynaptycznych. W pewnych układach (np. kontrolujących odruchy rdzenia kręgowego) spotyka się również synapsy akso-aksonalne, których zadaniem jest kontrola wydzielania transmitera przez kolbki synaptyczne. Mechanizm tego oddziaływania polega na zmianie polaryzacji w kolbce aksonalnej neuronu presynaptycznego. Polaryzacja kolbki jest wynikiem aktywności dodatkowego neuronu sterującego, który ma na niej kontakt synaptyczny (pobudzający lub hamujący) typu akso-aksonalnego. Gdy kolbka presynaptyczna ma normalny potencjał spoczynkowy, iglica presynaptyczna wywołuje potencjał postsynaptyczny o typowej amplitudzie. Z chwilą gdy hamująca komórka sterująca spowoduje hiperpolaryzację kolbki presynaptycznej, identyczny potencjał czynnościowy wywołuje mniejszy EPSP w komórce postsynaptycznej. Odwrotnie, w przypadku gdy synapsa akso-aksonalna jest pobudzająca, aktywność komórki sterującej wywołuje depolaryzację kolbki presynaptycznej i potencjał czynnościowy o tej samej wielkości wywołuje większy amplitudowo EPSP. Oba mechanizmy, wzmocnienia i hamowania presynaptycznego, opierają się na zależności amplitudy potencjału postsynaptycznego od stężenia jonów wapnia w kolbce presynaptycznej. Stężenie jonów wapnia w zakończeniu presynaptycznym jest zaś tym większe, im wyższy jest potencjał błony kolbki presynaptycznej (por. rozdz. 2).

Różnica działania dwu opisanych wyżej mechanizmów hamujących polega na tym, że hamowanie postsynaptyczne wpływa bezpośrednio na wolny potencjał komórki postsynaptycznej, podczas gdy hamowanie presynaptyczne zmienia, w sposób wybiórczy, udział tylko jednego z wielu wejść. Z punktu widzenia operacji sieciowych, pierwsze z nich zmienia bezpośrednio sumaryczny wolny potencjał komórki, a drugie, tylko jeden z jego składników.

## 3.4.4. Pobudzające sprzężenia zwrotne i powstawanie zespołów komórkowych

Dla informatyków jest rzeczą oczywistą, że każdy układ samoregulujący i wykazujący zdolność uczenia się musi mieć możliwość regulacji swojego wejścia. Rolę tę odgrywają w mózgu pobudzające połączenia zwrotne, które wraz z opisanymi wyżej obwodami hamowania zwrotnego stanowią dopełniający się system kontroli. Na przykład, dzięki pętlom sprzężeń zwrotnych sieć neuronowa może modyfikować, na kolejnych poziomach przetwarzania informacji o bodźcu, strumień pobudzenia sensorycznego dochodzący do ośrodków centralnych. W procesie tym zstępujące (eferentne) drogi pobudzające wzmacniają informację sensoryczną, dzięki czemu bodźce „interesujące" są lepiej rozpoznawane od otoczenia. Takie pobudzające łuki zwrotne, będące np. podstawą mechanizmu uwagi, są opisane bardziej szczegółowo w rozdziale 25.

Pętle sprzężenia zwrotnego pozwalają również zrozumieć mechanizmy samo-organizacji sieci neuronowej w procesie uczenia. Podczas działania bodźca sensorycz-

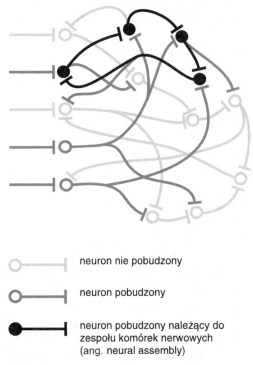

○———| neuron nie pobudzony

○———| neuron pobudzony

●———| neuron pobudzony należący do
zespołu komórek nerwowych
(ang. neural assembly)

**Ryc. 3.8.** Pobudzenie zespołu komórek nerwowych według modelu Hebba. Aktywność włókien aferentnych przewodzi wrażenie z siatkówki przez wzgórze do neuronów pierwszorzędowej kory wzrokowej (z lewej strony rysunku) i kory asocjacyjnej (pozostałe komórki). Część z czynnych (ciemnoszare puste kółka) neuronów tworzy zamkniętą pętlę, w której wagi synaps są duże, dzięki czemu cały zespół jest jednocześnie i łatwo pobudzony (czarne wypełnione kółka), stanowiąc reprezentację cech oglądanego bodźca. (Wg: Milner 1993, zmodyf.)

nego duża liczba komórek kory jest pobudzana jednocześnie (ryc. 3.8). Pewne z nich są ze sobą połączone synapsami, które ulegają w tych warunkach długotrwałemu wzmocnieniu (por. podrozdz. 3.3). W miarę treningu (lub przy dodatkowym pobudzeniu przez system uwagi) połączenia synaptyczne między równocześnie pobudzanymi neuronami osiągają wystarczającą wagę, aby kontynuować wzajemne pobudzanie się, mimo braku bodźca. Wytworzony w ten sposób zespół komórek może stanowić „wewnętrzną reprezentację bodźca", która ma tendencję do samoaktywacji z chwilą, gdy kilka jej elementów jest pobudzonych, albo przez bodziec (czuciowe szlaki wstępujące), albo przez jego wyobrażenie (szlaki zstępujące z wyższych ośrodków asocjacyjnych). Sformułowanie hipotezy powstawania zespołów komórkowych (ang. neural assemblies) jest zasługą Donalda Hebba z Uniwersytetu McGill. Szereg danych doświadczalnych i modeli komputerowych wydaje się potwierdzać prawdziwość tej hipotezy (patrz niżej). Okazała się ona również niezwykle użyteczna dla współczesnych teorii opisujących integracyjne mechanizmy w sieci neuronowej (por. rozdz. 25).

## 3.4.5. Synchroniczne obwody pobudzające

Na dendrytach pojedynczego neuronu kory mózgu znajduje się od 4 000 do 80 000 synaps pobudzających (por. podrozdz. 3.5). Każda z nich charakteryzuje się z reguły małą wagą synaptyczną, przez co pobudzenie neuronu wymaga jednoczesnej aktywacji dużej liczby wejść presynaptycznych. W długiej skali czasu może to nastąpić zgodnie z mechanizmem sumowania czasowo-przestrzennego i zwiększenia wolnego potencjału na wzgórku aksonowym (ryc. 3.1). Taka forma przekazywania pobudzenia nazywa się asynchroniczną i wymaga stosunkowo dużej częstości wyładowań komórek presynaptycznych. Ponieważ neurony kory wykazują na ogół małą aktywność spontaniczną (rzędu pięciu potencjałów iglicowych na sekundę), to pobudzenie neuronu postsynaptycznego może nastąpić jedynie w wyniku wysoce synchronicznego wyładowania kilku komórek presynaptycznych. Zgodnie z tą hipotezą, w ostatnich latach zaobserwowano, że potencjały czynnościowe rejestrowane z wielu neuronów pojawiają się często prawie jednocześnie (por. rozdz. 25). Dotyczy to nie tylko neuronów, które leżą blisko siebie, ale również tych, które znajdują się w różnych półkulach mózgu. Z doświadczeń tych wynika, że w sieci neuronowej, mimo znacznych opóźnień charakteryzujących wewnętrzne połączenia między komórkami, jest możliwa synchronizacja wyładowań czynnościowych.

Badania modelowe potwierdziły, że sieć neuronowa zorganizowana wewnętrznie za pomocą połączeń zwrotnych może synchronizować aktywność swoich elementów bez opóźnień, mimo względnie długiego czasu przewodzenia pobudzenia między poszczególnymi komórkami (por. rozdz. 25). Co więcej, wykazano, że synchronizacja aktywności w takiej sieci może prowadzić do spontanicznego wyodrębniania się grup komórek. Synchronizacja aktywności neuronów może więc być drugim, poza sumowaniem czasowo-przestrzennym, mechanizmem prowadzącym do powstawania zespołów komórkowych w sieci neuronowej.

# 3.5. Przykłady sieci neuronowych w ośrodkowym układzie nerwowym

Teoria wolnego potencjału, ugruntowana badaniem aktywności pojedynczych komórek nerwowych, wyjaśniła część mechanizmów fizjologii mózgu. Między innymi, na podstawie dobrze poznanych połączeń anatomicznych oraz czasowych zależności między pobudzeniem kolejnych komórek zrozumieliśmy działanie niektórych obwodów w sieci układu nerwowego. Niżej przedstawiono dwa przykłady: najprostszego, rdzeniowego łuku odruchowego oraz najlepiej poznanego, układu analizatora wzrokowego.

## 3.5.1. Monosynaptyczny odruch kolanowy

Powszechnie znany jest jeden z najprostszych testów neurologicznych, sprawdzający przewodzenie w rdzeniowym łuku odruchowym. Test ten polega na wywołaniu odruchu wyprostowania nogi w stawie kolanowym po uderzeniu młoteczkiem w ścięgno mięśnia prostownika. Uderzenie takie, rozciągając gwałtownie mięsień, powoduje pobudzenie umieszczonych w nim receptorów czucia głębokiego. Wzmożona impulsacja czynnościowa przekazuje informację o tym pobudzeniu wzdłuż aferentnych włókien czuciowych do rdzenia kręgowego, gdzie wywołuje wolny potencjał pobudzeniowy bezpośrednio na motoneuronach tego samego mięśnia. W następstwie aktywacji motoneuronów następuje skurcz mięśnia prostownika i wyprostowanie nogi w kolanie. Równolegle, kolaterale włókien dośrodkowych pobudzają hamujące neurony wstawkowe rdzenia, które hiperpolaryzują motoneurony mięśni zginaczy, aby te, przez antagonistyczne działanie, nie zablokowały odruchu prostowania stawu (por. ryc. 10.6A).

Należy zwrócić uwagę na to, że informacja o tej akcji odruchowej przekazywana jest jednocześnie drogami wstępującymi, poprzez stacje przekaźnikowe w rdzeniu przedłużonym i wzgórzu, do czuciowych ośrodków korowych. Tutaj poprzez drogi korowo-korowe informacja ta może zostać odnotowana, a położenie kończyny zmodyfikowane przez aktywację zstępujących szlaków ruchowych. Uważa się, że te same szlaki mogą wywierać modulujące działanie na neurony wstawkowe rdzenia, zmieniając tym samym dynamikę wykonywania odruchu. Doświadczony lekarz, badając łuk odruchu kolanowego, potrafi więc wnioskować o stanie wyższych ośrodków mózgu.

## 3.5.2. Układ wzrokowy jako przykład sieci neuronowej

Układ wzrokowy jest jednym z najlepiej poznanych systemów mózgu (por. rozdz. 8). Od dawna w podręcznikach fizjologii opisuje się jego hierarchiczną budowę, typową dla wszystkich układów czuciowych (ryc. 3.9). Według tego opisu, analiza obrazu przez układ wzrokowy zaczyna się z chwilą, gdy promienie świetlne, odbite od

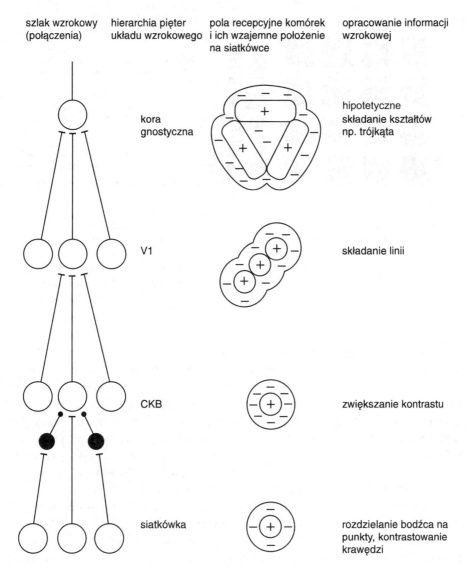

| szlak wzrokowy (połączenia) | hierarchia pięter układu wzrokowego | pola recepcyjne komórek i ich wzajemne położenie na siatkówce | opracowanie informacji wzrokowej |

kora gnostyczna — hipotetyczne składanie kształtów np. trójkąta

V1 — składanie linii

CKB — zwiększanie kontrastu

siatkówka — rozdzielanie bodźca na punkty, kontrastowanie krawędzi

**Ryc. 3.9.** Połączenia konwergencyjne na poszczególnych poziomach układu wzrokowego. Pola recepcyjne odpowiednich komórek i ich zadania w opracowaniu informacji wzrokowej, wg teorii gnostycznej (por. tekst). Białe kółka reprezentują komórki pobudzane zapalaniem bodźca świetlnego, czarne kółka odpowiednie interneurony hamowania obocznego w ciele kolankowatym bocznym (CKB). „ + " i „ – " pobudzające i hamujące części pól recepcyjnych. Należy zwrócić uwagę, że w otoczce pola CKB wzrosła siła oddziaływania hamującego. Podobne wpływy hamowania obocznego, występujące na następnych piętrach układu, zostały, dla uproszczenia rysunku, pominięte. Pobudzające i hamujące synapsy oznaczono odpowiednio, kreskami i czarnymi punktami

bodźca wzrokowego, pobudzają receptory siatkówki, zmieniając polaryzację ich błony komórkowej. Na każdej z komórek powstaje w ten sposób specyficzny wolny potencjał, nazywany generatorowym, gdyż koduje on na wyjściu siatkówki wartości punktowych intensywności światła docierającego od bodźca, w postaci szeregu

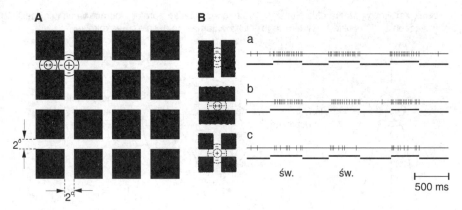

**Ryc. 3.10.** Mechanizm hamowania obocznego i jego rola w powstawaniu wrażeń wzrokowych. **A** — siatka Hermanna wywołuje wrażenie szarości na przecięciu białych pasm. **B** — pobudzanie komórki kory wzrokowej kota pojawianiem się w jej (koncentrycznym) polu recepcyjnym różnych elementów siatki Hermanna: białych pasów lub krzyża (po lewej). Po prawej — rejestracja potencjałów czynnościowych tej komórki (linie pionowe reprezentują potencjały czynnościowe). Reakcja komórki jest silniejsza, gdy jej pole pobudzane jest białym pasem (a, b), w porównaniu z reakcją (c), wywołaną białym krzyżem. św. — czas prezentacji bodźca. (Wg: Jung 1973, zmodyf.)

potencjałów czynnościowych (ryc. 3.6). Kolejne etapy opracowania informacji wzrokowej odbywają się na następnych piętrach systemu, z których każde jest położone o jedną synapsę dalej od powierzchni recepcyjnej i opracowuje coraz bardziej skomplikowane cechy bodźca (ryc. 3.9). Niżej przedstawiono krótko hipotezę składania tych cech z punktowych wrażeń receptorowych, według zasad sumowania przestrzennego. Opis ten łatwiej jest sobie przyswoić dzięki prostym doświadczeniom psychofizjologicznym opartym na zjawisku hamowania obocznego. Hamowanie oboczne występuje bowiem między komórkami na każdym poziomie opracowywania informacji wzrokowej, powodując proste złudzenia wzrokowe.

Plamka świetlna oświetlając określony receptor siatkówki wywołuje jego pobudzenie, jak w przypadku receptora umieszczonego centralnie na rycinie 3.6C. Każdy większy bodziec, aktywując również komórki sąsiednie, wywołałby w następstwie działanie hamujące, zmniejszając efektywne pobudzenie komórki na I poziomie (ryc. 3.6C). Bodźcem najlepiej aktywującym komórkę siatkówki jest więc mała plamka świetlna o wielkości określonej rozmiarami centralnej części jej pola recepcyjnego (por. ryc. 3.7D oraz rozdz. 8).

Przykładem działania mechanizmu hamowania obocznego na siatkówce jest złudzenie Hermanna prezentowane na rycinie 3.10. Na rycinie tej z łatwością można zauważyć ciemniejsze plamki na skrzyżowaniu białych pasm. Wyjaśnienie tego złudzenia opiera się na mechanizmie hamowania obocznego między pierwszorzędowymi komórkami kory wzrokowej, które rozprzestrzenia się wokół pobudzonej komórki mniej więcej jednakowo we wszystkich kierunkach (por. ryc. 3.7). Komórka, której pole recepcyjne jest pobudzane przez promienie odbite od skrzyżowania białych pasm na rycinie 3.10, jest hamowana co najmniej przez czterech swoich „sąsiadów", podczas gdy wszystkie inne jedynie przez dwóch; stąd złudzenie szarości na skrzyżowaniu dwu idealnie białych linii.

Pola recepcyjne komórek siatkówki człowieka mają różną wielkość. W centralnej części siatkówki (tzw. żółtej plamce), której zadaniem jest widzenie szczegółów, są one małe, a na jej częściach obwodowych — większe. Wielkość kątowa skrzyżowania białych pasm na rycinie 3.10 (ok. 2 stopni) odpowiada polu recepcyjnemu komórek obwodowej części siatkówki i dlatego efektu szarości nie widać na tym skrzyżowaniu, w które akurat się wpatrujemy. Wystarczy jednak odsunąć się od rysunku na odległość około dwu metrów, zmniejszając kąt widzenia białych pasów, aby również w centralnym skrzyżowaniu ujrzeć szary punkt.

Można w przybliżeniu przyjąć, że efektem działania sieci neuronowej siatkówki jest rozszczepienie informacji o bodźcu wzrokowym na wielką liczbę wrażeń punktowych, które są następnie przekazywane do dalszych struktur mózgu. Na skutek konwergencji (zbiegania się) aksonów na komórkach coraz wyższych pięter układu wzrokowego ich pola recepcyjne stopniowo komplikują się, a odpowiednie neurony odpowiadają specyficznie na bardziej złożone cechy bodźców. Tak więc konwergencja włókien aferentnych i zasada sumowania przestrzennego EPSP powoduje, że następne komórki pierwszorzędowej kory wzrokowej mają pola recepcyjne w kształcie linii o nachyleniu (tzw. orientacji w przestrzeni) i długości określonych przez ich koncentryczne pola składowe. Bodźcem najlepiej pobudzającym taką komórkę kory wzrokowej jest więc już nie „plamka" (jak w siatkówce), ale „pałeczka świetlna", która pojawia się w określonym miejscu pola widzenia (ryc. 3.9). Nakładanie się hamujących obszarów „pałeczkowych" pól recepcyjnych komórek kory wzrokowej jest prawdopodobnie odpowiedzialne za inne złudzenie wzrokowe, pokazane na rycinie 3.11.A.

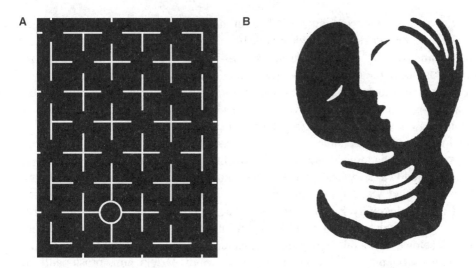

**Ryc. 3.11. A** — złudzenie Ehrensteina — efekt hamowania obocznego między detektorami linii, na poziomie pierwszorzędnej kory wzrokowej. Białe linie wzmacniają wrażenie ciemności w miejscach, do których się zbiegają. Złudzenie znika w miejscu otoczonym białym kołem lub po zamknięciu jednego oka. (Wg: Jung (red.) 1973.). **B** — objęcie kochanków. Każda z postaci może być percepowana jedynie oddzielnie, jako obiekt na tle. Postulowany wynik hamowania obocznego między komórkami gnostycznymi. (Wg: Kandel i in. 1991)

Zasady analizy punktowej bodźców wzrokowych w oparciu o koncentryczne pola recepcyjne neuronów siatkówki, a następnie ich stopniowej syntezy na wyższych poziomach, w miarę komplikowania pól recepcyjnych (a wraz z nimi specyficznie wzbudzających je bodźców) były jedną z przesłanek, na których Jerzy Konorski, współtwórca Instytutu im. M. Nenckiego w Warszawie, oparł swoją teorię gnostyczną. Według niej na szczycie opisanej powyżej, hierarchicznej piramidy, dzięki której następuje przetwarzanie i scalanie informacji wzrokowej, powinna się znajdować taka komórka (jednostka gnostyczna), której pobudzenie oznacza percepcję danego przedmiotu.

Istotnie, w asocjacyjnych obszarach kory wzrokowej (por. rozdz. 8 i 25) znaleziono neurony odpowiadające specyficznie na takie skomplikowane bodźce wzrokowe jak twarze czy dłonie. Wydaje się, że te szczególnie ważne bodźce mają swą reprezentację w postaci komórek reagujących ze swoistością bliską tej, jaka jest wymagana przez teorię gnostyczną. Komórki takie są najmocniej pobudzane przez obraz określonej twarzy, niezależnie od jej wielkości czy położenia w polu widzenia. Opisane w tym rozdziale elementarne zasady działania sieci neuronowej pozwalają przypuszczać, że efekt rozpoznawania tylko jednej twarzy w danym momencie i miejscu przestrzeni jest wynikiem działania hamowania obocznego między takimi komórkami (ryc. 3.11B).


# 3.6. Stopień skomplikowania sieci neuronowej mózgu

Mózg człowieka zawiera co najmniej $10^{11}$ neuronów. Ponieważ akson każdego z nich tworzy ok. 1000 kontaktów synaptycznych, liczbę synaps w mózgu ludzkim szacuje się na co najmniej $10^{14}$. Wartość ta przekracza liczbę wszystkich gwiazd w naszej galaktyce! Oszacowanie możliwych połączeń mogłoby zniechęcić nawet najżarliwszych entuzjastów neuroinformatyki. Szczęśliwie, natura wykorzystując wielokrotnie dobre rozwiązania ograniczyła to bogactwo do kilku podstawowych modułów sieciowych i mechanizmów kontroli synaptycznej, które opisano wyżej (podrozdz. 3.4).

Przyjmuje się powszechnie, że tzw. wyższe czynności nerwowe (percepcja, zapamiętywanie, świadomość) mają swoją lokalizację w korze mózgowej. Mimo to wewnętrzna budowa kory jest zadziwiająco monotonna. Składa się ona zaledwie z kilku warstw (pięć warstw w okolicach asocjacyjnych i dodatkowa, czwarta warstwa w okolicach projekcyjnych, na której kończą się szlaki czuciowe) i dwu grup neuronów: piramidalnych i niepiramidalnych (podzielonych ze względu na różne miejsca docelowe aksonów obu grup). Zadaniem neuronów niepiramidalnych jest lokalne przekazywanie pobudzenia między warstwami. Dzięki nim, prostopadłe do powierzchni wycinki kory, o średnicy ok. 100 μm, tworzą funkcjonalne jednostki — tzw. kolumny (lub większe, ok. milimetrowe hiperkolumny) zawierające komórki ze wszystkich warstw (por. rozdz. 6). Komórki piramidalne, dla odmiany, wysyłają aksony na zewnątrz kolumny, przekazując pobudzenie do innych obszarów kory i w głąb mózgu.

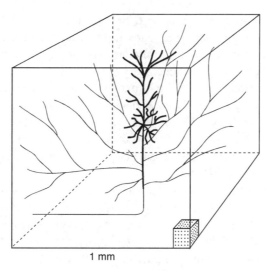

1 mm

**Ryc. 3.12.** Sieć elementów nerwowych w obszarze jednej komórki piramidalnej kory myszy. Bok sześcianu jest tak dobrany, by zawierał wszystkie lokalne odgałęzienia aksonu komórki piramidalnej myszy (ok. 1 mm³). Punkty w małym sześcianie położonym w dolnym, prawym rogu przedstawiają gęstość innych ciał komórkowych. (Wg: Aertsen i in. W: Pantev i in. 1994)

Koncepcja zespołu komórek, będącego strukturalną bazą dla percepcji, jest obecnie powszechnie wykorzystywana we wszystkich teoriach integracyjnych mózgu (por. rozdz. 25). Na ogół zakłada się, że zespół komórkowy złożony jest z podjednostek tworzonych w zasięgu lokalnego drzewka aksonowego jednej komórki piramidalnej z warstw powierzchniowych (czyli w zasięgu ok. 1 mm w korze myszy i ok. dwukrotnie większym w korze człowieka, ryc. 3.12). Tabela 3.1 przedstawia gęstość połączeń między komórkami w korze myszy. Jak wynika z przedstawionych w niej danych, gęstość ta, choć olbrzymia, nie osiąga jednak maksymalnie możliwej wartości. Szacuje się, że przeciętny neuron jest połączony tylko z 1/2000 wszystkich (ok. $10^7$ u myszy i $10^{10}$ u człowieka) komórek korowych, a prawdopodobieństwo ($p_s$) połączenia między sąsiednimi (tzn. położonymi w odległości mniejszej niż 2 mm)

**Tabela 3.1.** Gęstość elementów komórkowych i sieciowych w korze mózgowej myszy

|  | Neurony | Dendryty | Aksony | Synapsy |
|---|---|---|---|---|
| 1 neuron | — | 4 mm | 10–20 mm lokalnych odgałęzień | 8000 kontaktów postsynaptycznych na dendrytach 4000 kolbek lokalnego aksonu |
| 1 mm³ kory | $9 \times 10^4$ | 0,4 km (należących do $10^5$ komórek) | 3–4 km (pochodzących od $5 \times 10^5$ komórek) | $7 \times 10^8$ |

(Wg: Aertsen i in. W: Pantev i in. 1994)

neuronami wynosi zaledwie 5%. Liczba takich połączeń jest jednak bardzo duża i sugeruje, że aktywność tylko jednego neuronu piramidalnego nie może powodować pobudzenia wszystkich połączonych z nim neuronów postsynaptycznych.

Z przybliżonych danych określających aktywność i prawdopodobieństwo połączeń neuronów w korze można szacować minimalną wielkość samowzbudzających się zespołów hebbowskich (ryc. 3.8). Na podstawie wartości progu pobudzenia szacuje się zwykle, że do pobudzenia jednej komórki w korze mózgu potrzeba 8 – 10 synchronicznych (tzn. mieszczących się w czasie ok. 4 ms) EPSP. Przy założeniu dodatkowych, niespecyficznych wejść aktywujących, wydaje się również, że wystarczy około czterech ($c$) jednocześnie działających neuronów zespołu komórkowego, aby pobudzić neuron postsynaptyczny. Ponieważ przeciętna częstotliwość wyładowań komórek kory (po aktywacji bodźcem) jest rzędu 50 Hz, prawdopodobieństwo ich pobudzenia w czasie 4 ms wynosi 1/5 ($p$). Aby zaktywować zespół komórkowy o wielkości $A$, prawdopodobieństwo $p'$, że każdy neuron zostanie pobudzony przynajmniej przez $c$ wzmocnionych połączeń synaptycznych, powinno być większe od $p$ (por. podrozdz. 3.4.4 oraz 3.4.5). Z tabeli rozkładu Poissona ze średnią $pAp_s$ wynika, że taki warunek jest spełniony dla $A230$.

Tak więc, lokalny zespół komórkowy w korze sensorycznej można szacować na ok. 250 neuronów, z których jedynie 1/5 jest aktywna w czasie 4 ms. Podobna liczba komórek składa się prawdopodobnie na podzespoły asocjacyjne. Na podstawie zawartości informatycznej bodźców obliczono, że kompletny zespół komórkowy powinien zawierać od kilku do kilkudziesięciu tysięcy neuronów i od kilku do 1000 podzespołów. Kora mózgu człowieka pokrywa obszar, w którym może jednocześnie funkcjonować wiele zespołów komórkowych wydzielonych funkcjonalnie spośród ok. 40 000 podzespołów o lokalnej powierzchni 4 mm$^2$ (2 mm to zasięg jednego podzespołu — patrz wyżej). Liczebności te mogą być jeszcze większe, gdy uwzględni się, że w jednej kolumnie korowej może się znajdować wiele, różnych funkcjonalnie podzespołów. Złożona aktywacja takich elementów stanowi, być może, substrat dla wyższych procesów integracyjnych mózgu.


# 3.7. Modelowanie

Jak wynika z poprzedniego podrozdziału, trudność fenomenologicznego przedstawienia pracy mózgu polega na olbrzymiej liczbie zachodzących w nim jednocześnie operacji sieciowych. Mimo że znamy podstawowe mechanizmy oddziaływań między neuronami, to kompletny opis aktywności wszystkich neuronów wydaje się niemożliwy nawet dla najprostszego odruchu monosynaptycznego, czy najlepiej poznanego układu czuciowego (por. podrozdz. 3.5).

Trudność ta, oczywista od zarania neurofizjologii, stała się możliwa do przezwyciężenia z chwilą pojawienia się komputerów. Ich moc obliczeniowa pozwoliła na skonstruowanie sieci neuropodobnych, realizujących niektóre funkcje układu nerwowego. Mimo niewątpliwych osiągnięć neuroinformatyki większość neurobiologów nie korzysta jednak z osiągnięć badaczy sztucznych sieci neuronowych. Przyczyną tego stanu rzeczy nie są bynajmniej istotne rozbieżności między sieciami sztucznymi i biologicznymi, dotyczące zarówno opisu elementów, jak i budowy badanego układu. Wydaje się, że przyczyna leży głębiej, w sposobie, w jaki rozumieliśmy dotychczas działanie sieci neuronowej. Większość badań elektrofizjologicznych jest prowadzona na śpiących (narkotyzowanych) zwierzętach. Również w celu opisania zachowania się zwierząt najpierw szukamy stałego poziomu odniesienia, a dopiero potem ewentualnych zmian wywołanych procedurą doświadczalną. Tymczasem ostatnie odkrycia wydają się wskazywać, że sieci biologiczne działają poprzez ciągłe dynamiczne zmiany stanów (por. rozdz. 25), a nie dzięki prostym algebraicznym obliczeniom. Określenie „przetwarzanie informacji" może więc być jedynie metaforą służącą do opisania procesu automodyfikacji, a nie obliczania wyniku w „biologicznym komputerze".

# 3.8. Podsumowanie

W rozdziale tym przedstawiono zasady, według których natężenie bodźca kodowane jest w formie częstotliwości szeregu potencjałów czynnościowych powstających w neuronie, aby z kolei, na dendrytach neuronu postsynaptycznego, zmienić się w wolny potencjał i dodać do podobnych wpływów z innych komórek presynaptycznych. Zgodnie z tymi zasadami można opisać działanie wielu, nawet skomplikowanych układów neuronowych mózgu. Szybkość percepcji, przy niewielkiej częstotliwości spontanicznej i ograniczonej liczbie neuronów kory mózgu, powoduje, że do zrozumienia wyższych procesów nerwowych potrzebna jest hipoteza synchronicznych zespołów komórkowych. Według tej hipotezy istotne kalkulacje sieciowe odbywają się w milisekundowej skali czasu dzięki korelacji aktywności wszystkich neuronów zespołu. Opis dynamicznych stanów mózgu w zależności od zachodzących w nim procesów integracyjnych jest dyskutowany dokładniej w ostatnim rozdziale tej książki.

Szybkie doskonalenie teorii samoorganizacji oraz badanie zasad ewolucji układów złożonych od uporządkowania do chaosu, a także gwałtowny rozwój siły obliczeniowej komputerów wpływa bezpośrednio na badania neurofizjologiczne. Według specjalistów prognozujących rozwój naukowy, po sukcesach fizyki i chemii w ubiegłym stuleciu, następna dekada przyniesie jakościowy skok w zrozumieniu skomplikowanych mechanizmów biologicznych.

**LITERATURA UZUPEŁNIAJĄCA**

Hebb D.O.: *The Organization of Behaviour. A Neuropsychological Theory.* John Wiley & Sons, New York 1949.
Jung R. (red.): *Handbook of Sensory Physiology.* VII/3 Part A. Springer Verlag, Berlin 1973, 775 s.
Kandel E.R., Schwartz J.H., Jessell T.M. (red.): *Principles of Neural Science.* Appleton & Lang, Norwalk 1991, 1137 s.

Konorski J.: *Integracyjna działalność mózgu*. PWN, Warszawa 1969, 518 s.

Lisman J.E.: Bursts as a unit of neural information: making unreliable synapses reliable. *Trends in Neurosciences* 1997, **20**: 38 – 43.

Milner P.M.: Umysł według Donalda O. Hebba. *Świat Nauki* 1993, **19**: 64 – 70.

Pantev Ch., Elbert T., Lutkenkoner B. (red.): *Oscillatory Event-Related Brain Dynamics*. Plenum Press, New York 1994, 468s.

Tadeusiewicz R.: *Sieci neuronowe*. Akademicka Oficyna Wydawnicza RM, Warszawa 1993, 299s.

Wróbel A.: Jak działa mózg — czyli od receptora do percepcji. W: *Mechanizmy plastyczności mózgu*. M. Kossut (red.). PWN, Warszawa 1994, 212-243.

Zeki S.: Obrazy wzrokowe w mózgu i umyśle. *Świat Nauki* 1992, **15**: 42 – 51.

# ROZDZIAŁ 4

# Komórka glejowa – partner neuronu

Małgorzata Skup

---

Wprowadzenie ■ Spojrzenie wstecz: 150 lat badań nad glejem ■ Klasy komórek glejowych: makro- i mikroglej ■ Różnicowanie się komórek glejowych w rozwoju mózgu ■ Rola komórek glejowych w rozwoju mózgu ■ Funkcje astrogleju w dojrzałym mózgu ■ Rola gleju w uszkodzonym mózgu ■ Aktywność troficzna astrogleju ■ Astroglejoza i schorzenia mózgu ■ Podsumowanie

---

## 4.1. Wprowadzenie

Czytając poprzednie rozdziały niniejszej książki, Czytelnik poznał już jej postacie pierwszoplanowe: komórki nerwowe. Pojawili się animatorzy, dzięki którym wielopoziomowa konstrukcja złożona z sieci miliardów neuronów ożywa: neuroprzekaźniki i neuromodulatory. Przedstawiono jony warunkujące przepływ informacji. Odsłonięto maszynerię neuronu, którą posługuje się on w recepcji sygnału i generowaniu odpowiedzi na bodźce. Ale są jeszcze postacie drugoplanowe. Na ogół mniej eksponowane w omówieniach dotyczących funkcjonowania mózgu, mają one istotny wpływ na prawidłowość jego działania, warunkując stabilność środowiska, w którym toczy się ciągła gra procesów pobudzających i hamujących aktywność neuronalną. Są nimi komórki glejowe.

## 4.2. Spojrzenie wstecz: 150 lat badań nad glejem

W strukturze tkanki nerwowej i w funkcjonowaniu mózgu glej był tradycyjnie postrzegany jako spoiwo neuronowe, element podporowy, ułatwiający organizację i kontakt między komórkami nerwowymi. Uważany za odkrywcę gleju Rudolf

Virchow tak właśnie rozumiał istotę opisanej przez siebie substancji, której nadał w pracy opublikowanej w 1856 roku nazwę *Nervenkitt*, tłumaczoną później wbrew intencji autora jako klej neuronalny. W opinii Virchowa bowiem substancja wypełniająca przestrzenie między neuronami, uboga w elementy morfotyczne, o cechach zbliżających ją bardziej do kitu niż kleju, była — specyficzną dla układu nerwowego — tkanką łączną. Ten pogląd ulegał zmianie stopniowo, i choć mylny, zwrócił uwagę na fakt, że przestrzenie między sieciami neuronów nie mogą być puste. Dziś wiadomo, że zajmują ją ściśle upakowane komórki glejowe. Rozwój technik badawczych umożliwił postęp w analizie morfologii mózgu, a następnie w badaniach biochemicznych i molekularnych — najpierw struktur mózgowych, wreszcie izolowanych komórek — pozwalając tym samym na wgląd w funkcjonowanie pojedynczej komórki i struktur subkomórkowych. Zanim to nastąpiło, na podstawie obserwacji ograniczonych brakiem wyrafinowanych narzędzi, ale wspieranych genialną intuicją, powstały koncepcje dotyczące funkcji gleju, których wiele pozostało aktualnych do dziś.

Sięgając do historii badań, należy wymienić nazwiska badaczy, których odkrycia wyznaczają drogę ku poznaniu tkanki glejowej. Pierwszym, który opisał komórkę glejową, zwracając uwagę na brak aksonu jako podstawowej cechy odróżniającej ją od neuronu, był Deiters. Choć dziś można mieć wątpliwości, czy wszystkie opisane przez Deitersa komórki były glejem, „komórka Deitersa" była przez długie lata synonimem komórki glejowej. Camillo Golgi, inicjator nowoczesnych badań nad glejem, opracował technikę impregnacji struktur mózgowych związkami metali, która umożliwiła identyfikację komórek o gwiaździstym kształcie, rozsianych pomiędzy komórkami nerwowymi. W 1873 roku Golgi ogłosił (do dziś aktualną) teorię o odżywczej, służebnej względem neuronu roli gwiaździstej komórki glejowej. W ćwierć wieku później Lenhossék wprowadził nazwę „astrocyt" dla określenia komórki gwiaździstej, jak również „astroblast" dla określenia komórki prekursorowej astrocytu. W tym samym czasie Andriezen dokonał obserwacji, że komórki astrocytów są morfologicznie niejednorodne i wyróżnił komórki astrogleju włóknistego i protoplazmatycznego. W 1900 roku Robertson opisał inny typ komórek nienerwowych, identyfikowanych później z opisanymi w 1920 roku przez del Rio-Hortegę komórkami mikrogleju. Przede wszystkim jednak del Rio-Hortega był tym, którego prace nad mikro- i oligodendroglejem doprowadziły do stworzenia, uznawanej do dziś, szczegółowej klasyfikacji typów komórek glejowych. W pracy z 1933 roku del Rio-Hortega nazwał komórki mikroglejowe wykryte u chorych zmarłych na zapalenie mózgu „żarłocznymi monstrami", ale już blisko czterdzieści lat wcześniej Marinesco zaobserwował, że komórki glejowe usuwają degenerujące neurony na drodze fagocytozy. W 1910 roku Nageotte opisał aktywność wydzielniczą komórek glejowych. Parę lat wcześniej Lugaro przedstawił kilka, jak na owe czasy niezwykłych, a jak się później okazało, całkowicie słusznych sugestii co do roli komórek glejowych w tworzeniu filtru ograniczającego penetrację substancji z płynu interstycjalnego do neuronów, w usuwaniu szkodliwych substancji, a także w migracji rozwijających się neuronów i ich chemotaksji. Kilkadziesiąt następnych lat badań nad glejem dowiodło słuszności tych sugestii, kreując obraz dynamicznej i plastycznej komórki glejowej, wyposażonej w wielorakie funkcje.

# 4.3. Klasy komórek glejowych: makro- i mikroglej

W układzie nerwowym kręgowców jest od dziesięciu do pięćdziesięciu razy więcej komórek glejowych niż nerwowych. Proporcja gleju do neuronów jest inna w każdej ze struktur mózgu, rośnie wraz ze stopniem zaawansowania rozwoju osobniczego i z wielkością mózgu; prawie zawsze jednak komórki glejowe przewyższają liczbowo neurony. Wyjątkiem jest siatkówka oka, w której proporcja gleju do neuronów wynosi 1 : 15. Komórki gleju dzieli się na dwie klasy: makrogleju i mikrogleju. Różnią się one pochodzeniem i funkcjami.

Makroglej mózgu składa się z dwóch typów komórek: astrocytów, czyli komórek gwiaździstych, i oligodendrocytów, czyli komórek skąpowypustkowych. Oba typy komórek powstają ze wspólnych komórek macierzystych pochodzenia ektodermalnego (por. podrozdz. 4.4). Do makrogleju zalicza się również szczególne typy komórek,

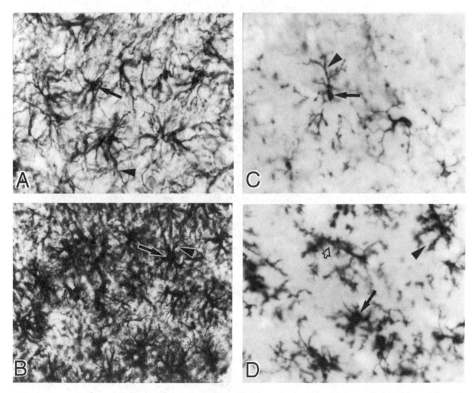

**Ryc. 4.1.** Postacie morfologiczne astrocytów (**A**, **B**) i komórek mikroglejowych (**C**, **D**) uwidocznione w mikroskopie świetlnym. Komórki prawidłowe (A, C) cechują perikariony o nieregularnym kształcie (strzałki) i liczne wypustki (groty strzał). Perikariony astrocytów i mikrogleju są znaczne mniejsze od perikarionów większości komórek nerwowych mózgu. Komórki reaktywne (B, D) cechuje hipertrofia perikarionów i zgrubienie wypustek. Strzałka konturowa prezentuje postać pałeczkowatą mikrogleju. (Materiał własny. Fot. M. Skup, M. Zaremba)

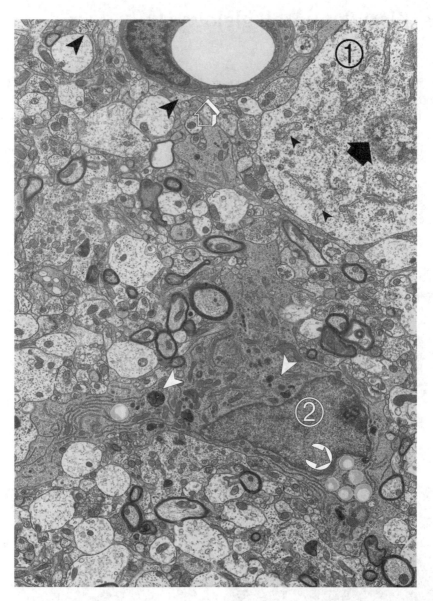

**Ryc. 4.2.** Komórki glejowe i neurony w uszkodzonej korze mózgowej. Mikrofotografia elektronowa wycinka kory mózgowej szczura po częściowym odnaczynieniu. Umierający nekrotycznie neuron (1) leży w bezpośrednim sąsiedztwie migrującej, żernej komórki mikroglejowej (2). Obrzmiałe mitochondria, zwakuolizowana siateczka endoplazmatyczna i spęczniałe cysterny aparatu Golgiego w neuronie (czarne groty strzałek) wskazują na nekrozę neuronu. Duża strzałka wskazuje jądro neuronu. Komórka mikroglejowa zawiera liczne lizosomy (białe groty strzałek) i wakuole fagocytujące (strzałka). Widoczne jest też młode naczynie z wysokim śródbłonkiem tworzącym złącze ścisłe (pusta strzałka) i przylegające do niego, obrzmiałe wypustki astrocytów wypełnione ziarnami glikogenu (czarne groty strzał). (Pow. 2500x. Materiał własny. Fot. M. Walski)

występujące tylko w swoistych dla siebie strukturach mózgu: komórki Bergmana (astrocyty otaczające komórki Purkinjego, w móżdżku), glej Mullera (w siatkówce i nerwie wzrokowym) i komórki osłonkowe komórek opuszki węchowej, tzw. olfactory ensheating cells, OEC. Do makrogleju zalicza się też komórki Schwanna, które otaczają włókna neuronów w obwodowym układzie nerwowym. Mikroglej powstaje z komórek macierzystych pochodzenia mezodermalnego. Większa część populacji komórek mikroglejowych w mózgu to mikroglej osiadły, obecny w tkance mózgowej od wczesnych faz rozwoju prenatalnego. Uważa się, że komórki te wnikają do mózgu ze szpiku kostnego przez opony mózgowe lub bezpośrednio z krwiobiegu. Część populacji mikrogleju mózgowego rekrutuje się z komórek obwodowych: monocytów i makrofagów — napływających do tkanki mózgowej w następstwie urazów lub w trakcie rozwoju stanu zapalnego bądź choroby zwyrodnieniowej (ryc. 4.1 i 4.2). Każdy rodzaj komórki glejowej pełni swoiste dla siebie funkcje. Większość tych funkcji jest podejmowana we wczesnej fazie rozwoju zarodkowego i pełniona — z różnym nasileniem — w przebiegu rozwoju postnatalnego i w dojrzałym w układzie nerwowym. Astrocyty utrzymują homeostazę jonową neuronów, regulują metabolizm, wychwytują neuroprzekaźniki aminokwasowe (glutaminian i kwas $\gamma$-aminomasłowy) ze szczeliny synaptycznej i usuwają substancje toksyczne z przestrzeni pozakomórkowej. Oligodendrocyty mają wyłączność na tworzenie osłonki mielinowej, otaczającej włókna neuronów w istocie białej mózgu i rdzenia kręgowego, a komórki Schwanna mielinizują nerwy obwodowe. Wreszcie, mikroglej pełni funkcje żerne, odgrywając rolę w naturalnej eliminacji neuronów w toku embriogenezy i tworzy układ odpornościowy mózgu. Udział mikrogleju w reakcjach obronnych organizmu omówiony jest w rozdziale 5.

Najliczniejsze spośród wszystkich typów komórek mózgu są astrocyty. Niektóre źródła podają, że jest ich dziesięciokrotnie więcej niż neuronów, chociaż w korze mózgowej, gdzie neurony zajmują nie więcej niż 50% objętości, astrocyty zajmują jej trzecią część. Oznacza to, przy mniejszych rozmiarach komórki astrocytarnej niż nerwowej, pewną, choć nie tak dużą przewagę liczebną astrogleju w tkance kory. Komórkę astrocytarną cechują: małe ciało komórkowe (perikarion) o nieregularnych kształtach i często długie, podobne do siebie wypustki (ryc. 4.1). Różnorodność kształtów komórek i orientacji sieci wypustek, jak też obserwacja, że astrocyty substancji szarej mózgu różnią się wyglądem od astrocytów istoty białej, stały się podstawą ich podziału na protoplazmatyczne (ang. protoplasmic), występujące w istocie szarej, i włókniste (ang. fibrous) wykrywane głównie w istocie białej. Ten podział, wciąż jeszcze spotykany w podręcznikach i dobrze oddający łatwo zauważalne w obrazie mikroskopowym różnice morfologii, jest często zastępowany przez podział wyróżniający astrocyty typu 1. i 2. Podstawą wyróżnienia tych dwóch typów komórek jest ich podobieństwo morfologiczne do dwojakiego rodzaju astrocytów występujących w nerwie wzrokowym, który stanowi szeroko stosowany model do badań komórek glejowych. Dodatkowym kryterium podziału na dwa typy jest obecność w ich błonie komórkowej odmiennych białek o cechach antygenów. Komórki typu 1. i 2. nie są tożsame z, odpowiednio, astrocytami protoplazmatycznymi i włóknistymi. Co więcej, żaden z obu systemów klasyfikacji nie uwzględnia wykazanej w ostatnich latach niezwykłej różnorodności komórek astrocytarnych, które znamionuje swoisty dla każdego rodzaju wzorzec białek enzymatycznych, transporterów, receptorów, kanałów jonowych i markerów antygenowych. Uważa się, że typów astrocytów (a w samym hipokampie wyróżnia się ich sześć) może być równie dużo jak typów komórek nerwowych.

Oligodendrocyty są komórkami o wielkości pośredniej między astro- i mikroglejem. Są wyposażone w nieliczne wypustki; dlatego nadano im nazwę gleju skąpowypustkowego. Choć są spotykane w substancji szarej mózgu w pobliżu ciał komórkowych neuronów, występują przede wszystkim w istocie białej, gdzie wytwarzają osłonkę mielinową wokół aksonów.

Najmniejsze komórki glejowe — komórki mikrogleju — reprezentują szereg typów morfologicznych. Dwa najbardziej skrajne to mikroglej rozgałęziony i ameboidalny. Formy rozgałęzione, charakteryzujące się długimi wypustkami i rzadką cytoplazmą, to mikroglej spoczynkowy (ryc. 4.1C). Formy ameboidalne, reaktywne, obserwuje się w mózgu w rozwoju prenatalnym, jak też w pewnych stanach chorobowych (ryc. 4.1D).

Odrębną klasę komórek glejowych, poza makro- i mikroglejem, stanowią komórki nabłonkowe, które w literaturze spotyka się pod nazwą tanycytów.


# 4.4. Różnicowanie się komórek glejowych w rozwoju mózgu

Glejogeneza zachodzi od pierwszych dni rozwoju zarodkowego mózgu, jednak najbardziej intensywne procesy proliferacji (podziałów) i różnicowania komórek glejowych przypadają na późny okres rozwoju prenatalnego i pierwsze tygodnie rozwoju postnatalnego. Kiedy w toku rozwoju zarodkowego mózgu z komórki macierzystej powstaje tzw. neuralna komórka progenitorowa, może ona stać się neuronem lub jednym z kilku typów komórek makroglejowych. Stosując znaczne uproszczenie, można powiedzieć że to, w jaką komórkę przekształci się progenitor, zależy od działających na nią czynników mitogennych i troficznych. Najlepiej poznano mechanizmy regulujące przemiany komórkowe prowadzące do różnicowania się komórek gleju w nerwie wzrokowym szczura. Hodowle nerwu wzrokowego są układami względnie prostymi. Pochodzenie komórek oraz ich oddziaływania, które zawiadują kierunkiem zmian, mogą być w takim układzie łatwo analizowane. Właśnie z takiej hodowli pochodzi pierwszy z wykrytych progenitorów glejowych, O-2A.

Jak wspomniano w podrozdziale 4.3, w nerwie wzrokowym występują dwa typy komórek astroglejowych: astrocyty typu 1. i 2.; towarzyszą im komórki oligodendrogleju. Oligodendrocyty (O) i astrocyty typu 2. (2A) różnicują się w okresie postnatalnym ze wspólnego prekursora, progenitora O-2A. Typ 1. astrocytów pojawia się wcześniej, w czasie rozwoju zarodkowego, i różnicuje się z innej niż progenitor O-2A komórki prekursorowej. Los progenitorów O-2A zależy od sygnałów pochodzących od astrocytów typu 1.: w ich nieobecności progenitory O-2A przestają proliferować i różnicują niemal natychmiast, natomiast hodowane w obecności astrocytów typu 1. proliferują pod wpływem mitogennego czynnika wydzielanego przez te komórki. Jednym z takich czynników jest PDGF — płytkowy czynnik wzrostu, który podtrzymuje podziały komórkowe, opóźniając różnicowanie progenitorów O-2A i umożliwiając przetrwanie części tych progenitorów do pełnej dojrzałości układu nerwowego. Po określonej liczbie podziałów progenitory O-2A tracą wrażliwość na PDGF, prawdopodobnie w konsekwencji zahamowania ekspresji receptora błonowego (PDGFR) i różnicują na oligodendrocyty lub astrocyty typu 2. I tu znów decydują astrocyty typu 1., które podejmują wydzielanie czynnika indukującego różnicowanie na astrocyty typu 2.: CNTF (czynnik neurotroficzny zwoju rzęskowego, ang. cilliary neurotrophic factor). Czynnik ten okazał się niezbędny do inicjacji różnicowania na astrocyty, ale niewystarczający do dokończenia tego procesu, do czego potrzebne są dodatkowe, surowicopochodne czynniki: w hodowlach pozbawionych surowicy progenitory O-2A różnicują niezmiennie na oligodendrocyty. Sugeruje się również, że do indukcji końcowego różnicowania się astrocytów typu 2. niezbędne jest połączenie działania CNTF i substancji macierzy pozakomórkowej. Samo wytworzenie odpowiedzi komórkowej na sygnał CNTF wymaga współdziałania receptora CNTF (który nie mając części cytoplazmatycznej nie pośredniczy w wewnątrzkomórkowym przekazie sygnału troficznego) z innymi elementami błony komórki prekursorowej. Proliferację O-2A wywołuje również zasadowy czynnik wzrostu fibroblastów, bFGF (ang. basic fibroblast growth factor). Oligodendrocyty pojawiają się w nerwie wzrokowym wkrótce po urodzeniu, astrocyty typu 2. pojawiają się przeszło tydzień później.

Do niedawna sądzono, że różnicowanie się neuralnych komórek progenitorowych zachodzi tylko w czasie rozwoju płodowego. Obecnie wiadomo, że również w dojrzałym układzie nerwowym są obecne niektóre progenitory glejowe. Progenitory oligodendrocytów (ang. oligodendroglia progenitor cells, OPC) występują powszechnie w dojrzałym mózgu i rdzeniu kręgowym i mogą zostać pobudzone do proliferacji przez czynniki mitogenne (PDGF i FGF) i neurotrofinę 3 (NT-3). Ich różnicowanie następuje m.in. pod wpływem insulinopodobnego czynnika wzrostu (IGF-1). Obecność OPC w dojrzałej tkance nerwowej jest niezmiernie ważna dla możliwości odtwarzania populacji oligodendrocytów po urazach i w chorobach demielinizacyjnych układu nerwowego. Ostatnio uzyskano również dowody na to, że niektóre typy komórek glejowych — jak glej Mullera — odróżnicowują do komórek progenitorowych, by następnie różnicować w różne typy komórek neuralnych. Dzieje się tak w odpowiedzi na uszkodzenie lub pod wpływem czynników wzrostu.

# 4.5. Rola komórek glejowych w rozwoju mózgu

## 4.5.1. Migracja neuroblastów i neuronów oraz ukierunkowanie wzrostu aksonów

Rozwój mózgu zaczyna się od wykształcenia granic morfologicznych jego struktury. Komórki gleju pojawiają się równolegle z rozwojem unaczynienia, które jest jednym z pierwszych zjawisk w rozwoju mózgu. Prawdopodobnie już w tym wczesnym okresie komórki gleju podejmują funkcję przewodników, kierujących neuroblasty i włókna nerwowe do miejsc docelowych.

W ośrodkowym układzie nerwowym ostateczne rozmieszczenie wielu klas neuronów osiągane jest przez migrację prekursorów neuronalnych (neuroblastów) z miejsca ich proliferacji w nabłonku nerwowym (*neuroepitelium*) wyściełającym komory mózgowe. Poszczególne klasy neuroblastów migrują na różnych etapach rozwoju mózgu: niektóre przed wytworzeniem wypustek, inne, jak komórki ziarniste móżdżku, po wytworzeniu długich, sięgających na duże odległości, neurytów. Do migracji neuroblastów i neuronów w wielu rejonach rozwijającego się mózgu niezbędne są wyspecjalizowane komórki gleju promienistego (ang. radial glia). Wydaje się, że w rejonach ośrodkowego układu nerwowego pozbawionych tej klasy komórek glejowych w zawiadywaniu migracją muszą uczestniczyć inne komórki glejowe, wydzielające do macierzy zewnątrzkomórkowej substancje o właściwościach adhezyjnych i chemotaktycznych.

Czas pojawiania się gleju promienistego jest w zasadzie zgodny z przypisywaną mu rolą przewodnika neuronowego: w fazie wczesnej embriogenezy. Gdy morfogeneza mózgu jest zakończona, komórki gleju promienistego zanikają. Wyjątkiem, który potwierdza regułę, jest utrzymująca się w okresie postnatalnym obecność komórek promienistych gleju w warstwach komórek ziarnistych opuszki węchowej i zawoju zębatego hipokampa mózgu wielu ssaków. W fazie rozwoju, w której neuro- i morfogeneza jest w zasadzie zakończona, w tych dwóch strukturach neurogeneza zachodzi nieprzerwanie również w mózgu zwierząt dojrzałych, choć ze słabnącą z wiekiem intensywnością.

W korze mózgowej naczelnych komórki gleju promienistego są skrajnie wydłużone, o wypustkach sięgających od powierzchni komór do opon mózgowych. Glej promienisty zajmuje swoje miejsce jeszcze przed rozpoczęciem migracji neuroblastów. Analiza przebiegu migracji neuroblastów dokonywana na podstawie badań mikroskopowo-elektronowych preparatów histologicznych mózgu wykazała, że glej promienisty tworzy rusztowanie, po którym przesuwają się neuroblasty i komórki nerwowe; z jednej strony służy on jako podłoże, z drugiej — dostarcza sygnałów do rozpoczęcia różnicowania się neuronów. Czynnikami, które sygnalizują ten proces, są glejopochodne czynniki troficzne, które indukują również ekspresję fenotypu neuronów. Zanim to nastąpi, komórki glejowe wydzielają białka troficzne, podtrzymujące proliferację i przeżywalność neuroblastów. Wśród białek — mediatorów ukierunkowania wzrostu aksonalnego — rolę dominującą wydaje się odgrywać czynnik wzrostu nerwów (ang. nerve growth factor, NGF), który jest syntetyzowany również przez prekursory oligodendrocytów i komórek mikroglejowych. W tej fazie komórki mikroglejowe wydają się wspomagać formowanie się mózgu. W zróżnicowanych końcowo oligodendrocytach i komórkach mikrogleju spoczynkowego nie wykrywa się ekspresji mRNA NGF. Wykazano natomiast, że NGF w pewnych warunkach działa jako chemoatraktant dla komórek mikroglejowych, które gromadzą się w miejscach o zwiększonym stężeniu tego czynnika i zyskują zdolność kumulowania NGF. Przypuszcza się, że prowadzi to do aktywacji syntezy i wydzielania przez mikroglej białek o różnorodnej aktywności. Zachodzi również zjawisko oddziaływania neuronów na glej, które polega na indukowaniu przekształcania glejoblastów w dojrzałe fenotypowo komórki glejowe. To dowodzi, że interakcje glejowo-neuronalne są obopólne i zachodzą na wszystkich etapach rozwoju i funkcjonowania układu nerwowego.

Z chwilą rozpoczęcia różnicowania się neuronów i postmitotycznego wzrostu komórek rozpoczyna się warstwowe organizowanie unerwienia pól końcowych dla danych projekcji i synaptogeneza. Aczkolwiek nie wyjaśniono w pełni mechanizmów morfogenezy i nie ustalono źródeł sygnałów morfogenetycznych, wiadomo, że procesy te przebiegają w obecności astroblastów. Astroblasty wytwarzają lamininę, która jest substancją ułatwiającą wyrastanie wypustek neuronowych (ang. sprouting) — mogą więc być potencjalnym źródłem substancji wymaganych do różnicowania neuronów. Ponadto masywne postnatalne namnażanie astroblastów w strukturach, w których synaptogeneza jest niemal wyłącznie postnatalna, sugeruje, że astrocyty aktywnie uczestniczą w formowaniu synaps. Dodanie astrocytów do hodowli neuronów skutkuje zwiększeniem liczby powstających połączeń synaptycznych między neuronami. To co było tylko hipotezą dwadzieścia lat temu, dziś jest wielokrotnie dowiedzionym faktem: komórki glejowe są źródłem czynników pobudzających i ułatwiających wzrost neurytów. Są to czynniki troficzne i niekolagenowe składniki błony podstawnej — fibronektyna i laminina. Obie te substancje pośredniczą w adhezji neuronów do substratu, na którego podłożu rosną neuryty. Rolę adhezyjną odgrywa również lektyna, produkowana przez oligodendrocyty; lektyna ułatwia ponadto łączenie się warstw mieliny. Podczas gdy fibronektyna ułatwia wydłużanie neurytów nerwów obwodowych, laminina pełni tę funkcję oraz wspomaga neurytogenezę (tworzenie neurytów) w ośrodkowym układzie nerwowym, gdzie błona podstawna nie istnieje. Niezmiernie istotne dla procesów regeneracji układu nerwowego może być to, że astrocyty, które tracą zdolność ekspresji lamininy w trakcie dojrzewania, odzyskują ją w następstwie uszkodzeń mózgu. Na przykład uszkodzenie neuronów prążkowia kwasem kainowym indukuje pojawianie się w astrocytach reaktywnych lamininy (por. podrozdział 4.8), którą wykrywa się w tych komórkach w ciągu pierwszych 16 dni po uszkodzeniu. Wydaje się, że laminina może odgrywać tę samą rolę w reaktywnej synaptogenezie w mózgu dojrzałym, którą odgrywa w rozwoju.

## 4.5.2. Eliminacja neuronów

Zasadniczą funkcją mikrogleju podejmowaną przez te komórki w toku rozwoju zarodkowego jest usuwanie obumierających neuronów, które najpierw produkowane w nadmiarze, podlegają następczej selekcji. Nie wykorzystane w czasie morfogenezy komórki nerwowe giną w samobójczym procesie programowanej śmierci (apoptozy), indukowanej między innymi w stanie niedoboru czynników troficznych. Szczątki komórek są usuwane w wyniku fagocytozy przez zaktywowane komórki mikroglejowe, które nabierają przejściowo cech komórek żernych (mikroglej fagocytujący ilustruje ryc. 5.2).

## 4.5.3. Tworzenie błony granicznej gleju i bariery krew – mózg

Z chwilą zamknięcia się cewki nerwowej, co u szczura następuje w 10. dniu rozwoju zarodkowego, z proliferujących komórek mezenchymy rozwija się opona naczyniowa wraz z naczyniami, na podłożu łącznotkankowej błony podstawnej. Te z komórek mezenchymalnych, które nie uczestniczą w tworzeniu naczyń, formują oponę miękką. Dojrzewanie opony naczyniowej i pajęczynowej kończy się w pierwszych tygodniach życia postnatalnego, z chwilą pojawienia się mięśniowej wyściółki naczyń. Proces ten jest poprzedzony wnikaniem makrofagów do przestrzeni podpajęczynówkowej i wzbogaceniem przestrzeni okołonaczyniowej we włókna kolagenowe. Gdy prymitywna opona naczyniowa jest już ukształtowana, w sąsiedztwie włośniczek pojawiają się

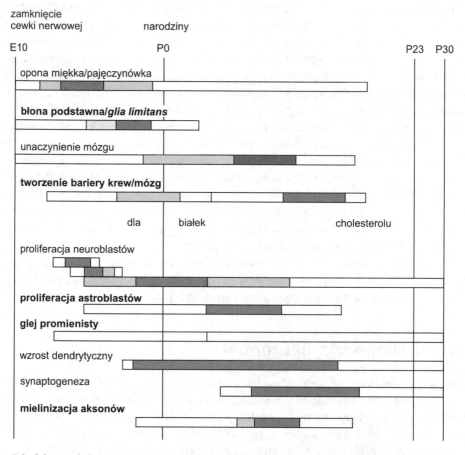

**Ryc. 4.3.** Schemat kolejności procesów w rozwoju mózgu szczura, przebiegających z udziałem gleju. Fazę każdego z procesów, przebiegającą z największą intensywnością, zaznaczono kolorem ciemnoszarym; z najmniejszą — kolorem białym. E — rozwój zarodkowy (embrionalny); P — rozwój postnatalny. Liczby oznaczają dni rozwoju pre-postnatalnego. P23 — koniec zależności pokarmowej od matki. (Wg: Cotman 1985, zmodyf.)

glejoblasty, bogate w glikogenopodobne ziarnistości, które wnikając pomiędzy osłonkę okołonaczyniową siatkowatą a neuroblasty tworzą tzw. błonę podstawną gleju naczyniową (ang. glia limitans). Błona uzyskuje dojrzałość morfologiczną z chwilą narodzin: stanowi warstwę złożoną z perikarionów astrocytarnych i ich wypustek zakończonych charakterystycznym rozszerzeniem, tzw. stopką (ang. end feet). Błona graniczna gleju współtworzy barierę pomiędzy mózgiem i resztą organizmu. Bariera ta częściowo funkcjonuje na zasadzie zapory fizycznej, utworzonej przez warstwę komórek nabłonka wyściełającego światło naczyń, które stykają się tzw. złączami ścisłymi (ang. tight junctions) i uniemożliwiają dyfuzję makrocząsteczek (ryc. 4.2). Wybiórcze przenikanie substancji takich jak glukoza, czy jony chlorkowe, z krwiobiegu do mózgu, lub usuwanie glutaminianu czy antybiotyków z mózgu, jest możliwe dzięki systemom transportu znajdującym się w błonie granicznej gleju. Uważa się, że astrocyty okołonaczyniowe pobudzają komórki nabłonka do tworzenia ścisłych złączy i indukują syntezę enzymów swoistych dla bariery krew–mózg.

Dojrzewanie bariery krew–mózg następuje stopniowo, aż do pierwszych tygodni okresu postnatalnego. Najpierw zostaje zamknięty dostęp białek do mózgu, eliminując tym samym wnikanie obcych białek. Stwarza to uprzywilejowanie immunologiczne mózgu, chroniąc go przed „uczuleniem" i podjęciem zmasowanej obrony przed obcymi antygenami. Zamknięcie bariery dla lipidów następuje później; w szczególności dla cholesterolu bariera zamyka się już po zakończeniu mielinizacji (por. ryc. 4.3), wcześniej umożliwiając podaż do mózgu tego podstawowego składnika mieliny. Bariera krew–mózg sprzyja utrzymaniu równowagi hemodynamicznej mózgu. Z drugiej strony jednak stanowi utrudnienie w terapii chorób mózgu, uniemożliwiając lub znacząco utrudniając penetrację substancji farmakologicznie czynnych do tkanki mózgowej.

## 4.5.4. Mielinizacja

Mielinizacja w mózgu zachodzi późno w rozwoju osobniczym, w fazie postnatalnej, najintensywniej w pierwszych tygodniach po urodzeniu (ryc. 4.3). Poprzedza ją masywne wytwarzanie oligodendrocytów. Wyposażenie aksonu w warstwę izolacyjną znacznie przyśpiesza przewodzenie sygnałów elektrycznych wzdłuż aksonu. Osłonkę tę tworzą oligodendrocyty, koncentrycznie owijając akson ścisłą, kilkuwarstwową spiralą błonowych wypustek. Jeden oligodendrocyt z ośrodkowego układu nerwowego może otaczać wypustkami nawet kilkanaście (średnio 15) aksonów. Komórki Schwanna, które są odpowiednikami oligodendrocytów w obwodowym układzie nerwowym, otaczają osłonką tylko jeden akson. Komórki Schwanna i oligodendrocyty różnią się rozwojem i właściwościami biochemicznymi. Geny komórek Schwanna, które kodują białka mieliny, są aktywowane do ekspresji przez obecność aksonu. W oligodendrocytach ekspresja genów kodujących białka mieliny (rodzina białek zasadowych mieliny, MBP), wydaje się zależeć nie od kontaktu komórki z aksonami, ale od obecności astrocytów. Tak więc mielinizacja „dowodzona" przez oligodendroglej zależy też od innego typu gleju: astrocytarnego, również dlatego, że, jak wspomniano, astrocyty uczestniczą w budowaniu bariery krew–mózg, ograniczającej jej przepuszczalność naczyń dla cholesterolu (por. podrozdział 4.5.3).

# 4.6. Funkcje astrogleju w dojrzałym mózgu

## 4.6.1. Czy istnieje glejoprzekaźnictwo?

Aczkolwiek właściwości elektryczne komórek glejowych można zmienić regulując zewnątrzkomórkowe stężenie jonów potasu, i mimo że w błonach komórkowych komórek glejowych znajdują się kanały jonowe czułe zarówno na pobudzenie elektryczne, jak też chemiczne, to do niedawna nie było dowodów na bezpośredni udział komórek astrogleju w przekazie sygnałów elektrycznych. Odkrycie astrocytowych kanałów jonowych, które są otwierane przez główny przekaźnik pobudzeniowy mózgu, glutaminian (por. podrozdz. 4.6.4), oraz wykazanie *in vitro*, że pobudzenie tych kanałów powoduje nie tylko napływ jonów wapnia $Ca^{+2}$ do astrocytu, ale też propagację sygnału wapniowego w sieci komórek astrocytarnych, podważa dogmat, że przekaźnictwo jest funkcją wyłącznie komórek nerwowych. Niektóre wyniki doświadczeń sugerują, że sieć astrocytarna może stanowić pozaneuronową drogę szybkiego, rozprzestrzeniającego się przekazu sygnału w mózgu. Wykazano, że astrocyty w następstwie aktywacji receptorów błonowych, a także zmian jonowych w środowisku pozakomórkowym, wydzielają aktywne aminokwasy. Postuluje się, że jednym z przekaźników specyficznych dla gleju mogłaby być tauryna. Aminokwas ten występuje w astrocytach w większych ilościach niż inne aminokwasy; działa jako neuromodulator hamujący, przypisuje mu się również funkcję osmoregulacyjną. Aby udowodnić, że tauryna pełni funkcję przekaźnika, trzeba zidentyfikować *in vivo* neurony docelowe dla wydzielonej przez astrocyty tauryny. Na ostateczną odpowiedź, czy istnieje glejoprzekaźnictwo, trzeba jeszcze poczekać.

## 4.6.2. Homeostaza jonowa

Astrocyty służą jako bufory dużego stężenia jonów potasu $K^+$ w środowisku pozakomórkowym. Działają poprzez wychwyt jonów $K^+$ w miejscach o ich dużym stężeniu i ich wyrzut w miejscach o małym stężeniu. Elektryczny potencjał spoczynkowy astrocytów jest uzależniony od dużej przepuszczalności dla jonów potasu. Dzięki temu astrocyty wychwytują i buforują nadmiar jonów $K^+$ wydzielanych przez neurony w czasie wzmożonej aktywności. Kiedy w neuronach następują częste wyładowania, potas gromadzi się w przestrzeni pozakomórkowej. Astrocyty wychwytują jego nadmiar, zabezpieczając sąsiadujące neurony przed depolaryzacją, która mogłaby nastąpić, gdyby $K^+$ dotarł do nich w dużym stężeniu. W celu zachowania obojętności elektrycznej wnętrza komórki astrocyty wychwytują równocześnie jony $Cl^-$ w ilości równoważnej dla ilości $K^+$.

Ponieważ astrocyty są połączone mostkami cytoplazmatycznymi (rodzaj połączeń, występujących również pomiędzy neuronami, które tworzą synapsy elektryczne, czyli złącza szczelinowe, por. rozdz. 2), można uznać, że są one zorganizowane w rozległe zespólnie (syncytia) — połacie złożone z połączonych z sobą komórek. Tego typu połączenie implikuje zdolność do werbowania dużej liczby astrocytów do reakcji na bodźce działające lokalnie (np. w obrębie jednej synapsy). Dlatego też mogą pozbywać się jonów $K^+$ zgromadzonych w jednym miejscu, przez ich „przerzut" i usunięcie w znacznie oddalonym, innym miejscu. Błona astrocytu jest niejednorodna pod względem przewodnictwa jonów potasu. Stopka wypustki astrocytu, stykająca się z naczyniem włosowatym lub z oponą miękką mózgu, charakteryzuje się znacznie większą przewodnością dla $K^+$ niż pozostała część powierzchni astrocytu. Tak więc astrocyty usuwają przez stopki końcowe nadmiar $K^+$, które pobrały kanałami znajdującymi się w jakiejkolwiek innej części błony komórkowej. Zależnie od stopnia pobudzenia aktywności elektrycznej neuronu stężenie jonów potasu w przestrzeni pozakomórkowej może wahać się od 3 do 12 mM. Ta rozpiętość stężeń jest krytyczna dla kontroli średnicy naczyń i włośniczek mózgowej sieci tętniczo-żylnej, na których astrocyty osadzają wypustki. Jeśli aktywność neuronów doprowadzi pozakomórkowe stężenie $K^+$ do 10 mM, średnica naczyń powiększa się o 50%! Tak więc „syfonujące" właściwości stopek końcowych astrocytu z jednej strony i czułość naczyń mózgowych na wzmożone stężenie $K^+$ — z drugiej — tworzą mechanizm samoregulujący przepływ mózgowy w taki sposób, że przepływ krwi i zużycie tlenu mogą dotrzymać kroku aktywności neuronowej. Kiedy wzrasta aktywność neuronu, potas nagromadza się, naczynia ulegają rozszerzeniu i przepływ krwi nasila się.

## 4.6.3. Ochrona przed intoksykacją

Izolacja, powstała z komórek nabłonka wyściełającego naczynia włosowate i z komórek astroglejowych tworzy barierę pomiędzy układem naczyń krwionośnych a mózgiem (por. podrozdz. 4.5.3). Chroni ona mózg, utrudniając wybiórczo wnikanie do niego komórek i toksycznych substancji, krążących we krwi. Mimo tej bariery, wzrost stężenia związków chemicznych we krwi powoduje, że przedostają się one do mózgu, gdzie mogą działać toksycznie. Taką toksyną może być amoniak ($NH_3$), merkaptany czy krótkołańcuchowe kwasy tłuszczowe. Brak enzymów cyklu mocznikowego w mózgu sprawia, że poziom amoniaku jest regulowany niemal wyłącznie na drodze włączania go do cząsteczki glutaminy (por. podrozdz. 4.6.4). Za proces ten odpowiadają astrocyty, prawdopodobnie również oligodendrocyty. Oba typy komórek są bowiem wyposażone w mechanizm enzymatyczny (syntetaza glutaminy), umożliwiający usunięcie amoniaku przez wspomniane włączanie go do glutaminy (Gln) w procesie jej syntezy z glutaminianu. Neurony są pozbawione tego mechanizmu. W stanach utrzymującej się hiperamonemii, a więc zwiększonego poziomu amoniaku we krwi, dochodzi do wzrostu poziomu tego związku w mózgu. Wskutek zaburzeń przemian energetycznych astrocytów maleje ich zdolność do metabolizowania amoniaku, co prowadzi do rozwoju zmian patologicznych i rozwinięcia się zespołu chorobowego encefalopatii wątrobowej lub innych zaburzeń na tle zwiększonego poziomu amoniaku w mózgu. Jest to przykład patologii, w których astrocyt, a nie komórka nerwowa, jest pierwotnym obiektem ataku neurotoksycznego. Rozwijająca się patologia prowadzi do zmian morfologii i zaburzeń metabolizmu astrocytów. Jest to przejaw zmian pierwotnych w astrocytach, nie zaś reaktywnych, jak w większości chorób mózgu (por. podrozdz. 4.9).

## 4.6.4. Rola astrogleju w metabolizmie glutaminianu i GABA

### 4.6.4.1. Synteza i eliminacja

Glutaminian (Glu) jest pięciowęglowym, dikarboksylowym aminokwasem, który występuje w dużych stężeniach w ośrodkowym układzie nerwowym ssaków (por. rozdz. 2). Oprócz udziału w syntezie i katabolizmie różnych związków metabolicznych, Glu odgrywa rolę neuroprzekaźnika pobudzającego. Bierze on również udział w regulacji aktywności neurohormonalnej. Rycina 4.4 przedstawia szlaki metaboliczne

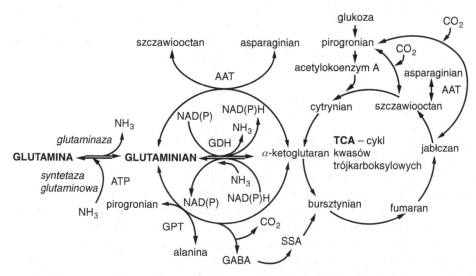

**Ryc. 4.4.** Metabolizm glutaminianu w mózgu i związek z cyklem kwasów trikarboksylowych (TCA). „$CO_2$" oznacza reakcje, w których dwutlenek węgla może zostać wbudowany do pirogronianu, szczawiooctanu lub jabłczanu uzupełniając zapasy $\alpha$-ketoglutaranu, zużywanego do syntezy *de novo* glutaminianu. AAT — aminotransferaza asparaginianowa; ATP — trifosforan adenozyny; GABA — kwas $\gamma$-aminomasłowy; GDH — dehydrogenaza glutaminianowa; GPT — transaminaza glutaminian/pirogronian; NAD — dinukleotyd adeninowy nikotynamidu; NAD(P) — fosforan dinukleotydu nikotynamidoadeninowego; NAD(P)H — zredukowany NAD(P); SSA — semialdehyd bursztynianowy, $NH_3$ — amoniak

glutaminianu w mózgu i ich związek z cyklem kwasów trikarboksylowych (cykl Krebsa, TCA).

W procesie dekarboksylacji glutaminianu (ryc. 4.4) powstaje kwas $\gamma$-aminomasłowy (GABA), podstawowy neuroprzekaźnik hamujący mózgu, a transaminacja prowadzi do powstania $\alpha$-ketoglutaranu i asparaginianu. Asparaginian uważany jest za drugi, oprócz glutaminianu, neuroprzekaźnik pobudzający. Glutaminian może być w procesie oksydacyjnej deaminacji przekształcany w $\alpha$-ketoglutaran z uwolnieniem amoniaku z udziałem dehydrogenazy glutaminianowej (GDH). Jest też substratem w syntezie glutationu, tripeptydu powszechnie występującego w komórkach, który jest uważany za związek aktywny w przeciwdziałaniu stresowi oksydacyjnemu.

## 4.6.4.2. Transport

Jako neuroprzekaźnik, glutaminian jest gromadzony w pęcherzykach synaptycznych zakończeń włókien glutaminianergicznych (ryc. 4.5). Pęcherzykowy wychwyt glutaminianu przebiega z udziałem transportera pęcherzykowego, który jest „napędzany"

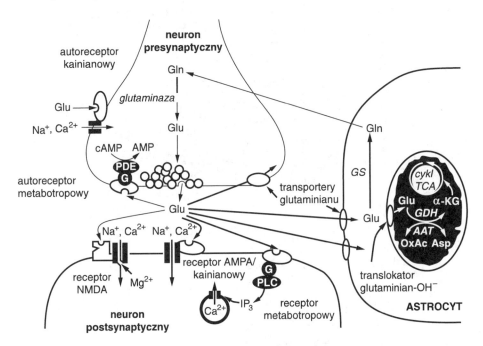

**Ryc. 4.5.** Hipotetyczna synapsa glutaminianergiczna. Glutaminian (Glu) wydzielany z zakończenia glutaminianergicznego wiąże się z receptorami postsynaptycznymi. Presynaptyczne autoreceptory (metabotropowe i kainianowe) regulują wydzielanie glutaminianu. Glutaminian jest usuwany ze szczeliny synaptycznej w drodze wychwytu przez zakończenia presynaptyczne i astrocyty. Wychwyt przebiega z udziałem białkowych transporterów glutaminianowych, osadzonych w błonie cytoplaz- matycznej. Glutaminian w astrocytach ulega przemianom do glutaminy (Gln; patrz tekst). Skróty: $\alpha$-KG — $\alpha$-ketoglutaran; OxAc — szczawiooctan; Asp — asparaginian; G, PDE, PLC, IP3 — związki uczestniczące w wewnątrzkomórkowym przekazie sygnału generowanego przez związanie Glu z recep- torami postsynaptycznymi

pompą protonową zależną od związku wysokoenergetycznego — adenozynotrifos-foranu (ATP). W stanie niedoboru ATP następuje odwrócenie działania transportera pęcherzykowego dla Glu i glutaminian wycieka z pęcherzyków.

Wydzielanie glutaminianu z zakończeń synaptycznych następuje w dwojaki sposób: zależny od jonów wapnia $Ca^{2+}$, wymagający ATP, wyrzut pęcherzykowy, i niezależne od $Ca^{+2}$ wydzielanie Glu z cytoplazmy. W stanach hipoksji i ischemii wydzielanie pęcherzykowe jest zmniejszone, natomiast wzrasta wydzielanie Glu z cytoplazmy.

Po wydzieleniu przez neuron glutaminian jest usuwany ze szczeliny synaptycznej z powrotem do zakończeń neuronowych na drodze wychwytu zwrotnego (ang. reuptake) lub do otaczających synapsę astrocytów. Zarówno neuronowy, jak też astrocytarny proces wychwytu przebiega z udziałem cytoplazmatycznych transporterów

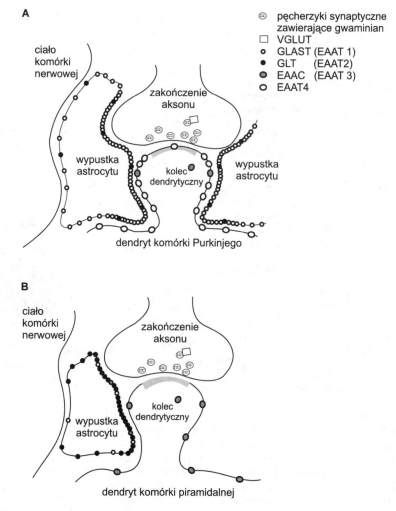

**Ryc. 4.6.** Rozmieszczenie transporterów glutaminianu w błonach neuronów i astrocytów w okolicy synaptycznej i okołosynaptycznej. (Wg: Dehnes i in. 1998, zmodyf.)

glutaminianu, różnych od transporterów pęcherzykowych. Jest pięć transporterów dla glutaminianu/asparaginianu, pochodzących z mózgu gryzoni, które wykazują duże podobieństwo do transporterów z mózgu człowieka. Dwa z nich, oznaczane jako GLAST-1 i GLT-1, występują wyłącznie na komórkach glejowych, transportery EAAC-1 (EAAT3) i EAAT5 są swoiste dla komórek nerwowych, a EAAT4, który jest głównym transporterem w neuronach Purkinjego móżdżku, występuje również na astrocytach (ryc. 4.6).

W niektórych chorobach układu nerwowego obserwuje się zaburzenia poziomu glutaminianu w tkankach, w tym nieprawidłowy rozdział aminokwasu między pulą komórkową i pozakomórkową, co może wskazywać na udział zaburzeń transportu glutaminianu w patogenezie tych chorób, między innymi w stwardnieniu zanikowym bocznym (ang. amyotrophic lateral sclerosis, ALS). Dowiedziono, że u chorych na ALS maleje liczba oznaczanych biochemicznie miejsc synaptosomalnego wychwytu glutaminianu. Również poziom astroglejowego transportera GLT-1 jest wybiórczo obniżony w dotkniętych chorobą rejonach układu nerwowego. Powodowane u zwierząt doświadczalnych zaburzenia funkcjonowania lub usunięcie GLT-1 wywołują liczne objawy; od zmniejszenia masy ciała i zaburzeń posturalnych, do wzmożonej wrażliwości tkanki nerwowej na uszkodzenie i zwiększonej śmiertelności zwierząt. Dlatego też wśród mechanizmów patofizjologicznych ALS wymienia się, obok wzmożonego wydzielania Glu z zakończeń neuronowych, obniżoną zdolność do eliminowania Glu ze szczeliny synaptycznej w wyniku zaburzeń jego wychwytu przez zakończenia nerwowe i zaburzeń funkcji transportera glejowego.

### 4.6.4.3. Metabolizm glutaminianu w komórkach glejowych i odzyskiwanie go przez neurony

Glutaminian wychwytywany przez komórki glejowe ze szczeliny synaptycznej ulega w astrocytach przemianom do glutaminy, z której, po jej przetransportowaniu do neuronów, jest odzyskiwany w procesie enzymatycznej deaminacji (ryc. 4.4 i 4.5). W pierwszym etapie powstaje glutamina z udziałem syntetazy glutaminowej (GS), enzymu o wyłącznie glejowej lokalizacji. Następnie glutamina jest transportowana z astrocytów do neuronów. Tu ulega przekształceniu do glutaminianu z udziałem glutaminazy, enzymu zlokalizowanego wyłącznie w neuronach. Glutaminian wychwycony przez komórki glejowe może również w tych komórkach ulegać przekształceniu do $\alpha$-ketoglutaranu, który jest następnie metabolizowany w cyklu kwasów trikarboksylowych do dwutlenku węgla i wody lub transportowany do zakończeń nerwowych.

Ponieważ mózg ma ograniczoną zdolność syntezy glutaminianu *de novo* z glukozy (reakcja anaplerotyczna), wymienione procesy odzyskiwania glutaminianu są niezbędnym mechanizmem zabezpieczającym neuron przed wyczerpaniem puli neuroprzekaźnika. Synteza glutaminianu z glukozy „odciąga" $\alpha$-ketoglutaran z cyklu Krebsa, a uzupełnienie pięciowęglowego szkieletu tego związku wymaga połączenia pirogronianu z $CO_2$ przez karboksylazę pirogronianową lub enzym jabłczanowy; jednak te anaplerotyczne reakcje, czynne głównie w wątrobie, zachodzą w mózgu w niewielkim stopniu.

## 4.6.5. Metabolizm glukozy i glikogenu

Glukoza jest podstawowym źródłem energii dla tkanki mózgowej. Glukozę pobierają zarówno neurony, jak i astrocyty, ale neurony nie mają zdolności do gromadzenia zapasów substratu energetycznego w postaci glikogenu, który jest „polimerem" glukozy. W mózgu glikogen znajduje się niemal wyłącznie w astrocytach (ryc. 4.2). W stanach znacznego pobudzenia metabolicznego neurony korzystają więc z zapasów glikogenu astroglejowego. Proces glikogenolizy w astrocytach jest indukowany przez neuron: neuroprzekaźniki wydzielane w stanie pobudzenia neuronów do szczeliny synaptycznej — noradrenalina, serotonina, histamina, aktywny peptyd jelitowy działający na naczynia (ang. vasoactive intestine peptide, VIP) oraz adenozyna, oddziałują z receptorami zlokalizowanymi w błonie astrocytu. Ostatnie badania wykazały, że w komórkach astrogleju, które mają zdolność do wychwytu i fosforylacji glukozy, oba procesy podlegają regulacji przez aktywność neuronową. Tym samym związek metabolizmu energetycznego neuronów i astrocytów może być bardziej ścisły, niż do niedawna sądzono. W badaniach na kulturach komórkowych wykazano bowiem, że pobudzenie astrocytów przez glutaminian powoduje indukcję glikolizy, a więc rozkładu enzymatycznego glukozy do mleczanu, który jest pobierany przez neurony i zużywany jako substrat energetyczny. Z tych samych badań wynika, że w neuronach mleczan wydaje się obok pirogronianu preferowanym substratem w cyklu Krebsa. Tak więc glukoza pobierana przez swoiste transportery na powierzchni komórek nerwowych może również ulegać przekształceniu w mleczan. Obecność transporterów specyficznych dla mleczanu zarówno w błonach neuronów, jak i astrocytów jest dodatkową wskazówką, że istnieje skoordynowany mechanizm wymiany mleczanu między tymi komórkami. Astrocyty odgrywają więc rolę opiekuna komórki nerwowej, dostarczając jej mleczanu jako dodatkowego substratu energetycznego w okresie wzmożonej aktywności synaptycznej i w stanach niedokrwiennych mózgu.

# 4.7. Rola gleju w uszkodzonym mózgu

Uszkodzenia mózgu prowadzą często do nieodwracalnych zmian zwyrodnieniowych; częściowo dlatego, że neurony ośrodkowe nie wykazują zdolności do regeneracji aksonów, typowej dla neuronów obwodowego układu nerwowego. Połączona z perikarionem (proksymalna) część uszkodzonego neuronu mózgowego może niekiedy wytwarzać krótkie wypustki, o ograniczonej zdolności do wzrostu i penetracji tkankowej (ang. sprouts; zjawisko nosi nazwę axonal sprouting). Ich wzrost można w pewnym stopniu pobudzić działaniem czynnikami troficznymi. Jaka jest przyczyna, że neurony ośrodkowe niemal całkowicie są pozbawione zdolności do regeneracji? Jaki wpływ na ograniczoną zdolność do regeneracji ośrodkowego układu nerwowego ma komórka glejowa?

We wczesnych fazach rozwoju tkanki nerwowej macierz pozakomórkowa zarówno obwodowego, jak też ośrodkowego układu nerwowego zawiera glikoproteiny skutecznie wspomagające proces wzrostu aksonalnego. Dwie z tych substancji, lamininę i fibronektynę opisano w podrozdziale 4.5.1. Zachowują one ekspresję w dojrzałym obwodowym układzie nerwowym, ale w zasadzie brak ich w mózgu i rdzeniu kręgowym. Tak więc dojrzały układ nerwowy pozbawiony jest substancji w macierzy pozakomórkowej, która może być niezbędna do regeneracji aksonów. Zaobserwowano jednak, że uszkodzenie mózgu wyzwala szereg zmian w komórce astrocytarnej; między innymi astrocyt odzyskuje zdolność do syntezy lamininy (por. podrozdz. 4.5.1). Może to być przejawem próby odtworzenia warunków sprzyjających wzrostowi aksonalnemu, choć laminina nie wystarcza do odtworzenia zniszczonych połączeń neuronowych. Następuje również indukcja wimentyny, białka cytoszkieletu, właściwego głównie młodocianym astrocytom, co może być dodatkowym dowodem na „odmłodzenie" fenotypu astrocytów. Jaka jest funkcja tego białka w warunkach uszkodzenia — nie wiadomo.

Gdy uszkodzona komórka nerwowa ulega degeneracji, osłonka mielinowa odsuwa się od aksonu i ulega rozpadowi. Skupienia zbitych neurofilamentów i mikrotubul szybko wypełniają wnętrze aksonu, który pęcznieje i rozpada się na fragmenty. Podczas gdy w obwodowym układzie nerwowym szczątki (*debris*) neuronów ulegają szybkiej degradacji, która trwa dni, rzadko rozciągając się na tygodnie, to w ośrodkowym układzie nerwowym proces ten, jeśli bariera krew–mózg nie uległa uszkodzeniu, rozciąga się na miesiące. Przyczyna tej różnicy wydaje się związana z odmiennymi w obu przypadkach klasami komórek, które fagocytują szczątki.

Zarówno w obwodowym, jak też ośrodkowym układzie nerwowym, wypustki komórek gleju, tworzących osłonkę mielinową wokół aksonów, podczas degeneracji neuronu zostają zniszczone. W obwodowym układzie nerwowym do miejsca uszkodzenia są werbowane makrofagi, które pomagają w degradacji uszkodzonego segmentu aksonu przez wydzielanie proteaz i pochłanianie szczątków. Makrofagi mogą się również przyczyniać do regeneracji komórki nerwowej przez wydzielanie czynników pobudzających proliferację komórek Schwanna. W ośrodkowym układzie nerwowym komórki mikrogleju i astrocyty, a nie makrofagi, zajmują się usuwaniem szczątków (ryc. 4.2). Proces przebiega wolniej. Jedną z prawdopodobnych przyczyn jest to, że w warunkach, w których bariera krew–mózg nie ulega uszkodzeniu, makrofagi nie penetrują do mózgu. Uporczywie utrzymująca się mielina i *debris* przeszkadzają w regeneracji aksonów. Wykazano jednak, na razie tylko doświadczalnie, że astrocyty i OEC mogą ułatwiać wzrost aksonów. Wprowadzenie do struktur mózgowych wszczepów (implantów), zawierających komórki produkujące czynnik troficzny NGF, stwarza warunki do regeneracji aksonów, które rosną na podłożu z wypustek astrocytarnych tzw. gleju reaktywnego (por. podrozdz. 4.9).

Komórki glejowe zmieniają również organizację synaps na uszkodzonych neuronach. W obszarze sąsiadującym z perikarionem neuronu postsynaptycznego inwazyjne komórki glejowe odpychają od siebie pre- i postsynaptyczne elementy synapsy. W następstwie takiego działania liczba kontaktów synaptycznych zmniejsza się i potencjały pobudzeniowe wywołane w uszkodzonym neuronie mają mniejszą amplitudę. Mimo to komórki mogą być w dalszym ciągu pobudzane przez synapsy zlokalizowane na dendrytach, których pobudliwość wzrasta w wyniku aksotomii. Jeśli neuron nie jest zdolny do odtworzenia kontaktów z komórkami docelowymi, obumiera, a komórki mikroglejowe aktywowane w pobliżu rozpadającego się perikarionu usuwają szczątki neuronów.

Dojrzały mózg może produkować cząsteczki aktywnie hamujące wzrost aksonów. Oligodendrocyty, po zróżnicowaniu i podjęciu aktywności mielinizacyjnej, zaczynają syntetyzować glikoproteiny, takie jak białko NoGo, które aktywnie hamują wyrastanie neurytów. Dowiedziono, że podanie szczurom przeciwciał unieczynniających te cząsteczki inhibitorowe, lub blokujących ich receptory na neuronach, umożliwia regenerację. Inhibitorów tych nie ma w wypustkach mielinizujących komórek Schwanna, otaczających neurony obwodowe.

Innym istotnym czynnikiem, który może utrudniać regenerację w ośrodkowym układzie nerwowym, jest tworzenie blizny glejowej w pobliżu uszkodzenia. Tworzenie blizn glejowych jest właściwością astrocytów w dojrzałym mózgu, ale nie astrocytów pochodzących z mózgów zarodków lub noworodków. W doświadczeniach, w których przecinano spoidło wielkie mózgu szczurom w różnym wieku, dowiedziono, że w mózgu dorosłych szczurów i myszy aksony nie wykazywały zdolności do penetracji przez linię środkową mózgu; można było jednak pobudzić je do wzrostu i penetracji „na drugą stronę" mózgu przez chirurgiczne umieszczenie filtru z nitrocelulozy, pokrytego warstwą niedojrzałych astrocytów. Astrocyty te wytwarzały lamininę. Tak więc utrata (lub zmniejszenie) przez dojrzałe astrocyty zdolności do reekspresji i syntezy substancji, które stymulują wzrost neurytów, a z drugiej strony podjęcie przez oligodendrocyty syntezy inhibitorów wzrostu aksonalnego mogą tłumaczyć, dlaczego neurony ośrodkowego układu nerwowego stopniowo tracą zdolność regeneracji. A jednak badania ostatnich lat niosą pewną nadzieję (por. podrozdział następny).

## 4.8. Aktywność troficzna astrogleju

Wprowadzając Czytelnika w zagadnienie aktywności troficznej astrogleju, należy zdefiniować substancje troficzne i substancje im pokrewne: czynniki wzrostowe i cytokiny. Wszystkie te substancje są modulatorami aktywności komórek. Jednak ze względu na szybko rozszerzającą się wiedzę o tych czynnikach, ich klasyfikacja ulegała w ciągu ostatnich lat zmianom (por. rozdz. 5, gdzie przedstawiono klasyfikację często stosowaną przez immunologów). Obecnie najbardziej powszechny pogląd, który znajduje odzwierciedlenie w klasyfikacji zamieszczanej w większości podręczników, jest następujący:

1. Grupę nadrzędną (liczącą ponad 100 białek i peptydów) stanowi rodzina czynników wzrostowych. Czynniki wzrostowe są to białka, które wiążą się z receptorami błonowymi na powierzchni komórek, w wyniku czego dochodzi do aktywacji podziałów komórkowych i/lub różnicowania komórek różnych tkanek.

2. Czynniki troficzne to podgrupa czynników wzrostowych, których funkcją jest przede wszystkim podtrzymywanie czynności i wzrostu komórek, ale nie ich proliferacji. W szczególności czynniki neurotroficzne NGF, BDNF, NT-3 i NT-4/5 nie regulują proliferacji komórkowej.

3. Cytokiny to podgrupa czynników wzrostowych, których funkcją jest przede wszystkim immunomodulacja. Cytokiny stymulują humoralną i komórkową odpowiedź odpornościową. Grupę tę wyróżniono również ze względu na bardziej ograniczone „pole działania", gdyż cytokiny są wydzielane przede wszystkim przez leukocyty i głównie na nie działają.

W zrozumieniu funkcji astrogleju w mózgu prawidłowym, a także roli astrocytów w procesach kompensacyjnych mózgu po uszkodzeniach, istotne znaczenie mają wyniki badań, w których wykazano zdolność astrocytów do syntezy substancji troficznych i cytokin. *In vivo*, w astrocytach prawidłowych, a więc w warunkach normy, poziom tych związków jest niewykrywalny lub bardzo niski. Dlatego zarówno najlepiej poznany, prototypowy czynnik o działaniu troficznym na neurony, wspomniany wcześniej czynnik NGF, jak też później zidentyfikowane i scharakteryzowane czynniki z tej samej rodziny: BDNF, NT-3 i NT-4/5, wykryto pierwotnie nie w astrocytach, lecz w neuronach. Dlatego również do niedawna uważano, że neurotrofiny są wytwarzane wyłącznie przez neurony.

Jest dziś oczywiste, że liczne populacje neuronów zarówno w toku rozwoju zarodkowego, jak też w dojrzałym mózgu, zależą od czynników troficznych. Co więcej, czynniki troficzne pochodzenia mózgowego regulują, jak wspomniano wcześniej, różnicowanie komórek pochodzenia nieneuronowego. Substancje te, podawane domózgowo lub wprowadzane do pierwotnych hodowli neuronowych (tzn. hodowli komórek pochodzących z zarodkowego mózgu, zawierających prekursory komórek nerwowych — neuroblasty) indukują różnicowanie neuroblastów, wzmagają przeżywalność neuronów oraz podtrzymują ich aktywność metaboliczną i fizjologiczną, m.in. właściwy poziom neuroprzekaźników. Choć udział puli czynników pochodzenia astrocytarnego w całkowitej aktywności troficznej tkanki mózgowej jest możliwy do określenia tylko w badaniach na zwierzętach, istnieją dane przemawiające za tym, że astrocytarne neurotrofiny zwiększają w pewnych sytuacjach pulę dostępnych dla neuronów czynników troficznych.

Wykrycie mRNA i białka NGF, a później również mRNA BDNF i NT-3 w astrocytach izolowanych z różnych struktur mózgu i hodowanych pozaustrojowo (*in vitro*) zwróciło uwagę na możliwość syntezy neurotrofin przez astrocyty *in vivo*. Wykrycie w astrocytach syntezy innych czynników o działaniu troficznym i mitogennym (pobudzającym podziały komórkowe), jak PDGF i IGF, oraz czynników o działaniu plejotropowym (wielokierunkowym: tropowym, troficznym i mitogennym) jak bFGF, CNTF i S-100, potwierdziło potencjalną zdolność komórek astrogleju do regulacji aktywności i przeżywalności komórek nerwowych i nieneuronowych *in vivo*. *In vitro* astrocyty wydzielają NGF do środowiska. Również astrocytarne bFGF i CNTF, których struktura jest pozbawiona sekwencji sygnałowej warunkującej ich wydzielanie z komórki, są wykrywane w przestrzeni pozakomórkowej, mogą więc działać po wydostaniu się z astrocytu, na drodze wciąż jeszcze nieustalonego mechanizmu transportu. Występowanie funkcjonalnych receptorów dla obu typów związków w błonach cytoplazmatycznych, zarówno neuronów, jak i astrocytów wskazuje, że neurotrofiny, jak też bFGF i CNTF mogą być pośrednikami w dwukierunkowym komunikowaniu się komórek nerwowych i glejowych. Co więcej, astrocyty wyposażone w receptory neurotrofin mogą podlegać nie tylko regulacji przez neurony, ale też autoregulacji *via* wydzielone przez siebie neurotrofiny (działanie autokrynne), lub regulacji parakrynnej (przez neurotrofiny pochodzące z sąsiednich astrocytów). Taka sytuacja kreuje złożoną sieć interakcji neuronowo-glejowych. Występowanie receptora danego typu na ograniczonej populacji komórek glejowych — tak jak w przypadku receptora o niskim powinowactwie do NGF, którego występowanie jest ograniczone do populacji astrocytów tworzących *glia limitans*, wskazuje na specjalizację funkcjonalną tego szczególnego typu komórek.

Mechanizm aktywacji komórki astroglejowej, w wyniku której dochodzi do zmian poziomu syntezy i wydzielania substancji troficznych lub cytokin, jest swoisty dla różnych typów komórek astrocytarnych. Istnieją dane, że aktywność troficzna astrogleju znajduje się pod kontrolą neuronową układów noradrenergicznego i, w mniejszym stopniu, dopaminergicznego. *In vitro* wykazano, że pobudzenie receptorów $\beta$- i $\alpha$1-adrenergicznych w błonie astrocytu powoduje wzrost poziomu wewnątrzkomórkowego cAMP i skorelowany wzrost ekspresji NGF i bFGF w astrocytach, a spadek ekspresji mRNA i białka CNTF.

A jednak wyniki badań prowadzonych *in vivo* sugerują, że w normie czynniki neurotroficzne są wytwarzane niemal wyłącznie przez neurony, zgodnie z klasyczną koncepcją, że postsynaptyczne neurony docelowe dla danej projekcji mózgowej są jedynym źródłem dostarczanych do niej ograniczonych ilości czynników neurotroficznych. W istocie rzeczy w dojrzałym mózgu, w stanach prawidłowych, ekspresja czynników troficznych przez astrocyty mogłaby stać się szkodliwa, zaburzając subtelną regulację neuronową typu źródło projekcji–neuron docelowy. Z drugiej strony, plejotropiny — bFGF, CNTF i S-100 są wytwarzane w astrocytach prawidłowych, jednak, w przeciwieństwie do opisanej sytuacji *in vitro*, nie mogą być wydzielone do środowiska. Być może bodźcem do ich wydzielania staje się silne pobudzenie lub uszkodzenie tkanki mózgowej, które prowadzi do reaktywnej astocytozy i może zmieniać właściwości błony astrocytów.

W stanach zmienionej aktywności fizjologicznej, a zwłaszcza w następstwie urazów mózgu, jak też w toku rozwijającej się patologii, dochodzi bowiem do (opisanej obszerniej w podrozdz. 4.9) reaktywnej astrocytozy, której towarzyszy indukcja lub wzrost poziomu syntezy w astrocytach białek, z których większość stanowią czynniki troficzne i cytokiny, w tym NGF i CNTF. Dochodzi też do indukcji receptorów astroglejowych dla neurotrofin. Wielokrotnie wykazano, że uszkodzenia ośrodkowego układu nerwowego wywołują czasowo zależny wzrost aktywności troficznej zarówno w tkance przyrannej, jak też w płynach omywających ranę. Wykazano również, że pouszkodzeniowy wzrost aktywności troficznej w obszarze odnerwionym umożliwia reaktywny wzrost neurytów, a także, że same reaktywne astrocyty są dobrym substratem dla wzrostu neuronów mózgowych. Podawanie domózgowe lub dordzeniowe neurotrofin zapobiega wywoływanej eksperymentalnie degeneracji komórek nerwowych lub wspomaga procesy kompensacji biochemicznej i morfologicznej. Próby wszczepiania astrocytów pochodzących z obszarów przyrannych zwierzętom z zaburzeniami zachowania wykazały poprawę wykonania testów behawioralnych. Wydaje się więc, że choć takie czynniki pochodzenia glejowego, jak bFGF, służą raczej gojeniu i odtworzeniu unaczynienia rany pourazowej niż zapobieganiu degeneracji neuronów, to neurotrofiny aktywowane w warunkach uszkodzeń mózgu mogą, w pewnych warunkach, zapobiegać śmierci neuronów i wspomagać procesy kompensacji.

Również tauryna, której, jak wspomniano wcześniej, przypisuje się funkcję neuroprzekaźnika glejowego, wykazuje aktywność troficzną. Tauryna jest zaangażowana w procesy rozwojowe tkanki nerwowej. Obniżenie poziomu tkankowego lub brak tauryny zmienia strukturę i zaburza funkcję kory mózgu i móżdżku. W warunkach uszkodzenia nerwów przeciwdziała ekscytotoksyczności, podtrzymując metabolizm energetyczny mitochondriów i pobudza do wzrostu uszkodzone wypustki neuronów.

# 4.9. Astroglejoza i schorzenia mózgu

Reakcją komórek astrogleju na uszkodzenie ośrodkowego układu nerwowego jest astroglejoza. Spotykane w literaturze pojęcia reaktywnej glejozy, lub astroglejozy, są synonimami tego zjawiska. Polega ono na hipertrofii (powiększeniu) ciała komórki astrocytu i wypustek cytoplazmatycznych (ryc. 4.1). Niekiedy, choć rzadziej niż przypuszczano, astroglejoza polega na hiperplazji, czyli namnażaniu astrocytów. Reaktywne astrocyty pojawiają się zarówno w następstwie mechanicznych i chemicznych uszkodzeń ośrodkowego układu nerwowego, jak i zmian biochemicznych spowodowanych defektami genetycznymi, patologii o podłożu immunologicznym (choroby z autoimmunoagresji), a także infekcji prionami w chorobie Creutzfeldta–Jacoba. Reaktywna astroglejoza jest również reakcją astrocytów w przebiegu stwardnienia rozsianego (ang. multiple sclerosis, MS), która jest chorobą demielinizacyjną, oraz w chorobach neurodegeneracyjnych — chorobie Alzheimera i pląsawicy Huntingtona. Szczególną reakcję astrogleju obserwuje się w przebiegu wywołanej hiperamonemią encefalopatii wątrobowej i innych encefalopatii metabolicznych (w następstwie uremii, hiperkapnii). Tutaj zmiany, jakim ulegają astrocyty, odbiegają od typowych zmian morfologicznych właściwych reaktywnym astrocytom: astrocyty prawidłowe przekształcają się w (wyróżniane na podstawie cech morfologicznych) tzw. astrocyty Alzheimera typu II. Cechuje je powiększone, przejrzyste jądro komórkowe, marginalizacja chromatyny, pojawiają się wewnątrzjądrowe złogi glikogenu, wzrasta poziom lipofuscyny. Nie następuje natomiast, właściwa reaktywnym astrocytom, hipertrofia cytoplazmy, obniża się (a nie wzrasta, jak w reaktywnych astrocytach) poziom białka cytoszkieletu astrocytarnego, GFAP (kwaśne włókienkowe białko glejowe, ang. glial fibrillary acidic protein). Opisanym zjawiskom towarzyszy wzrost liczby mitochondriów, błon siateczki śródplazmatycznej oraz ilości cytoplazmatycznego glikogenu. Wydaje się więc, że w encefalopatiach w pierwszej fazie zmian patologicznych następuje znaczna aktywacja metaboliczna komórek glejowych, która prawdopodobnie odzwierciedla próby neutralizacji zaburzeń równowagi metabolicznej.

Obserwowane w reaktywnych astrocytach zmiany ultrastruktury nie ograniczają się do organelli zmienionych morfologicznie w astrocytach Alzheimera typu II.

Następuje również wzrost liczby lizosomów, pęcherzyków, mikrotubul, hemidesmosomów i złączy szczelinowych. Następuje więc restrukturyzacja komórki, z jednoczesną indukcją bądź znacznym wzmożeniem syntezy wielu białek o różnorodnej aktywności (ryc. 4.7). Ten proces oraz znaczny wzrost poziomu GFAP, ma, jak się wydaje, związek z funkcją podporową astrocytów i ich zdolnością do remodelowania

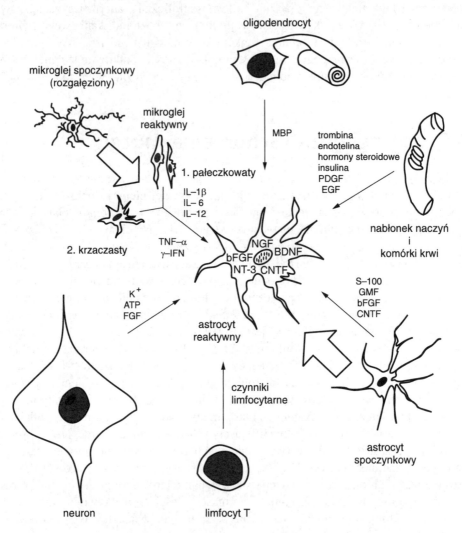

**Ryc. 4.7.** Typy komórek i wydzielane przez nie czynniki zaangażowane w powstawanie reaktywnych astrocytów. Il — interleukina; TNF-α — czynnik martwicy nowotworu; γ-IFN — γ-interferon; GMF — czynnik dojrzewania gleju (ang. glia maturation factor); MBP — białko zasadowe mieliny (ang. myelin basic protein); BDNF — czynnik neurotroficzny pochodzenia mózgowego (ang. brain derived neurotrophic factor); CNTF — czynnik neurotroficzny zwoju rzęskowego (ang. ciliary neurotrophic factor); EGF — czynnik wzrostu nabłonka (ang. epidermal growth factor); FGF — czynnik wzrostu fibroblastów (ang. fibroblast growth factor); bFGF — zasadowy FGF; NGF — czynnik wzrostu nerwów (ang. nerve growth factor); PDGF — czynnik wzrostu pochodzący z płytek krwi (ang. platelet-derived growth factor); S-100 — białko S-100. (Wg: Noremberg 1994, zmodyf.)

przebiegu wypustek, co może mieć ogromne znaczenie w warunkach zaburzonej homeostazy, gdy zachodzi konieczność zwiększonej penetracji zmienionej patologicznie tkanki przez glej. Pobudzenie wydzielniczej aktywności astrocytów ma prawdopodobnie znaczenie regulacyjne. W uszkodzonej tkance nerwowej wykrywa się czynniki, które pobudzają proliferację astrocytów i indukują zmiany morfologiczne, jakim ulegają komórki gleju. Czynniki te mogą pochodzić z samych astrocytów (czynnik dojrzewania astrocytów, S-100), z mikrogleju (interleukiny: Il-1, Il-6, TNF, IF-$\gamma$; por. ryc. 4.7), z oligodendrocytów, a także z krwi. Wydzielanie transformującego czynnika wzrostu (TGF-$\beta$) przez reaktywne astrocyty może pełnić funkcję regulującą przebieg procesu zapalnego, czy gojenie rany, przez wpływ na namnażanie i migrację komórek, a także na tworzenie substancji macierzy pozakomórkowej. Wydzielanie bFGF może pobudzać w astrocytach syntezę NGF i zabezpieczać neurony przed ekscytotoksycznością. Ten sam czynnik stymuluje jednak astrocytarną produkcję białka prekursorowego amyloidu (ang. amyloid precursor protein, APP), może więc wzmagać odkładanie się złogów $\beta$-amyloidu w przebiegu choroby Alzheimera (por. rozdz. 17). Reaktywne astrocyty wykazują ekspresję kompleksu zgodności tkankowej typu II, który odgrywa rolę w prezentowaniu antygenów (por. rozdz. 5); tym samym są prawdopodobnie zaangażowane w powstawanie reakcji zapalnych i odpornościowych organizmu.

Reasumując, astrocyty reagują na różnorodne bodźce traumatyzujące w sposób, który stwarza możliwość przywrócenia homeostazy w środowisku pozakomórkowym i dostarczenia czynników troficznych komórkom nerwowym i glejowym. Takie działanie może ułatwiać przebieg procesów kompensacyjnych w mózgu. Są jednak również „ciemne strony" reakcji astrocytarnej. Wiadomo, że reaktywny astrocyt może wydzielać cząsteczki hamujące wzrost neurytów, a pęcznienie komórek glejowych prowadzi do wzrostu ciśnienia śródczaszkowego i niekontrolowanego wydzielania glutaminianu, którego nadmiar uszkadza neurony. Wciąż jeszcze jesteśmy daleko od wyjaśnienia roli gleju w patogenezie chorób mózgu.

# 4.10. Podsumowanie

Dane przedstawione w tym rozdziale wykazują, że komórki glejowe, choć prawdopodobnie nie pełnią zasadniczej funkcji układu nerwowego, jakim jest przekaźnictwo sygnałów, są w tej czynności niezbędne. Zgromadzono tu również informacje wskazujące, że obecność różnych typów komórek glejowych i ich czynność są warunkiem nie tylko prawidłowego rozwoju zarodkowego mózgu i rdzenia kręgowego, tworzenia bariery krew–mózg, która nadaje mu unikatową cechę wybiórczej izolacji od wpływów reszty organizmu, ale też utrzymania struktury, homeostazy jonowej i metabolicznej, w tym podstawowej dla aktywności neuronowej — regulacji dostępności tlenu. Znalazło się tu również omówienie wybranych aspektów udziału komórek glejowych w patologii mózgu, w stanach zapalnych oraz detoksykacji. Zasygnalizowano frapujące, choć najmniej poznane i najsłabiej udokumentowane zagadnienie roli gleju w procesach plastyczności morfologicznej i funkcjonalnej po uszkodzeniach i w kompensowaniu pourazowym, w tym odkrycia ostatnich lat, wykazujące, że glej może podejmować różnorodną i trwałą czynność troficzną.

*Podziękowanie*

Autorka serdecznie dziękuje mgr Dorocie Sulejczak i mgr Matyldzie Macias za pomoc w przygotowaniu rycin. Materiał ilustrujący zmiany morfologiczne gleju w uszkodzonym mózgu pochodzi z badań własnych (M. Skup, D. Sulejczak, M. Walski, M. Fronczak-Baniewicz). Praca powstała przy wsparciu finansowym Komitetu Badań Naukowych i Ministerstwa Nauki i Informatyzacji, w ramach realizacji projektów badawczych KBN 4P05A 1327 i MNiI K057/P05/2003.

## LITERATURA UZUPEŁNIAJĄCA

Aschner M., Kimelberg H.K. (red.): *The Role of Glia in Neurotoxicity.* CRC Press, Boca Raton 1997.
Bergles D.E., Roberts, R.D., Somogyi P., Jahr C.E.: Glutamatergic synapses on oligodendrocyte precursor cells in the hippocampus. *Nature* 2000, **405**: 187 – 191.
Cotman C. W. (red.): *Synaptic Plasticity.* The Guilford Press, New York 1985, 579s.
Danbolt N.C., Chaudhry F.A., Dehnes Y., Lehn K.P., Levy L. M., Ullensvang K., Storm-Mathisen J.: Properties and localization of glutamate transporters. *Prog. Brain Res.* 1998, **116:** 23 – 43.
Dehnes Y., Chaudhry F.A., Ullensvang K., Lehn K.P., Storm-Mathisen J., Danbolt N.C.: The glutamate transporter EAAT4 in rat cerebellar Purkinje cells: a glutamate-gated chloride channel concentrated near the synapse in parts of the dendritic membrane facing astroglia. *J. Neurosci.* 1998, **18**: 3609 – 19.
Fournier A.E. i in.: Identification of a receptor mediating Nogo-66 inhibition of axonal regeneration. *Nature* 2001, **409**: 341 – 346.
Haydon P.G.: Glia: listening and talking to the synapse. *Nature Rev.* 2001, **2**: 185 – 193.
Kimelberg H.K., Noremberg M.D.: Astrocytes. *Sci. American* 1989, **3**: 66 – 76.
Noremberg M.D.: Astrocyte responses to CNS injury. *J. Neuropathol. Exp. Neurol.* 1994, **53**: 213 – 220.
Perry V. H., Gordon S.: Macrophages and microglia in the nervous system. *Trends Neurosci.* 1988, **11**: 273 – 277.
Streit W. J., Kincaid-Colton C.A.: Układ odpornościowy mózgu. *Świat Nauki* 1996, **1**: 30 – 36.
Yu A.C.H., Hertz L., Noremberg M.D., Sykova E. i Waxman S. (red.): Implications for normal and pathological CNS function. *Prog. Brain Res.* 1992, **94**: 493s.

# ROZDZIAŁ 5

# Mózg a układ odpornościowy

Wojciech Jegliński

---

Wprowadzenie ■ Odmienność układu odpornościowego mózgu ■ Cytokiny — pomost między mózgiem a układem odpornościowym ■ Czynniki neurotroficzne odsłaniają swe drugie oblicze ■ Komórkowe podłoże odpowiedzi immunologicznej ■ Komórki odpornościowe osiadłe w mózgu ■ Interakcja między układem immunologicznym a nerwowym ■ Podsumowanie

---

## 5.1. Wprowadzenie

Skąd w książce pod tytułem *Mózg a zachowanie* rozdział dotyczący działania układu odpornościowego w ośrodkowym układzie nerwowym (OUN)? Czy układ odporności, choć działający w mózgu w sposób bardzo wyjątkowy, nie stanowi jedynie jego zabezpieczenia na wypadek urazu, infekcji czy zatrucia? Czy wpływ odpowiedzi immunologicznej na zachowanie nie jest co najwyżej tylko pośredni i polega raczej na tym, że niekiedy układ odpornościowy nie potrafi uporać się ze swymi zadaniami w sposób niezauważalny dla mózgu, pozwalając w ten sposób czynnikom patologicznym upośledzać samopoczucie jednostki czy też doprowadzać do choroby?

Do niedawna bezpośrednie łączenie funkcjonowania układu immunologicznego z zachowaniem było niemożliwe. Obecnie jednak badania biologii komórkowej i immunologii odsłoniły przed nami fakty ukazujące, jak blisko współpracują ze sobą oba układy: nerwowy i immunologiczny. Ich interakcja zachodzi na wielu poziomach: od anatomicznego po hormonalny. Co więcej, oba systemy mają zdolność pamięci, a ich komórki wiele wspólnych receptorów i substancji powierzchniowo czynnych. Również część przekaźników zarówno pierwszego, jak i drugiego rzędu jest dla obu układów wspólna. Narządy układu odpornościowego są unerwione, a układ nerwowy jest penetrowany przez komórki odpornościowe, z których wiele osiedla się w nim na stałe.

Skoro komunikacja między OUN a układem immunologicznym, ich porozumiewanie się wewnątrz siebie i między sobą zachodzi z udziałem wspólnych ligandów i receptorów, to takie przenikanie się obu układów wskazuje na immunomodulacyjną rolę mózgu oraz „czuciową" układu odpornościowego. Układ nerwowy rozpoznaje bodźce za pomocą znanych zmysłów, jednak zgodnie z klasycznym pojmowaniem pozostaje „ślepy" na antygeny i mikroorganizmy. „Widzi" je układ immunologiczny i potrafi przełożyć na zrozumiały dla układu nerwowego język neuroprzekaźników, cytokin i hormonów. Rozwijająca się szybko psychoneuroimmunologia wskazuje z kolei, że układ nerwowy bezpośrednio wpływa na działanie układu odpornościowego. Bodźce docierające do organizmu z otoczenia, rejestrowane przez układ nerwowy, mogą być przezeń przetworzone w sygnały regulujące działanie układu odpornoś- ciowego. A więc bodźce czuciowe, stres, czynniki środowiskowe mogą wpływać na zdrowie i choroby immunozależne. Pełne poznanie współgry obu układów z pewnością wywoła głębokie zmiany w rozumieniu podstaw fizjologii i patofizjologii.

# 5.2. Odmienność układu odpornościowego mózgu

Dzięki układowi odpornościowemu organizm ma możność zwalczania inwazji bakterii, wirusów czy pierwotniaków, przeciwstawiać się pasożytom wewnętrznym, a także likwidować komórki, które uległy transformacji nowotworowej. Wyspecjalizowane składniki układu immunologicznego nieustannie sprawdzają „tożsamość" komórek organizmu, odróżniając elementy własne od obcych. Dzięki temu nie każda infekcja kończy się śmiercią i nie każda transformacja nowotworowa prowadzi do rozwinięcia się nowotworu.

## 5.2.1. „Dowód osobisty" komórki

„Dowód osobisty" komórek organizmu stanowią cząsteczki MHC (ang. major histocompatibility complex — główny kompleks zgodności tkankowej), prezentowane na powierzchni błony komórkowej. Komórka nie mająca MHC, bądź której MHC jest zniekształcony, zostaje zidentyfikowana jako obca i zniszczona. MHC składa się z dwóch klas glikoprotein powierzchniowych: MHC-I i MHC-II. Cząsteczki klasy MHC-I znajdują się w prawie wszystkich komórkach organizmu wyposażonych w jądro. Wyjątkami są składniki układu nerwowego: neurony, oligodendrocyty i astrocyty, na których powierzchni nie stwierdza się w normie obecności MHC-I, bądź tylko obecność śladową. Występowanie MHC-II nie jest już tak powszechne — jego cząsteczki wykryto tylko w limfocytach B, komórkach dendrytycznych, makrofagach, a w OUN jedynie w mikrogleju. Cząsteczki MHC-I i MHC-II wiążą fragmenty peptydowe pochodzące z rozkładu antygenów, czyniąc je rozpoznawalnymi dla limfocytów T; MHC-I dla limfocytów Tc/s, a MHC-II dla limfocytów Th (patrz dalej). Owa prezentacja antygenu stanowi zasadniczy punkt w rozwoju komórkowej odpowiedzi immunologicznej. Cząsteczki MHC-I prezentują peptydy pochodzenia wewnątrzkomórkowego, a wiec własne i wirusowe, natomiast cząsteczki MHC-II prezentują antygeny pochodzące z zewnątrz komórki, czyli przez nią wchłonięte i rozłożone. Cechą charakterystyczną układu nerwowego jest znikoma ekspresja cząsteczek MHC, które poza OUN odgrywają w części reakcji immunologicznych zasadniczą rolę i które są tytułowym „dowodem osobistym". Mimo to, prawidłowo działający mózg jest zdolny do odpowiedzi immunologicznej, a jego komórki nie podlegają atakowi autoimmunoagresywnemu. Jak to się dzieje?

## 5.2.2. Bariera krew–mózg

W trakcie ewolucji mózg został oddzielony od układu krążenia i innych narządów za pomocą fizjologicznej bariery, nazywanej barierą krew–mózg (por. rozdz. 4), dzięki której nie wszystkie zakłócenia, jakim podlega organizm, dotyczą także ośrodkowego układu nerwowego. Komórki endotelium, czyli warstwy wyściełającej od środka światło naczyń, nie mają w obrębie mózgowego układu naczyniowego malutkich okienek, czyli fenestracji, charakteryzujących wyściółkę naczyń innych części ciała. Jednolita warstwa komórek endotelium stanowi barierę nie tylko dla komórkowych składników układu odpornościowego, ale także dla większości jego substancji sygnałowych. Stąd w obrębie OUN działanie ogólnoustrojowego układu odpornościowego jest bardzo ograniczone, a prawidłowo funkcjonujący mózg pozostaje niedostępny dla większości krążących komórek immunokompetentnych (czyli zdolnych do czynnego udziału w procesach immunologicznych). Badania ostatnich lat wskazały jednak, że niektóre z komórek krwiopochodnych żyją w mózgu stale. Inne zaś mają zdolność przedostawania się w jego obręb, a także wydostawania się poza barierę oddzielającą mózg od reszty ciała, choć czynią to w stopniu nieporównywalnie mniejszym niż w pozostałych częściach organizmu. Do takich komórek należą komórki tuczne (por. podrozdz. 5.6.2) i część limfocytów. Komórki te zapewniają łączność mózgowego układu odpornościowego z głównymi siłami odporności immunologicznej organizmu, znajdującymi się, wraz z pamięcią immunologiczną, poza OUN. Jednocześnie tkanka mózgowa ma w swym składzie, niezależnie od pozostałych części organizmu, komórki odgrywające rolę nadzoru, które w razie wykrycia nieprawidłowości rozpoczynają reakcję odpornościową, mobilizując zarówno wewnątrzmózgową, jak i zewnątrzmózgową obronę immunologiczną. Są to komórki mikrogleju i astrogleju, stabilizujące pracę układu nerwowego (por. rozdz. 4). Komórki te używają w tym celu przekaźników procesów zapalnych charakterystycznych dla ogólnoustrojowej odpowiedzi immunologicznej, czyli cytokin (np. IL-1 $\alpha/\beta$, IL-6, TGF-$\beta$, TNF-$\alpha$; por. tab. 5.1). Po aktywacji, wywołanej na przykład zetknięciem się z produktami bakteryjnymi, zarówno astrocyty, jak i mikroglej — nieneuronowe składniki OUN, zaczynają wytwarzać MHC-I oraz MHC-II, a więc odgrywają rolę wyspecjalizowanych komórek prezentujących antygen. Coraz więcej danych wskazuje również, że cytokiny mają zdolność penetracji bariery krew–mózg, wpływając na powstawanie reakcji odpornościowych w OUN.

**Tabela 5.1.** Wybrane cytokiny i ich główne funkcje

| Cytokina | Źródła | Działanie |
|---|---|---|
| Interleukina 1 (IL-1 α/β) | makrofagi fibroblasty komórki dendrytyczne komórki endotelium astrocyty mikroglej | aktywacja komórek T różnicowanie komórek B wywoływanie gorączki wzrost fibroblastów wpływ na funkcje neuroendokrynowe oddziaływanie kataboliczne cytotoksyczność |
| Interleukina 2 (IL-2) | aktywowane komórki T | proliferacja komórek T proliferacja komórek B |
| Interleukina 3 (IL-3) | aktywowane komórki T | wzrost komórek B różnicowanie komórek hemopoetycznych |
| Interleukina 4 (IL-4) | komórki tuczne NK (naturalni zabójcy) komórki T/Th | proliferacja komórek B wzrost poziomu immunoglobulin |
| Interleukina 5 (IL-5) | komórki tuczne komórki T | eozynofilia wzrost stężenia immunoglobulin |
| Interleukina 6 (IL-6) | makrofagi fibroblasty komórki endotelium astrocyty mikroglej | aktywacja komórek T różnicowanie komórek B wpływ na funkcje neuroendokrynowe wzrost i różnicowanie komórek endokrynowych |
| Interleukina 10 (IL-10) | komórki T | hamowanie produkcji cytokin |
| Interleukina 12 (IL-12) | komórki dendrytyczne | aktywacja komórek Th i NK (naturalni zabójcy) |
| γ-interferon | aktywowane komórki T NK (naturalni zabójcy) | immunostymulacja aktywacja makrofagów i komórek endotelium cytotoksyczność oddziaływanie przeciwwirusowe |
| Czynnik martwicy nowotworu α (TNF-α) | makrofagi komórki endotelium astrocyty mikroglej aktywowane komórki T | wywoływanie gorączki wzrost fibroblastów wpływ na funkcje neuroendokrynowe oddziaływanie kataboliczne i cytotoksyczność |
| Transformujący czynnik wzrostowy β (TGF-β) | płytki krwi komórki T makrofagi astrocyty mikroglej | chemotaktyczne komórki T immunoregulacyjne wpływ na odnowę tkankową proliferacja fibroblastów |

## 5.3. Cytokiny — pomost między mózgiem a układem odpornościowym

Układ immunologiczny składa się z systemu wyspecjalizowanych typów komórek, odpowiadających w ściśle określony sposób na rozpoznawalne sygnały (analogicznie do komórek układu nerwowego). Koordynacja reakcji poszczególnych komórek oraz łączność między nimi odbywa się z udziałem chemokin, czynników wzrostowych, interleukin, noszących zbiorcze miano cytokin (por. rozdz. 4). To one, wraz z wykazującymi znaczną ruchliwość komórkami układu odpornościowego, modulują czynność mózgu. Złożona sieć dróg sygnałowych, którymi oddziałują one na funkcje mózgu, jest najpełniej poznana w odniesieniu do tych cytokin, które zostały pierwotnie zidentyfikowane jako nie będące immunoglobulinami substancje pośredniczące w reakcjach zapalnych i odporności komórkowej. W sensie immunologicznym nazwa cytokiny obejmuje limfokiny (wytwarzane przez limfocyty) oraz monokiny (wytwarzane przez monocyty). Wyróżnia się także grupę cytokin, o wyjątkowo małych, a więc łatwo przenikających cząsteczkach, nazywanych chemokinami (8 – 10 kDa). Coraz powszechniej do cytokin zalicza się również czynniki neurotroficzne (por. rozdz. 4). Wszystkie cytokiny charakteryzuje niezwykle szerokie spektrum oddziaływania biologicznego. Rozmaitość funkcji powoduje zarazem nakładanie się na siebie biologicznych ról wielu z tych substancji, co w połączeniu ze zwrotnym oddziaływaniem cytokin na komórki, które je wytwarzają, stwarza swoistą sieć, w której ramach możliwa jest wzajemna modulacja ekspresji i regulacja odpowiednich receptorów powierzchniowych.

W układzie odpornościowym zasadniczymi producentami cytokin są aktywowane limfocyty T oraz makrofagi. Cytokiny wytwarzane przez makrofagi (monokiny) to m.in.: interleukiny – IL-1 $a$, IL-1 $\beta$, IL-6 oraz czynnik martwiczy nowotworu TNF-$a$ (ang. tumour necrosis factor $a$). Są to główne cytokiny włączone w procesy zwalczania procesów zapalnych, wywołujące bezpośredni efekt cytotoksyczny (czyli zabijając komórki), jak i aktywujące wyspecjalizowane komórki cytotoksyczne.

## 5.3.1. Drogi oddziaływania cytokin na mózg

Określenie roli, jaką odgrywają cytokiny w komunikacji między obwodowym układem odpornościowym a OUN, stanowi obecnie cel bardzo wielu badań. Podstawowym zagadnieniem jest określenie sposobów i dróg przechodzenia cytokin do mózgu.

Jednym z głównych szlaków sygnałowych między oboma układami jest dziesiąty nerw czaszkowy — nerw błędny, który swą nazwę zawdzięcza skomplikowanemu przebiegowi przez szyję, klatkę piersiową aż do jamy brzusznej. Podprzeponowe przecięcie włókien wstępujących nerwu błędnego, mających zakończenia w jądrze samotnym (*nucleus solitarius*), hamuje powstanie typowej mózgowej odpowiedzi na obwodowe wstrzyknięcie interleukiny-1 (IL-1) bądź niewielkich dawek lipopolisacharydu (LPS). W normalnych warunkach dootrzewnowe wstrzyknięcie niewielkich dawek LPS stanowi modelowy przykład reakcji OUN na zmianę aktywności układu odpornościowego. Aktywacja wstępujących włókien nerwu błędnego przez LPS powoduje wzmożenie syntezy IL-1 w mózgu, wywołując gorączkę, wydłużenie fazy snu NREM, wzrost stężenia kortykosteroidów w surowicy krwi, zmniejszenie wydzielania noradrenaliny przez podwzgórze, a także nadwrażliwość na ból i brak pragnienia. Pobudzenie ośrodków mózgowych zaangażowanych w reakcję odpornościową przez wstępujące połączenia nerwowe aktywowane na obwodzie przez cytokiny jest pierwszą, szybką fazą reakcji organizmu na czynniki zapalne. Proces ten stanowi awangardę wymagającej nieco dłuższego czasu komunikacji humoralnej. Tłumaczy on zarazem zjawisko szybkiej fazy gorączki, kiedy do wzrostu temperatury ciała dochodzi w czasie niewystarczającym do stymulacji ośrodka termoregulacji w przedniej części podwzgórza przez humoralny szlak cytokiny pozamózgowe — bariera krew–mózg — prostaglandyny/cytokiny wewnątrzmózgowe.

Innym obszarem, poprzez który cytokiny wpływają na OUN, są części mózgu niewyposażone w barierę krew–mózg. Należy do nich narząd naczyniowy blaszki krańcowej (*organum vasculosum laminae terminali*, OVLT), leżący w bezpośredniej bliskości rejonu odpowiedzialnego za termoregulację. W OVLT sygnał wywoływany obecnością cytokin jest przekazywany przez przekaźnik wtórny — tlenek azotu i prowadzi do wzrostu temperatury ciała.

We wczesnych badaniach dotyczących przenikania sygnału, jaki niosą ze sobą cząsteczki cytokin przez barierę krew–mózg, podejrzewano istnienie swoistego systemu transportu molekuł w całości (pomimo ich znacznych rozmiarów), który byłby uruchomiany w razie konieczności powiadomienia mózgu o reakcjach immunologicznych przekraczających skalę lokalną. Jednak badania z użyciem cząsteczek cytokin oznaczonych złotem i radioznakowanych jak dotąd jednoznacznie nie potwierdziły przypuszczeń dotyczących ich aktywnego przenoszenia z krwiobiegu w głąb mózgu. Nie zmienia to faktu, że immunologiczne bodźce powstałe poza OUN docierają doń także poza zdefiniowanymi powyżej obszarami, tyle, że organizm ucieka się tu do triku. Badania z zastosowaniem hybrydyzacji *in situ* wykazały, że wzrost stężenia IL-1 w krwiobiegu bądź wstrzyknięcie LPS powoduje wzmożoną produkcję IL-1, IL-6 i TNF-$\alpha$ przez komórki tworzące barierę krew–mózg. Rozległość tego procesu jest wiązana z natężeniem wzrostu obwodowych poziomów cytokin. W przypadku dootrzewnowego wstrzyknięcia znacznej dawki LPS, imitującej w modelach zwierzęcych ogólnoustrojową, zmasowaną reakcję immunologiczną, dochodzi do wzrostu aktywności cytokin w całym mózgu — stan ten odpowiada przekroczeniu poziomu reakcji swoistej. Na drugim biegunie swoistości reakcji immunologicznej sytuuje się niewielki wzrost poziomu cytokin w krwiobiegu, powodujący przeniesienie sygnałów przez barierę krew–mózg poprzez okazjonalne przedostanie się przez nią molekuł interleukin oraz, i głównie, przez wzmożenie produkcji przekaźników wtórnych (syntazy tlenku azotu), cyklooksygenaz — przez komórki tejże bariery, wskutek pobudzenia receptora IL-1 na jej ścianie stykającej się z krwią. W efekcie, po mózgowej stronie bariery następuje wzrost stężenia tlenku azotu oraz prostaglandyn i ich penetracja bezpośrednio do błon komórkowych neuronów.

W sytuacji gdy zaburzenia wymagające reakcji immunologicznej przekraczającej skalę lokalną występują nie poza OUN, ale w nim samym, dochodzi do uaktywnienia się jeszcze jednego źródła cytokin. Są nim infiltrujące mózg i rdzeń kręgowy leukocyty (por. podrozdz. 5.5.2), sprawujące nadzór immunologiczny w normalnie funkcjonującym mózgu. Leukocyty, które przedostały się przez barierę krew–mózg, nie wytwarzają cytokin w zdrowej tkance mózgowej, a jedynie w tkance niedokrwionej bądź zmienionej zapalnie. Zwiększona ekspresja cytokin doprowadza wówczas do napływu kolejnych komórek immunokompetentnych przez rozluźnioną barierę krew–mózg i rozwinięcia się pełnej reakcji odpornościowej. Pojawić się może również mechanizm błędnego koła doprowadzający do następczych zmian patologicznych.

## 5.3.2. Cytokiny wewnątrzmózgowe

Cytokiny są wytwarzane również wewnątrz układu nerwowego, zarówno przez neurony, jak i komórki nieneuronowe, tj. glej, który wobec niewielkiej populacji ogólnoustrojowych komórek immunokompetentnych w mózgu sam ma pewne cechy takich komórek i łączy funkcje związane z odpornością immunologiczną i działaniem mózgu. Cytokiny, które pierwotnie zidentyfikowano jako substancje pośredniczące w procesach zapalnych na obwodzie, wciąż olśniewają badaczy nowo odkrywanymi cechami. Ich działanie w obrębie układu nerwowego nie ogranicza się jedynie do

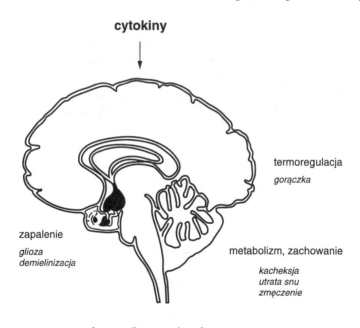

**Ryc. 5.1.** Działanie cytokin w OUN. (Wg: Campbell i Mucke 1993, zmodyf.)

funkcji tradycyjnie związanych z układem odpornościowym, bowiem, obok pośredniczenia w procesach ściśle odpornościowych, dotyczy także snu, regulacji temperatury ciała, różnych form zachowania oraz aktywności neuroendokrynowej (por. ryc. 5.1). Wiele badań wskazuje na istotną rolę cytokin w procesach neurodegeneracji oraz w patogenezie depresji. Niezwykle obiecujące są pierwsze odkrycia dotyczące znaczenia cytokin dla rozwoju mózgu z jednej i jego starzenia się z drugiej strony. Coraz więcej danych potwierdza hipotezę o zasadniczej roli niskocząsteczkowych cytokin (chemokin) w procesach sterowania migracją komórek mózgu. W warunkach *in vitro* chemokina RANTES odgrywa wręcz rolę chemoatraktora dla określonych typów komórek nerwowych, a chemokiny MIP-1$\alpha$, MIP-1$\beta$, MCP-1 stymulują migrację komórek gleju. Odkrycie hamującego wpływu IL-1 na długotrwałe wzmocnienie transmisji synaptycznej (ang. long-term potentiation, LTP, por. rozdz. 14) przybliża wyjaśnienie mechanizmu zespołów otępiennych w przebiegu wielu chorób, z zakażeniem wirusem HIV-1 na czele. Fakty te pośrednio wskazują, iż tradycyjne odrębne traktowanie układu odpornościowego i układu nerwowego przestaje być aktualne. Indukcja wytwarzania cytokin przez mikroglej i astrocyty może odgrywać znaczącą rolę w wywoływaniu i utrzymywaniu glejozy, towarzyszącej bardzo wielu zmianom chorobowym w OUN. Cytokiny wpływają także na oś podwzgórze–przysadka, oddziałując na wydzielanie ACTH i hormonu wzrostu. Rozpuszczalna substancja zaangażowana w koordynację reakcji odpornościowych, jaką jest cytokina, bywa również źródłem sygnałów upośledzających komunikację neuronalną, a nawet bezpośrednio wywołuje zjawiska cytopatologiczne.

Rosnąca wiedza na temat współdziałania układu nerwowego i odpornościowego zaowocowała rozkwitem badań dotyczących mózgowej lokalizacji i funkcji substancji wspólnych dla obu układów. Zidentyfikowano wiele cytokin, nieznanych w czasach, gdy związki te traktowano przede wszystkim jako molekuły immunokompetentne. Jak już wspomniano, wyróżnia się obecnie kilka grup cytokin, przy czym ich nazewnictwo, nawiązujące do pierwszej poznanej funkcji, jest niejednolite. Są to interleukiny (IL-1$\alpha$, IL-1$\beta$, IL-1ra, IL-2 – IL-15), chemokiny (IL-8, NAP-1, NAP-2, MIP-1$\alpha$, MIP-1$\beta$, MCAF/MCP-1, MGSA, RANTES), interferony (INF-$\alpha$, INF-$\beta$, INF-$\gamma$), czynniki stymulujące powstawanie kolonii (GM-CSF, M-CSF, GM-CSF, IL-3), czynniki martwicy nowotworu (TNF-$\alpha$, TNF-$\beta$), czynniki wzrostowe (EGF, FGF, PDGF, TGF$\alpha$, TGF$\beta$, ECGF), neuropoetyny (LIF, CNTF, OM, IL-6), czynniki neurotroficzne (BDNF, NGF, NT-3–NT-6, GDNF).

## 5.3.3. Receptory cytokin w komórkach OUN

W OUN wielokrotnie stwierdzano obecność zarówno receptorów cytokin, jak i ich mRNA. Obficie występują receptory IL-1, szczególnie w komórkach zakrętu zębatego hipokampa oraz w przysadce. Obecność receptorów cytokin stwierdzano zarówno w neuronach, jak i w gleju. Podobnie jak inne, dobrze zbadane komórki mające receptory IL-1, również wyposażone w nie komórki OUN odpowiadają zarówno na endotoksyny bakteryjne, jak i na samą IL-1. Inne receptory cytokin, których obecność stwierdzono na komórkach OUN, to np. receptory dla IL-2, IL-3, IL-6, IL-1ra.

# 5.3.4. Wybrane efekty oddziaływania cytokin na mózg

Molekuły odpowiedzi immunologicznej, a zwłaszcza interleukiny, wywierają istotny wpływ na działanie całego wachlarza mechanizmów mózgowych. Szereg badań wskazuje, że działanie to zmienia się wraz z wiekiem, a także jest zróżnicowane u obu płci. Zastanowienie budzi wręcz siła tradycji, która nakazuje nazywać całą grupę substancji tylko według ich pierwszej odkrytej właściwości. Cytokiny, zasadniczy humoralny łącznik między mózgiem a układem odpornościowym, decydują o ściśle somatycznych objawach procesów psychicznych. Z drugiej strony zaś determinują zjawiska ściśle psychiczne związane z procesami somatycznymi, w ich, chciałoby się już powiedzieć — dwudziestowiecznym rozumieniu.

## 5.3.4.1. *Sickness behaviour*

Najprostszym i łatwo obserwowalnym zjawiskiem będącym następstwem wpływu cytokin na OUN jest występowanie gorączki, senności i braku łaknienia w przebiegu nawet łagodnych infekcji bakteryjno-wirusowych. W cięższych, bądź powikłanych infekcjach, a także innych zaburzeniach, dołącza do nich szereg dalszych objawów składających się na zespół nazywany u zwierząt anglojęzycznym terminem *sickness behaviour*, pod którym rozumiemy ogólne złe samopoczucie związane z chorobą (z którym wszakże nie musi wiązać się gorączka) i towarzyszące mu charakterystyczne zachowanie występujące również u ludzi. Główne jego objawy to zmniejszenie się ogólnej aktywności psychofizycznej i libido, przy czym symptomy te nie są *per se* wywoływane procesem chorobowym. Innymi słowy, osłabienie organizmu nie jest faktem obiektywnym (wszak już na samym początku choroby zarówno zasoby energetyczne, jak immunologiczne organizmu nie są wyczerpane), a jedynie subiektywną, zaniżoną „samooceną" stanu jego wydolności. Zaniżenie takie jest efektem złożonej strategii organizmu, który nie mając możności przewidywania, zwykle przygotowuje się do zwalczenia infekcji, próbując wymusić na wszystkich swych układach oszczędne zużycie wszelkich własnych zasobów, potrzebnych do przeciwstawienia się patogenom. Współdziałanie układu odpornościowego z nerwowym miało tu dotąd w przeważającej mierze uzasadnienie fenomenologiczne. Dziś znane są już także fragmenty subneuronalnego mechanizmu synchronizacji zmian metabolicznych, procesów fizjologicznych i zachowania, zachodzącej w odpowiedzi na działanie czynników chorobotwórczych. Taka ogólnoustrojowa koordynacja oparta jest zasadniczo na sygnalizacji molekularnej jakościowo tożsamej z sygnalizacją niezbędną w zwalczaniu lokalnych infekcji bądź procesów zapalnych. I tu główną rolę odgrywa również IL-1 wraz ze swym antagonistą IL-1ra, jak również IL-6, interferony i TNF-$\alpha$. Drogi przenikania do OUN tych molekuł lub sygnału, który przenoszą, omówiono w innych miejscu (por. podrozdz. 5.3.1). Sygnał z obwodu, osiągający mózg czy to poprzez peryferyjny układ nerwowy, czy przez X nerw czaszkowy, czy też z układu krwionośnego poprzez barierę krew–mózg lub mimo niej, doprowadza do powiększenia się mózgowej puli cytokin i ich antagonistów. Dzięki temu regulacja mózgowych poziomów molekuł immunokompetentnych ujęta jest w rygory sprzężenia zwrotnego. Podlegają im w równej mierze wszelkie miejscowe źródła cytokin, zarówno właściwe komórki mózgu, osiadłe w nim, jak i napływowe. Sumaryczny efekt działania antagonisty receptora IL-1 ukazuje doświadczenie, w którym podanie IL-1ra do komory bocznej mózgu szczura niweluje znaczącą część mózgowej komponenty efektów obwodowego podania IL-1. Pierwszymi jaskółkami poznania na poziomie neuronowym mechanizmów mózgowej koordynacji siatki metabolizm–fizjologia–zachowanie, w aspekcie interakcji układów immunologicznego i nerwowego, są badania anatomiczne. Oznaczając w poszczególnych rejonach OUN poziom ekspresji genu wczesnej odpowiedzi *c-fos* lub jego produktu — białka Fos, po obwodowym wstrzyknięciu LPS imitującym infekcję, neuroanatomowie zidentyfikowali aktywowane części mózgu. Poza pierwotnymi polami projekcyjnymi nerwu błędnego (jądro samotne) odnotowano aktywację w obrębie projekcji wtórnych, takich jak jądro przykomorowe podwzgórza, jądro nadwzrokowe, jądro przyramienne, jądro środkowe ciała migdałowatego i jądro łożyskowe prążka krańcowego.

## 5.3.4.2. Zaburzenia nastroju, zespół chronicznego zmęczenia, depresja

Trop z poprzedniego akapitu wiedzie nas od pozamózgowych zmian zapalnych wprost do ciała migdałowatego, którego rolę w hipotezach dotyczących etiologii depresji (por. rozdz. 18), zespołów lękowych i innych zaburzeń nastroju trudno przecenić. Nie ma jednak wystarczająco wyraźnych dowodów bezpośredniej roli cytokin, czy szerzej, układu odpornościowego, w patogenezie endogennej postaci żadnej z wymienionych w tytule niniejszego podrozdziału dolegliwości. Z drugiej strony istnieje bezsporny związek między długotrwałym podawaniem cytokin (na przykład w terapii przewlekłych infekcji wirusowych i chorób nowotworowych) a obniżeniem nastroju oraz występowaniem epizodów depresyjnych. Przy czym czas, w jakim pojawia się depresja, jest ściśle skorelowany z rodzajem stosowanej cytokiny — dla interferonu wynosi kilka tygodni od rozpoczęcia kuracji, dla interleukin — kilka dni. Poważną wskazówką dotyczącą ewentualnej roli chronicznego pobudzenia układu odpornościowego w etiopatogenezie depresji jest częstość jej współwystępowania z przewlekłymi chorobami zapalnymi, z reumatoidalnym zapaleniem stawów na czele.

W przypadkach łagodniejszych zaburzeń związanych z obniżeniem nastroju, takich jak zespół chronicznego zmęczenia, wielokrotnie stwierdzano podwyższoną aktywność układu odpornościowego.

## 5.3.4.3. Zaburzenia snu

Sen jest jednym z dwóch zasadniczych stanów aktywności mózgu, a zarazem szeroko rozumianego zachowania. Wpływ chorób na subiektywną jakość snu i jego hormonalna regulacja były znane od dawna. W miarę rozwoju nowych badań coraz wyraźniej rysuje się ściśle fizjologiczne powiązanie stanu układu odpornościowego z obiektywną jakością snu. Cytokiny, zwłaszcza najlepiej zbadana IL-1$\beta$ i TNF-$\alpha$, modulują przebieg faz snu wydłużając sen NREM (ang. non-rapid eye movement) oraz utrudniają pojawienie się pierwszej fazy snu. Poziom aktywności IL-1$\beta$ i TNF-$\alpha$ jest elementem złożonego mechanizmu regulacyjnego i podlega wpływom innych mediatorów, w sposób typowy dla ich działania w procesach odporności. Cytokiny zmniejszające reakcję zapalną, takie jak IL-10, IL-13, obniżają poziom IL-1$\beta$ i TNF-$\alpha$. Biochemiczna regulacja snu obejmuje także między innymi tlenek azotu, prostaglandyny oraz czynnik wzrostu nerwów.

### 5.3.4.4. Choroby neurologiczne

Poprzez ekspresję substancji powierzchniowo czynnych oraz prezentujących antygen aktywowane komórki mikrogleju i astrocyty stanowią obok makrofagów jeden z elementów procesów patogenetycznych wielu chorób neurologicznych. Uwalniane przez te komórki cytokiny są wiązane z przebiegiem zespołów bądź schorzeń o tak zróżnicowanej etiopatogenezie jak choroba Alzheimera, stwardnienie rozsiane czy HIV demencja – zespół otępienny w przebiegu zakażenia wirusem HIV-1. W chorobie Parkinsona poziom cytokin w płynie mózgowo-rdzeniowym jest skorelowany z natężeniem objawów neurologicznych. Pojawiają się zwiastuny badań na temat roli cytokin w patogenezie chorób psychiatrycznych. Nie ma jednak jak dotąd pewności, że charakter sygnalizacji jest w tym przypadku inny od typowej reakcji organizmu na stres psychiczny i fizyczny, będącej próbą przywrócenia stanu równowagi ustrojowej.

# 5.4. Czynniki neurotroficzne odsłaniają swe drugie oblicze

Czynniki neurotroficzne, takie jak BDNF, NT-3 czy najlepiej poznany NGF, sprawują zasadnicze i powszechnie uznawane funkcje w rozwoju i działaniu układu nerwowego na poziomie komórkowym. W miarę rozwoju badań ujawniają się role, jakie odgrywają neurotrofiny w dojrzewaniu i sprawowaniu zadań przez układ odpornościowy. Wstępną (i nie przez wszystkich dostrzeżoną) wskazówką, iż działanie czynników neurotroficznych wykracza poza rolę opisaną w nazwie, było stwierdzenie ich obecności i aktywności w komórkach gleju (por. rozdz. 4). Dalsze, coraz liczniejsze badania wykazują, że zarówno źródłem, jak i obiektem oddziaływania

**Tabela 5.2.** Wybrane funkcje czynnika wzrostu nerwów (NGF) w układzie odpornościowym

| Wpływ na | Działanie |
| --- | --- |
| Komórki T | Proliferacja |
|  | Aktywacja produkcji cytokin |
| Komórki B | Proliferacja |
| Granulocyty zasadochłonne | Aktywacja uwalniania mediatorów |
| Granulocyty kwasochłonne | Cytotoksyczność |
| Komórki tuczne | Degranulacja |
| Makrofagi | Aktywacja cytotoksyczności |

Tabela 5.3. Receptory neurotrofin na komórkach odpornościowych

| Komórki | Receptor | | | | | |
|---|---|---|---|---|---|---|
| | BDNF | NGF | trkA | trkB | trkC | p75 |
| Komórki T | + | + | + | | | |
| Komórki B | + | + | + | | | + |
| Granulocyty zasadochłonne | + | | + | | | |
| Granulocyty kwasochłonne | | + | + | | | |
| Komórki tuczne | + | + | + | − | − | − |
| Makrofagi | + | + | | + | − | − |

+ potwierdzona obecność; − potwierdzona nieobecność; puste pole — brak danych.

czynników troficznych są także mobilne i wszędobylskie komórki ogólnoustrojowej odpowiedzi odpornościowej. Limfocyty T i B, granulocyty, komórki tuczne i makrofagi są po aktywacji patogenami zapalnymi z jednej strony źródłem czynników troficznych, z drugiej zaś mają ich receptory. Wpływ czynników neurotroficznych na te komórki jest najlepiej poznany dla czynnika wzrostu nerwów NGF, który powoduje między innymi degranulację i uwolnienie mediatorów reakcji zapalnej przez komórki tuczne (patrz dalej) i granulocyty zasadochłonne, proliferację obu głównych typów limfocytów, wzmożenie produkcji cytokin przez limfocyty T oraz przeciwciał przez limfocyty Th, aktywację makrofagów. Wszystkie te działania dotyczą komórek immunokompetentnych *in vitro* i już aktywowanych kontaktem z zapalnymi czynnikami patogenetycznymi. Możliwe więc, że czynniki neurotroficzne odgrywają *in vivo* rolę modulującą odpowiedź odpornościową, już i tak w OUN ograniczoną, czyniąc ją nieco bardziej finezyjną, a przez to lepiej przystosowaną do specyficznych warunków anatomiczno--czynnościowych mózgu.

Chociaż daleko jeszcze do szczegółowego opisania złożonych szlaków komunikacyjnych między układem nerwowym a odpornościowym, powoli staje się jasna wymienność mediatorów obu systemów. Zdążyliśmy już się oswoić i poznać nieco bliżej mózgowe funkcje substancji pośredniczących w reakcjach odpornościowych organizmu, teraz nadchodzi pora ujawniania funkcji odpornościowych humoralnych mediatorów układu nerwowego. Funkcjonalna rozłączność obu układów staje się problematyczna.

# 5.5. Komórkowe podłoże odpowiedzi immunologicznej

Wszystkie komórki układu odpornościowego powstają z komórek pnia, które w odpowiedzi na sygnały przekazywane przez określone cytokiny różnicują się według jednego z dwóch wzorców. Linia mieloidalna daje początek granulocytom, monocytom, a także innym typom komórek. Linia limfoidalna różnicuje się w limfocyty (por. tab. 5.2).

# 5.5.1. Linia mieloidalna

Komórki wywodzące się z linii mieloidalnej stanowią większość białych ciałek krwi. Mają one zdolność fagocytowania antygenów cząsteczkowych, a także, po aktywacji, uwalniania mediatorów antybakteryjnych i zapalnych.

Do inicjacji odpowiedzi immunologicznej niezbędne jest odpowiednie przetworzenie i prezentacja antygenu limfocytom T. Dokonują tego tzw. komórki prezentujące antygen, do których należą między innymi komórki mieloidalne monocytarne i dendrytyczne, a w OUN także prawdopodobnie komórki astrogleju. Obecne w krwiobiegu monocyty i makrofagi mają zdolność wnikania do różnych tkanek i narządów oraz dalszego różnicowania się w ich obrębie pod wpływem lokalnego środowiska. Tak właśnie zachowują się komórki mikrogleju w OUN, stanowiąc gęstą „sieć" wykrywającą pojawiające się antygeny i reagującą na nie.

# 5.5.2. Linia limfoidalna

Linia limfoidalna daje początek limfocytom dwóch typów: typu T oraz typu B, z których oba mają receptory powierzchniowe wiążące antygen. Limfocyty B i T krążą w układzie naczyniowym w stanie spoczynku. Dopiero po aktywacji wywołanej zetknięciem z antygenem zaczynają się mnożyć i różnicować bądź w komórki efektorowe, bądź komórki pamięci immunologicznej. Komórki pamięci immunologicznej są długowieczne i reagują na pojawienie się uprzednio rozpoznanych antygenów.

Komórki B rozwijają się w wątrobie podczas życia płodowego, a następnie w szpiku kostnym. Stanowią one około 10% krążących komórek limfoidalnych. Ich podstawową cechą jest zdolność syntetyzowania i wydzielania immunoglobulin (Ig). Przed osiągnięciem dojrzałości komórki B wytwarzają jedynie immunoglobulinę M. W miarę dojrzewania zaczynają wytwarzać zespół immunoglobin Ig: IgM, IgG, IgA oraz IgD. Zakończeniem ich różnicowania się w komórki wytwarzające przeciwciała jest zetkniecie się limfocytu B z antygenem przetworzonym przez komórkę prezentującą antygen, z jednoczesną stymulacją ze strony komórki T.

Limfocyty T rozwijają się w grasicy. Stanowią one większość krążących komórek limfoidalnych. Można je podzielić opierając się zarówno na różnicach funkcji, jak i różnicach w składzie markerów powierzchniowych (czyli charakterystycznych białek na ich powierzchni) na dwie grupy: limfocyty T pomocnicze (Th, ang. T-helper) — marker powierzchniowy $CD^{4+}$ oraz limfocyty T cytotoksyczne/supresorowe (Tc/s) — marker powierzchniowy $CD^{8+}$. Oba te typy komórek mają wspólny dla wszystkich limfocytów T marker TcR (T-cell antigen receptor). Istnieją dalsze podtypy zarówno komórek Th, jak i Tc/s, różniące się zdolnością wytwarzania cytokin. Komórki $Th_1$, wydzielające cytokiny takie jak $\gamma$-interferon ($\gamma$-IFN), interleukinę 2 (IL-2), czynnik martwicy nowotworu $\alpha$ i $\beta$ (TNF-$\alpha$, TNF-$\beta$), są zaangażowane w aktywacje komórek Tc oraz makrofagów i regulują opóźnione reakcje nadwrażliwości. Komórki $Th_2$, wydzielające cytokiny IL-4, IL-5, IL-6, wspomagają komórki B w rozwinięciu odpowiedzi humoralnej. Poza komórkami limfoidalnymi wykazującymi swoistość w stosunku do antygenu istnieją również komórki tej klasy charakteryzujące się cechami cytotoksycznymi nie ograniczanymi układem MCH. Należą tu „naturalni zabójcy" (ang. natural killers, NK).

Zarówno limfocyty B, jak i limfocyty T mają możność przedostawania się do OUN, chociaż taka możliwość jest uzależniona od różnych czynników związanych głównie z ich aktywacją. Wiadomo jednak, że np. limfocyty T po zetknięciu się z antygenem wchodzą w ciągu około 10 godzin w głąb tkanki mózgowej, a część z nich opuszcza OUN po kolejnych 24 godzinach. A więc, pewne typy komórek immunokompetentnych są w stanie nadzorować immunologicznie także mózg i rdzeń kręgowy. W czasie rozwoju procesów patologicznych znacznie się nasila penetracja do OUN zarówno komórek T, jak i monocytów/makrofagów (krążące we krwi obwodowej monocyty mają zdolność wydostawania się do tkanek sąsiednich i przekształcania w makrofagi, stąd często używa się łącznego określenia mono-cyt/makrofag). W zdrowym mózgu ssaków limfocyty T występują w ilościach śladowych i co więcej również cząsteczki MHC, konieczne do dokonania się

**Tabela 5.4.** Klasyfikacja komórek układu odpornościowego ze względu na ich pochodzenie

| Linia | Grupa | Komórka | Działanie |
|---|---|---|---|
| mieloidalna | granulocyty | neutrofilna (obojętnochłonna) eozynofilna (kwasochłonna) bazofilna (zasadochłonna) tuczna | fagocytoza zapalenie |
| | monocyty | Kupfera makrofag mikroglejowa | fagocytoza zapalenie prezentacja antygenu |
| | dendrytyczne | dendrytyczne Langerhansa | prezentacja antygenu |
| limfoidalna | limfocyty | B | wytwarzanie przeciwciał prezentacja antygenu |
| | | $Th_1$ | nadwrażliwość typu opóźnionego |
| | | $Th$ ($CD4^+CD8^-$) $Th_2$ | modulacja funkcji komórek T, B oraz makrofagów |
| | | $Tc_1$ $Tc/s(CD8^+CD4^-)$ $Tc_2$ | cytotoksyczność zależna od MHC-I supresja komórek |
| | | NK (naturalni zabójcy) | cytotoksyczność „spontaniczna" (niezależna od MHC), oddziaływanie antywirusowe, przeciwguzowe |

prezentacji antygenu tym limfocytom, na komórkach zdrowego układu nerwowego są spotykane jedynie sporadycznie. Z drugiej strony zarówno limfocyty T, jak i cząsteczki MHC pojawiają się we względnej obfitości podczas immunozależnych chorób układu nerwowego, takich jak, na przykład, stwardnienie rozsiane czy infekcje wirusowe. Nieznany jest mechanizm, za pomocą którego limfocyty T i wszystkie inne komórki o zmiennym dostępie do OUN są, w prawidłowo działającym mózgu, powstrzymywane od masowego wtargnięcia w jego obręb, a wpuszczane doń w razie pojawienia się patologii. Być może zjawisko to jest związane ze zmianą funkcjonalną bariery krew–mózg, polegającą na odmiennej ekspresji cząsteczek adhezyjnych czy chemo-atraktorów, a więc substancji o właściwościach przywołujących określone komórki. Owa zmiana w funkcjonowaniu bariery krew–mózg powoduje nie tylko nasilenie się penetracji do OUN komórek, które w normie przechodzą do mózgu w niewielkim stopniu, ale także umożliwia wydostawanie się poza mózgowy układ krwionośny takim komórkom jak neutrofile, które w normie nigdy nie przedostają się do mózgu.

# 5.6. Komórki odpornościowe osiadłe w mózgu

Komórki występujące w układzie nerwowym można podzielić na nerwowe i nieneu-ronowe. Komórki nerwowe uczestniczą bezpośrednio w funkcjach układu nerwowego, są więc elementami przetwarzającymi informacje. Komórki nieneuronowe to makroglej i mikroglej. Ich zadaniem jest umożliwianie pracy neuronom, w tym również zapewnienie odporności typu immunologicznego. Komórki makrogleju, tak jak neurony, wywodzą się z neuroektodermy. Można je dalej podzielić na astrocyty i oligodendrocyty. Astrocyty są w sensie histologicznym umiejscowione między komórkami nerwowymi a mózgowym układem naczyniowym. Oligodendroglej to komórki wytwarzające mielinę, dzięki której pewne typy aksonów są w stanie przewodzić sygnały elektryczne na znaczne odległości i z wielką szybkością (por. rozdz. 4). Zarówno komórki mikrogleju, jak i astrogleju uczestniczą w reakcjach odpornościowych w sposób bezpośredni (prezentacja antygenu) i pośredni (wytwarzanie cytokin).

## 5.6.1. Mikroglej

Komórki mikrogleju wywodzą się z mezodermy i uważa się je za odpowiedniki monocytów/makrofagów. Należą tu komórki zarówno stale znajdujące się w mózgu, jak i przedostające się do niego w wyniku urazu bądź stanu zapalnego. Po przedostaniu się w obręb mózgowia monocyty przekształcają się uzyskując cechy typowe dla osiadłego mikrogleju i wkrótce ich odróżnienie staje się niemożliwe. Jednak identyfikacja antygenowa wskazuje na ich pochodzenie szpikowe, mikroglej bowiem wykazuje ekspresję antygenu CD45, którego obecności nie udało się do tej pory stwierdzić w komórkach innego pochodzenia.

Komórki mikrogleju tworzą względnie niezmienną populację nawet w trakcie czynnego procesu zapalnego. Miejscowe zwiększenie się ich koncentracji obserwowane w takich wypadkach wynika z nasilenia migracji komórek monocytarnych do OUN, wywołanego uszkodzeniem. W wyniku aktywacji spowodowanej uszkodzeniem mózgu komórki mikrogleju nabierają cech elementów układu immunologicznego, upodobniając się do swego obwodowego pierwowzoru – makrofagów. Stają się komórkami prezentującymi antygen i, co się z tym wiąże, fagocytującymi. Zdolność do fagocytozy umożliwia im pochłanianie i destrukcję zniszczonych neuronów czy komórek inwazyjnych. Tak jak makrofagi poza układem nerwowym, mają one również zdolność uwalniania substancji, które są w stanie niszczyć inne komórki. Istnieją dowody na to, że często aktywacja komórek mikrogleju prowadzi w rezultacie do zabicia wielu zdrowych komórek nerwowych, „przy okazji" niszczenia komórek uszkodzonych bądź obcych. Aktywowany mikroglej wzmaga również wytwarzanie cytokin: IL-1 i TNF, substancji sygnałowych procesów zapalnych, które przywołują inne komórki immunokompetentne, wywołują glejozę reaktywną oraz mogą niszczyć komórki bezpośrednio, czyli wywoływać tzw. efekt cytotoksyczny.

## 5.6.2. Komórki tuczne

Komórki tuczne stanowią cześć komórek osiadłych w mózgu. Dostają się doń w trakcie rozwoju osobniczego wraz z wrastającymi naczyniami krwionośnymi i pozostają głównie w ich pobliżu już po zakończeniu dojrzewania układu nerwowego. Istnieje także pula mózgowych komórek tucznych, które mają możność przedostawania się do układu nerwowego i wydostawania się zeń już po zakończeniu rozwoju mózgu. Ich migracja zachodzi nawet bez obecności procesu patologicznego. Podobnie jak inne komórkowe składniki układu immunologicznego, komórki tuczne wywodzą się z komórek pnia szpiku kostnego. Nie wiadomo, kiedy linia komórek tucznych odróżnicowuje się od linii granulocytarnej i monocytarnej. Mózgowa pula komórek tucznych odznacza się niezwykłą różnorodnością. Wykazano ogromne różnice w jakości i liczbie komórek tucznych identyfikowanych w obrębie OUN. Różnice te i zmiany koncentracji komórek tucznych wiązały się z działaniem czynników behawioralnych, hormonalnych i środowiskowych. Stąd także występują znaczne różnice między płciami. Przy swej ogromnej niejednorodności w obrębie OUN, komórki tuczne mają zdolność uwalniania różnorodnych substancji przekaźnikowych. Zdolność reagowania na różne oddziaływania zewnętrzne z jednej strony, a różnorodność substancji uwalnianych przez komórki tuczne z drugiej, czynią je szczególnym ogniwem w integracji szeroko pojętego behawioru z funkcją neuronalną. Odpowiadając na wiele lokalnych i mikrośrodowiskowych bodźców, komórki tuczne działają jak minigruczoły dostarczające czynnych biologicznie cząsteczek w ściśle określone regiony mózgu. Stanowią jednocześnie jedną z głównych osi współpracy układu odpornościowego i nerwowego. Komórki tuczne wytwarzają i uwalniają około 20 mediatorów, do których zalicza się między innymi histamina, serotonina, interleukiny 1 – 6, tlenek azotu, TNF-$\beta$, TNF-$\alpha$. Substancjami, które powodują nagromadzenie się komórek tucznych w określonym miejscu, a więc ich chemoatraktorami, są np. czynnik wzrostu nerwów (NGF) i czynnik wzrostowy nowotworów $\beta$ (TGF-$\beta$). Oba te związki mogą być syntetyzowane także przez same komórki tuczne, chociaż głównym mózgowym źródłem NGF są neurony, a źródłem TGF — astrocyty.

# 5.7. Interakcja między układem immunologicznym a nerwowym

## 5.7.1. Wpływ mózgu na ogólnoustrojowy układ immunologiczny

Już ponad dwadzieścia lat temu odkryto, że supresja układu immunologicznego, do jakiej dochodzi po podaniu leku o nazwie cyklofosfamid, może być osiągnięta dzięki klasycznemu warunkowaniu. Wkrótce potem stwierdzono także, że myszy z chorobą autoimmunologiczną, u których wywołano warunkową immunosupresję, dożywają sędziwego wieku prawie bez wspomagania lekiem immunosupresyjnym. Były to pierwsze prace udowadniające od dawna przeczuwaną prawdę: układ nerwowy wpływa na odporność immunologiczną organizmu. Regulowanie odporności, tj. zarówno jej wzmożenie, jak i osłabienie może być wywołane przez wiele czynników fizycznych i psychicznych. Wywoływane czynnikami zewnętrznymi zmiany określonych wskaźników aktywności układu odpornościowego powstają zarówno wskutek zmian stężenia glikokortykoidów, jak i w wyniku zmian w przekaźnictwie nerwowym, które niezwykle swoiście wpływają na działania układu odpornościowego. Wciąż bez odpowiedzi pozostaje jednak najważniejsze pytanie dotyczące zakresu, w jakim owe swoiste zmiany mogą wpływać na organizm w obliczu jego zetknięcia się z wirusem, bakterią czy komórką nowotworową.

Powszechnie znany jest wpływ na układ odpornościowy glikokortykoidów stosowanych jako leki immunosupresyjne już od wielu lat. Oś podwzgórzowo--przysadkowo-nadnerczowa jest klasycznym i dobrze znanym modelem wpływu układu nerwowego na odporność immunologiczną. Badania ostatnich lat wskazują, że działanie glikokortykoidów nie jest w sposób stereotypowy immunosupresyjne. Hormony te mogą bowiem wzmagać odpowiedź humoralną kosztem odpowiedzi komórkowej. Co więcej, wiele mechanizmów aktywacji układu odpornościowego, np. występujących w przebiegu infekcji wirusowych, powodujących zaangażowanie takich cytokin jak IL-1, IL-6, TNF-$\alpha$, wywołuje jednocześnie wzmożenie wydzielania CRF-ACTH-glikokortykoidów. Może to być kontrsygnałem dla komórek immunokompetentnych, zapobiegając ich nadmiernemu namnożeniu i aktywacji.

Peptydy przysadki i podwzgórza — CRF i ACTH wykazują bezpośredni wpływ na limfocyty prócz swego „pierwotnego" (tj. wcześniej odkrytego) wpływu na wydzielanie kortykosteroidów poprzez oś podwzgórzowo-przysadkowo-nadnerczową.

Zarówno CRF, ACTH, jak i jeszcze jeden immunomodulator — prolaktyna, są wytwarzane nie tylko przez komórki układu nerwowego, ale również przez, należące do układu immunologicznego, komórki limfoidalne.

Zjawisko to stanowi przykład wytwarzania przez komórki układu odpornościowego substancji wpływających na układ nerwowy i wskazuje na istnienie między oboma układami systemu regulacji w ramach pętli sprzężenia zwrotnego. Do takich substancji należą także cytokiny, neuroprzekaźniki i immunoglobuliny.

## 5.7.2. Wpływ ogólnoustrojowego układu immunologicznego na mózg

Kiedy odkryto, że astrocyty i mikroglej wytwarzają interleukinę 1 i okazało się, że komórki mózgu posługują się przekaźnikami procesu zapalnego, gwałtownie wzrosła liczba badań na ten temat. W ich wyniku wciąż zwiększa się liczba cytokin, których wytwarzanie stwierdza się w komórkach OUN. Podobnie ciągle wzrasta liczba peptydów neuroaktywnych, których wytwarzanie odkrywa się w obrębie układu odpornościowego. Dotyczy to również bardzo wielu receptorów dla tych substancji. Tak więc np.: limfocyty T są źródłem IGF-1 (insulinopodobnego czynnika wzrostowego), enkefalin, endorfin, ACTH, hormonu wzrostu; makrofagi — substancji P, IGF-1 i endorfin; komórki tuczne — VIP i somatostatyny. Ważnym odkryciem było stwierdzenie, że układ immunologiczny może bezpośrednio wpływać na percepcję bólu. Mianowicie wytwarzanie $\beta$-endorfiny, substancji wpływającej na receptor opioidowy, przez komórki T i makrofagi w obrębie obwodowych zakończeń nerwów czuciowych, powoduje w ograniczonym zapaleniu stawów zmniejszenie percepcji bólu (por. rozdz. 13).

## 5.7.3. Molekularne podłoże interakcji układu immunologicznego i nerwowego

Cytokiny, pierwotnie wiązane jedynie z układem odpornościowym, są wytwarzane i działają w wielu innych tkankach, także w OUN. Co więcej, receptory dla niektórych z nich wykazują duże podobieństwo do receptorów dla czynników neurotroficznych. Na przykład monocyty krwi mają receptor dla czynnika wzrostu nerwów (NGF) i w odpowiedzi na stymulację rośnie w nich ekspresja mRNA dla receptora Trk (tj. jednego z receptorów NGF). Z kolei jeden z zasadniczych endogennych pirogenów, interleukina 1, pierwotnie wiązana jedynie z układem odpornościowym, jest wytwarzana w obrębie OUN zarówno przez komórki gleju (pełniące w pewnym zakresie funkcje komórek odpornościowych), jak i przez komórki nerwowe, a w jej działaniu pośredniczy receptor. Najlepiej poznane funkcje interleukiny 1 w mózgu to wzmaganie wytwarzania czynników troficznych, a także udział w podwzgórzowych mechanizmach wywoływania gorączki.

Komórki odpornościowe linii limfoidalnej są wyposażone w szereg receptorów dla neuroprzekaźników. Same zaś stanowią jedno ze źródeł neuropeptydów. Neuropeptydy oddziałują na limfocyty, makrofagi, mikroglej i astroglej.

Życie neuronów zależy od obecności określonych czynników wzrostowych — neurotrofin. Należą tu czynnik wzrostu nerwów (NGF), mózgowopochodny czynnik neurotroficzny (BDNF), neurotrofina 3, neurotrofina 4/5, tworzące rodzinę czynników neurotroficznych NGF. Oprócz działania neurotroficznego NGF ma jednak inne funkcje, wpływa na przykład na oś podwzgórzowo-przysadkowo-nadnerczową, aktywując jej działanie i zwiększając wytwarzanie kortykosteroidów. NGF wpływa także w sposób specyficzny na komórki układu immunologicznego, wykazując z jednej strony działanie przeciwzapalne, a z drugiej nasilając zależne od komórek T wytwarzanie przeciwciał. Bodźce wzmagające procesy zapalne powodują nasilenie wytwarzania NGF. Stwierdzono, że interleukina 1, czynnik martwicy nowotworu (TNF-$\alpha$) i interleukina 6, transformujący czynnik wzrostowy $\beta$1 (TGF-$\beta$1) wywierają takie działanie w astrocytach w OUN.

## 5.7.4. Interakcja między układem immunologicznym a nerwowym po uszkodzeniach mózgu

Neuryty ssaków nie są zwykle zdolne do regeneracji w obrębie OUN, chociaż w pewnych warunkach wypustki uszkodzonych neuronów mózgu mogą odrastać. Uważa się więc, że komórki nerwowe same w sobie są wyposażone w zdolność do regeneracji, a to, że nie zawsze są w stanie skutecznie jej dokonać, wynika raczej z nie sprzyjających cech mikrośrodowiska. Owo mikrośrodowisko, w którym żyją neurony OUN, jest tworzone przez astrocyty, mikroglej oraz oligodendrocyty (por. rozdz. 4). Zwykle, kiedy może być mowa o próbie regeneracji, wpływ na bezpośrednie otoczenie ciała i wypustek neuronów mają również krwiopochodne monocyty, różnicujące się do mikrogleju. Badania ostatnich lat ujawniły szereg cech owego mikrośrodowiska wytwarzanego przez wszystkie te typy komórek. Odkryto wiele rozpuszczalnych substancji mogących inicjować bądź hamować odnowę oraz wykazano w przebiegu zmian pourazowych istnienie interakcji układu nerwowego, szczególnie jego nieneuronowej części, z układem odpornościowym. Ograniczony uraz mózgu powoduje miejscowy wzrost wytwarzania cytokin. Są one również wytwarzane przez makrofagi/monocyty, komórki T, a także neutrofile napływające przez przerwaną barierę krew–mózg. Jednak wczesny (tuż po urazie) wzrost ekspresji cytokin zależy prawie wyłącznie od źródeł miejscowych. Najobfitszym mózgowym źródłem cytokin, szczególnie po urazach mechanicznych, jest aktywowany mikroglej, aczkolwiek wytwarzają je również neurony, astrocyty, komórki wyściółki naczyń i komórki okołonaczyniowe. Jednym ze skutków działania cytokin jest „przywołanie" komórek astrogleju oraz ich aktywacja, prowadząca do wywołania astroglejozy reaktywnej. Proces ten może prowadzić do wytwarzania neurotrofin, a więc do zwiększenia przeżywalności uszkodzonych neuronów. Co więcej, cytokiny (np. interleukina 2) eliminują oligodendrocyty. Oba te działania są w istocie działaniami przeciwzapalnymi, co sugeruje, iż hamowanie zapalenia wpływa pozytywnie na przeżycie komórek nerwowych. Z drugiej strony, zdolność do regeneracji neuronów obwodowego układu nerwowego (bądź neuronów mózgu kręgowców niższych) jest wiązana przez niektórych autorów z brakiem ograniczeń w napływie komórek typu makrofag/mikrocyt, a więc znacznie większą ekspresją mediatorów zapalenia z jednej strony, a zmniejszoną obecnością mobilnych komórek wytwarzających czynniki troficzne, takich jak astrocyty, z drugiej. Biorąc pod uwagę istnienie po urazie „współzawodnictwa" mikrogleju z astroglejem, jest to sytuacja, w której przewagę zdobywają komórki mikrogleju i działanie cytotoksyczne „oczyszczające" okolicę urazu z elementów komórkowych. Ta sytuacja promuje dokonanie regeneracji.

# 5.8. Podsumowanie

Bodźce zewnętrzne odbierane przez mózg wpływają na działanie i stan odporności organizmu. Jednocześnie stan funkcjonalny układu immunologicznego wpływa na określone funkcje mózgu.

Istnienie bariery krew–mózg czyni z OUN narząd uprzywilejowany immunologicznie, chroniąc jego nieodnawialną w zwykłych warunkach część — neurony — przed zmasowanym oddziaływaniem układu odpornościowego, wielokrotnie pobudzanego w ciągu życia penetracją obcych antygenów. Jednak bariera krew–mózg nie izoluje całkowicie, pozwalając obwodowym komórkom immunokompetentnym nadzorować obszar OUN. Ich penetracja nasila się znacznie w przebiegu różnych stanów patologicznych. Szczególną rolę w komunikacji i współdziałaniu układu nerwowego i immunologicznego odgrywają rozpuszczalne substancje wydzielane i oddziałujące na komórki obu systemów, tj. cytokiny i neurotrofiny. Szczegółowe poznanie niezwykle złożonej współgry obu układów należy jeszcze do przyszłości i wymaga dalszych wielodyscyplinarnych badań. Trudno przecenić ich znaczenie dla naszego rozumienia fizjologii i patologii oraz rozwoju terapii chorób, u podłoża których leżą zaburzenia neuroimmunologiczne.

## LITERATURA UZUPEŁNIAJĄCA

Bonini S., Rasi G., Bracci-Lauderio M.C., Procoli A., Aloe L.: Nerve growth factor: neurotrophin or cytokine. *International Archives of Allergy and Immunology* 2003, **131** (2): 80 – 84.

Campbell I.L., Mucke L.: Cell-cell communication in the immune system. *Discussions in Neuroscience* 1993, **IX**, 19 – 28.

Fleshner M., Goehler L.E., Herman J., Relton J.K., Maier S., Watkins L.: Interleukin-1 induced corticosterone elevation and hypothalamic NE depletion is vagally mediated. *Brain Research Bulletin* 1995, **37**: 605 – 610.

Gołąb J., Jakóbisiak M., Lasek W.: *Immunologia*, Wydawnictwo Naukowe PWN, Warszawa 2002.

Hopkins S.J., Rothwell N.J.: Cytokines and the nervous system I: expression and recognition. *TINS* 1995, **18**: 83 – 88.

Kaul M., Garden G.A., Lipton S.: Pathways to neuronal injury and apoptosis in HIV-associated dementia. *Nature* 2001, **410**: 988 – 991.

Kronfol Z., Remick D.G.: Cytokines and the brain: implications for clinical psychiatry. *American Journal of Psychiatry* 2001, **158**(7): 1163 – 1164.

Krueger J.M., Obal F.J., Fang J., Kubota T., Taishi P.: The role of cytokines in physiological sleep regulation. *Annals New York Academy of Sciences* 2001, **933**: 211 – 221.

Mouihate A., Pittman Q.J.: Neuroimmune response to endogenous and exogenous pyrogens is differentially modulated by sex steroids. *Endocrinology* 2003, **144**(6): 2454 – 2460.

Quan N., Herkenham M.: Connecting cytokines and brain: A review of current issues. *Histology and Histopatology* 2002, **17**: 273 – 288.

Rothwell N.J., Hopkins S.J.: Cytokines and the nervous system II: actions and mechanisms of action. *TINS* 1995, **18**: 130 – 136.

Silver R., Silverman A.-J., Vitkovic L., Lederhendler I.I.: Mast cells in the brain: evidence and functional significance. *TINS* 1996, **19**: 25 – 30.

Xiong H., Boyle J., Winkelbauer M., Gorantla S., Zheng J., Ghorpade A., Persidsky Y., Carlson K.A., Gendelman H.E.: Inhibition of long-term potentiation by interleukins: implications for human immunodeficiency viruss-1-associated dementia. *Journal of Neuroscience Research* 2002, **71**(4): 600 – 607.

# ROZDZIAŁ 6

# Rozwój osobniczy mózgu ssaków

Krzysztof Turlejski

---

Wprowadzenie ■ Sekwencja etapów i procesów zachodzących podczas rozwoju ośrodkowego układu nerwowego ssaków ■ Podsumowanie

---

## 6.1. Wprowadzenie

Rozwój narządu tak niezwykle złożonego, jak mózg, jest z natury niezwykle skomplikowany, toteż temat ten w ramach jednego rozdziału może być jedynie zarysowany, a dokładniej będą omawiane tylko wybrane zagadnienia. Pełniejsze informacje o rozwoju układu nerwowego znajdzie Czytelnik w lekturach podanych na końcu rozdziału. Wiedza o rozwoju struktur ośrodkowego układu nerwowego różnych zwierząt, w tym interesujących nas ssaków, powstawała stopniowo, przez z górą sto ostatnich lat. Histologia i sekwencja wczesnych faz rozwoju układu nerwowego została poznana już w końcu XIX wieku i jest opisana w podręcznikach embriologii, do których odsyłamy zainteresowanych. Tutaj morfologia zmian rozwojowych zostanie jedynie naszkicowana, z podkreśleniem nowszych odkryć wprowadzających zmiany w dotychczasowych ustaleniach. Rozwój współczesnych metod badawczych, w szczególności rozwój metod biologii molekularnej w ciągu ostatnich dwudziestu lat sprawił natomiast, że zakres naszej wiedzy o mechanizmach rozwoju mózgu jest teraz nieporównywalny z tym, co wiedzieliśmy zaledwie jedno pokolenie wcześniej.

Kiedy obserwujemy rozwój organizmów wielokomórkowych, tym, co najbardziej zwraca uwagę, jest powiększanie się rozmiarów całego organizmu i stopniowe formowanie poszczególnych narządów. Powiększanie rozmiarów jest głównie skutkiem wielokrotnych podziałów komórkowych, prowadzących do wykładniczego zwiększania się liczby komórek. Jednak organizmy wielokomórkowe nie są po prostu sumą jednorodnych komórek. W trakcie rozwoju zarówno cały organizm, jak i wszystkie jego narządy uzyskują pewną specyficzną dla nich strukturę wewnętrzną, odpowiadającą ich przyszłej funkcji. To nadawanie struktury jest wynikiem zarówno nierównomiernego tempa podziałów komórkowych w poszczególnych częściach organizmu, które jest zależne od różnych czynników regulujących zarówno długość cyklu komórkowego, jak i różnicowania się typów komórek, na skutek zachodzącej w nich zróżnicowanej ekspresji genów.

Badania różnic w ekspresji genów i doświadczenia z wczesną transplantacją fragmentów zarodków (u kręgowców najłatwiej jest to badać na zarodkach ptasich) pokazały, że ukierunkowanie rozwoju poszczególnych grup pozornie jeszcze niczym się nie różniących komórek („określenie ich losu") zachodzi dużo wcześniej, niż do niedawna przypuszczano. Pewne fragmenty tkanek embrionu zostają bardzo wcześnie desygnowane do tworzenia określonych struktur, jak na przykład układ nerwowy i jego części składowe. Dzieje się tak na skutek ograniczenia w kolejnych generacjach „totipotencjalności" komórek zarodkowych do „multipotencjalności" i do jeszcze węższego potencjału różnicowania się powstających komórek będących prekursorami określonych tkanek. Tak więc, w trakcie wieloetapowego rozwoju możliwość wygenerowania po podziale komórkowym komórki potomnej dowolnego typu, która wynika z istnienia pełnej kopii DNA w jądrze każdej komórki, zostaje znacznie ograniczona. Nie dotyczy to jedynie komórek układu rozrodczego.

Pewne etapy różnicowania się grup komórkowych zależą od interakcji z innymi grupami komórek, które sygnalizują, w jakim sąsiedztwie rozwijają się dane komórki. Takie wzajemne wpływy uruchamiają ekspresję jednych, a hamują ekspresję innych genów. Często są to morfogeny — specjalne geny aktywowane tylko w okresie rozwoju, które z kolei uruchamiają kaskady kolejnych ekspresji genów. Pod wpływem takich zróżnicowanych warunków zewnętrznych, z zestawu typów komórkowych możliwych do wygenerowania przez daną komórkę macierzystą, rozwijają się komórki właściwe dla danych tkanek i narządów.

Ważnymi procesami rozwojowymi, których waga często nie jest w pełni doceniana, są procesy regresji. Znaczna część nowo powstałych komórek szybko wymiera na skutek uruchomienia programu apoptozy (programowanej śmierci komórkowej). Niektóre części ciała, na przykład palce, kształtują się na skutek całkowitego wymarcia komórek tkanki łączącej je na wczesnych etapach rozwoju. W mózgu, przed zakończeniem jego rozwoju, wymiera około połowy wygenerowanych komórek. Zahamowanie tego procesu przez inaktywację genów kluczowych dla programu apoptozy prowadzi do ciężkich zaburzeń rozwoju. Także połączenia struktur układu nerwowego, pierwotnie szeroko rozprzestrzenione, zostają w dalszej fazie rozwoju ograniczone, zyskując na precyzji. To tworzenie połączeń między odległymi częściami układu nerwowego, oraz układem nerwowym i pozostałymi tkankami organizmu, urzeczywistniane przez rozwój długich wypustek — aksonów, jest podstawą funkcjonalnej swoistości układu nerwowego.

Jest jeszcze jeden aspekt rozwoju, zarówno układu nerwowego, jak i całego organizmu, z którego musimy sobie zdawać sprawę. Pewne komplikacje dróg rozwoju organizmu i jego narządów, także układu nerwowego, wynikają stąd, że główne morfogeny i system ich ekspresji są bardzo konserwatywne: podstawowa struktura tego procesu nie zmieniła się znacząco od początku ewolucji organizmów wielo-komórkowych. Stąd też, kolejne, wczesne etapy rozwoju osobniczego przypominają przechodzenie przez kolejne etapy ewolucji: mówimy że ontogeneza jest rekapitulacją filogenezy. Zastosowanie technik molekularnych do badań rozwoju i ewolucji organizmów wielokomórkowych doprowadziło w ostatnich latach do wielu ważnych odkryć, które pozwoliły nam zrozumieć zarazem mechanizmy rozwoju struktur i drogi ewolucji ośrodkowego układu nerwowego. Dlatego też ten rozdział jest komplementarny z rozdziałem następnym, traktującym o ewolucji mózgu ssaków.

## 6.2. Sekwencja etapów i procesów zachodzących podczas rozwoju ośrodkowego układu nerwowego ssaków

### 6.2.1. Wyodrębnienie neuroektodermy i wczesne etapy jej różnicowania się

Układ nerwowy wszystkich zwierząt wyodrębnia się z ektodermy, choć dzieje się to nieco inaczej u kręgowców i bezkręgowców. U kręgowców kształtowanie się układu nerwowego rozpoczyna się wtedy, gdy zarodek osiągnie fazę gastruli, czyli wyodrębni się w nim ektoderma i endoderma. Wówczas to pod wpływem białek wydzielanych przez endodermę: czynnika wzrostu fibroblastów (eFGF) i transformującego czynnika wzrostu beta (TGF-$\beta$, lub też pokrewne białko Veg 1) ze strefy granicznej tych dwóch tkanek zaczynają się odrywać komórki mezodermy, które umiejscawiają się między dwoma pierwszymi warstwami, a na środku tarczki zarodkowej zaczyna się tworzyć podłużne wgłębienie ektodermy — bruzda (smuga) pierwotna, przekształcająca się następnie w płytkę nerwową (ryc. 6.1).

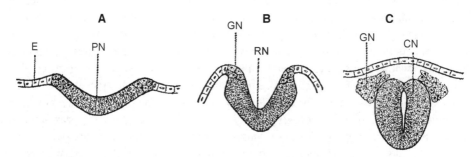

**Ryc. 6.1.** Przekroje przez tarczkę zarodkową pokazujące etapy przekształcania się ektodermy (E) w cewkę nerwową. **A** — wyodrębnianie neuroektodermy płytki nerwowej (PN) z ektodermy pierwotnej. **B** — tworzenie rowka nerwowego (RN). Leżąca pod nim struktura mezodermalna, struna grzbietowa (nie pokazana na rysunku), silnie wpływa na przebieg wczesnych etapów rozwoju układu nerwowego. **C** — utworzenie zamkniętej cewki nerwowej (CN). Z jej brzegów powstają grzebienie nerwowe (GN), zaczątek, między innymi, autonomicznego układu nerwowego. (Wg: Ranson i Clarke, *The Central Nervous System*. Saunders Co. 1959, zmodyf.)

To właśnie białka wydzielane przez endodermę, strefę graniczną, a następnie mezodermę indukują powstanie zaczątka układu nerwowego. Badania sposobu tej indukcji doprowadziły do niespodziewanego odkrycia. W komórkach ektodermy stale ulegają ekspresji dwa typy białek. Oba z nich umiejscowione są na powierzchni komórek. Białka jednej grupy, jak białko BMPR, są receptorami, podczas gdy białka drugiej grupy, jak BMP-2 czy BMP-4 wiążą się z nimi, a więc są ich ligandami. Istnienie międzykomórkowych połączeń poprzez białka tych dwóch typów i związana z tym sygnalizacja wewnątrzkomórkowa sprawiają, że ta warstwa komórek zachowuje się jak ektoderma, co zapobiega przekształcaniu się jej komórek w neurony. Komórki strefy granicznej, a następnie mezodermy, wydzielają szereg białek, które blokują receptor BMPR i uniemożliwiają sygnalizację poprzez niego. Dotąd stwierdzono wydzielanie takich białek blokujących ten receptor jak noggin, chordyna czy ceberus ze strefy granicznej i mezodermy, a także follistatyna z endodermy. To właśnie zablokowanie połączeń między-komórkowych ektodermy indukuje przekształcenie się jej komórek w komórki linii neuralnej, z których w przyszłości powstaną wszystkie komórki układu nerwowego.

Nie jest to jednak jedyny system sygnalizacji, powodujący przekształcenie ektodermy w tkankę nerwową. Silnym bodźcem do przekształcania się komórek ektodermy w neurony jest też ekspresja białka NeuroD, z grupy białek bHLH, które są czynnikami transkrypcyjnymi. U wszystkich kręgowców różne aspekty neurogenezy kontrolują też białka kodowane przez geny typu *ash1* i *Notch*. U ssaków ekspresja genu *Notch 1* ustanawia granicę między płytką nerwową a ektodermą. Choć te systemy sygnalizacyjne są w dużej mierze homologiczne pomiędzy bezkręgowcami i kręgowcami, to nawet poszczególne grupy kręgowców mają różną liczbę genów różnych grup, a nawet geny te mogą odgrywać przeciwstawne role. Już w tej fazie, w której nie widzimy jeszcze żadnego zróżnicowania morfologicznego płytki, jej powierzchnia nie jest ekwipotencjalna. Stwierdzono to, przeszczepiając fragmenty ścian płytki nerwowej w inne jej miejsca. Tak przeszczepiona tkanka zagnieżdżała się w nowym miejscu, jednak rozwijała się w strukturę właściwą dla miejsca jej pobrania, a nie wszczepienia. Oznacza to, że pierwotnie szerokie możliwości rozwoju neuroektodermy zostały już ograniczone przez zróżnicowaną ekspresję morfogenów. Na skutek zróżnicowanej ekspresji genów zostają wówczas zdefiniowane główne regiony płytki, zwane płytami denną, płytami podstawnymi i bocznymi (ang. floor plate, basal plates, alar plates), z których powstaną odmienne struktury ośrodkowego układu nerwowego. Płyta denna pozostaje do końca rozwoju cienką warstwą komórek rozdzielających u dołu lewą i prawą stronę układu nerwowego. Jest to struktura ważna dla procesów rozwoju, charakteryzująca się ekspresją pewnych genów, których białka wpływają na indukcję wielu procesów rozwojowych i ukierunkowanie wzrostu aksonów. Płyty podstawne otaczają płytę denną z boków i od przodu, a same są otoczone płytami bocznymi. To zróżnicowanie między przyśrodkowymi i bocznymi częściami płytki jest również spowodowane zróżnicowaną ekspresją morfogenów (patrz niżej).

## 6.2.2. Powstanie cewki nerwowej i obwodowego układu nerwowego

Szybszy rozrost neuroektodermy niż ektodermy właściwej powoduje wgięcie neuro-ektodermy i przekształcenie płytki w bruzdę (rowek), którego brzegi zrastają się u góry, przekształcając go w cewkę nerwową położoną pod ektodermą i niezależną od niej. Proces zrastania zaczyna się w środkowej części bruzdy i postępuje ku tyłowi i przodowi, gdzie kończy się zamknięciem otworów cewki. Miejsce zrostu płyt bocznych będzie również ważną w rozwoju strukturą sygnalizacyjną, określającą molekularnie górną granicę między lewą i prawą stroną układu nerwowego. Po zamknięciu cewki nerwowej płyty podstawne i boczne stają się jej dolnymi i górnymi częściami. Z płyt podstawnych powstają w większości położone u dołu układu nerwowego układy eferentne, w tym ruchowe, natomiast z płyt bocznych w większości położone grzbietowo struktury układów aferentnych, czuciowych. Płyty podstawne dają początek dolnej części rdzenia kręgowego, podstawnym częściom pnia mózgu, śródmózgowia i międzymózgowia. Z najbardziej do przodu położonej części płyty podstawnej tworzą się niektóre struktury międzymózgowia i kresomózgowia, na przykład podwzgórze i niektóre części jądra migdałowatego, jednak kresomózgowie powstaje w większości z przedniej części płyt bocznych. Badania tej fazy rozwoju układu nerwowego ciągle przynoszą nowe, ważne informacje. Tak więc, choć wiemy już dużo o mechanizmach różnicowania się neuroektodermy, to wiele jeszcze pozostaje do odkrycia i wyjaśnienia.

Także na tym etapie interakcja z mezodermą odgrywa ważną rolę w rozwoju ośrodkowego układu nerwowego. Mezoderma wykształca wówczas dwie ważne struktury: położoną tuż pod neuroektodermą strunę grzbietową, która jest pierwotnym szkieletem zarodka, oraz somity – metameryczne, czyli powtarzalne segmenty układu ruchowego, tworzące się stopniowo od przodu ku tyłowi po obu stronach ciała. Struna grzbietowa wydziela kwas retinowy, związek pokrewny witaminie A, którego wpływ definiuje tę część układu nerwowego, która będzie miała budowę segmentową (metameryczną), to jest będzie położona do tyłu od międzymózgowia. Pojawienie się somitów w mezodermie indukuje podłużny podział jednorodnej dotąd cewki nerwowej na powtarzalne odcinki — metamery.

Nie cała rynienka nerwowa zostaje wbudowana w ścianę cewki nerwowej, gdyż jej części brzeżne tracą kontakt zarówno z cewką, jak i ektodermą, tworząc dwa grzebienie rdzeniowe (ang. neural crests) zagłębione pod ektodermę i położone wzdłuż górnej części cewki nerwowej. Z nich tworzą się wszystkie zwoje nerwowe obwodowego układu nerwowego (w tym rdzeń nadnerczy, będący przekształconym zwojem współczulnym), neurony lokalnych sieci nerwowych takich narządów, jak jelito czy układ rozrodczy, oraz komórki Schwanna, wytwarzające mielinę nerwów obwodowych. Ekspresja morfogenów z grupy *Krox* odróżnia neurony obwodowe od neuronów ośrodkowego układu nerwowego. Z grzebieni rdzeniowych pochodzą także wszystkie melanocyty — komórki nadające zabarwienie skórze, włosom i tęczówce. Ponadto, z tych części grzebieni nerwowych, które kształtują się do przodu od płytki nerwowej, wykształcają się struktury zupełnie nie związane z układem nerwowym, takie jak kości nosowe, chrząstki łuków skrzelowych (u ssaków przekształcone w trakcie rozwoju w kości żuchwy, kostki słuchowe i kość gnykową), a nawet niektóre partie skóry głowy i niektóre komórki jej mięśni.

## 6.2.3. Mechanizmy regionalizacji embrionalnej cewki nerwowej

W podziałach płytki, a następnie cewki nerwowej na regiony uczestniczy szereg tak zwanych genów morfogenetycznych (morfogenów). Kilka z nich wspomniano już wyżej. Geny te mogą nadawać odmienny kierunek rozwoju pierwotnie ekwipotencjalnym obszarom, a nawet inicjować rozwój całych części ciała i narządów, jak na przykład głowy czy oka. Dzieje się tak dlatego, że ekspresja jednego morfogenu (a zatem obecność w komórce odpowiadającego mu białka) może indukować ekspresję kilkuset innych genów w ściśle określonym zestawie, a blokować inne geny. Białka produkowane w wyniku translacji tych genów oddziałują na ekspresję jeszcze innych genów, zapoczątkowując całą kaskadę ekspresji setek, a nawet tysięcy genów. Ekspresja niektórych morfogenów następuje jedynie w określonych fazach rozwoju i określonych strukturach, inne ulegają ekspresji dłużej (nawet po zakończeniu okresu rozwoju) i w większej liczbie miejsc. Ekspresja całego tego zestawu genów określa charakterystykę komórek w danym miejscu i czasie. Te określone, lecz zmieniające się w pewnej sekwencji warunki rozwoju danego obszaru prowadzą do powstania tkanek o różnych typach komórek i różnej fizjologii.

Jedną z grup morfogenów są tak zwane geny homeotyczne. Istnieje szereg takich genów, pierwotnie odkrytych podczas badań prowadzonych na muszce owocowej, ale potem znalezionych u wszystkich zwierząt. Przy tym, geny homeotyczne bezkręgowców i kręgowców wykazują bardzo wysoki stopień homologii. Każdy z tych genów zawiera stałą sekwencję 180 par zasad, kodującą sekwencję 60 aminokwasów. Sekwencja ta jest nazywana „homeobox" albo „domena homeotyczna". Jest ona bogata w aminokwasy zasadowe, lizynę i argininę, toteż łatwo wiąże się z kwasami nukleinowymi. Jak wykazują wyniki badań, domena ta w toku ewolucji podlegała niewielkim zmianom (mówi się, że jest „ewolucyjnie konserwatywna"). Zatem geny homeotyczne wykazują wysoki stopień homologii strukturalnej i w dodatku często spełniają analogiczne funkcje u różnych grup zwierząt. U kręgowców istnieją dwie główne rodziny genów homeotycznych, każda po 6 genów, u myszy umiejscowione są one na chromosomach 6 i 11, a ponadto kilka izolowanych genów z tej rodziny jest rozmieszczonych w innych miejscach ich genomu.

Górna i dolna część cewki nerwowej wykazują zupełnie odmienne zestawy ekspresji genów transkrypcyjnych, uruchamiających ekspresję wielu innych genów. Płyta denna jako jedyna wykazuje ekspresję genu *HNF3β*. Płyty podstawne charakteryzują się ekspresją genu *Nkx2.2* oraz genu *ISL1*, który powoduje rozwój motoneuronów. W płytach bocznych, a także w grzebieniach rdzeniowych, stwierdzamy ekspresję czynników transkrypcyjnych *HNK1*, *Pax3* i *Pax7*. Natomiast na granicach płyt podstawnych i bocznych ekspresji ulega gen *Msx1*. Wszystko to definiuje odmienne typy komórek, jakie się rozwiną z tych płyt.

Ekspresja pewnych genów homeotycznych następuje w tych częściach cewki nerwowej, które pozostają w kontakcie ze struną grzbietową, podczas gdy rozwój części przedniej jest kontrolowany przez inne geny. I tak, w fazie zarodkowej 9 somitów ekspresję genu *Krox-20* obserwujemy w somicie 3 i 5 (somit jest powtarzającą się strukturą, powstającą w obrębie mezenchymy; jest on prekursorem segmentu mięśniowego, wpływa też na rozwój równolegle powstających segmentów układu nerwowego). Gen homeotyczny *Hoxb-1* pierwotnie ulega ekspresji w kilku somitach, poczynając od somitu 4 do tyłu, lecz ekspresja ta zostaje bardzo szybko ograniczona do somitu 4. Natomiast ekspresja genów *Hoxa-1* i *Hoxa-2* zachodzi przez dłuższy czas w kilku somitach, przy czym przednia granica ekspresji genu *Hoxa-2* znajduje się na granicy somitów 1 i 2. Zupełnie odmienna jest ekspresja białka kodowanego przez gen homeotyczny *Hox 1.3*, która zachodzi w komórkach piramidalnych kory nowej, także u zwierzęcia dorosłego.

Ważną rolę w regionalizacji układu nerwowego odgrywa tak zwany „organizator międzymózgowia" (ang. midbrain organizer). Jest to wąska blaszka komórek leżąca poprzecznie do osi mózgu między przednią granicą tyłomózgowia i tylną granicą śródmózgowia. W komórkach leżących na przedniej granicy tej blaszki następuje ekspresja genu *Wnt1*, a na granicy tylnej genu *FGF8*. Ponadto, w blaszce tej następuje ekspresja genu *En1*. Wszystkie one są niezbędne do ukształtowania się międzymózgowia i móżdżku.

Natomiast ekspresja genów homeotycznych z rodziny *Pax* jest niezbędna dla regionalizacji przedniej części mózgu. Spośród 9 genów z tej rodziny geny *Pax* od 2 do 8 wpływają na rozwój układu nerwowego. Ekspresja genu *Pax6* rozpoczyna się bardzo wcześnie, pierwotnie uczestniczy on w określaniu miejsca w neuroektodermie, z którego powstanie zawiązek oka. Doprowadzenie do ektopicznej (w niewłaściwym miejscu) ekspresji tego genu powoduje powstanie dodatkowego oka. Tak więc, gen ten stoi na szczycie kaskady ekspresji genów, która prowadzi do uformowania całego narządu — oka. Jednak jego rola na tym się nie kończy, ekspresja tego genu jest bowiem uruchamiana także na dalszych etapach rozwoju oka. Między innymi, jest on niezbędny do rozwoju większości tkanek oka, także tych, które nie pochodzą z neuroektodermy, a jego ekspresja w niektórych komórkach oka jest stale obecna, również u zwierzęcia dorosłego. Współdziała z nim ulegający ekspresji nieco później i na krócej gen *Pax 2.* Najprawdopodobniej ekspresją genów z grupy *Pax* sterują białka kodowane przez inną rodzinę genów homeotycznych — *Hedgehog* (*HH*). Ekspresja innego białka z tej rodziny, Sonic Hedgehog (*Shh*), następuje na granicy prosomerów (segmentów śródmózgowia), z których powstaną górne i dolne jądra wzgórza.

Znaleziono też gen homeotyczny myszy nazwany *Rpx*, którego ekspresja następuje bardzo wcześnie w najdalej do przodu położonej części tarczki zarodkowej, nie mającej styku ze strukturami powstającymi z mezenchymy. Ekspresja genów z rodziny *Orthodenticle* (*Otx1*, *Otx2*) rozpoczyna się wcześnie i występuje w wielu tkankach przedniej części embrionu, jednak stopniowo jest ona ograniczana do niewielkiego obszaru przedniej części układu nerwowego. Inaktywacja tych genów powoduje silne zaburzenia rozwoju przedniej części układu nerwowego. Natomiast ekspresja genów homeotycznych takich rodzin, jak *Distall-less* (*Dlx*), *Nkx* czy *Empty spiracles* (*Emx*), również zachodząca w przedniej części układu nerwowego kręgowców, następuje później (u myszy po 8,5 dnia od zapłodnienia), przy czym często jest to ekspresja krótkotrwała i występująca w mniejszych fragmentach struktur zarodkowych. Na przykład, ekspresja genów *Emx1* i *Emx2* określa odpowiednio przednią i tylną część kresomózgowia. Tak więc, zaczynamy rozpoznawać całe kaskady ekspresji genów kontrolujących procesy rozwoju, choć do pełnego obrazu brakuje jeszcze bardzo wielu danych.

## 6.2.4. Rola czynników drobnocząsteczkowych w rozwoju układu nerwowego

Tkanki zarodka wpływają na siebie także za pośrednictwem związków drobnocząsteczkowych. Występuje to na przykład w trakcie rozwoju cewki nerwowej. Jedną z pierwszych struktur powstałych z mezodermy jest wspomniana wyżej struna grzbietowa, leżąca tuż pod cewką nerwową. Na tych wczesnych etapach rozwoju struna grzbietowa jest źródłem bardzo ważnych, choć nie do końca jeszcze poznanych, drobnocząsteczkowych związków troficznych, regulujących proliferację (namnażanie) i różnicowanie komórek (por. rozdz. 4).

Jednym z tych związków jest serotonina (5-hydroksytryptamina, 5-HT), która odgrywa wówczas rolę czynnika morfogenetycznego. Taka rola serotoniny, bardziej znanej jako neurotransmiter (por. rozdz. 2), była początkowo zaskoczeniem dla badaczy, jednak później okazało się, że jest ona dość powszechna — stwierdzamy ją na przykład w rozwoju grzebieni rdzeniowych, zawiązków serca czy oka. W wielu strukturach ekspresja receptorów serotonergicznych powoduje zahamowanie podziałów komórkowych. Gdy ekspresja ta następuje w części środkowej struktury, to ustają w niej podziały komórkowe, podczas gdy części brzeżne rozwijają się nadal, co powoduje inwaginację (wpuklenie, wgłębienie) zawiązka i utworzenie z pierwotnie płaskiej struktury pęcherzyka lub cewki. Ponadto, serotonina hamuje migrację neuronów grzebieni rdzeniowych, co dzieje się za pośrednictwem receptorów typu 5HT1A, przejściowo obecnych na tych komórkach. Także w późniejszym okresie rozwoju serotonina, a również noradrenalina i acetylocholina, odgrywają rolę czynników troficznych wobec rozwijających się aksonów.

Innym związkiem drobnocząsteczkowym odgrywającym ważną rolę w rozwoju układu nerwowego, a wydzielanym przez strunę grzbietową jest kwas retinowy, który stymuluje ekspresję genów homeotycznych, warunkujących rozwój segmentów rdzeniowych, a hamuje ekspresję innych genów z tej grupy, definiujących przedni odcinek układu nerwowego. Także inne drobnocząsteczkowe związki dyfundujące ze środowiska lub innych tkanek mogą wpływać na rozwój odpowiednich struktur, jeżeli w ich komórkach nastąpi ekspresja białek receptorowych tych związków.

Ponadto, w wielu strukturach układu nerwowego występują okresy, w których przejściowo są produkowane różne białka wiążące wapń, takie jak na przykład kalmodulina, kalcyneuryna czy białko S-100. Często ich ekspresja zachodzi jedynie w pewnej puli komórek danej struktury. Białka te zmieniają wrażliwość komórek na działanie czynników zewnętrznych, przede wszystkim jonów wapnia, a tym samym wpływają na wynik procesów rozwojowych w danej strukturze.

## 6.2.5. Namnażanie komórek nerwowych

### 6.2.5.1. Komórki macierzyste układu nerwowego i regulacja podziałów komórkowych

W okresie, gdy zawiązek układu nerwowego ma strukturę jednowarstwową, a jego komórki nie różnią się kształtem od komórek ektodermy, wszystkie te komórki są komórkami macierzystymi i dzieląc się wytwarzają dwie położone obok siebie takie same komórki potomne. W ten sposób, po każdym podziale komórkowym powierzchnia ścian ośrodkowego układu nerwowego podwaja się, a więc przyrasta wykładniczo, przy niewielkiej tylko zmianie jej grubości, gdyż neuroektoderma jest w zasadzie strukturą jednowarstwową. Tak więc, ośmiokrotna różnica wielkości powierzchni kory nowej między szympansem a człowiekiem może być rezultatem tego, że u człowieka przejście od podziałów symetrycznych do asymetrycznych następuje o trzy cykle komórkowe później niż u szympansa.

W pewnym momencie zmienia się typ podziałów komórkowych: odtąd po podziale powstają dwie różne komórki, potomna komórka macierzysta i neuron, który zaprzestaje dalszych podziałów, umiejscawiając się ponad warstwą rozrodczą, co zwiększa grubość ścian układu nerwowego (patrz niżej). Mówimy, że komórka macierzysta (a być może już tylko progenitorowa, o ograniczonych możliwościach generacji różnych typów komórkowych) przeszła do podziałów asymetrycznych. Oczywiście, nie wszystkie komórki macierzyste zmieniają typ podziałów jednocześnie, proces ten zachodzi w pewnym odcinku czasu, ale wydaje się, że jeśli raz zaszła zmiana charakteru podziałów, to jest ona nieodwracalna, a średnia liczba podziałów zarówno symetrycznych, jak i niesymetrycznych (w danej strukturze, u danego gatunku) jest dość ściśle regulowana genetycznie. To właśnie podziały asymetryczne, których skutkiem jest namnożenie (proliferacja) neuronów, dominują w środkowej fazie rozwoju układu nerwowego. Obecnie wiadomo, że w tym okresie to głównie komórki gleju radialnego (patrz niżej) są komórkami progenitorowymi układu nerwowego, generującymi zarówno neurony, jak i glej.

Dokładne omówienie złożonej regulacji cyklu komórkowego nie jest możliwe w tym rozdziale, Czytelników odsyłamy do podręczników biologii komórki. W miarę upływu czasu cykl komórkowy wydłuża się znacznie, a w końcu podziały w strefie rozrodczej ustają. W sumie, u ssaków od zapłodnienia do zakończenia generacji komórek układu nerwowego występuje od 70 do 100 cykli komórkowych. Po tym okresie komórki gleju radialnego przekształcają się w komórki ependymy (wyściółki) komór mózgu i kanału rdzenia kręgowego oraz w astrocyty. Jednak w dwóch strukturach mózgu ssaków część komórek progenitorowych przemieszcza się tuż nad ependymę, do tak zwanej strefy okołokomorowej, gdzie kontynuuje podziały także u osobników dorosłych. Dzieje się tak wokół przedniej części komór bocznych mózgu, skąd nowopowstałe neurony wędrują do opuszki węchowej, oraz w zakręcie zębatym hipokampa.

Utrata zdolności do podziałów przez komórki układu nerwowego dorosłych kręgowców, dawniej uważana za powszechną cechę układu nerwowego, jest najbardziej widoczna u ssaków, choć i tu jak widzieliśmy, są wyjątki. Strefy neurogenne, często aktywowane sezonowo, występują też u dorosłych ptaków. Natomiast u niższych kręgowców układ nerwowy zachowuje znacznie większą zdolność do podziałów komórkowych, włącznie z pewną zdolnością do regeneracji uszkodzonych struktur.

## 6.2.5.2. Neurogeneza i gliogeneza

Sposób generacji wyspecjalizowanych komórek nerwowych jest podobny we wszystkich częściach ośrodkowego układu nerwowego. Pierwszymi wyspecjalizowanymi komórkami układu nerwowego są komórki gleju radialnego (patrz niżej). Jak już powiedziano, komórki gleju radialnego są również komórkami progenitorowymi. Dzielą się one pod wpływem czynnika troficznego (białka) FGF2 i w pierwszym okresie, pod wpływem jeszcze innego czynnika troficznego, NT3, produkują głównie neurony. W późniejszym okresie zachodzi w nich ekspresja białka receptorowego EGF oraz jego liganda, białka TGF-$\alpha$, a także czynnika CNTF. Pod wpływem tych czynników progenitory nerwowe przestawiają się na produkcję astrocytów. Jeszcze późniejsza ekspresja białka PDGF przestawia kierunek rozwoju młodych komórek glejowych w kierunku oligodendrocytów. Powstają one najpóźniej ze wszystkich typów komórek ośrodkowego układu nerwowego, w okresie, gdy aksony komórek nerwowych już dotarły do swoich struktur docelowych (por. też rozdz. 4).

Jeszcze inne, stopniowo poznawane, systemy sygnalizacji określają typy neuronów, w tym neurotransmiter, jaki jest produkowany w danej komórce. Z tej samej komórki progenitorowej mogą powstawać komórki potomne (neurony) produkujące dwa najczęściej spotykane neurotransmitery: pobudzający — glutaminian, bądź hamujący — GABA. Jednak w korze mózgu większość komórek GABAergicznych przywędrowuje z innej, podstawnej struktury zawiązka mózgu. Definiowanie molekularne typów komórek produkujących inne neurotransmitery, jak acetylocholinę czy serotoninę, odbywa się w niewielkich populacjach komórkowych i prowadzi do wytworzenia ściśle określonych puli neuronów o takich właściwościach. Neurotransmitery zaczynają być produkowane bardzo krótko po powstaniu neuronu, jeszcze przed jego migracją do ostatecznego miejsca usadowienia.

## 6.2.5.3. Tworzenie się ściany układu nerwowego

Jak już powiedziano, pierwotnie ściana wszystkich części ośrodkowego układu nerwowego składa się z jednolitej warstwy komórek nabłonka rozrodczego. Jako pierwsze, pod wpływem ekspresji białka GGF (ang. glial growth factor), różnicują się w niej komórki gleju radialnego. Mają one dwie wypustki: krótką, która dotyka do przykomorowej powierzchni pęcherzyka, i długą, sięgającą do zewnętrznej powierzchni kory — od jej wyglądu pochodzi nazwa tego gleju. Wyrostki te tworzą zewnętrzną warstwę brzeżną, w której nie ma ciał komórkowych, i znacznie zwiększają grubość ściany cewki nerwowej. Wzdłuż długich wyrostków gleju radialnego zaczynają wędrować pierwsze, niezróżnicowane jeszcze neurony, powstające w przykomorowej warstwie rozrodczej. Wędrują one ku powierzchni zewnętrznej układu nerwowego i różnicują się w dojrzałe neurony posiadające wypustki — dendryty i akson. Neurony te kumulują się w środkowej części warstwy brzeżnej, przy czym później docierające, młodsze neurony zatrzymują się pod warstwą starszych, wcześniej tu osiadłych komórek. W ten sposób tworzy się zawiązek ściany układu nerwowego, który ma strukturę trójwarstwową: najgłębiej, nad warstwą rozrodczą, położona jest bezkomórkowa warstwa pośrednia, w środku leży płytka pierwotna, składająca się z ciał komórkowych neuronów, a nad nią bezkomórkowa warstwa brzeżna (wtórna).

## 6.2.5.4. Różnicowanie się komórek nerwowych

Zarówno w zaczątku rdzenia kręgowego, jak i mózgu, komórki różnicują się bardzo szybko. Pierwsze neurony (to jest komórki postmitotyczne, które zakończyły podziały komórkowe) obserwujemy w rdzeniu kręgowym tuż po zamknięciu się cewki nerwowej, są one jednocześnie obecne w nie do końca jeszcze zamkniętym zawiązku mózgu. U wszystkich zbadanych kręgowców, od ryb do człowieka, występuje to w tej samej fazie rozwoju: po wytworzeniu się pierwszego zgięcia głowowego zawiązka mózgu. U ryb faza ta następuje po około 24 godzinach, u myszy po 8,5 dnia, a u człowieka po 28 – 33 dniach od powstania zygoty. Po tym czasie motoneurony rdzenia kręgowego wysyłają już swoje aksony poza rdzeń, w kierunku somitów, a powstałe z grzebieni rdzeniowych neurony zwojów czuciowych wysyłają długie wypustki zarówno do rdzenia, jak i w kierunku obwodowym.

U człowieka w ciągu 3 dni od pojawienia się w mózgu pierwszych komórek o cechach neuronów zaczynają one tworzyć wypustki i formować szlaki nerwowe. Pierwsze szlaki, jakie obserwujemy w mózgu, są utworzone przez włókna neuronów położonych w jądrze śródmózgowiowym nerwu trójdzielnego (są to włókna eferentne tego nerwu) oraz w jądrze przednio-podstawnym (ang. anterobasal nucleus), które wykształca się w części podstawnej międzymózgowia, tuż za zaczątkiem oka. Te neurony wysyłają włókna do tyłu, w kierunku zaczątków śródmózgowia. U ssaków ten ośrodek i szlak prawdopodobnie zanika w trakcie dalszego rozwoju.

Natychmiast po wyodrębnieniu się pęcherzyków kresomózgowia i prawie jednocześnie z pierwszymi szlakami śródmózgowia w zawiązku kory pojawiają się jej pierwsze neurony — komórki Cajala–Retziusa. Proces ten rozpoczyna się w najdalej do przodu wysuniętej części pęcherzyka, w pobliżu zaczątków opuszki węchowej. Neurony te tworzą między sobą krótkie, lokalne połączenia, a wkrótce ich aksony docierają też do zaczątka ciała prążkowanego.

## 6.2.6. Pochodzenie podstawowych struktur ośrodkowego układu nerwowego

Ściany przedniej części cewki nerwowej uwypuklają się tworząc pierwotnie trzy, a po dalszym zróżnicowaniu pięć pęcherzyków mózgowych (ryc. 6.2). Jest to zrąb budowy

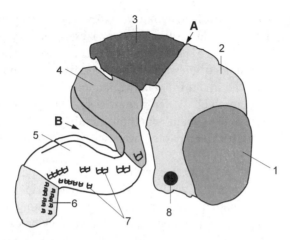

**Ryc. 6.2.** Zawiązek mózgu tuż po utworzeniu się pięciu podstawowych pęcherzyków. 1 — kresomózgowie (zawiązek półkul mózgowych); 2 — międzymózgowie (zawiązek wzgórza); 3 — śródmózgowie; 4 — tyłomózgowie wtórne (zawiązek móżdżku i mostu); 5 — rdzeniomózgowie; 6 — rdzeń kręgowy; 7 — nerwy czaszkowe; 8 — pęcherzyk oczny; **A** — zgięcie głowowe; **B** — zgięcie mostowe. (Wg: Hochstetter, *Vergl. Anat. Ges.* 1924, 33: 4-23, zmodyf.)

mózgu wspólny dla wszystkich kręgowców. Pęcherzyki te, licząc od granicy z rdzeniem kręgowym, to:

— rdzeniomózgowie (ang. myelencephalon);

— tyłomózgowie wtórne (ang. metencephalon), składające się z mostu (ang. pons) i móżdżka (ang. cerebellum);

— śródmózgowie (ang. mesencephalon), składające się z odcinka pnia mózgu — nakrywki (ang. tegmentum) i leżącej nad nim pokrywy (ang. tectum);

— międzymózgowie (ang. diencephalon), z którego wykształca się wzgórze (ang. thalamus), a także pączkuje zawiązek szyszynki (ang. pineal body);

— kresomózgowie (ang. telencephalon), położone najbardziej do przodu i rozwijające się w postaci parzystych pęcherzyków pączkujących z jego części bocznej. Z części podstawnej kresomózgowia rozwija się podwzgórze (ang. hypothalamus), z którego odpączkowują jeszcze zawiązki siatkówek, część nerwowa przysadki (ang. neurohypophysis) oraz wykształca się część przegrody (ang. septum). Z tego pęcherzyka kresomózgowia rozwija się też opuszka węchowa i prążek węchowy (ang. olfactory bulb, olfactory stria), a także dalsze części układu węchowego, część przegrody, kora mózgu (ang. cerebral cortex) oraz jądra podstawne (ang. basal nuclei), do których zaliczamy ciało prążkowane (ang. striatum) oraz część ciała migdałowatego (ang. amygdala) i przedmurza (ang. claustrum). W dalszej części rozdziału omówimy rozwój wybranych struktur układu nerwowego.

### 6.2.6.1. Specyficzne cechy rozwoju móżdżku; wtórna strefa neurogenna

W móżdżku obserwujemy cykl rozwojowy, który jest częściowo odmienny od schematu rozwoju innych struktur. Parzyste zawiązki móżdżku zrastają się dość późno, bo u człowieka dopiero po trzech miesiącach życia płodowego, ale już wcześniej, pod koniec drugiego miesiąca, płyta móżdżkowa różnicuje się w typową strukturę trójwarstwową, ze środkową warstwą komórek, które wywędrowały z rozrodczej warstwy przykomorowej. W tej warstwie są generowane komórki glejowe i neurony kory móżdżku, z wyjątkiem neuronów ziarnistych. Z leżącej teraz głęboko pod powierzchnią kory móżdżku pierwotnej warstwy rozrodczej powstaną też komórki jąder móżdżku.

Tu jednak zaczynają się poważne różnice. Nie wszystkie komórki warstwy rozrodczej ulegają inaktywacji. Część z nich, znajdująca się w bocznych kątach komory IV mózgu (ang. rhombic lips) są to nadal aktywne komórki progenitorowe, które wywędrowują do położonej pod oponą miękką warstwy brzeżnej kory móżdżku, tworząc nową, powierzchownie leżącą warstwę komórek rozrodczych. Warstwa ta jest aktywna bardzo długo, u myszy do 2 tygodni po urodzeniu. Jest to jedyna taka struktura w całym układzie nerwowym. Produkuje ona wyłącznie neurony ziarniste, najliczniejszą populację komórek mózgu (prawie połowa wszystkich neuronów mózgu to komórki ziarniste móżdżku). Neurony ziarniste migrują w głąb kory móżdżku. Ta wtórna migracja odbywa się dość późno (u człowieka kończy się dopiero po upływie czwartego miesiąca płodowego). W tym czasie neurony Purkinjego i interneurony zakończyły już migrację i znalazły się w pobliżu powierzchni kory, tak więc nowo powstające pod powierzchnią kory neurony ziarniste muszą przecisnąć się przez warstwę komórek Purkinjego, po czym osiadają pod nią. Pełny rozwój móżdżku trwa długo, tak że u wielu ssaków w momencie urodzenia jest on jedynie zawiązkiem, nie podzielonym jeszcze na płaciki.

### 6.2.6.2. Przodomózgowie

Przednia część neuroektodermy, tworząca pierwszy z trzech pęcherzyków pierwotnych, (przodomózgowie) leży do przodu od przedniego końca struny grzbietowej i nie ma budowy metamerycznej. Po podziale tego pęcherzyka powstają pęcherzyki wtórne — międzymózgowie i kresomózgowie. Pierwotne etapy rozwoju tych części mózgu nie odbiegają od schematu. Neurony pojawiają się tutaj wcześniej niż w korze i migrują od warstwy komórek rozrodczych w kierunku powierzchni, tak że najstarsze z nich umiejscawiają się najbardziej powierzchownie. Jednak w międzymózgowiu neurony bardzo wcześnie zaczynają się gromadzić w skupiska, które później zostaną rozdzielone pęczkami włókien i zróżnicują się morfologicznie w jądra wzgórzowe.

Według najnowszych badań międzymózgowie jest podzielone na trzy przednio-
-tylnie położone odcinki (telomery), które na skutek drugiego zgięcia osi mózgu
w trakcie rozwoju ulegają przemieszczeniu o 90° tak, że z odcinka położonego
najbardziej do tyłu tworzą się grzbietowo położone struktury nadwzgórza, ze środkowego jądra górne wzgórza, a z przedniego jądra wzgórza dolnego. Już od momentu
zamknięcia cewki nerwowej na ścianie komory III widoczne są trzy podłużne rowki,
oddzielające dzielące międzymózgowie na trzy części i oddzielające je od podwzgórza.

## 6.2.6.3. Jądra podstawne przodomózgowia

Oprócz struktur rozwijających się w zasadzie zgodnie z pierwotnym „schematem
konstrukcyjnym", takich jak rdzeń kręgowy czy kora stara, w mózgu występuje szereg
jąder, które nie są wynikiem rozwoju zgodnego z opisanym schematem, lecz powstają
w wyniku odstępstwa od ogólnych zasad. Klasycznym przykładem są tu jądra ciała
prążkowanego, których zawiązek powstaje w dolnej części ściany kresomózgowia, na
granicy między dolną częścią kory dawnej od góry a węchomózgowiem od przodu
i podwzgórzem od dołu i tyłu. W tym miejscu nowo wytworzone neurony nie migrują,
lecz osadzają się w pobliżu warstwy rozrodczej, tworząc już na bardzo wczesnych
etapach rozwoju podłużny wałek wpuklający się do wewnątrz komory bocznej
mózgu. U ssaków, w trakcie dalszego rozwoju, kontakt zawiązka prążkowia zarówno
z płaszczem, jak i z podstawą mózgu, zostaje odcięty przez włókna neuronów kory
nowej i wzgórza, które wspólnie tworzą torebkę wewnętrzną (ang. internal capsule).
Podobna tendencja zaznacza się w tylnej części podstawy przodomózgowia.
Tworzy się tu zawiązek ciała migdałowatego, położony nieco bardziej bocznie niż
zawiązek prążkowia. Analogicznie jak w przypadku prążkowia namnożone neurony
pozostają w pobliżu warstwy rozrodczej, stopniowo tworząc duże jądro, silnie
zespolone z otaczającą go korą węchową. Część tej kory wchodzi następnie w skład
jądra migdałowatego, częściowo zachowując nadal funkcje węchowe.

## 6.2.6.4. Wyjątkowy cykl rozwoju warstw kory nowej

Kora nowa, zwana też neopalialną (ang. neocortex, isocortex), występuje jedynie
u ssaków. Kształtuje się ona w grzbietowej części kory kresomózgowia (por.
rozdz. 7). Początek jej rozwoju jest taki sam, jak w innych okolicach korowych (patrz
wyżej). U ssaków jej rozwój nie kończy się jednak na stworzeniu struktury
trójwarstwowej, co więcej, dopiero od tego momentu zaczyna się ta faza jej rozwoju,
która różni ją od pozostałych struktur korowych. Po utworzeniu pierwotnej płytki
korowej (czyli warstwy komórkowej, takiej jak w innych częściach kory) w korze
nowej następuje druga faza generacji komórek, której nie ma w innych okolicach
korowych. Także te neurony powstają w wyniku podziałów komórek macierzystych
w warstwie okołokomorowej komór bocznych mózgu i migrują ku powierzchni kory,
jednak sama migracja przebiega inaczej niż w poprzedniej fazie.
Neurony drugiej generacji zachowują się inaczej niż neurony płytki pierwotnej
(ryc. 6.3). Po pierwsze, nie kończą migracji pod złożoną ze starszych neuronów

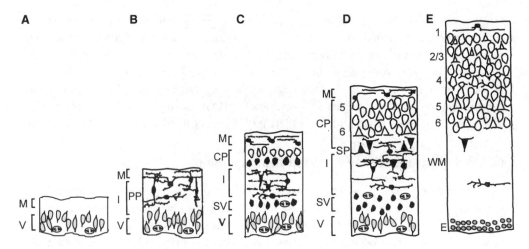

**Ryc. 6.3.** Sekwencja zmian zachodzących w korze nowej podczas rozwoju. **A** — późna faza nabłonka rozrodczego; **B** — faza kory trójwarstwowej; **C** — faza tworzenia się płytki korowej; **D** — wykształcone dolne warstwy kory; **E** — ostateczna struktura ściany półkuli mózgowej. Warstwy kory: V — przykomorowa (rozrodcza); M — brzeżna; I — pośrednia (PP — płytka pierwotna); SV — okołokomorowa; CP — płytka korowa; SP — warstwa podpłytkowa; 1–6 — ostateczne warstwy korowe; WM — istota biała; E — wyściółka (ependyma). Większość neuronów, które tworzyły ścianę kory w fazie B, w trakcie rozwoju wymiera. Pozostałe znajdują się w warstwie 1 i w istocie białej. Warstwa rozrodcza po przekształceniu tworzy wyściółkę komory mózgu. (Wg: Allendoerfer i Shatz, *Ann. Rev. Neurosci.* 1994, 17: 185–218, zmodyf.)

pierwotną płytką korową, lecz wnikają do jej środka. Powoduje to rozwarstwienie tej płytki tak, że jej neurony znajdują się teraz na obrzeżach warstwy komórkowej, u góry i u dołu, podczas gdy w środku gromadzi się coraz grubsza warstwa nowych neuronów. Po drugie, neurony te nie kończą migracji po dotarciu do starszych neuronów wygenerowanych w tej fazie, lecz kolejno przenikają przez tę warstwę, zajmując miejsce na jej górnej granicy, pod górną warstwą neuronów pierwotnej płytki korowej. Tak więc, środkowa część kory nowej powstaje zgodnie z odwróconą zasadą starszeństwa: czym młodszy neuron, tym jest położony dalej od warstwy rozrodczej, a bliżej powierzchni kory. Jest to „rozwiązanie konstrukcyjne", które występuje tylko w korze nowej ssaków (ryc. 6.4).

Na tym jednak nie kończy się niezwykły cykl rozwojowy tej kory. Po zakończeniu obu faz generacji i migracji neuronów górna warstwa neuronów niegdyś należących do płytki pierwotnej, a teraz położona w warstwie I kory nowej, dość szybko i prawie całkowicie wymiera. U większości gatunków ssaków dzieje się to jeszcze w okresie płodowym. Pozostają po niej jedynie rzadko rozrzucone na granicy I i II warstwy kory nowej tak zwane komórki Cajala–Retziusa. U dorosłego zwierzęcia mają one wrzecionowate ciało komórkowe i tworzą połączenia korowo-korowe przebiegające w warstwie I. Podczas rozwoju kory nowej wydzielają one reelinę, ważne białko wpływające na rozwój tej struktury (patrz niżej).

Dolna warstwa byłych komórek płytki korowej zachowuje się dłużej, tworząc drugą strukturę bardzo ważną dla rozwoju kory nowej – warstwę podpłytkową (ang.

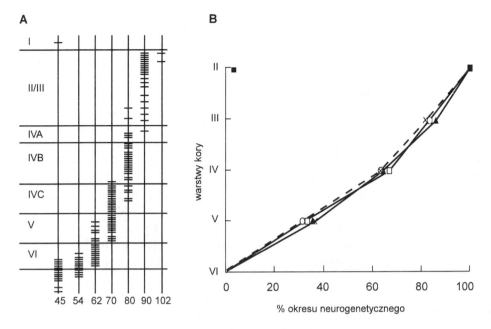

**Ryc. 6.4. A** — Czas generacji neuronów poszczególnych warstw korowych u małpy. Liczby u dołu oznaczają wiek płodu w dniach od zapłodnienia. Widoczna jest „odwrócona sekwencja" czasowa umiejscowienia neuronów w warstwach korowych. **B** — korelacja czasu tworzenia poszczególnych warstw kory w okresie neurogenezy u myszy (kwadraty), szczura (trójkąty), kota (kółka) i małpy (krzyżyki). Widoczne jest nadzwyczaj silne podobieństwo przebiegu tego procesu u różnych gatunków ssaków. (Wg: Caviness i in. *Trends Neurosci.* 1995, 18: 379–383, zmodyf.)

subplate). Neurony tej warstwy dojrzewają wcześniej niż leżące nad nią, później wygenerowane neurony tworzące zasadnicze warstwy korowe i one też pierwsze wysyłają aksony w kierunku wzgórza, „przecierając szlak" dla tych połączeń zwrotnych kory nowej. Nieco później dojrzewają i wysyłają tą drogą swoje aksony neurony warstw VI i V. Połączenia kory ze wzgórzem są dwustronne, a aksony neuronów wzgórzowych wydłużają się jednocześnie po tej samej drodze w stronę kory. Są to najważniejsze połączenia aferentne kory nowej, warunkujące jej funkcje i podział na okolice. U dorosłych zwierząt aksony wzgórzowe docierają w większości do warstwy IV kory, która jednak na tym etapie rozwoju nie jest jeszcze dostatecznie zróżnicowana. Toteż u wielu gatunków ssaków (zwłaszcza u naczelnych i drapieżnych) zakończenia aksonów wzgórzowych zatrzymują się w warstwie podpłytkowej i tworzą tam przejściowe połączenia, oczekując jakiś czas, aż neurony warstwy IV dojrzeją, i dopiero wtedy w nią wrastają. Razem wszystkie te aksony tworzą torebkę wewnętrzną kresomózgowia, najważniejszy szlak połączeń korowych, właściwy tylko dla ssaków. Warto tu podkreślić, że większość połączeń kory nowej jest umiejscowiona pod nią, tworząc istotę białą, podczas gdy w innych okolicach korowych, a także na przykład w rdzeniu kręgowym, główne połączenia przebiegają na powierzchni, pod oponą miękką.

W późniejszym okresie rozwoju także warstwa podpłytkowa, odgrywająca tak ważną rolę w rozwoju kory nowej, zostaje usunięta. U większości gatunków ssaków prawie wszystkie jej neurony wymierają na skutek apoptozy (programowanej śmierci komórek). U człowieka przeżywają tylko nieliczne z nich, położone w istocie białej mózgu. Jednak u niektórych ssaków, na przykład u gryzoni, nie obserwuje się oczekiwania aksonów w warstwie podpłytkowej, a znaczna część neuronów tej warstwy jest zachowana u zwierzęcia dorosłego. Tworzą one wtedy dolną część warstwy VI, nazywaną warstwą VIb lub warstwą VII. U zwierząt dorosłych część neuronów tej warstwy uczestniczy w projekcjach korowo-wzgórzowych na równi z neuronami warstwy VIa, a pozostałe tworzą połączenia wewnątrzkorowe. Tak więc, obie struktury komórkowe pochodzące od pierwotnej płytki korowej, struktury wspólnej dla wszystkich części kory, a także homologicznej ze strukturami korowymi gadów, zostają w trakcie rozwoju kory nowej prawie w całości usunięte, po odegraniu ważnej roli w jej rozwoju.

Opisany tu cykl rozwojowy kory nowej jest tak niezwykły, że choć niektóre jego elementy były znane wcześniej, to dopiero stosunkowo niedawno udało się zbadać i opisać cały ten proces. Potrzebne były do tego nowe metody badawcze, na przykład autoradiografia połączona ze wstrzyknięciami radioaktywnie znakowanej tymidyny, która umożliwiła ustalenie „daty narodzin" neuronów różnych struktur mózgu, jak również nowe metody znakowania rozwijających się neuronów, które ujawniają linie potomne poszczególnych komórek macierzystych.

Obecnie trwają badania systemu ekspresji genów sterującego tak skomplikowanym cyklem rozwoju. Jednym z ważniejszych genów, o którym wiadomo, że jest zaangażowany w rozwój kory nowej, jest gen Reeler, kodujący bardzo duże (około 388 KDa) i skomplikowane białko, nazwane reeliną, którego ekspresja zachodzi jedynie w mózgu. Wykazuje ono homologię z takimi białkami jak tenascyna czy F-spondyna, której ekspresja następuje w rozwijającym się rdzeniu kręgowym. Wszystkie te białka są wydzielane do przestrzeni międzykomórkowej, warunkując jej właściwości, co wpływa zarówno na procesy migracji neuroblastów, jak i na kierunek wzrostu aksonów tworzących połączenia korowe. W korze reelina jest produkowana głównie przez umiejscowione w warstwie I komórki Cajala–Retziusa. U szczura jej ekspresja rozpoczyna się w 13 – 14 dniu życia płodowego, a więc w momencie, w którym w płytce korowej zaczynają się gromadzić pierwsze neurony drugiej fazy generacji, które w przyszłości utworzą jej warstwę VI. Jeśli gen Reeler jest zmutowany, co występuje u myszy szczepu „Reeler", to białko będące produktem tak zmutowanego genu ma odmienne właściwości, co sprawia, że migrujące neurony kory nowej nie wnikają do pierwotnej płytki korowej, lecz zatrzymują się poniżej, czyli zachowują się tak, jak wcześniejsza populacja neuronów korowych. Tak powstała kora nowa ma odwróconą kolejność warstw komórkowych: płytka korowa nie jest rozdzielona i wszystkie jej komórki leżą powierzchniowo, pod warstwą I, pod nimi leżą komórki tworzące połączenia typowe dla warstwy VI, poniżej warstwa V i tak dalej do najgłębiej położonych komórek typowych dla warstwy II.

Analiza skutków tej mutacji dostarczyła wielu ważnych informacji o mechanizmach rozwoju kształtujących korę nową. Wykazano na przykład, że w tej korze to kolejność generacji komórek (ich „wiek"), a nie miejsce, w którym osiądą (w wyżej bądź niżej położonej warstwie kory), decyduje o przynależności neuronu do określonej warstwy i o specyfice jego połączeń, gdyż także u mutantów *Reeler* połączenia korowo-wzgórzowe są tworzone przez najstarsze neurony drugiej fazy generacji, normalnie tworzące warstwę VI kory nowej, które jednak u tych mutantów są umiejscowione blisko powierzchni kory, tam, gdzie normalnie powinna się znajdować warstwa II. Jednak reelina nie jest białkiem specyficznym dla kory nowej, ekspresja genu *Reeler* zachodzi bowiem również w innych okolicach korowych i w innych strukturach rozwijającego się mózgu, toteż jego mutacja powoduje zaburzenia rozwoju także takich struktur, jak na przykład móżdżek czy opuszki węchowe.

Stopniowo poznajemy i inne geny wpływające na rozwój kory mózgu, takie jak gen lissencefalii (*LIS 1*), położony w chromosomie 17 i kodujący polipeptyd z sekwencjami typu WD-40, który jest bardziej znany jako inhibitor czynnika aktywacji płytek krwi (PAF). Ekspresję genu *LIS 1* stwierdzamy we wszystkich strukturach korowych, zarówno w czasie rozwoju, jak i po jego zakończeniu. Mutacja inaktywująca białko powstałe na bazie tego genu powoduje brak pofałdowania kory mózgu (kora gładka, lisencefaliczna), przy czym zaburzone jest także jej uwarstwienie: warstwa IV jest słabo widoczna i składa się z nietypowych neuronów. Choć trwają intensywne badania, to jednak nie znamy jeszcze kluczowych genów kontrolujących sekwencję rozwoju warstw kory nowej.

## 6.2.6.5. Podział kory nowej na pola korowe

Osobnym problemem w badaniach rozwoju kory nowej jest poznanie mechanizmów prowadzących do wyodrębnienia funkcjonalnych pól korowych. Główne pola kory nowej (pierwotne okolice czuciowe: wzrokowa, słuchowa i somatosensoryczna, okolica ruchowa, kora czołowa, kora zakrętu obręczy) leżą zawsze w stałej relacji topograficznej do siebie i są związane z tymi samymi jądrami wzgórza (por. rozdz. 7). Ponadto, pierwszorzędowe pola czuciowe zawsze odwzorowują izomorficznie związane z danym polem receptory narządów zmysłów. Zasadniczy zrąb tego zróżnicowania powierzchni kory na pola funkcjonalne musi być uwarunkowany genetycznie. Doświadczalnie zebrano dowody, że płaszcz kory ma regionalnie zróżnicowaną ekspresję genów już w tym okresie rozwoju, gdy jeszcze nie dotarły do niego aksony wzgórzowe. Jednak, jak się wydaje, mechanizm ten tylko częściowo zależy od bezpośredniego sterowania genami, a duży wpływ na niego mają rodzaj aferentów, jakie docierają do danej okolicy kory i aktywność struktur, zmieniająca często proporcje okolic korowych.

Wszystkie opisane dotąd etapy rozwoju kory nowej ssaków rozpoczynają się w jej dolno-bocznej części, w pobliżu jej bieguna czołowego, a najpóźniej obejmują biegun potyliczny. Jednak dalsze etapy dojrzewania, w trakcie których dojrzewają funkcjonalnie okolice korowe, mogą podlegać innym regułom.

## 6.2.7. Tworzenie się połączeń między strukturami układu nerwowego

Wkrótce po powstaniu neurony zaczynają rozwijać swoją wypustkę osiową (akson), za pomocą którego ustanawiają rozległe i skomplikowane połączenia z neuronami innych struktur. Pierwsze takie połączenia powstają bardzo wcześnie (ryc. 6.5).

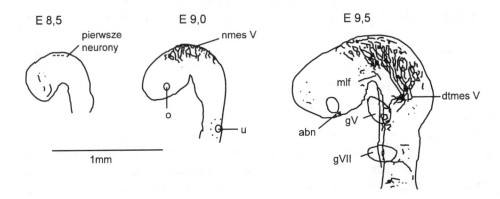

**Ryc. 6.5.** Rozwój najwcześniejszych połączeń w mózgu myszy. Liczby z lewej strony każdego rysunku oznaczają wiek w dniach od zapłodnienia (E). abn — jądro przednio-podstawne; nmes V — jądro śródmózgowiowe nerwu trójdzielnego; dtmes V — szlak zstępujący jądra śródmózgowiowego nerwu trójdzielnego; g V — zwój nerwu trójdzielnego; g VII — zwój nerwu twarzowego; mlf — pęczek podłużny przyśrodkowy; o — zawiązek oka; u — zawiązek ucha. (Wg: Easter i in. 1993, zmodyf.)

Stwierdzono też, że niektóre neurony już w trakcie migracji z warstwy rozrodczej do swojej właściwej struktury mogą wysyłać wypustki aksonalne znacznej długości, będące zaczątkami połączeń długich mózgu. Połączenia te mogą być w pełni funkcjonalne, gdyż wykazano, że w bardzo jeszcze pierwotnych fazach rozwoju niektórych struktur istnieją w nich w pełni wykształcone synapsy. Jednocześnie, tak jak w układzie wzrokowym, wiele jeszcze czasu upływa, nim zaczną działać receptory obwodowe, a więc cały układ zacznie przetwarzać informacje o świecie zewnętrznym.

Jaki jest sens tego „pośpiechu", dlaczego połączenia nie mogłyby rozwinąć się później? Jak się wydaje, jedną z przyczyn wczesnego rozwoju połączeń jest to, że dużo łatwiej nawiązują się one, gdy odległość między strukturami jest jeszcze niewielka. We wczesnych fazach rozwoju mózgu nawet dużych zwierząt dwie struktury może dzielić od siebie odległość milimetra lub kilku milimetrów, podczas gdy w późniejszych okresach rozwoju odległości te mogą być dziesięciokrotnie, a nawet stukrotnie większe. Ponadto droga ta może być skomplikowana, gdyż przegradzają ją populacje neuronów, których tam wcześniej nie było. Wszystko to ma jeszcze większe znaczenie, gdy weźmiemy pod uwagę, że czynnniki przyciągające i odpychające stożki wzrostu aksonów, a więc wpływające na kierunek, w jakim rosną, są to najczęściej cząsteczki białkowe dużych rozmiarów, słabo dyfundujące, a więc działające lokalnie. Tak więc, przy dłuższych dystansach do pokonania, musiała by istnieć cała „sztafeta" sygnałów, co zresztą i tak jest często konieczne w przypadku rozwoju dłuższych połączeń. Wszystkie te pierwotne długie szlaki połączeń mózgu przebiegają w jego warstwie brzeżnej, co przypomina stosunki, jakie obserwujemy w rdzeniu kręgowym, także u dorosłego zwierzęcia.

Jednak nie wszystkie połączenia długie rozwijają się wcześnie. Na przykład, u człowieka aksony komórek okolicy ruchowej kory docierają do zgrubienia lędźwiowego w rdzeniu kręgowym dopiero w rok po urodzeniu, czego widomym objawem jest zanik odruchu Babińskiego u dzieci (por. rozdz. 10). Prawdopodobnie jest to najpóźniej rozwijające się połączenie długie mózgu.

## 6.2.7.1. Stożek wzrostu aksonu i czynniki nadające kierunek rosnącemu aksonowi

Ważną rolę w ukierunkowaniu zarówno migracji neuronów, jak i drogi wzrostu aksonów odgrywają białka adhezji komórkowej, wydzielane do przestrzeni międzykomórkowej przez komórki danej struktury. Dobrze znana i ważna jest tu rodzina proteoglikanów chondroitynosiarkowych. W dużej ilości wydziela je na przykład obszar podpłytkowy kory, a kierują się nimi zarówno aksony wzgórzowo-korowe, które są przyciągane do miejsc bogatych w te związki, jak i korowo-wzgórzowe, które ich unikają. Zasadniczym elementem, na który wywierają wpływ białka wpływające na wydłużanie się aksonu, jest cytoszkielet, a w nim przede wszystkim aktyna oraz białka strukturalne mikrotubul i związane z nimi białka MAP.

Niektóre białka adhezyjne, takie jak NCAM, L1 czy TAG-1 występują w dużym zagęszczeniu na powierzchni błony komórkowej stożka wzrostu aksonów. Ich część cytoplazmatyczna może bezpośrednio oddziaływać na elementy cytoszkieletu aksonu. Bardzo ważne są tu białka z grupy integryn, które są najprawdopodobniej głównymi czynnikami określającymi specyficzną interakcję stożków wzrostu danej grupy aksonów z odpowiednimi strukturami mózgu, a więc ustalającymi drogę, którą aksony rosną i miejsca, do których mają wrastać. Poprzez wtórne, wewnątrzkomórkowe przekaźniki pobudzenia białka te wpływają silnie na polimeryzację aktyny stożka wzrostu. Natomiast kadheryny wiążą sąsiednie komórki struktury, czyniąc przestrzeń międzykomórkową mniej przenikliwą dla stożków wzrostu. Jeszcze bardziej „zniechęcająco" oddziałują na stożek wzrostu kolapsyny i semaforyny, a także białko mielinowe NI-35. Kontakt z nimi zapoczątkowuje depolimeryzację aktyny, a więc retrakcję (zapadnięcie się i wycofanie) stożka wzrostu aksonu. Zapobiega to wrastaniu aksonów do niewłaściwych struktur.

Stwierdzono też, że niezwykle ważną rolę w procesie ukierunkowywania wzrostu aksonu odgrywa białko GAP-43, którego brak powoduje na przykład duże zaburzenia w rozwoju projekcji nerwów wzrokowych: po dojściu do skrzyżowania wzrokowego aksony komórek zwojowych siatkówki nie mogą wówczas wybrać właściwej drogi, tworzą pogmatwane kłębki włókien. Wszystkie te czynniki działają poprzez receptory związane z białkami G, a następnie przez wtórne przekaźniki wewnątrzkomórkowe, w tym jony wapnia.

Jeszcze jedną klasą intensywnie badanych czynników rozwojowych układu nerwowego są powierzchniowo czynne proteoglikany (białka związane z resztami cukrowymi), takie jak siarczan chondroityny czy siarczan heparyny. Są one wytwarzane przez komórki większości rozwijających się struktur i są albo związane z zewnętrzną powierzchnią błon komórkowych, albo wydzielane do przestrzeni międzykomórkowej. Zależnie od tego, jakie proteoglikany zostaną wydzielone i jakie komórki bądź aksony wejdą z nimi w kontakt, wytworzą się interakcje sprzyjające migracji komórek lub wydłużaniu się aksonów bądź je uniemożliwiające. Proteoglikany to bardzo liczna klasa związków, niektóre z nich mogą być wytwarzane tylko przez komórki pewnego typu, tak jak neurokan, który jest wytwarzany wyłącznie w neuronach, czy fosfakan — produkt komórek glejowych. Działanie niektórych proteoglikanów może być bardzo specyficzne. Mogą one oddziaływać odmiennie na bardzo zbliżone grupy komórek i ich wypustek, na przykład stwarzać barierę zapobiegającą dalszemu wydłużaniu się stożków wzrostu aksonów w korze, a jednocześnie stymulować różnicowanie się neuronów korowych, albo pozwalać na rozrost aksonów z bocznej, lecz nie przyśrodkowej części siatkówki w określonej warstwie ciała kolankowatego bocznego. To, że rozwijające się aksony dążą do właściwych sobie struktur z wielką precyzją i popełniając niewielką tylko liczbę zasadniczych błędów, świadczy o tym, że układ sygnałów sterujących przebiegiem długich połączeń mózgu jest równie precyzyjnie określony przez białka powstające na skutek ekspresji odpowiednich genów. Prawdopodobnie poznaliśmy dotąd tylko niewielką część tego układu sygnalizacyjnego.

## 6.2.8. Czynniki wzrostu

Ważną rolę w rozwoju układu nerwowego odgrywają też peptydy (drobne białka) o właściwościach troficznych, w tym neurotrofiny, które są produkowane wyłącznie w tkankach układu nerwowego (takie jak NGF, działający głównie na komórki cholinergiczne, czy BDNF, wywierający wpływ na większość neuronów ośrodkowych). Neurotrofiny działają na umiejscowione w błonie komórkowej receptory, których część zewnątrzkomórkowa jest specyficzna dla peptydu, z którym się wiąże, natomiast wewnątrzkomórkowa część efektorowa jest kinazą tyrozynową (Trk). Jej aktywacja może głęboko zmienić wiele szlaków metabolicznych komórki, a to, który z nich zostanie uruchomiony, zależy w dużej mierze od typu komórki, a co za tym idzie od specyficznego zestawu szlaków sygnalizacyjnych i metabolicznych w jej cytoplazmie. Neurotrofiny mogą selektywnie wpływać na niektóre populacje neuronów, umożliwiając ich przeżycie, a także stymulując różnicowanie neuronów. W późniejszym okresie mogą one również wpływać na proces wydłużania się wypustek osiowych neuronów (aksonów), prawdopodobnie stwarzając gradienty przyciągania i odpychania na drodze ich wzrostu. Istnienie takich gradientów zostało wielokrotnie wykazane doświadczalnie (por. też rozdz. 4).

# 6.2.9. Procesy regresji rozwojowej

## 6.2.9.1. Programowana śmierć komórek jako mechanizm rozwoju struktur nerwowych

Spektakularny rozrost struktur nerwowych w okresie płodowym stwarza wrażenie, że można postawić znak równości między rozwojem a namnażaniem się komórek. Choć zwiększanie liczby komórek jest procesem dominującym, to, jak już stwierdziliśmy, nie jest to proces jedyny. Ważną rolę rozwojową odgrywają procesy regresji, do których zaliczana jest programowana śmierć komórek (apoptoza) i proces wycofywania wytworzonych kolaterali aksonów, który zostanie opisany w dalszej części rozdziału.

Apoptoza zachodzi na skutek uruchomienia specjalnego programu genetycznego, który powoduje fragmentację DNA, obkurczenie jądra komórki, a następnie śmierć komórki i usunięcie jej ze struktury bez wywoływania procesów zapalnych. Program ten może być uruchamiany przez różne czynniki, w tym takie, które sterują rozwojem struktur. Większość przebadanych struktur nerwowych przechodzi przez fazę intensywnego wymierania niedawno powstałych neuronów. Nie zawsze było to łatwe do stwierdzenia i oceny ilościowej, gdyż często proces wymierania zachodzi w okresie płodowym, a śmierć komórek i ich usuwanie odbywają się bardzo szybko, tak że w rozwijających się strukturach możemy nie stwierdzać występowania jednocześnie dużej liczby obumierających komórek, mimo że proces apoptozy jest intensywny.

Rozwojowy proces wymierania neuronów najdokładniej zbadano w warstwie zwojowej siatkówki. U dotąd zbadanych ssaków wymiera w tej fazie od 50 do 75% komórek zwojowych. Wymieranie występuje tu już po ustanowieniu połączeń siatkówki z ciałem kolankowatym bocznym i wzgórkiem górnym. Udowodniono, że projekcja siatkówki pozostała po wymarciu połowy komórek odznacza się większą precyzją niż projekcja wyjściowa, można więc przypisać temu procesowi rolę funkcjonalną w korygowaniu pierwotnie wytworzonych połączeń. Fazę wymierania obserwujemy także w pozostałych strukturach układu wzrokowego. Apoptoza całkowicie zmienia strukturalnie korę nową, która traci najstarsze populacje neuronów z warstw I i VIb (patrz wyżej). Tak więc, w drodze apoptozy niektóre struktury układu nerwowego mogą zostać bardzo zmienione lub całkowicie usunięte. Odnosi się to także do innych narządów organizmu. Niedawno udowodniono, że również w warstwach zasadniczych kory, niedługo po wygenerowaniu ich neuronów, wymiera od 50 do 90% ich populacji. Przyczyny i sens funkcjonalny tak masowego procesu wymierania komórek kory pozostają niejasne.

# 6.2.9.2. Regresja aksonów

Po dotarciu do właściwej struktury docelowej aksony muszą w pewnym momencie przestać się wydłużać, a zacząć tworzyć kolaterale drzewka końcowego. Białka hamujące wzrost, obecne w strukturze docelowej, odgrywają tu ważną rolę, ale stwierdzono również, że i same aksony tracą po pewnym czasie dotychczasową zdolność szybkiego wzrostu. Na przykład u chomika taka zaprogramowana utrata zdolności do unerwiania struktur docelowych przez aksony siatkówki zachodzi na drugi dzień po urodzeniu i, jak stwierdzono, zależy w przeważającej mierze od zmiany właściwości samych aksonów, opartej na nieznanym nam jeszcze mechanizmie. Wyniki nowszych badań przynoszą też coraz więcej danych świadczących o tym, że czynności spontaniczne są ważnym czynnikiem stabilizującym pierwsze połączenia.

Od tego momentu bardzo ważną rolę w rozwoju połączeń będzie odgrywać korelacja aktywności aksonów aferentnych i elementów postsynaptycznych (patrz niżej). Najważniejszym procesem zachodzącym podczas dalszych etapów rozwoju kory, kiedy to układ nerwowy zaczyna funkcjonować, jest tworzenie się skomplikowanych połączeń lokalnych, zależnych od korelacji aktywności i przepływu informacji. Następuje wówczas intensywny rozwój końcowych kolaterali aksonów, a jednocześnie retrakcja niektórych wcześniej rozwiniętych, co umożliwia korektę pomyłek rozwojowych i zwiększa precyzję połączeń.

## 6.2.10. Mielinizacja aksonów

W miarę zwiększania rozmiarów ośrodkowego układu nerwowego następuje wydłużanie i pogrubianie aksonów. W ostatnim etapie zachodzi ich mielinizacja, znacznie zwiększająca szybkość przewodzenia. Trwa ona długo, przy czym tempo i stopień mielinizacji aksonów znaczne się różni w różnych projekcjach. Mielinę produkują wyspecjalizowane komórki glejowe, oligodendrocyty, które powstają bardzo późno, także w okresie postnatalnym, gdy podziały większości innych komórek mózgu już ustały. Najcieńsze aksony nie mają osłonki mielinowej, a grubość mieliny (zależna od liczby jej zwojów) jest na ogół proporcjonalna do grubości aksonów. Proces mielinizacji może być szybki, lub też ciągnąć się bardzo długo, jak w korze przedczołowej człowieka, gdzie trwa przez kilkanaście lat. Aksony wszystkich struktur nerwowych przechodzą podobną sekwencję (cykl) etapów rozwoju, lecz aksony różnych projekcji przechodzą przez ten cykl w różnym, właściwym sobie czasie.

## 6.2.11. Plastyczność rozwojowa i okresy krytyczne

Końcowe etapy rozwoju struktur nerwowych występują już w okresie, gdy zaczyna on wypełniać swoje funkcje, to jest uczestniczyć w procesach percepcji, kontrolować ruchy dowolne itd. Rozwijające się struktury są wówczas szczególnie zależne od korelacji między aktywnością neuronów tych struktur a aktywnością ich układów aferentnych. Uważa się, że najważniejszym mediatorem plastyczności rozwojowej, a także innych rodzajów plastyczności, są receptory glutaminianergiczne typu NMDA, występujące szczególnie licznie w połączeniach synaptycznych rozwijających się struktur. Działają one jak detektory koincydencji: jeśli zostaną pobudzone w momencie, gdy potencjał błonowy neuronu jest już obniżony przez uprzednią aktywność synaps, to otwierają się one, wpuszczając do wnętrza komórki jony sodu, ale co ważniejsze, także wapnia, co uruchamia wiele procesów zmieniających wagę (siłę oddziaływania) synaps. Brak odpowiedniej koincydencji pobudzeń może natomiast doprowadzić do osłabienia, a następnie utraty połączenia synaptycznego. W rezultacie tego procesu zakończenia aksonów, które tracą połączenia synaptyczne, mogą ulec retrakcji, podczas gdy połączenia szczególnie efektywne rozwijają się i zwiększają swój zasięg (więcej na temat synaps, plastyczności i receptorów NMDA — por. rozdz. 2 i 14).

W wielu strukturach oba te zjawiska zachodzą jednocześnie, powodując na przykład wykształcenie się w korze wzrokowej kolumn dominacji ocznej (por. rozdz. 8). Podczas gdy przed zadziałaniem tego procesu neurony w każdym miejscu kory odpowiadały jednakowo na bodźce pobudzające każde z oczu, to po jego zakończeniu tworzą się obszary (tradycyjnie zwane kolumnami, choć przypominają raczej pasy na skórze zebry) naprzemiennie odpowiadające lepiej na bodźce widziane prawym, to znów lewym okiem. Udowodniono, że kolumny dominacji ocznej powstają na drodze segregacji aksonów przewodzących pobudzenie z oka lewego i prawego. Segregacja ta polega na wycofaniu z pewnych obszarów gałązek jednych aksonów, a rozroście w nich rozgałęzień innych aksonów, które przy tym wycofują niektóre swoje kolaterale z innych, poprzednio zajmowanych miejsc. Liczne projekcje, jak na przykład połączenia kory obu półkul poprzez spoidło wielkie, mają pierwotnie szeroki zasięg, który jest następnie ograniczany do obszarów właściwych dla zwierzęcia dorosłego.

Wyżej opisany proces może też doprowadzić do powstania różnic indywidualnych, gdyż odmienne warunki percepcji, czy też specyficzny trening ruchowy mogą spowodować ukierunkowanie, a w innych warunkach — zaburzenia rozwoju. Taką wadą rozwojową, powstającą na podstawie mechanizmu plastyczności rozwojowej, jest amblyopia, kiedy to jedno oko, pomimo że jest zbudowane prawidłowo, z jakiegoś powodu wzbudza ośrodkowe struktury układu wzrokowego słabiej niż oko drugie (potocznie mówimy, że jest ono „słabsze"). Ponieważ „silniejsze" oko łatwiej wykonuje zadania percepcyjne, to jego połączenia zaczynają dominować. Po pewnym czasie aksony mało aktywnych struktur związanych z mniej skutecznym okiem zostają wyparte przez aksony związane z drugim okiem, utrwalając drobną początkowo różnicę na całe życie. Dlatego też często widzimy dzieci z jednym okiem (tym „silniejszym") zasłoniętym, aby „dać szansę" drugiemu oku. Po pewnym czasie układ przekazywania informacji z nim związany „wzmocni się" na tyle, że po zdjęciu przesłony obydwoje oczu będzie uczestniczyć w percepcji.

Każdy proces rozwojowy, w tym wyżej opisana reorganizacja aksonów, przechodzi przez okres szczególnego nasilenia, odznaczający się dużą dynamiką zmian, a zarazem dużym zakresem plastyczności. Oznacza to, że w owym okresie nawet krótko działające bodźce mogą mieć stosunkowo duży wpływ na ostateczną organizację danej struktury. Zarówno wcześniej, jak i później ta zdolność do zmian jest dużo mniejsza. Ów okres zwiększonej podatności na zmiany nazywa się okresem krytycznym (por. rozdz. 9). Oczywiście, dla każdego procesu i każdej struktury istnieje osobny okres krytyczny (więcej o plastyczności i jej mechanizmach — por. rozdz. 24 i spis zalecanych lektur). Plastyczność (zdolność do modyfikacji) drzewka końcowego aksonów jest w pewnym stopniu zachowana przez całe życie, choć jej zakres jest znacznie mniejszy niż w okresie rozwoju.

Zatem, pomimo że układ nerwowy rozwija się na podstawie skomplikowanego programu genetycznego, to jednak ma on duży margines swobody, w którym jego aktywność może być modyfikowana. W tym zakresie nie jest on do końca zdefiniowany przez czynniki dziedziczne, a ostateczne formowanie wielu struktur, szczególnie kory nowej, odbywa się w wyniku ich aktywności. Wynika stąd waga treningu w optymalizacji funkcjonowania struktur układu nerwowego. Wydaje się, że tak często obserwowana u młodych ssaków naturalna skłonność do zabawy (rzadko spotykana u innych zwierząt) jest ewolucyjnym przystosowaniem do dużej plastyczności ich układu nerwowego. W trakcie zabawy młode ssaki „trenują" różne wzorce zachowań, których elementy będą im potrzebne w dorosłym życiu, ostatecznie „szlifując" swój układ nerwowy tak, by jego zestaw połączeń, tylko w zarysach określony czynnikami genetycznymi, został dokładnie dostosowany do potrzeb konkretnego organizmu. Prawdopodobnie tendencja do wszczynania zabawy i do przejawiania (pozornie) „bezinteresownej" aktywności jest też zakodowana genetycznie. Alternatywnie — jest przypadkowo wynikłą, ale immanentną cechą tak „skonstruowanego" ośrodkowego układu nerwowego. Są też pewne funkcje mózgu człowieka — na przykład mowa i jej zrozumienie — które nie mogą powstać jedynie na skutek uruchomienia programu genetycznego ich rozwoju. Programy genetyczne przygotowują jedynie substrat tej funkcji, rozwijają okolice kory nowej odpowiedzialne za zrozumienie i generację mowy, jednak sama funkcja może zaistnieć jedynie, gdy małe dziecko słyszy i powtarza dźwięki mowy innych ludzi (lub gesty — u osób głuchych). Wydaje się, że i tu występuje pewien okres krytyczny: jeżeli dziecko nie uzyska zdolności mowy (w jakimkolwiek języku) do wieku około siedmiu lat, to najprawdopodobniej nigdy nie będzie się w stanie nauczyć żadnego innego języka (por. też rozdz. 20).

## 6.2.12. Cykl rozwojowy różnych układów mózgu a moment narodzin

Charakterystyczną cechą biologii większości ssaków (oprócz jajorodnych) jest rozwój embrionu w macicy samicy, a więc występowanie ciąży kończącej się porodem. Czas trwania ciąży jest bardzo różny, od 13 dni u oposa czy chomika syryjskiego, do 20 miesięcy u słonia. Dojrzałość organizmu nowo narodzonego ssaka jest też niesłychanie zmienna, od postaci prawie embrionalnej, z kończynami tylnymi w stadium zawiązka, jak u oposa, do stanu takiego, jak u wielu kopytnych, u których noworodek zaczyna chodzić w kilka minut po porodzie, a także dobrze widzi i słyszy.

To, że moment porodu przypada u różnych gatunków zwierząt na różne fazy rozwoju, sprawiało pewną trudność w zrozumieniu faz cyklu rozwojowego. Kiedy porównywano cykle rozwojowe różnych gatunków, biorąc poród za punkt graniczny faz rozwoju, to cykle te wydawały się bardzo odmienne. Szczególnie dużo kłopotów sprawiało to przy badaniach układu wzrokowego, gdyż właściwym momentem rozpoczęcia jego działalności jest moment otwarcia oczu, który, zależnie od gatunku, może nastąpić długo po porodzie, albo jeszcze w łonie matki (u człowieka po sześciu miesiącach ciąży).

Natomiast jeśli przyjmiemy za taki punkt graniczny moment otwarcia oczu, a za jednostkę rozwojową „okres ślepy", to jest okres od zapłodnienia do otwarcia oczu i rozpoczęcia procesu percepcji wzrokowej, to następstwo faz rozwojowych układu wzrokowego staje się znacznie jaśniejsze. Na przykład, u wszystkich przebadanych ssaków, niezależnie od ich biologii, a także u ptaków, neurony siatkówki są generowane sukcesywnie w czasie, który odpowiada od 30 do 50% okresu ślepego, a największa liczba aksonów w nerwie wzrokowym jest stwierdzana około połowy tego okresu. Później następuje proces rozwojowego wymierania neuronów siatkówki, który kończy się w momencie odpowiadającym 75% jego długości i wówczas liczba aksonów w nerwie wzrokowym zmniejsza się proporcjonalnie do skali tego procesu u danego gatunku. Natomiast osiągnięcie zdolności funkcjonalnej oka (co zależy od osiągnięcia dojrzałości przez receptory wzrokowe, a objawia się, między innymi, wystąpieniem charakterystycznego zapisu elektroretinogramu po stymulacji oka światłem) przypada u wszystkich ssaków na moment otwarcia oczu (czyli 100% okresu ślepego).

Tak „znormalizowany" proces rozwoju układu wzrokowego okazuje się niezwykle jednorodny, różniąc się, w zależności od gatunku, długością i natężeniem procesów zachodzących w poszczególnych fazach, lecz nie charakterem przebiegu całego procesu. Także inne układy mają swój cykl rozwoju, który staje się jaśniejszy po głębszej analizie danych. Podobnego typu przeskalowanie, z czasu bezwzględnego na jednostkę rozwojową, pokazało, że cykl neurogenezy kory nowej u myszy, szczura, kota, makaka i człowieka jest prawie identyczny, to znaczy, neurony odpowiedniej warstwy tej kory są wytwarzane w procentowo odpowiednich przedziałach cyklu.

# 6.3. Podsumowanie

Ośrodkowy układ nerwowy ssaków kształtuje się w wieloetapowym procesie rozwoju, w którym regulacji podlegają tempo podziałów komórkowych w jego poszczególnych częściach, parcelacja molekularna dotąd jednorodnych struktur, migracje różnych populacji komórek, ich zróżnicowanie w komórki nerwowe i glejowe różnego typu oraz rozwój połączeń. Badania nad ekspresją białek i peptydów w rozwoju układu nerwowego są jedną z najszybciej rozwijających się w tej chwili gałęzi badań rozwojowych. Z tych badań wyłaniają się już zarysy niesłychanie złożonego, hierarchicznie zorganizowanego, a zarazem interakcyjnego systemu sterowania rozwojem. Złożoność tego procesu nie może jednak dziwić, ponieważ jego produktem końcowym jest najbardziej złożona z istniejących struktur biologicznych — układ nerwowy.

Wczesne etapy rozwoju układu nerwowego są regulowane na drodze ekspresji morfogenów. Dla uruchomienia ekspresji poszczególnych morfogenów ważne są interakcje różnych tkanek zarodkowych i różnych części płytki nerwowej. Ekspresja morfogenów uwalnia kaskady ekspresji specyficznego zestawu przejściowo produkowanych białek i peptydów, często będących receptorami błonowymi albo endoplaz-matycznymi, lub też kinazami białek; na rozwój struktur nerwowych wpływa również obecność różnych związków drobnocząsteczkowych. W czasie migracji neuronów i wydłużania się ich aksonów bardzo ważne są oddziaływania w przestrzeni międzykomórkowej, modulowane przez wydzielane tam proteoglikany, a także białka i peptydy troficzne. W sumie, wpływy te przyciągają lub odpychają stożki wzrostu wydłużających się wypustek. Obok procesów proliferacji komórek ważną rolę odgrywają również procesy regresji rozwojowej. Późniejsze etapy rozwoju są pod silnym wpływem aktywności struktur, a do ostatecznego wykształcenia się struktury i funkcji niezbędny jest udział mechanizmów plastyczności rozwojowej, których wpływ jest najsilniejszy w tak zwanych okresach krytycznych. Typowy cykl rozwojowy ściany cewki nerwowej ssaków obserwujemy już u niższych kręgowców. Jednak u ssaków doszło do wielu modyfikacji, szczególnie w rozwoju kory nowej. Także cykl rozwojowy kory móżdżku wymagał szeregu modyfikacji faz rozwoju i ekspresji określonych genów.

## LITERATURA UZUPEŁNIAJĄCA

Blaschke A.J., Stanley K., Chun J.: Widespread programmed cell death in proliferative and postmitotic regions of the fetal cerebral cortex. *Development* 1996, **112**: 1165–1174.
D'Arcangelo G., Miao G.G., i in.: A protein related to extracellular matrix proteins deleted in the mouse mutant *reeler*. *Nature* 1995, **374**: 719–723.
Dreher B., Robinson S.R.: Development of the retinofugal pathway in birds and mammals: evidence for a common „timetable". *Brain Behavior and Evolution* 1988, **31**: 369–390.
Easter S., Ross L.S., Frankfurter A.: Initial tract formation in the mouse brain. *Journal of Neuroscience* 1993, **13**: 285–299.
Gołąb B.G.: *Anatomia czynnościowa układu nerwowego*. PZWL, Warszawa 1990.
Kossut M. (red.): *Mechanizmy plastyczności mózgu*. PWN, Warszawa 1994.
Kreiner J.: *Biologia mózgu*. PWN, Warszawa 1970.
Moiseiwitsch J.R.D. i Lauder J.M.: Serotonin regulates mouse cranial neural crest migration. *Proceedings of the National Academy of Sciences USA* 1995, **92**: 7182–7186.
Puelles L., Rubenstein J.L.: Forebrain gene expression domains and the evolving prosomeric model. *Trends Neuroscience* 2003, **26**: 469–476.
Sanes D.H., Reh T.A., Harris W.A.: *Development of the Nervous System*. Academic Press, 2000.
Zhang L., Goldman J.E.: Developmental fates and migratory pathways of dividing progenitors in the postnatal rat cerebellum. *Journal of Comparative Neurology* 1996, **370**: 536–550.

# ROZDZIAŁ 7

# Ewolucja mózgu ssaków

KRZYSZTOF TURLEJSKI

Powstanie i ewolucja gromady ssaków ■ Zachowawcze i mało zmienione struktury mózgu ssaków ■ Struktury i połączenia właściwe tylko dla mózgu ssaków ■ Ewolucja systemów funkcjonalnych mózgu ssaków ■ Podsumowanie i wnioski

## 7.1. Powstanie i ewolucja gromady ssaków

Ssaki są gromadą kręgowców o bardzo starym rodowodzie. *Synapsida*, linia gadów, z której wyewoluowały ssaki, odszczepiła się od głównego pnia rozwojowego gadów około 310 milionów lat temu, a więc niedługo (w ewolucyjnej skali czasu) od powstania gadów (około 350 – 330 mln lat temu). Ewolucja tej linii doprowadziła około 270 mln lat temu do powstania gadów ssakokształtnych (*Therapsida*), które miały odmienne od innych gadów, a podobne do pierwotnych ssaków zęby. W porównaniu z wcześniejszymi gadami *Therapsida* miały prawdopodobnie wyższy metabolizm i szybsze tempo wzrostu, były też bardziej aktywne. Gady te przeżyły swój rozkwit jeszcze w erze paleozoicznej, w okresie późnego permu. Wówczas to powstała jedna z ich grup, cynodonty, z której następnie wyewoluowały ssaki. Już u niektórych grup cynodontów zaznaczyła się tendencja do powiększania półkul mózgu, charakterystyczna później dla ssaków. Gady ssakokształtne wyginęły podczas epizodu wielkiego wymierania na początku ery mezozoicznej (około 250 mln lat temu), a ssaki są ich jedynymi obecnie żyjącymi potomkami, pochodzącymi od jednej z linii ewolucyjnych tych gadów.

Szczątki *Hadracodium wui*, najstarszego zwierzęcia, które obok wielu prymitywnych, nawiązujących do budowy cynodontów cech gadzich, wykazuje również wiele nowych cech charakterystycznych dla ssaków, zostały znalezione w Chinach i pochodzą ze środkowego triasu, a więc liczą sobie około 195 mln lat. Zwierzę to, które za życia ważyło zaledwie 2 gramy, miało już powiększoną mózgoczaszkę, dwie górne kości łuku żuchwowego przekształcone w kosteczki słuchowe i kończyny ustawione pod

147

tułowiem, a nie z boków ciała, jak u gadów. W skale odcisnęły się też włosy futerka, którym porośnięta była skóra zwierzęcia. Niewiele młodszy jest *Sinoconodon*, najstarsze zwierzę zaliczane już niewątpliwie do gromady ssaków. Jednak badania porównawcze genomów ssaków wskazują, że linia, z której pochodzą wszystkie współczesne ssaki (stekowce, torbacze i ssaki łożyskowe) oraz wiele innych, wymarłych już grup, mogła zacząć odrębną ewolucję już około 240 mln lat temu, a więc na samym początku ery mezozoicznej i wkrótce po wyginięciu cynodontów. Tak więc ssaki są równolatkami wymarłych już dinozaurów, starszymi niż, na przykład, węże czy ptaki.

Już we wczesnym triasie (245 – 235 mln lat temu) powstało kilka odrębnych linii ewolucyjnych ssaków, które jednak następnie wymarły w późnym triasie i jurze (210 – 150 mln lat temu). W sumie, w różnych okresach ery mezozoicznej występowało blisko 300 rzędów ssaków, a niektóre z nich, jak na przykład multituberkulaty były niegdyś znacznie bardziej rozpowszechnione niż przodkowie tych ssaków, które żyją obecnie. Linia ewolucyjna najstarszej obecnie żyjącej grupy ssaków — stekowców znana jest ze szczątków kopalnych datowanych na około 115 mln lat temu. Jednak datowania molekularne wskazują, że musi ona być znacznie starsza i mogła się odszczepić wkrótce po powstaniu ssaków. Natomiast dobrze zachowane szkielety i futra najstarszych znanych przedstawicieli torbaczy (*Sinodelphys*) i łożyskowców (*Eomaia*) zostały znalezione w Chinach, w tych samych, pochodzących sprzed 125 milionów lat, pokładach geologicznych. Także w tym przypadku datowanie molekularne znacznie cofa w czasie moment rozejścia się tych dwu linii ssaków, na około 170 – 190 mln lat temu.

Należy podkreślić, że prawie wszystkie mezozoiczne ssaki były bardzo małe, większość z nich była rozmiarów myszy, wiele było znacznie mniejszych, a jedynie kilka największych osiągnęło rozmiary kota czy królika. Zatem były one o wiele mniejsze niż ich przodkowie, drapieżne cynodonty, których większość miała długość od jednego do kilku metrów i wagę od kilkunastu do co najmniej kilkudziesięciu kilogramów. Natomiast większość pierwotnych ssaków była bardzo mała i żywiła się owadami lub była wszystkożerna. Jedynie wymarłe multituberkulaty w toku ewolucji stały się roślinożercami. Ssaki mezozoiczne żyły „w cieniu dinozaurów", i zapewne pod ich nieustanną presją drapieżniczą, stąd być może zmieniły tryb życia na nocny, w czym pomogło im (lub z czym się wiązało) wykształcenie stałocieplności i owłosienia na ciele. Jednym z ważnych wczesnych przystosowań ssaków było przekształcenie i przesunięcie do ucha środkowego dwóch górnych kości łuku szczęki dolnej, co znacznie poprawiło percepcję dźwięków wysokiej częstotliwości i czułość ich słuchu. Zanik jeszcze jednej kości łuku żuchwowego spowodował, że pozostała w nim jedynie kość zębowa, a więc szczęka ssaków uzyskała bardzo silną, jednolitą budowę. Poprawa sprawności narządów zmysłów oraz radykalne zmiany w budowie mózgu umożliwiły lepszą kontrolę otoczenia, planowanie ruchów oraz kontrolę ich wykonania.

Z powodu rozwoju półkul mózgu, zdominowanych przez korę nową (ang. neocortex), oraz obecności półkul móżdżku mózg ssaków już na pierwszy rzut oka różni się od mózgu gadów. Pierwsze dowody paleontologiczne na istnienie kory nowej pochodzą dopiero sprzed 70 – 80 milionów lat i zostały znalezione przez polską uczoną, prof. Zofię Kielan-Jaworowską, w skamieniałym naturalnym odlewie wnętrza mózgoczaszki ssaka z grupy multituberkulatów, znalezionym w Mongolii. Dowodem na istnienie kory nowej u tych ssaków jest obecność rowka węchowego (ang. rhinal sulcus), oddzielającego korę dawną (ang. paleocortex) od nowej, na powierzchni odlewu. Jednak nawet u współcześnie żyjących ssaków rowek węchowy nie zawsze jest widoczny na powierzchni kory, a tylko większe z nich mają na wewnętrznej powierzchni czaszki odpowiadającą mu wypukłość, która mogłaby się zaznaczyć na naturalnym odlewie wnętrza mózgoczaszki po śmierci zwierzęcia. Natomiast kora nowa występuje u wszystkich obecnie żyjących grup ssaków i jest u nich wszystkich strukturą w pełni homologiczną (patrz niżej). Obecność kory nowej w kresomózgowiu definiuje obecnie żyjącą gromadę ssaków równie jednoznacznie, jak obecność gruczołów mlecznych czy uwłosienia. Zatem kora nowa musiała już istnieć u najstarszego wspólnego przodka obecnie żyjących ssaków, a więc nie później niż 180 – 240 milionów lat temu (zależnie od sposobu datowania). Niektórzy autorzy uważają nawet, że jej początków należy szukać jeszcze wcześniej, u gadzich przodków ssaków, cynodontów. Powstanie kory nowej spowodowało wiele innych, znacznych zmian w mózgu. Ponadto, rozwój zmysłu słuchu doprowadził do powstania nowej struktury słuchowej, wzgórków czworaczych dolnych międzymózgowia. Natomiast rozwój czucia skórnego i zdolności ruchowych sprawił, że powstały i rozwinęły się półkule móżdżku. W rozdziale tym, z braku miejsca, szerzej omawiane będą jedynie wybrane zagadnienia neurobiologii ewolucyjnej ssaków, ze szczególnym uwzględnieniem kory nowej mózgu.

## 7.2. Zachowawcze i mało zmienione struktury mózgu ssaków

Jak już wspomniano, mózg ssaków jest znacznie zmieniony w stosunku do mózgu gadów. Jednak nie wszystkie jego struktury zostały zmienione w równym stopniu. Przy tym, wiele z tych struktur ma rodowód znacznie starszy niż gady. U najprymitywniejszych znanych strunowców, takich jak lancetnik (*Branchiostoma*), nie ma jeszcze odpowiednika przodomózgowia i międzymózgowia kręgowców, a ich układ nerwowy ma na całej długości budowę metameryczną. Jego najdalej do przodu wysunięta struktura odpowiada mniej więcej cieśni (ang. isthmus) kręgowców, będącej przednią granicą mostu, który jest częścią tyłomózgowia. Jednak już w mózgu minoga, należącego do najprymitywniejszej gromady kręgowców — smoczkoustych (*Cyclostomata*), występuje wszystkie pięć pęcherzyków mózgowych, a te części ich mózgu, które pochodzą od trzech przednich pęcherzyków mózgowych, nie mają budowy metamerycznej (ryc. 7.1). Także poczynając od tej gromady, mózg kręgowców ma dwanaście par nerwów czaszkowych, których układ anatomiczny i pełnione funkcje są dowodami na pełną homologię tych nerwów u wszystkich gromad kręgowców. Tak więc podstawowy schemat budowy mózgu kręgowców, ustalony około 500 milionów lat temu, nie zmienił się zasadniczo do tej pory. Badania zestawu i sekwencji ekspresji genów kierujących wczesnymi etapami rozwoju mózgu, a więc mechanizmów tego archaicznego schematu, dopiero trwają (por. rozdz. 6). Gdy uzyskamy o nich lepszą wiedzę, dowiemy się też wiele o mechanizmach i kierunkach ewolucji kręgowców.

Stosunkowo małe zmiany stwierdzamy w większości struktur podstawy mózgu ssaków. Tak jak u innych kręgowców, w budowie rdzenia przedłużonego i mostu ssaków widoczne są pozostałości budowy metamerycznej, typowej dla rdzenia kręgowego. Struktury te tworzą się z ośmiu najdalej do przodu położonych somitów (powtarzających się modułów budowy rdzenia kręgowego). To właśnie z tych części mózgu odchodzi większość nerwów czaszkowych, z wyjątkiem nerwów węchowych i wzrokowych, które nie są właściwie nerwami, lecz szlakami mózgowymi łączącymi daleko wysunięte części mózgu: opuszki węchowe i siatkówki oczu, z pozostałymi jego strukturami. Niewiele też zmienił się układ percepcji smaku, związany z nerwem twarzowym, z wyjątkiem najdalszej części tej drogi, która u ssaków dociera do kory nowej.

Także w bardziej do przodu położonych strukturach podstawy mózgu, w dolnej części śródmózgowia (nakrywka) i międzymózgowia (podwzgórze) widzimy stosunkowo niewiele radykalnych zmian. O konserwatyzmie ewolucyjnym tych struktur świadczy także to, że u wszystkich ssaków ich masa jest bardzo silnie skorelowana z rozmiarami ciała, a proporcja ta niewiele się zmienia, niezależnie od tego, czy badamy ją u gatunków z silnie, czy słabo rozwiniętym mózgiem. Również układ węchowy, najdalej do przodu wysunięta część ośrodkowego układu nerwowego,

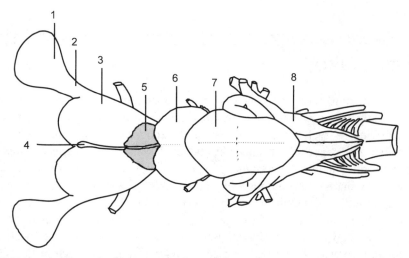

**Ryc. 7.1.** Mózg ryby chrzęstnoszkieletowej. Widoczne są wszystkie podstawowe części składowe mózgu kręgowców, choć proporcje poszczególnych części są zupełnie odmienne niż w mózgu ssaków. 1 — opuszka węchowa; 2 — nerw węchowy; 3 — półkule kresomózgowia; 4 — szyszynka; 5 — wzgórze; 6 — wzgórki wzrokowe śródmózgowia; 7 — móżdżek; 8 — rdzeń przedłużony. (Wg: Smeets i in. *Central Nervous System of Cartilaginous Fishes.* Springer Verlag 1983, zmodyf.)

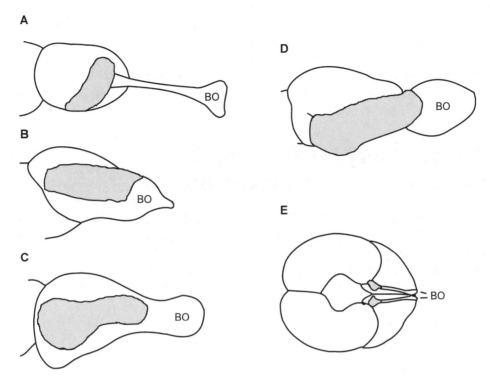

**Ryc. 7.2.** Położenie kory węchowej (zaciemniony obszar) w obrębie półkul mózgu różnych gromad kręgowców. Widok z boku, z wyjątkiem (**E**), gdzie mózg pokazany jest od dołu. BO — opuszka węchowa. **A** — ryby. **B** — płazy. **C** — gady (węże). **D** — ssaki prymitywne (opos). **E** — ssaki rozwinięte (małpa). (Wg: Haberly, Comparative aspects of olfactory cortex. W: Jones i Peters 1990, zmodyf.)

pomimo rozwoju i przekształceń nie został radykalnie zmieniony w stosunku do prototypu, jaki ukształtował się u płazów (ryc. 7.2).

Jednak i w pniu mózgu nastąpiły pewne istotne zmiany. W związku ze znaczną specjalizacją układu czuciowego skóry głowy, na której u wielu ssaków widoczne są długie włosy czuciowe (wibrysy), będące wyspecjalizowanymi organami zmysłu dotyku, znacznie rozwinęły się jądra nerwu trójdzielnego, unerwiające obszar skóry, w której są osadzone wibrysy. Przebudowa ucha środkowego i specjalizacja układu słuchowego w percepcji wysokich dźwięków spowodowała rozwój jąder nerwu słuchowego i ich połączeń. Ponadto, komórki warstwy piątej prawie wszystkich okolic kory nowej wysyłają swoje aksony do międzymózgowia i pnia mózgu, a aksony komórek jednej z tych okolic, kory ruchowej (patrz niżej), tworzą bezpośredni szlak łączący korę i rdzeń kręgowy, który biegnie przez pień mózgu. Te zmiany zostaną dokładniej omówione w dalszej części rozdziału.

Dość znaczne zmiany nastąpiły w topografii jąder podstawnych kresomózgowia (ang. basal ganglia). U innych kręgowców, takich jak ryby kostnoszkieletowe czy ptaki, struktury pochodne od jąder podstawnych kresomózgowia są bardzo rozbudowane i często są najwyższymi ośrodkami przetwarzania informacji sensorycznej, jak również ośrodkami programującymi ruchy, podczas gdy kora jest słabiej rozwinięta.

Ewolucja jąder podstawnych u ssaków wprowadziła poważne zmiany zwłaszcza w systemie ich połączeń. U ssaków nie ma projekcji z tych jąder bezpośrednio do kory nowej, są jedynie połączenia zstępujące z kory do tych jąder. Jądra te są też odcięte od podstawy przodomózgowia przez występującą tylko u ssaków torebkę wewnętrzną, system włókien dążący ze wzgórza do kory nowej i odwrotnie, z kory do wzgórza.

## 7.3. Struktury i połączenia właściwe tylko dla mózgu ssaków

Najważniejszą nową strukturą mózgu, jaką obserwujemy u wszystkich ssaków, jest kora nowa (ang. neocortex, isocortex). Ponieważ jest ona silnie związana z jądrami grzbietowymi wzgórza i zależna od dopływającej przez nie informacji sensorycznej, to jej powstanie wymusiło wiele zmian także w tych strukturach, czyli ich koewolucję. Wytworzyły się też nowe szlaki połączeń korowych. Poważnie zmienione zostały

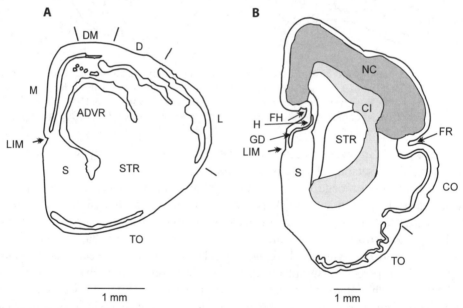

**Ryc. 7.3.** Przekroje przez przednią część półkuli mózgu gada (**A**) i ssaka (**B**). Kora nowa powstaje w miejscu, w którym u gadów znajduje się kora grzbietowa. Główne szlaki włókien aferentnych i eferentnych kory nowej, przebiegające w torebce wewnętrznej, odcinają ciało prążkowane od podstawy mózgu. Grzebień wewnątrzkomorowy występuje tylko u gadów i jest strukturą powiązaną z ciałem prążkowanym. TO — guzek węchowy. S — przegroda. STR — ciało prążkowane. ADVR — grzebień wewnątrzkomorowy. LIM — rowek ograniczający. M — okolica przyśrodkowa kory. DM — okolica grzbietowo-przyśrodkowa kory. D — okolica grzbietowa kory. L — okolica boczna kory. GD — zawój zębaty. H — zawój hipokampa. FH — rowek hipokampa. NC — kora nowa. FR — rowek węchowy. CO — kora węchowa. CI — torebka wewnętrzna. (Wg: Ulinski, The cerebral cortex of reptiles. W: Jones i Peters 1990, zmodyf.)

także przyśrodkowe okolice kory, z których wykształcił się hipokamp. W śródmózgowiu poważnej rozbudowie uległy niewielkie jądra słuchowe, z których powstały wzgórki czworacze dolne. W móżdżku powstała nowa jego część, półkule, które nie występują u innych gromad kręgowców. Półkule móżdżku i wzgórki czworacze dolne zostaną omówione odpowiednio w opisie modyfikacji w układach somatosensorycznym i słuchowym.

## 7.3.1. Kora nowa i jej połączenia

Kora nowa ssaków wykształciła się w miejscu, w którym u gadów występowała okolica grzbietowa kory (ang. dorsal cortex), jedna z czterech okolic korowych przodomózgowia gadów (ryc. 7.3). Ma ona kształt wyspy, otoczonej przez bocznie położoną korę boczną, czyli dawną (ang. lateral cortex, paleocortex) i przyśrodkowo położoną okolicę grzbietowo-przyśrodkową kory starej (ang. archicortex). Kory dawna i stara graniczą ze sobą przed i za okolicą grzbietową (ryc. 7.4). U gadów okolica grzbietowa wydaje się wyspecjalizowana w inicjowaniu i kontroli złożonych zachowań, takich jak zachowania społeczne (dominacja, obrona terytorium, zachowania godowe), rozpoznawanie zagrożeń i inicjowanie ogólnej aktywności. Badania porównawcze połączeń anatomicznych i funkcji pokazują, że kora grzbietowa gadów może być uznana za strukturę w pewnej mierze analogiczną do okolic limbicznych i czołowych kory nowej ssaków. Cechą wspólną są tu wejścia do tej kory z przednich jąder wzgórza. Natomiast charakterystyczne dla kory nowej ssaków projekcje z jąder czuciowych wzgórza (np. wzrokowego czy słuchowego) u gadów docierają do kory bocznej, homologicznej z korą dawną ssaków. Kora boczna przodomózgowia i jego część podstawna są od początku ewolucji kręgowców silnie związane z systemem

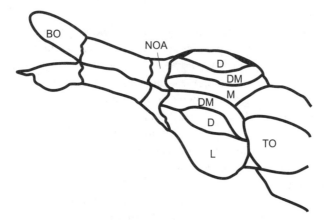

**Ryc. 7.4.** Podział półkul mózgu gadów na okolice. Zaznaczone są także niektóre inne struktury mózgu. Mózg jest widoczny z lewej strony, nieco od tyłu i od góry. L — okolica boczna kory. D — okolica grzbietowa kory. DM — okolica grzbietowo-przyśrodkowa kory. M — okolica przyśrodkowa kory. BO — opuszka węchowa. NOA — jądro węchowe przednie. TO — wzgórki wzrokowe śródmózgowia. (Wg: Ulinsky, The cerebral cortex of reptiles. W: Jones i Peters 1990, zmodyf.)

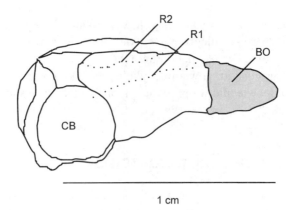

Ryc. 7.5. Widok bocznej strony odlewu mózgoczaszki kopalnego ssaka mezozoicznego, u którego po raz pierwszy zaobserwowano rowek węchowy, odgraniczający korę węchową od kory nowej. BO — opuszka węchowa. CB — móżdżek. R1, R2 — położenie rowka węchowego zgodnie z różnymi interpretacjami. (Wg: Jerison, Evolution of neocortex. W: Jones i Peters 1990, zmodyf.)

węchowym, co zostało zachowane u ssaków (ryc. 7.5). Jednak dawny pogląd, że całe przodomózgowie było kiedyś częścią systemu węchowego, został odrzucony na podstawie nowszych badań. Okolice grzbietowa i przyśrodkowa kory przodomózgowia już u ryb mają inne funkcje, związane z integracją i oceną bodźców docierających z przestrzeni wokół zwierzęcia oraz planowaniem reakcji. Mniej pewne dane wskazują, że tylna część tej kory mogła być prekursorem okolicy wzrokowej kory ssaków, gdyż u niektórych gadów (zwłaszcza u żółwi) otrzymuje ona aferentację z ciała kolankowatego bocznego (ang. lateral geniculate nucleus, LGN).

Mimo częściowych analogii z okolicą grzbietową kory gadów należy stwierdzić, że kora nowa ssaków jest strukturą właściwą tylko tej gromadzie kręgowców, a jej powstanie wymagało całkowitego przekształcenia kory grzbietowej gadów. Cechami wyróżniającymi korę nową są:

a) Jedyny w swoim rodzaju cykl rozwojowy (dokładny opis — patrz rozdz. 6). Składają się na niego dwie fazy proliferacji komórek (przy czym pierwsza z nich jest analogiczna do pełnego cyklu rozwojowego kory gadów, a druga występuje tylko u ssaków), odwrócona kolejność umiejscawiania się neuronów generowanych w drugiej fazie proliferacji w warstwach korowych oraz wymarcie w dalszych fazach rozwoju większości neuronów powstałych w pierwszej fazie. W sumie, procesy te usuwają prawie w całości starą, odziedziczoną po gadach strukturę okolicy grzbietowej kory, a w miejscu tym tworzą strukturę zupełnie nową, właściwą jedynie ssakom. Taka całkowita metamorfoza kory grzbietowej gadów w korę nową ssaków zachodzi we wczesnym okresie rozwoju wszystkich żyjących ssaków. Zatem genetyczny mechanizm tego niezwykłego i złożonego cyklu rozwojowego był już z pewnością ukształtowany przed rozejściem się istniejących linii ewolucyjnych ssaków na Prototheria (ssaki jajorodne) i Theria (ssaki właściwe), czyli co najmniej 200 mln lat temu, a zapewne zaczął się kształtować jeszcze wcześniej, być może już u cynodontów. Pomimo silnego rozwoju kory nowej, który zachodził równolegle w wielu liniach ewolucyjnych ssaków i licznych modyfikacji podziałów kory na pola funkcjonalne, mechanizm jej rozwoju nie uległ dotąd zasadniczym zmianom i jest wspólny dla wszystkich ssaków. Należy zaznaczyć, że w ten sposób powstają wszystkie komórki glutaminianergiczne (pobudzające) kory, czyli około 80% jej komórek oraz około połowy komórek hamujących (GABAergicznych). Pozostałe komórki GABAergiczne, zarówno u gadów jak i ssaków, tworzą się w części podstawnej kresomózgowia (w tzw. grzebieniach podstawnych, bocznym i przyśrodkowym), skąd wywędrują do kory w okresie płodowym (por. rozdz. 6).

   b) Budowa kolumnowa. W całej korze nowej powtarzającym się modułem są tzw. „kolumny korowe". W czasie rozwoju embrionalnego neurony generowane w warstwie rozrodczej półkul mózgu (tzw. warstwie okołokomorowej) migrują w kierunku powierzchni kory (por. rozdz. 6). Powstaje w ten sposób szereg neuronów położonych bezpośrednio jeden nad drugim, czyli kolumna korowa. Rozciąga się ona od istoty białej do dolnej granicy warstwy I kory. Neurony kolumny korowej są ze sobą powiązane funkcjonalnie zarówno wewnątrzkorowymi połączeniami pionowymi, jak i poprzez aksony aferentne z jąder podkorowych, które penetrują korę od strony istoty białej w kierunku powierzchni, wzdłuż kolumn korowych. Cała kolumna korowa jest aktywowana przez jeden lub najwyżej kilka aksonów wzgórzowo-korowych i tworzy samodzielną jednostkę funkcjonalną. Taka kolumna jest strukturą bardzo zachowawczą. U wszystkich dotąd zbadanych gatunków ssaków, we wszystkich okolicach kory nowej, niezależnie od jej grubości, kolumna składa się z 40 – 80 neuronów. Wyjątkiem jest okolica 17 (pierwszorzędowa okolica wzrokowa) kory naczelnych, której kolumny korowe liczą przeciętnie dwa razy więcej neuronów niż w innych okolicach kory tego samego zwierzęcia, ponieważ w tej okolicy niezmiernie rozbudowana i funkcjonalnie złożona jest warstwa IV. Także zasadniczy schemat umiejscowienia „wejść" i „wyjść" kolumny w odpowiednich warstwach jest podobny u wszystkich ssaków (patrz niżej) i inny niż u gadów. Powiększanie powierzchni kory nowej w toku ewolucji ssaków odbywało się drogą zwiększania liczby modułów (kolumn) powstających w czasie rozwoju osobniczego, to jest przez zwiększenie w okresie rozwoju liczby komórek progenitorowych w warstwie rozrodczej półkul. Leżące obok siebie kolumny mogą tworzyć znacznie większe jednostki funkcjonalne, zwane hiperkolumnami, a z nich zbudowane są okolice korowe (patrz pkt e). Budowę modułową można też częściowo przypisać korze móżdżku, ale moduły te mają zupełnie inną budowę histologiczną, organizację funkcjonalną i sposób powstawania w czasie rozwoju.

   c) Budowa sześciowarstwowa (por. rozdz. 6). Podczas gdy kora stara składa się z trzech warstw, w tym w zasadzie tylko jednej, mniej lub bardziej rozbudowanej, warstwy komórkowej, to kora nowa składa się z sześciu warstw, z których tylko w najbliżej powierzchni leżącej warstwie pierwszej nie ma komórek lub jest ich bardzo mało. Choć niektóre okolice kory nowej (takie jak okolica ruchowa) nie mają wykształconej warstwy IV (kora agranularna), a u wielu gatunków warstwy II i III są trudne do rozdzielenia, to jednak nawet w tych przypadkach wyraźnie wyodrębniają się warstwa pierwsza, warstwy górne, czyli supragranularne (II i III), oraz warstwy dolne (infragranularne), które jako jedyne wysyłają projekcje podkorowe poza kresomózgowie: warstwa V do wzgórza, śródmózgowia i rdzenia kręgowego (ta ostatnia projekcja jedynie z okolicy ruchowej), a warstwa VI jedynie do wzgórza. Natomiast połączenia korowo-korowe są tworzone (w różnym stopniu) przez wszystkie warstwy komórkowe kory nowej, przy czym komórki warstw górnych (supragranular-nych) tworzą wyłącznie takie połączenia.

d) Dwustronne połączenia z co najmniej jednym jądrem grzbietowej części wzgórza. Takie połączenia aferentne mają wszystkie okolice kory nowej, u wszystkich ssaków. U gadów kora grzbietowa dostawała bezpośrednią projekcję jedynie z niektórych jąder przednich grzbietowej części wzgórza. Przy tym, projekcja ta docierała do kory od powierzchni, od strony jej warstwy pierwszej, a nie od dołu, od warstwy szóstej, jak u ssaków. U gadów pozostałe jądra grzbietowej części wzgórza (w tym jądra sensoryczne) tworzą połączenia z korą boczną przodomózgowia i z jądrami podstawnymi przodomózgowia, skąd dopiero informacja dociera do kory grzbietowej.

e) Podział na pola o różniących się połączeniach i funkcjach. Pozornie jednorodny płaszcz kory nowej jest podzielony na pola o odmiennych funkcjach, wyraźnych granicach i połączone z różnymi jądrami wzgórza (patrz niżej). Pierwotnie istniało prawdopodobnie jedynie kilka takich pól kory nowej. W trakcie ewolucji ssaków dalsze okolice korowe powstawały przypuszczalnie na skutek jednoczesnego rozwoju połączeń korowo-korowych i różnicowania się jąder grzbietowej części wzgórza, dwustronnie połączonych z korą nową (ryc. 7.6 i 7.7). U tych ssaków, u których kora jest podzielona na wiele okolic, a więc u których zarówno połączenia korowo-korowe, jak i jądra wzgórza są szczególnie silnie rozwinięte i zróżnicowane, zaznacza się tendencja do dalszego różnicowania warstw korowych na podwarstwy, różniące się połączeniami aferentnymi i eferentnymi, a także funkcjami. Jest też regułą, że

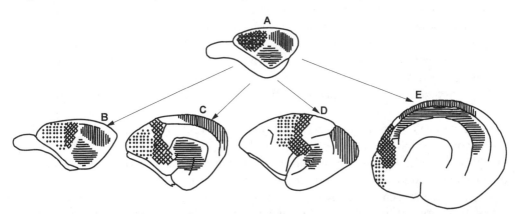

**Ryc. 7.6.** Ewolucja okolic kory mózgu ssaków. Linie pionowe — pierwszorzędowa okolica wzrokowa. Linie poziome — pierwszorzędowa okolica słuchowa. Kratki — okolica somatosensoryczna. Kropki — okolica ruchowa. Białe pola — okolice asocjacyjne. **A** — Hipotetyczny „mózg wyjściowy" ssaków. Widać, że obszary asocjacyjne zajmują niewiele miejsca, a obszary somatosensoryczny i ruchowy pokrywają się. **B** — mózg współczesnych ssaków o niskim stopniu rozwoju, takich jak niewielkie gryzonie. **C** — mózg kota. Widać znaczne powiększenie okolic asocjacyjnych pomiędzy korą wzrokową i ruchową. **D** — mózg małpy. Powiększa się także okolica przedczołowa kory, leżąca do przodu od okolicy ruchowej. **E** — Mózg delfina. Łączy on w sobie zarówno cechy mózgu prymitywnego (bezpośredni kontakt wszystkich podstawowych okolic sensorycznych, słaby rozwój okolicy czołowej) i wysoko rozwiniętego (ogromne słuchowe okolice asocjacyjne — co jest związane z echolokacją). Widać różnorodne możliwości rozwoju modelu wyjściowego. (Wg: Morgane i in. Comparative and evolutionary anatomy of the visual cortex of the dolphin. W: Jones i Peters 1990, zmodyf.)

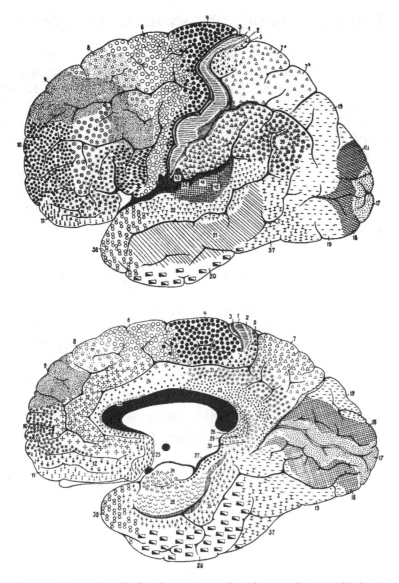

**Ryc. 7.7.** Jeden z najstarszych podziałów kory mózgu człowieka na pola cytoarchitektoniczne. Autor, Brodmann, oznaczył je cyframi. Niektóre z tych oznaczeń używane są tradycyjnie do dzisiaj (na przykład okolica 17 — pierwszorzędowa kora wzrokowa). Jednak pola funkcjonalne, poza okolicami pierwszorzędowymi, rzadko pokrywają się ściśle z polami cytoarchitektonicznymi. Ponadto, uważa się, że pól funkcjonalnych jest kilkakrotnie więcej, niż wydzielił Brodmann. (Wg: Brodmann, *Vergleichende lokalizationslehre der Grosshirnrinde*, Leipzig 1909)

u ssaków najsilniejsze wejścia ze wzgórza mają pierwotne okolice czuciowe oraz inne okolice ewolucyjnie stare. Te okolice, które wyodrębniły się później (najczęściej są to tzw. okolice „asocjacyjne"), mają zazwyczaj mniej połączeń ze wzgórzem, a przewagę połączeń korowo-korowych.

## 7.3.2. Przekształcenia jąder grzbietowej części wzgórza

Pod wpływem silnego rozwoju kory nowej nastąpiła koewolucja jąder grzbietowej części wzgórza (ang. dorsal thalamus), które silnie się rozwinęły i zróżnicowały. Być może jednak zmiana ich połączeń była jednym z pierwotnych procesów kształtujących korę nową. Jądra te są głównymi stacjami pośrednimi między strukturami podkorowymi a okolicami kory nowej, a więc ich główną drogą dopływu informacji. Każde z jąder górnej części wzgórza tworzy połączenia zwrotne z jedną lub najwyżej kilkoma okolicami kory nowej. Zależnie od biologii gatunku, stopnia ogólnego rozwoju ośrodkowego układu nerwowego, stopnia rozwoju (lub inwolucji) systemu percepcyjnego określonej modalności, a także potrzeby wykonywania precyzyjnych ruchów (lub braku takiej potrzeby) odpowiednie jądra wzgórza i odpowiadające im okolice korowe mogą być silniej lub słabiej rozwinięte.

## 7.3.3. Nowe szlaki połączeń korowych

Jak już wspomniano wyżej, u ssaków zaniknął bezpośredni szlak połączeń z jąder podstawnych przodomózgowia do kory, natomiast zostały zachowane połączenia odwrotne, z kory do jąder przodomózgowia (najliczniejsza jest projekcja do prążkowia, ang. striatum). Powstały natomiast trzy zupełnie nowe szlaki połączeń kory nowej oraz jeden łączący korę starą i dawną (ten ostatni zostanie omówiony niżej).

### 7.3.3.1. Torebka wewnętrzna kresomózgowia — połączenia kory nowej i górnych jąder wzgórza

Większość połączeń kory mózgowej niższych kręgowców przebiega w jej najbardziej zewnętrznej warstwie (pierwszej), zgodnie z pierwotnym schematem budowy ścian układu nerwowego (por. rozdz. 6). Tak samo przebiegają połączenia w rdzeniu kręgowym. W korze nowej ssaków, przeciwnie, większość połączeń aferentnych i eferentnych przebiega po jej wewnętrznej stronie, a więc wychodzą one z kory lub do niej wnikają od dołu, przez jej warstwę szóstą. Tak przebiega większość połączeń korowo-korowych, jednak jest to szczególnie istotne w przypadku obustronnych połączeń między jądrami górnej części wzgórza i okolicami kory nowej, które w większości wytworzyły się dopiero u ssaków. Rozwój tych połączeń doprowadził do powstania nowego szlaku włókien, zwanego torebką wewnętrzną (ang. internal capsule), który widzimy u wszystkich grup ssaków. W okresie rozwoju zarodkowego włókna wyrastające z kory i wzgórza i kształtujące torebkę wewnętrzną odcinają część jąder przodomózgowia, to jest ciało prążkowane (ang. striatum), od pozostałych struktur komórkowych dolnej części kresomózgowia, co jest sytuacją spotykaną jedynie u ssaków. U gadów i ptaków większość aksonów wychodzących z jąder wzgórza górnego nie podąża do kory, lecz kieruje się do struktur filogenetycznie i funkcjonalnie odpowiadających ciału prążkowanemu. Dopiero ta struktura daje projekcję do kory, na ogół jednak nie jest to jej okolica górna, lecz boczna, odpowiednik kory śródwęchowej (entorinalnej) ssaków. Ten szlak przekazywania informacji zaniknął u ssaków, zastąpiony szlakiem z jąder górnej części wzgórza, przez korę nową do okolicy śródwęchowej.

## 7.3.3.2. Spoidło wielkie mózgu

U ssaków, w korze nowej obu półkul istnieją okolice homologiczne (o tej samej funkcji). U małych ssaków w korze są prawie wyłącznie takie okolice. Ponadto, wzrokowe i somatosensoryczne pola kory nowej każdej z półkul mózgu analizują bodźce pochodzące tylko z przeciwległej połowy pola widzenia i przeciwstronnej powierzchni ciała, a okolice ruchowe zawiadują ruchem tylko jednej (przeciwstronnej) połowy ciała. Taka organizacja połączeń i funkcji stworzyła potrzebę integracji aktywności kory obu półkul. Początkowo do tego celu ssaki wykorzystywały stare filogenetycznie szlaki przodomózgowia, takie jak spoidło przednie (ang. anterior commissure), które jeszcze u stekowców i większości torbaczy jest jedyną drogą połączeń międzypółkulowych. Jest ona jednak stosunkowo długa, co utrudnia integrację informacji. U ssaków łożyskowych (Eutheria) wytworzył się w tym celu nowy szlak połączeń międzypółkulowych, nazywany ciałem modzelowatym (ang. corpus callosum) albo spoidłem wielkim mózgu. Jego zaczątki obserwujemy już u niektórych torbaczy, u których jest ono niewielką wiązką włókien, położoną tuż za spoidłem przednim. Natomiast wszystkie gatunki ssaków łożyskowych mają już w pełni wykształcone spoidło wielkie, które przejmuje większość funkcji spoidła przedniego.

Rozwój zarodkowy ciała modzelowatego przebiega niekonwencjonalnie. Jest on poprzedzony zrośnięciem się opon miękkich na przyśrodkowych powierzchniach kory nowej obu półkul, po czym w miejscu tego zespolenia kora zostaje przebita przez wiązki aksonów podążające od strony istoty białej przez całą grubość kory do drugiej półkuli. Po ukształtowaniu się spoidło wielkie odcina należącą do systemu limbicznego część kory nowej zwaną zakrętem tasiemeczkowym (ang. fascicular gyrus). Graniczy on z podkładką (ang. subiculum) hipokampa. Niezależnie od drogi włókien (przez spoidło przednie czy wielkie) większość połączeń międzypółkulowych kory nowej kończy się w jednoimiennych okolicach drugiej półkuli, przy czym najczęściej unerwiane są tylko pewne ich części. Z reguły odsetek powierzchni kory, do którego docierają aksony z przeciwnej półkuli, jest większy u zwierząt o mniej skomplikowanym mózgu, gdyż wiele okolic asocjacyjnych, występujących w mózgach o bardziej złożonej budowie, ma słabe połączenia międzypółkulowe. W przypadku niektórych okolic (takich, jak pierwszorzędowa kora wzrokowa — okolica 17) połączone są tylko pewne ich części, podczas gdy większość ich powierzchni nie ma takich połączeń. W okolicy 17 połączenia międzypółkulowe obejmują tylko tę jej część (bardzo różną u różnych ssaków), w której reprezentowana jest część pola wzrokowego widziana przez oboje oczu (obszar widzenia binokularnego), natomiast pozostałe części tej okolicy nie są ze sobą połączone.

### 7.3.3.3. Droga piramidowa

Aksony jednej z głównych okolic kory nowej, okolicy ruchowej, docierają aż do rdzenia kręgowego (por. rozdz. 11). Dzięki temu, u ssaków kontrola ruchów dowolnych może się odbywać pod bezpośrednią kontrolą kory, co ma szczególne znaczenie w wypadku ruchów precyzyjnych. Droga ta w początkowej części rdzenia przedłużonego przebiega po dolnej, zewnętrznej jego części, a od kształtu jej przekroju w tym miejscu wywodzi się jej nazwa — droga piramidowa (ang. pyramidal tract). U niektórych torbaczy (na przykład u oposa brazylijskiego *Monodelphis domestica*) droga ta sięga jedynie do początkowych segmentów szyjnych rdzenia, u większości innych ssaków (także workowatych) dochodzi aż do końca rdzenia kręgowego. Tak więc, prawdododobnie pierwotnie droga piramidowa kończyła się w pniu mózgu, tak jak projekcje z warstwy V innych okolic kory nowej. Aksony drogi piramidowej są najdłuższymi aksonami układu nerwowego ssaków — u dużych ssaków osiągają długość kilku metrów.

## 7.3.4. Przekształcenie kory starej w hipokamp i jego nowe połączenia

U ssaków radykalnemu przekształceniu uległy także oba obszary kory starej (ang. archicortex) gadów. Są to: okolica przyśrodkowa kory (ang. medial cortex), położona najbliżej sklepienia komory III, oddzielającego półkule mózgu, i położona między nią a okolicą grzbietową okolica przyśrodkowo-grzbietowa (ang. mediodorsal cortex). U gadów okolice te tworzą część ściany pęcherzyka korowego. Natomiast u ssaków okolica przyśrodkowa uwypukla się tak dalece, że jej powierzchnia składa się wpół, tworząc zawój zębaty hipokampa (ang. dentate gyrus), a okolica grzbietowo- -przyśrodkowa ulega równie silnemu wgięciu (wgłobieniu), tworząc róg Ammona (ang. Ammon's horn). W rezultacie, równomiernie wypukła powierzchnia kory starej gadów została w obrębie tych okolic silnie sfałdowana, tak że na przekroju ma kształt litery S. Kształt ten skojarzył się dawniejszym anatomom z kształtem konika morskiego (nazwa łacińska *Hippocampus*), stąd nazwa tej struktury u ssaków — hipokamp (ang. hippocampus). Takie przekształcenie przyśrodkowej powierzchni płaszcza przodomózgowia występuje jedynie u ssaków. W przeciwieństwie do kory nowej cykl rozwojowy kory hipokampa nie zmienił się i jest taki sam jak w przyśrodkowych okolicach korowych gadów. Również połączenia hipokampa w większości biegną tradycyjnie, wzdłuż dawnej powierzchni kory, toteż mają one łukowaty przebieg. Wyjątkiem jest tu trakt przeszywający z kory śródwęchowej, która jest okolicą kory dawnej (patrz niżej). Hipokamp jest stosunkowo największy u zwierząt małych, o małej masie mózgu i małej powierzchni kory nowej. Natomiast u zwierząt, u których mózg znacznie się powiększył w toku ewolucji, hipokamp zajmuje stosunkowo mniejszą jego część. Mimo licznych badań funkcja hipokampa u ssaków nie została do końca wyjaśniona. Uważa się, że bierze on udział w tworzeniu śladów pamięciowych, mając szczególny udział w tworzeniu pamięci przestrzennej.

Hipokamp ma również silne wejścia z układu limbicznego i bierze udział w zapamiętywaniu informacji ważnych emocjonalnie, często w aspekcie ich położenia przestrzennego (por. rozdz. 14, 15 i 17).

### 7.3.4.1. Droga przeszywająca

Zawinięcie przyśrodkowych okolic kory i powstanie formacji hipokampa u ssaków spowodowało, że wytworzył się jeszcze jeden szlak włókien przebijających dawne powierzchnie kory, a właściwy jedynie dla ssaków. Jest to droga przeszywająca (ang. perforant path), którą włókna neuronów kory śródwęchowej wnikają do formacji hipokampa, przenikając ściany bruzdy między tą okolicą i zawojem zębatym. Tak więc, przenikają one przez dawne powierzchnie zewnętrzne okolic bocznej i grzbietowo-przyśrodkowej kory gadów. Okolica śródwęchowa, będąca częścią kory dawnej (ang. paleocortex), stała się bardzo ważną strukturą uczestniczącą w obiegu informacji przetwarzanych przez korę nową. Do kory śródwęchowej dochodzą aksony z większości okolic czuciowych kory nowej, przesyłając informacje różnych modalności. Informacje sensoryczne, przetworzone w korze nowej, wpływają na aktywność kory śródwęchowej, co jest dalej przekazywane drogą przeszywającą do zakrętu zębatego hipokampa. Wynik kilkuetapowej obróbki informacji w hipokampie jest następnie przekazywany na powrót do kory nowej przez graniczną okolicę kory nazywaną podkładką (ang. subiculum). Tak więc, droga przeszywająca odgrywa kluczową rolę w przekazywaniu informacji z kory nowej do hipokampa.

# 7.4. Ewolucja systemów funkcjonalnych mózgu ssaków

Ssaki są zwierzętami stałocieplnymi, co umożliwia im przeżycie w wielu środowiskach, w których żadne gady nie mogłyby istnieć. Skutkiem negatywnym tego przystosowania jest jednak zwiększone zapotrzebowanie pokarmowe: zależnie od gatunku, jest ono od kilku do kilkunastu razy większe niż u gadów tej samej wagi. Ssak, by przeżyć, musi aktywnie poszukiwać pożywienia, a zarazem unikać ataku drapieżników, przywabionych jego aktywnością. Dlatego też szczególnie silnej ewolucji u ssaków uległy układy percepcji bodźców, zwłaszcza te, które mogą być systemami „wczesnego ostrzegania", a zarazem ułatwić znalezienie pożywienia.

## 7.4.1. Układ słuchowy

Jest to układ nierozłącznie związany ewolucyjnie i morfologicznie z układem równowagi, który jednak wykazuje dużą dynamikę zmian ewolucyjnych. Całe ucho zostało u ssaków poważnie zmodyfikowane. Ślimak ucha wewnętrznego (rozwinięty z brodawki podstawnej, występującej u innych kręgowców) wydłużył się znacznie i skręcił spiralnie, przez co wydłużyła się też skala możliwych do odróżnienia dźwięków, najbardziej w zakresie dźwięków wysokich. U ssaków jajorodnych ślimak jest jeszcze bardzo krótki (jest tylko półkolem), a morfologia receptorów słuchowych jest bliższa tej u gadów niż u ssaków. Zmienność morfologii ucha środkowego różnych rzędów ssaków świadczy, że znaczna część ewolucji tego organu zaszła już po ich powstaniu. U ssaków na teren ucha środkowego zostały przesunięte dwa dalsze elementy dawnego łuku żuchwowego, z których powstały młoteczek i kowadełko, łącząc się ze strzemiączkiem, które przemieściło się do ucha środkowego już dawniej (u płazów). Ten łańcuch trzech miniaturowych elementów kostnych stworzył bardzo skuteczny aparat przekazywania drgań błony bębenkowej na ucho wewnętrzne, dostosowujący amplitudę drgań tych kosteczek do natężenia dźwięków, które u ssaków jest zwiększane przez wykształcone tylko u nich ucho zewnętrzne. Cały ten układ przenosi falę głosową rozchodzącą się w środowisku gazowym na płynne środowisko ucha wewnętrznego z niezwykłą sprawnością. Dopiero więc ssaki (a także, choć później i inaczej, ptaki) w pełni rozwiązały problem, który powstał, gdy kręgowce opuściły środowisko wodne, gdzie fale akustyczne rozchodziły się z dużo mniejszymi stratami niż w powietrzu. Ponieważ percepcja bodźców słuchowych jest ważna dla przeżycia, gdyż bodźce te wcześnie ostrzegają o niebezpieczeństwie i informują o obecności ofiary, to ewolucja prowadząca do polepszenia sprawności aparatu słuchowego była intensywna. W jej wyniku niektóre ssaki są w stanie słyszeć dźwięki do wysokości 110 kHz, podczas gdy gady w zasadzie nie słyszą powyżej kilku kHz. Jednocześnie u ssaków próg percepcji został obniżony prawie do poziomu szumów cieplnych środowiska.

Początkowe etapy drogi słuchowej w mózgu ssaków są podobne do tych, jakie obserwujemy u innych kręgowców. Aksony neuronów czuciowego zwoju spiralnego ślimaka dochodzą do jąder ślimakowych, które dają następnie projekcję do oliwki górnej. Oba te jądra słuchowe leżą w rdzeniu przedłużonym. Te polisynaptyczne drogi są skrzyżowane na kilku poziomach, tak że już w pniu mózgu informacja z obu uszu jest wielokrotnie porównywana i kontrastowana. U ssaków jądra słuchowe śródmózgowia rozwinęły się (patrz niżej), tworząc wzgórki czworacze dolne. Słuchowym jądrem wzgórza jest silnie rozwinięte ciało kolankowate przyśrodkowe, które wysyła projekcje do pierwszorzędowej okolicy słuchowej kory nowej, występującej u wszystkich ssaków. Jest ona zorganizowana tonotopicznie, tak więc, pomimo złożonej, polisynaptycznej drogi, jaką docierają do niej informacje słuchowe, odwzorowuje ona topograficznie powierzchnię recepcyjną ślimaka. U większości ssaków istnieją też korowe okolice słuchowe wyższego rzędu.

Aparat słuchowy ssaków umożliwia nie tylko ocenę wysokości dźwięków, ale i dokładne określenie, z którego miejsca w przestrzeni dochodzą. Niektóre rzędy ssaków (nietoperze, walenie) wykształciły nawet zdolność aktywnej echolokacji obiektów w przestrzeni. Natomiast u człowieka, w związku z wykształceniem się funkcji mowy, powstała specjalna okolica kory nowej, służąca do słuchowej percepcji dźwięków mowy i ich integracji w słowa (por. rozdz. 20).

### 7.4.1.1. Wzgórki czworacze dolne i przekształcenia drogi słuchowej

Te parzyste jądra słuchowe śródmózgowia wykształciły się jedynie u ssaków. Leżą one do tyłu od wzgórków górnych, które są strukturą wzrokową. Ich prekursorem u gadów są małe jądra słuchowe — wały półkoliste (*tori semicirculares*) leżące poniżej tylnej krawędzi wzgórków wzrokowych śródmózgowia. We wzgórku dolnym (ang. inferior colliculus) kończy się większość aksonów niżej położonego jądra słuchowego, oliwki górnej, sam zaś wzgórek dolny wysyła aksony do ciała kolankowatego przyśrodkowego wzgórza. U gadów projekcja z wałów półkolistych również kończy się w ciele kolankowatym przyśrodkowym, które jednak daje u nich projekcję do kory bocznej i jąder podstawnych mózgu, a nie do okolicy grzbietowej kory. Neurony wzgórków dolnych reagują silnie na różnice natężenia dźwięków docierających do prawego i lewego ucha, mają więc duży udział w określaniu położenia źródła dźwięków w przestrzeni. Nie dziwi więc fakt, że są one szczególnie silnie rozwinięte u zwierząt posługujących się echolokacją. Neurony wzgórka dolnego dają również projekcję do środkowych warstw wzgórka górnego, gdzie informacja słuchowa jest porównywana ze wzrokową i somatosensoryczną, wpływając na odruchy orientacyjne, nakierowujące głowę i niezależnie oczy i uszy w kierunku bodźca. Rozwój wzgórka dolnego jest dowodem na ważną rolę bodźców słuchowych w systemie „wczesnego ostrzegania" ssaków.

## 7.4.2. Układ wzrokowy

Najprawdopodobniej pierwszym okiem wykształconym w czasie ewolucji strunowców (*Chordata*) było oko, które u niższych kręgowców nazywamy ciemieniowym, o budowie w pełni homologicznej do pozostałych dwu oczu. Występuje ono u wszystkich grup kręgowców, poczynając od smoczkoustych (*Cyclostomata*). Jeszcze u niektórych gadów (np. u hatterii) oko ciemieniowe, położone pod skórą sklepienia czaszki, ma w pełni wykształconą soczewkę i siatkówkę. Łączy się ono z nadwzgórzem, zawiadując rytmem dobowym i rocznym, a w szczególności zmianami hormonalnymi w okresie rozmnażania. U ssaków oko to przekształciło się w gruczoł wydzielania wewnętrznego, szyszynkę (ang. epiphysis). Jego hormon, melatonina, jest najważniejszym hormonem sterującym rytmem dobowym, a także innymi rytmami zależnymi od długości dnia. Paradoksalnie, informacja wzrokowa kontrolująca cykl wydzielania melatoniny w szyszynce ssaków pochodzi z siatkówki oka i dociera do szyszynki złożoną drogą.

Poczynając od smoczkoustych, u kręgowców występuje para bocznie położonych oczu, których części nerwowe, siatkówki, powstają z pęcherzyków, które w rozwoju uwypuklają się z dolnej części międzymózgowia. Oczy ssaków są tylko nieznacznie zmodyfikowane w porównaniu z oczami niższych kręgowców. U wszystkich kręgowców nerwy wzrokowe krzyżują się przed wejściem na teren międzymózgowia, tak że ich aksony przechodzą na przeciwną stronę mózgu. Jednak w odróżnieniu od pozostałych kręgowów, u ssaków część aksonów wnika również po tej samej (ipsilateralnej) stronie międzymózgowia. W rezultacie na wyższych piętrach układu wzrokowego po każdej stronie jest reprezentowana przeciwległa połowa pola widzenia (to znaczy np. po prawej stronie mózgu — lewa połowa).

Również większość połączeń i struktur podkorowych układu wzrokowego ssaków ma swoje odpowiedniki u niższych kręgowców, a w szczególności u gadów. Jednak, w związku z powstaniem kory nowej i jej pierwszorzędowej okolicy wzrokowej, wzgórek górny śródmózgowia, najważniejsze uprzednio centrum wzrokowe, traci stopniowo na znaczeniu na rzecz drogi wiodącej przez ciało kolankowate boczne wzgórza (LGN) do kory. U tych gatunków ssaków, u których układ wzrokowy jest silnie rozwinięty, pojawia się budowa warstwowa LGN, przy czym poszczególne warstwy różnią się wejściami i charakterem odpowiedzi na bodźce wzrokowe. Aksony neuronów LGN, które u gadów kończyły się w jądrach przodomózgowia i w bocznej części kory, u ssaków podążają do potylicznej części kory nowej, gdzie kończą się w pierwszorzędowej okolicy wzrokowej (okolica 17 wg Brodmanna). Okolica ta występuje u wszystkich ssaków i jest zorganizowana retinotopowo, to jest odwzorowuje topografię receptorów na siatkówce, a zatem umożliwia lokalizację położenia bodźca w przestrzeni. Schemat tej retinotopii jest również homologiczny u wszystkich ssaków, u których występuje kora wzrokowa, a więc z wyjątkiem tych, u których układ wzrokowy uległ całkowitemu lub częściowemu uwstecznieniu (wiele gatunków żyjących stale pod ziemią).

U ssaków aksony neuronów zwojowych siatkówki dochodzą także do jądra boczno-tylnego wzgórza (ang. lateral posterior nucleus, LP). Główne wejście wzrokowe do tego jądra pochodzi jednak ze wzgórka górnego i kory wzrokowej. Projekcja z LP dochodzi do drugorzędowej kory wzrokowej, otaczającej okolicę 17, która również występuje u wielu gatunków ssaków. U tych gatunków, które mają słabo rozwiniety układ wzrokowy, drugorzędowej okolicy wzrokowej może nie być, lub składa się ona jedynie z okolicy 18, u innych występuje też leżąca jeszcze dalej na zewnątrz okolica 19. Natomiast te ssaki, które mają silnie rozwiniętą percepcję wzrokową, mają też zazwyczaj większą liczbę okolic wzrokowych kory. U kota i naczelnych opisano ich ponad 20. Okolice wzrokowe dalszego rzędu mają bardzo silne połączenia korowo-korowe. Rola wielu z nich nie jest jeszcze do końca wyjaśniona, ale zaznacza się wyraźna tendencja do ich specjalizacji funkcjonalnej, co pozwala na jednoczesne opracowywanie różnych aspektów bodźca.

Wzgórki czworacze górne (ang. superior colliculi, SC) śródmózgowia ssaków są odpowiednikami wzgórków wzrokowych innych kręgowców, u których są one najważniejszym ośrodkiem wzrokowym mózgu. U ssaków, wskutek rozwoju wzgó-rzowo-korowej drogi wzrokowej, jądra te straciły nieco na znaczeniu jako ośrodek analizy bodźców wzrokowych. Głębsze warstwy wzgórka górnego są częścią układu kontrolującego odruchy orientacyjne i ruchy oka. Są one pod silnym wpływem projekcji wzrokowej z warstw górnych wzgórków i projekcji słuchowej ze wzgórków dolnych. Zatem we wzgórku górnym informacja wzrokowa jest porównywana ze słuchową i somatosensoryczną, wpływając na odruchy orientacyjne, nakierowujące głowę i oczy w kierunku bodźca. Tak więc w pokrywie (ang. tectum) ssaków wytworzył się zwarty ośrodek umożliwiający porównywanie bodźców różnych modalności napływających z otoczenia, integrację tej informacji i odpowiednie reakcje orientacyjne zwierzęcia. Jednocześnie, warstwy górne wzgórków wysyłają bardzo silną projekcję do wzgórza. Projekcja ta prawdopodobnie moduluje przekaz informacji z siatkówki do kory wzrokowej przez LGN oraz umożliwia przekaz informacji wzrokowej przez jądro tylno-boczne wzgórza (LP) do drugorzędowej kory wzrokowej. Toteż u wielu ssaków SC i okolice drugorzędowe kory są w stanie przynajmniej częściowo zastąpić funkcjonalnie okolicę 17. Wyjątkiem są tu naczelne, u których zniszczenie okolicy 17 prowadzi do zupełnego zaniku świadomej percepcji wzrokowej, choć i u nich można po takim uszkodzeniu wywołać niektóre reakcje ruchowe sterowane bodźcami wzrokowymi. Pełniejszy opis układu wzrokowego znajduje się w rozdziale 8.

### 7.4.2.1. Zmieniona projekcja jądra parabigeminalnego

To małe jądro położone na bocznej ścianie międzymózgowia należy do układu wzrokowego, a informację wzrokową otrzymuje ze wzgórków górnych. U ssaków aksony eferentne jądra parabigeminalnego podążają daleko do przodu, aż do skrzyżowania nerwów wzrokowych, po czym przechodzą na przeciwną stronę mózgu i zataczając wielki łuk, kończą się w jądrach wzrokowych (ciele kolankowatym bocznym i wzgórku czworaczym górnym) po stronie przeciwnej, a więc część z nich wraca do międzymózgowia. Tak niezwykły przebieg tych połączeń jest wynikiem filogenezy tego jądra. Jest to bowiem odpowiednik jądra wzrokowego cieśni (ang. isthmooptic nucleus), istniejącego u gadów i ptaków. U tych kręgowców aksony neuronów jądra parabigeminalnego, po dojściu do skrzyżowania wzrokowego, podążają dalej do przodu wzdłuż przeciwległego nerwu wzrokowego, po czym wnikają do siatkówki, gdzie modulują jej odpowiedzi na bodźce wzrokowe. Natomiast u ssaków nie ma żadnych połączeń aferentnych z mózgu do siatkówki, a w nerwie wzrokowym znajdują się wyłącznie aksony komórek zwojowych siatkówki, dążące do jąder wzrokowych mózgu. Zatem ta część układu nerwowego została tak zmieniona u ssaków, że jądro parabigeminalne moduluje nie aktywność siatkówki, lecz tych struktur mózgu, do których przekazują informację wzrokową jej aksony.

# 7.4.3. Układy percepcji bodźców chemicznych

Układ ten składa się po części z bardzo archaicznych, mało zmienionych struktur. W genomie ssaków istnieje aż ponad tysiąc genów dla różnych receptorów w nabłonku węchowym, jednak u niektórych gatunków ekspresji ulega tylko ich część, na przykład u człowieka około 300. Komórki receptorowe każdej z klas przekazują informację do oddzielnych struktur — glomeruli w opuszce węchowej (ang. olfactory bulb) skąd przez guz węchowy (ang. olfactory tubercle) kresomózgowia jest ona przekazywana do kory węchowej (kory gruszkowej lub płata gruszkowatego — ang. piriform cortex), leżącej w obszarze kory dawnej (ang. paleocortex). Tak jak u gadów, główne połączenia tej trójwarstwowej kory z innymi strukturami przebiegają po jej powierzchni. Modyfikacją wprowadzoną przez ssaki jest projekcja z kory węchowej do przyśrodkowo-grzbietowego jądra wzgórza, skąd następna projekcja dociera do kory przedczołowej i kory wyspy (ang. insula), które są częściami kory nowej. W obrębie wyspy informacja węchowa jest integrowana z informacją smakową. Odrębna droga przekazuje informację węchową przez korę śródwęchową do hipokampa, co sprawia, że informacja węchowa odgrywa ważną rolę w procesach generacji pamięci przestrzennej i emocji.

Pomimo ogólnie zachowawczego planu budowy, i pomimo tego, że u większości ssaków bodźce węchowe są niezmiernie ważnym źródłem informacji o świecie zewnętrznym, proporcja wielkości struktur układu węchowego do wielkości całego mózgu jest nadzwyczaj zmienna, od proporcjonalnie dużej struktury mózgu wielu małych, a jednocześnie makrosmatycznych (dysponujących czułym węchem) gatunków ssaków, do proporcjonalnie niewielkiej (częściowo uwstecznionej) struktury u człowieka czy wielu ssaków wodnych, pochodzących z różnych linii filogenetycznych.

Należy też wspomnieć o istnieniu dodatkowego systemu węchowego, związanego z narządem przylemieszowym (ang. vomero-nasal organ of Jacobson). Jest on równie stary jak układ węchowy, a u ssaków odpowiada za percepcję feromonów (związków będących sygnałami płciowymi). Układ smakowy, związany z receptorami jamy ustnej i nerwem twarzowym, którego pierwszorzędowe pole korowe, jak wspomniano, znajduje się na obszarze wyspy, nie będzie szerzej omawiany, gdyż poza tym, że kończy się u ssaków w korze nowej, nie wprowadził innych istotnych zmian ewolucyjnych.

## 7.4.4. Układ percepcji położenia ciała i jego równowagi

Ten niezwykle stary układ jest od początku filogenetycznie i anatomicznie związany z układem słuchowym. Oba te układy są u ssaków jedyną pozostałością po wyspecjalizowanym układzie czuciowym ryb, linii bocznej, którą w pełni wykształconą obserwujemy jeszcze u larw płazów. O pochodzeniu tym świadczą prawie identyczne komórki receptorowe błędnika i linii bocznej, będące rodzajem mechanoreceptorów zaopatrzonych w charakterystyczne rzęski (włoski), które wystają do płynnego środowiska i są wrażliwe na jego ruchy. Już u ryb chrzęstnoszkieletowych narządy zmysłu słuchu i równowagi są wydzielone z linii bocznej i powiązane ze sobą w wyspecjalizowanym narządzie, zwanym błędnikiem, który u ssaków jest częścią ucha wewnętrznego. Ta część błędnika, która reaguje na zmiany położenia ciała, bardzo niewiele się zmieniła w toku ewolucji. Składa się ona z łagiewki i trzech związanych z nią kanałów półkolistych, które są położone względem siebie w trzech płaszczyznach przecinających się pod kątem prostym. Zarówno w banieczkach kanalików półkolistych, jak i w łagiewce, występują skupiska receptorów, reagujących na przepływ płynu (endolimfy). Przepływ ten jest najsilniejszy w tym kanaliku, który jest położony w płaszczyźnie, w której nadano ciału przyspieszenie.

Droga nerwowa od receptorów do jąder przedsionkowych w pniu mózgu również niewiele się zmieniła w toku ewolucji, choć liczne są jej pomniejsze modyfikacje, zależne od anatomii i biologii gatunku. Jądra przedsionkowe są ściśle związane z układem ruchowym. Dają one projekcję do móżdżku (patrz wyżej) i wyzwalają szereg odruchów posturalnych (korekty położenia ciała), często w pełni automatycznych (por. rozdz. 10). Informacja z układu przedsionkowego w niewielkim tylko stopniu dociera do kory mózgu, choć w obrębie rowka Sylwiusza znaleziono okolicę odpowiadającą na drażnienie błędnika. Prawdopodobnie informacja ta jest przekazywana do kory za pośrednictwem projekcji z móżdżku do wzgórza.

## 7.4.5. Układ somatosensoryczny

Więcej informacji o tym układzie znajdzie Czytelnik w rozdziale 12. Droga somatosensoryczna przewodzi w głównej mierze (choć nie tylko) bodźce działające na receptory skórne. Jej budowa u poszczególnych gatunków ssaków jest więc zależna od budowy ciała zwierzęcia i od tego, w jakiej części jego ciała występuje największe zagęszczenie receptorów skórnych. Ta zasada odnosi się zarówno do jąder podkorowych, jak i do okolic kory. Tu skoncentrujemy się jedynie na opisie okolicy somatosensorycznej kory nowej.

W korze nowej każdej z półkul mózgu, w pierwszorzędowej okolicy somatosensorycznej, znajduje się izomorficzne (to znaczy zachowujące związki topograficzne pomiędzy częściami) odwzorowanie powierzchni przeciwległej połowy ciała. Nie jest to jednak odwzorowanie współmierne do powierzchni skóry danej części ciała, ale do liczby receptorów czuciowych, które się na niej znajdują. Dlatego też kształt takiego odwzorowania może przypominać karykaturę, gdzie warga jest większa od brzucha. Zależnie od gatunku, największą część powierzchni tej mapy będzie zajmowała reprezentacja tej części ciała, która jest szczególnie silnie unerwiona czuciowo. U słonia będzie to reprezentacja trąby, u szczura wibrys (wąsów czuciowych), w której każdy z nich będzie miał odrębną reprezentację, u szopa pracza reprezentacja dłoni, u małpy czepiaka — dłoni, stóp i ogona, u człowieka wreszcie dłoni, warg i stóp (por. ryc. 8.19).

Pomimo tej wielkiej zmienności szczegółów budowy, korowa mapa reprezentacji powierzchni ciała w pierwszorzędowej okolicy czuciowej ma kilka cech stałych, które rozpoznajemy u wszystkich ssaków, poczynając od jajorodnych, a kończąc na człowieku. Są to: (I) reprezentacja powierzchni przeciwległej połowy ciała; (II) relacja przestrzenna do innych okolic pierwszorzędowych kory: do tyłu od niej leżą okolice wzrokowa (wyżej) i słuchowa (niżej), do przodu — okolica ruchowa, a jeszcze dalej przedczołowa; (III) reprezentacja ta jest zawsze tak położona na powierzchni ściany półkuli, że jej „plecy" są zwrócone w stronę ogona zwierzęcia, „brzuch" w stronę jego nosa, „ogon" jest najbliżej szpary międzypółkulowej, a „głowa" najbardziej bocznie. To, że taki schemat odwzorowania obowiązuje od ssaków jajorodnych do człowieka, jest jeszcze jednym dowodem na pochodzenie wszystkich ssaków od wspólnego przodka.

U prawie wszystkich ssaków do dołu i nieco do tyłu od pierwszorzędowej okolicy somatosensorycznej znajduje się mniejsza od niej drugorzędowa okolica somatosensoryczna, której reprezentacja jest lustrzanym odbiciem okolicy pierwszorzędowej. U ssaków, u których występują bardzo wyspecjalizowane powierzchnie percepcyjne (takie jak elektroreceptory u dziobaka), w korze nowej można stwierdzić nawet cztery różne okolice reagujące na drażnienie powierzchni ciała.

### 7.4.5.1. Powstanie półkul móżdżku

U wszystkich kręgowców móżdżek jest związany z kontrolą odruchów posturalnych i ruchów dowolnych, otrzymuje więc informację somatosensoryczną z receptorów mięśniowych, ścięgnowych i skórnych. Konieczność szybszej i lepszej kontroli położenia i dynamiki ruchów ciała ssaków oraz kontroli ruchów dowolnych, w tym także ruchów precyzyjnych, spowodowała u ssaków rozwój nowej struktury — półkul móżdżku. Półkule te nie mają odpowiednika u gadów, których niewielki móżdżek składa się z położonego centralnie robaka (ang. vermis), widocznego także u ssaków, oraz parzystych, bocznie położonych uszek (ang. auriculi), odpowiednika ssaczych kłaczków (ang. flocculi). U gadów miejsce między robakiem i uszkami, gdzie mogłyby się znajdować półkule móżdżku, jest bardzo wąskie i gładkie.

Półkule móżdżku rozwijały się stopniowo, w dużej mierze już w trakcie ewolucji gromady ssaków. Są one częścią ich rozwiniętego układu stabilizacji równowagi, który stał się niezbędny w związku z tym, że kończyny ssaków są ustawione inaczej niż u gadów (przyciągnięte pod ciało, a nie odstawione na boki), co zwiększa skuteczność ich ruchów, ale zmniejsza stabilność wysoko uniesionego ciała. Zarówno u ssaków mezozoicznych, jak i u dzisiaj żyjących ssaków jajorodnych półkule są widoczne jedynie w tylnej części móżdżku, w postaci płatów przykłaczkowych (ang. paraflocculi). Płaty te są związane z układem przedsionkowym, a więc z percepcją i utrzymywaniem równowagi ciała. Natomiat zarówno torbacze, jak i ssaki łożyskowe mają już w pełni wykształcone półkule móżdżku, do których trafia głównie informacja somatosensoryczna z receptorów skórnych i głębokich. Natomiast do robaka dociera również informacja wzrokowa i słuchowa, a do kłaczków informacja z układu przedsionkowego o położeniu ciała i zmianach tego położenia, co pozwala na integrację informacji różnych modalności.

Powierzchnia móżdżku jest silnie pofałdowana, przy czym rowki oddzielające płaty i płaciki robaka biegną w zasadzie poprzecznie do długiej osi mózgu, a rowki półkul móżdżku równolegle do tej osi. Jednak w mózgach większych ssaków ta prawidłowość się zaciera na skutek przemieszczeń płacików. Niezależna ewolucja móżdżku u różnych linii ewolucyjnych ssaków doprowadziła do znacznej ekspansji kory móżdżku i wytworzenia dużych różnic w jego budowie zewnętrznej. Natomiast budowa warstwowa, rozwój i schemat połączeń kory móżdżku są prawie takie same, jak budowa, rozwój i połączenia robaka, tutaj więc nie dokonała się tak rewolucyjna zmiana, jak przy powstaniu kory nowej. Informacja z móżdżku, poprzez jądra móżdżku, dociera do śródmózgowia i wzgórza, a stąd u ssaków do kory nowej, do okolicy somatosensorycznej.

## 7.4.6. Układ sterowania ruchami dowolnymi

Jak już wspomniano wyżej (patrz 7.3.3), jedna z okolic kory nowej, okolica ruchowa, ma możliwość bezpośredniego kontrolowania rdzeniowych mechanizmów generacji ruchów. W obrębie mózgu jest to najważniejsza zmiana w tym systemie wprowadzona przez ssaki. Ze względu na wielkie zróżnicowanie kształtu i funkcji kończyn okolica ta ma również zmienną anatomię i funkcje. Układ ruchowy jest dokładnie omawiany w rozdziałach 10 i 11, do których odsyłamy zainteresowanych Czytelników.

## 7.4.7. Układ generacji napędów i emocji

Układ ten jest dokładnie omawiany w rozdziale 17, tu warto wspomnieć jednak o obszarach kory nowej, uczestniczących u ssaków w tak zwanym układzie limbicznym. Zaliczamy tu dwie główne okolice korowe, istniejące w mózgu wszystkich ssaków: zawój obręczy (ang. cingulate gyrus) i okolicę przedczołową (ang. prefrontal area). Zawój obręczy jest najbardziej przyśrodkowo położonym polem kory nowej, graniczącym z formacją hipokampa. Struktura ta nie ulega znaczącym przemianom u różnych rzędów ssaków. Na ogół ma ona kształt sierpowatego zawoju leżącego na przyśrodkowej stronie półkul mózgu. Natomiast okolica przedczołowa, leżąca na przednim biegunie półkuli mózgu, jest ogromnie zróżnicowana, od proporcjonalnie niewielkiego skrawka kory u większości drobnych ssaków, do struktury zajmującej około 20% powierzchni kory u człowieka. Związek rozmiarów okolicy przedczołowej ze stopniem rozwoju wyższych funkcji mózgu nie jest jednak prosty, gdyż najwyższą proporcję jej udziału w całkowitej powierzchni kory nowej (ponad 50%) obserwujemy u jajorodnej kolczatki australijskiej, jednego z ewolucyjnie najprymitywniejszych ssaków.

## 7.4.8. Układy stabilizacji środowiska wewnętrznego

Jest to zespół powiązanych układów, regulujących rytmy dobowe i sezonowe, pobieranie pokarmu, przemianę materii, oddychanie, ciśnienie krwi itd. Zasadnicze ośrodki tego układu znajdują się w podwzgórzu i pniu mózgu. Są one niezmiernie ważne dla funkcjonowania organizmu. Niektóre informacje o funkcjach części podwzgórzowej tych układów są zawarte w rozdziale 17. Wiele z ośrodków i połączeń regulujących środowisko wewnętrzne istnieje w podobnej formie u niższych ssaków lądowych, inne rozwinęły się u ssaków i wyspecjalizowały do wypełniania nowych zadań. W rozważaniach o ewolucji mózgu ssaków nie można nie wspomnieć o istnieniu w podwzgórzu ośrodka regulacji temperatury, który zapewnia ssakom stałocieplność, będącą jednym z ich najważniejszych przystosowań ewolucyjnych.

# 7.5. Podsumowanie i wnioski

Budowa mózgu jest jedną z najważniejszych cech wyróżniających ssaki, tak jak wydzielanie mleka czy obecność włosów. Jednak nie wszystkie struktury ich mózgu zmieniły się w równym stopniu. Najważniejszą zmianą jest powstanie kory nowej w miejsce okolicy grzbietowej kory półkul u gadów. Kora ta, w rozwoju osobniczym rozwijając się początkowo tak jak kora gadów, przechodzi następnie przez jej tylko właściwe fazy cyklu rozwojowego, w wyniku czego powstaje w tym miejscu zupełnie nowa struktura, umożliwiająca znacznie sprawniejszą i bardziej złożoną analizę bodźców docierających ze środowiska. Połączenia kory nowej zostały całkowicie zmienione, w związku z czym powstały nowe szlaki włókien. Najważniejsze z tych nowych połączeń to dwustronne połączenia kory nowej i jąder górnej części wzgórza. Kora nowa przejmuje analizę informacji sensorycznych od kory bocznej (z wyjątkiem informacji węchowej). Spośród układów sensorycznych szczególnie silnie zmieniony został układ słuchowy, w którym do ucha środkowego przesunięte zostały dwa elementy kostne łuku żuchwy, powstał ślimak ucha wewnętrznego, znacznie rozwinęły się jedne z dawnych jąder słuchowych śródmózgowia, tworząc charakterystyczne jedynie dla ssaków wzgórki czworacze dolne, oraz powstała okolica słuchowa kory nowej. W układzie wzrokowym skrzyżowanie nerwów wzrokowych stało się niepełne, a główny ośrodek wzrokowy został przeniesiony z międzymózgowia (wzgórki górne) do wzgórza (ciało kolankowate boczne) i kory. Znacznie zmieniony został także aparat kontroli położenia i ruchu ciała. W móżdżku powstała nowa, właściwa tylko ssakom część — półkule móżdżku. W korze nowej powstała okolica ruchowa, która może bezpośrednio wpływać na funkcjonowanie ośrodków ruchowych w rdzeniu kręgowym. Dzięki temu u ssaków kontrola ruchów dowolnych zyskała niezwykłą precyzję i elastyczność. Te zmiany w układzie nerwowym są, obok stałocieplności, lepszej opieki nad potomstwem i zmian w budowie aparatu ruchowego, podstawą sukcesu ewolucyjnego ssaków. Jednak nie wszystkie struktury mózgu ssaków zostały zmienione w tym samym stopniu. Szczególnie zachowawcze są struktury podstawne mózgu, a także układ węchowy, silnie rozwinięty już u wcześniejszych kręgowców, a u niektórych ssaków, tak jak u człowieka, podlegający nawet inwolucji.

## LITERATURA UZUPEŁNIAJĄCA

Aboitiz F.: Does bigger mean better? Evolutionary determinants of brain size and structure. *Brain, Behavior and Evolution* 1996, **47**: 225–245.

Dunbar R.I.M.: Coevolution of neocortical size, group size and language in humans. *Behavioral and Brain Sciences* 1993, **16**: 681–735.

Ebbesson S.O.E. (red.): *Comparative Neurology of the Telencephalon*. Plenum Press, New York 1980. (Cały tom jest poświęcony ewolucji kresomózgowia kręgowców).

Jones E.G.: *The Thalamus*. Plenum Press, New York 1985. (Cały tom jest poświęcony neurobiologii porównawczej wzgórza ssaków).

Jones E.G., Peters A. (red.): *Cerebral Cortex*, Tomy 8A i 8B. Plenum Press, New York 1990. (Tomy te w całości są poświęcone ewolucji ośrodkowego układu nerwowego kręgowców i związkom ewolucji z rozwojem).

Keverne E.B., Martel F.L. Nevinson C.M.: Primate brain evolution: genetic and functional considerations. *Proc. R. Soc. Lond. B.* 1996, **262**: 689–696.

Kielan-Jaworowska Z.: Evolution of the Therian Mammals in the late cretaceous of Asia. Part VI. Endocranial casts of eutherian mammals. *Palaeontologia Polonica* 1984, **46**: 157–171.

Kielan-Jaworowska Z., Cifelli R.L., Luo Z.-X.: *Mammals From the Age of Dinosaurs: Origins, Evolution and Structure*. Columbia University Press, New York 2004.

Kreiner J.: *Biologia mózgu*. PWN, Warszawa 1970.

Sadowski B.: *Biologiczne mechanizmy zachowania*. PWN, Warszawa 2003.

*Trends in Neurosciences*, 1995, 18/9. (Cały numer tego pisma jest poświęcony ewolucji kory mózgu ssaków).

# ROZDZIAŁ 8

# Percepcja

Anna Grabowska

---

Wprowadzenie ■ Struktury i drogi wzrokowe ■ Przetwarzanie informacji w układzie wzrokowym ■ Droga „co" i „gdzie"/„jak" ■ Integracyjne mechanizmy percepcji ■ Plastyczność kory wzrokowej ■ Podobieństwa organizacji różnych układów sensorycznych ■ Współdziałanie zmysłów ■ Podsumowanie

---

## 8.1. Wprowadzenie

Dość powszechny jest pogląd, że nasze doznania percepcyjne stanowią dokładne odzwierciedlenie zewnętrznego świata i powstają niemal automatycznie, na skutek pobudzenia zmysłów przez różnorodne bodźce. Wystarczy jednak uzmysłowić sobie, jak wiele zjawisk otaczającej nas rzeczywistości pozostaje przez nas niedostrzeżonych oraz jak często to, co dostrzegamy, różni się od wrażeń doznawanych przez innych ludzi, by dojść do wniosku, że nasza percepcja jedynie w części wynika z pobudzenia układów sensorycznych. Informacje docierające ze zmysłów stanowią bowiem tylko materiał, z którego mózg „tka" kobierzec naszych wrażeń. Właściwy deseń powstaje dzięki temu, że mózg nieustannie interpretuje docierające do niego informacje w świetle dotychczasowej wiedzy oraz komponuje ze sobą wszystkie te elementy w taki sposób, by układały się w harmonijną całość. Złożone doznania ruchu, barwy, dźwięku czy dotyku, jakich doświadczamy, nie są więc jedynie prostym zapisem zjawisk zewnętrznych, lecz pewnymi psychicznymi konstruktami powstałymi w naszym mózgu. Noszą one znamię wewnętrznej organizacji mózgu oraz zmian, jakie się w nim dokonują pod wpływem doświadczeń. Można więc powiedzieć, że procesy percepcji są raczej procesami tworzenia niż odtwarzania. Ten sam obraz mężczyzny pojawiającego się w polu widzenia będzie postrzegany zupełnie inaczej przez różne osoby, w zależności od tego, kim one są, jakie

**171**

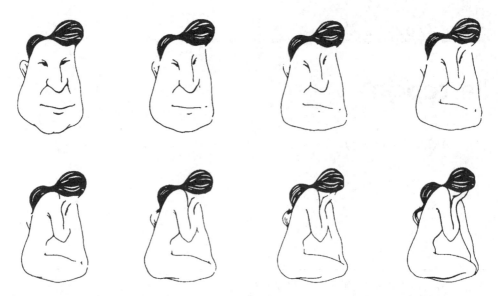

**Ryc. 8.1.** Twarz czy kobieta? Zależność percepcji od nastawienia. (Wg: Atteneave. W: *Recent Progress in Perception, Readings from Scientific American*. W.H. Freeman and Company, 1976, zmodyf.)

mają doświadczenia życiowe, jakie relacje łączą je z nadchodzącym mężczyzną oraz czym w danym momencie się zajmują, mimo że obraz powstający na siatkówkach ich oczu będzie bardzo podobny.

Analiza tego, co dociera do mózgu, jest procesem daleko wybiegającym poza dostarczone informacje. Postrzegany przez nas obraz rzeczywistości nie jest prostym jej odzwierciedleniem, lecz raczej interpretacją. Interpretacja ta powstaje w wyniku ciągłego formułowania hipotez, które są następnie weryfikowane na podstawie nowych informacji. Oczywiście hipotezy te nie są przypadkowe, lecz opierają się na całym naszym wcześniejszym doświadczeniu. Proces weryfikacji kolejnych hipotez zachodzi na ogół bardzo szybko i często w ogóle nie uświadamiamy sobie jego poszczególnych faz. Istotne jest przy tym, że przyjęcie takiej lub innej hipotezy wpływa zarówno na sposób, w jaki dokonujemy percepcyjnego „badania" obiektu, jak też na sposób, w jaki dany obraz jest spostrzegany. Tezę tę dobrze ilustruje rycina 8.1: w zależności od tego, czy oglądanie obiektów, jakie ona przedstawia, rozpoczniemy od rysunku kobiety (prawy dolny), czy też twarzy (lewy górny), kolejne obiekty w szeregu będziemy spostrzegać raczej jako kobietę bądź raczej jako twarz.

Zdolność mózgu do wykorzystywania w procesie percepcji wcześniejszych doświadczeń umożliwia człowiekowi prawidłową interpretację zdarzeń oraz podejmowanie decyzji i działań adekwatnych do sytuacji, w jakiej się znajduje.

Od najdawniejszych czasów ludzi interesowało, w jaki sposób dochodzi do powstania wrażeń percepcyjnych. I choć pewne podstawowe fakty dotyczące fizjologii i budowy układów percepcyjnych znane były już w XIX wieku, dopiero w ostatnich latach, dzięki wprowadzeniu nowoczesnych metod badania mózgu, zbliżyliśmy się do poznania organizacji systemów percepcyjnych oraz mechanizmów, jakie leżą u podłoża naszej percepcji. Stosunkowo największy postęp został osiągnięty w badaniach percepcji wzrokowej. Niniejszy rozdział został więc poświęcony przede wszystkim zagadnieniu, jak przebiegają procesy analizy bodźców w układzie wzrokowym oraz w jaki sposób procesy te prowadzą do powstania określonych doznań percepcyjnych.

Ponieważ inne układy percepcyjne wykazują bardzo wiele podobieństw do wzroku, końcowa część rozdziału przedstawia ogólne prawidłowości rządzące powstawaniem doznań percepcyjnych o różnych modalnościach.

# 8.2. Struktury i drogi wzrokowe

## 8.2.1. Oko

Ludzie, jak większość zwierząt aktywnych w czasie dnia, w znacznym stopniu opierają się na informacjach wzrokowych. Narządem, który odbiera sygnały wzrokowe jest oko (ryc. 8.2). Zawiera ono szereg wyspecjalizowanych tkanek i struktur zapewniających dobre widzenie w zmieniających się warunkach otoczenia. Zewnętrzną warstwę gałki ocznej stanowi rogówka. Po przejściu przez rogówkę światło jest częściowo zatrzymywane przez nieprzejrzystą tęczówkę (zabarwioną różnie u różnych ludzi), a tylko jego niewielka część przedostaje się przez mały otwór — źrenicę. W jaskrawym oświetleniu źrenica ulega zmniejszeniu, co zapobiega oślepieniu światłem. Bezpośrednio za tęczówką znajduje się soczewka, której kształt jest

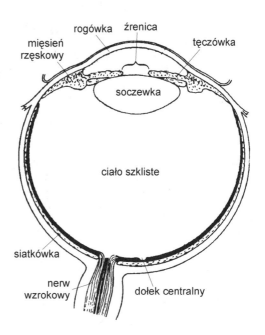

**Ryc. 8.2.** Budowa oka

regulowany przez przyczepiony do niej mięsień rzęskowy. Dzięki zmianie promienia krzywizny soczewki stopień załamania przechodzących przez nią promieni świetlnych jest różny. Ma to zasadnicze znaczenie dla zapewnienia ostrego widzenia przedmiotów znajdujących się w różnej odległości od obserwatora. Proces dopasowywania kształtu soczewki do odległości widzianych przedmiotów nosi nazwę akomodacji. Po przejściu przez układ optyczny oka promienie świetlne docierają do siatkówki, gdzie tworzą mały, odwrócony obraz widzianych przedmiotów.

Siatkówka jest cienką płytką złożoną z komórek nerwowych oraz światłoczułych receptorów — czopków i pręcików (ryc. 8.3). Liczbę czopków i pręcików w siatkówce jednego oka człowieka szacuje się na ok. 130 mln. Komórki te zawierają światłoczułe barwniki, które pod wpływem światła ulegają „wybieleniu". Ilość rozłożonego barwnika jest zależna od siły światła i wyznacza siłę reakcji (częstotliwość impulsacji) komórek nerwowych. Wrażliwość receptorów na światło jest wprost proporcjonalna do ilości barwnika, czyli zależy od stanu adaptacji do światła. Przebywanie w ciemności zwiększa tę wrażliwość.

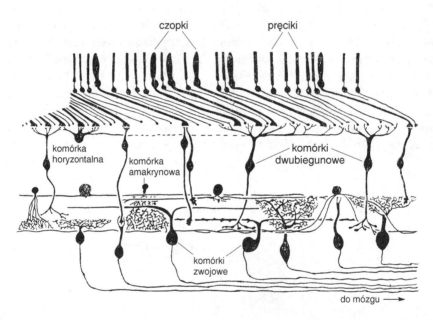

**Ryc. 8.3.** Budowa siatkówki. Siatkówka oka składa się z kilku warstw. Czopki i pręciki stanowią warstwę receptorową. Reakcje chemiczne zachodzące w receptorach pod wpływem światła prowadzą do pobudzenia kolejnych warstw neuronów zawierających komórki dwubiegunowe, horyzontalne i amakrynowe. Ostatnią warstwę stanowią komórki zwojowe przesyłające informacje do mózgu. (Wg: Young. *Programy mózgu*. PWN, 1984, zmodyf.)

Czopki znajdują się głównie w części centralnej siatkówki, gdzie są bardzo gęsto upakowane. Zapewnia to wysoką rozdzielczość widzenia obrazów w tym obszarze siatkówki. Czopki reagują z różną siłą na światło o różnej barwie. Istnieją trzy typy czopków, z których każdy wykazuje największą wrażliwość na różne długości fal, odpowiadające w przybliżeniu światłu niebieskiemu, zielonemu i czerwonemu

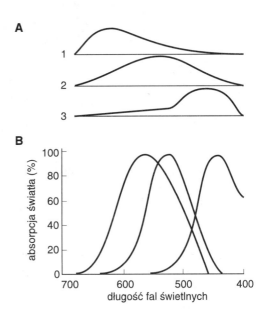

**Ryc. 8.4.** Wrażliwość 3 typów receptorów na światło o różnej długości fal. **A** — przewidywania Helmholtza; **B** — współczesne dane

(ryc. 8.4B). Zauważmy, że specjalizacja czopków w wykrywaniu światła o różnej barwie jest względna: reagują one niemal zawsze, gdy oświetli je światło o wystarczającej intensywności; wielkość ich reakcji będzie jednak różna w zależności od długości fal, jakie to światło zawiera. Z kolei pręciki mieszczą się zarówno w centrum, jak i na peryferii siatkówki i są rzadziej rozmieszczone. Wykazują one szczególną wrażliwość na słabe światło (stwierdzono, że w optymalnych warunkach nawet pojedynczy foton światła może zostać zarejestrowany przez pręciki). Światło o bardzo niskiej intensywności pobudzi jedynie pręciki; nie będziemy wówczas w stanie określić jego barwy. Światło o większej intensywności pobudzi wszystkie typy receptorów; siła reakcji poszczególnych typów czopków będzie jednak różna, w zależności od barwy tego światła.

Reakcje chemiczne zachodzące w komórkach receptorowych pod wpływem światła prowadzą do pobudzenia komórek nerwowych siatkówki. Mieszczą się one w kilku warstwach i są połączone złożoną siecią połączeń (ryc. 8.3). Sieć ta modyfikuje i przetwarza sygnały otrzymywane z receptorów, zanim zostaną one wysłane do wyższych struktur mózgowych. Neuronami wyjściowymi z siatkówki są komórki zwojowe, które otrzymują sygnały z receptorów za pośrednictwem komórek dwubiegunowych, horyzontalnych oraz amakrynowych (patrz niżej).

Komórki zwojowe są zawsze aktywne, a światło jedynie modyfikuje ich spontaniczną aktywność. Pola recepcyjne komórek zwojowych w części centralnej siatkówki są niewielkie (rzędu kilku minut kątowych), natomiast na peryferii siatkówki są one znacznie większe (rzędu 3 – 5 stopni kątowych). Mają one charakterystyczną koncentryczną budowę z okrągłym centrum i antagonistyczną w stosunku do niego otoczkę (ryc. 8.5). Wyróżnia się dwie klasy komórek zwojowych, w zależności od tego, jakie skutki wywołuje mała plamka oświetlająca centrum ich pola recepcyjnego. Jeśli komórka reaguje wzmożeniem aktywności (tj. wzrostem częstotliwości impul-

**A**  **B**

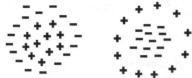

**Ryc. 8.5.** Pola recepcyjne komórek zwojowych siatkówki. **A** — komórki włączeniowe; **B** — komórki wyłączeniowe (objaśnienie w tekście)

sacji), mamy do czynienia z komórką typu włączeniowego (ang. on-center). Komórki włączeniowe reagują zmniejszeniem aktywności przy oświetleniu światłem otoczki. Drugi typ komórek to komórki wyłączeniowe (ang. off-center). Reagują one odwrotnie: oświetlenie centrum pola recepcyjnego prowadzi do zahamowania ich aktywności, oświetlenie zaś otoczki — do wzrostu aktywności. Ze względu na przeciwstawną organizację centrów i otoczek pól recepcyjnych komórek zwojowych oświetlenie równomiernym światłem całego obszaru pola prowadzi jedynie do niewielkiego pobudzenia tych komórek. Siła reakcji komórki jest bowiem wprost proporcjonalna do różnicy oświetlenia centrum i otoczki. Zasadniczą funkcją komórek siatkówki jest wzmacnianie wszelkich informacji o kontraście. Ma to podstawowe znaczenie dla wykrywania obiektów. Komórki włączeniowe reagują wzmożoną impulsacją na wzrost oświetlenia, komórki wyłączeniowe zaś, na spadek oświetlenia.

Dość powszechnie przyjmuje się, że układ wzrokowy zawiera wyspecjalizowane drogi, zajmujące się analizą różnych aspektów obrazów wzrokowych takich, jak barwa, ruch czy kształt, oraz że drogi te rozpoczynają się już w siatkówce. W każdym rejonie siatkówki znajduje się szereg funkcjonalnie zróżnicowanych podtypów komórek zwojowych, otrzymujących informacje z tych samych receptorów. U naczelnych wyróżnia się dwa takie zasadnicze podtypy: komórki M i P. Obydwa podtypy zawierają zarówno komórki włączeniowe, jak i wyłączeniowe. Komórki M są duże (M — magno) i mają rozgałęzione drzewka dendrytyczne. Komórki P (P — parvo) są małe i mają mniej rozbudowane dendryty. Komórki M mają duże pola recepcyjne i reagują krótkotrwałą odpowiedzią na pojawienie się bodźca (dlatego też nazywa się je komórkami fazowymi — por. rozdz. 3). Najbardziej adekwatne dla ich pobudzenia są duże, poruszające się obiekty. Komórki P mają mniejsze pola recepcyjne, a ich odpowiedź trwa dłużej. Większość z nich jest wrażliwa na barwę w tym sensie, że centra i otoczki ich pól recepcyjnych działają przeciwstawnie w odniesieniu do niektórych barw. Będzie o tym jeszcze mowa w dalszej części rozdziału.

Komórki dwubiegunowe oraz horyzontalne i amakrynowe służą przede wszystkim jako przekaźniki informacji z fotoreceptorów do komórek zwojowych. Odgrywają one istotną modulującą rolę, dzięki złożonemu systemowi połączeń. System ten opiera się na zasadzie, że każda komórka zbiera informacje z szeregu fotoreceptorów. Czopki znajdujące się w centrum pola recepcyjnego danej komórki zwojowej mają bezpośrednie połączenia z komórkami dwubiegunowymi, które z kolei bezpośrednio łączą się z komórką zwojową. Sygnały pochodzące z czopków znajdujących się w obszarze otoczki z kolei są przekazywane do komórki zwojowej za pośrednictwem komórek horyzontalnych i amakrynowych. Komórki dwubiegunowe, podobnie jak komórki zwojowe, mają koncentryczne pola recepcyjne zawierające przeciwstawne centrum i otoczkę. Komórki dwubiegunowe typu włączeniowego mają połączenia pobudzające z tego samego typu komórkami zwojowymi.

## 8.2.2. Ciało kolankowate boczne

Sygnały nerwowe z komórek zwojowych są przekazywane bezpośrednio do jądra wzgórza zwanego ciałem kolankowatym bocznym (ang. lateral geniculate nucleus, LGN), a następnie do kory wzrokowej mieszczącej się w części potylicznej mózgu. Struktury te odgrywają zasadniczą rolę w powstawaniu wrażeń wzrokowych. Po drodze część włókien (ok. 10%) odgałęzia się biegnąc do poduszki (ang. pulvinar), stanowiącej jedno z jąder wzgórza, oraz do wzgórków czworaczych górnych (ang. superior colliculli), które sterują ruchami oczu oraz mają istotne znaczenie dla lokalizacji bodźców wzrokowych. Włókna wychodzące z siatkówki biegną w nerwach wzrokowych, po drodze ulegając częściowemu skrzyżowaniu w miejscu zwanym skrzyżowaniem wzrokowym. Skrzyżowaniu ulegają tylko włókna mające swój początek w przynosowych połówkach siatkówek; włókna z części przyskroniowych nie krzyżują się. W efekcie, ciało kolankowate boczne oraz kora wzrokowa leżące w lewej półkuli

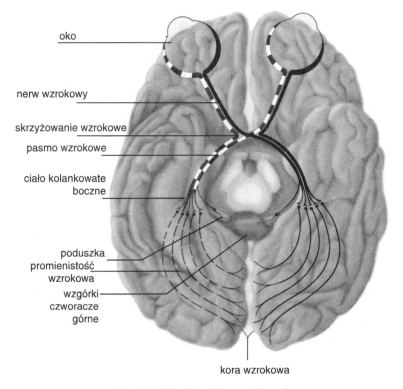

oko

nerw wzrokowy

skrzyżowanie wzrokowe

pasmo wzrokowe

ciało kolankowate boczne

poduszka
promienistość wzrokowa
wzgórki czworacze górne

kora wzrokowa

**Ryc. 8.6.** Przebieg dróg wzrokowych

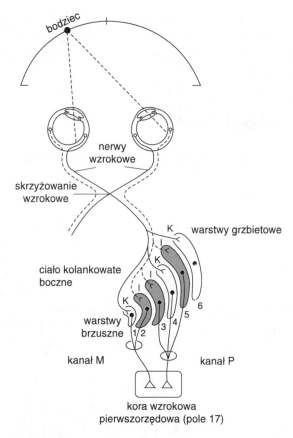

**Ryc. 8.7.** Warstwy ciała kolankowatego bocznego. I — warstwy mające wejście z oka ipsilateralnego (leżącego po tej samej stronie); K — warstwy mające wejście z oka kontralateralnego (leżącego po stronie przeciwnej). Drogi ipsilateralne zaznaczono linią przerywaną, drogi kontralateralne — linią ciągłą. Kanał M — kanał wielkokomórkowy; kanał P — drobnokomórkowy. (Wg: Mason i Kandel. W: Kandel i in. (red.) *Princples of Neural Science*. Appleton & Lang, Norwalk 1991, 1137 s., zmodyf.)

odbierają sygnały wzrokowe tylko z prawej części pola widzenia, struktury zaś leżące w prawej półkuli otrzymują informacje z lewej części pola widzenia (ryc. 8.6).

Zarówno ciało kolankowate boczne, jak i kora wzrokowa charakteryzują się retinotopową* organizacją oraz zawierają szereg warstw, w skład których wchodzą odmienne typy komórek nerwowych o zróżnicowanym funkcjonalnie znaczeniu (istnieją znaczne różnice pomiędzy warstwami LGN i kory). W ciele kolankowatym bocznym dwie warstwy (1 i 2) leżące od strony brzusznej zawierają komórki duże, otrzymujące wejścia z komórek siatkówki typu M (ryc. 8.7). Są to tak zwane warstwy wielkokomórkowe (magnocelularne). Cztery warstwy leżące po stronie grzbietowej (3 – 6) to warstwy drobnokomórkowe (parvocelularne), otrzymujące sygnały z małych

---

* Retinotopowa organizacja oznacza, że określonym, sąsiadującym ze sobą obszarom na siatkówce odpowiadają określone, sąsiadujące ze sobą obszary w korze wzrokowej.

komórek siatkówkowych typu P. Dana warstwa ma wejścia tylko z jednego oka — lewego lub prawego. Segregacja komórek zaangażowanych w detekcję różnego typu informacji, zapoczątkowana na poziomie siatkówkowym, jest tu więc jeszcze bardziej widoczna, gdyż funkcje drogi wielkokomórkowej (M) i drobnokomórkowej (P) są zróżnicowane. Droga wielkokomórkowa jest szczególnie dobrze przystosowana do przekazywania informacji o dynamicznych zmianach obrazu (zwłaszcza o ruchu), podczas gdy droga drobnokomórkowa specjalizuje się w przekazie informacji dotyczącej kształtu oraz barwy. U zwierząt uszkodzenie drobnokomórkowych warstw LGN prowadzi do zaburzeń rozróżniania barw, którym, zgodnie z oczekiwaniem, towarzyszy zaburzenie widzenia kształtów. Ten podział do pewnego stopnia zostaje zachowany w korze wzrokowej, gdzie poszczególne części pól wzrokowych lub nawet całe pola wykazują specjalizację w zakresie rodzaju informacji wzrokowej, jaką przetwarzają.

Pola recepcyjne komórek ciała kolankowatego bocznego, podobnie jak komórki zwojowe siatkówki, mają koncentryczną budowę z centrami i otoczkami o przeciwstawnym funkcjonalnie znaczeniu. Ciało kolankowate boczne zawiera zarówno komórki włączeniowe, jak i wyłączeniowe o właściwościach zbliżonych do właściwości komórek zwojowych siatkówki. Wykazują więc one szczególną czułość na wszelkie zmiany kontrastu. Warto zauważyć, że większość (80 – 90%) wejść, jakie otrzymuje ciało kolankowate boczne, pochodzi z innych rejonów mózgu, głównie z kory. Połączenia te modulują sygnały płynące z siatkówki (por. rozdz. 25).

## 8.2.3. Wzgórki czworacze górne i poduszka

W dotychczasowych rozważaniach koncentrowaliśmy się na głównym szlaku wzrokowym zawierającym 90% włókien przewodzących informację z siatkówki poprzez ciało kolankowate boczne do kory wzrokowej. Oprócz tej drogi istnieje filogenetyczna starsza droga wiodąca przez poduszkę i wzgórki czworacze górne. To, że droga ta jest starsza i zawiera znacznie mniej włókien, nie oznacza, że jest ona mniej ważna. Pełni ona jednakże inne funkcje niż droga wiodąca przez LGN.

Wielu autorów sądzi, że droga ta służy do lokalizacji obiektów oraz do kontroli ruchów oczu. Ta szczególna rola drogi wiodącej przez wzgórki czworacze została potwierdzona w licznych badaniach na zwierzętach oraz u ludzi z uszkodzeniami mózgu zlokalizowanymi w śródmózgowiu: typowym objawem takich uszkodzeń jest utrata zdolności do generowania ruchów oczu. Droga wiodąca przez wzgórki czworacze stanowi system zapewniający szybką orientację w nowo pojawiających się bodźcach oraz przygotowujący odpowiednie ruchy oczu w kierunku tego bodźca. Droga wiodąca przez ciało kolankowate służy natomiast dokładnej analizie samego bodźca.

Oczywiście, w normalnych warunkach, oba szlaki — ten, wiodący przez wzgórki czworacze i ten, prowadzący przez ciało kolankowate boczne współpracują ze sobą. Ma to szczególne znaczenie wówczas, gdy bodziec pojawia się na peryferii pola widzenia i trzeba wykonać w jego kierunku ruch oczu, by umieścić go w polu najostrzejszego widzenia, a następnie przeanalizować i zidentyfikować za pomocą mechanizmów drogi kolankowatej.

## 8.2.4. Kora wzrokowa

Tradycyjnie korę wzrokową można podzielić na korę pierwszorzędową i drugorzędową. Kora pierwszorzędowa (zajmująca pole 17 wg Brodmana — por. ryc. 6.7), zwana jest inaczej korą prążkowaną (ang. striate) lub V1. Otrzymuje ona głównie wejścia z ciała kolankowatego bocznego, przy czym wejścia te mają uporządkowany charakter, tj. określone rejony i warstwy ciała kolankowatego wysyłają projekcję do określonych rejonów i warstw kory wzrokowej. Kora drugorzędowa składa się z wielu pól, w tym: V2 i V3 mieszczących się w polu 18 wg Brodmana oraz V4 i V5, zwanego także MT (ang. middle-temporal), oraz V5A (MST — ang. medial superior temporal) mieszczących się w polu 19 wg Brodmana. Umiejscowienie różnych pól wzrokowych w mózgu małpy zostało pokazane na rycinie 8.8. Każde z tych pól zawiera oddzielną reprezentację powierzchni recepcyjnej siatkówki i specjalizuje się w analizie różnych aspektów informacji wzrokowej, takich jak barwa, kształt oraz ruch i głębia (patrz następne podrozdziały). Poszczególne pola kory drugorzędowej otrzymują sygnały z odrębnych rejonów kory pierwszorzędowej, zaangażowanych w podobne funkcje. Stwierdzono również, że obszary mózgu leżące głównie w okolicach ciemieniowych

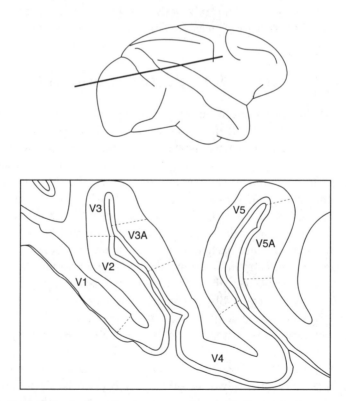

**Ryc. 8.8.** Lokalizacja pól wzrokowych w mózgu małpy na przekroju poprzecznym prawej półkuli. Płaszczyznę cięcia pokazano w górnej części rysunku. Pola V5 i V5A nazywane są również MT i MST (objaśnienie w tekście)

180

i skroniowych, a więc poza rejonem tradycyjnie uważanym za korę wzrokową, również odgrywają bardzo istotną rolę w analizie określonych aspektów bodźców wzrokowych.

Szczególnie wiele informacji o organizacji kory wzrokowej przyniosły badania elektrofizjologiczne D. Hubla i T. Wiesla, za które badacze ci otrzymali Nagrodę Nobla. Wykazali oni, że pola recepcyjne neuronów kory wzrokowej, w przeciwieństwie do neuronów siatkówki i ciała kolankowatego bocznego, mają kształt prostokątny, a granica pomiędzy obszarami pobudzającymi i hamującymi przebiega wzdłuż linii prostej o różnym nachyleniu (ryc. 8.9). Wyjątek od tej reguły stanowią neurony tworzące w korze tzw. „plamki", zaangażowane w percepcję barwy. Małe, okrągłe bodźce świetne, które stanowiły najbardziej efektywny bodziec dla neuronów znajdujących się na niższych piętrach układu wzrokowego, są mniej efektywne w przypadku neuronów korowych (z wyjątkiem neuronów znajdujących się w „plamkach"). Reagują one natomiast intensywnie na bodźce typu pałeczek o różnym nachyleniu. Reakcja jest tym silniejsza, im bardziej nachylenie bodźca odpowiada nachyleniu linii dzielącej obszary pobudzeniowe i hamulcowe ich pól recepcyjnych. Hubel i Wiesel stwierdzili, że komórki pierwotnej kory wzrokowej można za-klasyfikować bądź jako proste, bądź złożone. Komórki proste mają stosunkowo niewielkie pola recepcyjne i odpowiadają wzrostem aktywności na pałeczki o okre-ślonym nachyleniu jedynie wówczas, gdy znajdą się one dokładnie w miejscu odpowiadającym obszarowi pobudzającemu ich pola recepcyjnego. Komórki złożone zaś mają pola recepcyjne większe, o mniej precyzyjnie zdefiniowanych obszarach pobudzających i hamujących. Reagują one również na bodźce o ściśle określonym nachyleniu, niemniej ich reakcja w mniejszym stopniu zależy od miejsca położenia

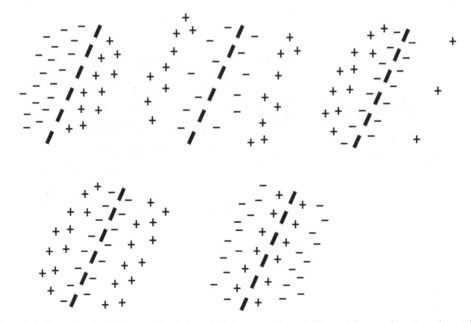

**Ryc. 8.9.** Organizacja pól recepcyjnych komórek kory wzrokowej. Na rycinie przedstawiono komórki reagujące na to samo nachylenie bodźca

bodźca w ramach ich pola recepcyjnego. D. Hubel i T. Wiesel założyli, że każda z komórek prostych otrzymuje wejścia z wielu komórek ciała kolankowatego bocznego, których koncentryczne pola recepcyjne tworzą na siatkówce linię prostą. Z kolei każda z komórek złożonych otrzymuje wejścia z wielu komórek prostych reagujących specyficznie na takie samo nachylenie bodźca.

Komórki pierwszorzędowej kory wzrokowej (oprócz tych, znajdujących się w „plamkach") wykazują wrażliwość na ruch bodźca. Najsilniej reagują wówczas, gdy ruch odbywa się w kierunku prostopadłym do nachylenia ich pól recepcyjnych.

Wprawdzie badania Hubla i Wiesla wskazywały, że neurony kory pierwszorzędowej reagujące na bodźce typu pałeczek „wykrywają" przede wszystkim linie i krawędzie obrazu, późniejsze prace zwróciły uwagę na jeszcze inny aspekt specjalizacji kory wzrokowej. Wykazano, że neurony tej kory reagują silnymi wyładowaniami na bodźce typu sinusoidalnych czarno-białych prążków o określonym nachyleniu. Różne neurony specjalizują się przy tym w detekcji prążków o różnej częstotliwości przestrzennej (odpowiadającej subiektywnemu wrażeniu „gęstości" prążków), których przykłady przedstawiono na rycinie 8.10. Neurony te mają pola recepcyjne zawierające powtarzające się obszary pobudzające i hamujące, odzwierciedlające profil prążków, a więc również ich nachylenie, a nie tylko częstotliwość. Można zadać pytanie, jaka jest przydatność tego typu neuronów dla analizy obrazów wzrokowych? Zwróćmy uwagę, że małe obiekty, detale czy ostre krawędzie (przejścia) obrazu to wszystko są elementy, które charakteryzują się dużą zawartością wysokich częstotliwości przestrzennych, duże zaś obszary czy obiekty zawierające niewiele drobnych elementów charakteryzują się dużą zawartością niskich częstotliwości przestrzennych. Obraz, z którego usunięto wysokie częstotliwości, wygląda jak rozmyty czy nieostry. Wiele badań wykazało, że analiza częstotliwości przestrzennych odgrywa podstawową rolę w percepcji wzroko-

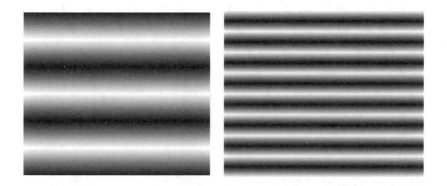

Ryc. 8.10. Sinusoidalne prążki o różnej częstotliwości przestrzennej

wej, a kanały wielkokomórkowy i drobnokomórkowy specjalizują się, odpowiednio, w przetwarzaniu niskich i wysokich częstotliwości.

Komórki reagujące na dane nachylenie bodźca tworzą w korze pierwotnej kolumny prostopadłe do powierzchni kory. W każdej takiej kolumnie znajdują się zarówno komórki proste, jak i złożone. Niektórzy autorzy uważają, że komórki złożone danej kolumny otrzymują wejścia z komórek prostych tej samej kolumny. Stwierdzono, że kolumny leżące blisko siebie reagują na bodźce o podobnych nachyleniach (bodźce specyficzne dla sąsiednich kolumn różnią się w nachyleniu w przybliżeniu o 10°). Współczesne metody autoradiograficzne pozwalają na wizualizację kolumn nachylenia, które pierwotnie wykryto za pomocą metod elektrofizjologicznych. Obraz taki uzyskuje się zwykle dzięki podawaniu zwierzęciu znakowanej radioaktywnie 2-deoksyglukozy. Komórki aktywne zużywają w procesach

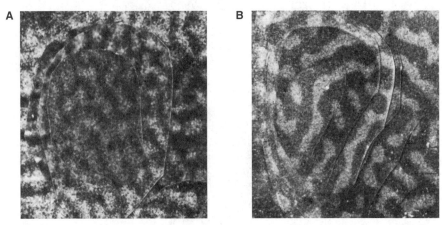

**Ryc. 8.11.** Kolumny nachylenia (**A**) i dominacji ocznej (**B**) uwidocznione metodą autoradiografii (opis w tekście). (Wg: Hubel i in. *J. Comp. Neurol.* 1978, 177: 361–379, zmodyf.)

metabolicznych więcej tej substancji. Jeśli więc podamy zwierzęciu 2-deoksyglukozę, a następnie będziemy eksponować obrazki zawierające elementy o określonym nachyleniu, kolumny odpowiadające temu nachyleniu zabsorbują jej więcej i można będzie je następnie zobaczyć na kliszy (ryc. 8.11A).

Kolumny „nachylenia" nie stanowią jednak jedynych jednostek funkcjonalnych w korze. Oprócz nich wyróżniono bowiem kolumny dominacji ocznej, reagujące silniej na informacje napływające bądź z lewego, bądź z prawego oka (ryc. 8.11B). Prace prowadzone w ostatnich latach za pomocą nowoczesnych metod badania metabolicznej aktywności różnych struktur mózgowych wykazały ponadto, że również komórki nerwowe związane z percepcją barwy tworzą w mózgu swoiste zespoły zorganizowane w tzw. plamki. „Plamki" te (ang. blobs) kształtem przypominają małe walce i są przemieszane z kolumnami nachylenia w poszczególnych warstwach kory (oprócz warstw 4B i 4Cα, gdzie nie występują). Każda taka „plamka" mieści się w środku każdej z kolumn dominacji ocznej. Komórki leżące wewnątrz tych „plamek" reagują na barwę, nie wykazując specyficznej odpowiedzi na nachylenie bodźca. Komórki leżące poza „plamkami" reagują odwrotnie, tj. nie są wrażliwe na barwę, a ich reakcja jest uzależniona od nachylenia bodźca. Kolumnowa organizacja kory została schematycznie zilustrowana na rycinie 8.12.

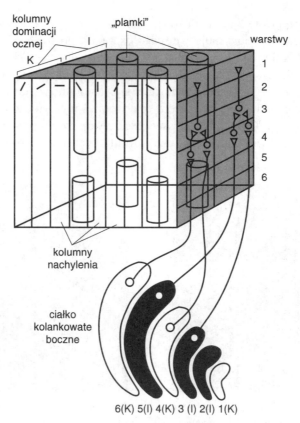

**Ryc. 8.12.** Schematyczny obraz kolumn w korze wzrokowej. Komórki znajdujące się w kolumnach dominacji ocznej reagują silniej bądź na wejście z oka leżącego tożstronnie (ipsilateralnie — I), bądź przeciwstronnie (kontralateralnie — K). Komórki leżące w kolumnach nachylenia reagują na to samo nachylenie bodźca (różne kolumny zaznaczono na rycinie kreskami o różnym nachyleniu). Komórki związane z percepcją barwy (tzw. plamki) tworzą w korze kolumny przypominające kształtem małe walce. (Wg: Mason i Kandel. W: Kandel i in. (red.) *Principles of Neural Science.* Appleton & Lang, Norwalk 1991, zmodyf.)

Komórki złożone kory wzrokowej odpowiadają specyficznie na określony kierunek oraz prędkość poruszania się bodźca. Z reguły najsilniejszą odpowiedź neuronu uzyskuje się w sytuacji, gdy bodziec porusza się w kierunku prostopadłym do linii dzielącej obszar pobudzający i hamujący jego pola recepcyjnego. W korze wzrokowej mieszczą się też neurony związane z detekcją stereoskopowej głębi. Ich reakcja zależna jest od stopnia przesunięcia obrazu na siatkówkach oczu, czyli od tzw. niezgodności (ang. disparity), efektu powstającego zawsze wówczas, gdy patrzymy na obiekty znajdujące się w różnej odległości od nas. Efekt ten zostanie dokładniej omówiony w podrozdziale dotyczącym stereoskopowego widzenia głębi.

Warto sobie uświadomić, że cały ten skomplikowany system organizacji kory pierwszorzędowej zachowuje ścisłą odpowiedniość pomiędzy poszczególnymi punktami siatkówki. Funkcjonalnie kora ta jest podzielona na około 2500 maleńkich

(0,5 × 0,7mm) modułów, zawierających około 150 000 neuronów. Na każdy taki moduł składa się jedna „plamka" (w której neurony są wrażliwe na barwę oraz niskie częstotliwości przestrzenne) oraz otaczający ją region, w którym neurony są wrażliwe na nachylenie, ruch, częstotliwość przestrzenną i binokularną „disparity". Każda połówka modułu otrzymuje wejścia z jednego oka, ale połączenia pomiędzy neuronami powodują zespolenie informacji z obu oczu i w efekcie większość neuronów ma charakter binokularny. Z powyższego wynika, że neurony w każdym takim module są przeznaczone do analizy różnych cech obrazu zawartych w jednym maleńkim obszarze pola wzrokowego. Każdy moduł „widzi" więc tylko to, co dzieje się w niewielkim obszarze. Wprawdzie wszystkie one razem otrzymują informację z całego pola widzenia, niemniej musi istnieć jakaś struktura w mózgu, która integruje informacje z kory pierwszorzędowej. Taką funkcję pełnią pola wzrokowe wyższego rzędu mające znacznie większe pola recepcyjne z mniej wyraźnymi granicami pomiędzy nimi. Neurony w tych polach mogą nawet odpowiadać na bodźce z całego obszaru widzenia. Jak się przekonamy, tu również zachowana jest w pewnym stopniu specjalizacja i odrębność przetwarzania różnych aspektów obrazu wzrokowego. Poniżej opisano dalsze etapy analizy informacji wzrokowej, charakteryzując funkcjonalne znaczenie niektórych spośród kilkudziesięciu odkrytych pól wzrokowych, z których każde stanowi oddzielną reprezentację siatkówki, lecz pełni nieco odmienne, choć nie do końca poznane funkcje. O specjalizacji poszczególnych pól kory drugorzędowej w percepcji różnych aspektów informacji wzrokowej będzie jeszcze mowa w dalszej części rozdziału, gdzie zostaną przytoczone m.in. badania dotyczące skutków wybiórczych uszkodzeń mózgu w tych rejonach. A jakie konsekwencje dla widzenia ma uszkodzenie pierwszorzędowej kory wzrokowej?

Istnieją liczne dowody wskazujące, że uszkodzenie takie u człowieka prowadzi do dramatycznych skutków w postaci bądź całkowitej utraty widzenia, bądź ubytków w pewnym obszarze pola widzenia, zależnie od rozległości uszkodzenia. Pacjenci nie są w stanie dostrzec niczego, co pojawia się w ich „ślepym" obszarze. L. Weiskrantz dowiódł jednakże, że wielu pacjentów z „korową ślepotą" widzi w istocie więcej, niż im się wydaje. Prezentował on swoim pacjentom plamki świetlne, po których następował dźwięk. Zadaniem pacjentów było poruszanie oczami w kierunku pojawiającej się plamki. Zadanie to było banalne, gdy bodziec pojawiał się w nie zaburzonym obszarze widzenia. Jednakże, gdy plamkę eksponowano w obszarze ślepym, zadanie to stawało się absurdalne, gdyż proszeni oni byli o kierowanie wzroku ku bodźcom, których w ogóle nie dostrzegali. Skłonieni przez eksperymentatora do zgadywania, wykonywali jednakże swoje zadanie znacznie lepiej niż na poziomie losowym. Weiskrantz stosował także próby kontrolne, w których pojawiał się tylko dźwięk. Oczywiście pacjenci nie byli tego świadomi. W tych próbach kierowali oni wzrok w różnych kierunkach w sposób losowy.

Szczególną zdolność do „widzenia mimo ślepoty" nazwał Weiskrantz ślepowidzeniem (ang. blindsight). Należy zaznaczyć, że przejawiali ją tylko niektórzy pacjenci z uszkodzeniami kory wzrokowej. Istnieje w literaturze nie rozstrzygnięta dyskusja, czy ślepowidzenie wynika z tego, że uszkodzenie kory wzrokowej jest niekomopletne, czy też z tego, że lokalizacja bodźców jest zależna od drogi biegnącej przez wzgórki czworacze i może odbywać się przy braku identyfikacji bodźca, a nawet przy braku świadomości jego istnienia. Ciekawe, że (jak dowiedziono za pomocą PET) nawet przy całkowitym uszkodzeniu kory V1 w jednej półkuli, poruszające się bodźce wywołują pobudzenie w V5 po tej samej stronie. Autorzy są zdania, że wzgórki czworacze górne i poduszka mają bezpośrednie połączenia z polami wzrokowymi wyższego rzędu (przede wszystkim V2 i V5).

Informacja z V1 przekazywana jest do V2. Za pomocą metod histochemicznych (barwienie na oksydazę cytochromową) w polu V2 wykryto obszary mające postać szerokich i wąskich pasków zawierających dużą ilość tego enzymu, i w związku z tym ulegających silnemu zabarwieniu, oraz jasnych, słabo barwiących się pasków. Każdy z tych obszarów ma inne funkcjonalne znaczenie i otrzymuje wejścia z innych obszarów kory pierwszorzędowej. Neurony leżące wewnątrz szerokich pasków są związane przede wszystkim z percepcją ruchu i głębi. Neurony leżące wewnątrz wąskich pasków specjalizują się w analizie barwy, a komórki znajdujące się w słabo barwiących się paskach mają zasadnicze znaczenie dla percepcji kształtu. Każdy z tych wyspecjalizowanych regionów pola V2 wysyła aksony do innych pól wyższego rzędu, tj. V3, V4, V5, zwanego inaczej MT (ang. middle temporal), oraz V5A zwanego MST (ang. medial superior temporal), które specjalizują się w analizie różnych aspektów bodźców wzrokowych, a następnie do dolnej kory skroniowej i tylnej kory ciemieniowej, które również uczestniczą w percepcji wzrokowej. Uważa się, że pole V4 odgrywa zasadniczą rolę w percepcji barwy oraz kształtu, a pole V3 i MT (V5) i MST (V5A) — w percepcji ruchu i głębi. Pola te również cechuje kolumnowa organizacja, np. pole MT zawiera kolumny składające się z komórek wykazujących specyficzną odpowiedź na dany kierunek ruchu i nie odpowiadające na kierunek przeciwny.

Obszar dolnej kory skroniowej odgrywa zasadniczą rolę w percepcji kształtu. Tu bowiem znajdują się neurony reagujące na tak złożone bodźce, jak ręka czy twarz.

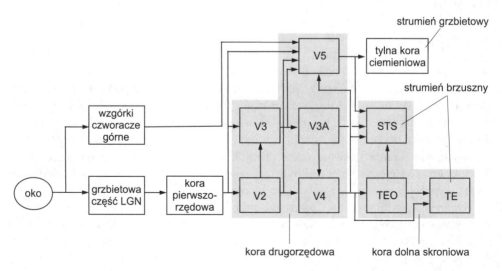

**Ryc. 8.13.** Organizacja struktur wzrokowych w mózgu

Interesujące jest przy tym, że inne neurony reagują na twarz widzianą *en face*, a inne z profilu. Komórki o podobnych właściwościach leżą blisko siebie, tworząc swoiste zespoły. Pola recepcyjne tych komórek są ogromne (czasem obejmujące całą siatkówkę). Tylna część kory ciemieniowej (pole 7a wg Brodmana) zajmuje się integracją informacji somatosensorycznych i wzrokowych, co ma podstawowe znaczenie zarówno dla wszelkich ruchów wykonywanych pod kontrolą wzroku, jak też dla poruszania się człowieka w otaczającym świecie.

Cały ten skomplikowany system połączeń pomiędzy strukturami wzrokowymi przedstawiono schematycznie na rycinie 8.13. O odrębności funkcjonalnej dróg wiodących do kory ciemieniowej i skroniowej (tzw. drogi „co" i „gdzie/jak") będzie jeszcze mowa.

# 8.3. Przetwarzanie informacji w układzie wzrokowym

Zarówno organizacja dróg przewodzących informację do kory wzrokowej, zapewniająca względną separację kanału wielkokomórkowego (M) i drobnokomórkowego (P), jak i istnienie wielu zróżnicowanych funkcjonalnie pól korowych wskazuje, że analiza różnych cech czy atrybutów bodźców wzrokowych takich jak kształt, barwa, ruch czy położenie przestrzenne (i głębia) dokonuje się w układzie wzrokowym w sposób równoległy. Liczne badania potwierdzają ten pogląd. Istnieje wiele dowodów wskazujących, że układ wzrokowy dokonuje analizy informacji w wyspecjalizowanych kanałach przystosowanych do przetwarzania jej określonych aspektów.

Skoro percepcja barwy, kształtu czy ruchu odbywa się w układzie wzrokowym w sposób równoległy, we względnie niezależnych kanałach, można oczekiwać, że uszkodzenie różnych struktur mózgowych zaangażowanych w te procesy powinno prowadzić do wybiórczych zaburzeń w zakresie percepcji różnych atrybutów obiektów wzrokowych. Zróżnicowanie funkcjonalne różnych struktur wzrokowych powinno też znaleźć swoje odbicie w badaniach prowadzonych za pomocą metod neuroobrazowania. W dalszej części rozdziału, obok mechanizmów neuronalnych leżących u podłoża widzenia, przedstawiono więc dane ukazujące skutki uszkodzenia struktur wzrokowych u zwierząt i ludzi oraz wyniki badań neuroobrazowania u osób zdrowych.

## 8.3.1. Percepcja ruchu

Wykrywanie ruchu w otaczającym świecie ma bardzo istotne znaczenie zarówno dla zwierząt, jak i dla człowieka i niejednokrotnie decyduje o przeżyciu. Umożliwia bowiem szybką reakcję na niebezpieczeństwo oraz zapewnia możliwość zdobywania pożywienia. Żaby np. w ogóle nie widzą nieruchomych przedmiotów i mogą zginąć z głodu, nawet jeśli wokół mają dostatek martwych much.

Obrazy na siatkówkach naszych oczu rzadko są stabilne. Wynika to zarówno z ruchu przedmiotów, jak i z tego, że sami poruszamy się w otaczającym nas świecie. Na dodatek nasze oczy wykonują nieustannie szereg różnych ruchów, służących z jednej strony do „badania" obiektów, poprzez umieszczanie kolejno różnych fragmentów obrazu w polu najostrzejszego widzenia, z drugiej zaś, do śledzenia poruszających się przedmiotów. Informacje o ruchu mogą być dwojakiego rodzaju: 1) gdy obraz przedmiotu przesuwa się po siatkówce oraz 2) gdy oczy poruszają się śledząc ruchome przedmioty. Gdy oczy pozostają nieruchome, obraz poruszającego się przedmiotu pobudza coraz to nowe miejsca na siatkówkach oczu. Układ nerwowy porównuje pozycję obrazu na siatkówkach w kolejnych momentach. Informacja ta stanowi podstawę wykrywania ruchu. Dowodem na istnienie takiego mechanizmu jest ruch pozorny, jaki dostrzegamy w sytuacji, gdy w dwóch niezbyt odległych od siebie miejscach siatkówki, w szybkim następstwie czasowym, pojawia się taki sam obiekt. Doświadczamy wówczas złudzenia, że obiekt przesunął się z jednego miejsca na drugie. Złudzenia to jest podstawą spostrzegania ruchu na filmie.

Gdy w polu widzenia znajdzie się poruszający się przedmiot, najczęściej odruchowo zaczynamy go śledzić. Informacja o ruchach gałek ocznych jest wykorzystywana do oceny zmian położenia tego przedmiotu. Ma ona również zasadnicze znaczenie dla właściwej oceny sygnałów płynących z siatkówek. Gdy poruszamy oczami, obrazy różnych, nawet nieruchomych przedmiotów, przesuwają się po siatkówce. W tej sytuacji jednak wcale nie odnosimy wrażenia, że cały świat się porusza. Sygnały płynące ze struktur mózgowych sterujących mięśniami oczu umożliwiają bowiem prawidłową interpretację ruchu obrazu po siatkówce.

Droga przewodząca informacje o ruchu rozpoczyna się w komórkach typu M w siatkówce i prowadzi poprzez wielkokomórkowe warstwy ciała kolankowatego bocznego do warstwy $4C\alpha$, 4B i 6 pola V1, a następnie do szerokich pasków V2, skąd przez V3 wiedzie do pól V5 (MT) i V5A (MST), leżących w płacie skroniowym (por. ryc. 8.8) oraz do pola 7a płata ciemieniowego (nie pokazane na ryc. 8.8). Neurony obszarów MT i MST mają z kolei połączenia z innymi częściami mózgu związanymi z ruchami oczu. Otrzymują one m.in. informacje ze szlaku wiodącego przez poduszkę i wzgórki czworacze górne, który, jak wspomniano, odgrywa istotną rolę w lokalizacji bodźców oraz w kontroli ruchów oczu.

Kanał wielkokomórkowy jest szczególnie przystosowany do przekazywania informacji o ruchu, reaguje bowiem bardzo szybko. Komórki zwojowe typu M w siatkówce oraz ciele kolankowatym bocznym, które są szczególnie wrażliwe na czasowe zmiany w kontraście bodźca, przekazują informacje do kory wzrokowej, gdzie znajdują się neurony odpowiadające na określone kierunki ruchu. Jeśli więc w określonym obszarze siatkówki pojawi się bodziec przemieszczający się w pewnym kierunku, ruch ten pobudzi te neurony, które są „nastawione" na wykrywanie tego właśnie kierunku. Neurony pola V1 odpowiadają na ruch prostopadły do linii odgraniczającej część pobudzającą i hamującą ich pól recepcyjnych. Dokonują więc one swego rodzaju rozłożenia całego, niejednokrotnie złożonego, wzorca ruchu na poszczególne komponenty o określonych kierunkach. Podobne właściwości wykazują również neurony mieszczące się w polu MT. Ich duże pola recepcyjne zawierają obszary odpowiadające na ruch w określonym kierunku, sąsiadujące z obszarami względem nich antagonistycznymi. Neurony o podobnych preferencjach co do kierunku ruchu ułożone są obok siebie, tworząc w ten sposób kolumnowy system uporządkowany wg preferowanego kierunku ruchu. Tu znajdują się ponadto neurony reagujące specyficznie na złożony ruch, a więc integrujące informacje z neuronów wykrywających poszczególne jego komponenty. Jak wspomnieliśmy, informacja o ruchu jest przekazywana z pola MT do wielu innych regionów mózgu i wykorzystywana nie tylko w procesach percepcji, ale również w kierowaniu ruchami oczu oraz ruchami ciała.

Uszkodzenie pola MT u małp powoduje zaburzenia zdolności spostrzegania poruszających się bodźców. Szczególna rola pól MT i MST w percepcji ruchu została potwierdzona przez obserwacje kliniczne. Wykazano, że pacjenci z wybiórczym uszkodzeniem tych okolic tracą zdolność percepcji ruchu, przy zachowaniu zdolności percepcyjnych innych cech bodźca. W literaturze niewiele jest opisów przypadków pacjentów z całkowitą utratą widzenia ruchu lub wybiórczymi deficytami ograniczonymi do tej sfery. Znany jest przypadek pacjentki, która utraciła zdolność spostrzegania zarówno ruchu rzeczywistych przedmiotów, jak i ruchu pozornego. Pacjentka relacjonowała, że postrzega świat tak, jakby był on oświetlony stroboskopowym światłem. Podczas nalewania herbaty do filiżanki np. zamiast ciągłego ruchu płynu spostrzegała go, jakby na chwilę „zamarł", a następnie „skakał" z jednej pozycji do następnej. Badania wykazały, że u pacjentki percepcja kształtów i kolorów pozostała nie zaburzona. Zaburzenie percepcji ruchu szczególnie wyraźnie ujawniały się zaś w przypadku szybkiego ruchu (powyżej 20/s). Mogła wówczas dostrzec, że dany obiekt zmienił pozycję, ale postrzegała te zmiany statycznie: brak było dynamicznego przejścia z jednej pozycji do drugiej, a więc widzenia samego ruchu. Badania wykazały, że uszkodzenie mózgu u tej pacjentki obejmowało obustronne obszary pokrywające się w przybliżeniu z MT i MST.

O krytycznej roli regionu leżącego na styku płatów potylicznych i skroniowych dla percepcji ruchu świadczą również liczne badania neuroobrazowania (PET i fMRI) pokazujące, że zarówno wykrywanie, jak i rozróżnianie ruchu wiąże się specyficznie z pobudzeniem kory MT i MST.

Dotąd głównie koncentrowaliśmy się na strukturach analizujących ruch obrazu przesuwającego się w przestrzeni. Jednakże, w czasie percepcji oczy nieustannie wykonują szereg ruchów. Porusza się również człowiek oraz jego głowa, powodując przesuwanie się obiektów po siatkówce oka. Śledzenie poruszających się obiektów z kolei powoduje, że w rzeczywistości poruszające się bodźce pozostają na siatkówce nieruchome. W jaki sposób układ wzrokowy radzi sobie z tymi niejednoznacznymi informacjami? Strukturą, która odgrywa zasadniczą rolę w tym procesie, jest poduszka, która otrzymując informacje zarówno o ruchach oczu, jak i głowy oraz o przesuwaniu się obiektów przez siatkówkę oczu, dokonuje skomplikowanych obliczeń i przekazuje je do obszarów MT i MST stanowiących niejako centra percepcji ruchu w mózgu.

Precyzyjna ocena ruchu obiektów w przestrzeni stanowi podstawę dla wykonywania przez człowieka odpowiednich ruchów czy czynności nakierowanych na te obiekty. Sterowaniem taką aktywnością zajmuje się tylna kora ciemieniowa.

Percepcja ruchu jest uzależniona od poprzednich doświadczeń. Jeśli nieruchomą plamkę świetlną eksponuje się na poruszającym się ekranie, wydaje się nam, że to właśnie plamka się porusza, a ekran pozostaje nieruchomy. Wrażenie to wynika najprawdopodobniej z tego, że w normalnym życiu na ogół małe przedmioty poruszają się na większym tle, a nie odwrotnie. Mózg dokonując oceny docierającej do niego informacji, za prawdziwą przyjmuje tę bardziej prawdopodobną interpretację zdarzeń.

## 8.3.2. Percepcja kształtu

Percepcja kształtu stanowi jeden z podstawowych elementów naszej orientacji w świecie. Spostrzeganie otaczającego nas świata w dużej mierze opiera się na rozpoznawaniu różnorodnych kształtów, które identyfikujemy jako określone przedmioty czy obiekty. Proces ten, który wydaje nam się tak naturalny i zachodzący niemal automatycznie, jest procesem niezwykle skomplikowanym, wymagającym organizacji całej masy różnorodnych informacji w pewne całości, którym nadajemy określony sens.

Procesy związane z postrzeganiem kształtów od dawna interesowały zarówno psychologów, jak i neurofizjologów. Badania prowadzone w ramach tych dwóch dziedzin dostarczyły, z jednej strony, informacji na temat organizacji neuronalnej leżącej u podłoża spostrzegania kształtów, z drugiej zaś, na temat mechanizmów doprowadzających do wyodrębnienia danego kształtu z tła oraz rozpoznania go jako konkretnego przedmiotu, mającego określone znaczenie.

Jak już wspomniano, analiza kształtu odbywa się dzięki pobudzeniu względnie niezależnego kanału, rozpoczynającego się w siatkówce w małych komórkach zwojowych typu P. Droga ta wiedzie poprzez warstwy drobnokomórkowe w ciele kolankowatym bocznym, warstwę $4C\beta$ oraz warstwy 2 i 3 (obszary pomiędzy „plamkami") pierwszorzędowej kory wzrokowej do „jasnych" pasków w polu V2, a następnie do V4 i dolnej kory skroniowej (por. ryc. 8.8).

Już na poziomie siatkówki zachodzą procesy, które są nastawione na detekcję kształtu. Jeśli chcemy rozpoznać jakiś kształt, kierujemy ku niemu wzrok, dzięki czemu znajduje się on w obszarze najostrzejszego widzenia. Percepcja kształtu odbywa się więc, na ogół, na podstawie informacji pochodzącej z centralnego obszaru siatkówki, charakteryzującego się największą rozdzielczością zapewniającą widzenie najdrobniejszych detali. Właściwości drobnych komórek typu P, zaangażowanych w percepcję kształtu, są przystosowane do tej funkcji, ponieważ ich pola recepcyjne są małe i reagują w sposób długotrwały. Wprawdzie nie mają one właściwości detektorów kształtu, niemniej ich działanie oparte na zjawisku hamowania obocznego (por. podrozdz. 8.7.3 oraz rozdz. 3) ma bardzo istotne znaczenie w wyodrębnianiu kształtu z tła. W wyniku bowiem hamowania obocznego wszelka informacja o konturach czy nieciągłościach obrazu zostaje wzmocniona.

Na poziomie kory wzrokowej znajdują się neurony specyficznie nastawione na detekcję kształtów. Reagują one wybiórczo na pewne elementy bodźców wzrokowych, takie jak linie o określonym nachyleniu czy kąty. Można więc powiedzieć, że w korze wzrokowej następuje jakby rozłożenie obrazu wzrokowego na mnóstwo drobnych fragmentów. Istotne jest przy tym, że w miarę przechodzenia na coraz wyższy poziom układu wzrokowego komórki reagują na coraz bardziej złożone elementy, a ich reakcja w coraz mniejszym stopniu jest uzależniona od miejsca położenia bodźca na siatkówce. W korze również działa hamowanie oboczne, które sprawia, że kontury bodźców wzrokowych ulegają wyeksponowaniu w stosunku do tła.

Nasze doznania percepcyjne wskazują jednak, że na ogół obrazy postrzegamy jako sensowne całości, a nie zbiór wielu elementów. Co więcej, często w ogóle nie zdajemy sobie sprawy z tego, co składa się na widziany przez nas złożony obraz. Jak więc dochodzi do syntezy informacji o poszczególnych cechach obrazu w całościowy obraz? Nie ulega wątpliwości, że istotną rolę w tym procesie odgrywa obszar dolnej kory skroniowej. Tu właśnie wykryto neurony o właściwościach wskazujących na ich zasadniczą rolę w rozpoznawaniu złożonych kształtów. Reagują one bowiem tylko wówczas, gdy w ich polu recepcyjnym pojawi się złożony obiekt, taki jak twarz czy dłoń. Szczególnie intensywnie odpowiadają one na naturalne bodźce o trójwymiarowym charakterze lub na ich fotografie. Zmiana położenia bodźca, jego wielkości czy tła ma niewielki wpływ na tę aktywność. Komórki „rozpoznają" bodziec nawet wówczas, gdy jest on częściowo zasłonięty. Dzięki aktywności dolnej kory skroniowej możliwe jest więc rozpoznawanie obiektów, które z chwili na chwilę zmieniają wygląd w zależności od oświetlenia, odległości czy sąsiedztwa innych obiektów mogących je częściowo przesłaniać. Jesteśmy w stanie prawidłowo rozpoznawać obiekty z bardzo wielu pozycji, spoglądając na nie pod różnym kątem i z różnej odległości, a nasz system rozpoznający wcale nie ma trudności wynikających ze zmiany skali i proporcji. Zdolność do rozpoznawania obiektów w niezliczonych sytuacjach nosi nazwę „stałości spostrzegania obiektów".

W korze dolnoskroniowej wyróżnia się dwa sąsiadujące ze sobą obszary: leżący z przodu TE oraz z tyłu TEO wg Brodmana (por. ryc. 8.13). Neurony pól TE i TEO mają ogromne pola recepcyjne, w TEO obejmujące często całe kontralateralne pole widzenia. Jak inne pola wzrokowe również i kora dolnoskroniowa ma budowę kolumnową, w której sąsiednie neurony reagują na nieco inne warianty tego samego bodźca. Pole TEO otrzymuje wejście głównie z V4 i wysyła swoje aksony głównie do TE. Właściwości dolnoskroniowej kory wskazują, że stanowi ona strukturę integrującą informacje umożliwiające rozpoznanie bodźców wzrokowych. Uszkodzenie TEO może prowadzić do zaburzeń widzenia przedmiotów, ale tylko wówczas, gdy są one otoczone jakimiś dystraktorami i pacjent ma trudności ze skupieniem uwagi na bodźcu. O roli tej struktury w tzw. drodze „co" będzie jeszcze mowa w dalszej części rozdziału.

U człowieka stosunkowo często są opisywane przypadki zaburzeń wzrokowego rozpoznawania obiektów (agnozji wzrokowej) wskutek uszkodzenia mózgu. W takich przypadkach pacjent nie jest w stanie rozpoznać obiektów prezentowanych wzrokowo, pomimo że potrafi je rozpoznać za pomocą dotyku i poprawnie przypisać odpowiednie znaczenie podanej mu nazwie obiektu. Nie utracił on więc ani wiedzy o obiektach, ani o nazwach je oznaczających. Należy jednak podkreślić, że charakter tych zaburzeń jest na ogół złożony i trudno jest w sposób jednoznaczny przypisać je uszkodzeniom dolnej kory skroniowej. Często uszkodzenia mają bardziej rozległy i zróżnicowany charakter. Taki obraz jest zgodny z ogromną różnorodnością zaburzeń, które określa się mianem agnozji wzrokowej. Najczęściej zaburzenie to dzieli się na agnozję apercepcyjną i asocjacyjną. Podział ten odzwierciedla nacisk albo na problemy percepcyjne (np. pacjent nie jest w stanie przerysować poprawnie rysunku), albo na problemy z właściwym skojarzeniem rysunku z nazwą obiektu (pacjent odwzorowuje prawidłowo rysunek, ale nie wie, co odwzorował; co więcej na polecenie narysowania obiektu o określonej nazwie nie jest w stanie tego uczynić). Spektakularnym przykładem agnozji apercepcyjnej jest prozopagnozja — zaburzenie polegające na niemożności rozpoznawania osób znanych pacjentowi, w tym osób bliskich, a czasem i samego siebie. Pacjenci w takich przypadkach radzą sobie opierając się na innych wskazówkach, takich jak głos, sposób ubrania, poruszania się itp. Prozopagnozja występuje na ogół po obustronnych uszkodzeniach przyśrodkowej kory skroniowej na styku z korą ciemieniową. Bardzo często współwystępuje z zaburzeniami rozpoznawania innych kategorii obiektów, np. samochodów. Opisywano też przypadki farmerów, którzy utracili zdolność rozpoznawania swoich krów czy owiec.

Brak jednoznacznej lokalizacji uszkodzeń prowadzących do agnozji wzrokowej wynika prawdopodobnie z faktu, że percepcja kształtu jest oparta na złożonych mechanizmach, w których są wykorzystywane różnorakie informacje z odrębnych kanałów, np. dotyczące barwy czy ruchu. W badaniach, w których jedyne informacje o kształcie poruszających się w ciemności osób pochodziły ze świetlnych punktów przytwierdzonych do czarnego ubrania, badani bez trudu rozpoznawali ludzi, a nawet byli zdolni do określenia ich płci.

Niektórzy autorzy (D. Hubel i T. Wiesel) sądzą, że neurony wyższych pięter układu wzrokowego, reagujące na bardziej złożone cechy bodźców, sumują informacje z neuronów niższych pięter, reagujących na proste cechy. Jerzy Konorski zakładał nawet, że w mózgu istnieją tzw. jednostki gnostyczne odpowiadające tylko wówczas, gdy w polu widzenia pojawi się określony przedmiot. Wprawdzie rzeczywiście właściwości niektórych komórek dolnej kory skroniowej małpy wskazują, że mogą one odgrywać taką rolę, niemniej obecnie sądzi się raczej, że aktywność całej sieci neuronalnej decyduje o tym, jaki kształt spostrzegamy. Doświadczenie poucza nas bowiem, że percepcji nie da się sprowadzić do procesów polegających na rozkładaniu obrazu na poszczególne elementy, które następnie zostają scalone w całość. Takie podejście nie wyjaśnia wielu złożonych zjawisk percepcyjnych. W codziennym życiu na ogół mamy do czynienia ze złożonymi obrazami zawierającymi szereg elementów wchodzących ze sobą w złożone relacje. Mimo to, na ogół bez specjalnego wysiłku udaje nam się wyróżnić poszczególne kształty czy wyodrębnić figury z tła. System wzrokowy musi więc dokonywać pewnej organizacji obrazu tak, by można było wyodrębnić w nim określone całości. Ten aspekt percepcji został szczególnie wyeksponowany przez psychologów postaci, którzy określili cały szereg reguł, jakim podlega wyodrębnianie całości z tła. Podkreślali oni przy tym trafnie, że właściwości całości nie da się przewidzieć na podstawie właściwości części.

Należy pamiętać, że spostrzegane przez nas kształty to na ogół sensowne przedmioty czy obiekty otaczającego świata, mające określone znaczenie oraz nazwę.

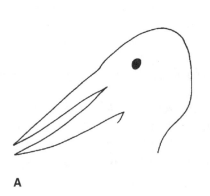
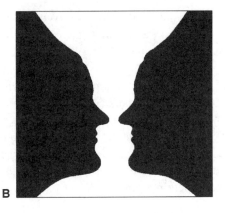

**Ryc. 8.14.** Figury dwuznaczne. **A** — kaczka/zając; **B** — waza/twarze

Ma to zasadnicze znaczenie dla naszej percepcji i w znacznym stopniu determinuje, co naprawdę spostrzegamy. Najczęściej proces percepcji wieńczy identyfikacja obiektu, czyli przypisanie go do określonej klasy obiektów, znanych nam z uprzednich doświadczeń, mających określone cechy. Ponieważ informacja zmysłowa na ogół nie jest pełna, często do identyfikacji dochodzi w wyniku złożonego procesu stawiania szeregu hipotez, które są następnie weryfikowane w miarę napływającej informacji. Przyjęcie takiej lub innej hipotezy wpływa z kolei na sposób, w jaki spostrzegamy obraz. Ilustrują to przykłady figur dwuznacznych (ryc. 8.14): w części A tej ryciny dostrzegamy głowę kaczki lub zająca, w części zaś B wazę lub dwa profile twarzy. Bardziej wyrafinowaną formę figur dwuznacznych stanowią znane rysunki holender-

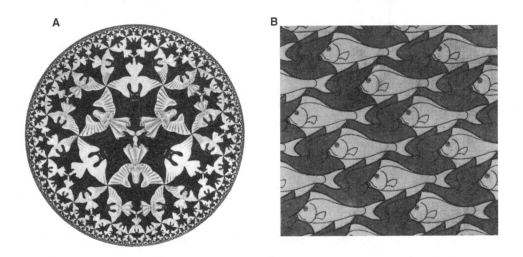

**Ryc. 8.15.** Rysunki Eschera. **A** — niebo/piekło; **B** — ryby/ptaki. Na rysunku A dostrzegamy alternatywnie jasne anioły bądź ciemne diabły, a na rysunku B — jasne ryby bądź ciemne ptaki

skiego malarza M. Eschera (ryc. 8.15). Warto zwrócić uwagę, że nie jesteśmy w stanie uznawać za prawdziwe jednocześnie obu hipotez. W danym momencie mózg organizuje obraz zgodnie z jedną z nich, by po chwili przyjąć za prawdziwą hipotezę alternatywną.

Proces stawiania hipotez percepcyjnych, nadających określony sens obrazowi, może czasem prowadzić do spostrzegania w obrazie takich elementów, które fizycznie w nim nie istnieją. Za przykład może tu posłużyć złudzenie tzw. figur subiektywnych, pokazanych na rycinie 8.16. Interesujące jest, że iluzoryczne białe kwadraty na rycinie 8.16A są spostrzegane jako leżące bliżej niż pozostałe elementy. Wynika to z logicznej interpretacji całego obrazu, zgodnie z którą jedne figury są w nim przesłonięte przez inne.

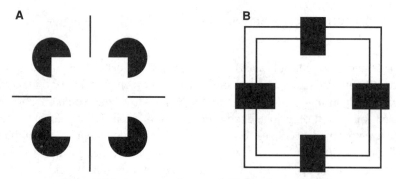

**Ryc. 8.16.** Iluzoryczne kontury (objaśnienie w tekście)

Ogólnie możemy stwierdzić, że percepcja kształtów to aktywny proces, w którym, na podstawie analizy aktualnie docierających informacji wzrokowych oraz posiadanej wiedzy, są formułowane hipotezy dotyczące znaczenia oglądanych obrazów.

## 8.3.3. Widzenie barw

Spostrzeganie barw nie tylko wzbogaca naszą percepcję i dostarcza wielu wrażeń estetycznych, ale często ma decydujące znaczenie dla rozpoznawania przedmiotów. Najpiękniej myśl tę ilustrują obrazy impresjonistów, w których przedmioty są pozbawione konturów, a ich kształty są wyrażone za pomocą wielobarwnych plamek.

Podstawowa teza dotycząca widzenia barw została sformułowana już w XIX wieku przez T. Younga, który założył, że informacja o kolorach jest odbierana przez trzy różne typy receptorów. Wykazał on, że mieszając monochromatyczne światło czerwone, zielone i niebieskie w odpowiednich proporcjach, można uzyskać wrażenie dowolnej barwy. Wystarczy więc, by siatkówka zawierała trzy typy fotoreceptorów wrażliwych na te trzy kolory, by możliwa była percepcja całej złożonej gamy barw. Kilkadziesiąt lat później J. Maxwell wykazał, że ta sama zasada dotyczy nie tylko mieszania monochromatycznych świateł, ale również światła odbitego od kolorowych płaszczyzn. Światło takie jest z reguły mieszaniną świateł o różnych długościach fal.

Płaszczyzna czerwona np. wydaje nam się czerwona dlatego, że absorbuje ona głównie światło z części zielonej i niebieskiej spektrum, a odbija głównie światło czerwone. Używając różnych kolorowych płaszczyzn w obracających się tarczach, Maxwell wykazał, że jeśli określona tarcza ma dla nas kolor czerwony, użycie jej dla uzyskania mieszaniny barw wywoła zawsze dokładnie taki sam skutek, jak użycie światła monochromatycznego. Dlaczego tak się dzieje, wyjaśniła teoria H. Helmholtza, który wychodząc od genialnej teorii Younga o istnieniu trzech typów receptorów, przedstawił teorię opisującą fizjologiczne podłoże percepcji barw. Podstawowa teza tej teorii zakładająca istnienie 3 typów receptorów o różnej wrażliwości na różne barwy, których siła reakcji zmienia się wraz z intensywnością światła, pozostaje nadal aktualna. Zgodnie z tą teorią, wielkość reakcji całego zespołu trzech receptorów decyduje o tym, jaką barwę zobaczymy. Niezależnie więc od tego, jakiej długości fale oświetlają siatkówkę, jeśli doprowadzają one do określonego układu siły reakcji trzech receptorów, zawsze wywołują ten sam percepcyjny efekt. Światło białe będące mieszaniną wszystkich długości fal, będzie pobudzało wszystkie receptory w tym samym stopniu.

Dziś wiemy, że mechanizm działania czopków polega na pochłanianiu światła przez zawarty w nich pigment. Każdy z trzech typów czopków zawiera pigment o nieco innych właściwościach absorpcyjnych. Mimo że za czasów H. Helmholtza informacje te nie były jeszcze znane, jego czysto teoretyczne przewidywania dotyczące siły reakcji receptorów na światło o różnej długości fal (por. ryc. 8.4A) okazały się niezwykle trafne. Również dane pochodzące od ludzi, którzy nie rozróżniają niektórych kolorów, potwierdzają teorię trzech receptorów. Najczęściej defekt polega na upośledzeniu czopków absorbujących światło zielone i czerwone.

Defekt ten ma podłoże genetyczne i, jak się przypuszcza, wynika z nieprawid-łowości barwników zawartych w czopkach wrażliwych na zieleń bądź czerwień. Występuje on znacznie częściej w populacji mężczyzn. Ponieważ pacjenci nie przejawiają zaburzeń ostrości widzenia, odrzuca się hipotezę o braku jednego lub drugiego rodzaju czopków. Trzeci rodzaj zaburzeń widzenia barwnego (niezwykle rzadki i występujący równie często w populacji mężczyzn i kobiet) polega najpraw-dopodobniej na braku czopków wrażliwych na barwę niebieską i w związku z tym pacjenci ci spostrzegają świat jako zielono-czerwony. Niebieskie niebo jest dla ich zielone, a żółty wygląda jak różowy. Ponieważ na siatkówce jest stosunkowo mało niebieskich czopków, ich brak nie zaburza ostrości widzenia.

Procesy zachodzące na poziomie fotoreceptorów nie wyjaśniają wielu zjawisk związanych z percepcją barw, takich jak np. istnienie przeciwstawnych barw czy zależność spostrzegania barwy danego obiektu od tła, na którym się on znajduje. Nowoczesna teoria widzenia barw opiera się na koncepcji trzech receptorów, uwzględniając jednocześnie mechanizmy neuronalne, zachodzące na różnych piętrach układu nerwowego. Dawno już zauważono, że mieszanie dwóch świateł o różnej barwie (np. czerwonego i żółtego) na ogół prowadzi do uzyskania światła o barwie pośredniej (np. pomarańczowej). Mieszając jednak światło czerwone i zielone, nie możemy uzyskać czerwono-zielonego zabarwienia, mieszając zaś światło niebieskie i żółte — niebiesko-żółtego. W pierwszym przypadku uzyskamy raczej światło żółte,

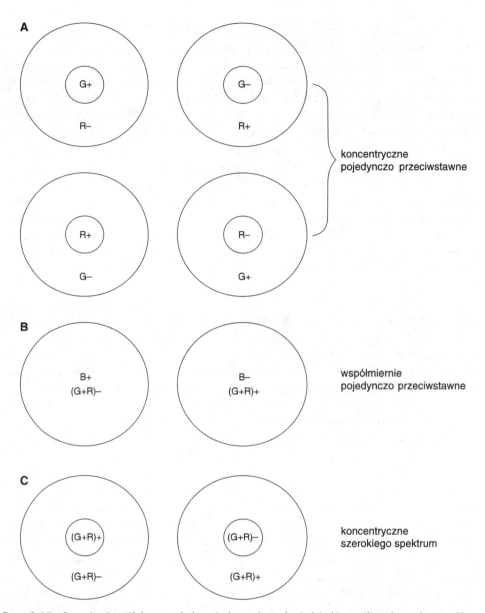

**Ryc. 8.17.** Organizacja pól korowych komórek zwojowych siatkówki wrażliwych na barwę (G — zielony, ang. green; R — czerwony, ang. red; B — niebieski, ang. blue). **A** — komórki koncentryczne pojedynczo przeciwstawne; **B** — komórki współmiernie pojedynczo przeciwstawne; **C** — komórki koncentryczne szerokiego spektrum (nie związane bezpośrednio z percepcją barwy — objaśnienie w tekście)

w drugim zaś — białe. Można więc powiedzieć, że światła te znoszą się wzajemnie, tworząc dwie przeciwstawne pary. W wyniku tego spostrzeżenia postulowano nawet (E. Hering) istnienie czterech typów receptorów. Mimo że teza o istnieniu czterech typów receptorów okazała się błędna, Hering wykazał dużą intuicję zakładając, iż percepcja barw opiera się na przeciwstawnym wpływie niektórych z nich. Zachodzi to jednak nie na poziomie receptorowym, lecz neuronowym.

Trzy typy receptorów: G (ang. green), R (ang. red) i B (ang. blue), wrażliwe na światło zielone, czerwone i niebieskie, wysyłają sygnały do komórek nerwowych siatkówki. Dana komórka jest pobudzana przez niektóre czopki i hamowana przez inne, zależnie od barwy padającego światła. W efekcie może ona zareagować bądź wzrostem aktywności, bądź też jej spadkiem. Warto przy tym zauważyć, że barwy, które pobudzają bądź hamują daną komórkę, to barwy, które tradycyjnie były uznawane jako przeciwstawne (czerwona — zielona oraz niebieska — żółta).

Komórki zwojowe siatkówki oraz komórki ciała kolankowatego bocznego można podzielić na trzy klasy z punktu widzenia ich sposobu reakcji na barwę światła (ryc. 8.17). Pierwsze, zwane komórkami „koncentrycznymi szerokiego spektrum" (ang. concentric broad-band) nie są związane z widzeniem barwnym, ponieważ odpowiadają jedynie na kontrast jasności między ich otoczką i centrum. Ich centra i otoczki mają wejścia zarówno z czopków wrażliwych na czerwień (R), jak i z czopków wrażliwych na zieleń (G). Do tej klasy należą zarówno komórki kanału wielkokomórkowego (M), jak i drobnokomórkowego (P). Dwie pozostałe klasy komórek są związane z widzeniem barw. Obie zawierają jedynie małe komórki P. Najczęściej występujące komórki, noszące nazwę „koncentrycznych pojedynczo przeciwstawnych" (ang. concentric single-opponent) charakteryzują się przeciwstawnym wpływem otoczek i centrów w odniesieniu do barwy czerwonej i zielonej, ponieważ czopki typu R i G mają przeciwstawne wejścia na ich centra i otoczki. Komórki te więc reagują np. wzmożeniem aktywności, jeśli ich centra oświetlić światłem zielonym, a spadkiem, gdy na otoczkę pada światło czerwone. Oczywiście, jak to pokazano na rycinie 8.17, istnieją cztery typy takich komórek wyczerpujące cztery możliwe kombinacje przeciwstawnych wpływów otoczek i centrów dla tych dwóch barw. Warto podkreślić, że w przeciwieństwie do korowych neuronów wrażliwych na barwy, komórki siatkówkowe, o których była mowa, wykazują nie tylko antagonizm między otoczkami i centrum w odniesieniu do barwy zielonej i czerwonej, ale również w odniesieniu do kontrastu jasności. Reagują więc one podobnie jak komórki „koncentryczne szerokiego spektrum", gdy na ich pole recepcyjne pada światło białe. Dzieje się tak dlatego, że czopki G i R absorbują białe światło w tym samym stopniu. Ostatnią klasę stanowią komórki noszące skomplikowaną nazwę „współmiernie pojedynczo przeciwstawne" (ang. co-extensive single-opponent), mające jednorodne pola recepcyjne (bez centrów i otoczek). W komórkach tych wejścia z czopków typu B (niebieskich) są antagonistyczne względem wspólnego wejścia z czopków G i R (odpowiadającego światłu żółtemu), niezależnie od tego, gdzie w ich polu recepcyjnym znajdują się pobudzone czopki.

Informacje o barwie są przekazywane z komórek typu P w siatkówce, wrażliwych na barwę, do drobnokomórkowych warstw w ciele kolankowatym bocznym, a następnie do obszarów „plamkowych" pola V1, a konkretnie do warstwy $4C\beta$. Stąd, poprzez „plamki" w warstwach 2 i 3, droga wiedzie do wąskich pasków V2, a następnie do pola V4. W korze informacja z pojedynczo przeciwstawnych komórek ciała kolankowatego bocznego jest integrowana przez komórki zwane „koncentrycznymi

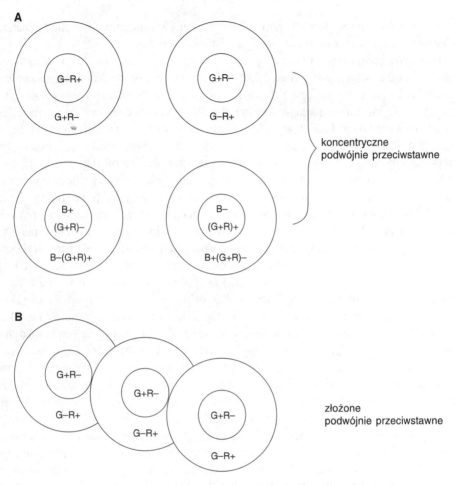

**Ryc. 8.18.** Organizacja pól recepcyjnych komórek korowych wrażliwych na barwę. **A** — cztery typy komórek koncentrycznych podwójnie przeciwstawnych; **B** — komórki złożone podwójnie przeciwstawne. Na rycinie pokazano tylko jeden typ komórek złożonych, które mają wejścia z komórek koncentrycznych podwójnie przeciwstawnych pokazanych w prawej górnej części A

podwójnie przeciwstawnymi" (ang. concentric double-opponent). Komórki te mają koncentryczne pola recepcyjne z przeciwstawnie działającymi centrami i otoczkami (ryc. 8.18). W przeciwieństwie do komórek siatkówki, w których dany typ czopków, np. zielony, miał wejścia na daną komórkę tylko w obszarze centrum albo otoczki, komórki korowe mają wejścia z obu typów czopków zarówno w obszarze centrum, jak i otoczki, lecz czopki R mają przeciwstawny wpływ niż czopki G. Na przykład komórki, które mają pobudzające wejścia z czopków typu R w ramach centrum, jednocześnie mają hamujące wejścia z tych samych czopków w ramach otoczki. W komórkach tych czopki G mają wpływ przeciwny: działają hamująco w ramach centrum i pobudzająco w ramach otoczki. Komórki te odpowiadają najlepiej na czerwone światło w centrum ich pola recepcyjnego otoczone zielonym tłem. Komórki korowe cechuje wyższa selektywność odpowiedzi na barwę niż komórek zwojowych siatkówki. Reagują one słabo na białe światło, ponieważ czopki R i G absorbują białe światło w takim samym stopniu i ich wpływy się znoszą. Oprócz opisanego wyżej typu komórek w korze istnieją jeszcze trzy inne typy, reagujące najlepiej na zielony obszar na czerwonym tle, na niebieski obszar na żółtym tle i na żółty na niebieskim tle.

W przeciwieństwie do komórek znajdujących się w polu V1, które mają stosunkowo niewielkie pola recepcyjne, komórki znajdujące się w polach wyższego rzędu reagują na barwne obszary o odpowiedniej wielkości, lecz odpowiedź nie zależy od miejsca położenia bodźca na siatkówce. Komórki te są zwane „złożonymi podwójnie przeciwstawnymi" (ang. complex double-opponent). Jak pokazano na rycinie 8.18B, mają one wejścia z kilku koncentrycznych podwójnie przeciwstawnych komórek o takich samych właściwościach, mających pola recepcyjne przesunięte względem siebie.

Stwierdzono, że w korze V4 istnieją też neurony, które nie mają koncentrycznych, lecz wydłużone pola recepcyjne i odpowiadają, gdy w ich polu recepcyjnym pojawi się kolorowa pałeczka (pasek). Neurony te najprawdopodobniej uczestniczą w analizie kształtu, a nie tylko barwy.

Właściwości korowych detektorów barwy wyjaśniają niektóre zjawiska związane z widzeniem barw, których nie da się wytłumaczyć mechanizmami receptorowymi. Szare obiekty na zielonym tle np. wydają się nam lekko zabarwione na czerwono. Dzieje się tak, ponieważ podwójnie przeciwstawne neurony, które są pobudzane przez czerwień, a hamowane przez zieleń, będą odpowiadać tak samo niezależnie od tego, czy czerwone światło znajduje się w centrum ich pola recepcyjnego, czy też zielone w otoczce. Zrozumiałe jest również zjawisko stałości barw polegające na tym, że dany przedmiot ma dla nas określoną barwę, niezależnie od barwy światła, jakim go oświetlimy, a więc niezależnie od tego, jakiej długości mieszanina świateł zostanie odbita od jego powierzchni. Zmiana oświetlenia bowiem nastąpi zarówno w obszarze otoczki, jak i centrum pól recepcyjnych i w konsekwencji nie wpłynie na aktywność komórek.

Ciekawe, że uszkodzenie V4 u małp prowadzi właśnie do utraty stałości barw. Mimo że po takich uszkodzeniach zwierzęta były w stanie różnicować barwy, zdolność ta ulegała zaburzeniu, gdy obiekty oświetlano kolorowym światłem.

Eksperymenty przeprowadzone w latach 80. ubiegłego wieku przez E. Landa pokazały, że percepcja barw jest jeszcze znacznie bardziej skomplikowanym procesem. Wykazał on mianowicie, że subiektywna ocena barwy danego wycinka kolorowego obrazu zależy od tego, jaką barwę mają inne otaczające wycinki. Dane te nasuwały przypuszczenie, że układ wzrokowy dokonuje oceny barwy danego obszaru poprzez odniesienie go do obszarów sąsiednich.

Szczególny udział w spostrzeganiu barw tej części kory skroniowej człowieka, która w przybliżeniu odpowiada V4 małpy, potwierdzają dane kliniczne. Znane są opisy pacjentów, u których uszkodzenie tego rejonu doprowadziło do utraty widzenia kolorów (achromatopsja). Tacy pacjenci widzą świat w odcieniach szarości i opisują swoje doznania jako przypominające czarno-biały film. Co więcej, nie są oni w stanie nawet wyobrazić sobie lub przypomnieć barw obiektów, które oglądali przed wystąpieniem uszkodzenia mózgu. Zachowują jednak w dużym stopniu zdolność widzenia kształtów, głębi czy struktury powierzchni, dzięki czemu są zdolni do rozpoznawania przedmiotów. Jeśli uszkodzenie jest jednostronne, tracą zdolność odbioru barw tylko w połowie swego pola widzenia. Opisywano też pacjentów, którzy utracili zdolność percepcji kształtów, zachowując przy tym widzenie barw. Prowadziło to do dziwnej sytuacji, gdy identyfikowali barwę obiektu, ale nie wiedzieli, co to jest. Niemal we wszystkich opisanych dotąd przypadkach achromatopsji utracie widzenia barw towarzyszyły pewne inne zaburzenia percepcji, jednak sądzi się, że wynikały one z faktu, iż u ludzi uszkodzenia kory mózgowej z reguły obejmują większe obszary niż te, które specyficznie są zaangażowane w percepcję barw (V4). W innych zaś, niższego rzędu polach, skupiska neuronów specyficznie reagujących na barwy („plamki") są przemieszane ze skupiskami neuronów pełniących inne funkcje. Opisy przypadków wskazują, że szczególnie wyrazista segregacja dróg wzrokowych dotyczy funkcji widzenia kolorów i ruchu. W tych przypadkach zaburzenie jednej sfery na ogół nie towarzyszy zaburzeniu drugiej.

Badania prowadzone z użyciem nowoczesnych technik obrazowania funkcji żyjącego mózgu (np. emisyjnej tomografii pozytonowej, PET) również potwierdzają słuszność hipotezy wiążącej V4 z percepcją barw. Podstawowe pytanie, na które próbowano odpowiedzieć za pomocą metod obrazowania, dotyczyło kwestii, czy percepcja wielobarwnych obiektów (np. prostokątów) o identycznej jasności będzie się wiązać z pobudzeniem innych rejonów mózgu niż percepcja czarno-białych poruszających się obiektów. Zakładano, że barwne bodźce powinny aktywować przede wszystkim te rejony mózgu, które są szczególnie wrażliwe na barwę, bodźce ruchome zaś te rejony, które zaangażowane są w percepcję ruchu. Badanie to pokazało, że dwa zadania aktywowały różne miejsca w mózgu: w przypadku zadania z kolorami zaobserwowano aktywność przednich dolnych obszarów kory potylicznej (głównie w rejonie zakrętu językowego i wrzecionowatego) natomiast w przypadku zadania z ruchem aktywność obszarów leżących na styku kory potylicznej, ciemie-niowej i skroniowej. Na podstawie tych badań Zeki i współautorzy zaproponowali, by obszary te nazwać V4 i V5, a więc analogicznie do pól występujących u małp (choć oczywiście na podstawie badań za pomocą PET, którą stosowali w swych ekspery-mentach, trudno jest precyzyjnie określić granice poszczególnych pól wzrokowych).

Przeciętnie człowiek jest w stanie odróżnić około 200 różnych barw o identycznym natężeniu światła. Ponieważ każda z tych barw może charakteryzować się różnym wysyceniem (kolory mogą być intensywne lub blade) oraz mieć różną jasność, człowiek może odróżnić około dwóch milionów różnych jakości barwnych. Jak widać, proces percepcji barw opiera się na złożonych mechanizmach, w których biorą udział zarówno receptory siatkówkowe, jak i wiele struktur układu nerwowego.

Na zakończenie warto jeszcze zwrócić uwagę na pewien zadziwiający fakt związany z historią badań nad widzeniem barw. Otóż dane pochodzące ze współczes-nych badań pozwoliły na połączenie w całość różnych klasycznych teorii, które przez długie lata traktowano jako sprzeczne ze sobą. Okazało się, że rację miał zarówno Young, postulując istnienie trzech typów receptorów, Helmholtz, który twierdził, że każdy z receptorów odpowiada na szeroką gamę długości fal świetlnych, jak i Hering, postulujący istnienie przeciwstawnych względem siebie detektorów barw.

## 8.3.4. Percepcja odległości i głębi (lokalizacja obiektów)

Podobnie jak dla zwierząt, dla człowieka istotna jest nie tylko identyfikacja przedmiotów (obiektów), z jakimi ma do czynienia, ale również określenie ich położenia (odległości). Oczywiście, ta zdolność ściśle wiąże się z percepcją ruchu: bez prawidłowego określenia kierunku i szybkości poruszania się obiektów nie bylibyśmy w stanie przewidzieć ich lokalizacji, by je pochwycić, lub przeciwnie, uniknąć zderzenia.

Mimo że obraz powstający na siatkówce naszych oczu jest płaski, otaczającą nas rzeczywistość spostrzegamy jako trójwymiarową i dość dokładnie potrafimy ocenić relacje przestrzenne pomiędzy przedmiotami i nami samymi. W jaki sposób dochodzi do przekształcenia płaskiego obrazu powstającego na siatkówce w obraz zawierający głębię? Badania dowodzą, że aby tego dokonać, układ nerwowy wykorzystuje dwa różne typy wskazówek zawartych w obrazie. Jedne z nich służą do oceny głębi przedmiotów znajdujących się stosunkowo blisko od obserwatora (bliżej niż 30 m), inne zaś — do oceny stosunków przestrzennych pomiędzy przedmiotami leżącymi w dalszej odległości.

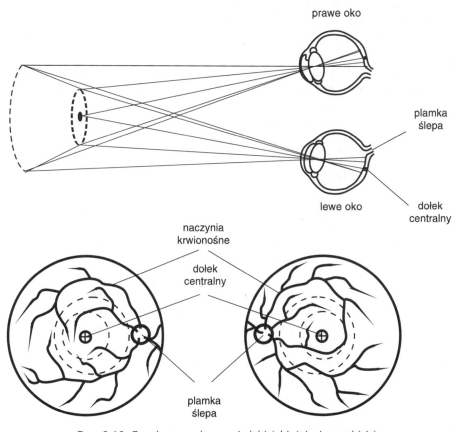

**Ryc. 8.19.** Zasady stereoskopowej głębi (objaśnienie w tekście)

Podstawowy mechanizm widzenia głębi bliskich obiektów opiera się na tzw. zjawisku stereoskopowym, którego zasadę poznano już w XIX wieku. Ponieważ oczy (z powodu ich rozsunięcia w płaszczyźnie poziomej) patrzą na otaczające przedmioty pod nieco innym kątem, na siatkówkach powstają obrazy, które są względem siebie nieco przesunięte. Ilustruje to rycina 8.19 przedstawiająca obraz doniczki, powstający na siatkówkach dwojga oczu, gdy patrzymy na punkt centralny denka. Obraz denka na siatkówkach będzie identyczny, obraz zaś znajdującej się dalej krawędzi doniczki będzie nieco przesunięty w jednym oku względem drugiego w kierunku przynosowym. W tej sytuacji dostrzeżemy jednak nie dwie krawędzie, lecz jedną leżącą za denkiem. W przypadku elementów obrazu leżących bliżej niż płaszczyzna fiksacji nastąpi przesunięcie obrazów siatkówkowych względem siebie w kierunku przyskroniowym.

Uważa się, że stereoskopowa percepcja głębi zachodzi zarówno z udziałem kanału wielkokomórkowego, czyli tą samą drogą, która jest zaangażowana w percepcję ruchu, jak i kanału biorącego udział w percepcji kształtu (drobnokomórkowego — „międzyplamkowego"). Kanały te zostały dokładniej omówione w poprzednich częściach rozdziału.

Wyniki badań elektrofizjologicznych pozwalają zrozumieć, w jaki sposób układ nerwowy wykrywa niezgodności pomiędzy obrazami na dwóch siatkówkach. Ponieważ dopiero na poziomie kory wzrokowej znajdują się neurony integrujące informacje płynące z dwojga oczu, dopiero tu możliwa jest fuzja tych obrazów. Okazuje się, że w polu V1 znajdują się komórki reagujące jedynie wówczas, gdy obrazy padające na obie siatkówki są względem siebie przesunięte. Ich pola recepcyjne w jednym i drugim oku mają więc nieco inne położenie. Każda z takich komórek reaguje na określoną wielkość i kierunek przesunięcia, sygnalizując tym samym wielkość (odległość od płaszczyzny fiksacji) i kierunek (z przodu lub z tyłu w stosunku do płaszczyzny fiksacji) głębi. Podobne właściwości wykazują również komórki pola V2 i V3. Komórki te można traktować jako korowe detektory głębi.

Wybiórcze zaburzenia dotyczące percepcji głębi są niezwykle rzadkie, choć się zdarzają. Opisywano np. przypadek pacjentki, dla której świat pozostawał kompletnie płaski, mimo że poprawnie spostrzegała ona barwy i cienie.

Odkrycie komórkowych detektorów głębi postawiło przed naukowcami pytanie, czy na to, by układ nerwowy wykrył niezgodność obrazów na siatkach obu oczu, musi najpierw nastąpić rozpoznanie obrazu. Badania przeprowadzone przez B. Julesza pozwoliły na jednoznacznie negatywną odpowiedź na to pytanie. Wrażenie stereoskopowej głębi można uzyskać sztucznie, „oszukując" niejako układ nerwowy, poprzez ekspozycję do każdego oka obrazu padającego na nieco różne miejsca. Można przy tym użyć stereogramów pokazanych na rycinie 8.20A, z których każdy eksponuje się za pomocą odpowiedniej aparatury do innego oka. Składają się one z losowo ułożonych drobnych elementów, w których trudno jest dopatrzeć się jakiegoś kształtu. Stereogramy te jednakże są tak skonstruowane, że pewien ich fragment, przedstawiony na rycinie 8.20B w postaci ciemnego kwadratu, jest nieco przesunięty w jednym stereogramie względem drugiego. Julesz wykazał, że tego rodzaju stereogramy tworzą wrażenie kwadratu leżącego w innej płaszczyźnie niż pozostałe tło (ryc. 8.20C). Dzieje się tak, mimo że w widzeniu obuocznym kwadrat jest niewidoczny.

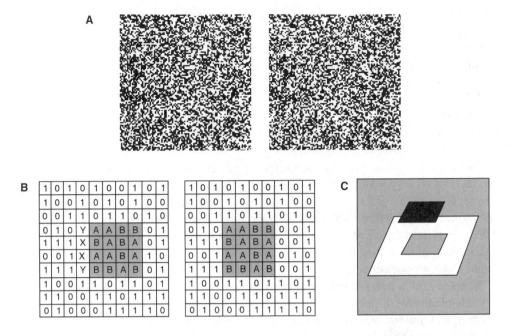

A

B

C

Ryc. 8.20. A — Stereogramy Julesza; B — zasada tworzenia stereogramów. Każdy z pary stereogramów (eksponowanych do lewego i prawego oka) zawiera identyczny układ małych czarnych i białych kwadracików oznaczonych jako 1 i 0 w B. Fragment stereogramów oznaczony szarym kolorem zawiera identyczny układ białych i czarnych kwadracików, lecz jest on przesunięty w jednym stereogramie w stosunku do drugiego. Jeśli obrazy te umieścimy w odpowiednim aparacie stereoskopowym, umożliwiającym ekspozycję każdego z nich oddzielnie do jednego oka, obserwator zobaczy ten fragment w innej płaszczyźnie niż pozostałe tło (C). (Wg: Kaufman. *Perception*. Oxford Univ. Press, 1979, zmodyf.)

Oczywiście w codziennym życiu niemal każdy obraz, na jaki patrzymy, zawiera wiele informacji o złożonych relacjach pomiędzy obiektami, różnie zlokalizowanymi w przestrzeni. W konsekwencji, płaskie obrazy powstające na siatkówkach dwojga oczu charakteryzują się mnóstwem niezgodności. Neurony kory wzrokowej wykrywają te niezgodności. Dopiero jednak scalenie ich w całość umożliwia mentalne uformowanie 3-wymiarowego obrazu, odwzorowującego całe bogactwo stosunków przestrzennych. Mechanizm stereopsji jest szczególnie istotny w przypadku kontrolowanych wzrokiem precyzyjnych ruchów, takich, jakie wykonujemy np. próbując nawlec igłę.

Oprócz stereoskopii istnieje jeszcze szereg innych mechanizmów wykrywania głębi. Większość z nich służy do oceny stosunków przestrzennych pomiędzy obiektami leżącymi w dalszej odległości od obserwatora. Do najważniejszych należy wykorzystywanie informacji o konwergencji (kąt patrzenia) oczu, o deformacjach perspektywicznych (linie równoległe wydają się zbieżne), o nakładaniu się obrazów (obrazy bliższe przesłaniają dalsze) oraz o wielkości obrazów na siatkówce (obraz obiektów dalszych jest mniejszy). Są również mechanizmy opierające się na informacjach o ruchu. Kiedy poruszamy głową lub gdy przemieszczamy się w przestrzeni, przedmioty leżące dalej niż płaszczyzna, na której fiksujemy wzrok, przesuwają się w jednym kierunku, te zaś, które leżą bliżej — w kierunku przeciwnym. Efekt ten nosi nazwę paralaksy ruchowej. Układ nerwowy wykorzystuje również fakt, że przedmioty dalsze, poruszające się w przestrzeni z tą samą prędkością, poruszają się na naszej siatkówce wolniej niż przedmioty bliższe.

Jak widać, nasz mózg dokonuje oceny głębi i relacji przestrzennych między przedmiotami na podstawie wielu różnorodnych informacji zawartych zarówno w obrazie statycznym, jak i w złożonym wzorcu rzeczywistych i pozornych ruchów przedmiotów na siatkówkach naszych oczu.

Skoro ocena relacji przestrzennych (położenia przedmiotów) wymaga złożonych mechanizmów uwzględniających zarówno odległość, wielkość, jak i ruch, nic dziwnego, że w ten proces zaangażowane są również struktury wzrokowe wyższego rzędu (przede wszystkim V5) oraz obszary dolnej kory ciemieniowej (na granicy płatów potylicznych i ciemieniowych). Badania na zwierzętach wykazują, że uszkodzenie płatów ciemieniowych prowadzi do zaburzeń wykonywania różnych zadań, które wymagają percepcji i pamięci umiejscowienia obiektów.

Badania PET u ludzi również potwierdzają tezę, że obszar znajdujący się na styku kory ciemieniowej i potylicznej bierze udział w lokalizacji bodźców. W jednym z eksperymentów proszono osoby badane, by porównywały dwa bodźce pokazywane kolejno po sobie (były to twarze oraz inne kształty) albo pod względem tożsamości obiektu, albo ich umiejscowienia. Każde z tych zadań wiązało się z aktywnością wzrokowych pól drugorzędowych, ale dodatkowo zadanie drugie aktywowało tylną korę ciemieniową, podczas gdy zadanie pierwsze korę dolnej skroni.

# 8.4. Droga „co" i „gdzie"/„jak"

Na podstawie obserwacji, wskazujących na zróżnicowany udział kory skroniowej i ciemieniowej w analizie informacji wzrokowej, Ungerlider i Mishkin doszli do wniosku, że w mózgu istnieją dwa „strumienie" (drogi) przepływu informacji, które nazwali „co" (ang. „what") i „gdzie" (ang. „where"). Anatomiczne badania potwierdziły to przypuszczenie. Oba strumienie rozpoczynają się w korze pierwszorzędowej, ale stopniowo ulegają „rozszczepieniu" w korze drugorzędowej. Jeden strumień kieruje się w dół do dolnej kory skroniowej, a drugi biegnie w górę do tylnej kory ciemieniowej (por. ryc. 25.2). Strumień brzuszny zajmuje się analizą samego obiektu i jego rozpoznaniem (droga „co"), podczas gdy strumień grzbietowy służy do zlokalizowania bodźca, czyli ustalenia jego położenia oraz do przeanalizowania przestrzennych konfiguracji pomiędzy różnymi obiektami (droga „gdzie"). Przez jakiś czas sądzono, że strumień grzbietowy stanowi niejako przedłużenie drogi wielo-komórkowej, strumień zaś brzuszny, drogi drobnokomórkowej; obecnie jednak wiadomo, że oba strumienie otrzymują wejścia zarówno z kanału wielokomórkowego, jak i drobnokomórkowego, choć rzeczywiście istnieje dominacja wejść z jednego lub drugiego podsystemu.

Koncepcja odrębności dróg „co"/„gdzie" została zmodyfikowana przez Goodale i Miner, którzy zaproponowali, że pierwotną funkcją strumienia grzbietowego jest raczej kierowanie czynnościami ruchowymi niż po prostu percepcja lokalizacji bodźca. W związku z tym zaproponowali nowe terminy: „co" (ang. what) i „jak" (ang. „how"), jako lepiej odzwierciedlające rzeczywisty podział ról pomiędzy drogami, które z jednej strony informują nas, czym jest obiekt, na który właśnie patrzymy, z drugiej zaś, gdzie obiekt się znajduje, byśmy mogli podjąć odpowiednie działanie. Stwierdzili oni, że rejon tylnej kory ciemieniowej ma bardzo silne połączenia z korą czołową zawiadującą ruchami, takimi jak sięganie po przedmioty i chwytanie, oraz że dwustronne uszkodzenie drogi grzbietowej prowadzi do zaburzeń w ruchach celowych wykonywanych pod kontrolą wzroku (ang. visually guided movements). Autorzy opisali przypadki pacjentów, u których zaburzenia dotyczyły wybiórczo albo drogi brzusznej, albo grzbietowej. Jedna z pacjentek np. przejawiała bardzo poważne zaburzenia w rozpoznawaniu nawet bardzo dobrze znanych obiektów i rysunków. Pacjentkę poddano badaniu, w którym miała wykonywać dwa zadania. W jednym z nich prezentowano jej klocek, w którym wycięto szczelinę, a jej zadaniem było ustawienie ręki, w której trzymała kartę, tak, by jej położenie odpowiadało położeniu szczeliny. Z tym zadaniem pacjentka nie była w stanie sobie poradzić. Jeśli jednak poproszono ją, by wsunęła kartę w szczelinę, wykonywała to zadanie bez trudności. Istotne jest, że robiła to na podstawie informacji wzrokowej, a nie dotykowej, prawidłowo bowiem ustawiała kartę, jeszcze zanim dotknęła klocka.

Ten bardzo pouczający eksperyment wskazuje, że informacja wzrokowa jest wykorzystywana do dwóch odrębnych celów w ramach dwóch odrębnych dróg: jedna droga służy do identyfikacji obiektów, druga zaś do tego, by podjąć odpowiednie interakcje z tymi obiektami. Uszkodzenie jednej drogi nie musi zakłócać analizy zachodzącej w drugiej, jak to miało miejsce w opisanym przypadku.

Mimo że koncepcja analizy informacji wzrokowej w dwóch oddzielnych strumieniach zyskała wiele dowodów ją popierających, trzeba pamiętać o tym, że rozdzielenie dróg nie ma charakteru absolutnego, i że między nimi istnieje bardzo wiele połączeń zapewniających ich współdziałanie.

# 8.5. Integracyjne mechanizmy percepcji

W dotychczasowych rozważaniach podkreślano, że poszczególne cechy obrazu wzrokowego są analizowane przez układ nerwowy we względnie niezależnych kanałach wyspecjalizowanych w analizie różnego typu informacji (por. ryc. 8.13). Szczególnie wiele cennych informacji dotyczących odrębności kanałów przetwarzania poszczególnych cech wzrokowych dostarczyły obserwacje pacjentów z uszkodzeniami mózgu wskazujące, że deficyty percepcyjne mogą przybierać bardzo selektywne formy.

Introspektywne doznania dotyczące spostrzegania dowodzą jednak, że przynajmniej na tym poziomie przetwarzania, na którym doznajemy świadomych wrażeń, informacja wzrokowa nie jest rozseparowana na poszczególne części składowe, lecz stanowi harmonijną jedność percepcyjną, odwzorowującą w naszej świadomości zewnętrzną rzeczywistość, i to w sposób niejednokrotnie pełniejszy, niż pozwalają na to docierające do mózgu informacje. Kiedy np. patrzymy na bukiet kolorowych kwiatów, nie dostrzegamy rozmytych kolorowych plam i niezależnie od nich różnych kształtów, lecz raczej czerwone róże, białe margerytki i żółte słoneczniki. Nie spostrzegamy też ruchu zboża kołyszącego się na wietrze jako czegoś niezależnego od samego zboża. Automatycznie, bez żadnego wysiłku z naszej strony integrujemy różne aspekty docierającej do naszych oczu informacji w całościowy obraz.

Istnieją dowody wskazujące, że kanały analizujące różne aspekty bodźców wzrokowych nie są całkowicie odseparowane od siebie i na wielu poziomach istnieją między nimi połączenia zapewniające wymianę informacji. Korzyści płynące z tych połączeń są oczywiste. Na przykład informacja o barwach czy o ruchu obiektów może pomagać w wyodrębnieniu kształtu z tła. Gdzieś w mózgu musi dochodzić do zespolenia napływającej informacji, odniesienia jej do śladów pamięciowych i utworzenia świadomego, sensownego „perceptu". W jaki sposób ten proces się odbywa? Jak dochodzi do integracji informacji z różnych kanałów, zinterpretowania ich w świetle zarejestrowanych w naszej pamięci zdarzeń i w konsekwencji do utworzenia psychicznych konstruktów stanowiących nasze doznania percepcyjne? Pytanie to w gruncie rzeczy sprowadza się do podstawowej kwestii, która od lat zaprzątała umysły psychologów i filozofów, a mianowicie, czym jest nasza świadomość. W ostatnich latach pytanie to znalazło się również w centrum uwagi neurobiologów.

Z przedstawionych informacji wynika, że w procesie percepcji zostają pobudzone różne regiony mózgu specjalizujące się w różnych funkcjach. Na dodatek pobudzenie odpowiednich struktur mózgu związanych z aktualnie działającymi bodźcami powoduje pobudzenie innych rozległych obszarów, które są związane z przechowywaniem śladów pamięciowych minionych zdarzeń. Uważa się, że podstawowym mechanizmem, który umożliwia powiązanie różnych informacji analizowanych w różnych strukturach mózgu w jedną całość jest mechanizm uwagi, który wzmacnia i koordynuje czasowo aktywność tych grup neuronów, które są zaangażowane w analizę interesujących nas elementów otoczenia. Mechanizm ten zapewnia, że spostrzegany obraz przybiera postać znajomych obiektów o określonym znaczeniu, występujących na mniej ważnym, pomijalnym tle. Niektórzy autorzy postulują, że mechanizm uwagi opiera się na skoordynowanych czasowo oscylacjach (tj. wyładowaniach z częstotliwością 40/s) grup neuronów, które zostały pobudzone przez interesujący obiekt (por. rozdz. 25). Synchroniczne wyładowania mają więc podstawowe znaczenie dla scalania obrazu w sensowną całość. Wyniki badań z ostatnich lat wskazują, że istotną rolę w procesach uwagi odgrywają zarówno struktury podkorowe, takie, jak poduszka, wzgórki czworacze górne czy przedmurze, jak i kora mózgowa, a zwłaszcza kora przedczołowa, tylna część kory ciemieniowej oraz dolna część kory skroniowej.

Jak istotna jest rola struktur związanych z uwagą w powstawaniu świadomych doznań percepcyjnych, wskazują obserwacje pacjentów z jednostronnym pomijaniem zwanym też neglektem (ang. neglect — por. rozdz. 19). Uszkodzenie kory ciemieniowej z prawej strony może prowadzić do braku jakichkolwiek doznań wzrokowych po stronie kontralateralnej względem uszkodzenia, mimo nie zaburzonego funkcjonowania odpowiednich dróg i struktur wzrokowych.

Zarówno badania kliniczne, neuroobrazowania, jak i eksperymenty elektrofizjologiczne dowodzą, że samo pobudzenie struktur zaangażowanych w percepcję wzrokową (i to również struktur wyższego rzędu) nie wystarcza, by wywołać świadome doznanie percepcyjne. Mózg może odbierać i analizować pewne informacje, których w ogóle nie jesteśmy świadomi, nawet jeśli czynimy wysiłek w tym kierunku. Wskazuje na to np. zdolność pacjentów ze „ślepowidzeniem" (por. podrozdz. 8.2.4) do poprawnej oceny cech bodźców prezentowanych w ich ślepym polu, a więc takich, których w ogóle nie dostrzegają. Opublikowane w ostatnim czasie dane wskazują, że prezentacja bodźców w pomijanym („niewidzącym") polu u pacjentów z neglektem wywołuje prawidłową aktywność nie tylko w V1, ale i w wyższych polach, ale na to, by ta aktywność „zaowocowała" świadomą percepcją, niezbędny jest udział kory ciemieniowej i przedczołowej.

Mimo postępu wiedzy w tej dziedzinie ciągle jeszcze wiemy stosunkowo niewiele o tym ostatnim etapie powstawania świadomych doznań percepcyjnych.


# 8.6. Plastyczność kory wzrokowej

Skoro kora mózgowa stanowi mozaikę wyspecjalizowanych obszarów, badacze zadawali sobie pytanie, czy architektura funkcjonalna mózgu jest czymś stałym, niezmiennym, czy też może podlegać modyfikacjom pod wpływem doświadczeń.

W tym kontekście próbowali m.in. dociec, jaką rolę odgrywa kora wzrokowa u osób niewidomych: czy po prostu pozostaje nieczynna w związku z brakiem wzrokowej stymulacji, czy też przejmuje funkcje innych obszarów. Istnieje obecnie bogata literatura pokazująca, że nawet u osób dorosłych mózg zachowuje zdolność do plastycznych zmian i reorganizacji zarówno w ramach tej samej modalności, jak i w zakresie połączeń międzymodalnych.

Za pomocą metod neuroobrazowania dowiedziono m.in., że u osób niewidomych kora wzrokowa jest aktywna w czasie wykonywania różnych zadań różnicowania dotykowego. Co więcej, aktywność ta ma istotne znaczenie funkcjonalne, gdyż np. czytanie pisma Braille'a zastaje zakłócone, gdy za pomocą przezczaszkowej stymulacji (ang. transcranial magnetic stimulation, TMS) zaburza się działanie kory potylicznej. Interesujące jest, że międzymodalne zmiany plastyczne w korze wzrokowej można obserwować u osób zdrowych noszących przez kilka dni opaskę na oczach. Badacze przypuszczają, że być może w korze wzrokowej istnieją już wejścia z układu samotosensorycznego, które w normalnych warunkach intensywnej stymulacji wzrokowej są „zamaskowane" i nie ujawniają się. Więcej danych na temat plastyczności mózgowej znajdzie czytelnik w rozdziale 24.

# 8.7. Podobieństwa organizacji różnych układów sensorycznych

Prezentowany rozdział poświęcono niemal w całości zagadnieniom percepcji wzrokowej. System percepcji wzrokowej można jednak traktować jako pewien ogólny model, na bazie którego możliwe jest poznanie ogólnych zasad organizacji wszystkich systemów percepcyjnych. Mimo że doznania wzrokowe, słuchowe, dotykowe czy smakowe mają dla nas subiektywnie zupełnie odmienną jakość, układy sensoryczne stanowiące anatomiczną i fizjologiczną bazę tych wrażeń wykazują bardzo wiele podobieństw. Analiza reguł rządzących niezwykle skomplikowaną, ale też i zadziwiająco logiczną konstrukcją różnych układów sensorycznych wskazuje, że podobieństwa te dotyczą z jednej strony sposobu przetwarzania informacji zmysłowej na sygnały nerwowe, z drugiej zaś, organizacji anatomicznej i funkcjonalnej tych układów.

W 1826 r. J. Muller po raz pierwszy sformułował tezę, że poszczególne zmysły mają swoje odrębne drogi nerwowe, wyspecjalizowane w odbiorze, przewodzeniu i analizie informacji wzrokowych, słuchowych czy dotykowych. Dana droga może więc być pobudzona jedynie przez specyficzny dla niej bodziec. Dziś wiemy, że teza ta jest zasadniczo słuszna, choć zastosowanie bardzo silnych bodźców może prowadzić do pobudzenia włókien nerwowych różnych typów.

## 8.7.1. Przetwarzanie informacji zmysłowej na sygnały nerwowe

Każdy z układów sensorycznych jest pobudzany przez adekwatne dla niego bodźce za pośrednictwem wyspecjalizowanych komórek, zwanych receptorami. Wyróżnia się pięć różnych klas receptorów: chemoreceptory, mechanoreceptory, termoreceptory, fotoreceptory i nocyceptory (związane z doznaniami bólowymi), które są wrażliwe na różne typy energii. Wspólną właściwością receptorów jest to, że przetwarzają one energię specyficznego dla nich bodźca zewnętrznego w energię elektrochemiczną. Dzięki temu zapewniają one istnienie wspólnego języka czy kodu, za pomocą którego odbywa się transmisja informacji w układzie nerwowym. Proces przetwarzania polega na skomplikowanych reakcjach biochemicznych zapoczątkowanych przez bodziec zewnętrzny, które zmieniając właściwości błony komórkowej receptora (otwarcie lub zamknięcie kanałów jonowych), powodują zmiany w przepływie jonów przez tę błonę i w konsekwencji prowadzą do zmiany potencjału błonowego receptora. W przypadku większości receptorów stymulacja prowadzi do otwarcia kanałów jonowych, przepływu prądu do wnętrza komórki i depolaryzacji receptora (por. rozdz. 3). W przypadku fotoreceptorów kręgowców jednakże stymulacja prowadzi do zamknięcia kanałów jonowych i, co za tym idzie, do hiperpolaryzacji receptora. Warto tu wspomnieć, że zmysł równowagi zawiera receptory o zupełnie wyjątkowych właściwościach w układzie nerwowym. Receptory te (komórki włosowate) mogą ulegać bądź depolaryzacji, bądź hiperpolaryzacji, w zależności od kierunku ruchu głowy.

Potencjał receptorowy ma charakter miejscowy, tj. ogranicza się do błony receptora. Na to, by informacja o bodźcu została przekazana do mózgu, musi powstać potencjał czynnościowy, który z dużą prędkością rozprzestrzenia się po włóknach nerwowych. W przypadku systemów zawiadujących czuciem skórnym i węchem potencjał czynnościowy powstaje w komórce receptorowej wówczas, gdy amplituda potencjału receptorowego osiągnie pewną progową wartość. Komórki receptorowe tych dwóch systemów odgrywają więc podwójną rolę: przetwarzają energię bodźca na energię elektryczną, a jednocześnie przekazują informację do wyższych struktur nerwowych za pomocą serii wyładowań w postaci potencjałów czynnościowych. W przypadku innych systemów te dwie funkcje są rozdzielone. Receptory przetwarzają specyficzną energię bodźca na potencjał receptorowy. Potencjały czynnościowe zaś, mające zdolność rozprzestrzeniania się po włóknach nerwowych, powstają w oddzielnych komórkach nerwowych pobudzanych przez te receptory. Jak widzimy więc, mechanizm przetwarzania specyficznej energii bodźca na odpowiedni kod nerwowy jest w różnych układach sensorycznych podobny, choć istnieją pewne różnice związane ze specyfiką każdego z nich.

## 8.7.2. Zasady kodowania informacji o bodźcach

Potencjały czynnościowe stanowią kod neuronalny zawierający szereg informacji o bodźcu. Informacje te są zakodowane przede wszystkim w częstotliwości impulsacji i czasowym jej rozkładzie w pojedynczych włóknach nerwowych oraz we wzorcu aktywności całej populacji włókien biegnących do mózgu (por. rozdz. 3).

Sposób kodowania różnych informacji o bodźcach w różnych układach sensorycznych również opiera się na podobnych ogólnych zasadach. Intensywność bodźca wpływa przede wszystkim na częstotliwość wyładowań: bodźce silniejsze wywołują większy potencjał receptorowy, co z kolei prowadzi do zwiększonej częstotliwości impulsacji w pojedynczym włóknie. Jednocześnie bodźce silniejsze pobudzają większą liczbę receptorów i co za tym idzie większą liczbę włókien. W przypadku bodźców wzrokowych bodźce o większej intensywności odbieramy jako jaśniejsze, w przypadku zaś słuchu, jako głośniejsze.

Bodźce działające na receptory różnią się nie tylko pod względem intensywności, ale również pod względem cech jakościowych. Na przykład światło padające na siatkówkę oka może zawierać fale różnej długości (co subiektywnie odbieramy jako różną barwę), na dźwięki mogą składać się fale akustyczne o różnej częstotliwości (co odbieramy jako różną wysokość), a bodźce działające na receptory skórne mogą mieć charakter termiczny, dotykowy lub bólowy. Ogromne zróżnicowanie charakteryzuje również bodźce zapachowe i smakowe. W jaki sposób układy sensoryczne kodują te odrębne jakości? I w tym przypadku wydaje się, że natura zastosowała podobny klucz do rozwiązania tego problemu we wszystkich układach. Kluczem tym jest, z jednej strony, istnienie wyspecjalizowanych receptorów, których wrażliwość na poszczególne jakości bodźca jest różna, z drugiej zaś, przekazywanie informacji o różnych cechach bodźca odrębnymi kanałami nerwowymi.

Na czym polega specjalizacja receptorów w ramach różnych układów sensorycznych? Ponieważ liczba różnych typów receptorów jest z reguły znacznie mniejsza niż liczba różnych możliwych cech bodźców, każdy receptor odpowiada na pewne spektrum bodźców. Na dodatek zakresy wrażliwości poszczególnych receptorów w pewnym stopniu się pokrywają. Każdy z nich ma jednak największą wrażliwość tylko w pewnym wąskim przedziale bodźców. Siatkówka oka np., jak wyżej opisano, zawiera trzy typy czopków, z których każdy reaguje najsilniej na inną długość fal świetlnych. Światło padające na siatkówkę oka z reguły pobudza wszystkie typy czopków. Ponieważ jednak reagują one z różną siłą w zależności od długości fal świetlnych, informacja o sile pobudzenia w całej sieci receptorów może stanowić podstawę do oceny, jakie światło oświetliło dany punkt siatkówki.

Receptory słuchowe z kolei są zróżnicowane z punktu widzenia ich wrażliwości na częstotliwość dźwięków. Dźwięki o różnej częstotliwości będą więc pobudzać te receptory, które „nastawione są" na wykrywanie danej częstotliwości. I tu również panuje zasada, że dźwięk o danej częstotliwości wywołuje reakcję dużej liczby różnych receptorów; siła ich reakcji będzie jednak różna w zależności od tego, na jaką częstotliwość są one wrażliwe. Ponieważ, podobnie jak w układzie wzrokowym, wielkość reakcji receptorów zależy jednocześnie od intensywności dźwięku, ostateczne określenie częstotliwości dźwięku jest możliwe dopiero po przeanalizowaniu przez układ nerwowy rozkładu pobudzenia w całej sieci receptorów i włókien prowadzących do mózgu.

Receptory czucia skórnego są zbudowane tak, by „wykrywać" różne co do jakości bodźce stymulujące powierzchnię skóry (por. rozdz. 12). Oprócz receptorów wykrywających różne bodźce dotykowe skóra zawiera wyspecjalizowane receptory wrażliwe na bodźce bólowe oraz termiczne. Również inne zmysły zawierają receptory wyspecjalizowane w wykrywaniu różnych jakości zmysłowych. Wiadomo na przykład, że na języku znajdują się receptory reagujące najsilniej na smak słony, słodki, gorzki czy kwaśny. Co ciekawe, nie są one przemieszane, lecz poszczególne smaki skupiają się w określonych regionach języka.

Drugim (oprócz specyficzności receptorów) ważnym elementem kodowania przez system nerwowy informacji o jakości bodźca jest względna odrębność dróg nerwowych, po których informacje te są przekazywane i, co za tym idzie, istnienie specyficznych okolic mózgu związanych z analizą tych informacji. Segregacja informacji o różnych cechach bodźca, zapoczątkowana na niższych piętrach układu nerwowego, znajduje więc swój wyraz również w wewnętrznej organizacji poszczególnych pól korowych oraz w specjalizacji pomiędzy nimi. Tak więc na przykład we wzroku istnieje kilka kanałów związanych z analizą barwy, kształtu i ruchu. Mimo że kanały te mają rozbudowaną sieć połączeń neuronowych, działają one względnie niezależnie, a segregacja włókien przewodzących informację w tych kanałach, zapoczątkowana w siatkówce oczu, w pewnym stopniu utrzymuje się na wyższych piętrach układu nerwowego. Każdy z tych kanałów ma specyficzne właściwości, zapewniające precyzyjną ocenę poszczególnych aspektów bodźca.

Oprócz intensywności i jakości bodźce zmysłowe charakteryzuje również określony czas trwania. I w tym przypadku odnajdujemy pewne podobieństwa między różnymi układami w sposobie, w jaki uwzględniają tę cechę. Układy te zawierają odrębne grupy neuronów, które reagują szczególnie silnie wówczas, gdy w otoczeniu pojawia się nowy bodziec. Ich aktywność znacznie spada lub zanika zupełnie, gdy bodziec trwa przez jakiś czas. Istnienie takich neuronów — „wykrywaczy nowości" ma szczególne znaczenie, umożliwia bowiem szybką reakcję i dostosowanie działania do nowych sytuacji. Istnieją też neurony, które reagują szczególnie silną impulsacją na zniknięcie bodźca, oraz takie, które są aktywne przede wszystkim w czasie trwania bodźca. Cały ten system umożliwia więc precyzyjną ocenę czasowych aspektów stymulacji.

## 8.7.3. Organizacja funkcjonalna i anatomiczna różnych układów percepcyjnych

Podobieństwa pomiędzy różnymi układami sensorycznymi nie ograniczają się jedynie do sposobu kodowania informacji zmysłowej. Dotyczą one również ich organizacji funkcjonalnej i anatomicznej. Wspólną cechą budowy układów sensorycznych jest to, że komórki receptorowe oraz komórki nerwowe leżące na różnych piętrach tych systemów mają swoje pola recepcyjne. Pole recepcyjne to obszar (np. siatkówki lub skóry), którego stymulacja odpowiednim bodźcem wpływa na zmianę aktywności danej komórki. Pola recepcyjne komórek nerwowych mają obszary pobudzające i hamujące (tj. obszary, których stymulacja zwiększa lub zmniejsza częstotliwość wyładowań komórki). Organizacja tych obszarów jest różna na różnych piętrach układu nerwowego. Pola recepcyjne neuronów wyższych pięter układu nerwowego zależą od tego, jakie neurony niższego rzędu są z nimi połączone (z reguły za pomocą wejść konwergencyjnych, czyli takich, w których wiele neuronów niższego rzędu wysyła włókna do pojedynczego neuronu wyższego rzędu). Z tego też względu pola recepcyjne neuronów wyższego rzędu (tj. leżących wyżej w hierarchicznie zorganizowanych układach sensorycznych) są większe (zbierają informacje z szeregu receptorów i neuronów niższego rzędu, których pola recepcyjne nie pokrywają się ze sobą) i mają bardziej złożoną strukturę. Dzięki temu reagują one na bodźce z większego obszaru, a jednocześnie wykazują specjalizację w wykrywaniu określonego typu bodźców, np. takich, które poruszają się w określonym kierunku. Położenie pól recepcyjnych komórek nerwowych stanowi ważną informację dla lokalizacji bodźca, zarówno w układzie wzrokowym, jak i czucia skórnego.

Kolejnym ważnym elementem wspólnym dla różnych układów sensorycznych jest ich organizacja topograficzna. Polega ona na tym, że poszczególne części powierzchni recepcyjnych (np. siatkówki czy skóry) są reprezentowane w korze oraz na wszystkich pośrednich poziomach układu nerwowego w sposób uporządkowany: sąsiednie rejony powierzchni recepcyjnej wysyłają włókna do sąsiednich rejonów tkanki nerwowej, tworząc tym samym swoiste mapy. W przypadku układu wzrokowego i somatosensorycznego mapy te jednocześnie odwzorowują położenie bodźca na obwodzie, a odwzorowanie to nosi nazwę, odpowiednio, retinotopii i somatotopii. W przypadku słuchu odwzorowanie dotyczy specyficznej wrażliwości komórek rzęskowych w różnych częściach narządu Cortiego na poszczególne częstotliwości dźwięku. Tak więc dźwięki o podobnej częstotliwości pobudzają sąsiednie rejony zarówno powierzchni recepcyjnej narządu Cortiego, jak i kory. Dlatego też w układzie słuchowym organizacja ta nosi nazwę tonotopii. Organizacja topograficzna charakteryzuje nie tylko korę sensoryczną, ale również i niższe struktury mózgowe, przez które jest transmitowana informacja sensoryczna, np. jądra wzgórza.

Korowa reprezentacja nie jest jednak dokładnym odwzorowaniem powierzchni recepcyjnych ciała wg zasady „punkt do punktu". Przeciwnie, jest ona znacznie zróżnicowana. Niektóre rejony powierzchni ciała, np. palce rąk czy język, zajmują bardzo duże obszary w mózgu w porównaniu z innymi, nie odgrywającymi tak ważnej roli w doznaniach dotykowych (ryc. 8.21). Podobnie jest we wzroku — reprezentacja części centralnej siatkówki jest wielokrotnie większa niż reprezentacja części peryferycznych. Każdemu stopniowi kątowemu obrazu padającego na obszar dołka centralnego odpowiada 6 mm kory, podczas gdy ta sama wartość dla obszaru oddalonego o 20° wynosi 1/3 mm.

Jak wspomniano, każdy z układów percepcyjnych ma swoje specyficzne drogi, którymi informacja z narządów zmysłów jest transmitowana do mózgu. Wszystkie te drogi, zanim dotrą do kory mózgowej, prowadzą poprzez wzgórze (poza jednym wyjątkiem — układem węchowym, stanowiącym filogenetycznie starsze rozwiązanie). Wzgórze spełnia nie tylko funkcję stacji przekaźnikowej, ale również odgrywa ważną rolę w analizie informacji napływającej do mózgu. Ponieważ ma ono bardzo silnie

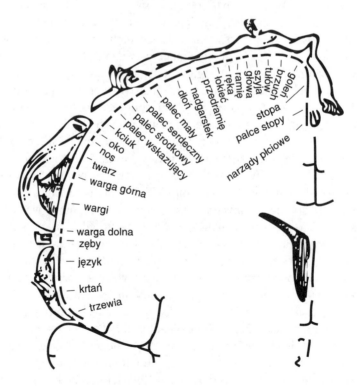

**Ryc. 8.21.** Reprezentacja czucia skórnego w korze somatosensorycznej człowieka

rozbudowane wejścia z kory mózgowej, jego działanie jest w dużej mierze sterowane przez wyższe ośrodki korowe. Ponadto, większość dróg przewodzących informacje sensoryczne do mózgu ulega po drodze skrzyżowaniu (wyjątek stanowią drogi węchowe). Skrzyżowanie to powoduje, że informacja z każdej „połówki" naszego ciała, oraz z każdej połowy otaczającej nas przestrzeni, trafia do półkuli przeciwległej. W mózgu istnieją odrębne dla każdej modalności pola sensoryczne, spełniające zasadniczą rolę w świadomych doznaniach percepcyjnych. Z reguły każda modalność ma kilka takich pól, wśród których można wyróżnić pola pierwszorzędowe (mające głównie wejścia ze wzgórza) oraz pola wyższego rzędu, stanowiące kolejny etap analizy bodźców. Każde z nich odgrywa specyficzną rolę w analizie określonych aspektów bodźca. Ponadto kora jest zorganizowana w tzw. kolumny, czyli zespoły neuronów biegnące przez całą grubość kory, które wykazują zbliżone właściwości. Organizacja korowych reprezentacji bodźca w układach percepcyjnych ma więc modułowy charakter.

Na zakończenie omawiania podobieństw pomiędzy różnymi układami percepcyjnymi warto wspomnieć, że zawierają one mechanizmy zapewniające ich szczególnie silną reakcję na wszelkie zmiany stymulacji, a więc na bodźce charakteryzujące się nieciągłością w czasie i przestrzeni. Decydującą rolę odgrywa tu mechanizm adaptacji i hamowania obocznego. Adaptacja zachodzi zarówno na poziomie receptorowym, jak i neuronowym i przejawia się w zmniejszeniu aktywności komórki receptorowej czy neuronu w sytuacji długotrwałej jednorodnej stymulacji. Na skutek adaptacji np. na ogół nie odczuwamy wrażeń dotykowych związanych z noszeniem ubrań, które stale stymulują naszą skórę. Potrafimy też „nie słyszeć" jednostajnego hałasu dochodzącego z ulicy i dzięki temu skupiać się na wykonywanej pracy. Procesy adaptacji odgrywają bardzo istotną rolę w życiu człowieka, pozwalają bowiem na ignorowanie długotrwałych, znanych bodźców, a tym samym umożliwiają silniejszą reakcję na bodźce nowo pojawiające się, mające dużą wartość informacyjną.

Hamowanie oboczne jest mechanizmem służącym do wyostrzenia wszelkich przestrzennych nieciągłości stymulacji (por. rozdz. 3). Polega ono na tym, że pobudzenie danej komórki wywołane stymulacją określonego miejsca powierzchni recepcyjnej zmniejsza się w sytuacji jednoczesnej stymulacji miejsca sąsiedniego. Zjawisko to zostało odkryte przez Hartline'a w oku żaby, za co otrzymał Nagrodę Nobla. Oświetlając siatkówkę oka niewielką plamką światła i rejestrując aktywność elektryczną wywołaną tym światłem, Hartline stwierdził, że ulega ona zmniejszeniu na skutek oświetlenia sąsiedniego miejsca siatkówki inną małą plamką. W układzie wzrokowym hamowanie oboczne niejako „poprawia" obraz wzrokowy padający na siatkówkę. Dzięki niemu wszystkie granice, krawędzie, linie, zmiany jasności czy barwy zostają wyostrzone. Układ nerwowy bowiem reaguje na nie silniej niż na te fragmenty obrazu, w których nie ma gwałtownych zmian. Hamowanie oboczne jest mechanizmem działającym na różnych piętrach układu nerwowego oraz w różnych układach sensorycznych. Rycina 8.22 pokazuje zasadę działania hamowania obocznego w korze somatosensorycznej. Jeżeli określone miejsce na powierzchni ciała stymulujemy bodźcem dotykowym, to w odpowiednim punkcie kory somatosensorycznej następuje aktywacja grupy neuronów, przy czym najsilniej są pobudzane neurony znajdujące się w centrum pobudzonej okolicy (ryc. 8.22A). Dwa bodźce oddziałujące

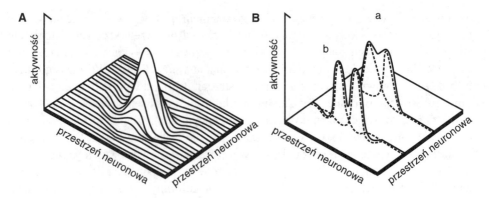

**Ryc. 8.22.** Hamowanie oboczne w korze somatosensorycznej. **A** — rozkład pobudzeń w korze przy stymulacji pojedynczym bodźcem; **B** — przy stymulacji dwoma, blisko siebie położonymi bodźcami: a. hipotetyczny rozkład pobudzeń przy braku hamowania, b. z hamowaniem. Linia przerywana pokazuje hipotetyczny rozkład pobudzeń przy stymulacji pojedynczym bodźcem. (Wg: Kandel i in. W: Kandel i in. (red.), *Princples of Neural Science.* Appleton & Lang, Norwalk 1991, 1137 s., zmodyf.)

na skórę w bliskim sąsiedztwie przestrzennym wywołują aktywację dwóch częściowo pokrywających się populacji neuronów (ryc. 8.22B). Jak pokazano na rycinie 8.22Ba, w tej sytuacji dwa maksyma aktywności w korze, odpowiadające dwóm bodźcom uległyby „rozmyciu". Jednakże najbardziej pobudzone neurony hamują sąsiednie mniej pobudzone neurony za pośrednictwem hamujących interneuronów. Dzięki temu maksyma aktywacji dwóch populacji neuronów ulegają wyostrzeniu (ryc. 8.22Bb) i w konsekwencji ułatwiają ich separację przestrzenną. Ta sama zasada działania hamowania obocznego, prowadzącego do wyostrzenia kontrastu pomiędzy bodźcami, odgrywa zasadniczą rolę w rozpoznawaniu konturów czy kształtów (por. rozdz. 3).

Podsumowując, można stwierdzić, iż zasady organizacji oraz mechanizmy działania różnych układów sensoryczych tworzą pewien logiczny obraz, w którym uderza podobieństwo rozwiązań. Wydaje się, że podobieństwa te nie są przypadkowe, lecz stanowią ważny element zapewniający możliwość koordynacji wrażeń płynących z różnych zmysłów i powstanie w naszym umyśle jednolitej, spójnej reprezentacji świata zewnętrznego.

## 8.7.4. Równoległość czy sekwencyjność analizy informacji?

Przedstawione wyżej dane dotyczące organizacji układów percepcyjnych nasuwają pytanie, które od dawna było przedmiotem gorących dyskusji. Dotyczy ono kwestii, czy informacja docierająca do naszych zmysłów jest analizowana w sposób równoległy, czy sekwencyjny (hierarchiczny). Dziś sądzi się, że rozwiązanie leży pośrodku obu tych pozornie sprzecznych ze sobą stanowisk. Z jednej strony bowiem nie ulega wątpliwości, że we wszystkich układach sensorycznych analiza informacji odbywa się w sposób hierarchiczny, tj. wyższe piętra układu nerwowego korzystają z informacji przesłanych przez niższe piętra i dokonują na nich coraz bardziej skomplikowanych operacji. Z drugiej zaś, większość tych układów zawiera względnie niezależne kanały, specjalizujące się w przesyłaniu informacji o różnych cechach bodźców, np. o barwie, kształcie czy ruchu w przypadku układu wzrokowego, czy też o bodźcach bólowych, termicznych oraz dotykowych w przypadku układu somatosensorycznego. Specjalizacja ta nie jest na ogół pełna, tj. funkcje poszczególnych kanałów w pewnym stopniu się zazębiają. Ma to oczywiście bardzo ważne znaczenie kliniczne, funkcje zaburzone bowiem na skutek uszkodzenia jednego kanału mogą być w pewnym stopniu przejmowane przez kanały równoległe.

# 8.8. Współdziałanie zmysłów

Współdziałanie różnych układów percepcyjnych stanowi podstawę sprawnego funkcjonowania istot żywych. Jeśli z jakichś powodów człowiek zostanie nagle pozbawiony jednego ze zmysłów, jego możliwości działania zostają drastycznie ograniczone, nie tylko z powodu braku określonych informacji, ale również z powodu zaburzenia możliwości koordynowania informacji płynących z innych zmysłów. Dopiero po jakimś czasie na nowo uczy się on wykorzystywać docierające do niego informacje.

Współdziałanie zmysłów przejawia się nie tylko w tym, że mózg analizuje jednocześnie informacje z zakresu różnych modalności, których źródłem są aktualnie działające bodźce. Jak wspomniano, percepcja jest aktywnym procesem, opierającym się zarówno na aktualnej stymulacji, jak i na posiadanej wiedzy. Interpretując więc zjawiska i obiekty świata zewnętrznego, odwołujemy się do poprzednich doświadczeń, wynikających z różnorodnych doznań zmysłowych. Jeśli np. patrzymy na piękną gruszkę, leżącą na talerzu, spostrzegamy nie tylko jej złocisty kolor oraz charakterystyczny kształt, lecz również wiemy, że ma ona gładką skórkę i soczysty, słodki miąższ. W tej sytuacji czysto wzrokowy bodziec może spowodować przyjemne doznania emocjonalne i napłynięcie przysłowiowej ślinki do ust. Rozpoznawanie przedmiotów oraz ocena zjawisk dokonuje się na ogół na podstawie analizy wielu cech jednocześnie oraz związków zachodzących między nimi.

Doznania pochodzące z jednego zmysłu mogą modyfikować doznania z innej modalności. Na przykład lokalizacja dźwięków opiera się nie tylko na mechanizmach słuchowych, lecz w dużym stopniu zależy od sygnałów wzrokowych, informujących o położeniu źródła dźwięków. Gdy oglądamy film w kinie, słyszymy głosy poruszających się aktorów nadbiegające z różnych kierunków, gdy tymczasem pochodzą one z tych samych nieruchomych głośników.

Podsumowując, można stwierdzić, że różne układy percepcyjne są elementami ogólniejszego, spójnego systemu informującego nas o świecie oraz o efektach naszej działalności.

# 8.9. Podsumowanie

Percepcja to proces odbioru i analizy informacji zmysłowej oraz jej interpretacji w świetle posiadanej wiedzy. Istotną cechą percepcji jest jej aktywny, twórczy charakter. Człowiek nie jest biernym odbiorcą aktualnie docierającej do niego informacji, lecz przetwarza, selekcjonuje i interpretuje ją w świetle zarejestrowanej w pamięci wiedzy o otaczającym świecie. Procesy analizy informacji wzrokowej przebiegają na wielu poziomach układu nerwowego, poczynając od siatkówki poprzez ciało kolankowate boczne, korę wzrokową, a kończąc na asocjacyjnych rejonach kory mózgowej. Przetwarzanie informacji odbywa się więc w sposób hierarchiczny, tj. wyższe piętra układu wzrokowego korzystają z informacji przesłanych przez niższe piętra i dokonują na nich coraz bardziej skomplikowanych operacji. Z drugiej strony jednak, informacja o poszczególnych cechach bodźca, takich jak ruch, kształt czy barwa, jest analizowana w oddzielnych, równoległych kanałach. Mimo że kanały te mają rozbudowaną sieć połączeń neuronowych, działają one względnie niezależnie, a segregacja włókien przewodzących informację w tych kanałach, zapoczątkowana w siatkówce oczu, utrzymuje się na wyższych piętrach układu nerwowego. Każdy z tych kanałów ma specyficzne właściwości zapewniające precyzyjną ocenę poszczególnych aspektów bodźca. Integracja informacji z różnych kanałów, prowadząca do powstania złożonych doznań percepcyjnych, najprawdopodobniej odbywa się z wykorzystaniem procesów uwagi, które synchronizują czynność elektryczną grup neuronów, pobudzonych przez interesujące obserwatora obiekty. Układy sensoryczne, stanowiące anatomiczną i fizjologiczną bazę różnorodnych wrażeń zmysłowych, wykazują bardzo wiele podobieństw. Podobieństwa te dotyczą sposobu przetwarzania informacji zmysłowej na sygnały nerwowe oraz organizacji anatomicznej i funkcjonalnej tych układów. Stanowią one ważny element zapewniający możliwość koordynacji wrażeń płynących z różnych zmysłów i powstanie w naszym umyśle jednolitej, spójnej reprezentacji świata zewnętrznego.

## LITERATURA UZUPEŁNIAJĄCA

Boller F., Grafman J.: *Handbook of Neuropsychology*, wyd. 2, t. 4, *Disorders of visual behavior*. Elsevier 2001.

Gazzaniga M.S., Ivry R.B., Mangun G.R.: *Cognitive Neuroscience the Biology of the Mind*. Norton & Company, New York, London 1998.

Grabowska A., Budohoska W.: Procesy percepcji. W: T. Tomaszewski (red.), *Psychologia ogólna*. PWN, Warszawa 1995.

Ohme R.K., Jarymowicz M., Reykowski J. (red.): *Automatyzmy w procesach przetwarzania informacji*. Wydawnictwo Instytutu Psychologii PAN, SWPS, Warszawa 2001.

Self M.W., Zeki S.: The integration of colour and motion by the human visual brain. *Cerebral Cortex* 2004, **22**.

Walsh K.: *Neuropsychologia kliniczna*. PWN, Warszawa 1998.

Zeki S.: Thirty years of a very special visual area, Area V5. *J. Physiol.* 2004, **557**(Pt 1): 1 – 2.

# ROZDZIAŁ 9

# Zaburzenia widzenia powstałe w wyniku wczesnej deprywacji wzrokowej

Bogusław Żernicki, Kalina Burnat

Wprowadzenie ■ Okresy krytyczne dla rozwoju procesów widzenia ■ Obustronna deprywacja wzrokowa od widzenia przedmiotowego ■ Rozwojowe zaburzenia widzenia u ludzi ■ Stymulacja specyficzna ■ Inne układy sensoryczne ■ Podsumowanie

## 9.1. Wprowadzenie

W trakcie normalnego rozwoju układ wzrokowy odbiera bodźce, dzięki którym podlega zmianom plastycznym, dostosowując się w ten sposób do stałych reguł rządzących światem wzrokowym. Reguły te są tak oczywiste, że w codziennym życiu w ogóle nie zwracamy na nie uwagi. Niektóre z nich to: stałość źródła oświetlenia — światło na ogół pada z góry; powiązanie prawdopodobieństwa ruchu obiektów z ich wielkością — duże obiekty są zwykle nieruchome, a poruszają się tylko małe. Dzięki względnej niezmienności tych zasad nasz układ wzrokowy może „przyjmować uproszczenia" i szybciej analizować obrazy. Przykładowo większość ludzi silnie podlega iluzjom związanym z postrzeganiem perspektywy (ryc. 9.1). Złudzenia te są zależne od oceny linii prostych i kątów, których jest pod dostatkiem w naszych domach i miastach. Doświadczenie widzenia linii prostych i kątów jest zapewne

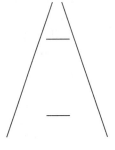

**Ryc. 9.1.** Iluzja Ponzo: dwie horyzontalne linie mają taką samą długość, ale ukośne linie stwarzają wrażenie, że wyższa linia jest dłuższa

niezbędne, aby podlegać iluzjom związanym z widzeniem perspektywy. Wiadomo, że Zulusi słabo podlegali iluzjom perspektywy, ponieważ dawniej żyli oni w świecie bez kątów i linii prostych — tradycyjne domy budowane z gliny były okrągłe, a dróg w ogóle nie było. Uogólniając, budowa i funkcjonowanie dojrzałego ośrodkowego układu nerwowego są w istotnym stopniu określone przez charakter stymulacji w czasie rozwoju osobniczego. Im uboższe środowisko sensoryczne, w którym rozwija się osobnik, tym bardziej jest ograniczone jego funkcjonowanie. Ta oczywista zależność jest prawdziwa dla wszystkich układów sensorycznych: somatosensorycznego, smakowego, słuchowego i wzrokowego.

Niezmiernie istotna jest nie tylko jakość bodźców wzrokowych, ale też czas, w którym informacja o nich dociera do układu nerwowego. Jest to tzw. okres krytyczny dla wrażliwości na bodźce, które wywołują zmiany plastyczne w układzie nerwowym. Systematyczne badania na zwierzętach nad skutkami wczesnej deprywacji sensorycznej są próbą wyjaśnienia mechanizmów związanych z wpływem środowiska na rozwój układu nerwowego. Ze względu na łatwość techniczną większość badań przeprowadzono na układzie wzrokowym kotów. Układ wzrokowy kotów jest dostatecznie dobrze rozwinięty i w wielu aspektach może być porównywany z układem wzrokowym naczelnych.

# 9.2. Okresy krytyczne dla rozwoju procesów widzenia

Układ wzrokowy najsilniej podlega zmianom plastycznym w czasie okresów krytycznych dla rozwoju poszczególnych funkcji wzrokowych. Najważniejszym czynnikiem jest czas, w którym prawidłowa informacja wzrokowa jest odbierana przez układ nerwowy. Pod wpływem bodźców wzrokowych zachodzi wtedy dynamiczna reorganizacja połączeń anatomicznych i fizjologicznych oraz towarzyszących im właściwości połączeń nerwowych układu wzrokowego. Po przekroczeniu okresu krytycznego dla danej funkcji reorganizacja kompensacyjna w obrębie danego rejonu mózgu zachodzi rzadko i w znacznie mniejszym stopniu (por. rozdz. 24).

Niektóre funkcje wzrokowe rozwijają się bardzo wcześnie i już nawet pierwsze tygodnie życia mają istotne znaczenie dla ich prawidłowego rozwoju. Pokazują to badania ostrości widzenia pacjentów po wczesnych operacjach jednoocznej wrodzonej zaćmy (katarakty). Po długotrwałej terapii jest możliwe odzyskanie istotnej poprawy ostrości wzroku tylko u pacjentów operowanych bardzo wcześnie, przed 10 tygodniem życia. Tak wczesne operacje usunięcia zaćmy przeprowadza się dopiero od niedawna. Większość pacjentów ma duże uszkodzenia ostrości widzenia, ponieważ operacje zostały przeprowadzone po okresie krytycznym dla formowania się ostrości wzroku, w wieku od trzech do sześciu miesięcy życia. Ostatnie badania przeprowadzone na fretkach przez Davida Liao i współautorów pokazują również przywrócenie funkcji wzrokowych po deprywacji jednoocznej tylko w grupie zwierząt, która przed zasłonięciem oka miała okres niezaburzonego widzenia obuocznego. Natomiast te zwierzęta, które tuż po urodzeniu, od momentu otwarcia oczu przez większą część okresu krytycznego miały zasłonięte oko, nie odzyskały normalnych funkcji wzrokowych mimo normalnej obuocznej stymulacji pod koniec okresu krytycznego. Zatem zbyt późna prawidłowa stymulacja siatkówki nie może zrównoważyć uszkodzeń układu wzrokowego wywołanych wcześniejszymi błędnymi niesymetrycznymi informacjami wzrokowymi.

Ostrość wzroku jest podstawową funkcją widzenia, bez niej świat jawi się jak widziany przez mleczną szybę, nie widać konturów przedmiotów, a zgrubne odróżnianie obiektów jest możliwe na podstawie różnic w jasności. Proces wytwarzania ostrości widzenia jest stopniowy i długotrwały u wszystkich ssaków. Noworodki rodzą się z bardzo niską ostrością widzenia, a w pełni dojrzałą ostrość widzenia dzieci osiągają dopiero pomiędzy czwartym a szóstym rokiem życia. W badaniach aktywności wzrokowej niemowląt wykorzystuje się wrodzony odruch fiksacji na nowym bodźcu. Dzięki tej procedurze można wyróżnić bodźce, które niemowlę może zobaczyć. Ostrość wzroku mierzy się za pomocą prążków o stałym kontraście, ale zmiennej szerokości. Gwałtowny wzrost ostrości widzenia obserwuje się w wieku około sześciu miesięcy, w momencie, kiedy pierwszorzędowa kora wzrokowa osiąga dojrzałość. Wtedy kończy się etap wyodrębniania kolumn dominacji ocznej (por. rozdz. 8). Wymieszane tuż po urodzeniu aksony odbierające sygnały z oka lewego i prawego w trakcie rozwoju rozdzielają się i zajmują odrębne dla każdego oka kolumny dominacji ocznej.

Od lat przedmiotem badań jest okres krytyczny, w którym zasłonięcie jednego oka zaburza prawidłową strukturę kolumn dominacji ocznej, a co za tym idzie ostrość widzenia zasłoniętego oka. Większość badań przeprowadzono na kotach. Torstein Wiesel i David Hubel otrzymali w 1981 roku Nagrodę Nobla między innymi za poniżej opisane badania. Wiadomo, że zasłonięcie jednego oka w okresie krytycznym (od 6 tygodni do 3 miesiąca życia) dla tworzenia się kolumn dominacji ocznej wywołuje drastyczne zwężenie się kolumn oka zasłoniętego, na rzecz rozszerzających się kolumn oka widzącego. Częściowe przywrócenie widzenia w deprywowanym oku jest możliwe tylko w trakcie trwania okresu krytycznego. Po odsłonięciu oka deprywowanego zakrywa się dominujące nieuszkodzone oko. Taka terapia jest powszechnie stosowana u dzieci po operacjach wrodzonej zaćmy i z tzw. syndromem leniwego oka, gdzie jedno z oczu ma znacznie obniżoną ostrość widzenia. Po upływie okresu krytycznego zakrycie nieuszkodzonego oka nie przywraca prawidłowej reprezentacji korowej uprzednio deprywowanego oka. W wyniku długotrwałej deprywacji jednoocznej znikoma liczba komórek nerwowych odpowiada na stymulację oka uprzednio zasłoniętego.

Okres krytyczny dla tworzenia się kolumn dominacji ocznej jest od lat szeroko badany. Jednym z głównych pytań badawczych, nie rozwiązanych w pełni do tej pory, jest to, w jaki sposób aktywność komórek nerwowych siatkówki wpływa na proces tworzenia się kolumn dominacji ocznej? Czy aktywność ta kieruje powstawaniem kolumn? Czy też może dzięki wyładowaniom komórek nerwowych rozpoczyna się tylko kaskada procesów prowadzących do powstania ostatecznego kształtu kolum?

Dyskusja na ten temat zajęłaby miejsce odrębnego obszernego rozdziału. W skrócie, wiadomo, że całkowite obuoczne chemiczne zablokowanie wyładowań komórek zwojowych siatkówki uniemożliwia powstanie kolumn dominacji wzrokowej. Natomiast hodowla w ciemności, przy zachowanych spontanicznych wyładowaniach komórek nerwowych siatkówki, prowadzi do przedłużenia okresu krytycznego. Zwierzęta hodowane w ciemności przez parę miesięcy życia nadal są wrażliwe na jednooczną deprywację, mimo upływu okresu krytycznego, a „podeprywacyjny" okres krytyczny przebiega u nich szybciej. Mówiąc w uproszczeniu, hodowla w ciemności opóźnia proces dojrzewania kory. Z kolei, symetryczne ograniczenie stymulacji wzrokowej obuocznie, poprzez zasłonięciu obu oczu bądź hodowlę w środowisku zawężonym tylko do jednej modalności wzrokowej, np. zawierającym tylko elementy ruchu, nie zaburza procesu powstawania kolumn dominacji ocznej. Zatem, tylko niesymetryczna stymulacja jednego oka w wyniku deprywacji jednoocznej prowadzi do zaburzenia równowagi w strukturze kolumn dominacji ocznej.

Badania przytoczone powyżej świadczą na korzyść wiodącej roli aktywności komórek siatkówki w tworzeniu się kolumn dominacji wzrokowej. Był to pogląd powszechnie panujący, aż do momentu pojawienia się prac Justina Crowleya i Lawrence Katza, pokazujących u fretek bardzo wczesną, tuż po urodzeniu, segregację aksonów z poszczególnych oczu do odrębnych kolumn dominacji ocznej. Dane te zostały później powtórzone u innych zwierząt, w tym u naczelnych. Wydaje się zatem, że podstawowy układ kolumn jest wrodzony, natomiast stymulacja wzrokowa jest niezbędna do nadania im funkcjonalnych właściwości. To odkrycie otworzyło szereg nowych kierunków badań mających na celu znalezienie molekularnych „ścieżek" kierujących aksony odbierające sygnały z poszczególnych oczu do odrębnych kolumn dominacji wzrokowej, na razie nie zakończonych sukcesem. Powstawanie kolumn jest oparte niewątpliwie na kaskadzie wydarzeń zależnych od stanu równowagi pobudzenia i hamowania pomiędzy sygnałami z poszczególnych oczu. Najwięcej wiadomo na temat hamującej roli w procesie tworzenia się kolumn dominacji ocznej kwasu $\gamma$-aminomasłowego (GABA), którego obecność w korze jest precyzyjnie skorelowana z czasem trwania okresu krytycznego. Podanie GABA przyspiesza okres krytyczny, a w korze pierwszorzędowej zwierząt hodowanych w ciemności jest go istotnie mniej. Zablokowanie syntezy GABA u myszy transgenicznych przez usunięcie enzymu GAD65 syntezującego GABA prowadzi do całkowitego wyeliminowania okresu krytycznego dla powstawania kolumn dominacji ocznej.

Najlepiej zbadanym okresem krytycznym jest opisany poniżej okres krytyczny dla powstawania kolumn dominacji ocznej w pierwszorzędowej korze wzrokowej skorelowany z ostrością widzenia. Na podstawie badań widzenia dzieci wiemy, że układ wzrokowy człowieka osiąga pełną dojrzałość dopiero w wieku ośmiu, dziesięciu lat i tylko w tym czasie jest on w pełni podatny na zmiany plastyczne, na przykład na kompensację skutków niesymetrycznej stymulacji siatkówki. W tym czasie wyróżnia się późniejsze okresy krytyczne dla powstawania widzenia obuocznego, przestrzennego oraz wykrywania kierunku ruchu bodźców, kolorów, a nawet rozpoznawania twarzy. Są one związane z dojrzewaniem wyższych okolic kory wzrokowej. Wiele z późnych okresów krytycznych nie zostało jeszcze w pełni określonych, a molekularne podłoże okresów krytycznych zachodzących w wyższych okolicach wzrokowych nie było do tej pory badane. Można przypuszczać, że jest ono w znacznie mniejszym stopniu zależne od mechanizmów utrzymujących stan równowagi pomiędzy sygnałami hamującymi i pobudzającymi dochodzącymi do kory wzrokowej z oka prawego i lewego. Omawiane szczegółowo dalej uszkodzenia widzenia ludzi po wczesnych, do 9 miesiąca życia, operacjach usunięcia jednoocznych i obuocznych zaćm, a także omówione poniżej badania kotów obuocznie deprywowanych zdają się potwierdzać te przypuszczenia.

# 9.3. Obuoczna deprywacja wzrokowa od widzenia przedmiotowego

## 9.3.1. Badania behawioralne

Zwierzęcym modelem wrodzonej zaćmy u ludzi jest zasłonięcie oczu we wczesnym okresie życia u kotów i małp. Badane przez nas koty obuocznie deprywowane, przez maseczki zakrywające im oczy, nie widzą kształtów przedmiotów, a widzenie ruchu jest ograniczone do przemieszczających się rozmytych plam o różnej jasności. Koty w naszym laboratorium noszą maseczki przez pierwsze sześć miesięcy życia, czyli znacznie dłużej niż koniec okresu krytycznego dla powstawania kolumn dominacji ocznej. Behawioralny trening wzrokowy rozpoczyna się w wieku 10 miesięcy, po czterech miesiącach od zdjęcia maseczek. Długa przerwa pomiędzy zakończeniem deprywacji wzrokowej a rozpoczęciem doświadczeń ma na celu wyeliminowanie wpływu gwałtownych zmian plastycznych zachodzących w układzie wzrokowym kotów deprywowanych pod wpływem nieograniczonej stymulacji siatkówki na badane zadania wzrokowe.

Klasyczną metodą badania procesów widzenia u zwierząt jest wytwarzanie reakcji warunkowania (por. rozdz. 16). W tym celu używamy zazwyczaj aparatu z podwójnym wyborem, w którym reakcja na bodziec dodatni jest wzmacniana pokarmem. Wytworzenie się różnicowania wymaga przede wszystkim uczenia się percepcyjnego, które jest tym trudniejsze, im bodźce są do siebie bardziej podobne. Przyjmujemy, że tworzą się wtedy zespoły neuronów percepcyjnych dla odróżnianych bodźców. Poza tym zachodzi również uczenie się asocjacyjne: zespoły percepcyjne bodźców warunkowych ulegają połączeniu z ośrodkiem pokarmowym i ośrodkiem instrumentalnej reakcji ruchowej, która zapewnia zdobycie pokarmu. Tradycyjnie, badanie widzenia u zwierząt utożsamiano z całym złożonym procesem uczenia się różnicowania bodźców wzrokowych. Dzisiaj częściej analizuje się wartości progowe dla postrzegania mało różniących się bodźców, czyli wynik końcowy procesu uczenia się. Dzięki temu u badanego zwierzęcia można precyzyjnie analizować wpływ uszkodzeń układu wzrokowego tylko na rozwiązywanie zadania wzrokowego.

Jeśli w treningu różnicowania są stosowane bodźce wzrokowe stosunkowo mało do siebie podobne (różnicowanie łatwe), to koty deprywowane uczą się rozwiązywać zadania równie szybko jak koty z normalnym doświadczeniem wzrokowym. Jeśli jednak bodźce są do siebie bardzo podobne (różnicowanie trudne), to koty deprywowane uczą się wolniej od kotów normalnych lub nie rozwiązują zadania w ogóle. Koty obocznie deprywowane źle rozróżniają karty o zbliżonej jasności i zbliżony kąt nachylenia cienkich biało-czarnych prążków, co świadczy o ogólnym upośledzeniu w wyniku deprywacji obocznej postrzegania jasności i orientacji bodźców. Natomiast koty te doskonale wykrywają różnice pomiędzy bodźcami, których kształty różnią się znacznie między sobą, tak jak kółko i krzyżyk o tym samym polu. Figury te różnią się między sobą wieloma wskazówkami wzrokowymi, takimi jak obecność bądź brak ramion, kątów. Nawet, jeśli deprywowany kot nie widzi wszystkich różnic między kółkiem i krzyżykiem, to i tak jest w stanie skorzystać z paru lub jednej wskazówki, aby prawidłowo odróżnić te kształty. Jeśli bodźce pozbawimy większości wskazówek wzrokowych, zostawiając tylko jedną, to koty deprywowane mają duże kłopoty w wykryciu różnic pomiędzy bodźcami. Pokazaliśmy to za pomocą kwadratu i prostokąta o tym samym polu. Figury te różnią się między sobą tylko jedną wskazówką wzrokową — proporcją boków. Trudność zadania rosła, kiedy zmniejszaliśmy różnicę w proporcji boków tak, że kształt prostokąta zbliżał się coraz bardziej do kwadratu. Okazało się, że widzenie takich kształtów było u kotów deprywowanych upośledzone, niemniej były w stanie rozróżnić kwadrat od prostokąta, kiedy proporcja boków różniła się znacznie. Co ciekawe, kiedy zmieniliśmy orientację prostokąta z poziomej na pionową, koty te nie potrafiły odróżnić prostokąta i kwadratu nawet przy największej różnicy w proporcji boków. Wydaje się, że badane przez nas koty mają uszkodzoną zdolność postrzegania całej konfiguracji bodźców, a jeśli wykrywają pojedynczą różnicę między figurami, to nie potrafią znaleźć nowej różnicy w kolejnym zmodyfikowanym zadaniu. W tym przypadku największa różnica zmieniła się, wraz ze zmianą orientacji prostokąta, z długości na wysokość boków prostokąta.

Podobny wynik zaburzenia widzenia całej konfiguracji bodźców przez koty deprywowane otrzymaliśmy badając ich widzenie ruchu. Koty te wykrywały ruch pojedynczego kwadratu tak samo dobrze jak koty z normalnym doświadczeniem wzrokowym (zadanie: poruszający się kwadrat versus stacjonarny). Upośledzenie widzenia ruchu ujawniło się dopiero, kiedy kwadrat został zastąpiony dwoma mniejszymi kwadratami o łącznej powierzchni równej wyjściowemu kwadratowi. Wtedy koty te wykrywały ruch podzielonego bodźca, ale popełniały istotnie więcej błędów niż koty normalne. Aby wykryć ruch dwóch kwadratów, można przypuszczalnie zastosować dwie strategie: połączyć dwa kwadraty w jedną konfigurację bodźca poruszającego się spójnym ruchem lub wyodrębnić jeden z kwadratów z konfiguracji i śledzić jego ruch. Gdyby spekulować na temat możliwych mechanizmów, można przypuszczać, że koty deprywowane nie były w stanie połączyć ruchu dwóch kwadratów w ciągły ruch jednego bodźca, a również nie widziały całej konfiguracji bodźców. Dalsze podzielenie wyjściowego kwadratu na sto mniejszych losowo ułożonych „kropek" doprowadziło do powstania bodźca powszechnie stosowanego w badaniach widzenia ruchu u ludzi i zwierząt — tzw. random dot pattern. Teraz koty deprywowane nie mogły w ogóle wykryć ruchu kropek. Wydaje się, że koty deprywowane wykrywają ruch pojedynczego kwadratu, bo widzą zmianę położenia poruszającego się kwadratu względem ścianek aparatu lub innych elementów przestrzeni. Nie mogą natomiast wykryć globalnego ruchu losowo rozmieszczonych kropek, bo budowa tego bodźca nie pozwala na śledzenie ruchu pojedynczej kropki, a zatem uniemożliwia korzystanie ze wskazówek przestrzennych. Wydaje się, że obuoczna deprywacja wzrokowa uszkadza przede wszystkim widzenie globalnej konfiguracji bodźców, a upośledzenie to najsilniej się uwidacznia w zadaniach wykrywania ruchu.

## 9.3.2. Neuronalne podłoże zaburzeń widzenia

Układ wzrokowy kota jest bardzo rozbudowany, w korze mózgowej opisano do tej pory kilkadziesiąt hierarchicznie zorganizowanych pól wzrokowych (por. rozdz. 8). We wszystkich badanych strukturach wzrokowych, z wyjątkiem siatkówki, stwierdzono zmiany podeprywacyjne. Powszechnie panuje pogląd, że komórki nerwowe siatkówki pozostają niezmienione w wyniku deprywacji wzrokowej zarówno jednoocznej jak i dwuocznej. Niemniej ostatnio opublikowane badania Ning Tian i Davida Copenhagena pokazują, że hodowla w ciemności blokuje dojrzewanie części komórek zwojowych siatkówki. Badania te były możliwe dzięki uwidocznieniu wadliwego rozmieszczenia dendrytów komórek zwojowych za pomocą znakowania immunocytochemicznego. Okazało się, że wadliwe komórki zwojowe charakteryzują się niedojrzałymi odpowiedziami na bodźce świetlne. Reagują wyładowaniami zarówno na światło jak i jego brak (odpowiedź typu on-off), podczas gdy normalne dojrzałe komórki zwojowe odpowiadają na światło wyładowaniami bądź ich brakiem (odpowiedź typu on lub off, por. rozdz. 8).

Uzasadnione wydaje się podejrzenie, że wraz z rozwojem badań immunocytochemicznych umożliwiających znakowanie wybranej grupy komórek zostaną również wykryte uszkodzenia komórek zwojowych siatkówek u zwierząt obuocznie deprywowanych. Do tej pory badania anatomiczne siatkówek przeprowadzano tylko za pomocą barwień histologicznych, np. metodą Nissla, która znakuje wszystkie komórki w badanej strukturze, a nie wybraną grupę, co znacznie utrudnia interpretację wyników.

Można przypuszczać, że na skutki deprywacji wzrokowej we wczesnym okresie życia powinny być przede wszystkim narażone te struktury, które podlegają plastycznym zmianom w trakcie deprywacji. Wiadomo, że neurogeneza w ciele kolankowatym jest rozdzielona w czasie: drobne neurony (P/X, widzenie kształtów) osiągają wielkość dojrzałych komórek wcześniej niż neurony warstw wielkokomórkowych (M/Y, widzenie ruchu). Komórki klasy Y (odpowiednik klasy komórek M u naczelnych) są bardziej narażone na plastyczne zmiany pod wpływem niewłaściwej stymulacji wzrokowej, ich liczba zmniejsza się w ciele kolankowatym bocznym u kotów pod wpływem obuocznej deprywacji. Badania elektrofizjologiczne i anatomiczne tych kotów pokazują zmniejszoną liczbę aksonów komórek zwojowych Y, a chociaż obie klasy neuronów X (odpowiednik P u naczelnych) i Y mają słabo zróżnicowane pola recepcyjne w ciele kolankowatym bocznym, to większe zmiany obserwuje się w neuronach Y.

W pierwszorzędowej korze wzrokowej (pole 17) kotów obuocznie deprywowanych znaleziono istotnie mniej synaps formowanych przez neurony pochodzące ze struktur podkorowych w porównaniu z kotami z normalnym doświadczeniem wzrokowym. Zmniejszona jest również liczba kolców dendrytycznych (ryc. 9.2) oraz połączeń synaptycznych. W polu 17 jest znacznie mniej neuronów reagujących specyficznie na orientację linii oraz neuronów obuocznych — reagujących na stymulację obu oczu. Taka zmniejszona specyficzność neuronów kory pierwszorzędowej prowadzi do dalszych zmian podeprywacyjnych w wyższych okolicach wzrokowych. Komórki nerwowe okolicy PMLS (ang. posteromedial lateral suprasylvian) otrzymującej dominującą projekcję ze szlaku komórek Y (przeważają w niej neurony reagujące na bodźce ruchome, jest homologiem okolicy V5/MT, ang. middle temporal, u naczelnych) tracą selektywność na kierunek ruchu, a większość z nich odpowiada niespecyficznie na bodźce ruchome. Nie jest dobrze poznany wpływ obuocznej deprywacji wzrokowej na inne wyższe okolice wzrokowe. W polimodalnej korze ektosylwialnej (ang. ectosylvian) pole wzrokowe zmniejsza się kilkakrotnie i jego kosztem powiększają się sąsiednie pola, słuchowe i somatosensoryczne.

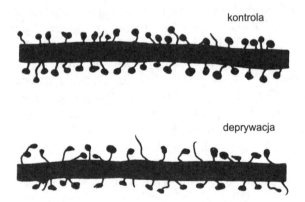

**Ryc. 9.2.** Deformacja kolców dendrytycznych w korze wzrokowej deprywowanego obuocznie królika. Porównano królika kontrolnego oraz deprywowanego w ciągu 30 dni od urodzenia. Preparaty barwiono metodą Golgiego. (Wg: Globus i Scheiber. *Exp. Neurol.* 1967, 19: 331 – 245)

Droga wiodąca od siatkówki do wzgórków czworaczych górnych i poduszki jest mniej uszkodzona u kotów obuocznie deprywowanych niż dominująca droga wzrokowa, siatkówkowo-kolankowata. Wzgórki czworacze górne dojrzewają wcześniej niż ciało kolankowate boczne: połączenia zstępujące z kory wzrokowej do wzgórków czworaczych u kotów są w pełni wytworzone w okresie prenatalnym, a po otworzeniu oczu neurony odpowiadają na stymulację wzrokową z całego pola widzenia. Po urodzeniu w ciele kolankowatym bocznym i korze wzrokowej ssaków, w przeciwień-stwie do wzgórków czworaczych górnych, reprezentacja pola widzenia jest ograniczona tylko do centralnego pola widzenia, a odpowiedzi z jego peryferii są rejestrowane znacznie później. Być może wczesne przygotowanie wzgórków czworaczych górnych do odbioru bodźców wzrokowych może ułatwiać jego dalszy rozwój i chronić przed plastyczną reorganizacją pod wpływem zaburzonej stymulacji wzrokowej. We wzgórkach czworaczych górnych podobnie jak w LGN eliminacja zbędnych połączeń nerwowych z innymi strukturami układu wzrokowego zachodzi pod wpływem stymulacji wzrokowej, a rejestracja dojrzałych odpowiedzi komórkowych jest możliwa dopiero u dwumiesięcznych kociąt. Badania przeprowadzone w naszej pracowni pokazują, że chociaż neurony we wzgórkach czworaczych górnych kotów deprywowanych mają zmniejszoną selektywność na kierunek ruchu bodźca, to charakteryzują się lepszą selektywnością na szybkość ruchu bodźca niż neurony kotów z normalnym doświadczeniem wzrokowym. Usunięcie wzgórków czworaczych górnych u deprywowanych wzrokowo kotów ma destrukcyjny wpływ na uprzednio wytworzone różnicowanie wzrokowe (ryc. 9.3). Zatem u deprywowanych kotów droga wzrokowa wiodąca przez wzgórki górne odgrywa w procesach widzenia większą rolę niż normalnie. Zapewne przejmują one funkcję kory wzrokowej uszkodzonej w czasie deprywacji, której usunięcie ma istotnie mniejszy wpływ na wytworzone uprzednio zadanie (ryc. 9.3). Potwierdzają ten wniosek badania Payne'a i Cornwella, którzy pokazali, że po obustronnym usunięciu pierwszorzędowej kory wzrokowej u kociąt zwiększa się liczba aksonów niosących informację wzrokową z siatkówki poprzez wzgórki czworacze

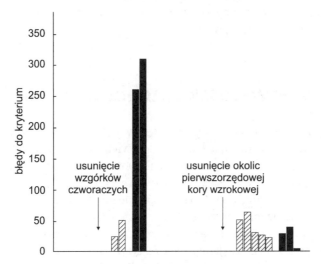

**Ryc. 9.3.** Destrukcyjny efekt usunięcia wzgórków czworaczych górnych u kotów obuocznie deprywowanych w porównaniu ze znikomym wpływem usunięcia okolic pierwszorzędowej kory wzrokowej na uprzednio wykonywane zadanie. Błędy kotów kontrolnych oznaczono słupkami zakreskowanymi, kotów deprywowanych słupkami czarnymi. Na osi rzędnych są podane błędy popełnione do uzyskania kryterium lub w czasie 50 sesji u kotów deprywowanych, które nie uzyskały kryterium po usunięciu wzgórków czworaczych górnych. Po usunięciu wzgórków czworaczych stosowano zadanie różnicowania prążków pionowych i poziomych, po usunięciu okolic kory wzrokowej (17, 18 i 19) — zadanie różnicowania czarnej piłeczki i krzyżyka o tej samej wielkości. (Wg: Zabłocka i Żernicki. *Behav. Neurosci.* 1996, 110: 1 – 5; Zabłocka i in. *Acta Neurobiol. Exp.* 1976, 36: 157 – 168, zmodyf.)

górne. Taka sama operacja u dorosłych zwierząt nie wywołuje reorganizacji dróg wzrokowych prowadzących do wyższych wzrokowych okolic korowych.

Powstanie powyższych nieprawidłowości w układzie wzrokowym kotów obuocznie deprywowanych ma złożony mechanizm. Odgrywa w nim zapewne rolę nie tyko brak bezpośredniego wpływu stymulacji wzrokowej, ale również brak możliwości jej wykorzystania w treningu behawioralnym. W wyniku obu tych czynników ulegają zapewne uwstecznieniu niektóre wrodzone połączenia synaptyczne oraz nie rozwijają się prawidłowo nowe połączenia. Niektóre z nieprawidłowości są w sposób oczywisty odpowiedzialne za określone zaburzenia uczenia się. Zmiejszona selektywność orientacyjna neuronów wzrokowych jest odpowiedzialna za niemożność różnicowania linii o zbliżonej orientacji, a zmniejszona selektywność kierunkowa — za zaburzenia widzenia ruchu bodźca. Uszkodzenie wykrywania ruchu globalnego jest zapewne związane ze specyficznym uszkodzeniem projekcji komórek zwojowych Y biegnących z ciała kolankowatego bocznego główną drogą wzrokową (siatkówkowo-kolankowatą). Stosunkowo mniej uszkodzona droga prowadząca z siatkówki przez wzgórki czworacze górne i poduszkę może być odpowiedzialna za niezaburzone wykrywanie ruchu przedmiotów u tych kotów. Upośledzenie postrzegania konfiguracji zarówno bodźców stacjonarnych, jak i ruchomych jest związane z uszkodzeniem wyższych okolic wzrokowych. Anatomiczne i molekularne podłoże tych uszkodzeń nie jest do tej pory znane. Można mieć uzasadnioną nadzieję, że dalsze badania kotów obuocznie deprywowanych będą miały istotne znaczenie kliniczne, ponieważ zaburzenia widzenia kotów obuocznie deprywowanych przypominają zaburzenia widzenia pacjentów z obuoczną zaćmą, omówione poniżej.

# 9.4. Rozwojowe uszkodzenia widzenia u ludzi

Wszelkie uszkodzenia układu nerwowego we wczesnym okresie życia, zachodzące w trakcie dynamicznych zmian plastycznych, prowadzą do poważnych funkcjonalnych skutków. Nawet małe, ogniskowe uszkodzenia powstałe we wczesnym okresie życia mają wpływ na funkcjonowanie układu nerwowego w dorosłym życiu. Rozwojowe uszkodzenia układu wzrokowego człowieka można podzielić na trzy kategorie: 1) mechaniczne uszkodzenia spowodowane okołoporodowymi krwawieniami, guzami nowotworowymi i urazami; 2) zniekształcenia obrazów siatkówkowych wywołane, na przykład, wrodzoną zaćmą zasłaniającą częściowo lub całkowicie siatkówkę oraz brakiem koordynacji ruchów oczu prowadzącym do sprzecznych informacji dopływających do kory wzrokowej z obu siatkówek u dzieci z zezem i oczopląsem; 3) uszkodzenia ostrości widzenia spowodowane nieprawidłową akomodacją soczewek oczu. Wiele skutków tych uszkodzeń nie jest do tej pory dobrze poznanych.

Uszkodzenia mechaniczne mogą dotyczyć każdego piętra układu wzrokowego, często występują u wcześniaków. Są to uszkodzenia promienistości wzrokowej spowodowane krwawieniami okołoporodowymi prowadzące do ciężkich upośledzeń motorycznych, umysłowych i do rozsianych ogniskowych uszkodzeń w pierwotnej korze wzrokowej (przykładem takich zespołów zaburzeń jest dziecięce porażenie mózgowe i leukomalezja). Źródłem przynajmniej części umysłowych upośledzeń u tych dzieci są prawdopodobnie zaburzenia widzenia, niestety rzadko badane. Do tej pory przeprowadzono niewiele systematycznych badań widzenia u dzieci z uszkodzeniami korowymi we wczesnym okresie życia i dotyczyły one tylko upośledzeń widzenia kształtów. W badanej grupie kilkudziesięciu pięcioletnich dzieci z okołoporodowymi uszkodzeniami korowymi występowały bardzo różnorodne zaburzenia wykonywania testów wzrokowych. Poszczególne dzieci miały na ogół zaburzenia widzenia tylko w jednym z testów identyfikacji wzrokowej, na przykład: umiejętności wyróżnienia znanego obiektu ze złożonego obrazu zbudowanego z wielu nakładających się kształtów lub identyfikacji kształtu zamaskowanego przez nałożone na niego kropki. Wydaje się, że takie zaburzenia widzenia mają związek z różnorodną lokalizacją ogniskowych uszkodzeń w korze wzrokowej, które prowadzą do dalszych wybiórczych reorganizacji dróg korowych odpowiedzialnych za przetwarzanie poszczególnych aspektów bodźców wzrokowych.

Zaburzenia informacji wzrokowych docierających do siatkówki we wczesnym okresie życia wywołane zezem, oczopląsem i zmętnieniem rogówki oka u pacjentów z zaćmą prowadzą do trwałych zaburzeń widzenia w dorosłym życiu. Zaćmy są wywołane wzrostem ciśnienia wewnątrzgałkowego, mogą być następstwem przebytej w czasie ciąży przez matkę różyczki lub mechanicznych urazów. Obejmują jedno oko bądź dwoje oczu, są niesymetryczne i rzadko pokrywają całkowicie pole widzenia. Zaćmę operuje się dzisiaj stosunkowo wcześnie, do dziewiątego miesiąca życia, a natychmiast po operacji pacjentom są zakładane szkła kontaktowe kompensujące utratę zdolności do akomodacji. Następnie trwa długotrwały, uciążliwy trening wzrokowy; u pacjentów po operacjach jednoocznej zaćmy polega on na zasłanianiu przez parę godzin dziennie zdrowego, dominującego oka. Jednakże, nieodwracalne skutki nawet wcześnie operowanych, wrodzonych zaćm pozostają na całe życie. Ludzie po operacji jednoocznej zaćmy cierpią na istotnie większe niż pacjenci z zaćmami dwuocznymi obniżenie ostrości widzenia, upośledzenie widzenia przestrzennego, rozdzielczości przestrzennej i czasowej bodźców, wrażliwości na jasność bodźców. Przypuszcza się, że zaburzenia widzenia pacjentów po operacjach usunięcia wrodzonej obuocznej zaćmy mają podłoże przede wszystkim w uszkodzeniach wyższych okolic wzrokowych, a nie kory pierwszorzędowej, tak jak u pacjentów po usunięciu jednoocznych zaćm. Postrzeganie kształtu, w zadaniach wymagających wykrycia globalnego kształtu utworzonego z losowo rozmieszczonych kropek jest zaburzone w większym stopniu u pacjentów z dwuocznymi niż z jednoocznymi zaćmami. Zaburzenie wykrywania kierunku globalnego ruchu losowo rozmieszczonych kropek występuje tylko u pacjentów po operacjach dwuocznej zaćmy, podczas gdy pacjenci po usunięciu jednoocznej zaćmy prawidłowo rozpoznają kierunek tego ruchu. Można przypuszczać, że prawidłowa stymulacja wzrokowa jednego oka we wczesnym okresie życia zapewnia zadowalający rozwój szlaku wzrokowego analizującego ruch.

Uszkodzenie widzenia globalnego ruchu jest dużo większe niż widzenia globalnych kształtów u pacjentów z obuoczną zaćmą. Być może jest to związane z rozłożonymi w czasie okresami krytycznym dla widzenia ruchu i kształtu. Pacjenci, u których obuoczne zaćmy powstały nie w okresie okołoporodowym, ale po upływie czterech miesięcy życia, nie mają uszkodzonego widzenia ruchu. Zatem, okres krytyczny dla rozwoju ruchu zachodzi bardzo wcześnie w życiu człowieka, do około 4 miesiąca życia. Potwierdzają to badania pacjenta M.M., przeprowadzone przez Fine'a i współautorów, który w wieku trzech i pół roku oślepł i dopiero po czterdziestu latach odzyskał wzrok w jednym oku po przeszczepie rogówki i terapii komórkami macierzystymi. Pacjent ten ma zachowane widzenie ruchu i prostych kształtów. Natomiast nie odzyskał do tej pory widzenia głębi czy zdolności do widzenia iluzorycznych konturów (ryc. 8.14), czyli tych funkcji wzrokowych, które zapewne rozwijają się w późniejszym wieku.

# 9.5. Stymulacja specyficzna

Ważną procedurą doświadczalną jest ograniczenie środowiska wzrokowego do bodźców jednego rodzaju. Hodowla w środowisku ograniczonym tylko do jednego rodzaju bodźców wzrokowych (powtórzona w wielu laboratoriach dla wielu cech bodźców) prowadzi do dominacji populacji neuronów w korze wzrokowej odpowiedzialnych za jego analizę. Najczęściej stosuje się pionowe lub poziome linie. Pomieszczenie, w którym przebywa kot, jest pomalowane w linie, a kot nosi na szyi kołnierz — również odpowiednio pomalowany. Po takim wczesnym treningu neurony w korze pierwszorzędowej stają się bardziej wrażliwe na linie o widzianej orientacji. Hodowano również koty w środowisku ciągle poruszającym się. Zwierzę widziało wyłącznie paski bądź kropki poruszające się tylko w jednym kierunku. Ruch w prawo powodował zwiększenie populacji neuronów odpowiadających wyładowaniami na bodźce poruszające się w prawo, i odpowiednio zmniejszenie populacji neuronów odpowiadających na ruch w lewo. Do tej pory badano wpływ takiej selektywnej deprywacji wzrokowej tylko na neurony pierwszorzędowej kory wzrokowej.

Szerzej zbadany jest efekt hodowli w świetle stroboskopowym, prowadzącym do eliminacji stymulacji siatkówki bodźcami ruchomymi. Tak hodowane koty nie są w stanie śledzić ruchów swojego ciała, a w czasie kolejnych błysków światła widzą tylko inną lokalizację jego części. Intuicyjnie mogłoby się wydawać, że ta metoda deprywacji wzrokowej powinna uszkadzać percepcję ruchu w jeszcze większym stopniu, niż stosowana przez nas deprywacja od widzenia przedmiotów, która uszkadza wykrywanie globalnego ruchu losowo rozmieszczonych kropek. Jednakże koty hodowane w świetle stroboskopowym nie miały trudności w wykrywaniu kierunku ruchu prążków o dużym kontraście, a upośledzenie ujawniało się dopiero po obniżeniu kontrastu prążków. Co ciekawe, te same koty wykrywały kierunek przesunięcia losowo rozmieszczonych kropek imitujących pozorny ruch bodźca (ang. apparent motion) nawet lepiej niż koty z normalnym doświadczeniem wzrokowym przy dużych przesunięciach odległości między kropkami, a upośledzenie było widoczne tylko przy małych odległościach. Niestety, nie badano, w jaki sposób stroboskopowa deprywacja od widzenia ruchu, przy zachowanym widzeniu kształtów przedmiotów, wpływa na widzenie ruchu przedmiotów. Porównanie wyników badań elektrofizjologicznych uzyskanych na kotach hodowanych w świetle stroboskopowym i kotach obuocznie deprywowanych może przybliżyć wyjaśnienie, dlaczego deprywacja od widzenia przedmiotowego uszkadza znacznie widzenie ruchu globalnego, podczas gdy deprywacja od widzenia ruchu ma mniejsze skutki. W wyższej okolicy wzrokowej PMLS, która normalnie zawiera neurony reagujące selektywnie na kierunek ruchu bodźców, u kotów obuocznie deprywowanych nie znaleziono w ogóle neuronów odpowiadających na kierunek ruchu, a pozostałe neurony miały bardzo słabe i niezdefiniowane odpowiedzi na bodźce ruchome. Również liczba komórek pobudzanych z obu oczu była zmniejszona, a ich pola recepcyjne miały zmniejszoną selektywność odpowiedzi na bodźce. W tej samej okolicy PMLS, badanej u kotów hodowanych w świetle stroboskopowym, więcej neuronów odpowiada na bodźce ruchome, a liczba komórek wrażliwych na kierunek bodźca jest tylko nieznacznie mniejsza niż u kotów z normalnym doświadczeniem wzrokowym. Okolica PMLS u tak deprywowanych zwierząt ma również zbliżoną do normy proporcję neuronów pobudzanych obuocznie, a ich pola recepcyjne mają normalne właściwości. Na tej podstawie można sądzić, że deprywacja obuoczna od widzenia przedmiotowego uszkadza fizjologiczne procesy zachodzące w trakcie okresu krytycznego dla widzenia ruchu. Układ nerwowy, zarówno w wyniku deprywacji obuocznej, jak i u pacjentów z obuoczną zaćmą, otrzymuje nieprawidłową informację o ruchu — siatkówka jest stymulowana tylko poruszającymi się rozmytymi plamami. Natomiast całkowite wyeliminowanie widzenia ruchu we wczesnym okresie życia u kotów hodowanych w świetle stroboskopowym prowadzi raczej do przesunięcia w czasie okresu krytycznego dla wytwarzania się funkcji widzenia ruchu, niż całkowitego uszkodzenia powstawania tej funkcji wzrokowej. Nie ulega wątpliwości, że „przesunięty w czasie" okres krytyczny nie jest jakościowo tożsamy z okresem krytycznym zachodzącym według normalnego schematu, i stąd zapewne biorą się uszkodzenia widzenia ruchu u kotów stroboskopowych. Można przypuszczać, że sekwencja wydarzeń w trakcie normalnego rozwoju nie ma charakteru zwykłego następstwa wypadków — okresy krytyczne dla powstawania funkcji wzrokowych zapewne przebiegają równolegle i mają wzajemny wpływ na siebie, podobnie do schematu funkcjonowania wyższych okolic wzrokowych. Wyższe okolice kory wzrokowej, wyspecjalizowane w pełnieniu określonych funkcji wzrokowych (postrzeganie ruchu, skomplikowanych kształtów, koloru; por. rozdz. 8) są powiązane siecią skomplikowanych połączeń, która powstaje pod wpływem doświadczeń wzrokowych.

# 9.6. Inne układy sensoryczne

Należy sądzić, że u zwierząt deprywowanych słuchowo lub dotykowo uzyskalibyśmy podobne wyniki jak po deprywacji wzrokowej. Ogólnie rzecz biorąc, bodźce wzrokowe, słuchowe i dotykowe odgrywają podobną rolę: dostarczają informacji o świecie zewnętrznym i są wykorzystywane jako bodźce warunkowe.

Odmienną rolę odgrywają natomiast np. bodźce smakowe i bólowe. Są one, odpowiednio, przyjemne i przykre, a zatem są źródłem nagrody i kary. Są one podłożem motywacji i stanowią bodźce bezwarunkowe. Możemy zatem przyjąć, że bodźce wzrokowe, słuchowe i dotykowe odgrywają w organizmie rolę „służebną", a bodźce smakowe i bólowe mają rolę „kierowniczą".

W niedawnych badaniach koty poddano w ciągu pierwszych miesięcy życia deprywacji od pokarmowych bodźców smakowych, a zatem również od nagrody pokarmowej. Bezpośrednio po urodzeniu karmiono je przez sondę żołądkową. Troskliwa opieka eksperymentatorów zapewniła im dobrą kondycję fizyczną. Wyniki były dramatyczne. Po okresie deprywacji koty niechętnie jadły pokarm i warunkowe odruchy pokarmowe wytwarzały się u nich z wielką trudnością. Zatem wartość motywacyjna nagrody pokarmowej była u nich dramatycznie zmniejszona.


# 9.7. Podsumowanie

Jakość bodźców wzrokowych odbieranych we wczesnym okresie życia wpływa na ostateczną budowę dorosłego układu wzrokowego, a zaburzenia widzenia powstałe we wczesnym okresie życia mają nieodwracalne skutki. Tuż po urodzeniu układ wzrokowy nie jest w pełni rozwinięty. Dojrzewa on pod wpływem bodźców wzrokowych, a okres osiągania dojrzałych funkcji wzrokowych jest skomplikowany i rozłożony w czasie. Najlepiej do tej pory jest zbadany najwcześniejszy okres krytyczny, w którym wytwarza się ostrość widzenia związana z powstawaniem kolumn dominacji ocznej. Warto zdawać sobie sprawę, że przez wielu badaczy tylko ten okres, w którym powstają kolumny dominacji ocznej, jest nazywany okresem krytycznym, mimo że niewątpliwie istnieje dużo więcej późniejszych okresów krytycznych, z których większość nie jest jeszcze dokładnie określona. Ograniczone odbieranie bodźców wzrokowych od momentu urodzenia ma fundamentalny wpływ na osiągane w dojrzałym wieku funkcje wzrokowe. Zasłonięcie oczu zarówno eksperymentalne, jak i w wyniku wrodzonej zaćmy prowadzi do trwałych uszkodzeń widzenia. Jednooczna deprywacja wzrokowa zaburza proces tworzenia się kolumn dominacji ocznej i związaną z nim ostrość widzenia. Symetryczna dwuoczna deprywacja uszkadza natomiast przede wszystkim wyższe okolice wzrokowe i prowadzi do uszkodzenia widzenia konfiguracji bodźców. Czas, w którym zaburzona informacja dociera do układu wzrokowego, ma ogromne znaczenie. Im wcześniej zostaną przeprowadzone operacje usunięcia zaćmy nawet do 10 dnia życia, tym większe są szanse na odzyskanie prawidłowego widzenia. Procesy molekularne zachodzące w czasie pierwszego okresu krytycznego są intesywnie badane, znana jest rola szeregu związków, a zwłaszcza hamująca funkcja kwasu $\gamma$-aminomasłowego (GABA) w procesie tworzenia się kolumn dominacji ocznej. Jednakże nieznana jest jeszcze kompletna sekwencja zjawisk zachodzących w trakcie dalszych okresów krytycznych, a podłoże molekularne późnych okresów krytycznych w ogóle jest nie znane.

Opisane wyniki prowadzą do praktycznych wniosków dla człowieka. Dziecko powinno być wychowywane w bogatym środowisku sensorycznym oraz aktywnie z niego korzystać. Ostatnio grupa Nicoletty Berardi i Lamberto Maffei rozpoczęła badania nad wpływem wzbogaconego środowiska, w którym rozwija się zwierzę. Hodowla myszy we wzbogaconym środowisku wzrokowym prowadzi do szybszego otwarcia oczu u osesków i do dalszego przyspieszonego rozwoju wzrokowego. Mamy nadzieję, że przyszłe badania będą prowadzić do znalezienia czynników, od których jest zależny prawidłowy rozwój funkcji wzrokowych.

## LITERATURA UZUPEŁNIAJĄCA

Burnat K., Vandenbussche E., Żernicki B.: Global motion detection is impaired in cats deprived early of pattern vision. Behav. *Brain Res.* 2002, **134**: 59 – 65.

Cancedda L., Putignano E., Sale A., Viegi A., Berardi N., Maffei L.: Acceleration of visual system development by environmental enrichment. *J. Neurosci.* 2004, **24**: 4840 – 4848.

Daw N.W.: *Visual Development.* Plenum Press New York and London 1995.

Ellemberg D., Lewis T.L., Maurer D., Brar S., Brent H.P.: Better perception of global motion after monocular than after binocular deprivation. *Vis. Res.* 2002, **42**: 169 – 179.

Ferster D.: Blocking plasticity in the visual cortex. *Science* 2004, **303**: 1619 – 1621.

Fine I., Wade A.R., Brewer A.A., May M.G., Goodman D.F., Boynton G.M., Wandell B.A., MacLeod D.I.: Long-term deprivation affects visual perception and cortex. *Nat. Neurosci.* 2003, **9**: 915 – 916.

Gregory R.L.: Seeing after blindness. *Nat. Neurosci.* 2003, **9**: 909 – 910.

Payne B.R., Cornwell P.: System-wide repercussions of damage to the immature visual cortex. *TINS* 1994, **17**; 3:126 – 130.

Tian N., Copenhagen D.R.: Visual stimulation is required for refinement of ON and OFF pathways in postnatal retina. *Neuron.* 2003 **39**: 85 – 96.

Żernicki B.: Visual discrimination learning in binocularly deprived cats: 20 years of studies in the Nencki Institute. *Brain Res. Rev.* 1991, **16**: 1 – 13.

# ROZDZIAŁ 10

# Rola rdzenia kręgowego i pnia mózgu w zachowaniu ruchowym

Teresa Górska

Wprowadzenie ■ Ogólna charakterystyka układu ruchowego ■ Podstawowe dane dotyczące mięśni szkieletowych ■ Rola rdzenia kręgowego w zachowaniu ruchowym ■ Rola pnia mózgu w zachowaniu ruchowym ■ Podsumowanie

## 10.1. Wprowadzenie

Zachowanie ruchowe organizmu jest procesem niezwykle złożonym, w którym uczestniczą różne struktury układu nerwowego. Ruch jest podstawową formą oddziaływania organizmu na otoczenie. Jednak by ruch był, z biologicznego punktu widzenia, celowy i skuteczny, tzn. adekwatny do bodźca, np. by prosty ruch sięgania po pokarm był odpowiednio szybki i precyzyjny, wymaga on integracji reakcji ruchowych na wielu poziomach układu nerwowego. Integracja ta obejmuje poziom rdzenia kręgowego, który zapewnia koordynację skurczów mięśniowych, poziom pnia mózgu regulujący utrzymanie równowagi, jak również wyższe struktury ośrodkowego układu nerwowego, jak kora mózgowa, móżdżek i jądra podstawne, które umożliwiają dobór odpowiedniej strategii, toru i szybkości ruchu. Stopień komplikacji organizacji ruchu i konieczność integracji funkcji różnych struktur ruchowych są jeszcze bardziej widoczne w takich czynnościach jak gra na instrumentach muzycznych w wykonaniu wirtuozów, niezwykle skomplikowane niektóre figury baletowe, czy też mrożące krew w żyłach podniebne akrobacje widywane w cyrku.

## 10.2. Ogólna charakterystyka układu ruchowego

Ruchy wykonywane przez organizm mogą być podzielone na trzy obszerne, częściowo nakładające się klasy: ruchy dowolne, reakcje odruchowe oraz rytmiczne wzorce ruchowe. Pierwsze z nich charakteryzują się celowością, tzn. są skierowane do jakiegoś celu, przy czym cel ten mogą stanowić specyficzne bodźce zewnętrzne, bądź też ich ślady pamięciowe. Ruchy te są na ogół wyuczone, a ich wykonanie polepsza się wraz z ćwiczeniem. W odróżnieniu od ruchów dowolnych, cofnięcie ręki od gorącego obiektu czy też kaszel stanowią przykład najprostszych reakcji odruchowych. Mają one zazwyczaj charakter szybkich, w zasadzie stereotypowych i niezależnych od woli reakcji, których zakres zależy od siły wywołującego je bodźca. Natomiast rytmiczne wzorce ruchowe, jak np. chód, bieg czy żucie, stanowią kombinację ruchów dowolnych i reakcji odruchowych. Zazwyczaj tylko rozpoczęcie i zakończenie tych sekwencji ma charakter dowolny, natomiast gdy zostały one już zapoczątkowane, sekwencje ruchów są względnie stereotypowe i powtarzające się ruchy mogą zachodzić prawie automatycznie w sposób podobny do odruchowego.

Schemat podstawowych struktur związanych z ruchem i najważniejszych połączeń między nimi przedstawiono na rycinie 10.1. Wyróżnić w niej można trzy poziomy: rdzeń kręgowy, pień mózgu oraz korowe okolice ruchowe, jak również dwie inne struktury: móżdżek i jądra podstawne, które przez połączenia, zarówno wstępujące, jak i zstępujące (patrz kierunek strzałek), modyfikują wejścia i wyjścia z pozostałych struktur. Z tego też powodu uważa się, że układ ruchowy ma budowę hierarchiczną. Struktury na najniższych poziomach układu ruchowego są zdolne do generowania czasowo-przestrzennych wzorców aktywności mięśni. Dzięki organizacji hierarchicznej układu ruchowego możliwe jest przesyłanie z wyższych ośrodków względnie ogólnego rozkazu, bez konieczności określania szczegółów wykonywanego ruchu.

Prócz organizacji hierarchicznej układ ruchowy ma organizację równoległą, co oznacza, że jego wyższe poziomy mogą wysyłać rozkazy, które oddziałują na niższe poziomy układu ruchowego zarówno bezpośrednio, jak i za pośrednictwem niższych struktur. Na przykład, drogi biorące początek w korze ruchowej mogą modyfikować czynność interneuronów i motoneuronów w rdzeniu kręgowym zarówno bezpośrednio, drogą korowo-rdzeniową, jak i pośrednio, przez oddziaływanie na struktury w pniu mózgu. Kombinacja zarówno równoległej, jak i hierarchicznej budowy układów ruchowych sprawia, że funkcje różnych struktur ruchowych częściowo nakładają się na siebie, podobnie jak się to dzieje w odniesieniu do systemów czuciowych. To częściowe nakładanie się czynności odgrywa dużą rolę w możliwościach powrotu funkcji ruchowych po miejscowych uszkodzeniach różnych struktur mózgowia.

# 10.3. Podstawowe dane dotyczące mięśni szkieletowych

Schemat przedstawiony na rycinie 10.1 dotyczy struktur sterujących czynnością mięśni prążkowanych, zwanych także szkieletowymi, które umożliwiają wykonywanie ruchów w przestrzeni i zmianę położenia poszczególnych części ciała w stosunku do siebie. Mięśnie te różnią się od tzw. mięśni gładkich, znajdujących się w ścianach naczyń krwionośnych i w narządach wewnętrznych, których czynność nie podlega

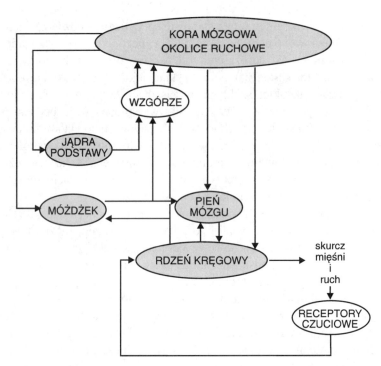

**Ryc. 10.1.** Schemat podstawowych struktur układu nerwowego związanych z wykonywaniem ruchu (struktury zacieniowane) oraz połączeń między nimi. (Wg: Kandel i in. 1991, zmodyf.)

naszej woli i jest regulowana przez układ wegetatywny, zwany inaczej autonomicznym. Różnią się one także od mięśnia sercowego, który pod względem budowy przypomina mięsień prążkowany, choć z funkcjonalnego punktu widzenia jest mięśniem gładkim.

W organizmie człowieka znajduje się około 400 mięśni szkieletowych. Większość z nich ma kształt wrzeciona, składającego się z brzuśca i dwóch ścięgien, za pomocą których mięsień jest przyczepiony do punktów kostnych. Brzusiec mięśnia jest zbudowany z komórek mięśniowych, zwanych także włóknami mięśniowymi, które zawierają elementy kurczliwe i są ułożone równolegle do siebie.

Analiza pracy mięśnia w warunkach laboratoryjnych pozwala na wyróżnienie 2 rodzajów skurczu: 1) skurcz izotoniczny, o względnie niezmiennym napięciu mięśniowym, w którym zmianie ulega długość mięśnia, oraz 2) skurcz izometryczny, w którym mięsień nie zmienia swojej długości, lecz tylko zmienia się jego napięcie. W warunkach naturalnych na ogół nie występują skurcze wyłącznie izotoniczne lub izometryczne, lecz zazwyczaj skurcze mieszane. Skurcze typu izotonicznego przeważają przy wykonywaniu ruchów, natomiast przy pracy statycznej, jak np. w mięśniach antygrawitacyjnych, przeważają skurcze izometryczne.

Włókna mięśniowe są unerwiane przez aksony komórek nerwowych zwanych motoneuronami znajdującymi się w rogach brzusznych substancji szarej rdzenia (por. ryc. 10.8). Motoneuron wraz z włóknami mięśniowymi unerwianymi poprzez jego akson stanowią funkcjonalny kompleks zwany jednostką ruchową. Wielkość jednostki

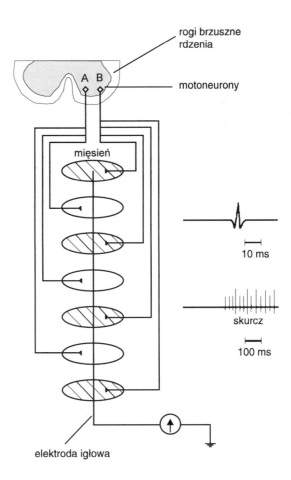

rogi brzuszne rdzenia

motoneurony

A B

mięsień

10 ms

skurcz

100 ms

elektroda igłowa

**Ryc. 10.2.** Schemat dwóch jednostek ruchowych. Aksony motoneuronów A i B unerwiają włókna mięśniowe (elipsy) na ogół nie sąsiadujące ze sobą. Strona prawa: potencjał czynnościowy pojedynczej jednostki, oraz, poniżej, wyładowania dwóch różnych jednostek, jednej o większej i drugiej o mniejszej liczbie włókien mięśniowych, w czasie skurczu mięśnia. (Wg: Kandel i in. 1991, zmodyf.)

ruchowej może być bardzo różna i włókna mięśniowe różnych jednostek ruchowych mogą być wymieszane (ryc. 10.2). Akson, czyli długa wypustka motoneuronu, wychodzi na zewnątrz rdzenia przez tzw. korzonki brzuszne zwane także przednimi, łączy się z nerwem obwodowym i po wejściu w mięsień rozgałęzia się i unerwia włókna mięśniowe, tworząc płytki nerwowo-mięśniowe. Pod wpływem pobudzenia motoneuronu jednocześnie kurczą się wszystkie unerwiane przez niego włókna mięśniowe wg zasady „wszystko albo nic", co daje pojedynczy potencjał jednostki. Amplituda potencjału wywołanego skurczem pojedynczej jednostki ruchowej jest zależna od liczby włókien mięśniowych wchodzących w jej skład, a także od ich rodzaju. Ze względu na rodzaj włókien mięśniowych rozróżnia się trzy typy jednostek ruchowych, o różnej sile rozwijanej w skurczu tężcowym (tj. maksymalnym skurczu wywoływanym charakterystyczną dla danej jednostki częstotliwością drażnienia, przy której zanikają przerwy między potencjałami wywołanymi pojedynczymi impulsami), a także różnej wrażliwości na zmęczenie. Są to: jednostki szybkie męczliwe (ang. fast fatigable, FF), które rozwijają największą siłę, ale szybko ulegają zmęczeniu,

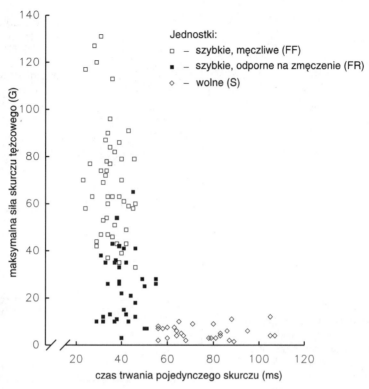

**Ryc. 10.3.** Fizjologiczna charakterystyka populacji jednostek ruchowych w mięśniu brzuchatym łydki u kota: jednostki szybkie męczliwe (FF) generują większą siłę niż jednostki szybkie odporne na zmęczenie (FR). Jednostki wolne (S) mają bardzo długi czas skurczu i generują bardzo małą siłę. (Wg: Burke i in. *J. Physiol.* (London) 1973, 234: 723–748, zmodyf.)

jednostki szybkie odporne na zmęczenie (ang. fast fatigue-resistant, FR), które rozwijają mniejszą siłę, ale są bardziej odporne na zmęczenie, oraz jednostki wolne (ang. slow, S), które rozwijają małą siłę, ale są bardzo odporne na zmęczenie (ryc. 10.3). Wielkość jednostki ruchowej, tzn. liczba włókien mięśniowych wchodzących w jej skład oraz jej rodzaj zależą od funkcji mięśnia. Na przykład mięśnie oka lub małe mięśnie palców używane w ruchach precyzyjnych mają 3 – 6 włókien w jednostce, podczas gdy jednostki mięśnia brzuchatego łydki (*m. gastrocnemius*), lub też jednostki niektórych mięśni dosiebnych mogą zawierać do 2000 włókien mięśniowych.

Siła skurczu mięśniowego zależy od 2 czynników: od liczby rekrutowanych jednostek ruchowych i od częstotliwości wyładowań pojedynczej jednostki ruchowej. Częstotliwość drażnienia potrzebna do wywołania skurczu tężcowego jest różna dla różnych mięśni. Dla mięśni oka wynosi ona około 350 imp./s, dla mięśnia płaszczkowatego (*m. soleus*) ok. 30 imp./s, a dla szybkich mięśni kończyn ok. 100 imp./s. Skurcze występujące w warunkach naturalnych są zazwyczaj skurczami tężcowymi.

# 10.4. Rola rdzenia kręgowego w zachowaniu ruchowym

## 10.4.1. Unerwienie czuciowe i ruchowe mięśni szkieletowych

Mięśnie szkieletowe mają nie tylko unerwienie odśrodkowe (eferentne) przez aksony motoneuronów, ale i dośrodkowe (aferentne), które przekazuje sygnały z odpowiednich receptorów do rdzenia kręgowego (ryc. 10.4). Każdy mięsień szkieletowy składa się z dwóch rodzajów włókien: tzw. włókien zewnątrzwrzecionowych (ang. extrafusal fibres) unerwianych przez aksony motoneuronów $\alpha$, odpowiedzialnych za skurcz mięśnia, oraz tzw. wrzecion mięśniowych (ang. muscle spindles), w których mieszczą się włókna wewnątrzwrzecionowe (ang. intrafusal fibres), a w nich receptory mięśniowe wrażliwe na rozciąganie mięśnia. Wrzeciona mięśniowe są położone równolegle do włókien zewnątrzwrzecionowych, rozciągnięcie więc, czy też skurcz tych włókien ma wpływ na stan wrzeciona mięśniowego. W części środkowej włókien wewnątrzwrzecionowych znajdują się dwa typy receptorów: tzw. zakończenia pierwszorzędowe (ang. primary endings), unerwiane przez włókna czuciowe z grupy Ia, których pobudzenie jest przekazywane do rdzenia bardzo grubymi włóknami (12 – 20 μm) o dużej szybkości przewodzenia (70 – 100 m/s), oraz zakończenia drugorzędowe (ang. secondary endings), unerwiane przez włókna czuciowe grupy II, które przewodzą pobudzenie do rdzenia cieńszymi włóknami (4 – 12 μm). Oba typy receptorów są

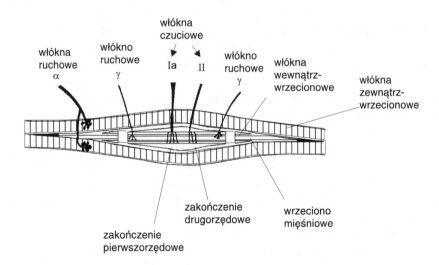

**Ryc. 10.4.** Położenie wrzeciona mięśniowego w stosunku do włókna zewnątrzwrzecionowego, unerwianego przez włókno ruchowe $\alpha$, oraz unerwienie czuciowe (włókna Ia i II) i ruchowe (włókna $\gamma$) włókien wewnątrzwrzecionowych. (Wg: Guyton. *Texbook of Medical Physiology*, wyd. 7, W. Saunders Co, 1986, zmodyf.)

wrażliwe na rozciąganie mięśnia, przy czym zakończenia pierwszorzędowe są szczególnie wrażliwe na małe zmiany w długości mięśnia oraz na szybkość tych zmian, podczas gdy zakończenia drugorzędowe reagują głównie na wzlędnie stały stan rozciągnięcia mięśnia. Zależnie od rodzaju receptorów wyróżnia się dwa typy włókien wewnątrzwrzecionowych: dynamiczne i statyczne. W pierwszych z nich znajdują się receptory unerwiane przez włókna Ia, podczas gdy włókna statyczne wyposażone są zarówno w receptory unerwiane przez włókna Ia, jak i II.

Prócz unerwienia aferentnego wrzeciono mięśniowe ma także unerwienie eferentne w postaci aksonów motoneuronów $\gamma$, które dochodzą do wewnątrzwrzecionowych elementów kurczliwych znajdujących się w częściach obwodowych wrzeciona (ryc. 10.4). Pobudzenie motoneuronów $\gamma$ powoduje skurcz części obwodowych włókien wewnątrzwrzecionowych, a tym samym rozciągnięcie ich części centralnej, pobudzając w ten sposób znajdujące się w nich receptory. Motoneurony $\gamma$ są znacznie mniejsze od motoneuronów $\alpha$ i cieńszy też jest ich akson (ok. 5 µm). Stanowią one ok. 30% włókien eferentnych w nerwie obwodowym. Podobnie jak włókna wewnątrzwrzecionowe, motoneurony $\gamma$ dzielą się na dynamiczne i statyczne, zależnie od rodzaju włókna, które unerwiają.

Innym rodzajem receptorów związanych z czynnością mięśnia są receptory ścięgniste, zwane inaczej narządami Golgiego (bądź przez niektórych autorów ciałkami buławkowatymi). Znajdują się one na złączu między włóknami zewnątrzwrzecionowymi a ścięgnem. Receptory te, w odróżnieniu od receptorów we wrzecionach mięśniowych, są ułożone szeregowo w stosunku do włókien zewnątrzwrzecionowych i w związku z tym odpowiadają na inne bodźce związane z czynnością mięśnia, głównie na jego napięcie. Pobudzenie tych receptorów jest przekazywane do rdzenia także przez dość grube włókna nerwowe, zwane włóknami Ib (średnica 12 – 18 µm).

Działanie receptorów unerwianych przez włókna Ia i Ib oraz rola unerwienia eferentnego $\gamma$ w czasie rozciągania i skurczu mięśnia jest pokazane na rycinie 10.5. Rozciągnięcie mięśnia powoduje pobudzenie zarówno zakończeń pierwszorzędowych ($A_1$), jak i receptorów ścięgnistych ($B_1$), co przejawia się wyładowaniami w odchodzących od nich aferentnych włóknach nerwowych, przy czym receptory pierwszorzędowe są silniej pobudzane aniżeli receptory ścięgniste. Natomiast w czasie aktywnego skurczu mięśnia, wywołanego pobudzeniem motoneuronu $\alpha$, receptory pierwszorzędowe przestają być aktywne ($A_2$), natomiast receptory ścięgniste zwiększają częstotliwość wyładowań na skutek ich szeregowego połączenia z włóknami zewnątrzwrzecionowymi ($B_2$). Dane te wykazują, że receptory Golgiego reagują głównie na napięcie mięśniowe, podczas gdy receptory pierwszorzędowe reagują głównie na rozciągnięcie mięśnia.

Zanik aktywności receptorów unerwianych przez włókna Ia w czasie aktywnego skurczu mięśnia mógłby mieć niekorzystne konsekwencje dla wykonywania ruchu, ze względu na brak informacji o długości mięśnia. Zjawisko to jest kompensowane aktywowaniem włókien wewnątrzwrzecionowych przez włókna odśrodkowe $\gamma$ (tzw. pętla gamma). Rycina 10.5$A_3$ pokazuje, że drażnienie motoneuronów $\gamma$ likwiduje zanik aktywności włókien Ia w czasie aktywnego skurczu mięśnia na skutek

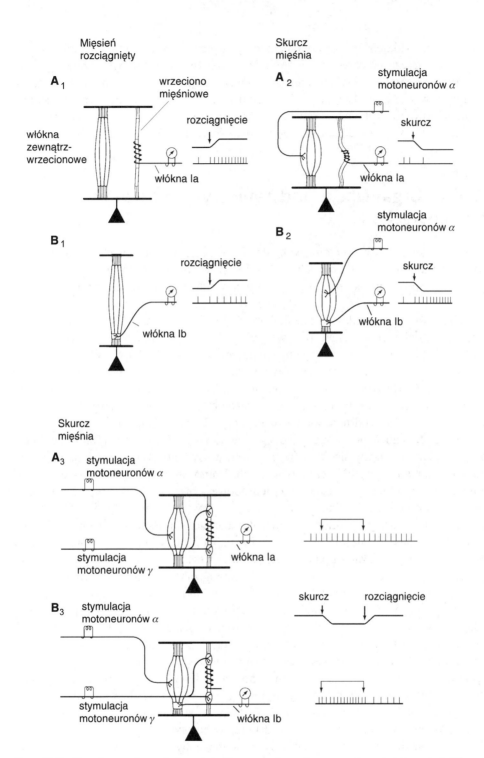

**Ryc. 10.5.** Charakterystyka wyładowań z pierwszorzędowych receptorów mięśniowych (włókna Ia) i narządów Golgiego (włókna Ib) w czasie rozciągania mięśnia ($A_1$, $B_1$), jego skurczu pod wpływem drażnienia motoneuronów $\alpha$ ($A_2$, $B_2$) oraz równoczesnego drażnienia motoneuronów $\alpha$ i $\gamma$ ($A_3$, $B_3$). Czarne trójkąty oznaczają obciążenie mięśnia. (Wg: Kandel i in. 1991, zmodyf.)

rozciągnięcia włókien wewnątrzwrzecionowych przez pobudzenie elementów kurczliwych w ich części obwodowej. Pętla γ umożliwia więc pierwszorzędowym receptorom mięśniowym zachowanie możliwości monitorowania stopnia rozciągnięcia
mięśnia, nawet w warunkach jego aktywnego skurczu, co jest niezbędnym elementem
do prawidłowego wykonania ruchu. Natomiast nie wpływa ona na częstotliwość
wyładowań włókien z receptorów ścięgnistych (por. $B_2$ i $B_3$ na ryc. 10.5).

## 10.4.2. Organizacja podstawowych odruchów rdzeniowych

Odruchy z receptorów znajdujących się w mięśniach i ścięgnach są odruchami
rdzeniowymi, co oznacza, że ich łuki odruchowe przechodzą tylko przez rdzeń.
Rycina 10.6 pokazuje schemat łuków odruchowych podstawowych odruchów rdzeniowych.

Najprostszym, z punktu widzenia organizacji neuronalnej, jest łuk odruchowy
z pierwszorzędowych receptorów we wrzecionach mięśniowych, tj. odruch na
rozciąganie, zwany także odruchem miotatycznym (ryc. 10.6A). Włókna z tych
receptorów wchodzą przez korzenie grzbietowe do szarej substancji rdzenia, gdzie się
rozgałęziają i tworzą synapsy z motoneuronami α zarówno własnego mięśnia, jak
i mięśni synergistycznych (tj. mięśni, które oddziałują w ten sam sposób na dany
staw). Jest to więc odruch monosynaptyczny, który składa się tylko z dwóch
neuronów, jednego czuciowego i jednego ruchowego. To samo włókno czuciowe,
poprzez kolaterale, łączy się za pośrednictwem wstawkowych neuronów hamujących
z motoneuronami α mięśni antagonistycznych. Hamowanie mięśni antagonistycznych
odbywa się więc przez połączenie trzyneuronowe i ma dwie synapsy: jedną między
neuronem czuciowym i hamującym neuronem wstawkowym (tzw. interneuron
hamujący Ia) i drugą pomiędzy tym interneuronem i motoneuronem α. Bierne
rozciągnięcie danego mięśnia wywołuje więc pobudzenie włókien Ia, które prowadzi
do skurczu danego mięśnia i jego mięśni synergistów. Przejawia się to zwiększonym
oporem na jego rozciąganie, przy równoczesnym zahamowaniu aktywności motoneuronów α mięśni antagonistycznych. Hamowanie motoneuronów mięśni antagonistycznych jest nazywane hamowaniem wzajemnym (ang. reciprocal inhibition). Warto
dodać, że pojedyncze włókno Ia ma liczne rozgałęzienia, inaczej kolaterale. Część
z nich, przez rdzeniowe drogi wstępujące, przekazuje informację do wyższych
struktur układu nerwowego, część zaś rozgałęzia się w rdzeniu w ramach tego samego
segmentu lub w ramach kilku segmentów poniżej i powyżej jego wejścia, unerwiając
motoneurony mięśni synergistycznych. Stwierdzono, na przykładzie mięśnia brzuchatego łydki kota, że pojedyncze włókno Ia wysyła zakończenia do wszystkich
motoneuronów tego mięśnia, tj. do ok. 300 motoneuronów.

Aktywność interneuronów hamujących Ia może być modulowana przez długie
drogi zstępujące w rdzeniu (ryc. 10.6A). Umożliwia to wyższym ośrodkom ruchowym
odpowiednią koordynację przeciwstawnych mięśni w danym stawie za pomocą

wysłania jednego tylko rozkazu. Mechanizm ten jest wykorzystywany w wykonywaniu ruchów dowolnych, gdyż w wyniku wzajemnego hamowania mięśni antagonistycznych jeden sygnał zstępujący z wyższych struktur układu nerwowego, aktywujący jeden zestaw mięśni, automatycznie prowadzi do zahamowania mięśni antagonistycznych. Jeśli natomiast równowaga impulsów zstępujących zmienia się w kierunku większego hamowania interneuronu hamującego Ia, wzajemne hamowanie mięśni antagonistycznych zmniejszy się, co prowadzi do współskurczu (ang. co-contraction) mięśni przeciwstawnych i stabilizacji położenia w danym stawie. Zjawisko to odgrywa ważną rolę w niektórych ruchach.

Inną formą regulacji pobudliwości motoneuronów w odruchu miotatycznym jest hamowanie zwrotne (ang. recurrent inhibition) motoneuronów przez interneurony hamujące, zwane komórkami Renshawa (ryc. 10.6B). Komórki te są bezpośrednio pobudzane przez kolaterale aksonów motoneuronów i z kolei hamują wiele innych motoneuronów, włącznie z motoneuronem własnym, oraz mięśni synergistycznych (nie pokazane). To ujemne sprzężenie zwrotne ma na celu stabilizację wyładowania motoneuronów, gdyż np. zwiększenie częstotliwości ich wyładowań jest hamowane przez komórki Renshawa, które niwelują w ten sposób przejściowe zmiany w pobudliwości motoneuronów. Komórki Renshawa wysyłają także kolaterale do interneuronów hamujących Ia i w ten sposób działają rozhamowująco na motoneurony mięśni antagonistycznych. Ponadto komórki Renshawa znajdują się pod wpływem zarówno pobudzającym, jak i hamującym długich dróg zstępujących z wyższych struktur układu nerwowego i w ten sposób mogą one dostosowywać pobudliwość mięśni w danym stawie do potrzeb wykonywanego ruchu.

Organizacja łuku odruchowego z receptorów ścięgnistych jest przedstawiona na rycinie 10.6C. Pobudzenie z narządów Golgiego dochodzi do rdzenia włóknami Ib i powoduje hamowanie mięśnia własnego oraz mięśni synergistycznych przez hamujące neurony wstawkowe, zwane interneuronami hamującymi Ib, jak również pobudzenie mięśni antagonistycznych, także za pośrednictwem jednego interneuronu. Odruch ten jest więc odruchem dwusynaptycznym. Dokładna funkcja tego odruchu nie jest ostatecznie wyjaśniona. Aferenty Ib są znacznie rzadziej spotykane w mięśniach zginaczach aniżeli w prostownikach oraz mają znacznie szerszy zasięg w porównaniu z ograniczonym przestrzennie wpływem bodźców z receptorów Ia. Ponadto na interneuronach Ib występuje znacznie większa konwergencja wpływów z różnych mięśni i receptorów. Pierwotnie, odruchom z receptorów Ib przypisywano funkcję ochronną przed nadmiernym rozciągnięciem mięśnia poprzez zahamowanie jego motoneuronów i stąd dano mu nazwę odwróconego odruchu miotatycznego. Odruch ten uważano za odpowiedzialny za tzw. efekt scyzorykowy, który polega na tym, że przy biernym rozciąganiu mięśni w jakimś stawie opór występuje tylko do pewnego momentu, a przy dalszym rozciąganiu mięśnia gwałtownie zanika. Bardziej współczesne teorie dotyczące funkcji odruchów z receptorów ścięgnistych podkreślają, że aferenty Ib działają jako system zwrotny regulujący napięcie mięśni, a także, że odruchy te mogą odgrywać rolę w hamowaniu ruchu, gdy kończyna napotyka jakąś przeszkodę fizyczną. Ta ostatnia funkcja wiąże się z tym, że do interneuronów hamujących Ib dochodzi także informacja czuciowa z aferentów stawowych i skórnych,

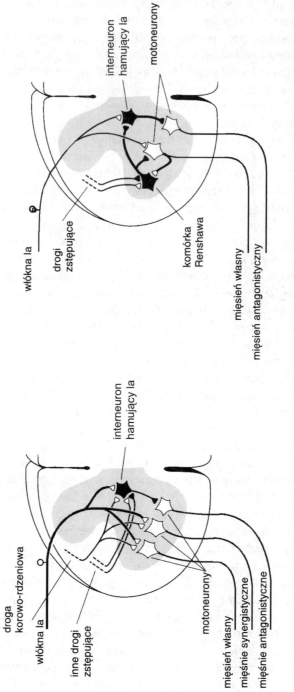

**A**

droga korowo-rdzeniowa

włókna Ia

inne drogi zstępujące

interneuron hamujący Ia

motoneurony

mięsień własny

mięśnie synergistyczne

mięśnie antagonistyczne

Odruch na rozciąganie

**B**

włókna Ia

drogi zstępujące

interneuron hamujący Ia

motoneurony

komórka Renshawa

mięsień własny

mięsień antagonistyczny

Hamowanie zwrotne

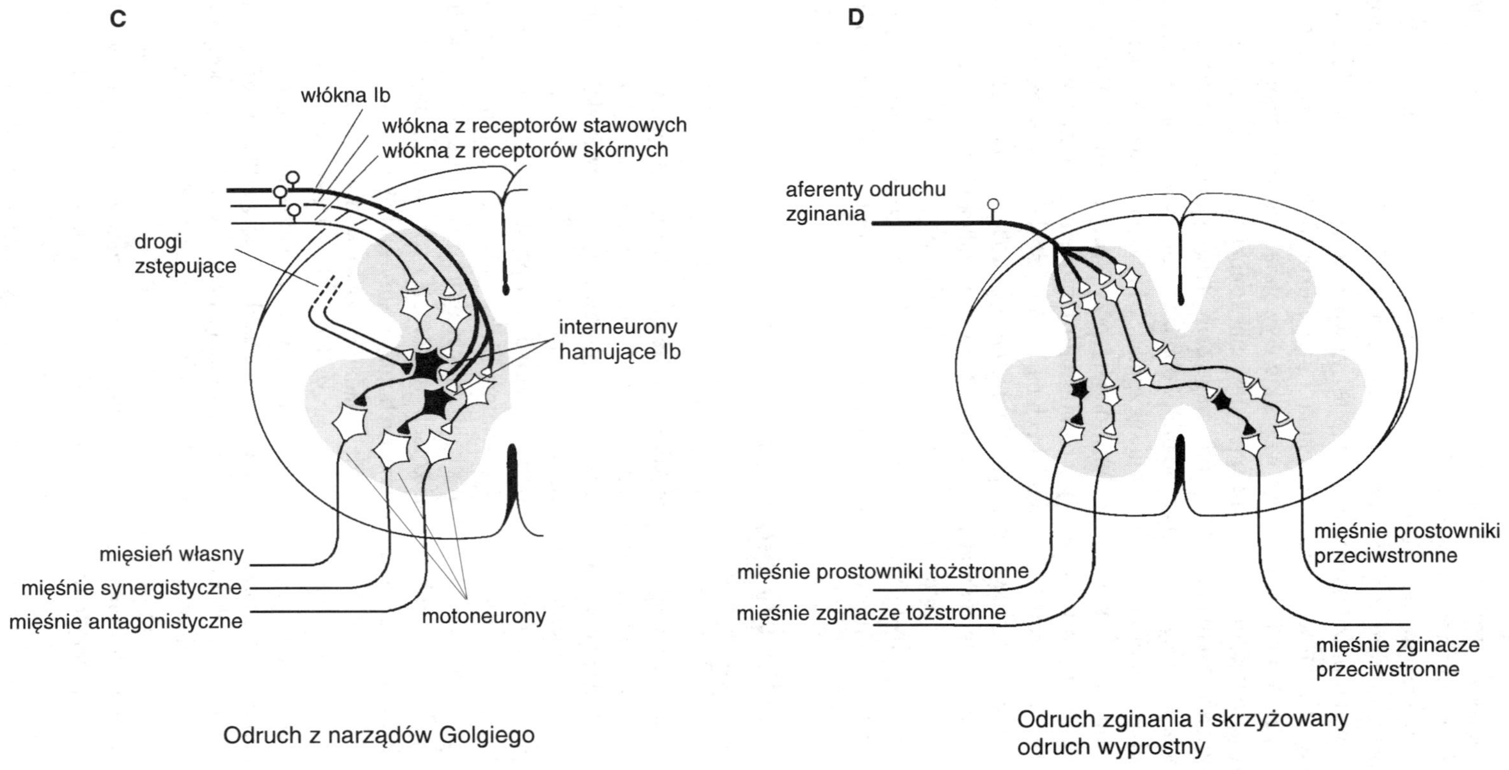

**C**

włókna Ib

włókna z receptorów stawowych
włókna z receptorów skórnych

interneurony hamujące Ib

motoneurony

drogi zstępujące

mięsień własny
mięśnie synergistyczne
mięśnie antagonistyczne

Odruch z narządów Golgiego

**D**

aferenty odruchu zginania

mięśnie prostowniki przeciwstronne

mięśnie zginacze przeciwstronne

mięśnie prostowniki tożstronne

mięśnie zginacze tożstronne

Odruch zginania i skrzyżowany odruch wyprostny

**Ryc. 10.6.** Schematy łuków odruchowych odruchów rdzeniowych. Czarnym kolorem oznaczono komórki i synapsy hamujące, białym — pobudzające. **A** — odruch na rozciąganie; **B** — hamowanie zwrotne przez komórki Renshawa; **C** — odruch z narządów Golgiego; **D** — odruch zginania i skrzyżowany odruch wyprostny. (Wg: Kandel i in. 1991, zmodyf.)

jak również impulsy ze struktur nadrdzeniowych, które mogą dostosowywać napięcie mięśni do właściwości napotkanego obiektu (ryc. 10.6C).

Ostatnim ważnym odruchem rdzeniowym jest odruch zginania. Odruch ten można wywołać z aferentów drugorzędowych we wrzecionach mięśniowych, z receptorów skórnych, stawowych oraz bólowych. Z tego też powodu wszystkie te włókna objęto wspólną nazwą aferentów odruchu zginania (ang. flexor reflex afferents, termin wprowadzony przez A. Lundberga), gdyż wszystkie wywołują odruch zginania kończyny tożstronnej, często połączony z odruchem prostowania kończyny przeciwstronnej. Łuk odruchowy tego odruchu ma charakter polisynaptyczny, tzn. w jego skład wchodzą co najmniej dwa neurony wstawkowe (ryc. 10.6D). Pobudzenie aferentów odruchu zginania wywołuje pobudzenie motoneuronów $\alpha$ mięśni zginaczy i zahamowanie motoneuronów mięśni prostowników w kończynie tożstronnej, przy jednoczesnym pobudzeniu motoneuronów mięśni prostowników i zahamowaniu motoneuronów mięśni zginaczy w kończynie przeciwstronnej. Ten ostatni odruch nazywany jest skrzyżowanym odruchem wyprostnym. Ponieważ aferenty odruchu zginania wysyłają kolaterale do interneuronów na wielu poziomach rdzenia, odruchy te obejmują zazwyczaj całą kończynę. Interneurony te podlegają wpływom długich dróg zstępujących rdzenia (nie pokazane), w związku z czym odruch ten może być wykorzystywany w ruchach dowolnych. Ponadto odgrywa on rolę w utrzymaniu równowagi ciała w sytuacji braku podporu na jednej z kończyn.

## 10.4.3. Ośrodkowy generator wzorca lokomocyjnego

Prócz opisanych wyżej podstawowych łuków odruchowych rdzeń kręgowy, przynajmniej u zwierząt będących na niższych szczeblach ewolucji, zawiera również sieci nerwowe, które potrafią generować bardziej skomplikowane, rytmiczne akty ruchowe, jak np. naprzemienne ruchy prostowania i zginania jednej kończyny występujące w odruchu drapania bądź naprzemienne ruchy zginania i prostowania przeciwległych kończyn umożliwiających lokomocję. Te ostatnie ruchy stały się w ciągu ostatnich 30 lat klasycznym modelem badawczym mechanizmów neuronalnych leżących u podstawy lokomocji. Prowadzono je głównie na kotach, u których ruchy lokomocyjne tylnych kończyn wywoływano przez przesuwanie ruchomej taśmy na bieżniku.

Przeprowadzone w wielu laboratoriach badania potwierdziły wyniki, uzyskane pierwotnie przez C. Sherringtona, już w początkach XX wieku, wykazujące, że przecięcie rdzenia na dolnym poziomie piersiowym nie znosiło możliwości wykonywania naprzemiennych, rytmicznych i skoordynowanych ruchów tylnymi kończynami, podobnych do tych, które obserwuje się w lokomocji, przy czym funkcje podporowe tylnych kończyn były nieobecne. Stymulacja skórna, a także podawanie środków farmakologicznych wywoływało u kotów rdzeniowych, chodzących na bieżniku, rytmiczne ruchy tylnych kończyn. Ruchy te nie zanikały nawet wtedy, gdy wpływy aferentne z tylnych kończyn zostały zniesione (deaferentacja), ani też gdy sprzężenie zwrotne informujące o wykonywanym ruchu zostało wyeliminowane przez podanie środka (kurara) paraliżującego ruchy. W tej ostatniej sytuacji wzorzec lokomocyjny był rejestrowany z korzonków brzusznych lub motoneuronów (tzw. lokomocja pozorna — ang. fictive locomotion). Wszystkie te badania doprowadziły do powstania koncepcji istnienia ośrodkowego generatora wzorca lokomocyjnego (ang. central pattern generator, CPG), utworzonego z sieci neuronów, zdolnej do wytwarzania wzorców ruchowych, tj. precyzyjnie określonych w czasie sekwencji pobudzenia motoneuronów nawet przy braku informacji czuciowej, czy też cyklicznego pobudzenia z innych struktur ośrodkowego układu nerwowego. Generator ten dla ruchów tylnych kończyn znajduje się w zgrubieniu lędźwiowym rdzenia kręgowego, natomiast dla kończyn przednich — w zgrubieniu szyjnym.

Pomimo intensywnych badań prowadzonych w wielu ośrodkach na całym świecie, do tej pory nie udało się dokładnie określić struktury sieci neuronalnej odpowiedzialnej za wytwarzanie ruchów lokomocyjnych tylnych kończyn. Obecnie, najbardziej prawdopodobna wydaje się hipoteza generacji tych ruchów przez tzw. centra połówkowe (ryc. 10.7). Zakłada ona istnienie dwóch, wzajemnie się hamujących, grup interneuronów. Jedna z tych grup pobudza mięśnie zginacze w czasie fazy przeniesienia, tj. gdy kończyna jest przenoszona do przodu względem poruszającego się zwierzęcia, a druga pobudza mięśnie prostowniki w czasie fazy podporu, tj. gdy kończyna stoi na podłożu. Oba centra połówkowe są aktywne naprzemiennie i w czasie swej aktywności hamują zarówno neurony drugiego centrum połówkowego, jak i motoneurony mięśni antagonistycznych. Zakłada się przy tym, że istnieją pewne mechanizmy, jak np. adaptacja częstotliwości wyładowań neuronów, która ogranicza czas trwania aktywności w każdej z tych grup, umożliwiając przełączenie pobudzenia z jednego centrum połówkowego do drugiego. Sporną natomiast kwestią jest sprawa, czy ruchami tylnych kończyn steruje jeden tylko generator, czy też istnieją oddzielne

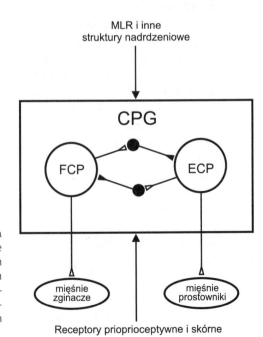

**Ryc. 10.7.** Schemat ośrodkowego generatora wzorca lokomocji (CPG) i sygnały modyfikujące jego działanie. Oznaczenia: FCP — centrum połówkowe mięśni zginaczy; ECP — centrum połówkowe mięśni prostowników; MLR — śródmózgowiowy ośrodek lokomocyjny. Białym kolorem oznaczono synapsy pobudzające, czarnym interneurony i synapsy hamujące

generatory dla każdej kończyny, bądź, jak uważają niektórzy badacze, istnieją oddzielne ośrodkowe generatory wzorca sterujące mięśniami każdego stawu i ich koordynacja w ramach jednej kończyny i między kończynami umożliwia wykonywanie ruchów lokomocyjnych.

Jakkolwiek generator wzorca lokomocji może wytwarzać rytmiczne pobudzenie zarówno przy braku informacji aferentnej z kończyny zaangażowanej w ruch bądź wpływów ze struktur nadrdzeniowych, aktywność obu tych układów odgrywa istotną rolę w modyfikowaniu i adaptacji programów ruchowych wytwarzanych przez generator. Dla przykładu obciążenie kończyny w czasie fazy podporu zwiększa pobudzenie mięśni prostowników i może wydłużyć fazę podporu, natomiast odciążenie kończyny i odpowiedni kąt w stawie biodrowym jest warunkiem wystąpienia fazy przeniesienia. Z kolei struktury nadrdzeniowe, zlokalizowane głównie w pniu mózgu (por. podrozdz. 10.5.2), odgrywają zasadniczą rolę w zapoczątkowaniu aktywności generatora (inicjacja lokomocji), sterowaniu intensywnością jego działania (zmiana prędkości), dostosowaniu ruchu kończyny do warunków zewnętrznych (np. omijanie przeszkody), czy też utrzymaniu równowagi ciała w czasie lokomocji i jej koordynacji z innymi aktami ruchowymi.

Istnienie ośrodkowych generatorów wzorców lokomocyjnych na poziomie rdzenia u zwierząt ewolucyjnie niższych jest obecnie ogólnie przyjęte. Natomiast wątpliwości nadal budzi istnienie tego generatora na poziomie rdzenia u małp człekokształtnych i człowieka, u których po całkowitym uszkodzeniu rdzenia ruchy te nie występują. Możliwe, że wiąże się to ze znacznie silniejszym wpływem wywieranym przez struktury nadrdzeniowe na mechanizmy rdzenia kręgowego w miarę rozwoju filogenetycznego, co prowadzi do encefalizacji funkcji, tj. przejmowania funkcji struktur niższych przez struktury wyższe. Pewne pośrednie dowody na istnienie rdzeniowego generatora lokomocji u człowieka dostarczają doświadczenia Dimitrijevica i in. (1998), którzy stymulując elektrycznie rdzeń kręgowy na poziomie L2, wywołali aktywność podobną do lokomocyjnej u pacjenta z całkowicie przerwanym rdzeniem kręgowym. Jednakże jak dotąd nie udało się u człowieka zlokalizować sieci neuronalnej odpowiedzialnej za wytwarzanie wzorców lokomocyjnych. Natomiast ważnym wkładem, wynikającym z badań nad lokomocją u kotów rdzeniowych było przeniesienie do kliniki metody wspomagania ruchów lokomocyjnych przez użycie ruchomego bieżnika. Metodę tę, w połączeniu z odpowiednim podwieszeniem ciała, celem odciążenia nóg, stosuje się z powodzeniem w wielu klinikach, w celu rehabilitacji funkcji lokomocyjnych u pacjentów z częściowymi uszkodzeniami rdzenia.

## 10.4.4. Organizacja motoneuronów i dróg zstępujących w rdzeniu kręgowym

Motoneurony znajdują się w rogach brzusznych rdzenia kręgowego (ryc. 10.8). Można je podzielić na dwie grupy: grupę przyśrodkową i boczną. Pierwsza z nich zawiera motoneurony, które unerwiają mięśnie tzw. osiowe, czyli tułowia i karku,

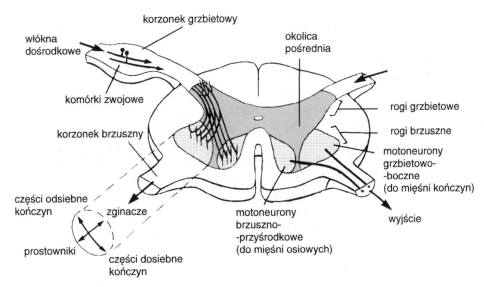

**Ryc. 10.8.** Przekrój poprzeczny przez rdzeń kręgowy pokazujący jego zasadnicze części oraz lokalizację w szarej substancji rdzenia motoneuronów brzuszno-przyśrodkowych, unerwiających mięśnie osiowe, i motoneuronów grzbietowo-bocznych, unerwiających mięśnie kończyn, jak również zróżnicowaną lokalizację motoneuronów grzbietowo-bocznych unerwiających mięśnie odsiebne i dosiebne kończyn oraz mięśnie zginacze i prostowniki. (Wg: Kandel i in. 1991, zmodyf.)

druga — motoneurony, które unerwiają mięśnie kończyn. W tej ostatniej grupie motoneurony leżące najbardziej przyśrodkowo unerwiają mięśnie dosiebne, podczas gdy motoneurony leżące bocznie — mięśnie odsiebne kończyn. Ponadto, motoneurony leżące bardziej brzusznie unerwiają mięśnie prostowniki, podczas gdy motoneurony położone bardziej grzbietowo — mięśnie zginacze (ryc. 10.8). Jak już opisano, z każdego motoneuronu wychodzi wypustka osiowa, czyli akson, który poprzez korzenie brzuszne wychodzi na obwód i unerwia mięśnie.

Struktury ponadrdzeniowe wpływają na aktywność motoneuronów i interneuronów w rdzeniu kręgowym za pośrednictwem długich dróg zstępujących. Większość z tych dróg bierze początek w pniu mózgu. Do najważniejszych rdzeniowych dróg zstępujących należą: a) drogi przedsionkowo-rdzeniowe (ang. vestibulospinal tracts), które wychodzą z bocznego i przyśrodkowego jądra przedsionkowego, b) drogi siatkowo-rdzeniowe (ang. reticulospinal tracts), które biorą początek w jądrach tworu siatkowatego pnia mózgu i opuszki, c) droga pokrywowo-rdzeniowa (ang. tectospinal tract), biorąca początek we wzgórku czworaczym górnym, d) droga czerwienno--rdzeniowa (ang. rubrospinal tract), biorąca początek z części wielkokomórkowej jądra czerwiennego na poziomie śródmózgowia oraz e) droga korowo-rdzeniowa zwana także piramidową (ang. corticospinal lub pyramidal tract). Ta ostatnia droga jest filogenetycznie najmłodsza i pojawia się dopiero u ssaków, osiągając maksymalny rozwój u małp człekokształtnych i człowieka.

U wszystkich ssaków źródłem drogi piramidowej są komórki piramidalne (nazwa pochodna od ich kształtu) znajdujące się w warstwie V korowych okolic ruchowych (por. rozdz. 11). Aksony tych komórek, po wyjściu z kory, przechodzą przez wieniec promienisty, przednią część odnogi tylnej torebki wewnętrznej, podstawną część konarów mózgu i część brzuszną pnia mózgu. W opuszce wszystkie włókna drogi piramidowej łączą się na jej brzusznej powierzchni, tworząc wokół szczeliny pośrodkowej przedniej dwie wypukłości zwane piramidami (stąd nazwa droga piramidowa). Jest to jedyne miejsce, gdzie można przeciąć w sposób izolowany włókna drogi piramidowej. Na pograniczu opuszki i rdzenia ogromna część włókien piramidowych ulega skrzyżowaniu, przechodząc na drugą stronę rdzenia. Włókna skrzyżowane przebiegają w grzbietowo-bocznej części powrózków bocznych rdzenia, tworząc boczną drogę korowo-rdzeniową, natomiast włókna nieskrzyżowane biegną w powrózkach brzusznych, tworząc brzuszną drogę korowo-rdzeniową. Należy zaznaczyć, że w całym swoim przebiegu przez mózgowie włókna należące do układu piramidowego oddają liczne kolaterale do różnych struktur, jak np. do wielkokomórkowej części jądra czerwiennego, do tworu siatkowatego pnia mózgu i opuszki, do jąder mostu oraz do innych struktur, jak np. jąder kolumn grzbietowych.

Liczba włókien szlaku piramidowego zmienia się wraz z rozwojem filogenetycznym: od około 8 tys. u nietoperza, do 400 – 500 tys. u małp niższych, ok. 800 tys. u naczelnych oraz ok. 1100 tys. u człowieka. U wszystkich ssaków przeważają włókna cienkie, a tylko 2 – 3% włókien ma znacznie większą średnicę, przy czym wzrasta ona w miarę rozwoju filogenetycznego. U człowieka najgrubsze włókna korowo-rdzeniowe mają średnicę 22 – 25 μm. Te ostatnie włókna wychodzą z tzw. olbrzymich komórek Betza znajdujących się w polu 4 wg Brodmanna (por. rozdz. 11).

Tradycyjnie, zstępujące drogi rdzeniowe dzielono na układ piramidowy, odpowiedzialny za ruchy dowolne, oraz układ pozapiramidowy, odpowiedzialny za czynności bardziej zautomatyzowane. Ze względu na to, że nawet korowe okolice ruchowe stanowią źródło dróg pozapiramidowych, Kuypers w latach 60. ubiegłego wieku wprowadził nowy podział dróg zstępujących na dwa systemy, przyśrodkowy i boczny, stosując jako kryterium umiejscowienie zakończeń poszczególnych dróg w rdzeniu kręgowym. Do pierwszego z nich zaliczył drogi przedsionkowo-siatkowo- i pokrywowo-rdzeniowe, a także brzuszną drogę korowo-rdzeniową, których aksony, pośrednio lub bezpośrednio, dochodzą do motoneuronów położonych bardziej przyśrodkowo, unerwiających mięśnie tułowia i karku oraz mięśnie dosiebne kończyn. Natomiast do systemu bocznego zaliczył drogę czerwienno-rdzeniową oraz boczną drogę korowo-rdzeniową, których zakończenia dochodzą do motoneuronów położonych bardziej bocznie, unerwiających mięśnie odsiebne, w tym szczególnie mięśnie zginacze. Należy jednocześnie zaznaczyć, że jedynie niewielka liczba włókien zstępujących, należących do przyśrodkowego lub bocznego systemu zstępującego, tworzy synapsy z motoneuronami, a przeważająca ich większość dochodzi do motoneuronów poprzez interneurony. U naczelnych droga czerwienno-rdzeniowa ulega uwstecznieniu i jej funkcję przejmuje droga korowo-rdzeniowa.

Prócz długich dróg zstępujących w rdzeniu istnieją także tzw. drogi własne, inaczej propriospinalne, różnej długości, które łączą między sobą poszczególne segmenty rdzenia. Także aksony wielu dróg, zarówno zstępujących, jak i wstępujących, mogą się rozgałęziać, oddając kolaterale na kilku poziomach rdzenia, łącząc w ten sposób różne jego segmenty. Ponadto przez cały rdzeń przebiegają dwie grupy dróg monoaminergicznych, jedna o charakterze noradrenergicznym, druga — serotoninergicznym. Pierwsza z nich bierze początek w miejscu sinawym (ang. locus coeruleus) i przebiega w brzuszno-bocznej części powrózków bocznych, druga ma swoje źródło w komórkach jąder szwu pnia mózgu (ang. raphe nuclei) i zstępuje zarówno w bocznych, jak i brzusznych powrózkach.

## 10.4.5. Wpływ uszkodzenia rdzenia na funkcje ruchowe

Całkowite przecięcie rdzenia wywołuje w pierwszym okresie stan kompletnej arefleksji, który nazywa się szokiem rdzeniowym. Poniżej odcinka uszkodzenia zniesione są ruchy i wszelkie formy czucia. Czas trwania tego stanu zależy od stopnia encefalizacji funkcji, tj. im wyżej w rozwoju filogenetycznym znajduje się organizm, tym dłużej trwa szok rdzeniowy. U człowieka stan ten charakteryzuje się całkowitym porażeniem wiotkim i przy prawidłowej opiece medycznej trwa 3 – 4 tygodnie. Jako pierwszy powraca zazwyczaj odruch kolanowy (z aferentów Ia mięśnia czworogłowego uda), nieco później odruch zginania na drażnienie podeszwowej części stopy, z tym że występuje on zawsze z odruchem Babińskiego (por. rozdz. 11), który jest charakterystyczny dla uszkodzenia dróg piramidowych.

Kilka miesięcy po całkowitym uszkodzeniu rdzenia następuje faza hiperrefleksji, charakteryzująca się nasileniem odruchów, w tym szczególnie odruchów zginania. Na przykład drażnienie części podeszwowej jednej stopy wywołuje uogólniony odruch zginania (ang. mass reflex) obejmujący wszystkie stawy obu kończyn, połączony często z defekacją i oddaniem moczu. Odruchy te mają też znacznie większe pole refleksogenne aniżeli w normie. Ślady odruchów z mięśni prostowników pojawiają się późno i pacjent nigdy nie osiąga stanu spastycznego charakterystycznego dla hemiplegii (por. rozdz. 11). Na ogół obecność spastyczności, tzn. wzmożonego napięcia w mięśniach prostownikach, wskazuje na niecałkowite uszkodzenie rdzenia i pozytywnie rokuje w odniesieniu do częściowego powrotu funkcji ruchowych.

Uszkodzenia części szyjnej rdzenia na poziomie segmentu C4 kończą się zazwyczaj śmiercią z powodu zaburzeń oddychania. Niższe uszkodzenia na poziomie szyjnym wywołują porażenie wszystkich 4 kończyn (tetraplegia), uszkodzenia poniżej zgrubienia piersiowego — porażenie obu nóg (paraplegia) lub tylko kończyny tożstronnej, jak w przypadku połowiczego uszkodzenia rdzenia kręgowego. Przy częściowych uszkodzeniach rdzenia w obrębie grzbietowych kwadrantów występuje porażenie połączone ze spastycznością, podczas gdy po uszkodzeniu kwadrantów brzusznych — tendencja do porażenia wiotkiego.

Prócz zaburzeń ruchowych, po całkowitym lub częściowym uszkodzeniu rdzenia występują także objawy zaniku lub osłabienia różnych form czucia skórnego, na skutek uszkodzenia dróg wstępujących w rdzeniu, jak również zaburzenia w odruchach autonomicznych. Opis tych zaburzeń wykracza poza ramy niniejszego rozdziału.

# 10.5. Rola pnia mózgu w zachowaniu ruchowym

Pień mózgu (ang. brain stem) składa się z trzech części: rdzenia przedłużonego zwanego inaczej opuszką (ang. medulla), mostu (ang. pons) oraz śródmózgowia (ang. midbrain). Struktury te stanowią źródło większości długich dróg zstępujących w rdzeniu (patrz wyżej) oraz miejsce docelowe szeregu długich dróg wstępujących rdzenia. Z pnia mózgu wychodzi także większość nerwów czaszkowych. W centralnej części pnia mózgu, wzdłuż jego osi podłużnej, znajduje się charakterystyczny twór siatkowaty (ang. reticular formation), składający się z ciasno utkanej, gęstej sieci komórek nerwowych o rozmaitych kształtach i wielkości, połączonych ze sobą wypustkami nerwowymi różnej długości. W obrębie tworu siatkowatego wyodrębniono wiele jąder, czyli skupisk komórek nerwowych, z których część odgrywa istotną rolę w kontroli zachowania ruchowego. Jądra te otrzymują liczne połączenia z obwodu i z innych struktur mózgowych.

Z funkcjonalnego punktu widzenia podstawową rolą pnia mózgu w zachowaniu ruchowym jest regulacja napięcia mięśniowego przez torowanie bądź hamowanie odruchów rdzeniowych, jak również kontrola odruchów zapewniających utrzymywanie prawidłowej pozycji ciała.

## 10.5.1. Sztywność odmóżdżeniowa

Przecięcie pnia mózgu powyżej jąder przedsionkowych, ale poniżej jądra czerwiennego (tj. na granicy śródmózgowia i mostu), wywołuje u zwierząt zjawisko sztywności odmóżdżeniowej (ang. decerebrate rigidity), polegające na maksymalnym stałym wyprostowaniu wszystkich kończyn na skutek tonicznego skurczu mięśni prostowników (ryc. 10.9A). Zjawisko to zostało po raz pierwszy opisane przez C. Sherringtona w 1896 r., który wykazał także, że ma ono odruchowy charakter związany z nadmierną aktywnością odruchów rozciągania w mięśniach prostownikach, gdyż toniczny skurcz tych mięśni w danej kończynie zanikał po przecięciu korzeni grzbietowych.

Mechanizm sztywności odmóżdżeniowej jest związany z przewagą pobudzenia motoneuronów $\alpha$ i $\gamma$ mięśni prostowników w porównaniu z mięśniami zginaczami (ryc. 10.9B). Podstawową rolę odgrywają w tym zjawisku zstępujące drogi siatkowo-rdzeniowe oraz przedsionkowo-rdzeniowe. Już w latach 40. ubiegłego wieku H.W. Magoun i R. Rhines wykazali, że w obrębie układu siatkowatego istnieją dwie grupy jąder, które są związane z kontrolą odruchów rdzeniowych. Drażnienie elektryczne jąder umiejscowionych w moście torowało odruchy rdzeniowe z mięśni prostowników, podczas gdy stymulacja jąder znajdujących się w opuszce hamowała te odruchy. Efekty te były związane z przeciwstawnym wpływem przyśrodkowej i bocznej drogi siatkowo-rdzeniowej. Pierwsza z nich rozpoczyna się w przednim i tylnym jądrze siatkowatym mostu (ang. pontine reticular nuclei) i zawiera aksony, które pobudzają motoneurony unerwiające mięśnie osiowe i mięśnie prostowniki kończyn. Natomiast boczna droga siatkowo-rdzeniowa bierze początek w jądrze wielkokomórkowym opuszki i hamuje monosynaptycznie motoneurony unerwiające

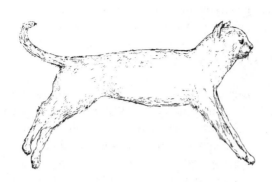

B

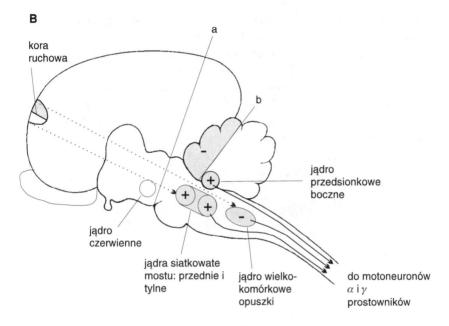

kora
ruchowa

a

b

jądro
przedsionkowe
boczne

jądro
czerwienne

jądra siatkowate
mostu: przednie i
tylne

jądro wielko-
komórkowe
opuszki

do motoneuronów
$\alpha$ i $\gamma$
prostowników

**Ryc. 10.9.** Sztywność odmóżdżeniowa u kota. **A** — postawa, charakteryzująca się wzmożonym napięciem wszystkich mięśni prostowników; **B** — przekrój strzałkowy poprzez mózgowie pokazujący cięcie (a) wywołujące sztywność odmóżdżeniową oraz najważniejsze jądra, z których wychodzą drogi, które torują (oznaczone znakiem +) bądź hamują (oznaczone znakiem −) motoneurony mięśni prostowników. b — cięcie znoszące hamulcowe wpływy z przedniego płata móżdżku na jądro przedsionkowe boczne (Deitersa). Dalsze objaśnienia w tekście

mięśnie karku i grzbietu oraz polisynaptycznie motoneurony mięśni prostowników kończyn. Obie drogi siatkowo-rdzeniowe są pod kontrolą dróg idących z kory mózgowej. Torujący wpływ na motoneurony mięśni prostowników zarówno górnych, jak i dolnych kończyn wywiera także boczna droga przedsionkowo-rdzeniowa rozpoczynająca się w jądrze przedsionkowym bocznym (jądrze Deitersa). Sztywność odmóżdżeniowa jest więc wynikiem przewagi aktywności tonicznej neuronów dróg przedsionkowo-rdzeniowych i siatkowo-rdzeniowych biorących początek z mostu, których główna czynność polega na pobudzeniu motoneuronów zarówno $\alpha$, jak i $\gamma$, unerwiających mięśnie prostowniki. W wyniku tej aktywności odruchy rozciągania w mięśniach prostownikach są nadmiernie pobudzone, co przejawia się zwiększonym napięciem mięśniowym.

Stopień sztywności odmóżdżeniowej jest kontrolowany także przez móżdżek. Usunięcie przedniego płata móżdżku (b na ryc. 10.9B) zwiększa sztywność odmóżdżeniową, natomiast jego elektryczne drażnienie wywołuje skutek przeciwny. Zwiększenie sztywności odmóżdżeniowej po usunięciu przedniego płata móżdżku tłumaczy się zniesieniem hamujących wpływów, które wywierają komórki Purkinjego kory móżdżku (por. rozdz. 11) na neurony w jądrze Deitersa, będące źródłem bocznej drogi przedsionkowo-rdzeniowej.

U zwierząt, u których pień mózgu jest przecięty powyżej jądra czerwiennego, postawa charakterystyczna dla sztywności odmóżdżeniowej zanika, prawdopodobnie na skutek tonicznego wpływu drogi czerwienno-rdzeniowej, która pobudza motoneurony mięśni zginaczy kończyn i w ten sposób niweluje przewagę wpływów przedsionkowo- i siatkowo-rdzeniowych na motoneurony mięśni prostowników. Po takim cięciu postawa rozmaitych gatunków zwierząt zależy od stopnia rozwoju drogi czerwienno-rdzeniowej i od stopnia kontroli odruchów posturalnych przez korę mózgową. U kotów i małp, u których droga czerwienno-rdzeniowa jest rozwinięta, toniczna aktywność tego układu stanowi przeciwwagę dla aktywności neuronów przedsionkowo- i siatkowo-rdzeniowych.

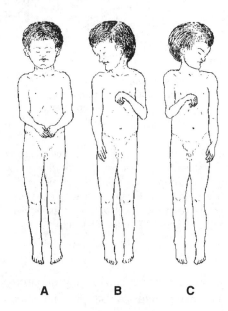

A          B          C

Ryc. 10.10. Sztywność z odkorowania u człowieka. W **A** pacjent leży na plecach z głową ułożoną prosto. **B** i **C** ilustrują toniczne odruchy szyjne wywołane przez skręty głowy. (Wg: Fulton (red.). *A Textbook of Physiology*. W. B. Saunders Co, 1955, zmodyf.)

U człowieka z poważnymi uszkodzeniami półkul mózgowych, ale z zachowanymi połączeniami nerwowymi w obrębie pnia mózgu, występuje stan nazywany sztywnością dekortykacyjną (ang. decorticate rigidity), który charakteryzuje się stałym skurczem mięśni prostowników w kończynach dolnych, a mięśni zginaczy w kończynach górnych (ryc. 10.10A). Za jedną z przyczyn tego stanu uważa się to, że u człowieka droga czerwienno-rdzeniowa dochodzi tylko do szyjnych odcinków rdzenia, w związku z czym może ona przeciwdziałać wpływom torującym z układu przedsionkowo--rdzeniowego na motoneurony mięśni prostowników kończyn górnych, ale nie dolnych.

## 10.5.2. Odruchy posturalne

Struktury znajdujące się w pniu mózgu biorą udział w regulacji postawy ciała za pomocą wielu różnych odruchów. U zwierzęcia ze sztywnością odmóżdżeniową występuje pozytywna i negatywna reakcja podporu na bodźce skórne i proprioceptywne zastosowane na jedną z kończyn (por. rozdz. 12), jak również toniczne odruchy labiryntowe (z narządu równowagi) i toniczne odruchy szyjne, które wywołują zmianę napięcia mięśniowego w poszczególnych kończynach, zależnie od ułożenia głowy i ciała zwierzęcia. Te dwa ostatnie odruchy występują także u ludzi ze sztywnością dekortykacyjną (ryc. 10.10B i C). U tzw. zwierząt śródmózgowiowych (mesencefalicznych), z cięciem wykonanym na przedniej granicy śródmózgowia, zachowane są odruchy, które przywracają prawidłową pozycję głowy i umożliwiają wstawanie. Odruch wstawania jest złożoną reakcją łańcuchową, w której uczestniczą odruchy labiryntowe, szyjne i skórne, przy czym reakcja ta zaczyna się zazwyczaj od przyjęcia odpowiedniej pozycji głowy, po czym następuje kolejno odpowiednie ustawienie szyi, górnej części tułowia, przednich łap, a na końcu tylnych łap. Dzięki tym odruchom kot spada na cztery łapy. W przypadku unieruchomienia głowy ucisk na jeden bok ciała może także powodować korekcję ułożenia tułowia.

Rola pnia mózgu w zachowaniu ruchowym i odruchach postawy została także potwierdzona w doświadczeniach na czuwających zwierzętach. Na przykład, drażnienie tworu siatkowatego wywoływało u kotów ruchy łap w różnych kombinacjach. W innych doświadczeniach, drażnienie prądem elektrycznym grzbietowej części nakrywki (ang. dorsal tegmental field, DTF) wywoływało u chodzącego zwierzęcia zatrzymanie się, przykucnięcie i położenie się, podczas gdy drażnienie brzusznej części nakrywki (ang. ventral tegmental field, VTF) wywoływało reakcję wstawania kota (por. ryc. 10.11A i B). W obrębie pnia mózgu znajdują się także ośrodki, z których można wywołać lokomocję. Do najważniejszych z nich należy śródmózgowiowy ośrodek lokomocyjny (ang. mesencephalic locomotor region, MLR) (ryc. 10.11A). Drażnienie tego ośrodka prądem elektrycznym u odmóżdżonego kota, który nie potrafi poruszać się spontanicznie, wywołuje lokomocję na ruchomym bieżniku, przy czym szybkość lokomocji zależy zarówno od siły drażnienia, jak i od prędkości przesuwu taśmy bieżnika. Usunięcie innego ośrodka związanego z lokomocją tzw. niskowzgórzowego ośrodka lokomocyjnego (ang. subthalamic locomotor region, SLR) wywołuje u czuwającego zwierzęcia przejściowy zanik lokomocji spontanicznej,

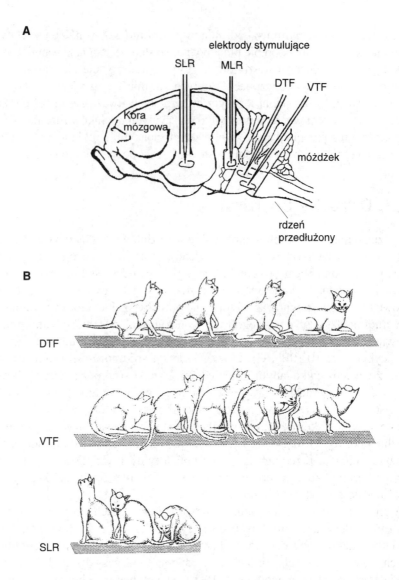

**Ryc. 10.11.** Wpływ drażnienia niektórych struktur pnia mózgu na lokomocję i ogólną postawę u czuwającego kota. **A** — Schemat mózgu pokazujący lokalizację ośrodków w śródmózgowiu, których drażnienie ma wpływ na lokomocję (MRL i SRL) oraz postawę zwierzęcia (DTF i VTF). **B** — Zmiany w ogólnej postawie zwierzęcia pod wpływem drażnienia okolicy DTF, VTF oraz SLR. Dalsze objaśnienia w tekście. Objaśnienia skrótów: MRL i SLR, odpowiednio śródmózgowiowy i niskowzgórzowy ośrodek lokomocyjny; DTF i VTF, odpowiednio grzbietowe i brzuszne pole nakrywki. (**A** — wg: Mori, 1987; **B** wg: Mori i in. *Neurological Basis of Human Locomotion*. Shimamura i in. (red.). Tokyo 1991, 21 – 31 zmodyf.)

drażnienie zaś tego ośrodka wywołuje typ zachowania przypominający zachowanie poszukiwawcze (ryc. 10.11A i B). Wszystkie te przykłady świadczą o tym, że w obrębie pnia mózgu istnieje szereg struktur, które kontrolują rozmaite aspekty zachowania ruchowego, w tym szczególnie związane z postawą.

# 10.6. Podsumowanie

Wykonanie ruchu wymaga współdziałania rozmaitych struktur układu nerwowego, kontrolujących różne aspekty zachowania ruchowego. Struktury te leżą na różnych poziomach układu nerwowego, od rdzenia kręgowego po korę mózgową, i cechuje je organizacja zarówno hierarchiczna, jak i równoległa. W niniejszym rozdziale omówiono skrótowo rodzaje i mechanizmy odruchów rdzeniowych, zapewniających koordynację właściwego napięcia mięśniowego mięśni agonistów i antagonistów w ramach jednego lub kilku stawów, a także w ramach kończyn jednej obręczy. Ponadto omówiono najważniejsze drogi zstępujące w rdzeniu oraz lokalizację motoneuronów z punktu widzenia unerwianych przez nie mięśni. Ponieważ większość włókien dróg zstępujących kończy się na interneuronach, w tym często na interneuronach wchodzących w skład odruchów rdzeniowych, struktury nadrdzeniowe mogą w ten sposób zarówno regulować napięcie mięśniowe mięśni antagonistycznych, jak również wykorzystywać odruchy rdzeniowe w ruchach dowolnych. Do najważniejszych struktur kontrolujących napięcie mięśniowe należy pień mózgu. Jego przecięcie na górnej granicy mostu wywołuje zjawisko sztywności odmóżdżeniowej, charakteryzujące się wzmożonym napięciem mięśni prostowników. Mechanizm tego zjawiska polega na przewadze wpływów torujących wywieranych przez długie drogi zstępujące na motoneurony $\alpha$ i $\gamma$ mięśni prostowników w porównaniu z mięśniami zginaczy. Ponadto pień mózgu odgrywa zasadniczą rolę w sterowaniu postawą ciała, co zachodzi poprzez szereg odruchów posturalnych. W pniu mózgu znajdują się także struktury sterujące lokomocją.

## LITERATURA UZUPEŁNIAJĄCA

Baldissera F., Hultbotrn H., Illert M.: Integration in spinal neuronal systems. W: V.B. Brooks (red.): *Handbook of Physiology, Section I*: The nervous system, tom II. Motor control. Część I. Bethesda Md.: American Physiological Society, 1981, 509 – 595.

Dimitrijevic M.R., Gerasimenko Y., Pinter M.M.: Evidence for a spinal central pattern generator in humans. *Ann NY Acad Sci.* 1998, **860**: 377 – 392.

Górska T.: Lokomocja u zwierząt po częściowych i całkowitych uszkodzeniach rdzenia. *Neurologia i Neurochirurgia Polska* 1996, **30** (XLVI), Supl. 1: 83 – 104.

Grillner S.: Locomotion in vetebrates — central mechanisms and reflex interactions. *Physiol. Rev.* 1975, **55**: 274 – 304.

Jankowska E.: Interneuronal relay in spinal pathways from proprioceptors. *Progress in Neurobiology* 1992, **38**: 335 – 378.

Kandel E.R., Schwartz J.M., Jessel T.M. (red.): *Principles of Neural Sciences.* 3 wyd., Part VI. Motor systems of the brain: reflex and voluntary control of movement. Prentice-Hall International Inc., 1991, 530 – 660.

Kuypers H.G.J.M.: The descending pathways to the spinal cord, their anatomy and function. *Progr. Brain Res.* 1964, **11**: 178 – 202.

Lundberg A.: Control of spinal mechanisms from the brain. W: D.B. Tower (red.): *The Nervous System*, tom I: The basic neurosciences. Raven Press, New York 1975, 253 – 265.

Mori S.: Integration of posture and locomotion in acute decerebrate cats and in awake, freely moving cats. *Progress in Neurobiology* 1987, **28**: 161 – 195.

Sadowski B., Chmurzyński J.A.: *Biologiczne mechanizmy zachowania.* Rozdział 6: Organizacja czynności behawioralnych. PWN, Warszawa 1989, 239 – 286.

Sherrington C.: *The Integrative Action of the Nervous System.* 2 wyd., Cambridge University Press, 1947, 433 s.

# ROZDZIAŁ 11

# Mechanizmy sterowania ruchami dowolnymi

Teresa Górska, Henryk Majczyński

Wprowadzenie ■ Korowe okolice ruchowe ■ Rola móżdżku w organizacji
ruchów ■ Rola jąder podstawnych w organizacji ruchów ■ Podsumowanie

## 11.1. Wprowadzenie

Omówione w poprzednim rozdziale formy zachowania ruchowego, sterowane przez
niższe poziomy układu nerwowego, tj. rdzeń kręgowy i pień mózgu, miały charakter
odruchowy, tzn. reakcji wywoływanych w sposób stereotypowy przez odpowiednie
bodźce. W odróżnieniu od reakcji odruchowych, ruchy wywoływane z najwyższego
poziomu układu ruchowego, tj. z korowych okolic ruchowych, mają odmienny
charakter i są nazywane ruchami dowolnymi. Różnią się one od reakcji odruchowych przede wszystkim możliwością stosowania odmiennych strategii do osiągnięcia tego samego celu, przy czym ich dobór zależy od okoliczności, w których
ruch jest wykonywany. Ponadto ruchy te są wyuczone i ich skuteczność polepsza się
wraz z treningiem. Ruchy dowolne mogą, ale nie muszą, być odpowiedzią na
określony bodziec czuciowy. Mogą równie dobrze występować w wyniku wyobra-
żenia bodźca, a także mogą być zapoczątkowane przez procesy myślowe lub
emocje. Z tego też powodu uważa się, że są one zależne od procesów wolicjonal-
nych.

Jakkolwiek korowe okolice ruchowe są główną strukturą sterującą ruchami
dowolnymi, to pewne aspekty ich wykonania są kontrolowane także przez móżdżek
i jądra podstawne. Obie te struktury wpływają na aktywność korowych okolic
ruchowych przez pętle zwrotne przechodzące przez wzgórze (por. ryc. 10.1).
W niniejszym rozdziale omówiono rolę wszystkich tych struktur w kontroli zachowania
ruchowego.

# 11.2. Korowe okolice ruchowe

Rycina 11.1 pokazuje lokalizację u człowieka korowych okolic ruchowych na bocznej i przyśrodkowej części półkul mózgowych. W skład tych okolic wchodzą: pierwszorzędowa kora ruchowa, znajdująca się w polu 4 wg Brodmanna, jak również dodatkowa okolica ruchowa oraz okolica przedruchowa, znajdujące się w polu 6 wg Brodmanna. Ponadto do korowych okolic ruchowych zalicza się zazwyczaj pierwszorzędową korę czuciową, znajdującą się w polu 3, 2, 1 wg Brodmanna (por. rozdz. 6 i 7). Wszystkie te okolice są ze sobą ściśle obustronnie połączone krótkimi włóknami korowo-korowymi (patrz strzałki na ryc. 11.1).

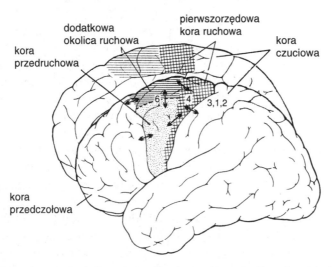

**Ryc. 11.1.** Lokalizacja korowych okolic ruchowych na bocznej i przyśrodkowej części półkul u człowieka i ich podział. Strzałki z podwójnymi grotami pokazują obustronne połączenia między poszczególnymi okolicami. Dalsze objaśnienia w tekście. (Wg: Kandel i in. 1991, zmodyf.)

Korowe okolice ruchowe dają początek drodze korowo-rdzeniowej, inaczej piramidowej, która wychodzi z komórek piramidalnych V warstwy korowej (por. rozdz. 10). Z tego powodu drażnienie tych okolic wywołuje ruchy kończyn, przy czym charakter tych ruchów zależy od drażnionej okolicy. Niżej zostaną przedstawione podstawowe cechy anatomiczne i funkcjonalne każdej z tych okolic, z wyjątkiem kory czuciowej, której omówienie przekracza zakres niniejszego rozdziału. Chociaż drażnienie kory czuciowej także wywołuje ruchy kończyn, wynika to prawdopodobnie z jej połączeń z polem 4. Liczba włókien piramidowych wychodzących z kory czuciowej jest stosunkowo mała. Kończą się one głównie nie w okolicy pośredniej i rogach brzusznych rdzenia kręgowego (por. rozdz. 10), lecz w jego rogach tylnych i jądrach kolumn grzbietowych, tj. jądrze smukłym (ang. gracile nucleus) i jądrze klinowatym (ang. cuneate nucleus). Główna ich funkcja polega więc prawdopodobnie na modulowaniu procesu przekazywania informacji czuciowej z rdzenia kręgowego do wyższych struktur układu nerwowego.

## 11.2.1. Pierwszorzędowa okolica ruchowa

Pierwsze dowody na to, że drażnienie kory leżącej wokół bruzdy środkowej wywołuje ruchy kończyn przeciwstronnych, zostały uzyskane w 1870 r. przez G. Fritscha i E. Hitziga u psów. Podobne doświadczenia wykonał wkrótce potem D. Ferrier u małp, A. Leyton i C. Sherrington u naczelnych, jak również u ludzi — sławny neurochirurg W. Penfield w latach 50. ubiegłego stulecia przy okazji operacji neurochirurgicznych. Wszystkie te badania doprowadziły do wniosku, że tzw. pierwszorzędowa okolica ruchowa (ang. primary motor cortex), nazywana także w skrócie okolicą MI, jest położona w zakręcie przedśrodkowym lub w jego odpowiedniku u zwierząt będących na niższych szczeblach ewolucji. Okolica ta zawiera mapę ruchową całego ciała, którą cechuje organizacja somatotopowa (ryc. 11.2A i B). U wszystkich ssaków reprezentacja kończyn dolnych leży przyśrodkowo, reprezentacja kończyny górnej bardziej bocznie, a jeszcze bardziej bocznie znajduje się reprezentacja twarzy i języka. W ramach reprezentacji ciała, rozmaite jego części zajmują obszary o różnej wielkości. Części ciała używane w ruchach precyzyjnych, jak np. palce ręki bądź twarz i język, zajmują o wiele większą powierzchnię kory aniżeli kończyny tylne. Ruchy wywoływane drażnieniem okolicy MI dotyczą zawsze kończyn przeciwstronnych, z wyjątkiem twarzy i języka.

Porównanie wielkości reprezentacji ruchów palców u człowieka i małpy (por. ryc. 11.2A i B) pokazuje, że zależy ona od stopnia precyzji ruchów palców. U obu gatunków istnieje osobna reprezentacja wszystkich palców górnej kończyny, jednakże u człowieka reprezentacja ta jest większa niż u małpy. U obu gatunków reprezentacja ta mieści się głównie na przedniej ścianie bruzdy środkowej (ryc. 11.2B).

Komórki piramidalne V wartwy pola 4 wg Brodmanna dają początek nie tylko największej liczbie włókien drogi piramidowej, ale są także źródłem najgrubszych jej aksonów. Aksony te wychodzą z tzw. olbrzymich komórek Betza (komórki te u człowieka mają 50 – 80 μm średnicy) i stanowią ok. 2 – 3% wszystkich włókien wchodzących w skład bocznej drogi korowo-rdzeniowej (por. rozdz. 10). U małp i człowieka aksony komórek Betza mają bezpośrednie synapsy z motoneuronami unerwiającymi mięśnie palców, stanowiąc podstawę wykonywania precyzyjnych ruchów manipulacyjnych.

Neurony w korze ruchowej, podobnie jak w korze czuciowej i wzrokowej, są zorganizowane w kolumnach o średnicy 0,3 do 1mm, zawierających od 50 tys. do 150 tys. komórek. Każda kolumna działa jako osobna jednostka, która pobudza bądź pojedynczy mięsień, bądź grupę mięśni synergistycznych i otrzymuje sygnały wejściowe z tychże mięśni. Z tego też powodu organizacja somatotopowa kory ruchowej nie oznacza mapowania jeden do jednego pojedynczych mięśni czy ruchów. Sygnał wyjściowy z pojedynczych neuronów korowych rozdziela się na kilka pól motoneuronów, natomiast na polach motoneuronów mięśni poruszających określoną część ciała konwergują sygnały wychodzące z dość dużego obszaru kory. Na przykład komórki z całego obszaru kory MI odpowiadające dłoni są aktywne w czasie ruchu jednego palca. Dany mięsień jest więc sterowany przez obszar kory ruchowej, który częściowo pokrywa się z obszarem sterującym mięśni sąsiedni.

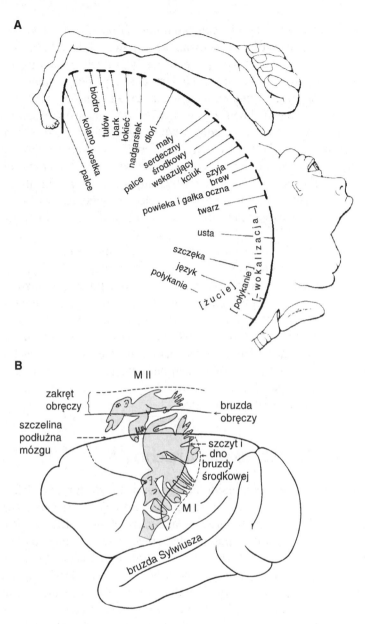

**A**

biodro
tułów
bark
łokieć
nadgarstek
dłoń
kolano
kostka
palce
mały
serdeczny
środkowy
palce
wskazujący
kciuk
szyja
brew
powieka i gałka oczna
twarz
usta
szczęka
język
połykanie

[ ż u c i e ]
[połykanie]
[, w o k a l i z a c j a ]

**B**

M II

zakręt
obręczy

bruzda
obręczy

szczelina
podłużna
mózgu

szczyt i
dno
bruzdy
środkowej

M I

bruzda Sylwiusza

**Ryc. 11.2. A** — reprezentacja poszczególnych części ciała w pierwszorzędowej (MI) korze ruchowej u człowieka. **B** — organizacja somatotopowa pierwszorzędowej (MI) i dodatkowej (MII) okolicy ruchowej u małpy (Maccaca Mulatta). (**A** — wg: Penfield i Rasmussen 1950, zmodyf.; **B** — wg: Woolsey 1965, zmodyf.)

Zagadnienie, jakie parametry ruchu są kodowane przez komórki piramidalne pola 4, było przedmiotem wielu badań. Rejestracja czynności komórek piramidalnych warstwy V u czuwających małp wykazała, że wykonywaniu wyuczonego ruchu prostowania i zginania nadgarstka towarzyszy aktywność odmiennych populacji neuronów. Modulacja aktywności tych komórek poprzedzała wykonanie ruchu. Stwierdzono także, że częstość wyładowań neuronów, z których bierze początek droga korowo-rdzeniowa, koduje raczej wielkość siły potrzebnej do wykonania ruchu aniżeli zmianę pozycji kończyny. Na przykład częstość wyładowań neuronu, który był czynny w czasie aktywnego zginania nadgarstka, zwiększała się wraz ze wzrostem siły przeciwstawiającej się ruchowi zginania. Gdy obciążenie to zmieniano, tak by sprzyjało zginaniu nadgarstka, a przeciwstawiało się ruchowi wyprostnemu w tym stawie, ruch zginania zachodził w sposób bierny na skutek relaksacji mięśni antagonistycznych (prostowników) i neuron ten nie wykazywał aktywności. Ponadto stwierdzono, że niektóre neurony w okolicy MI kodują szybkość zmian siły mięśniowej, co by świadczyło o tym, że mogą one kontrolować szybkość ruchów. Podobne komórki, kodujące szybkość zmian siły w czasie ruchu, znaleziono w jądrze czerwiennym.

Inne badania wykazały, że neurony w pierwszorzędowej korze ruchowej kodują kierunek ruchu. Jednakże wrażliwość komórek na kierunek ruchu była stosunkowo mała i poszczególne neurony reagowały na dość szeroki zakres kierunków ruchu.

Stwierdzono także, że niektóre neurony w korze ruchowej otrzymują informację z receptorów proprioceptywnych mięśni, które unerwiają, podczas gdy inne neurony są pobudzane z obszarów skóry, która jest odkształcana w czasie skurczu tego samego mięśnia. Na podstawie tych danych wysunięto hipotezę, że kora ruchowa może działać jednocześnie z rdzeniowym odruchem na rozciąganie i że pętla przechodząca przez korę może wspomagać ten odruch rdzeniowy, w sytuacji gdy np. poruszająca się ręka napotka niespodziewaną przeszkodę.

## 11.2.2. Dodatkowa okolica ruchowa

Dalsze badania nad mapowaniem okolic mózgu wywołujących ruchy ciała wykazały, że prócz pierwszorzędowej okolicy ruchowej (MI) istnieje także dodatkowa okolica ruchowa (ang. supplementary motor area) zwana także okolicą MII. Jest ona położona głównie na przyśrodkowej części półkuli mózgowej, ale obejmuje także przyśrodkowo-boczną część pola 6 (ryc. 11.1 i 11.2B). Okolicę tę cechuje także organizacja somototopowa, z reprezentacją tylnej kończyny położoną ku tyłowi, a kończyny przedniej i głowy — ku przodowi (ryc. 11.2B). Ruchy wywoływane z tej okolicy są obustronne i bardziej złożone, jak również wymagają zastosowania silniejszego drażnienia, w porównaniu z ruchami wywoływanymi z okolicy MI.

Funkcja dodatkowej okolicy ruchowej nie jest dokładnie poznana. Wiadomo jednak, że odgrywa ona rolę w planowaniu złożonych sekwencji ruchu. Na przykład w badaniach przepływu krwi w określonych okolicach ruchowych u ludzi, którzy wykonywali zadania ruchowe o coraz większym stopniu złożoności, stwierdzono, że przy prostym naciśnięciu sprężyny palcem miejscowy przepływ krwi, świadczący o zwiększonym metabolizmie danej okolicy, wzrastał w korze MI, w części odpowiadającej reprezentacji ruchów ręki. W czasie sekwencji ruchów, w których były zaangażowane wszystkie palce, zwiększenie miejscowego przepływu krwi wystąpiło także w dodatkowej okolicy ruchowej. Gdy natomiast zadanie polegało na myślowym powtórzeniu sekwencji ruchów, zwiększenie przepływu krwi wystąpiło tylko w dodatkowej okolicy ruchowej.

Inne doświadczenia wykazały, że uszkodzenie dodatkowej okolicy ruchowej powodowało występowanie dwóch rodzajów zaburzeń. Po pierwsze, małpy nie potrafiły właściwie ukierunkować ruchu ręki i palców, gdy sięgały po pożywienie umieszczone we wgłębieniu. Po drugie, nie potrafiły użyć obu rąk, by wyciągnąć pokarm, który był umieszczony w wąskim otworze wywierconym w przezroczystej płycie. Zamiast wypchnąć pokarm palcem wskazującym jednej ręki, tak by spadł on na podstawioną pod spodem drugą rękę, jak to czyniły przed operacją, małpy, nawet w 5 miesięcy po jednostronnym usunięciu dodatkowej okolicy ruchowej, próbowały wyjąć pokarm za pomocą ruchu palców wskazujących obu rąk, przy czym palec jednej ręki był wkładany od dołu, a drugiej ręki od góry, co uniemożliwiało im wyjęcie pokarmu.

Prócz roli dodatkowej okolicy ruchowej w planowaniu złożonych sekwencji ruchu oraz koordynacji ruchów obustronnych niektórzy badacze podkreślali znaczenie tej okolicy w koordynacji reakcji posturalnych związanych z wykonywaniem określonego ruchu. Mogło by się to wiązać z faktem, że dodatkowa okolica ruchowa stanowi ważny element w pętli ruchowej łączącej korę z jądrami podstawnymi (por. podrozdz. 11.4).

## 11.2.3. Okolica przedruchowa

Najmniej poznana, z funkcjonalnego punktu widzenia, jest okolica przedruchowa leżąca w polu 6, bocznie od dodatkowej okolicy ruchowej (por. ryc. 11.1). W klasycznych doświadczeniach z mapowaniem mózgu za pomocą drażnienia prądem elektrycznym powierzchni kory okolica ta była włączana do pierwszorzędowej okolicy ruchowej, gdyż jej drażnienie wywoływało ruchy w stawach dosiebnych oraz ruchy tułowia. Nowsze badania na małpach z użyciem mikrostymulacji, lub też transportu wstecznego odpowiednich znaczników wstrzykiwanych na różnych poziomach rdzenia, wykazały, że i tę okolicę można podzielić na co najmniej dwa dalsze pola — grzbietowe i brzuszne. Mają one osobną reprezentację górnej i dolnej kończyny, a w ramach górnej kończyny reprezentacje części dosiebnych i odsiebnych.

Z anatomicznego punktu widzenia komórki warstwy V kory przedruchowej stanowią źródło części włókien wchodzących w skład drogi piramidowej, jak również włókien biegnących do szeregu innych struktur, w tym do jąder podstawnych, a także do struktur pnia mózgu, należących do przyśrodkowego systemu zstępującego.

Doświadczenia z użyciem metody rejestracji aktywności pojedynczych komórek w bocznej części okolicy przedruchowej u czuwających zwierząt wykazały, że komórki te rozpoczynają swą aktywność znacznie wcześniej aniżeli początek ruchu i wyprzedzenie to wzrasta wraz ze złożonością odpowiedzi ruchowej i stopniem jej precyzji. Wyniki te świadczyłyby o tym, że korowa okolica przedruchowa jest zaangażowana w planowanie ruchu.

Usunięcie bocznej okolicy przedruchowej, dodatkowej okolicy ruchowej i okolic ciemieniowych bardziej zaburzało wykonanie ruchu niż usunięcie pierwszorzędowej okolicy ruchowej. Uszkodzenia te wywoływały rodzaj apraksji, która przejawiała się brakiem umiejętności doboru odpowiedniej strategii ruchu. Apraksja ta występowała bez żadnego upośledzenia czynnościowego prostych ruchów i dotyczyła ruchów złożonych, jak np. kolejności skurczów mięśni bądź zaplanowanej strategii ruchu, jak np. przy czesaniu się, czy też myciu zębów.

Podsumowując, badania prowadzone w ostatnim dziesięcioleciu wykazują coraz większe zróżnicowanie funkcjonalne korowych okolic ruchowych.

Po pierwsze, pierwszorzędowa kora ruchowa jest głównym efektorem ruchu, w tym szczególnie ruchów palców. Kolumny w tej okolicy, utworzone przez zespoły neuronów, kontrolują kierunek ruchu. W ruchach odsiebnych części kończyn, jak np. palców, pojedyncze neurony kontrolują kierunek ruchu przez działanie na pojedynczy mięsień. W ruchach bardziej dosiebnych części kończyn kierunek docelowy ruchu jest realizowany za pomocą oddziaływań włókien korowo-rdzeniowych i ich kolaterali na interneurony rdzeniowe, które wywołują torowanie i hamowanie odpowiednich motoneuronów.

Po drugie, z dotychczasowych badań wynika, że wyładowania indywidualnych neuronów korowych kodują również takie parametry ruchu, jak np. siła i szybkość zmian napięcia mięśniowego, które są potrzebne w danym zadaniu ruchowym. Intensywność tych wyładowań jest stale modulowana przez sprzężenie zwrotne z obwodu. Z tego powodu rozróżnienie czuciowych i ruchowych procesów jest nieostre, gdyż zachodzi między nimi ścisła interakcja.

Po trzecie, badania przedruchowej i dodatkowej okolicy ruchowej dostarczyły danych wskazujących na udział tych części kory w planowaniu złożonych reakcji ruchowych, a także w reakcjach posturalnych, związanych z ich wykonaniem.

# 11.2.4. Porównanie zaburzeń ruchowych po uszkodzeniu kory ruchowej i po przecięciu piramid

Opisywane w literaturze klinicznej uszkodzenie korowych okolic ruchowych wywołuje zespół objawów zwanych syndromem górnego (ośrodkowego) neuronu ruchowego. Najczęstszą przyczyną tego zespołu jest wylew mózgowy lub zator określonych tętnic w mózgu. Uszkodzenie korowe charakteryzuje się najczęściej niedowładem lub porażeniem ograniczonym do jednej z przeciwstronnych kończyn (monoplegia) lub tylko jej części. Natomiast uszkodzenie torebki wewnętrznej, w której włókna ruchowe są skupione na małym obszarze, spowodowane najczęściej zablokowaniem zasilającej ją tętnicy, powoduje z reguły bardziej rozległy bezwład lub niedowład obu kończyn po stronie przeciwległej (hemiplegia). Porażenie lub niedowład ma początkowo charakter wiotki, później jednak przeradza się w spastyczny, który obejmuje mięśnie zginacze kończyny górnej oraz mięśnie prostowniki kończyny dolnej. Cechą charakterystyczną tej spastyczności jest tzw. objaw scyzorykowy (por. rozdz. 10). Dalszym objawem uszkodzenia jest wzmożenie odruchów rdzeniowych, czego wyrazem jest żywszy odruch kolanowy po stronie porażonej niż po stronie zdrowej, często połączony z wyładowaniami klonicznymi (tj. o charakterze drgawkowym), jak również zniesienie odruchów powierzchniowych, np. brzusznego odruchu skórnego. Ponadto pojawiają się odruchy patologiczne, nie istniejące u człowieka zdrowego, jak np. odruch Babińskiego, który polega na nadmiernym wyprostowaniu palucha, często połączony z wachlarzowatym rozstawieniem palców, w odpowiedzi na drażnienie zewnętrznej krawędzi podeszwowej części stopy. W miarę upływu czasu niedowłady kończyn mogą ustępować i pacjenci odzyskują zdolność chodzenia. Zaburzenia ruchów ręki, w tym szczególnie ruchów palców, ulegają mniejszej kompensacji.

Wymienione objawy, charakterystyczne dla uszkodzenia tzw. górnego (ośrodkowego) neuronu ruchowego, są przejawem nie tylko uszkodzenia układu piramidowego, lecz także włókien pozapiramidowych, mających swe źródło w korowych okolicach ruchowych. Włókna te łączą pola 4 i 6 zarówno z móżdżkiem, jak i z jądrami podstawnymi (por. podrozdz. 11.3 i 11.4), a także różnymi jądrami pnia mózgu, które, jak to już omówiono, oddziałują na odruchy rdzeniowe. Według niektórych klinicystów włókna pozapiramidowe są odpowiedzialne za pewien stopień niedowładu, jednak przede wszystkim za objawy spastyczności i klonusu. Natomiast uszkodzenie włókien drogi piramidowej wywołuje głównie niedowład, objaw Babińskiego oraz zniesienie odruchów powierzchniowych.

Częściowego potwierdzenia powyższej tezy dostarczyły doświadczenia na małpach, u których przecinano włókna drogi piramidowej na poziomie piramid, a więc w miejscu, w którym biegną one w sposób izolowany (por. rozdz. 10). Porównanie rezultatów tych doświadczeń z wynikami badań, w których usuwano pole 4 lub pole 4 i 6, wykazało, że zaburzenia ruchowe występujące po przecięciu piramid są znacznie mniejsze aniżeli po usunięciu kory.

Po przecięciu piramid operowane zwierzęta już po 2 – 10 dniach po operacji były zdolne do uniesienia ramienia, aby sięgnąć po pokarm, natomiast po 3 tygodniach mogły one chwytać kawałki pożywienia, przy czym zginały wszystkie palce ręki jednocześnie. Po 6 tygodniach zwierzęta mogły wyprostować przednią kończynę we wszystkich stawach, przy czym nadgarstek pozostawał w lekkim zgięciu grzbietowym, palce zaś były lekko zgięte i odwiedzione. Natomiast trwałym ubytkiem, występującym przez cały czas obserwacji, tj. do ok. 2 lat po operacji, był brak izolowanych ruchów palców, w tym apozycji kciuka i palca wskazującego, co czyniło zwierzęta niezdolnymi do wygrzebywania kawałków pokarmu z otworów o różnej średnicy i głębokości. Operowane zwierzęta wykazywały także trudności w rozluźnieniu uchwytu, szczególnie w pozycji supinacji (odwracania na zewnątrz) przedramienia. Ruchy zginania w porażonych kończynach były znacznie słabsze w porównaniu z kończyną normalną, przy czym istniał gradient upośledzenia w kierunku stawów odsiebnych. Zmniejszenie siły w mięśniach prostownikach było mniejsze aniżeli w mięśniach zginaczach. Te wyniki behawioralne były zgodne z wynikami uzyskanymi przy drażnieniu prądem elektrycznym korowych okolic ruchowych u małp z przeciętymi piramidami (ryc. 11.3).

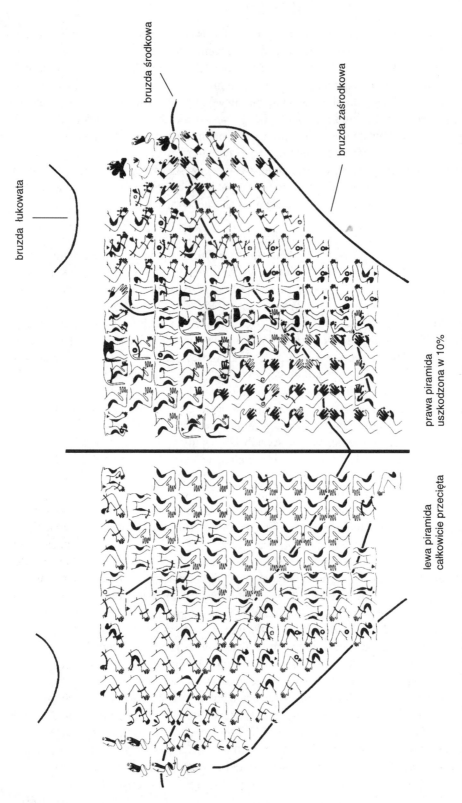

bruzda łukowata

bruzda środkowa

bruzda zaśrodkowa

lewa piramida
całkowicie przecięta

prawa piramida
uszkodzona w 10%

**Ryc. 11.3.** Porównanie ruchów przeciwstronnych wywoływanych drażnieniem prądem elektrycznym powierzchni korowych okolic ruchowych w półkuli z minimalnie uszkodzoną piramidą (prawa) i całkowicie przeciętą piramidą (lewa). Ruchy części ciała wywoływane drażnieniem progowym poszczególnych punktów (odległość 2 mm) oznaczono kolorem czarnym. (Wg: Woolsey i in. 1972, zmodyf.)

Nawet w przeszło rok po operacji drażnienie tych okolic w półkuli z przeciętą piramidą nie wywoływało w kończynach przeciwstronnych ruchów palców zarówno w kończynie górnej, jak i dolnej, z wyjątkiem sporadycznie występujących ruchów prostowania palucha. Ruchy w nadgarstku i stawie skokowym także w zasadzie zanikły. Pozostałe ruchy były uboższe i bardziej stereotypowe, a ponadto występowały przy znacznie większej (2 – 5 razy) sile drażnienia w porównaniu z nieuszkodzoną półkulą. Wszystkie te dane potwierdzają tezę, że samo przecięcie piramid wywołuje mniejsze zaburzenia ruchowe aniżeli uszkodzenia korowych okolic ruchowych, w których ulegają zniszczeniu zarówno włókna układu piramidowego, jak i poza-piramidowego.

# 11.3. Rola móżdżku w organizacji ruchów

## 11.3.1. Podstawowe dane anatomiczne i funkcjonalne

Następną strukturą, związaną z ruchami dowolnymi, jest móżdżek. Pomimo że móżdżek zajmuje u człowieka tylko 10% całkowitej objętości mózgowia, to zawiera on ponad połowę wszystkich komórek występujących w mózgu. Ma także charak-terystyczną budowę umożliwiającą pełnienie koordynującej funkcji w zachowaniu ruchowym.

Móżdżek składa się z kory położonej na zewnątrz, podzielonej na trzy płaty: przedni, tylny i kłaczkowo-grudkowy (ang. floconodular lobe) (por. ryc. 11.5) oraz leżących w jego wnętrzu trzech podstawowych jąder: jądra wierzchu (ang. fastigial nucleus), jądra wstawkowego zwanego także wsuniętym (ang. interposed nucleus), które u ludzi składa się z dwóch oddzielnych jąder: czopowatego i kulkowatego, oraz jądra zębatego (ang. dentate nucleus). Aksony wychodzące z jąder móżdżku stanowią zasadniczą drogę eferentną z tej struktury. Połączenie móżdżku z innymi strukturami mózgowia zachodzi za pośrednictwem trzech symetrycznych konarów móżdżku: górnego, środkowego i dolnego, które zawierają zarówno włókna aferentne, jak i eferentne.

Z funkcjonalnego punktu widzenia móżdżek można podzielić na trzy części, z których każda ma inne drogi wejściowe i wyjściowe (ryc. 11.4): a) najstarszą filogenetycznie część przedsionkowo-móżdżkową, którą tworzy płat kłaczkowo-grudkowy, b) część rdzeniowo-móżdżkową, w której skład wchodzi leżący w części środkowej robak i części pośrednie (przyrobakowe) obu półkul oraz c) część mózgowiowo-móżdżkową, w skład której wchodzą części boczne półkul. Każda z tych części móżdżku cechuje się odmienną specyfiką zarówno impulsów aferentnych (wejściowych), jak i eferentnych (wyjściowych) (ryc. 11.4). Do płata kłaczkowo-grudkowego dochodzi informacja z narządu równowagi, natomiast impulsy eferentne z tej struktury idą do jądra przedsionkowego bocznego, skąd biorą początek drogi przedsionkowo-rdzeniowe. Na tej zasadzie ta część móżdżku może kontrolować

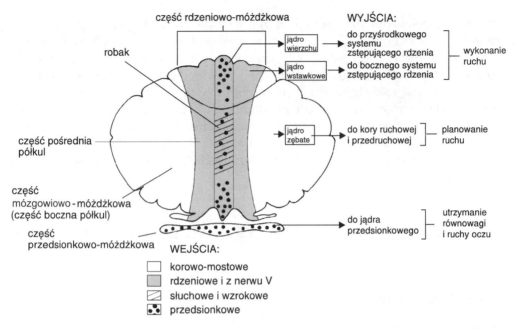

**Ryc. 11.4.** Funkcjonalny podział móżdżku oraz rodzaj projekcji aferentnej (wejście) i eferentnej (wyjście) poszczególnych jego części. (Wg: Kandel i in. 1991, zmodyf.)

utrzymanie równowagi ciała i ruchy oczu w czasie poruszania się. Z kolei do robaka dochodzą, prócz impulsów z narządu równowagi, także informacje z proprioreceptorów i czuciowych receptorów skórnych mięśni osiowych ciała oraz mięśni dosiebnych kończyn, jak również wejścia wzrokowe i słuchowe. Okolica ta poprzez aksony jądra wierzchu wysyła impulsy dochodzące do struktur, z których wychodzą długie drogi zstępujące w rdzeniu, należące do przyśrodkowego systemu zstępującego (por. rozdz. 10), np. do jąder przedsionkowych, tworu siatkowatego, a także, poprzez jądra wzgórza, do różnych części kory mózgowej, w tym do reprezentacji mięśni osiowych i dosiebnych w korze ruchowej. Umożliwia to kontrolę wykonywanych ruchów przez mięśnie osiowe ciała oraz mięśnie dosiebne kończyn. Część pośrednia półkul móżdżku ma wejście z aferentów rdzeniowych części odsiebnych kończyn, jak również z jąder nerwu trójdzielnego. Wysyła zaś impulsy *via* jądro wstawkowe móżdżku do struktur, z których wychodzą drogi zstępujące, należące do bocznego systemu zstępującego rdzenia, tj. do wielkokomórkowej części jądra czerwiennego i do reprezentacji części odsiebnych ciała w korze mózgowej. W ten sposób część pośrednia może kontrolować ruchy wykonywane przez części odsiebne kończyn. Do bocznej części kory móżdżku dochodzą natomiast impulsy z kory mózgowej drogą korowo-mostowo-móżdżkową, która przewodzi informacje z różnych części kory mózgowej. Ta część móżdżku wysyła aksony do jądra zębatego, a stamtąd głównie do drobnokomórkowej części jądra czerwiennego oraz przez jądra brzuszno-boczne wzgórza do kory przedruchowej, która, jak to opisano, bierze udział w inicjacji, planowaniu i właściwej koordynacji czasowej ruchów.

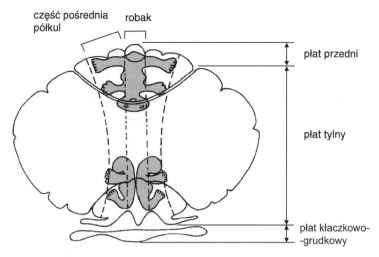

**Ryc. 11.5.** Somatotopowa reprezentacja czuciowa całego ciała w przednim i tylnym płacie móżdżku. W obu płatach tułów i głowa są reprezentowane w robaku, natomiast kończyny w bocznej części okolicy pośredniej. (Wg: Kandel i in. 1991, zmodyf.)

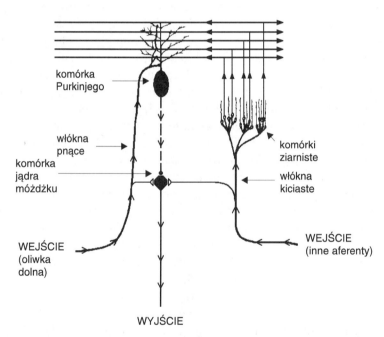

**Ryc. 11.6.** Schemat podstawowych połączeń nerwowych w obrębie móżdżku. Trójkąty białe przy komórce jądra móżdżku oznaczają synapsy pobudzeniowe, kółeczko czarne — synapsy hamujące. Strzałki wzdłuż włókien wskazują kierunek przewodzenia impulsów. (Wg: Guyton. *Textbook of Medical Physiology*, wyd. 7, W.B. Saunders Co. 1986, zmodyf.)

Należy zaznaczyć, że w części pośredniej przedniego i tylnego płata móżdżku znajdują się odrębne, somatotopowo zorganizowane reprezentacje ciała (ryc. 11.5), przy czym istnieje wzajemne czynnościowe powiązanie pomiędzy reprezentacją

**267**

odpowiednich części ciała w korze móżdżku i w pierwszorzędowej okolicy ruchowej w przeciwległej półkuli mózgu.

Rycina 11.6 pokazuje podstawową strukturę wewnętrzną kory móżdżku. Cechą charakterystyczną jej budowy jest obecność komórek Purkinjego (zwanych także neuronami gruszkowatymi), o bardzo dużych rozmiarach i bardzo rozgałęzionych drzewkach dendrytycznych. Aksony tych komórek dochodzą do jąder móżdżku oraz jąder przedsionkowych i stanowią jedyne wyjście z kory móżdżku. Ponieważ komórki Purkinjego są GABAergiczne, hamują one aktywność głębokich jąder móżdżku. Z kolei aksony jąder móżdżku, jak to opisano, stanowią jedyną drogę eferentną z móżdżku.

Impulsy aferentne dochodzą do móżdżku dwoma drogami: poprzez włókna pnące (ang. climbing fibres) oraz włókna kiciaste (ang. mossy fibres) zwane także mszatymi. Oba rodzaje włókien przed wejściem do kory móżdżku oddają kolaterale o charakterze pobudzającym do jąder móżdżku, tak że hamowanie komórek tych jąder za pośrednictwem komórek Purkinjego jest nieco opóźnione i wpływa modulująco na ich aktywność. Włókna pnące biorą początek w jądrze dolnym oliwki, na poziomie opuszki, i idą one bezpośrednio do komórek Purkinjego, gdzie tworzą synapsy, głównie na dendrytach tych komórek. Każde włókno pnące tworzy synapsy tylko z 1 do 10 komórek Purkinjego, a każda komórka Purkinjego jest unerwiana przez jedno tylko włókno pnące, które tworzy na ciele komórki i dendrytach około 300 synaps. Połączenie to ma charakter silnie pobudzający komórkę Purkinjego. Głównym jednak wejściem do móżdżku są włókna kiciaste. Włókna te wychodzą z różnych struktur, jak np. rdzenia kręgowego, tworu siatkowatego oraz jąder mostu, i odpowiednio przesyłają informacje czuciowe z całego ciała oraz czuciowo-ruchowe z korowych okolic ruchowych. Włókna kiciaste są pobudzające (glutaminianergiczne). Ich aksony wysyłają kolaterale do jąder głębokich móżdżku lub jąder przedsionkowych, a same tworzą połączenia synaptyczne z komórkami ziarnistymi. Z kolei aksony komórek ziarnistych dochodzą do górnej warstwy kory móżdżku, zwanej warstwą drobinową, gdzie się rozgałęziają, tworząc tzw. włókna równoległe, biegnące równolegle do kory móżdżku. Włókna te tworzą synapsy pobudzeniowe z dendrytami komórek Purkinjego. W odróżnieniu od włókien pnących, na każdej komórce Purkinjego tworzy synapsy około 200 000 włókien równoległych, a każde włókno równolegle pobudza ułożony wzdłużnie zespół 2000 – 3000 komórek Purkinjego, łącząc się tylko jedną synapsą z każdą z nich. Pozostałe komórki w korze móżdżku, tj. komórki gwiaździste, koszyczkowe oraz komórki Golgiego, mają charakter hamujący i modulują aktywność komórek Purkinjego, bądź bezpośrednio, bądź przez wewnętrzne hamowanie zwrotne, jak w przypadku komórek Golgiego, które hamują komórki ziarniste. W efekcie działania tych interneuronów hamujących informacja wyjściowa z komórek Purkinjego jest ograniczona zarówno przestrzennie, jak i czasowo.

Przedstawiona wyżej organizacja anatomiczna móżdżku jest ściśle związana z jego organizacją funkcjonalną. Móżdżek koordynuje ruchy, umożliwia korekcje błędnych ruchów, a także nabywanie nowych umiejętności ruchowych (uczenie ruchowe). Uważa się także, że ze względu na długość włókien równoległych w móżdżku (u naczelnych średnio 6 mm), które pobudzają podobnej długości szereg komórek Purkinjego, koordynująca funkcja móżdżku dotyczy bardziej ruchów wielostawowych aniżeli jednostawowych.

W czasie wykonywania dobrze wyuczonych, niezbyt szybkich, ruchów móżdżek działa na zasadzie sprzężenia zwrotnego, które prowadzi do skorygowania błędu w ruchach przez porównanie zamierzonego ruchu z jego aktualnym wykonaniem. Móżdżek poprzez swoje połączenia z korą otrzymuje informacje o zamierzonym ruchu, a dzięki swym połączeniom odśrodkowym może wpływać na impulsy przewodzone w długich drogach zstępujących rdzenia. Jednocześnie móżdżek uzyskuje informacje o wykonywanym ruchu poprzez długie drogi aferentne. Szczególnie istotna jest droga rdzeniowo-móżdżkowa tylna, która przewodzi impulsy proprioceptywne z obwodu, a także rdzeniowo-móżdżkowa przednia, która informuje móżdżek o aktywności interneuronów w rdzeniu kręgowym. Sygnał błędu powstający przy porównywaniu obu ruchów jest wykorzystywany do zmniejszenia różnic pomiędzy nimi. Sygnały te aktywują komórki Purkinjego poprzez włókna kiciaste. Komórki Purkinjego hamują głębokie jądra móżdżku, które z kolei oddziałują na jądro czerwienne i wzgórze i w ten sposób korygują wykonanie błędnego ruchu. Organizacja ta sprawia, że móżdżkowi przypisuje się funkcję komparatora, który kompensuje błąd w ruchach przez porównanie zaplanowanego ruchu z jego aktualnym wykonaniem.

W odróżnieniu od ruchów o umiarkowanej prędkości, w ruchach szybkich (zwanych balistycznymi), w których czas nie pozwala na wykorzystanie sprzężenia zwrotnego (np. serw w tenisie), móżdżek wysyła zaprogramowaną wcześniej sekwencję rozkazów, która ma wywołać przewidywany efekt w zachowaniu ruchowym, tj. działa w trybie sprzężenia wyprzedzającego. Tryb ten nie pozwala jednak na korekcję błędu w czasie wykonywania ruchu i działa zadowalająco pod warunkiem, że nie wydarzy się nic niespodziewanego w trakcie wykonywanego ruchu.

Większość ruchów dowolnych wykonywanych przez człowieka, łącznie z cho-dzeniem, musi być wyuczona przez wielokrotne próby wykonania danego zadania. W uczeniu się ruchów (lub uczeniu ruchowym), w wyniku wykonywanych błędów, móżdżek przyswaja sobie program zawierający rozkazy do wykonania danego ruchu. Informacja zmysłowa o błędach nie tylko proprioceptywna i czuciowa, ale także np. wzrokowa (jak w przypadku niewłaściwej trajektorii źle odbitej piłki tenisowej) bądź słuchowa (w przypadku błędu w czasie grania na instrumencie muzycznym) jest przetwarzana przez jądro dolne oliwki na sygnały błędów ruchowych, które poprzez włókna pnące są wysyłane do móżdżku. Sygnały te powodują, że komórki Purkinjego stają się mniej wrażliwe na przychodzące w tym samym czasie informacje z włókien kiciastych. Połączenia sygnałów idących włóknami pnącymi i kiciastymi na pojedynczej komórce Purkinjego, po kolejnych próbach wykonania zadania, zmienia w taki sposób sygnał wyjściowy z komórek Purkinjego, że wykonanie ruchu poprawia się. U podłoża tej formy uczenia leży zjawisko długotrwałego osłabienia synaptycznego LTD. Mechanizm molekularny tego zjawiska jest opisany w rozdziale 14.

## 11.3.2. Charakterystyka zaburzeń ruchu po uszkodzeniu móżdżku

Ze względu na wielość połączeń móżdżku z innymi strukturami układu nerwowego oraz zróżnicowanie funkcjonalne poszczególnych jego części uszkodzenie móżdżku może wywołać różne objawy, jak np. zaburzenia równowagi, zmniejszenie napięcia mięśniowego na skutek obniżonego pobudzenia motoneuronów $\gamma$ (atonię), osłabienie siły skurczów mięśniowych (astenię) oraz rozmaite formy niezborności ruchowej (ataksję).

Uszkodzenie płata kłaczkowo-grudkowego i robaka, a więc części związanych z zachowaniem równowagi, prowadzi do zaburzeń chodu, w postaci kołyszącego i ataktycznego (chwiejnego) chodu w przypadku pierwszego uszkodzenia, a nawet czasowej niemożności utrzymania równowagi w czasie stania i chodzenia w przypadku uszkodzenia robaka. Ponadto u ludzi uszkodzenie robaka, który kontroluje ruchy twarzy, powoduje wystąpienie mowy skandowanej (dyzartria). Częstym zjawiskiem po uszkodzeniu tej części móżdżku jest także oczopląs. Warto zaznaczyć że, ze względu na projekcję do tej części móżdżku bodźców słuchowych i wzrokowych (por. ryc. 11.4) pacjenci z uszkodzonym robakiem nie są w stanie także ocenić, czy np. słyszany dźwięk jest krótszy, czy też dłuższy od poprzednio eksponowanego, a także nie mogą ocenić szybkości poruszających się bodźców wzrokowych.

Uszkodzenie części pośredniej kory móżdżku lub jądra wstawkowego ma niewielki wpływ na stanie i chodzenie, ale wywołuje drżenie (tremor) kończyn o dużej amplitudzie i o częstotliwości 3 – 5 Hz, zwane drżeniem zamiarowym, gdyż występuje w ruchach docelowych. Pacjenci tacy nie mogą przy zamkniętych oczach trafić np. palcem do nosa. Trajektoria tego ruchu zamiast być całkiem prosta, jak to się dzieje w normie (ryc. 11.7), wykazuje oscylacje, które nasilają się w końcowej fazie ruchu. Wynika to z upośledzenia precyzyjnej synchronizacji mięśni agonistów i antagonistów w czasie ruchu. Aktywacja mięśni agonistów jest wydłużona, podczas gdy aktywacja mięśni antagonistów, wymagana dla zatrzymania ruchu we właściwym momencie, jest opóźniona. W efekcie, ruchy szybkie są zazwyczaj za dalekie i opóźnione.

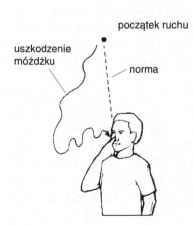

początek ruchu

uszkodzenie
móżdżku

norma

**Ryc. 11.7.** Porównanie trajektorii ruchu trafienia palcem do nosa — w normie (linia przerywana) i u pacjenta z uszkodzonym móżdżkiem (linia ciągła). (Wg: Kandel i in. 1991, zmodyf.)

Zmniejszenie szybkości ruchu wywołuje błąd w kierunku przeciwnym, co powoduje brak stabilności w końcowej fazie ruchu, zwany drżeniem końcowym.

Uszkodzenie bocznej kory móżdżku lub związanego z nią jądra zębatego (por. ryc. 11.4), a więc struktur, które biorą udział w inicjacji, planowaniu i właściwej koordynacji czasowej ruchów, powoduje inny typ niezborności ruchowej. Jednostronne uszkodzenie tych struktur wywołuje opóźnienie w rozpoczęciu i zakończeniu ruchu kończyny przeciwstawnej w porównaniu z kończyną tożstronną. Wykonany ruch charakteryzuje się także dysmetrią i jest zazwyczaj za daleki (hipermetria). Doświadczenia z przejściowym wyłączaniem jądra zębatego poprzez jego ochładzanie wykazały, że wyładowania komórek korowych związanych z ruchem były także opóźnione. Przemawia to na korzyść hipotezy, że jądro zębate poprzez jądra wzgórza dostarcza informacji, która może wyzwalać aktywność w korze ruchowej i przedruchowej, niezbędną do wywołania ruchu dowolnego.

Innym symptomem występującym po uszkodzeniu bocznej części móżdżku są zaburzenia w czasowej koordynacji ruchów wykonywanych w różnych stawach, jak również ruchów dłoni i palców (jak np. przy grze na pianinie). Pacjenci tacy nie mogą także wykonać szybko i płynnie ruchów naprzemiennych, jak np. odwracania i nawracania przedramienia (dysdiadochokineza). Zaburzenia te wskazują na upośledzenie przede wszystkim ruchów wielostawowych, zwłaszcza gdy uczestniczą one w skomplikowanych ruchach manipulacyjnych.

Wszystkie ww. objawy móżdżkowe nasilają się przy ruchach szybkich. Jednakże z czasem ulegają one kompensacji, zwłaszcza gdy uszkodzenie móżdżku zachodzi w młodym wieku.

# 11.4. Rola jąder podstawnych w organizacji ruchu

## 11.4.1. Podstawowe dane anatomiczne i funkcjonalne

Ostatnią ważną strukturą związaną z ruchem są jądra podstawne mózgu (ang. basal ganglia). Tradycyjnie, struktury te obejmowano nazwą układu pozapiramidowego, gdyż ich uszkodzenie wywołuje całkiem inne objawy niż uszkodzenie drogi piramidowej.

Nazwą jądra podstawne obejmuje się pięć podkorowych jąder, czyli skupisk neuronów wzajemnie ze sobą powiązanych, leżących pod płaszczem obu półkul (ryc. 11.8). W skład ich wchodzą: jądro ogoniaste (ang. caudate nucleus), skorupa, zwana również łupiną (ang. putamen), gałka blada (ang. globus pallidus) składająca się z części przyśrodkowej i bocznej, jądro niskowzgórzowe (ang. subthalamic nucleus) oraz istota czarna (ang. substantia nigra), którą dzieli się na część siatkowatą

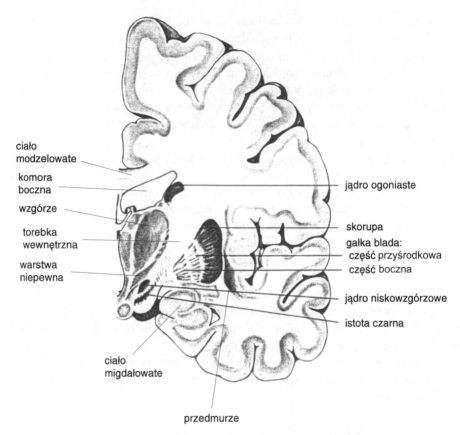

ciało
modzelowate

komora
boczna

wzgórze

torebka
wewnętrzna

warstwa
niepewna

jądro ogoniaste

skorupa
gałka blada:
część przyśrodkowa
część boczna

jądro niskowzgórzowe

istota czarna

ciało
migdałowate

przedmurze

**Ryc. 11.8.** Przekrój poprzeczny przez jedną półkulę pokazujący lokalizację jąder podstawnych w stosunku do otaczających je struktur. (Wg: Kandel i in. 1991, zmodyf.)

oraz część zbitą. Nazwa istota czarna pochodzi od tego, że jej część zbita zawiera neurony dopaminergiczne, które mają czarny pigment neuromelaninę. Jądro ogoniaste i skorupę obejmuje się często jedną wspólną nazwą prążkowia (ang. striatum).

Główne drogi doprowadzające i odprowadzające, jak również zasadnicze połączenia pomiędzy jądrami podstawnymi uczestniczące w tzw. pętli ruchowej korowo-korowej, przechodzącej przez jądra podstawne i wzgórze, są pokazane na rycinie 11.9. Najważniejszą projekcją do jąder podstawnych jest droga korowo-prążkowiowa. Bierze ona początek z korowych okolic ruchowych (pierwszorzędowej i dodatkowej okolicy ruchowej, a także kory przedruchowej), okolic czuciowych i asocjacyjnych (pole 5 i 7).

Prążkowie jest połączone z poszczególnymi jądrami podstawnymi za pomocą krótkoaksonowych włókien dochodzących do różnych jąder, jak np. do bocznej i przyśrodkowej części gałki bladej, oraz do istoty czarnej, a także do jądra niskowzgórzowego poprzez gałkę bladą. Połączenia pomiędzy poszczególnymi jądrami podstawnymi mają często charakter obustronny (ryc. 11.9). Drogi z prążkowia *via* inne jądra podstawne kończą się we wzgórzu, w tym głównie w jądrach brzusznych: przednim i bocznym. Z kolei włókna z neuronów we wzgórzu dochodzą do kory

272

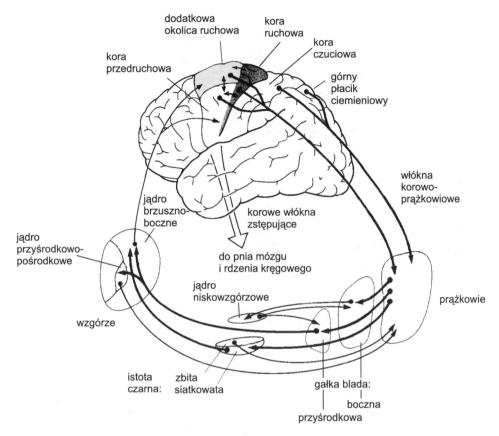

dodatkowa okolica ruchowa

kora ruchowa

kora czuciowa

kora przedruchowa

górny płacik ciemieniowy

włókna korowo-prążkowiowe

jądro brzuszno-boczne

korowe włókna zstępujące

jądro przyśrodkowo-pośrodkowe

do pnia mózgu i rdzenia kręgowego

jądro niskowzgórzowe

prążkowie

wzgórze

istota czarna:    zbita siatkowata

gałka blada:
boczna
przyśrodkowa

**Ryc. 11.9.** Połączenia wchodzące w skład pętli ruchowej korowo-korowej, przechodzącej przez jądra podstawne i wzgórze. (Wg: Kandel i in. 1991, zmodyf.)

mózgowej, głównie do okolicy przedruchowej i dodatkowej okolicy ruchowej, tworząc w ten sposób system pętli zwrotnej korowo-podstawno-wzgórzowo-korowej. Za pomocą tej pętli jądra podstawne mogą wpływać na aktywność dróg zstępujących wychodzących z korowych okolic ruchowych, np. na drogę korowo-rdzeniową, jak również na inne struktury nadrdzeniowe — za pośrednictwem kolaterali układu piramidowego.

Funkcja jąder podstawnych w organizacji ruchu była przez długi okres dość niejasna. Tradycyjnie jądrom podstawnym przypisywano funkcje współdziałania w wyzwalaniu ruchów dowolnych, regulacji postawy i napięcia mięśni szkieletowych, a także wyzwalania ruchów zautomatyzowanych. Ostatnie badania wykazują jednak, że jądra podstawne są zaangażowane w wytwarzaniu sekwencji ruchowych w czasie wykonywania ruchów dowolnych. Kontrolują one wykonanie zaprogramowanych wcześniej sekwencji ruchowych oraz wygaszanie sekwencji zbędnych. Jest to możliwe dzięki istnieniu dwóch dróg działających przeciwstawnie na wyładowania we wzgórzu i korze w ramach pętli zwrotnych z korowych okolic ruchowych poprzez jądra podstawne i wzgórze.

Cechą charakterystyczną pętli ruchowej: kora mózgowa – jądra podstawne – wzgórze – kora mózgowa jest obecność różnych substancji przekaźnikowych, które

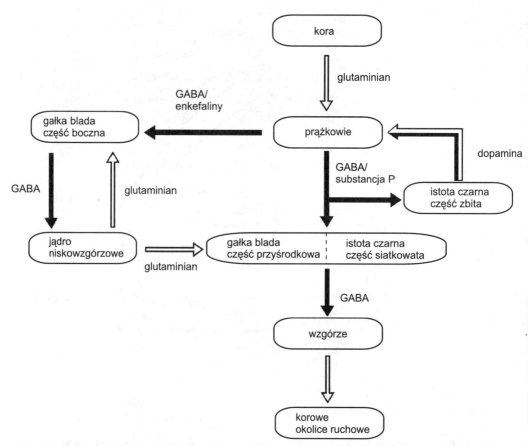

**Ryc. 11.10.** Drogi i rodzaj neurotransmiterów występujących w połączeniach pomiędzy jądrami podstawnymi. Strzałki czarne oznaczają drogi hamujące, strzałki białe — projekcję pobudzającą. (Wg: Kandel i in. 1991, zmodyf.)

pośredniczą w przekazywaniu impulsów między poszczególnymi strukturami wchodzącymi w jej skład, w tym szczególnie między różnymi jądrami podstawnymi. Rycina 11.10 pokazuje zasadnicze drogi łączące prążkowie z wyjściowymi jądrami podstawnymi, mającymi połączenia ze wzgórzem, jak również rodzaje neurotransmiterów, zarówno pobudzających, jak i hamujących, pośredniczących w tych połączeniach. Drogi z kory do prążkowia mają charakter pobudzający i ich transmiterem jest glutaminian. Aksony korowo-prążkowiowe dochodzą do średnich neuronów kolcowych, stanowiących najliczniejszą grupę (95%) neuronów w prążkowiu. Neurony te są źródłem projekcji hamującej wychodzącej z prążkowia, a ich głównym neuroprzekaźnikiem jest GABA. Istnieją dwie drogi — bezpośrednia i pośrednia — łączące prążkowie z jądrami wyjściowymi do wzgórza, tj. częścią przyśrodkową gałki bladej i częścią siatkowatą istoty czarnej. Każda z nich bierze początek z innej populacji średnich komórek kolcowych, różniących się między sobą składem neurochemicznym, i wywiera inny wpływ na neurony jąder wyjściowych do wzgórza. Droga bezpośrednia hamuje GABAergiczne neurony w jądrach wyjściowych do wzgórza. Prowadzi to do aktywacji neuronów wzgórza (hamowanie hamujących neuronów daje w efekcie pobudzenie) i torowania ruchu poprzez pobudzenie korowych okolic ruchowych. W przeciwieństwie do tego droga pośrednia, przechodząca przez boczną część gałki bladej i jądro niskowzgórzowe, powoduje zmniejszenie pobudzenia neuronów wzgórza i odpowiednio neuronów korowych. Neurony prążkowia hamują neurony w bocznej części gałki bladej, co prowadzi do rozhamowania komórek w jądrze niskowzgórzowym i z kolei do pobudzenia wyjściowych jąder podstawnych za pośrednictwem glutaminianu. Powoduje to zahamowanie aktywności komórek w jądrach wzgórza poprzez GABAergiczną projekcję z wyjściowych jąder podstawnych do wzgórza. Dzięki tym dwóm typom połączeń istnieje możliwość wywołania lub zahamowania danej sekwencji ruchowej przez pobudzenie, odpowiednio, drogi bezpośredniej lub pośredniej. Droga bezpośrednia umożliwia więc wystąpienie pożądanej sekwencji ruchowej, podczas gdy droga pośrednia wygasza ruchy niepożądane. Obie drogi są aktywne w czasie, gdy kora inicjuje specyficzny ruch.

Obie opisane wyżej drogi są także w różny sposób modulowane przez aksony dopaminergiczne idące z części zbitej istoty czarnej do prążkowia. Pobudzenie drogi czarno-prążkowiowej wzmaga aktywność drogi bezpośredniej, a tłumi aktywność drogi pośredniej. Wiąże to się z faktem, że obie te drogi wychodzą z różnych populacji neuronów kolcowych w prążkowiu, mających różne receptory dopaminergiczne, D1 i D2, z których pierwsze są związane ze wzrostem syntezy cAMP, co potęguje efekt pobudzający z kory, podczas gdy drugie z białkami Gi, które hamują cyklazę adenylanową.

Opisana wyżej pętla kontrolująca zachowanie ruchowe organizmu nie wyczerpuje wszystkich funkcji jąder podstawnych. Przyjmuje się, że istnieje pięć równoległych pętli między określonymi obszarami kory mózgu i jądrami podstawnymi. Każda z nich łączy kilka obszarów kory, funkcjonalnie z sobą związanych, z prążkowiem i daje projekcję zwrotną do tych samych obszarów kory za pośrednictwem specyficznych jąder wzgórza. Tylko dwie z tych pętli są związane ruchem. Pozostałe, znacznie mniej poznane i stanowiące przedmiot intensywnych badań, wychodzą z kory przedczołowej, czołowej i przedniej części obręczy i są związane z innymi aspektami zachowania, jak pamięć, funkcje poznawcze i emocje. Dla przykładu zespoły zaburzeń obsesyjno-kompulsywnych (nerwice natręctw), w których pacjent nie może się powstrzymać od niekończącego się powtarzania tych samych działań lub myśli, wiąże się prawdopodobnie z zaburzeniami działania pętli wychodzącej z kory oczodołowo-czołowej, gdyż okolica ta wykazuje zmniejszony przepływ krwi, skorelowany ze stopniem zaawansowania choroby.

# 11.4.2. Wpływ uszkodzeń jąder podstawnych na zachowanie ruchowe

Uszkodzenie jąder podstawnych wywołuje różne anomalie ruchowe. Zaburzenia te można podzielić na dwie grupy: hipertoniczno-hipokinetyczną, która charakteryzuje się wzmożonym napięciem mięśniowym i ubóstwem ruchowym, oraz hipotoniczno-

-hiperkinetyczną obejmującą przypadki z zazwyczaj obniżonym napięciem mięśniowym i ruchami mimowolnymi. Przykładem pierwszego typu zaburzeń jest choroba Parkinsona, natomiast drugiego — pląsawica, atetoza i balizm.

Nazwa choroba Parkinsona pochodzi od nazwiska neurologa J. Parkinsona, który w 1817 r. po raz pierwszy opisał jej objawy. Cechami charakterystycznymi tej choroby są: a) drżenie mięśniowe, które nazywa się drżeniem spoczynkowym, w odróżnieniu od drżenia zamiarowego występującego po uszkodzeniu móżdżku (por. podrozdz. 11.3.2), b) wzmożone napięcie mięśniowe zwane inaczej sztywnością, dotyczące zarówno mięśni prostowników, jak i zginaczy, c) trudność w rozpoczynaniu ruchu i ubóstwo ruchowe (akinezja), d) spowolnienie wykonywania ruchów (bradykinezja) oraz e) zaburzenie odruchów postawy. Charakterystyczny dla chorych na parkinsonizm jest także powłóczysty chód, bez odrywania nóg od podłogi. W zespole Parkinsona występuje drastyczne zmniejszenie stężenia dopaminy w mózgu na skutek śmierci komórek dopaminergicznych w istocie czarnej. Towarzyszy temu zmniejszenie zawartości dopaminy w prążkowiu. U ludzi zdrowych liczba neuronów w istocie czarnej maleje wraz z wiekiem z prędkością ok. 5% na 10 lat. Utrata ok. 50% komórek (związana z 70 do 80% zmniejszeniem poziomu dopaminy w prążkowiu) jest uznawana za początek objawów choroby Parkinsona. Badania za pomocą PET (pozytonowa tomografia emisyjna) wykazały, że w chorobie Parkinsona prędkość zaniku komórek w istocie czarnej gwałtownie wzrasta (do 12% na rok). Zmiany wywołujące więc tę chorobę zaczynają się około 5 lat przed pojawieniem się pierwszych jej objawów.

Ponieważ w chorobie Parkinsona aktywność enzymów uczestniczących w syntezie dopaminy w prążkowiu jest znacznie zmniejszona, głównie leczy się ją stosując środki zwiększające syntezę dopaminy, jak np. L-DOPA, który jest bezpośrednim prekursorem dopaminy, lub też substancji przyspieszających jej uwalnianie z zakończeń aksonów. L-DOPA nie znosi jednak objawów chorobowych, lecz tylko zwalnia przebieg choroby.

Bardzo pomocny w badaniu biochemicznych i neurofizjologicznych mechanizmów choroby Parkinsona okazał się model tej choroby u małp, którym podawano neurotoksynę MPTP (1-metylo-4-fenylo-1,2,3,6-tetrahydropirydyna). Model ten powstał w wyniku przypadkowego odkrycia, że nielegalnie produkowana pirydyna MPTP powoduje bardzo ciężki przebieg choroby Parkinsona w grupie narkomanów uzależnionych od heroiny, którzy zażywali ten środek. Wstrzyknięcie MPTP u małp prowadziło, poprzez szereg reakcji biochemicznych, do wytwarzania wolnych rodników w komórkach dopaminergicznych, które prowadziły do śmierci neuronów. W badaniach na małpach, u których wywołano chorobę Parkinsona stosując MPTP, stwierdzono zwiększone pobudzenie neuronów części przyśrodkowej gałki bladej i jądra niskowzgórzowego, a obniżenie pobudzenia neuronów części bocznej gałki bladej. Prowadziło to do zmniejszenia aktywności układu wzgórzowo-korowego umożliwiającego wykonanie ruchu (por. ryc. 11.10) i w efekcie do akinezji i bradykinezji. Stwierdzono także, że tremor (drżenie mięśni) występujący w chorobie Parkinsona jest skorelowany z oscylacjami o częstotliwości 3 – 6 Hz występującymi w neuronach brzuszno-bocznego wzgórza. Z tego też powodu w celu zmniejszenia drżenia mięśni u chorych na parkinsonizm niszczy się chirurgicznie lub zamraża tę część wzgórza. Uszkodzenia te nie usuwają jednak sztywności i bradykinezji występującej u chorych z zespołem Parkinsona. Niektórzy badacze pewne nadzieje na częściową poprawę zdrowia pacjentów z chorobą Parkinsona wiążą z transplantacją płodowych komórek dopaminergicznych do prążkowia. Skuteczność tej metody wymaga dalszych badań, a ponadto jej zastosowanie jest przedmiotem ostrych polemik.

Drugim zespołem objawów występującym po uszkodzeniu jąder podstawnych jest zespół hipotoniczno-hiperkinetyczny, obejmujący przypadki z zazwyczaj obniżonym napięciem mięśniowym i ruchami mimowolnymi. Ruchy te uważa się, na ogół, za przejaw aktywności neuronów uwolnionych z normalnie działających na nie wpływów hamujących. Ruchy mimowolne mogą mieć różny charakter. Na przykład ruchy atetotyczne polegają na powolnych wijących ruchach palców rąk i nóg, doprowadzających do niezwykłych ich ułożeń, połączonych ze spastycznością i porażeniem ruchowym. Etiologia tych objawów nie jest dokładnie poznana, ale uważa się, że atetoza jest prawdopodobnie związana z uszkodzeniem skorupy i gałki bladej. Uszkodzenie jądra niskowzgórzowego, zazwyczaj jednostronne, wywołuje ruchy balistyczne, ograniczone do jednej połowy ciała (hemibalizm). Ruchy te mają charakter obszernych, gwałtownych ruchów i dotyczą szczególnie części odsiebnych kończyn.

Innym zespołem chorobowym, związanym z uszkodzeniem jąder podstawnych, jest choroba Huntingtona, zwana inaczej pląsawicą. Polega ona na wykonywaniu ruchów mimowolnych, o charakterze szybkich, obszernych ruchów rąk i nóg, połączonych z grymasami twarzy, karykaturalnie naśladujących ruchy dowolne. Choroba Huntingtona jest postępującą chorobą neurodegeneracyjną, której objawy (ubytek funkcji poznawczych i ruchowych) występują między 40 a 50 rokiem życia. Jest to choroba dziedziczona w sposób autosomalny dominujący i jest spowodowana nieprawidłowością w genie 4 chromosomu kodującym szeroko rozpowszechnione białko huntingtynę, którego rola nie jest szczegółowo poznana. Wskutek tej nieprawidłowości cząsteczki huntingtyny tworzą skupienia (złogi) w jądrach neuronów, w tym zwłaszcza w średnich neuronach kolcowych typu GABA/ENK w prążkowiu, a także w komórkach cholinergicznych, co prowadzi do ich śmierci.

Do zaburzeń ruchowych o charakterze hiperkinetycznym zalicza się także tiki. Są to stereotypowe i czasami bardzo złożone ruchy rąk i ruchy mimiczne twarzy. Czasem tiki są skojarzone z zaburzeniami zachowania, jak np. w występującej rzadko chorobie Gillesa de la Tourette'a, którym towarzyszy mimowolne wypowiadanie obscenicznych słów.

Mimo że mechanizm większości chorób występujących po uszkodzeniu jąder podstawnych jest jeszcze daleki od wyjaśnienia, to wiąże się go z zaburzeniami we wzajemnej równowadze pomiędzy trzema biochemicznie różnymi, ale funkcjonalnie powiązanymi, systemami neuroprzekaźników regulujących aktywność jąder podstawnych. Należą do nich system dopaminergiczny z istoty czarnej do prążkowia, wewnątrzprążkowy system cholinergiczny oraz system GABAergiczny, który łączy prążkowie z różnymi częściami gałki bladej i istotą czarną. Uszkodzenie systemu dopaminergicznego prowadzi do wystąpienia choroby Parkinsona, natomiast uszkodzenie wewnątrzprążkowiowego systemu cholinergicznego i GABAergicznego prowadzi do pojawienia się choroby Huntingtona, o całkowicie odmiennych objawach klinicznych. Zarówno poziom transferazy acetylocholinowej, enzymu katalizującego syntezę acetylocholiny, jak i poziom dekarboksylazy kwasu glutaminowego, enzymu niezbędnego do syntezy GABA, są znacznie obniżone w prążkowiu u pacjentów z pląsawicą, co mogłoby prowadzić do względnej przewagi systemu dopaminergicznego. Byłoby to zgodne z obserwacjami klinicznymi, wykazującymi, że ruchy pląsawicze pogarszają się u pacjentów z chorobą Huntingtona po zastosowaniu L-DOPY. Natomiast u pacjentów z chorobą Parkinsona, którzy otrzymali zbyt duże dawki L-DOPY, pojawiają się ruchy mimowolne, podobne do tych, które występują w pląsawicy bądź atetozie. Wyniki te sugerują, że brak równowagi pomiędzy systemem dopaminergicznym, cholinergicznym i GABAergicznym w każdym ogniwie wielorakich połączeń pomiędzy poszczególnymi jądrami podstawnymi może prowadzić do wystąpienia ruchów mimowolnych.

## 11.5. Podsumowanie

Korowe okolice ruchowe stanowią najwyższy poziom układu ruchowego i zawiadują ruchami dowolnymi. Komórki V warstwy tych okolic dają początek drodze korowo--rdzeniowej. Drażnienie prądem elektrycznym tych okolic wywołuje na ogół ruchy kończyn przeciwstronnych. W korze ruchowej można wydzielić odrębne, somatotopowo zorganizowane okolice: pierwszorzędową korę ruchową (MI), dodatkową okolicę ruchową (MII) oraz dwa pola, o słabiej zaznaczonej somatotopii, znajdujące się w okolicy przedruchowej. Komórki w okolicy MI kodują rozmaite aspekty ruchu i są głównie odpowiedzialne za izolowane ruchy palców. Pole MII koordynuje ruchy obustronne, natomiast kora przedruchowa wydaje się uczestniczyć w planowaniu złożonych sekwencji ruchowych.

Móżdżek i jądra podstawne są ściśle połączone z korą ruchową poprzez dwie pętle zwrotne, przechodzące przez jądra wzgórza. Móżdżek jest uważany za komparator, który kompensuje błąd w wykonywanym ruchu przez porównanie zamierzonego ruchu z jego aktualnym wykonaniem. Połączenia móżdżku z korowymi okolicami ruchowymi sprawia, że bierze on także udział w planowaniu i inicjacji ruchów dowolnych, nabywaniu umiejętności ruchowych oraz koordynacji w czasie ruchów antagonistycznych. Z kolei pętla korowo-korowa, przechodząca przez jądra podstawne i wzgórze kontroluje sekwencje ruchowe występujące w czasie wykonywania ruchów dowolnych, poprzez wzmacnianie jednych sekwencji, a tłumienie innych. Cechą charakterystyczną tej pętli jest obecność różnych neurotransmiterów, zarówno pobudzających, jak i hamujących, w połączeniach między jądrami podstawnymi. Uważa się, że brak równowagi między tymi transmiterami prowadzi do zaburzeń ruchowych, jak np. w chorobie Parkinsona, u której podstaw leży uszkodzenie komórek dopaminergicznych, lub pląsawicy, której towarzyszy uszkodzenie komórek GABAergicznych i cholinergicznych w prążkowiu. Etiologia innych zaburzeń ruchowych związanych z występowaniem ruchów mimowolnych jest mniej poznana.

## LITERATURA UZUPEŁNIAJĄCA

Brooks V.B.: Cerebellar control of posture and movement. W: V.B. Brooks (red.), *Handbook of Physiology*, Section I: The nervous system. Tom II. Motor control, 1981, 877 – 946.

De Long M.R., Georgopoulos A.P.: Motor functions of the basal ganglia. W: V.B. Brooks (red.): *Handbook of Physiology*. Section I: The nervous system. Tom II. Motor control, 1981, 1017 – 1061.

Evarts E.V.: Role of motor cortex in voluntary movements in primates. W: V.B. Brooks (red.): *Handbook of Physiology*. Tom II, Motor control, 1981, 1083 – 1120.

Górska T.: Znaczenie układu piramidowego w zachowaniu ruchowym zwierząt. *Acta Physiol. Pol.* 1974, **XXV**, supl. 8, 21 – 51.

Graybiel A.M.: Neurochemically specified subsystems in the basal ganglia. W: D. Evered i M. O'Connor (red.): *Functions of the Basal Ganglia*. Ciba Foundation Symposium 107. London: Pitman, 1984, 114 – 149.

He S.Q., Dum R.P., Strick P.L.: Topografic organization of corticospinal projections from the frontal lobe: motor areas on the lateral surface of the hemisphere. *J. Neurosc.* 1993, **13**: 952 – 980.

Ito M.: *The Cerebellum and Neural Control*. Raven Press, New York 1984, 580 s.

Kandel E.R., Schwartz J.M., Jessel T.M. (red.): *Principles of Neural Sciences*. 3 wyd. Part VI. Motor systems of the brain reflex and voluntary control of movement. Prentice-Hall International Inc. 1991, 530 – 660.

Penfield W., Rasmussen T.: *The Cerebral Cortex of Man: a Clinical Study of Localization of Function*. New York, Macmillan 1950, 248 s.

Woolsey C.N.: Organization of somatic sensory and motor areas of the cerebral cortex. W: H.F. Harlow i C.N. Woolsey (red.), *Biological and Biochemical Bases of Behavior*. University of Wisconsin Press, Madison 1965, 63 – 81.

Woolsey C.N., Górska T., Wetzel A., Ericson T.C., Earls F.J., Allman J.M.: Complete unilateral section of the pyramidal tract at the medullary level in Macaca Mulatta. *Brain Research* 1972, **40**: 119 – 123.

# ROZDZIAŁ 12

# Wpływ informacji dotykowych i bólowych na zachowanie ruchowe

JULITA CZARKOWSKA-BAUCH

Wprowadzenie ■ Podstawowe mechanizmy współdziałania układu ruchowego z czuciowymi ■ Czucie dotyku ■ Bodźce skórne a ruch ■ Podsumowanie

## 12.1. Wprowadzenie

Współdziałanie pomiędzy układem ruchowym i czuciowymi zachodzi podczas wykonywania nawet najprostszych ruchów. Z jednej strony, bodźce czuciowe wyzwalają odruchy i złożone reakcje niezbędne do naszego funkcjonowania w środowisku, takie jak np. odruch wycofania kończyny wywołany zetknięciem się jej z gorącym przedmiotem. Z drugiej zaś, samo wykonanie ruchu jest źródłem wielu bodźców czuciowych, zwłaszcza kinestetycznych, które dostarczają do ośrodkowego układu nerwowego informacji zwrotnych o stanie aparatu wykonawczego w różnych fazach ruchu. Dzięki temu, na przykład, podczas lokomocji przejście kończyny z fazy podporu do fazy jej przeniesienia odbywa się precyzyjnie i płynnie. Wreszcie, prawidłowe wykonanie ruchów dowolnych, choćby chwytania przedmiotów, byłoby niemożliwe bez precyzyjnego współdziałania między układem ruchowym a czuciowymi. Wiadomo, że dostosowanie siły skurczu mięśni dłoni podczas ruchu chwytania do właściwości fizycznych chwytanego przedmiotu zależy od informacji czuciowych pochodzących z mechanoreceptorów skórnych rozmieszczonych w skórze dłoni. Dzięki tym informacjom możliwe jest odpowiednie dostosowanie siły skurczu mięśni dłoni, tak aby zapobiec wyślizgnięciu się szklanki z naszej dłoni, a jednocześnie, żeby nie spowodować jej zgniecenia.

Znaczenie funkcjonalne tego samego bodźca zależy od wielu czynników, np. od stanu emocjonalnego lub motywacyjnego, ale także od stanu aparatu wykonawczego i od stopnia wyuczenia zadania ruchowego. Dobrze znanym przykładem tego zjawiska jest podwyższenie progu percepcji bodźców bólowych w stanach silnego pobudzenia emocjonalnego. Jednak wpływ wywierany przez bodźce czuciowe na układ ruchowy może podlegać znacznie bardziej złożonym zmianom. Wykazano na przykład, że bodźce dotykowe stosowane na te same obszary skóry wywierają różny wpływ na aktywność mięśni kończyn w zależności od fazy lokomocji, w której bodziec zastosowano.

Większość wykonywanych przez nas ruchów ma charakter złożony, tzn. wymagają one zaangażowania mięśni działających w różnych stawach kończyn. Układ ruchowy musi mieć możliwość precyzyjnego kontrolowania czasu włączania się i wyłączania różnych grup mięśni podczas wykonywanego zadania, wobec tego potrzebuje dokładnych informacji czuciowych o stanie mięśni. Ponieważ ani kończyna, ani jej staw nie są elementami izolowanymi, konieczne jest także dostarczenie informacji o ich współdziałaniu z całym układem mięśniowo-szkieletowym, z uwzględnieniem jego mechaniki, długości kości, ułożenia mięśni względem siebie itp. Jeśli na przykład mamy zamiar poskakać na jednej nodze, to nasz układ ruchowy najpierw musi dostosować postawę całego ciała do tego zadania. Następuje przemieszczenie środka ciężkości tak, żebyśmy nie upadli w trakcie przenoszenia ciężaru ciała na jedną nogę. Tak więc układ ruchowy musi uwzględniać informację o aktualnym i przewidywanym położeniu środka ciężkości. Dzięki stałemu dopływowi informacji czuciowych dane te są ciągle aktualizowane i dostosowywane do kolejnych faz ruchu.

Podstawowe informacje o wzajemnych zależnościach pomiędzy układem ruchowym a kinestetycznym układem czuciowym przedstawiono w dwóch poprzednich rozdziałach (por. rozdz. 10 i 11). Celem tego rozdziału jest pokazanie niektórych fizjologicznych podstaw współdziałania układu ruchowego z somatosensorycznym w reakcjach posturalnych i w ruchach dowolnych. Omówione zostaną wyniki doświadczeń ilustrujące, w jaki sposób funkcjonalne znaczenie bodźca dotykowego, adresowanego do tego samego obszaru skóry, może się zmieniać w zależności od kontekstu ruchowego i od przewidywalności bodźca. Przedstawione zostaną także dane doświadczalne dokumentujące, jak sprawne współdziałanie pomiędzy układem ruchowym i somatosensorycznym umożliwia nam wykonanie ruchów dowolnych, bez których nie bylibyśmy zdolni do funkcjonowania w środowisku.

## 12.2. Podstawowe mechanizmy współdziałania układu ruchowego z czuciowymi

W jaki sposób układ ruchowy radzi sobie z kontrolą ogromnej liczby zmiennych? Z jednej strony, układ nerwowy korzysta z mechanizmów sprzężeń zwrotnych (ang. feedback) do kontrolowania takich zmiennych, jak np. siła mięśni lub położenie kończyny. Znajdują one zastosowanie zwłaszcza w kontroli ruchów powolnych. Ten rodzaj kontroli wymaga stosunkowo dużo czasu na wykorzystanie czuciowych informacji zwrotnych, np. o błędzie w zrealizowanej już fazie ruchu, w celu wprowadzenia korekty do następnej fazy. Z drugiej strony, układ nerwowy wykorzystuje szeroko sprzężenia wyprzedzające (ang. feed-forward), w których informacje czuciowe umożliwiają dostosowanie układu ruchowego do planowanego zadania z pewnym wyprzedzeniem. Ten rodzaj sprzężeń jest niezwykle ważny w kontroli ruchów szybkich, np. uchylenia się przed lecącym w naszym kierunku przedmiotem lub, co trudniejsze, złapania go. Ruchy takie wymagają szybkiego przewidzenia trajektorii lecącego przedmiotu na podstawie informacji wzrokowych i odniesienia jej do modelu własnego ciała oraz właściwości układu mięśniowo-kostnego. Czy układ nerwowy byłby w stanie kierować realizacją tak złożonego zadania, nie dysponując mechanizmami selekcji informacji czuciowych? Otóż wydaje się, że nie. Gdyby układ nerwowy traktował wszystkie bieżące informacje kinestetyczne i wzrokowe jako równocenne, zapewne nie złapalibyśmy przykładowej piłki. Pierwsze próby wykonania tego zadania kończą się niepowodzeniem między innymi dlatego, że w nowym zadaniu działa na układ nerwowy zbyt wiele bodźców wymagających odpowiedniej reakcji w bardzo krótkim czasie. Jednak po utrwaleniu sobie programu ruchu ciała w tym zadaniu możemy antycypować nie tylko położenie piłki i naszego ciała w przestrzeni, ale także przewidzieć pulę bodźców kinestetycznych związanych z planowanym ruchem. Jest zatem możliwe, że w dobrze utrwalonych programach ruchowych znaczenie bodźców kinestetycznych, których źródłem będzie wykonywany przez nas ruch, może być zredukowane, dając pierwszeństwo bodźcom zewnętrznym o potencjalnie większym znaczeniu fizjologicznym. W tym przypadku bodźcom wzrokowym. Jednakże warunkiem osłabienia znaczenia bodźców, których źródłem jest dobrze utrwalony ruch, musi być zgodność pomiędzy rzeczywistą stymulacją kinestetyczną a ich przewidywaną kopią. Musi zatem istnieć mechanizm umożliwiający ich porównanie. Bodźce zewnętrzne, jako znacznie mniej przewidywalne, w mniejszym stopniu poddawałyby się podobnej kontroli. Czy tak w istocie jest? Na to pytanie spróbuję odpowiedzieć w dalszych częściach rozdziału.

Hierarchiczna struktura układu ruchowego jest również bardzo pomocna w kontroli dużej liczby zmiennych występujących w zachowaniu ruchowym. Dzięki niej kontrolowanie stale zmieniających się informacji kinestetycznych o stanie układu mięśniowo-szkieletowego (pochodzących głównie z receptorów stawowych, mięśniowych, ścięgnistych), a także informacji skórnych może się odbywać na niższych hierarchicznie poziomach, przede wszystkim w rdzeniu kręgowym, pniu mózgu i móżdżku (por. rozdz. 10 i 11). Jesteśmy wyposażeni w odruchy i reakcje, które w części lub w całości są kontrolowane przez niższe piętra układu ruchowego. Ich zadaniem jest, przede wszystkim, utrzymanie właściwej postawy ciała. Z kolei takie zadania jak odpowiedni dobór reakcji ruchowej do określonego celu wymagają zaangażowania wyższych pięter tego układu. Zaangażowanie wyższych pięter układu nie oznacza rezygnacji z wykorzystania funkcji pełnionych przez niższe piętra. Wręcz przeciwnie, wykonywane przez nas zadania ruchowe w znacznej mierze bazują na czynnościach odruchowych kontrolowanych przez niższe piętra układu ruchowego (por. rozdz. 10). Ilustrują to reakcje odruchowe wywoływane dotykiem lub uciskiem skóry, które są omówione w dalszych częściach rozdziału.

# 12.3. Czucie dotyku

## 12.3.1. Właściwości mechanoreceptorów skórnych

Podłożem powstawania wrażeń dotyku lub ucisku skóry są procesy nerwowe zapoczątkowane pobudzeniem receptorów rozmieszczonych w skórze i tkance podskórnej, wrażliwych na bodźce mechaniczne (stąd ich nazwa: mechanoreceptory skórne). Zadaniem mechanoreceptora jest odebranie bodźca działającego na skórę i przekształcenie go w potencjał czynnościowy, który jest przekazywany wzdłuż aksonu do kolejnych struktur układu nerwowego. Uważa się, że informacje o sile bodźca są kodowane za pomocą częstotliwości wyładowań potencjałów czynnościowych receptora (por. rozdz. 3). Intensywność wrażenia dotykowego zależy nie tylko od siły bodźca działającego na pojedynczy receptor, ale także od liczby pobudzonych mechanoreceptorów.

Budowa i położenie receptora określają jego wrażliwość i sposób reagowania na szczególne cechy bodźców mechanicznych. Pobudzeniu danego typu mechanoreceptora odpowiada określone wrażenie. Podobne wrażenie towarzyszy pobudzeniu nerwu unerwiającego ten receptor. Najogólniej, trzy zasadnicze cechy określają każdy typ mechanoreceptora: 1) wrażliwość na określony typ bodźca mechanicznego; 2) wielkość pola recepcyjnego (a więc takiego obszaru skóry, którego drażnienie powoduje pobudzenie danego receptora); 3) szybkość adaptacji, która polega na zmniejszaniu się aktywności receptora w miarę jak przedłuża się działanie

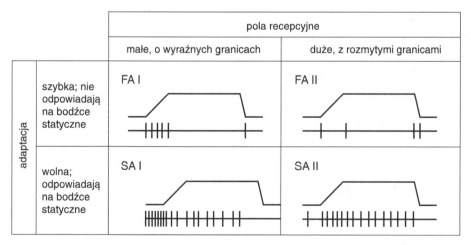

**Ryc. 12.1.** Cztery podklasy mechanoreceptorów skórnych wyróżnione na podstawie właściwości ich pól recepcyjnych i szybkości adaptacji oraz różne rodzaje odpowiedzi otrzymane z włókien aferentnych unerwiających mechanoreceptory w nieowłosionej skórze ludzkiej dłoni. Przedstawiono wyładowania potencjałów czynnościowych (dolne wiązki) w odpowiedzi na szybko narastające, prostopadłe do powierzchni, odkształcenie skóry (górne wiązki) w czterech podklasach mechanoreceptorów skórnych (FA I, FA II, SA I i SA II). Dalsze objaśnienia w tekście. (Wg: Johansson i Vallbo. *TINS* 1983, 6, 1: 27–32)

bodźca. Ze względu na te dwie ostatnie cechy wśród mechanoreceptorów wyróżnia się cztery podklasy (ryc. 12.1).

Mechanoreceptory szybko adaptujące się odpowiadają najlepiej na początek, a często również i na koniec bodźca dotykowego. Do grupy szybko adaptujących się mechanoreceptorów o niewielkich polach recepcyjnych (grupa FA I — od ang. fast-adapting) należą receptory (ciałka) Meissnera, rozmieszczone w powierzchniowych warstwach skóry. Są one najbardziej wrażliwe na delikatne, szybko zmieniające się bodźce, które można określić muskaniem skóry (ang. flutter). Ich pola recepcyjne są owalne, niewielkie, pokrywające od 4 do 10 linii papilarnych. Są one najliczniej reprezentowanymi mechanoreceptorami w skórze opuszek palców.

Przykładem mechanoreceptorów szybko adaptujących się, ale o dużych polach recepcyjnych (grupa FA II) są receptory Paciniego. Są one położone w głębszych warstwach skóry i reagują również na szybko zmieniające się bodźce, ale o większej sile i amplitudzie niż te, które pobudzają receptory Meissnera. Pola recepcyjne tych mechanoreceptorów są niezbyt wyraźnie określone i mogą obejmować nawet 25% skóry dłoni. Często mają one niewielki (kilkumilimetrowy) obszar o większej czułości niż pozostała część pola recepcyjnego.

Mechanoreceptory wolno adaptujące się są wrażliwe przede wszystkim na bodźce stacjonarne. Mechanoreceptory Merkla (grupa SA I — od ang. slow-adapting), rozmieszczone w naskórku, charakteryzują się małymi i wyraźnie wyodrębnionymi polami recepcyjnymi, podobnymi do pól recepcyjnych receptorów Meissnera. Występują one również bardzo licznie w skórze opuszek palców.

Do grupy SA II zalicza się mechanoreceptory Ruffiniego. Są one położone w głębszych warstwach skóry. Najłatwiej je pobudzić silnymi bodźcami mechanicznymi, np. poprzez boczne rozciąganie skóry.

Rozmieszczenie mechanoreceptorów skórnych w różnych częściach ciała nie jest równomierne. Największa gęstość mechanoreceptorów u człowieka znajduje się w opuszkach palców (ok. 2500/cm$^2$). Wyraźnie przeważają tu receptory o małych polach recepcyjnych i szybko adaptujące się. Dzięki temu wrażliwość i zdolność do rozróżniania blisko położonych bodźców na skórze opuszek palców jest bardzo duża.

Wśród mechanicznych bodźców skórnych odrębną kategorię stanowią bodźce nocyceptywne. Receptory bólowe i drogi przewodzące czucie bólu są omówione szczegółowo w rozdziale 13.

## 12.3.2. Drogi przekazywania informacji czuciowej

Mechanoreceptory skórne są unerwione przez wypustki komórek zwojowych, których ciała komórkowe są skupione w tzw. zwojach grzbietowych znajdujących się przed wejściem do każdego segmentu rdzenia kręgowego lub w zwojach nerwów czaszkowych w rdzeniu przedłużonym i moście. Każda z komórek zwojowych zwojów grzbietowych wysyła akson do rdzenia kręgowego w określonym porządku. Oznacza to, że aksony przenoszące informacje z mechanoreceptorów skórnych z określonego obszaru skóry wchodzą do określonego segmentu rdzenia kręgowego. Taką organizację rzutowania włókien czuciowych nazwano dermatomalną. Po wejściu do rdzenia włókna nerwowe przenoszące czucie dotyku i ucisku skóry tułowia i kończyn skupiają się głównie w kolumnach grzbietowych, które kończą się w jądrach rdzenia przedłużonego. Stamtąd, drogą nazywaną wstęgą przyśrodkową, informacje te przenoszone są do brzuszno-tylno-bocznego jądra wzgórza, które stanowi ostatnią stację przełącznikową przed dotarciem tych informacji do kory mózgowej.

Na każdym etapie tej drogi istnieje organizacja somatotopowa, to znaczy, że komórki, które pośredniczą w przenoszeniu informacji skórnych z określonych części ciała, są ułożone w ustalonym przestrzennie porządku. Najwyraźniej widoczna i najłatwiej dostępna do badań jest organizacja somatotopowa obserwowana w czuciowych (somatosensorycznych) obszarach kory mózgowej (por. rozdz. 7 i 8). Stwierdzono, że komórki tego obszaru kory mózgowej są pobudzane drażnieniem mechanicznym określonego pola skórnego. Natomiast elektryczne drażnienie tego obszaru kory u czuwającego człowieka wywołuje doznania czuciowe, odpowiadające np. wrażeniu mrowienia pola skóry, które jest reprezentowane w badanej części kory mózgowej.

Na kolejnych etapach drogi czuciowej, od receptora do kory mózgowej, dochodzi do znacznej dywergencji. Oznacza to, że informacja z pojedynczego mechanoreceptora pobudza np. kilkanaście komórek we wzgórzu, ale już kilkadziesiąt — w czuciowych obszarach kory mózgowej. Dzięki tak znacznej dywergencji korowe pola recepcyjne danego mechanoreceptora stają się większe niż obwodowe. Odpowiedzi pojedynczego mechanoreceptora skórnego są przekazywane do korowej reprezentacji badanego obszaru skóry z zachowaniem swojej specyfiki, tj. informacja z mechanoreceptorów zaliczanych do wolno adaptujących się (grupy SA) dochodzi do nieco innych komórek korowych aniżeli ta, która pochodzi z receptorów szybko adaptujących się (grupy FA). Bodźce skórne, z którymi najczęściej mamy do czynienia, pobudzają zwykle znaczną liczbę różnych typów mechanoreceptorów i dopiero przetworzenie tych informacji na różnych poziomach układu nerwowego staje się podstawą powstawania wrażeń czuciowych (por. rozdz. 8).

# 12.4. Bodźce skórne a ruch

Bodźce skórne (dotykowe, uciskowe, bólowe) nie wywierają bezpośredniego wpływu na układ ruchowy. Najkrótsza możliwa droga odruchowa, którą bodźce dotykowe i bólowe mogą oddziaływać na układ ruchowy, jest dwusynaptyczna. Biegnie ona od mechanoreceptora skórnego, przez co najmniej jeden interneuron, do motoneuronu $\alpha$ rdzenia kręgowego (a więc tej komórki rdzenia kręgowego, która bezpośrednio kontroluje pracę mięśni) (por. rozdz. 10). Interneurony cechuje silna konwergencja wpływów pochodzących z różnych typów receptorów, dróg wstępujących i zstępujących, a także dróg własnych rdzenia kręgowego. Zatem, informacja somatosensoryczna dochodząca do motoneuronu może mieć bardzo złożony charakter, zmodyfikowany

wieloma oddziaływaniami z innych źródeł dochodzących do wspólnego interneuronu. Funkcjonalne znaczenie tego rodzaju wspólnych oddziaływań na układ
ruchowy stanie się bardziej zrozumiałe, jeśli uświadomimy sobie, że wykonanie
ruchu może być źródłem nie tylko bodźców kinestetycznych, ale i skórnych,
ponieważ rozciągnięcie skóry, do którego dochodzi podczas ruchu, powoduje
pobudzenie mechanoreceptorów skórnych. Nie oznacza to jednak, że układ
somatosensoryczny nie ma możliwości specyficznego oddziaływania na układ
ruchowy. Istnieje wiele danych doświadczalnych, które dowodzą istnienia „pry-
watnych dróg odruchowych" uruchamianych przez bodźce skórne. Na ogół
nie myślimy o ich wpływie na nasze zachowanie ruchowe. Jednak większość
z nich towarzyszy nam podczas tak podstawowych czynności jak np. chodzenie
lub stanie.

## 12.4.1. Ból a ruch

Pogląd, że bodźce bólowe zastosowane na skórę kończyny prowadzą do pobudzenia
mięśni zginaczy * z jednoczesnym zahamowaniem mięśni antagonistycznych (prostowników), wywodzi się z klasycznych badań C. Sherringtona.

Wyniki najnowszych badań, przeprowadzonych na szczurach przez J.J. Schouen-
borga i współautorów, rzucają jednak nowe światło na zasady organizacji dróg
odruchowych pobudzanych przez bodźce bólowe. Wykazano, że większość mięśni
tylnej kończyny, zarówno zginaczy, jak i prostowników, ma bólowe, skórne pole
recepcyjne. Oznacza to, że bodźce bólowe, zastosowane na ograniczony obszar skóry,
wywołają pobudzenie określonego mięśnia. Przykłady bólowych pól recepcyjnych dla
kilku mięśni tylnej kończyny szczura przedstawiono na rycinie 12.2.

Pole recepcyjne nie ma na ogół jednorodnego charakteru i z niektórych fragmentów
tego pola otrzymuje się częściej pobudzenie odpowiedniego mięśnia aniżeli z innych
(ryc. 12.2). Zaobserwowano częściowe zachodzenie na siebie bólowych pól recepcyjnych poszczególnych mięśni. Jednak rzadko występuje zachodzenie na siebie
najbardziej wrażliwych części tych pól (ryc. 12.2). Wskazuje to na istnienie
przestrzenno-mięśniowej organizacji dróg odruchowych pobudzanych bodźcami
bólowymi.

Stwierdzono również, że progi pobudliwości mięśni zginaczy i prostowników na
bodźce bólowe, adresowane do najbardziej wrażliwych miejsc odpowiednich pól

---

* Warto przypomnieć, że, z anatomicznego punktu widzenia, ruch zginania prowadzi do zmniejszenia
kąta stawowego, natomiast ruch prostowania do jego zwiększenia. Mięśnie, które kurcząc się mogą
zmniejszyć np. kąt stawu łokciowego, nazywamy zginaczami tego stawu, a te, które będą go zwiększać
— prostownikami. Fizjologowie wprowadzili dodatkowe kryterium rozróżnienia mięśni zginaczy i prostowników. Związane jest ono z tym, czy dany mięsień kurcząc się przeciwdziała sile przyciągania ziemskiego,
czy nie. Zgodnie z tym kryterium mięśniami prostownikami są tylko takie, których skurcz przeciwdziała
sile grawitacji (stąd często nazywa się je mięśniami antygrawitacyjnymi). Na ogół anatomiczne kryteria
klasyfikacji mięśni są zgodne z fizjologicznymi. Wyjątek stanowią mięśnie stopy i dłoni, gdzie, zwłaszcza
u czworonogów, „anatomiczne" zginacze są „fizjologicznymi prostownikami".

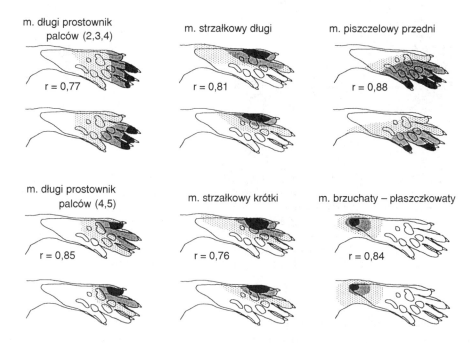

**Ryc. 12.2.** Korelacje pomiędzy bólowymi polami recepcyjnymi dla poszczególnych mięśni (rząd 2 i 4 od góry) i obszarami skóry, które przemieszczały się pod wpływem lekkiego skurczu tych mięśni (wywołanego mikrostymulacją) u szczura (rząd 1. i 3.). Pola recepcyjne (zaciemnione) określano na podstawie siły odpowiedzi poszczególnych mięśni na standaryzowane, mechaniczne bodźce bólowe stosowane na różne pola skórne. Trzy stopnie zaciemnienia odpowiadają sile odpowiedzi wyrażonej w procentach maksymalnej odpowiedzi danego mięśnia na bodźce bólowe. Pola czarne, ciemno- i jasnoszare odpowiadają kolejno wartościom: 70% – 100%, 30% – 70% i 0% – 30% maksymalnych odpowiedzi mięśnia. Według podobnej zasady oznaczono pola skórne, które przemieszczały się na skutek słabego skurczu badanego mięśnia. Objaśnienia skrótów: r = współczynniki korelacji pomiędzy bólowymi polami recepcyjnymi mięśni a polami skóry, które przemieszczały się na skutek słabego ich skurczu. (Wg: Schouenborg i in. *Exp. Brain Res.* 1994, 100: 170 – 174)

recepcyjnych, różnią się znacząco. Na ogół mięśnie antygrawitacyjne cechują wyraźnie wyższe progi pobudliwości. Ponadto odpowiadają one słabiej, a niektóre z nich w ogóle nie dają się pobudzić za pomocą bodźców bólowych. Natomiast mięśnie zginacze mają na ogół niskie progi pobudliwości. Dlatego najczęściej obserwowanym skutkiem stosowania bodźców bólowych jest pobudzenie mięśni zginaczy.

Jeśli za pomocą mikrostymulacji mięśnia wywoła się jego słaby skurcz, to skutkiem tego skurczu będzie niewielki ruch określonego obszaru skóry. Wykazano, że wśród mięśni pobudzanych bodźcami bólowymi, obszar skóry, który przemieszcza się na skutek mikrostymulacji mięśnia, jest prawie identyczny z obszarem skóry stanowiącym jego bólowe pole recepcyjne (ryc. 12.2). Wyniki te wskazują, że istnieje bardzo precyzyjna, modułowa organizacja odruchowego pobudzania poszczególnych mięśni za pomocą bodźców bólowych o różnej lokalizacji. Cha-

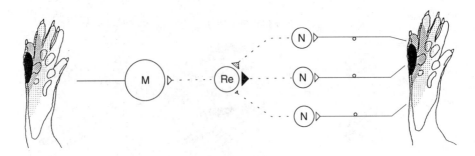

**Ryc. 12.3.** Hipotetyczny model organizacji drogi odruchu bólowego. Postuluje się, że neurony (Re) kodujące wzmocnienie odruchu, położone w blaszkach od IV – VI rogów tylnych rdzenia kręgowego, otrzymują informacje o całym bólowym polu recepcyjnym danego mięśnia poprzez neurony (N) położone bardziej powierzchniowo. Linią przerywaną oznaczono połączenia funkcjonalne (pośrednie i bezpośrednie). Wielkość pola recepcyjnego i amplitudę odruchu oznaczono różnymi stopniami zaciemnienia, jak na ryc. 12.2. Podobnie oznaczono wagę wejść z neuronów otrzymujących przestrzennie zróżnicowaną informację o bodźcu bólowym. M — motoneuron. (Wg: Schouenborg i in. 1995)

rakterystyczną cechą takich odruchowych modułów jest nie tylko ich przestrzenna specyficzność, ale także zróżnicowanie pod względem progów pobudliwości i skuteczności mięśnia w wycofywaniu skórnego pola recepcyjnego spod działającego na to pole bodźca bólowego.

Podstawy tej przestrzenno-mięśniowej organizacji dróg odruchowych uruchamianych przez bodźce skórne istnieją już w rdzeniu kręgowym. Stwierdzono, że zasadnicze cechy specyficznej, przestrzennej organizacji dróg odruchowych na bodźce bólowe powracają niemal do normy w kilka godzin po przecięciu rdzenia kręgowego u odmóżdżonych szczurów. Byłby to zatem przykład na współdziałanie układu czuciowego i ruchowego na najniższym hierarchicznie poziomie ośrodkowego układu nerwowego. Na podstawie omówionych wyników Schouenborg i współautorzy przedstawili model organizacji odruchu bólowego (ryc. 12.3). Ostatnio wykazano, że drogi odruchowe o bardzo podobnej organizacji mogą być pobudzane nie tylko bodźcami bólowymi, ale także specyficznymi bodźcami dotykowymi. Bodźcem skutecznym okazał się długotrwały ucisk różnych obszarów skóry stopy, pobudzający wolno adaptujące się mechanoreceptory skórne. Bodźce adresowane do innych typów mechanoreceptorów skórnych były albo nieskuteczne, albo wywoływały bardzo słabe reakcje (np. drażnienie receptorów włosowych na grzbietowej powierzchni stopy). Nieskuteczne okazało się też pobudzanie chemo- i termoreceptorów bólowych. Na podstawie wyników prac elektrofizjologicznych można przypuszczać, że obie podklasy bodźców mechanicznych (bodźce bólowe i uciskowe) korzystają z tej samej drogi odruchowej. Jednakże udowodnienie, czy w istocie jest tu wykorzystywana ta sama sieć interneuronalno-motoneuronalna rdzenia kręgowego, wymaga dalszych badań.

## 12.4.2. Dotyk a ruch

### 12.4.2.1. Odruchy z podeszwy stopy

Bodźce dotykowe i uciskowe wywołują różne reakcje posturalne niezbędne do utrzymania prawidłowej postawy ciała u zwierząt i ludzi. Do stosunkowo najlepiej poznanych należą reakcje posturalne wywoływane dotykiem lub uciskiem skóry w obrębie podeszwy stopy. Reakcje te występują u większości ssaków, także u ludzi. Trudno przecenić ich znaczenie. Ich zasadniczą rolą jest pobudzanie mięśni prostowników kończyny, od wybiórczego pobudzenia mięśni prostowników palców do pobudzenia mięśni prostowników działających w kilku stawach kończyny lub obu kończyn. Na przykład, reakcja wyprostna palców polega na zgięciu palców stopy w kierunku podeszwowym. Dzięki niej powierzchnia kontaktu stopy z podłożem jest największa podczas stania, a więc reakcja ta służy stabilizowaniu postawy ciała. Na rycinie 12.4 przedstawiono pola recepcyjne kilku różnych reakcji posturalnych wywoływanych przez bodźce dotykowe zastosowane na podeszwę stopy.

Wspomnianą już reakcję wyprostną palców wywołuje się dotykiem lub lekkim uciskiem centralnej poduszki stopy. Bodziec ten powoduje wybiórcze pobudzenie motoneuronów $\alpha$ mięśni fizjologicznych prostowników: krótkiego zginacza palców, glistowatych i międzykostnych, a także przywodziciela palców. Prowadzi to do zgięcia palców w kierunku podeszwowym. Jeśli zwiększymy siłę bodźca, to może

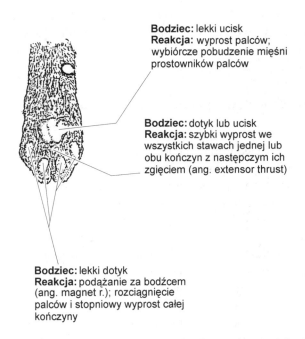

**Bodziec:** lekki ucisk
**Reakcja:** wyprost palców;
wybiórcze pobudzenie mięśni
prostowników palców

**Bodziec:** dotyk lub ucisk
**Reakcja:** szybki wyprost we
wszystkich stawach jednej lub
obu kończyn z następczym ich
zgięciem (ang. extensor thrust)

**Bodziec:** lekki dotyk
**Reakcja:** podążanie za bodźcem
(ang. magnet r.); rozciągnięcie
palców i stopniowy wyprost całej
kończyny

**Ryc. 12.4.** Pola recepcyjne trzech różnych reakcji posturalnych wywoływanych bodźcami dotykowymi lub uciskowymi stosowanymi na różne części podeszwy łapy kota (Wg: Czarkowska–Bauch. *Neur. Neurochir. Pol.* 1996, 30 (supl. 1): 105 – 120)

dojść do pobudzenia również motoneuronów innych mięśni o podobnym działaniu na palce i stopę (np.: długiego zginacza palców i mięśnia podeszwowego).

Lekkie bodźce dotykowo-uciskowe zastosowane na tę okolicę podeszwy stopy nie wywierają w zasadzie wyraźnego wpływu ani na aktywność mięśni prostowników działających w stawie skokowym, ani na ich antagonistów. Hamują jednak aktywność mięśnia zginacza stawu kolanowego. Nieco silniejsze bodźce dotykowo-uciskowe powodują natomiast hamowanie motoneuronów prostowników stawu skokowego (m. brzuchatego i płaszczkowatego), a także, choć nie zawsze, m. podeszwowego. Tak więc, manipulując siłą bodźców dotykowo-uciskowych stosowanych na tę samą okolicę podeszwy stopy, można otrzymać złożone wzorce pobudzenia i hamowania różnych grup mięśni działających w różnych stawach.

Zupełnie inną reakcję wywołuje się za pomocą lekkiego, posuwistego dotyku poduszek palców (w kierunku odsiebnym) (ryc. 12.4). Bodziec ten powoduje stopniowo rozwijający się wyprost palców i całej kończyny, a więc angażuje mięśnie prostowniki nie tylko w obrębie stopy, ale również w stawach dosiebnych (ang. magnet reaction). Jeszcze bardziej złożona jest reakcja wyprostnego pchnięcia kończyny (ang. extensor thrust) z następczym jej zgięciem. Wywołuje się ją bodźcem dotykowym lub uciskowym zastosowanym na obszar skóry stopy położony pomiędzy poduszką centralną a poduszkami palcowymi (ryc. 12.4). Bodziec ten wywołuje gwałtowny wyprost kończyny (lub obu kończyn) we wszystkich stawach, po którym następuje jej zgięcie.

Wszystkie te reakcje prowadzą do zróżnicowanych wzorów pobudzenia mięśni antygrawitacyjnych, a więc tych grup mięśni, które umożliwiają nam utrzymanie postawy stojącej, a także chodzenie, bieganie itp. Mimo że reakcje te są bardziej złożone niż odruchy wywoływane na bodźce bólowe, nie muszą być kontrolowane przez najwyższe hierarchicznie struktury układu ruchowego. Reakcje te można bowiem wywołać u odmóżdżonych zwierząt.

## 12.4.2.2. Odruchy wywoływane z innych powierzchni stopy lub dłoni

Reakcje posturalne wywoływane bodźcami dotykowymi nie ograniczają się do pobudzania mięśni antygrawitacyjnych. Bodźce dotykowe zastosowane na grzbietową, przyśrodkową lub boczną powierzchnię niepodpartej stopy lub dłoni wywołują reakcje posturalne stawiania kończyny na podłożu (ang. tactile lub contact placing). Reakcja ta polega na wycofaniu kończyny spod działania bodźca, a następnie na postawieniu jej na podłożu. Wykazano, że te same grupy mięśni działające w stawach łokciowym i nadgarstkowym zostają pobudzone w różny sposób, w zależności od położenia bodźca na skórze. W konsekwencji, dotyk grzbietowego, przyśrodkowego lub bocznego pola skórnego wywołuje reakcje stawiania kończyny na podłożu, ale strategia ruchu kończyny w każdej z nich jest inna. Na przykład, bodźce dotykowe zastosowane na boczną powierzchnię odsiebnej części łapy pobudzają przede wszystkim mięśnie zginacze stawu łokciowego i barkowego oraz promieniowy zginacz nadgarstka. Z analizy ruchu wynika, że istotnie reakcja ta rozpoczyna się zgięciem w stawie łokciowym oraz przywiedzeniem nadgarstka. Natomiast bodźce zastosowane na grzbietową powierzchnię łapy prowadzą najczęściej do wczesnego pobudzenia mięśni zginaczy i prostowników stawu łokciowego. Ta koaktywacja mięśni antagonistycznych powoduje okresowe zablokowanie ruchu w stawie łokciowym. W stawie nadgarstkowym pobudzone zostają w tym czasie: łokciowy prostownik i promieniowy zginacz tego stawu. Analiza kinematyczna wykazała, że wczesne zablokowanie stawu łokciowego powoduje, iż ruch rozpoczyna się cofnięciem i uniesieniem kończyny w stawie barkowym oraz zgięciem nadgarstka w kierunku podeszwowym i bocznym. Natomiast zgięcie w stawie łokciowym następuje z pewnym opóźnieniem.

Ponieważ reakcje te wykorzystywane są najczęściej podczas nieoczekiwanego zetknięcia się kończyny z przeszkodą (np. podczas potknięcia się lub wspinaczki), można się zastanowić, czy zróżnicowane strategie ruchu są celowe. Jeśli przyjąć, że celem reakcji jest skuteczne wycofanie kończyny spod działania bodźca i uniknięcie dalszego kontaktu z przeszkodą w sposób możliwie najmniej destabilizujący postawę, to wydaje się, że opisane strategie ruchu kończyny zapewniają optymalne wykonanie tych zadań.

Z analizy symulacyjnej ruchu wynika, że gdyby w reakcji na bodziec dotykowy zastosowany na grzbietową powierzchnię kończyny nastąpiło jednoczesne zgięcie kończyny w stawie łokciowym, barkowym i zgięcie nadgarstka w kierunku podeszwowym, to staw nadgarstkowy przybliżyłby się do domniemanej przeszkody, zamiast się od niej oddalić (ryc. 12.5). Jeśli wyobrazimy sobie, że domniemana przeszkoda ma kształt nieregularny i grozi nam ponowne zetknięcie się z nią, to kompensacyjne wycofanie i uniesienie kończyny wymagałoby znacznie większego ruchu w stawie barkowym aniżeli zaobserwowany (ryc. 12.5). Bardzo duży ruch

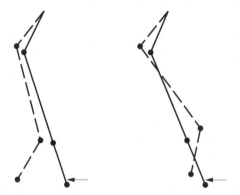

**Ryc. 12.5.** Kinematyczna analiza ruchu przedniej kończyny kota na początku reakcji stawiania kończyny na podłożu w odpowiedzi na dotyk grzbietowej powierzchni łapy. Po lewej — ruch rzeczywisty kończyny filmowanej z profilu. Strzałką zaznaczono miejsce podania bodźca dotykowego. Linia ciągła — stan wyjściowy, linia przerywana — położenie kończyny we wczesnej fazie reakcji. Kąt stawu łokciowego jest taki sam w obu momentach. Po prawej — symulacyjny obraz tej fazy ruchu przy założeniu, że zgięcie stawu łokciowego wystąpi jednocześnie z pozostałymi składowymi ruchu w stawach barkowym i nadgarstkowym. Wszystkie składowe ruchu pozostawiono bez zmiany, z wyjątkiem zmniejszenia się kąta stawu łokciowego. (Wg: Czarkowska-Bauch. *Exp. Brain. Res.* 1990, 79: 373 – 382)

kończyny w stawie barkowym mógłby wpłynąć destabilizująco na postawę zwierzęcia. A więc krótkotrwałe, początkowe zablokowanie stawu łokciowego i rozpoczęcie reakcji ruchem w stawie barkowym i nadgarstkowym wydaje się optymalną strategią, która umożliwia skuteczne obejście przeszkody, a jednocześnie stosunkowo mało destabilizuje postawę zwierzęcia. Taka sama strategia ruchu byłaby jednak zupełnie nieprzydatna w reakcji wywoływanej dotykiem bocznej powierzchni stopy. W tym przypadku zgięcie kończyny w stawie łokciowym i przywiedzenie nadgarstka w początkowej fazie jest skuteczną strategią umożliwiającą uniknięcie dalszego kontaktu kończyny z przeszkodą.

Reakcja stawiania kończyny na podłożu w odpowiedzi na bodziec dotykowy jest złożona. Przez długi czas uważano, że reakcja ta jest pochodzenia korowego, ponieważ zanika ona po jednostronnym usunięciu czuciowych i ruchowych okolic kory mózgowej. Świadczyło o tym również stosunkowo późne dojrzewanie tej reakcji u młodych zwierząt, sugerujące, że dojrzałość czuciowo-ruchowych okolic kory mózgowej jest warunkiem jej wystąpienia. Współczesne badania wykazują, że początkowa faza tej reakcji ma najprawdopodobniej charakter rdzeniowy. Świadczą o tym bardzo krótkie latencje i sposób odruchowego pobudzania mięśni w reakcji wywoływanej dotykiem grzbietowej powierzchni łapy w fazie przeniesienia kończyny. Ponadto zaobserwowano podobną charakterystykę odpowiedzi mięśnio-wej u odmóżdżonych kotów. Nie ma natomiast zgodności co do tego, czy do prawidłowego wykonania pełnej reakcji stawiania kończyny w odpowiedzi na dotyk odsiebnych jej części niezbędna jest kontrola wyższych hierarchicznie poziomów układu ruchowego i czuciowego, z korą mózgową włącznie.

## 12.4.2.3. Zmiana funkcjonalnego znaczenia tego samego bodźca dotykowego w zależności od fazy ruchu

Reakcje stawiania na bodźce dotykowe zastosowane na odsiebne części łapy wywołuje się w nie podpartej kończynie. Natomiast u stojącego zwierzęcia lekki bodziec dotykowy zastosowany na te same pola skórne łapy jest mało skuteczny i bardzo rzadko prowadzi do opisanej reakcji. Można ją jednak wywołać u stojącego zwierzęcia, stosując bodźce silniejsze, np. pchnięcie, które prowadzi do pobudzenia, prócz receptorów skórnych, również receptorów mięśniowych, ścięgnistych i stawowych. Jeśli natomiast bodziec dotykowy zastosujemy na grzbietową powierzchnię łapy podczas lokomocji, to stwierdzimy, że funkcjonalne znaczenie tego bodźca będzie ulegało zmianie w zależności od fazy lokomocji. Najogólniej mówiąc, dotyk grzbietowej powierzchni kończyny w różnych fazach kroku powoduje nasilenie aktywności aktualnie działających mięśni. Jednak niekiedy prowadzi do jednoczesnego pobudzenia mięśni antagonistycznych. Dzieje się tak zwłaszcza z mięśniami działa-jącymi w obrębie stawów łokciowego i skokowego. W fazie przeniesienia kończyny bodziec ten powoduje zwiększenie aktywności aktualnie działających mięśni (a więc przede wszystkim zginaczy), ale również pobudza ich antagonistów (mięśnie prostowniki) działających w tych stawach. Skutkiem takiej krótkotrwałej koaktywacji jest okresowe zablokowanie stawu. Okresowe zablokowanie stawu łokciowego lub skokowego wymusza strategię ruchu podobną do wyżej opisanej w reakcji stawiania kończyny na podłożu w odpowiedzi na dotyk grzbietowej powierzchni łapy.

Taki sam bodziec dotykowy podany w fazie podporu kończyny podczas lokomocji prowadzi do zupełnie innej reakcji. Powoduje on nasilenie aktywności mięśni aktualnie działających, a więc prostowników. A zatem następuje tutaj zmiana fizjologicznego znaczenia tego samego bodźca, który zastosowany w fazie podporu stabilizuje położenie kończyny, a w fazie przeniesienia prowadzi do wycofania łapy spod działającego bodźca.

Początkowa faza reakcji na bodźce dotykowe zastosowane na grzbietową powierzchnię stopy podczas lokomocji ma przypuszczalnie charakter rdzeniowy. U zwierząt odmóżdżonych bodziec dotykowy zastosowany w fazie przeniesienia kończyny wywoływał charakterystyczny wzorzec koaktywacji mięśni zginaczy i prostowników stawu łokciowego obserwowany u zwierząt normalnych.

Przytoczone wyżej wyniki dobrze ilustrują, iż funkcjonalne znaczenie bodźców skórnych nie ma bezwzględnie stałego charakteru. Podobne bodźce zastosowane na te same obszary skóry wywierają różny wpływ odruchowy, w zależności od stanu układu ruchowego. Dzięki temu mogą w sposób elastyczny dostosowywać się do ciągle zmieniających się warunków zewnętrznych i torować pożądane zachowanie ruchowe, a osłabiać inne. Jednocześnie pokazują one, jak wiele odruchowych zachowań i złożonych reakcji może być kontrolowanych przez niższe hierarchicznie poziomy układu ruchowego.

### 12.4.2.4. Zmiana funkcjonalnego znaczenia tych samych bodźców dotykowych w zależności od ich przewidywalności — łaskotki

Jeśli pole skórne jest delikatnie dotykane przez eksperymentatora, to bodźce te są odbierane jako łaskoczące. Jeśli jednak podobnych bodźców dostarczamy sobie sami, to wrażenie to nie występuje. Fakt, iż nie potrafimy sami siebie łaskotać, stanowi kolejny przykład na to, że funkcjonalne znaczenie bodźców dotykowych, adresowanych do tych samych obszarów skóry, nie ma charakteru stałego. Wyniki badań Harrisa i Christenfelda (1999) pokazały, że wystąpienie łaskotek nie jest zależne od interakcji z osobą dotykającą, gdyż osoba badana nie potrafi rozróżnić efektu łaskotania wywołanego przez eksperymentatora lub przez robota. Dlaczego wobec tego nie potrafimy sami siebie łaskotać? Czym różni się sytuacja, w której ktoś (lub coś) nas delikatnie dotyka od tej, w której sami siebie dotykamy? Zasadnicza różnica polega na tym, że bodźce zewnętrzne są znacznie mniej przewidywalne niż te, których dostarczamy sobie sami. Przewidywalność bodźca w sytuacji, kiedy dotykamy się sami, może tłumić pobudzający efekt drażnienia dotykowego. Inna możliwość to taka, iż samo wykonywanie ruchu dotykania się zmniejsza znaczenie informacji dotykowej. Blakemore i współautorzy (2000) weryfikowali te hipotezy. Przyjęli oni założenie, że jeśli zaburzymy przewidywalność „samodotykania", to jego pobudzający efekt powinien być porównywalny z tym, jaki występuje podczas łaskotania przez drugą osobę. Do badań wykorzystano roboty, za pośrednictwem których osoba badana mogła dotykać swej prawej dłoni ze stałą siłą i w określony sposób. Dotykające ramię robota zakończone było kawałkiem miękkiego, gąbczastego materiału. Próby podzielono na dwie grupy. W pierwszej dotyk dłoni osoby badanej był niezależny od niej (robot drażnił jej dłoń) — gąbka przemieszczała się ruchem sinusoidalnym po skórze dłoni ze stałą siłą i prędkością. W drugiej grupie prób osoba badana sama prowadziła ramię robota i dotykała swojej dłoni za jego pośrednictwem, wykonując podobny, sinusoidalny ruch. W części tych ostatnich prób sterowanie ruchem odbywało się bez zakłóceń i ruch ramienia robota dokładnie odpowiadał ruchowi wykonywanemu przez osobę badaną. Natomiast w innej części prób, bez wiedzy osoby badanej, wprowadzono dwa rodzaje zaburzeń pomiędzy wykonywanym przez nią ruchem a jego skutkiem dotykowym. Było to opóźnienie czasowe lub zmiana kierunku ruchu bodźca dotykowego w stosunku do wykonywanego przez osobę badaną. Pozostałe parametry ruchu dotykania i siły drażnienia dotykowego pozostały bez zmian. Okazało się, że już 100 ms opóźnienia pomiędzy przewidywanym a faktycznym momentem rozpoczęcia samodotykania dłoni powoduje powstanie efektu łaskotania. Im większe było opóźnienie, tym silniej odczuwano łaskotanie. Wydaje się zatem, że to nie ruch ręki (który był podobny we wszystkich przypadkach) powoduje osłabienie percepcji bodźca dotykowego podczas samodrażnienia. Podobnie, im większa była różnica pomiędzy przewidywanym a faktycznym kierunkiem ruchu bodźca po skórze dłoni, tym silniej odczuwane było samołaskotanie. Wyniki te pokazują, że to precyzyjna przewidywalność dotykowych konsekwencji wykonywanego przez nas ruchu podczas samodrażnienia sprawia, że nie możemy się sami łaskotać. Jeśli zaburzymy tę przewidywalność, samodrażnienie będzie wywoływało łaskotki.

Czy rzeczywiście to, co przewidywalne, wywiera znacznie mniejszy efekt pobudzający? Blakemore i współpracownicy, używając rezonansu magnetycznego, próbowali odpowiedzieć na pytanie, czy istotnie pobudzenie neuronów kory mózgowej różni się, jeśli dotykamy się sami, w porównaniu z tym, kiedy ktoś (lub coś) nas dotyka. Zaobserwowali oni, że aktywność neuronów w czuciowej okolicy kory mózgowej (pole SII) oraz w przedniej części zakrętu obręczy jest większa wtedy, gdy ktoś nas dotyka, niż kiedy sami się dotykamy. Jednakże okazało się, iż te obszary kory mózgowej odpowiadają zmniejszeniem aktywności neuronalnej na każdy wykonywany przez osobę badaną ruch, nie tylko na ruch związany z samodrażnieniem dotykowym. Natomiast neurony w przedniej części kory móżdżku wykazywały spadek aktywności, jeśli osoba badana sama się dotykała, i wzrost aktywności, jeśli bodziec dotykowy był dostarczany przez eksperymentatora. Sam ruch ręki osoby badanej nie powodował spadku aktywności neuronalnej w tym obszarze. Neurony przedniej części kory móżdżku odpowiadają zatem zgodnie z zasadą, że przewidywalny bodziec wywiera słabszy efekt pobudzeniowy niż nieprzewidywalny. Wyniki te wskazują, że aktywność neuronów kory móżdżku jest modulowana nie tylko przez same bodźce dotykowe, ale także przez antycypowanie tych bodźców. Sugerują też, że neurony przedniej części kory móżdżku odgrywają istotną rolę w dokonywaniu selekcji informacji czuciowych pod względem ich ważności dla wykonywanego lub planowanego ruchu (por. rozdz. 11).

## 12.4.3. Udział bodźców skórnych w kontroli ruchów dowolnych

Ruchy dowolne stanowią najbardziej złożoną, celową formę zachowania zależną od naszej woli. Są to często skomplikowane ruchy, których się uczymy i ulepszamy je w trakcie życia. Im większy stopień wyuczenia ruchu, np. otwierania lub zamykania zamka, tym mniejszy w nim udział świadomej kontroli. Również rola informacji somatosensorycznych zmienia się w procesie uczenia się ruchu dowolnego. Są one bardziej istotne w mało znanych, aniżeli w dobrze wyuczonych zadaniach.

W warunkach naturalnych bodźce dotykowe, uciskowe lub bólowe mają charakter złożony, tzn. pobudzają one podklasy mechanoreceptorów skórnych o różnej wrażliwości, wielkości pól recepcyjnych i szybkościach adaptacji. Jednak zrozumienie mechanizmów percepcji nie byłoby możliwe bez znajomości budowy i funkcjonowania poszczególnych typów receptorów. Współczesne metody elektrofizjologiczne, a zwłaszcza technika mikroneurografii, pozwalają na rejestrację aktywności z pojedynczych, aferentnych, obwodowych włókien nerwowych podczas drażnienia mechanicznego mechanoreceptorów skórnych. Za pomocą tej techniki badań określono nie tylko wielkości pól recepcyjnych, gęstość oraz specyficzne właściwości różnych typów mechanoreceptorów skórnych u ludzi. Technika mikroneurografii została też wykorzystana do badań nad udziałem poszczególnych typów mechanoreceptorów skórnych w kontroli ruchów dowolnych, zwłaszcza manipulacyjnych. Wiodącą rolę w tego typu badaniach odgrywają od wielu lat ośrodki szwedzkie, zwłaszcza na Uniwersytecie w Umeå i w Göteborgu.

Badania R.S. Johanssona i G. Westlinga nad udziałem mechanoreceptorów skórnych w kontroli tak podstawowych ruchów dowolnych, jak ruch chwytania i unoszenia przedmiotu, pokazują, jak przeplatają się wzajemnie ze sobą odruchowe i wolicjonalne aspekty zachowania ruchowego. Na rycinie 12.6 przedstawiono aparat do badania ruchu chwytania i trzymania przedmiotu. Osoba badana była proszona o chwycenie obiektu pomiędzy palec wskazujący a kciuk, uniesienie go na żądaną wysokość, utrzymanie, a następnie położenie go na miejscu. W zależności od testu, zmieniano nieoczekiwanie ciężar przedmiotu oraz fakturę materiału, którym był on pokryty. Stwierdzono, że osoby badane utrzymują stan równowagi pomiędzy siłą, z jaką chwytają przedmiot, a siłą konieczną do jego uniesienia. Obie siły dostosowywane były równolegle do zmian tarcia pomiędzy opuszkami palców a przedmiotem.

W innym wariancie tych doświadczeń osoba badana była proszona o chwycenie obiektu pomiędzy palec wskazujący a kciuk. Kiedy komputer kontrolujący urządzenie zarejestrował, że siła, z jaką osoba badana trzyma obiekt, jest ustabilizowana, wprowadzano serię prób, w których nieoczekiwanie obciążano obiekt, a następnie gwałtownie go odciążano. Zaobserwowano, że wzrost obciążenia obiektu powodował automatyczne zwiększenie siły, z jaką był on trzymany.

Informacje z mechanoreceptorów skórnych w opuszkach palców odgrywają zasadniczą rolę w precyzyjnym dostosowywaniu siły, z jaką trzyma się obiekt, do zmieniającego się obciążenia. Jeśli zastosuje się znieczuleniową blokadę przewodnic-

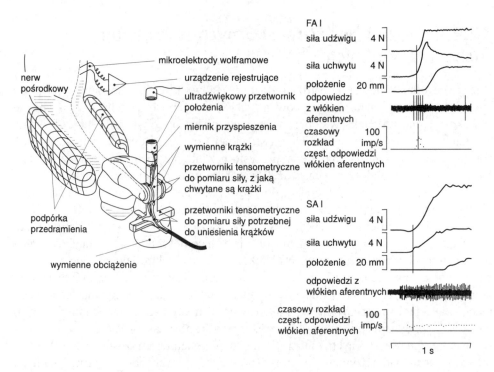

**Ryc. 12.6.** Schematyczny rysunek aparatu do badań mikroneurograficznych nad udziałem różnych typów mechanoreceptorów skórnych w dowolnym ruchu chwytania i unoszenia przedmiotu (po lewej). Po prawej — zapis wyładowań potencjałów czynnościowych z włókien aferentnych unerwiających mechanoreceptory skórne zaliczane do grupy FA I i SA I w opuszkach palców podczas różnych faz ruchu chwytania i unoszenia krążków. (Wg: Westling i Johansson. *Exp. Brain Res.* 1987, 66: 128 – 140, zmodyf.)

twa w nerwach lub miejscowe znieczulenie skóry palców, to następuje wyraźne opóźnienie i osłabienie automatycznej reakcji dostosowawczej siły chwytu do zmian tarcia, a nawet jej zanik. Za pomocą badań mikroneurograficznych wykluczono udział mechanoreceptorów stawowych i mięśniowych w zapoczątkowywaniu tej automatycznej reakcji.

Spróbowano także odpowiedzieć na pytanie, które z mechanoreceptorów skórnych, a zatem jakiego typu informacje czuciowe są istotne dla prawidłowego wykonania poszczególnych faz ruchu chwytania i unoszenia przedmiotu. Zastosowanie techniki mikroneurograficznej umożliwiło identyfikację pojedynczych włókien nerwowych unerwiających określony typ mechanoreceptorów skórnych w tych częściach opuszek palców, które stykały się z chwytanym przedmiotem. Zanalizowano aktywność już zidentyfikowanych mechanoreceptorów i w ten sposób określono ich udział w różnych fazach zadania. Okazało się, że mechanoreceptory skórne należące do wszystkich czterech podklas były pobudzane już na początku ruchu chwytania i wzrostu siły chwytu związanego z początkiem unoszenia, jednak sposób, w jaki odpowiadały one w poszczególnych fazach ruchu, był różny. Mechanoreceptory skórne o małych polach recepcyjnych (grupy FA I i SA I), które były w kontakcie z przedmiotem, były bardzo aktywne podczas początkowej fazy zwiększania siły chwytania (ryc. 12.6).

Natomiast receptory o dużych polach recepcyjnych, zaliczane do grupy FA II, odpowiadały najczęściej pobudzeniem na początku dotyku oraz na początku i w momencie nagłego zatrzymania ruchu, a także puszczenia przedmiotu. Z kolei receptory o dużych polach recepcyjnych, zaliczane do grupy SA II, które też były pobudzane na początku ruchu chwytania, wykazywały ciągłą aktywność podczas utrzymywania przedmiotu na zadanej wysokości, nawet przez ponad minutę.

Czas reakcji dotosowawczej wskazywał, że może być ona kontrolowana przez czuciowo-ruchowe okolice kory mózgowej. Wyniki najnowszych badań wskazują, że reprezentacja palców w ruchowej okolicy kory mózgowej jest przypuszczalnie miejscem, w którym dochodzi do interakcji pomiędzy informacją pochodzącą z mechanoreceptorów skórnych reagujących na zmianę tarcia pomiędzy trzymanym przedmiotem i skórą a układem ruchowym.

# 12.5. Podsumowanie

Przedstawione wyniki prac doświadczalnych, przeprowadzonych na zwierzętach i ludziach, pokazują fizjologiczne podstawy współdziałania między układem ruchowym a somatosensorycznym na hierarchicznie różnych poziomach układu nerwowego. Uświadamiają nam one, jak ważne są związki między tymi dwoma układami dla całej gamy reakcji posturalnych, dzięki którym jesteśmy w stanie utrzymać i korygować postawę ciała. Także trudne do przecenienia jest znaczenie współpracy między tymi dwoma układami dla naszych zachowań dowolnych, a zwłaszcza dla prawidłowego wykonywania ruchów manipulacyjnych.

**LITERATURA UZUPEŁNIAJĄCA**

Blakemore S.J., Wolpert D., Frith Ch.: Why can't you tickle yourself? *NeuroReport* 2000: **11**: R11 – R16.
Creed R.S., Denny-Brown D., Eccles J.C., Liddel E.G.T. and Sherrington C.S.: *Reflex Activity of the Spinal Cord*. Oxford at the Clarendon Press 1972.
Czarkowska-Bauch J.: Variety of muscle responses to tactile stimuli. *Acta Neurobiol. Exp.* 1996, **56**: 435 – 439.
Jankowska E.: Interneuronal relay in spinal pathways from proprioceptors. *Prog. Neurobiol.* 1992, **38**: 335 – 378.
Lemon R.N., Johansson R.S., Westling G.: Corticospinal control during reach, grasp and precision lift in man. *J. Neurosci.* 1995, **15**: 6145 – 56.
Prochazka A.: Sensorimotor gain control: a basic strategy of motor systems? *Prog. Neurobiol.* 1989, **33**: 281 – 307.
Schomburg E.D.: Spinal sensorimotor systems and their supraspinal control. *Neurosci. Res.* 1990, **7**: 265 – 340.
Schouenborg J., Weng G.R., Kalliomaki J., Holmberg H.: A survey of spinal dorsal horn neurons encoding the spatial organization of withdrawal reflexes in the rat. *Exp. Brain Res.* 1995, **106**: 19 – 27.
Weng H.R., Schouenborg J.: On cutaneous receptors contributing to withdrawal reflex pathways in the decerebrate spinal rat. *Exp. Brain Res.* 1998: **118**: 71 – 77.

# Stres i ból

Tomasz Werka

---

---

## 13.1. Wprowadzenie

Stres i ból są złożonymi zjawiskami fizjologicznymi będącymi bezpośrednim i bardzo wyrazistym skutkiem oddziaływania środowiska zewnętrznego na organizm zwierzęcia. W ich mechanizmach istotną rolę odgrywają czynniki emocyjne. W psychologii stres jest często utożsamiany ze stanem napięcia psychicznego lub definiowany jako zespół wszystkich awersyjnych i szkodliwych bodźców środowiska zewnętrznego. Ból jest powszechnie kojarzony z cierpieniem, tym bardziej że często nie jest możliwe jego zlokalizowanie i wskazanie przyczyny powstawania. Jest najczęściej uznawany za szczególny rodzaj doznania, któremu towarzyszą różne reakcje afektywne. Niektórzy badacze uważają nawet, iż podobnie jak lęk i głód, ból jest jednym ze stanów motywacyjnych organizmu.

Trudne jest określenie swoistości mechanizmów stresu i bólu, a więc stwierdzenie jednoznacznego związku zachodzącego między procesem fizjologicznym i określonym bodźcem wywołującym ten proces. Wiadomo, że oba zjawiska są skutkiem działania wielu różnych bodźców. Większość z tych, które powodują ból, wywołują także stres, który z kolei w znaczący sposób oddziałuje na procesy bólowe. Świadczy to o istnieniu zależności między tymi zjawiskami. Wyniki wielu współczesnych badań prowadzonych zwłaszcza przez fizjologów, anatomów, biochemików oraz biologów molekularnych dostarczają dowodów na istnienie nie tylko zależności funkcjonalnych między stresem i bólem, ale także identyczności niektórych mechanizmów i ich podłoża strukturalnego. Zasygnalizowane wyżej problemy są omówione w kolejnych podrozdziałach pracy.

## 13.2. Stres i ból — współczesne definicje i koncepcje swoistości procesów

Termin „stres" został wprowadzony w latach trzydziestych ubiegłego wieku przez kanadyjskiego uczonego H. Selye'go. Przez fizjologów jest nim określany zespół nerwowych i humoralnych reakcji organizmu na nieobojętne biologicznie bodźce nazwane stresorami. Reakcje te pozwalają na reorganizację i przystosowanie rozmaitych funkcji życiowych do działania stresorów, są więc istotnym składnikiem procesów homeostazy wewnątrzustrojowej. Stan stresu może zostać wywołany czynnikami zarówno fizycznymi, takimi jak nagłe zmiany temperatury, urazy mechaniczne, infekcje bakteryjne lub zatrucia, jak również czynnikami psychicznymi. Na przykład, stresogenny jest lęk lub emocjonalna mobilizacja poprzedzająca ważne życiowe przedsięwzięcie, ale także wzruszenie spowodowane spotkaniem z ukochaną osobą. W związku z tym, przez wiele lat stres uważano za proces nieswoisty. Obecnie przyjmuje się jednak, że jest on zespołem reakcji swoistych, zależnych wprawdzie od rozmaitych czynników, ale charakteryzującym się ściśle określonymi mechanizmami i funkcjonalną lokalizacją w organizmie.

Ból jest zjawiskiem trudniejszym do zdefiniowania, mimo że od niepamiętnych czasów budzi powszechne zainteresowanie. Ojciec medycyny Hipokrates (460 – 377 p.n.e.) uznawał, że ból jest jednym z oczywistych objawów choroby, ale określenie jego mechanizmu pozostawiał filozofom. Uważał, że mózg jest głównym siedliskiem bólu, co wydaje się godne odnotowania, zważywszy, że przez wiele następnych stuleci zjawisko to było uważane za przejaw dolegliwości duszy i serca. Pierwszymi, którzy dość trafnie określili lokalizację i przyczyny powstawania bólu, byli medycy, Galen (130 – 201) i Awicenna (980 – 1037). Ich zdaniem powstaje on w mózgu i w nerwach podczas nagłych zmian w rozmieszczeniu płynów ustrojowych lub w wyniku naruszenia ciągłości tkanek. Natomiast Leonardo da Vinci (1442 – 1519) wyraził do dziś dyskutowany pogląd, iż ból jest związany z czuciem dotyku i wynika z działania nadmiernego natężenia bodźca. Prawie nowoczesną koncepcję bólu przedstawił Kartezjusz (1596 – 1650). W swej pracy *Tractatus de homine* przedstawił hipotetyczną drogę, jaką pokonuje impuls bólowy od miejsca działania do ośrodka mózgowego.

Przełom w badaniach nad bólem przyniósł wiek dwudziesty. Jednakże dopiero prace przeprowadzone w ostatnich dwu dekadach pozwoliły na lepsze poznanie anatomicznych i funkcjonalnych podstaw tego zjawiska, mimo że wciąż bardzo wiele jest zagadnień kontrowersyjnych, niejasnych lub wręcz nieznanych. Kontrowersje przejawiają się też w nazewnictwie i definicjach dotyczących bólu. Próbą ich przezwyciężenia stało się opublikowanie w roku 1979 przez Komitet Taksonomii Międzynarodowego Towarzystwa Badania Bólu definicji, według której ból jest to nieprzyjemne zmysłowe i emocjonalne odczucie powstające wskutek uszkodzenia tkanki, lub też towarzyszące bodźcom aktualnie bądź potencjalnie uszkadzającym. Zgodnie z tą definicją ból jest zjawiskiem psychicznym, subiektywnym i emocjonalnym, związanym nie tylko z wywołującym go bodźcem, ale także z pamięcią uprzednich doświadczeń.

Związek między odczuwaniem bólu a bodźcem uszkadzającym lub grożącym uszkodzeniu nie jest jednoznaczny i stały. Percepcja bólu zależy nie tylko od intensywności bodźca bólowego, ale także od okoliczności, w których ów bodziec wystąpił. W dawniejszych opracowaniach często kwestionowano swoistość tego zjawiska, a więc odrębność bólu od innych doznań zmysłowych. Wynikało to z poglądu, iż jego wywołanie nie wymaga pobudzenia określonych receptorów, dróg, czy też ośrodków nerwowych, ale jedynie zastosowania dostatecznie intensywnego bodźca. Współczesne badania dostarczają jednak przekonywających dowodów na to, że ból jest zjawiskiem szczególnym, o czym świadczy m.in. brak adaptacji receptorów bólowych, w przeciwieństwie do pozostałych receptorów czuciowych, oraz specyficzne działanie środków przeciwbólowych, które w dawkach nie ograniczających innych doznań czuciowych zmniejszają wrażliwość bólową.

# 13.3. Anatomiczne i fizjologiczne podstawy stresu

Wiele podstawowych funkcji życiowych organizmu jest podtrzymywanych działaniem osi podwzgórzowo-przysadkowo-nadnerczowej. Uwalniany z jądra przykomorowego podwzgórza hormon kortykotropowy (CRH) jest transportowany naczyniami krwionośnymi do przedniego płata przysadki mózgowej. Tam wpływa na syntezę propiomelanokortyny (POMC), prohormonu przysadkowego hormonu adrenokortykotropowego (ACTH), będącego także prekursorem $\beta$-endorfiny, peptydu o znaczącej roli w mechanizmach związanych z bólem. ACTH pobudza syntezę i uwalnianie z kory nadnerczy glikokortykosteroidów, które z kolei hamują wydzielanie zarówno podwzgórzowego hormonu tropowego, jak i ACTH. Dzięki temu sprzężeniu zwrotnemu aktywność wydzielnicza podwzgórza i przysadki jest regulowana w sposób ciągły. Hormony tropowe są wydzielane do krwi w niewielkich stężeniach utrzymujących funkcjonowanie przysadki mózgowej na poziomie czynności spoczynkowej. Większość stresorów znacznie zwiększa aktywność wszystkich tkanek gruczołowych osi podwzgórzowo-przysadkowo-nadnerczowej, co przez pewien czas uważano za główną, jeżeli nie jedyną przyczynę reakcji stresowych.

Obecnie wiemy, że rozmaite funkcje organizmu w stanie stresu są regulowane nie tylko przez układ wewnątrzwydzielniczy. Impulsy nerwowe za pośrednictwem podwzgórza i nerwowego układu wegetatywnego pobudzają komórki rdzenia nadnerczy do wydzielania katecholamin, adrenaliny i noradrenaliny. Krążące we krwi katecholaminy działają na różne tkanki unerwiane przez zazwojowe neurony współczulne, a poprzez zwiększenie wydzielania ACTH wpływają także na wydzielanie glikokortykoidów. Można więc przyjąć, że rozmaite stresowe reakcje organizmu są wywoływane przez działanie albo systemu humoralnego, którego ostatnim ogniwem jest kora nadnerczy, lub też mieszanego, nerwowo-humoralnego systemu działającego poprzez rdzeń nadnercza. Większość stresorów aktywizuje również czynność ośrodkowego układu nerwowego. O charakterze reakcji stresowej i jej natężeniu decydują ośrodki mózgowe położone zwłaszcza w korze mózgowej, wzgórzu i tak zwanym układzie limbicznym, którego jedną ze struktur jest podwzgórze.

Czynniki stresogenne wywołują zespół reakcji obronnych, wśród których Selye wyróżnił początkową fazę reakcji alarmowych, przejawiających się w formie ogólnej mobilizacji organizmu, jeżeli niewielkie jest natężenie i krótki czas działania stresorów. W drugiej fazie, nazwanej zespołem adaptacji, następuje wzrost przemian katabolicznych i procesów transportu wewnątrzustrojowego, reakcje przeciwzapalne, a także

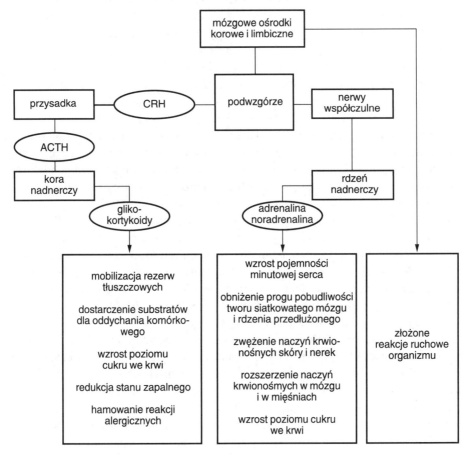

**Ryc. 13.1.** Schemat głównych hormonalnych i neuronowych systemów zaangażowanych w wywołaniu najbardziej typowych reakcji stresowych

zmiany naczyniowe oraz stan ogólnego pobudzenia mięśniowego i nerwowego. Dokładne omówienie tej fazy wymagałoby odrębnego opracowania, w związku z tym ograniczono się jedynie do graficznego przedstawienia głównych systemów odpowiedzialnych za wywoływanie zespołu adaptacji i najbardziej typowych spośród reakcji stresowych (ryc. 13.1).

Jeżeli stresory są silne, a ich działanie długotrwałe lub często powtarzające się, może się pojawić trzecia faza, czyli stan ogólnego wyczerpania prowadzący do patologicznych zmian w tkankach, a nawet śmierci. Wśród chorób, które są spowodowane długotrwałym stresem, wymienia się owrzodzenia różnych narządów, obniżenie reaktywności odpornościowej organizmu, miażdżycę, nadciśnienie tętnicze i reumatyczne zapalenie stawów. Są obserwacje świadczące o tym, że za wywoływanie wielu spośród patologicznych zmian w organizmie są odpowiedzialne długotrwałe hormonalne reakcje stresowe. Na przykład, eksperymentalne podawanie zwierzętom znacznych dawek glikokortykoidów, podobnie jak zastosowanie długotrwałego oziębiania ciała, powoduje wyraźny wzrost częstości owrzodzenia żołądka.

Stres wywiera niezmiernie istotny i zróżnicowany wpływ na funkcje ośrodkowego układu nerwowego. Wykazano, że wydłużone w czasie działanie hormonów glikokortykoidowych powoduje spadek koncentracji noradrenaliny w zakończeniach nerwowych komórek miejsca sinawego, zmniejszenie stężenia serotoniny w płatach czołowych mózgu oraz stłumienie czynności układu dopaminergicznego. Szereg badań prowadzonych na zwierzętach i ludziach wykazało, że znaczne podwyższenie poziomu kortyzonu upośledza odporność na niedotlenienie neuronów położonych w wielu strukturach układu limbicznego, spowodowane np. udarem mózgu lub zatorem w naczyniach mięśnia sercowego. Dramatyczny, jak ujawniły prace prowadzone zwłaszcza w ostatniej dekadzie, jest wpływ stresu, CRH oraz glikokortykoidów na funkcjonowanie hipokampa i ciała migdałowatego. Skutkiem długotrwałego działania silnych awersyjnych bodźców stresogennych jest poważne zmniejszenie objętości hipokampa. Jest ono najprawdopodobniej spowodowane zniszczeniem wielu neuronów tej struktury oraz wyraźnym obkurczeniem ich rozgałęzień dendrytycznych. Zaobserwowano także długotrwałe zahamowanie rozwoju oraz migracji nowych komórek nerwowych. Dane uzyskane z użyciem technik obrazowania funkcji mózgowych i rejestracji aktywności zwłaszcza układu współczulnego świadczą natomiast, że długotrwałe awersyjne bodźce stresogenne oraz długo utrzymujący się wysoki poziom aktywności osi podwzgórzowo-przysadkowo-nadnerczowej powoduje wzmożenie czynności ciała migdałowatego, niekończące się nawet wtedy, gdy nie działają już czynniki, które ten wzrost spowodowały.

Szersze omówienie fizjologicznych, a zwłaszcza behawioralnych, konsekwencji przytoczonych faktów nie jest celem niniejszego opracowania. Jednakże nawet pobieżna wiedza o tym, jak doniosłą rolę odgrywa hipokamp i ciało migdałowate w procesach pamięci i uczenia się, a także w rozmaitych mechanizmach emocjonalno--motywacyjnych, musi skłaniać do wniosku, iż konsekwencją zbyt długiego i nadmiernie intensywnego stresu jest dramatyczne upośledzenie niektórych szczególnie ważnych mechanizmów homeostatycznych oraz zdolności adaptatywnych.

Reaktywność organizmu na różne czynniki stresowe jest cechą indywidualną. Ten sam stresor, który u jednego osobnika wywołuje wzrost poziomu hormonów nadnerczowych prowadzący do stanu ogólnego wyczerpania, u innego może jedynie spowodować stan mobilizacji ustroju. Znane i stosowane są u ludzi specjalne zabiegi fizyczne i techniki treningu psychicznego (np. relaksacja, joga), które prowadzą do znacznego obniżenia pobudliwości nerwowego układu współczulnego, dzięki czemu możliwe jest uniknięcie patogennych skutków wielu intensywnych lub długo trwających stresorów.

# 13.4. Anatomiczne i fizjologiczne podstawy bólu

Fizjologiczną podstawą czucia bólu jest nocycepcja. Jest ona definiowana jako zbiór mechanizmów odbierania, przetwarzania, przewodzenia, modulowania oraz reagowania na bodźce uszkadzające lub potencjalnie uszkadzające tkankę. Bodźce te są nazywane bodźcami nocyceptywnymi, natomiast struktury ośrodkowego układu nerwowego, w których zachodzi proces nocycepcji, tworzą układ nocyceptywny. Bodźce nocyceptywne działają na specjalną grupę receptorów, tak zwanych nocyceptorów, będących wolnymi zakończeniami włókien nerwowych. U człowieka są one w znacznej liczbie rozmieszczone na powierzchni ciała oraz w mięśniach, stawach, naczyniach krwionośnych i niektórych miąższowych narządach wewnętrznych, takich jak krezka, otrzewna, miedniczki nerkowe, moczowód i pęcherz moczowy. Stwierdzono także istnienie nocyceptorów w łącznotkankowych osłonkach nerwowych. Niektóre narządy, jak rogówka i miazga zęba, mają jedynie ten typ receptorów, natomiast nie ma ich w ogromnej większości narządów wewnętrznych, z mózgiem włącznie. Wyróżniamy dwie grupy receptorów pobudzanych bodźcami nocyceptywymi. Mniej liczne są nocyceptory unimodalne, reagujące tylko na jeden określony typ bodźca. Liczne są natomiast nocyceptory polimodalne, wrażliwe na substancje chemiczne pojawiające się zwłaszcza w uszkodzonej tkance. Jony wodoru i potasu, adrenalina, serotonina, histamina oraz wiele polipeptydów (np. bradykinina) mają zdolność bezpośredniej aktywacji nocyceptorów polimodalnych. Związki te są więc określane mianem obwodowych mediatorów bólu. Inne substancje, takie jak tkankowe mediatory procesów zapalnych (np. prostaglandyny) i substancja P, obniżają jedynie próg pobudliwości nocyceptorów. Receptory bólowe charakteryzują się na ogół wysokim progiem pobudliwości. W związku z tym odczuwanie bólu zwykle powstaje dopiero wtedy, gdy działający na nocyceptory bodziec mechaniczny, chemiczny lub termiczny ze względu na swoje parametry staje się czynnikiem potencjalnie lub aktualnie uszkadzającym tkankę.

Impulsy powstałe pod wpływem bodźców nocyceptywnych są przesyłane do wyższych pięter układu nerwowego za pośrednictwem neuronów tworzących układ nocyceptywny. W przewodnictwie nerwowym uczestniczą różne substancje neuroprzekaźnikowe. Można przyjąć, że substancja P, acetylocholina, histamina, somatostatyna i prostaglandyny są neuroprzekaźnikami swoistymi dla wywoływania pobudzenia nocyceptywnego w obwodowym układzie nerwowym, natomiast w ośrodkach mózgowych taką rolę odgrywa noradrenalina.

Pierwsze ogniwo układu nocyceptywnego stanowią nocyceptory. Są to niewielkie komórki nerwowe, których ciała wraz z jądrami, dobrze wykształconym aparatem Golgiego i licznymi lizosomami, znajdują się w zwojach korzeni tylnych rdzenia kręgowego oraz w zwojach nerwów czaszkowych (V, VII, IX i X). Włókna, lub ściślej wypustki centralne komórek zwojowych, dzielą się na dwie gałęzie, obwodową oraz dośrodkową, która dociera do istoty szarej rdzenia kręgowego i tworzy w nim szereg kolaterali. Pod względem anatomicznym i funkcjonalnym wyróżnia się dwa typy włókien. Osłonięte mieliną włókna należące do grupy $A\delta$ przewodzą impulsy nerwowe z szybkością 3 – 30 m/s. Pobudzenie tych włókien wywołuje ból ostry, kłujący, nazywany często bólem pierwotnym lub szybkim. Szybka jest także mięśniowa reakcja spowodowana tym rodzajem bólu. Natomiast pobudzenie cienkich, bez-mielinowych i wolniej przewodzących (mniej niż 2,5 m/s) włókien C przejawia się w postaci bólu piekącego, zwanego także bólem wtórnym, powolnym lub prawdziwym. Ból ten ma charakter rozlany, trudny do umiejscowienia i trwa znacznie dłużej niż bodziec, który go wywołał. Jego częstym skutkiem jest pobudzenie emocjonalne i wzrost napięcia mięśni szkieletowych. Stwierdzono, że prawie wszystkie impulsy bólowe pochodzące z organów trzewnych przewodzone są cienkimi włóknami C.

Wnikające do rdzenia gałęzie dośrodkowe nocyceptorów kończą się w różnych rejonach istoty szarej rogu tylnego rdzenia kręgowego, a więc w blaszce brzeżnej (blaszka I wg Rexeda 1952), w istocie galaretowatej (głównie w blaszce II) oraz w jądrze własnym rogu tylnego (głównie w blaszce V). Szczególną rolę w tym systemie odgrywa istota galaretowata. Większość z jej komórek to neurony krótkoak-sonowe i hamujące neurony wstawkowe. Docierają do nich kolaterale nocyceptywnych dośrodkowych gałęzi $A\delta$ i C, ale także grubych włókien $A\beta$ przewodzących nienocyceptywne impulsy z receptorów dotyku. Inne neurony położone głównie w zewnętrznej warstwie istoty galaretowatej mają długie aksony, które wraz z włóknami komórek leżących zwłaszcza w blaszce V tworzą wstępujący układ nocyceptywny. Komórki te przewodzą impulsy do wyższych pięter układu nerwowego i są często nazywane transmisyjnymi, przekaźnikowymi lub projekcyjnymi. Dochodzą do nich także kolaterale włókien nocyceptywnych, nienocyceptywnych włókien przewodzących bodźce dotykowe oraz aksonów komórek położonych w wyższych piętrach układu nerwowego. W rogu tylnym rdzenia kręgowego istnieje więc złożony system anatomicznych połączeń synaptycznych, w którym szczególną rolę odgrywają mechanizmy hamowania presynaptycznego i postsynaptycznego. O wynikającym z takiego systemu połączeń, modulującym działaniu ośrodków rdzeniowych jest mowa w podrozdziale poświęconym procesom antynocyceptywnym.

Neurony transmisyjne tworzą wstępujący układ nocyceptywny. Jest on złożony z dwu dróg nerwowych (ryc. 13.2). Pierwsza, występująca jedynie u ssaków droga rdzeniowo-wzgórzowa zbudowana jest ze zmielinizowanych neurytów komórek rogów tylnych rdzenia. Kończy się ona głównie w jądrach grupy brzuszno-tylno--bocznej oraz tylnej wzgórza. Część włókien tej drogi dociera do tworu siatkowatego pnia mózgu. Drugą jest filogenetycznie starsza droga rdzeniowo-siatkowata. Jest to system zbudowany z cienkich włókien C tworzących wielosynaptyczną sieć położoną w rdzeniu kręgowym. Droga ta kończy się głównie w różnych ośrodkach rdzenia

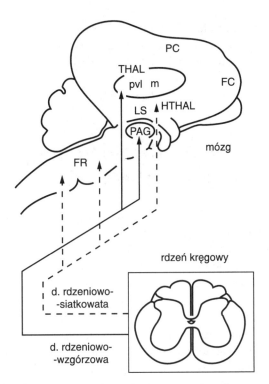

**Ryc. 13.2.** Schemat wstępującego układu nocyceptywnego. HTAL — podwzgórze, LS — układ limbiczny, FR — twór siatkowaty pnia mózgu, PAG — substancja szara okołowodociągowa, FC — kora czołowa, PC — kora ciemieniowa, THAL — wzgórze, pvl — jądra brzuszno-tylno-boczne i tylne wzgórza, m — jądra śródblaszkowe i przyśrodkowe wzgórza

przedłużonego, ale także w jądrach śródblaszkowych i przyśrodkowych wzgórza oraz w strukturach układu limbicznego. Jak się sądzi, ten wielosynaptyczny system neuronalny jest w znacznej mierze odpowiedzialny za procesy integrujące fizyczne i afektywne cechy bodźców nocyceptywnych. Istotna w tym systemie jest rola układu limbicznego, w którym opracowywane są złożone reakcje motywacyjne i psychiczne, uwzględniające okoliczności, w jakich bodziec bólowy wystąpił, i pamięć uprzednich doświadczeń (por. rozdz. 17).

W mózgu neurony układu wstępującego tworzą drogi wzgórzowo-korowe, doprowadzające informacje bólowe do ośrodków korowych. Przez wiele lat sądzono, że wzgórze jest ostatnim piętrem mózgu związanym z procesami odczuwania bólu. W przeprowadzonych na zwierzętach i ludziach badaniach, w których drażnieniu poddawano różne okolice korowe, nie wywołano czucia bólu, lecz jedynie precyzyjnie lokalizowane wrażenia dotykowe. Późniejsze prace anatomiczne i fizjologiczne wykazały istnienie dróg doprowadzających impulsy bólowe ze wzgórza do ośrodków kory ciemieniowej i czołowej, a także do zakrętu obręczy i wielu struktur układu limbicznego. Zgodnie z obecnym stanem wiedzy za lokalizację bodźca bólowego odpowiedzialne są czuciowe ośrodki pierwszego rzędu (okolica S I) znajdujące się w korze płata ciemieniowego leżącej do tyłu od bruzdy środkowej. Natomiast analiza jakości bodźca bólowego jest przeprowadzana w korowych ośrodkach somatosensorycznych drugiego rzędu (okolica S II), położonych w głębi szczeliny bocznej mózgu.

## 13.5. Anatomiczne i fizjologiczne podstawy procesów antynocyceptywnych

Na różnych poziomach obwodowego i ośrodkowego układu nerwowego istnieją efektywne systemy modulacji, a więc selekcjonowania i tłumienia impulsów bólowych. W systemach tych ujawniono niepeptydowe neurotransmitery, takie jak kwas $\gamma$-aminomasłowy (GABA), glicyna i serotonina oraz noradrenalina i cholecystokinina, uczestniczące w rozmaitych mechanizmach antynocyceptywnych. Szczególnie znaczące dla zrozumienia wielu spośród tych mechanizmów było wykrycie przez Hughesa w 1975 r. swoistych mózgowych receptorów, na które oddziałuje morfina. Alkaloid ten wyodrębniany z opium, czyli z soku niedojrzałych makówek maku lekarskiego, jest od dawna jednym z najskuteczniejszych środków farmakologicznych w zwalczaniu bólu. W następnych latach, w różnych strukturach ośrodkowego i obwodowego układu nerwowego wykryto receptory, z którymi łączą się uwalniane w zakończeniach nerwowych związki peptydowe. Substancje te, które podobnie jak morfina hamują ból, nazwano endorfinami (endogenne morfiny), endogennymi neuropeptydami lub neuromodulatorami opioidowymi, natomiast receptory, na które działają — receptorami opioidowymi. Obecnie znanych jest szereg neuropeptydów należących do grupy neuromodulatorów opioidowych, a wśród nich: $\beta$-endorfina, met-enkefalina, leu--enkefalina i dynorfina. Można przyjąć, że związki te wykazują na ogół swoiste powinowactwo do określonych receptorów, na przykład $\beta$-endorfiny do receptorów $\mu$, enkefalin do receptorów $\delta$, dynorfiny zaś do receptorów $\kappa$. Rozmieszczenie tych receptorów w układzie nerwowym i ich udział w procesach antynocyceptywnych nie jest jednakowy. Sądzi się, że w mózgowych mechanizmach antynocyceptywnych uczestniczą głównie receptory $\mu$, natomiast funkcja pozostałych receptorów jest związana z ośrodkami rdzenia kręgowego. Nie udało się jednak wykazać, że w układzie nerwowym istnieje wyraźna zależność pomiędzy gęstością poszczególnych receptorów opioidowych a rozmieszczeniem neuronów zawierających określony rodzaj neuromodulatora opioidowego.

Pierwszą próbą określenia mechanizmów modulacji bodźców nocyceptywnych na poziomie rdzeniowym była sformułowana przez Melzacka i Walla w latach 60. ubiegłego wieku teoria „bramkującej" (ang. gating) kontroli dopływu bodźców nocyceptywnych. W następnych latach podlegała ona modyfikacjom, ponieważ niektóre obserwacje doświadczalne nie potwierdzały założeń przyjętych przez jej twórców. Teoria bramkującej kontroli wciąż jest jednak najprostszym sposobem wyjaśnienia rdzeniowych mechanizmów antynocyceptywnych.

Zgodnie z koncepcją Melzacka i Walla komórki istoty galaretowatej są pobudzane przez grube, zmielinizowane włókna nienocyceptywne, a hamowane przez cienkie włókna nocyceptywne. Niewielkie dotykowe podrażnienie, na przykład receptorów skóry, pobudza włókna grube A$\beta$. W takim przypadku neurony transmisyjne ulegają nieznacznemu pobudzeniu lub też w ogóle nie są pobudzone, ponieważ równocześnie aktywizowane przez kolaterale komórki wstawkowe wywierają na nie presynaptycznie wpływ hamujący. Inaczej mówiąc, pobudzenie włókien grubych zamyka bramkę, czyli hamuje przewodzenie bodźców nocyceptywnych. Gdy podrażnienie przekracza próg pobudliwości bólowej nocyceptorów, nasila się pobudzenie cienkich włókien C. W tym czasie wskutek adaptacji maleje częstość impulsów we włóknach grubych, czego wynikiem jest spadek presynaptycznego oddziaływania neuronów wstawkowych istoty galaretowatej. Bramka kontrolna otwiera się i komórki transmisyjne przesyłają impulsy nocyceptywne do wyższych pięter układu nerwowego. Zgodnie z postulatami Melzacka i Walla oczekiwano więc, iż pobudzenie grubych włókien A$\beta$ związanych z czuciem dotyku i ucisku może hamować czynność neuronów nocyceptywnych. Wyniki późniejszych badań nie potwierdziły tych oczekiwań.

W 1983 r. Bowsher zaproponował modyfikację teorii bramkującej kontroli dopływu bodźców nocyceptywnych (ryc. 13.3). Uwzględniła ona odkrycia swoistych antynocyceptywnych neuromodulatorów opioidowych oraz odpowiadających na ich działanie receptorów położonych na błonie synaptycznej komórek nerwowych. Koncepcja opiera się na występowaniu w rogu tylnym rdzenia kręgowego, a zwłaszcza w istocie galaretowatej, dwu funkcjonalnie odmiennych grup krótkoaksonowych komórek nerwowych. Jedne z nich za pośrednictwem typowych dla neuronów nocyceptywnych neurotransmiterów, takich jak substancja P i acetylocholina, przewodzą docierające do nich impulsy nocyceptywne. Możemy je więc określić mianem neuronów pobudzających (P). Inne, często nazywane neuronami hamującymi lub wstawkowymi (H), blokują przewodnictwo nocyceptywne wydzielanymi w swych zakończeniach nerwowych neuromodulatorami opioidowymi. Antynocyceptywna regulacja jest skutkiem łącznego lub wybiórczego działania dwu procesów. W pierwszym, impulsy bólowe przewodzone włóknami C mogą być presynaptycznie hamowane przez pobudzenie kolaterali nienocyceptywnych włókien A$\beta$. Naturalnie,

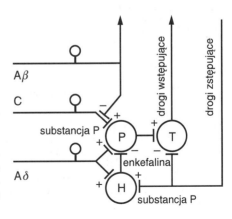

**Ryc. 13.3.** Schemat połączeń neuronowych rdzenia kręgowego zaangażowanych w mechanizmach anty-nocycepcji. A$\beta$ — włókna receptorów dotykowych, A$\delta$ i C — włókna nocyceptorów. P — neuron pobudzający, H — hamujący neuron wstawkowy, T — neuron transmisyjny. Znakiem plus oznaczono synaptyczne oddziaływanie pobudzające, znakiem minus — hamujące. (Wg: Bowsher 1983, zmodyf.)

307

w ten sposób zablokowane jest także przewodzenie impulsów nerwowych w pobudzających neuronach istoty galaretowatej oraz w komórkach transmisyjnych (T). Drugi proces jest związany z pobudzeniem nocyceptywnych włókien A$\delta$, których kolaterale unerwiają zarówno neurony pobudzające, jak również hamujące neurony wstawkowe. Pobudzenie przekazywane z włókien nocyceptywnych do komórek pobudzających jest więc tłumione w tych ostatnich, na skutek hamującego oddziaływania neuropeptydów opioidowych na ich receptory postsynaptyczne. Następstwem hamowania postsynaptycznego jest zablokowanie przekaźnictwa nocyceptywnego do komórek transmisyjnych, a tym samym do wyższych pięter układu nerwowego.

Szczególną rolę w procesach antynocycepcji odgrywają ośrodki położone w pniu mózgu. Włókna nerwowe komórek śródmózgowiowej struktury zwanej substancją szarą okołowodociągową, miejsca sinawego, jądra wielkiego szwu i przedniej części brzuszno-przyśrodkowego rdzenia przedłużonego tworzą tak zwany antynocyceptywny układ zstępujący, przewodzący impulsy nerwowe do rogu tylnego rdzenia (ryc. 13.4). Wiele danych doświadczalnych wskazuje, że we włóknach tego układu mogą istnieć jednocześnie dwa neuroprzekaźniki, na przykład serotonina i substancja P lub serotonina i enkefalina, natomiast na błonie postsynaptycznej znajdują się receptory dla jednego tylko neuroprzekaźnika. Serotonina i enkefaliny wywierają na synapsach działanie hamujące, natomiast substancja P, pobudzające. Niezależnie jednak od tego, czy jest to działanie hamujące czy też pobudzające, skutek fizjologiczny jest podobny. Serotoninergiczne zakończenia włókien występują bowiem na rdzeniowych komórkach

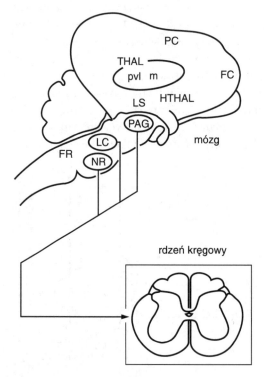

Ryc. 13.4. Schemat zstępującego układu antynocyceptywnego. LC — miejsce sinawe, NR — jądro wielkie szwu. Pozostałe oznaczenia jak na ryc. 13.2

transmisyjnych, natomiast substancja P pobudza położone w istocie galaretowatej hamujące neurony wstawkowe (patrz ryc. 13.3).

Znaczna część włókien neuronów substancji szarej okołowodociągowej wydziela do przestrzeni synaptycznych neuropeptydy opioidowe. W strukturze tej ujawniono też obecność licznych neuronów GABAergicznych. Większość włókien substancji okołowodociągowej dociera do pobliskich jąder miejsca sinawego, jąder szwu i brzuszno-przyśrodkowego rdzenia przedłużonego, a tylko niektóre z nich kierują się bezpośrednio do rogu tylnego rdzenia, gdzie działają hamująco na neurony istoty galaretowatej. Bezpośrednio z ośrodkami rdzeniowymi są natomiast połączone noradrenergiczne neurony miejsca sinawego i wydzielające serotoninę komórki jąder szwu. Oba typy neuronów hamująco oddziaływają na komórki rdzenia, jednak działanie noradrenaliny jest mniej swoiste niż serotoniny.

W latach 90. ubiegłego wieku H.L. Fields, M.M. Heinricher i P. Mason przedstawili interesującą hipotezę regulacji przewodzenia impulsów bólowych na poziomie pnia mózgu. Uznali, że najistotniejszą w tej transmisji stacją przekaźnikową jest brzuszno-przyśrodkowy rdzeń przedłużony. Występują w nim bowiem liczne zespoły neuronów mających charakter komórek włączających (ang. on-cells) i wyłączających (ang. off-cells). Komórki wyłączające unerwiane są zarówno pobudzającymi, jak i hamującymi zakończeniami neuronów pochodzących z substancji szarej okołowodociągowej. Za pośrednictwem krótszych gałązek unerwiających inne komórki wyłączające i włączające, a także za pośrednictwem podążających bezpośrednio do rdzenia kręgowego dłuższych kolaterali, neurony *off* wywierają zróżnicowany, hamujący lub pobudzający wpływ na komórki nerwowe położone w korzeniach grzbietowych rdzenia przedłużonego. Rolę pobudzających neuroprzekaźników w tej stacji przekaźnikowej odgrywa acetylocholina, serotonina i noradrenalina, hamujących zaś — enkefalina i GABA.

Jak już wspomniano, w strukturach ośrodkowego układu nerwowego nie ma receptorów bólowych. Pobudzanie określonych neuronów mózgowych, na przykład przez drażnienie bodźcami chemicznymi lub elektrycznymi, nie jest więc stymulacją nocyceptywną. Świadomość tego jest ważna, ponieważ znaczna część procesów fizjologicznych i ich umiejscowienie zostało poznane dzięki użyciu takich właśnie technik badawczych. W wielu pracach wykazano, że takie samo pobudzenie zstępującego układu antynocyceptywnego może być osiągnięte nie tylko nienocyceptywnym drażnieniem neuronów tworzących ten układ, ale także nocyceptywnym pobudzeniem ośrodków obwodowych. Natomiast drażnienie włókien A$\beta$, które blokuje rdzeniowe przewodnictwo bólowe, wywołuje jedynie znikome pobudzenie neuronów antynocyceptywnego układu zstępującego. Dowodzi to, iż funkcja antynocyceptywna tego układu jest pod szczególną kontrolą licznych korowych i limbicznych ośrodków mózgowych. Wśród tych ostatnich wyjątkowo ważną rolę odgrywa pole przedwzrokowe, podwzgórze i grzbietowo-przyśrodkowa część ciała migdałowatego.

Niezmiernie ważne, ale wciąż trudne do rozstrzygnięcia, jest pytanie, czy antynocyceptywne oddziaływanie wyższych pięter układu nerwowego to proces ciągły, czy też fazowy, uczynniany przez określone bodźce lub złożone stany fizjologiczne organizmu. Zgodnie z poglądem wielu badaczy znaczenie motywacyjne bodźców nocyceptywnych, podobnie jak wszystkich innych sygnałów pochodzących z otoczenia, podlega w mózgu procesom weryfikacji, a następnie opracowania takich reakcji, które w możliwie najpełniejszym stopniu pozwolą organizmowi zachować stan równowagi wewnątrzustrojowej. Jedną z tych reakcji, ale nie jedyną, jest analgezja, a więc całkowite zniesienie lub osłabienie czucia bólu. Można więc uznać, że antynocyceptywne oddziaływanie neuronów układu zstępującego przejawia się fazowo jedynie wtedy, gdy określony bodziec nocyceptywny wywołuje dostatecznie wysokie pobudzenie motywacyjne. Niestety, ta atrakcyjna hipoteza nie znajduje potwierdzenia w faktach znanych zwłaszcza lekarzom, którzy często obserwują u pacjentów silny ból połączony z bardzo wysokim pobudzeniem emocjonalnym.

## 13.6. Wpływ stresu na ból

Jedną z reakcji organizmu poddanego intensywnemu działaniu niemożliwych do uniknięcia czynników stresogennych jest znaczne obniżenie lub nawet zniesienie czucia bólu i aktywności nocyceptywnej, zwane analgezją postresową. Zjawisko to może trwać od minut do godzin po zadziałaniu stresora, w zależności od rodzaju i siły bodźca, a także od metody badania progu pobudliwości bólowej. Analgezję postresową wywołują jedynie bodźce niemożliwe do uniknięcia lub takie, których działanie nie może być skrócone reakcją zwierzęcia.

Mimo iż zdefiniowanie i określenie podłoża funkcjonalnego analgezji postresowej jest dorobkiem ostatnich dwudziestu lat, niewątpliwie od zarania dziejów zjawisko to nie było ludziom obce. Na przykład, żołnierze ranni w czasie walki lub sportowcy kontuzjowani w trakcie zawodów niejednokrotnie ze zdumieniem stwierdzali, że zupełnie nie odczuwają bólu. Można tu przytoczyć anegdotę pochodzącą z opisu słynnej wyprawy afrykańskiej szkockiego misjonarza Davida Livingstona. Otóż, w jej trakcie podróżnik został zaatakowany przez lwa i poważnie przez niego poraniony. Relacjonując później to wydarzenie, stwierdził, że czuł się wtedy tak, jakby był kimś stojącym obok i beznamiętnie obserwującym przebieg wydarzeń. Słyszał więc ludzki krzyk i pomruk zwierzęcia. Odnotował także odgłos dartego ubrania, a nawet to, że leżał na plecach, a paszcza lwa znalazła się tuż przy jego głowie. Dopiero znacznie później uświadomił sobie całą grozę wydarzenia i poczuł narastający ból zranionego ramienia.

Ból i wiele innych czynników stresogennych wywołuje adaptacyjne reakcje afektywne i ruchowe, które w niektórych warunkach pozwalają zwierzęciu uciec lub skrócić działanie bodźców awersyjnych. W sytuacji, w której niemożliwe jest osiągnięcie takiego skutku, zmniejsza się znaczenie adaptacyjne tych reakcji. Z ogólnobiologicznego punktu widzenia sens analgezji postresowej polega na wstrzymaniu ruchowych i afektywnych reakcji, na rzecz takich, które pozwalają organizmowi przezwyciężyć bezpośrednie skutki stresora. Można tę tezę wesprzeć interpretacją przedstawionych wyżej faktów dotyczących zachowania się ludzi, ale także wielu reakcji zwierząt w ich naturalnym środowisku lub w czasie eksperymentów laboratoryjnych. W latach 60. ubiegłego wieku, w doświadczeniach wykonanych na psach przez Seligmana i Maiera wykazano, że zastosowanie, nie poprzedzonych bodźcem sygnalizacyjnym, silnych i niemożliwych do uniknięcia bodźców bólowych przed treningiem instrumentalnych reakcji unikania (por. rozdz. 16), wywołuje u zwierząt stan charakteryzujący się długotrwałym upośledzeniem uczenia się. U zwierząt tych w późniejszym treningu próbowano bowiem bezskutecznie wytworzyć warunkowe reakcje polegające na wykonaniu określonego aktu ruchowego i dzięki temu uniknięciu bodźca bólowego. Zjawisko to nazwane stanem wyuczonej bezradności (ang. learned helplessness) było przez wielu badaczy traktowane jako przykład ograniczenia zdolności przystosowawczych u zwierząt poddanych działaniu silnych bodźców awersyjnych. Nie wnikając w złożone mechanizmy uczenia się i warunkowania (których omówienie Czytelnik znajdzie w rozdziale 16) można przyjąć, że jednym z istotnych elementów, od którego zwłaszcza w początkowym okresie treningu zależy wyuczenie ruchowej warunkowej reakcji obronnej, jest percepcja bezwarunkowego bodźca bólowego. Zgodnie z licznymi obecnie poglądami stan wyuczonej bezradności jest jednym z przejawów analgezji postresowej. Jest w nim zaburzone formowanie się warunkowych reakcji ruchowych, ponieważ upośledzone jest czucie bólu. Nie zniesione są jednak reakcje emocjonalne, ani też odpowiedzi układów wewnątrzwydzielniczych formujących opisany już wcześniej zespół adaptacji.

Zjawisko analgezji postresowej charakteryzuje się różnorodnością mechanizmów zaangażowanych w jego powstawaniu. Nawet ten sam rodzaj stresora zależnie od czasu trwania, częstości występowania, cech innych towarzyszących mu czynników środowiska, a nawet tego, czy oddziałuje na cały organizm, czy też na określone jego okolice, może wywoływać odmienne formy analgezji. W 1985 r. Watkins i Mayer wydzielili cztery typy analgezji o odmiennych mechanizmach i podłożu anatomicznym. Dwa pierwsze, analgezja neuronalno-nieopioidowa i neuronalno-opioidowa, powstają w wyniku uaktywnienia przez stresory ośrodków mózgowych oraz dróg zstępującego układu antynocyceptywnego. W procesach analgezji neuronalno-nieopioidowej są zaangażowane neurotransmitery nieopioidowe, natomiast istotą mechanizmu analgezji neuronalno-opioidowej jest oddziaływanie neuromodulatorów opioidowych. Mechanizmy obu tych typów zostały już szerzej omówione w rozdziale poświęconym rdzeniowym i mózgowym mechanizmom antynocyceptywnym, należy jedynie dodać, że na ogół są one wywoływane stresorami działającymi krócej lub bardziej pośrednio wpływającymi na organizm. Na przykład, zapach ciała szczurów stresowanych bodźcami nocyceptywnymi wywołuje obniżenie nieopioidowej i opioidowej reaktywności bólowej u osobników nie poddanych bezpośredniemu oddziaływaniu tych stresorów. Prawdopodobnie, w regulacji niektórych neuronalnych typów postresowej analgezji, mniej istotna jest także rola struktur limbicznych.

Większość badań prowadzonych w ostatnich latach koncentruje się na poznaniu mechanizmów dwu pozostałych typów analgezji, a mianowicie analgezji hormonalno--nieopioidowej i hormonalno-opioidowej. Wiadomo, że oba te typy analgezji są zależne od oddziaływania osi podwzgórzowo-przysadkowo-nadnerczowej na systemy antynocyceptywne. W procesie regulacji analgezji hormonalno-nieopioidowej nie są zaangażowane neuromodulatory opioidowe. Istotną rolę odgrywają natomiast neuro-transmitery katecholaminergiczne neuronów układu wegetatywnego i hormony rdzenia nadnerczy. Analgezja hormonalno-opioidowa jest skutkiem połączonego oddziaływania humoralnego i opioidowego. Zgodnie z niektórymi poglądami ta forma analgezji jest wywoływana długotrwałymi lub powtarzającymi się stresorami. Wysuwana jest także hipoteza, że bardzo intensywny lub chroniczny stres aktywizuje mechanizmy, których humoralną podstawą jest pobudzenie przez CRH, wydzielania ACTH oraz steroidowych hormonów nadnerczowych, natomiast analgezja wywołana nieciągłym fazowym stresem jest skutkiem stymulacji ACTH przez inny neurohormon podwzgórzowy, wazopresynę (ADH).

W mechanizmach humoralnych form analgezji ważną rolę odgrywają niektóre struktury limbiczne. Świadczą o tym wyniki prac prowadzonych w naszym Instytucie, w których analgezję postresową badano u szczurów nieoperowanych oraz u poddanych obustronnemu uszkodzeniu różnych jąder grzbietowo-przyśrodkowej i podstawno-bocznej części ciała migdałowatego (ryc. 13.5). Stresorem było drażnienie łap szokiem elektrycznym. W jednej grupie zwierząt stosowano bodziec 4-minutowy ciągły, w innej zaś — 20-minutowy szok podawany w regularnych 1-sekundowych impulsach co 4 sekundy. Pierwszy z wymienionych stresorów wywołuje u nieopero-wanych zwierząt analgezję o charakterze neuronalno-nieopioidowym, natomiast drugi — formę hormonalno-opioidową. U nieoperowanych zwierząt oba stresory wywołały analgezję przejawiającą się w postaci znacznego wydłużenia czasu utajenia wrodzonej obronnej reakcji ruchowej badanej po działaniu stresora. Po uszkodzeniu jąder grzbietowo-przyśrodkowej części ciała migdałowatego upośledzona została jedynie hormonalno-opioidowa forma analgezji (wywołana 20-minutowym szokiem elek-trycznym), natomiast żadna z obu form nie była zmieniona u zwierząt z uszkodzonymi

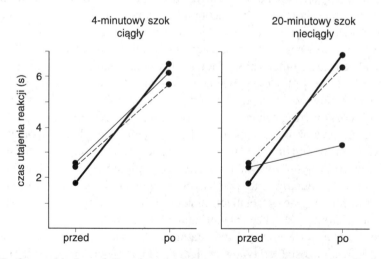

**Ryc. 13.5.** Czasy utajenia reakcji ruchowej przed i po zastosowaniu stresorów. Ciągłą grubą linią oznaczono grupę szczurów nieoperowanych, ciągłą cienką linią — grupę z uszkodzoną grzbietowo--przyśrodkową częścią ciała migdałowatego, linią przerywaną — grupę z uszkodzona częścią podstawno--boczną ciała migdałowatego. (Wg: Werka 1990, 1994, zmodyf.)

jądrami części podstawno-bocznej. Jest to dowodem funkcjonalnego zróżnicowania ciała migdałowatego w mechanizmach analgezji postresowej.

Jak już wspomniano, oprócz syntetyzowanego w przednim płacie przysadki mózgowej hormonu adrenokortykotropowego (ACTH), wytwarzany jest tam także neuromodulator opioidowy — $\beta$-endorfina. Inne neuropeptydy opioidowe, dynorfina i enkefaliny, są uwalniane z komórek tylnego płata przysadki mózgowej. Wywołane w stresie przysadkowe wydzielanie ACTH i $\beta$-endorfiny jest jednoczesne i w znacznym stopniu proporcjonalne do intensywności działającego stresora. Sprzeczne i niekompletne są natomiast dane dotyczące przysadkowej postresowej sekrecji dynorfiny i enkefalin. Krótko trwające stresory nie zmieniają zasadniczo poziomu dynorfiny w przysadce, jednakże podwyższają jej poziom w podwzgórzu, obniżają zaś w rdzeniu kręgowym. Z kolei długotrwały stres powoduje wyraźny wzrost uwalniania met--enkefaliny z komórek ośrodków rdzeniowych. Sądzi się, iż niezależnie od obwodowego działania, ACTH i wszystkie peptydy opioidowe wpływają na funkcjonowanie ośrodków pnia mózgu i układu limbicznego oraz innych struktur mózgowych regulujących postresowe procesy antynocyceptywne. Może o tym świadczyć fakt, iż $\beta$-endorfina podana bezpośrednio do komory bocznej mózgu działa silnie przeciwbólowo. Podstawy fizjologiczne tego oddziaływania nie są jednak dostatecznie poznane.

W mózgu, a szczególnie w strukturach układu limbicznego, znajdują się liczne receptory glikokortykoidów. Intensywność wiązania się tych receptorów z określonym glikokortykosteroidem wzrasta proporcjonalnie do stężenia hormonu, a więc jest zależna od siły i czasu działania stresora. Mimo iż wciąż niewiele jest danych dotyczących wpływu steroidów nadnerczowych na ośrodkowe i obwodowe mechanizmy nerwowe, można stwierdzić, że obniżają one próg pobudliwości wielu komórek nerwowych, wśród nich neuronów układów antynocyceptywnych. Zwiększają także syntezę mRNA hormonu kortykotropowego (CRH), co w przypadku długotrwałego oddziaływania stresorów wzmaga wszystkie reakcje stresowe oraz procesy analgezji.


# 13.7. Uwagi końcowe

Przez wiele lat ukształtowało się dość powszechne przekonanie, że układ nerwowy i hormonalny to systemy współdziałające w regulacji procesów wewnątrzustrojowych i reakcji behawioralnych, ale charakteryzujące się zupełnie odrębnymi mechanizmami tej regulacji. W większości nawet obecnie wydawanych podręczników oba układy są omawiane oddzielnie i więcej uwagi poświęca się różnicom niż podobieństwom i współzależnościom procesów nerwowowych i humoralnych. Współczesna nauka dostarcza dowodów, iż wprawdzie różne są pewne morfologiczne i anatomiczne cechy obu układów, niewielka jest natomiast odmienność wielu zachodzących w nich procesów biochemicznych i molekularnych. Błędne jest na przykład przekonanie, że w układzie hormonalnym i nerwowym zupełnie inny jest mechanizm przekazywania informacji, skoro w obu systemach wykorzystywane są te same substancje działające na swoiste receptory położone w różnych rejonach błony komórkowej i wewnątrz komórki. Liczne hormony tkankowe regulujące funkcje rozmaitych narządów wewnętrznych są także neurotransmiterami lub neuromodulatorami zaangażowanymi w procesach zachodzących w sieci neuronowej.

Zjawiska stresu i bólu są dobrym, ale naturalnie nie jedynym przykładem zależności i współistnienia nerwowych i humoralnych mechanizmów fizjologicznych w homeostazie. Oczywiście, nie wyczerpują tematu przedstawione w niniejszym rozdziale fakty anatomiczne i fizjologiczne dotyczące obu tych zjawisk. Ze względu na obszerność zagadnienia zaledwie zasygnalizowany został problem zależności istniejących pomiędzy bólem i stanem motywacyjnym oraz związane z tym problemem kontrowersje. Całkowicie zaś pominięto zagadnienia dotyczące współcześnie stosowanych metod badania i klasyfikacji bólu oraz psychoterapeutycznych, farmakologicznych i chirurgicznych sposobów jego zwalczania. Tak więc, niniejsze opracowanie jest jedynie próbą zachęcenia Czytelnika do bardziej pogłębionych studiów.

# 13.8. Podsumowanie

W przedstawionym rozdziale scharakteryzowano znaczenie biologiczne stresu i bólu oraz ich podłoże anatomiczne i funkcjonalne. Podjęto również próbę wykazania swoistości mechanizmów obu zjawisk, a także ujawnienia istniejących między nimi zależności. W reakcjach stresowych szczególną rolę odgrywa nie tylko układ hormonalny, zwłaszcza oś podwzgórzowo-przysadkowo-nadnerczowa, ale także liczne struktury ośrodkowego i wegetatywnego układu nerwowego. Podstawą procesów bólowych jest zarówno odbiór, przewodzenie i przetwarzanie bodźców nocyceptywnych, jak i złożone mechanizmy hamowania, które zachodzą na różnych piętrach układu nerwowego. Wśród tych mechanizmów szczególnie dobrze poznane są procesy zachodzące w ośrodkach śródmózgowia, rdzenia przedłużonego i kręgowego oraz w drogach zstępującego układu antynocyceptywnego. Na procesy bólowe przemożny wpływ wywierają także reakcje ustrojowe wywołane bodźcami stresowymi. Jednym z ich skutków jest analgezja postresowa, zjawisko charakteryzujące się zróżnicowaniem mechanizmów nerwowych i humoralnych, zależnie od właściwości stresora. Jest ona także przykładem złożonych zależności istniejących między nerwowymi i hormonalnymi mechanizmami fizjologicznymi w homeostazie wewnątrzustrojowej.

*Podziękowania*

Autor serdecznie dziękuje prof. K. Zielińskiemu i dr. M. Stasiakowi za krytyczne uwagi w trakcie przygotowywania tekstu.

# LITERATURA UZUPEŁNIAJĄCA

Akil H., Mayer D.J., Liebeskind J.C.: Antagonism of stimulation-produced analgesia by naloxon, a narcotic antagonist. *Science* 1976, **191**: 961 – 962.

Bowsher D.: Pain pathways and mechanisms. W: M. Swerdlow (red.), *Relief of Intractable Pain*. Elsevier Science Publishers B. V., Amsterdam 1983, 1 – 23.

Dobrogowski J., Kuś M., Sedlak K., Wordliczek J.: *Ból i jego leczenie*. Springer PWN, Warszawa 1996, 253 s.

Dubner R.: Methods of assessing pain in animals. W: P.D. Wall, R. Melzack (red.), *Textbook of Pain*, 2 wyd. Churchill Livingstone, Edinburgh 1989, 242 – 256.

Jessell T.M., Kelly D.D.: Pain and analgesia. W: E.R. Kandel, J.H. Schwartz, T.M. Jessell (red.), *Principles of Neural Science*, 3 wyd. Prentice-Hall International Inc. 1991, 385 – 399.

MacLennan A.J., Drugan R.C., Hyson R.L., Maier S.F., Madden J., Barchas J.D.: Corticosterone: a critical factor in an opioid form of stress-induced analgesia. *Science*, 1982, **215**: 1530 – 1532.

Maj J.: Neuropsychofarmakologia — osiągnięcia i perspektywy. W: K. Zieliński (red.), Mózg i mechanizmy przystosowawcze ustroju. *Kosmos* 1993, **42**(2); 321 – 346.

Melzack R., Wall P.D.: Pain mechanisms: a new theory. *Science* 1965, **150**: 971 – 979.

Sapolsky R.M.: Atrophy of the hippocampus in posttraumatic stress disorder: How and when? *Hippocampus* 2001, **11**: 90 – 91.

Selye H.: *Stress Życia*. PZWL, Warszawa 1960, 420 s.

Watkins L.R., Mayer D.J.: Organization of endogenous opiate and nonopiate pain control systems. *Science* 1982, **216**: 1185 – 1192.

Werka T., Marek P.: Post-stress analgesia after lesions to the central nucleus of the amygdala in rats. *Acta Neurobiol. Exp.* 1990, **50**: 13 – 22.

Werka T.: Post-stress analgesia in rats with partial amygdala lesions. *Acta Neurobiol. Exp.* 1994, **54**: 127 – 132.

# ROZDZIAŁ 14

# W poszukiwaniu molekularnych mechanizmów pamięci

GRAŻYNA NIEWIADOMSKA

---

Wprowadzenie ■ Molekularne detektory równoczesności w układzie nerwowym ■ Elektrofizjologiczne analogi procesów uczenia się i zapamiętywania ■ Analiza komórkowa i molekularna procesów uczenia się i zapamiętywania w niektórych modelach doświadczalnych ■ Podsumowanie

---

## 14.1. Wprowadzenie

Chociaż przekazywanie sygnału na poziomie neuronalnym jest zdarzeniem trwającym milisekundy lub sekundy, to mózg pozwala nam na przechowywanie informacji przez dziesiątki lat. Pytanie, jak te krótkie sygnały są przetwarzane w stabilną formę przechowywaną w układzie nerwowym, innymi słowy, jak potrafimy uczyć się i zapamiętywać, to jedno z najbardziej interesujących zagadnień w nauce.

Reakcje organizmu na zmiany zachodzące w otaczającym go środowisku są modyfikowane przez doświadczenie nabywane w życiu osobniczym. Służą temu dwa procesy, uczenie się i pamięć. Oba te zjawiska mogą zachodzić tylko w układzie nerwowym. Uczenie się to nabywanie nowej informacji, czyli tworzenie w układzie nerwowym wewnętrznych reprezentacji doznań, bądź też trwałe przekształcanie tych reprezentacji pod wpływem doświadczenia. Pamięć natomiast oznacza przechowywanie tych wewnętrznych reprezentacji w czasie, z możliwością wykorzystania ich w procesach nerwowych oraz w zachowaniu się organizmu. Procesy uczenia się i pamięci są jednym z najważniejszych przejawów zdolności układu nerwowego do podlegania plastycznym zmianom strukturalnym i funkcjonalnym. Efektywność tych procesów maleje wraz z wiekiem, jednak układ nerwowy zachowuje zdolność do tego rodzaju modyfikacji swojej struktury i funkcji przez cały okres życia osobniczego.

Badania nad istotą uczenia się i pamięci aż do końca dziewiętnastego wieku były głównie przedmiotem filozofii. W kolejnych dziesięcioleciach ukierunkowywały je dwie główne teorie: pierwsza, zakładająca, że pamięć jest procesem psychicznym i druga, zgodnie z którą pamięć jest zmianą w neuronowych połączeniach synaptycznych. W badaniach nad pamięcią, niezależnie od dyscypliny, zadawano sobie zawsze dwa podstawowe pytania: 1) w jaki sposób zachodzi konsolidacja śladów pamięciowych w układzie nerwowym oraz 2) gdzie w mózgu są przechowywane te ślady.

Wyodrębniono różne rodzaje pamięci i wiadomo, że niektóre obszary mózgu są bardziej istotne dla tworzenia się pamięci danego rodzaju, a inne mniej. Wyniki doświadczeń w dużym stopniu zależą od tego, jaki rodzaj pamięci jest badany. Formy pamięci wyróżnia się bądź w zależności od czasu, w jakim powstaje i utrzymuje się w układzie nerwowym ślad pamięciowy, bądź w zależności od rodzaju nabywanej informacji. Uwzględniając czynnik czasu, Baddeley wyróżnia trzy formy pamięci: 1) pamięć natychmiastową (ang. immediate memory) * — dotyczy ona niewielkiej ilości doznań i utrzymuje się w układzie nerwowym najwyżej kilka sekund; 2) pamięć krótkotrwałą (ang. short-term memory) — forma pamięci, która utrzymuje się od kilku sekund lub minut nawet do kilku godzin i czasem może przejść w 3) pamięć długotrwałą (ang. long-term memory) — rodzaj pamięci pozwalającej zachować ślady znacznej ilości doznań trwale lub przez bardzo długi okres. Klasyfikacja pamięci (a raczej etapów tworzenia śladu pamięciowego), uwzględniająca głównie czynnik czasu, jest stosowana przez neurochemików badających biochemię pamięci. Ważnym kryterium tego podziału jest to, iż pamięć krótkotrwała nie zależy od syntezy białek i jest zaburzana przez elektrowstrząsy, natomiast pamięć długotrwała zależy od syntezy białek i transkrypcji genów i nie jest zakłócana przez elektrowstrząsy. Należy jednak podkreślić, że klasyfikacja rodzajów pamięci na podstawie czynnika czasu nie może być niezależna od klasyfikacji uwzględniającej rodzaj nabywanej informacji (por. rozdz. 15 i 16).

Uczenie się i pamięć są tak złożonymi przejawami aktywności mózgu, że trzeba było bardzo wyrafinowanych technik badawczych, aby przynajmniej w części zrozumieć istotę tych zjawisk. Dopiero w ciągu ostatnich dwudziestu lat badania mózgu spowodowały ogromny postęp w zrozumieniu związków zachodzących między procesami poznawczymi a funkcją mózgu. W niniejszym rozdziale skupiono się na kilku wybranych eksperymentalnych modelach uczenia się i przedstawiono próbę ukazania, jak badania z użyciem technik biologii molekularnej zaczynają odsłaniać mechanizmy uczenia się i pamięć.

# 14.2. Molekularne detektory równoczesności w układzie nerwowym

Pojęcie wykrywania równoczesności (ang. coincidence detection) pojawiło się w neurobiologii w ostatnich latach i wiąże się z jedną z najbardziej znaczących właściwości układu nerwowego, a mianowicie z jego zdolnością do zmian plastycznych (por. rozdz. 24). Neurony mają nieporównywalną z innymi komórkami organizmu możliwość modyfikowania swojej struktury i aktywności. Plastyczność neuronów

---

* Niektórzy autorzy wyróżniają pamięć sensoryczną jako trwającą najkrócej formę pamięci (por. rozdz. 15.)

przejawia się szczególnie dobitnie w czasie rozwoju układu nerwowego. Właściwość ta zachowuje się przez całe życie. Neurony, które osiągnęły strukturalną i funkcjonalną dojrzałość, mogą przebudowywać swoje połączenia synaptyczne, zwłaszcza podczas uczenia się. Plastyczność synaptyczna jest adaptacyjną odpowiedzią neuronu na swoiste bodźce zewnętrzne, często odpowiedzią na kilka różnych, ale sprzężonych ze sobą sygnałów. Integracja informacji docierającej do układu nerwowego wskutek niemal równoczesnego działania oddzielnych bodźców jest nazywana wykrywaniem równoczesności. Zjawisko to odgrywa szczególnie doniosłą rolę w czasie rozwoju układu nerwowego, umożliwiając neuronom wytworzenie właściwych połączeń (por. rozdz. 6), a w dojrzałym układzie nerwowym stanowi podstawę plastyczności synaptycznej, istotnej dla magazynowania informacji podczas uczenia się oraz jej utrwalania w formę pamięci długotrwałej.

Wykrywanie równoczesności zachodzi w układzie nerwowym na wielu poziomach analizy informacji, wydaje się jednak, że jego podstawą są zmiany zachodzące na poziomie molekularnym. Wiele związków zaangażowanych w przekazywanie sygnałów w komórce nerwowej może odgrywać rolę tzw. detektorów równoczesności. Potwierdzają to wyniki badań ostatnich lat, które wskazują, że zarówno nabywanie, jak

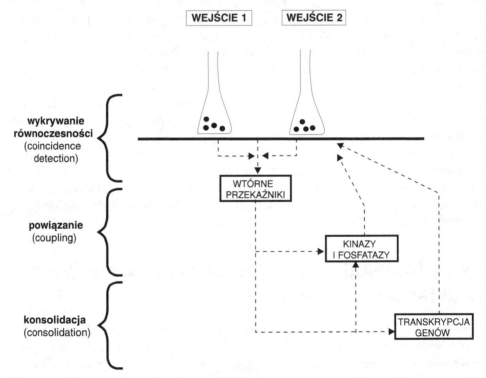

**Ryc. 14.1.** Trzy procesy komórkowe (wykrywanie równoczesności, powiązanie i konsolidacja informacji) odpowiedzialne za początkową fazę procesu uczenia się i zapamiętywania. Układ wtórnych przekaźników działając poprzez kinazy i fosfatazy białkowe może odgrywać kluczową rolę zarówno w wykrywaniu równoczesności bodźców, jak i ich powiązania z długotrwałym procesem konsolidacji, u podłoża którego mogą leżeć zmiany w transkrypcji genów

i przechowywanie informacji w układzie nerwowym zależy od tego samego układu wtórnych przekaźników, takich jak jony wapnia $Ca^{2+}$, kinazy i fosfatazy białkowe, cykliczny AMP (cAMP) i GMP (cGMP), trifosfoinozytole ($InsP_3$) oraz tlenek azotu (NO) (por. rozdz. 1). Istnieją badania dostarczające dowodów na to, że właśnie te cząsteczki są odpowiedzialne za wykrywanie i porządkowanie informacji docierającej do komórki nerwowej w wyniku pojawienia się na jej wejściach dwóch różnych, ale równoczesnych sygnałów. Wyjaśnienie, jak to się dzieje, że powszechny w komórkach układ wtórnych przekaźników w komórce nerwowej indukuje specyficzne zmiany plastyczne związane z nabywaniem i przechowywaniem informacji, jest obecnie przedmiotem bardzo intensywnych badań.

Procesy wewnątrzkomórkowe związane z uczeniem się i zapamiętywaniem można w uproszczeniu podzielić na trzy główne fazy: 1) wykrywanie równoczesnej aktywności (ang. coincidence detection) na wejściach komórki nerwowej, 2) powiązanie (ang. coupling) krótkotrwałego sygnału z dłużej trwającymi procesami oraz 3) konsolidacja (ang. consolidation) informacji otrzymanej przez neuron (ryc. 14.1).

## 14.2.1. Wykrywanie równoczesności

Uważa się, że w początkowej fazie nabywania informacji warunkiem koniecznym jej zapisu jest czasowa zbieżność wystąpienia dwóch lub więcej oddzielnych sygnałów na dwóch lub więcej wejściach komórki nerwowej. Jeżeli taka równoczesność zachodzi, to możemy zaobserwować wzrost poziomu wewnątrzkomórkowych wtórnych przekaźników, najczęściej wzrost stężenia jonów wapnia $[Ca^{2+}]_i$ oraz cAMP (ryc. 14.2) (por. rozdz. 1). Rozpoczyna to fazę nabywania (ang. acquisition) informacji, którą charakteryzuje bardzo krótki czas trwania. Na przykład, zjawisko długotrwałego wzmocnienia synaptycznego (ang. long-term potentiation, LTP, por. podrozdz. 3.1) w hipokampie ssaków może być zaindukowane krótką serią impulsów o wysokiej częstotliwości, trwającą mniej niż sekundę. Ta krótka stymulacja, która wiąże się z przejściowym wzrostem $[Ca^{2+}]_i$ w komórce, prowadzi do zwiększenia transmisji synaptycznej utrzymującej się przez wiele godzin. Podstawową cechą zjawiska wykrywania równoczesności jest szybkie i krótkotrwałe podwyższanie poziomu wtórnych przekaźników, które działają jak przełącznik indukujący wstępny etap procesu zapamiętywania. Wzrost poziomu wtórnych przekaźników wskutek wykrycia równoczesności sygnałów utrzymuje się krótko. Musi zatem istnieć mechanizm, który prowadzi do bardziej trwałej formy magazynowania informacji.

## 14.2.2. Powiązanie krótkotrwałego sygnału z procesem konsolidacji

W układzie nerwowym informacja o bodźcach jest nabywana bardzo szybko, z czego wnosi się, że jest to proces odbywający się w synapsach. Bardziej długotrwałe przechowanie informacji w komórce nerwowej występuje wówczas, gdy wskutek zwiększenia poziomu wtórnych przekaźników informacja o bodźcach zostanie

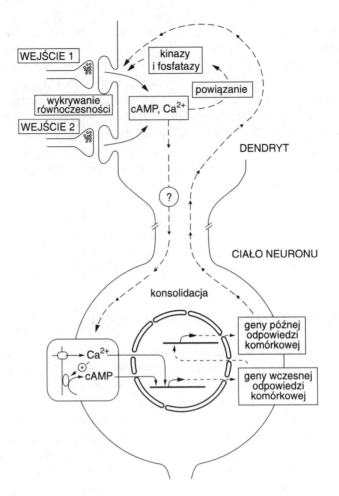

**Ryc. 14.2.** Przestrzenna i czasowa organizacja procesów uczenia się i zapamiętywania. Równoczesne pobudzenie dwu oddzielnych wejść na komórce nerwowej aktywuje układ wtórnych przekaźników ($Ca^{2+}$ i cAMP) odpowiedzialnych za początkową fazę nabywania informacji. Poprzez przeniesienie sygnału z wtórnych przekaźników na kinazy i fosfatazy białkowe informacja może być przechowywana przez dłuższy czas. Dla przetworzenia jej w utrwaloną formę pamięci konieczna jest konsolidacja zmian synaptycznych poprzez aktywację transkrypcji genów. Powiązanie sygnałów nie musi zachodzić w tym samym neuronie co konsolidacja informacji (jak to pokazuje rysunek), wykazano bowiem, że pamięć krótkotrwała pojawiająca się w danym zespole neuronów może być utrwalona w zupełnie innym zespole neuronów. (Wg: Berridge. W: Konnerth i in. 1996, zmodyf.)

skierowana na właściwą dla nich drogę przekazywania sygnałów w komórce (ryc. 14.2) (por. rozdz. 1). W procesie tym pośredniczą kinazy i fosfatazy białkowe, które regulują fosforylację białek związanych z transmisją synaptyczną. Zmiany w konformacji białek synaptycznych mogą prowadzić do wzmocnienia lub osłabienia przewodnictwa synaps. Oba te zjawiska charakteryzują prawdopodobnie wczesną fazę nabywania w procesie uczenia się i zapamiętywania.

# 14.2.3. Konsolidacja

Aby pamięć mogła przejść w formę trwałą przechowywaną w układzie nerwowym przez miesiące i lata, chwilowy proces wzmocnienia lub osłabienia transmisji synaptycznej powinien ulec konsolidacji (ryc. 14.2). Odpowiedź na pytanie, jak dochodzi do utrwalenia pamięci, w dużej mierze pozostaje nadal tajemnicą. Badania neurobiologii molekularnej wskazują na to, że proces ten wymaga udziału jądra komórkowego neuronu wraz ze zmianami w ekspresji genów i syntezie białek (ryc. 14.2). Utrwalenie zmian w przewodnictwie synaps może się odbywać w dwóch etapach przepływu informacji: 1) wzbudzenie w synapsach powoduje przesłanie sygnału do jądra, co prowadzi do zmian ekspresji genów, po czym 2) informacja powinna być przekazana ponownie z jądra do miejsc połączeń synaptycznych, co prowadzi do zmian strukturalnych. Jeżeli tą drogą odbywa się konsolidacja pamięci, to należy wziąć pod uwagę przynajmniej dwa zastrzeżenia. Po pierwsze, tylko niektóre z ogromnej liczby synaps na neuronie są zaangażowane w pojedyncze zdarzenie wykrywania równoczesności sygnałów. Jak zatem utrzymywana jest specyficzność informacji? Po drugie, neuron, który początkowo jest związany z nabywaniem informacji, nie musi być tym, w którym informacja zostaje zmagazynowana. Na przykład, hipokamp jest strukturą mózgu zaangażowaną w nabywanie i wzmacnianie informacji we wczesnych etapach procesu uczenia się. Jednakże dziś wiadomo, że pamięć nie jest przechowywana w komórkach hipokampa (por. rozdz. 15). Jego uszkodzenie nie niszczy wielu form pamięci długotrwałej. Zastanawiając się nad procesem konsolidacji, powinniśmy rozważać nie tylko wymianę informacji pomiędzy synapsami i jądrem, ale także proces wymiany informacji między neuronami często bardzo odległych od siebie struktur mózgu.

# 14.3. Elektrofizjologiczne analogi procesów uczenia się i zapamiętywania

Istnieje przynajmniej kilkanaście modeli doświadczalnych, wykorzystywanych obecnie w badaniach molekularnych mechanizmów uczenia się i zapamiętywania. Dwa z nich, służące badaniu plastyczności synaptycznej, to: długotrwałe wzmocnienie transmisji synaptycznej (ang. long-term potentiation, LTP) w hipokampie i jego przeciwieństwo, czyli długotrwałe osłabienie transmisji synaptycznej (ang. long-term depression, LTD) w móżdżku.

## 14.3.1. Długotrwałe wzmocnienie transmisji synaptycznej — LTP

### 14.3.1.1. Homosynaptyczne LTP

W badaniach nad uczeniem się i pamięcią jedną z najbardziej interesujących struktur mózgu jest hipokamp, który zarówno u ludzi, jak i u zwierząt jest związany z procesami poznawczymi. W hipokampie opisano zjawisko, które jest szczególnym wyrazem zmian plastycznych w neuronach, a charakter tego zjawiska wskazuje na to, że może ono być podstawą procesu uczenia się. Zjawisko to polega na wzroście efektywności przewodzenia synaptycznego po tężcowej stymulacji (krótkotrwałym bodźcem o wysokiej częstotliwości) włókien aferentnych, który może utrzymywać się przez wiele dni. Z tego powodu zostało nazwane długotrwałym wzmocnieniem synaptycznym — LTP. Drażnienie tylko jednej drogi doprowadzającej, której włókna tworzą połączenia synaptyczne z komórkami docelowymi, prowadzi do wytworzenia homosynaptycznej formy LTP. Po raz pierwszy opisali je Bliss i Gardner-Medwin w komórkach ziarnistych zakrętu zębatego u królika po stymulacji włókien drogi przeszywającej w doświadczeniach prowadzonych *in vivo* oraz Bliss i Lömo u królików czuwających. LTP charakteryzuje się stabilnym, długotrwałym wzrostem wielkości odpowiedzi postsynaptycznej na krótkotrwały bodziec o wysokiej częstotliwości (bodziec tężcowy) (ryc. 14.3). Odpowiedź postsynaptyczną rejestruje się zewnątrz-komórkowo bądź w postaci zbiorczego potencjału wywołanego z warstwy komórkowej (ang. population spike), bądź w postaci zbiorczego potencjału synaptycznego z warstwy synaptycznej (ang. population excitatory postsynaptic potential, EPSP). W hipokampie wzrost amplitudy odpowiedzi postsynaptycznej po indukcji LTP może osiągnąć ok. 250% w porównaniu z wielkością amplitudy zbiorczego potencjału wywołanego przed LTP. Amplituda zbiorczego potencjału synaptycznego (EPSP) może wzrosnąć o 50% po indukcji LTP. LTP rozwija się bardzo szybko, a wzrost efektywności przewodzenia synaptycznego jest znaczącą i długo utrzymującą się zmianą plastyczną. Może ona trwać do kilku godzin w przypadku zanikającego LTP (D-LTP, ang. decremental LTP) lub do kilku dni, a nawet tygodni w przypadku długotrwałego LTP (L-LTP, ang. long-lasting LTP).

Większość badań nad LTP prowadzono bądź w doświadczeniach *in vivo* na hipokampie królików i szczurów, bądź *in vitro* na skrawkach hipokampa w hodowlach tkankowych. Jednakże zjawisko to opisano także w korze nowej, wzgórzu, pniu mózgu i zwojach autonomicznych u ssaków, w nakrywce wzrokowej u złotej rybki i w korze mózgu u jaszczurki. Ze wszystkich tych eksperymentów wynika, że wywołanie LTP wymaga stymulacji włókien presynaptycznych bodźcem o wysokiej częstotliwości i sile przewyższającej pewną wartość progową. Zarówno wysoka częstotliwość, jak i siła bodźca aktywująca dużą liczbę aksonów presynaptycznych są warunkiem koniecznym do wywołania LTP. Ani słaby bodziec o wysokiej częstot-liwości, ani silny bodziec o niskiej częstotliwości nie wywołują LTP (ryc. 14.4). Aby zainicjować LTP, błona komórkowa neuronu postsynaptycznego musi być silnie zdepolaryzowana. Uniemożliwienie rozszerzania się fali depolaryzacyjnej w neuronie postsynaptycznym powoduje, że mimo stymulacji włókien aferentnych silnym bodźcem tężcowym nie można wywołać zjawiska LTP (ryc. 14.4B). Również sama depolaryza-cja części postsynaptycznej nie wystarcza do wywołania LTP. Podanie np. silnego prądu poprzez elektrodę umieszczoną we wnętrzu neuronu postsynaptycznego może doprowadzić do indukcji LTP tylko wówczas, jeżeli jest sprzężone z pobudzeniem wejścia presynaptycznego. Równoczesne pobudzenie wejścia presynaptycznego i depolaryzacja błony postsynaptycznej są konieczne do indukcji LTP.

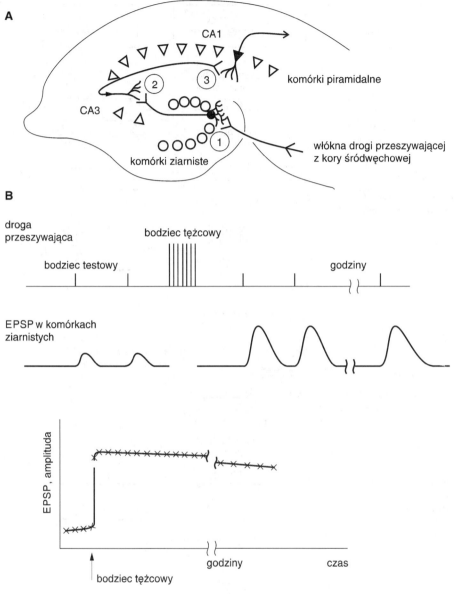

**A**

CA1

komórki piramidalne

CA3

włókna drogi przeszywającej z kory śródwęchowej

komórki ziarniste

**B**

droga przeszywająca

bodziec tężcowy

bodziec testowy

godziny

EPSP w komórkach ziarnistych

EPSP, amplituda

godziny

czas

bodziec tężcowy

**Ryc. 14.3.** Długotrwałe wzmocnienie synaptyczne w hipokampie. **A** — Schematyczny rysunek skrawka hipokampa. Włókna z kory śródwęchowej docierają do hipokampa drogą przeszywającą i tworzą połączenia synaptyczne na dendrytach komórek ziarnistych zakrętu zębatego (1). Komórki ziarniste z kolei tworzą synapsy na neuronach piramidalnych pola CA3 hipokampa właściwego (2). Neurony pola CA3 wysyłają zakończenia aksonalne do komórek piramidalnych pola CA1 (3). **B** — LTP w połączeniu synaptycznym pomiędzy włóknami drogi przeszywającej a komórkami ziarnistymi zakrętu zębatego. W hipokampie LTP można wywołać w każdym z trzech połączeń synaptycznych (por. **A**). EPSP — zbiorczy postsynaptyczny potencjał pobudzający. (Wg: Nicoll i in. *Neuron* 1988, 1(2): 97 – 103, zmodyf.)

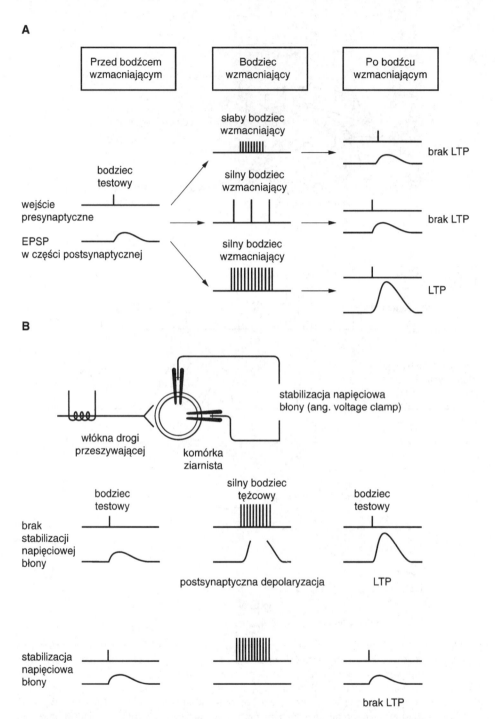

**Ryc. 14.4.** Presynaptyczne uwolnienie neurotransmitera wraz z depolaryzacją błony postsynaptycznej jest konieczne do wywołania LTP. **A** — Ani słaby bodziec o wysokiej częstotliwości, ani silny bodziec o niskiej częstotliwości nie są w stanie wywołać LTP. Wzrost amplitudy EPSP występuje tylko po silnej tężcowej stymulacji włókien aferentnych. **B** — Jeżeli uniemożliwimy depolaryzację błony postsynaptycznej (metodą utrzymywania stałego napięcia — ang. voltage clamp) podczas tężcowej stymulacji włókien aferentnych, to nawet silny bodziec o wysokiej częstotliwości nie spowoduje indukcji LTP. (Wg: Nicoll i in. *Neuron* 1988, 1(2): 97–103, zmodyf.)

### 14.3.1.2. Heterosynaptyczne LTP

Nie tylko homosynaptyczne LTP spełnia warunek wykrywania równoczesności w układzie nerwowym, jako podstawy procesów przetwarzania informacji. Również heterosynaptyczna forma LTP określana jako asocjacyjne LTP jest zgodna z postulatem wykrywania równoczesności. Indukcja tej formy LTP zachodzi wówczas, gdy aktywność w jednej synapsie przyczynia się do wywołania LTP w innej. Ilustruje to rycina 14.5 przedstawiająca neuron, który otrzymuje zarówno słabe, jak i silne wejście synaptyczne. Zaznaczono wcześniej, że stymulacja słabego wejścia nawet bodźcem o wysokiej częstotliwości nie powoduje LTP, podczas gdy tężcowa stymulacja silnego wejścia wywołuje homosynaptyczne LTP. Jeżeli w sytuacji przedstawionej na rycinie 14.5 oba wejścia zostaną pobudzone równocześnie bodźcem tężcowym, to pobudzenie silnego wejścia spowoduje depolaryzację błony postsynaptycznej oraz rozprzestrzenianie się depolaryzacji w okolice słabego wejścia synaptycznego. Ponieważ to wejście jest także aktywne, to w sytuacji, gdy błona postsynaptyczna jest odpowiednio zdepolaryzowana, oba warunki konieczne do wywołania LTP są spełnione (por. ryc. 14.4). Skutkiem tego jest wywołanie długotrwałego wzmocnienia synaptycznego w miejscu słabego wejścia.

## 14.3.2. Molekularny mechanizm powstawania LTP

Wiadomo obecnie, że w hipokampie występują dwie różne formy LTP. Wzmocnienie synaptyczne obserwowane w komórkach ziarnistych zakrętu zębatego oraz w komórkach piramidalnych pola CA1 jest nazywane NMDA-zależnym LTP (ang. NMDA receptor-dependent LTP). Natomiast LTP rejestrowane w synapsach, jakie tworzą włókna mszate komórek ziarnistych na proksymalnych dendrytach komórek piramidalnych pola CA3, jest określane jako LTP włókien mszatych (ang. mossy fibre LTP).

Przyjmuje się powszechnie, że indukcja NMDA-zależnego LTP wymaga aktywacji postsynaptycznych receptorów kwasu glutaminowego typu NMDA (nazwa od agonisty tych receptorów, czyli kwasu $N$-metylo-D-asparaginowego) w czasie trwania depolaryzacji błony postsynaptycznej. Kanały jonowe związane z receptorami NMDA stanowią jedną z dróg przenikania jonów wapnia do wnętrza komórki. Masowy napływ jonów wapnia odgrywa kluczową rolę w indukcji LTP. Otwarcie kanałów jonowych związanych z receptorem NMDA i napływ jonów $Na^+$ i $Ca^{2+}$ zależy od równoczesnego wystąpienia dwóch zdarzeń: wyrzutu neurotransmitera do szczeliny synaptycznej i depolaryzacji błony postsynaptycznej. Depolaryzacja błony postsynaptycznej znosi blokadę kanałów jonowych związanych z receptorem NMDA przez jony magnezu $Mg^{2+}$. Dzieje się to dzięki aktywacji receptorów AMPA (kwas $\alpha$-amino-3-
-hydroksy-5-metylo-4-izoksazolopropionianowy) przez glutaminian. Receptory AMPA występują wspólnie z receptorami NMDA na kolcach dendrytycznych neuronu. Aktywacja receptorów AMPA powoduje otwarcie kanału sodowego, napływ jonów $Na^+$ i depolaryzację błony (ryc. 14.6). Z drugiej strony, glutaminian wiąże się z receptorami NMDA, powodując otwarcie związanych z nim kanałów wapniowych

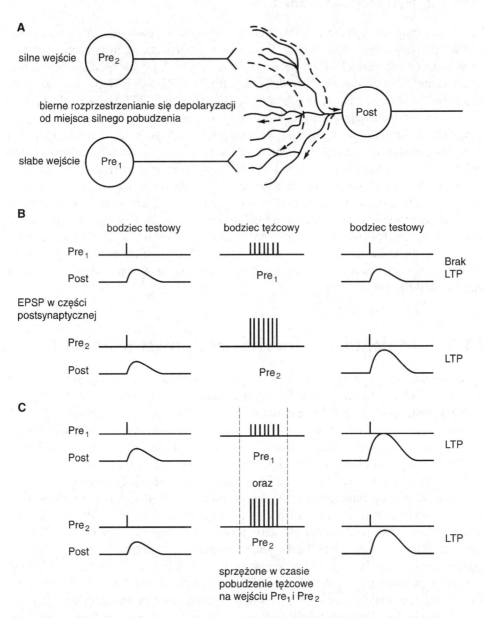

**Ryc. 14.5.** Asocjacyjne długotrwałe wzmocnienie synaptyczne. **A** — Schemat ilustrujący zależność przestrzenną między silnym i słabym wejściem presynaptycznym. **B** — Stymulacja silnego wejścia prowadzi do indukcji LTP, natomiast stymulacja wyłącznie słabego wejścia nie indukuje LTP. **C** — Jeżeli równocześnie pobudzimy silne i słabe wejście presynaptyczne, depolaryzacja wywołana silnym pobudzeniem rozprzestrzenia się w okolice słabego wejścia presynaptycznego i współuczestniczy w wywołaniu LTP również na tej drodze przekazywania sygnału. (Wg: Nicoll i in. *Neuron* 1988, 1(2): 97 – 103, zmodyf.)

**A**

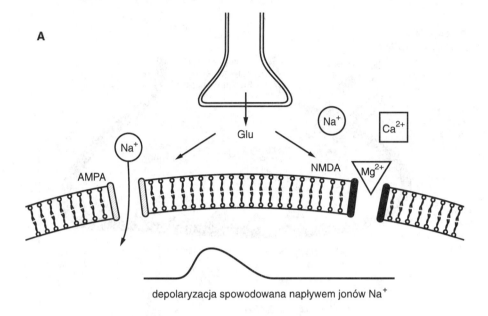

depolaryzacja spowodowana napływem jonów Na⁺

**B**

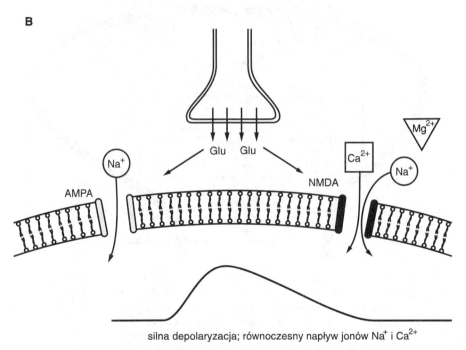

silna depolaryzacja; równoczesny napływ jonów Na⁺ i Ca²⁺

**Ryc. 14.6.** Różne rodzaje odpowiedzi na glutaminian przenoszone przez dwa różne typy jego receptorów. **A** — W odpowiedzi na słaby bodziec presynaptyczny aktywowane są tylko receptory typu AMPA. **B** — Silny bodziec powoduje przepływ jonów zarówno przez kanały związane z receptorem AMPA (napływ jonów sodowych), jak i NMDA (zniesienie zależnego od napięcia bloku magnezowego oraz napływ jonów wapnia). (Wg: Levitan i Kaczmarek 1998, zmodyf.)

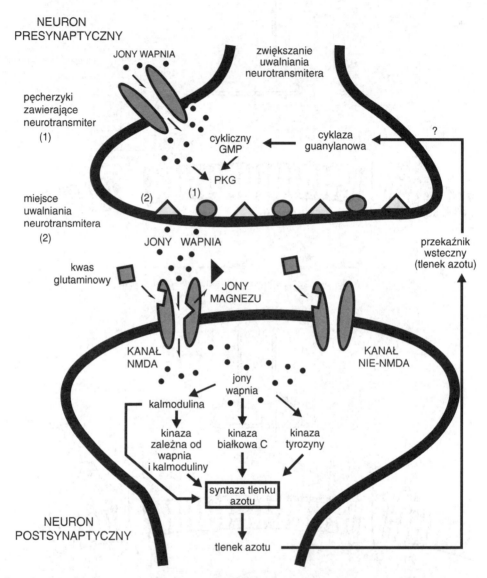

**Ryc. 14.7.** Molekularny mechanizm powstawania LTP. Silny bodziec tężcowy powoduje depolaryzację błony postsynaptycznej w stopniu wystarczającym do zniesienia blokady kanału jonowego związanego z receptorem NMDA (powodowanej w stanie spoczynku obecnością jonu magnezu). Umożliwia to masowy napływ do wnętrza komórki jonów wapnia. Wzrost stężenia wapnia powoduje aktywację zależnych od niego kinaz białkowych. Prowadzi to do indukcji LTP. Uważa się, że utrzymanie się LTP jest zależne od wstecznego przekazania sygnału z komórki postsynaptycznej do części presynaptycznej. Wstecznym przekaźnikiem plastyczności może być tlenek azotu, który działa na zakończenia presynaptyczne, w wyniku czego dochodzi do zwiększonego uwalniania neurotransmitera — kwasu glutaminowego. Tlenek azotu wywiera działanie poprzez aktywację cyklazy guanylanowej lub transferazy ADP-rybozylowej. (Wg: Kandel i Hawkins. *Sci. Amer.* 1992, 267(3): 78–86, zmodyf.)

i napływ jonów $Ca^{2+}$ do komórki. Udowodniono, że napływ jonów wapnia stanowi sygnał indukujący LTP.

Obecnie bardzo dużo uwagi poświęca się roli, jaką w zjawisku LTP odgrywają receptory AMPA. Uważa się, że do indukcji, a przede wszystkim utrzymania LTP, jest konieczna modyfikacja ich funkcji i rozmieszczenia w części postsynaptycznej. W celu ustalenia komórkowej lokalizacji receptorów GluR1 (ang. glutamate receptor one), będących podjednostkami receptorów AMPA, wykorzystano specjalną technikę znakowania za pomocą białka GFP (ang. green fluorescent protein). Stwierdzono, że w polu CA1 hipokampa kompleksy GluR1-GFP są obecne głównie w przedziale cytoplazmatycznym neuronów nie poddanych stymulacji tężcowej. Po tetanizacji zauważono raptowne przemieszczanie się kompleksów do kolców dendrytycznych komórki postsynaptycznej, tak że niemal we wszystkich kolcach obserwowano zieloną fluorescencję znakowanych receptorów. Ponadto wzór świecenia analizowany w laserowym mikroskopie skanującym i mikroskopie elektronowym wskazuje, że kompleksy te układają się w postaci skupisk w pobliżu miejsc połączeń synaptycznych ulegających pobudzeniu. Oznacza to, że wywołanie LTP wymaga zwiększonej ekspresji receptorów AMPA w błonie komórkowej stymulowanego neuronu. Zaobserwowano, iż podawanie substancji uniemożliwiających fuzję receptorów z błoną cytoplazmatyczną blokuje powstawanie lub zmniejsza siłę LTP. Uproszczony model zakłada, że wzrost stężenia jonów $Ca^{2+}$ wywołany pobudzeniem receptorów NMDA przez glutaminian przyczynia się do długotrwałej autofosforylacji kinazy CaMKII (zależna od wapnia i kalmoduliny kinaza białkowa druga, ang. calcium/calmodulin--dependent protein kinase II), która utrzymuje się nawet wówczas, gdy stężenie $Ca^{2+}$ wróci do poziomu podstawowego. Aktywna CaMKII fosforyluje receptory AMPA obecne w błonie postsynaptycznej, zwiększając ich przewodność dla jonów. CaMKII powoduje także przesuniecie receptorów AMPA z rezerwuarów wewnątrzkomórkowych do błony cytoplazmatycznej aktywowanej synapsy. Rekrutacja dużej liczby receptorów AMPA ma wpływ na indukowanie i utrzymanie obu form LTP, LTP zależnego od NMDA i LTP włókien mszatych.

Wnikający do komórki wapń, którego stężenie w czasie indukcji LTP rośnie dodatkowo dzięki uwalnianiu go także z magazynów wewnątrzkomórkowych, powoduje aktywację układu wtórnych przekaźników i kinaz białkowych (ryc. 14.7). Uwaga badaczy skupia się na roli tych związków w utrzymaniu LTP. Podanie np. inhibitorów kinazy białkowej C (zależna od wapnia i fosfolipidów kinaza białkowa C, ang. protein kinase C, PKC) zapobiega indukcji LTP.

Kluczową rolę w utrzymywaniu LTP odgrywa kinaza CaMKII. Udział CaMKII w powstawaniu LTP jest wieloraki. Udowodniono, że zwiększona aktywność CaMKII utrzymuje się przez długi czas po indukcji LTP, a ponadto aktywność CaMKII jest konieczna do wywołania LTP. Zwiększając aktywność CaMKII, można w pewnym stopniu naśladować zjawisko LTP. W hipokampie CaKMII występuje w pęcherzykach presynaptycznych. Jest także jednym z głównych białek zawartych w zgrubieniu postsynaptycznym. Uważa się, że w części presynaptycznej odgrywa ona rolę w rekrutacji pęcherzyków synaptycznych do egzocytozy poprzez fosforylację synapsyny I (białka związanego z pęcherzykami synaptycznymi). W części postsynaptycznej podczas aktywacji synaps kinaza CaMKII przemieszcza się z cytoplazmy do zagęszczenia postsynaptycznego w błonie, gdzie wiąże się z mikrodomenami kanału receptora NMDA. Jest to dogodne miejsce wykrywania przez enzym dużego stężenia jonów wapnia. Przemieszczanie CaMKII wymaga aktywacji, jednak nie autofosforylacji enzymu i nie zależy od obecności jonów $Ca^{2+}$. Autofosforylacja enzymu zależna od dużego stężenia jonów powoduje inną formę aktywności kinazy CaMKII związaną z wewnątrzkomórkową kaskadą przekazywania sygnałów. Aktywacja CaMKII przez wapń i kalmodulinę prowadzi do szybkiej autofosforylacji CaMKII. W tej formie CaMKII pozostaje aktywna nawet przy nieobecności wapnia i kalmoduliny i wywiera swoje działanie związane z utrzymaniem się LTP. Fosfatazy białkowe 1, 2A i 2C defosforylują CaMKII i przywracają jej wyjściową zależność od wapnia i kalmoduliny. Bardziej specyficzne badania na skrawkach hipokampa *in vitro* wykazały, że CaKMII fosforyluje receptory glutaminianu inne niż NMDA. Są to receptory AMPA. Prowadzi to do wzrostu przepływu jonów przez związane z nimi kanały. Ponadto reguluje poziom ekspresji receptorów AMPA w błonie, gdyż zwiększa przemieszczanie się pęcherzyków zawierających podjednostki GluR1 tych receptorów w kierunku błony komórkowej, a także wpływa na ich fuzję z błoną oraz na kotwiczenie receptorów w błonie. W hipokampie CaKMII występuje w pęcherzykach presynaptycznych. Jest także jednym z głównych białek zawartych w zgrubieniu postsynaptycznym. Uważa się, że odgrywa ona rolę zarówno w rekrutacji pęcherzyków synaptycznych do egzocytozy poprzez fosforylację synapsyny (fosfolipidu związanego z pęcherzykami synaptycznymi), jak i postsynaptycznie w ekspresji LTP poprzez fosforylację receptorów glutaminianu. Generowanie nowych miejsc kotwiczenia receptorów AMPA w synapsach jest także jedną z funkcji, jakie kinaza CaMKII pełni w powstawaniu zjawiska LTP. Proces ten zwany AMPAfikacją (przez analogię do amplifikacji) przebiega nie tylko we wcześniej pobudzanych synapsach, ale także w milczących synapsach położonych w pobliżu synaps podlegających stymulacji. Taki mechanizm może zwiększać siłę rozwijającego się LTP. Obok CaMKII w procesie AMPAfikacji bierze udział cały szereg innych białek oddziałujących z receptorami AMPA, takich jak białko SAP97, białko 4.1, GRIP, APB oraz białko PSD-95. Stwierdzono, że zwiększona ekspresja tych białek zwiększa przekaźnictwo synaptyczne, natomiast fizyczne ich odsunięcie od błony w miejscach połączeń synaptycznych obniża przekaźnictwo. CaMKII tworzy kompleksy z wymienionymi białkami ulokowane w błonie bardzo blisko (stwierdzono, że jest to około 30 nm) pobudzanych synaps. Przypuszcza się, że zmiany w liczbie takich kompleksów w części postsynaptycznej są wywołane sygnałem generowanym w części presynaptycznej w czasie stymulacji prowadzącej do rozwoju LTP. Zakłada się, że CaMKII odgrywa rolę molekularnego czujnika aktywności synaptycznej. Badania molekularne i behawioralne zdają się potwierdzać, że tak jak w LTP kinaza CaMKII odgrywa podobną rolę regulacyjną w procesach uczenia się i pamięci. Silva i wsp. wykazali, że u mutantów myszy, które nie są zdolne do ekspresji α-CaMKII, nie można wywołać LTP. Ponadto zwierzęta uczą się gorzej zadania w testach na pamięć przestrzenną. Tonegawa i wsp., używając wirusowego wektora, wprowadzili do komórek hipokampa pobranych od mutantów gen *α-CaMKII* typu dzikiego i przywrócili możliwość wywołania w nich LTP.

Innym molekularnym czujnikiem stężenia jonów $Ca^{2+}$ związanym z LTP jest aktywowana przez wapń i kalmodulinę cyklaza adenylanowa. Zwiększenie stężenia cAMP działa synergistycznie z procesami zależnymi od aktywacji CaMKII. Wzrost stężenia cAMP powoduje zahamowanie aktywności fosfataz, między innymi fosfatazy PP1, co prowadzi do przedłużonej autofosforylacji CaMKII, następnie aktywacji czynnika CREB i jego translokacji do jądra komórkowego, gdzie uruchamia on syntezę białek, będących strukturalnymi komponentami kompleksów związanych z CaMKII i powodujących rekrutację receptorów AMPA. Przypuszcza się, że również kinaza białkowa PKC oraz syntaza tlenku azotu NOS są również molekularnymi czujnikami aktywności synaptycznej.

Tlenek azotu zwraca szczególną uwagę jako związek, który łączy proces indukcji LTP zależny od depolaryzacji błony postsynaptycznej z procesem utrzymania się LTP zależnym, zdaniem wielu badaczy, od zwiększonego uwalniania neurotransmitera z zakończenia presynaptycznego. Eric Kandel uważa, że NO jest substancją, która przenosi informację wstecznie od neuronu postsynaptycznego do presynaptycznego. Nazwano go w związku z tym wstecznym czynnikiem plastyczności (ang. retrograde plastic factor). W modelu proponowanym przez Kandela NO dyfunduje z komórki postsynaptycznej poprzez szczelinę synaptyczną w okolice zakończenia presynaptycznego, w którym aktywuje jeden lub kilka przekaźników mających wpływ na zwiększenie wydzielania neurotransmitera i utrzymanie LTP (ryc. 14.7). Kandel i Hawkins oraz Small w badaniach nad LTP w skrawkach hipokampa stwierdzili, że podany do hodowli NO wywołuje LTP tylko wówczas, gdy neuron presynaptyczny jest w stanie pobudzenia. Przypomina to zależne od aktywacji torowanie presynaptyczne. Doświadczenia te sugerują, że LTP jest uzależnione od dwóch nakładających się na siebie mechanizmów: hebbowskiego, opartego na receptorze NMDA, i niehebbowskiego, opartego na zależnym od aktywacji torowaniu presynaptycznym. Każdy z tych mechanizmów spełnia zasadę wykrywania równoczesności. Najnowsze badania sugerują jednak, że NO nie jest absolutnie niezbędny do wywołania LTP.

Jeżeli modyfikacja presynaptyczna jest konieczna do wywołania LTP, to być może rolę tę odgrywa kwas arachidonowy (AA)? Aktywacja receptorów NMDA powoduje zewnątrzkomórkowe uwalnianie AA (ang. arachidonic acid). Inhibitory fosfolipazy $A_2$ (enzymu kluczowego dla uwalniania AA) powodują zablokowanie indukcji LTP. AA działa presynaptycznie, zwiększając uwalnianie glutaminianu, a także postsynaptycznie, wzmacniając przepływ jonów przez kanały związane z receptorem NMDA. Innymi substancjami, którym przypisuje się rolę wtórnych przekaźników w procesie utrzymania LTP, są jony potasu $[K^+]$, płytkowy czynnik aktywujący (ang. platelet activating factor, PAF) oraz tlenek węgla.

W 1990 roku Grover i Teyler odkryli, że w komórkach piramidalnych pola CA1 hipokampa indukowana jest także forma LTP niezależna od aktywacji receptorów NMDA. Pod wpływem stymulacji o wysokiej częstotliwości, amplitudzie i odpowiednio długim czasie trwania można wywołać wzmocnienie przekaźnictwa synaptycznego w komórkach CA1 nawet po uprzednim zablokowaniu receptorów NMDA. Ta forma LTP rozwija się dzięki napływowi jonów $Ca^{2+}$ do wnętrza komórki przez zależne od napięcia kanały wapniowe typu L, VDCC (ang. voltage dependent calcium chanels) i dlatego nazywana jest

VDCC-LTP. Podobnie, jak w przypadku NMDA-zależnego LTP, wzmocnienie przekaźnictwa występuje tylko w tych synapsach, które są aktywne w czasie indukcji LTP. Jest to zatem również forma asocjacyjnego LTP. Jednak w przypadku VDCC-LTP wewnątrzkomórkowa droga przekazywania sygnału zależy od pobudzenia kinazy tyrozyny, natomiast indukcja NMDA-LTP jest związana z aktywacją kinaz serynowo/treoninowych. Oba rodzaje LTP można wywołać w tej samej komórce, w czasie tej samej stymulacji tężcowej. Stanowią one niejako składowe ostatecznego długotrwałego wzmocnienia przewodności synaps. Wiadomo, że zastosowanie inhibitorów VDCC-LTP (np. nifedipiny blokującej kanały L) powoduje zmniejszenie siły NMDA--LTP. Z kolei dodatkowa postsynaptyczna stymulacja receptorów NMDA ułatwia wywołanie VDCC-LTP. Wykazano również, że dochodzi do interakcji pomiędzy wewnątrzkomórkową kaskadą przekazywania sygnałów indukowaną przez NMDA-LTP i kaskadą związaną z VDCC-LTP.

## 14.3.3. Długotrwałe osłabienie transmisji synaptycznej — LTD

Pobudzenie dróg aferentnych może prowadzić do innej formy plastyczności związanej z wykrywaniem równoczesności, do długotrwałego osłabienia transmisji synaptycznej (LTD). Zjawisko to po raz pierwszy opisał Masao Ito w móżdżku. Do dzisiaj większość badań nad mechanizmem i rolą LTD dotyczy tej struktury. W móżdżku równoczesna aktywacja dwóch oddzielnych wejść pobudzających komórki Purkinjego (ang. Purkinje cells, PC), tj. włókien równoległych (ang. parallel fibres, PF) oraz włókien pnących (ang. climbing fibres, CF) (por. rozdz.10) prowadzi do osłabienia

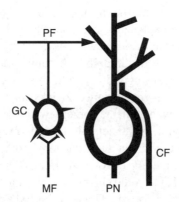

**Ryc. 14.8.** Neuron Purkinjego (PN) w móżdżku otrzymuje na swoich dendrytach dystalnych wiele wejść z włókien równoległych (PF). Włókna równoległe są aksonami komórek ziarnistych (GC), które z kolei są aktywowane przez włókna mszate (MF). Każdy neuron Purkinjego otrzymuje także wejście z pojedynczego włókna pnącego (CF), którego zakończenie aksonalne tworzy synapsy na ciele neuronu PN oraz jego dendrytach proksymalnych. Ciała neuronów włókien pnących leżą w jądrze oliwki dolnej

transmisji synaptycznej w synapsach, jakie na komórce Purkinjego tworzą zakończenia aksonalne włókien równoległych (ryc. 14.8). Badania Ito, Berridge'a i Mikoshiby sugerują, że LTD w móżdżku jest podstawą uczenia się zadań ruchowych.

Mechanizm molekularny LTD różni się od mechanizmu LTP, jednak początkowa mobilizacja jonów $Ca^{2+}$ jest cechą wspólną obu zjawisk. Uwalnianie glutaminianu w synapsie PF (ryc. 14.8) aktywuje receptory metabotropowe dla glutaminianu — mGluR oraz receptory AMPA w błonie postsynaptycznej komórki Purkinjego. Prowadzi to do wzrostu wewnątrzkomórkowego stężenia jonów $Ca^{2+}$. Arthur Konnerth, używając systemu o wysokiej rozdzielczości do obrazowania zmian stężenia wapnia, udowodnił, że nawet bardzo małe lokalne zmiany w $[Ca^{2+}]_i$ mogą wystarczyć do indukcji LTD, jeśli zachodzi koincydencja (równoczesność) sygnałów. LTD w synapsach komórek Purkinjego jest rezultatem utrzymującego się spadku wrażliwości postsynaptycznych receptorów AMPA. Nakazawa pokazał w swoich doświadczeniach, że w wyniku farmakologicznej indukcji LTD dochodzi do fosforylacji receptorów AMPA. Istnieje szereg doniesień, że wewnątrzkomórkowym etapem konsolidacji LTD jest indukcja genów wczesnej odpowiedzi komórkowej, przede wszystkim c-fos i jun-B.

Inhibitory syntazy tlenku azotu blokują indukcję LTD. Wykazano, że LTD można wywołać poprzez dokomórkowe wstrzyknięcie cGMP połączone ze stymulacją włókien równoległych. Wydaje się więc, że synteza NO, który stymuluje cyklazę guanylanową do produkcji cGMP, jest konieczna do utrzymania LTD. Roger Tsien wykazał ostatnio, że miejscem, gdzie NO wywiera swoje działanie w czasie indukcji LTD, są synapsy włókien równoległych. Nie ma rozstrzygających danych o tym, że w procesie LTD NO odgrywa rolę wstecznego przekaźnika, tak jak w LTP. Tisen i wsp. używając specjalnej techniki wprowadzali NO do wnętrza pojedynczej komórki Purkinjego. Stwierdzili, że obecność NO w neuronie Purkinjego całkowicie zastępuje aktywację włókien PF i pozwala wywołać LTD bez ich udziału. Aby jednak spowodować modyfikację synapsy, obecność NO musi ściśle współgrać w czasie z indukowaną napływem jonów $Ca^{2+}$ depolaryzacją błony. Lev-Rama i wsp. stwierdzili, że aby doszło do wykrycia koincydencji, opóźnienie w czasie pomiędzy tymi dwoma sygnałami biochemicznymi nie może przekroczyć 50 – 150 milisekund. W komórkach ziarnistych i koszyczkowych móżdżku wykryto bardzo duże stężenie syntazy NO, czego nie stwierdzono w neuronach Purkinjego. Natomiast komórki Purkinjego charakteryzuje bardzo wysoki poziom cyklazy guanylanowej, głównego substratu NO. Wiele danych wskazuje więc na to, że tlenek azotu jest konieczny do indukcji LTD, przy czym, inaczej niż w przypadku LTP, odgrywa on rolę następczego (anterogradnego) przekaźnika sygnału wewnątrz komórki Purkinjego.

LTD można wywołać nie tylko w móżdżku, ale także w hipokampie i korze wzrokowej. Stwierdzono, że zarówno LTD, jak i LTP mogą powstawać na tej samej synapsie. Czy będzie to LTD, czy LTP, zależy od współwystępowania aktywności presynaptycznej z odpowiednim stanem błony postsynaptycznej. LTD wymaga niskiego poziomu depolaryzacji błony postsynaptycznej, nie przekraczającego poziomu krytycznego, przy którym dochodziłoby do odblokowania kanałów jonowych zależnych od receptora NMDA. Depolaryzacja powyżej poziomu krytycznego uruchamia mechanizm prowadzący do LTP. Mechanizm indukcji obu zjawisk jest zatem bardzo podobny, z wyjątkiem tego, że do wywołania LTP jest konieczna silniejsza depolaryzacja i większy wzrost stężenia jonów wapnia niż do wywołania LTD. Opierając się na tych danych, Lisman zaproponował model dwukierunkowej regulacji wagi synaps, w którą zaangażowany jest układ wtórnych przekaźników, przede wszystkim fosfatazy i kinazy białkowe. Model Lismana zakłada, że niewielki wzrost $[Ca^{2+}]_i$ prowadzi głównie do aktywacji fosfataz (np. kalcyneuryny i fosfatazy aktywowanej przez wapń i kalmodulinę). Natomiast duży wzrost $[Ca^{2+}]_i$ aktywuje przede wszystkim kinazy (np. CaMKII). Hipoteza ta zgadza się z wynikami doświadczeń pokazujących, że procesy fosforylacji i defosforylacji zmieniają wydajność kanałów jonowych związanych z receptorami glutaminianu w przeciwstawnych kierunkach.

## 14.3.4. Związek LTP i LTD z procesami uczenia się i pamięci

Odkrycie i opisanie mechanizmów powstawania LTP i LTD skłoniło badaczy do szukania analogii pomiędzy tymi zjawiskami a procesami uczenia się i pamięci. Wydaje się, że postulat o tym, iż zmiany przewodnictwa synaps są podstawą procesów przetwarzania informacji i pamięci, znalazł potwierdzenie doświadczalne. Wielu badaczy odnosi się jednak krytycznie do zbyt bezpośrednich analogii między procesami leżącymi u podłoża LTP i LTD a mechanizmami uczenia się. Opublikowano badania, w których wykazano brak korelacji pomiędzy indukowalnością LTP a zdolnością zwierząt do uczenia się testów pamięciowych zależnych od funkcji hipokampa. Pokazano to u zwierząt transgenicznych, u których, wskutek wyłączenia pewnych genów w trakcie selekcji, niemożliwa jest indukcja LTP ani w zakręcie zębatym, ani w polach CA1 i CA3 hipokampa. Jednak zwierzęta te nadal są zdolne do uczenia się zależnych od hipokampa testów przestrzennych na poziomie kontrolnym. Uważa się, że badania na skrawkach *in vitro* z zastosowaniem bodźców tężcowych o wysokiej częstotliwości nie odzwierciedlają w żaden sposób warunków fizjologicznych występujących w mózgu. Dopiero opracowanie procedur pozwalających na indukcję i rejestrację LTP u czuwających, swobodnie poruszających się zwierząt może pomóc odpowiedzieć na pytanie, jaki jest związek między plastycznością typu LTP a naturalną zdolnością do uczenia się.

W zagorzałych dyskusjach nad tym problemem przyjęto, że warunkiem uznania zjawiska LTP i LTD za podłoże pamięci jest spełnienie przynajmniej pięciu kryteriów doświadczalnych. Po pierwsze, pod wpływem uczenia się powinno dochodzić do wywołania LTP w jakimś obszarze mózgu. Po drugie, eksperymentalna indukcja LTP w określonych synapsach powinna prowadzić do powstawania fałszywej pamięci. Po trzecie, indukcja LTP w danej sieci neuronowej prowadząca do jej wysycenia powinna zapobiegać odzyskiwaniu świeżo zakodowanej pamięci i uniemożliwiać kodowanie nowej pamięci. Po czwarte, zablokowanie indukcji LTP powinno również uniemożliwiać kodowanie nowej pamięci. Wreszcie po piąte, wygaśnięcie LTP powinno zaburzać ostatnio zakodowaną pamięć.

Pierwszy z tych warunków trudno udowodnić w badaniach *in vivo*, ponieważ ślady pamięciowe kodowane są prawdopodobnie w sposób rozproszony, a zmiany przewodnictwa zachodzą w niewielkiej liczbie synaps, co ma zapobiegać wysyceniu sieci neuronowej zaangażowanej w dany proces uczenia się. Sądzi się, że w warunkach *in vivo* tylko niewielka liczba synaps w danej komórce ulega długotrwałemu wzmocnieniu pod wpływem określonego bodźca. W związku z tym rejestracja LTP wywołanego procesem uczenia się jest niemożliwa metodą rejestracji zbiorczych potencjałów polowych z tysięcy komórek, tak jak w przypadku indukowanego sztucznie LTP. Ponadto przeszkodą są procesy normalizacji (np. heterosynaptyczne LTD), które utrzymują wypadkową siłę wejść synaptycznych danej komórki na stałym poziomie. Niemniej jednak istnieją pewne dowody doświadczalne na to, że proces uczenia się może indukować zjawisko podobne do LTP, co obserwowano w korze mózgu, ciele migdałowatym i hipokampie. Berger, wytwarzając u królików odruch zamykania migotki* (uczenie typu warunkowania klasycznego; por. rozdz. 16), przed testem behawioralnym indukował LTP w komórkach ziarnistych zakrętu zębatego hipokampa. Skutkiem wcześniejszej indukcji LTP nabywanie reakcji warunkowej było szybsze w porównaniu ze zwierzętami kontrolnymi. Podobny wynik otrzymano u szczurów w czasie wytwarzania warunkowania instrumentalnego. Moser i wsp. stwierdzili, że podczas eksploracji przez szczury nowego środowiska dochodzi do wytworzenia wzmocnienia synaptycznego typu LTP w hipokampie swobodnie zachowujących się zwierząt. Pewne dowody, podtrzymujące hipotezę, że zjawiska LTP i LTD mogą być molekularnym podłożem uczenia się i pamięci, opierają się na tym, że podawanie antagonistów receptorów NMDA powoduje blokadę indukcji LTP oraz pogorszenie uczenia się w testach na pamięć przestrzenną. Za tą hipotezą przemawia również fakt, że w testach behawioralnych myszy transgeniczne niezdolne do syntezy CaMKII uczą się gorzej od myszy kontrolnych. Również wyniki innych badań podtrzymują hipotezę, że zarówno LTP, jak i pamięć cechują wspólne mechanizmy indukcji i ekspresji tych zjawisk. Na przykład wysycenie sieci neuronowej, w której LTP osiąga maksymalne wartości, zaburza świeżo nabytą pamięć. Z kolei zablokowanie indukcji LTP uniemożliwia tworzenie się nowej pamięci, jednak nie ma żadnego wpływu na przypominanie i wydobywanie wcześniej utworzonej pamięci. Wydaje się zatem, że postulat o tym, iż zmiany przewodnictwa synaps są podstawą procesów przetwarzania informacji i pamięci, znajduje potwierdzenie doświadczalne.

---

* Trzecia powieka.

# 14.4. Analiza komórkowa i molekularna procesów uczenia się i zapamiętywania w niektórych modelach doświadczalnych

Biochemiczne korelaty pamięci badano w prostych formach uczenia się, takich jak habituacja i sensytyzacja (formy uczenia nieasocjacyjnego), a także w uczeniu typu warunkowania klasycznego (por. rozdz. 15). Dane te w dużej mierze pochodzą z doświadczeń na bezkręgowcach, jednak w ostatnim okresie rośnie liczba danych uzyskanych u kręgowców, w tym także u ssaków. W badaniach tych należy uwzględnić różne poziomy analizy. Przede wszystkim potrzebny jest model behawioralny, w którym zwierzę uczyłoby się określonej reakcji lub zadania, a zmiany w jego zachowaniu świadczyłyby, że zachodzi proces uczenia się. Kolejnym etapem powinno być zdefiniowanie obwodu neuronów zaangażowanych w proces uczenia się oraz określenie miejsca konwergencji bodźców prowadzącej do wytworzenia asocjacji. W ostatnim etapie powinniśmy opisać zmiany elektryczne i chemiczne zachodzące w synapsach i ciele neuronu związane z analizowanym procesem uczenia się. Spełnienie wszystkich tych warunków w badaniach u kręgowców, a szczególnie u ssaków jest bardzo trudne. Dlatego też zwrócono uwagę na bezkręgowce, u których organizacja układu nerwowego jest znacznie prostsza. Mimo to zwierzęta te są zdolne do zróżnicowanych reakcji behawioralnych włącznie ze zdolnością do uczenia się zarówno nieasocjacyjnego (habituacja i sensytyzacja), jak i asocjacyjnego (warunkowanie klasyczne).

## 14.4.1. Uczenie u *Aplysia californica*

Badania nad mechanizmami uczenia się u ślimaka morskiego *Aplysia californica* zapoczątkowali w latach 60. ubiegłego wieku Eric Kandel i Ladislav Tauc. Stwierdzili oni, że proces uczenia się u *Aplysia* także spełnia warunek wykrywania równoczesności bodźców. W różnych formach uczenia u *Aplysia* siła połączenia między dwoma neuronami obwodu związanego z procesem uczenia może być zwiększona bez udziału komórki postsynaptycznej, pod warunkiem jednak, że do komórki presynaptycznej dochodzi pobudzenie z trzeciego neuronu. Aktywacja tego neuronu, nazywanego neuronem torującym lub wstawkowym, powoduje, że do szczeliny synaptycznej są uwalniane większe ilości neuroprzekaźnika. W takim układzie może dochodzić do wytworzenia asocjacji wówczas, gdy potencjał czynnościowy w neuronie presynaptycznym pojawi się równocześnie z potencjałem czynnościowym w neuronie wstawkowym, a zatem, gdy wykrywana jest jednoczesna aktywność neuronu presynaptycznego i wstawkowego.

### 14.4.1.1. Bierny odruch wycofania skrzela u *Aplysia*

Silny bodziec dotykowy powoduje, że *Aplysia* wycofuje się w kierunku przeciwnym do zadziałania bodźca. Reakcja wycofania ogona w wyniku silnego skurczu mięśni ogona jest odpowiedzią na bodziec odbierany przez receptory skórne w tylnej części

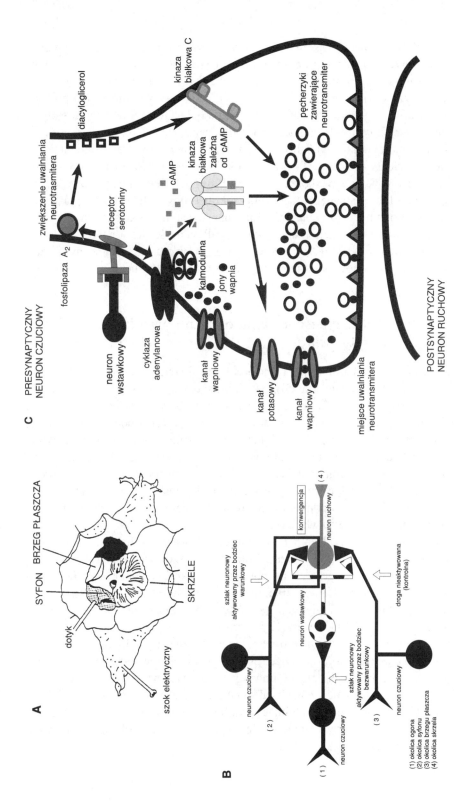

**Ryc. 14.9.** Warunkowanie klasyczne u *Aplysia*. **A** — Ślimak morski *Aplysia californica* wykorzystywany w neurobiologii do badania molekularnego podłoża procesu uczenia się. **B** — Obwód neuronowy stanowiący strukturalne podłoże uczenia się typu warunkowania klasycznego. **C** — Zdarzenia molekularne stanowiące biochemiczną podstawę zjawiska torowania synaptycznego zależnego od aktywacji w połączeniu synaptycznym pomiędzy neuronem czuciowym i neuronem ruchowym. (Wg: Kandel i Hawkins. *Sci. Amer.* 1992. 267(3): 78 – 86. zmodyf.)

ciała (ryc. 14.9A). Chowanie skrzela do jamy płaszczowej jest reakcją wywołaną podrażnieniem brzegu płaszcza lub mięsistego wyrostka zwanego syfonem. Obie reakcje wycofania u *Aplysia* mogą być modyfikowane przez powtarzające się zmiany w środowisku, przy czym mechanizm tych modyfikacji behawioralnych ma podobne podłoże komórkowe i molekularne. Właśnie te reakcje behawioralne *Aplysia* stały się modelem doświadczalnym w badaniach procesu uczenia się.

Obwód neuronalny odpowiedzialny za realizację odruchu wycofania skrzela został dość dokładnie zidentyfikowany. Tworzy go około 50 neuronów czuciowych, które mają swoje pola recepcyjne w skórze płaszcza i syfonu. Neurony czuciowe tworzą monosynaptyczne lub polisynaptyczne (poprzez neurony wstawkowe) połączenia z neuronami ruchowymi, które bezpośrednio unerwiają mięśnie skrzela i syfonu, powodując ich skurcz i realizację reakcji (ryc. 14.9B). Dla ścisłości należy dodać, że obwód ten, zawierający neurony, których ciała leżą w zwoju brzusznym, ma jeszcze dodatkowe wejście obwodowe. Jednak jego rola w realizacji odruchu cofania nie jest znana.

## 14.4.1.2. Plastyczność nieasocjacyjna odruchu wycofania u *Aplysia* — habituacja i sensytyzacja

Prosta reakcja behawioralna, taka jak odruch cofania skrzela u *Aplysia*, może ulegać zarówno habituacji (osłabienie reakcji), jak i sensytyzacji (uwrażliwienie reakcji). Jeżeli słaby bodziec dotykowy na brzegu płaszcza powtarza się, to początkowo silna reakcja wycofania skrzela ulega osłabieniu, niemal do zaniknięcia (ryc.14.10A). Zjawisko to nazywany habituacją odpowiedzi. Eric Kandel i jego współpracownicy stwierdzili, że w czasie wytwarzania habituacji zmniejsza się transmisja synaptyczna w połączeniu pomiędzy neuronem czuciowym i ruchowym (ryc. 14.10B). Osłabienie synaptyczne, będące komórkowym odpowiednikiem habituacji, ma charakter homo-synaptyczny, zachodzi tylko pomiędzy neuronem czuciowym i ruchowym i nie wymaga udziału neuronów wstawkowych.

Jeżeli w sytuacji doświadczalnej, w której wytwarzano habituację odruchu cofania, podano zwierzęciu silny bodziec bólowy (np. szok elektryczny) w okolicy głowy lub ogona, to zaobserwowano ponownie reakcję cofania skrzela o sile przewyższającej siłę reakcji na początku habituacji. Odwrócenie habituacji nazywa się dyshabituacją lub uwrażliwieniem (sensytyzacją). Znacznie zwiększonej sile reakcji cofania (ryc. 14.10A) towarzyszy wzrost transmisji w synapsie pomiędzy neuronem czuciowym i ruchowym (torowanie synaptyczne) (ryc. 14.10B). W przeciwieństwie do habituacji jest to proces heterosynaptyczny. Torowanie synaptyczne jest rezultatem aktywacji przez bodziec bólowy neuronu wstawkowego, który tworzy dodatkowe synapsy na zakończeniach aksonalnych neuronu czuciowego. W ten sposób działa on jako element modulujący właściwości synapsy „neuron czuciowy — neuron ruchowy" i zwierzę długotrwale zapamiętuje modyfikację zachowania o charakterze nieasocjacyjnym.

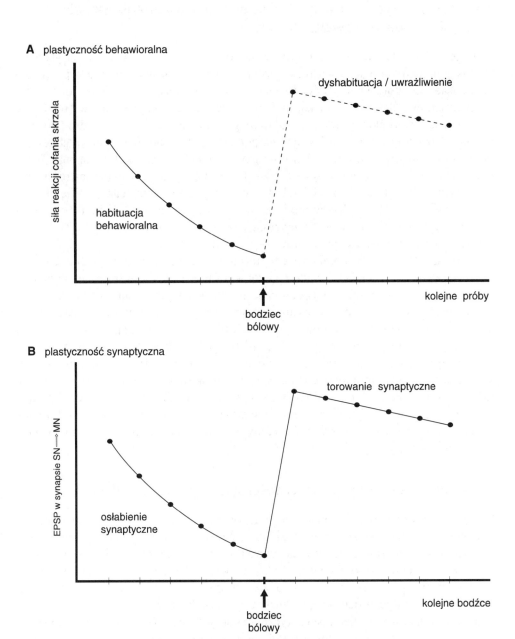

**A** plastyczność behawioralna

dyshabituacja / uwrażliwienie

siła reakcji cofania skrzela

habituacja
behawioralna

bodziec
bólowy

kolejne próby

**B** plastyczność synaptyczna

torowanie synaptyczne

EPSP w synapsie SN—→MN

osłabienie
synaptyczne

bodziec
bólowy

kolejne bodźce

**Ryc. 14.10.** Modulacja odruchu cofania skrzela u *Aplysia*. **A** — Miarą siły reakcji cofania był czas, przez jaki skrzele pozostawało cofnięte w głąb jamy płaszczowej po zadziałaniu bodźca dotykowego. **B** — Wytwarzaniu habituacji oraz uwrażliwienia towarzyszą zmiany w efektywności przewodnictwa synaptycznego pomiędzy neuronem czuciowym (SN) i neuronem ruchowym (MN)

### 14.4.1.3. Plastyczność asocjacyjna odruchu wycofania skrzela u *Aplysia* — warunkowanie klasyczne

Reakcję cofania skrzela można u *Aplysia* wzmocnić nie tylko w wyniku sensytyzacji, ale także dzięki warunkowaniu reakcji behawioralnej. Warunkowanie jest procedurą prowadzącą do kojarzenia dwóch wydarzeń, a więc uczenia się (por. rozdz. 15). Wytwarzanie warunkowania reakcji cofania skrzela u *Aplysia* jest możliwe wówczas, gdy bodziec warunkowy (ang. conditioning stimulus, CS) — łagodny bodziec dotykowy w okolicy płaszcza lub syfonu, połączony jest z bodźcem bezwarunkowym (ang. unconditioning stimulus, US) — szok elektryczny w okolicy ogona. Przed treningiem sam bodziec dotykowy CS wywołuje słabą reakcję behawioralną (cofnięcie skrzela), natomiast bodziec bezwarunkowy wywołuje gwałtowną reakcję. Wielokrotne łączne stosowanie obu bodźców prowadzi do pojawienia się silnej reakcji bezwarunkowej — cofanie skrzela w odpowiedzi na sam bodziec CS (ryc. 14.11A). U *Aplysia* pamięć o wytworzonej asocjacji może trwać przez wiele dni.

Jakie są odpowiedniki komórkowe tej formy plastyczności asocjacyjnej u *Aplysia*? Z badań Kandela i innych wiadomo, że w czasie uczenia wzrasta efektywność przewodnictwa w synapsie pomiędzy neuronem czuciowym i ruchowym. Dzieje się tak dzięki modulującemu połączeniu docierającemu z neuronów torujących do zakończeń aksonalnych neuronów czuciowych (ryc. 14.11B). Jeżeli w czasie trwania potencjału czynnościowego w neuronie czuciowym $SN_1$ (droga bodźca warunkowego) pojawi się pobudzenie docierające z neuronu torującego FN (droga bodźca bezwarunkowego), to po wielokrotnym powtórzeniu takiej stymulacji w neuronie ruchowym (MN) zaobserwujemy bardzo duży wzrost wartości EPSP już w wyniku działania bodźca warunkowego. Przed warunkowaniem dotykowy bodziec CS nie wywołuje tak silnej odpowiedzi w połączeniu synaptycznym między neuronem czuciowym a neuronem ruchowym (ryc. 14.11B).

### 14.4.1.4. Mechanizm plastyczności synaptycznej u *Aplysia*

Opisane plastyczne zmiany synaptyczne u *Aplysia* w czasie wytwarzania warunkowania klasycznego zależą od zmian w poziomie neuroprzekaźnika pobudzającego uwalnianego przez neuron czuciowy do szczeliny synaptycznej pomiędzy neuronem czuciowym i neuronem ruchowym. Z klasycznych badań Katza i Kufflera wiadomo, że modulacja poziomu uwalnianego neurotransmitera jest ważnym elementem mechanizmu plastyczności synaptycznej. Używając kwantowej analizy wydzielania neurotransmitera w połączeniu synaptycznym udowodniono, że osłabienie synaptyczne leżące u podłoża krótko- i długotrwałej habituacji reakcji cofania skrzela u *Aplysia* wiąże się z obniżeniem ilości wydzielanego neuroprzekaźnika. Natomiast torowanie synaptyczne odpowiedzialne za krótko- i długotrwałą sensytyzację jest wynikiem wzrostu ilości wydzielanego neuroprzekaźnika.

A jak to jest w przypadku warunkowania klasycznego? Dlaczego wzbudzenie w neuronie czuciowym potencjału czynnościowego tuż przed zadziałaniem na ogon zwierzęcia bodźca bezwarunkowego (US) zwiększa torowanie presynaptyczne?

**A** Plastyczność behawioralna

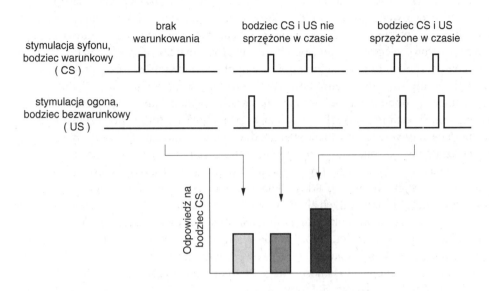

**B** Plastyczność synaptyczna

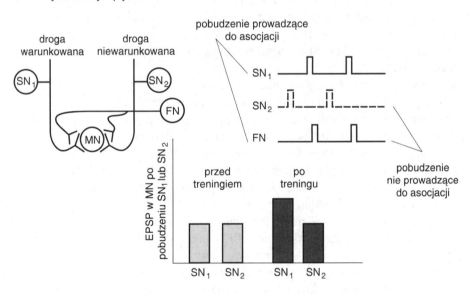

**Ryc. 14.11.** Odruch cofania skrzela u *Aplysia* może być wzmocniony w wyniku warunkowania klasycznego. **A** — Jeżeli w szeregu prób bodziec warunkowy (CS) — słaby bodziec dotykowy w okolicy płaszcza, jest sprzężony w czasie z bodźcem bezwarunkowym (US) — silny bodziec bólowy w okolicy ogona, to siła odpowiedzi na bodziec warunkowy wzrasta. **B** — Zwiększonej odpowiedzi behawioralnej towarzyszy wzrost wagi synaptycznej w połączeniu „neuron czuciowy (SN)–neuron ruchowy (MN)". W wytwarzanie reakcji warunkowej zaangażowany jest neuron wstawkowy (FN), przewodzący informację o bodźcu bezwarunkowym podawanym na ogon zwierzęcia (por. informacje w tekście). (Wg: Kandel i Schwartz. *Science* 1982, 218: 433 – 443, zmodyf.)

Bodziec US aktywuje neuron wstawkowy, powodując krótki wyrzut serotoniny w synapsie, jaką aksony neuronu wstawkowego tworzą na zakończeniach aksonalnych neuronu czuciowego (ryc. 14.9C). Serotonina, działając jako neuroprzekaźnik, powoduje aktywację cyklazy adenylowej w neuronie czuciowym związanym z drogą bodźca warunkowego. Z kolei pobudzenie neuronu czuciowego wywołane bodźcem dotykowym (CS) w okolicy syfonu lub brzegu płaszcza zwiększa wewnątrzkomórkowe stężenie jonów wapnia w neuronie czuciowym. Jony wapnia wiążą się z kalmoduliną, powodując, podobnie jak serotonina, aktywację cyklazy adenylowej i tym samym zwiększenie poziomu cAMP. Cykliczny AMP jako wtórny przekaźnik sygnału w komórce aktywuje kinazy białkowe, między innymi kinazę białkową A. W rezultacie dochodzi do zwiększonego wydzielania neurotransmitera przez zakończenia presynaptyczne neuronu czuciowego drogi warunkowanej (ryc. 14.9B). Neurotransmiterem tym jest kwas glutaminowy. Aktywacja kinaz białkowych w neuronie czuciowym wywołuje wiele krótkotrwałych skutków. Kinazy powodują fosforylację białek kanałów jonowych. W trakcie warunkowania u *Aplysia* przeniesienie sygnału z cAMP na PKA prowadzi do fosforylacji jednego z kanałów dla jonów potasu (kanału S). Zmniejsza to prąd potasowy, który w komórce nerwowej bierze udział w repolaryzacji błony po wyładowaniu potencjału czynnościowego. Utrudniony wypływ jonów $K^+$ z komórki przedłuża okres depolaryzacji błony, przez co kanały dla jonów wapnia pozostają dłużej otwarte. Zwiększa to $[Ca^{2+}]_i$ w zakończeniach synaptycznych neuronu czuciowego. Jednym z najważniejszych zadań wapnia w tym miejscu jest stymulacja pęcherzyków synaptycznych do wydzielania neurotransmitera. Im większe stężenie jonów wapnia, tym większa ilość neuroprzekaźnika jest wydzielana w zakończeniu presynaptycznym.

Wiadomo, że uczenie u *Aplysia* pociąga za sobą zmiany molekularne zachodzące w obrębie cytoplazmy i jądra komórkowego. Na przykład długotrwałe torowanie odruchu (trwające jeden lub więcej dni) jest związane z syntezą nowych białek. Sygnał do tej syntezy jest uruchamiany przez kinazę białkową A (PKA), która z kolei aktywuje kinazę MAPK. Obie kinazy ulegają translokacji do jądra komórkowego, gdzie kinaza PKA fosforyluje czynnik transkrypcyjny CREB. Białko CREB występuje w dwu formach, CREB1 i CREB2. Czynnik CREB1 jest aktywatorem transkrypcji, natomiast CREB2 jest jej inhibitorem. Aby kinaza PKA mogła aktywować CREB1, wcześniej musi dojść do zniesienia represyjnego działania czynnika CREB2. Role tę odgrywa kinaza MAPK, która wspólnie z PKA przemieszcza się do jądra. Aktywny CREB1 łączy się z nicią DNA w miejscu wiążącym cAMP (CRE), położonym w obszarze promotorowym dwu genów aktywowanych przez cAMP. Uruchamia to ekspresję szeregu genów, z których dwa mają duże znaczenie dla molekularnych zmian plastycznych związanych z procesem uczenia się. Pierwszy z nich koduje hydrolazę karboksyterminalną ubikwityny. Enzym ten jest komponentem innego enzymu, proteazy ubikwitynowej, której zadaniem jest trawienie podjednostki regulatorowej (działa jak inhibitor) kinazy PKA. Dzięki temu kinaza PKA pozostaje w stanie aktywnym przez bardzo długi czas, co prowadzi do przedłużonej fosforylacji czynnika CREB1 i tym samym do wzmocnienia ekspresji genów. Drugi z genów aktywowanych przez CREB1 koduje inny z kolei czynnik transkrypcyjny zwany

C/EBP. Ten łączy się z miejscem wiążącym CAAT i uruchamia ekspresje genów kodujących białka konieczne do wzrostu nowych połączeń synaptycznych *. Stwierdzono, że u *Aplysia* liczba zakończeń presynaptycznych w neuronach czuciowych w obwodzie neuronalnym odruchu wycofania skrzela wzrasta dwukrotnie u zwierząt poddanych długotrwałemu uwrażliwieniu w porównaniu ze zwierzętami kontrolnymi. Te zmiany strukturalne nie ograniczają się tylko do neuronów czuciowych. Również dendryty neuronów ruchowych rozrastają się zwiększając niejako obszar, na którym mogą tworzyć połączenia liczniejsze pod wpływem uczenia zakończenia presynaptyczne neuronów czuciowych. Co ciekawe, wygaszanie tego odruchu powoduje ponowne masowe zmniejszenie liczby zakończeń i połączeń synaptycznych.

Dlaczego dla wytworzenia warunkowania klasycznego tak ważne jest pojawienie się potencjału czynnościowego tuż przed działaniem bodźca bezwarunkowego? Abram i Kandel wykazali, że decydujący wpływ na wzrost potencjału czynnościowego w wyniku torowania presynaptycznego w neuronie czuciowym ma płynący do komórki prąd wapniowy. Wnikający tą drogą wapń zwiększa syntezę cAMP za pośrednictwem kalmoduliny i cyklazy adenylowej. Nakłada się to na sygnał wywołany przez serotoninę (przekaźnik neuronu wstawkowego), która w neuronie czuciowym również indukuje syntezę cAMP. To dzięki cyklazie adenylowej, aktywowanej poprzez dwie różne drogi przekazywania sygnału, dochodzi do konwergencji bodźca warunkowego i bezwarunkowego. Torowanie zależne od aktywności wymaga na poziomie komórkowym takiego samego wzorca czasowego, jak stosowanie bodźców podczas warunkowania na poziomie behawioralnym. Wymóg wykrywania równoczesności sygnałów w układzie nerwowym musi być także spełniony podczas uczenia asocjacyjnego typu warunkowania klasycznego.

## 14.4.2. Manipulacje na genomie — ich użyteczność w badaniu procesów uczenia się

Drugą, ogromną grupę badań prezentującą równie interesujące i obiecujące podejście do procesu uczenia się, stanowią badania z zastosowaniem manipulacji genetycznych u muszki owocowej *Drosophila melanogaster*. *Drosophila*, podobnie jak *Aplysia*

---

* Z badań ostatnich lat (R.D. Fields, U. Frey, R.G.M. Morrisa) wynika, że nie istnieją jakieś specyficzne cząsteczki sygnałowe, wędrujące od danej synapsy do jądra komórkowego, które informują genom o tym, że ma uruchomić produkcję określonych białek niezbędnych do wzmocnienia transmisji synaptycznej. Uważa się raczej, że ekspresja niektórych genów musi być sterowana wzorem pobudzenia komórek nerwowych. Silne pobudzenie, będące efektem powtarzanych stymulacji jednej synapsy lub równoczesną aktywacją wielu synaps jednej komórki, depolaryzuje błonę i generuje potencjał czynnościowy w neuronie. Potencjał ten otwiera kanały wapniowe, a jony wapnia za pośrednictwem kaskady enzymów aktywują czynniki transkrypcyjne. Pobudzają one ekspresje genów kodujących białka wzmacniające synapsę. Ten system jest uniwersalny dla wszystkich neuronów i to jądro komórkowe decyduje o trwałym wzmocnieniu synapsy na podstawie „nasłuchu" sygnałów na wejściach komórki. Białka wzmacniające synapsy są kierowane tylko do tych synaps, które utrzymują wzmożoną aktywność, co prowadzi do trwałego zwiększenia ich wagi synaptycznej. W ten sposób powstaje pamięć długotrwała. (por. R.D. Fields, Komórkowe ścieżki pamięci. *Świat Nauki*, marzec 2005, s. 67–73.)

może uczyć się wielu prostych zadań, np. unikania fruwania w kierunku zapachu, którego prezentacja jest skojarzona z bodźcem awersyjnym, np. szokiem elektrycznym.

Badania z wykorzystaniem mutantów *Drosophila* pokazują, że na poziomie molekularnym istnieje szereg podobieństw w procesie asocjacyjnego uczenia się u muszki owocowej i u *Aplysia*. Wykazano, że uczenie się reakcji unikania jest związane z fosforylacją białek zależną od cAMP. Mutanty *Drosophila* z zaburzonym metabolizmem cAMP, np. mutanty *dunce*, niezdolne do ekspresji specyficznej wobec cAMP fosfodiesterazy, oraz mutanty *rutabaga*, pozbawione podjednostki cyklazy adenylowej aktywowanej przez jony wapnia i kalmodulinę, wykazują również zaburzenia w procesach uczenia się zadań behawioralnych. Traktowanie muszek typu dzikiego inhibitorem fosfodiesterazy powoduje u nich zaburzenia uczenia się podobne do zaburzeń obserwowanych u mutantów *dunce*. Zablokowanie aktywności zależnej od cAMP kinazy białkowej A również prowadzi do pogorszenia uczenia się u osobników typu dzikiego. Stwierdzono, że u muszek transgenicznych, którym wprowadzono podlegający ekspresji gen kodujący inhibitor PKA, uczenie w teście unikania zapachu było zaburzone. U muszek *Drosophila* wykryto obecność kalpainy, obojętnej proteazy aktywowanej przez wapń, powodującej konwersję podjednostki regulatorowej PKA w formę o mniejszym powinowactwie do podjednostki katalitycznej. Prowadzi to także do pogorszenia wykonania zadania w testach behawioralnych. W procesie uczenia u *Drosophila* kinaza białkowa A jest najprawdopodobniej miejscem konwergencji sygnałów przekazywanych dwiema drogami: drogą cAMP z jednej strony oraz poprzez jony $Ca^{2+}$ z drugiej.

Wyniki badań nad molekularnymi mechanizmami uczenia się uzyskane u *Drosophila* pokrywają się z obserwacjami u *Aplysia* i wskazują na decydującą rolę kaskady sygnałów związanych z aktywacją cAMP w procesach przetwarzania informacji u bezkręgowców.

## 14.4.3. Analiza procesów uczenia się i zapamiętywania u kręgowców

U kręgowców, w tym także u ssaków, istnieje przynajmniej kilkanaście modeli doświadczalnych, w których zidentyfikowano obwody neuronalne będące strukturalnym podłożem uczenia się. Do najbardziej przekonujących przykładów możemy zaliczyć wytwarzanie odruchu warunkowego zamykania migotki oraz habituację odruchu przedsionkowo-okoruchowego u królika, warunkowanie rytmu serca u gołębi, uczenie się typu wpajania (ang. imprinting) oraz uczenie się śpiewu u ptaków, a także uczenie się różnicowania (ang. discrimination) bodźców oraz rozpoznawania (ang. recognition) obiektów wzrokowych u ssaków. Jednak w tych badaniach analiza procesów pamięciowych na poziomie molekularnym nie jest tak zaawansowana jak u bez-kręgowców. Jednym z najbardziej obiecujących przykładów może być uczenie odruchu biernego unikania dziobania gorzkich ziaren u kurcząt. Dokładniejsza charakterystyka tego modelu doświadczalnego posłuży do zilustrowania charakteru tych badań u kręgowców.

Jakkolwiek w modelu tym nie można bezpośrednio obserwować zmian w depolaryzacji błony pre- i postsynaptycznej, otwierania kanałów jonowych, modyfikacji prądów jonowych oraz wzrostu poziomu uwalnianych neuroprzekaźników w trakcie uczenia się, to jednak daje on pewne obiecujące możliwości. Przede wszystkim jest to wygodny model behawioralny, w którym mamy do czynienia z szybkim jednopróbowym uczeniem się. W typowym schemacie doświadczalnym, opracowanym przez grupę Stevena Rose'a, kurczętom w pierwszym lub drugim dniu po wykluciu prezentuje się błyszczące kolorowe paciorki. Naturalnym odruchem kurcząt jest dziobanie tych przedmiotów przypominających ziarna. Użyte w doświadczeniu paciorki są pokryte bardzo nieprzyjemną w smaku substancją (np. metylantranilanem). Jednorazowe dziobnięcie takiego paciorka powoduje, że kurczęta uczą się unikać w przyszłości przedmiotów o podobnym wyglądzie.

W badaniach *in vitro* stwierdzono, że w błonie plazmatycznej synaps wypreparowanej z neuronów przodomózgowia kurcząt w 10 minut po teście behawioralnym znacząco obniża się stopień fosforylacji białka B50, swoistego presynaptycznego substratu kinazy białkowej C. Wykazano również, że formowanie się pamięci u kurcząt jest związane ze wzrostem stężenia aktywnej błonowej formy PKC. Inhibitory PKC podawane w czasie testu wywołują efekt amnestyczny w 60 minut po treningu. Podobne efekty wywołują również inhibitory kinaz białkowych PKA i PKG (ang. protein kinase G). Zablokowanie kinazy CaMKII powoduje zapominanie wyuczonego zadania już w 15 do 30 minut po treningu. Jakkolwiek dokładny mechanizm tworzenia się śladu pamięciowego w czasie testu biernego unikania u kurcząt nie jest znany, to wydaje się, że w stadium pamięci krótkotrwałej i w stadium pośrednim udział kinaz białkowych jest nieodzowny.

Związek białka B50, jak i kinaz białkowych z procesem uczenia się u kurcząt jest cechą wspólną tego zjawiska i opisanego wcześniej zjawiska LTP. Istnieją jeszcze inne podobieństwa pomiędzy tymi procesami. Należy do nich zaangażowanie w oba procesy receptorów kwasu glutaminowego oraz udział tlenku azotu i kwasu arachidonowego. Wskrzyknięcia inhibitorów syntazy NO przed testem behawioralnym powodują, że kurczęta nie uczą się reakcji biernego unikania. Dokomorowe podawanie nitroprusydku sodu, agonisty NO naśladującego jego działanie, sprawia, że mimo osłabienia siły bodźca (np. przez podawanie do dziobania paciorków pokrytych mocno rozcieńczoną substancją awersyjną) dochodzi do wytworzenia silnego śladu pamięciowego. W warunkach kontrolnych taka procedura testu nie powoduje powstawania pamięci długotrwałej. Czy zatem NO odgrywa kluczową rolę w konsolidacji pamięci? Doświadczenia z podawaniem inhibitorów fosfatazy $A_2$ wskazują, że drugi z wstecznych przekaźników synaptycznych, kwas arachidonowy, ma związek raczej z pamięcią krótkotrwałą. Tak więc mimo odmiennych okresów działania zarówno AA, jak i NO odgrywają ważną rolę w procesie uczenia odruchu biernego unikania u kurcząt.

Wykazano także udział receptorów glutaminianu w uczeniu biernego unikania u kurcząt. Tworzenie się pamięci wymaga aktywacji zarówno receptorów NMDA, jak i receptorów AMPA. Przypuszczalnie każdy typ receptorów glutaminianu jest aktywowany w innym etapie uczenia się i formowania pamięci, przy czym ich aktywacja nie jest konieczna we wczesnym stadium uczenia się. Również receptory metabotropowe kwasu glutaminowego (mGluR) są związane z procesem uczenia w teście biernego unikania, ponieważ podawanie ich antagonistów wywołuje u kurcząt efekt amnestyczny.

Badania prowadzone za pomocą autoradiografii 2-deoksyglukozy wykazały, że aktywność metaboliczna w czasie uczenia reakcji biernego unikania była zmieniona w trzech okolicach mózgu. Natomiast obserwowane zmiany biochemiczne i synaptyczne wskazują, że strukturalne podłoże anatomiczne tej formy uczenia się stanowią dwie okolice mózgu kurcząt: *hyperstriatum ventrale* oraz *lobus parolfactorius*.

W strukturach tych mierzono poziom syntezy glikoprotein, wykorzystując znakowaną trytem [$^3$H]fukozę. Stwierdzono, że w wyniku uczenia biernego unikania wzrasta ilość [$^3$H]fukozy wbudowywanej do glikoprotein zawartych w błonie plazmatycznej synaps. Ten wzrost obserwowano do 24 godzin po treningu, zarówno *in vivo*, jak i w skrawkach tkanki mózgowej pobranej od kurcząt poddanych treningowi behawioralnemu. W godzinę po treningu utrzymywała się również podwyższona aktywność fukokinazy, enzymu katalizującego fosforylację fukozy. Rose wykazał, że związany z treningiem behawioralnym wzrost inkorporacji fukozy do glikoprotein zachodzi tylko wówczas, gdy dochodzi do konsolidacji pamięci. Obserwowano go bowiem tylko u zwierząt, które wytworzyły reakcję biernego unikania.

Działająca kompetytywnie w stosunku do galaktozy 2-deoksygalaktoza (2-d-gal) w sposób swoisty blokuje syntezę glikoprotein. Wbudowywanie 2-d-gal w rosnący łańcuch glikoprotein uniemożliwia końcową fukozylację i w ten sposób hamuje dalszą syntezę. Stwierdzono, że 2-d-gal blokuje tworzenie się śladów pamięciowych, jeżeli podawano ją kurczętom dwie godziny przed i dwie godziny po treningu. Jeżeli 2-d-gal podawano później niż dwie godziny po treningu, nie zauważono żadnych znaczących zaburzeń w procesie uczenia się. Istnieje jednak jeszcze drugie okno czasowe, nie wcześniej i nie później niż w 5,5 — 8 godzin po treningu, kiedy to proces uczenia jest wrażliwy na 2-d-gal. Domózgowe wstrzyknięcia 2-d-gal w tym przedziale czasu powodują również silny efekt amnestyczny. W teście biernego unikania u kurcząt zidentyfikowano zatem dwa krytyczne okresy wrażliwości procesów pamięciowych na inhibitor fukozylacji. Wyniki te wskazują, że formowanie się śladu pamięciowego u kurcząt jest związane z dwoma kolejnymi okresami zwiększonej syntezy glikoprotein. Steven Rose przypuszcza, że drugi szczyt syntezy glikoprotein jest związany z przejściem pamięci krótkotrwałej w formę pamięci długotrwałej. Rose uważa, że glikoproteiny syntetyzowane w drugiej fazie biorą udział w stabilizacji strukturalnych zmian w połączeniach synaptycznych koniecznych do utrwalenia i przechowywania pamięci. Niezwykle interesuje jest, że w wyniku treningu behawioralnego wzrasta fukozylacja tylko pewnych frakcji glikoprotein. Nazwano je glikoproteinami związanymi z uczeniem się (ang. learning-associated glycoproteins, LAG). Ciężar cząsteczkowy białek LAG jest zbliżony do ciężaru cząsteczkowego glikoprotein będących cząsteczkami adhezji komórkowej, włączając w to także neuronalne cząsteczki adhezji komórkowej — N-CAM (ang. neural cell adhesion molecules). Udowodniono, dzięki technikom immunocytochemicznym, że N-CAM są związane z uczeniem biernego unikania u kurcząt. Podawanie przeciwciał anty-N-CAM w czasie drugiej, późnej fali syntezy glikoprotein wywoływało u trenowanych zwierząt silny efekt amnestyczny. Podobny efekt obserwowano także u szczurów, którym podawano przeciwciała anty-N-CAM w 5 – 6 godzin po treningu biernego unikania. Białka N-CAM są glikoproteinami bardzo ściśle związanymi z procesem wydłużania się aksonów i różnicowania neuronalnych komórek prekursorowych w czasie rozwoju układu nerwowego. Odkrycie, iż biorą one udział w stabilizacji zmian połączeń synaptycznych w wyniku uczenia, może świadczyć o tym, że różne przejawy plastyczności w układzie nerwowym mogą mieć wspólne mechanizmy.

# 14.5. Podsumowanie

Badania u bezkręgowców i kręgowców znacząco rozszerzyły naszą wiedzę o molekularnych i biochemicznych mechanizmach procesów uczenia się i pamięci. Ciągle jednak jesteśmy daleko od stworzenia spójnego modelu opisującego kaskadę zdarzeń prowadzącą w układzie nerwowym do konsolidacji pamięci po zadziałaniu bodźca. Rozwój technik badawczych i przełamanie wielu ograniczeń metodycznych pozwoliły wykazać, że niektóre zmiany komórkowe i molekularne obserwowane w czasie treningu behawioralnego są związane z prostymi formami uczenia nieasocjacyjnego i asocjacyjnego. Na podstawie dotychczas zgromadzonych danych można sądzić, że znane biologom mechanizmy związane ze stanami aktywacji komórek ustrojowych są prawdopodobnie także mechanizmami leżącymi u podłoża procesów uczenia się i zapamiętywania. Wiadomo, że w prostych formach uczenia się konieczne jest elektryczne sumowanie pobudzających i hamujących potencjałów postsynaptycznych, co w połączeniu z nieliniowymi właściwościami błony plazmatycznej pozwala komórce nerwowej wykrywać koincydencje wśród wielu wejść synaptycznych. Niezbędne jest także współdziałanie pomiędzy neurotransmiterem i wartością napięcia elektrycznego błony po to, aby zmienić aktywność kanałów jonowych i uruchomić przekazywanie sygnału drogą wtórnych przekaźników. Wiadomo, że we wszystkich badanych modelach doświadczalnych podstawową zmianą jest wzrost wewnątrz-komórkowego stężenia jonów $Ca^{2+}$. Napływ jonów wapnia uruchamia szereg procesów wewnątrzkomórkowych, takich jak aktywacja kinaz białkowych, fosforylacja błonowych białek synaptycznych oraz mobilizacja pęcherzyków synaptycznych uwalniających neuroprzekaźnik. Od jonów $Ca^{2+}$ zależy aktywacja czynników transkrypcyjnych z rodziny CREB, a także działających synergistycznie czynników transkrypcyjnych c-Fos i Jun-B, które regulują ekspresję genów. Udowodniono, że proces uczenia się wywołuje zmiany strukturalne w istniejących obwodach neuronalnych, np. pojawienie się nowych synaps lub przebudowa istniejących połączeń. Wiadomo także, iż pamięć krótkotrwała jest niezależna od syntezy białek, podczas gdy tworzenie pamięci długotrwałej wymaga syntezy białek de novo.

Wszystkie wymienione procesy komórkowe zostały opisane w modelach doświadczalnych reprezentujących proste formy uczenia się typu warunkowania.

Nadal jednak nie wiadomo, czy są to mechanizmy powszechne także u innych gatunków zwierząt. Nie wiadomo także, czy przedstawione w niniejszym rozdziale mechanizmy molekularne leżące u podłoża uczenia typu warunkowania klasycznego mogą być również zaangażowane w bardziej złożonych procesach poznawczych. Nie wykluczone jednak, że podstawowe mechanizmy molekularne są wspólne dla wielu form uczenia się, a rozróżnienia prostych i złożonych procesów poznawczych należy szukać nie na poziomie komórkowym, ale na poziomie organizacji obwodów neuronalnych oraz specyficzności połączeń neuronów tworzących te obwody.

## LITERATURA UZUPEŁNIAJĄCA

Bear M.F.: Homosynaptic long-term depression: a mechanism for memory? *Proc. Natl. Acad. Sci. USA* 1999, **96**(17): 9457 – 9468.

Holscher C.: Synaptic plasticity and learning and memory: LTP and beyond. *J. Neurosci. Res.* 1999, **58**(1): 62 – 75.

Konnerth A., Tsien R. Y., Mikoshiba K., Altman J. (red.): *Coincidence Detection in the Nervous System.* HFSP, Strasbourg 1996.

Levitan I.B., Kaczmarek L.K.: *The Neuron — Cell and Molecular Biology.* Oxford University Press, wyd. 2, 1998.

Rosenzweig E.S., Barnes C.A.: Impact of ageing on hippocampal function: plasticity, network dynamics, and cognition. *Progress in Neurobiology* 2003, **69**: 143 – 179.

Sanes J.R., Lichtman J.W.: Can molecules explain long-term potentiation? *Nat. Neurosci.* 1999, **2**(7): 597 – 604.

Sweatt J.D. *Mechanisms of Memory.* Elsevier Science, 2003.

# ROZDZIAŁ 15

# Anatomiczne podstawy pamięci

Danuta M. Kowalska, Paweł Kuśmierek

Wprowadzenie ■ Uwagi metodyczne ■ Zaburzenia pamięci obserwowane po uszkodzeniach płatów skroniowych ■ Zaburzenia pamięci po uszkodzeniach międzymózgowia ■ Rola kory przedczołowej w pamięci ■ Rola zwojów podstawy w pamięci proceduralnej ■ Podsumowanie

## 15.1. Wprowadzenie

Pamięć jest zdolnością organizmu do kodowania, przechowywania i odtwarzania informacji. Zdolność ta często warunkuje przetrwanie żywego organizmu. Procesy pamięciowe nie są zjawiskami jednorodnymi, podlegają one zróżnicowaniu w zależności od czasu utrzymywania się śladu pamięciowego, stopnia świadomego zaangażowania się w zapamiętywanie i odtwarzanie informacji oraz rodzaju zapamiętanej informacji. Zróżnicowane jest także podłoże anatomiczne pamięci. Tradycyjnie, opierając się na zależnościach czasowych, wyróżnia się pamięć sensoryczną, krótkotrwałą i długotrwałą.

Pamięć sensoryczna rozumiana jest jako wstępny etap kodowania napływającej informacji związany bezpośrednio z percepcją i trwający od kilku milisekund do kilku sekund. W zależności od modalności przechowywanego śladu pamięciowego wyróżnia się pamięć wzrokową — „ikoniczną" lub też słuchową — „echoiczną". Informacja sensoryczna zawarta w tej pamięci może być nieograniczona, jednakże ze względu na szybkie zanikanie jej śladów nie podlega kategoryzacji.

Pamięć krótkotrwała (ang. short-term memory), określana również w literaturze jako pamięć świeża (ang. recent memory) lub operacyjna (ang. working memory), charakteryzuje się niewielką pojemnością i stosunkowo krótkim okresem przechowywania informacji, od kilku do kilkudziesięciu sekund. Określenie „pamięć operacyjna" dotyczy szczególnej funkcji mózgu, której istota wykracza poza proste przechowywanie informacji. Zwykle przez pamięć operacyjną rozumie się utrzymywanie w stanie aktywnym reprezentacji bodźców, których dotyczy aktualne bądź mające nastąpić zachowanie, połączone często z monitorowaniem tych reprezentacji

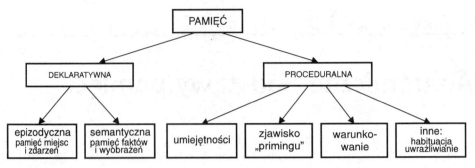

**Ryc. 15.1.** Schemat podziału pamięci długotrwałej. (Wg: Squire. *Trends Neurosci.* 1988, 11: 170–175, zmodyf.)

i dokonywaniem na nich operacji mentalnych. Za formę pamięci krótkotrwałej można również uważać pamięć bezpośrednią (ang. immediate memory) — zdolność do odtworzenia bądź rozpoznania zapamiętanych bodźców po bardzo krótkim czasie.

Pamięć długotrwała (ang. long-term memory) charakteryzuje się dużą pojemnością i długim czasem trwania. Jako pamięć trwałą (ang. permanent memory) opisuje się czasem zasób pamięci długotrwałej nie podlegający zapomnieniu.

Należy zwrócić uwagę, że opisane wyżej terminy są w dość rozmaity sposób rozumiane przez badaczy. W szczególności przez pamięć długotrwałą rozumie się niekiedy wyłącznie pamięć trwałą, pojęcie zaś pamięci krótkotrwałej jest wówczas rozciągane na zapamiętywanie na czas dłuższy niż kilkadziesiąt sekund.

W zależności od charakteru nabywanej informacji wyróżnia się bardziej szczegółowe kategorie pamięci długotrwałej (ryc. 15.1): pamięć deklaratywną (ang. declarative memory), mającą najczęściej charakter pamięci świadomej, określanej w języku angielskim jako „explicit memory"; oraz pamięć niedeklaratywną lub proceduralną (ang. non-declarative, procedural memory), będącą formą pamięci nieuświadomionej (ang. implicit memory).

Pamięć deklaratywna może być nabywana bardzo łatwo — wystarcza jednorazowa ekspozycja bodźca. Informacje przechowywane w niej mogą pochodzić z wielu modalności sensorycznych i są reprezentacjami zjawisk, rzeczywiście bądź potencjalnie istniejących. Odczyt informacji z pamięci deklaratywnej nie musi wiązać się z reakcjami behawioralnymi — informacje mogą być przetwarzane wewnętrznie. Pamięć deklaratywną dzieli się na pamięć epizodyczną oraz semantyczną. Pamięć epizodyczna to znajomość unikatowych zdarzeń z przeszłości, pamiętanych w kontekście licznych relacji: gdzie, kiedy i w jakich okolicznościach dane zdarzenie nastąpiło. Pamięć semantyczna to wiedza o faktach niezależnych od bezpośredniego kontekstu. J.P. Aggleton i M.W. Brown wyróżniają pamięć rozpoznawczą (w ich ujęciu rozumianą jako ocena znajomości bodźca) jako oddzielną formę pamięci deklaratywnej. Ponadto, wyróżnia się pamięć asocjacyjną, definiowaną jako tworzenie skojarzeń między różnymi bodźcami. Z kolei pamięć przestrzenna odnosi się do zapamiętywania lokalizacji obiektów w przestrzeni, przebytej drogi oraz do tworzenia map przestrzeni w mózgu.

Pamięć niedeklaratywna obejmuje umiejętności (np. motoryczne), nawyki nabyte drogą warunkowania, zjawisko prymowania (ang. priming) oraz procesy habituacji

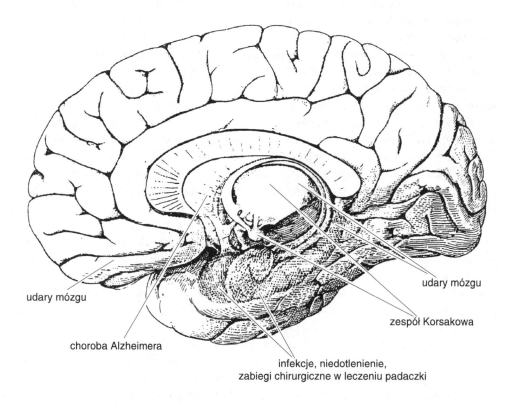

udary mózgu

udary mózgu

zespół Korsakowa

choroba Alzheimera

infekcje, niedotlenienie,
zabiegi chirurgiczne w leczeniu padaczki

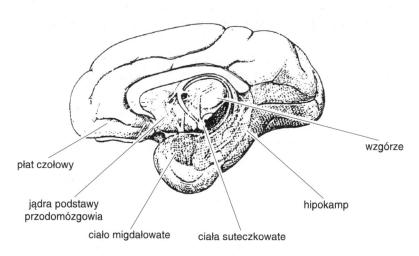

wzgórze

płat czołowy

jądra podstawy
przodomózgowia

hipokamp

ciało migdałowate

ciała suteczkowate

**Ryc. 15.2.** Schemat przyśrodkowej płaszczyzny mózgu człowieka (górna część rysunku) i małpy (dolna część rysunku). Na górnym schemacie zaznaczone są miejsca uszkodzeń powodowanych chorobami, które prowadzą do zaburzeń pamięci. Na dolnym schemacie zaznaczono struktury ulegające uszkodzeniu w opisanych stanach patologicznych. (Wg: Mishkin i Appenzeller 1987, zmodyf.)

i sensytyzacji (uwrażliwienia). Prymowanie polega na ułatwieniu przetwarzania informacji dzięki preekspozycji tej informacji. W klasycznym teście przedstawia się początkowe człony pewnych słów, które należy uzupełnić do pełnych słów, przy czym istnieje wiele możliwości uzupełnienia. Prawdopodobieństwo uzupełnienia do słowa, które osoba badana wcześniej widziała, jest zwiększone, niezależnie od tego, czy osoba ta pamięta, że przedstawiano jej uprzednio to słowo. Habituacja to stopniowe zmniejszanie reakcji na powtarzany nieistotny bodziec. Sensytyzacja z kolei jest zwiększeniem odpowiedzi na powtarzany bodziec, bądź samoistnym, związanym raczej ze stanem układu nerwowego, bądź wywołanym przez uprzednie zadziałanie bodźca uwrażliwiającego, często awersyjnego. Informacje zawarte w pamięci niedeklaratywnej nie mają charakteru reprezentacji, a dostęp do nich możliwy jest tylko poprzez reakcje behawioralne, nabywanie zaś wymaga często wielu powtórzeń.

Obecnie uwaga badaczy koncentruje się nie tyle na czasowych zależnościach, ile na charakterze przechowywanych informacji, ich wzajemnych asocjacjach oraz na stopniu świadomego zaangażowania się w ich zapamiętywanie i odtwarzanie. Z tego też punktu widzenia zacierają się granice między kategoriami pamięci opartymi na zależnościach czasowych. Tak więc np. pamięć operacyjna, zaliczana tradycyjnie do pamięci krótkotrwałej, obecnie jest również rozpatrywana jako rodzaj epizodycznej pamięci deklaratywnej, a więc długotrwałej.

Zaburzenie deklaratywnej pamięci długotrwałej u ludzi, wynikające najczęściej z uszkodzenia przyśrodkowych części płatów skroniowych, wzgórza lub okolic przedczołowych mózgu, spowodowane chorobami, urazami powypadkowymi bądź też interwencją chirurgiczną (ryc. 15.2), jest określane jako amnezja. Nasilenie tego zaburzenia, aż do całkowitej utraty pamięci, czyli amnezji globalnej, jest uzależnione od wielkości i charakteru uszkodzenia. Wyróżnia się dwa rodzaje amnezji w zależności od chronologii zdarzeń nią objętych:

— amnezję następczą (anterogradną) polegającą na braku zdolności uczenia się i zapamiętywania nowych zdarzeń występujących po zadziałaniu czynnika wywołującego zaburzenia pamięciowe;

— amnezję wsteczną (retrogradną) polegającą na braku pamięci zdarzeń, które nastąpiły przed pojawieniem się zaburzenia.

Istnieje wiele opracowań poświęconych anatomii pamięci, uwzględniających jej charakterystykę i parametry czasowe. Badania nad pamięcią są prowadzone w celu wyjaśnienia, jak zorganizowane są funkcje pamięciowe w mózgu, jaka jest ich lokalizacja i jakie są ich wzajemne relacje.


# 15.2. Uwagi metodyczne

Wszelkie funkcje mózgu, w tym pamięć, są zależne od układu połączeń pomiędzy poszczególnymi polami i strukturami, decydującego o tym, jaka informacja dociera do jakich obszarów. Dlatego u podstaw badań nad funkcjami mózgu leży wiedza neuroanatomiczna, do której powinny odnosić się wszelkie wnioskowania o lokalizacji funkcji.

Metody badania lokalizacji funkcji pamięciowych na poziomie systemowym, podobnie jak metody badania lokalizacji innych funkcji mózgu, można ogólnie podzielić na dwie grupy: metody badania aktywności i metody wyłączeniowe. Metody badania aktywności wykrywają (pośrednio lub bezpośrednio) pobudzenie neuronów zwierzęcia lub człowieka wykonującego jakieś zadanie w odniesieniu do stanu (zadania) kontrolnego. Można tu zaliczyć metody elektrofizjologiczne, badanie ekspresji genów — znaczników aktywności neuronalnej, czy badania oceniające korelaty metaboliczne aktywności neuronalnej. Do tych ostatnich należą między innymi zaawansowane metody oceniania aktywności obszarów mózgu, jak PET (emisyjna tomografia pozytonowa) czy fMRI (obrazowanie funkcji metodą rezonansu magnetycznego).

Metody wyłączeniowe opierają się na ocenie zmian w wykonaniu zadania po wyłączeniu pewnego obszaru mózgu. Najbardziej powszechnie jest stosowana analiza zaburzeń pamięci (czy innej funkcji) pojawiających się jako skutek fizycznego uszkodzenia tkanki mózgowej w wyniku interwencji chirurgicznej (czy to eksperymentalnej — u zwierząt, czy mającej na celu leczenie — u ludzi), domózgowego podania związków niszczących tkankę bądź wskutek innych zdarzeń, jak np. niedotlenienie mózgu lub zapalenie mózgu wywołane wirusem opryszczki. Stosuje się też czasowe wyłączenia przez wybiórcze chłodzenie określonych struktur mózgowych bądź podawanie odwracalnych inhibitorów aktywności neuronalnej.

Powyższe sposoby badania mózgu różnią się nie tylko rozdzielczością przestrzenną i czasową, badanym poziomem organizacji, odwracalnością skutków czy stopniem pośredniości. Metody wyłączeniowe charakteryzują się niepewnością co do rzeczywistego zakresu uszkodzenia (u ludzi oraz w metodach odwracalnych) oraz możliwością uzyskania wyników fałszywie dodatnich z powodu uszkodzenia istotnych dla badanego procesu włókien nerwowych przebiegających przez uszkadzaną strukturę lub niespecyficznego oddziaływania tej struktury na inne struktury, będące rzeczywistym podłożem badanej funkcji. Konieczne są więc odpowiednie badania kontrolne. Jednak tylko metody wyłączeniowe są w stanie wykazać niezbędność badanej struktury dla badanego procesu. Badania aktywności mogą jedynie wskazać, że aktywność danej struktury jest skorelowana z przebiegiem procesu, co nie wystarcza, by uznać tę strukturę za jego podłoże. Dlatego metody wyłączeniowe, mimo że znacznie starsze od „aktywnościowych", pozostają najważniejszym środkiem pozwalającym na wnioskowanie o podłożu procesów zachodzących w mózgu. Pełny obraz może być uzyskany, gdy dane otrzymane różnymi sposobami, należącymi do obu grup, wykazują znaczącą zgodność.

Należy jeszcze zaznaczyć, że, jak wspomniano powyżej, obie grupy wymagają wykonywania przez badane zwierzę bądź człowieka określonych zadań. Właściwa konstrukcja takich zadań, jak i zadań kontrolnych, jest kluczowa dla poprawnej interpretacji uzyskanych wyników.

# 15.3. Zaburzenia pamięci obserwowane po uszkodzeniach płatów skroniowych

## 15.3.1. Amnezja następcza

### 15.3.1.1. Obserwacje kliniczne

Pół wieku temu W.B. Scoville i B. Milner opisali serię neurochirurgicznych zabiegów leczniczych polegających na usunięciu przyśrodkowych części płatów skroniowych (ang. temporal lobes), między innymi słynną operację na pacjencie H.M. cierpiącym na lekooporną epilepsję. Pacjent ten jest do chwili obecnej najintensywniej przebadanym i opisanym w literaturze przypadkiem. Na skutek neurochirurgicznego zabiegu obejmującego obustronne rozległe uszkodzenie przyśrodkowych części płatów skroniowych, a więc kompleks ciała migdałowatego (ang. amygdala), znaczną część formacji hipokampa (ang. hippocampal formation) oraz obszary kory znajdujące się w sąsiedztwie tych struktur H.M. utracił zdolność zapamiętywania nowych informacji dotyczących bodźców i zdarzeń. Wystąpiła więc u niego silna amnezja następcza. Z początku wydawało się, że nie jest on zdolny do formowania nowych śladów pamięciowych, lecz kolejne badania wykazały, iż ma zdolność do przechowywania i użycia pewnych rodzajów informacji. Okazało się więc, że H.M. może nabywać umiejętności ruchowe, uczyć się przy wielokrotnym powtarzaniu niektórych zadań, prawidłowo przebiega u niego również proces prymowania. (Zaburzone jest jednak u niego prymowanie słów, które weszły do użycia po operacji. W pamięci sematycznej H.M. nie istnieją bowiem reprezentacje tych słów, które mogłyby zostać aktywowane podczas preekspozycji.) Wskazuje to na zaburzenia pamięci deklaratywnej przy zachowaniu pamięci proceduralnej. Ponadto H.M. potrafi używać informacji w bezpośrednim kontekście, ma więc zachowaną pamięć bezpośrednią, lecz traci ją, gdy tylko odwrócona jest jego uwaga. Obok zaburzeń o charakterze amnezji następczej obserwowano u niego również zaburzenia pamięci wstecznej, polegające na braku pamięci faktów i zdarzeń, lecz tylko tych, które poprzedzały do 3 lat zabieg chirurgiczny. Pamięć starszych zdarzeń jest utrzymywana na dobrym poziomie.

Znacznie mniejsze zaburzenia pamięci obserwowano u chorych, u których resekcja ograniczała się jedynie do przednich części płatów skroniowych lub uszkodzenie było zlokalizowane tylko w jednej półkuli. To, że zaburzenia pamięci nasilały się, gdy uszkodzenia obejmowały również tylne części płatów skroniowych, a zwłaszcza znajdujący się tam hipokamp (ang. hippocampus), stanowiło podstawę dla rozpowszechnionego później poglądu, iż w obrębie płatów skroniowych hipokamp jest strukturą odpowiedzialną za tworzenie się nowych śladów pamięciowych.

## 15.3.1.2. Badania prowadzone na zwierzętach

Dane kliniczne skłoniły do podjęcia badań eksperymentalnych na zwierzętach, których celem było określenie struktur mózgowych istotnych dla pamięci oraz poznanie ich wzajemnych relacji. Doniesienia o amnezji wywołanej interwencją chirurgiczną u ludzi zainspirowały serię eksperymentów na zwierzętach, szczególnie na małpach, u których próbowano uzyskać podobny zespół objawów.

Pierwsze próby stworzenia zwierzęcego modelu zaburzeń pamięci występujących u H.M. wykazały, iż małpy po uszkodzeniach płatów skroniowych (obejmujących ciało migdałowate, hipokamp i przylegające do nich obszary korowe) miały zaburzoną zdolność wyuczonego przed operacją rozróżniania wzrokowego (tzw. dyskryminacji).

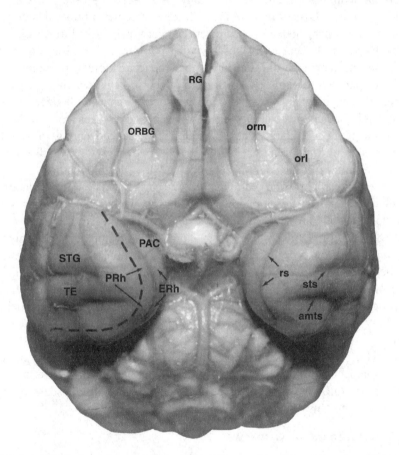

**Ryc. 15.3.** Fotografia brzusznej powierzchni mózgu małpy przedstawiająca pola cytoarchitektoniczne, zawoje (po lewej stronie) i bruzdy (po prawej stronie) rejonu brzuszno-przyśrodkowego płata skroniowego i brzusznej okolicy kory przedczołowej. ERh — kora śródwęchowa; PAC — kora okołomigdałowata; PRh — kora okołowęchowa; STG — zakręt skroniowy górny; TE — przednia część zakrętu skroniowego dolnego; amts — przednia środkowa bruzda skroniowa; rs — bruzda węchowa; sts — zakręt skroniowy górny; ORBG — zakręty oczodołowe; RG — zakręt prosty; orl — bruzda oczodołowa boczna; orm — bruzda oczodołowa środkowa. (Wg: Murrey. *Semin. Neurosci.* 1996, 8: 13 – 22, zmodyf.)

Z drugiej strony, gdy w testach stosowano długie, 24-godzinne przerwy między próbami, wykonanie dyskryminacji wzrokowej i nauka nowych zadań u zwierząt operowanych nie różniło się od wykonania u zwierząt kontrolnych.

Jednakże, w porównaniu z badaniami klinicznymi na ludziach, możliwości stosowania testów badania pamięci u zwierząt są znacznie ograniczone. W badaniach na małpach, prowadzonych od lat 70. ubiegłego wieku, zastosowano testy pamięciowe oparte na pamięci deklaratywnej, której zaburzenie stanowiło model amnezji następczej. Opracowane testy behawioralne dla zwierząt dawały możliwość badania umiejętności rozpoznawania bodźców, ich cech jakościowych, związków między bodźcami, jak również zapamiętywania ich przestrzennej lokalizacji. Generalną zasadą było stosowanie uczenia jednopróbowego ze zmienianymi w każdej próbie bodźcami (ang. trial-unique stimuli). Oznaczało to, iż w każdej kolejnej próbie doświadczalnej wprowadzano nową parę bodźców. Zwierzęta najpierw nabywały informację o stosowanych bodźcach (ich cechach jakościowych, położeniu lub asocjacji z innymi bodźcami), aby następnie po okresie odroczenia (podczas którego przechowywały tę informację w pamięci) dokonać określonego wyboru, wykorzystując zapamiętaną informację. W zdecydowanej większości doświadczeń stosowano bodźce wzrokowe.

Wyniki tych badań znacznie rozszerzyły wiedzę dotyczącą roli struktur płata skroniowego w pamięci deklaratywnej. Okazało się, że uszkodzenia w przyśrodkowej części płatów skroniowych, odpowiedzialne za obserwowany w przypadkach klinicznych syndrom amnezji, nie ograniczają się jedynie do hipokampa, położonego w tylnej części przyśrodkowych płatów skroniowych. Wiążą się one z jednoczesnym uszkodzeniem przednich części płatów skroniowych, w których znajduje się ciało migdałowate, oraz obszarów korowych otaczających obie te struktury, a więc kory gruszkowatej (ang. piriform cortex), kory okołomigdałowatej (ang. periamygdaloid cortex), jak również tzw. kory węchowej (ang. rhinal cortex), w skład której wchodzą obszary kory okołowęchowej (ang. perirhinal cortex) rozciągającej się wzdłuż bruzdy węchowej (ang. rhinal sulcus) i położone przyśrodkowo od tej bruzdy obszary kory śródwęchowej (ang. entorhinal cortex) uwidocznione na rycinie 15.3 oraz znajdującej się za nią kory przyhipokampalnej (ang. parahippocampal cortex), nie uwidocznionej na zdjęciu.

Najsilniejsze poparcie tego poglądu stanowiła seria eksperymentów przeprowadzonych na małpach w Stanach Zjednoczonych, w laboratoriach kierowanych przez M. Mishkina w Narodowych Instytutach Zdrowia (NIH) w Bethesdzie oraz przez L.R. Squire'a — na Uniwersytecie Kalifornijskim w San Diego.

### 15.3.1.2.1. Rozpoznawanie wzrokowe

W badaniu amnezji następczej u zwierząt najczęściej stosuje się test „dobierania nie według wzoru" (ang. delayed non-matching-to-sample, DNMS) lub zbliżony do niego test „dobierania według wzoru" (ang. delayed matching-to-sample, DMS). Testy te polegają na jednopróbowym uczeniu się i następnie rozpoznawaniu obiektów wzrokowych. Za ich pomocą bada się pamięć rozpoznawczą (ang. recognition memory) — zdolność organizmu do odróżniania znajomych zjawisk sensorycznych od nowych. Ilustrację testu DNMS przedstawia rycina 15.4.

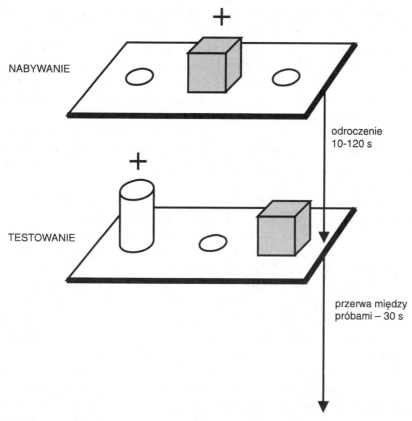

**Ryc. 15.4.** Etapy pojedynczej próby w teście DNMS. (+) oznacza miejsce ukrycia nagrody. Pozostałe objaśnienia w tekście

W teście DNMS każda próba składa się z dwóch etapów: nabywania i testowania. Na etapie nabywania prezentuje się małpie tackę z trzema wydrążonymi otworami (karmnikami). Na środkowym karmniku umieszcza się obiekt zakrywający całkowicie otwór karmnika, w którym umieszczona jest nagroda (+), np. rodzynek. Małpa odsuwa obiekt i wyciąga nagrodę z karmnika. Po 10-sekundowym odroczeniu, podczas którego tacka jest zasłonięta, następuje etap testowania. Na tym etapie dwa obiekty (jeden znajomy, prezentowany przed 10 sekundami, oraz drugi — nowy, nigdy wcześniej nie pokazywany obiekt wzrokowy) są ustawione na bocznych karmnikach tacki testowej. Tym razem nagroda (+) jest ukryta pod nowym obiektem. Poprawną reakcją jest więc wybór nowego obiektu. Po 30-sekundowej przerwie rozpoczyna się nowa próba z użyciem zupełnie nowych obiektów. Zadanie polega więc na każdorazowym rozpoznaniu (a więc i zapamiętaniu) obiektu pokazywanego przed kilkoma sekundami i następnie wyborze nowego obiektu.

Test DMS różni się od przedstawionego wyżej testu DNMS jedynie tym, że w etapie testowania nagradzany jest wybór znajomego obiektu (pokazywanego na etapie nabywania), nie zaś obiektu nowego.

Po opanowaniu wzrokowego testu DNMS małpy były poddawane zabiegom chirurgicznym polegającym na uszkodzeniu struktur przyśrodkowego płata skroniowego. W jednej grupie zwierząt uszkadzano przednie części przyśrodkowych płatów skroniowych (ciało migdałowate wraz z korą okołomigdałowatą i przednimi częściami kory węchowej), w drugiej grupie — tylne części (hipokamp wraz z tylnymi obszarami kory węchowej i korą przyhipokampalną), a w trzeciej grupie — łącznie przednie i tylne części przyśrodkowych płatów skroniowych.

Po operacji wznawiano trening w teście DNMS, stosując podobnie jak przed operacją 10-sekundowe odroczenie. Następnie oceniano funkcjonowanie pamięci krótko- i długotrwałej oraz pojemność pamięci stosując dłuższe odroczenia (do 2 min) oraz zwiększając liczbę obiektów do jednoczesnego zapamiętania.

Wzrokowa pamięć rozpoznawcza była najbardziej zaburzona u małp, u których dokonano łącznego obustronnego uszkodzenia przednich i tylnych części przyśrodkowych płatów skroniowych. Wyniki tych doświadczeń jednoznacznie wskazywały, iż dla pamięci istotna jest nie tylko tylna część przyśrodkowego płata skroniowego, zawierająca hipokamp i przylegające do niego obszary korowe, lecz również przednia część zawierająca ciało migdałowate wraz z otaczającą je korą. Ponadto, w przypadku pamięci rozpoznawczej wzrokowej udział przedniej i tylnej części płata skroniowego wydawał się jednakowy. Wyniki otrzymane na małpach były zbieżne z wcześniej opisanymi obserwacjami u ludzi. U obu gatunków rozległe uszkodzenia przyśrodkowych płatów skroniowych silnie zaburzały pamięć rozpoznawczą.

Przedstawione fakty nie stanowiły jednak ostatecznego dowodu określającego funkcje poszczególnych struktur limbicznych płata skroniowego w pamięci rozpoznawczej. Dane anatomiczne wskazują, iż struktury te są ze sobą wzajemnie powiązane. Informacja sensoryczna z jednomodalnych i wielomodalnych obszarów korowych płatów skroniowych, czołowych (ang. frontal lobes) i ciemieniowych (ang. parietal lobes) dociera do kory okołowęchowej i przyhipokampalnej, a stamtąd, systemem wzajemnych połączeń zwrotnych, dochodzi do kory śródwęchowej i następnie do hipokampa. Opisano również bezpośrednią projekcję z kory okołowęchowej i przyhipokampalnej do obszaru CA1 hipokampa. Ciało migdałowate zaś otrzymuje silną projekcję z kory śródwęchowej i okołowęchowej. Ponadto, zarówno ciało migdałowate, jak i hipokamp wysyłają projekcję do kory śródwęchowej. Nasuwały się więc pytania: 1) czy zaburzenia pamięci obserwowane po resekcjach płatów skroniowych są wynikiem uszkodzenia ciała migdałowatego i hipokampa, czy też obszarów kory węchowej i przyhipokampalnej, które u małp są usuwane dodatkowo w trakcie chirurgicznego uszkadzania obu tych struktur, oraz 2) czy uszkodzenia ograniczone jedynie do ciała migdałowatego bądź też hipokampa (bez naruszania obszarów korowych) w równym stopniu zaburzają pamięć rozpoznawczą.

Odpowiedź na te pytania próbowano uzyskać przeprowadzając serię eksperymentów, w których dokonano bardziej wybiórczych uszkodzeń tych okolic. Wkrótce też pojawiły się dane przeczące poglądowi, iż łączne uszkodzenie ciała migdałowatego i hipokampa prowadzi do silnych zaburzeń pamięci rozpoznawczej. Okazało się, iż elektrolityczne uszkodzenie ograniczone tylko do hipokampa lub chemiczne (z użyciem neurotoksyn) łączne uszkodzenie ciała migdałowatego i hipokampa bez naruszania kory węchowej nie wpływa na pamięć rozpoznawczą, a jej zaburzenie ujawnia się dopiero wtedy, gdy odroczenia są wydłużane powyżej 10 minut. Natomiast silne zaburzenie rozpoznawania wzrokowego obserwowano po uszkodzeniach ograniczonych tylko do obszarów kory węchowej.

Tak więc, pogorszenie się wzrokowej pamięci rozpoznawczej u małp z chirurgicznymi uszkodzeniami przyśrodkowych płatów skroniowych, które pierwotnie wiązano z łącznym uszkodzeniem ciała migdałowatego i hipokampa, w rzeczywistości było spowodowane uszkodzeniem kory węchowej lub zniszczeniem jej połączeń.

Bardziej szczegółowe badania przeprowadzone w laboratoriach M. Mishkina i L.R. Squire'a wskazują na zróżnicowanie skutków uszkodzeń pól korowych otaczających ciało migdałowate i hipokamp w rozpoznawaniu wzrokowym. Okazało się, iż najbardziej istotna dla wzrokowego rozpoznawania jest kora okołowęchowa. Jej uszkodzenie silnie zaburza pamięć wzrokową, podczas gdy uszkodzenie kory śródwęchowej powoduje lekkie i przemijające zaburzenie. Usunięcie kory przyhipokampalnej pogarsza w lekkim stopniu wzrokową pamięć rozpoznawczą, lub też wcale jej nie zaburza.

Znaczenie kory okołowęchowej dla pamięci wzrokowej rozpoznawczej, określone badaniami opartymi na uszkodzeniach mózgu, zostało również poparte badaniami elektrofizjologicznymi przeprowadzonymi przez M.W. Browna i współpracowników z Uniwersytetu w Bristolu w Wielkiej Brytanii. Analizowano zmiany odpowiedzi komórek dolnej kory skroniowej (ang. inferotemporal cortex) oraz kory okołowęchowej małpy na prezentację bodźców wzrokowych. Neurony te mogą kodować fizyczną charakterystykę bodźców wzrokowych i w ten sposób uczestniczyć w ich identyfikacji. W wyniku powtarzanego podawania bodźców wzrokowych obserwowano spadek reaktywności neuronów tych okolic, charakteryzujący się zmniejszeniem częstotliwości wyładowań. Obniżenie reakcji neuronalnych może przenosić informacje zarówno o „świeżości" prezentacji (określającej, czy dany bodziec był ostatnio widziany), jak i jej relatywnej „znajomości" (czy ogólnie jest to bodziec znajomy). Zdolność ta pozwala ocenić, czy dany obiekt widziany był ostatnio, niezależnie od tego, czy jest on bardziej lub mniej znajomy. Brown i współpracownicy wykryli w korze okołowęchowej oraz w przedniej części kory dolnej skroniowej dwa rodzaje neuronów: 1) neurony „świeżości" (ang. recency neurons) — nie reagujące na relatywną znajomość bodźców, lecz obniżające reagowanie, gdy bodziec pokazywany był po raz drugi, oraz 2) neurony „znajomości" (ang. familiarity neurons) — których siła odpowiedzi nie zależała od tego, czy bodziec podawany był ostatnio. Komórki te zmniejszały częstotliwość wyładowań przy prezentacji znanych bodźców wzrokowych. Detekcja znajomości w korze okołowęchowej następowała bardzo szybko (co wyklucza udział struktur znajdujących się dalej w strumieniu przetwarzania informacji wzrokowej, jak hipokamp czy kora przedczołowa), obniżenie zaś odpowiedzi na bodźce znajome utrzymywało się znacznie dłużej niż w wyższego rzędu polach kory wzrokowej, będących podłożem wcześniejszej analizy informacji. Modelowanie matematyczne wykazało, że sieć oparta na zasadzie antyhebbowskiej (a więc zmniejszeniu efektywności synapsy w wyniku pobudzenia), zgodnej z obserwacją, że znajomość bodźca wywołuje obniżenie (a nie podwyższenie) aktywności komórek kory okołowęchowej, może mieć odpowiednią pojemność, szybkość i efektywność, by spełniać funkcje detektora znajomości bodźca. Wyniki te skłoniły M.W. Browna do sformułowania hipotezy, że kora okłowęchowa jest podłożem szczególnego rodzaju pamięci deklaratywnej, jakim jest pamięć rozpoznawcza, rozumiana jako ocena znajomości bodźca.

Grupa M.W. Browna uzyskała dodatkowe potwierdzenie roli tej struktury w rozpoznawaniu znajomości bodźców wzrokowych w badaniach na szczurach. U zwierząt tych stwierdzono nie tylko podobne jak u małp wzorce odpowiedzi neuronalnych, ale także wykazano większą aktywację kory okołowęchowej (oraz asocjacyjnej kory wzrokowej) przez nowe bodźce wzrokowe (w porównaniu ze znajomymi), mierzoną ekspresją białka Fos.

Warto także zwrócić uwagę, że korze okołowęchowej przypisano ostatnio rolę w tworzeniu reprezentacji obiektów: uszkodzenia kory okołowęchowej u małp nie zaburzały wykonania testu DNMS, gdy stosowano niewielką liczbę bodźców, które mogły być zapewne rozpoznawane łatwo na poziomie poszczególnych cech, a nie na integracyjnym poziomie obiektów. Z drugiej strony, wykonanie w testach rozróżniania wzrokowego, które zwykle jest normalne u zwierząt z uszkodzeniami kory okołowęchowej, było zaburzone, jeśli w fazie testowania bodźce były prezentowane z innej strony niż w trakcie uczenia. Wskazuje to na złożoną rolę kory okołowęchowej w przetwarzaniu informacji.

### 15.3.1.2.2. Rozpoznawanie dotykowe

Rozpoznawanie obiektów za pomocą wzroku nie stanowi jedynej zaburzonej funkcji, jaką obserwuje się po uszkodzeniach płatów skroniowych zarówno u pacjentów cierpiących na amnezję, jak i u małp. Pozostaje więc pytanie, w jakim stopniu opisane struktury płata skroniowego są zaangażowane w rozpoznawanie bodźców innych modalności. Doświadczenia z pamięcią rozpoznawczą dotykową przeprowadzono na małpach również w laboratorium Mishkina. Zwierzęta testowano w ciemności, w teście DMS, podając do rozpoznania obiekty różniące się wielkością, kształtem i fakturą powierzchni. Dotykowa pamięć rozpoznawcza była dramatycznie zaburzona po łącznych, obustronnych uszkodzeniach przedniej i tylnej części przyśrodkowego płata skroniowego, a więc ciała migdałowatego i hipokampa wraz z otaczającymi obszarami korowymi. Nowsze badania W. Suzuki i L.R. Squire'a wskazały jednak, że spośród tych struktur dla rozpoznawania dotykowego, podobnie jak wzrokowego, konieczna jest nienaruszona kora węchowa.

### 15.3.1.2.3. Rozpoznawanie słuchowe

Do niedawna brak było danych dotyczących pamięci rozpoznawczej słuchowej, co wiązało się z brakiem odpowiednich testów behawioralnych do badania tej pamięci. Jednak ostatnio zostały opracowane i zastosowane u psów testy „dobierania według wzoru" (DMS) badające słuchową pamięć rozpoznawczą, podobne do opisanych powyżej testów wzrokowych (D.M. Kowalska — badania własne). W fazie nabywania, z głośnika umieszczonego w pozycji centralnej podawano pewien dźwięk, a następnie, po 1,5-sekundowym odroczeniu, w fazie testowania ten sam dźwięk podawano naprzemiennie z nowym, nieznanym dźwiękiem przez dwa głośniki umieszczone po lewej i po prawej stronie zwierzęcia. Poprawna reakcja — skierowana do głośnika eksponującego dźwięk znajomy — była nagradzana pokarmem. W każdej próbie stosowano nową parę dźwięków. Okazało się, że psy stosunkowo łatwo opanowują zasadę testu. Mogą również przechowywać ślad pamięciowy bodźca słuchowego do 90 s, co potwierdziły dodatkowe testy.

Przy użyciu tego testu wykazano następnie, że obustronne uszkodzenie ograniczone tylko do hipokampa (bez naruszenia otaczających go obszarów korowych, co jest możliwe u psa) nie zaburzało słuchowej pamięci rozpoznawczej. Wynik ten potwierdza wcześniejsze przypuszczenia, iż hipokamp nie jest istotny dla pamięci rozpoznawczej. Bardziej zaskakujący był jednak efekt uszkodzenia kory węchowej (tj. około- i śródwęchowej). Uszkodzenie tych obszarów, dające silne zaburzenia pamięci rozpoznawczej wzrokowej u małp, nie zaburzało pamięci rozpoznawczej słuchowej u psów.

Wynik ten został potwierdzony w innym modelu doświadczalnym w laboratorium M.W. Browna (we współpracy z Kowalską i Kuśmierkiem): aktywacja kory około-węchowej szczurów mierzona ekspresją białka Fos nie zależała od znajomości bodźców słuchowych. Większą aktywację na bodźce nowe niż na znajome obser-wowano jedynie w asocjacyjnej korze słuchowej. Również wstępne niepublikowane dane z laboratorium M. Mishkina wykazują, że uszkodzenie kory okołowęchowej i śródwęchowej u małp nie zaburza słuchowej pamięci rozpoznawczej.

Brak udziału kory okołowęchowej w rozpoznawczej pamięci słuchowej pozostaje zagadką. Zostały zaproponowane dwa hipotetyczne wyjaśnienia: M.W. Brown, zwracając uwagę, że jedną z postulowanych funkcji kory okołowęchowej jest percepcja obiektów, przypuszcza, że w stosowanych testach behawioralnych bodźce akustyczne są przetwarzane na poziomie cech, a nie na poziomie obiektów, co wykluczyło udział kory okołowęchowej. Z kolei M. Mishkin porównał czasowe przebiegi zapominania bodźców słuchowych i wzrokowych przez małpy normalne i z operacyjnym uszkodzeniem kory okołowęchowej. Zapominanie bodźców słucho-wych przez małpy (normalne i operowane) przebiega podobnie szybko, jak zapomi-nanie bodźców wzrokowych przez małpy operowane i znacznie szybciej niż zapominanie bodźców wzrokowych przez normalne zwierzęta. Sugeruje to, że bodźce słuchowe są zapamiętywane przez małpy jedynie w pamięci krótkotrwałej, która nie jest zależna od uszkodzenia kory okołowęchowej. Wyjaśnienie tych zagadnień wymaga jednak dalszych badań.

### 15.3.1.2.4. Zapamiętywanie asocjacji między bodźcami

Najnowsze badania wskazują również na rolę kory węchowej w pewnych rodzajach pamięci asocjacyjnej (ang. associative memory), która jest zdolnością organizmu do kojarzenia różnorodnych zjawisk sensorycznych. Podobnie jak pamięć rozpoznawcza, pamięć asocjacyjna jest formą pamięci deklaratywnej, a jej zaburzenia stanowią model amnezji następczej. E.A. Murray trenowała małpy używając zestawu dwu-wymiarowych bodźców wzrokowych, zgodnie z zasadą: „Jeśli na etapie nabywania pojawi się bodziec A, to po okresie odroczenia, na etapie testowania należy wybrać bodziec X, a nie Y; natomiast jeśli pojawi się bodziec B, to należy wybrać bodziec Y, a nie X". Zwierzęta uczyły się 10 takich zadań pamięciowych opartych na asocjacji dwóch bodźców. U małp z uszkodzeniem kory węchowej, podobnie jak u małp z uszkodzeniem ciała migdałowatego i hipokampa wraz z otaczającymi je obszarami korowymi, uczenie się kojarzenia nowych par bodźców było silnie zaburzone. W przeciwieństwie do tego, zwierzęta, u których usunięto tylko ciało migdałowate i przylegającą do niego korę lub też tylko hipokamp z otaczającymi obszarami korowymi, uczyły się zadań równie szybko jak kontrolne zwierzęta nieoperowane.

Tak więc kora węchowa, a nie ciało migdałowate lub hipokamp, jest istotna dla uczenia się i zapamiętywania nowych asocjacji między wspomnianymi bodźcami. Zgodne z tym są również badania elektrofizjologiczne K. Sakai i Y. Miyashity wskazujące na zwiększoną aktywność neuronów w korze węchowej podczas tworzenia asocjacji wzrokowych.

Chociaż wcześniejsze prace E.A. Murray i M. Mishkina sugerowały istotną rolę ciała migdałowatego dla międzymodalnych asocjacji, ostatnie dane podają w wątpliwość ten pogląd. Najnowsze badania tych samych autorów sugerują, że obserwowane wcześniej zaburzenia zarówno pamięci wewnątrzmodalnej (wzrokowo-wzrokowej), jak i międzymodalnej (wzrokowo-dotykowej), po usunięciu przednich części płatów skroniowych, są prawdopodobnie wynikiem uszkodzenia kory węchowej. Istotnie, małpy po uszkodzeniach przedniej części kory węchowej, nie zaś po wybiórczych uszkodzeniach ciała migdałowatego, wykazywały zaburzenia w wykonaniu zadań opartych na asocjacji dotykowo-wzrokowej. Zgodne z tym są obserwacje kliniczne wykazujące brak zaburzeń wykonania zadań opartych na kojarzeniu bodźców różnych modalności u pacjentów z uszkodzonym ciałem migdałowatym. Tak więc, najnowsze wyniki podważają sugestię, iż ciało migdałowate odgrywa specjalną rolę w formowaniu lub odtwarzaniu asocjacji pomiędzy bodźcami o różnych modalnościach.

Niezaprzeczalna wydaje się jednak rola ciała migdałowatego w pamięci emocjonalnej, co wykazały liczne badania na szczurach (m.in. prace J.E. LeDoux oraz M. Davisa). Badania te podkreślają rolę ciała migdałowatego w formowaniu reakcji lękowych na bodźce awersyjne. Inne badania, prowadzone na małpach przez D. Gaffana z Uniwersytetu w Oksfordzie, wskazują na rolę ciała migdałowatego w formowaniu i zapamiętywaniu asocjacji bodźców z nagrodą pokarmową. Obserwacje te są poparte wynikami badań anatomicznych wskazującymi, iż ciało migdałowate ma silne bezpośrednie połączenia ze wszystkimi sensorycznymi obszarami korowymi, ze wzgórzem oraz z podwzgórzem, mającym duże znaczenie w wytwarzaniu reakcji emocjonalnych (por. rozdz. 17).

Tak więc, wiele danych sugeruje, iż w rozwiązywaniu zadań opartych na pamięci asocjacyjnej rola struktur przedniej i tylnej części płata skroniowego może być odmienna.

### 15.3.1.2.5. Pamięć przestrzenna

W badaniach prowadzonych na małpach wykazano, iż pamięć oparta na kojarzeniu obiektu wzrokowego i jego lokalizacji w przestrzeni była silnie zaburzona po uszkodzeniu tylnej części płatów skroniowych (a więc hipokampa i obszarów tylnej kory węchowej i kory przyhipokampalnej), podczas gdy usunięcie przednich części płatów skroniowych nie pogarszało wyników tego zadania. Należy jednak ponownie podkreślić, iż dotychczas brak jest danych eksperymentalnych uzyskiwanych z doświadczeń na małpach, które wykazywałyby wpływ uszkodzeń ograniczonych jedynie do hipokampa (bez dodatkowego naruszania sąsiednich obszarów korowych) na różne formy pamięci asocjacyjnej oraz na pamięć lokalizacji przestrzennej.

Dlatego ważnym dowodem roli hipokampa w pamięci przestrzennej u wyżej zorganizowanych zwierząt są przeprowadzone niedawno badania na psach (D.M. Kowalska — badania własne), które trenowano w przestrzennych reakcjach odroczonych, w sytuacji potrójnego wyboru w tzw. aparacie Nenckiego (ryc. 15.5).

Próba doświadczalna rozpoczynała się emisją łatwego do lokalizacji dźwięku przez głośnik umieszczony na jednym z trzech karmników. Po 10 s odroczenia (od momentu zakończenia działania dźwięku) pies mógł dokonać wyboru. Skierowanie się psa do karmnika sygnalizowanego na początku próby nagradzano pokarmem. Tak więc w teście tym poprawny wybór zależał od zapamiętania lokalizacji bodźca dźwiękowego. Gdy zwierzęta opanowały zadanie, wykonywano obustronne wybiórcze uszkodzenie hipokampa. Po operacji testowano pamięć przestrzenną z odroczeniem 10 s, a następnie z odroczeniami stopniowo wydłużanymi do 120 s. Stosowano również testy z zakłóceniami (dystrakcjami), w których podczas odroczenia stosowano dodatkowy bodziec odwracający uwagę zwierzęcia i zmuszający je do zmiany pozycji ciała. W ten sposób zapobiegano rozwiązywaniu testu przez utrzymywanie podczas odroczenia pozycji skierowanej do uprzednio sygnalizowanego karmnika. Wyniki grupy zwierząt z uszkodzeniami hipokampa porównano z wynikami grupy zwierząt,

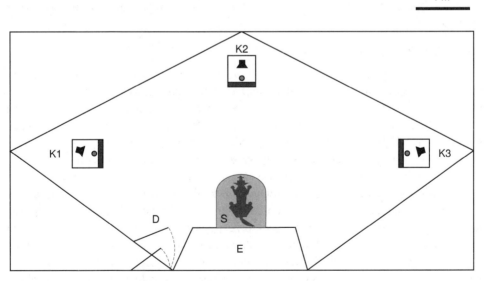

**Ryc. 15.5.** Schemat przedstawiający tzw. aparat Nenckiego, czyli pokój doświadczalny, w którym trenowane są zwierzęta w reakcjach odroczonych, w sytuacji potrójnego wyboru. K1, K2, K3 — karmniki; S — platforma startowa; E — miejsce dla eksperymentatora; D — drzwi wejściowe

u której obustronnie uszkadzano przednie części płatów skroniowych, obejmujące ciało migdałowate i otaczającą je korę, oraz z wynikami uzyskanymi przez zwierzęta kontrolne. W przeciwieństwie do grupy z usuniętym hipokampem, która wykazywała znaczące zaburzenia zarówno w pooperacyjnym treningu, jak i w kolejnych testach z wydłużanymi odroczeniami i z dystrakcjami, grupa z uszkodzeniami przednich płatów skroniowych nie różniła się istotnie od zwierząt normalnych.

Wyniki te prowadzą do wniosku, iż hipokamp, a nie przednia część płata skroniowego, jest strukturą istotną dla pamięci przestrzennej. Wniosek ten potwierdza wcześniejsze dane uzyskane z badań niżej zorganizowanych ssaków. Szczury po obustronnych uszkodzeniach części grzbietowej hipokampa, bez naruszenia kory węchowej, wykazywały zaburzenia w wielu testach badających pamięć przestrzenną.

Od wielu lat wykazuje się również związki hipokampa z pamięcią przestrzenną metodami elektrofizjologicznymi. U szczurów wielokrotnie wykazywano istnienie „komórek miejsca" (ang. place cells) w hipokampie, które są wybiórczo aktywne, gdy zwierzę znajduje się w określonym miejscu środowiska. U małp nie znaleziono podobnych odpowiedzi w hipokampie, wykazano za to istnienie komórek wybiórczo aktywnych, gdy zwierzę patrzy na określone miejsce w środowisku (ang. spatial view cells).

Również prowadzone w laboratorium M.W. Browna badania nad aktywacją tkanki mózgowej mierzonej ekspresją Fos potwierdzają rolę hipokampa w pamięci przestrzennej u szczura. Aktywacja kory zawęchowej (ang. postrhinal cortex) i pola CA1 hipokampa była wyższa po ekspozycji na nowe układy przestrzenne znajomych bodźców wzrokowych niż na znajome układy tych samych bodźców. Z kolei w zakręcie zębatym hipokampa i podkładce (ang. subiculum) znajome układy bodźców wywoływały znacząco wyższą aktywację niż układy nowe. Nie obserwowano różnic w obrębie kory okołowęchowej ani asocjacyjnej kory wzrokowej (por. podrozdz. 15.3.1.2.1).

### 15.3.1.2.6. Pamięć epizodyczna

Niektórzy autorzy (L.R. Squire) uważają, że przyśrodkowy płat skroniowy stanowi strukturę względnie homogenną funkcjonalnie. Wskazując na stwierdzane w niektórych badaniach zaburzenia nieprzestrzennej pamięci rozpoznawczej u małp po wybiórczych uszkodzeniach hipokampa, argumentują. że wyróżnianie w przyśrodkowym płacie skroniowym odrębnych systemów (np. pamięci przestrzennej czy rozpoznawczej) jest tworzeniem sztucznych podziałów. Większość badaczy przedstawia jednak przeciwne wyniki i poglądy, dyskusja zaś nad przyczynami tej rozbieżności trwa w literaturze.

Co więcej, wskazuje się na liczne przykłady zróżnicowania funkcjonalnego struktur związanych z funkcjonowaniem pamięci deklaratywnej. Rola hipokampa może nie być ograniczona do pamięci przestrzennej. Na przykład w laboratorium H. Eichenbauma (Boston University) skonstruowano test behawioralny badający u szczurów zdolność do wnioskowania o relacjach między nieprzestrzennymi bodźcami, które nigdy nie były prezentowane razem, na podstawie relacji z innymi bodźcami. Zwierzęta były uczone serii dyskryminacji węchowych A > B, B > C, C > D, D > E, gdzie litery oznaczają bodźce węchowe, a znak „>" — „należy wybrać w porównaniu z". Następnie testowano zwierzęta z parą BD. Szczury normalne wybierały częściej B niż D, wykazując przeniesienie relacji „B > C" i „C > D" na parę BD. Z kolei szczury, u których uszkodzono sklepienie (ang. fornix), czyli główną drogę łączącą hipokamp z międzymózgowiem, nie były w stanie przenieść tej relacji. Podobny efekt był obserwowany po łączonym uszkodzeniu kory okołowęchowej i śródwęchowej. Należy tu zwrócić uwagę, że uszkodzenie tych obszarów odcina większość połączeń hipokampa z korą nową. Podobny efekt uszkodzeń sklepienia i kory około- i śródwęchowej sugeruje, że w tym wypadku strukturą krytyczną był zapewne hipokamp. Wyniki te sugerują, że rola hipokampa może obejmować zapamiętywanie różnych rodzajów relacji — nie tylko przestrzennych. Rodzajem pamięci związanym z zapamiętywaniem wielu relacji jest pamięć epizodyczna.

W 1999 roku J.P. Aggleton i M.W. Brown zaproponowali istnienie dwóch systemów pamięciowych. Systemy te mają obejmować zarówno struktury przyśrodkowego płata skroniowego, jak i międzymózgowia (por. podrozdz. 15.4). Kora okołowęchowa i grzbietowe jądro przyśrodkowe wzgórza składają się na system pamięci rozpoznawczej (detekcji znajomości), hipokamp zaś, jądra przednie wzgórza (ang. anterior thalamic nuclei) i ciała suteczkowate (ang. mammillary bodies) wchodzą w skład systemu pamięci epizodycznej.

Podobnie, udział hipokampa w pamięci epizodycznej sugerują badania prowadzone przez F. Varghę-Khadem, D. Gadiana i M. Mishkina w University College London nad pacjentami z powstałym wcześnie (okołoporodowo lub w dzieciństwie) wybiórczym uszkodzeniem hipokampa. Pacjenci ci wykazują silne zaburzenie pamięci epizodycznej w stopniu uniemożliwiającym samodzielne funkcjonowanie: nie są w stanie zapamiętać położenia przedmiotów, odnaleźć drogi nawet we względnie znajomym środowisku, nie orientują się w czasie, nie pamiętają o spotkaniach, nie są też w stanie odtworzyć odbytej rozmowy telefonicznej, obejrzanego programu telewizyjnego, opisać spotkanej osoby czy przekazać wiadomości. Z drugiej jednak strony, ich pamięć semantyczna pozostaje na względnie dobrym poziomie: uczęszczają lub uczęszczali do normalnych szkół, uzyskując wyniki średnie lub nieco poniżej średniej w testach oceniających zasób słownictwa, wiedzę czy umiejętność rozumienia. To zróżnicowane zaburzenie pamięci deklaratywnej zostało potwierdzone w formalnych testach psychologicznych.

Dane te wskazują, że rola struktur przyśrodkowego płata skroniowego w pamięci jest zróżnicowana, hipokamp zaś może odgrywać szczególną rolę w pamięci epizodycznej. Co ciekawe, wydaje się, że możliwe jest wbudowywanie informacji do pamięci semantycznej przy silnie zaburzonej pamięci epizodycznej.

## 15.3.2. Amnezja wsteczna

Amnezja wsteczna dotyczy pamięci zdarzeń z przeszłości, przed pojawieniem się czynnika wywołującego zaburzenia pamięci. W przypadku uszkodzenia przyśrodkowych płatów skroniowych natężenie objawów amnezji wstecznej jest skorelowane z funkcją czasu. W porównaniu z osobami zdrowymi, u pacjentów z amnezją najbardziej zaburzona jest pamięć zdarzeń niedawnej przeszłości, a najsłabiej zaburzona jest pamięć zdarzeń z przeszłości odległej. Takie zjawisko obserwowano zarówno u ludzi, jak i u zwierząt. U ludzi (m.in. u wspomnianego na początku pacjenta H.M.) największe zaburzenie pamięci wstecznej obejmuje okres poprzedzający od 1 do 3 lat moment zadziałania czynnika wywołującego amnezję. Analogiczne zaburzenia u małp sięgają okresu 2 – 12 tygodni przed operacją struktur skroniowych. Zjawisko to dobrze ilustruje eksperyment przeprowadzony przez S. Zolę-Morgana i L.R. Squire'a. Małpy trenowano w pięciu różnych zadaniach opartych na dyskryminacji wzrokowej. Trening każdego zadania przebiegał w innym czasie przed operacją (16, 12, 8, 4 i 2 tygodnie przed zabiegiem). W porównaniu ze zwierzętami normalnymi, małpy po obustronnym uszkodzeniu hipokampa i przylegających obszarów korowych wykazywały największe zaburzenia w wykonywaniu zadań wyuczonych tuż przed operacją. Zwierzęta z uszkodzonym hipokampem wykonywały zadania wyuczone w okresie 8 lub więcej tygodni przed zabiegiem na poziomie zbliżonym do małp normalnych.

Dane kliniczne wskazują, że silna amnezja wsteczna występuje po dużych uszkodzeniach płatów skroniowych, obejmujących ich części boczne, jakie obserwuje się np. w wyniku zakażenia wirusem opryszczki. Wydaje się, że w przypadkach rozległych uszkodzeń bocznych części płatów skroniowych korelacja nasilenia amnezji wstecznej z funkcją czasu jest mniejsza niż po uszkodzeniach ich części przyśrodkowych lub wzgórza.

## 15.4. Zaburzenia pamięci po uszkodzeniach międzymózgowia

Dane kliniczne dotyczące amnezji pojawiającej się na skutek uszkodzeń międzymózgowia (ang. diencephalon) nie są tak liczne jak opisy amnezji będącej następstwem uszkodzenia płatów skroniowych. Niemniej jednak klinicyści są zgodni, że w obrębie międzymózgowia rejonem krytycznym dla wystąpienia głębokich zaburzeń pamięci i uczenia się są ciała suteczkowate oraz przyśrodkowe części wzgórza. W przypadkach klinicznych uszkodzenia przyśrodkowych części wzgórza były powodowane urazami mechanicznymi, infekcjami, rozwojem guzów mózgowych lub też zespołem Korsakowa, będącym następstwem alkoholizmu. Badania neuropatologiczne sugerują uszkodzenia jąder przednich (ang. anterior nuclei), jądra przyśrodkowego grzbietowego (ang. medial dorsal nucleus) lub jąder pośrodkowych (ang. midline nuclei) wzgórza. Badania neuroanatomiczne prowadzone na małpach wykazują, że przednia część płatów skroniowych wysyła projekcję drogą brzuszną (ang. ventral amygdalofugal pathway, VAP) do przyśrodkowej, wielkokomórkowej części jądra przyśrodkowo-grzbietowego wzgórza, podczas gdy tylna część płatów skroniowych wysyła włókna idące sklepieniem do jąder przednich wzgórza i ciała suteczkowatego.

Silne połączenia występujące pomiędzy przyśrodkowymi częściami płatów skroniowych i przyśrodkowymi częściami wzgórza sugerowały, że oba te rejony wchodzą w skład neuronalnych substratów pamięci. Przypuszczenie to potwierdziły badania przeprowadzone na małpach. J.P. Aggleton i M. Mishkin dokonali serii łącznych i rozdzielnych uszkodzeń przednich i tylnych części wzgórza. Rozdzielne uszkodzenia obu tych części wzgórza powodowały niewielkie zaburzenia pamięci rozpoznawczej wzrokowej badanej testem DNMS, podczas gdy łączne ich usunięcie nasilało trudności w wykonywaniu testów z wydłużanymi odroczeniami i ze zwiększaną liczbą obiektów do zapamiętania.

Dodatkowo, ci sami autorzy przebadali wpływ uszkodzeń przednich i tylnych części wzgórza na pamięć asocjacyjną. Wyniki tych doświadczeń wykazały, że zniszczenie tylnych części wzgórza zaburza wykonanie zadań opartych na kojarzeniu obiektu wzrokowego z nagrodą, a nasilenie tego zaburzenia było pozytywnie skorelowane z wielkością uszkodzenia jądra przyśrodkowego grzbietowego.

Niektóre obserwacje kliniczne wskazują również na istnienie amnezji wstecznej spowodowanej uszkodzeniami międzymózgowia. Dotyczy to np. pacjentów cierpiących na zespół Korsakowa. W zespole tym jednak obserwuje się, oprócz uszkodzeń grzbietowo-przyśrodkowych jąder wzgórza i ciał suteczkowatych, zaburzenia funkcji płatów czołowych, co utrudnia przypisanie amnezji uszkodzeniu wzgórza. Uszkodzenia wzgórza o innej etiologii nie zawsze wiążą się z amnezją wsteczną.

# 15.5. Rola kory przedczołowej w pamięci

W dyskusji nad rolą, jaką odgrywa kora przedczołowa (ang. prefrontal cortex) w pamięci, podkreśla się jej anatomiczną organizację i związek z funkcjami poznawczymi. Budowa kory przedczołowej oraz jej połączenia z obszarami asocjacyjnymi wyższego rzędu, reprezentującymi różne modalności, są podstawą jej zróżnicowania w procesach przetwarzania informacji. Współczesne badania zwracają uwagę na zróżnicowanie budowy kory przedczołowej (ryc. 15.6, por. ryc. 15.3) oraz jej wielofunkcyjność, które prowadzą do dużego zróżnicowania efektów behawioralnych pojawiających się w następstwie jej uszkodzeń lub dysfunkcji. Udział obszarów przedczołowych w tak złożonych funkcjach, jak uwaga, odporność na dystrakcję, planowanie czy mentalne manipulowanie bodźcami utrudnia interpretację wyników.

Ogólnie rzecz biorąc, powierzchnię boczną kory przedczołowej dzieli się na część grzbietowo-boczną i znajdującą się poniżej część brzuszno-boczną, określaną też jako dolna kora przedczołowa (ang. inferior prefrontal convexity). Wyróżnia się również powierzchnię brzuszną, określaną jako kora orbitofrontalna, oraz część przyśrodkową kory przedczołowej.

## 15.5.1. Rola bocznej kory przedczołowej w pamięci

Podział funkcjonalny bocznej kory przedczołowej jest przedmiotem dyskusji. Dominują dwa poglądy. Zgodnie z koncepcją, której główną przedstawicielką była P.S. Goldman-Rakic z Yale University, rola obszarów bocznej kory przedczołowej w pamięci zależy od rodzaju przetwarzanej informacji. Z kolei A.M. Owen z University

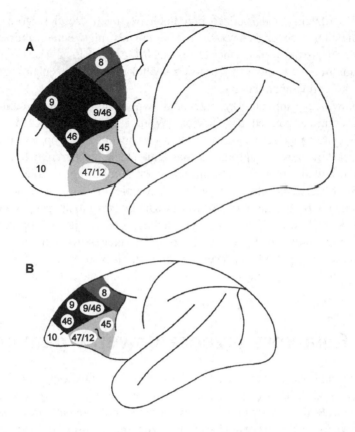

**Ryc. 15.6.** Schemat bocznej powierzchni mózgu człowieka (**A**) i małpy (**B**) z zaznaczeniem obszarów kory przedczołowej. 10 — biegun czołowy; 8 — tylna kora przedczołowa; 46, 9 oraz 9/46 — środkowa część grzbietowo-boczna kory przedczołowej; 45 oraz 47/12 — środkowa część brzuszno-boczna kory przedczołowej, u małp obszar ten leży poniżej bruzdy głównej i zajmuje dolną korę przedczołową (ang. inferior prefrontal convexity), u ludzi obszary te obejmują część trójkątną (*pars triangularis*) oraz część oczodołową (*pars orbitalis*) zakrętu czołowego dolnego (ang. inferior frontal gyrus). (Wg: Petrides. *Philos. Trans. R. Soc. Lond. B Biol. Sci.* 1996, 351: 1455–1461, zmodyf.)

of Cambridge i M. Petrides z McGill University utrzymują, że poszczególne obszary bocznej kory przedczołowej zajmują się informacją tego samego rodzaju, lecz przeprowadzają na niej różne operacje.

### 15.5.1.1. Obszary bocznej kory przedczołowej a rodzaj przetwarzanej informacji

Wcześniejsze badania nad funkcjami kory przedczołowej, a zwłaszcza jej obszarów grzbietowo-bocznych, wskazywały na znaczenie tych rejonów w pamięci krótkotrwałej. Również wiele współczesnych badań opartych na uszkodzeniach oraz na elektrycznej stymulacji tych okolic podkreśla rolę kory przedczołowej grzbietowo-bocznej w pamięci operacyjnej, służącej krótkoterminowemu przechowywaniu informacji.

Szczególnie ważne w tym zakresie są dane uzyskane z badań przeprowadzonych na małpach przez P.S. Goldman-Rakic, które wskazują na znaczne zaburzenia przestrzennych reakcji odroczonych z zastosowaniem podwójnego wyboru i odroczonej alternacji, przy krótkich (do 15 s) odroczeniach. W badaniach nad reakcjami odroczonymi umieszczano w obecności małpy nagrodę w jednym z dwóch bocznych karmników znajdujących się na tacce testowej. Następnie oba karmniki zakrywano identycznymi płytkami oraz zasłaniano całą tackę testową. Po okresie odroczenia odsłaniano tackę testową, aby zwierzę mogło dokonać wyboru. Poprawnym wyborem było odsunięcie płytki, pod którą znajdowała się nagroda. Z kolei w teście odroczonej alternacji nagroda była umieszczana naprzemiennie raz w lewym, raz w prawym karmniku. Aby znaleźć nagrodę, zwierzę musiało pamiętać, po której stronie znajdowała się ona w poprzedniej próbie. W założeniu oba opisane zadania były oparte na pamięci przestrzennej. Zaburzenia wykonania tych zadań pojawiały się po uszkodzeniach grzbietowo-bocznej części kory przedczołowej (ryc. 15.6, obszar 9, 46 i 9/46). Bardziej szczegółowe badania ujawniły, iż rejonem krytycznym dla przestrzennych reakcji odroczonych jest kora w okolicy bruzdy głównej (ang. principal sulcus), biegnącej wzdłuż grzbietowej granicy obszarów 45 i 47/12 (por. ryc. 15.6). Potwierdziły to również inne badania, w których uszkadzano lub też obniżano chłodzeniem aktywność grzbietowo-bocznych obszarów kory przedczołowej. Wykazano, że jeśli w okresie odroczenia nie pojawiają się żadne czynniki zakłócające uwagę zwierzęcia, to zaburzenie reakcji odroczonych nie występuje.

Podobnie silne zaburzenia po uszkodzeniach grzbietowej kory przedczołowej opisała W. Ławicka u psów trenowanych w opisanym w podrozdz. 15.4.1.2.5 teście przestrzennych reakcji odroczonych sytuacji potrójnego wyboru w aparacie Nenckiego (por. ryc. 15.5). Okazało się jednak, że po błędnym pierwszym wyborze zwierzęta potrafiły poprawnie wybrać właściwy karmnik spośród dwóch pozostałych. Wynik ten wskazuje, że zaburzenie mogło nie mieć charakteru pamięciowego.

Ostatnio, w laboratorium P.S. Goldman-Rakic, opracowano nową okoruchową wersję testu przestrzennych reakcji odroczonych, w których małpy uczono kierować wzrok na pozycję, w której przed 3 lub 6 sekundami eksponowany był bodziec wzrokowy. Podczas wykonywania tego testu badano aktywność komórek grzbietowo-bocznej kory przedczołowej. Okazało się, iż w okolicy bruzdy głównej istnieją komórki kodujące określone położenie bodźca wzrokowego. Ich aktywność utrzymuje się podczas odroczenia. Każda komórka może kodować jedną lokalizację. Komórki te tworzą zespoły, które mogą mapować przestrzenny układ bodźców wzrokowych.

Badania prowadzone w laboratorium M. Mishkina wykazały, że uszkodzenia kory przedczołowej grzbietowo-bocznej u małp nie zaburzają wzrokowej (nieprzestrzennej) pamięci rozpoznawczej badanej testem DNMS, nawet przy stosowaniu długich odroczeń. Również inne badania wskazują, że wykonanie wielu odroczonych zadań, w których kluczowe jest rozpoznawanie fizycznych cech obiektów, nie jest zaburzone po takich uszkodzeniach.

Z kolei uszkodzenia brzuszno-bocznej części kory przedczołowej powodowały często zaburzenia w wykonaniu różnych testów opartych na różnicowaniu kolorów czy kształtów (w tym zaburzenia pooperacyjnego nabywania testu DNMS), choć stopień i charakter zaburzeń był niejednorodny. Nie obserwowano jednak zaburzeń w testach przestrzennych po uszkodzeniach tej części kory przedczołowej.

Większość doświadczeń polegających na uszkadzaniu fragmentów bocznej kory przedczołowej wskazuje więc, że jej część grzbietowa jest zaangażowana w przetwarzanie (w tym pamięć operacyjną) lokalizacji obiektów, część brzuszna zaś w przetwarzanie informacji o samych obiektach.

### 15.5.1.2. Obszary bocznej kory przedczołowej a operacje przeprowadzane w pamięci operacyjnej

Badania przeprowadzone na małpach przez M. Petridesa z McGill University w Montrealu, w Kanadzie, sugerują, iż grzbietowo-boczna kora przedczołowa tworzy wyspecjalizowany system monitorowania i „manipulowania" informacjami pamięciowymi. Dane te rozszerzają pogląd na rolę grzbietowo-bocznej kory przedczołowej w pamięci. Prowadzone porównawcze badania na ludziach i małpach wykazują, że uszkodzenia grzbietowo-bocznej kory przedczołowej silnie zaburzają wykonanie zadań opartych na rozpoznawaniu kilku obiektów, a następnie eliminacji rozpoznanych obiektów w kolejnych etapach próby doświadczalnej (ang. self-ordered task, externally ordered task), co wymaga aktywnego monitorowania przechowywanych w pamięci operacyjnej reprezentacji obiektów. Co więcej, okazało się, że szczególnie silne zaburzenia wykonania tych zadań występują po selektywnych uszkodzeniach, ograniczonych do środkowych obszarów grzbietowo-bocznej kory przedczołowej (obszary 46, 9 oraz 9/46, ryc. 15.6).

Podobne wyniki uzyskano w badaniach A.M. Owena z University of Cambridge, prowadzonych na ludziach z użyciem fMRI i PET. Zróżnicowanie aktywacji między grzbietowo-boczną a brzuszno-boczną korą przedczołową nie zależało od tego, czy zadanie miało charakter przestrzenny. Natomiast grzbietowo-boczna kora przedczołowa była wybiórczo aktywowana w zadaniach, które wymagały aktywnego monitorowania lub manipulacji reprezentacjami obiektów przechowywanymi w pamięci operacyjnej. Autor zwraca uwagę, że uzyskane przez niego wyniki nie wykluczają, że przetwarzanie różnych rodzajów informacji (np. dotyczącej lokalizacji i dotyczącej cech obiektów) może być zlokalizowane w różnych obszarach bocznej kory przedczołowej. Uważa jednak, że zróżnicowanie takie, jeśli istnieje, jest wtórne i podrzędne w stosunku do podstawowego podziału związanego z rodzajem przeprowadzanych operacji.

W chwili obecnej nie jest więc jasne, jak funkcje składające się na pamięć operacyjną są zlokalizowane w bocznej korze przedczołowej. Wyjaśnienie tej kwestii wymaga dalszych badań.

## 15.5.2. Rola brzusznych i przyśrodkowych obszarów kory przedczołowej w pamięci

Doniesienia z laboratorium M. Mishkina wskazują na znaczenie brzusznej kory przedczołowej obejmującej tzw. korę orbitofrontalną, tj. zakręty oczodołowe i zakręt prosty (por. ryc. 15.3), w pamięci rozpoznawczej. Uszkodzenia kory brzusznej powodowały u małp bardzo silne zaburzenia wykonania testu DNMS. Skutków takich nie obserwowano po uszkodzeniu grzbietowo-bocznej kory przedczołowej, po uszkodzeniach zaś dolnej (brzuszno-bocznej) kory przedczołowej zaburzenie było słabe i przemijające. Silne anatomiczne połączenia brzusznej części kory przedczołowej z przyśrodkowym wzgórzem i przyśrodkowymi płatami skroniowymi sugerują przynależność tych okolic do systemu neuronalnego istotnego dla formowania pamięci deklaratywnej. Potwierdzają to również badania prowadzone na ludziach. Na przykład w laboratorium A. Grabowskiej w Instytucie Nenckiego w Warszawie wykazano zaburzenie krótkotrwałej pamięci obiektów (ale nie ich lokalizacji) po niewielkich uszkodzeniach tylnej części zakrętu prostego. Z kolei w laboratorium H. i A.R. Damasio na Uniwersytecie Iowa obserwowano zaburzenie pamięci obiektów oraz pamięci przestrzennej po uszkodzeniu tylnej części brzuszno-przyśrodkowej kory przedczołowej.

Interesującym potwierdzeniem tych wyników są, prowadzone przez R.L. Bucknera i S.E. Petersena z Uniwersytetu Waszyngtona w USA, badania na ludziach z zastosowaniem fMRI i PET, które wskazują na aktywację obszarów dolnej kory przedczołowej podczas przypominania faktów i zdarzeń.

W laboratorium H. i A.R. Damasio zaproponowano również rolę brzuszno--przyśrodkowej kory przedczołowej w asocjacji faktów i sytuacji ze stanami emocjonalnymi wywołanymi uprzednio przez podobne fakty i sytuacje. Konsekwencją tego jest zaburzenie procesu podejmowania decyzji u pacjentów z uszkodzeniami tych części kory z powodu niezdolności do odczucia emocjonalnego zabarwienia konsekwencji podejmowanych decyzji.

Tak więc, w przeciwieństwie do wcześniejszych poglądów wiążących korę przedczołową jedynie z pamięcią krótkotrwałą, współczesne badania zwracają uwagę na znaczenie kory przedczołowej w pamięci długotrwałej.

# 15.6. Rola zwojów podstawy w pamięci proceduralnej

Zwoje podstawy (ang. basal ganglia) są współcześnie stosowanym określeniem dla szeregu jąder leżących pod płaszczem korowym, a więc ciała prążkowanego (ang. striatum), w skład którego wchodzą jądro ogoniaste (ang. caudate nucleus), skorupa (ang. putamen) i gałka blada (ang. globus pallidus) * oraz jądra niskowzgórzowego (ang. subthalamic nucleus) i istoty czarnej (ang. substantia nigra).

Istnieje wiele badań sugerujących, że przyśrodkowe części płatów skroniowych i zwoje podstawy są związane z odmiennymi systemami pamięciowymi. Pacjenci cierpiący na amnezję wykazują silne zaburzenia w zdolności do uczenia się nowych faktów i zdarzeń opartych na pamięci deklaratywnej, lecz formowanie trwałych

---

* Niektórzy autorzy nie wliczają gałki bladej do ciała prążkowanego (por. rozdz. 11).

odruchów i umiejętności związanych z pamięcią proceduralną przebiega u nich bez trudności. Natomiast pacjenci cierpiący na chorobę Parkinsona lub Huntingtona, u których występują degeneracje w zwojach podstawy, przejawiają odwrotny wzorzec zaburzeń. Mogą oni rozwiązywać zadania oparte na pamięci deklaratywnej, przy jednoczesnym silnym zaburzeniu uczenia opartego na pamięci proceduralnej.

Przykładem może być test uczenia probabilistycznego (ang. probabilistic classification learning), stosowany przez B.J. Knowlton i L.R. Squire'a. W jednej z wersji tego testu stosowano cztery abstrakcyjne rysunki, z których każdy był z pewnym (nieznanym osobom badanym) prawdopodobieństwem związany z wynikiem „słońce" lub „deszcz". W kolejnych próbach badanym osobom prezentowano jeden, albo jednocześnie dwa lub trzy z czterech rysunków, na podstawie których starały się „przewidzieć pogodę". Ponieważ związek każdego z rysunków z wynikiem był tylko statystyczny i dodatkowo skomplikowany przez prezentacje kilku rysunków w jednej próbie, wykrycie go w sposób świadomy (deklaratywny) było bardzo trudne. Osoby zdrowe oraz pacjenci z amnezją będącą wynikiem uszkodzenia przyśrodkowych płatów skroniowych uczyli się „przewidywać pogodę" metodą prób i błędów: ich poziom wykonania wzrastał od 50% na początku treningu do około 65% po 50 próbach. Nie mieli jednak świadomości, że uczyli się związku rysunków z pogodą. Zarówno pacjenci z chorobą Huntingtona, jak i ci z chorobą Parkinsona nie byli w stanie osiągnąć poziomu wyższego niż 53%.

Liczne badania prowadzone na zwierzętach potwierdzają znaczenie zwojów podstawy w pamięci proceduralnej. Dane z laboratorium M. Mishkina wykazują, iż uszkodzenie komórek ogona jądra ogoniastego oraz brzusznej części skorupy zaburza u małp wykonanie opartego na warunkowaniu testu rozróżniania par bodźców wzrokowych z 24-godzinnymi przerwami między próbami. Natomiast to samo uszkodzenie nie zaburza pamięci rozpoznawczej wzrokowej. Również badania prowadzone na szczurach (np. w laboratorium M.G. Packarda na Uniwersytecie Yale czy B.J. Knowlton na Uniwersytecie Kalifornijskim w Los Angeles) wskazują na istotną rolę zwojów podstawy (głównie jądra ogoniastego) w nabywaniu (jak i wygaszaniu) nawyków drogą warunkowania, na przykład w zadaniu polegającym na odwiedzaniu oświetlonych, a pomijaniu zaciemnionych ramion labiryntu promienistego, oraz w wielu innych testach.

Także badania u ludzi z wykorzystaniem technik obrazowania (fMRI) wykazują aktywację jądra ogoniastego w zadaniach takich jak na przykład uczenie się czytania tekstu w lustrze (ale nie samo czytanie po nabyciu takiej zdolności).

Chociaż nabywanie odruchów lub też umiejętności może się wydawać bardziej prymitywne od świadomego zapamiętywania, to jednak neuronowe podłoże tych procesów nie jest zorganizowane w sposób prosty (ryc. 15.7). Badania sugerują, iż różne formy warunkowania mogą mieć odmienne podłoże neuronowe, ponadto informacje o nabytych umiejętnościach mogą być przechowywane w różnych częściach mózgu. Wiele danych wskazuje na istotną rolę zwojów podstawy oraz ich połączeń z jądrami brzusznymi wzgórza i następnie z czołowymi obszarami korowymi w warunkowaniu reakcji instrumentalnych. Wykazano również, że u podstaw klasycznej warunkowej reakcji mrugania leżą połączenia zwojów podstawy z móżdż-

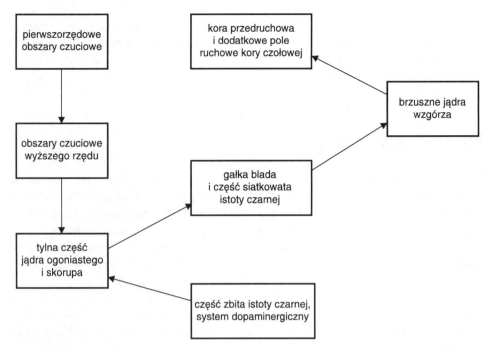

**Ryc. 15.7.** Schemat przedstawiający neuronowe podłoże pamięci proceduralnej. (Wg: Petri i Mishkin. *Am. Sci.* 1994, 82: 30 – 37 zmodyf.)

kiem (ang. cerebellum), natomiast warunkowanie klasycznych reakcji autonomicznych, takich jak częstotliwość czynności serca, zależy od połączeń z ciałem migdałowatym.

Wielu badaczy klinicznych i prowadzących doświadczenia na zwierzętach uważa, iż zwoje podstawy zawierają „maszynerię" konieczną do formowania pamięci proceduralnej. Jednakże najnowsze badania rozszerzają poglądy określające funkcje zwojów podstawy w procesach uczenia się. Badania D. Gaffana z Oksfordu dowodzą, że kora asocjacyjna wzrokowa (obejmująca obszary dolnej kory skroniowej) kontroluje wykonanie zadań opartych zarówno na pamięci rozpoznawczej, jak i asocjacyjnej poprzez bezpośrednie połączenia z ciałem prążkowanym. A zatem badania te sugerują, iż zwoje podstawy mogą uczestniczyć zarówno w formowaniu pamięci deklaratywnej, jak i proceduralnej. Inne badania prowadzone przez J.C. Houka z Uniwersytetu w Chicago i S.P. Wise'a z NIH wskazują na pośredniczącą rolę kory czołowej, łącznie z wysoko zorganizowanymi obszarami kory przedczołowej, w wytwarzaniu trwałych odruchów. Zgodnie z ich hipotezą kora czołowa jest „ukierunkowywana" informacją, która do niej dociera ze zwojów podstawy i móżdżku, lecz jednocześnie, w procesie formowania pamięci proceduralnej, wywiera ona wpływ na zwoje podstawy. Wzajemne oddziaływanie tych struktur prowadzi do skutecznego i automatycznego odpowiadania kory czołowej na informacje docierające ze zwojów podstawy i móżdżku.

Przedstawione koncepcje podkreślają, że w procesie wytwarzania trwałych form zachowania występuje silna interakcja pomiędzy zwojami podstawy a wysoce wyspecjalizowanymi obszarami korowymi, w tym obszarami mającymi również znaczenie w pamięci. Oznacza to, że systemy neuronowe stanowiące substraty dla pamięci deklaratywnej i proceduralnej ściśle współpracują ze sobą w kształtowaniu zachowań u ludzi i u zwierząt.

# 15.7. Podsumowanie

Pamięć jest procesem niejednorodnym, o zróżnicowanym podłożu anatomicznym. W pamięci deklaratywnej uczestniczą struktury przyśrodkowej części płata skroniowego, przyśrodkowe części wzgórza oraz kora przedczołowa. Bardziej szczegółowe badania wykazały, iż kora węchowa jest związana z rozpoznawaniem wzrokowym i dotykowym oraz z pamięcią asocjacyjną wewnątrzmodalną i międzymodalną. Hipokamp jest istotny dla wykonywania zadań opartych na pamięci przestrzennej lub, być może szerzej, na pamięci epizodycznej, natomiast ciało migdałowate istotne jest w pamięci emocjonalnej i kojarzeniu bodźców ze wzmocnieniem. Grzbietowo-boczna kora przedczołowa odgrywa dużą rolę w wykonywaniu zadań opartych na pamięci operacyjnej, natomiast brzuszna część kory przedczołowej jest istotna dla pamięci rozpoznawczej.

Pamięć proceduralna jest związana z funkcją zwojów podstawy oraz ich interakcją ze wzgórzem i korą przedczołową. W procesach warunkowania zwoje podstawy współpracują również z wyspecjalizowanymi obszarami korowymi istotnymi dla pamięci deklaratywnej.

## LITERATURA UZUPEŁNIAJĄCA

Aggleton J.P., Brown M.W.: Episodic memory, amnesia, and the hippocampal-anterior thalamic axis. *Behav. Brain Sci.* 1999, **22**: 425 – 489.
Brown M.W., Bashir Z.I.: Evidence concerning how neurons of the perirhinal cortex may effect familiarity discrimination. *Phil. Trans. R. Soc. Lond.* B 2002, **357**: 1083 – 1095.
Corkin S.: What's new with the amnesic patient H.M.? *Nat. Rev. Neurosci.* 2002, **3**: 153 – 160.
Kowalska D.M.: Rola płatów skroniowych w pamięci i w emocjach. W: *Płaty skroniowe — morfologia, funkcje i ich zaburzenia.* PTBUN, Warszawa 1995, 41 – 52.
Mishkin M., Appenzeller T.: The anatomy of memory. *Sci. Am.* 1987, **255**: 80 – 89.
Mishkin M., Murray E.A.: Stimulus recognition. *Curr. Opin. Neurobiol.* 1994, **4**: 200 – 206.
Owen A.M.: The role of the lateral frontal cortex in mnemonic processing: the contribution of functional neuroimaging. *Exp. Brain Res.* 2000, **133**: 33 – 43.
Squire L.R., Zola S.M.: Structure and function of declarative and nondeclarative memory systems. *Proc. Natl. Acad. Sci. USA* 1996, **93**: 13515 – 13522.
Vargha-Khadem F., Gadian D., Mishkin M.: Dissociations in cognitive memory: the syndrome of developmental amnesia. *Phil. Trans. R. Soc. Lond.* B 2001, **356**: 1435 – 1440.

# ROZDZIAŁ 16

# Procesy warunkowania

KAZIMIERZ ZIELIŃSKI i TOMASZ WERKA

---

Wprowadzenie — pobudliwość komórek nerwowych ■ Wrodzone i nabyte odruchy ■
Warunkowanie jako proces synaptyczny ■ Odmiany odruchów warunkowych ■
Informacyjna wartość bodźca ■ Selekcja i pamięć bodźców ■ Biologiczne predyspozycje
warunkowania ■ Złożony charakter reakcji warunkowych ■ Wygaszanie
i przekształcanie reakcji warunkowych ■ Uwagi końcowe ■ Podsumowanie

---

## 16.1. Wprowadzenie — pobudliwość komórek nerwowych

Podstawową cechą wszystkich komórek nerwowych (neuronów) jest pobudliwość. Stan funkcjonalny komórek nerwowych, poziom ich pobudzenia, zmienia się pod wpływem działających na nie różnego rodzaju bodźców. Niezmiernie istotne znaczenie mają bodźce docierające do danej komórki nerwowej poprzez wypustki innych neuronów. Nawet u stosunkowo prostych organizmów zwierzęcych istnieją różnorodne systemy połączeń umożliwiających przekazywanie informacji od jednych neuronów do innych, często umiejscowionych w dość oddalonych częściach układu nerwowego. Informacje przekazywane są również do komórek mięśniowych lub też komórek wydzielniczych, będących głównymi elementami wykonawczymi pobudzanymi przez układ nerwowy. Morfologia tych połączeń i ich właściwości badane są za pomocą rozmaitych metod: neuroanatomicznych, elektrofizjologicznych, biochemicznych i innych. Wyniki tych badań mają istotne znaczenie dla poznania głównej funkcji układu nerwowego: przetwarzania i przechowywania informacji.

# 16.2. Wrodzone i nabyte odruchy

Poczynając od Kartezjusza (1596 – 1650), pojęcie odruchu zostało szeroko upowszechnione w nauce. Odruch jest jednostką funkcjonalną ośrodkowego układu nerwowego umożliwiającą reakcję organizmu na bodziec zewnętrzny lub wewnętrzny. Istotną cechą odruchu jest przekazywanie serii pobudzeń w określonej kolejności od jednej grupy neuronów do następnej. Zgrupowanie neuronów o podobnych właściwościach, wynikających z ich budowy, cech biochemicznych i połączeń anatomicznych, nazywamy ośrodkiem nerwowym. Współdziałanie ośrodków nerwowych jest niezbędne do realizacji zarówno prostych, jak i bardzo złożonych reakcji organizmu. Podstawowe funkcje organizmu, zwłaszcza o tak istotnym znaczeniu jak ssanie mleka z piersi matki lub cofanie kończyny przy dotknięciu przedmiotu o wysokiej temperaturze, umożliwiają odruchy wrodzone. Są one realizowane za pośrednictwem struktur nerwowych, których udział, jak również wzorzec zmian pobudliwości, przekazywane są genetycznie wszystkim osobnikom danego gatunku. Wrodzone odruchy nie są jednak w stanie zapewnić osobnikom zdolności do przeżycia w ich naturalnym środowisku. Złożoność środowiska, zmienność konkretnych warunków zamieszkiwania powodują, że niezbędne jest wykorzystywanie indywidualnego życiowego doświadczenia osobnika.

Znajomość środowiska oznacza poznanie zależności między poszczególnymi jego elementami. W życiu każdego osobnika powstaje mnóstwo skojarzeń, asocjacji między różnymi doznaniami. Skojarzenia te wytwarzają się najłatwiej wówczas, gdy dotyczą elementów bliskich sobie w czasie i w przestrzeni. Do najbardziej prostych należą asocjacje pomiędzy różnymi wrażeniami zmysłowymi dotyczącymi tych samych przedmiotów. Wytwarzają się one dzięki łącznemu pobudzeniu odpowiednich grup neuronów.

Warunkowanie jest szczególną formą uczenia się asocjacyjnego, polegającą na poznawaniu zależności między bodźcami o różnym znaczeniu biologicznym oraz między określonymi reakcjami organizmu a możliwością uzyskania lub uniknięcia bodźca. Pozwalają one na wykorzystanie nie w pełni przewidywalnych (to znaczy mogących zmieniać się w tym samym środowisku) zależności między ważnymi biologicznie bodźcami i reakcjami organizmu lub też relacji mających zazwyczaj jednostkowy charakter (ważnych jedynie dla poszczególnych osobników lub pewnej części populacji danego gatunku). Przystosowawcze reakcje organizmów na tego rodzaju zależności nie mogą być utrwalone genetycznie w procesie ewolucji. Natomiast wytworzone odruchy warunkowe przechowywane są w pamięci długotrwałej i wykorzystywane w życiu osobniczym wielokrotnie.

W prowadzonych przez Iwana P. Pawłowa (1849 – 1936) badaniach nad fizjologią trawienia (uhonorowanych w 1904 roku Nagrodą Nobla) określano między innymi zależności między ilością i jakością zjadanego pokarmu a wydzielaniem soków trawiennych. Wyniki pomiarów zależały niekiedy od czynników nie mających według ówczesnych wyobrażeń związku z fizjologią trawienia. Dotyczyły one warunków, w których karmiono zwierzęta: w jakiej misce został podany pokarm, przez kogo, w jakim pomieszczeniu. Stałe okoliczności podawania pokarmu mogą powodować wydzielanie soków trawiennych.

Pojawiła się konieczność zbadania przyczyn tego szczególnego rodzaju błędu doświadczalnego. W tym celu wprowadzono metodę systematycznego podawania bodźca o łatwo kontrolowalnych właściwościach (na przykład dźwięk metronomu określonej częstotliwości) tuż przed i podczas podawania pokarmu. Po kilkunastu skojarzeniach dźwięku metronomu z podawaniem porcji pokarmu ślina wydzielała się już po włączeniu metronomu, znacznie wyprzedzając podanie pokarmu. Poznanie warunków sprzyjających pojawianiu się tak zwanego „psychicznego wydzielania śliny", a następnie procedur prowadzących do zanikania wytworzonej reakcji wydzielniczej, oznaczało odkrycie odruchów warunkowych. Bodziec pierwotnie obojętny dla organizmu stawał się bodźcem warunkowym (ang. conditioned stimulus, CS) dzięki temu, że w sposób systematyczny sygnalizował pojawienie się bodźca o istotnym znaczeniu biologicznym wywołującym wrodzoną reakcję (bodziec bezwarunkowy, ang. unconditioned stimulus, US). Tego typu odruchy nazywane są obecnie klasycznymi odruchami warunkowymi lub też „odruchami pawłowowskimi".

Zapoczątkowany przez Pawłowa nowy kierunek badań mózgu przez długi okres rozwijał się w oderwaniu od głównego nurtu badań fizjologicznych prowadzonych na niższych piętrach układu nerwowego, tj. rdzeniu kręgowym, układzie autonomicznym i nerwach obwodowych. W wyniku badań ustalono, że procesy pobudzenia i hamowania określają charakter wzajemnych oddziaływań pomiędzy ośrodkami nerwowymi. Morfologicznym podłożem tych oddziaływań są synaptyczne połączenia między neuronami.

# 16.3. Warunkowanie jako proces synaptyczny

## 16.3.1. Sumowanie pobudzeń

Pojęcie synapsy, złącza między dwoma neuronami bądź też neuronem i inną komórką pobudliwą, wprowadził C.S. Sherrington już w 1887 roku. Szkoła Sherringtona wykazała, że pobudzenie docierające za pośrednictwem jednego zakończenia nerwowego nie jest zdolne do wywołania potencjału czynnościowego w neuronie postsynaptycznym. W latach trzydziestych XX wieku Lorente de Nò sformułował zasady przestrzennej i czasowej sumacji krótkotrwałych pobudzeń docierających za pośrednictwem różnych aksonów do błony neuronu postsynaptycznego. Zaproponował on modele sieci neuronowych, zgodnie z którymi pobudzenie z neuronu $N_1$ mogłoby docierać do neuronu $N_2$ zarówno bezpośrednio, jak też z udziałem dodatkowych neuronów. Dzięki temu do neuronu $N_2$ docierałaby seria pobudzeń wystarczająca do wywołania potencjału czynnościowego (ryc. 16.1A). Inny model zakładał możliwość krążenia pobudzeń w zamkniętych sieciach neuronowych i długotrwałe utrzymywanie stanu aktywności określonego neuronu (ryc. 16.1B).

Istotą koncepcji Lorente de Nò była możliwość przedłużenia procesu pobudzenia neuronu docelowego przez krótko działający bodziec. Koncepcja ta została wykorzystana przez kilku badaczy zainteresowanych procesami uczenia się. Już w 1940 roku

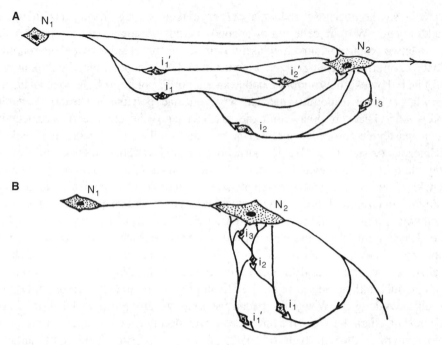

**Ryc. 16.1.** Modele sieci neuronowych proponowanych przez Lorente de Nò. **A** — sieć, za pośrednictwem której pobudzenie z neuronu $N_1$ dociera do neuronu $N_2$ albo bezpośrednio, albo za pośrednictwem różnej liczby neuronów pośredniczących ($i_1$, $i_{21}$, $i_3$, ...). Sieć ta umożliwia sumowanie serii pobudzeń na neuronie $N_2$, których źródłem jest jednorazowe pobudzenie neuronu $N_1$. **B** — zamknięty obwód neuronów umożliwiający długotrwałe utrzymywanie pobudzenia neuronu $N_2$ bez dodatkowych impulsów z neuronu $N_1$. (Wg: Konorski 1948)

Hilgard i Marquis w pierwszym anglojęzycznym podręczniku o warunkowaniu uwzględnili ten mechanizm, opisując proces wytwarzania odruchów warunkowych. Jednak najbardziej konsekwentnie koncepcja długotrwałego pobudzenia neuronu docelowego została rozwinięta przez dwóch uczonych: Jerzego Konorskiego i Donalda O. Hebba.

## 16.3.2. Koncepcja Konorskiego

Przed pół wiekiem J. Konorski (1903 – 1973) w dziele *Conditioned reflexes and neuron organization* dokonał reinterpretacji teorii Pawłowa. Dzieło zostało zadedykowane I.P. Pawłowowi i C.S. Sherringtonowi z nadzieją, że przyczyni się ono do zasypania przepaści pomiędzy ich indywidualnymi osiągnięciami. Konorski sformułował pogląd, że asocjacje, a w szczególności odruchy warunkowe, tworzą się w wyniku zmian w synaptycznych połączeniach między neuronami. Punktem wyjścia była analiza wygaszania reakcji orientacyjnej, tj. wrodzonej reakcji organizmu na nowy bodziec. Przy powtarzaniu tego samego bodźca reakcja orientacyjna, przejawiająca się w zwróceniu ciała w kierunku bodźca oraz aktywacji siatkowatego układu wzbudzającego i układu sympatycznego, stopniowo zanika. Proces ten nie jest skutkiem zmęczenia, ponieważ zachodzi nawet wówczas, gdy określony bodziec jest stosowany w identycznych okolicznościach krótko, z wielogodzinnymi przerwami. W kolejnych seriach stosowania tego samego bodźca wygaszanie wywoływanej przez niego reakcji orientacyjnej następuje coraz szybciej. Dobry stan układu nerwowego jest niezbędnym warunkiem wygaszania reakcji orientacyjnej.

Kluczowym ogniwem w rozumowaniu Konorskiego było rozróżnienie dwojakiego rodzaju zmian obserwowanych przy wielokrotnym stosowaniu bodźca wywołującego reakcję orientacyjną. Jedne przejawiają się w kolejnych cyklach pobudzenia i hamowania zanikających w stosunkowo krótkim okresie po wyłączeniu bodźca. Natomiast drugi rodzaj zmian, nie dających się sprowadzić do bezpośredniej odpowiedzi na działający bodziec i mający bardziej długotrwały charakter, Konorski nazwał zmianami plastycznymi układu nerwowego. Termin „plastyczność układu nerwowego" wszedł do kanonu współczesnej neurobiologii (por. rozdz. 24).

Długotrwałe zmiany wywoływane przez kolejne zastosowania tego samego bodźca (lub kombinacji bodźców) kumulują się w układzie nerwowym. Wyniki doświadczeń zarówno Pawłowa, jak i jego uczniów świadczą, że szybkość powstawania zmian plastycznych zależy od długości przerw między powtórzeniami bodźca. Wielokrotne stosowanie danego bodźca (lub kombinacji bodźców) powoduje, że wywołana zmiana plastyczna staje się bardziej trwała. Natomiast długa przerwa w stosowaniu bodźca (bodźców) prowadzi do zanikania powstałej zmiany plastycznej. Prawidłowości te odnoszą się nie tylko do opisu wygaszania reakcji orientacyjnej, ale również do innych rodzajów zmian plastycznych, w szczególności do wytwarzania i wygaszania reakcji warunkowych.

Zgodnie z hipotezą Konorskiego kumulowanie się zmian plastycznych i ich względna trwałość są związane ze zmianami morfologicznymi zachodzącymi w układzie nerwowym. Odruchy warunkowe wytwarzają się dzięki powstawaniu i zwielokrotnieniu nowych połączeń synaptycznych między zakończeniami aksonów jednych neuronów a dendrytami i ciałami innych. Zanikanie odruchów warunkowych jest natomiast związane z atrofią połączeń synaptycznych. Konorski twierdził, że połączenia synaptyczne między dwoma neuronami mogą się utworzyć jedynie wówczas, gdy istnieją między nimi połączenia potencjalne będące wynikiem realizacji programu genetycznego. Ze względu na znaczne różnice w szybkości wytwarzania różnych odruchów warunkowych Konorski uważał, że między niektórymi ośrodkami połączenia są bezpośrednie, inne zaś ośrodki łączą się poprzez liczne ogniwa pośrednie. Powstanie klasycznych odruchów warunkowych według Konorskiego „polega na ustanowieniu nowych połączeń funkcjonalnych pomiędzy dwoma jednocześnie pobudzonymi grupami neuronów, z których jedna grupa reprezentuje ośrodek bodźca warunkowego, a druga stanowi ośrodek wzmacniającego bodźca bezwarunkowego".

## 16.3.3. Warunki powstawania zmian plastycznych

W omawianym dziele Konorski określił warunki niezbędne do wywołania zmian połączeń synaptycznych.

  1. Warunkiem wstępnym jest istnienie potencjalnych połączeń, będących efektem

realizacji programu genetycznego, pomiędzy neuronami ośrodka wysyłającego informację o działaniu bodźca a ośrodkiem otrzymującym tę informację.

2. Jeśli wzrostowi pobudliwości w pierwszym ośrodku towarzyszy wzrost pobudliwości w drugim ośrodku, to połączenia potencjalne pomiędzy nimi przekształcają się w aktualne połączenia pobudzające.

3. Jeśli wzrostowi pobudliwości pierwszego ośrodka towarzyszy obniżenie pobudliwości drugiego ośrodka, to połączenia potencjalne między nimi przekształcają się w połączenia hamujące.

4. Zmiany plastyczne są wynikiem rozwoju i zwielokrotnienia synaps pomiędzy zakończeniami aksonów neuronów ośrodka nadawczego i neuronami ośrodka odbiorczego.

5. Narastanie (kumulacja) zmian plastycznych zależy od liczby powtórzeń określonych kombinacji bodźców i długości przerw między powtórzeniami.

Zasady te stanowiły w istocie rzeczy uogólnienie wyników badań nad odruchami warunkowymi, ale odwołujące się do neurofizjologicznych mechanizmów oddziaływań między ośrodkami w całym układzie nerwowym. Koncepcja warunkowania zakładała występowanie zmian funkcjonalnych, zwłaszcza w neuronach ośrodka bodźca warunkowego. Niewątpliwym wkładem Konorskiego do rozwoju teorii warunkowania było sformułowanie tezy, że w wyniku przetwarzania informacji neurony podlegają zmianom nie tylko funkcjonalnym, ale i strukturalnym.

## 16.3.4. Poglądy Hebba

Koncepcja pobudzeń krążących po zamkniętych obwodach neuronalnych została szeroko rozwinięta przez D. O. Hebba (1904 – 1985). Punktem wyjścia jego rozważań były procesy nerwowe towarzyszące percepcji bodźców. Według Hebba (1949) powtarzające się pobudzenie określonego narządu odbiorczego (receptora) prowadzi stopniowo do utworzenia zespołu neuronów, w którym jeszcze przez pewien czas po zakończeniu działania bodźca utrzymuje się wywołane przez niego pobudzenie. Współdziałanie zespołów komórek (ang. cell assemblies), których aktywność zapewnia utrzymanie śladu pamięciowego bodźca, jest podstawą takich procesów jak uwaga, percepcja, myślenie. Do utrwalenia tych przejściowych stanów niezbędne są jednak zmiany morfologiczne.

Sformułowany przez Hebba postulat głosił, że jeśli akson neuronu $N_1$ wywoływał podprogowe pobudzenie neuronu $N_2$ i wielokrotnie współuczestniczył w wywoływaniu jego ponadprogowego pobudzenia, to w jednym lub też w obu neuronach zachodzą pewne procesy wzrostowe lub zmiany metaboliczne, wskutek których zwiększa się efektywność neuronu $N_1$ wywoływania czynności bioelektrycznej neuronu $N_2$. Według Hebba najbardziej prawdopodobną zmianą jest powstawanie kolbek synaptycznych neuronu presynaptycznego na dendrytach drugiego neuronu.

Poglądy Konorskiego i Hebba, opublikowane niemal jednocześnie, cechuje daleko idąca zbieżność zarówno ostatecznej konkluzji, jak i toku rozumowania. Jedynie materiał dowodowy wykorzystany przez autorów jest różny: u pierwszego z nich są to wyniki doświadczeń nad procesami warunkowania, a u drugiego — badania zjawisk percepcji i uczenia się u ludzi. Popularność tylko jednego z tych autorów we współczesnej neurobiologii można wytłumaczyć raczej za pomocą praw badanych przez socjologię nauki niż w wyniku analizy historii odkryć nowych faktów i powstawania koncepcji.

# 16.4. Odmiany odruchów warunkowych

Z dużą dozą pewności można przyjąć, że każdy z nas, był kiedyś zmuszony zasiąść w fotelu dentystycznym i poddać się bardzo nieprzyjemnym lub wręcz bolesnym zabiegom. Dlaczego jest tak, że każdej ponownej wizycie w gabinecie stomatologicznym towarzyszy wyraźny niepokój lub strach, który pojawia się już na widok lekarza, gabinetu i zgromadzonego w nim sprzętu, w odpowiedzi na woń medykamentów i odgłos wiertarki dentystycznej? Dlaczego emocji tych doświadczamy już w chwili oczekiwania na zabieg, a więc, zanim dentysta podejmie czynności wywołujące ból? Odpowiedź na te pytania jest możliwa dzięki wynikom wielu badań prowadzonych już na przełomie XIX i XX wieku, a wśród nich głównie prac prowadzonych przez rosyjskich badaczy, takich jak Iwan Seczenow (1829 – 1905) oraz Władymir Bechterew (1857 – 1927). Jednakże, przede wszystkim, możliwa jest dzięki odkryciu przez Iwana Pawłowa odruchów warunkowych. Mimo iż w swych pracach Pawłow koncentrował się na procesach towarzyszących formowaniu się reakcji pokarmowych, poczynione przez niego odkrycia pozwoliły określić uniwersalne zasady panujące we wszelkich formach warunkowania klasycznego. Stworzyły więc możliwości poznania ośrodkowych mechanizmów odpowiedzialnych za powstawanie nie tylko klasycznych reakcji apetytywnych, ale także klasycznych odruchów obronnych. Wśród nich, mechanizmów warunkowania strachu. Niewątpliwie, przytoczone na początku efekty naszej wizyty, lub kolejnych wizyt w gabinecie dentystycznym, są właśnie następstwami klasycznego warunkowania strachu, powodowanego bolesnymi zabiegami.

U podstaw wszystkich form warunkowania klasycznego (ryc. 16.2, górna część schematu) jest tworzenie asocjacji pomiędzy określonym, początkowo obojętnym bodźcem otoczenia (często nazywanym potencjalnym bodźcem warunkowym lub bodźcem sporadycznym, S), np. bodźcem wzrokowym, słuchowym, węchowym lub dotykowym, z czynnikiem biologicznie znaczącym, np. pokarmem lub bodźcem nocyceptywnym (bólowym), określanym mianem bodźca bezwarunkowego. W procesie kojarzenia tych bodźców istotna jest kolejność, ponieważ bodziec obojętny musi zawsze poprzedzać bodziec bezwarunkowy. Takie jedno- lub wielokrotne pojawienie się obu bodźców w tej samej kolejności powoduje, iż bodziec dotychczas obojętny staje się bodźcem warunkowym, zdolnym do wywołania odruchu warunkowego (ang. conditioned response, CR). Należy podkreślić dwie istotne cechy tego odruchu. Po pierwsze, reakcja klasyczna jest bardzo podobna do reakcji bezwarunkowej (ang. unconditioned response, UR), a więc tej, którą powoduje sam bodziec bezwarunkowy.

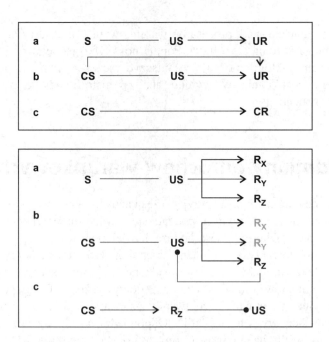

**Ryc. 16.2.** Schemat przedstawiający kolejne etapy (a, b, c) warunkowania klasycznego (część górna) i instrumentalnego (część dolna). Symbolem S oznaczono początkowo obojętny bodziec otoczenia (określany także mianem potencjalnego bodźca warunkowego lub bodźca sporadycznego). W początkowych etapach (a) warunkowania klasycznego i instrumentalnego istotne jest kojarzenie tego bodźca z bodźcem bezwarunkowym (US), wywołującym swoistą reakcję bezwarunkową (UR) i szereg rozmaitych odpowiedzi motorycznych lub zachowań (oznaczonych symbolami $R_x$, $R_y$ i $R_z$). W wyniku tego procesu bodziec sporadyczny przekształca się w bodziec warunkowy (CS, etapy b), który podczas warunkowania klasycznego nabiera zdolności do prowokowania reakcji warunkowej (CR, etap c), bardzo podobnej do tej, którą powoduje sam bodziec bezwarunkowy. Istotą warunkowania instrumentalnego jest wykształcenie jednoznacznego związku przyczynowego, w którym jedna z reakcji motorycznych wywołanych bodźcem bezwarunkowym (na przykład — $R_z$), jest zdolna zmienić prawdopodobieństwo US (etap b). Reakcja ta staje się warunkową odpowiedzią instrumentalną na dany bodziec warunkowy (etap c). Linią bez strzałki oznaczono związek czasowy, linią ze strzałką — związek przyczynowy, linią zakończoną czarną kropką oznaczono natomiast modyfikujący wpływ danej reakcji na bodziec bezwarunkowy

Jest więc odpowiedzią swoistą, w pełni określoną przez stosowany bodziec bezwarunkowy. Po drugie, odruch klasyczny nie jest zdolny zmienić prawdopodobieństwa pojawienia się znaczącego biologicznie bodźca bezwarunkowego. Bliskość i zbieżność w czasie (ang. contiguity), a także następstwo bodźca warunkowego i bezwarunkowego są czynnikami determinującymi proces warunkowania klasycznego. Powodują, iż bodziec warunkowy (CS) nabiera znaczenia sygnalizacyjnego i dostarcza organizmowi informacji o rychłym pojawieniu się bodźca o istotnym znaczeniu biologicznym (US). CS informuje więc, że w pewnym odstępie czasowym, z bardzo dużym prawdopodobieństwem pojawi się US. Drugim istotnym czynnikiem jest powstawanie związku przyczynowego między bodźcami. Tworzenie się jednoznacznej emocjonalnej zależności, która w literaturze anglojęzycznej jest często określana terminem contingency. Bodziec warunkowy nabiera więc także znaczenia afektywnego. Zdolny jest prowokować podobne wzbudzenie emocjonalne do tego, które powoduje sam bodziec bezwarunkowy, staje się bowiem jego substytutem czuciowym i afektywnym. Należy dodać, że zbliżone zależności mogą uformować się również pomiędzy bodźcem bezwarunkowym i wszystkimi bodźcami sytuacji (bodźcami kontekstowymi), w której pojawia się dany bodziec warunkowy.

Odnosząc się do podanego na początku przykładu, można stwierdzić, że niemal każdy ze wzrokowych, słuchowych lub węchowych bodźców występujących w gabinecie dentystycznym podlega warunkowaniu klasycznemu, tworząc jak gdyby szereg równoległych asocjacji z bezwarunkowym bodźcem bólowym oraz z jego afektywnym następstwem, strachem. Każdy z tych bodźców staje się więc bodźcem warunkowym, mającym określone właściwości sygnalizacyjne i afektywne.

Asocjacje uformowane podczas warunkowania klasycznego, zwłaszcza asocjacje powstające w trakcie warunkowania odruchów obronnych, charakteryzują się dużą trwałością i podlegają zapisowi w postaci tzw. pamięci emocjonalnej (por. rozdz. 15 i 17). Jednakże zmiany bodźców, np. podczas kolejnych wizyt w gabinecie dentystycznym, mogą modyfikować siłę wszystkich lub niektórych spośród wytworzonych asocjacji. Dzieje się tak, ponieważ trwałość odruchów warunkowych zależna jest od tych samych zasad, które determinują powstawanie odruchów. Tak więc, w sytuacji, w której danemu bodźcowi bezwarunkowemu przestaje towarzyszyć określony bodziec warunkowy, lub też, jeżeli określony bodziec warunkowy przestaje być systematycznie kojarzony z danym bodźcem bezwarunkowym, reakcja warunkowa stopniowo zanika. Proces ten, określany wygaszaniem odruchu (ang. extinction), jest często wykorzystywany jako jedna z istotnych współczesnych metod terapii behawioralnej ludzi cierpiących na różnorodne zaburzenia afektywne, np. fobie, stany lękowe lub reakcje paniki wywoływanej pozornie neutralnymi pod względem emocjonalnym bodźcami otoczenia. Celem naszych rozważań nie jest podanie obszernej charakterystyki metod terapii behawioralnej oraz oceny ich skuteczności. Stosowne informacje są zawarte w licznych podręcznikach akademickich i opracowaniach naukowych dotyczących psychologii zaburzeń emocjonalnych. Należy jednak wspomnieć, iż w leczeniu zwłaszcza niektórych spośród tych zaburzeń terapeuci stykają się często z uporczywymi przeszkodami i trudnościami. Jakie zjawiska i procesy nerwowe mogą być tego przyczyną?

Odpowiedź na postawione pytanie wymaga wcześniejszego omówienia szeregu innych istotnych mechanizmów warunkowania. Powstawanie odruchów klasycznych jest wprawdzie wyjściową, ale nie jedyną formą uczenia się adaptatywnych reakcji organizmu na bodźce środowiska zewnętrznego lub wewnętrznego. W roku 1928 ukazała się we francuskim czasopiśmie naukowym publikacja dwóch studentów Uniwersytetu Warszawskiego, Stefana Millera i Jerzego Konorskiego, w której przedstawili znacząco odmienny od klasycznego rodzaj warunkowania. Został on przez autorów nazwany warunkowaniem II typu. Obecnie, w ślad za Hilgardem i Marquisem (1940), określany jest mianem warunkowania instrumentalnego, a powstające w jego następstwie reakcje, odruchami instrumentalnymi. W procesie warunkowania instrumentalnego (ryc. 16.2, dolna część schematu) dany potencjalny bodziec warunkowy jest kojarzony ze ściśle określoną odpowiedzią organizmu. W przeciwieństwie do reakcji klasycznych, odpowiedź ta jest całkowicie odmienna od reakcji na bodziec bezwarunkowy i przejawia się w postaci określonego aktu ruchowego albo złożonej formy zachowania się zwierzęcia lub człowieka. Istotą warunkowania instrumentalnego jest wykształcenie jednoznacznego związku przyczynowego, w którym od pojawienia się wytwarzanej metodą prób i błędów określonej odpowiedzi instrumentalnej (na schemacie przedstawionej symbolem $R_z$) jest uzależnione podanie bodźca bezwarunkowego (US), np. pokarmu lub bodźca bólowego. Wyuczone w ten sposób działanie jest zdolne radykalnie zmienić prawdopodobieństwo pojawienia się bodźca o znaczeniu istotnym dla organizmu. Na przykład, doprowadzić do uzyskania „nagrody" w postaci atrakcyjnego bodźca bezwarunkowego bądź przerwania albo uniknięcia „kary" w postaci czynnika awersyjnego. W przypadku odruchów instrumentalnych prawomocne staje się więc stosowanie terminów mających charakter bardziej subiektywny. Konieczne staje się rozróżnianie instrumentalnych reakcji zmierzających do zwiększenia (apetytywne) lub zmniejszenia (obronne) kontaktu z określonym bodźcem bezwarunkowym (wzmocnieniem o charakterze kary lub nagrody).

Wśród warunkowych odpowiedzi instrumentalnych panuje duża różnorodność. Konorski i Miller opisali cztery procedury doświadczalne, które obecnie są określane jako: ćwiczenie za pomocą nagrody, ćwiczenie za pomocą pozbawienia nagrody, ćwiczenie reakcji unikania i ćwiczenie za pomocą kary. Odruchem instrumentalnym może być nie tylko aktywna odpowiedź ruchowa, ale także powstrzymanie się od czynnego działania. Na przykład, w procedurze ćwiczenia za pomocą pozbawienia nagrody atrakcyjny US podawany jest jedynie wtedy, gdy w odpowiedzi na dany bodziec warunkowy nie pojawi się reakcja motoryczna. Możliwe jest wyuczenie przeciwstawnych odruchów instrumentalnych stosując ten sam bodziec bezwarunkowy. Na przykład, reakcją instrumentalną psa umożliwiającą mu uzyskanie tego samego bodźca bezwarunkowego — pokarmu — może być położenie łapy na platformie lub na karmniku, na inny zaś bodziec warunkowy (lub w innej sytuacji doświadczalnej) — wyprostowanie tej samej łapy. Decydujące znaczenie dla charakteru odpowiedzi instrumentalnej mają bowiem zależności między konkretną reakcją ruchową i jej skutkiem w postaci bodźca bezwarunkowego.

Pomiędzy odruchami klasycznymi i instrumentalnymi panują złożone zależności, których dokładniejsze omówienie wymagałoby odrębnego i niewątpliwie znacznie obszerniejszego opracowania. Jesteśmy jednak winni odpowiedzieć na postawione wcześniej pytania, dotyczące przyczyn wielu trudności w terapii zaburzeń lękowych lub, na przykład kłopotów z wygaszeniem strachu wywołanego nieprzyjemnymi przeżyciami w gabinecie dentystycznym. Odpowiedzi dostarcza analiza relacji zachodzących między asocjacjami, które powstały podczas klasycznie uwarunkowanego strachu oraz tymi, które determinują formowanie się instrumentalnych odruchów obronnych — odpowiedzi unikania (ang. avoidance response) i ucieczki (ang. escape response). Odruchem unikania jest nazywany akt ruchowy albo zachowanie zwierzęcia lub człowieka, które w odpowiedzi na określony bodziec warunkowy sygnalizujący awersyjny, najczęściej bólowy bodziec bezwarunkowy, przerywa bodziec sygnalizujący i zapobiega pojawieniu się bodźca awersyjnego. Taką formę odruchu określa się często aktywną lub czynną odpowiedzią unikania (ang. active avoidance). Wyróżnia się także formę polegającą na powstrzymaniu się od działań i tego rodzaju odruch nazywany jest pasywną lub bierną odpowiedzią unikania (ang. passive avoidance). Odruchem ucieczki określana jest reakcja prowadząca do skrócenia czasu działania bezwarunkowego bodźca awersyjnego.

Powstawanie instrumentalnego odruchu unikania jest złożonym i wciąż niedostatecznie poznanym procesem, w którym przejawia się ścisłe współdziałanie asocjacji klasycznych i instrumentalnych. W jego fazie początkowej, oprócz równolegle zachodzącego warunkowania klasycznego, jest formowany instrumentalny odruch ucieczki, będący bezpośrednim następstwem bodźca bólowego. Nieco później, zwykle przypadkowe pojawienie się tego odruchu podczas bodźca warunkowego, a więc w okresie poprzedzającym bodziec bólowy, powoduje istotną modyfikację zachowania. Powstaje nowa forma odpowiedzi na bodziec sygnalizujący ból — instrumentalny odruch unikania. Zdobycie „nagrody", w postaci redukcji strachu, jest jedną z najistotniejszych konsekwencji odruchu unikania. Jednakże, paradoksalnie, właśnie ten efekt reakcji instrumentalnej powoduje utrzymywanie się klasycznego strachu w odpowiedzi na awersyjne bodźce otoczenia i jest źródłem wspomnianych już trudności w terapii zaburzeń lękowych u ludzi. Odruch unikania nie dopuszcza bowiem do konfrontacji organizmu z realnym zagrożeniem (bodźcem bezwarunkowym), uniemożliwiając ewentualny proces wygaszania klasycznie uwarunkowanego strachu.

# 16.5. Informacyjna wartość bodźca

Zgodnie z poglądami asocjacjonistów, psychologów XIX wieku, sprowadzających cały mechanizm życia psychicznego do tworzenia asocjacji, zbieżność dwóch bodźców w czasie jest warunkiem koniecznym i wystarczającym do powstania między nimi asocjacji. Obecnie wiemy, że odruch warunkowy jest zjawiskiem bardziej złożonym, nie dającym sprowadzić się tylko do kojarzenia, czyli asocjacji dwóch bodźców.

Zbieżność w czasie działania bodźca pierwotnie obojętnego (warunkowego) i bodźca wywołującego reakcję bezwarunkową jest uzależniona od zachowania się organizmu. W treningu prowadzonym metodą nagradzania jedynie wykonanie reakcji instrumentalnej zapewnia zbieżność w czasie bodźca warunkowego z bezwarunkowym (na przykład z pokarmem). Natomiast w treningu reakcji aktywnego unikania bodziec warunkowy i awersyjny bodziec bezwarunkowy są podawane wspólnie tylko wówczas, gdy reakcja instrumentalna na sam bodziec warunkowy nie zostanie wykonana. Trening reakcji aktywnego unikania prowadzi do gwałtownego zmniejszenia się częstotliwości stosowania awersyjnego bodźca bezwarunkowego. Osiągany skutek, a nie zasada styczności bodźców, jest odpowiedzialny za wytwarzanie reakcji instrumentalnych (prawo efektu Thorndike'a).

Podobnie też wytwarzanie klasycznych odruchów warunkowych nie może być sprowadzane jedynie do powstawania asocjacji pomiędzy dwoma bodźcami. Ponieważ bodziec warunkowy odgrywa rolę sygnału umożliwiającego przygotowanie się do przyjęcia bodźca bezwarunkowego, to zwierzę (lub człowiek) dokonuje wyboru między różnymi bodźcami na korzyść tych, które najlepiej sygnalizują pojawienie się bodźca bezwarunkowego. Przypuszczenie to zostało potwierdzone w doświadczeniach z zastosowaniem bodźców kompleksowych, złożonych z dwóch jednocześnie działających elementów, na przykład szumu i światła. W jednym z typów doświadczeń wytwarzano reakcję warunkową na bodziec kompleksowy, a następnie mierzono wielkość reakcji wywoływanej przez każdy element bodźca kompleksowego stosowany oddzielnie (ryc. 16.3). Podczas treningu oba elementy kompleksowego bodźca warunkowego były kojarzone tyle samo razy z bodźcem bezwarunkowym. Mimo to w próbach testowych wielkość reakcji wywoływanej przez każdy z elementów wyraźnie się różniła. Bodziec bardziej efektywny wywoływał reakcję warunkową o podobnej sile niezależnie od tego, czy podczas treningu stosowany był w kompleksie, czy też oddzielnie. Natomiast mniej wyrazisty bodziec stosowany podczas treningu w kompleksie wywoływał po tej samej liczbie prób znacznie słabszą reakcję niż jako bodziec samodzielny.

Tak więc, jeśli jednocześnie działają dwa bodźce o potencjalnie podobnych właściwościach, to jeden z nich, bardziej wyrazisty (ang. salient), zostaje bodźcem warunkowym, natomiast znaczenie drugiego bodźca ulega zmniejszeniu. Specjalne testy wykazały, że każdy element bodźca kompleksowego był zauważany przez zwierzę, a mimo to bodziec mniej wyrazisty został przytłumiony, zacieniony przez bodziec dominujący. Zjawisko to podważa pogląd, że zasada styczności bodźców jest warunkiem nie tylko koniecznym, ale i wystarczającym do powstawania asocjacji.

Inny typ doświadczeń umożliwił wyjaśnienie przyczyn zjawiska zacieniania. Różnicę w wyrazistości dwóch elementów bodźca kompleksowego uzyskiwano przez

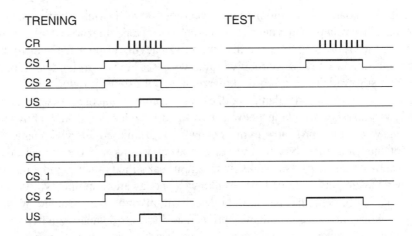

**Ryc. 16.3.** Schemat doświadczenia z zacienianiem mniej wyrazistego bodźca. Wszystkie osobniki trenowane są w identycznych warunkach, z jednoczesnym stosowaniem dwóch bodźców warunkowych (CS 1 i CS 2) oraz regularnym podawaniem bodźca bezwarunkowego (US). W próbach testowych stosowany jest tylko jeden bodziec warunkowy, różny u poszczególnych osobników. Jeden z bodźców wywołuje reakcję warunkową (CR) o normalnej sile, drugi z bodźców nie wywołuje reakcji warunkowej

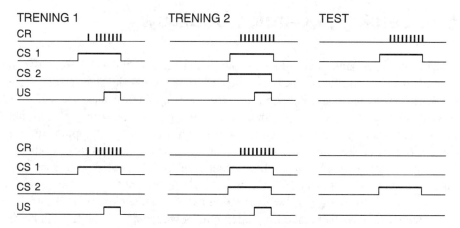

**Ryc. 16.4.** Schemat doświadczenia z blokowaniem warunkowania. W pierwszej fazie treningu reakcji warunkowej (trening 1) stosowany jest tylko jeden bodziec warunkowy (CS 1) wraz z bodźcem bezwarunkowym (US). W następnej fazie (trening 2) stosowany jest kompleks bodźców warunkowych (CS 1 i CS 2) z bodźcem bezwarunkowym (US). W próbach testowych stosowany jest tylko jeden bodziec warunkowy, różny u poszczególnych osobników. Bodziec warunkowy stosowany w pierwszej fazie treningu (CS 1) wywołuje reakcję warunkową (CR) o normalnej sile, natomiast bodziec warunkowy dodany w drugiej fazie treningu (CS 2) nie wywołuje reakcji warunkowej

wstępne wytwarzanie reakcji warunkowej na jeden z elementów. Następnie kontynuowano trening warunkowy, ale już na bodziec kompleksowy (ryc. 16.4). Próby testowe wykazały, że po takim treningu dodany element, zastosowany sam, nie wywoływał reakcji warunkowej. Wytworzenie reakcji warunkowej na pierwszy element bodźca kompleksowego zablokowało możliwość przekształcenia dodanego elementu w bodziec warunkowy, mimo wystarczającej w normalnych warunkach liczby skojarzeń dodanego bodźca z bodźcem bezwarunkowym.

Zarówno zjawisko zacieniania (ang. overshadowing), jak również blokowanie (ang. blocking) nie dadzą się wytłumaczyć utrudnieniami w percepcji bodźców lub też zakłóceniami procesów uwagi. Wykazano, że głównym czynnikiem określającym skuteczność procedury blokowania był stopień wytrenowania reakcji warunkowej na bodziec blokujący określany tuż przed wprowadzeniem kompleksu. Bodziec obojętny wprowadzony do kompleksu może się przekształcić w bodziec warunkowy jedynie wówczas, gdy jest kojarzony z bodźcem bezwarunkowym w serii prób, podczas których wytwarzana reakcja warunkowa w dalszym ciągu podlega doskonaleniu i zwiększa swoją siłę. Jeśli natomiast reakcja warunkowa osiągnęła przed wprowadzeniem kompleksu poziom zbliżony do asymptoty, to możliwość przekształcenia dodatkowego elementu w bodziec warunkowy jest całkowicie zablokowana.

Wszystko to wskazuje, że w warunkowaniu klasycznym stosunki między bodźcem warunkowym a bezwarunkowym zależą nie tylko od stosowanego bodźca bezwarunkowego, ale również od reakcji warunkowej, jej siły, stopnia utrwalenia. Jeśli wielkość reakcji warunkowej wywoływanej przez bodziec odpowiada sile bodźca bezwarunkowego, jest z nim współmierna, to wprowadzenie bodźca kompleksowego nie zmieni wielkości reakcji warunkowej i nowy element nie stanie się bodźcem warunkowym.

# 16.6. Selekcja i pamięć bodźców

Do każdego organizmu stale dociera olbrzymia liczba bodźców. Jedne z nich wywołują reakcje wrodzone (bezwarunkowe), inne mogą się stać w określonych warunkach bodźcami warunkowymi, jeszcze inne są ignorowane. Opisane wyżej wyniki doświadczeń wskazują na działanie pewnego mechanizmu selekcji określającego, czy aktualna sytuacja bodźcowa w wystarczającym stopniu informuje organizm o bodźcu bezwarunkowym. Jeśli nowy bodziec nie dostarcza dodatkowej informacji, to jest on zauważany tylko w pierwszej próbie (świadczy o tym zmiana wielkości reakcji warunkowej spowodowana reakcją orientacyjną), a następnie jest pomijany jako zbyteczny. Zjawisko stopniowego, stosunkowo krótkotrwałego zmniejszania się wrodzonej reakcji organizmu na powtarzający się bodziec nazywamy procesem habituacji, przywykania do bodźca. Jeśli nowy element dostarcza dodatkowej informacji o bodźcu bezwarunkowym, to efekt dodanego bodźca utrzymuje się w kolejnych zastosowaniach i element taki przekształca się w bodziec warunkowy.

W normalnych warunkach pojawienie się nie oczekiwanego lub też niedostatecznie sygnalizowanego bodźca bezwarunkowego wywołuje poszukiwawczą reakcję organizmu. Tylko w wyniku analizy śladów pamięciowych, pozostawionych przez bodźce poprzedzające bodziec bezwarunkowy, może się wytworzyć asocjacja pomiędzy bodźcem bezwarunkowym a bodźcem warunkowym.

Według Kamina działanie nie oczekiwanego lub nie w pełni przewidywalnego bodźca o istotnym dla organizmu znaczeniu powoduje aktywację śladów pamięciowych poprzedzającej go sytuacji bodźcowej. Dzięki temu może się wytworzyć asocjacja pomiędzy bardzo świeżym śladem pamięciowym bodźca bezwarunkowego a śladem pamięciowym jednego z poprzedzających go bodźców obojętnych. Zarówno bliskość czasowa, jak i wyrazistość bodźca poprzedzającego są czynnikami sprzyjającymi powstawaniu takiej asocjacji. Tak więc asocjacje powstają nie tylko w wyniku zbieżności procesów nerwowych towarzyszących aktualnie działającym bodźcom, ale także pomiędzy wewnętrznymi reprezentacjami bodźców, zakodowanymi w układzie nerwowym i przywoływanymi z pamięci. Krótkotrwała pamięć sytuacji bodźcowej ma doniosłe znaczenie dla uczenia się, dla formowania długotrwałej pamięci nowych asocjacji.

# 16.7. Biologiczne predyspozycje warunkowania

Hipoteza zakładająca znaczenie „potencjalnych połączeń" dla procesów warunkowania została potwierdzona przez Konorskiego i jego uczniów w serii interesujących doświadczeń. U psów wytwarzano instrumentalną reakcję pokarmową kładzenia prawej przedniej łapy na karmnik w odpowiedzi na różne bodźce słuchowe i dotykowe.

Okazało się, że jeśli bodźcem warunkowym był dotyk łapy wykonującej tę reakcję instrumentalną, to trening przebiegał wielokrotnie szybciej niż na pozostałe bodźce warunkowe, zarówno słuchowe, jak i dotykowe, ale stosowane na inne części ciała. Dotyk łapy wykonującej reakcję instrumentalną nazwano bodźcem specyficznym (ang. specific tactile stimulus, STS). Reakcje na STS są wykonywane z bardzo krótkimi okresami utajenia, utrzymują się nawet u całkowicie nasyconych zwierząt, są bardzo oporne na proces wygaszania i niemal natychmiast podlegają wznowieniu po przywróceniu wzmacniania reakcji intrumentalnej podaniem pokarmu.

W wielu układach doświadczalnych możliwe jest dość łatwe przeniesienie reakcji instrumentalnej wytworzonej na określony bodziec warunkowy na inny bodziec zastosowany w tej samej sytuacji doświadczalnej. Zazwyczaj taki transfer reakcji instrumentalnej jest dokonywany w środku sesji doświadczalnej, po kilku próbach z dotychczasowym bodźcem warunkowym i dzięki zastosowaniu wzmocnienia w końcowym okresie działania nowego bodźca, niezależnie od wykonania reakcji. Okazało się, że transfer z jakiegokolwiek bodźca słuchowego na STS następuje niesłychanie szybko, natomiast transfer reakcji instrumentalnej wytworzonej na STS na wprowadzone następnie bodźce słuchowe zachodzi z wielkim trudem. Co więcej, jeśli ta sama reakcja instrumentalna została wytworzona u danego psa na kilka różnych bodźców, to wytworzenie reakcji na STS prowadzi do wyraźnego osłabienia reakcji instrumentalnej na inne bodźce.

Ponieważ równolegle prowadzony pomiar warunkowej reakcji ślinowej wykazywał, że była ona większa na bodźce słuchowe niż na STS, to nasuwało się przypuszczenie, iż szczególne właściwości STS w warunkowaniu instrumentalnym wynikają z istnienia wrodzonych połączeń pomiędzy okolicą czuciową i okolicą ruchową kory mózgowej. W okolicy czuciowej znajdują się neurony reprezentujące bodźce dotykowe stosowane na powierzchnię ciała, a w okolicy ruchowej kory mózgowej znajdują się neurony stanowiące reprezentację poszczególnych wzorców aktywności oddzielnych mięśni lub ich zespołów. Neurony tych dwóch okolic kory mózgowej są połączone włóknami w kształcie litery U, przechodzącymi pod bruzdą środkową (ang. central sulcus). Przecięcie tych włókien całkowicie znosiło szczególne właściwości STS, który upodabniał się do innych bodźców warunkowych pod względem szybkości wytwarzania reakcji instrumentalnej, jej oporności na wygaszanie, na nasycenie zwierzęcia itp. Kontrolne doświadczenia, w których uszkadzano jedynie korę ruchową, wykazywały osłabienie reakcji instrumentalnej na wszelkiego rodzaju bodźce warunkowe, natomiast uszkodzenie okolicy czuciowej osłabiało wybiórczo jedynie reakcje na bodźce dotykowe.

Konorski wyciągnął na tej podstawie wniosek, że siła reakcji warunkowej zależy od łącznego działania połączeń bezpośrednich pomiędzy ośrodkiem bodźca warunkowego i ośrodkiem reakcji warunkowej oraz połączeń pośrednich. W połączeniach pośrednich zaangażowany jest ośrodek napędu, na przykład ośrodek głodu, którego pobudzenie mobilizuje organizm do aktywności zmierzającej do uzyskania pokarmu. Jeśli połączenia bezpośrednie są bardzo silne, jak w przypadku STS, to reakcja instrumentalna może być wykonywana nawet przy słabym napędzie motywującym jej wykonanie (na przykład przy nasyceniu zwierzęcia). W przypadku słabych połączeń bezpośrednich rolę dominującą w realizacji reakcji instrumentalnej przejmują połączenia pośrednie i zależność siły reakcji od wielkości napędu występuje bardzo wyraźnie.

Mimo iż określony poziom napędu jest niezbędny do wykonania jakiejkolwiek reakcji instrumentalnej, to rozważania Konorskiego postawiły bardzo istotny problem teoretyczny: ta sama reakcja instrumentalna może być wykonywana za pośrednictwem różnych mechanizmów wykorzystujących różne wrodzone połączenia między ośrodkami nerwowymi.

Kolejne doświadczenia dostarczyły przekonujących dowodów, że warunkowanie przebiega znacznie szybciej, jeśli procedura treningu umożliwia wykorzystanie pewnych wrodzonych połączeń nerwowych. U psów zastosowano test różnicowania „lewa łapa, prawa łapa". W grupie A wymagano położenia przedniej lewej łapy na karmnik w odpowiedzi na warunkowy bodziec dotykowy zastosowany na lewej tylnej łapie, a położenia prawej przedniej łapy na bodziec zastosowany na prawej tylnej łapie. Natomiast w grupie B wymagano wykonania reakcji przednią łapą przeciwległą w stosunku do bodźca dotykowego zastosowanego na tylnych łapach. Trening w grupie B okazał się ponad dwukrotnie szybszy niż w grupie A.

Ta różnica w szybkości warunkowania przy zastosowaniu identycznych par bodźców i reakcji warunkowych wynika z biologicznych właściwości psa i innych ssaków. Bodziec dotykowy na prawej tylnej łapie wywołuje reakcję orientacyjną zwierzęcia, wyrażającą się w skręcie głowy w prawo, co pociąga za sobą przemieszczenie środka ciężkości ciała na prawo i w efekcie — zwiększenie napięcia mięśni prostujących prawą przednią łapę. Zgodnie z prawami odkrytymi przez Sherringtona, jednocześnie jednak osłabia się napięcie mięśni wyprostnych lewej przedniej łapy. Zwiększa to gotowość przedniej lewej łapy do zgięcia i następnie położenia jej na karmniku. Łatwość treningu psów w grupie B była związana z faktem, że przestrzenna lokalizacja bodźców i wymaganych reakcji warunkowych była zgodna z organizacją stosunkowo niskich pięter ośrodkowego układu nerwowego ssaków (por. rozdz. 10).

Doświadczenia te wykazały, że przebieg procesu warunkowania w znacznym stopniu zależy od wykorzystania zakodowanych genetycznie połączeń pomiędzy ośrodkami nerwowymi.

Istnieje wiele danych doświadczalnych świadczących o zależności efektywności warunkowania od modalności stosowanych bodźców. Różnice te wiąże się z etologicznym znaczeniem określonych bodźców w naturalnym środowisku zwierzęcia. Tak więc asocjacje między bodźcami smakowymi i zapachowymi a zaburzeniami funkcjonowania układu pokarmowego wytwarzają się bardzo łatwo, podczas gdy bodźce wzrokowe lub słuchowe z trudnością stają się sygnałami takich samych zaburzeń. Natomiast bodźce słuchowe i wzrokowe znacznie łatwiej niż smakowe lub zapachowe stają się sygnałami bodźca bólowego działającego na kończyny zwierzęcia. Również i w tym przypadku postulowano istnienie specjalnych połączeń neuronalnych jako podłoża szybkiego powstawania asocjacji.

# 16.8. Złożony charakter reakcji warunkowych

Niezależnie od zamierzonego przez eksperymentatora treningu określonej odmiany odruchu warunkowego zawsze mamy w efekcie do czynienia z aktami behawioralnymi złożonymi z wielu elementów. W wyuczonym akcie behawioralnym uczestniczą nie tylko różne odmiany odruchów warunkowych, ale również wrodzone formy zachowania oraz zmiany powstałe w wyniku uczenia się nieasocjacyjnego (na przykład habituacji). Wszystkie te elementy zostają stopniowo wkomponowane w całościowy akt behawioralny w celu uzyskania pożądanego efektu przy minimalnym wydatkowaniu energii. Oznacza to wielokrotną w trakcie treningu przebudowę struktury aktu behawioralnego. Zmiany takie nie mogą spowodować nawet chwilowego zmniejszenia przystosowawczego znaczenia wykonywanego aktu behawioralnego.

Wytworzenie reakcji instrumentalnej z reguły wymaga zmiany hierarchii wrodzonych reakcji danego gatunku ujawniających się w podobnej sytuacji. Eliminacja wrodzonych reakcji obronnych, antagonistycznych do trenowanej instrumentalnej reakcji i przez to wydłużających działanie bodźca awersyjnego, następuje zgodnie z zasadą ćwiczenia metodą kar. Podobnie też następuje osłabienie wrodzonych reakcji apetytywnych, jeśli nie są one synergiczne z trenowaną instrumentalną reakcją pokarmową (wynik stosowania zasady pozbawienia nagrody).

Podczas treningu reakcji instrumentalnej wytwarza się równocześnie klasyczna reakcja warunkowa. Na przykład, na początkowym etapie treningu reakcji unikania bólu systematycznie stosuje się pary bodźców: warunkowy i bezwarunkowy. Dzięki temu równolegle z reakcją instrumentalną wytwarza się klasyczna reakcja warunkowa — strach. Jest to silna negatywna reakcja fizjologiczna i emocjonalna wywoływana przez aktualny lub spodziewany bodziec awersyjny. Na dalszym etapie treningu reakcji unikania bólu pojawiają się także reakcje unikania strachu, występujące z krótkimi okresami utajenia. Struktury nerwowe uczestniczące w realizacji reakcji unikania wykonywanych z różnymi okresami utajenia są odmienne. Reakcje unikania strachu zanikają całkowicie po wybiórczym uszkodzeniu okolic przedczołowych mózgu, podczas gdy reakcje unikania bólu, reakcje ucieczki od bólu, jak również klasycznie uwarunkowane reakcje obronne wykonywane są normalnie.

W ostatecznej formie odruch aktywnego unikania jest złożonym systemem różnych reakcji warunkowych. Złożoność tego systemu zapewnia wysoki stopień przystosowania organizmu do konkretnych warunków środowiska. Dzięki klasycznej reakcji obronnej wytworzonej na całą sytuację doświadczalną wytrenowane zwierzę wprowadzone do kamery doświadczalnej uruchamia swój napęd ochronny, jest w stanie podwyższonej gotowości do działania. Włączenie bodźca warunkowego wywołuje wzrost podprogowej reakcji strachu, czego rezultatem jest wykonanie reakcji instrumentalnej. Jeśli nie wystąpi taka reakcja z krótkim czasem utajenia, to reakcja strachu nasilająca się w trakcie działania bodźca warunkowego oznacza wzrost aktywności ośrodka napędu, dzięki czemu jest wykonywana reakcja unikania z dłuższym czasem utajenia. W sytuacji gdy zwierzę zajęte jest innymi czynnościami fizjologicznymi i reakcja unikania nie zostanie wykonana, pojawienie się bodźca bólowego wywoła reakcję ucieczki. Wykonanie reakcji instrumentalnej i jednoczesne wyłączenie bodźców warunkowego i bezwarunkowego radykalnie zmienia sytuację bodźcową zwierzęcia. Po zakończeniu próby obronnej bodźce sytuacji doświadczalnej sygnalizują, że przez pewien okres czynnik awersyjny nie wystąpi. Następuje odprężenie, relaksacja, a bodźce sytuacji doświadczalnej sygnalizują warunkową reakcję bezpieczeństwa, której towarzyszą reakcje autonomiczne odmienne od związanych z reakcją strachu.

Nawet podstawowe funkcje organizmu, realizowane za pośrednictwem określonych genetycznie połączeń nerwowych, podlegają modyfikacjom w trakcie rozwoju osobniczego. Zarówno dziecko, jak i zwierzę z łatwością uczą się unikać gorących przedmiotów, dzięki czemu reakcja cofania kończyny jest rzadko wykonywaną ostatecznością. Każda kobieta wie, że najłatwiej nakarmić dziecko mlekiem z piersi zachowując określoną pozycję ciała oseska i unikając zmian zapachu kosmetyków. Nasze przyzwyczajenia to efekt wielu reakcji warunkowych wytworzonych w określonych warunkach życia. Unikatowy dla każdego osobnika splot reakcji genetycznie określonych oraz uwarunkowanych w życiu osobniczym stanowi podstawę naszej osobowości.

## 16.9. Wygaszanie i przekształcanie reakcji warunkowych

Złożony charakter reakcji warunkowych ujawnia się najpełniej przy zmianie warunków treningu, wskutek czego dotychczasowa reakcja przestaje spełniać swą przystosowawczą funkcję. Najprostszym przykładem zmiany reakcji warunkowej jest jej wygaszanie. Klasyczny pobudzający bodziec warunkowy po zaprzestaniu jego kojarzenia z bodźcem bezwarunkowym po pewnym czasie przestaje wywoływać reakcję warunkową. Wygaszony bodziec warunkowy nie staje się jednak ponownie bodźcem obojętnym. Jeśli po wygaszonym bodźcu warunkowym zastosować inny pobudzający bodziec warunkowy, to reakcja wywoływana przez taki normalny bodziec warunkowy zostanie zmniejszona. Pobudzenie wywoływane przez nie wygaszony bodziec warunkowy zostaje osłabione, stłumione, zahamowane przez wygaszony bodziec warunkowy. Świadczy to, że zaprzestanie kojarzenia bodźca warunkowego z bezwarunkowym prowadzi do powstania nowej asocjacji, odmiennej od poprzedniej. Przez dłuższy czas jest jednak zachowana pamięć o wygaszonej asocjacji. Jeśli jednocześnie z nie wzmacnianym bodźcem warunkowym podać jakiś nowy bodziec wywołujący reakcję orientacyjną, to znów pojawi się wytworzona uprzednio reakcja warunkowa, chociaż o mniejszej intensywności.

Tak więc na pewnym etapie wygaszania reakcji warunkowej istnieją obok siebie dwie asocjacje: stara — podlegająca osłabieniu i nowa — wytwarzana. Te dwie przeciwstawne asocjacje nie są jednak symetryczne względem siebie. Wykazano, że wygaszanie dobrze utrwalonej pobudzającej reakcji warunkowej przebiega powoli i z trudnością, natomiast wznowienie wygaszonej reakcji, w wyniku ponownego kojarzenia bodźca warunkowego z bezwarunkowym, w tej samej sytuacji doświadczalnej następuje niemal natychmiast. Dotyczy to zarówno reakcji apetytywnych, wśród nich pokarmowych, jak i reakcji obronnych.

W badaniach procesów przekształcania odruchów warunkowych nadzwyczaj pomocna jest jednoczesna analiza kilku różnych elementów reakcji warunkowej. Aktywność ruchowa psa trenowanego w odruchach pokarmowych jest związana z napędem głodowym. Pobudzający bodziec warunkowy sygnalizujący podanie małej porcji pokarmu, podobnie jak bodziec hamujący sygnalizujący, że pokarm nie zostanie podany, wywołują identyczną reakcję ruchową. Uspokojenie się psa podczas pobudzającego działania pokarmowego bodźca warunkowego jest spowodowane hamowaniem napędu głodowego przez silną reakcję pobrania pokarmu, natomiast bodziec sygnalizujący brak jedzenia zahamuje napęd głodowy na skutek braku wzmocnienia. Przy podobnym efekcie ruchowym obserwowana jest natomiast przeciwstawna reakcja ślinowa. Bodziec sygnalizujący jedzenie wywołuje obfite wydzielanie śliny, podczas gdy bodziec sygnalizujący brak pokarmu hamuje to wydzielanie. Jednoczesna analiza aktywności ruchowej i wydzielania śliny pozwala wykryć istotne różnice reakcji warunkowej na bodźce mające obecnie lub też w przeszłości inne znaczenie sygnalizacyjne.

Konorski wykazał, że bodziec neutralny stosowany systematycznie bez wzmocnienia w sytuacji, w której działają bodźce wywołujące działalność pokarmową, staje się silnym bodźcem hamującym. Ponieważ bodziec taki nie miał na żadnym etapie treningu znaczenia pobudzającego, nazwano go pierwotnym hamulcem warunkowym. Bodziec taki jest niesłychanie oporny na przekształcenie go w pobudzający bodziec pokarmowy. Pierwotny hamulec warunkowy jest efektem powstania asocjacji pomiędzy korową reprezentacją nowego bodźca warunkowego a korową reprezentacją neuronów smakowych sygnalizujących brak pokarmu w jamie ustnej. Dowodem na podobny mechanizm wytwarzania zarówno pobudzeniowej pokarmowej reakcji warunkowej, jak i pierwotnego hamulca warunkowego jest konieczność odpowiedniego poziomu napędu głodowego, wzmagającego percepcję smaku pokarmu i percepcję braku pokarmu w jamie ustnej.

Badania nad krótkotrwałą pamięcią sytuacji bodźcowej, świadczące o selekcji potencjalnych bodźców warunkowych, jak również nad długotrwałą pamięcią wytworzonych i zmienianych asocjacji, wykazały olbrzymie znaczenie bodźców dostarczanych przez czynniki stałe sytuacji doświadczalnej. Jednym z dowodów wpływu bodźców sytuacyjnych na zachowanie się zwierząt jest wykonywanie wyuczonej reakcji nie tylko podczas działania CS, ale także w przerwach między kolejnymi próbami. Zwiększenie się częstotliwości reakcji międzypróbowych wskazuje na wzrost napięcia emocjonalnego trenowanych zwierząt. Zwiększenie się częstotliwości tych reakcji towarzyszy wszelkim zmianom sygnalizacyjnego znaczenia bodźców warunkowych. Towarzyszy także zmniejszeniu wyrazistości CS, na przykład przy zmianie kompleksu warunków: szum plus ciemność, na samą ciemność. Na odwrót, zwiększenie wyrazistości CS zmniejsza częstotliwość reakcji międzypróbowych przy jednoczesnym wzroście poziomu wykonania reakcji warunkowej.

# 16.10. Uwagi końcowe

Wyniki intensywnych badań jednoznacznie świadczą o ogromnej złożoności procesów warunkowania, ich zależności od wrodzonych, jak również od uprzednio nabytych form zachowania, o wpływie na ich przebieg różnorodnych bodźców działających w danym czasie. Nieomal każda struktura mózgu może uczestniczyć w zmianach aktywności neuronowej towarzyszącej warunkowaniu. Nabywanie długotrwałych śladów pamięciowych, związanych z uaktywnieniem istniejących lub z tworzeniem nowych synaps, wymaga syntezy nowych białek, a także syntezy RNA. W ostatniej dekadzie coraz częściej sugeruje się, że geny wczesnej odpowiedzi, a w szczególności zwiększona ekspresja protoonkogenu *c-fos* może być wskaźnikiem umożliwiającym zlokalizowanie tych elementów sieci neuronowej, w których dochodzi do aktywacji neuronów uczestniczących w procesie tworzenia się długotrwałych śladów pamięciowych (por. rozdz. 1). Należy sądzić, że pozytywny rezultat takich badań zostanie uzyskany łatwiej na modelach przekształcania reakcji warunkowych niż w wyniku analizy procesu wytwarzania nowych reakcji warunkowych.

# 16.11. Podsumowanie

W niniejszym rozdziale przedstawiono koncepcję odruchu, podstawowej jednostki funkcjonalnej ośrodkowego układu nerwowego, jako mechanizmu sekwencyjnego przekazywania serii pobudzeń od jednej grupy neuronów do następnej. W trakcie przetwarzania informacji zachodzą długotrwałe funkcjonalne i morfologiczne zmiany układu nerwowego (lub jego części) świadczące o jego plastyczności. Uczenie się, zwłaszcza uczenie się asocjacyjne, stanowi najbardziej znany przykład zmian plastycznych układu nerwowego. Główna uwaga została zwrócona na powstawanie, stopniowe doskonalenie oraz przekształcanie się odruchów warunkowych, jako szczególnej formy uczenia się asocjacyjnego. Szczegółowo omówiono formowanie się poglądu o warunkowaniu jako procesie synaptycznym, wymagającym zmian metabolicznych i morfologicznych na złączach pomiędzy neuronami. Przedstawiono współczesne poglądy na odruch warunkowy, jako złożony proces obejmujący zjawiska uwagi i selekcji bodźców oraz polegający na stałym przekształcaniu się i doskonaleniu struktury całościowego aktu behawioralnego w zależności od aktualnych potrzeb organizmu.

**LITERATURA UZUPEŁNIAJĄCA**

Dudai Y.: *The Neurobiology of Memory*. Oxford University Press 1989, 340.
Hebb D. O.: *The Organization of Behavior. A Neurophysiological Theory*. J. Wiley and Sons, New York 1949, 335.
Hilgard E. R., Marquis D. G.: *Conditioning and Learning*. Appleton-Century-Crofts, New York 1940, 429.
Kaczmarek L.: Molecular biology of vertebrate learning: Is *c-fos* a new beginning? *J. Neurosci. Res.* 1993: **34**: 377 – 381.

Kamin L. J.: Predictability, surprise, attention, and conditioning. W: *Punishment: A symposium*, B. Campbell, R. Church (red.). Appleton-Century-Crofts 1969, 279 – 296.

Kandel E. R., Hawkins R. D.: Biologiczne podstawy uczenia się i osobowości. *Świat Nauki* 1992: **11**: 53 – 62.

Konorski J.: *Conditioned Reflexes and Neuron Organization*. Cambridge University Press, Cambridge 1948, 267.

Konorski J.: *Integracyjna działalność mózgu*. PWN, Warszawa 1969, 518.

Mackintosh N. J.: A theory of attention: Variations in the associability of stimuli with reinforcement. *Psychol. Rev.* 1975: **82**: 276 – 298.

White N.M.: Reward or reinforcement: What's the difference. *Neurosci. Biobehav. Reviews* 1989, **13**: 181 – 186.

Zieliński K.: Effects of prefrontal lesions on avoidance and escape reflexes. *Acta Neurobiol. Exp.* 1972: **32**: 393 – 415.

Zieliński K.: Intertrial responses in defensive instrumental learning. *Acta Neurobiol. Exp.* 1993: **53**: 215 – 229.

# ROZDZIAŁ 17

# Neurofizjologiczne mechanizmy zachowania emocjonalnego

Jolanta Zagrodzka

Wprowadzenie ■ Historia badań nad zjawiskami emocjonalnymi ■ Emocje awersyjne ■ emocje pozytywne — układ nagrody ■ Podsumowanie

## 17.1. Wprowadzenie

Emocje, jako stale obecne w naszym życiu zjawisko psychospołeczne i biologiczne, są przedmiotem zainteresowania wielu dyscyplin naukowych, m.in. psychologii, antropologii, nauk przyrodniczych. Każda z nich w inny sposób podchodzi do pytania o naturę emocji, każda posługuje się własnymi definicjami, własnymi klasyfikacjami, operuje opierając się na różnych rozważaniach teoretycznych. Jak zauważył, w swej niedawnej publikacji na temat biologicznych podstaw emocji, jeden z najwybitniejszych współczesnych badaczy w tej dziedzinie, Joseph Le Doux: „Mimo oczywistego znaczenia emocji w ludzkim życiu, naukowcy wciąż nie są w stanie w pełni zdefiniować tego zjawiska". Wciąż nie ma zgodności na przykład co do tego, czy istnieją tzw. podstawowe emocje, czyli uniwersalne dla wszystkich gatunków i kultur, jaki jest wpływ emocji na procesy poznawcze, na ile zależą one od tych procesów, jaką w nich rolę odgrywa świadomość. Nie ma jednej, ogólnie uznanej definicji emocji, ponieważ każda podkreśla inny aspekt tego niezwykle złożonego zjawiska. Niewątpliwie jednak emocje wchodzą w skład podstawowego systemu kontrolującego zachowanie, który skłania organizm do działania. Towarzyszą zatem pobudzaniu i zaspokajaniu popędów bądź apetytywnych (gdy zwierzę lub człowiek dąży do kontaktu z bodźcem), bądź awersyjnych (gdy go unika). Znak emocji (przyjemna lub przykra) i kierunek zachowania motywacyjnego (dążenie lub unikanie) są ze sobą na ogół ściśle związane. Emocje pobudzają układ autonomiczny i hormonalny, przygotowując organizm do skutecznego działania.

Rola emocji jako czynnika przystosowawczego nie ogranicza się tylko do funkcji motywacyjnej. Służą one również komunikacji i ustalaniu reguł życia społecznego, a także stanowią jeden z podstawowych wymiarów temperamentu i osobowości.

Emocje można rozpatrywać jako behawioralne i wegetatywne zmiany (ekspresja emocji) w odpowiedzi na bodziec biologicznie znaczący lub też jako przeżywanie, doświadczanie określonych, przyjemnych lub nieprzyjemnych stanów (dostępne dzięki introspekcji). Do niedawna wydawało się, że tylko ekspresja emocji poddaje się badaniu obiektywnymi metodami naukowymi. Niniejszy rozdział będzie dotyczyć w dużej mierze tego, najlepiej dotąd poznanego, aspektu zjawiska. Zostaną jednak również przedstawione badania doznań emocjonalnych wykonane w ostatnich latach na ludziach, które stały się możliwe dzięki rozwojowi technik neuroobrazowania. Współcześni badacze podkreślają, że emocje są silnie zintegrowaną funkcją, gdzie rozpoznanie, przeżycie i ekspresja nakładają się i zależą od siebie wzajemnie. Emocje powstają z udziałem obwodów neuronalnych zaangażowanych zarówno w afektywne, jak i poznawcze przetwarzanie informacji.

## 17.2. Historia badań nad zjawiskami emocjonalnymi

Od wieków ludzie próbowali zrozumieć uczucia i nastroje, jakich doświadczają. Starożytni Grecy byli przekonani, że istnieją cztery typy temperamentu emocjonalnego (sangwinik, melancholik, choleryk, flegmatyk) w zależności od dominacji określonego „płynu ustrojowego". Dziś brzmi to anegdotycznie, ale właśnie ta idea Hipokratesa skłoniła ludzi do poszukiwania czynników determinujących nastrój i emocje wewnątrz organizmu, a z czasem w układzie nerwowym.

Biologicznym badaniom afektu dał początek Karol Darwin, który pierwszy położył nacisk na zachowanie i ekspresję emocji. W swoim słynnym dziele *O wyrazie uczuć u człowieka i zwierząt* wysunął tezę, że wzorce emocjonalne są dziedzicznymi, wrodzonymi reakcjami, niezależnymi od woli, których biologiczna użyteczność sprawdziła się w trakcie ewolucji. Prace Darwina udowodniły, że mechanizmy ruchowe i mięśniowe, za pośrednictwem których człowiek wyraża swoje emocje, wyewoluowały z podobnych mechanizmów jak u udomowionych ssaków. Dało to niezbędne podstawy do późniejszych badań neurobiologicznych z użyciem zwierząt jako obiektów doświadczalnych.

Także w końcu XIX wieku powstała tzw. trzewna teoria emocji sformułowana niezależnie od siebie przez dwóch uczonych — W. Jamesa i C. Langego. Jako pierwsi zwrócili oni uwagę na związek emocji z reakcjami wegetatywnymi. Uważali jednak, że zmiany fizjologiczne nie są następstwem doznawanych emocji, ale ich źródłem, że są pierwotne, a dopiero ich percepcja wywołuje uczucia subiektywne. Uważali też, że zmiany fizjologiczne są odrębne dla każdego rodzaju emocji. Wiele obserwacji i dowodów doświadczalnych dość szybko jednak podważyło tę teorię. Stwierdzono mianowicie, że sympatektomia (przecięcie nerwów współczulnych) nie eliminuje reakcji emocjonalnych oraz że te same zmiany wegetatywne towarzyszą różnym emocjom. Badania wskazujące, że emocje powodują wzbudzenie ośrodkowego układu nerwowego, zapoczątkowały nową fazę bardzo intensywnych studiów nad mechanizmami neuronalnymi kontrolującymi procesy emocjonalne. Pierwotnie za siedlisko emocji uważano wzgórze ze względu na jego rolę w percepcji oraz dlatego, że na początku ubiegłego stulecia opisano uderzające zmiany w zachowaniu emocjonalnym po jego uszkodzeniu. Już jednak w latach 30. ubiegłego wieku P. Bard (początkowo, podobnie jak W.B. Cannon, rzecznik „koncepcji wzgórzowej"), w wyniku serii doświadczeń polegających na usuwaniu kory i międzymózgowia u kotów, uznał podwzgórze za strukturę kluczową dla ekspresji emocji.

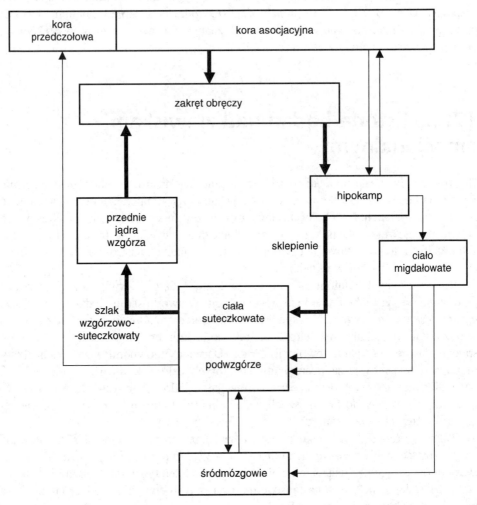

**Ryc. 17.1.** Krąg emocjonalny Papeza — struktury połączone grubą linią. Struktury włączone w krąg emocjonalny przez Mc Leana i Nautę — cienka linia. (Wg: Le Doux. *Handbook of Physiology*, 1987, 5, 419–460, zmodyf.)

W roku 1937 James Papez, anatom porównawczy, stworzył pierwszą kompleksową teorię emocji zbudowaną na podstawie ówczesnych danych anatomicznych, klinicznych i eksperymentalnych. Uważał on, że emocje są przeżywane świadomie i są uzależnione od procesów poznawczych. Opierając się na doświadczeniach dowodzących istotnej roli podwzgórza w ekspresji emocji, uznał zatem, że musi istnieć obustronna komunikacja między tą strukturą a wyższymi ośrodkami korowymi. Substrat anatomiczny emocji opisał w postaci złożonego kręgu neuronalnego obejmującego główne struktury płata limbicznego, formującego pierścień wokół wzgórza i pnia mózgu. Uważał, że kora wpływa na podwzgórze za pośrednictwem zakrętu obręczy, który z kolei wysyła projekcję do hipokampa, a hipokamp przez sklepienie — do ciał suteczkowatych w podwzgórzu. Podwzgórze, za pośrednictwem drogi suteczkowato-wzgórzowej przesyła informacje do przednich jąder wzgórza i z powrotem do zakrętu obręczy. Koncepcja Papeza miała ogromny wpływ na badania reakcji emocjonalnych, głównie dzięki zwróceniu uwagi na znaczenie struktur limbicznych w regulacji emocji, a późniejsze badania podtrzymały jej słuszność w zasadniczych zarysach. Teoria Papeza nie uwzględniała jednak zupełnie znaczenia ciała migdałowatego w procesach emocjonalnych, którego rola już wkrótce miała się okazać szczególnie istotna. Jednocześnie bowiem z opublikowaniem teorii Papeza amerykańscy badacze, H. Klüver i P.C. Bucy, opisali spektakularne objawy zmian emocjonalnych po uszkodzeniach płatów skroniowych u małp. Kolejne doświadczenia przeprowadzane w różnych laboratoriach wykazały, że strukturą odpowiedzialną za te zmiany jest ciało migdałowate i jego połączenia z korą. Zwierzęta pozbawione tej struktury straciły zdolność rozpoznawania zarówno pozytywnego, jak i negatywnego znaczenia bodźców. Próbowały jeść obiekty niejadalne i kopulować z przedmiotami, przestały bać się bodźców zwykle wywołujących strach lub ból, nie objawiały żadnych reakcji obronnych i stały się nienaturalnie łagodne, co w konsekwencji spowodowało zmiany w hierarchii społecznej.

W konsekwencji tego odkrycia i dalszych licznych badań oraz doniesień klinicznych Paul McLean włączył do kręgu Papeza ciało migdałowate oraz jeszcze jedną ze struktur limbicznych — przegrodę. W latach 60. ubiegłego wieku J.H. Nauta stworzył koncepcję kręgu limbiczno-śródmózgowiowego ze względu na bardzo silne aferentne i eferentne powiązania śródmózgowia z ciałem migdałowatym i podwzgórzem, jak również liczne prace dowodzące roli śródmózgowia w ekspresji emocji. Uważa się dzisiaj, że korowe i podkorowe struktury limbiczne stanowią funkcjonalną całość i odgrywają zasadniczą rolę w wyzwalaniu i regulacji zachowań motywacyjno-emocjonalnych. Przez wiele dziesięcioleci za najważniejsze ogniwo ośrodkowego systemu kontroli emocji uznawano podwzgórze. Struktura ta ma rzeczywiście kluczowe znaczenie w integracji aktywności autonomicznej i neurohormonalnej, przez co pozwala organizmowi adekwatnie reagować na bodźce biologicznie znaczące. Jednakże, jak się przekonamy w dalszej części niniejszego rozdziału, rozpoznanie biologicznego znaczenia bodźca (czyli podstawowy warunek uruchomienia reakcji emocjonalnej) odbywa się za pośrednictwem ciała migdałowatego. Rycina 17.1 przedstawia zarówno oryginalny krąg emocjonalny Papeza, jak i jego późniejsze modyfikacje.

# 17.3. Emocje awersyjne

Za szczególnie dogodny model do badań nad mechanizmami emocji uważa się strach (ang. fear). W języku polskim określenia „strach" używa się często jako synonimu określenia „lęk" (ang. anxiety). Mimo bardzo podobnych objawów, w literaturze naukowej zwykle, choć nie zawsze, rozróżnia się te dwa pojęcia. Zarówno strach jak i lęk jest naturalną reakcją na zagrożenie, przy czym strach uważany jest za swoiście związany z bodźcem zagrażającym (realne zagrożenie), podczas gdy lęk powstaje w odpowiedzi na bodziec nieokreślony, wspomnienie niebezpieczeństwa, jego antycypację lub wyobrażenie (zagrożenie wyimaginowane). Czasem definiowany jest jako nieuzasadniony lub nadmierny strach, lub też strach, który nie znalazł ujścia. Nawracający lęk, przeszkadzający w normalnym funkcjonowaniu i utrzymujący się dłużej, niż uzasadniają to okoliczności, jest osiowym symptomem wielu psychopatologii, w tym fobii różnego rodzaju, depresji, paniki, zespołów pourazowych. Występuje też w chorobie alkoholowej i narkomanii, a także towarzyszy starzeniu się. Poznanie neurobiologicznego podłoża lęku stanowi pierwszy krok do skutecznej terapii — stąd zapewne tak wielkie zainteresowanie badaczy tym zjawiskiem. Ponadto, emocje negatywne wydają się bardziej dostępne jako przedmiot studiów eksperymentalnych; ekspresja strachu i lęku jest w dużej mierze podobna u ludzi i innych ssaków, a także we wszystkich znanych antropologom kulturach. Co ważne, istnieją dobrze opisane sposoby eksperymentalnego wywoływania i mierzenia obu tych reakcji w warunkach laboratoryjnych. Stosuje się między innymi zabiegi chirurgiczne, środki farmakologiczne, elektrostymulację, izolację socjalną, różne procedury warunkowania. Strach powstaje w odpowiedzi na bezwarunkowe bodźce awersyjne, specyficzne gatunkowo, lub bodźce warunkowe sygnalizujące niebezpieczeństwo, albo też bodźce nowe, nieznane. Aktywacja systemu motywacyjnego przez strach może wyzwalać różne strategie behawioralne. Do podstawowych zalicza się ucieczkę, atak obronny (defensywny), znieruchomienie (ang. freezing). W obecności osobnika tego samego gatunku, atak obronny może zostać zastąpiony przez zachowanie submisywne. Wszystkie te reakcje, podobne u różnych gatunków zwierząt w swoim wzorcu behawioralnym, są uruchamiane przez tzw. mózgowy układ obronny (ang. brain defensive system), czyli szereg struktur powiązanych ze sobą anatomicznie i funkcjonalnie, których podstawową rolą jest detekcja bodźców zagrażających i organizowanie właściwej na nie odpowiedzi. W swojej podstawowej formie układ ten istnieje u wszystkich zwierząt. Może funkcjonować bez udziału świadomości. Uważa się, że został zaprogramowany przez ewolucję do radzenia sobie z niebezpieczeństwem, wykształcony po to, by organizm mógł przetrwać.

Trzeba tutaj zaznaczyć, że atak obronny zaliczany jest także do zachowań agresywnych. Zgodnie z definicją, zachowanie agresywne to takie, które zmierza do dostarczenia szkodliwych lub uszkadzających bodźców innemu organizmowi. Atak obronny, podobnie jak atak łowczy u drapieżników, mieści się w tej definicji. Jeżeli jednak wziąć pod uwagę kryterium motywacji, oba wyżej wymienione typy ataku, chociaż mogą być jednakowo „szkodliwe" w skutkach, należą jednak do osobnych kategorii. Termin agresja odnosi się do wielu zachowań o różnym podłożu motywacyjnym, a zatem i emocjonalnym. Wiadomo, że zachowanie obronne wywołane strachem ma inny wzorzec behawioralny i inną organizację neuronalną (podobnie jak atak łowczy) niż atak ofensywny, u podłoża którego leży gniew (ang. anger) lub wściekłość (ang. rage). Podłoże anatomiczne gniewu i wściekłości jest określone zaledwie w przybliżeniu i wciąż istnieje w tej kwestii wiele nieporozumień. Dopiero niedawno bowiem, dzięki analizie etologicznej wzorców zachowań, zwrócono uwagę, że pewne modele zwierzęce służące do badania tzw. agresji afektywnej (czyli takiej, której towarzyszy ekspresja emocjonalna i zaangażowanie układu wegetatywnego) w istocie dotyczą tylko zachowania obronnego, wywoływanego przez strach. Na przykład, przez wiele lat uważano, że drażnienie ciała migdałowatego wywołuje agresję, a uszkodzenie tej struktury tłumi ją. Tymczasem doświadczenia pozwalające na wyraźne zróżnicowanie ataku defensywnego i ofensywnego pokazały, że dotyczą one tylko zachowań obronnych. Nie znaczy to jednak, że ciało migdałowate (zważywszy, że nie jest to homogenna struktura) nie ma wpływu na agresję typu ofensywnego. Z obserwacji klinicznych wiadomo, że ciało migdałowate, hipokamp i otaczająca je kora płata skroniowego odgrywają istotną rolę w regulacji ludzkiej agresji. Spośród wielu opisywanych w literaturze fachowej agresywnych pacjentów z uszkodzeniami tych właśnie okolic, publicznie znany jest przypadek teksańskiego mordercy, który w latach 80. ubiegłego wieku zabił 16 osób i zranił 32 inne. Stwierdzono u niego istnienie guza w okolicy ciała migdałowatego.

Zarówno uszkodzenie, jak i drażnienie różnych okolic podwzgórza ma wyraźny wpływ na ekspresję agresji ofensywnej, ale kontrowersyjne wyniki nie pozwalają jeszcze na dokładniejszą lokalizację. Istnieją też dane wskazujące na rolę śródmózgowia w ataku ofensywnym; uszkodzenia brzuszno-przyśrodkowej nakrywki w sąsiedztwie przyśrodkowego jądra szwu eliminują agresję ofensywną, pozostając bez wpływu na atak obronny.

Biologiczne podstawy zachowań ofensywnych i emocji, które je wywołują, są znacznie mniej poznane niż system obronny, którego organizację przedstawiono niżej.

Niektórzy badacze uważają, że w sytuacjach, w których zachowanie obronne (atak czy ucieczka) nie może nastąpić, lub też zanim się ono pojawi, czyli wówczas, kiedy źródło zagrożenia nie jest zlokalizowane lub zidentyfikowane, następuje aktywacja systemu oceny ryzyka (ang. risk-assesment system), którego anatomicznym substratem jest obszar septo-hipokampalny. Koncepcja ta, sformułowana przez R. Blanchard i C. Blanchard na podstawie badań doświadczalnych na zwierzętach, pokrywa się w zasadniczych zarysach z popularną w latach 80. ubiegłego wieku hipotezą J.A. Graya, według której aktywacja hipokampa, przegrody, a także kory przedczołowej prowadzi do zahamowania aktywności behawioralnej (w skrajnych przypadkach do znieruchomienia) oraz spotęgowanej analizy sensorycznej otoczenia w odpowiedzi na bodźce nowe lub awersyjne.

Współczesna wiedza na temat struktury i mechanizmów działania ośrodkowego systemu obronnego pochodzi przede wszystkim z badań na zwierzętach. Pionierskie doświadczenia W. Hessa, uczonego szwajcarskiego, laureata Nagrody Nobla, pokazały, że zarówno atak ofensywny z towarzyszącą ekspresją wściekłości, jak i atak o charakterze obronnym z objawami lęku, można wywołać przez elektryczne drażnienie odpowiednich punktów podwzgórza. Odkrycie to potwierdziło wcześniejsze przypuszczenia, że zachowania emocjonalne znajdują się pod kontrolą swoistych mechanizmów neuronalnych i można je badać w sposób kontrolowany. Stymulacja elektryczna lub chemiczna wywołująca zachowanie obronne powoduje charakterystyczne zmiany wegetatywne, takie same jak te, które pojawiają się w wyniku naturalnych bodźców zagrażających. Obserwuje się więc przyspieszenie czynności serca i wzrost ciśnienia krwi, przyspieszenie oddechu, zwężenie naczyń krwionośnych skóry i trzewi, rozszerzenie naczyń mięśni szkieletowych. Zmiany te powodują lepsze ukrwienie mózgu i mięśni, co jest niezbędne do skutecznej ucieczki lub obrony.

## 17.3.1. Funkcjonalna anatomia strachu

Odkrycie istnienia i poznanie funkcjonalnej anatomii ośrodkowego systemu neuronalnego wyzwalającego i kontrolującego reakcje obronne zawdzięczamy badaniom zarówno nieżyjących już, jak i współczesnych autorów, wykorzystujących różne metody (stymulacje, ablacje, manipulacje farmakologiczne, techniki neuroanatomiczne) i różne modele doświadczalne (przede wszystkim małpy, psy, koty i szczury). Należy tu wymienić przede wszystkim Johna Flynna, Jose Delgado, Allana Siegla, Richarda

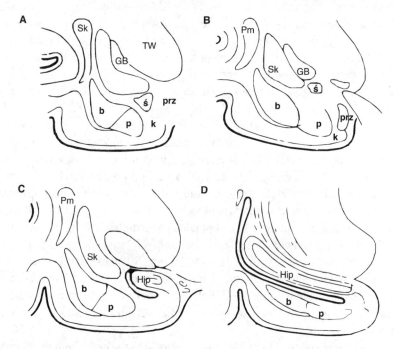

**Ryc. 17.2.** Wewnętrzna struktura ciała migdałowatego na osi przednio-tylnej (odpowiednio **A**, **B**, **C**, **D**). Wytłuszczonym drukiem zaznaczono główne jądra amygdala: b — jądro boczne; p — jądro podstawne; k — jądro korowe; ś — jądro środkowe; prz — jądro przyśrodkowe. Pozostałe struktury podkorowe na rysunku: Sk — skorupa; GB — gałka blada; TW — torebka wewnętrzna; Pm — przedmurze; Hip — hipokamp

Bandlera, Richarda i Caroline Blanchard, Richarda Davisa, Josepha Le Doux, a w Polsce Elżbietę Fonberg i Andrzeja Romaniuka.

Osią mózgowego układu obronnego jest ciało migdałowate (w polskim nazewnictwie przyjęty jest także termin amygdala). Struktura ta, znajdująca się w głębi brzusznej części płatów skroniowych, jest kompleksem jąder zróżnicowanych pod względem cytoarchitektonicznym, biochemicznym i funkcjonalnym (ryc. 17.2). Wydaje się, że jej usytuowanie oraz niezwykle bogata sieć wewnętrznych i zewnętrznych powiązań, odkrywana stopniowo wraz z postępem technik neuroanatomicznych, leży u podstaw funkcji, jaką pełni amygdala w zachowaniach motywacyjno-emocjonalnych. Część podstawno-boczna ciała migdałowatego jest głównym „wejściem" dla informacji sensorycznych — docierają one z korowych obszarów czuciowych wszystkich modalności (słuchowej, wzrokowej, somatosensorycznej, węchowej), także z kory przedczołowej i struktur przyśrodkowego płata skroniowego — hipokampa i kory okołowęchowej, a również bezpośrednio z czuciowych jąder wzgórza. Za pomocą połączeń wewnętrznych informacje te docierają do jądra środkowego, które z kolei wysyła projekcje do podwzgórza, śródmózgowia i pnia mózgu (w tym do głównych skupisk neuronów monoaminergicznych) oraz do cholinergicznych jąder podstawnych (ryc. 17.3). Taka organizacja połączeń umożliwiająca konwergencję informacji czuciowych wszystkich modalności, dostęp do zasobów pamięci oraz modulację

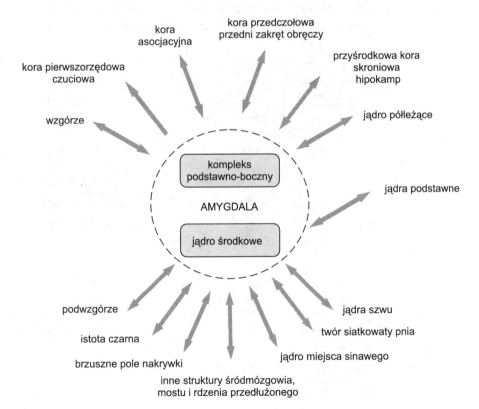

**Ryc. 17.3.** Połączenia ciała migdałowatego

procesów percepcyjnych i uwagowych pozwala na analizę i integrację kompleksowych sygnałów sensorycznych i przetwarzanie ich na bodźce emocjonalnie znaczące. Uważa się, że amygdala dokonuje wartościującej transformacji bodźca.

Jak wiadomo (także z życia codziennego), strach wywołujący automatyczną, nie wymagajacą udziału świadomości, reakcję bardzo łatwo podlega warunkowaniu (por. rozdz. 16). To znaczy bodziec neutralny (np. wiatr) skojarzony uprzednio z bodźcem awersyjnym (np. napad rabunkowy) nabiera jego cech i zyskuje zdolność wywoływania strachu wraz z jego fizjologicznymi konsekwencjami. Ten, znany od dawna, pawłowowski paradygmat warunkowania klasycznego w połączeniu z różnymi manipulacjami chirurgicznymi i farmakologicznymi pozwolił badaczom prześledzić na modelu zwierzęcym, jak funkcjonuje mózgowy układ obronny i potwierdzić kluczową rolę ciała migdałowatego w odpowiedzi na bodźce wyzwalające strach (ryc. 17.4). Le Doux i współpracownicy wykazali, że bodziec sygnalizujący zagrożenie dociera najpierw do odpowiednich jąder wzgórza, skąd po wstępnym przetworzeniu może zostać przekazany bezpośrednio do ciała migdałowatego. Jest to niekompletna, surowa informacja o bodźcu, stanowiąca zaledwie sygnał potencjalnego zagrożenia (np. widok na leśnej ścieżce czegoś, co przypomina żmiję). Ciało migdałowate jednak poprzez swoje połączenia z odpowiednimi strukturami śródmózgowia i pnia może natychmiast uruchomić reakcje autonomiczne i hormonalne. Taki właśnie mechanizm, szybka droga „na skróty", może być podstawą impulsywnych zachowań obronnych, niezwykle ważnych w sytuacjach, gdy szybkość reakcji decyduje o życiu. Jednocześnie

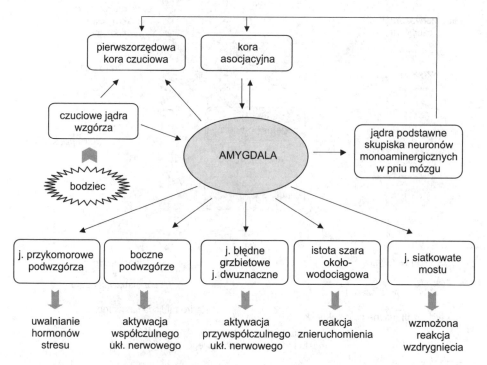

**Ryc. 17.4.** Reakcja na zagrożenie — przetwarzanie informacji w mózgowym układzie obronnym

ten sam sygnał dochodzi do kory, gdzie następuje bardziej złożona analiza pozwalająca na weryfikację informacji i ewentualne powstrzymanie reakcji. Zwierzęta pozbawione kory słuchowej tracą wyuczoną wcześniej umiejętność rozróżniania, któremu z dwóch dźwięków towarzyszy szok elektryczny, i reagują strachem na oba bodźce. Dowodzi to, że kora jest niezbędna przy interpretacji bardziej złożonych sygnałów, zwłaszcza, że właściwa na nie reakcja wymaga uwagi. Z chwilą gdy amygdala „wykrywa" niebezpieczeństwo, następuje aktywacja systemu wzbudzenia w pniu mózgu. Ponadto ciało migdałowate może wpływać na korowe procesy percepcji i uwagi poprzez bezpośrednie połączenia z korą, a także pośrednio przez projekcje cholinergiczne i monoaminergiczne (zwłaszcza noradrenergiczne). Drogi odprowadzające z jądra środkowego kontrolują ekspresję różnych komponentów reakcji emocjonalnych. Te bezpośrednie połączenia amygdala ze strukturami wykonawczymi pozwalają na natychmiastowe uruchomienie reakcji obronnych. Podczas gdy uszkodzenie jądra środkowego w ogóle zaburza reakcję strachu, uszkodzenie obszarów, do których to jądro przesyła swoje włókna, uniemożliwia ujawnienie się ekspresji określonego rodzaju. Aktywacja osi podwzgórzowo-przysadkowo-nadnerczowej i uwalnianie hormonów stresu zachodzi dzięki projekcji do jądra przykomorowego podwzgórza. Połączenie z bocznym podwzgórzem jest odpowiedzialne za aktywację układu autonomicznego sympatycznego (wzrost ciśnienia krwi, tachykardia, rozszerzenie źrenic, wzrost reakcji skórno-galwanicznej), połączenie z jądrem grzbietowym nerwu błędnego i jądrem dwuznacznym — za aktywację układu parasympatycznego (bradykardia, urynacja, defekacja). Projekcja do okołowodociągowej istoty szarej umożliwia reakcję znieruchomienia, a włókna prowadzące do jądra siatkowatego mostu odpowiadają za potencjalizację odruchu wzdrygnięcia.

Prowadzone za pomocą technik neuroobrazowania badania na ludziach wskazują na silną, wzrastającą wraz z natężeniem emocji aktywację ciała migdałowatego w odpowiedzi na bodźce lękowe, zarówno wzrokowe jak i słuchowe. Zaobserwowano też, że pobudzenie amygdala jest zwiększone tuż przed wystąpieniem publicznym u ludzi cierpiących na fobię społeczną, chociaż w „stanie spoczynku" nie różni się od obserwowanego w grupie kontrolnej. Również analiza przypadków chorych z uszkodzeniami ciała migdałowatego potwierdza kluczową rolę tej struktury w wyzwalaniu i organizowaniu odpowiedzi obronnej. Opisano chorych z bardzo selektywnym i funkcjonalnym uszkodzeniem amygdala, którzy nie potrafili spośród różnych twarzy ze standaryzowanego zestawu Ekmana rozpoznać tylko tych wyrażających strach. Jednocześnie byli w stanie „wyczytać" z tej samej twarzy wszelkie inne informacje dotyczące płci czy tożsamości przedstawianej osoby. Z innych badań wynika, że uszkodzenie rozpoznawania strachu dotyczy nie tylko modalności wzrokowej, ale i słuchowej (słowa, wokalizacja). Badania z użyciem procedury warunkowania strachu przyniosły u ludzi te same rezultaty co u zwierząt z selektywnymi lezjami amygdala — u opisanych powyżej pacjentów, a także innych z mniej wybiórczymi uszkodzeniami, zaobserwowano zahamowanie warunkowych reakcji wegetatywnych (reakcja skórno-galwaniczna) oraz reakcji wzdrygnięcia.

Ciało migdałowate i jego podstawowe koneksje, stanowiąc trzon mózgowego systemu obronnego, tworzą obwód neuronalny zaangażowany w prostą odruchową reakcję strachu — rodzaj automatycznego pilota (ryc. 17.4). Przełączenie się na sterowanie nieautomatyczne, które ma oczywistą przewagę i w życiu społecznym jest koniecznością, wymaga współdziałania procesów kognitywnych. Wymaga zaplanowania strategii, która najskuteczniej uchroni organizm przed niebezpieczeństwem, z użyciem informacji z przeszłych doświadczeń i dzięki analizie wszelkich możliwości i wskazówek otoczenia.

Bardzo ważne informacje dla podjęcia decyzji o wyborze odpowiedniej strategii behawioralnej pochodzą z hipokampa, który odgrywa podstawową rolę w ustalaniu i przechowywaniu asocjacji związanych z kontekstem — hipokamp tworzy reprezentację, obraz kontekstu, na który składają się nie tylko poszczególne bodźce, ale i związki między nimi. Konkretny bodziec może być rzeczywiście zagrażający w jednych okolicznościach (kontekście), w innych tylko budzi ciekawość, np. żmija w lesie i w zoo. Poza tym kontekst nabiera właściwości emocjonalnych poprzez poprzednie doświadczenia (miejsce, w którym spotkaliśmy żmiję, będzie wywoływać strach). Zwierzęta, łącznie z ludźmi, są w stanie oceniać implikacje kontekstu przestrzennego, środowiskowego i społecznego. Hipokamp też i inne struktury przyśrodkowego płata skroniowego (kora okołowęchowa) biorą udział w formowaniu i odtwarzaniu śladów pamięciowych o emocjach, w świadomej pamięci emocji.

Zaplanowane działanie w odpowiedzi na zagrożenie, włączenie się tego wciąż jeszcze prostego układu w realizację bardziej złożonych celów, wymaga udziału kory przedczołowej. Okolica ta jest najbardziej rozwinięta u naczelnych, u człowieka zajmuje 1/3 powierzchni kory mózgowej. Jednak już u szczurów stwierdzono, że uszkodzenie przedniego płata czołowego uniemożliwia lub utrudnia wygaszanie reakcji warunkowej strachu. Stąd przypuszczenie, że kora reguluje funkcje ciała migdałowatego i kiedy wyzwoli się ono spod jej kontroli, strach utrzymuje się, mimo że bodziec warunkowy nie zwiastuje już niebezpieczeństwa.

Kora przeczołowa, podobnie jak amygdala, nie jest strukturą homogenną — najczęściej wyróżnia się powierzchnię oczodołowo-czołową, brzuszno-przyśrodkową i grzbietowo-boczną (ryc. 17.5). Kora przedczołowa jest zaopatrywana przez projekcje czuciowe wszystkich modalności i utrzymuje komunikację z wieloma obszarami mózgu, w tym, co szczególnie ważne dla kontroli emocji, z korą przedniej obręczy (ang. anterior cingulate cortex, ACC) i amygdala.

Lekarze jako pierwsi zwrócili uwagę na rolę kory przedczołowej w regulacji procesów emocjonalnych, obserwując zachowanie pacjentów po wylewach czy urazach. Szczególnie znanym przypadkiem, fascynującym klinicystów przez dziesiątki lat, jest, wielokrotnie analizowany w literaturze medycznej, przypadek Pineasa Gage'a, amerykańskiego robotnika, któremu metalowy pręt przebił czaszkę na wylot. Opisywano kompletne zmiany w jego osobowości i zachowaniach emocjonalnych przy niezaburzonych funkcjach intelektualnych (uwaga, percepcja, pamięć, język). Dokonana przez Hannę Damasio kilka lat temu komputerowa rekonstrukcja mózgu i czaszki Gage'a oraz prawdopodobnej trajektorii ruchu pręta pokazała, że uszkodzenie obejmowało korę przedczołową na powierzchni brzuszno-przyśrodkowej i oczodołowo-czołowej, tak jak u współczesnych pacjentów z podobnymi objawami, tj. brakiem samokontroli, impulsywnością, skłonnością do perseweracji, niezdolnością do podej-

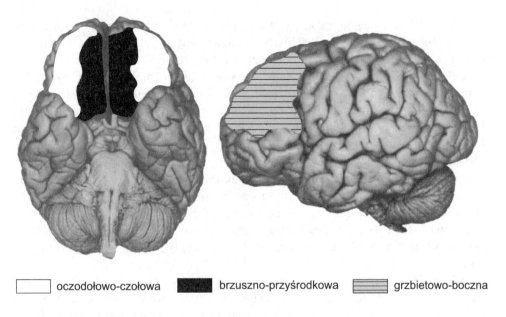

oczodołowo-czołowa ▢    brzuszno-przyśrodkowa ▨    grzbietowo-boczna ▤

**Ryc. 17.5.** Kora przedczołowa u człowieka

mowania właściwych decyzji, zachowaniami nieadekwatnymi do sytuacji. Szereg pomysłowych badań, wykonanych między innymi w laboratorium Antonio Damasio, pokazuje, że pacjenci tzw. przedczołowi mają trudności z antycypacją przyszłych pozytywnych i negatywnych konsekwencji swoich działań. Reagują właściwie, gdy bodziec jest dostępny bezpośredniej percepcji, nie reagują, gdy reakcję ma wyzwolić jego umysłowa reprezentacja. Zaobserwowano też, że chorzy tacy tracą zdolność przeżywania i wyrażania emocji związanych z pojęciami, które normalnie te emocje wywołują.

Wielu badaczy sugeruje, że kora przedczołowa odgrywa rolę strażnika wszystkich emocji, niezależnie od znaku. W rozwoju ontogenetycznym najpóźniej osiąga pełną dojrzałość — być może dlatego dzieci nie potrafią hamować swoich emocji. Gdy ulega zaburzeniom, kontrola nad pierwotnymi popędami może zostać zachwiana. Badania z użyciem techniki PET i fMRI wydają się potwierdzać te przypuszczenia. Przeprowadzona niedawno metaanaliza uwzględniająca 55 prac z ostatnich lat, w których za pomocą neurobrazowania badano aktywność kilkunastu struktur mózgowych w odpowiedzi na bodźce służące w standardowych testach psychologicznych do wywoływania różnych emocji, pokazała, że jedyną okolicą, która przejawia zwiększoną aktywność niezależnie od rodzaju zadania i wywołanej emocji, jest przyśrodkowa kora przedczołowa. Gdy zadanie przedstawiane osobie badanej wymagało znaczącego zaangażowania funkcji poznawczych (np. nazwanie emocji, ranking pod względem intensywności vs bierne oglądanie lub słuchanie), silnej aktywacji ulegała też ACC. Pobudzenie tej struktury jest wiązane z procesami uwagi służącej przetwarzaniu zarówno emocjonalnych, jak i poznawczych aspektów informacji. Wydaje się, że kora przedczołowa i ACC odgrywają kluczową rolę w integracji procesów emocjonalnych i kognitywnych, służą łączeniu bardziej złożonych kategorii bodźców w bardziej złożone wzorce reakcji.

Niektórzy badacze, zwolennicy tzw. hipotezy walencji (m.in. Richard Davidson), uważają, że istnieją funkcjonalne różnice między prawą a lewą korą przedczołową i że to prawa kontroluje emocje negatywne (w tym strach). Za tą hipotezą przemawiają obserwacje kliniczne — pacjenci z uszkodzeniem lewopółkulowym demonstrują często objawy smutku, depresji i lęku. Również badania EEG na ludziach zdrowych pokazały, że rzeczywiście strach wywołany projekcją filmu o odpowiedniej treści wzmaga elektryczną aktywność prawej kory przedczołowej. Jeszcze silniejszy wzrost zaobserwowano u chorych, którym prezentowano bodźce stosowne do fobii, na którą cierpieli, np. pająki — arachnofobikom. Niektóre badania wykonane techniką neuroobrazowania (zarówno PET, jak i fMRI) potwierdzają hipotezę walencji, ale opisano też takie wyniki, które jej zdecydowanie przeczą.

Dalecy jesteśmy wciąż od pełnego poznania ośrodkowych mechanizmów kontroli reakcji strachu i zachowań lękowych w złożonych sytuacjach, które są zwykle udziałem gatunku ludzkiego. Omówione wyżej, potwierdzone eksperymentalnie dane wskazują, że także u człowieka zasadniczą strukturą zaangażowaną w wyzwalanie strachu i organizowanie właściwej reakcji obronnej jest ciało migdałowate. Struktura ta przetwarza informację sensoryczną na bodziec emocjonalnie znaczący i może szybko, na poziomie prekognitywnym, wyzwalać odpowiedź fizjologiczną i behawioralną na bodźce zagrażające. Dzięki zwrotnym połączeniom z korą przyśrodkową płata skroniowego i hipokampem amygdala może modulować odpowiedź na bodziec w zależności od kontekstu i informacji zawartych w magazynie pamięci długotrwałej. Pozostaje pod silnym, „kontrolującym" wpływem kory przedczołowej (być może prawej w odniesieniu do emocji negatywnych), która razem z przednią korą obręczy jest niezbędna dla integracji procesów emocjonalnych i poznawczych. Niedawno opublikowane badania pokazały, jak silny i funkcjonalny jest to związek. Za pomocą fMRI stwierdzono, że percepcyjne przetwarzanie wizerunków generujących negatywne emocje jest związane z silną bilateralną aktywacją amygdala i wzrostem reakcji skórno-galwanicznej, podczas gdy poznawcza, ale nieafektywna ich ocena (czy zagrożenie ma źródło w naturze — rekin, czy wynika z działalności człowieka — eksplozja bomby) zmniejsza pobudzenie amygdala, a zwiększa pobudzenie prawej kory przedczołowej i przedniej kory obręczy, zmniejszając jednocześnie odpowiedź autonomiczną. Pokazuje to dynamiczne interakcje amygdala i nowej kory, które mogą leżeć u podłoża aktywnej (nie reaktywnej), świadomej regulacji naszych odpowiedzi emocjonalnych.

Przełożenie reakcji emocjonalnej na działanie, na właściwą w danej sytuacji strategię behawioralną (krzyczeć, uciekać czy zaatakować napastnika) wymaga interakcji między strukturami zaangażowanymi w wyzwalanie emocji a strukturami ruchowymi. Wydaje się, że punktem węzłowym na tej drodze jest jądro półleżące brzusznego prążkowia, które otrzymuje projekcje z amygdala, hipokampa i kory przedczołowej i wysyła z kolei włókna do śródmózgowiowego obszaru lokomotorycz-

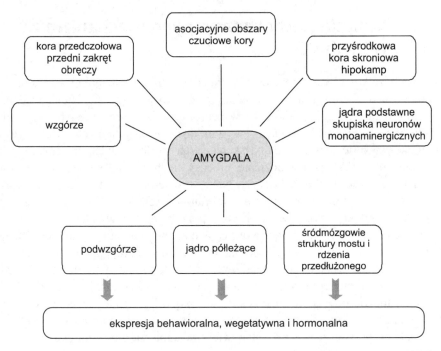

Ryc. 17.6. Od reakcji do zaplanowanego działania — emocjonalne i poznawcze przetwarzanie informacji o zagrożeniu

nego i stamtąd do niższych struktur ruchowych (por. też rozdz. 10 i 11). Dzięki swoim bezpośrednim koneksjom ze strukturami wykonawczymi, jak już wiemy, ciało migdałowate uczestniczy w ekspresji strachu. Prawdopodobnie drogi z jądra środkowego amygdala pośredniczą w odruchowej automatycznej reakcji na bodźce zagrażające (typu znieruchomienie, reakcje układu autonomicznego i humoralnego), podczas gdy projekcja z okolic podstawno-bocznych do jądra półleżącego jest kluczowa dla uformowania się i ukierunkowania działań intencjonalnych, celowych aktów ruchowych.

Mózgowy system obronny odpowiedzialny za reakcję na zagrożenie, w swojej podstawowej postaci, występuje, jak mówiliśmy, u wszystkich zwierząt. U człowieka jest niewątpliwie bardziej rozbudowany i aktualne dane pozwalają uzupełnić jego hipotetyczny schemat o struktury i wpływy opisane powyżej (ryc. 17.6). Gdy obwód ten funkcjonuje prawidłowo, strach i wszystkie działania, jakie w jego wyniku podejmujemy, ma istotne znaczenie przystosowawcze. Jeśli jednak któreś z ogniw tego systemu regulacji ulegnie uszkodzeniu wskutek udaru, urazu, guza, albo gdy z powodów często niemożliwych jeszcze do określenia (jednym z nich może być długotrwały stres), dojdzie do zaburzenia chemicznej transmisji sygnałów w obrębie struktury lub pomiędzy nimi, strach zamienia się w patologiczny lęk utrudniający życie i stanowiący objaw choroby.

## 17.3.2. Badania neurochemicznych mechanizmów emocji awersyjnych

Wraz z zapoczątkowanymi w latach 60. ubiegłego wieku badaniami A. Dahlstroma i K. Fuxe'a nad chemocytoarchitektoniką mózgu rozpoczęły się intensywne prace dotyczące roli poszczególnych systemów neurotransmisyjnych oraz ich wzajemnych interakcji w różnych zachowaniach, w tym także emocjonalnych. Mimo że farmakologia dysponuje dziś całą gamą skutecznych środków anksjolitycznych, wciąż jeszcze nie zostały do końca poznane procesy neurochemiczne leżące u podłoża strachu i reakcji lękowych. Z licznych badań prowadzonych z użyciem agonistów i antagonistów rozmaitych receptorów, inhibitorów syntezy i wychwytu różnych przekaźników, selektywnych neurotoksyn i innych metod, wynika, że w kontrolę reakcji emocjonalno-obronnych są zaangażowane zarówno hamujące, jak i pobudzające aminokwasy, monoaminy, acetylocholina oraz różne neuropeptydy. Wiadomo, że poszczególne systemy neuroprzekaźnikowe nie funkcjonują niezależnie — istnieją między nimi zarówno połączenia anatomiczne, jak i funkcjonalne. Zatem zmiany w poziomie lub obrocie jednego przekaźnika naruszają wzajemne interakcje i stan dynamicznej równowagi między poszczególnymi systemami neurotransmisyjnymi i to właśnie, jak się przypuszcza, może stanowić biochemiczne podłoże lęku.

Neurony związane z wyzwalaniem i ekspresją reakcji emocjonalno-obronnych zarówno na poziomie podwzgórza, śródmózgowia, jak i ciała migdałowatego znajdują się pod tonicznym hamującym wpływem układu GABAergicznego. Wykazano, że nasilanie przekaźnictwa GABA idzie w parze z działaniem przeciwlękowym (główny mechanizm synaptyczny anksjolitycznego wpływu benzodiazepin polega na nasileniu działania GABA), a także tłumi reakcję obronną wywołaną drażnieniem. Antagoniści receptora GABAa — bikukulina lub pikrotoksyna — powodują u zwierząt wzrost zachowań lękowych. Hamującą rolę GABA w kontroli strachu i zachowań obronnych potwierdzono także w badaniach na nokautach mysich — zwierzęta pozbawione jednej z podjednostek receptora GABAa przejawiają wzmożony lęk. Neurony GABAergiczne działają hamująco na neurony katecholaminergiczne, serotoninergiczne i cholinergiczne. Kwasy pobudzające, takie jak glutaminian i asparaginian, wywierają toniczny wpływ pobudzający na reakcje wywołane lękiem we wszystkich wymienionych wyżej strukturach. W wyniku ekspozycji zwierzęcia na bodźce awersyjne zaobserwowano wzrost zewnątrzkomórkowego glutaminianu, co wskazuje na aktywację systemu glutaminianergicznego. Jest ona jednak niespecyficzna i polega na pobudzeniu zarówno układów zaangażowanych w procesy emocjonalne, jak i poznawcze. Rola układu serotoninergicznego w kontroli strachu i lęku jest niewątpliwa, jednak szczegółowy mechanizm działania nie został do końca poznany. Stymulacja elektryczna jąder szwu bogatych w neurony serotoninergiczne powoduje nasilenie reakcji lękowych u zwierząt. Również farmakologicznemu zwiększeniu stężenia serotoniny w mózgu towarzyszy wzrost lęku. Zniszczenie systemu serotoninergicznego lub zahamowanie syntezy serotoniny prowadzi natomiast do osłabienia reakcji lękowych w różnych modelach zwierzęcych. Układ noradrenergiczny reguje zwiększeniem aktywności na obecność bodźców zagrażających — grzbietowy system noradrenergiczny jest uważany za swoisty detektor niebezpieczeństwa. Zahamowanie transmisji noradrenergicznej prowadzi do obniżenia lęku. Unerwienie cholinergiczne w korze i strukturach limbicznych moduluje neurotransmisję zarówno monoaminergiczną, jak i aminokwasów pobudzających i hamujących. Zatem wpływ acetylocholiny na poziom lęku jest najprawdopodobniej tylko pośredni. Ostatnio dużo uwagi poświęca się roli różnych neuropeptydów, bowiem struktury zaangażowane w regulację emocji są wyjątkowo bogate w ich receptory. Stwierdzono przeciwlękowy wpływ agonistów receptorów opioidowych, neuropeptydu Y oraz antagonistów receptorów CRF, wazopresyny i substancji P. Prolękowe działanie wywierają natomiast antagoniści receptorów opioidowych i agoniści CRF.

# 17.4. Emocje pozytywne — układ nagrody

Poznanie anatomii i neurochemii pozytywnych emocji, które u człowieka są bardzo ważnym czynnikiem motywującym wszelkie działania, ze względu na ich subiektywny charakter, jest trudnym zadaniem dla neurobiologów i dlatego zapewne nasza wiedza na ten temat jest wciąż jeszcze stosunkowo skromna. W przeciwieństwie do badań zachowania obronnego, którego przyczyną jest niewątpliwie uczucie strachu czy lęku, prace dotyczące apetytywnych, dążeniowych (ang. approach) reakcji nie odnoszą się do jasno określonych emocji. Używa się tu pojęcia „przyjemność" (ang. pleasure), zakładając że neuronalne podłoże przyjemnych odczuć jest ściśle związane (a być może nawet tożsame) z ośrodkowymi mechanizmami nagrody. Badania tzw. systemu nagrody mają znacznie krótszą historię niż badania emocji negatywnych. Rozpoczęły się mniej więcej 45 lat temu wraz ze słynnym odkryciem J. Oldsa i J.P. Milnera, dokonanym zresztą zupełnie przypadkowo. Autorzy ci, opierając się na modelu D.O. Hebba zakładającym istnienie optymalnego poziomu pobudzenia, chcieli sprawdzić w swoich doświadczeniach, czy aktywacja tworu siatkowatego wywoła w rezultacie drażnienia efekt awersyjny. Szczury były testowane w otwartym polu i zakładano, że będą uciekały z miejsca stymulacji. Tymczasem stało się odwrotnie. Histologiczna weryfikacja umiejscowienia elektrod pokazała, że znajdowały się one w przegrodzie, a nie, jak planowano, w tworze siatkowatym. Dalsze doświadczenia dowiodły, że elektryczne drażnienie mózgu może być celem, dla którego zwierzęta uczą się wykonywać określone reakcje ruchowe (najczęściej jest to naciskanie dźwigni powodujące zamykanie obwodu drażnienia), a zatem ma właściwości nagradzające. Początkowo podejrzewano, że samodrażnienie (ang. self-stimulation) jest związane z popędem głodowym. Obserwowano bowiem, że deprywacja pokarmowa może je wzmagać, niektóre szczury w czasie samodrażnienia mlaskają i oblizują się, a w dodatku reakcję tę można wywołać za pomocą tej samej elektrody umieszczonej w bocznym podwzgórzu, która wywołuje pobieranie pokarmu. Później okazało się jednak, że parametry prądu wywołujące reakcję pokarmową z podwzgórza różnią się od tych, które są optymalne dla samodrażnienia. U niektórych gatunków zwierząt, np.

u psów, samodrażnieniu towarzyszy wręcz zahamowanie pobierania pokarmu. Doniesienia z obserwacji klinicznych wskazują, że drażnienie pewnych okolic mózgu powoduje u ludzi uczucie przyjemnego odprężenia, a nawet błogostan nie związany z żadnymi naturalnymi popędami. Jedynie gdy elektrody są umieszczone w przegrodzie, uczucie przyjemności może mieć zabarwienie erotyczne. Samodrażnienie, w przeciwieństwie do naturalnych wzmocnień, nie prowadzące do nasycenia (opisywano zwierzęta dokonujące samodrażnienia aż do kompletnego wyczerpania) i występujące niezależnie od określonego popędu, jest w istocie sztucznym, laboratoryjnym zjawiskiem. Od lat służy jednak jako model do badania procesów neuronalnych leżących u podłoża pozytywnych emocji. Zaburzona zdolność do odbierania przyjemnych wrażeń i nagradzających właściwości wzmocnienia (anhedonia) jest jednym z głównych objawów choroby depresyjnej (por. rozdz. 18), a zatem poznanie anatomii i biochemii systemu (czy systemów) w mózgu, które są zaangażowane w regulację tych procesów, ma, podobnie jak w przypadku lęku, szczególne znaczenie dla diagnostyki i terapii.

J. Olds i M.E. Olds próbowali „wymapować" mózg w poszukiwaniu substratu anatomicznego przyjemności. Okazało się, że samodrażnienie można wywołać z licznych miejsc wzdłuż przebiegu pęczka przyśrodkowego przodomózgowia (ang. medial forebrain bundle, MFB) i ze struktur, które jego włókna unerwiają (ryc. 17.7). Ten filogenetycznie stary szlak biegnący w płaszczyźnie strzałkowej w części brzusznej mózgu, łączący struktury przodomózgowia z pniem, zawiera główne drogi katecholaminergiczne (brzuszny i grzbietowy system noradrenergiczny oraz liczne włókna dopaminergiczne). Szczególnie efektywne dla reakcji samodrażnienia, co zostało potwierdzone u kilku gatunków zwierząt, jest boczne podwzgórze i brzuszna

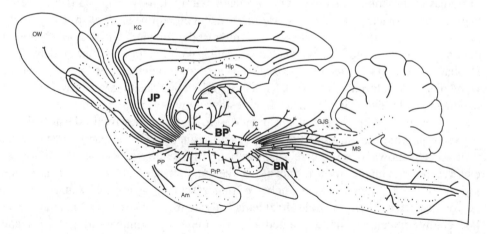

**Ryc. 17.7.** Przekrój strzałkowy mózgu szczura z zaznaczonym przebiegiem włókien w pęczku przyśrodkowym przedmózgowia. Struktury oznaczone wytłuszczonym drukiem są szczególnie efektywne dla samodrażnienia u szczura: JP — jądro półleżące; BP — boczne podwzgórze; BN — brzuszna nakrywka. Inne, główne struktury, do których docierają włókna MFB: OW — opuszka węchowa; KC — kora czołowa; Pg — przegroda; IC — istota czarna; GJS — grzbietowe jądro szwu; MS — miejsce sinawe; PrP — przyśrodkowe podwzgórze; PP — przednie podwzgórze; Am — ciało migdałowate. (Wg: Stellar i Stellar 1985, zmodyf.)

okolica nakrywki. Stosunkowo niedawno odkryto, że właściwości wzmacniające ma także drażnienie kory czołowej i innych nie związanych z MFB struktur (np. móżdżku), ale efekt samodrażnienia rozwija się w takich przypadkach bardzo powoli i prawdopodobnie ma odmienne, nie zbadane jeszcze podłoże neurochemiczne. Prace na ludziach posługujące się techniką neuroobrazowania w dużej mierze potwierdzają mapę Oldsów, nieco ją poszerzając. Bodźce przyjemne aktywizują głównie zwoje podstawy, w tym przede wszystkim brzuszne prążkowie. Podobny efekt wywołują narkotyki u osób uzależnionych. Stwierdzono też aktywizację kory oczodołowo--czołowej w odpowiedzi na kokainę, przyjemne smaki i zapachy, dotyk, pewne rodzaje muzyki.

Uważa się, że struktury „obsługiwane" przez MFB stanowią system, zwany układem nagrody, w którym przekazywanie impulsów odbywa się z udziałem katecholamin (nie wyklucza się, że w mózgu istnieją jeszcze inne układy nagrody). Wiele eksperymentów farmakologicznych dowiodło, że silny wpływ na samodrażnienie wywierają agoniści i antagoniści katecholamin. W latach 70. ubiegłego wieku powszechny był pogląd sformułowany przez Steina, że mechanizm nagrody jest związany z aktywnością systemu noradrenergicznego. Głównym argumentem przemawiającym na korzyść tej hipotezy było stwierdzone przez L. Steina i R.A. Wise'a wzmożone uwalnianie noradrenaliny w podwzgórzu podczas samodrażnienia. Wykazano także, że leki zmniejszające stężenie noradrenaliny w mózgu (np. disulfram) upośledzają reakcję samodrażnienia, a podanie jej do komór restytuuje tę reakcję. Jednakże, jak się okazało, przecięcie grzbietowego pęczka noradrenergicznego nie eliminuje samodrażnienia z podwzgórza, a użycie selektywnych środków blokujących i specyficznych neurotoksyn działających wyłącznie na system noradrenergiczny ma niewielki wpływ na samodrażnienie. Ponadto, wbrew pierwotnym doniesieniom, miejsce sinawe, które jest głównym źródłem grzbietowej projekcji noradrenergicznej, jest mało efektywnym punktem samodrażnienia, a jądra dające początek brzusznej drodze noradrenergicznej są zupełnie pod tym względem nieefektywne. Odkrycia lat 80. skłaniają badaczy do uznania raczej roli dopaminy jako wiodącego (chociaż zapewne nie jedynego, bo nagradzający efekt samodrażnienia np. w korze przed-czołowej nie jest zależny od dopaminy) przekaźnika w systemie nagrody. Opisano znaczną korelację między częstotliwością naciskania dźwigni przy samodrażnieniu brzusznej nakrywki a zawartością dopaminy w jądrze półleżącym, które jest unerwione przez włókna pochodzące właśnie z brzusznej nakrywki. Środki blokujące wychwyt zwrotny dopaminy powodują jednocześnie wzrost stężenia dopaminy w jądrze półleżącym i wzrost częstotliwości samodrażnienia. Wybiórcze uszkodzenia systemu dopaminergicznego hamują reakcję samodrażnienia, tak samo jak dosystemowa lub domózgowa iniekcja neuroleptyków blokujących receptory dopaminergiczne.

Podobieństwo między eksperymentalnie wywołanym samodrażnieniem u zwierząt a uzależnieniem lekowym u ludzi (por. rozdz. 18) od samego początku zwróciło uwagę badaczy i skłoniło do przypuszczenia, że mechanizm obu tych zjawisk może być wspólny. Wydaje się, że neurochemicznym podłożem subiektywnego odczucia przyjemności, które następuje u ludzi po zażyciu psychostymulantów, np. amfetaminy, jest nasilenie transmisji dopaminergicznej. Samopodawanie (ang. self-administration) środków wzmagających przekaźnictwo dopaminergiczne ma silne właściwości nagradzające także dla zwierząt. Wiele doświadczeń pokazało, że samopodawanie zarówno kokainy, jak i amfetaminy jest hamowane przez wstrzyknięcie neuroleptyków lub uszkodzenie zakończeń dopaminergicznych w jądrze półleżącym.

Również związki opiatowe, jak wiadomo, działają nagradzająco. Zwierzęta bardzo łatwo uczą się podawać je sobie same. Dożylne wstrzyknięcie heroiny lub podawanie morfiny bezpośrednio do brzusznej nakrywki wzmaga samodrażnienie z podwzgórza. Doświadczenia elektrofizjologiczne wykazały, że morfina pobudza neurony dopaminergiczne w brzusznej nakrywce. Przypuszcza się, że nagradzający efekt opiatów także jest zależny od aktywności systemu dopaminergicznego. Jednak, mimo licznych prac podkreślających rolę dopaminy w mechanizmie nagrody, nie można wykluczyć wpływu innych systemów przekaźnikowych i ich wzajemnych interakcji, podobnie jak w przypadku wszelkich bardziej złożonych zachowań.

Samodrażnienie ma również komponentę cholinergiczną. Istnieją dane wskazujące na hamującą rolę acetylocholiny w samodrażnieniu (np. fizostygmina podnosi próg samodrażnienia i zmniejsza częstotliwość reakcji), jednakże nie wszystkie doniesienia w tej kwestii są całkowicie jednoznaczne.

Nierozwiązane jak dotąd pozostaje pytanie o rolę ciała migdałowatego w emocjach pozytywnych. Tak jak już wspominaliśmy, z cytowanej wcześniej metaanalizy wynika, że w większości wziętych pod uwagę prac aktywizacja przyśrodkowej kory przedczołowej następowała w odpowiedzi na bodźce zarówno przykre, jak i przyjemne. Odwrotnie jest w przypadku amygdala — tylko 20% prac wskazuje na zwiększenie aktywności tej struktury w odpowiedzi na bodźce przyjemne. U uzależnionych obserwuje się w amygdala spadek aktywności po zażyciu kokainy. Wielu neurofizjologów uważa jednak, że ciało migdałowate jest zaangażowane w przetwarzanie również pozytywnych bodźców. Przemawiałyby za tym silne bezpośrednie połączenia ze strukturami bogatymi w neurony dopaminergiczne — nakrywką, jądrem półleżącym i istotą czarną. Wskazują na to także niektóre badania na zwierzętach, np. wiadomo, że wybiórcze uszkodzenia chemiczne amygdala u szczurów zaburzają reakcje warunkowe związane z nagrodą.

# 17.5. Podsumowanie

Emocje nie są zjawiskiem homogennym i jak dotychczas nie powiodły się żadne próby całościowego wyjaśnienia ich neuronalnych mechanizmów. Strategia badaczy polega raczej na koncentrowaniu się na specyficznych, dobrze zdefiniowanych, poddających się studiom eksperymentalnym aspektach i modelach emocji.

Jak widać z wyżej przedstawionego przeglądu, szczególnie dużo badań poświęcono emocjom negatywnym, ponieważ ich ekspresja jest wyraźna u wszystkich prawie gatunków i dopracowano się kilku dobrych modeli doświadczalnych. Podłoże neuronalne emocji pozytywnych jest znacznie słabiej poznane. W literaturze podkreśla się, że stworzenie nowego modelu zwierzęcego do badań odczucia przyjemności (które samo w sobie wydaje się raczej subiektywne) jest konieczne do lepszego poznania ośrodkowych mechanizmów pozytywnych emocji.

Reakcja na bodźce zagrażające jest wyzwalana i organizowana przez tzw. mózgowy układ obronny obejmujący ciało migdałowate i struktury pozostające z nim w silnych funkcjonalnych związkach. Ten obwód neuronalny uruchamiany zawsze w sytuacjach zagrożenia, pozostaje pod kontrolującym i modulującym wpływem struktur zaangażowanych w poznawcze przetwarzanie informacji — kory przedczołowej i przedniej kory zakrętu obręczy. Organizacja neuronalna emocji takich jak gniew czy wściekłość, które mogą być przyczyną najgroźniejszych z punktu widzenia społecznego aktów przemocy (np. seryjnych zabójstw), nie jest dokładnie poznana, chociaż wyniki badań z użyciem techniki PET wskazujące na znacząco niższe zużycie glukozy w korze przedczołowej u morderców wydają się sugerować niewątpliwą rolę tej struktury w kontroli agresji. Podłoże biochemiczne emocji awersyjnych jest także wciąż przedmiotem intensywnych badań. Implikuje się udział wielu neuroprzekaźników i neuromodulatorów. Ponieważ poszczególne układy neuroprzekaźnikowe w mózgu pozostają ze sobą w ścisłych interakcjach, przypuszcza się, że zaburzenie stanu ich dynamicznej równowagi stanowi biochemiczny substrat reakcji lękowych.

Emocje określane jako przyjemne wiąże się z tzw. układem nagrody, którego struktury znajdują się przede wszystkim wzdłuż przebiegu przyśrodkowego pęczka przodomózgowia. Nagradzające działanie samodrażnienia, jak również większości środków uzależniających, wynika, jak się wydaje, z nasilenia transmisji dopaminergicznej. Za szczególnie ważny uważa się szlak mezolimbiczny, mający swój początek w brzusznej nakrywce śródmózgowia. Jego włókna dochodzą m.in. do jądra półleżącego i amygdala.

Należy mieć nadzieję, że badania, które dopiero się rozpoczynają, z użyciem elektrochemii i mikrodializy mózgu *in vivo* dopomogą w poznaniu skomplikowanej gry procesów biochemicznych będących podłożem emocji zarówno pozytywnych, jak i awersyjnych.

Odniesienie wyników badań neurobiologicznych na zwierzętach do ludzkich zachowań emocjonalnych, tak jak w przypadku każdej ekstrapolacji, musi być bardzo ostrożne. Emocje stosunkowo proste jak strach i przyjemność mają prawdopodobnie zbliżone mechanizmy u zwierząt i u człowieka. O typowo ludzkich złożonych uczuciach, takich jak miłość czy zazdrość, w sensie neurobiologicznym nie wiemy właściwie nic. Być może jednak XXI wiek odrze z tajemnic także i te skomplikowane emocje, które nadają barwę naszemu życiu. W 2000 roku przeprowadzono za pomocą rezonansu magnetycznego pierwsze badania siły miłosnego zauroczenia. Obecnie badania mózgów osób obojga płci w różnych stadiach zakochania prowadzi się w kilku laboratoriach. Generalnie potwierdzają one zaangażowanie w emocje pozytywne struktur układu nagrody, szczególnie jądra ogoniastego wiązanego dotąd głównie z ruchem dowolnym (por. rozdz. 11). Zdają się też potwierdzać intuicyjne przekonanie, że także w dziedzinie miłości mózgi męskie i kobiece funkcjonują nieco inaczej. W ostatnich latach uczeni poddali badaniom również tak specyficznie ludzkie odczucia jak empatia, poczucie winy czy wdzięczności, a nawet emocje związane z wiarą.

## LITERATURA UZUPEŁNIAJĄCA

Davidson R.J. i in.: Emotion, Plasticity, Context and Regulation: Perspective from Affective Neuroscience. *Psychological Bulletin* 2000, **126** (6).

Fisher H. i in.: Defining the brain systems of lust, romantic attraction and attachment. *Archives of Sexual Behavior* 2002, **31** (5).

Graeff F.G., Brain Defense Systems and Anxiety. W: *Handbook of Anxiety*, G.D. Burrows, M.Roth i P. Noyes (red.). Elsevier Science Publishers B.V., Amsderdam-New York-Oxford 1990.

Le Doux J., Emotion and the Amygdala. W: *The Amygdala: Neurobiological Aspects of Emotion, Memory and Mental Dysfunction*, J.P. Aggleton (red.). Wiley-Liss, Inc., New York 1992, 339 – 351.

Le Doux J.: In Search of an Emotional System in the Brain: Leaping from Fear to Emotion and Consciousness. W: *The Cognitive Neuroscience*, M.S. Gazzaniga (red.). Bradford Book, Cambridge 1994, 1049 – 1064.

Phan L. i in.: Functional neuroanatomy of emotion: a meta-analysis of emotion activation studies in PET and fMRI, *NeuroImage* 2002, **16**.

Stellar J.R, Stellar E., *The Neurobiology of Motivation and Reward*. Springer-Verlag, New York 1985.

*Podziękowania*

Praca częściowo finansowana z grantu KBN (nr projektu 663739203).

Autor dziękuje dr. Pawłowi Boguszewskiemu za przygotowanie rysunków.

# ROZDZIAŁ 18

# Depresje i uzależnienia lekowe

Marcin Gierdalski

Wprowadzenie ■ Obraz kliniczny depresyjnego zespołu objawowego ■ Neurobiologiczne podłoże objawów choroby maniakalno-depresyjnej ■ Biologiczne wskaźniki depresji endogennej ■ Terapia depresji ■ Modele zwierzęce depresji ■ Koncepcje patomechanizmu depresji ■ Uzależnienia lekowe ■ Przyczyny nadużywania leków ■ Zwierzęce testy laboratoryjne w badaniach nad uzależnieniem ■ Neurochemiczne podłoże działania niektórych środków uzależniających ■ Podłoże genetyczne i molekularne ■ Podłoże fizjologiczne i anatomiczne uzależnień ■ Farmakoterapia uzależnień ■ Podsumowanie

## 18.1. Wprowadzenie

Choroby i zaburzenia psychiczne, ze względu na swoje rozpowszechnienie i zwykle przewlekły charakter, skupiają dużo uwagi. Społeczeństwo zaczyna reagować restrykcyjnie na chorego wtedy, gdy traci on kontrolę nad swym zachowaniem, jest uciążliwy lub niebezpieczny dla rodziny albo otoczenia, notorycznie łamie zasady współżycia sąsiedzkiego oraz normy prawne, lub wreszcie nie spełnia wyznaczonych mu funkcji społecznych i zawodowych. Do zaburzeń o takim potencjale niewątpliwie należą choroby afektywne (a szczególnie depresyjny zespół objawowy) i uzależnienie lekowe. Oprócz negatywnych skutków dla samego chorego i jego najbliższych, schorzenia te powodują również wymierne obciążenie społeczeństwa. W celu ich ograniczenia angażowana jest służba zdrowia, opieka społeczna i nierzadko policja. Poznawanie patomechanizmu i przyczyn tych chorób jest bardzo ważne, umożliwia bowiem zapobieganie ich występowaniu (szczególnie odnosi się to do uzależnień) oraz skuteczniejsze leczenie i przywracanie pacjentów społeczeństwu.

Mimo dużej odmienności objawów chorób afektywnych i uzależnień lekowych mają one pewną cechę wspólną — zaburzenia odczuwania przyjemności i motywującego działania pozytywnych doznań. W niniejszym rozdziale omówiono najpierw choroby afektywne, a następnie uzależnienia. W obu przypadkach uwydatniono wątek związany z biologicznymi procesami leżącymi u podstaw funkcji hedonistycznych.

## 18.2. Obraz kliniczny depresyjnego zespołu objawowego

Terminologia psychiatryczna bywa czasem myląca dla ludzi z nią nieobeznanych. Dlatego Czytelnikowi należy się kilka słów wyjaśnienia. Termin „depresja" może mieć kilka znaczeń w zależności od kontekstu, w jakim jest użyty. Między innymi mianem tym określa się psychiczny objaw towarzyszący różnym chorobom, polegający na obniżeniu nastroju, który jest również jednym ze składników depresyjnego zespołu objawowego (także nazywanego w skrócie depresją). Zespół ten definiuje się jako chorobowe zaburzenie życia uczuciowego i emocjonalnego, którego zasadniczym objawem jest dominujące uczucie smutku, przygnębienia, zniechęcenie oraz ujemny ton uczuciowy towarzyszący ogółowi przeżyć. Może się on pojawić w przebiegu różnych zaburzeń psychicznych.

W literaturze psychiatrycznej istnieje wiele rozmaitych klasyfikacji zespołów depresyjnych. Ze względu na kryteria przyczynowe zespoły te można podzielić na somatyczne (będące psychiczną lub biologiczną konsekwencją rozmaitych schorzeń niepsychicznych), psychogenne (mające przyczynę w postaci konkretnych wydarzeń w życiu chorego) oraz endogenne, których przyczyny są nieznane i leżą najprawdopodobniej w organizmie pacjenta. Zespoły somatyczne mogą być spowodowane np. uszkodzeniem ośrodkowego układu nerwowego (zespoły organiczne) lub zatruciem. Zespoły psychogenne mogą mieć za przyczynę m.in. utratę bliskiej osoby albo pozbawienie wolności (zespoły reaktywne), lub mogą się pojawiać w przebiegu nerwicy (zespoły nerwicowe). Zespoły endogenne, najbardziej interesujące ze względu na nieznajomość przyczyn, mogą występować w starszym wieku (zespoły inwolucyjne), w przebiegu choroby schizofrenicznej lub tzw. choroby afektywnej. Ta ostatnia grupa określana również mianem psychozy czy choroby maniakalno-depresyjnej jest właściwym tematem niniejszego rozdziału. Ponieważ zespół depresyjny jest zasadniczym składnikiem obrazu psychopatologicznego chorób afektywnych, poświęcono mu najwięcej miejsca.

### 18.2.1. Osiowe objawy endogennego zespołu depresyjnego

Zespół depresyjny charakteryzuje się kilkoma objawami osiowymi (pierwotnymi) (tab. 18.1), będącymi zarazem kryteriami diagnostycznymi. Zasadniczą część obrazu psychopatologicznego tego zespołu stanowi depresja (rozumiana jako objaw składowy),

**Tabela 18.1.** Podział objawów zespołu depresyjnego na pierwotne (osiowe) i wtórne

| Objawy pierwotne | Objawy wtórne |
|---|---|
| Obniżenie podstawowego nastroju | Utrata zainteresowań |
| Obniżenie napędu psychoruchowego | Ujemne oceny |
| | Urojenia |
| Rozregulowanie rytmów biologicznych, układu autonomicznego i czynności gruczołów wydzielania wewnętrznego | Poczucie beznadziejności |
| Lęk | Myśli i tendencje samobójcze |
| Anhedonia | Zniechęcenie do życia |

(Wg: Pużyński 1979, zmodyf.)

czyli obniżenie podstawowego nastroju, które jest odczuwane przez chorych jako stan smutku i przygnębienia nadający koloryt emocjonalny wszelkim przeżyciom. U niektórych pacjentów czasem występuje zupełne zobojętnienie — brak zarówno radości, jak i smutku. Również ten stan jest odczuwany jako bolesny (*anaesthesia dolorosa*). Niekiedy chorzy odczuwają smutek wręcz fizycznie w całym organizmie, w każdym narządzie. Z obniżeniem nastroju bywa kojarzona anhedonia, czyli niemożność odczuwania przyjemności. Jest to stan emocjonalny, który prowadzi do zaniechania dotychczasowych działań i zainteresowań. Choremu brakuje dostatecznych motywacji do życia. Pozycja anhedonii jako objawu jest rozmaicie podawana przez podręczniki. Czasami bywa ona wymieniana wśród objawów wtórnych.

Osłabienie tempa procesów psychicznych i ruchowych (zahamowanie psychoruchowe) przejawia się jednostajnością i spowolnieniem myśli, ich zubożeniem czy nawet brakiem. Myśl obraca się wokół jednej, najczęściej przykrej idei. Również zapamiętywanie jest zaburzone i łączy się z poczuciem niesprawności intelektualnej. Do tego dołącza się spowolnienie ruchów (nawet tych najprostszych i automatycznych), w skrajnych przypadkach w postaci całkowitego zastygnięcia w osłupieniu.

Zaburzenia ośrodkowej regulacji rytmów biologicznych, funkcji gruczołów wydzielania wewnętrznego i układu autonomicznego mają swe źródło w podwzgórzu. Dlatego omawiane są zwykle łącznie. Nieprawidłowości rytmów biologicznych obejmują przede wszystkim zaburzenia rytmu snu i czuwania, najczęściej w postaci zmniejszenia długości snu nocnego, jego spłycenia połączonego z częstym budzeniem (tzw. bezsenność rzekoma) i wczesnym wybudzeniem rano. Zmieniony jest również okołodobowy rytm aktywności — rano wszystkie objawy zaostrzają się, pod wieczór zaś następuje wyraźna poprawa stanu chorego. U kobiet chorych na depresję cykl miesiączkowy ulega często wydłużeniu, jest nieregularny, a nawet zanika zupełnie. W depresji pojawiają się również zaburzenia hormonalne, m.in. pobudzenie osi podwzgórze–przysadka–nadnercza oraz zahamowanie osi podwzgórze–przysadka–tarczyca. Zarówno u kobiet, jak i mężczyzn może ulec osłabieniu popęd płciowy. Inne popędy (pokarmowy, samozachowawczy) mogą być zaburzone. Zaburzenia układu autonomicznego przejawiają się jako zaparcia, zmniejszenie wydzielania śliny, obniżenie ciśnienia krwi i spowolnienie czynności serca, zaburzenia oddychania oraz zawroty głowy.

Lęk występujący w endogennym zespole depresyjnym to najczęściej tzw. lęk wolno płynący, o zmiennej sile, który utrzymuje się przewlekle. Przejawia się on napięciem, niepokojem, niemożnością odprężenia i oczekiwaniem na niesprecyzowane wydarzenia. Występuje również zaburzenie koncentracji, trudności w pracy umysłowej i nadwrażliwość na bodźce. Przy dalszym narastaniu pojawia się uczucie zagrożenia, trwoga i panika, nierzadko z zupełną dezorganizacją procesów myślenia. Przy małym nasileniu lęk może się uzewnętrzniać nieznacznym niepokojem ruchowym (tzw. niepokój manipulacyjny). Lęk bardziej intensywny przejawia się niemożnością przebywania długi czas w jednej pozycji i ciągłym chodzeniem (tzw. niepokój lokomocyjny). W skrajnych przypadkach przejawia się silnym podnieceniem ruchowym z ucieczką i błaganiem o pomoc.

W poszczególnych przypadkach składniki zespołu mogą występować z różnym nasileniem. W szczególności, depresja (jako objaw) może nie być widoczna w obrazie psychopatologicznym. Taka „depresja bez depresji" zwana jest depresją maskowaną. Na pierwszy plan wysuwają się wtedy objawy somatyczne i wegetatywne, rzadziej pozostałe objawy psychopatologiczne (poza obniżeniem nastroju). Taki stan utrudnia diagnozę, stąd termin „maska". Za ich związkiem z zespołami endogennymi przemawia m.in. skuteczność terapii, które wykazują wpływ leczniczy w depresjach endogennych.

Oprócz objawów pierwotnych, które stanowią główne kryteria rozpoznania, wyróżnia się objawy wtórne (tab. 18.1). Często pojawiają się one później i są uważane za wyraz reakcji osobowości chorego na narastającą niesprawność psychiczną (i somatyczną) wynikającą z objawów osiowych.

Depresja jest uważana za chorobę wielosystemową wpływającą nie tylko na mózg, ale i na ciało. Prócz zmian hormonalnych, jest ona związana ze zmianami w układzie sercowonaczyniowym i odpornościowym (por. rozdz. 5, a także w metabolizmie kostnym. Ma to poważne konsekwencje kliniczne. Na przykład śmiertelność z przyczyn sercowonaczyniowych wśród pacjentów, którzy przeżyli zawał serca, jest 3,5-krotnie większa u tych, którzy jednocześnie chorują na depresję, niż u pozostałych pacjentów po zawale. Pacjenci depresyjni częściej doznają udaru mózgu, cierpią na cukrzycę i osteoporozę.

## 18.2.2. Cykliczność objawów choroby afektywnej

Endogenny zespół depresyjny w przebiegu choroby afektywnej pojawia się cyklicznie, przerywany jest bowiem okresami normalnego nastroju pacjenta. W części przypadków dołączają się fazy maniakalne. Stanowią one (z fenomenologicznego punktu widzenia) przeciwstawny biegun psychopatologii.

W manii chory jest pobudzony, ma mniejszą potrzebę snu i doskonały nastrój. Mówi szybko i często używa skrótów myślowych. Samoocena jest bardzo wysoka (myśli nadwartościowe), połączona z urojeniami wielkościowymi. Urojenia wynalazcze i myślenie paralogiczne powodują, iż chory konstruuje fantastyczne teorie, opracowuje dziwaczne maszyny i snuje wielkie plany. Pacjenci maniakalni poszukują nowych i silnych bodźców. Anhedonię i wyczerpanie zastępuje przesadne poszukiwanie kontaktów socjalnych i stymulacji czuciowej. Nastrój zmienia się ze znudzenia i braku zainteresowania w patologiczną satysfakcję i nachalne zainteresowanie otoczeniem. Zwiększona wrażliwość i osłabiona selekcja bodźców powoduje, że nowo pojawiające się bodźce zewnętrzne i wewnętrzne łatwo rozpraszają chorych. Percepcja przyszłości jest nierealistycznie optymistyczna.

Wyróżnia się dwie formy choroby afektywnej — jednobiegunową (zwaną też chorobą depresyjną) i dwubiegunową. Do jednobiegunowych form należy przede wszystkim tzw. duża choroba depresyjna (ang. major depressive disorder). Charakteryzuje się ona jednym lub kilkoma epizodami dużej depresji (trwającymi do ponad roku, rzadko poniżej 4 miesięcy) bez epizodów podniesionego nastroju. Jest to jedno z najczęstszych zaburzeń psychopatologicznych (4 – 5% populacji generalnej). Forma dwubiegunowa (zwana czasem psychozą maniakalno-depresyjną lub cyklofrenią) charakteryzuje się występowaniem zarówno zespołów depresyjnych, jak i maniakalnych. Schorzenie to ma w swej historii naturalnej przynajmniej jeden epizod manii lub hipomanii (czyli manii o małym nasileniu). Nawracające epizody dużej depresji występują u 95% chorych cierpiących na tę chorobę. W tym typie choroby epizody afektywne trwają do 3 miesięcy. Długotrwałe obserwacje wskazują, że pacjenci z chorobą dwubiegunową mają w ciągu życia więcej epizodów zaburzeń nastroju niż pacjenci jednobiegunowi, jednak wynika to z obecności okresów manii. Liczba epizodów depresji jest podobna u chorych obu kategorii.

# 18.3. Neurobiologiczne podłoże objawów choroby maniakalno-depresyjnej

Opisane powyżej bogactwo objawów chorób afektywnych próbuje się zinterpretować jako wynik dysfunkcji różnych obszarów ośrodkowego układu nerwowego. B. Carroll, autor jednej z neurobiologicznych koncepcji chorób afektywnych, interpretuje te objawy jako skutki zaburzeń funkcjonowania trzech hipotetycznych układów: nagrody, ośrodkowego bólu i aktywności psychomotorycznej. Zakłada on, że w fazie depresyjnej układ nagrody jest zahamowany. Pacjent jest niezdolny do odczuwania pozytywnych dotychczas właściwości bodźców. Nawet tak podstawowe napędy jak płciowy oraz pokarmowy tracą swój przyjemny charakter. Wizja przyszłości, z oczekiwania przyjemności i sukcesu, zmienia się w przewidywanie pustki i porażki. W fazie maniakalnej odwrotnie — układ nagrody wydaje się odhamowany. Objawem tego jest euforia.

Anatomiczne podłoże tego układu obejmuje skupiska komórek noradrenergicznych i dopaminergicznych w pniu mózgu, a także obszary przodomózgowia przez nie unerwiane, takie jak podwzgórze i jądra przegrody oraz brzuszne prążkowie.

Inną grupę objawów choroby afektywnej Carroll wiąże z osobnym układem mózgu, zwanym „mechanizmem bólu ośrodkowego", a niekiedy układem kary, ze względu na to, że stanowi on biologiczne podłoże odczuwania negatywnych cech bodźców. W fazie depresyjnej układ ten miałby ulegać aktywacji. Bodźce, które przedtem były neutralne, są odczuwane jako negatywne, czy wręcz zagrażające. W konsekwencji pacjenci depresyjni odczuwają neutralne zdarzenia jako katastrofy i oceniają siebie jako złych, niegodnych i winnych.

Jednak podczas manii (gdy układ ten miałby być zahamowany) ta sama osoba wykazuje nieczułość na awersyjne lub negatywne właściwości bodźców. Stąd charakterystyczne zaprzeczenie własnej choroby i niezwracanie uwagi na bolesne konsekwencje własnego zachowania. Obraz samego siebie u chorych maniakalnych zmienia się z bolesnego samopotępienia w euforyczną samoocenę.

Postulowany układ mózgowy interpretujący negatywne emocjonalne znaczenie bodźców obejmuje nakrywkę śródmózgowia, istotę szarą okołowodociągową śródmózgowia i przykomorowe przednie obszary wzgórza. Należy zaznaczyć, że istnienie takiego układu czynnościowego jest przedmiotem kontrowersji. Trudno jest także oddzielić ten układ od mechanizmów lęku (m.in. z powodu częściowo nakładającego się podłoża anatomicznego).

Kliniczne zmiany obserwowane w psychozie maniakalno-depresyjnej zawierają również trzecią grupę objawów określanych jako „aktywność psychomotoryczna". Należy do nich szybkość procesów myślowych, płynność i tempo mowy (por. rozdz. 20), komunikacja pozawerbalna za pomocą gestów i ogólna energia fizyczna. Generalnie, funkcje psychomotoryczne są przyspieszone w manii, a spowolnione podczas depresji. W formie ekstremalnej może się to przejawiać jako osłupienie depresyjne (*stupor depressivus*) i szał maniakalny (*furor maniacalis*). Carroll uważa, że podłożem anatomicznym tych objawów jest rozproszony system obejmujący korę czołową, jądra podstawne, móżdżek i wzgórze.

Opisane wyżej grupy objawów wykazują wahania zależnie od fazy choroby dwubiegunowej. Mogą się one zmieniać niezależnie od siebie i pojawiać w paradoksalnych kombinacjach. Około 30% epizodów maniakalnych ma cechy dysforyczne (które Carroll wiąże z bólem ośrodkowym) współwystępujące z pobudzeniem psychomotorycznym i wzmożonym napędem do poszukiwania wrażeń. Innym przykładem jest osłupienie maniakalne (*stupor maniacalis*), kiedy pacjent ma myśli wielkościowe i podniesiony nastrój, ale skrajnie obniżony napęd psychoruchowy.

# 18.4. Biologiczne wskaźniki depresji endogennej

Lista biologicznych wskaźników depresji jest obecnie spora i obejmuje m.in. wskaźniki odzwierciedlające zaburzenia w metabolizmie neuroprzekaźników oraz kilka testów neuroendokrynologicznych wykazujących nieprawidłową funkcję receptorów.

Na przykład, u wielu chorych z depresją wykazano zmniejszenie (względem osób zdrowych) wydzielania hormonu wzrostu (hGH) stymulowanego insuliną lub amfetaminą. Mechanizm wydzielania hGH wiąże się z pobudzeniem postsynaptycznych receptorów $\alpha_2$-adrenergicznych. Innym często stosowanym testem jest tzw. test deksametazonowy. Podając syntetyczny kortykosteroid, deksametazon, bada się stan układu podwzgórze–przysadka–nadnercza. U ludzi zdrowych glikokortykoidy wydzielane z nadnerczy hamują czynność podwzgórza i przysadki na zasadzie sprzężenia zwrotnego ujemnego. U ok. 50% chorych z chorobą afektywną deksametazon podany jednorazowo nie powoduje (w przeciwieństwie do osób zdrowych) zahamowania wydzielania kortyzolu i zmniejszenia jego stężenia we krwi. Test ten normalizuje się po ustąpieniu depresji. Z kolei funkcjonowanie osi podwzgórze–przysadka–tarczyca bada się podając tyreoliberynę (TRH). U 25 – 55% osób z chorobą afektywną nie powoduje to wzmożenia wyrzutu tyreotropiny (TSH) z przysadki, a krzywa jej wydzielania jest płaska. Stwierdzono, że zjawisko to występuje częściej w chorobie afektywnej jednobiegunowej, zwłaszcza u kobiet. Test normalizuje się wraz z wychodzeniem z depresji.

Testy te są wykorzystywane jako biologiczne wskaźniki stanu chorego oraz skuteczności terapii. Niektóre z nich mają pewną wartość prognostyczną lub mogą sugerować podjęcie odpowiedniej farmakoterapii.

# 18.5. Terapia depresji

Po zdiagnozowaniu klinicznej postaci choroby depresyjnej wysiłki lekarzy koncentrują się na redukcji lub likwidacji wszystkich objawów zespołu depresyjnego (przede wszystkim objawów osiowych), przywróceniu aktywności psychospołecznej i zawodowej oraz zmniejszeniu prawdopodobieństwa nawrotu choroby.

Ponieważ zespoły depresyjne — z definicji — polegają na mniej lub bardziej skorelowanym wystąpieniu, a następnie ustąpieniu kilku objawów, terapia nie powinna dotyczyć pojedynczego objawu, lecz całości zespołu. Tylko wtedy może być skuteczna. Obecnie dostępne wyniki badań sugerują, że tylko 20 – 42% pacjentów objętych terapią biologiczną osiąga pełne wyleczenie, podczas gdy 20% pacjentów nie reaguje na nią i pozostaje w przewlekłej depresji.

Istnieją cztery podstawowe podejścia terapeutyczne. Zasadniczą metodą leczenia jest farmakoterapia, czyli podawanie leków przeciwdepresyjnych (LPD) — czasem w kombinacji z innymi lekami (np. przeciwlękowymi) — w celu zmniejszenia lub eliminacji objawów. Dopełniającą metodą jest psychoterapia polegająca na słownym kontakcie z chorym, mającym na celu zmniejszenie lub wyeliminowanie objawów przez wyjaśnienie choremu ich przyczyn oraz sformułowanie sposobów zaradzenia im. Najbardziej skutecznym podejściem jest połączenie farmakoterapii z psychoterapią. Czwartym sposobem oddziaływania leczniczego jest terapia elektrowstrząsami, skuteczna ze względu na szybkość wydobycia pacjenta z depresji.

Farmakoterapia opiera się na lekach przeciwdepresyjnych — grupie leków psychotropowych działających na objawy osiowe chorób afektywnych. U ludzi zdrowych nie podwyższają one nastroju ani ogólnego napędu, ale często działają uspokajająco czy też nasennie. Ich skuteczność u chorych waha się w granicach 60 – 75% i obejmuje zespoły depresyjne endogenne oraz polekowe i somatyczne. Dużo słabsze wyniki uzyskuje się w przypadku depresji psychogennych, w których z kolei skuteczna jest psychoterapia.

Prototypem LPD jest — stosowana od ponad 30 lat, wciąż jako lek podstawowy — imipramina. Ze względu na budowę cząsteczki zalicza się ją do grupy tzw. trójpierścieniowych LPD (TLPD). Pierwotnym mechanizmem działania TLPD jest blokowanie wychwytu zwrotnego noradrenaliny (NA) i serotoniny (5-HT). Wskutek tego w szczelinie synaptycznej wzrasta stężenie neuroprzekaźnika. TLPD są obarczone wieloma działaniami niepożądanymi. Przede wszystkim blokują one receptory cholinergiczne muskarynowe w ośrodkowym układzie nerwowym (tzw. efekt atropinowy — zaparcia, suchość w ustach, zaburzenia świadomości, majaczenie) oraz mogą prowadzić do uszkodzenia serca i układu krwiotwórczego.

Następną chronologicznie grupą LPD wprowadzoną do kliniki były, wywodzące się z leków przeciwgruźliczych, inhibitory monoaminooksydazy (IMAO). Na przełomie lat 40. i 50. ubiegłego wieku zauważono, że u wielu gruźlików leczonych iproniazydem, który oprócz aktywności przeciwprątkowej miał właściwości inhibitora MAO, następowała poprawa nastroju. Enzym ten bowiem degraduje (poprzez oksydatywną deaminację) aminy biogenne mające łańcuch boczny z jedną grupą aminową, a więc NA, 5-HT i dopaminę (DA). Bezpośredni efekt neurochemiczny podania jest taki sam jak TLPD. Najbardziej dającym się we znaki działaniem niepożądanym terapii jest tzw. efekt serowy. Polega on na tym, że zablokowaniu ulega także izoenzym znajdujący się w nabłonku jelita cienkiego, który ma za zadanie chronić przed dostaniem się do krwiobiegu amin biogennych. Dotyczy to głównie prekursora NA i DA — tyraminy. Po spożyciu pokarmów bogatych w te związki, głównie niektórych gatunków sera żółtego lub czerwonego wina, powodują one bardzo silny i niebezpieczny wzrost ciśnienia krwi. Nowsze leki z tej grupy są jednak bardziej selektywne i działają głównie na izoenzym ośrodkowy.

Tymczasem pojawiły się też leki atypowe, czyli takie, których działanie nie jest związane z hamowaniem wychwytu zwrotnego NA i 5-HT, a właściwy mechanizm ich działania często jest nieznany. Należy tu m.in. alprazolam, minapryna i nomifenzyna.

Najnowszą generację LPD stanowią selektywne inhibitory wychwytu zwrotnego 5-HT. Do tej grupy należy Prozac (fluoksetyna), lek, który zrobił zawrotną karierę w Stanach Zjednoczonych. Zdaniem większości psychiatrów selektywne inhibitory wychwytu zwrotnego 5-HT są mniej skuteczne w leczeniu zespołów depresyjnych, obarczone są jednak małą liczbą niegroźnych skutków niepożądanych. Mają ponadto szerokie spektrum działania — np. są bardzo skuteczne w leczeniu lęku napadowego oraz choroby obsesyjno-kompulsyjnej (przejawiającej się natrętnymi myślami i natrętnymi czynnościami, które często zupełnie dezorganizują życie chorego).

W latach 90. ubiegłego wieku weszła do użytku klinicznego nowa grupa leków, tzw. selektywne inhibitory wychwytu NA i 5-HT, której przedstawicielami są wenlafaksyna i duloksetyna. Główny mechanizm działania (tj. hamowanie wychwytu zwrotnego) tych leków jest wspólny z TLPD, jednak pozbawione są one działania na inne systemy neuroprzekaźnikowe, w szczególności nie blokują receptorów histaminowych i cholinergicznych muskarynowych, które częściowo są odpowiedzialne za objawy niepożądane TLPD.

Opisane powyżej grupy leków nie różnią się zasadniczo ani czasem, jaki musi upłynąć, aby lek zaczął działać (ponad 3 tygodnie), ani skutecznością (tylko 60 – 70% pacjentów doświadcza znaczącej poprawy). Dlatego w polu zainteresowania farmakoterapii depresji znajduje się kilka nowych strategii. W szczególności rozważa się użycie tzw. leków o szerokim zakresie działania, które hamują wychwyt zwrotny nie tylko noradrenaliny i serotoniny, ale również dopaminy. Poszerzenie działania o dopaminę ma swoje uzasadnienie kliniczne, gdyż u pacjentów depresyjnych obserwuje się znaczące zmiany w układzie dopaminergicznym, który jest zaangażowany w funkcjonowanie układu nagrody (por. rozdz. 17), co ma swoje odbicie w charakterystycznych dla depresji zaburzeniach odczuwania przyjemności (anhedonii). Poza tym pomocnicze podawanie agonistów dopaminergicznych (np. prampireksol, pergolid) wydaje się wzmacniać skutki farmakoterapii tradycyjnymi lekami przeciwdepresyjnymi. Z lekami o szerokim zakresie działania wiąże się zatem nadzieję na poprawę szybkości i/lub skuteczności farmakoterapii.

W wyniku ostatnich badań otwiera się jeszcze inna perspektywa terapeutyczna związana ze środkami działającymi na receptor dla glutaminianu typu NMDA. W niektórych zwierzęcych modelach depresji działanie przeciwdepresyjne wykazują substancje blokujące glicynowe miejsce modulatorowe na tym receptorze. Są to tzw. częściowi agoniści miejsca glicynowego, w szczególności ACPC. Na skutek zablokowania miejsca glicynowego następuje osłabienie przekaźnictwa glutaminianergicznego za pośrednictwem receptora typu NMDA. Działanie to dobrze koreluje z wynikami najnowszych badań dotyczących ogólnego mechanizmu działania LPD związanego z modulacją funkcjonowania tego receptora (p. niżej).

Wśród farmakologicznych metod leczenia nie wymagających przepisu lekarza, od kilkunastu lat królują wyciągi z dziurawca zwyczajnego. Przeciwdepresyjne efekty tego preparatu (a właściwie jednego ze składników – hiperycyny) były opisywane w literaturze od końca lat 80. ubiegłego wieku i w ciągu lat 90. zyskał on wielką popularność, również, gdy mierzyć ją liczbą opublikowanych artykułów naukowych i medycznych. Ostatnio przeprowadzona metaanaliza raportów klinicznych dotyczących efektywności preparatów dziurawca, która wzięła pod uwagę również najnowsze badania, wskazuje na mniejszą, niż uważano dotychczas, skuteczność dziurawca w stanach depresyjnych. Badania prowadzone na przełomie i w początkach obecnego stulecia również przyniosły więcej wiedzy na temat skutków niepożądanych i silnych interakcji preparatów dziurawca z wieloma ważnymi grupami leków, takimi jak leki przeciwzakrzepowe, przeciwdepresyjne (w tym leki blokujące wychwyt zwrotny serotoniny), glikozydy nasercowe, leki obniżające syntezę cholesterolu (statyny), a nawet hormonalne środki antykoncepcyjne. Mechanizmy interakcji wiążą się z indukcją glikoproteiny P (odpowiedzialnego za oporność wielolekową) i/lub cytochromu P450 (odpowiedzialnego za biotransformację leków w organizmie), w szczególności jego izoformy CYP 3A4.

W leczeniu dwubiegunowej choroby afektywnej stosuje się głównie leki stabilizujące nastrój, takie jak sole litu, a także kwas walproinowy, skądinąd znany lek przeciwpadaczkowy.

Jako ostatnią grupę metod terapii biologicznej należy wymienić metody fizykalne, niefarmakologiczne. Elektrowstrząsy stosowane były od lat 30., nierzadko jako środek represyjny wobec pacjentów. Obecnie stosowanie elektrowstrząsów ogranicza się do kliniki chorób afektywnych, gdzie znalazły swe zasłużone miejsce. Jest to bowiem terapia niezastąpiona i skuteczna w przypadku lekoopornych postaci choroby, postaci połączonych z psychozą, zagrożeniem samobójstwem i w innych przypadkach wymagających szybkiej interwencji. Badania eksperymentalne na zwierzętach wskazują, że właściwy mechanizm działania elektrowstrząsów na układy neuroprzekaźnikowe wydaje się wspólny z LPD. Działania niepożądane ograniczają się do zaburzeń pamięci krótkotrwałej w postaci amnezji wstecznej — pacjent nie pamięta zdarzeń bezpośrednio poprzedzających zabieg. Jest on wykonywany rano, więc ubytek jest niewielki, a nawet pożądany, gdyż pacjenci obawiają się zabiegu (mimo iż uzyskano od nich wymaganą zgodę). Elektrowstrząsy, mimo w dużej mierze pozornej drastyczności, są często ostatnią deską ratunku dla głęboko zaburzonych i niewątpliwie bardzo cierpiących pacjentów oraz jedyną nadzieją na powrót do normalnego życia.

Inną, coraz szerzej używaną w klinice metodą leczniczą jest powtarzalna przezczaszkowa stymulacja magnetyczna (ang. repetitive transcranial magnetic stimulation, rTMS). Polega ona na stosowaniu pulsującego pola magnetycznego na powierzchnię kory mózgowej (głównie okolicy przedczołowej przejawiającej nieprawidłową aktywność u chorych na depresję). Wykazano, że stymulacja o niskiej częstotliwości (~ 1Hz) może prowadzić do miejscowego obniżenia aktywności, o wyższej zaś – do jej wzrostu. Skuteczność rTMS jest porównywalna z elektrowstrząsami, przy czym nie jest ograniczona tyloma przeciwwskazaniami, ani też obciążona społecznym piętnem. Również trwałość poprawy stanu chorobowego jest podobna w obu metodach. Nie zaobserwowano żadnych istotnych skutków niepożądanych jak zaburzenia kognitywne, zmiany w barierze krew–mózg, strukturze mózgowia, EEG, EKG lub poziomie neurohormonów. Jako jedyne objawy niepożądane opisuje się przejściowy ból głowy lub szyi oraz zmiany progu słuchowego związane z głośną pracą stymulatora. Metoda rTMS jest wciąż w fazie dopracowywania i wciąż nie jest oficjalnie uznana w żadnym kraju, co jednak nie przeszkadza w ograniczonym stosowaniu jej w klinice.

W 2004 roku opublikowano interesujące wyniki wstępnych prac nad zastosowaniem innego źródła elektromagnetycznej indukcji prądów w tkance mózgowej. Podczas badań pacjentów w chorobą dwubiegunową z użyciem echoplanarnego obrazowania spektroskopowgo rezonansu magnetycznego zauważono znaczącą poprawę nastroju już po jednym badaniu. Kolejne wykazały, że poprawa nastroju była dużo większa u pacjentów nieleczonych farmakologicznie niż leczonych, zmiana zaś nastroju u zdrowych ochotników była dużo niższa. Ogólnie, skuteczność tych zabiegów była porównywalna z rTMS. Obie metody operują zmiennym polem magnetycznym, co może sugerować wspólny mechanizm.

# 18.6. Modele zwierzęce depresji

U ludzi trudno jest badać neurobiologiczne mechanizmy patogenezy chorób afektywnych, gdyż wymaga to często interwencji chirurgicznej w mózgu. Rozwinięto zatem warsztat badawczy wykorzystujący doświadczenia na zwierzętach. Opracowano wiele tzw. zwierzęcych modeli depresji.

Laboratoryjny model choroby polega na sztucznym wywołaniu schorzenia lub częściej pewnych jego objawów. W przypadku depresji (lub szerzej — chorób afektywnych) konstrukcja właściwego i wiarygodnego modelu zwierzęcego, a więc nawiązującego do symptomatologii obserwowanej u ludzi, jest zadaniem niezwykle trudnym i właściwie skazanym na niepowodzenie. Można jednak określać i badać proste reakcje i zaburzenia charakterystyczne dla depresji — lęk, ograniczenia zachowania eksploracyjnego, popędu poznawczego, zachowań społecznych, uczenia się itd. W ograniczonym zakresie można modelować zachowania wiążące się z procesami motywacyjno-emocyjnymi i „subiektywnym" stanem nastroju (jeśli w ogóle istnieje taki u zwierząt). Oczywiście model nie musi mieć wartości absolutnej, gdyż jest ona częściowo przynajmniej zależna od celów, jakim ma służyć model.

Za wybitnym badaczem depresji P. Willnerem, modele zwierzęce tej choroby można podzielić na modele stresowe, separacyjne i farmakologiczne. Do pierwszej grupy należy model „wyuczonej bezradności". Zjawisko leżące u jego podstaw odkrył M.E. Seligman. Wyuczona bezradność polega na tym, iż zwierzęta laboratoryjne, nie mogąc uniknąć szoku elektrycznego podczas pierwszej sesji, uczą się, że jakiekolwiek próby jego uniknięcia są nieskuteczne. Następnie sytuacja ta generalizowana jest na późniejsze sesje, nawet gdy ucieczka staje się możliwa (por. rozdz. 13). Pod wieloma względami objawy „bezradności" przypominają objawy depresji z zahamowaniem. Do modeli stresowych o dużej mocy opisowej można zaliczyć model długotrwałego, nieprzewidywanego, słabego stresu. Polega on na tym, że szczurowi codziennie stosuje się coraz inne słabe bodźce stresujące (np. odstawienie jedzenia, oziębienie pomieszczenia, potrząśnięcie klatką, odwrócenie dobowego rytmu oświetlenia itp.). Po dłuższym okresie stosowania takiej procedury zwierzęta wykazują m.in. zahamowanie ruchowe, zwiększony lęk. Model ten jest interesujący również ze względu na zgodność z pewnymi psychologicznymi koncepcjami depresji, łączącymi tę chorobę z powtarzającymi się niepowodzeniami życiowymi.

Do drugiej grupy (tj. modeli separacyjnych) można zaliczyć model separacji młodych małp od ich matek. Po kilku dniach silnego protestu w następstwie separacji (przejawiającego się pobudzeniem, krzykiem i zaburzeniami snu) następuje faza rezygnacji. Małpki są zahamowane ruchowo, nie uczestniczą w zabawach, czynność serca jest spowolniona. Twarz zwierzęcia nosi wyraz smutku, a cała postać jest przygarbiona. Objawy obserwowane w modelach zwierzęcych można, przynajmniej częściowo, odwrócić za pomocą niektórych rodzajów terapii biologicznej przeniesionych z lecznictwa klinicznego.

Konstruuje się także modele zwierzęce będące właściwie testami farmakologicznymi o dużej mocy predykcyjnej, jakkolwiek o niewielkim lub żadnym podobieństwie do objawów depresji u ludzi. Nie mają one znaczenia w badaniu patomechanizmów chorób afektywnych, ale są skutecznie używane w przemyśle farmaceutycznym do łatwego, szybkiego i taniego sprawdzenia, czy badana nowa substancja ma potencjał przeciwdepresyjny. Można tu wspomnieć model odwracania skutków podania rezerpiny. Test ten jest oparty na zjawisku zmniejszania stężenia monoamin w mózgu w następstwie podawania rezerpiny. Efekty działania tego środka, m.in. uspokojenie zwierzęcia i obniżenie ciepłoty ciała, można zmniejszyć lub zlikwidować podając TLPD i IMAO.

# 18.7. Koncepcje patomechanizmu depresji

Od momentu wprowadzenia LPD do terapii przed trzydziestu pięciu laty, hipotezy dotyczące mechanizmu ich działania przeszły wiele zmian. Teorie działania LPD były formułowane jako konsekwencja koncepcji chorób afektywnych. Z drugiej strony postęp w dziedzinie LPD pobudził rozwój wiedzy o patomechanizmie depresji. Również diagnostyka laboratoryjna dostarczała i wciąż dostarcza wielu ciekawych obserwacji. U chorych na choroby afektywne zauważono wiele nieprawidłowości dotyczących składu płynu mózgowo-rdzeniowego, metabolizmu neuroprzekaźników, zaburzeń endokrynologicznych. Często nie wiadomo, czy obserwowane efekty są związane z patomechanizmem choroby, czy też są epifenomenem, który można wykorzystać jedynie jako jeden ze wskaźników stanu organizmu pacjenta podczas choroby i jej leczenia.

Pierwsze hipotezy wyjaśniające patomechanizm depresji endogennej miały jako podstawę świeżo poznany mechanizm działania TLPD — hamowanie wychwytu zwrotnego NA i 5-HT, a także wyniki analiz biochemicznych metabolizmu tych przekaźników u chorych depresyjnych. Wiadomo było ponadto, że inhibitory MAO powodują osłabienie metabolizmu neuroprzekaźników monoaminowych (tj. mających jedną grupę aminową w cząsteczce), przede wszystkim NA i 5-HT. Na tej podstawie sformułowano dwie tzw. jednolite teorie depresji — teorię niedoboru noradrenaliny i teorię niedoboru serotoniny.

Wkrótce też okazało się, że rezerpina, lek pochodzenia roślinnego stosowany w leczeniu nadciśnienia, powoduje u niektórych osób depresję. Rezerpina ma bowiem ciekawą właściwość — opróżnia pęcherzyki synaptyczne z monoamin, powoduje zatem ich przedwczesne unieczynnienie i osłabienie przekaźnictwa.

Jednakże stopniowo gromadziły się sprzeczne obserwacje kliniczne i doświadczalne. Najbardziej spektakularną niezgodnością było to, iż skutek terapeutyczny LPD pojawia się dopiero po ok. 2 tygodniach ich podawania, podczas gdy zmiany w stężeniu neuroprzekaźników w synapsach pojawiają już po pojedynczej dawce leku. Poza tym atypowe LPD w ogóle nie wpływają na wychwyt neuroprzekaźników, a niektóre silne środki blokujące wychwyt NA i DA (np. amfetamina i kokaina) nie mają działania przeciwdepresyjnego.

Z faktów tych wynika, że jednoprzekaźnikowe teorie chorób afektywnych nie były w stanie wytłumaczyć szerokiego zakresu obserwowanych zmian biochemicznych i objawów klinicznych. Mechanizm przeciwdepresyjnego działania leków jest więc bardziej złożony i prawdopodobnie zależy od wielu czynników, w tym także tych, które rozwijają się podczas długotrwałego stosowania. Chodzi tu przede wszystkim o tzw. adaptacyjne zmiany receptorowe.

Odkryto na przykład, że po długotrwałym podawaniu LPD — a nawet stosowaniu elektrowstrząsów — w korze mózgowej szczurów dochodzi do zmniejszenia liczby receptorów adrenergicznych typu $\beta$, jako wyraz adaptacji neuronów do przedłużającego się zwiększonego stężenia NA w tej strukturze. Obserwacja ta zapoczątkowała badania zmian funkcjonowania rozmaitych receptorów pod wpływem LPD u zwierząt. Należy tu wspomnieć, że pośmiertna analiza kory czołowej samobójców wykazuje wzrost gęstości receptorów $\beta$.

Uwagę badaczy zwrócił przede wszystkim tzw. układ limbiczny, ze względu na rolę, jaką odgrywa w regulacji mechanizmów emocji, motywacji i wzmocnienia pozytywnego. Funkcje te są szczególnie zaburzone w przebiegu choroby afektywnej.

Do pewnych obszarów układu limbicznego docierają projekcje z jąder pnia mózgu, złożone z długich aksonów, których zakończenia wydzielają NA (jądra miejsca sinawego), DA (pole brzuszne nakrywki) albo 5-HT (jądra szwu). Te trzy przekaźniki działają swoiście na odpowiednie receptory błonowe, które dzieli się dalej na wiele klas, o różnej — często przeciwstawnej — funkcji.

Można je zaklasyfikować — przynajmniej na obszarze struktur limbicznych — do dwóch grup. Pobudzenie przez swoiste neuroprzekaźniki jednych receptorów powoduje pobudzenie zachowania się zwierząt doświadczalnych w pewnych testach behawioralnych, pobudzenie zaś innych — zahamowanie zachowania się zwierząt.

Według jednej z koncepcji, w wyniku długotrwałego podawania LPD dochodzi w układzie limbicznym zwierząt do wzmocnienia aktywujących oddziaływań związanych z receptorami $\alpha_1$-adrenergicznymi i dopaminergicznymi ($D_1$ i $D_2$) oraz do osłabienia hamowania wywołanego pobudzeniem receptorów $\alpha_2$-adrenergicznych, niektórych 5-HT i GABAergicznych typu B ($GABA_B$). Stąd też przypuszczenie, iż istotną rolę w patomechanizmie chorób afektywnych ma obniżenie wrażliwości lub też zmniejszenie liczby receptorów pobudzających (w powyższym sensie) i zwiększenie hamujących, który to stan miałaby normalizować terapia biologiczna.

Wspomniane wyżej zjawisko obniżenia wrażliwości receptorów $\beta$ w następstwie przewlekłego podawania LPD i stosowania elektrowstrząsów nie jest, jak się okazało, obserwowane po wszystkich LPD. Poszukiwania swoistego i wspólnego efektu neurochemicznego terapii biologicznej doprowadziły w latach 90. ubiegłego wieku do zwrócenia uwagi na receptor dla glutaminianu typu NMDA. Stwierdzono bowiem, że wielokrotne podanie zwierzętom doświadczalnym leków przeciwdepresyjnych należących do wszystkich klas oraz stosowanie elektrowstrząsów powoduje spadek powinowactwa glicyny do jej miejsca wiążącego na kompleksie receptora NMDA i osłabienie interakcji między miejscem glicynowym a miejscem wiążącym głównego agonistę — glutaminian. Sugeruje to, że przewlekła terapia biologiczna powoduje adaptacyjne zmiany kompleksu receptora NMDA w postaci obniżenia jego wrażliwości.

# 18.8. Uzależnienia lekowe

Uzależnienie to kompleks objawów poznawczych (wiedza, poglądy), behawioralnych i fizjologicznych wskazujących, że dana osoba kontynuuje używanie substancji mimo oczywistych szkód, które z tego wynikają. Dziesiątki lat temu obserwacje efektów działania heroiny i objawów jej odstawienia umożliwiły powstanie modelu uzależnienia, który bazuje na pojęciach uzależnienia fizycznego i tolerancji. Podstawowymi (choć niekoniecznymi i niewystarczającymi) kryteriami rozpoznania uzależnienia jest zatem rozwój tolerancji w stosunku do substancji psychoaktywnej oraz pojawianie się zespołów odstawiennych po nagłym przerwaniu przyjmowania lub zmniejszeniu dawki tej substancji.

**Tabela 18.2.** Podział środków uzależniających

| Środki | Uzależnienie psychiczne | Uzależnienie fizyczne | Zespół odstawienia | Tolerancja | Kluczowy dla działania proces lub cząsteczka |
|---|---|---|---|---|---|
| Pobudzające: | | | | | |
| amfetamina i inne sympatykolityki | + | — | + | ++ | wypłukanie NA i DA z pęcherzyków synaptycznych do szczeliny synaptycznej |
| kokaina | ++ | + | + | ++ | blokowanie wychwytu zwrotnego NA i DA |
| halucynogeny | + | bd | — | + | pobudzanie 5-HT$_2$ |
| PCP (phencyclidine) | + | bd | — | bd | blokowanie kanału receptora NMDA |
| nikotyna | + | bd | + | + | pobudzanie receptora cholinergicznego nikotynowego |
| Hamujące: | | | | | |
| kanabinoidy | +/++ | — | — | + | pobudzanie ośrodkowego podtypu receptora kanabinoidowego (CB-1) |
| opiaty | ++ | ++ | + | + | pobudzanie receptora $\mu$ |
| leki uspokajające, przeciwlękowe i nasenne | +/++ | + | +/— | +/— | pobudzanie receptora GABA$_A$ |
| alkohol | + | + | +/— | +/— | m.in. pobudzanie receptora GABA$_A$ |
| lotne rozpuszczalniki | + | bd | bd | bd | bliżej nieznany |

— : brak działania; +/++: działa (słabo/silnie); bd: brak danych.

**Tabela 18.3.** Niektóre kryteria diagnostyczne uzależnienia lekowego

1. Rozwój tolerancji
2. Występowanie objawów zespołu odstawiennego
3. Ilość przyjmowanej substancji i okres jej stosowania przekraczają znacznie pierwotne zamierzenia
4. Nieskuteczność prób obniżania dawki lub przerwania stosowania
5. Zdominowanie życia przez aktywność związaną ze zdobywaniem środka, niekiedy kosztem znacznego wysiłku
6. Zmiany aktywności zawodowej, społecznej i rekreacyjnej w związku z używaniem środka
7. Silna potrzeba lub przymus wewnętrzny przyjmowania substancji
8. Utrata zdolności kontrolowania przyjmowania środka
9. Przyjmowanie substancji mimo oczywistych i znanych osobie uzależnionej szkód zdrowotnych lub problemów psychologicznych

Tolerancja polega na potrzebie stałego zwiększania ilości substancji w celu osiągnięcia pożądanego efektu działania, stosowanie bowiem tych samych dawek przynosi stopniowo malejący efekt. W przypadkach niektórych substancji zachodzi tolerancja krzyżowa, tj. stan, w którym tolerancja jednego leku wpływa na tolerancję drugiego leku (np. alkohol–barbiturany). Przy niektórych lekach tolerancja w ogóle nie występuje (preparaty *Cannabis*, PCP). Należy tutaj zaznaczyć, że na gruncie nauki o uzależnieniach termin „lek" jest rozumiany szeroko i oznacza każdą substancję psychoaktywną, niezależnie od jej znaczenia leczniczego.

Objawy odstawienne (zespół abstynencyjny) obejmują grupę cech i objawów psychologicznych, behawioralnych i fizjologicznych (głównie wegetatywnych), które pojawiają się po zmniejszeniu stężenia danej substancji we krwi i tkankach. Zespół obejmuje objawy i cechy niespecyficzne (złe samopoczucie, dyskomfort somatyczny, zaburzenia snu i łaknienia) oraz objawy specyficzne dla danej substancji lub grupy substancji (np. odstawienie alkoholu, barbituranów i benzodiazepin może wywołać majaczenie i napady padaczkowe). Zespół abstynencyjny pojawia się w różnym czasie od odstawienia, zależnie od długości okresu biologicznego półtrwania danej substancji w organizmie (kilka do kilkudziesięciu godzin). Należy zwrócić uwagę, iż objawy odstawienne mogą się pojawiać np. u chorych otrzymujących opiaty przy okazji zabiegów chirurgicznych, którzy nie wykazują innych cech uzależnienia. Z drugiej strony nie występują u osób uzależnionych od halucynogenów, PCP i preparatów konopi (por. tab. 18.2).

Tradycyjnie, ze względu na sposób ekspresji, wyróżnia się uzależnienie fizyczne i psychiczne. Uzależnienie fizyczne polega na wytworzeniu się zmian neuroadaptacyjnych, w którym po przerwaniu lub znaczącym ograniczeniu ilości albo częstotliwości podawania określonej substancji uzależniającej występuje klinicznie znaczące zaburzenie czynności organizmu — objawy zespołu odstawiennego. Uzależnienie psychiczne polega na przymusie zażywania substancji uzależniającej. Jego głównym przejawem jest „głód" narkotyczny (ang. drug craving). Ten ostatni może być również obecny w zespole odstawiennym, w tym przypadku jednak górę bierze potrzeba zażycia leku w celu usunięcia bardzo przykrych objawów somatycznych.

Ze względu na złożoność i różnorodność objawów uzależnienia, we współczesnych inwentarzach diagnostycznych bierze się pod uwagę wiele objawów cząstkowych (tab. 18.3).

## 18.9. Przyczyny nadużywania leków

Żadne z poznanych efektów farmakologicznych środków uzależniających, lub ich kombinacja, nie wyjaśniają przyczyn, dla których środki te są nadużywane. Pewne efekty, jak działanie uspokajające lub przeciwbólowe, z pewnością wskazują na potencjał uzależniający środka farmakologicznego. Jednak wiele środków uzależniających (np. psychostymulanty lub halucynogeny) nie wykazują żadnego działania uspokajającego czy przeciwbólowego. Wydaje się, że jedyną wspólną cechą wszystkich środków uzależniających jest zdolność do wywoływania subiektywnego odczucia przyjemności.

Zachowanie osób uzależnionych jest ilustracją działania zasady przyjemności, która w żaden sposób nie jest ograniczona przez zdolność przewidywania lub samoopanowanie. Zwyczajne przyjemności rekreacyjne lub wynikające z kontaktów socjalnych zwykle trwają około 4 do 6 godzin. Pożądany wpływ alkoholu również na ogół nie trwa długo. Ograniczenie czasu trwania przyjemności ma istotną wartość ochronną dla osobnika — umożliwia zwrócenie uwagi na inne czynności życiowe. Osoby uzależnione starają się przekroczyć te ograniczenia. Mimo powtarzającego się cierpienia pojawiającego się po zakończeniu przyjemnego działania środków odurzających, uzależnieni powracają do gwałtownego pościgu za przyjemnością, tak długo, aż powstrzyma ich śmierć, choroba lub wyleczenie.

Poza tym, zażycie środka odurzającego, zarówno przez osoby uzależnione, jak i nieuzależnione, nie wymaga sekwencji celowych działań, których skutkiem ma być sukces i płynąca z niego satysfakcja, lecz umożliwia natychmiastowe odczucie przyjemności. W skrajnej sytuacji osoba uzależniona zarzuca dążenie do osiągnięcia niepewnych celów, przedkładając jedyną i pewną przyjemność, płynącą z zażycia środka odurzającego.

Za jedną z zasadniczych i nieodłącznych cech uzależnienia uważa się (m.in. M.A. Bozarth) tzw. toksyczność motywacyjną. W miarę rozwoju uzależnienia zainteresowanie innymi naturalnymi bodźcami nagradzającymi (np. pożywienie, seks) maleje i cała aktywność osobnika skupia się na sporządzaniu i zażywaniu danego środka. Dotychczasowa skala wartości zaczyna się rozpadać i nawet zachowania istotne dla dobrego samopoczucia i przeżycia organizmu mają mniejsze znaczenie motywacyjne.

Historię naturalną uzależnienia można podzielić na fazę nabywania i fazę utrzymywania. Niewątpliwie nabywanie zachowań związanych z zażywaniem angażuje procesy wzmocnienia pozytywnego. Powtarzające się podawanie środków uzależniających może prowadzić do neuroadaptacyjnych zmian w ośrodkowym układzie nerwowym. W wyniku tego mogą się ujawnić dodatkowe efekty motywacyjne wpływające na ich zażywanie. Efekty te nie występują podczas początkowej fazy przyjmowania. Niemniej są one potencjalnie ważne dla kontynuacji nabytego zachowania.

Przykładem jest tzw. skrzywienie uwagi (ang. attentional bias), czyli automatyczna reakcja jedynie na istotne dla podmiotu sygnały (nawet jeśli prezentowane są poniżej progu percepcji) zwiększająca prawdopodobieństwo, że tylko najważniejsze dla organizmu bodźce będą kierować zachowaniem. Mechanizm tego zjawiska wyjaśnia się na podstawie teorii uwrażliwienia na bodźce zachęcające (ang. incentive sensitization theory). Na gruncie tej teorii odróżnia się pożądanie od faktycznej przyjemności płynącej z posiadania lub konsumpcji. Gdy środki uzależniające są zażywane w obecności bodźców warunkowych o pierwotnie obojętnym ładunku emocjonalnym, następuje uwrażliwienie na owe bodźce tych mechanizmów neuronalnych, które kierują pożądaniem. W ten sposób, pomimo słabnącego działania nagradzającego substancji psychoaktywnej (np. w wyniku rozwoju tolerancji), przymus zażywania jej nasila się, stając się główną motywacją wszelkich działań.

Stwierdzono, że bodźce skojarzone ze środkiem uzależniającym mogą, na zasadzie warunkowania klasycznego, wywoływać wzrost stężenia dopaminy w mózgu. Od dawna uważa się, że dopamina powoduje euforyczne lub przyjemne uczucia, jednak ostatnio sugeruje się, że dopamina przede wszystkim skierowuje uwagę na zdarzenia, które antycypują nagrodę, np. bodźce związane ze środkiem uzależniającym.

Opisane wyżej mechanizmy wydają się szczególne nasilone w okresie dorastania, prowadząc do wzmożonej podatności na zażywanie środków uzależniających w tym okresie rozwojowym. Obserwacje epidemiologiczne wskazują, że młodzież i młode osoby dorosłe wykazują większe prawdopodobieństwo eksperymentowania ze środkami uzależniającymi niż osoby dojrzałe. Poza tym, uzależnienie diagnozowane u dorosłych ma swój początek najczęściej w okresie młodzieńczym i wczesnej dorosłości, przy czym im wcześniejszy początek zażywania substancji psychoaktywnych, tym większe jest nasilenie uzależnienia. Wiele badań klinicznych wskazuje na okres młodzieńczy jako okres podwyższonej biologicznej wrażliwości na uzależniające właściwości środków psychoaktywnych.

Doświadczenia na szczurach pokazały, że w zakresie lokomocji mają one w okresie dorastania obniżoną wrażliwość na agonistów i nadwrażliwość na antagonistów dopaminy, co wskazuje, że ich układ dopaminergiczny działa na podwyższonych obrotach, w przeciwieństwie do hamującego układu serotoninergicznego. To z kolei może sugerować, że młodzieńcze skłonności do eksperymentowania i podatność na środki uzależniające są związane z rozwojowymi zmianami w aktywności układu dopaminergicznego. Można przypuszczać, że silny napęd motywacyjny u młodzieży w kierunku nowych doświadczeń, połączony z niedojrzałym hamującym układem kontroli, predysponuje do impulsywnych aktów i ryzykownych zachowań, w tym eksperymentowania ze środkami uzależniającymi.

# 18.10. Zwierzęce testy laboratoryjne w badaniach nad uzależnieniem

Neuroanatomiczne i neurofizjologiczne badania uzależnień lekowych zostały zapoczątkowane wykryciem zjawiska samodrażnienia u zwierząt (por. rozdz. 17). Środki uzależniające (np. amfetamina, morfina) nasilają reakcję samodrażnienia, z drugiej strony uprzednie samodrażnienie zwiększa u zwierząt pobieranie tych środków. Dowodzi to podobieństwa mechanizmów związanych z samodrażnieniem i pobieraniem środków uzależniających. Oba te zjawiska wiąże się ze zmianami przekaźnictwa dopaminergicznego.

Związek nagradzającego wpływu środków uzależniających z układem dopaminergicznym najlepiej widać na modelu samopodawania. Jest to w pewnym sensie analog samodrażnienia. Różni się tym, że do określonych struktur ośrodkowego układu nerwowego wszczepia się zamiast elektrody cienki kateter połączony z mikropompą, której sterowanie przekazuje się zwierzęciu. Stwierdzono, że zwierzęta doświadczalne samopodają ok. 30 różnych leków — niekoniecznie uzależniających (ryc. 18.1).

Metoda warunkowej preferencji miejsca jest obecnie jednym z najbardziej powszechnych modeli wykrywających działanie nagradzające związków. Klatka doświadczalna składa się z dwu przedziałów różniących się kolorem i rodzajem podłogi. Po podaniu zwierzęciu określonego środka zamyka się je w jednej z części na pewnien czas, podczas gdy druga kojarzona jest z podaniem substancji nośnikowej (np. samego rozpuszczalnika). Trening taki prowadzi się przez kilka dni. Następnie,

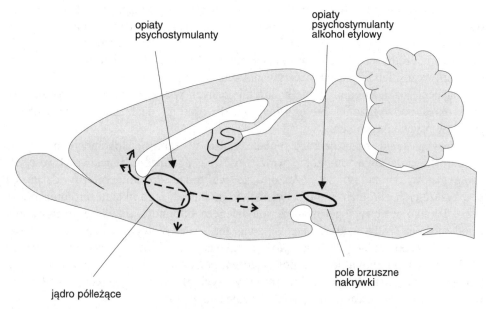

**Ryc. 18.1.** Struktury mózgu, do których zwierzęta samopodają sobie przykładowe substancje uzależniające. Na rycinie pokazano również przebieg projekcji dopaminergicznej z brzusznej nakrywki

**Tabela 18.4.** Aktywność substancji w zwierzęcych modelach uzależnienia

| Środek | Samopodawanie obwodowe | Obniżenie progu samodrażnienia | Warunkowa preferencja miejsca |
|---|---|---|---|
| Opiaty | + | + | + |
| Psychostymulanty | + | + | + |
| Alkohol etylowy | + | + | + |
| PCP i pochodne | + | + | — |
| Barbiturany | + | — | bd |
| Benzodiazepiny | (+) | bd | + |
| Kanabinoidy | (+) | — | bd |
| Nikotyna | (+) | + | + |
| Kofeina | (+) | bd | + |

—: brak działania; (+): działa w pewnych warunkach; +: działa; bd: brak danych.

nie podawszy badanej substancji, wpuszcza się zwierzę do klatki, gdzie może się ono swobodnie przemieszczać między dwiema częściami. Jeśli badana substancja ma wyraźne działanie nagradzające, zwierzę preferuje skojarzone z nią miejsce, przebywając tam dłużej. Przyjmuje się, że reakcja taka występuje w wyniku klasycznego warunkowania, w trakcie którego określone środowisko nabiera cech motywacyjnych.

Model pozwala badać nie tylko właściwości nagradzające środków farmakologicznych, ale również mechanizmy odpowiedzialne za silne i niepohamowane poszukiwanie dostępu do środka, charakterystyczne dla uzależnionych ludzi.

Skrótowy przegląd właściwości kilku grup środków uzależniających zbadanych za pomocą wymienionych testów zawiera tabela 18.4.

# 18.11. Neurochemiczne podłoże działania niektórych środków uzależniających

## 18.11.1. Opiaty

Nagradzające działanie morfiny i innych opiatów wynika z pobudzającego wpływu na receptor opioidowy typu $\mu$, czego skutkiem jest euforia. Morfina podana obwodowo nasila uwalnianie DA w obszarach limbicznych i jest samopodawana przez zwierzęta laboratoryjne do pola brzusznego nakrywki i jądra półleżącego. Badania na modelach zwierzęcych dowiodły, że tolerancja i uzależnienie od opiatów związane jest z up-regulacją szlaku przekaźnictwa cAMP.

## 18.11.2. Psychostymulanty

Nagradzające działanie wynika ze zwiększenia stężenia katecholamin (głównie DA), w wyniku wypłukania ich z pęcherzyków synaptycznych do szczeliny (amfetamina) oraz zablokowania wychwytu zwrotnego DA (kokaina). Amfetamina jest samopo-

dawana do pola brzusznego nakrywki i jądra półleżącego, uszkodzenie zaś mezolim-
bicznej projekcji dopaminergicznej — z pola brzusznej nakrywki (por. rozdz. 17)
powoduje osłabienie samopodawania.

## 18.11.3. Alkohol etylowy

Mechanizm działania alkoholu jest mało poznany. Efekt nagradzający jest związany
prawdopodobnie z układami katecholaminergicznymi, szczególnie dopaminergicznym.
Nie bez znaczenia jest interakcja z układami opioidowymi, jako że środki blokujące
receptory $\mu$ (nalokson i naltrekson) osłabiają picie alkoholu przez szczury. Były próby
stosowania tych środków w terapii alkoholizmu. Alkohol wzmaga uwalnianie DA
w obszarach limbicznych, głównie w jądrze półleżącym. Jest również samopodawany
do pola brzusznego nakrywki.

Trzeba wspomnieć, że pośredni metabolit alkoholu — aldehyd octowy — reaguje
nieenzymatycznie w krwiobiegu z katecholaminami i serotoniną, dając produkty
(odpowiednio tetrahydroizochinoliny TIQ oraz $\beta$-karboliny BC) o wyraźnym działaniu
psychotropowym. Niewątpliwie mają one wpływ na działanie nagradzające etanolu.
Alkohol, poza niespecyficznym działaniem na błony komórkowe (zmiana płynności błon),
wpływa znacząco na specyficzne mechanizmy związane z transportem jonów przez te
błony. Dotyczy to zarówno kanałów wapniowych, jak i kanałów związanych z receptorami
(dla glutaminianu — NMDA, serotoniny — 5-HT$_3$, receptorów GABA$_A$). Wiele uwagi
poświęca się związkowi efektów nagradzających etanolu z serotoniną. Wykazano, że
substancje nasilające przekaźnictwo serotoninergiczne przez zastosowanie specyficznych
środków blokujących wychwyt zwrotny serotoniny (fluoksetyna) dały zachęcające wyniki.
Ostatnio podkreśla się rolę receptorów 5-HT$_3$ w działaniu alkoholu. Receptory te znajdują
się m.in. na neuronach dopaminergicznych w strukturach limbicznych i ich pobudzenie
może nasilać uwalnianie dopaminy w tych okolicach. Alkohol nasila zaś wpływ serotoniny
na te receptory. Specyficzne substancje antagonistyczne w stosunku do receptorów 5-HT$_3$
mogą osłabiać wzmacniające działanie alkoholu, opiatów i psychostymulantów,
prawdopodobnie przez zmniejszenie uwalniania dopaminy w strukturach limbicznych.

## 18.11.4. Kanabinoidy

Substancje czynne występujące w preparatach konopi również powodują wzrost
stężenia DA w jądrze półleżącym. Najsilniejsze działanie wywierają $\Delta^9$-tetra-
hydrokanabinol ($\Delta^9$-THC) i $\Delta^8$-THC. Zsyntetyzowano również wiele kanabinoidów
o kilkaset razy silniejszym działaniu (m.in. nagradzającym). U człowieka i innych
kręgowców (do ryb włącznie) kanabinoidy działają poprzez swoiste receptory błonowe
znajdujące się głównie na zakończeniach aksonów GABAergicznych. W ośrodkowym
układzie nerwowym największe stężenie receptorów kanabinoidowych występuje
w jądrach wysyłających długie aksony dopaminergiczne, tj. w polu brzusznym
nakrywki i istocie czarnej. Ostatnio u człowieka i kilku gatunków ssaków wykryto

istnienie endogennych substancji pobudzających te receptory. Te tzw. endokanabinoidy są głównie amidowymi pochodnymi kwasu arachidonowego (np. prototypowy związek z tej grupy — anandamid jest etanoloamidem kwasu arachidonowego). Układ kanabinoidowy wykazuje wiele konwergencji z układem opiatowym. Receptory kanabinoidowe CB1 odgrywają szczególną rolę w manifestacji nagradzających efektów wywoływanych przez morfinę (ale nie przez psychostymulanty lub nikotynę). Donosi się również o tolerancji krzyżowej miedzy kanabinoidami a opiatami w supresji czynności układu odpornościowego.

## 18.11.5. Nikotyna

Palacze tytoniu wykazują wszystkie klasyczne oznaki nadużywania, tj. uzależniają się, trudno im zerwać z nałogiem i rozwijają tolerancję. Po nagłym przerwaniu nałogu palacze bez wątpienia cierpią na zespół odstawienia (bóle głowy, zaparcia, bezsenność, depresja, zaburzenie koncentracji, lęk).

Nikotyna pobudza receptory cholinergiczne typu nikotynowego. Jest aktywna w modelu samopodawania i zwiększa wydzielanie DA w układzie mezolimbicznym. Oba te efekty są blokowane przez antagonistów receptorów nikotynowych. Skutki odstawienia nikotyny mogą być u szczura osłabione przez podanie środków stymulujących uwalnianie dopaminy, takich jak amfetamina. Poza tym nikotyna powoduje u zwierząt doświadczalnych, zależne od dawki, uwolnienie endogennych opioidów w obszarze hipokampa i podwzgórza.

Obserwacje zachowania palaczy wskazują, że na podstawie efektów już skonsumowanej nikotyny, sami regulują sobie pobieranie nikotyny. Wydaje się, że każdy palacz wypracowuje taki schemat palenia, który przynosi mu najwięcej satysfakcji. Sugeruje się, że palaczy można podzielić na dwie szerokie kategorie — takich, którzy palą tak, że po każdym papierosie (np. wypalonym po posiłku) następuje istotny szczyt stężenia nikotyny w osoczu (ang. peak seekers), i takich, którzy mają tendencję do częstszego palenia, tak że stężenie nikotyny w osoczu pozostaje względnie stałe i nie wykazuje znacznych wahań (ang. trough maintainers). Wydaje się, że pierwsi wybierają sposób palenia, który powoduje stymulację ośrodkowych receptorów nikotynowych, podczas gdy druga kategoria palaczy pali w taki sposób, że receptory te są długotrwale zablokowane. Mimo przeciwnych skutków neurochemicznych obie kategorie palaczy wykazują silne uzależnienie. Wynika to prawdopodobnie ze złożoności mechanizmów działania nikotyny na ośrodkowy układ nerwowy.

# 18.12. Podłoże genetyczne i molekularne uzależnień

Zagadnienie genetycznego podłoża uzależnień jest bardzo złożone — zawiera bowiem pytania o to, które geny wpływają na skłonność do nadużywania środków uzależniających, jak działają allele zwiększające tę skłonność oraz jak ich efekty są modyfikowane przez inne geny i środowisko. Informacje pochodzące z badań rodzin oraz bliźniąt osób uzależnionych, a także badań adopcyjnych, pozwalają na sporządzenie wciąż rosnącej listy prawdopodobnie zaangażowanych genów. Nadużywanie leków zdecydowanie pojawia się rodzinnie. Dostępne dane sugerują, że ryzyko uzależnienia jest około pięciu razy większe u rodzeństwa chorego w porównaniu z populacją ogólną, przy czym ryzyko dla braci może być większe niż dla sióstr. Również osoby adoptowane, których biologiczni rodzice nadużywali środków psychoaktywnych, są bardziej narażone na uzależnienie niż osoby nie pochodzące z takich rodzin, a wychowywane w identycznych warunkach. Badania nad bliźniętami jedno- i dwujajowymi pokazały silną komponentę genetyczną, średnio 40% dla alkoholizmu i uzależnienia lekowego.

Badania epidemiologiczne wskazują na podwyższone prawdopodobieństwo nadużywania środków psychoaktywnych u osób o osobowości antyspołecznej, z depresją, alkoholizmem i innymi zaburzeniami zachowania.

Badania *loci* cech ilościowych (ang. quantitative trait loci, QLT) wskazują na zmienność genetyczną w kilku regionach chromosomalnych, np. w obszarze zawierającym gen receptora opioidowego $\mu$ (w modelu samopodawania leków u zwierząt laboratoryjnych).

W przypadku nadużywania nikotyny znaleziono gen wyraźnie wpływający na stopień uzależnienia. Jest to *CYP2A6* kodujący izoformę wątrobowego cytochromu P450, który katalizuje oksydację nikotyny do nieaktywnej kotyniny i dalszych metabolitów. Występuje on w postaci co najmniej 17 allelicznych wariantów o różnej aktywności enzymatycznej, pojawiających się rozmaicie w różnych grupach etnicznych. Badania epidemiologiczne wykazały, że prawdopodobieństwo uzależnienia się jest mniejsze u nosicieli mniej aktywnych enzymatycznie alleli. Osoby takie później zaczynają palić, palą mniej i łatwiej rzucają nałóg. Skuteczniej też reagują na terapię zastępczą (np. plastry lub guma z nikotyną). Enzym CYP2A6 jest obecnie rozważany jako potencjalny punkt uchwytu farmakoterapii przeciwnikotynowej.

# 18.13. Podłoże fizjologiczne i anatomiczne uzależnień

Jak wykazaliśmy w poprzednim podrozdziale, wiele dowodów wskazuje na to, że nagradzające działanie wielu środków uzależniających wynika z bezpośredniego lub pośredniego wpływu na neurony dopaminergiczne w mózgu. Uwagę badaczy skupia szczególnie układ mezolimbiczny (mający początek w polu brzusznym nakrywki, a kończący się m.in. w jądrze półleżącym, hipokampie, korze czołowej).

Szczególnie interesującą strukturą końcową tych projekcji jest jądro półleżące mieszczące się w obszarze podkorowym zwanym prążkowiem brzusznym. Jądro to jest — jak się wydaje — pośrednikiem między układem limbicznym (emocjami) a układem ruchowym (por. rozdz. 17). Układ mezolimbiczny jest miejscem, w którym środki uzależniające działają na mechanizmy odpowiedzialne za motywację apetytywną i nagrodę (wzmocnienie pozytywne). Udział tego układu w uzależnieniu jest prawdopodobnie związany z aktywacją tych samych mechanizmów nerwowych, które sterują normalnym napędem. Uczestniczy on w wielu rodzajach zachowania związanych z naturalnymi bodźcami o charakterze pozytywnego wzmocnienia (np. pożywienie, seks).

Wiele środków uzależniających preferencyjnie wzmaga uwalnianie DA w głównej strukturze układu mezolimbicznego — jądrze półleżącym. Działanie takie wykazują niewątpliwie psychostymulanty (kokaina, amfetaminy), opiaty, alkohol, kanabinoidy i nikotyna.

Dopaminergiczny układ brzusznej nakrywki jest aktywny tonicznie i aktywność ta może wspomagać regulację normalnego poziomu afektu. Kiedy zdolność naturalnych nagród do aktywacji tego układu jest zaburzona, może powstać efekt negatywnego kontrastu, który powoduje dalej, iż wzmocnienia naturalne (tj. nie związane ze środkami uzależniającymi) tracą swój walor hedonistyczny. Taka dewaluacja naturalnej nagrody mogłaby powodować zwiększoną koncentrację motywacyjną na nagrodzie nienaturalnej. Według Bozartha może to stanowić zasadniczy czynnik w toksyczności motywacyjnej.

Działanie środków uzależniających zmienia się z upływem czasu. Środki takie jak alkohol czy heroina powodują rozwój tolerancji — osoba uzależniona musi brać coraz większe dawki, aby uzyskać ten sam efekt. W przypadku psychostymulantów i morfiny, jeśli wzorzec czasowy zażywania jest nieregularny, pojawia się przeciwne zjawisko zwane odwrotną tolerancją lub uwrażliwieniem. Polega ono na tym, że w miarę przyjmowania kolejnych dawek efekt działania środka zwiększa się. Doświadczenia na zwierzętach pokazują, że zjawisko to również jest związane z układem dopaminergicznym brzusznej nakrywki.

Efekt uwrażliwienia na nagrodę, wraz z towarzyszącym spadkiem zdolności do aktywacji układu dopaminergicznego przez naturalne czynniki wzmacniające (tj. dewaluacją innych bodźców motywacyjnych) niewątpliwie przyczynia się do utrzymania uzależnienia.

Badania porównawcze pacjentów z uszkodzonym brzuszno-przyśrodkowym obszarem kory przedczołowej i osób uzależnionych, w których używano testów symulujących hazardową grę w karty, pokazały, że obie grupy korzystają w grze z podobnej strategii. Charakterystyczną cechą pacjentów z uszkodzeniem tego rejonu kory jest nadwrażliwość na nagrodę (potencjalną wygraną) przy obniżonej wrażliwości na karę (potencjalną porażkę), co oznacza, że podejmowanie długoterminowych decyzji strategicznych jest kierowane przez informację zwrotną o nagrodzie, a nie karze. Jest to szczególnego rodzaju zaburzenie w procesie podejmowania decyzji, związane z korą przedczołową i połączonym z nią ciałem migdałowatym. Fakt, że populacja osób uzależnionych jest bardzo zróżnicowana (choćby ze względu na farmakologiczne właściwości zażywanej substancji), a zaburzenia w procesie podejmowania decyzji bardzo podobne do występujących u pacjentów, może sugerować, że to rozwojowe lub genetyczne nieprawidłowości w brzuszno-przyśrodkowej korze przedczołowej predysponują do uzależnień, a nie odwrotnie, tzn. zaburzenia w podejmowaniu decyzji nie są skutkiem neurotoksycznego działania substancji psychoaktywnych na te struktury.

# 18.14. Farmakoterapia uzależnień

Społeczna waga problemu uzależnień powoduje, że olbrzymie środki są przeznaczane na pomoc i leczenie uzależnionych. Możliwości farmakoterapii jak na razie wydają się ograniczone, ale istnieją pewne nadzieje.

Farmakoterapia uzależnień ma przebieg dwufazowy — składa się na nią detoksykacja i uśmierzanie ostrych objawów odstawienia oraz zapobieganie nawrotom. Detoksykacja, która z definicji nacelowana jest na uzależnienie fizyczne, jest skuteczna tylko krótkoterminowo. Wysoka częstość nawrotów po detoksykacji podkreśla potrzebę długoterminowej farmakoterapii zastępczej.

Uzależnienie od opiatów leczy się za pomocą terapii zastępczej metadonem. Chory otrzymuje zamiast narkotyku środek zapobiegający zespołowi odstawienia, natomiast nie wywołujący tak silnego efektu euforycznego. Nie ma więc nagrody. Stopniowo zmniejsza się dawkę metadonu z jednoczesną psychoterapią. Metoda ta jednak budzi liczne kontrowersje, a jej skuteczność jest ostatnio kwestionowana, głównie ze względu na częstość nawrotów, która po przerwaniu kuracji metadonowej (i zapewne innych terapii zastępczych) pozostaje wysoka. Poszukiwany środek zapobiegający nawrotom powinien mieć działanie nakierowanie na dwa aspekty patomechanizmu uzależnień — musi normalizować zmiany neurochemiczne, które zaszły podczas chronicznego zażywania substancji uzależniającej oraz musi modulować nabytą podczas trwania uzależnienia patologiczną wrażliwość na bodźce środowiskowe z nią związane.

Skutecznego podejścia farmakologicznego wymaga także sensytyzacja, czyli nasilanie się efektów działania substancji uzależniającej wraz z powtarzaniem dawki. W modelach zwierzęcych przejawia się ona behawioralnie w postaci aktywności lokomotorycznej i stereotypii. U ludzi ujawnia się jako intensyfikacja takich aspektów uzależnienia, jak na przykład głód narkotykowy lub wpływ bodźców środowiskowych.

Duże nadzieje w farmakoterapii uzależnień wiąże się z antagonistami receptora NMDA. Środki te modulują wiele efektów chronicznego podawania psychostymulantów, opioidów, benzodiazepin, alkoholu i nikotyny — łagodzą zespół odstawienia i zmniejszają jego motywacyjne aspekty, ogólnie osłabiając istniejące uzależnienie. Hamują one również wpływ nagradzający oraz osłabiają reakcje warunkowe na bodźce związane z nadużywaną substancją. Należy tu wspomnieć kilka środków, zarówno od dawna stosowanych klinicznie, jak i tych eksperymentalnych. Dekstrometorfan (DXM) jest znanym i skutecznym lekiem przeciwkaszlowym. Jest to prawoskrętna pochodna opoidowa, która nie działa na receptory opioidowe, lecz jest niekompetytywnym antagonistą receptora NMDA. Klinicznie stwierdzono, że DXM jest skuteczny w leczeniu abstynencji opiatowej. DXM jest dobrze tolerowany i ma minimalne skutki niepożądane. Amantadyna i jej pochodna memantyna to również niekompetytywni antagoniści NMDA. W kontrolowanych badaniach klinicznych amantadyna redukowała objawy odstawienia kokainy, głód kokainowy, a także ilość zażywanej kokainy. Z kolei, akamprosat przyjmowany po przeprowadzeniu detoksykacji od alkoholu wydaje się znacząco wydłużać okres abstynencji.

Chorobę alkoholową próbuje się leczyć za pomocą środków blokujących receptory opioidowe (nalokson i naltrekson), są to jednak dopiero eksperymenty kliniczne.

Coraz częściej używa się również leków działających na układ serotoninergiczny, np. selektywnych środków blokujących wychwyt zwrotny 5-HT.

Specyfikiem proponowanym do leczenia różnych uzależnień jest ibogaina — alkaloid o działaniu halucynogennym pochodzący z afrykańskiej rośliny *Tabernanthe iboga*, używanej zresztą przez tubylców w celach rytualnych. Zauważono, iż znosi ona przymus brania innych środków uzależniających u zwierząt laboratoryjnych nawet po jednej dawce, sama nie powodując uzależnienia. Antagonistyczne względem NMDA działanie ibogainy mogłoby wyjaśnić sugerowaną skuteczność w leczeniu uzależnienia od opiatów, alkoholu, nikotyny i psychostymulantów. Niestety duże dawki ibogainy powodują u szczurów degenerację neuronów w móżdżku. Być może syntetyczne pochodne okażą się pozbawione działania neurotoksycznego.

Alternatywną metodą wspomagającą leczenie uzależnień zdobywającą coraz większe zainteresowanie jest akupunktura. Zwolennicy (zarówno na Wschodzie jak i Zachodzie) twierdzą, że akupuntura aurikularna (wykonywana na specyficznych punktach w obrębie małżowiny usznej) nie tylko redukuje objawy zespołu odstawienia, ale również długoterminowo zmniejsza głód narkotykowy. Wykonywana prawidłowo jest obciążona niskim ryzykiem, nie wymaga żadnych dodatkowych leków, wywołuje tylko niewielki ból lub jest zupełnie bezbolesna, nie ma żadnych skutków niepożądanych oraz jest tania. W 1998 roku panel doradczy Narodowego Instytutu Zdrowia (NIH) stwierdził, że mimo niepełnych i nieprzekonujących dowodów klinicznych na skuteczność akupunktury w leczeniu uzależnień (i innych schorzeń) może ona być użyteczna jako terapia wspomagająca lub akceptowalna alternatywa i jako taka powinna być włączona do szeroko zakreślonych programów terapeutycznych uzależnień.

# 18.15. Podsumowanie

W niniejszym rozdziale przedstawiono dwie grupy zaburzeń psychicznych — choroby afektywne i uzależnienia lekowe. Endogenny zespół depresyjny w przebiegu choroby afektywnej manifestuje się paroma objawami osiowymi, takimi jak obniżenie nastroju wraz z osłabioną zdolnością odczuwania przyjemności, osłabienie tempa procesów psychicznych i ruchowych, lęk oraz zaburzenia ośrodkowej regulacji rytmów biologicznych, funkcji gruczołów dokrewnych i układu autonomicznego. W przeciwieństwie do postaci jednobiegunowej, w przebiegu choroby afektywnej dwubiegunowej obserwuje się, prócz faz depresyjnych, również fazy maniakalne, będące, z fenomenologicznego punktu widzenia, na przeciwnym biegunie psychopatologii. W terapii endogennego zespołu depresyjnego prócz oddziaływania psychoterapeutycznego stosuje się szeroko terapię biologiczną obejmującą farmakoterapię (opartą na dużej, różnorodnej i wciąż powiększającej się grupie leków przeciwdepresyjnych) oraz elektrowstrząsy. Koncepcje patomechanizmu endogennego zespołu depresyjnego wciąż się rozwijają i badacze biorą obecnie pod uwagę (prócz pierwotnie rozważanych układów noradrenergicznego i serotoninergicznego) coraz więcej układów neuroprzekaźnikowych i neuromodulatorowych.

Drugie omawiane schorzenie psychiczne, uzależnienie lekowe, manifestuje się wewnętrznym przymusem zażywania danego środka. Patogeneza uzależnień jest, jak się wydaje, związana z zaburzoną czynnością mezolimbicznego układu dopaminergicznego. Rozmaite grupy środków uzależniających, spośród których kilka omówiono szerzej, oddziałują na ten układ w sposób bezpośredni lub pośredni. Terapia uzależnień jest oparta głównie na psychoterapii, lecz farmakoterapia jest również coraz szerzej stosowana.

Omawiane schorzenia psychiczne dzielą znaczne różnice w obrazie psychopatologicznym oraz odmienna, jak się przypuszcza, patogeneza. Łączą je natomiast zaburzenia odczuwania przyjemności. W przypadku depresji jest to niemożność odczuwania przyjemności, w przypadku zaś uzależnień lekowych obsesyjna konieczność wywoływania u siebie przyjemnych doznań za pomocą substancji psychoaktywnych. Przedstawiony obraz ukazuje ogromną złożoność teoretycznych i praktycznych problemów związanych z omawianymi schorzeniami.

### LITERATURA UZUPEŁNIAJĄCA

Bozarth M.A.: Opiate reinforcement processes: re-assembling multiple mechanisms. *Addiction* 1994, **89**: 1425–1434.

Carroll B.: Brain mechanism in manic depression. *Clin. Chem.* 1994, **40(2)**: 303–308.

Korzeniowski L., Pużyński S. (red.): *Encyklopedyczny słownik psychiatrii*. PZWL, Warszawa 1986.

Przewłocka B. (red.): *Uzależnienia lekowe*. XII Zimowa Szkoła Instytutu Farmakologii PAN. Instytut Farmakologii PAN, Mogilany 1995.

Przewłocka B. (red.): *Depresja i leki przeciwdepresyjne — 10 lat później*. XIII Zimowa Szkoła Instytutu Farmakologii PAN. Instytut Farmakologii PAN, Mogilany 1996.

Pużyński S. (red.): *Depresje*. PZWL, Warszawa 1979.

Vetulani J. (red.): *Teoria a praktyka leczenia depresji*. Instytut Farmakologii PAN, Kraków 1996.

# ROZDZIAŁ 19

# Lateralizacja funkcji psychicznych w mózgu człowieka

Anna Grabowska

## 19.1. Wprowadzenie

Dość powszechnie sądzi się, że istoty żywe charakteryzuje daleko idąca symetria. Rzeczywiście, zarówno u człowieka, psa, jak i mrówki lewa połowa ciała jest niemal lustrzanym odbiciem prawej. Parzyste są kończyny, za pomocą których się poruszamy, parzyste są też narządy zmysłów rejestrujące to, co dzieje się w naszym otoczeniu. Ma to swój sens biologiczny, zapewnia bowiem możliwość prostoliniowego poruszania się oraz reagowania w równym stopniu na bodźce pojawiające się z lewej i prawej strony. Symetrię często traktuje się jako „naturalną" cechę żywych organizmów, a asymetrię jako coś zakłócającego ten naturalny porządek rzeczy. Tymczasem istnieje bardzo wiele przykładów świadczących o powszechnej obecności asymetrii na wszystkich poziomach organizacji systemów biologicznych, poczynając od asymetrycznej budowy cząsteczek, z których są zbudowane żywe organizmy, a kończąc na niesymetrycznym położeniu niektórych narządów wewnętrznych takich jak serce czy wątroba. Asymetria jest więc równie podstawową właściwością systemów biologicznych co symetria i, jak niektórzy autorzy twierdzą, obie te cechy są przejawem ewolucyjnej adaptacji.

Mimo że mózg człowieka składa się z dwóch wyglądających niemal identycznie połówek (półkul mózgowych), nie jest on strukturą w pełni symetryczną. Różnice między dwiema półkulami dotyczą zarówno budowy, jak i funkcji. Niestety teza o asymetryczności półkul mózgowych przenikając w coraz bardziej uproszczonych wersjach do świadomości szerokich kręgów odbiorców, zaczęła przybierać kształty daleko odbiegające od stwierdzonych naukowo faktów. Powszechny np. stał się pogląd, że u każdego człowieka zarówno myślenie, jak i odczuwanie jest zdominowane przez jedną z półkul mózgowych: i tak „lewopółkulowcami" mieliby być ludzie, których charakteryzuje analityczny, racjonalny sposób myślenia, „prawopółkulowcami" zaś osoby, kierujące się w swoich zachowaniach intuicją i uczuciami, a więc tzw. artystyczne dusze. Co gorsza, uproszczone sądy o niesymetrycznym udziale półkul w różnych funkcjach psychicznych zaczęły być wykorzystywane do celów komercyjnych, przyczyniając się do dalszego zniekształcenia wiedzy. W sklepach muzycznych pojawiły się reklamy zachęcające do kupna płyt pod hasłem zaktywizowania prawej półkuli mózgowej, a w salonach samochodowych przedstawiano zalety pojazdu jako satysfakcjonujące zarówno lewą półkulę (wysoki standard technologiczny), jak i prawą (wygoda jazdy i piękno wykończenia).

Prezentowany rozdział ma na celu zweryfikowanie tych popularnych, lecz nieprawdziwych sądów oraz przedstawienie aktualnego stanu wiedzy w dziedzinie, która stanowi przedmiot zainteresowania wielu ludzi i jednocześnie wyzwanie dla naukowców.

# 19.2. Metody badania asymetrii półkulowej

## 19.2.1. Badanie skutków uszkodzenia mózgu

Nasza wiedza na temat lateralizacji funkcji w mózgu w pochodzi w dużej mierze z badań dotyczących skutków uszkodzenia mózgu. Logika tych badań jest taka, że jeśli dana struktura (czy półkula) jest niezbędna dla danej funkcji (zachowania), to jej uszkodzenie powinno prowadzić do zaburzenia tej funkcji (zachowania). Odmienne skutki uszkodzeń półkuli lewej i prawej świadczą o ich asymetryczności w badanej funkcji.

Obserwacje skutków uszkodzenia każdej z półkul sięgają XIX w., kiedy to P. Broca oraz K. Wernicke opisali pacjentów, u których uszkodzenia lewej półkuli doprowadziły do drastycznych zaburzeń mowy określanych dziś mianem afazji (por. rozdz. 20). W przeciwieństwie do XIX-wiecznych obserwacji, współcześnie prowadzone badania z reguły opierają się na precyzyjnie opracowanych testach, nastawionych na badanie ściśle określonych funkcji. Ponadto, dzięki współczesnym metodom pozwalającym na dokładną lokalizację miejsca uszkodzenia (np. tomografii komputerowej czy rezonansu magnetycznego), określone zaburzenie odnosi się często nie do całej półkuli, lecz do określonej struktury położonej bądź lewo- bądź prawostronnie.

Interpretację badań dotyczących skutków uszkodzenia mózgu komplikuje fakt, że struktury nerwowe mają liczne połączenia z innymi, położonymi czasem w znacznej odległości. Uszkodzenie danej struktury może więc nie tylko eliminować tę strukturę, ale również zakłócać działanie innych, z nią powiązanych.

## 19.2.2. Próba amytalowa

Metodą stosowaną od wielu lat w klinikach neurochirurgicznych jest test Wady zwany inaczej próbą amytalową. Przeprowadza się go u pacjentów, których czeka operacja mózgu. Najczęściej ma on na celu określenie, w której półkuli u badanego pacjenta mieszczą się struktury zawiadujące mową. Odpowiedź na to pytanie ma zasadnicze znaczenie dla decyzji, jakie obszary mózgu można usunąć bez ryzyka wywołania drastycznych zaburzeń mowy. Do układu naczyniowego jednej z półkul mózgowych pacjenta wprowadza się słaby roztwór soli sodowej amytalu, a następnie poleca się pacjentowi wykonanie określonych zadań, np. liczenia lub odpowiadania na pytania lekarza. Pod wpływem tego środka czynność półkuli, do której został on wprowadzony, na kilkanaście – kilkadziesiąt sekund zostaje silnie zaburzona. Jeśli jest to półkula, w której są zlokalizowane struktury realizujące mowę, następuje krókotrwała blokada ekspresji mowy oraz utrata przez pacjenta kontaktu werbalnego z otoczeniem. Stan taki trwa od kilkunastu do kilkudziesięciu sekund, potem mowa stopniowo powraca, choć jeszcze przez kilka minut jest zniekształcona i przypomina mowę osób dotkniętych afazją. Wprowadzenie roztworu soli sodowej amytalu do półkuli nie dominującej w zakresie mowy zazwyczaj nie powoduje tych zaburzeń, a z pacjentem można prowadzić niemal normalną rozmowę. Wpływ preparatu przejawia się tylko monotonnością mowy i brakiem w niej akcentów emocjonalnych.

Test Wady wykonuje się również u pacjentów, u których planuje się przeprowadzenie lobektomii skroniowej (tj. usunięcia płata skroniowego). Dzięki temu zabiegowi można ocenić udział lewostronnie i prawostronnie położonego kompleksu hipokampa w pamięci. Jeśli pacjent jest zdolny do uczenia się i zapamiętywania w czasie, gdy jedna z półkul jest wyłączona, można sądzić, że przyśrodkowe struktury skroniowe (kompleks hipokampa) położone w drugiej półkuli funkcjonują poprawnie, i że w związku z tym można bezpiecznie przeprowadzić lobektomię po tej samej stronie, co próba amytalowa.

## 19.2.3. Badania pacjentów po komisurotomii

Szczególny postęp w dziedzinie badań nad asymetrią półkulową został osiągnięty dzięki badaniom pacjentów po komisurotomii, za które R. Sperry w 1981 r. otrzymał Nagrodę Nobla. Komisurotomia jest zabiegiem polegającym na przecięciu spoidła wielkiego mózgu (*corpus callosum*), czyli głównej wiązki włókien łączących obie półkule mózgowe, wraz z dwoma mniejszymi spoidłami (spoidłem przednim i spoidłem hipokampa) (ryc. 19.1). Stosuje się go u osób cierpiących na ciężką, nie poddającą się leczeniu farmakologicznemu postać epilepsji po to, by utrudnić przenoszenie się patologicznych wyładowań elektrycznych z jednej półkuli mózgu do drugiej. Spoidło wielkie łączy ze sobą rejony kory leżące po przeciwnych stronach mózgu: jego przednia część zawiera włókna łączące korę przedczołową i przedruchową, część środkowa, włókna łączące korę ruchową oraz somatosensoryczną, a część tylna, włókna biorące początek w płatach skroniowych, tylnej części płatów ciemieniowych

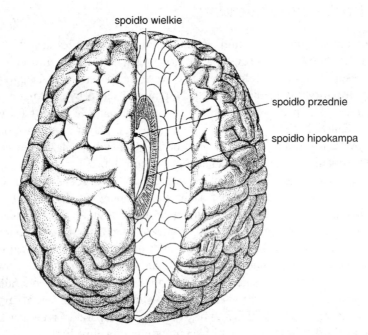

spoidło wielkie

spoidło przednie

spoidło hipokampa

**Ryc. 19.1.** Półkule mózgowe po zabiegu komisurotomii. Na rysunku prawa półkula jest odchylona tak, by odsłonić przecięte spoidła: wielkie, przednie oraz hipokampa. (Wg: Gazzaniga. W: *Perception: Mechanisms and Models*. Readings from Scientific American 1971, zmodyf.)

oraz w płatach potylicznych. Spoidło przednie i hipokampa stanowią znacznie mniejsze wiązki włókien łączących struktury leżące głębiej (m.in. opuszki węchowe, hipokamp, ciało migdałowate oraz część płata skroniowego). Pełna komisurotomia jest zabiegiem obejmującym wszystkie główne drogi łączące półkule ze sobą. Prowadzi więc ona praktycznie do ich rozdzielenia. Dlatego też określa się ją inaczej jako rozszczepienie mózgu. Często jednak rozszczepienie mózgu nie jest kompletne *.

Ponieważ po komisurotomii półkule funkcjonują w dużym stopniu niezależnie jedna od drugiej, badanie osób, które zostały poddane temu zabiegowi, stanowi wyjątkową okazję do poznania roli obu półkul w różnorodnych funkcjach psychicznych oraz w kierowaniu zachowaniem człowieka. Opracowano szereg technik badawczych, które opierają się na prezentacji różnorodnych bodźców (wzrokowych, słuchowych i dotykowych) oddzielnie do każdej z półkul oraz na badaniu zachowań kierowanych albo przez jedną, albo drugą półkulę (takich jak np. dokonywanie wyborów za pomocą lewej lub prawej ręki). Na rycinie 19.2. przedstawiono warunki, w jakich na ogół tego typu badania są przeprowadzane. Pacjent wpatruje się w punkt centralny ekranu, na którym eksperymentator wyświetla za pomocą rzutnika różne bodźce, np.

---

* Badania prowadzone w ostatnich latach przez J. Sergent na pacjentach z rozszczepionym mózgiem wykazują jednakże, że separacja półkul nie jest tak zupełna, jak pierwotnie sądzono, i że możliwe są pewne formy komunikacji między półkulami, choć zachodzą one na poziomie niedostępnym świadomości. Komunikacja ta odbywa się prawdopodobnie dzięki połączeniom podkorowym.

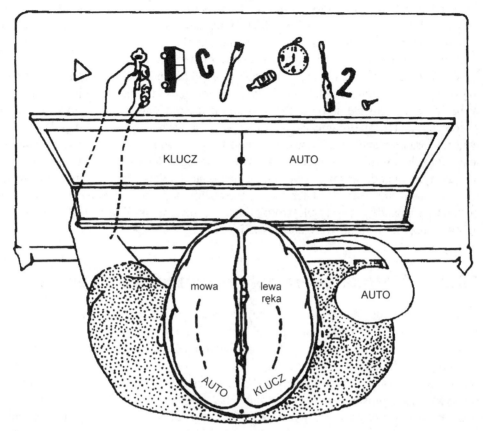

**Ryc. 19.2.** Przykład badania rozumienia słów przez lewą i prawą półkulę. Opis w tekście

słowa lub obrazki. Na ogół bodźce te są prezentowane na krótki czas z lewej lub prawej strony ekranu, dzięki czemu są adresowane do prawej lub lewej półkuli. Jednocześnie na stole za zasłonką znajduje się kilka różnych przedmiotów, które pacjent może „badać" jedną lub drugą ręką za pomocą dotyku. W niektórych badaniach stosuje się również bodźce słuchowe prezentowane przez słuchawki do uszu pacjenta.

W badaniach tych wykorzystuje się właściwość większości układów sensorycznych oraz układu ruchowego polegającą na tym, że włókna przewodzące informację są na ogół skrzyżowane, tj. lewa półkula odbiera informacje z prawej połowy ciała i prawej strony otoczenia oraz steruje ruchami prawej ręki, prawa półkula zaś odbiera informacje i zawiaduje ruchami z lewej strony ciała. Badanie takie może polegać np. na tym, że pacjentowi wpatrującemu się w punkt fiksacji prezentuje się za pomocą rzutnika w prawej części ekranu słowo „auto", a w lewej części słowo „klucz" (ryc. 19.2). Jeśli następnie poprosić pacjenta, by wypowiedział prezentowane słowa, jego odpowiedź będzie brzmiała: „auto". Tylko bowiem jego lewa półkula jest w stanie generować mowę, a z powodu przecięcia włókien łączących obie półkule jest ona nieświadoma informacji, które dotarły do półkuli prawej. Jeśli z kolei poprosić pacjenta, by wśród przedmiotów leżących na stole wybrał lewą ręką przedmiot odpowiadający widzianemu słowu — wybierze on klucz. Tylko to słowo bowiem jest dostępne jego prawej półkuli, która zawiaduje ruchami lewej ręki.

Omówione dotąd metody są stosowane w klinikach neurochirurgicznych. Wyniki uzyskane za ich pomocą odnoszą się więc do mózgu, którego funkcjonowanie jest w pewnym stopniu zaburzone albo z powodu uszkodzenia tkanki nerwowej, albo z powodu jakichś patologicznych zmian w nim zachodzących. Z tego względu wnioski formułowane na ich podstawie nie zawsze są adekwatne do opisu mechanizmów funkcjonowania normalnego, zdrowego mózgu. Jedną z podstawowych nieinwazyjnych metod, stosowanych w badaniach nad lateralizacją funkcji w zdrowym mózgu, stała się metoda lateralnej prezentacji bodźców. Istotnych informacji dostarczyły ponadto metody elektrofizjologiczne oraz, zyskujące w ostatnich latach ogromną popularność, metody obrazowania mózgu.

## 19.2.4. Metoda lateralnej prezentacji bodźców

Wprawdzie metoda lateralnej prezentacji bodźców nie pozwala na badanie każdej z półkul mózgowych oddzielnie, jednakże za jej pomocą można określić szybkość oraz dokładność, z jaką ludzie wykonują różnorodne zadania w zależności od tego, do której półkuli bodziec jest adresowany, i która, w związku z tym, musi przynajmniej zapoczątkować jego dalszą analizę. Najczęściej stosuje się różnorodne bodźce wzrokowe, prezentowane na bardzo krótki czas w lewym lub prawym polu widzenia, podczas gdy osoba badana wpatruje się w położony centralnie punkt fiksacji. Stosowanie krótkotrwałych ekspozycji (krótszych niż latencja ruchu oka) uniemożliwia badanemu przeniesienie wzroku z punktu fiksacji na inne miejsce w czasie prezentacji bodźca. Powoduje więc, że obraz rzutowany jest na określoną połowę siatkówki mającą połączenie z określoną półkulą (ryc. 8.6). Bodźce eksponowane na prawo od punktu fiksacji trafiają najpierw do półkuli lewej, bodźce zaś eksponowane na lewo od punktu fiksacji trafiają najpierw do półkuli prawej.

Ponieważ półkule mózgowe są ze sobą połączone licznymi włóknami, informacja adresowana do każdej z nich jest przesyłana również do półkuli sąsiedniej. Jak to się więc dzieje, że poprawność oraz szybkość wykonania zadania zależą od tego, do której półkuli bodziec jest adresowany. Niektórzy autorzy sądzą, że pewne zadania są wykonywane przez półkulę, która jest bezpośrednio pobudzana przez bodziec, a dopiero rezultat tych operacji jest przekazywany do drugiej półkuli. Hipoteza ta nazywana jest hipotezą „bezpośredniego dostępu" (ang. direct access). Inni autorzy sądzą z kolei, że analiza określonych informacji czy też wykonanie określonych operacji angażuje tylko jedną, zawsze tę samą półkulę. Dana informacja może być przekazywana do półkuli, która ją opracowuje albo bezpośrednio, albo pośrednio poprzez półkulę sąsiednią i połączenia międzypółkulowe. Taka pośrednia, dłuższa droga transmisji z reguły wiąże się z pewną stratą informacji oraz z wydłużeniem czasu jej analizy. Hipoteza ta jest określana mianem hipotezy „transmisji międzypółkulowej" (ang. callosal relay).

Jeszcze inny pogląd zakłada, że poziom wykonania każdego zadania zależy od względnego pobudzenia każdej z półkul mózgowych. Zadania, które angażują daną półkulę bardziej niż drugą, powodują większą aktywację tej półkuli. To zaś z kolei ułatwia kierowanie uwagi na kontralateralną stronę pola widzenia. W konsekwencji dane zadanie jest lepiej wykonywane, gdy bodziec jest eksponowany do pola położonego przeciwstronnie względem półkuli bardziej pobudzonej.

Chociaż ciągle nie jest jasne, która z omawianych hipotez jest prawdziwa, każda z nich przewiduje lepsze i/lub szybsze wykonanie zadania, gdy bodźce są eksponowane w polu widzenia przeciwstronnym do półkuli specjalizującej się w tym zadaniu. Założenie to stanowi podstawę badania asymetrii półkulowej za pomocą metody lateralnej prezentacji bodźców.

Metoda lateralnej prezentacji nie ogranicza się jedynie do wzroku, lecz stosuje się ją również w zadaniach słuchowych oraz dotykowych. W przypadku słuchu informacja z każdego ucha trafia do obu półkul, jednak liczba włókien skrzyżowanych (przekazujących informację z ucha leżącego przeciwstronnie) jest większa. Uważa się, że w warunkach rozdzielnousznego słyszenia (ang. dichotic listening), tj. wówczas, gdy odmienne bodźce prezentuje się jednocześnie do jednego i drugiego ucha, drogi tożstronne (wiodące do półkuli leżącej po tej samej stronie co ucho) są hamowane przez drogi przeciwstronne. W konsekwencji informacja z lewego ucha trafia przede wszystkim do prawej półkuli i odwrotnie — informacja z prawego ucha do półkuli lewej. Metoda rozdzielnousznego słyszenia zdobyła ogromną popularność ze względu na wysoką zbieżność wyników uzyskanych za jej pomocą z wynikami próby Wady. W przypadku zadań dotykowych porównuje się ich wykonanie lewą i prawą ręką i wnioskuje o funkcji odpowiednio prawej i lewej półkuli, opierając się na założeniu, że drogi somatosensoryczne są skrzyżowane.

## 19.2.5. Metody elektrofizjologiczne

W badaniach lateralizacji funkcji w mózgu są również przydatne metody elektrofizjologiczne. Umożliwiają one porównanie procesów elektrycznych zachodzących w każdej z półkul mózgowych w trakcie wykonywania określonego zadania. Najczęściej stosuje się elektroencefalografię (EEG) oraz metodę potencjałów wywołanych (ang. event related potentials, ERP lub visual evoked potentials, VEP). EEG pozwala na ocenę względnej aktywacji każdej z półkul. Stwierdzono, że im bardziej dana półkula jest zaangażowana w dane zadanie, tym mniej fal $\alpha$ (o częstotliwości 8 – 13 Hz) zawiera EEG rejestrowane z tej półkuli i tym więcej w zapisie pojawia się się fal $\beta$ (o częstotliwości powyżej 14 Hz). Efekt ten nazwano blokowaniem rytmu $\alpha$.

Ponieważ elektryczna aktywność powstająca w wyniku zadziałania bodźca nakłada się na czynność spontaniczną, bardzo trudno jest ją wykryć w zapisie EEG. Ponadto odpowiedzi charakteryzują się dużą zmiennością. Opracowanie metody potencjałów wywołanych umożliwiło uniknięcie tych trudności. Dzięki uśrednianiu sygnałów zbieranych w czasie wielokrotnej ekspozycji tego samego bodźca wszystkie elementy

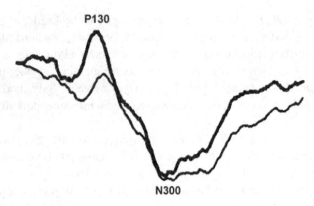

**Ryc. 19.3.** Przykład typowego zapisu potencjałów wywołanych rejestrowanych w lewej (gruba linia) i prawej (cienka linia) okolicy potylicznej w odpowiedzi na prezentację słów w prawym polu widzenia. Moment ekspozycji bodźca pokrywa się z początkiem krzywej

odpowiedzi, które nie są powtarzalne, a więc nie są związane z bodźcem, zostają zniwelowane, te zaś, które są wywołane działaniem bodźca, zostają wyeksponowane.

Istotną cechą tej metody jest możliwość określenia czasowych relacji między poszczególnymi komponentami odpowiedzi elektrycznej a momentem zadziałania bodźca. Dzięki temu pozwala ona na oszacowanie nie tylko stopnia aktywacji każdej z półkul, lecz również zmian, jakie w nich zachodzą podczas trwania analizy bodźca. Warto zauważyć, że w przeciwieństwie do EEG, które rejestruje się przez okres kilku minut do kilku godzin, w przypadku potencjałów wywołanych mamy do czynienia z okresem trwającym do ok. 1 s po zadziałaniu bodźca, a więc znacznie krótszym.

Na ogół analizuje się poszczególne komponenty potencjałów wywołanych, określane jako P1, N2, itd., w zależności od tego, czy mamy do czynienia z komponentami o znaku pozytywnym czy negatywnym oraz od ich kolejności. Kolejność ma oczywiście związek z czasem, w jakim się one pojawiają, w związku z tym przy literze P lub N stosuje się odpowiednią liczbę oznaczającą latencję, np. P300 (ryc. 19.3).

Nowoczesną techniką należącą do metod elektrofizjologicznych jest magnetoencefalografia (MEG) wykrywająca słabe pola magnetyczne wytworzone przez aktywność elektryczną neuronów, które ulegają jednoczesnemu pobudzeniu. Jak wszystkie metody elektrofizjologiczne, MEG charakteryzuje się dużą rozdzielczością czasową, a jednocześnie jak inne metody obrazowania mózgu, ukazuje trójwymiarowy obraz mózgu. Znacznie wyższa niż innych metod elektroencefalograficznych jest jej rozdzielczość przestrzenna. Metoda ta wymaga oprzyrządowania komputerowego wysokiej mocy.

## 19.2.6. Metody obrazowania mózgu

W ostatnim czasie osiągnięto znaczny postęp w zakresie wiedzy o mózgu dzięki wprowadzeniu nowych technik neuroobrazowania, które umożliwiają oglądanie zarówno szczegółów anatomii mózgu żywego człowieka, jak też i jego aktywności w czasie wykonywania różnorodnych zadań. Ważnym elementem tych technik są zaawansowane programy komputerowe umożliwiające uwzględnienie jednocześnie ogromnej liczby informacji i utworzenie 3-wymiarowego obrazu pracującego mózgu. Techniki te dają więc możliwość dosłownego podejrzenia, co w mózgu się dzieje wówczas, gdy myślimy, przeżywamy czy zapamiętujemy jakieś zdarzenia.

Techniki obrazowania mózgu można podzielić na strukturalne: tomografię komputerową (ang. computerised tomography, CT) i rezonans magnetyczny (ang. magnetic resonance imaging, MRI) oraz funkcjonalne: emisyjną tomografię pozytonową (ang. positron emission tomography, PET), emisyjną tomografię pojedynczego fotonu (ang. single photon emission computed tomography, SPECT) oraz funkcjonalny rezonans magnetyczny (ang. functional magnetic resonance imaging, fMRI).

Techniki strukturalne ukazują obraz struktury mózgu. Taki obraz jest 3-wymiarowy i powstaje ze złożenia wielu przekrojów mózgu ze sobą. Tomografia komputerowa wykorzystuje fakt, że promieniowanie rentgenowskie jest pochłaniane w różnych rodzajach tkanek z różną intensywnością: gęste tkanki absorbują je silniej niż rzadkie. W czasie badania wiązka promieni wnika w tkankę wielokrotnie, za każdym razem pod innym kątem, dzięki czemu powstaje obraz przestrzenny.

Jeszcze dokładniejszego obrazu struktury mózgu dostarcza badanie metodą rezonansu magnetycznego (MRI). Metoda ta polega na umieszczeniu głowy pacjenta w bardzo silnym polu magnetycznym, które wywołuje zjawisko obracania się (spinu) atomów cząsteczek (m.in. wodoru), z jakich zbudowany jest mózg, a następnie pomiarze zmian powstających wskutek tego zjawiska w falach radiowych, którymi oddziałuje się na mózg. Obraz, jaki uzyskują badacze dzięki metodzie MRI, jest bardzo dokładny (ryc. 19.4) i można dzięki niemu porównywać szczegóły budowy różnych części mózgu (m.in. dwóch półkul).

Wszelkie procesy psychiczne są związane z aktywnością neuronów. Ta aktywność zaś wymaga dostarczenia mózgowi energii, której podstawowym źródłem dla niego jest glukoza. W czasie procesów metabolicznych, oprócz glukozy, jest zużywany również tlen. Substancje te oczywiście są dostarczane przez krew. Badając więc przepływ krwi przez poszczególne rejony mózgu oraz stopień jej utlenowania, możemy pośrednio wnioskować o intensywności aktywności neuronalnej zachodzącej w tym rejonie. Podobne informacje można uzyskać badając metabolizm glukozy czy innych substancji aktywnych w mózgu. Metody neuroobrazowania nie ukazują więc bezpośrednio aktywności neuronalnej, lecz raczej pewne procesy z nią związane: przepływ krwi przez mózg, nasilenie metabolizmu glukozy, zużycie tlenu oraz aktywność różnych układów receptorowych (miejsca wiązania w mózgu różnych substancji chemicznych, np. dopaminy).

Niektóre ze stosowanych technik (PET oraz SPECT) wymagają wprowadzenia do mózgu substancji znakowanych radioaktywnie, o bardzo krótkim okresie rozpadu. Substancje te są zużywane w procesach metabolicznych. Większa aktywacja danej struktury wiąże się ze zwiększonym przepływem krwi oraz z nasileniem procesów metabolicznych, co znajduje odzwierciedlenie w ilości nagromadzonej w tym miejscu substancji radioaktywnej. Odpowiednie detektory mogą wykryć nawet niewielkie ilości takich substancji. Radioizotopy wykorzystywane w PET to pierwiastki naturalnie

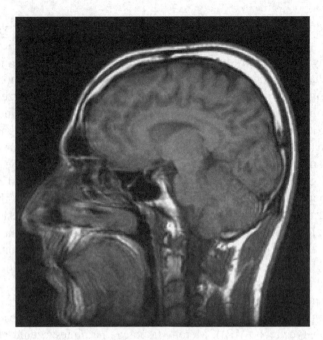

**Ryc. 19.4.** Obraz mózgu uzyskanu metodą MRI

występujące w organizmach żywych, biorące bezpośredni udział w procesach metabolicznych (15O, 18F, 11C). Mają one z reguły bardzo krótki okres połowicznego rozpadu, rzędu kilku minut. To oczywiście powoduje, że cyklotrony, w których produkuje się takie radioizotopy, muszą się znajdować w pobliżu aparatury PET.

PET opiera się na promieniowaniu pozytonowym. Wykorzystuje się tu fakt, że z jądra atomów znakowanej radioaktywnie substancji następuje emisja pozytonów (cząstek o tych samych właściwościach jak elektrony, tylko dodatnich). Pozytony ulegają interakcji z napotkanymi elektronami i następuje anichilacja, czyli zamiana elektronu i pozytonu na dwa kwanty promieniowania γ biegnące w przeciwnych kierunkach. Odpowiednie detektory je wykrywają i określają miejsce ich emisji. Na to, aby na monitorze komputera mógł powstać dostatecznie wyraźny obraz, niezbędne jest zbieranie takich sygnałów przez mniej więcej kilka minut. Z kolei w technice fMRI wykorzystuje się fakt, że po umieszczeniu głowy pacjenta w silnym polu magnetycznym sygnał radiowy, pochodzący z natlenowanej krwi, różni się od sygnału pochodzącego z krwi o niskim stopniu utlenowania.

W czasie trwania badania na ogół daje się osobie badanej do wykonania jakieś zadania i obserwuje się, jakie struktury w mózgu zostają pobudzone w trakcie jego wykonywania. Ponieważ nawet w czasie spoczynku aktywny jest niemal cały mózg, porównuje się obraz uzyskany w czasie wykonywania tego zadania z innym, kontrolnym, różniącym się od zadania eksperymentalnego funkcją, która interesuje badacza. Na przykład, jeśli odejmujemy od siebie rejestracje, w czasie których osoba badana bądź głośno, bądź cicho odczytuje jakiś tekst, obraz, jaki uzyskamy, będzie ilustrował pobudzenie związane z samym procesem głośnego wypowiadania tekstu, bo tylko to różni te dwie sytuacje. Ilustracje, jakie oglądamy w pracach dotyczących neuroobrazowania, ukazują więc, w istocie, różnice między aktywnością mózgu rejestrowaną w dwóch różnych sytuacjach i to na ogół uśrednioną z badań wielu osób. Zwróćmy uwagę, że w zależności od tego, jaki proces czy funkcja nas interesuje, musimy dokonać swoistego rozbioru danej złożonej czynności psychicznej na jej składowe części i dobrać tak sytuacje kontrolne, by móc wnioskować o badanej funkcji. Oczywiście nietrudno się domyślić, że w związku z tym metody obrazowania PET i fMRI są obciążone, w gruncie rzeczy, dość dużym subiektywizmem, wynikającym z założeń teoretycznych autora.

Różne techniki obrazowania mózgu różnią się pod względem wielu cech, spośród których najważniejsze to rozdzielczość przestrzenna i czasowa. W zależności od typu problemu badawczego różne techniki okazują się bardziej przydatne. Najwyższą rozdzielczością przestrzenną charakteryzuje się fMRI, techniki elektrofizjologiczne zaś mają najlepszą rozdzielczość czasową. Jeśli więc zależy nam na ocenie, jak z chwili na chwilę zmienia się aktywność mózgowa, lepiej użyć technik elektrofizjologicznych. Jeśli zaś chcemy bardzo dokładnie zlokalizować pobudzenie — lepiej posłużyć się fMRI (rozdzielczość 1 – 2 mm). PET ma nieco gorszą rozdzielczość (kilka mm). fMRI charakteryzuje się też większą dostępnością i mniejszymi kosztami badań niż PET. Ma też tę przewagę, że bezpiecznie można wykonywać badania wielokrotnie na tej samej osobie, oraz że z użyciem tej samej aparatury można uzyskiwać informacje nie tylko o aktywności mózgu, ale też i o jego strukturze. Co więcej, sytuacje, które porównujemy ze sobą, mogą być dowolnie wielokrotnie zmieniane w czasie trwania eksperymentu. W przypadku PET musimy zaczekać, aż całkowicie zniknie z mózgu radioaktywny związek podany w jednej sytuacji eksperymentalnej i dopiero wówczas możemy badać daną osobę po raz drugi.

# 19.3. Ewolucja poglądów

Teza o asymetrycznej roli półkul mózgowych w kierowaniu zachowaniem człowieka została sformułowana w XIX w. na podstawie obserwacji zaburzeń mowy u pacjentów z uszkodzeniem lewej półkuli. W owym czasie asymetrię półkulową wiązano niemal wyłącznie z funkcjami językowymi. Ponieważ jednak funkcje te odgrywają zasadniczą rolę w różnorodnych zachowaniach i procesach umysłowych człowieka, na długie lata utrwalił się pogląd, że lewa półkula jest półkulą dominującą we wszelkich funkcjach psychicznych, a półkula prawa odgrywa rolę podporządkowaną. Jednoznaczne wiązanie asymetrii półkulowej z procesami mowy spowodowało też, że jej korzeni nie próbowano poszukiwać w świecie zwierzęcym. Takie poglądy utrzymywały się aż do lat 60. ubiegłego stulecia, kiedy to R. Sperry i jego współpracownicy ogłosili wyniki badań prowadzonych na pacjentach z przeciętym spoidłem wielkim mózgu. Z jednej strony badania te dostarczyły nowych, bardzo wiarygodnych danych świadczących o przewadze lewej półkuli w realizacji zadań opartych na informacji werbalnej. Z drugiej strony wykazały jednak, że choć półkula prawa zazwyczaj nie może wytwarzać mowy, może jednak wypowiadać się niewerbalnie, myśli, pamięta, a nawet rozumie treść niektórych prostych konkretnych słów zarówno słyszanych, jak i pisanych. Dane te stanowiły bardzo ważny krok dla zrozumienia istoty asymetrii mózgu ludzkiego. Dowiodły bowiem, że asymetria ta ma jedynie względny charakter. Nawet w zakresie funkcji mowy półkula prawa ma pewne możliwości i nie jest, jak sądzono powszechnie, półkulą podporządkowaną półkuli lewej we wszelkich procesach intelektualnych.

Drugim ważnym osiągnięciem Sperry'ego było wykazanie fałszywości powszechnie akceptowanego twierdzenia, że jedynie mowa i funkcje oparte na posługiwaniu się językiem są zlateralizowane. Prace te podważyły ponadto pogląd, że półkula lewa, z racji jej udziału w procesach językowych, jest dominująca we wszelkich wyższych funkcjach poznawczych, prawa zaś jest pod tym względem półkulą podporządkowaną. Okazało się, że każda półkula stanowi w dużym stopniu samodzielny system, który może funkcjonować niezależnie od systemu leżącego po przeciwnej stronie mózgu. Każda z półkul ma też swój zakres specjalizacji, w którym wykazuje wyższość nad półkulą sąsiednią. Dla niektórych funkcji (np. mowy) wiodącą rolę odgrywa półkula lewa, dla innych zaś (przede wszystkim dla różnorodnych funkcji wzrokowo-przestrzennych oraz emocji) — prawa.

Wykazanie, że specjalizacja półkulowa nie ogranicza się jedynie do mowy, lecz dotyczy innych funkcji właściwych zarówno człowiekowi, jak i zwierzętom, sugerowało, że może ona mieć znacznie szerszy zasięg i występować u niektórych gatunków zwierząt. Ten nurt badań zyskał ogromną popularność, ponieważ otworzył nowe perspektywy poznania zjawiska asymetrii półkulowej nie tylko od strony neuropsychologicznej, ale również fizjologicznej, anatomicznej i biochemicznej. O różnorodnych przejawach asymetrii mózgowej w świecie zwierzęcym będzie jeszcze mowa w dalszej części rozdziału.

Dynamiczny rozwój badań nad asymetrią funkcjonalną mózgu, jaki dokonał się w latach 70. i 80. ubiegłego wieku, przyniósł w efekcie wiele dowodów wskazujących na ogromne bogactwo zadań i funkcji, w których obserwowano zróżnicowanie półkulowe. Większość teorii, jakie na ich podstawie zaproponowano, zakładała, że specjalizację półkulową można opisać odwołując się do dychotomicznego podziału kompetencji, który byłby na tyle podstawowy, by umożliwić wyprowadzenie z niego całego spektrum złożonych nieraz różnic. Nietrudno sobie wyobrazić, że zadanie to okazało się bardzo trudne i mimo licznych prób odwołujących się do różnych kryteriów podziału, w zasadzie, nie powiodło się.

Największą popularność zyskała teoria zakładająca, że bodźce werbalne są analizowane przez lewą półkulę, niewerbalne zaś lub wzrokowo-przestrzenne — przez prawą. Wiele prac do dziś odwołuje się do tego kryterium podziału, jednak, jak przedstawiono w następnym podrozdziale, istnieje dostatecznie dużo danych wskazujących, że nie zawsze przystaje ono do rzeczywistości. Inną teorią, która znalazła szeroki oddźwięk wśród badaczy zajmujących się zagadnieniem lateralizacji, była koncepcja, zgodnie z którą wszelkie bodźce są analizowane przez lewą półkulę w sposób analityczny, przez prawą zaś w sposób holistyczny, całościowy. Różnicę tę dobrze ilustruje badanie, w którym pacjent z komisurotomią miał opisać obraz przedstawiający twarz „zbudowaną" z owoców. Gdy obraz ten prezentowano do prawej półkuli, pacjent bez trudu stwierdził, że owoce składają się na wizerunek twarzy; gdy jednak obraz docierał do lewej półkuli, pacjent nie był w stanie zintegrować w całość składowych elementów (owoców).

Omawiana teoria stanowiła całkowity przewrót w sposobie myślenia o asymetrii półkulowej, zakładała bowiem, że półkule nie specjalizują się w analizie konkretnych rodzajów materiału, lecz że różnią się sposobem ich analizowania. W zależności od tego, jaki typ analizy może prowadzić do lepszych wyników w danym zadaniu, uzyskuje się albo przewagę lewej, albo prawej półkuli. Procesy mowy, w których istotną rolę odgrywa sekwencja czasowa szybko zmieniających się komponentów, ze swej natury lepiej pasują do charakterystyki działania lewej półkuli, a w procesach analizy przestrzennej istotną rolę odgrywa „równoległe", całościowe ujęcie — stąd wyższość prawej półkuli w tego typu zadaniach. Teoria ta spotkała się z dość szeroką krytyką, przede wszystkim ze względu na niemożność zdefiniowania tak nieprecyzyjnych terminów jak analityczny-holistyczny i wynikające z tego trudności jej weryfikacji. Zaproponowano jeszcze wiele innych dychotomicznych podziałów funkcji między lewą i prawą półkulą, lecz żadna z tych propozycji nie znalazła pełnego potwierdzenia w badaniach.

W końcu ubiegłego wieku nastąpiły istotne zmiany w sposobie myślenia o asymetrii półkulowej. Zmiany te zostały spowodowane ogromną niejednoznacznością i zróżnicowaniem wyników licznych badań, prowadzonych z użyciem coraz bardziej różnorodnych i niejednokrotnie wyrafinowanych technik. Okazało się, że proste dychotomiczne modele określające zakres kompetencji funkcjonalnej każdej z półkul nie są adekwatne. Nawet niewielkie zmiany zadania, bodźca czy sytuacji eksperymentalnej mogą bowiem prowadzić do odmiennych wyników świadczących o przewadze raz jednej, raz drugiej półkuli w badanej funkcji. Obecnie coraz więcej autorów skłania się ku poglądowi, że różnic półkulowych nie da się sprowadzić do jednego wymiaru. Próby takie z reguły prowadzą do znacznych uproszczeń, i nie odzwierciedlają całego bogactwa różnorodnych przejawów asymetrii półkulowej.

W literaturze coraz bardziej odchodzi się też od traktowania każdej z półkul jako pewnego monolitycznego systemu odgrywającego wiodącą rolę w realizacji takiego czy innego zadania, a coraz częściej mówi się, że obie półkule tworzą pewien dynamiczny system, w którym istotną rolę odgrywa każda z półkul. Każda z nich bowiem zawiera szereg różnych „modułów" czy podsystemów wyspecjalizowanych w bardzo wąskim zakresie funkcji. W trakcie wykonywania przez człowieka określonego zadania następuje pobudzenie tych modułów, przy czym balans pomiędzy pobudzeniem struktur leżących w lewej i prawej półkuli może zmieniać się z chwili na chwilę. Ostateczny wynik, jaki obserwujemy w zachowaniu człowieka, stanowi więc jedynie wypadkową tych zmian.

Reasumując, badania prowadzone w ostatnim 20-leciu prowadzą do konkluzji, że asymetria mózgowa jest raczej dynamiczna niż statyczna oraz zorientowana bardziej na procesy niż na stałe reprezentacje w mózgu. Takie podejście zakłada pewną komplementarność działania dwóch półkul oraz ścisłą współpracę między nimi. W efekcie, badania w coraz mniejszym stopniu koncentrują się na poszukiwaniu coraz to nowych, zlateralizowanych funkcji, a raczej dotyczą tego, jak współdziałają ze sobą położone przeciwstronnie w mózgu specjalistyczne systemy.

Aby przybliżyć Czytelnikowi ten sposób myślenia, odbiegający od tradycyjnych dychotomicznych podziałów, omawianiu różnych przejawów asymetrii półkulowej będą towarzyszyły komentarze wskazujące na złożoność wielu różnic oraz na podejmowane próby nowych interpretacji zjawiska asymetrii.

# 19.4. Przejawy specjalizacji półkulowej

## 19.4.1. Mowa

Największe, a zarazem najlepiej poznane są różnice związane z funkcją mowy. Badania pacjentów z uszkodzonym mózgiem pokazały, że uszkodzenie niektórych rejonów lewej półkuli mózgowej prowadzi do drastycznych zaburzeń mowy zwanych afazją (opis różnych typów afazji znajdzie Czytelnik w rozdz. 20). Natomiast uszkodzenie analogicznych struktur w prawej półkuli bardzo rzadko wiąże się z takimi konsekwencjami. Już od dawna wiadomo, że charakter zaburzeń mowy jest różny w zależności od lokalizacji uszkodzenia. Pacjenci z uszkodzeniem zlokalizowanym w przedniej części lewej półkuli, a dokładniej w tylnej części środkowego i dolnego zakrętu płata czołowego, tracą możność płynnego wypowiadania słów, bądź mowa ich jest ograniczona do kilku prostych pojedynczych wyrazów, które stale się powtarzają. W lżejszych przypadkach wypowiadają oni wprawdzie całe zdania, lecz zniekształcają poszczególne słowa i naruszają zasady gramatyki. Pacjenci ci jednak dość dobrze rozumieją, co się do nich mówi, i najczęściej zdają sobie sprawę ze swego defektu. Przy uszkodzeniu lewostronnym tylnej części zakrętu skroniowego górnego pacjent nie rozumie, co się do niego mówi, i nie rozumie własnej mowy, natomiast ma zachowaną zdolność mówienia. Choć mowa jego z pozoru może brzmieć normalnie, na ogół jest ona silnie zniekształcona, a przy daleko posuniętej afazji — zupełnie bezsensowna. Charakterystyczne jest przy tym, że pacjenci często nie zdają sobie sprawy ze swego defektu.

Omówione klasyczne rodzaje afazji w praktyce występują bardzo rzadko, każdy pacjent bowiem, w zależności od lokalizacji uszkodzenia jego mózgu, może przejawiać nieco odmienny charakter zaburzeń.

Uszkodzenie lewej półkuli mózgu może powodować również zaburzenia pamięci słownej. Patologia procesów pamięciowych ujawnia się między innymi w niemożności powtarzania ciągów słów, w trudności nazywania przedmiotów nawet bardzo często spotykanych. Na przykład, gdy prosi się pacjenta o powiedzenie, jak nazywa się przedmiot (np. długopis) trzymany przez eksperymentatora w ręku, pacjent odpowiada: „Ach, to jest to, no właśnie to, czym się pisze". Każdy z nas również miewa od czasu do czasu trudności w znalezieniu odpowiedniego słowa dla wyrażenia tego, co zamierza powiedzieć. Zwykle nie dotyczy to jednak nazywania bardzo prostych przedmiotów codziennego użytku. Badania prowadzone za pomocą metody drażnienia mózgu oraz PET wskazują, że pamięć obiektów należących do różnych klas jest związana z nieco różnymi miejscami kory skroniowej lewej półkuli. Wszystko to wskazuje, że różne części lewej półkuli odgrywają odmienną rolę w różnych aspektach mowy.

Już prace Sperry'ego wskazywały (a potwierdziły to liczne późniejsze badania), że choć półkula lewa odgrywa niewątpliwie wiodącą rolę w procesach mowy, to prawa nie tylko nie jest całkowicie pozbawiona jakichkolwiek możliwości językowych, lecz niektóre aspekty mowy są realizowane właśnie dzięki jej aktywności. Wspominaliśmy już, że człowiek z przeciętym spoidłem wielkim mózgu nie jest w stanie np. słownie określić nazwy przedmiotów eksponowanych w lewym polu widzenia, a więc adresowanych do prawej półkuli. Potrafi jednakże odnaleźć wśród innych przedmiotów taki, który w sposób logiczny wiąże się z pokazywanym przedmiotem. Co więcej, jego zachowanie wskazuje, że potrafi on również zrozumieć sens prostych słów eksponowanych do prawej półkuli.

U pacjentów z komisurotomią półkule mózgowe są od siebie odseparowane z powodu przecięcia łączących je włókien. Z pewnym przybliżeniem można więc założyć, że jeśli jakaś informacja trafia do jednej z półkul, jest ona niedostępna drugiej. W badaniach tych najczęściej używa się tzw. lateralnych prezentacji bodźca. Typowa sytuacja eksperymentalna przedstawia się następująco: pacjent siedzi przed ekranem, na którym w środku widoczny jest punkt fiksacji. W pewnym momencie z prawej strony na ekranie na bardzo krótki czas (rzędu 100 – 200 ms) jest wyświetlany obrazek filiżanki. Pacjent zapytany, co widział, odpowiada: „filiżanka". Za chwilę z lewej strony pojawia się na podobny czas obrazek jabłka. Pacjent zapytany, co było na ekranie, odpowiada „nic". Zachowuje się więc tak, jakby nic nie widział. Jeśli jednak poprosić go, by lewą ręką za zasłonką dotykowo rozpoznał znajdujące się tam przedmioty i wybrał odpowiedni, bezbłędnie potrafi odnaleźć jabłko. Ponieważ lewa ręka jest sterowana przez prawą półkulę, doświadczenie to pokazuje, że prawa półkula rozumie znaczenie obrazka i poprawnie umie wybrać pasujący do niego przedmiot. Wygląda jednak na to, że prawa półkula nie jest w stanie słownie określić tego, co widziała. Ponieważ obrazek był pokazywany z lewej strony, lewa, „mówiąca" półkula nie mogła go dostrzec. Dlatego też pacjent odpowiada, że nic nie widział. Wiele tego typu badań dowiodło, że tylko lewa półkula może kontrolować procesy związane z ekspresją mowy. Wskazały one jednakże, że prawa półkula rozumie znaczenie konkretnych obiektów.

Badaczy interesowało, czy jeśli obrazek przedstawiający konkretny przedmiot zmienić na słowo, stanowiące jego nazwę, prawa półkula nadal będzie w stanie zrozumieć jego sens. Wyobraźmy więc sobie taką sytuację, że zamiast obrazka przedstawiającego jabłko w lewym polu widzenia pojawi się słowo „jabłko". Okazuje się, że i w tym przypadku pacjent jest w stanie spośród przedmiotów za zasłonką lewą ręką wybrać desygnat prezentowanego słowa. Prawa półkula ma więc pewne możliwości językowe i może rozumieć znaczenie prezentowanych wzrokowo słów. Oczywiście taki wynik prowokował do stawiania kolejnych pytań dotyczących kompetencji językowych prawej półkuli. Czy rozumie ona również język mówiony? Jakie komponenty języka (składniowe, fonologiczne, semantyczne) są jej dostępne?

Przeprowadzono ogromnie dużo badań próbujących odpowiedzieć na te pytania. Spośród najbardziej znanych badaczy zajmujących się badaniem pacjentów z rozszczepionym mózgiem, oprócz R. Sperry'ego, należy wymienić nazwisko E. Zaidela oraz M. Gazzanigi.

Badania te dostarczyły stosunkowo zgodnych wyników: bezpośrednio po zabiegu tylko lewa półkula mogła generować mowę; prawa półkula była niema. Jednakże po wielu latach ćwiczeń u niektórych pacjentów prawa półkula nabyła zdolność odpowiadania werbalnego na bodźce prezentowane w lewym polu widzenia. Spośród ponad 40 pacjentów przebadanych przez Gazzanigę jedynie kilku osiągnęło w pewnym stopniu tę zdolność. Zaidel sugerował jednakże, że we wszystkich tych przypadkach pacjenci mieli wcześniej uszkodzoną lewą półkulę, co mogło prowadzić w pewnym stopniu do kompensacyjnego przejęcia jej funkcji przez prawą. Pacjenci byli natomiast w stanie zrozumieć znaczenie konkretnych słów prezentowanych w lewym polu widzenia (a więc adresowanych do prawej półkuli). Ich prawa półkula rozumiała również wypowiadane słowa, zwłaszcza gdy miały one charakter konkretny (pacjenci potrafili np. po usłyszeniu słowa lewą ręką dobrać jego desygnat). Jak się okazało, możliwości rozumienia języka mówionego przez prawą półkulę są większe niż pisanego. Wykazano, że ma też ona w ograniczonym zakresie możliwości kontroli pisania liter (lewą ręką).

Z oczywistych względów stosowanie aparatury do lateralnej prezentacji w znacznym stopniu ogranicza możliwości badawcze, bodźce muszą bowiem być dostosowane do bardzo krótkotrwałych ekspozycji. W tej sytuacji niemożliwe jest np. prezentowanie całych zdań. W celu badania bardziej subtelnych funkcji językowych zarówno Zaidel, jak i Gazzaniga wymyślili urządzenia pozwalające na lateralną projekcję obrazów na siatkówce, nawet wówczas, gdy osoba porusza swobodnie oczami. Dzięki użyciu tej aparatury okazało się np., że prawa półkula może rozumieć stosunkowo proste zdania oraz sterować czynnościami adekwatnie do podanej na piśmie lub słownie instrukcji. Zaidel np. stosował w swoich badaniach test żetonów (Token Test), który typowo stosuje się w badaniach neuropsychologicznych. Badanie rozpoczynało się od słuchowego podania instrukcji, np. „połóż czerwony kwadrat pod niebieskim kołem". Trik polegał na tym, że żetony mogły być widoczne tylko w lewym polu widzenia, a więc jedynie prawa półkula mogła je zobaczyć. Ku zaskoczeniu badaczy okazało się, że prawa półkula może rozumieć wiele tego typu instrukcji i zgodnie z nimi sterować zachowaniem lewej ręki. Jej kompetencje kończyły się, jeśli zdania były zbyt długie lub zawiłe od strony gramatycznej.

W szeregu badań próbowano też określić dokładniej możliwości fonologiczne i gramatyczne prawej półkuli. Jeśli chodzi o zdolności fonologiczne, umożliwiające wysłuchiwanie poszczególnych dźwięków w słowie, to okazało się, że prawa półkula u jednych pacjentów ma je w bardzo ograniczonym zakresie, u innych zaś nie ma ich wcale. Zdolności fonologiczne u pacjentów z komisurotomią badano w następujący sposób. Eksponowano jakieś słowo do ich prawej półkuli, a następnie proszono, by do tego słowa dobrali rysunek, przedstawiający obiekt, którego nazwa brzmi podobnie (np. słowo „bat" — nietoperz i obrazek przedstawiający „hat" — kapelusz). Pacjenci mieli również kłopoty z dobieraniem do siebie słów, które się rymują, jeśli były one prezentowane w lewym polu widzenia. Ponieważ jednak pacjenci byli w stanie dobrać do danego słowa rysunek, stanowiący jego desygnat, wyniki te wskazywały, że dokonują oni oceny znaczenia pisanego słowa bezpośrednio, nie używając do tego fonologicznego przekodowania, jakie normalnie jest stosowane przez lewą półkulę. Co ciekawe, nawet u tych pacjentów, u których prawa półkula po pewnym czasie osiągała pewne możliwości ekspresji mowy, nadal nie mogła ona przekodować wzrokowych obrazów słów na ich fonologiczną reprezentację.

Pacjenci po komisurotomii byli również badani pod kątem gramatycznych możliwości ich prawej półkuli. Okazało się, że wprawdzie możliwości te są mniejsze w porównaniu z lewą półkulą, niemniej potrafią oni odróżnić zdanie gramatyczne od niegramatycznego, a rzeczownik od czasownika. W przypadku złożonych gramatycznie zdań mieli też kłopoty z rozumieniem ich treści. Zaidel dowiódł, że przynajmniej jeśli chodzi o słuchowy zasób słów, to wykracza on znacznie poza rzeczowniki oznaczające konkretne przedmioty. Pacjenci do pewnego stopnia rozumieją także rzeczowniki abstrakcyjne, czasowniki i niektóre przyimki.

Zaidel próbował określić, na jakim poziomie rozwoju języka znajduje się prawa półkula. Doszedł do wniosku, że zasób jej słownika jest stosunkowo duży i odpowiada mniej więcej wiekowi 10 lat. Rozumienie języka zaś oceniał na wiek ok. 3 – 6 lat. Poczynił też interesującą obserwację, że odseparowana lewa półkula wykazuje pewne niewielkie deficyty językowe, np. jej słownik jest zubożony i czytanie spowolnione. Obserwacja ta sugeruje, iż komunikacja międzypółkulowa odgrywa istotną rolę w regulacji procesów mowy w normalnym mózgu.

Ogólnie można powiedzieć, że badania pacjentów z rozczepionym mózgiem udowodniły, że zarówno ekspresja mowy, jak i zdolności fonologiczne są wyłączną domeną lewej półkuli. Prawa półkula, jednakże, ma wiele innych zdolności języko-wych. Badania te podważyły więc obowiązujący od stulecia dogmat, że wszystkie funkcje językowe są sterowane przez lewą półkulę.

Badania pacjentów z komisurotomią stanowiły przewrót w dotychczasowej wiedzy dotyczącej mózgowych mechanizmów mowy i ogólnie specjalizacji półkulowej. Wywołały też one lawinę badań prowadzonych z użyciem różnorodnych metod, które zwracały uwagę na szeroką gamę funkcji językowych, w których uczestniczy prawa półkula. Czy są jednak jakieś specyficzne funkcje istotne dla języka, w których prawa półkula się specjalizuje? Innymi słowy, czy oprócz powielania w niedoskonałej formie niektórych funkcji lewopółkulowych prawa wnosi do procesów językowych jakiś ważny, ale specyficzny tylko dla niej wkład? W ostatnich latach prace nad tym zagadnieniem zyskały ogromną popularność i wiele z nich dowodzi, że odpowiedź na to pytanie jest zdecydowanie pozytywna.

Komunikacja językowa opiera się nie tylko na informacjach zawartych w treści zdań i ich składni. Ważnym jej elementem są również rozmaite niuanse językowe dotyczące intonacji i emocjonalnego wyrazu wypowiedzi. Wiele prowadzonych w ostatnich latach badań wskazuje, że prawa półkula odgrywa zasadniczą rolę w analizie tych właśnie pozastrukturalnych elementów języka, np. prawostronne uszkodzenia prowadzą do zaburzeń odbioru intonacji wypowiedzi innych osób. Zaburzenie to nosi nazwę recepcyjnej (czuciowej) aprozodii emocjonalnej (albo afektywnej). Pacjenci tacy nie są w stanie ocenić, czy intonacja głosu osoby mówiącej wyraża smutek, radość czy niepokój. Warto jednocześnie zauważyć, że zdolność rozumienia intonacji wypowiedzi jest niezależna od rozumienia jej treści, zdarzają się bowiem przypadki, gdy zaburzenie rozumienia słów współwystępuje z całkowicie poprawnym rozumieniem intonacji wypowiedzi. Takie przypadki na ogół obserwuje się po uszkodzeniach lewostronnych.

Termin aprozodia emocjonalna odnosi się nie tylko do zaburzeń rozumienia emocjonalnych aspektów wypowiedzi innych osób. Zaburzenie to może również dotyczyć ekspresji mowy. Mówimy wówczas o aprozodii ekspresyjnej (ruchowej). Mowa pacjentów cierpiących na to zaburzenie jest „płaska", pozbawiona intonacji i emocjonalnego wyrazu. Słuchając takich wypowiedzi, można łatwo uzmysłowić sobie, jak ważne dla normalnej komunikacji są właśnie te pozatreściowe i pozaskład-niowe aspekty języka.

Tego rodzaju badania prowadzi się zarówno w warunkach naturalnych, analizując sposób wypowiadania się pacjenta, jak też w warunkach laboratoryjnych, gdy pacjent ma przeczytać jakiś emocjonalnie zabarwiony tekst z odpowiednim wyrazem emocjonalnym lub też powtórzyć zdania odczytane przez kogoś innego. Badania dość jednoznacznie wskazują, że uszkodzenia prawej półkuli zaburzają zdolność do intonowania wypowiedzi zgodnie z emocjonalnymi treściami w niej zawartymi. Zaburzenia te często współwystępują z zaburzeniami mimiki oraz gestów. Jednocześnie wykazano, że u pacjentów z aprozodią ekspresyjną rozumienie emocjonalnego znaczenia usłyszanych wypowiedzi nie musi być zaburzone. Interesujące jest przy tym, że zaburzenia te zaobserwowano nie tylko u pacjentów z uszkodzeniami korowymi, ale także z uszkodzeniami struktur położonych niżej, np. jąder podstawy.

Wydaje się, iż lewopółkulowe uszkodzenia nie powodują zaburzeń w ekspresji emocji. Wiadomo np., że pacjenci z afazją Wernickiego zwykle modulują głos adekwatnie do swego stanu emocjonalnego. Nawet afazja Broca nie zaburza u pacjentów reakcji śmiechu czy produkcji dźwięków wyrażających zdziwienie. W przypadkach głębokich zaburzeń, powodujących drastyczne ograniczenie możliwości wypowiadania się, trudno jest jednak analizować emocjonalną intonację wypowiedzi.

E. D. Ross, jeden z najbardziej znanych badaczy aprozodii, sformułował hipotezę, że zarówno rozumienie, jak i ekspresja emocji są regulowane przez aktywność obwodów neuronalnych w prawej półkuli, symetrycznych do tych, jakie regulują rozumienie i ekspresję mowy w lewej półkuli. Tezę tę sformułował na podstawie obserwacji przypadków, w których uszkodzenia czołowe prawej półkuli nie powodo-wały zaburzeń w rozpoznawaniu emocji zawartych w wyrazie twarzy lub tonie głosu innych osób, natomiast uniemożliwiały wyrażanie własnych emocji pacjenta (aprozodia ekspresyjna albo ruchowa). Ten typ aprozodii miał stanowić odpowiednik afazji Broca. Ross dowodził, że uszkodzenie tylnych okolic mózgu wiąże się z kolei z zaburzeniem rozumienia emocji (aprozodia recepcyjna albo czuciowa — odpowiednik afazji Wernickiego), przy zachowanych możliwościach ekspresji własnych emocji.

Istnieją również zaburzenia określane jako aprozodia lingwistyczna, polegające na niemożności oceny, czy wypowiedziane zdanie było twierdzące, czy pytające. Pacjenci mogą też nie być zdolni do modulowania własnego głosu adekwatnie do typu wypowiadanych zdań. Zaburzenia dotyczą też akcentowania odpowiedniej sylaby w słowie oraz słowa w zdaniu. W procesach prozodii lingwistycznej najprawdopodobniej uczestniczy zarówno prawa, jak i lewa półkula.

Istnieje jeszcze jedna sfera komunikacji językowej, w której, jak się wydaje, prawa półkula odgrywa bardzo ważną rolę. Okazuje się, że jest ona niezbędna do tego, by prawidłowo ocenić znaczenie treści złożonych wypowiedzi czy historyjek, zwłaszcza gdy chodzi o bardziej subtelne środki wyrazu, jak np. metafory. Pacjenci z uszkodzeniami tej półkuli bardzo często mają trudności w wychwyceniu treści humorystycznych czy morału opowiadań. Nie potrafią np. zrozumieć, co znaczy wyrażenie „leje jak z cebra" albo „pasuje jak wół do karocy". Typowym zaburzeniem pojawiającym się wskutek uszkodzenia prawej półkuli jest też niemożność właściwego odczytywania znaczenia przysłów. Z reguły wyrażenia metaforyczne oraz przysłowia pacjenci traktują w sposób dosłowny. Proszeni np. o zinterpretowanie przysłowia „gdyby kózka nie skakała, to by nóżki nie złamała" zapewne będą opowiadać o kozie, która złamała nogę. Co więcej, wykazano, że pacjenci z uszkodzeniem prawej półkuli mają trudności z prawidłowym odtworzeniem sensu dłuższych wypowiedzi czy opowiadań.

Jak widać, prawa półkula warunkuje prawidłowe działanie różnych złożonych funkcji wymagających wychwycenia różnorodnych subtelności językowych. Trudno sobie wyobrazić pełną komunikację językową bez możliwości wychwycenia i wyrażenia intonacji emocjonalnej i lingwistycznej oraz bez zrozumienia metaforycznych czy humorystycznych stwierdzeń. Językowe funkcje prawej półkuli nie ograniczają się więc do powielania w zubożonej formie kompetencji lewej. Przeciwnie, stanowią one ważne uzupełnienie mechanizmów lewopółkulowych. Mowa to nie tylko „mówienie"; na to, by mówić, trzeba także mieć coś do powiedzenia. Podobnie słuchanie to nie tylko odbiór i rozpoznawanie słów, trzeba jeszcze rozumieć znaczenie tego, co zostało wypowiedziane. I zadziwiające, że właśnie w tych procesach prawa półkula odgrywa bardzo ważną rolę.

Jeśli popatrzeć z perspektywy lat na postęp wiedzy dotyczącej lateralizacji języka, można dojść do wniosku, że poglądy te ulegają stopniowej modyfikacji. Pierwotne założenie o sterowaniu przez lewą półkulę wszelkimi procesami językowymi, pod wpływem badań zapoczątkowanych przez Sperry'ego, zostało zastąpione tezą o względnej dominacji lewej półkuli w tych procesach. Nacisk kładziono na fakt, że prawa półkula ma też pewne kompetencje językowe, choć z reguły nie dorównują one lewej. Współczesne badania idą jeszcze o krok dalej, wskazując, że w analizie niektórych aspektów języka prawa półkula odgrywa wiodącą rolę, i że niemożliwa jest pełna komunikacja językowa bez zgodnego i wzajemnie uzupełniającego się udziału obu półkul.

Wiele nowych informacji dotyczących mózgowej kontroli procesów językowych dostarczyły również badania neuroobrazowania. Ogólnie popierają one pogląd o znacznie większym, niż pierwotnie przypuszczano, udziale prawej półkuli w różnych funkcjach językowych, a jednocześnie wskazują na nieadekwatność teorii wiążących przednie części mózgu z kontrolą procesów syntaktycznych, a tylnych – z kontrolą procesów semantycznych. Z badań tych wynika więc, że mózg jest zorganizowany w wysoce skomplikowany sposób i jego funkcji nie da się wyjaśnić prostymi teoriami.

## 19.4.2. Emocje

Jeśli chodzi o lateralizację w mózgu procesów emocji, w literaturze klasycznej dominowały dwie przeciwstawne koncepcje. Jedna z nich wiązała z prawą półkulą wszelkie stany emocjonalne, niezależnie od tego, czy są one pozytywne czy negatywne, druga zaś zakładała zróżnicowany udział półkul w tych procesach. Ta ostatnia wywodziła się z obserwacji zachowań pacjentów z uszkodzeniami mózgu zlokalizowanymi bądź lewostronnie, bądź prawostronnie. Obserwacje opublikowane przez G. Gainottiego stały się podstawą twierdzenia, że lewa półkula jest związana z emocjami pozytywnymi, prawa zaś z negatywnymi. Wykazano bowiem, że przy uszkodzeniu lewej półkuli, gdy ster w życiu emocjonalnym przejmuje półkula prawa, pacjenci przejawiają objawy depresji, skarżą się z różnych powodów, obwiniają siebie, płaczą, martwią się o swoją przyszłość. Natomiast przy uszkodzeniu półkuli prawej, gdy emocje zostają podporządkowane półkuli lewej, pacjenci na ogół są weseli, zadowoleni z siebie, wierzą w swoją dobrą przyszłość, ignorują symptomy choroby, a stan ich niejednokrotnie można określić jako euforyczny.

Zwolennicy przeciwstawnej hipotezy wiążącej wszelkie stany emocjonalne z prawą półkulą argumentowali, że uszkodzenia lewostronne powodują znacznie bardziej drastyczne skutki dla pacjentów niż uszkodzenia prawostronne, prowadząc niejednokrotnie do różnorodnych zaburzeń mowy i utraty normalnego kontaktu pacjenta z innymi ludźmi. Nic więc dziwnego, że taka sytuacja wiąże się z dominacją negatywnych emocji. Autorzy, którzy przypisują wiodącą rolę prawej półkuli we wszelkich emocjach, odwołują się najczęściej do wyników badań prowadzonych na ludziach zdrowych, które w większości przypadków wykazywały dominację prawej półkuli w rozpoznawaniu stanów emocjonalnych wyrażanych przez twarze oraz jej większą aktywację podczas przeżywania stanów emocjonalnych niezależnie od ich znaku. Odwołują się oni ponadto do obserwacji, że to właśnie uszkodzenia prawostronne prowadzą do zaburzenia zwanego aprozodią, polegającego na niezdolności do wyrażenia emocji w mowie własnej pacjenta oraz na nierozumieniu emocji zawartych w mowie innych ludzi.

Współcześnie prowadzone badania elektrofizjologiczne, PET i fMRI pozwoliły w pewnym stopniu na przerzucenie pomostu pomiędzy tymi dwoma, pozornie sprzecznymi koncepcjami. Zwróciły one uwagę badaczy na zróżnicowany udział lewostronnie i prawostronnie położonych struktur zaangażowanych w procesy emocjonalne zależnie od tego, czy są to struktury leżące z przodu, czy z tyłu mózgu. Nie bez znaczenia okazało się ponadto, czy badamy przeżywanie, ekspresję, czy też percepcję emocji.

Współczesne badania przypisują szczególną rolę prawej półkuli przede wszystkim w ocenie znaczenia emocjonalnych informacji wyrażanych w twarzach, w intonacji głosu czy gestach. Pacjenci z prawopółkulowymi uszkodzeniami mózgu mają ponadto trudności w rozumieniu znaczenia humoru czy afektywnych aspektów rysunków, opowiadań czy filmów. Ciekawe, że fotografie złożone z dwóch połówek twarzy, z których jedna wyraża emocje, a druga jest neutralna (tzw. twarze chimeryczne), są oceniane jako bardziej ekspresyjne, jeśli połówka emocjonalna znajduje się w lewym polu widzenia patrzącego.

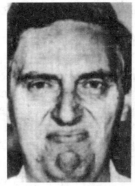

**Ryc. 19.5.** Twarze „chimeryczne" uzyskane ze złożenia dwóch lewych (twarz po lewej stronie) i dwóch prawych (twarz po prawej stronie) połówek. Środkowe zdjęcie prezentuje twarz naturalną

Badania dotyczyły nie tylko percepcji, ale i ekspresji emocji. Większość z nich wskazuje na dominację prawej półkuli, choć wyniki tu są mniej jednoznaczne. Uważa się, że lewa strona twarzy (której mięśnie są kontrolowane przez prawą półkulę) jest bardziej ekspresyjna niż prawa, zwłaszcza gdy chodzi o wyrażanie emocji negatywnych (ryc. 19.5). Brak wyraźniejszej asymetrii dla uśmiechu tłumaczy się tym, że jest on często wyrazem pewnych społecznie przyjętych form zachowania, a nie prawdziwych emocji. W kontaktach społecznych po prostu wypada się uśmiechać czy przyjmować przyjazny wyraz twarzy.

Badania wskazują, że przeżywanie emocji jest procesem zależnym od obu półkul mózgowych. Dość jednoznacznie dowodzą one, że półkule odgrywają zróżnicowaną rolę w zależności od rodzaju przeżywanej emocji: emocje negatywne wiąże się z aktywnością prawej półkuli, pozytywne zaś z działaniem lewej. Za taką konkluzją przemawiają nie tylko cytowane wyżej obserwacje Gainottiego, lecz również i nowsze prace prowadzone z użyciem technik elektrofizjologicznych i neuroobrazowania. Specjalizacja dotycząca przeżywania bądź negatywnych (prawa półkula), bądź pozytywnych (lewa półkula) emocji odnosi się tylko do przednich części mózgu. R. J. Davidson stwierdził m.in., że gdy osoby przeżywają smutek, aktywność wzrasta w płatach czołowych prawej półkuli i maleje w lewej. Na tej podstawie sformułowano tezę, że struktury te stanowią podstawę neuronalną regulującą wszelkie procesy związane z „dążeniem ku" (ang. approach) lub unikania (ang. avoidance). Co więcej, istnieją stałe różnice indywidualne w stopniu wzbudzenia przednich części mózgu, od których zależy sposób radzenia sobie ze stresem i trudnymi sytuacjami. Osoby, które wykazują aktywność lewego płata czołowego, są generalnie pozytywnie nastawione do rozwiązywania problemów, prezentują strategię „dążenia ku" i reagują silniej na pozytywne bodźce. Osoby z wyższą aktywnością płatów czołowych po prawej stronie przejawiają skłonność do emocji negatywnych, preferują strategię unikania i silniej reagują na negatywne bodźce. Ciekawe, że właśnie ta grupa wykazuje obniżoną reakcję immunologiczną (mierzoną aktywnością komórek zwanych „naturalnymi zabójcami" — ang. natural killers), co sprzyja chorobom.

## 19.4.3. Funkcje wzrokowo-przestrzenne i uwaga

Spośród wielu dowodów świadczących o szczególnym związku prawej półkuli z funkcjami wzrokowo-przestrzennymi i uwagą najbardziej spektakularne dotyczą opisu pacjentów z tzw. syndromem jednostronnego pomijania (ang. visual neglect). Polega on na niezauważaniu wszystkich elementów znajdujących się z jednej strony pola widzenia. Dane kliniczne wskazują, że zaburzenie to dotyczy lewej strony pola widzenia (i lewej strony obiektów) i jest związane przede wszystkim z uszkodzeniem tylnej części kory ciemieniowej prawej półkuli mózgowej, choć może być skutkiem także uszkodzenia płatów czołowych (okolicy zwanej frontal eye field). Należy podkreślić, że jednostronne pomijanie występuje przy braku jakichkolwiek uszkodzeń układu wzrokowego i w związku z tym nie ma ono charakteru defektu sensorycznego. Przypuszcza się, że zaburzenie to dotyczy przede wszystkim procesów uwagi. Kiedy pacjentom poleca się przerysowanie jakiegoś obrazka, najczęściej pomijają oni elementy znajdujące się z jego lewej strony (ryc. 19.6). Rysując np. tarczę zegara, typowo zaznaczają na niej jedynie cyfry od 1 do 6, mimo iż doskonale wiedzą, że każdy zegar ma podziałkę odpowiadającą godzinom od 1 do 12. Bardzo często objawom tym towarzyszą analogiczne zaburzenia przestrzenne. Znane są opisy pacjentów, którzy idąc do gabinetu lekarskiego znajdującego się z lewej strony ich pokoju, obchodzili w prawo cały korytarz dookoła. Dowodem na to, że zaburzenia pacjentów nie leżą ani w sferze percepcji wzrokowej, ani nie dotyczą ruchu, jest fakt, że podobne problemy dotyczą również wyobrażeń pacjentów. Dobrą ilustracją tej tezy są badania włoskiego neuropsychologa E. Bisiacha. Polecił on swym pacjentom z objawami jednostronnego pomijania, by wyobrazili sobie, że stoją w środku

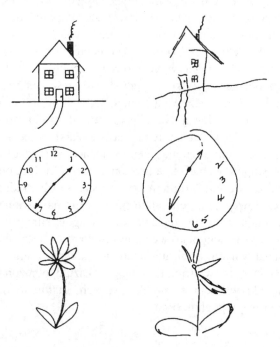

**Ryc. 19.6.** Przykłady kopiowania rysunków przez pacjentów z zespołem jednostronnego pomijania

znanego placu znajdującego się w centrum Mediolanu i by opisali dokładnie otaczające ich obiekty. Okazało się, że pacjenci opisywali różne obiekty w zależności od tego, czy w swej wyobraźni byli zwróceni twarzą, czy też plecami do katedry, za każdym razem pomijając lewą stronę obrazu powstającego w ich umyśle. Na podstawie badań pacjentów z jednostronnym pomijaniem niektórzy autorzy wysuwają przypuszczenie, że w prawej półkuli znajduje się reprezentacja zarówno lewej, jak i prawej połowy otaczającej nas przestrzeni, w półkuli lewej zaś, reprezentacja jedynie prawej połowy. Jeśli więc uszkodzeniu ulega prawa półkula, pacjent pomija tylko lewą stronę, reprezentacja prawej jest bowiem zachowana. Jeśli zaś uszkodzeniu ulega półkula lewa, zaburzenia nie występują bądź są minimalne, prawa bowiem nadal pełni swoje funkcje.

Z taką hipotezą nie zgadzają się jednak dane wskazujące, że reprezentacja lewej strony pola widzenia jest obecna w mózgu, choć pacjent ma trudności z dotarciem do niej. Świadczą o tym badania J. Marshalla, który dowiódł, że jeśli pacjentom z jednostronnym pomijaniem przedstawić rysunki podobne do tych, jakie ilustruje rycina 19.7 i zadać pytanie, w którym z domów woleliby zamieszkać, to z reguły wybierają dom bez płomieni, choć, paradoksalnie twierdzą, że oba są identyczne. Skłonieni do wyjaśnienia swoich decyzji, dodają, że wybrany dom jest obszerniejszy albo ładniejszy.

Prawa półkula jest również uważana za półkulę dominującą w percepcji twarzy, aczkolwiek badania z ostatnich lat dowodzą, że wnioski te należałoby ograniczyć

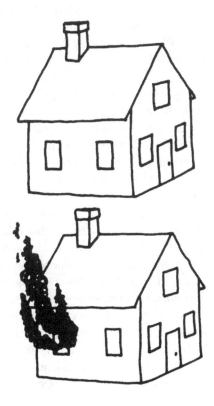

**Ryc. 19.7.** Przykłady rysunków w badaniach J. Marshalla

jedynie do pewnych cech twarzy. Warto tu nadmienić, że twarze na ogół są traktowane jako szczególnie złożone wzorce wzrokowo-przestrzenne. Niektórzy autorzy sądzą jednak, że w mózgu istnieją wyspecjalizowane struktury służące do analizy tego szczególnego rodzaju bodźców, a asymetria, jaką stwierdza się w percepcji twarzy, wynika z asymetrii tych struktur.

Jednym z najbardziej znanych zaburzeń, które tradycyjnie wiązano z uszkodzeniem prawej półkuli, jest tzw. prozopagnozja, polegająca na utracie zdolności rozpoznawania twarzy osób nawet bardzo dobrze znanych choremu, np. dzieci, żony, matki, opiekującego się nim lekarza. Pacjenci poznają te osoby po głosie, sposobie poruszania się, zapachu, lecz nie na podstawie wyglądu ich twarzy. Pacjenci z prozopagnozją często nie mają problemów z porównaniem prezentowanych jednocześnie dwóch twarzy, mają jednak trudności, gdy jedną z nich muszą wcześniej zapamiętać. Wskazuje to na istotność czynnika pamięciowego w tym zaburzeniu. Klasyczne prace opisujące przypadki prozopagnozji wiązały to zaburzenie z uszkodzeniem prawej skroniowo-potylicznej okolicy mózgu. Nowsze badania, opierające się na nowoczesnych metodach lokalizacji uszkodzenia, dostarczają jednak coraz więcej dowodów wskazujących, że prozopagnozja występuje u pacjentów z obustronnym uszkodzeniem mózgu. Coraz częściej też mówi się, że obie półkule biorą udział w rozpoznawaniu twarzy, lecz że udział ten jest różny. Badania prowadzone za pomocą PET na osobach bez uszkodzenia mózgu wskazują np., że w zależności od typu zadania, jakie wykonuje osoba badana (np. klasyfikacja twarzy na kobiece *vs* męskie albo na twarze aktorów *vs* nie-aktorów), różne rejony mózgu ulegają pobudzeniu. Pobudzenie to jest z reguły obustronne, choć niektóre zadania powodują niesymetryczną aktywność. Klasyfikacja twarzy na kobiece i męskie powoduje np. większą aktywację drugorzędowych pól wzrokowych w prawej półkuli. Inne badania z kolei dowodzą dominacji lewej półkuli w rozpoznawaniu twarzy osób znanych. Niektórzy autorzy w związku z tym postulują, że prawa półkula zajmuje się analizą konfiguracyjnych cech twarzy, lewa zaś – cech specyficznych, charakterystycznych dla danej osoby.

Zagadnienie asymetrii półkulowej w procesach analizy przestrzenno-wzrokowej stało się przedmiotem licznych badań prowadzonych zarówno na pacjentach klinik neurochirurgicznych, jak i na ludziach zdrowych. Wiele z nich potwierdzało ogólną tezę, że prawa półkula przejawia szczególne zdolności w różnorodnych testach wymagających analizy wzrokowo-przestrzennej. Wskazywano na dominację prawej półkuli w testach dotyczących oceny głębi, nachylenia linii, oceny położenia kropki wewnątrz figury czy rozpoznawania złożonych geometrycznych figur. Coraz więcej prac sugerowało jednak, że dominacja prawej półkuli w tych testach ma charakter względny i może się zmieniać w zależności od cech stosowanych bodźców i od szczegółów zadania, jakie osoba badana ma do wykonania. Zaobserwowano, że prawdopodobieństwo wykazania dominacji w danym teście wzrasta, jeśli do badań używa się bodźców, których percepcyjna jakość jest niska, np. takich, których kontury zostały optycznie rozmyte lub zniekształcone. Podobny efekt wywoływało zastosowanie bodźców prezentowanych na bardzo krótki czas oraz na peryferii pola widzenia. Pojawiły się nawet doniesienia wskazujące, że percepcyjne zniekształcenie bodźców werbalnych, dla których w dobrych warunkach percepcyjnych obserwuje się przewagę lewej półkuli, może prowadzić do odwrócenia wzorca asymetrii. Doniesienia te podważały powszechnie przyjmowany pogląd o dominacji lewej półkuli w procesach werbalnych, a prawej półkuli we wszelkich funkcjach wzrokowo-przestrzennych, stymulując tym samym dalsze badania mające na celu wyjaśnienie obserwowanych zjawisk.

Największą popularność zyskała teoria J. Sergent, zgodnie z którą każda z półkul mózgowych specjalizuje się w analizie innego pasma częstotliwości przestrzennych: lewa w analizie wysokich, a prawa niskich częstotliwości. Sergent oparła się na założeniu, że każdy bodziec wzrokowy da się rozłożyć na szereg różnych częstotliwości przestrzennych. Upraszczając nieco sprawę, można w przybliżeniu przyjąć, że bodźce zawierające głównie drobne, gęsto ułożone elementy charakteryzują się wysoką częstotliwością przestrzenną. I odwrotnie, bodźce zawierające duże, rzadko rozłożone elementy charakteryzują się niską częstotliwością. Rycina 8.10 ilustruje najprostszy typ bodźców różniących się pod względem zawartości częstotliwości przestrzennych: paski szerokie zawierają stosunkowo niskie częstotliwości, gęste zaś – wysokie. Sergent argumentowała, że optyczne rozmycie bodźca prowadzi do wyeliminowania z niego drobnych szczegółów, a więc wysokich częstotliwości przestrzennych. Rozpoznanie bodźca odbywa się wówczas na podstawie analizy niskich częstotliwości, w których specjalizuje się prawa półkula. Stąd też przewaga tej półkuli obserwowana przy ich percepcji. Podobny efekt wywołuje skrócenie czasu ekspozycji bodźca oraz prezentowanie go w części obwodowej siatkówki. Jak wspominano w rozdziale 8, komórki części peryferycznych siatkówki mają duże pola recepcyjne, są więc lepiej przystosowane do wykrywania niskich częstotliwości. Jednocześnie właśnie komórki o dużych polach recepcyjnych cechują się szybszą odpowiedzią, a więc nadają się do przekazywania szybko zmieniającej się stymulacji, z jaką mamy do czynienia w przypadku krótkotrwałych ekspozycji. Idąc dalej tym tropem niektórzy autorzy (S. Kosslyn) postulowali, że komórki pól wzrokowych w prawej półkuli mają większe pola recepcyjne. Brak jednak przekonujących dowodów, że tak rzeczywiście jest.

Koncepcja Sergent zyskała niezwykłą popularność, lecz do dziś trwają spory na temat jej słuszności. Odegrała ona jednak istotną rolę w ewolucji poglądów na asymetrię półkulową, wskazując na nieadekwatność teorii zakładającej, że prawa półkula odgrywa wiodącą rolę we wszelkich procesach wzrokowo-przestrzennych i kierując myślenie badaczy ku poglądowi, że obie półkule uczestniczą w każdej z tych funkcji, odgrywając specyficzną rolę w analizowaniu różnych aspektów napływającej informacji wzrokowej.

Również badania dotyczące asymetrii półkulowej w ocenie relacji przestrzennych przyniosły wyniki skłaniające do zrewidowania poglądów określających specjalizację półkulową według prostej dychotomii: werbalna *vs* wzrokowo-przestrzenna. W badaniach tych, zainicjowanych przez S. Kosslyna, najczęściej stosowano testy, w których osoby badane miały określić położenie kropki względem linii (ryc. 19.8). Okazało się, że w zależności od niewielkich różnic w charakterze zadania uzyskiwano albo przewagę lewej, albo prawej półkuli. Jeśli zadanie polegało na określeniu, czy kropka leży nad, czy pod linią, lepsze wyniki uzyskiwano przy ekspozycji bodźców do prawego pola widzenia, a więc gdy adresowano je do lewej półkuli. Jeśli natomiast

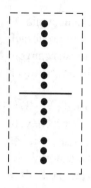

**Ryc. 19.8.** Bodźce stosowane w badaniach S. Kosslyna nad udziałem półkul mózgowych w procesach oceny relacji przestrzennych

zadanie polegało na określeniu, czy kropka leży w odległości nie większej niż dwa centymetry od linii, czy też dalej, uzyskiwano wynik dokładnie odwrotny. Dane te znalazły potwierdzenie w szeregu dalszych badań, w których wykazano dominację lewej półkuli w zadaniach wymagających „kategorialnego" określenia relacji przestrzennych (np. pod/nad) oraz dominację prawej półkuli w zadaniach wymagających metrycznego określenia tych relacji.

Podsumowując tę część rozdziału, można stwierdzić, że współcześnie prowadzone badania dostarczają coraz więcej danych podważających tradycyjny pogląd, zgodnie z którym wszystkie specyficzne aspekty funkcji wzrokowo-przestrzennych są realizowane przez prawą półkulę. Badania te wskazują, że obie półkule uczestniczą w procesach wzrokowo-przestrzennych, lecz każda z nich w odmienny, charakterystyczny dla niej sposób.

## 19.4.4. Pamięć

Klasyczne prace kliniczne badały najczęściej, jakie skutki dla pamięci materiału werbalnego i niewerbalnego mają jednostronne uszkodzenia mózgu. Dostarczyły one wyników popierających tezę, że lewa półkula zaangażowana jest w procesy językowe, a prawa we wzrokowo-przestrzenne. Dane uzyskane w ostatnich latach za pomocą metod neuroobrazowania wskazują, że ten podział, choć prawdziwy, jest zbyt uproszczony, by wyjaśnić wszystkie zjawiska lateralizacji funkcji pamięci.

Wykazano np. zróżnicowany udział płatów czołowych w procesach pamięci epizodycznej (por. rozdz. 15) w zależności od fazy pamięci: w procesach kodowania informacji do pamięci (ang. encoding) większą aktywność wykazuje lewy płat czołowy, prawy zaś uczestniczy w przywoływaniu śladów pamięciowych (ang. retrieval). Koncepcja ta, nazwana przez autora (E. Tulvinga) HERA (ang. hemispheric encoding retrieval asymmetry) okazała się bardzo ciekawą i płodną poznawczo hipotezą, która spowodowała lawinę weryfikujących ją badań (w większości pozytywnych). Jak pokazują zarówno nasze badania, jak i badania innych autorów, zróżnicowanie funkcjonalne wykazują również przyśrodkowe części kory przedczołowej. Wyraża się ono m.in. w zaangażowaniu struktur prawostronnych w krótkotrwałą pamięć obrazu prezentowanych bodźców. Asymetria obserwowana w płatach czołowych dotyczy w pewnym stopniu i innych struktur. Stwierdzono np., że procesy kodowania do pamięci są związane z aktywnością lewego hipokampa. Struktura ta nie jest natomiast aktywizowana podczas rozpoznawania (przypominania).

W ostatnich latach badania nad pamięcią w dużym stopniu koncentrowały się na różnych formach pamięci utajonej (ang. implicit). Wykazano m.in., że niektóre formy prymowania (ang. priming — por. rozdz. 15) są związane ze zmniejszeniem aktywności kory potylicznej w prawej półkuli. Okazało się też, że tzw. fałszywe rozpoznania, czyli „przypominanie sobie" zjawisk czy rzeczy, które nie miały miejsca, również wiąże się z niesymetryczną aktywnością mózgu zlokalizowaną w górnym zakręcie skroniowym lewej półkuli. Takie odkrycia wzbudzają ogromne zainteresowanie, ponieważ stwarzają szansę na obiektywną weryfikację wiarygodności świadków.

Podsumowując, można stwierdzić, że prowadzone w ostatnich latach badania neuroobrazowania ukazują wiele nowych danych wskazujących na zróżnicowany udział lewostronnie i prawostronnie położonych struktur mózgowych w procesach pamięci. Dzięki tym badaniom obraz dwóch półkul mózgowych traktowanych jako pewne monolityczne struktury specjalizujące się w analizie werbalnej *vs* niewerbalnej informacji, został zastąpiony znacznie bardziej złożonym obrazem, w którym różne struktury wchodzące w ich skład odgrywają odmienną rolę w zależności od typu pamięci, jej fazy oraz charakteru doznań pamięciowych (np. czy są to doznania prawdziwe, czy fałszywe).

# 19.5. Korelaty anatomiczne

Dynamiczny rozwój badań wskazujących na istnienie asymetrii w funkcjonowaniu półkul mózgowych w sposób naturalny skierował uwagę badaczy na poszukiwanie podstaw neuroanatomicznych tej asymetrii. Okazało się, że półkule różnią się nie tylko pod względem funkcjonalnym, lecz również anatomicznym, choć związek tych różnic z asymetrią funkcjonalną mózgu nie zawsze jest jasny. Mózg ludzki jest asymetryczny, tak jakby został poddany skręceniu w lewo: część czołowa prawej półkuli jest szersza i wysunięta do przodu, podczas gdy część tylna lewej półkuli jest bardziej rozbudowana ku tyłowi (ryc. 19.9). Funkcjonalne znaczenie tej asymetrii nie jest znane. Podobną asymetrię, choć w mniejszym nasileniu, wykazują małpy człekokształtne oraz płody ludzkie.

Jest rzeczą zrozumiałą, że asymetrii anatomicznych poszukiwano przede wszystkim w tych rejonach mózgu, o których wiadomo, że są związane z funkcjami wykazującymi wysoki stopień lateralizacji, a więc przede wszystkim z mową. Stąd szczególne zainteresowanie badaczy rejonem skroniowym mózgu, a zwłaszcza okolicą bruzdy Sylwiusza oraz strukturą zwaną *planum temporale*. Liczne pośmiertne badania anatomiczne mózgów wykazały, że bruzda Sylwiusza w dwóch półkulach mózgowych różni się zarówno pod względem długości, jak i kształtu: w półkuli lewej jest ona

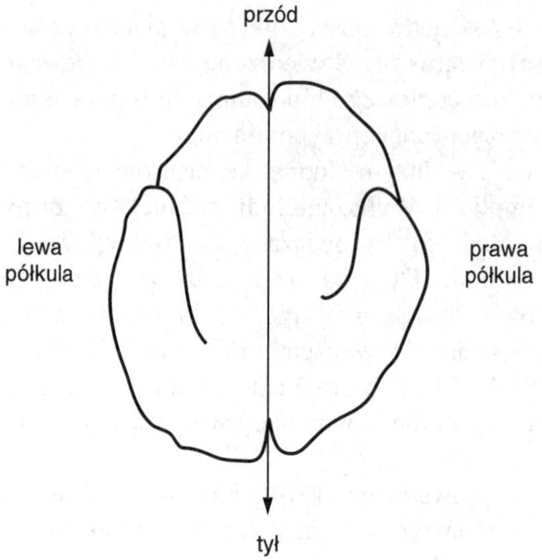

przód

**Ryc. 19.9.** Asymetria budowy półkul mózgowych

lewa
półkula

prawa
półkula

tył

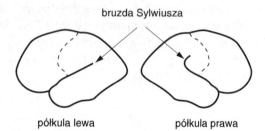

bruzda Sylwiusza

**Ryc. 19.10.** Asymetria bruzdy Sylwiusza

półkula lewa

półkula prawa

dłuższa i bardziej prosta; w półkuli prawej zaś jest nie tylko krótsza, ale bardziej zagięta ku górze (ryc. 19.10). Podobna asymetria charakteryzuje małpy człekokształtne.

W tym samym skroniowym rejonie mózgu człowieka związanym z procesami mowy stwierdza się również znaczne różnice w wielkości *planum temporale* (ryc. 19.11). Strukturę tę widać dobrze po przecięciu mózgu w płaszczyźnie uwidocznionej w dolnej części rysunku. Okazuje się, że u większości ludzi *planum temporale* jest większe w lewej półkuli i to już od urodzenia. Wykazano ponadto, że różnicom w wielkości tej struktury towarzyszą również pewne różnice w jej budowie cytoarchitektonicznej. Różnice dotyczące zarówno wielkości, jak i budowy struktur związanych z mową stwierdza się także w tym rejonie kory czołowej, którego uszkodzenie prowadzi do afazji Broca (por. rozdz. 20).

Wszystkie omawiane tu różnice dotyczą przede wszystkim osób praworęcznych. Istnieje wiele badań wykazujących, że osoby leworęczne mają mniej asymetryczne mózgi oraz że cecha ta wiąże się ze zmniejszoną lateralizacją funkcji.

Nieliczne prace dotyczące innych regionów mózgu związanych z funkcjami wzrokowo-przestrzennymi, np. niektórych części kory ciemieniowej, również sugerują istnienie asymetrii, lecz o kierunku przeciwnym (tj. większych obszarów po stronie

**470**

**Ryc. 19.11.** Asymetria *planum temporale* (obszar szary). **A** — *Planum temporale* widoczne na przekroju poprzecznym mózgu. **B** — Linią przerywaną zaznaczono płaszczyznę cięcia. Strzałki pokazują, gdzie w bruździe Sylwiusza mieści się *planum temporale*

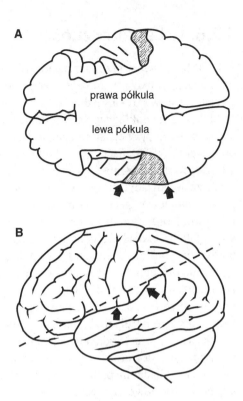

prawej). Interesujące jest przy tym, że asymetria ta nie jest skorelowana z asymetrią struktur związanych z mową. Taki wynik zgadza się z dość powszechnie przyjmowaną opinią, że lateralizacja funkcji werbalnych i wzrokowo-przestrzennych w mózgu może kształtować się w sposób niezależny.

Chociaż wielu autorów uważa, że omówione różnice anatomiczne między lewą i prawą półkulą mózgową mogą leżeć u podstawy różnic funkcjonalnych, to teza ta wymaga dalszych dowodów. Badania prowadzone z zastosowaniem technik obrazowania mózgu, które umożliwiają zestawienie danych dotyczących struktury mózgu z danymi funkcjonalnymi, zdają się potwierdzać tę tezę.

# 19.6. Wpływ leworęczności i płci

Opisane w poprzednich podrozdziałach prawidłowości są jedynie prawidłowościami statystycznymi, tj. charakteryzującymi większość ludzi, ale nie wszystkich, gdyż wzorzec asymetrii półkulowej u poszczególnych osób wykazuje pewne zróżnicowanie. Zróżnicowanie to przede wszystkim wiąże się z ręcznością oraz płcią człowieka, czyli zależy od tego, czy mamy do czynienia z osobą praworęczną, czy leworęczną oraz czy jest to mężczyzna, czy kobieta.

# 19.6.1. Leworęczność

Od bardzo dawna przypuszczano, że leworęczność może się wiązać z odmienną organizacją funkcji w mózgu. Skoro bowiem u osób praworęcznych lewa półkula, sterująca prawą ręką, jednocześnie zawiaduje mową, to u leworęcznych można spodziewać się dokładnego odwrócenia tych relacji: funkcje mowy powinny znajdować się w półkuli prawej, sterującej ich dominującą ręką (lewą). Pogląd ten popierały doniesienia wskazujące, że u niektórych osób leworęcznych stwierdzono afazję właśnie po uszkodzeniach prawej półkuli. Niektórzy badacze zaczęli nawet przypuszczać, że lokalizacja mowy w lewej lub prawej półkuli jest skutkiem używania ręki prawej lub lewej przy pisaniu. Takie rozumowanie okazało się jednak całkowicie fałszywe. Koronnym dowodem stały się tu opisy przypadków afazji (zaburzeń mowy), która, jak się okazało, u osób leworęcznych, podobnie jak u praworęcznych, częściej występuje po uszkodzeniach lewej półkuli niż po uszkodzeniach prawej.

Mimo obalenia hipotezy zakładającej odwrotną lateralizację mózgu u leworęcznych, zgromadzono bardzo wiele danych wskazujących na istnienie niewątpliwego związku między leworęcznością a organizacją funkcjonalną mózgu. Związek ten okazał się jednak o wiele bardziej złożony, niż pierwotnie przypuszczano.

Najwięcej wiarygodnych danych dotyczących lokalizacji funkcji w mózgu osób leworęcznych dostarczyły neuropsychologiczne badania pacjentów z uszkodzeniem mózgu oraz badania prowadzone za pomocą testu Wady. Okazało się, że chociaż afazja u osób leworęcznych, podobnie jak u praworęcznych, jest częściej skutkiem uszkodzenia lewej półkuli, niemniej różnice półkulowe obserwowane u leworęcznych są znacznie mniejsze. U osób praworęcznych uszkodzenie prawej półkuli tylko w 3% przypadków prowadzi do zaburzeń mowy, u osób leworęcznych zaś, takich przypadków jest aż 25%. Uszkodzenie lewej półkuli prowadzi do zaburzeń mowy w 62% przypadków osób praworęcznych i 53% przypadków osób leworęcznych. Ogólnie biorąc, badania te wskazują na większe prawdopodobieństwo wystąpienia afazji na skutek uszkodzenia mózgu u osób leworęcznych, co sugeruje, że u tych osób większe obszary mózgu są zaangażowane w procesy mowy, i że być może struktury te wykazują mniejszy stopień specjalizacji. Za takim wnioskiem przemawia fakt, że u leworęcznych pacjentów zaburzenia afatyczne są mniej głębokie i mniej specyficzne dla miejsca uszkodzenia mózgu oraz że łatwiej osiągają oni poprawę pod wpływem systematycznych ćwiczeń rehabilitacyjnych, prawdopodobnie dzięki strukturom znajdującym się w półkuli nieuszkodzonej. Wszystko to wskazuje na większy udział obu półkul w procesach językowych u osób leworęcznych niż u praworęcznych. Interesujące jest przy tym, iż podobna specyfika zaburzeń afatycznych cechuje również osoby praworęczne, u których w rodzinie występuje leworęczność.

Interesujące wyniki uzyskano również w badaniach prowadzonych za pomocą próby Wady. Stwierdzono, że zarówno u osób leworęcznych, jak i u praworęcznych mowa jest znacznie częściej reprezentowana w lewej półkuli, choć u leworęcznych dominacja tej półkuli nie jest tak silnie wyrażona, jak u praworęcznych. Częstość lokalizacji mowy w półkuli lewej u osób praworęcznych szacuje się na ok. 96% w porównaniu z około 70% u osób leworęcznych. Prawopółkulowa lokalizacja struktur mowy u osób praworęcznych występuje niezwykle rzadko (4%), znacznie częściej zaś (15%) u osób leworęcznych. Ponadto u leworęcznych wyraźnie częściej występuje obupółkulowa reprezentacja mowy (15%). Przytoczone dane są jedynie orientacyjne, różnią się bowiem one nieco u różnych autorów. Również w zakresie różnorodnych funkcji wzrokowo-przestrzennych leworęczni wykazują mniejszą asymetrię półkulową niż praworęczni.

Badania nad lateralizacją funkcji w mózgu osób leworęcznych prowadzono także za pomocą technik lateralnej prezentacji. Wyniki tych badań nie są bardzo spójne, ale najczęściej wskazują, że osoby leworęczne przejawiają ten sam kierunek asymetrii (oszacowany średnio w grupie) co praworęczne, jednak nasilenie tej asymetrii jest mniejsze.

Warto wspomnieć, że czynnikiem, który, jak się wydaje, może w sposób istotny wpływać na lateralizację funkcji w mózgu człowieka, jest nie tylko leworęczność osób badanych, ale również leworęczność rodzinna. Wiele danych, zarówno klinicznych, jak i eksperymentalnych, wskazuje, że osoby praworęczne, u których w rodzinie występuje leworęczność, bardzo często charakteryzują się podobną organizacją funkcjonalną mózgu jak osoby leworęczne. Co więcej, niektórzy autorzy dowodzą, że osoby praworęczne z leworęcznością rodzinną mogą przejawiać cechy osób leworęcznych. Z tego względu, zamiast podziału na osoby leworęczne i praworęczne, zaczęto stosować podział na osoby praworęczne i niepraworęczne, włączając do tej ostatniej grupy nie tylko oburęcznych, ale również praworęcznych o udokumentowanej leworęczności rodzinnej.

Już dawno temu zaobserwowano, że osoby leworęczne przy pisaniu trzymają pióro bądź w pozycji takiej, jak osoby praworęczne, bądź hakowato odwróconej, ustawiając dłoń powyżej pisanego tekstu. To odwracanie ręki traktowano jako strategię zapobiegającą zasłanianiu ręką tego, co się pisze i zamazywaniu liter. J. Levy zwróciła jednak uwagę, że odwracanie ręki występuje również u Żydów, którzy piszą od prawej do lewej i nie mają potrzeby stosowania takiej strategii. Levy wysunęła hipotezę, że osoby, które odwracają rękę przy pisaniu, mają mowę zlokalizowaną w półkuli ipsilateralnej, czyli leżącej po tej samej stronie, co pisząca ręka, osoby zaś piszące w pozycji „normalnej" — w półkuli leżącej przeciwstronnie. Wynikałoby z tego, że osoby leworęczne piszące ręką w pozycji odwróconej mają mowę zlokalizowaną w lewej półkuli. Levy szukała poparcia dla swojej tezy wykazując, że osoby leworęczne, piszące ręką w pozycji odwróconej, w różnych testach lateralizacyjnych uzyskiwały wyniki wskazujące na lokalizację mowy w lewej półkuli, osoby zaś nie odwracające ręki przy pisaniu miały wyniki sugerujące prawostronną lokalizację mowy. Odwracanie ręki występuje częściej u mężczyzn niż u kobiet. Jeśli więc rację ma Levy, prawdopodobieństwo nietypowej lokalizacji mowy (w prawej półkuli) jest u leworęcznych kobiet większe niż u mężczyzn. Tezę tę wspierają niektóre dane genetyczne sugerujące większy u kobiet niż u mężczyzn udział czynników genetycznych w determinowaniu ręczności. Hipoteza Levy jest obecnie dość mocno krytykowana ze względu na brak jednoznacznych danych, które dowodziłyby jej prawdziwości.

Wprowadzenie do badań nad mózgiem nowoczesnych metod neuroobrazowania otworzyło całkiem nowe możliwości badania architektury funkcjonalnej i anatomicznej mózgów osób leworęcznych w porównaniu z praworęcznymi. Z oczywistych względów badania te koncentrowały się na tych strukturach, które wiążą się z funkcjami silnie zlateralizowanymi u człowieka, a więc przede wszystkim na strukturach związanych z mową (okolicach Broca i Wernickego) oraz na strukturach kontrolujących ruchy rąk. Badania te mają tę niewątpliwą przewagę nad klinicznymi, że są nieinwazyjne. Przewyższają też metody lateralnej prezentacji zarówno pod względem precyzji, jak i możliwości wnioskowania o tym, co dzieje się w mózgu indywidualnej osoby. Ponadto umożliwiają ewentualne korelowanie danych funkcjonalnych z anatomią mózgu danego człowieka. Takich możliwości metody lateralnej prezentacji oczywiście nie mają i z konieczności wnioskowanie musi odnosić się do danych uśrednionych. W ten sposób gubi się wiele istotnych danych. Jak wynika bowiem z przedstawionych poniżej badań, to właśnie zróżnicowanie indywidualne różni w znacznym stopniu grupę osób leworęcznych od praworęcznych. Większość prac, w których za pomocą metod neuroobrazowania badano wpływ leworęczności na organizację funkcji w mózgu, ukazała się w ostatnich kilku latach.

Badaczy interesowało przede wszystkim, gdzie w mózgu leworęcznych mieszczą się struktury zawiadujące mową: w półkuli lewej, tak jak u praworęcznych, czy też po stronie przeciwnej? W jednym z eksperymentów badano tzw. fluencję fonologiczną: zadaniem osób badanych było wypowiedzenie w ciągu jednej minuty jak najwięcej słów zaczynających się na określoną literę. U osób praworęcznych stwierdzono pobudzenie w okolicach czołowych mózgu związanych z mową po stronie lewej. Aktywność w analogicznych obszarach półkuli prawej była niewielka. Wprawdzie u osób leworęcznych przeciętnie również większą aktywność obserwowano po stronie lewej, jednak różnica ta była mniejsza (wskaźnik lateralizacji niższy), co wynikało z dużej indywidualnej zmienności wyników w tej grupie. Wyniki wyrażone w procentach wskazywały, że u 96% praworęcznych wystąpiła lewostronna przewaga aktywacji, a jedynie u 4% brak było różnic półkulowych (aktywacja bilateralna). U leworęcznych zaś lewostronną aktywację obserwowano u 76% przypadków, bilateralną u 14% i prawostronną u 10%. Poza jednym przypadkiem ta prawostronna lateralizacja była jednak słaba. Ogólnie, zarówno w grupie prawo- jak i leworęcznych aktywacja kory czołowej przy generowaniu słów dotyczyła przede wszystkim struktur położonych lewostronnie. Niemniej u niektórych osób, a zwłaszcza leworęcznych, ta aktywacja była obustronna lub prawostronna. Wynik ten w przybliżeniu zgadza się z wynikami testu Wady, w którym ok. 70% leworęcznych wykazywało lewopółkulową dominację dla mowy i po 15% bilateralną i lewopółkulową. Coraz więcej współcześnie otrzymywanych danych wskazuje raczej na bilateralną niż prawostronną kontrolę mowy u leworęcznych. Warto zwrócić uwagę, że niektórzy autorzy są zdania, że metody neuroobrazowania mogą zastąpić metodę Wady (która jest inwazyjna) w ocenie lokalizacji funkcji mowy. Badania wykazują wysoką korelację (96%) między tymi metodami.

Badania dotyczyły również neuroobrazowania aktywności mózgowej w zadaniach rozumienia języka. U osób praworęcznych obserwowano asymetryczne pobudzenie zlokalizowane głównie lewostronnie w korze skroniowej oraz w obszarze Broca i korze czołowej przyśrodkowej. Interesujące jest, że w tej grupie jednocześnie zanotowano spadek pobudzenia (deaktywację) w półkuli prawej (w korze ciemieniowej i dolnej skroniowej). U osób leworęcznych zarówno aktywacja skroniowa, jak i deaktywacja były bardziej symetryczne. Istotne jest, że w grupie osób leworęcznych obserwowano dużą zmienność indywidualną: u części z nich wzorzec lateralizacji w korze skroniowej był taki, jak u praworęcznych, u części — odwrotny, a u części — bilateralny.

Podsumowując przytoczone dane, można stwierdzić, że organizacja funkcji mowy w mózgach osób leworęcznych nie jest odwrotna w stosunku do osób praworęcznych, choć i takie przypadki się zdarzają. Ogólnie funkcje mowy angażują u leworęcznych w większym stopniu obie półkule, a więc możemy powiedzieć, że ich mózgi są bardziej symetryczne. Na podkreślenie zasługuje ponadto fakt, że leworęczni są pod tym względem bardziej różnorodni w porównaniu z praworęcznymi, którzy typowo mowę mają zlokalizowaną w lewej półkuli.

Badaczy interesowała również asymetria mózgowa w funkcjach ruchowych. Próbowano określić, czy są jakieś różnice pobudzenia mózgu w zależności od tego, czy poruszamy ręką dominującą (czyli u większości osób prawą), czy też niedominującą. Zadanie, podczas którego rejestrowano aktywność korową, polegało na kolejnym składaniu ze sobą palców 1. z 2., 4., 3., 5., 2., 4., 3., 5. itd. U osób praworęcznych przy ruchach ręki dominującej (czyli prawej) obserwowano głównie kontralateralne (czyli w półkuli lewej) pobudzenie w polach ruchowych. Przy ruchach ręki niedominującej (lewej) stwierdzano zaś nie tylko pobudzenie kontralateralne (w prawej półkuli), ale również w półkuli położonej po tej samej stronie, czyli prawej. Tak więc, wykonanie ruchu przez niedominującą rękę wymagało pobudzenia większych obszarów, łącznie z tymi, które znajdują się po tej samej stronie co ręka wykonująca ruch. U osób leworęcznych zaś, niezależnie od tego, czy wykonywały ruchy lewą czy prawą ręką, obraz był podobny, i, co może ważniejsze, pobudzenie było bardziej symetryczne, tj. dotyczyło zarówno lewej, jak i prawej półkuli. Można by z tego wysnuć wniosek, że u osób leworęcznych poruszanie zarówno lewą, jak i prawą ręką jest związane z pobudzeniem mózgu podobnym do tego, jakie powstaje podczas poruszania lewą ręką u osób praworęcznych. Obraz ten zgadza się więc z twierdzeniem, że osoby leworęczne mają w pewnym sensie „dwie lewe ręce". U praworęcznych dominująca jest lewa półkula, która kontroluje obie ręce, i wobec tego jest aktywna zarówno przy ruchach jednej, jak i drugiej ręki, natomiast prawa jest aktywna tylko wówczas, gdy poruszamy ręką lewą (położoną kontralateralnie). Brak podobnej asymetrii u leworęcznych wskazuje na większą półkulową równoważność (zaangażowanie obu półkul) w sterowaniu ruchem, niezależnie od tego, którą ręką ruch jest wykonywany.

Oczywiście badacze zastanawiali się, czy różnice w aktywności mózgu podczas mówienia i wykonywania czynności ruchowych mogą wynikać z różnic w budowie mózgu osób leworęcznych i praworęcznych. Jeśli chodzi o wielkość struktur związanych z mową, to stwierdzono, że charakterystyczna asymetria kształtu bruzdy Sylwiusza (u osób praworęcznych jest ona dłuższa i bardziej prosta w półkuli lewej; w półkuli prawej zaś jest nie tylko krótsza, ale bardziej zagięta ku górze) jest mniej wyraźna u leworęcznych. Ponadto, w przeciwieństwie do osób praworęcznych, u których np. obszar *planum temporale* (płaszczyzna boczna) jest przeciętnie o 1/3 większy w półkuli lewej, u leworęcznych taka asymetria bądź nie występuje, bądź jest mniejsza. Zdarza się też u tych osób, że *planum temporale* jest większe po stronie prawej. Co ciekawe, stwierdzono, że taka nietypowa asymetria sprzyja szybszemu osiąganiu poprawy przez pacjentów cierpiących na afazję. Warto tu nadmienić, że różnice w asymetrii *planum temporale* wcale nie wynikają z tego, iż u leworęcznych lewe *planum* jest mniejsze niż u praworęcznych. Wręcz przeciwnie, okazało się, iż różnice w wielkości dotyczą tej struktury po stronie prawej: u osób leworęcznych jest ona większa. Na tej podstawie Galaburda wysunął tezę, że u osób praworęcznych w okresie rozwoju prenatalnego następuje redukcja wielkości prawego *planum* wynikająca z naturalnego procesu śmierci komórek. U leworęcznych proces ten jest zahamowany.

W innych badaniach wykazano, że wielkość *planum temporale* u leworęcznych zależy od tego, czy dana osoba przejawia przewagę prawego czy lewego ucha w zadaniu rozdzielnousznego słyszenia. Osoby z przewagą prawego ucha miały (tak jak u praworęcznych) większe lewe *planum*, osoby z przewagą lewego ucha zaś wykazywały zróżnicowanie: u części *planum* z lewej strony było większe, u części — z prawej. Zastanawiano się, czy na podstawie asymetrii *planum temporale* można przewidzieć, po której stronie są zlateralizowane w mózgu funkcje mowy, tj. czy osoby z przewagą prawego ucha mają większe lewe *planum*, osoby zaś z przewagą lewego ucha – prawe. Dane dotyczące osób leworęcznych (tylko dla nich takie dane uzyskano) pokazują, że tak nie jest. Wprawdzie wszystkie osoby z przewagą prawego ucha miały lewe *planum* większe, lecz spośród tych, z przewagą lewego ucha, u części lewe *planum* było większe, a u części — prawe. Na podstawie wielkości *planum* trudno jest więc przewidzieć lateralizację funkcji mowy, przynajmniej jeśli chodzi o jej rozumienie, które, jak pokazują inne badania, jest w mniejszym stopniu zlateralizowane niż ekspresja mowy. Wcześniejsze prace, które wykazywały bardzo ścisłą zależność między wielkością *planum* i lateralizacją procesów mowy, dotyczyły próby Wady, która jest oparta na kontroli ekspresji mowy.

Czy również w obszarze Broca różnicom funkcjonalnym towarzyszą różnice anatomiczne między leworęcznymi i praworęcznymi? W tym obszarze autorzy wyróżniają dwie części: *pars triangularis* — PTP (pole 45 wg Brodmana) leżące bardziej z przodu i *pars opercularis* — POP (pole 44 wg Brodmana) — leżące bardziej z tyłu, obie w dolnym zakręcie czołowym. W badaniach, w których uczestniczyły zarówno osoby praworęczne, jak i leworęczne wykazano, że obszar *pars trangularis* w lewej półkuli był większy, zarówno w grupie praworęcznych, jak i leworęcznych, choć stopień asymetrii u leworęcznych był mniejszy. Dla obszaru *pars opercularis* zaobserwowano jeszcze wyraźniejsze różnice między grupami: praworęczni mieli większą tę strukturę po stronie lewej, a leworęczni po prawej. Co więcej, stopień asymetrii POP korelował ze stopniem ręczności. Oczywiście autorzy zastanawiali się, jakie znaczenie mogą mieć te różnice z punktu widzenia zróżnicowania funkcjonalnego POP i PTR. Obserwacje pacjentów sugerują, że POP jest bardziej związane z motorycznymi aspektami mowy, np. ze zdolnością do ułożenia dźwięków mowy w odpowiedniej kolejności, artykulacji i fluencji. PTR natomiast jest bardziej zaangażowana w czysto językowe aspekty typu semantycznego i składniowego.

A czy są jakieś różnice między leworęcznymi i praworęcznymi w budowie tej części mózgu, która zawiaduje ruchami rąk? Zadawano sobie pytanie, czy obszar kontrolujący dominującą ręką jest większy, czy też nie, i jak to zależy od ręczności osób. Badano głębokość bruzdy centralnej w odcinku, gdzie na jej powierzchni bocznej mieści się reprezentacja ruchowa rąk, a następnie porównywano głębokość bruzdy (a tym samym i wielkość obszarów ruchowych) w lewej i prawej półkuli. U mężczyzn praworęcznych stwierdzono większą reprezentację ruchową po stronie lewej. Przewaga ta była mniejsza u osób oburęcznych, u leworęcznych zaś nieco większy był obszar (głębsza bruzda) po stronie prawej. Zaobserwowano interesujące różnice między grupami kobiet i mężczyzn polegające na tym, że w grupie kobiet nie stwierdzono istotnych różnic w zależności od ręczności. Warto zwrócić uwagę, że wśród kobiet praworęcznych częściej zdarzały się osoby symetryczne lub wykazujące odwrotną asymetrię, a więc takie, jak leworęczni mężczyźni.

W literaturze można znaleźć prace, które wskazują na różnice anatomiczne między rękami osób lewo- i praworęcznych. Z reguły, nieco większe rozmiary ma ręka dominująca, lecz różnice nie są wielkie. Na marginesie warto dodać, że zaobserwowano też interesujące różnice w ogólnej objętości mózgu: osoby praworęczne mają mniejsze mózgi niż leworęczne.

Ponieważ, jak wiadomo, spoidło wielkie mózgu (czyli struktura zawierająca włókna łączące lewą i prawą półkulę mózgową) odgrywa istotną rolę w koordynacji tego, co dzieje się po dwóch stronach mózgu, interesowano się również wielkością tej struktury oraz poszczególnych jej części u osób leworęcznych i praworęcznych. Badania wykazały, że spoidło wielkie jest o 11% większe w grupie osób leworęcznych, w porównaniu z praworęcznymi, sugerując, że większa symetria funkcji półkul mózgowych osób leworęcznych może być związana z silniejszymi połączeniami anatomicznymi między dwoma półkulami.

Bardziej szczegółowe badania ukazały interesującą zależność: stwierdzono, że różnice w wielkości spoidła wielkiego u leworęcznych i praworęcznych dotyczą mężczyzn, a nie kobiet. Szczególnie widoczne są one w tylnej części spoidła — zwanej cieśnią (ang. isthmus — ryc. 19.12) łączącej płaty skroniowe i ciemieniowe obu półkul, a więc rejony, które biorą udział w funkcjach mowy oraz wzrokowo-przestrzennych (dla których stwierdza się największą lateralizację). Przypuszcza się, że większa cieśń może zapewniać lepszą komunikację międzypółkulową, i co za tym idzie, stanowić neuroanatomiczną podstawę większej ekwipotencjalności funkcjonalnej półkul mózgowych u osób leworęcznych.

S. Witelson postuluje, że kształtowanie się ręczności u człowieka zależy od procesów regulujących liczbę włókien spoidła wielkiego. Wiadomo, że w ostatnim okresie ciąży następuje gwałtowna redukcja liczby włókien tej struktury. Mniejsze spoidło u praworęcznych, zdaniem Witelson, jest skutkiem większej eliminacji włókien w okresie rozwoju prenatalnego. U niepraworęcznych następuje zatrzymanie lub zakłócenie tego naturalnego procesu, co prowadzi do utrzymywania się stosunkowo dużego spoidła, niepraworęczności oraz mniejszej funkcjonalnej asymetrii półkul mózgowych.

Pewnym dowodem potwierdzającym słuszność tezy Witelson, że naturalne obumieranie włókien może mieć wiązek z kształtowaniem się praworęczności, jest

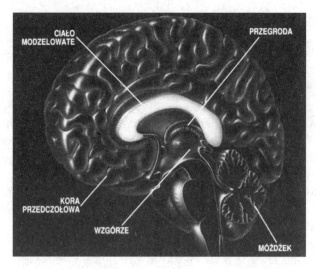

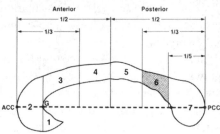

**Ryc. 19.12.** Spoidło wielkie mózgu (*corpus callosum*). Na dolnym rysunku zaznaczono część zwaną istmus

wykazanie, że wśród dzieci urodzonych przedwcześnie (czyli takich, u których proces eliminacji włókien nie jest zakończony) liczba leworęcznych jest większa niż wśród dzieci urodzonych o czasie.

Dalsze badania pokazały, że istnieje interesująca zależność między wielkością CC a lokalizacją funkcji mowy. Okazało się, że większe CC w porównaniu z praworęcznymi ma tylko grupa leworęcznych z mową zlokalizowaną w lewej półkuli. Różnica jest znaczna, bo wynosi ok. 15%, co jest równoważne 30 ml włókien. Skąd może wynikać taka różnica i jakie jest jej funkcjonalne znaczenie? Zwróćmy uwagę, że tylko w grupie leworęcznych z mową zlokalizowaną w lewej półkuli struktury zawiadujące ruchami dominującej (a wiec i piszącej) ręki leżą w innej półkuli (w prawej) niż struktury zawiadujące mową (w lewej). Osoby leworęczne z prawopółkulową lokalizacją mowy są lustrzanym odbiciem osób praworęcznych w tym sensie, że w tej samej półkuli znajdują się struktury regulujące mowę oraz ruchy. Tylko w przypadku grupy leworęcznych z mową w lewej półkuli te funkcje są rozdzielone. Być może zapewnienie ich normalnego funkcjonowania wymaga silnych połączeń międzypółkulowych, stąd ich większa liczba.

Podsumowując powyższe dane, można stwierdzić, że leworęczność niewątpliwie ma związek z wzorcem asymetrii mózgowej zarówno funkcjonalnej, jak i anatomicznej.

478

Co więcej, istnieją dowody, że asymetria funkcjonalna ma związek z anatomiczną, co może sugerować, że ta druga stanowi neurobiologiczne podłoże tej pierwszej. Jeśli chodzi o charakter związku między ręcznością i asymetrią mózgową, to z całą pewnością leworęczni nie są odwrotnie zlateralizowani. U osób praworęcznych zarówno struktury motoryczne, jak i te związane z mową są asymetrycznie aktywowane (silniejsza aktywacja po stronie lewej). Analogiczne do różnic w aktywacji są różnice dotyczące budowy (są one większe po lewej niż po prawej stronie). U osób praworęcznych występuje więc wyraźna asymetria funkcjonalna i anatomiczna. W grupie osób leworęcznych asymetria taka nie występuje lub jest mniej wyraźna. Wynika to z indywidualnego zróżnicowania osób leworęcznych pod tym względem. Część osób wykazuje wzorzec asymetrii analogiczny do tego, jaki obserwuje się u praworęcznych, część odwrotny, a u części brak jest asymetrii.

Wszystkie te wnioski zgadzają się z modelem genetycznym M. Annett, który zakłada, że leworęczni to osoby, u których ani ręczność, ani mowa nie są determinowane genetycznie. W przeciwieństwie do osób praworęcznych, u których ten sam gen odpowiada za praworęczność i lewopółkulową lokalizację mowy, u leworęcznych czynniki losowe decydują o tym, w której półkuli mieszczą się struktury zawiadujące mową.

## 19.6.2. Płeć

Czynnikiem modyfikującym organizację funkcjonalną mózgu jest również płeć. Wiele danych, zarówno klinicznych, jak i pochodzących z badań osób bez uszkodzeń mózgu, przemawia za wnioskiem, że funkcje psychiczne u kobiet mają bardziej bipółkulową organizację, a więc ich mózgi wykazują mniejszy stopień asymetrii. Więcej informacji na temat różnic płciowych znajdzie Czytelnik w rozdziale 21.

Zauważono, że w różnych funkcjach językowych kobiety wykazują większą sprawność niż mężczyźni. Znajduje to wyraz zwłaszcza w testach tzw. fluencji językowej polegających na wymienieniu jak największej liczby słów zaczynających się na daną literę. Z drugiej strony, niemal we wszystkich funkcjach angażujących myślenie przestrzenne, takich jak zdolności geometryczne, poczucie kierunku, posługiwanie się mapą, zdolności konstrukcyjne czy gra w szachy, mężczyźni wykazują ogromną przewagę nad kobietami. Ponieważ wymienione funkcje to takie, które uważa się za charakterystyczne dla działania jednej lub drugiej półkuli, zaczęto podejrzewać, że różnice między płciami wynikają z odmiennej lateralizacji tych funkcji w mózgach kobiet i mężczyzn. Jeżeli przyjąć, że większy stopień lateralizacji prowadzi do wyższej sprawności, można oczekiwać, że mózgi kobiet są bardziej zlateralizowane w zakresie funkcji mowy, mózgi zaś mężczyzn w zakresie funkcji wzrokowo-przestrzennych. Pewnym argumentem przemawiającym za tą hipotezą wydawały się obserwacje wskazujące, że mowa wcześniej rozwija się u dziewcząt, chłopcy zaś wcześniej przejawiają zdolności konstrukcyjne. Bardziej szczegółowe badania nie potwierdziły jednak tej hipotezy. Wiele danych klinicznych przemawia za wnioskiem, że mowa u kobiet jest częściej niż u mężczyzn zlokalizowana w obu półkulach.

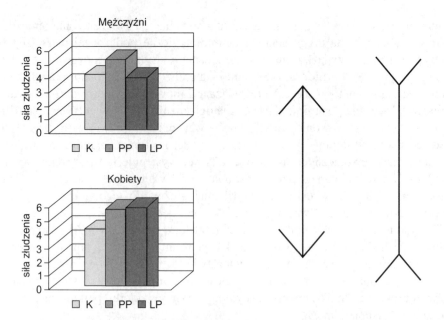

**Ryc. 19.13.** Złudzenie Mullera-Lyera i wyniki badań dotyczących siły tego złudzenia u pacjentów (kobiet i mężczyzn) z jednostronnym uszkodzeniem mózgu w prawej półkuli (PP), w lewej półkuli (LP) i w grupie kontrolnej (K). (Wg: Grabowska i in. 1999)

Teza ta znalazła szczególne poparcie w wynikach badań J. McGlone. Badania te wykazały, że u mężczyzn trzykrotnie częściej niż u kobiet afazja jest skutkiem uszkodzenia lewej półkuli. Z kolei u kobiet częściej niż u mężczyzn zaburzenie to występuje jako konsekwencja uszkodzenia prawej półkuli. Oszacowanie liczby przypadków zaburzeń funkcji wzrokowo-przestrzennych po jednostronnych uszkodzeniach mózgu również skłania do wniosku, że funkcje te są zlokalizowane w prawej półkuli częściej u mężczyzn niż u kobiet.

Również nasze badania dotyczące wpływu uszkodzenia lewej i prawej półkuli na spostrzeganie niektórych złudzeń wzrokowych, takich jak np. złudzenie strzały Mullera-Lyera (ryc. 19.13) popierają tezę o większej symetryczności mózgu u kobiet. Okazało się, że uszkodzenia takie prowadzą do nasilenia złudzenia, jednakże efekt ten występuje u mężczyzn tylko po uszkodzeniach prawostronnych, u kobiet zaś zarówno po uszkodzeniach zarówno prawo-, jak i lewostronnych. Badanie to wskazywało więc, że u mężczyzn funkcje wzrokowo przestrzenne leżące u podłoża złudzenia Mullera-Lyera są zlateralizowane prawostronnie, u kobiet zaś są one reprezentowane bilateralnie.

Podobnych danych dostarczyły badania neuroobrazowania, zwłaszcza funkcji mowy. Najczęściej cytowana jest opublikowana w „Nature" praca Sally Shaywitz i jej kolegów przeprowadzona za pomocą PET. W badaniu tym autorzy mierzyli zmiany przepływu krwi przez różne okolice mózgu w trakcie wykonywania zadań językowych. W jednym z nich np. osoby badane miały określić, czy pokazywane im „pseudosłowa" rymują się. Z badań tych wynikało, że w zadaniu oceny rymów wzorzec pobudzenia

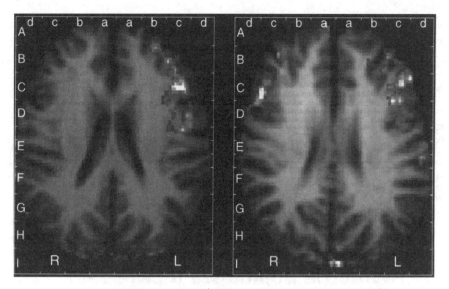

Ryc. 19.14. Aktywność mózgu zobrazowana metodą PET w grupie mężczyzn (z lewej) i kobiet (z prawej) podczas zadania wymagającego oceny czy dwa „pseudosłowa" się rymują (Wg: Shaywitz i in. *Nature* 1995, 373: 607–609)

mózgu u mężczyzn różnił się znacznie od tego, jaki obserwowano u kobiet (ryc. 19.14). U mężczyzn wykonywanie tego zadania spowodowało wzrost przepływu krwi w korze czołowej lewej półkuli w obszarze związanym z mową. U kobiet zaś wzrost przepływu następował w podobnym regionie, ale w obu półkulach. Wynik ten został przyjęty jako namacalny dowód na to, że kobiety mają mniej asymetryczne mózgi niż mężczyźni. Podobne dane uzyskano w odniesieniu do zadań rozumienia mowy angażujących przede wszystkim struktury skroniowe. Niektórzy autorzy (np. D. Kimura) postulują również istnienie różnic płciowych w organizacji mózgu wzdłuż osi przód – tył.

Zgromadzono wiele danych wskazujących na odmienność organizacji funkcji w mózgu u dwojga płci. Jeśli przyjąć, że kobiety cechuje mniejsza mózgowa asymetria funkcjonalna, nasuwa się przypuszczenie, że być może ich dwie półkule mózgowe ściślej ze sobą współpracują niż u mężczyzn. Pociągałoby to za sobą konieczność istnienia bardziej rozbudowanych połączeń międzypółkulowych. Dwie połowy mózgu połączone są ze sobą kilkoma wiązkami włókien, spośród których najpotężniejsza to spoidło wielkie. Na tej strukturze więc koncentrowały się badania. Jednak wbrew temu, co media i literatura popularna chętnie rozpowszechniają, generalnie nie potwierdziły one tezy, że spoidło to jest wyraźnie większe u kobiet. Dokładne pomiary wskazały jedynie, że niektóre jego części, zwłaszcza tylne zwane *istmus* (cieśń) i *splenium*, rzeczywiście mają nieco większy rozmiar u kobiet. Oprócz tych, stosunkowo niewielkich, różnic podobne stwierdzono w odniesieniu do spoidła przedniego mózgu.

Warto tu dodać, że różnicom anatomicznym w budowie spoidła towarzyszą pewne różnice funkcjonalne. Elektrofizjologiczne badania prowadzone w Pracowni Psychofizjologii Instytutu Nenckiego wykazały, że u kobiet czas transmisji informacji językowej z jednej półkuli do drugiej jest ogólnie szybszy niż u mężczyzn ale, co ciekawe, nie zależy od kierunku tej transmisji. U mężczyzn przeciwnie, czas przekazu jest krótszy, gdy informacja jest przekazywana z prawej półkuli do lewej, niż wówczas, gdy transmisja odbywa się w przeciwnym kierunku. Taka kierunkowa asymetria ma oczywiście biologiczny sens, jeśli się zważy, że to lewa półkula specjalizuje się w procesach językowych oraz że ta specjalizacja jest wyraźniejsza u mężczyzn.

Przytoczone dane wskazują, że zarówno praworęczność, jak i płeć męska są cechami sprzyjającymi asymetrii półkulowej. Liczne badania dotyczące związku lateralizacji funkcji w mózgu z możliwościami intelektualnymi człowieka przyniosły wyniki przeczące tezie, że większa asymetria może prowadzić do większej efektywności działania mózgu.

## 19.7. Asymetria półkulowa u zwierząt

Aż do lat 60. ubiegłego wieku absolutnie powszechne było przekonanie, że asymetria funkcjonalna mózgu jest wyłącznie cechą ludzką oraz że wiąże się ona ze zjawiskami charakterystycznymi jedynie dla człowieka, a więc z mową oraz praworęcznością. Niezwykłe zainteresowanie zagadnieniami asymetrii półkulowej, jakie wywołały badania Sperry'ego nad pacjentami z rozszczepionym mózgiem, spowodowało również, że zaczęto poszukiwać ewolucyjnych korzeni tego intrygującego zjawiska. Poszukiwania te skoncentrowały się, po pierwsze, wokół zagadnienia, czy w świecie zwierzęcym występuje zjawisko asymetrii funkcjonalnej mózgu oraz czy zwierzęta przejawiają preferencje co do częstości posługiwania się prawą i lewą łapą. Po drugie, próbowano szukać dowodów świadczących o lateralizacji mózgu, cofając się do czasów, gdy w łańcuchu filogenetycznym pojawiły się pierwsze hominidy uznawane za naszych przodków.

Badania na zwierzętach spowodowały całkowity przewrót w sposobie myślenia o lateralizacji funkcji w mózgu człowieka. Wbrew oczekiwaniom okazało się bowiem, że zjawisko asymetrii nie tyko występuje w świecie zwierzęcym, lecz że jest ono niemal powszechne i nie ogranicza się jedynie do tych gatunków zwierząt, które znajdują się na najwyższych szczeblach drabiny ewolucyjnej.

W ostatnich dwudziestu latach przeprowadzono wiele badań na zwierzętach, dostarczając informacji niemożliwych do uzyskania w badaniach na ludziach. Pokazują one anatomiczne i biochemiczne korelaty asymetrii funkcjonalnej, pozwalając tym samym zrozumieć, skąd bierze się ta asymetria i jakie jest jej biologiczne podłoże. Ze względu na ograniczoną objętość niniejszego rozdziału zostaną w nim przedstawione jedynie najbardziej znane przykłady asymetrii pólkulowej obserwowane w świecie zwierzęcym.

Badania na zwierzętach prowadzono przede wszystkim w takich kierunkach, które umożliwiałyby odniesienie ich do wyników badań prowadzonych na ludziach. Dotyczyły one głównie analogów funkcji językowych, a więc rozmaitych form komunikowania się zwierząt za pomocą wokalizacji. Okazało się, że nawet u ptaków funkcje te są wyraźnie zlateralizowane. Śpiew ptaków umożliwia aparat głosowy składający się z dwóch symetrycznie położonych części, w których źródłem dźwięku jest membrana. Są one połączone z dwoma symetrycznym strukturami nerwowymi mieszczącymi się w dwóch półkulach mózgowych. Badania wykazały, że efekt uszkodzenia bądź usunięcia aparatu obwodowego, wytwarzającego i modulującego dźwięk, lub struktur mózgowych kontrolujących działanie tego aparatu, zależy przede wszystkim od strony, po której uszkodzenie to zostało wykonane. Jeśli dotyczyło ono strony lewej, to dźwięk albo zupełnie zanikał, albo był bardzo zmieniony, przypominając klekot lub kwilenie. Ten sam zabieg wykonany po stronie prawej zmieniał śpiew minimalnie. Wyniki te wskazywały więc, że większość elementów dźwiękowych jest wytwarzana przez struktury leżące po stronie lewej. Podobne efekty uzyskano uszkadzając po lewej i prawej stronie struktury nerwowe kontrolujące śpiewanie.

Również niektóre badania na małpach potwierdzają wniosek o dominacji lewej półkuli w procesach komunikowania się za pomocą wokalizacji. W jednym z takich badań uczono dwa gatunki makaków rozróżniania głosów wydawanych przez inne małpy. Głosy te mogły pochodzić bądź od osobników z tego samego gatunku małp, bądź od innego. Nadawano je albo do ucha lewego, albo do prawego. Okazało się, że małpy wykonywały to zadanie lepiej, gdy głosy nadawano do prawego ucha, a więc gdy trafiały one do lewej półkuli. Ta przewaga prawousznego słyszenia występowała jednak jedynie wówczas, gdy głosy pochodziły od tego samego gatunku co małpy uczestniczące w badaniu.

Przeprowadzono jeszcze wiele innych badań, które wykazują istnienie różnorodnych form asymetrii mózgowej u zwierząt. Bardzo często jednakże asymetria ta dotyczy zupełnie innych form zachowania niż u człowieka. Często też w funkcjach, dla których u człowieka stwierdza się przewagę np. prawej półkuli, u zwierząt stwierdza się lateralizację odwrotną. Badania prowadzone na kurczętach oraz gołębiach dowodzą np., że ich lewa półkula, a nie prawa, wykazuje większą sprawność w zadaniach wymagających różnicowania złożonych kształtów.

Warto wspomnieć tu jeszcze o badaniach zjawiska rotacji u szczurów, badania te bowiem przyniosły najwięcej informacji o biochemicznym podłożu asymetrii. Rotacja wokół osi ciała występuje u zwierząt spontanicznie w czasie snu lub gdy są one umieszczone w ciasnym pomieszczeniu. Charakterystyczne jest, że poszczególne osobniki wykazują silną preferencję do obracania się bądź w lewo, bądź w prawo. Rotacja jest reakcją silną i bardzo trudno poddającą się przeuczeniu. Jej częstotliwość można zwiększyć podając zwierzęciu amfetaminę. Badania wykazały, że kierunek rotacji zależy od różnic w poziomie dopaminy w lewym i prawym prążkowiu. Jeśli więcej dopaminy zawiera prążkowie położone prawostronnie, zwierzę obraca się w lewo, jeśli lewostronnie – obraca się w prawo.

Bardzo wiele badań poświęcono również badaniu preferencji w używaniu lewej i prawej łapy w wykonywaniu różnorodnych czynności. U zwierząt dość powszechnie obserwuje się taką preferencję, ma ona jednakże charakter indywidualny, a nie populacyjny. Oznacza to, że choć poszczególne zwierzęta zdecydowanie chętniej używają którejś z łap, u jednych zwierząt jest to łapa lewa, u innych zaś prawa.

Charakterystyczna dla człowieka, jako gatunku, praworęczność nie występuje więc w świecie zwierzęcym, nawet u wyższych gatunków małp.

W tym świetle interesujące wydaje się pytanie, kiedy w ewolucji pojawiła się praworęczność i czy hominidy poprzedzające bezpośrednio *Homo sapiens* były już praworęczne? Precyzyjne ustalenie momentu pojawienia się praworęczności jest bardzo trudne. Niektórzy badacze moment ten sytuują już na początku linii hominidów. Sugerują oni mianowicie, że uszkodzenia widoczne na czaszkach zwierząt, na które polowały australopiteki (ok. 3 mln lat temu), wskazują, że polujący byli najprawdopodobniej praworęczni. Jeszcze mniej wiadomo o przyczynach pojawienia się praworęczności. Na ogół zakłada się, że była ona w jakiś sposób związana z pojawieniem się postawy stojącej i dwunożności, co w konsekwencji uwolniło przednie kończyny i dało możliwość używania ich do przenoszenia różnych rzeczy, a następnie do wykonywania różnorodnych czynności manipulacyjnych i do wytwarzania narzędzi. Niektórzy sądzą przy tym, że pierwszą uwolnioną od podpierania się ręką była ręka lewa, która służyła do podnoszenia różnych przedmiotów. Uwolnienie ręki prawej nastąpiło później, w tym okresie rozwoju, w którym pojawiły się różne czynności manipulacyjne, angażujące przede wszystkim tę ręką.

Istnieją również pewne dane pozwalające spekulować, kiedy w rozwoju człowieka pojawiła się mowa. Wszystko wskazuje na to, że było to znacznie później niż pojawienie się praworęczności. Stwierdzono wprawdzie, że już w czaszce *H. habilis* było pewne wybrzuszenie w miejscu odpowiadającym obszarowi Broca i pewna asymetria kształtu bruzdy Sylwiusza w półkulach lewej i prawej, analogiczna do tej, jaką stwierdza się u człowieka współczesnego. Mimo to dość powszechnie sądzi się, że mowa podobna do mowy człowieka współczesnego rozwinęła się znacznie później. Rozumowanie to opiera się głównie na spostrzeżeniu, że budowa aparatu mowy u hominidów, a nawet u neandertalczyka, żyjącego ok. 35 000 lat temu, wykluczała możliwość produkowania tak wielu dźwięków, ile zawiera mowa ludzka. Jeśli neandertalczyk posługiwał się mową, była ona znacznie prostsza i wolniejsza. Inne dane wskazują, że u *H. sapiens* znalezionego w Zambii, którego istnienie datuje się na ok. 150 000 lat temu, ukształtowanie aparatu mowy mogło już zapewniać produkowanie nawet współczesnej mowy.

Jak widać z tego krótkiego przeglądu, mimo stwierdzenia różnorodnych form asymetrii półkulowej u zwierząt, nie udało się dotąd prześledzić drogi ewolucyjnej, która doprowadziła do osiągnięcia przez człowieka najwyższego stopnia lateralizacji funkcji w mózgu. Zagadnienie to wymaga jeszcze wielu dalszych badań.

## 19.8. Jeden czy dwa mózgi?

Wszystkie zaprezentowane dotąd dane świadczą, że półkule mózgowe nie są swoim lustrzanym odbiciem, lecz różnią się zarówno co do budowy, jak i funkcji. Skoro tak jest, nieodparcie narzuca się pytanie, czy człowiek ma właściwie jeden mózg, który podejmuje decyzje jako całość, czy też dwa mózgi działające w pewnym stopniu niezależnie. Odpowiedź na to pytanie ma zasadnicze znaczenie zarówno z punktu widzenia psychologicznego, jak i filozoficznego. Jeśli bowiem przyjąć, że w mózgu istnieją dwa samodzielne, świadome umysły, należałoby również konsekwentnie założyć możliwość istnienia dwóch świadomych „ja" w jednym ciele. Większość zdrowych ludzi ma jednak silne poczucie jedności świadomości i jedności własnej osoby.

Problem ten zarysował się szczególnie ostro, gdy Sperry po raz pierwszy przeprowadził badania na ludziach po zabiegu komisurotomii. Wydawało się, że sytuacja taka stwarza szczególnie dogodne warunki do badania, na ile każda z półkul może funkcjonować niezależnie i na ile każda z nich może mieć poczucie niezależnego bytu. Okazało się jednak, że wyniki tych badań były na tyle niejednoznaczne, że stały się podstawą dwóch przeciwstawnych poglądów. Jedni autorzy uważają, że zarówno w rozszczepionym mózgu, jak i u normalnych ludzi istnieją dwa stosunkowo niezależnie od siebie funkcjonujące umysły, inni zaś twierdzą, że półkule stanowią jeden umysł, który u zdrowych ludzi uczestniczy we wszelkich funkcjach psychicznych, zaś u pacjentów z komisurotomią również przejawia duży stopień jednolitości działania.

Wielu neuropsychologów sądzi, że przecięcie spoideł łączących półkule powoduje podział mózgu na dwa niezależne od siebie systemy psychiczne. Mimo bowiem, iż pacjenci z przeciętymi spoidłami mózgowymi w życiu codziennym i w rutynowych badaniach medycznych nie odbiegają od normy, specjalne testy laboratoryjne wykazują, że zachowują się oni tak, jak gdyby mieli dwa odrębne umysły. Każda z półkul odbiera bowiem różne wrażenia, ma odmienne spostrzeżenia i pamięć oraz odrębną świadomość, która nie jest dostępna półkuli sąsiedniej.

Po zabiegu komisurotomii obie półkule zachowują zdolność do umysłowych operacji na stosunkowo wysokim poziomie. Mogą one podejmować decyzje adekwatne do sytuacji oraz inicjować i kontrolować świadome czynności zmierzające do określonego celu. Działania te jednak każda z półkul podejmuje na podstawie tych informacji, które do niej docierają. Jeśli więc w warunkach laboratoryjnych prezentuje się w prawym lub lewym polu widzenia bodźce wzrokowe czy dotykowe i prosi pacjenta o wykonanie jakiejś reakcji (np. reakcji wyboru) prawą lub lewą ręką, reakcje te mogą być różne, zależnie od informacji, jaka trafia do półkuli sterującej daną ręką (por. ryc. 19.2). Zachowanie osoby badanej wskazuje ponadto, że każda z półkul nie jest świadoma ani tego, jakie informacje otrzymała półkula przeciwna, ani jaka decyzja została przez tę półkulę podjęta. Może jedynie obserwować skutki tych decyzji i jak się okazuje „interweniować", gdy się z nimi nie zgadza. Opisywano np. sytuację, gdy jeden z pacjentów, któremu polecano ułożyć wzór z klocków za pomocą prawej ręki (lewej półkuli), nie mógł sobie z tym poradzić, wówczas jego lewa ręka (sterowana przez prawą, bardziej kompetentną w tym zadaniu półkulę) próbowała interweniować, spiesząc z pomocą sąsiadce. Była w tym tak „ofiarna", że pacjent musiał na niej usiąść, by poskromić jej altruistyczne zapędy.

Również niektóre dane pochodzące z badań ludzi zdrowych wskazują, że współpraca między dwiema półkulami nie zawsze jest pełna, że wykazują one pewną niezależność działania. Przytacza się tu dane wskazujące, że jeśli uczymy się wykonywać jakąś czynność jedną ręką, druga ręka nie nabywa tej umiejętności

485

automatycznie. Na przykład po wyuczeniu się odczytywania pisma Braille'a prawą ręką nie następuje natychmiastowe przeniesienie tej umiejętności do drugiej półkuli; potrzebne jest na to dodatkowe ćwiczenie ręką lewą. Pod wpływem tych wszystkich obserwacji wielu badaczy sądzi, że podobny podział istnieje również w normalnym, zdrowym mózgu, a komisurotomia stwarza tylko okazję do ujawnienia się tej właściwości. W odmienności funkcjonalnej półkul mózgowych zaś widzą oni podstawę dwoistości natury człowieka.

Z hipotezą tą nie zgadza się wielu badaczy mózgu, wyrażając przekonanie, że w normalnym mózgu dwie półkule stanowią jeden umysł i obie uczestniczą we wszelkich funkcjach psychicznych. Takim poglądom dawał wyraz Roger Sperry, uważając, że dotyczy to również pacjentów po komisurotomii. W trakcie tego zabiegu ulegają wprawdzie przecięciu połączenia między korowymi polami wzrokowymi oraz korową reprezentacją lewej i prawej ręki oraz lewej i prawej nogi, na skutek czego lewa półkula widzi i rozpoznaje tylko przedmioty pojawiające się w prawym polu widzenia i prawej ręce, prawa zaś pojawiające się w lewym polu i lewej ręce. Sperry dowodzi jednak, że liczne doznania i różnorodne formy zachowania są kontrolowane nadal przez obie półkule. Dotyczy to zwłaszcza uwagi, zmęczenia, głodu i bólu, ale również i niektórych prostych doznań percepcyjnych, np. percepcji ruchu. Ponadto każda z półkul ma świadomość ogólnego położenia całego ciała oraz świadomość tego, co dzieje się w jej otoczeniu. O jednolitości świadomości pacjentów po komisurotomii świadczą również testy dotyczące ich orientacji w zdarzeniach typu historycznego, politycznego czy społecznego oraz ich pozycji i roli w społeczeństwie. W jednym z testów pacjenci mieli np. odpowiadać na różne pytania oraz wyrażać swój stosunek do różnych zdarzeń czy przedmiotów, dokonując za pomocą lewej lub prawej ręki wyboru jednego spośród kilku prezentowanych obrazków. Okazało się, że zarówno lewa, jak i prawa półkula może rozpoznawać obrazki przedstawiające samego badanego, jego rodzinę, ulubione rzeczy oraz polityczne, historyczne czy religijne postacie, wykazując przy tym odpowiednie emocjonalne reakcje. Pacjenci mieli właściwe poczucie czasu, mieli plan zajęć w ciągu dnia, planowali przyszłe zdarzenia. Istotne jest przy tym, że oceny dokonywane przez lewą półkulę zgadzały się z ocenami prawej półkuli: obie wykazywały te same preferencje, podobny stosunek do różnych osób czy zdarzeń. Jest to bardzo ważny argument popierający pogląd, że nawet rozdzielone operacyjnie półkule mogą działać w sposób jednorodny, zgodny, a nie jak dwa niezależne mózgi.

Przeciw hipotezie dwóch niezależnie funkcjonujących systemów psychicznych przemawiają również dane uzyskane w trakcie prowadzenia eksperymentów na osobach zdrowych, a w szczególności wyniki badań elektrofizjologicznych. Wykazują one, że niezależnie od tego, czy bodziec pojawia się w lewym czy prawym polu widzenia w obu półkulach, następuje zmiana wyładowań elektrycznych. Również prosta obserwacja, że trudno nam jedną ręką wykonywać jakieś zadanie i drugą ręką jednocześnie wykonywać inne, podważa tezę, że dwie półkule mogą funkcjonować niezależnie.

Większość współczesnych badaczy opowiada się za drugą z omawianych wyżej hipotez, uważając, że zdrowy człowiek ma jeden umysł, w którym obie półkule i różne ich struktury współpracują ze sobą przy opracowywaniu wszelkiej informacji zmysłowej oraz odgrywają rolę we wszelkich stanach psychicznych. Istnienie dwóch półkul specjalizujących się w różnych funkcjach nie oznacza więc, że mamy dwa mózgi funkcjonujące względem siebie niezależnie. Wszelkie czynności ludzkie, decyzje, jakie podejmujemy, a nawet uczucia, są wynikiem działania mózgu jako całości. Nie wyklucza to oczywiście stwierdzenia, że różne aspekty naszego działania czy analizy sytuacji mogą być opracowywane przez każdą z półkul względnie niezależnie, adekwatnie do ich specjalizacji i możliwości. Z reguły jednak dochodzi do integracji informacji z obu półkul i do spójnej decyzji.

# 19.7. Podsumowanie

Mimo iż asymetria półkul mózgowych stanowi jedno z bardziej intrygujących zjawisk dotyczących mózgu ludzkiego, ciągle brak jest w literaturze spójnej teorii opisującej to zjawisko oraz wyjaśniającej jego neurobiologiczne podłoże. Współczesne badania prowadzone z użyciem różnorodnych, nowoczesnych metod wskazują na nieadekwatność tradycyjnych teorii odwołujących się do dychotomicznych podziałów kompetencji między półkulami. Nie da się już dziś utrzymać poglądu, że lewa półkula specjalizuje się we wszelkich funkcjach werbalnych, prawa zaś we wzrokowo-przestrzennych. Krytykowana jest również teza, że asymetrię półkulową można sprowadzić do różnic w sposobie opracowywania informacji (analitycznego – lewej i holistycznego — prawej). Wzorzec asymetrii półkulowej, jaki wyłania się z tych badań, jest znacznie bardziej skomplikowany. Wielu badaczy sądzi, że każde zadanie, jakie człowiek wykonuje, czy to behawioralne, czy umysłowe, wymaga współdziałania wielu różnych podsystemów czy modułów zlokalizowanych asymetrycznie w dwóch półkulach. Nawet funkcje mowy, które tradycyjnie wiązano tylko z lewą półkulą, wymagają udziału obu półkul. Co więcej, niektóre aspekty tych funkcji, np. rozumienie emocjonalnej warstwy języka, nie mogą być prawidłowo realizowane bez udziału półkuli prawej.

Asymetrii funkcjonalnej półkul mózgowych towarzyszą różnorodne formy asymetrii anatomicznej. I choć zależność ta nie jest w pełni udowodniona, na ogół przyjmuje się, że u podstaw asymetrii funkcjonalnej leżą różnice w budowie lewej i prawej półkuli. Dotyczy to zwłaszcza obszarów związanych z mową.

Ludzie różnią się co do stopnia i wzorca asymetrii charakteryzującej ich mózgi. Mężczyźni na ogół wykazują większą lateralizację funkcji w mózgu, choć nie jest to związane z większymi możliwościami intelektualnymi. Szczególnie duże różnice stwierdzono pomiędzy osobami leworęcznymi i praworęcznymi. Mózgi leworęcznych często charakteryzuje mniejszy stopień asymetrii funkcjonalnej i anatomicznej, a w niektórych przypadkach stwierdza się nawet odwrócony wzorzec asymetrii.

Istnieje wiele dowodów wskazujących, że asymetria półkulowa nie ogranicza się jedynie do człowieka. Liczne jej przejawy odkryto również w świecie zwierzęcym i to zarówno u zwierząt wyższych, jak i znajdujących się stosunkowo nisko na drabinie ewolucyjnej. Badania na zwierzętach pozwalają na bliższe poznanie podstaw anatomicznych i biochemicznych asymetrii półkulowej. Asymetria półkulowa charakteryzowała prawdopodobnie również naszych bezpośrednich przodków — hominidów. Mimo istnienia specjalizacji półkulowej mózg działa jak niepodzielna całość, w której każda z półkul ma swój ważny udział. Integracja informacji z każdej z półkul zapewnia spójność działania i decyzji podejmowanych przez człowieka oraz warunkuje jednolitość jego świadomości.

Praca częściowo finansowana z grantu KBN nr 3P05A 04323

## LITERATURA UZUPEŁNIAJĄCA

Grabowska A.: Ewolucyjne korzenie lateralizacji funkcji w mózgu człowieka. W: M. Mossakowski, M. Kowalczyk (red.), *Mózg*. Towarzystwo Naukowe Warszawskie i Wojskowy Instytut Higieny i Epidemiologii, Warszawa 1997, 67 – 95.

Grabowska A.: Czy osoby leworęczne i praworęczne mają takie same mózgi? *Problemy Poradnictwa Psychologiczno-Pedagogicznego* 2001, 1(14): 38 – 54.

Grabowska A.: Na styku świadomości i nieświadomości: logiczny świat absurdalnych zjawisk. W: R.K. Ohme, M. Jarymowicz, J. Reykowski (red). *Automatyzmy w procesach przetwarzania informacji*. Wydawnictwo Instytutu Psychologii PAN, WSPS, Warszawa 2001, 25 – 41.

Grabowska A., Nowicka A.: Visual-spatial frequency model of cerebral asymmetry: A critical survey of behavioral and electrophysiological studies. *Psych. Bull.* 1996, **120**: 434 – 449.

Grabowska A., Nowicka A., Szymańska O.: Sex related effect of unilateral brain lesions on the perception of the Mueller-Lyer illusion. *Cortex* 1999, **35**: 231 – 241.

Hellige J.B.: *Hemispheric Asymmetry. What's Right and What's Left*. Harvard University Press, Cambridge 1993, 396 s.

Herzyk A.: Nieświadomość percepcyjna, poznawcza i emocjonalna z perspektywy neuropsychologii klinicznej. W: R.K. Ohme, M. Jarymowicz, J. Reykowski (red.). *Automatyzmy w procesach przetwarzania informacji*. Wydawnictwo Instytutu Psychologii PAN, WSPS, Warszawa 2001, 43 – 57.

Herzyk A., Kądzielawa D.: *Zaburzenia w funkcjonowaniu człowieka z perspektywy neuropsychologii klinicznej*. Wydawnictwo UMCS, Lublin 1996.

Nowicka A., Fersten E.: Sex-related differences in interhemispheric transmission time in the human brain. *NeuroReport* 2001, **12**: 4171 – 4175.

Sacks O.: *Mężczyzna, który pomylił żonę z kapeluszem*. Wydawnictwo Zysk i S-ka, Poznań 1994.

Springer S.P., Deutsch G.: *Lewy mózg, prawy mózg z perspektywy neurobiologii poznawczej*. Prószyński i S-ka, Warszawa 2004.

Walsh K.: *Neuropsychologia kliniczna*. Wydawnictwo Naukowe PWN, Warszawa 1998.

# ROZDZIAŁ 20

# Mózgowe mechanizmy mowy

Elżbieta Szeląg

Wprowadzenie ■ Język i mowa — definicje podstawowych terminów ■ Ewolucja języka ■ Badania kliniczne ■ Badania eksperymentalne ■ Przeżywanie czasu a mechanizmy mowy ■ Mózgowa reprezentacja mowy a rozwój osobniczy ■ Czy inny gatunek zwierzęcy może opanować język? ■ Podsumowanie

## 20.1. Wprowadzenie

Posługiwanie się językiem ojczystym wydaje się z pozoru czymś łatwym i naturalnym, a tymczasem u jego podłoża leżą bardzo złożone neuropsychologiczne mechanizmy. Bliższe poznanie ich istoty intrygowało od ponad stu lat przedstawicieli wielu dyscyplin naukowych: psychologów, filozofów, językoznawców, pedagogów, logopedów, lekarzy i biochemików. Ze względu na ścisły związek między sprawnością językową a społecznym funkcjonowaniem człowieka problematyka ta interesuje niemal wszystkich ludzi. Jednak w ostatnich latach ogromny postęp, między innymi w medycynie, technologii, fizyce i psychologii eksperymentalnej, spowodował prawdziwy przewrót w poglądach na temat funkcjonowania mózgu i dostarczył nowych, interesujących danych dotyczących neuropsychologicznego podłoża mowy człowieka.

Niniejszy rozdział stanowi próbę podsumowania wyników dotychczasowych badań w tym zakresie. Zaprezentowano dane pochodzące z badań zarówno klinicznych, jak i eksperymentalnych, prowadzonych na osobach dorosłych, dzieciach i niemowlętach z użyciem różnorodnych metod eksperymentalnych, w tym również najnowszych technik tak zwanego obrazowego badania mózgu. W przedstawionych badaniach poszukiwano odpowiedzi na następujące pytania: czy mowa człowieka jest domeną wyłącznie jednej półkuli mózgowej, jaką rolę odgrywają specyficzne obszary korowe w regulowaniu procesów mowy, jakie neuropsychologiczne mechanizmy mogą leżeć u podłoża tych procesów, czy mózgowa reprezentacja mowy jest cechą wrodzoną układu nerwowego, czy też kształtuje się w ontogenezie pod wpływem nabywanych doświadczeń?

Warto zaznaczyć, że badania zaprezentowane w niniejszym rozdziale, oprócz względów poznawczych, mogą mieć również znaczenie praktyczne. Wiedza o mózgowych mechanizmach mowy może stanowić ważne źródło informacji dla terapii logopedycznej pacjentów z różnorodnymi zaburzeniami językowymi.

## 20.2. Język i mowa — definicje podstawowych terminów

We współczesnej terminologii neuropsychologicznej wyróżnia się dwa pojęcia: „język" i „mowa". Język to naturalny system znaków (kod) służących porozumiewaniu się oraz reguł posługiwania się nimi, według których budujemy i odczytujemy teksty. Stanowi on zamknięty zbiór symboli fonicznych (głoski, a w pisaniu — litery), leksykalnych (słowa), morficznych (fleksja), frazeologicznych (zwroty) oraz prozodycznych (akcent, melodia, intonacja). Język nie jest tworem jednostki, ale dziełem społecznym, wspólnym większym lub mniejszym zbiorowościom ludzkim, stanowiąc ich narzędzie porozumiewania się. Ze względu na to, że nie znaleziono dotychczas plemienia ludzkiego, które nie posługiwałoby się językiem, uważa się, że stanowi on ważny i powszechny element naszej kultury. Wraz z rozwojem i zmianami warunków życia danego społeczeństwa powstają nowe znaki językowe (np. internet, telefon komórkowy), inne zaś przestają być używane. Język jest więc tworem ulegającym dynamicznym zmianom, równoległym do rozwoju kulturowego społeczności. Ma on charakter abstrakcyjny, ponieważ słowa i reguły gramatyczne nie odnoszą się do poszczególnych rzeczy i zjawisk, lecz do abstrakcyjnych ich klas lub do ogólnych relacji między nimi (np. stosunek przymiotnika do rzeczownika, czy też podmiotu do orzeczenia). Na przykład istniejący w języku wyraz „dom" odnosi się do każdego domu, „do domu" w ogóle, nie zaś do konkretnego jego egzemplarza.

Przekaz informacji językowej może się odbywać poprzez mówienie, pisanie lub też innego rodzaju sygnalizowanie stanowiące transpozycję systemu fonicznego na układ graficzny (alfabet Braille'a) lub palcowy (porozumiewanie się głuchych). Mowa jest zatem werbalnym porozumiewaniem się ludzi i stanowi konkretne akty używania znaków językowych (dźwiękowych, graficznych lub migowych) przez danego użytkownika. W procesie mówienia informacja przekazywana jest kanałem artykulacyjno-słuchowym (w niektórych wypadkach wzrokowym), wyróżnia się więc czynność nadawania (ekspresji) i odbioru (recepcji). Mowa jest zaliczana do kategorii fizjologicznych, realizowanych przez daną osobę.

## 20.3. Ewolucja języka

*Homo sapiens* jest jedynym żyjącym gatunkiem, który w toku ewolucji wykształcił zdolność językowego porozumiewania się. Zdolności tej nie ma żaden inny gatunek zwierzęcy, włączając naszych najbliższych krewnych — małpy człekokształtne.

Filogeneza mowy intrygowała badaczy od zawsze, a ze względu na brak dowodów bezpośrednich jest przedmiotem wielu spekulacji bazujących na jedynie dostępnych dowodach pośrednich. Wielu prawidłowości związanych z wykształceniem komunikacji językowej ciągle nie jesteśmy jeszcze w stanie precyzyjnie wyjaśnić, wiadomo jednak, że stanowi ona wynik wielu milionów lat ewolucji.

Początków języka można doszukiwać się u hominidów, żyjących w późnym miocenie, a więc 5 – 6 mln lat temu (np. ororin lub ardipitek z Kenii, sahelantop z Czadu). Dane paleontologiczne wskazują, że hominidy te były już dwunożne, ale miały stosunkowo małe mózgi i uzębienie pośrednie między szympansim a hominidowym. Prawdopodobnie pierwsze oznaki ich komunikowania się miały charakter gestów wykonywanych rękami, uwolnionymi od lokomocji dzięki przyjętej postawie wyprostnej. Analiza skamielin czaszek i aparatów głosowych hominidów pozwala sądzić, że mogły one wydawać również nieartykułowane dźwięki sygnalizujące różne emocje.

Jednym ze wskaźników okresu pojawienia się w toku ewolucji językowego porozumiewania się może być poziom kultury, który wiąże się z potrzebą komunikowania się pomiędzy członkami danej społeczności. W istocie, język nie mógł pojawić się w izolacji od innych elementów kultury ludzkiej. Jeśli założyć, że potrzeba komunikowania wiąże się z wytwarzaniem i używaniem narzędzi, to należałoby przyjąć, że język mógł posiadać australopitek, żyjący 2 – 3 mln lat temu. Jeśli natomiast przyjąć, że było to kontrolowane używanie ognia, to początków języka należy poszukiwać u *Homo erectus*, żyjącego w środkowym plejstocenie, a więc ok. 500 000 lat temu. Założywszy z kolei, że z potrzebą taką łączy się wprowadzenie obrządku grzebania zwłok, to początki języka sięgają nie dalej niż 100 000 lat wstecz.

Innym źródłem dowodów pośrednich na temat filogenezy języka są porównawcze badania neuroanatomiczne w zakresie wielkości mózgów. Skłaniają one do przypuszczenia, że język mógł posiadać prawdopodobnie już *Homo erectus*. Scenariusz napisany przez ewolucję wskazuje systematyczny wzrost objętości mózgu u ówczesnych hominidów. Podczas gdy u australopiteka wynosiła ona zaledwie 435 – 700 $cm^3$, to u *Homo erectus* osiągnęła 775 – 1225 $cm^3$, a u *Homo sapiens* 1000 – 2000 $cm^3$. Małpy człekokształtne (np. szympansy, goryle), które, jak wiadomo, nie posiadają języka, charakteryzuje objętość mózgu 300 – 750 $cm^3$, a więc porównywalna do australopiteka, nie zaś do *Homo erectus*. Z kolei objętość mózgu noworodka, który jeszcze nie potrafi posługiwać się mową, wynosi ok. 350 $cm^3$ i wzrasta pod koniec pierwszego roku życia (przyswajane są wówczas pierwsze wyrazy, patrz dalej) do ok. 850 $cm^3$, a więc do wymiarów charakteryzujących *Homo erectus*. Przytoczone dowody nie oznaczają oczywiście, że objętość mózgu jest jedynym wyznacznikiem ewolucji języka. Jak wiadomo, niektóre zwierzęta (np. słonie) mają mózgi większe niż człowiek (nawet 4000 $cm^3$), nie wykształciły jednak językowej komunikacji.

Dowodów pośrednich na temat początków języka dostarczają również rekonstrukcje obwodowego aparatu artykulacyjnego. Badania paleontologiczne wskazują, że zmiany w jego budowie następowały równolegle do opisanego wyżej wzrostu masy mózgu. Dobór naturalny kształtował nasz aparat artykulacyjny w taki sposób, aby był przystosowany do wytwarzania dźwięków mowy. Następowało więc wyraźne obniżenie położenia i zmniejszenie wymiarów krtani i głośni. Warto zaznaczyć, że duża, wysoko usytuowana krtań była niezbędna u zwierząt do wydawania donośnych dźwięków typu ryczenie, beczenie. Ponadto język stawał się mniejszy, giętki i elastyczny, nastąpił intensywny rozwój mięśni warg, zęby zmniejszyły swe wymiary i zostały ustawione w pozycji pionowej. Ostateczne ukształtowanie narządów artykulacyjnych wymagało jeszcze wielu milionów lat ewolucji. Analiza aparatu artykulacyjnego neandertalczyka (żył ok. 35 000 lat temu) wskazuje na ograniczone możliwości posługiwania się mową. Znacznie lepsze warunki miał *Homo erectus*, choć wysoko usytuowana krtań oraz głębokie osadzenie podstawy języka ograniczało jego możliwości artykulacyjne. Przypuszcza się, że *Homo erectus* mógł wymawiać kilka podstawowych opozycji spółgłoskowo-samogłoskowych (czego nie potrafią małpy człekokształtne), ponadto wykorzystywał tonalne aspekty artykulacji (ta sama głoska ma odmienne znaczenie zależnie od wysokości tonu emitowanego przez krtań), co wzmacniało możliwości przekazu.

Znikome są dane na temat mózgowej reprezentacji funkcji językowych w toku ewolucji. Analiza skamielin czaszek hominidów żyjących ponad 2 mln lat temu wskazuje na występowanie wybrzuszenia w okolicy odpowiadającej obszarowi Broca, analogicznego do obserwowanego na czaszce współczesnych ludzi (dokładne omówienie roli tego obszaru patrz dalej). Pozostaje jednak bez odpowiedzi pytanie, w jakim stopniu rola tego obszaru wówczas była zbliżona do obecnej.

Tak więc precyzyjne określenie w toku ewolucji momentu pojawienia się mowy dźwiękowo-artykulacyjnej, zbliżonej do współczesnej, jest bardzo trudne. Prawdopodobnie pojawiła się ona niezależnie na różnych kontynentach. Przemawia za tym fakt, że choć możliwości artykulacyjne neandertalczyka żyjącego ok. 35 000 lat temu były raczej ograniczone, to jednak żyjący ok. 150 000 lat temu *Homo sapiens* mógł wytwarzać mowę zbliżoną do współczesnej. Dane paleontologiczne wskazują również, że budowa anatomiczna aparatu artykulacyjnego w zasadzie nie uległa zmianie w ciągu ostatnich 60 000 lat. Powszechnie sądzi się, że mowa dźwiękowa istnieje od około 100 000 lat. Od tego okresu stała się ona elementem kultury człowieka i podlega prawom rozwoju kulturowego.

Jedna z hipotez zakłada, że wykształcenie w toku ewolucji mowy było produktem ubocznym intensywnych zmian przystosowawczych w obrębie układu ruchowego. Przyjęcie postawy wyprostnej łączyło się z uwolnieniem prawej ręki od funkcji lokomocyjnej, co stworzyło możliwość wykształcenia angażujących tę rękę precyzyjnych czynności manipulacyjnych. Konsekwencją tego było zwiększenie liczby neuronów w korze mózgowej kontrolujących wykonywanie tych czynności, co sprzyjało zwiększeniu szybkości i precyzji ruchów. Stopniowa specjalizacja neuronów mogła stanowić preadaptację dla rozwoju obszarów kształtujących procesy mowy w sąsiadujących okolicach tej samej lewej półkuli mózgu. Na poparcie tej hipotezy przytacza się dane wskazujące ścisłe powiązania między mową a systemem ruchowym (niektóre z nich są omówione szerzej w dalszej części niniejszego rozdziału). Autorzy sugerują, że powiązania te dotyczą nie tylko aspektu filogenetycznego, ale również ontogenetycznego. W rozwoju dziecka istnieje bowiem ścisły związek między nabywaniem czynności mowy i umiejętności manipulowania przedmiotami. Wskazuje to, że podczas pierwszych lat życia dziecka oba te procesy mogą mieć wspólne neuronalne podłoże, a następnie w wyniku różnicowania następuje stopniowa specjalizacja neuronów albo dla procesów ruchowych, albo dla funkcji językowych. Wspólne podłoże anatomiczne w pierwszych latach życia nie wyklucza całkowicie odmiennej natury obu tych funkcji. Podczas gdy doskonalenie aktywności ruchowej jest wynikiem w zasadzie dojrzewania biologicznego, to opanowanie posługiwania się mową jest ściśle powiązane z wymianą informacji między dzieckiem a osobami z otoczenia, ma więc wyraźnie społeczny charakter.

# 20.4. Badania kliniczne

Jednym ze źródeł informacji na temat neuropsychologicznego podłoża mowy są badania prowadzone na pacjentach z uszkodzonym mózgiem. W obecnym podrozdziale są przedstawione dane w tym zakresie, uzyskane za pomocą różnorodnych metod klinicznych: próby amytalowej, przecięcia spoidła wielkiego, śródoperacyjnego drażnienia mózgu, obserwacji zachowania pacjentów po udarach i urazach oraz najnowszych technik obrazowego badania mózgu. Szczegółowy opis wymienionych metod znajduje się w rozdziale 19.

## 20.4.1. Próba amytalowa

Jedną z metod stosowanych w klinice neurochirurgicznej do celów diagnostycznych i dostarczającą cennych danych na temat mózgowej reprezentacji mowy jest próba amytalowa, zwana inaczej próbą Wady.

Na podstawie wyników uzyskanych z zastosowaniem tego testu u wielu pacjentów możliwe jest oszacowanie lokalizacji mowy w badanej populacji w lewej, prawej lub obu półkulach mózgu. Ogólnie można stwierdzić, że u praworęcznych pacjentów aż w 96% przypadków dominującą dla mowy była lewa półkula, a tylko w 4% półkula prawa, natomiast obupółkulowa reprezentacja tych funkcji występowała bardzo rzadko. Wyniki uzyskane na podstawie próby amytalowej wyraźnie wskazują więc na lewopółkulową specjalizację w funkcjach mowy u większości praworęcznych pacjentów.

## 20.4.2. Przecięcie spoidła wielkiego mózgu

Kolejnym źródłem informacji na temat neuropsychologicznego podłoża mowy są badania przeprowadzone na pacjentach po chirurgicznym przecięciu spoidła wielkiego mózgu, czyli ciała modzelowatego (*corpus callosum*). Operacje takie zwane są komisurotomią lub rozszczepieniem mózgu.

Uogólniając nagrodzone Nagrodą Nobla wyniki badań eksperymentalnych prze- prowadzonych przez R. Sperry'ego na pacjentach po tym zabiegu, stwierdzono specjalizację lewej półkuli we wszelkich zadaniach związanych z mową i opartych na analizie informacji werbalnej. Specjalizacja ta przejawiała się w sprawniejszym nazywaniu, pisaniu oraz rozumieniu zarówno mowy artykułowanej, jak i poleceń pisanych. Przedmioty, których obraz eksponowano w prawym polu widzenia lub rozpoznane za pomocą dotyku prawą ręką, czy stopą, mogły więc zostać trafnie nazwane, właściwie opisane lub odpowiednio zaklasyfikowane. Natomiast jeśli proszono o nazwanie przedmiotów, których obraz eksponowano do prawej półkuli mózgowej, pacjenci nie byli w zasadzie zdolni do reakcji werbalnych, jak również do napisania nazwy eksponowanego przedmiotu. Prezentację bodźca pomijali wówczas milczeniem albo udzielali odpowiedzi typu: „nie wiem co to było" lub „nic nie widziałem". Pozwoliło to wysnuć wniosek, że prawa półkula mózgowa w zasadzie nie jest zdolna ani do „produkowania" mowy, ani do kierowania procesami pisania.

Zupełnie zaskakujące i niespodziewane było jednak odkrycie w dalszych badaniach możliwości prawej półkuli w wykorzystywaniu informacji werbalnej. Okazało się bowiem, że procesy językowe jednak nie zawsze są domeną wyłącznie lewej półkuli, jak sądzono początkowo, a półkula prawa nie jest całkowicie „niema" i ma pewną, choć ograniczoną, pojemność werbalną. Sprowadza się ona przede wszystkim do możliwości w zakresie rozumienia mowy. Serię interesujących eksperymentów nad pojemnością lingwistyczną tej półkuli przeprowadził współpracownik R. Sperry'ego — E. Zaidel. Stworzył on tak zwaną sagę o prawopółkulowej mowie. Szczegółowe badania na temat możliwości językowych tej półkuli wykazały, że rozumie ona treść słów zarówno słyszanych, jak i pisanych, zwłaszcza jeśli są to konkretne rzeczowniki.

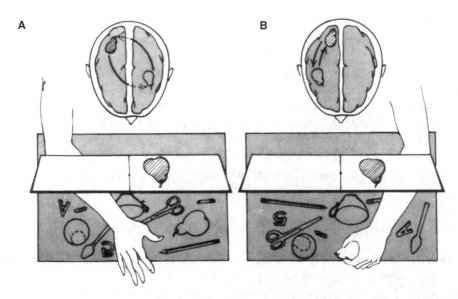

**Ryc. 20.1.** Wzrokowo-czuciowe asocjacje u pacjentów po komisurotomii. Pacjent (**A**) nie jest w stanie wskazać prawą ręką (kontrolowaną przez lewą półkulę) obiektu, którego obraz eksponowano w lewym polu widzenia (reprezentowanym w półkuli prawej). Nie przejawia natomiast trudności (**B**) we wskazaniu tego obiektu lewą ręką (kontrolowaną również przez prawą półkulę). (Wg: Sperry. W: Leporé i in. (red.). *Two Hemispheres One Brain*, Alan R. Liss, 1986, Inc.; za zgodą)

Jeśli na przykład w lewym polu widzenia (prawa półkula) pojawi się napis „papieros", pacjent potrafi wybrać lewą ręką (również prawa półkula) właściwy desygnat, lub jeśli brak go wśród przedmiotów umieszczonych przed badanym — wskazać inny desygnat bezpośrednio kojarzący się z paleniem (np. zapalniczka czy popielniczka). Dane te wskazywały, że prawa półkula jest zdolna nie tylko do rozumienia słowa pisanego, ale również do logicznego, symbolicznego kojarzenia (ryc. 20.1). Interesujące wydaje się również, że funkcje werbalne prawej półkuli nie przypominają tych, jakie przejawiają małe dzieci w trakcie rozwoju mowy. Słowa, które jest ona w stanie rozumieć, nie są tymi, które należą do słownika pojęciowego dziecka we wczesnym okresie rozwoju. Można więc sądzić, że pojemność werbalna prawej półkuli nie jest wynikiem zatrzymania na pewnym etapie nabywania funkcji językowych w ontogenezie, ale raczej stanowi wynik odmiennego ich rozwoju niż charakterystyczny dla półkuli lewej. W dalszych badaniach E. Zaidel wykazał również, że prawa półkula ma jednak znaczne trudności w rozumieniu słów funkcyjnych (czyli niesamodzielnych pod względem znaczenia, które wyznaczają stosunki między innymi wyrazami w zdaniu, np. spójników, przyimków), a także struktur gramatycznych oraz zdań dłuższych niż trójwyrazowe. Trudności te przejawiają się na przykład w niskiej poprawności wykonania poleceń typu: „połóż żółty kwadrat pod zielonym kołem", zaczerpniętych z popularnego testu na oszacowanie stopnia rozumienia mowy, tak zwanego Token Testu (znanego w Polsce również pod nazwą „testu żetonów"). Poziom wykonania tego typu poleceń adresowanych bezpośrednio do prawej półkuli (przez ekspozycję w lewym uchu) można w pewnym sensie porównać do poziomu uzyskiwanego przez pacjentów przejawiających afazję, czyli zaburzenia funkcji językowych w wyniku uszkodzenia mózgu (por. podrozdz. 20.4.4). Podsumowując wieloletnie badania E. Zaidela nad możliwościami językowymi obu półkul mózgowych, można ogólnie stwierdzić, że typowe lewopółkulowe funkcje językowe obejmują ekspresję, przestrzeganie właściwej struktury czasowej mowy, a także odpowiednich sekwencji ruchowych, niezbędnych zarówno do artykułowania mowy, jak i prawidłowego jej odbioru.

Omówione w wielkim skrócie rezultaty wieloletnich badań na pacjentach po przecięciu spoidła wielkiego mózgu udokumentowały zaangażowanie obu półkul w procesach mowy człowieka. Badania te jednoznacznie potwierdzają jednak przewagę lewej półkuli w szerokim spektrum procesów językowych.

## 20.4.3. Śródoperacyjne drażnienie mózgu

Wyniki uzyskane za pomocą obu przedstawionych wyżej metod klinicznych wykazały lewopółkulową specjalizację w funkcjach mowy. Powstało jednak pytanie, czy w obrębie półkuli kontrolującej mowę istnieją specyficzne obszary zaangażowane w powyższe procesy? Odpowiedzi na to pytanie dostarczyły eksperymenty polegające na drażnieniu struktur korowych w trakcie zabiegu neurochirurgicznego.

W latach 40. ubiegłego wieku W. Penfield z Neurological Institute w Montrealu opracował nową technikę operacyjnego leczenia padaczki, polegającą na chirurgicznym usuwaniu ognisk padaczkowych, czyli obszarów generujących patologiczną bioelektryczną aktywność mózgu. Chociaż procedura usuwania ognisk padaczkowych dawała pozytywne rezultaty w leczeniu epilepsji, to jednak zachodziła obawa, że w trakcie operacji neurochirurgicznej może dojść do uszkodzenia u pacjenta obszarów regulujących mowę i w konsekwencji spowodować jej zaburzenie lub nawet całkowitą utratę. Aby uniknąć takiego niebezpieczeństwa, W. Penfield i jego współpracownicy opracowali metodę mapowania obszarów kory mózgowej zaangażowanych w procesy mowy u danego pacjenta. Polega ona na drażnieniu słabym prądem elektrycznym określonych obszarów mózgu w trakcie zabiegu neurochirurgicznego. Okazało się, że drażnienie określonych obszarów kory mózgowej podczas wykonywania przez pacjenta różnorodnych zadań werbalnych, np. mówienia, nazywania pokazywanych mu przedmiotów, czytania, liczenia powodowało zaburzenia w wykonywaniu tych czynności. Na przykład, przy drażnieniu dolnej części okolicy przedruchowej w półkuli lewej występowała bądź całkowita niemożność ekspresji mowy, bądź wyraźne jej zaburzenia. Z kolei przy drażnieniu tylnej części pierwszego zawoju skroniowego po tej samej stronie, pacjent nie rozumiał tego, co mówią do niego inne osoby. Na skutek drażnienia określonych miejsc pacjent mógł również przerwać czytanie lub liczenie, czasowo utracić zdolność nazywania bądź powtarzania usłyszanych wyrazów. Warto dodać, że podobne zaburzenia w wyniku drażnienia symetrycznych okolic prawej półkuli występowały niezwykle rzadko. Na podstawie analizy danych pochodzących od kilkuset pacjentów, zebranych w okresie kilkunastu lat badań prowadzonych równolegle w kilku ośrodkach, opracowano mapy obszarów korowych, których drażnienie zaburzało różnorodne funkcje mowy (ryc. 20.2).

Eksperymenty te kontynuował w ostatnich latach G. Ojemann, koncentrując się na mózgowej reprezentacji funkcji nazywania. Badania przeprowadzono na 117 pacjentach, u których wynik próby amytalowej (por. podrozdz. 20.4.1) wykazywał

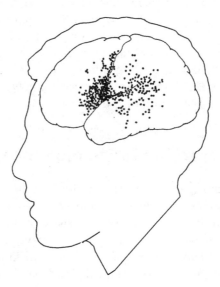

Ryc. 20.2. Obszary korowe lewej półkuli mózgu, których drażnienie zaburzało różnorodne funkcje mowy. (Wg: Penfield i Roberts. *Speech and Brain-Mechanisms*. Princeton University Press, 1959, zmodyf.)

lewopółkulową reprezentację mowy. Okazało się, że u większości pacjentów błędy w nazywaniu występowały zazwyczaj przy drażnieniu niewielkiego obszaru, obejmującego około 1 – 2 cm² w tej półkuli. Jego zasięg zasadniczo nie zmieniał się wraz z wiekiem badanych i był podobny zarówno u kilkuletnich dzieci, jak i u osób powyżej 80 roku życia. Zaobserwowano również dużą zmienność indywidualną w rozmieszczeniu struktur związanych z nazywaniem. Najczęściej, bo aż w 79% przypadków zaburzenia nazywania występowały przy drażnieniu dolnej okolicy przedruchowej (tzw. okolicy Broca), jednak u pozostałych 21% pacjentów nie obserwowano takich zaburzeń przy drażnieniu tej okolicy. Podobne zaburzenia w 65% przypadków były także następstwem drażnienia okolic górnego zakrętu skroniowego oraz bardzo często okolic sąsiednich, obejmujących korę ciemieniową. U większości badanych w nazywanie zaangażowane były zarówno wymienione obszary czołowe, skroniowe, jak i ciemieniowe, podczas gdy u 17% pacjentów — wyłącznie obszary czołowe, a u dalszych 15% jedynie skroniowo-ciemieniowe. Jedynie u kilku pacjentów stwierdzono zaburzenia nazywania przy drażnieniu tylko obszarów czołowych lub tylko ciemieniowych. Granice rejonów, których drażnienie zaburzało nazywanie, dawały się łatwo wyodrębnić u niektórych pacjentów, podczas gdy u innych obserwowano wyraźną strefę przejściową między nimi a pozostałymi obszarami kory.

Badania prowadzone z zastosowaniem techniki drażnienia mózgu wskazują więc na udział specyficznych obszarów korowych półkuli dominującej dla mowy w regulacji określonych funkcji językowych. Potwierdza to ich lewopółkulową reprezentację u większości ludzi, wskazując jednocześnie, że nie cała półkula realizuje różnorodne procesy werbalne, ale określone jej obszary są zaangażowane w określone zadania językowe. Choć zasięg rejonów związanych z nazywaniem, jak się wydaje, nie ulega zmianom wraz z wiekiem, to jednak istnieje duża zmienność indywidualna w umiejscowieniu tych okolic. Przyczyny tej zmienności nie są jeszcze do końca wyjaśnione.

## 20.4.4. Obserwacje zachowania pacjentów z ogniskowymi uszkodzeniami mózgu

Wśród omawianych metod klinicznych szczególne miejsce zajmuje obserwacja zachowania pacjentów z ogniskowymi uszkodzeniami mózgu. Metodę tę stosowano już w XIX wieku. Początkowe obserwacje dotyczyły zaburzeń zachowania u pojedynczych pacjentów i przyczyniły się do poznania roli określonych obszarów lewej półkuli w zaburzeniach językowych. Wykazane defekty często były poparte pośmiertną sekcją mózgu. Zgodnie z tymi doniesieniami uszkodzenie w obrębie lewej okolicy przedruchowej (zwanej obecnie okolicą Broca) powodowało niemożność ekspresji mowy. Z kolei uszkodzenie tylnej części pierwszego zawoju skroniowego po stronie lewej (obecnie zwanej okolicą Wernickego) powodowało trudności w rozumieniu mowy słyszanej (ryc. 20.3).

Burzliwe losy historii XX wieku, jak druga wojna światowa, czy wojna w Wietnamie dostarczyły obserwacji zaburzeń zachowania wielu pacjentów z ranami

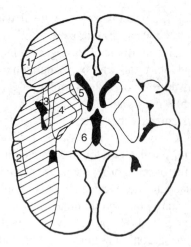

**Ryc. 20.3.** Schematyczny przekrój horyzontalny mózgu, na którym liniami ukośnymi zaznaczono lewopółkulowe obszary zaangażowane prawdopodobnie w funkcje językowe: okolicę Broca (1), okolicę Wernickego (2) oraz struktury podkorowe: wyspę (3), jądra podstawy (4), jądro ogoniaste (5), wzgórze (6). (Wg: Wallesch i Kertesz. W: Blanken i in. (red.). *Linguistic Disorders and Pathologies*, Walter de Gruyter & Co, 1993; za zgodą)

postrzałowymi głowy, a więc z wybiórczymi uszkodzeniami mózgu o różnorodnym umiejscowieniu. Wiele interesujących badań na żołnierzach z ranami postrzałowymi zostało przeprowadzonych między innymi przez tak znakomitych neuropsychologów, jak A. Łuria, O. Zangwill, H. Teuber czy H. Goodglass.

Metoda obserwacji zachowania pacjenta jest stosowana do dnia dzisiejszego, jednak obecnie ma ona charakter ukierunkowany na ściśle sprecyzowane formy zachowań językowych w stosunkowo dużych populacjach pacjentów. Do opracowywania uzyskanych wyników zazwyczaj stosuje się metody statystyczne. Weryfikacja anatomiczna obserwowanych zaburzeń przeprowadzana jest najczęściej za pomocą nowoczesnych technik diagnostycznych, pozwalających na obrazowe badanie mózgu, między innymi tomografii komputerowej, rezonansu magnetycznego, elektroencefalografii czy tomografii pozytonowej (PET). Te w zasadzie nieinwazyjne metody dostarczyły nowych, cennych informacji na temat mózgowej reprezentacji procesów mowy. Prowadzone eksperymenty często koncentrują się na zaburzeniach zachowania pacjentów z udarami, urazami i nowotworami mózgu, które w ostatnich latach stanowią znaczny problem społeczny. Ogólnie można stwierdzić, że różnorodnie rozmieszczone uszkodzenia lewej półkuli mózgu bardzo często stanowią bezpośrednią przyczynę afazji. Terminem tym określa się, spowodowane uszkodzeniem odpowiednich struktur mózgowych, częściowe lub całkowite zaburzenie mechanizmów programujących czynności nadawania i odbioru mowy u człowieka, który uprzednio opanował te czynności (definicja wg M. Maruszewskiego). Należy zaznaczyć, że udary mózgu są przyczyną afazji w około 70 – 80% przypadków zachorowań, urazy czaszkowo-mózgowe w 5 – 15%, a guzy mózgu w 5 – 10%. Bezpośrednią przyczyną udaru jest krwawienie niszczące tkankę mózgową lub wyłączenie krążenia krwi na pewnym obszarze, występujące na skutek zakrzepu, zatoru, ucisku lub skurczu tętnic mózgowych. Udar może być poprzedzony zaburzeniem krążenia. Nie ma dwóch podobnych udarów. Mogą mieć one różne nasilenie i występować w różnych obszarach mózgu. Uszkodzenie dotyczy jednak najczęściej tej części mózgu, w której wystąpił krwotok, skurcz naczyń, zator, zakrzep czy ucisk. Afazje mogą się pojawiać nie tylko po uszkodzeniach lewej półkuli, ale niekiedy również po uszkodzeniach półkuli prawej lub struktur podkorowych, jak: wzgórze, wyspa bądź niektóre jądra podstawy (np. jądro ogoniaste i skorupa, ryc. 20.3).

Obraz zaburzeń występujących u pacjentów z afazją jest zróżnicowany, zależnie od miejsca uszkodzenia mózgu, i dotyczy różnorodnych form zachowania językowego, jak: ekspresja mowy, rozumienie słyszanej wypowiedzi, nazywanie, powtarzanie, rozumienie tekstu pisanego, pisanie, czytanie. Trudności przejawiają się zatem nie tylko w zakresie języka mówionego, ale często dotyczą również pisania i czytania. Poznanie charakteru zaburzeń powstałych wskutek uszkodzenia mózgu stanowi przedmiot badań wielu ośrodków na świecie, a dziedzinę nauki zajmującą się tymi zagadnieniami nazywamy afazjologią. Należy tu wymienić badania prowadzone przez A. Łurię, H. Goodglassa, A. Kertesza, K. Poecka, a również przez polskich uczonych J. Konorskiego i M. Maruszewskiego. Powstało więc wiele różnorodnych szkół afazjologicznych oraz systemów klasyfikacji tego zaburzenia. Choć szersze zagłębianie się w tę tematykę nie jest przedmiotem obecnego rozdziału, niżej przedstawiono skrótową charakterystykę podstawowych zespołów afatycznych, występujących po lewostronnych uszkodzeniach mózgu.

## 20.4.4.1. Rodzaje afazji

Zgodnie z zaproponowaną w latach 70. ubiegłego wieku przez H. Goodglassa i E. Kaplan teorią afazji, która jest obecnie szeroko cytowana w literaturze specjalistycznej, wyróżnia się 7 podstawowych rodzajów afazji: Broca, Wernickego, amnestyczną, całkowitą, przewodzenia (kondukcyjną), transkorową ruchową i transkorową czuciową (ryc. 20.4). Warto dodać, że choć klasyczne („czyste") przypadki wymienionych rodzajów afazji występują raczej rzadko, to jednak około 2/3 pacjentów z tym schorzeniem można zakwalifikować do jednego z wymienionych zespołów, natomiast pozostałą część stanowią przypadki afazji mieszanej.

Afazja Broca jest następstwem uszkodzenia mózgu w dolnej części lewej okolicy przedruchowej (pole 44). Pacjent z tak zlokalizowanym uszkodzeniem (ryc. 20.3 i 20.5) dość dobrze rozumie mowę, sam jednak nie jest w stanie płynnie wypowiadać się. Przyczyną powyższych trudności jest zaburzenie programów mózgowych odpowiedzialnych za wyuczone, precyzyjne wzorce ruchowe, niezbędne do wypowiedzenia ciągu fonemów (najmniejszych elementów języka). Defekt dotyczy zatem sekwencyjnej organizacji ruchów mięśni narządu artykulacyjnego, niezbędnej do płynnego wykonywania ciągu ruchów przy wypowiadaniu słów i ich szeregów. Warto dodać, że u chorych tych nie są porażone mięśnie narządów artykulacyjnych. Mowę pacjentów z afazją Broca cechuje drastyczny ubytek fluencji słownej i agramatyzm. Terminem tym określa się niezdolność do organizowania wypowiedzi zgodnie

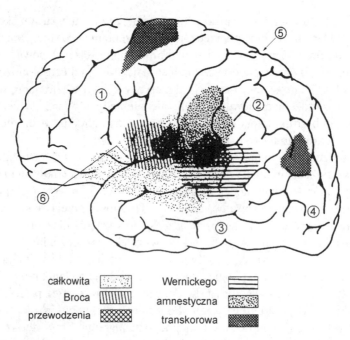

**Ryc. 20.4.** Uszkodzenia mózgu powodujące różnorodne rodzaje afazji. Na rysunku zaznaczono również: korę czołową (1), korę ciemieniową (2), korę skroniową (3), korę potyliczną (4), bruzdę Rolanda (5) oraz bruzdę Sylwiusza (6). (Wg: Kertesz i Wallesch. W: Blanken i in. (red.). *Linguistic Disorders and Pathologies*, Walter de Gruyter & Co, 1993, za zgodą)

z regułami gramatycznymi danego języka. Słowa funkcyjne, przedrostki, przyrostki są pomijane, morfemy gramatyczne (czyli jednostki języka, za pomocą których tworzone są formy fleksyjne wyrazu, np. kot-owi, albo tworzone są nowe wyrazy pochodne, np. prac-odawca, prac-ownik, wy-prac-owanie) niewłaściwie stosowane, struktura syntaktyczna (czyli model budowy zdania) wypowiedzi jest uproszczona. Mowa pacjenta określana jest jako „telegraficzna", obfituje ona w rzeczowniki, natomiast czasowniki, słowa funkcyjne, przedrostki, przyrostki są pomijane. Warto dodać, że większość chorych z afazją Broca ma również porażenia prawej strony ciała. Zaburzenia komunikacji językowej są w pełni uświadamiane przez pacjenta, wielu z nich przejawia objawy depresji i skłonność do samobójstw.

Z kolei afazja Wernickego jest spowodowana prawie zawsze przez uszkodzenie w tylnym obszarze lewej asocjacyjnej kory słuchowej (tylna część pierwszego zawoju skroniowego, pole 22), w wielu wypadkach uszkodzenie występuje również w obszarach sąsiednich (ryc. 20.3 i 20.6). U podłoża tego rodzaju afazji leży zaburzenie słuchu fonematycznego, czyli zdolności do analizy i syntezy dźwięków mowy. Konsekwencją uszkodzenia słuchu fonematycznego jest upośledzenie rozumienia mowy. Choć chory ma zachowaną zdolność mówienia, nie rozumie również mowy własnej, która jest najczęściej silnie zniekształcona, a w cięższych przypadkach zupełnie niezrozumiała dla słuchacza. Można ją określić jako „sałatkę słowną" lub

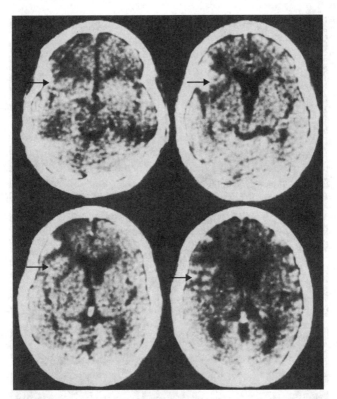

Ryc. 20.5. Przekrój horyzontalny mózgu uzyskany za pomocą tomografii komputerowej u pacjenta z afazją Broca, spowodowaną udarem niedokrwiennym. Zaznaczone strzałkami uszkodzenie mózgu widoczne jest jako jaśniejszy obszar, wskutek zastosowania nietypowego kontrastu. (Wg: Damasio i Geshwind. *Ann. Rev. Neurosci.* 1984, 7: 127 – 147, za zgodą Annual Reviews Inc.)

żargon. Chory błędnie używa słów (parafazje werbalne), albo je zniekształca (parafazje fonetyczne). W jego wypowiedzi mogą występować również tak zwane neologizmy, czyli słowa nie występujące w danym języku. Są one charakterystyczne zwłaszcza w przypadkach cięższych form tego rodzaju afazji. Warto dodać, że chory nie poprawia popełnianych błędów, z powodu braku sygnalizacji zwrotnej z analizatora słuchowego. Mowa pacjenta jest fluentna (płynna), melodia mowy normalna, tempo również w zasadzie normalne lub nieco szybsze.

Choć prawie wszyscy chorzy z afazją mają trudności w znajdowaniu właściwych słów (objaw ten odnosi się zarówno do nazw przedmiotów, czynności, jak i innych rodzajów słów niosących informacje w wypowiedzi werbalnej), to jednak w afazji amnestycznej zaburzenie nazywania jest szczególnie silne i stanowi defekt pierwotny, leżący u podłoża tego rodzaju schorzenia. Charakterystyczne jest tak zwane mówienie okrężne, na przykład zamiast powiedzieć „grzebień", chory mówi: „to jest do czesania", zamiast „ołówek" — „to jest do pisania" itd. Chory może jednak poprawnie wskazać przedmiot, kiedy usłyszy lub zobaczy jego nazwę. Istnieje opinia, że uszkodzenie odpowiedzialne za omawianą afazję znajduje się w podstawnej części tylnego płata skroniowego. Może ono spowodować przerwanie połączeń

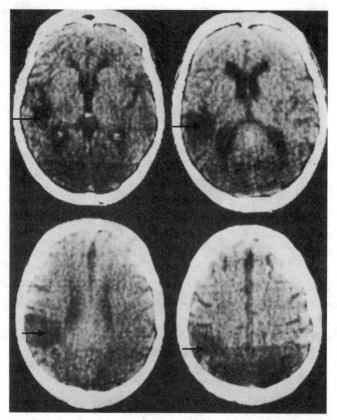

**Ryc. 20.6.** Przekrój horyzontalny mózgu uzyskany za pomocą tomografii komputerowej u pacjenta z afazją Wernickego, spowodowaną udarem niedokrwiennym. Strzałkami zaznaczono uszkodzenie mózgu widoczne jako ciemniejszy obszar. (Wg: Damasio i Geshwind. *Ann. Rev. Neurosci.* 1984, 7: 127–147, za zgodą Annual Reviews Inc.)

między polami czuciowymi kory asocjacyjnej i okolicami hipokampa związanymi z pamięcią. Inni autorzy uważają natomiast, że uszkodzenie mózgu przy tego typu zaburzeniach dotyczy okolicy skroniowo-ciemieniowej. Znane są też przypadki występowania uszkodzenia w innych obszarach mózgu. Dlatego też, zdaniem wielu autorów, trudno jednoznacznie określić, jakie uszkodzenia mózgu powodują afazję amnestyczną. Najprawdopodobniej można więc przyjąć, że tego typu zaburzenie występuje po uszkodzeniach różnorodnych obszarów półkuli dominujących dla mowy.

Afazja całkowita występuje przy lewostronnym uszkodzeniu rozlanym, obejmującym często zarówno przedni, jak i tylny obszar mowy. Zaburzenie funkcji językowych jest wówczas bardzo głębokie, często występuje całkowite zniesienie kontaktu werbalnego z otoczeniem. Afazja ta przejawia się znacznymi trudnościami, a często całkowitą niemożnością zarówno ekspresji mowy, jak i jej odbioru.

Z kolei u chorych z afazją przewodzenia uszkodzenie mózgu występuje zazwyczaj w zakręcie nadbrzeżnym (ang. supramarginal gyrus, pole 40) lub w zakręcie kątowym (ang. angular gyrus, pole 39) i dotyczy projekcji pomiędzy korą skroniową, czołową

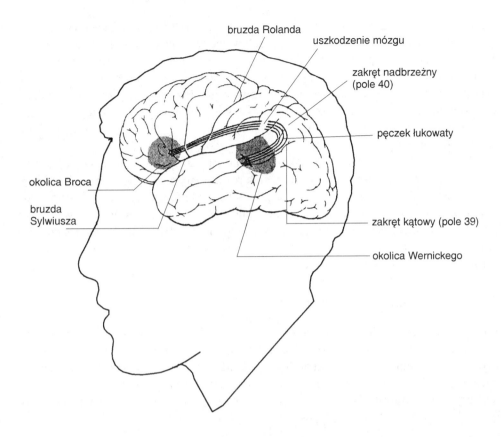

bruzda Rolanda

uszkodzenie mózgu

zakręt nadbrzeżny
(pole 40)

pęczek łukowaty

okolica Broca

bruzda
Sylwiusza

zakręt kątowy (pole 39)

okolica Wernickego

**Ryc. 20.7.** Schematyczne uszkodzenie mózgu powodujące afazję przewodzenia w wyniku przerwania połączenia pomiędzy czuciowym (tylnym) i ruchowym (przednim) obszarem mowy. (Wg: Mayeux i Kandel. W: Kandel i Schwartz (red.). *Principles of Neuronal Science.* Elsevier, 1985, zmodyf.)

i ciemieniową (ryc. 20.7). Przyczyną zaburzonej projekcji jest prawdopodobnie przerwanie pęczka łukowatego (ang. arcuate fasciculus), który, jak się przypuszcza, łączy obszar czuciowy i ruchowy mowy. Zaburzeniem pierwotnym w afazji przewodzenia są trudności w powtarzaniu słów. Zależnie od głębokości występujących zaburzeń występuje bądź całkowita niemożność powtórzenia jakiegokolwiek słowa, bądź powtarzane słowa są w najrozmaitszy sposób przekręcane. Pacjenci zasadniczo rozumieją mowę, w związku z tym zdają sobie sprawę z popełnianych błędów. Czasem obserwuje się przypadki, że chory próbując kompensować trudności ucieka się do reakcji pośredniej. Mianowicie spogląda na przedmiot będący desygnatem usłyszanej nazwy, a następnie wymawia tę nazwę prawidłowo. Jeśli jednak choremu poleca się powtarzać słowa bezsensowne, to występują znaczne trudności. Pomyłki mają w tym wypadku charakter parafazji literowej, to znaczy pacjent używa zbliżonej litery lub sylaby.

W transkorowej afazji ruchowej, w przeciwieństwie do opisanej wyżej afazji przewodzenia, występuje stosunkowo dobra zdolność powtarzania w porównaniu z mową spontaniczną. Transkorowa afazja ruchowa jest podobna do opisanej wyżej afazji Broca, ze względu na stosunkowo dobrze zachowane rozumienie mowy, mimo trudności w spontanicznym wypowiadaniu się. Afazję tę cechuje zaburzona fluencja słowna, podobnie jak w afazji Broca. Pacjenci mają trudności w prowadzeniu rozmowy, ich zdaniem „powtarzanie jest łatwiejsze niż prowadzenie rozmowy". Uszkodzenie mózgu w tego typu afazji występuje zazwyczaj albo w korze czołowej do przodu lub powyżej okolicy Broca, albo w dodatkowym polu ruchowym dla mowy (ang. supplementary motor area), leżącym na przyśrodkowej powierzchni półkul, por. rozdz. 11.

W przypadku natomiast transkorowej afazji czuciowej, stosunkowo dobrej zdolności powtarzania towarzyszą zaburzenia rozumienia mowy, podobnie jak w afazji Wernickego. Choć mowa spontaniczna pozostaje płynna, występują w niej wyraźne parafazje i jest pozbawiona treści. Pacjent nie rozumie produkowanej mowy, może jednak być w stanie echolalicznie, nawet wielokrotnie, powtarzać słowa, nie rozumiejąc ich znaczenia. Przyczyną tego typu trudności jest przeważnie uszkodzenie w okolicy skroniowo-ciemieniowo-potylicznej.

## 20.4.4.2. Zaburzenia czytania i pisania

Innymi rodzajami zaburzeń są aleksja i agrafia. Jak wspomniano w poprzednim podrozdziale, często towarzyszą one różnym postaciom afazji. Obecnie, bardzo skrótowo skoncentrujemy się jednak wyłącznie na tych stosunkowo rzadko występujących przypadkach aleksji i agrafii, które występują w formie izolowanej, to znaczy nie towarzyszą im neuropsychologiczne przejawy defektów innych procesów poznawczych.

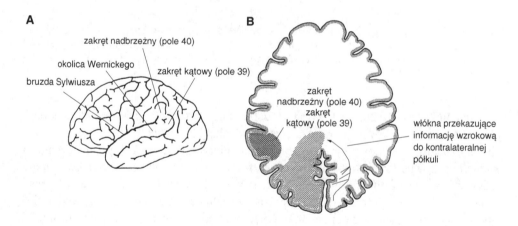

**Ryc. 20.8.** Schematyczne uszkodzenia mózgu występujące w aleksji i agrafii. **A** — uszkodzenia zakrętu kątowego (pole 39) zaznaczonego na grzbietowo-bocznej powierzchni lewej półkuli wiązane są zazwyczaj z nabytymi zaburzeniami czytania i pisania. **B** — przekrój horyzontalny mózgu przedstawiający uszkodzenie w korze wzrokowej lewej półkuli i w tylnej części spoidła wielkiego, występujące w tzw. aleksji bez agrafii. Informacja wzrokowa z prawej nieuszkodzonej kory wzrokowej nie może zostać przekazana do zakrętu kątowego w lewej półkuli, odpowiedzialnego m.in. za znaczeniową interpretację bodźców wzrokowych z powodu uszkodzenia włókien spoidła wielkiego. (Wg: Devinsky. *Behavioral Neurology.* Edward Arnold, 1992, zmodyf.)

Agrafię, polegającą na zaburzeniach lub utracie zdolności pisania liter i słów, zazwyczaj wiąże się z uszkodzeniami zakrętu kątowego (pole 39, ryc. 20.8A). Aleksję, przejawiającą się nabytym zaburzeniem rozumienia pisanego tekstu, najczęściej łączy się albo z uszkodzeniem dolnej części kory ciemieniowej, w tym często również zakrętu kątowego (tzw. aleksja z agrafią, ryc. 20.8A), albo z lewostronnym uszkodzeniem potylicznym obejmującym również tylną część spoidła wielkiego — splenium (tzw. czysta aleksja lub aleksja bez agrafii, ryc. 20.8B). Charakterystyczne dla czystej aleksji oba wymienione uszkodzenia łącznie powodują przerwanie włókien nerwowych przekazujących informację wzrokową do zakrętu kątowego w lewej półkuli, odpowiedzialnego między innymi za znaczeniową interpretację bodźców wzrokowych.

### 20.4.4.3. Zaburzenia językowe po uszkodzeniach prawej półkuli

Neuropsychologowie są na ogół zgodni, że uszkodzenia prawej półkuli mogą również prowadzić do zaburzeń mowy, choć są one znacznie słabiej wyrażone niż przy uszkodzeniach półkuli lewej. Przy prawopółkulowych uszkodzeniach obserwuje się trudności w rozumieniu złożonych wypowiedzi (np. dowcipów, przysłów, a także sensu opowiadania), stosowaniu różnorodnych znaczeń poszczególnych słów oraz suprasegmentalnej (pozajęzykowej) płaszczyźnie wypowiedzi. Obejmuje ona prozodię lingwistyczną (akcent leksykalny na sylabę w słowie, akcent emfatyczny na słowo w zdaniu, intonację) oraz emocjonalny aspekt wypowiedzi, odzwierciedlający nasze zdenerwowanie, zdziwienie czy radość.

Przytoczone w obecnym podrozdziale dane sugerują, że obszary korowe lewej półkuli zaangażowane w procesy mowy są niejednorodne pod względem pełnionych funkcji. Specyficzne zaburzenia językowe są następstwem uszkodzeń określonych okolic tej półkuli. Uszkodzenia prawej półkuli również mogą prowadzić do zaburzeń w komunikacji językowej. W podsumowaniu warto dodać, że do podobnych wniosków skłaniają także wyniki przytoczonych wyżej badań dotyczących drażnienia mózgu oraz przecięcia spoidła wielkiego, opisane w porzednich podrozdziałach.

## 20.4.5. Techniki obrazowego badania mózgu

Rewelacją naukową w neuropsychologii stały się wprowadzone w ostatnich latach techniki obrazowego badania mózgu. W badaniach nad mózgową reprezentacją mowy najwięcej doniesień dotyczy tomografii pozytonowej (PET).

Podsumowując w wielkim uproszczeniu wyniki tych doniesień, należy stwierdzić wzmożoną aktywację różnorodnych obszarów mózgu w zadaniach werbalnych. Ostatnio dzięki zastosowaniu PET wykazano interesujące zmiany w tej aktywacji w zależności od rodzaju zadania werbalnego wykonywanego przez pacjenta. W eksperymencie zastosowano zarówno zadania określane jako „recepcyjne", a więc słuchanie serii słów lub bierne wpatrywanie się w napisane słowa, jak i zadania „ekspresyjne", to znaczy powtarzanie usłyszanych słów lub semantyczną ich kategoryzację, która polegała na dobraniu do zaprezentowanego obiektu (rzeczownika) odpowiedniego czasownika określającego możliwe zastosowanie tego obiektu (np. nóż — kroić, ciąć). Najogólniej można stwierdzić, że przy słuchaniu słów aktywacja wystąpiła w lewej przedniej korze skroniowo-ciemieniowej i obustronnie w tylnej części górnej kory skroniowej. Przy biernym patrzeniu na napisane słowo wzmożoną aktywację zaobserwowano w lewej i w pewnym stopniu prawej korze potylicznej, natomiast przy powtarzaniu słów — w okolicy ruchowej obu półkul mózgowych. W semantycznej kategoryzacji wzmożony metabolizm glukozy występował w lewopółkulowej korze przedczołowej, jak również w korze skroniowej oraz w zakręcie obręczy (ang. cingular gyrus) i w móżdżku.

Te najnowsze badania uwiarygodniają opisane wyżej wyniki uzyskane za pomocą innych metod klinicznych: komisurotomii, drażnienia mózgu, obserwacji zachowania pacjentów z afazją. Wykazały one udział obu półkul w mniej skomplikowanych semantycznie zadaniach werbalnych. Wyraźnie asymetryczna lewostronna aktywacja wystąpiła w zadaniu wymagającym złożonych operacji semantycznych. Interesujący jest również wynik wskazujący, że wraz ze wzrostem złożoności zadania językowego, w porównaniu z zadaniami mniej skomplikowanymi, wzrastał udział przednich obszarów mózgu.

Podsumowując opisane badania kliniczne, należy podkreślić, że w złożonym procesie językowego porozumiewania się istotną rolę odgrywa cały mózg, a nie tylko tak zwany „obszar mowy" dominującej półkuli. Jednak jedynie w następstwie uszkodzenia tego właśnie obszaru obserwuje się zaburzenia językowej formy wypowiedzi.

## 20.5. Badania eksperymentalne

Przedstawione wyżej wyniki badań klinicznych stanowią mocny dowód przemawiający za specjalizacją lewej półkuli w procesach mowy człowieka i udziałem różnorodnych jej obszarów w realizowaniu specyficznych procesów werbalnych. Ze względu na rolę, jaką zdolność językowego porozumiewania się odgrywa w naszym życiu, badania te wzbudziły ogromne zainteresowanie przedstawicieli różnych dyscyplin naukowych. Nie ulega wątpliwości, że dane w tym zakresie mogą być również niezwykle cenne dla klinicysty przy stawianiu diagnozy, prognozowaniu czy ustaleniu programu terapii. Interpretując wyniki powyższych badań, należy jednak zachować pewną ostrożność. Nie bez znaczenia może być bowiem fakt, że pochodzą one z eksperymentów prowadzonych w warunkach odbiegajacych od tych, które zazwyczaj uważane są za typowe. Pacjenci wykazują przecież różnorodne zaburzenia ośrodkowego układu nerwowego, bardzo często przyjmują niezbędne środki farmakologiczne, co może mieć wpływ na ich zachowanie. Wątpliwości co do wysnuwania daleko idących wniosków z badań klinicznych dotyczących mózgowej reprezentacji mowy w zdrowym mózgu zainicjowały lawinę badań eksperymentalnych. Behawioralne eksperymenty laboratoryjne prowadzone na osobach bez uszkodzeń układu nerwowego odegrały znaczącą rolę w badaniach nad neuropsychologicznym podłożem mowy. Koncentrują się one zazwyczaj na asymetrii półkulowej i mechanizmach leżących u jej podłoża. Eksperymentów takich w ostatnich latach przeprowadzono wiele i znajdują się one ciągle w centrum zainteresowania licznych zespołów badawczych.

## 20.5.1. Metody stosowane w badaniach eksperymentalnych

W badaniach eksperymentalnych nad mózgową reprezentacją mowy stosuje się metody psychologiczne, elektrofizjologiczne, anatomiczne, farmakologiczne, biochemiczne i inne. Dokładne omówienie wszystkich tych metod znacznie wykracza poza ramy obecnego rozdziału. Wiele badań poświęconych omawianej problematyce koncentruje się na asymetrii półkulowej i specjalizacji lewej półkuli mózgu w szerokim spektrum funkcji werbalnych. Szersze omówienie metod stosowanych w badaniach nad lateralizacją funkcji mowy znajduje się w rozdziale 19.

W badaniach eksperymentalnych nad neuropsychologicznym podłożem mowy eksponuje się osobom badanym różnorodne bodźce werbalne, na przykład: pojedyncze litery alfabetu łacińskiego, sylaby, słowa, oraz stosuje się rozmaite zadania. Najprostszym zadaniem jest detekcja bodźca. Od osoby badanej wymagana jest wówczas jedynie decyzja, czy widziała eksponowany bodziec, czy też nie. Następne rodzaje zadań wymagają dokonywania bardziej złożonych operacji percepcyjnych. Należy tu wymienić porównywanie bodźców eksponowanych jednocześnie w lewym i prawym polu widzenia oraz porównywanie dwóch bodźców oddzielonych przerwą. Jeszcze innym zadaniem jest identyfikacja bodźca. Prezentowany jest wówczas osobie badanej tylko jeden wzorzec, a zadanie polega na werbalnym zidentyfikowaniu go lub odnalezieniu na planszy zawierającej poza bodźcem testowym kilka bodźców podobnych. Bardziej skomplikowanym zadaniem jest semantyczna kategoryzacja, polegająca na zakwalifikowaniu eksponowanego słowa (np. stół, kot, but) do właściwej kategorii semantycznej (np. meble, zwierzęta, ubranie itd.).

Za wskaźnik efektywności funkcjonalnej prawej i lewej półkuli mózgowej przyjmuje się średni czas reakcji potrzebny do zanalizowania materiału werbalnego, liczbę trafnych identyfikacji lub liczbę błędów popełnionych przy adresowaniu bodźców do każdej z półkul. Zazwyczaj krótszy czas reakcji, większa liczba poprawnych odpowiedzi czy mniej błędów uważane jest za przejaw specjalizacji danej półkuli w wykonywaniu określonego zadania.

W wielu najnowszych badaniach wykazano wysoką zgodność między lewopółkulową przewagą w różnorodnych zadaniach werbalnych, obserwowaną za pomocą metody lateralnej prezentacji bodźców wzrokowych, słuchowych czy dotykowych, a wynikami uzyskanymi za pomocą przedstawionych wyżej metod klinicznych, a więc próby amytalowej oraz PET. W tym zakresie powszechnie cytowane są badania R. Zatorre, który wykazał istotną korelację między wynikiem testu rozdzielnousznego słyszenia i próby amytalowej zarówno dla osób o lewopółkulowej (35 przebadanych pacjentów), jak i obupółkulowej (22 pacjentów) reprezentacji mowy. Podobną wysoką zgodność wyników między testem lateralnej prezentacji bodźców wzrokowych a PET wykazała w swych badaniach Sergent. W związku z tym autorzy przyjmują założenie, że wskaźniki lateralizacji stosowane zarówno w metodach klinicznych, jak i laboratoryjnych są równowartościowe, a zatem metody te mogą być stosowane zamiennie.

# 20.5.2. Czy mowa jest domeną wyłącznie jednej półkuli u osób z nieuszkodzonym mózgiem?

### 20.5.2.1. Rodzaj materiału

Większość wcześniejszych doniesień wskazywała, że u osób praworęcznych typowy materiał werbalny jest zazwyczaj sprawniej opracowywany przez lewą półkulę, co potwierdza wykazaną w wyżej opisanych badaniach klinicznych jej specjalizację w szerokim spektrum funkcji językowych. Zatem bodźce werbalne prezentowane do prawego ucha (a więc kierowane do lewej półkuli) są najczęściej lepiej rozpoznawane i zapamiętywane niż eksponowane do lewego ucha (półkula prawa). Podobnie, pisane słowa, litery, sylaby, cyfry pojawiające się w prawym polu widzenia również są na ogół lepiej postrzegane niż eksponowane w lewym polu widzenia, a więc kierowane do prawej półkuli.

Choć fakty te świadczą w sposób przekonujący o przewadze lewej półkuli w analizie materiału werbalnego, to nie upoważniają jednak do twierdzenia, że tylko ta półkula ma zdolność analizy tego typu materiału. W miarę postępu badań pojawiły się bowiem prace wskazujące, że w pewnych sytuacjach eksperymentalnych typowe bodźce werbalne mogą być opracowywane również dokładniej i szybciej przez półkulę prawą.

### 20.5.2.2. Sposób opracowywania informacji

Pogląd wskazujący na rolę prawej półkuli w opracowywaniu materiału werbalnego znalazł potwierdzenie w wynikach wielu badań, w których nie zawsze wykazywano typową przewagę lewej półkuli w zadaniach werbalnych. Przeprowadzono w związku z tym serię eksperymentów, których celem było poznanie czynników, od których zależy przewaga lewej lub prawej półkuli w percepcji wzrokowej materiału werbalnego. Zadanie polegało na porównywaniu dwóch słów eksponowanych lateralnie. Osoba badana naciskała na jeden przycisk, gdy były one takie same, a na drugi przycisk — gdy były różne. Analizowano czas reakcji dla bodźców adresowanych do każdej z półkul.

Eksperymenty różniły się liczbą zastosowanych słów i sposobem ich prezentacji. W dwóch eksperymentach eksponowano tylko 7 słów, przy czym w eksperymencie 1 litery w obu porównywanych słowach ułożone były poziomo, natomiast w eksperymencie 2 litery pierwszego słowa z porównywanej pary ułożone były poziomo, a drugiego pionowo (ryc. 20.9). W eksperymencie 3 liczbę eksponowanych słów zwiększono do 30, przy czym zachowano układ liter z eksperymentu 2. Wyniki uzyskane w trzech eksperymentach były zróżnicowane. Podczas gdy w eksperymencie 1 wystąpiła przewaga prawej półkuli, w eksperymencie 2 nie stwierdziliśmy wyraźnych różnic półkulowych, a w eksperymencie 3 sprawniejsza była półkula lewa. Wyniki te sugerują, że kierunek asymetrii półkulowej wyznacza nie tylko rodzaj stosowanego materiału (we wszystkich trzech eksperymentach zastosowano przecież typowy materiał werbalny), ale również sposób opracowywania informacji. Wpływ strategii

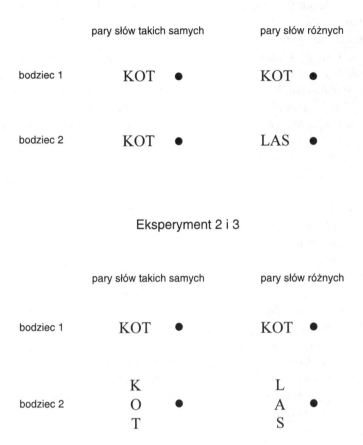

## Eksperyment 1

| | pary słów takich samych | pary słów różnych |
|---|---|---|
| bodziec 1 | KOT ● | KOT ● |
| bodziec 2 | KOT ● | LAS ● |

## Eksperyment 2 i 3

| | pary słów takich samych | pary słów różnych |
|---|---|---|
| bodziec 1 | KOT ● | KOT ● |
| bodziec 2 | K O T ● | L A S ● |

**Ryc. 20.9.** Przykłady par słów takich samych i różnych w trzech kolejnych eksperymentach (na rysunku przedstawiono bodźce eksponowane w lewym polu widzenia)

znalazł odbicie w odmiennym wzorcu asymetrii półkulowej w zależności od obszerności materiału oraz od układu liter w słowach. W sytuacji gdy materiał był nieobszerny, dobrze znany osobom badanym, a litery w obu porównywanych słowach ułożone były poziomo, do porównywania słów wystarczyła analiza ich obrazu graficznego, a sprawniejsza okazała się prawa półkula. Zmiana układu graficznego liter w porównywanych słowach z zachowaniem tej samej obszerności materiału powodowała brak różnic między półkulami. Zwiększenie obszerności materiału i odmienny obraz graficzny pierwszego i drugiego słowa (litery w pierwszym słowie ułożone pionowo, a w drugim poziomo) wymagała analizy lingwistyczno-semantycznej, co powodowało przewagę półkuli lewej.

Uogólniając wyniki tych trzech eksperymentów, można stwierdzić, że w opraco-wywanie materiału werbalnego zaangażowane są obie półkule, większy zaś udział jednej z nich zależy od konkretnej sytuacji eksperymentalnej i strategii stosowanej przez osoby badane. Można zatem przypuszczać, że nie tylko rodzaj materiału (werbalny vs niewerbalny) wyznacza kierunek asymetrii półkulowej, ale również sposób jego analizy, związany z konkretną sytuacją eksperymentalną.

Wielu badaczy, na przykład J. Bradshaw i N. Nettleton, potwierdza słuszność takiego poglądu i zakłada przyjmowanie przez każdą z półkul odmiennej strategii w procesie opracowywania informacji. Hipoteza ta zakłada, że lewa półkula opracowuje informację w sposób analityczny, to znaczy przez opracowywanie kolejno poszczególnych jego elementów, natomiast półkula prawa w sposób holistyczny, globalny, to znaczy przez całościowe, jednoczesne analizowanie wszystkich cech bodźca. Hipoteza o analityczno-sekwencyjnej strategii właściwej lewej półkuli mózgowej w pewnym sensie wyjaśnia jej udział w zadaniach związanych z mową i spostrzeganiem znaków języka pisanego. W procesie analitycznym poszczególne cechy bodźca muszą być wyizolowane i kolejno, element po elemencie, zidentyfikowane. Wydaje się, że taki sposób jest właściwy dla rozpoznawania znaków języka pisanego (składających się z bardzo wielu możliwości ciągów literowych), jak również dla wytwarzania sygnałów mowy (stanowiących sekwencje fonemów). Przypuszcza się również, że analiza niektórych bodźców niewerbalnych, na przykład alfabetu Morse'a czy odwzorowywanie ciągów rytmicznych, ze względu na sekwencyjny charakter wzorców jest związana z lewą półkulą mózgową. Natomiast w procesie holistycznym, właściwym dla półkuli prawej, brak jest konieczności izolowania kolejnych elementów bodźca, gdyż są one opracowywane jednocześnie i całościowo.

Podsumowując dane przytoczone w obecnym podrozdziale, można ogólnie stwierdzić, że u podłoża specjalizacji lewej półkuli w funkcjach mowy leży prawdopodobnie sekwencyjny sposób analizy informacji. Przytoczone dane o roli prawej półkuli w pewnych zadaniach werbalnych uwiarygodniają wyżej opisane rezultaty badań klinicznych, wskazujące na jej udział w rozmaitych funkcjach językowych.

# 20.6. Przeżywanie czasu a mechanizmy mowy

## 20.6.1. Czy do posługiwania się mową potrzebujemy „zegara"?

Hipoteza zakładająca analityczno-holistyczną strategię w opracowywaniu informacji stanowiła podstawę do wyciągania dalszych wniosków na temat neuropsychologicznych mechanizmów leżących u podłoża mowy i lewopółkulowej specjalizacji. Wielu autorów, na przykład J. Hellige czy R. Efron, często charakteryzuje proces analityczno-sekwencyjny jako seryjny, a zatem ściśle uzależniony od upływającego czasu, natomiast proces holistyczny jako równoległy, jednoczesny, a więc niezależny od upływającego czasu. Już w latach 60. ubiegłego wieku R. Efron wykazał, że lewa kora skroniowa odgrywa główną rolę w analizie akustycznej, w której konieczne jest uszeregowanie w czasie szybko po sobie następujących niewerbalnych bodźców. Na tej podstawie wysunięto hipotezę, zgodnie z którą u podłoża rozumienia mowy leży opracowywanie informacji czasowej, a deficyty w przetwarzaniu takiej informacji stanowią nieodłączną część deficytów językowych występujących w różnorodnych zaburzeniach afatycznych (por. podrozdz. 20.2.4). Badania w tym kierunku prowadzi się obecnie w nielicznych laboratoriach na świecie, między innymi w Instytucie Biologii Doświadczalnej PAN we współpracy z Instytutem Psychologii Medycznej w Monachium.

Zgodnie z przytoczonymi wyżej danymi można przypuszczać, że u podłoża procesów mowy leży „zegar wewnętrzny", czyli specyficzny mechanizm czasowy, zapewniający właściwe ramy do formułowania i odbierania wypowiedzi słownych. Punkt wyjścia stanowi tu założenie, że zarówno nadawanie, jak i rozumienie mowy słyszanej jest procesem przebiegającym w czasie. Wyraźna czasowa organizacja tych procesów podyktowana jest między innymi określonym czasem trwania podstawowych jednostek naszej wypowiedzi, a więc fonemów, sylab, fraz. Występują tu znaczne różnice indywidualne, jak również duża zmienność wynikająca ze stosowania przez nas automatycznie reguł akcentu, a również z intonacji wypowiadanego zdania, czy stanu emocjonalnego mówiącego. Zgodnie jednak z danymi przytoczonymi przez A. Libermana czy T. Harleya, w płynnej mowie w ciągu jednej sekundy wypowiadamy przeciętnie około 10 (od 8 do 15) fonemów, 3 sylaby czy 2 słowa. Z kolei według E. Pöppela potrzeba około 2 – 3 s, aby wypowiedzieć tak zwaną frazę, czyli ciąg wyrazów stanowiących logiczną całość. Do prawidłowego posługiwania się mową jest jednak niezbędne zachowanie nie tylko właściwej struktury czasowej, ale również odpowiedniej sekwencji elementów wypowiedzi, a więc fonemów w wypowiadanej sylabie, sylab w słowie, słów w zdaniu. Ilustrację takiego stanowiska może stanowić prosty przykład czterech liter m o w a, które uszeregowane tylko w ściśle określonej kolejności stanowią słowo, określające pojęcie będące przedmiotem rozważań obecnego rozdziału. Warto podkreślić, że wszystkie inne sekwencje wymienionych czterech liter stanowią bezsensowne zbiegi.

Opierając się na teorii subiektywnego przeżywania czasu zaproponowanej przez E. Pöppela, można przypuszczać, że istnieje nie jeden, lecz kilka różnych mechanizmów programujących mowę człowieka, które operują w różnych zakresach czasowych. Wydaje się, że szczególnie istotne mogą być dwa takie mechanizmy: identyfikacja sekwencji wydarzeń i integracja informacji.

Mechanizm identyfikacji sekwencji wydarzeń zabezpiecza prawdopodobnie wspomnianą prawidłową sekwencję fonemów. Przypuszcza się, że działa on w zakresie około kilkudziesięciu milisekund. Wydaje się, że poprawna kolejność fonemów w wypowiedzi słownej może zostać wyartykułowana i właściwie zrozumiana przez odbiorcę, ponieważ w mózgu mieści się „zegar", który kontroluje tę poprawną kolejność. Bez takiego wewnętrznego „zegara" zawsze coś pojawiłoby się nie w porę i pomieszałaby się sekwencja fonemów i sylab, ale wówczas nasze możliwości komunikacji językowej byłyby znacznie ograniczone. Warto również uzmysłowić sobie, że słuchając wypowiedzi innych osób, nie słyszymy przecież fonemów i sylab, ale uporządkowane ciągi myślowe. Można zatem przypuszczać, że stanowi to wynik działania mechanizmu integracyjnego, który scala wypowiadane fonemy i sylaby w większe jednostki. Dlatego też wypowiedź słyszaną odbieramy nie jako ciąg fonemów, ale jako logiczne ciągi myślowe. Zgodnie z hipotezą zproponowaną przez E. Pöppela, informacja wypowiedziana, usłyszana czy widziana jest „pakowana w większe paczki", które są oddawane do dyspozycji naszej świadomości. Te „większe paczki" to około 2 – 3-sekundowe jednostki, w trakcie których dochodzi do integrowania wydarzeń w jedność. Wskazuje to, że pewna treść świadomości może przetrwać kilka sekund, jednak po tym okresie wyczerpuje się nasza zdolność do integracji, a w świadomości musi zająć miejsce „coś nowego". Istnieje wiele dowodów eksperymentalnych wskazujących na działanie mechanizmu scalającego, a szczegółowe ich omówienie znacznie wykracza poza ramy obecnego rozdziału. Warto jednak wspomnieć, że takie integrowanie obserwujemy na przykład podczas mówienia. Następujące wówczas po sobie jednostki wypowiedzi — frazy trwają przeciętnie trzy sekundy. Każda jednostka wypowiedzi kończy się krótką pauzą, po której następuje kolejna fraza. Taki podstawowy rytm trzysekundowych jednostek jest niezależny od języka, w jakim przekazywana jest informacja. Daje się go zaobserwować zarówno u osób posługujących się językiem polskim, niemieckim, angielskim czy chińskim. Mówienie trwające mniej więcej trzy sekundy jest zwykle przerywane krótką pauzą, po czym następuje kolejna trzysekundowa jednostka wypowiedzi.

Obecnie są prowadzone intensywne prace eksperymentalne nad przeżywaniem czasu. Celem ich jest badanie związku między zaburzeniami przeżywania podstawowych zjawisk czasowych a defektami mowy. W badaniach tych poszukuje się odpowiedzi na pytanie, czy zakresy czasowe, w których operuje każdy z wymienionych mechanizmów, zmieniają się u pacjentów wykazujących afazję w wyniku uszkodzeń lewej półkuli mózgu. Wśród chorych badano osoby z afazją Broca, Wernickego i amnestyczną (por. podrozdz. 20.2.4) oraz z uszkodzeniami nie powodującymi zaburzeń językowych. Wyniki tych doświadczeń wykazały, że pajenci z afazją Wernickego, przejawiający deficyty w rozumieniu mowy, wykazują istotne wydłużenie czasu, w którym operuje mechanizm sekwencji czasowej. Potrzebowali oni prawie dwukrotnie dłuższego, niż inni wyżej wymienieni badani, odstępu czasu oddzielającego dwa kolejno następujące po sobie dźwięki, aby poprawnie rozpoznać ich kolejność czasową. Z kolei pacjenci z afazją Broca, przejawiający deficyty we fluencji słownej, wykazywali zaburzenia mechanizmu integracyjnego. Wyniki przeprowadzonych przez nas eksperymentów wykazały więc, że zaburzenia w przeżywaniu czasu towarzyszą zaburzeniom mowy. Okazało się również, że zarówno w przeżywanie czasu, jak i w procesy mowy nie jest zaangażowana niespecyficznie cała lewa półkula, ale raczej tylko pewne jej obszary, łączone zazwyczaj z określonymi funkcjami językowymi. Interesujące jest też, że u podłoża różnorodnych deficytów językowych leżą zaburzenia specyficznych mechanizmów czasowych. Zaburzeniom słuchu fonematycznego towarzyszy spowolnienie mechanizmu sekwencji wydarzeń czasowych, a zaburzeniom fluencji słownej — nieprawidłowości działania mechanizmu integracyjnego.

## 20.6.2. Możliwość praktycznego zastosowania badań nad przeżywaniem czasu

Badaniom eksperymentalnym nad neuropsychologicznym podłożem mowy często przyświecają nie tylko cele poznawcze, ale również poszukiwanie wyników, które można by wykorzystać w praktyce, przy opracowywaniu nowych metod stosowanych w terapii zaburzeń mowy. Efektywne usprawnianie przez terapeutę zaburzonych funkcji jest bowiem niemożliwe bez wnikliwego poznania neuropsychologicznych mechanizmów leżących u ich podłoża. Wydaje się, że badania eksperymentalne nad subiektywnym przeżywaniem czasu mogą mieć ważne znaczenie dla praktyki logopedycznej.

W poprzednim podrozdziale wykazano, że zaburzeniom językowym towarzyszą określone zaburzenia w przeżywaniu czasu. Powstaje w związku z tym pytanie, czy trening w opracowywaniu informacji czasowej może zaowocować usprawnieniem funkcji językowych? Wstępne eksperymenty potwierdzają słuszność takiego przypuszczenia. W eksperymentach tych testowano trzy grupy pacjentów z afazją typu mieszanego, przejawiających zaburzenia rozumienia mowy. Wszyscy pacjenci przed przystąpieniem do eksperymentu wykazywali (w porównaniu z osobami bez uszkodzeń układu nerwowego) istotne wydłużenie odstępu czasu potrzebnego do podania poprawnej kolejności dwóch dźwięków, a więc zaburzenia mechanizmu sekwencji wydarzeń. Wymienione trzy grupy afatyków poddano w ciągu kolejnych 8 tygodni różnorodnym metodom treningu, zamiast tradycyjnej terapii logopedycznej. Jedną grupę trenowano w opracowywaniu informacji czasowej, która polegała na podaniu wspomnianej prawidłowej kolejności dwóch dźwięków prezentowanych sukcesywnie z różnorodnym odstępem czasowym. Dwie następne grupy trenowano w zakresie bądź słuchowego rozróżniania częstotliwości bodźca, bądź wzrokowego rozróżniania jasności. Okazało się, że w wyniku zastosowanego treningu jedynie afatycy z pierwszej grupy, trenowani w zakresie opracowywania informacji czasowej, wykazywali istotną poprawę funkcji językowych, której towarzyszyło znaczne skrócenie interwału oddzielającego dwa dźwięki, potrzebnego do podania ich prawidłowej kolejności.

Wyniki przedstawionego eksperymentu stanowią dowód bezpośrednio wskazujący na wyraźny związek opracowywania informacji czasowej z funkcjami językowymi. Taką zależność potwierdziły również badania dzieci wykazujących opóźnienie rozwoju mowy (inne terminy: *dysfazja rozwojowa, specyficzne upośledzenie rozwoju języka, alalia, „afazja" dziecięca*). Zaburzenie to jest specyficznym defektem rozwoju językowego, który dotyczy recepcji i/albo ekspresji wobec braku innych deficytów w obrębie narządu słuchu, obwodowego aparatu artykulacyjnego, niedorozwoju umysłowego, zaburzeń psychicznych czy urazów mózgu. Badania takich dzieci prowadzone przez naukowców amerykańskich — Paulę Tallal i Michaela Merzenicha wykazały, że u podłoża problemów językowych leżą specyficzne trudności w opracowywaniu szybko zmieniającej się informacji, np. w prawidłowym odtwarzaniu sekwencji dwóch bodźców następujących szybko po sobie. Wykazano ponadto, że zastosowanie odpowiedniego treningu w czasowym opracowywaniu informacji niweluje te trudności, co więcej, wyraźnie usprawnia zaburzoną czynność mowy. Wynik ten został uznany za rewelację naukową, a na jego podstawie Tallal i Merzenich opracowali specjalny program ćwiczeń, służących usprawnianiu językowego porozumiewania się w przypadku dzieci z opóźnionym rozwojem mowy. Program ten został w USA opatrzony patentem i jest wykorzystywany w terapii logopedycznej.

Ogólnie biorąc, wspomniany zestaw ćwiczeń obejmuje między innymi słuchanie mowy o zmienionych akustycznie parametrach. W tym celu na syntetyzatorze mowy generuje się albo mowę sztucznie spowolnioną (o 50% w stosunku do mowy naturalnej), albo o głośniejszych (o 20%) spółgłoskach w stosunku do samogłosek. Druga grupa stosowanych ćwiczeń polega na odtwarzaniu przez dziecko sekwencji bodźców prezentowanych z różnym odstępem czasowym, który w kolejnych etapach treningu ulega stopniowemu skracaniu. Prezentowane bodźce stanowią albo niewerbalne dźwięki (np. ton wyższy i niższy), albo pary sylab typu „PA/BA". W pierwszym przypadku odpowiedzi udzielane są poprzez naciskanie w odpowiedniej kolejności dwóch przycisków dla odtworzenia kolejności zaprezentowanych tonów, w drugim natomiast na stwierdzeniu, na którym miejscu w prezentowanej parze znajduje się wskazana wcześniej sylaba (np. czy „PA" w parze „PA/BA" było na pierwszej, czy na drugiej pozycji?). Aby ułatwić zadanie, na początku treningu w prezentowanych sylabach dokonuje się transformacji akustycznych z wykorzystaniem wspomnianego syntetyzatora mowy. Na przykład wydłuża się czas trwania danej spółgłoski przy zachowanej długości całej sylaby lub zwiększa się głośność spółgłoski w stosunku do samogłoski.

Podsumowując wyniki zarówno eksperymentów na dorosłych pacjentach z afazją, jak i na dzieciach z opóźnionym rozwojem mowy, można ogólnie stwierdzić ścisły związek deficytów językowych z trudnościami w opracowywaniu szybko zmieniającej się informacji, niezależnie od tego, czy jest ona werbalna, czy niewerbalna. W obu przedstawionych przypadkach trening w czasowym opracowywaniu informacji zaowocował wyraźną poprawą sprawności językowej. Szczegółowe poznanie wpływu treningu w percepcji czasu na postępy terapii logopedycznej stanowi wyzwanie dla wielu laboratoriów na świecie. W Pracowni Neuropsychologii Instytutu Nenckiego PAN prowadzone są międzynarodowe badania porównawcze na temat wpływu treningu w czasowym opracowywaniu informacji na poziom kompetencji językowej u pacjentów z afazją po udarach mózgu. Potwierdzenie pozytywnego wpływu takiego treningu na sprawność językową może mieć przełomowe znaczenie dla leczenia osób z zaburzeniami mowy. Można przypuszczać, że wyniki tych badań zaowocują opracowaniem zestawu ćwiczeń również dla języka polskiego, wspomagających klasyczną terapię logopedyczną. Ćwiczenia te będą się koncentrować nie tylko na poziomie lingwistycznym, ale również na opracowywaniu informacji czasowej, stanowiącej neuropsychologiczne podłoże funkcji mowy człowieka.

# 20.7. Mózgowa reprezentacja mowy a rozwój osobniczy

## 20.7.1. Ontogeneza mowy

Mowa jest umiejętnością, którą dziecko nabywa w trakcie rozwoju osobniczego. Niemowlę nie używa jeszcze języka (jak sama nazwa wskazuje) i przyswaja go stopniowo w drodze kontaktów z osobami z otoczenia. Każda jednostka ludzka musi opanować język społeczności, której jest członkiem, aby rozumieć innych i być samemu rozumianym. Zdrowe, normalnie rozwijające się dziecko przyswaja czynność mówienia w ciągu pierwszych pięciu – siedmiu lat życia. W tym czasie przechodzi przez stałe etapy rozwoju mowy, obejmujące okres melodii (od urodzenia do 1 roku życia), wyrazu (od 1 do 2 roku), zdania (od 2 do 3 lat) oraz swoistej mowy dziecięcej (od 3 do 7 lat).

Pierwszymi formami komunikowania się dziecka ze światem dorosłych są *krzyk, głużenie, gaworzenie i echolalie*. Początkowo krzyk jest reakcją na odbierane wrażenia, np. głód, zimno, ból. Około 5 tygodnia życia niemowlę zaczyna modulować krzyk, na tej podstawie matka różnicuje jego przyczyny. Obok płaczu i krzyku około 3 miesiąca życia pojawia się spontaniczna aktywność głosowa zwana *głużeniem*. Stanowią je specyficzne dźwięki — grupy głosek o przypadkowym miejscu artykulacji (przeważnie o gardłowym brzmieniu), które nie należą do naszego systemu fonetycznego. Głużenie może być wyrazem ogólnego ożywienia, w dalszym etapie towarzyszy stanom dobrego samopoczucia. Około 5 – 6 miesiąca życia pojawia się kolejna forma aktywności wokalnej — *gaworzenie*, u którego podłoża leży kojarzenie czucia ruchów mownych z jednoczesnymi wrażeniami słuchowymi. Gaworzenie polega na wypowiadaniu ciągów sylab nie mających określonego znaczenia (np. MA-MA, TA-TA, LA-LA). Około 9 miesiąca życia następuje faza powtarzania własnych oraz zasłyszanych sylab i słów — tzw. *echolalie*, które dziecko doskonali metodą prób i błędów. Pierwsze wyrazy pojawiają się pod koniec 1 roku życia. Ich repertuar powiększa się, w 2 roku życia dziecko wymawia coraz więcej głosek, pojawiają się również pierwsze, zazwyczaj 2 – 3-wyrazowe zdania. Choć około 4 – 5 roku życia występują już w zasadzie wszystkie głoski, mowa dziecka daleka jest jeszcze od doskonałości. Wyrazy są poskracane, głoski poprzestawiane, grupy spółgłoskowe uproszczone, ponadto występują zlepki wyrazowe i neologizmy językowe. Mowa dziecka pięcioletniego powinna w zasadzie być zrozumiała, jednak wiele dzieci nie wymawia jeszcze prawidłowo wszystkich spółgłosek. Prawidłowo rozwijający się sześciolatek wykazuje mowę w pełni ukształtowaną pod względem brzmienia głosek, ponadto ma stosunkowo duży zasób słów (w normalnych warunkach opanowuje ok. 90% podstawowego słownictwa swego otoczenia), a także poprawnie buduje zdania z punktu widzenia gramatyki, składni i logiki. Nie można jednak oczekiwać, aby rozwój mowy w wieku 6 – 7 lat był w pełni ukończony. W toku nauki szkolnej przyswaja sobie ono bogaty zasób słownictwa i uczy się budować złożone wypowiedzi.

## 20.7.2. Stopień rozwoju mowy a plastyczność układu nerwowego

Jednym z podstawowych zagadnień, które wywołało wśród badaczy mechanizmów mowy ogromne zainteresowanie i gorące dyskusje, jest to, czy funkcjonalna organizacja tych procesów jest cechą wrodzoną mózgu ludzkiego, czy też kształtuje się stopniowo wraz z wiekiem, w miarę rozwoju funkcji psychicznych i nabywania różnorodnych doświadczeń.

Odpowiedź na to pytanie nie jest prosta, ponieważ istniejące dane eksperymentalne nie są jednoznaczne. W literaturze specjalistycznej poświęconej temu zagadnieniu można wyróżnić dwa zasadnicze nurty. Jeden z nich, zwany tradycyjnym, zakłada stopniowy rozwój lateralizacji. Wywodzi się on z zaproponowanej w latach 60. ubiegłego wieku koncepcji E. Lenneberga, który na podstawie analizy wielu przypadków dzieci z uszkodzonym mózgiem wysunął hipotezę, zgodnie z którą wszystkie funkcje psychiczne, nie wyłączając mowy, rozwijają się początkowo równolegle w obu półkulach. W miarę rozwoju oraz zmian w zachowaniu i umiejętnościach funkcje te ulegają stopniowej lateralizacji, która dopiero w okresie dojrzewania płciowego zostaje w pełni ukształtowana. Hipoteza ta została sformułowana na podstawie analizy sprawności językowej u 113 dzieci, u których w różnym okresie życia wystąpiło bądź uszkodzenie mózgu w „klasycznych" obszarach mowy, bądź konieczne było całkowite usunięcie lewej półkuli ze względów medycznych (nowotwór, udar, uraz). Według E. Lenneberga, jeśli uszkodzenie mózgu nastąpiło przed 2 rokiem życia, blisko połowa z przebadanych w tej grupie 72 dzieci mogła normalnie opanować mowę, podczas gdy reszta przejawiała pewne opóźnienie jej rozwoju. Natomiast konsekwencje podobnych uszkodzeń nabytych w wieku późniejszym, to znaczy od drugiego roku życia do okresu dojrzewania, a więc u dzieci, które już opanowały posługiwanie się mową, były znacznie poważniejsze. Przejawiały się one zaburzeniami językowymi, a częstość ich występowania wyraźnie wzrastała wraz z wiekiem, w którym wystąpiło uszkodzenie. U nastolatków, po osiągnięciu dojrzałości płciowej, była ona najwyższa i podobna jak u osób dorosłych, u których w następstwie opisanych uszkodzeń zazwyczaj występowały afazje (por. podrozdz. 20.4.4.1).

Wielu autorów kontynuowało zapoczątkowane przez E. Lenneberga badania nad plastycznością mózgu i możliwością restytucji funkcji językowych na różnych etapach rozwoju dziecka. Na przykład S. Krashen po powtórnym przeanalizowaniu tych samych przypadków dzieci z uszkodzonym mózgiem, które wcześniej zbadał E. Lenneberg, doszedł do wniosku, że lateralizacja zostaje w pełni ukształtowana znacznie wcześniej, bo już około 5 – 6 roku życia, nie zaś w okresie dojrzewania płciowego. Przypuszczenia S. Krashena bazowały przede wszystkim na obserwacji, że uszkodzenia prawej półkuli nabyte przed 5 rokiem życia znacznie częściej powodowały zaburzenia językowe (aż w około 30% przypadków) niż u dzieci starszych, u których wskaźnik ten zbliżony był do charakterystycznego dla osób dorosłych i wynosił zaledwie kilka procent.

Zdecydowanym przeciwnikiem koncepcji stopniowej lateralizacji jest M. Kinsbourne i jego współpracownicy. Postulują oni istnienie asymetrii już w bardzo wczesnym okresie rozwoju. Głównym argumentem przeciwko stopniowej lateralizacji było stwierdzenie, że u małych dzieci brak wyraźnej lewopółkulowej specjalizacji dla mowy może odzwierciedlać nie ekwipotencjalność i funkcjonalną symetryczność, ale plastyczność dorastającego mózgu. Zazwyczaj uważa się, że plastyczność ta wyraża możliwości kompensacyjne i podatność układu nerwowego na zmiany we wczesnym okresie rozwoju. Przejawia się ona możliwością przejmowania funkcji mowy przez nieuszkodzone okolice mózgu, w tym również przez sąsiadującą półkulę. Na znaczną plastyczność mózgu we wczesnych etapach rozwoju wskazują dane kliniczne zebrane w czasie ostatnich lat w wielu laboratoriach na świecie. Ogólnie uważa się, że im wcześniejszy jest okres, w którym nastąpiło uszkodzenie, tym lepsze są rokowania co do skuteczności rehabilitacji zaburzonych funkcji. Powszechnie obserwowane przypadki szybszej restytucji zaburzonej mowy u dzieci po uszkodzeniach mózgu interpretuje się więc w kategoriach większej plastyczności, czyli większych możliwości kompensacyjnych mózgu. Zdaniem bowiem wielu autorów większe możliwości kompensacyjne nie oznaczają mniejszej specjalizacji, a zgodnie z opinią reprezentowaną między innymi przez S. Witelson te dwie cechy mogą być od siebie niezależne. Wiele danych wskazuje, że prawdopodobnie terapia logopedyczna, zwłaszcza u małych dzieci, jest możliwa dzięki przejmowaniu funkcji przez inne, nieuszkodzone okolice mózgu, gdy obszar regulujący daną funkcję zostaje uszkodzony. Konsekwencją większych możliwości kompensacyjnych jest szybszy i pełniejszy powrót zaburzonej czynności.

Wielu autorów, na przykład S. Witelson, wskazuje na przejmowanie funkcji mowy przez nieuszkodzoną prawą półkulę. Znaczącą rolę tej półkuli w restytucji mowy potwierdzają również wyniki próby amytalowej i korowego przepływu krwi. Interesujące są również studia pojedynczych przypadków osób praworęcznych, u których w różnym okresie życia nastąpiły dwa kolejne uszkodzenia mózgu. Jak wykazano, lewopółkulowe uszkodzenie we wcześniejszym okresie powodowało zaburzenia typu afatycznego, które następnie ustępowały w wyniku zastosowanej terapii. Jednak kolejne, powtórne uszkodzenie mózgu u tej samej osoby w późniejszym okresie, zlokalizowane tym razem w prawej półkuli, zazwyczaj uważanej za niewyspecjalizowaną w funkcjach mowy, powodowało ponowną afazję. Przykłady takich osób stanowią silny dowód wskazujący, że u podłoża restytucji mowy u pacjentów z afazją leży prawdopodobnie przejmowanie zaburzonych funkcji przez nieuszkodzoną prawą półkulę.

Ogólnie można więc stwierdzić, że zgodnie z opinią przeciwników koncepcji stopniowej lateralizacji, szybsza restytucja zaburzonych funkcji mowy u dzieci odzwierciedla raczej plastyczność układu nerwowego, a nie jego początkową ekwipotencjalność. Wiele wybitnych autorytetów w dziedzinie neuropsychologii, jak D. Aram, D. Bishop, J. Hellige, M. Hiscock czy F. Vargha-Khadem, poparło hipotezę M. Kinsbourna. Autorzy ci uważają, że lateralizacja funkcji mowy jest cechą wrodzoną i zdeterminowaną przez czynniki genetyczne. Oznacza to gotowość funkcjonalną danej półkuli do specjalizacji w zakresie określonej czynności, nawet gdy czynność ta jeszcze się nie rozwinęła (np. mowa u noworodków czy niemowląt).

Innymi słowy, określa więc preferencję funkcjonalną danej półkuli już od urodzenia do specjalizowania się w czynnościach, które dopiero rozwiną się w ciągu życia. Za słusznością takiej hipotezy przemawiają wyniki różnorodnych badań eksperymentalnych. Na przykład badania neuroanatomiczne zainicjowane przez N. Geschwinda i W. Levitzkiego, a kontynuowane w ostatnich latach przez S. Witelson i W. Palie wykazały u większości płodów ludzkich i niemowląt obecność cech anatomicznych typowych dla mózgu ludzi dorosłych, a więc większy obszar *planum temporale* i dłuższą bruzdę boczną w lewej półkuli (por. rozdz. 19). Innym źródłem informacji są badania niemowląt i noworodków, wykazujące ten sam kierunek asymetrii, jak u osób dorosłych. Na przykład zapis elektrycznej aktywności mózgu noworodków wykazuje większą amplitudę potencjałów wywołanych w lewej półkuli w stosunku do prawej w odpowiedzi na dźwięki związane z mową. Interesujące badania nad szybkością ssania smoczka wykonano u niemowląt między 22 a 140 dniem życia, przy jednoczesnej prezentacji słów i dźwięków muzyki w teście rozdzielnousznego słyszenia. Wykazano, że szybkość ssania smoczka istotnie wzrastała, gdy słowa adresowano do lewej półkuli, a bodźce niewerbalne do prawej. Na szczególne zainteresowanie zasługują również liczne badania rozwojowe przeprowadzane na dzieciach w różnym okresie ontogenezy, wskazujące na stałość wzorca lateralizacji dla mowy, niezależnie od wieku. Opierając się na rezultatach opisanych badań, zaproponowano hipotezę, zgodnie z którą asymetria jest cechą wrodzoną. Uważa się również, że jest ona stabilna i prawdopodobnie nie zmienia się wraz z wiekiem. Jednak brak wykształcenia danej funkcji językowej we wczesnych etapach rozwoju powoduje, że lateralizacja nie przejawia się dostatecznie wyraźnie u młodszych osobników. Można więc sądzić, że plastyczność i asymetria współwystępują ze sobą już od narodzin człowieka. Choć pogląd ten jest dzisiaj szeroko reprezentowany, niektórzy autorzy sugerują jednak, że zagadnienie to może być znacznie bardziej skomplikowane, niż powszechnie się sądzi. Istnieją bowiem w literaturze nieliczne dane, których dziś jeszcze całkowicie nie potrafimy wyjaśnić, wskazujące na stopniowy rozwój lateralizacji w zadaniach werbalnych.

## 20.7.3. Wpływ indywidualnych warunków rozwoju

W rozważaniach nad neuropsychologicznym podłożem mowy interesujące wydaje się zagadnienie, czy mózgowa reprezentacja tych procesów może ulegać modyfikacji na skutek specyficznych, nietypowych warunków rozwoju danego osobnika? W literaturze specjalistycznej poświęconej temu zagadnieniu istnieje kilka źródeł informacji. Należy tu wymienić badania nad konsekwencjami uszkodzenia mózgu na różnym etapie rozwoju (porównaj poprzedni podrozdział), a także różnorodne eksperymenty behawioralne, prowadzone między innymi na osobach pozbawionych kontaktów socjalnych, a także głuchych od urodzenia.

Badania kliniczne dzieci opisane w podrozdziale 20.5.1 wyraźnie wskazywały na plastyczność mózgu i znaczącą rolę prawej półkuli w restytucji funkcji językowych po uszkodzeniach półkuli lewej, dominującej dla mowy u większości ludzi. Doniesienia te wskazują więc na możliwość reorganizacji funkcji mowy po uszkodzeniach lewej półkuli.

Innym źródłem informacji na ten temat są studia dotyczące osób socjalnie deprywowanych w dzieciństwie, określanych jako tak zwane „dzikie dzieci". Znany jest wstrząsający przypadek Genie, dziewczyny która ze względów rodzinnych od 2 roku życia, przez 11,5 roku przebywała w całkowitej socjalnej izolacji, uwięziona w niemowlęcym kojcu w komórce, bez możliwości swobodnego poruszania się i odpowiedniego odżywiania. Za próby wydawania jakichkolwiek dźwięków była surowo karana. Kiedy przypadkiem ją znaleziono, nie potrafiła posługiwać się mową i wydawała jedynie niezwerbalizowane dźwięki, mimo że miała już 13,5 roku. Natychmiast poddano ją wszechstronnemu leczeniu i odpowiedniej terapii, w tym również terapii logopedycznej, w której robiła powolne, choć systematyczne postępy. Przeprowadzono również badania psychologiczne, między innymi nad lateralizacją funkcji. W teście rozdzielnousznego słyszenia wykazano u Genie wyraźną prawopół-kulową przewagę zarówno w percepcji słów, które zdążyła opanować, jak i w percepcji niezwerbalizowanych dźwięków otoczenia. Według autorów tych eksperymentów prawopółkulowa przewaga dla mowy opanowywanej w tak późnym i nietypowym okresie mogła być spowodowana uruchamianiem kompensacyjnych mechanizmów w odpowiedzi na zastosowaną wszechstronną stymulację językową. Można przypuszczać, że wobec całkowitego pozbawienia bodźców werbalnych w trakcie uwięzienia dziecka „trenowana" była wyłącznie jego prawa półkula poprzez opracowywanie wzrokowo-przestrzennych wzorców jako jedynych, z którymi miało ono styczność. Natomiast półkula lewa wobec zaistniałej deprywacji lingwistycznej była w znacznie mniejszym stopniu zaangażowana w opracowywanie informacji. Przypuszcza się również, że ograniczona stymulacja językowa przed odizolowaniem Genie okazała się niewystarczająca do wykształcenia typowego wzorca asymetrii.

W literaturze specjalistycznej opisano również kilka podobnych, dramatycznych przypadków dzieci deprywowanych socjalnie. Dokładna ich analiza skłania do wysunięcia hipotezy postulującej nietypową, prawopółkulową kontrolę procesów mowy, które były nabywane ze znacznym opóźnieniem spowodowanym izolacją socjalną, a co za tym idzie deprywacją lingwistyczną. Ogólnie można więc stwierdzić, że badania takich osób wskazują na możliwość reorganizacji mózgowej reprezentacji mowy i modyfikacji wzorca asymetrii wobec nietypowych warunków rozwoju.

Kolejnym źródłem informacji w rozważaniach nad rolą czynników środowiskowych są badania prowadzone na ludziach pozbawionych od urodzenia doświadczeń słuchowych. Jak wykazano, doświadczenia te mają zasadnicze znaczenie zarówno w posługiwaniu się mową, jak i w nabywaniu przez dziecko funkcji językowych w trakcie rozwoju. Jak wiadomo, język migowy (daktylografia), stosowany często przez osoby głuche w procesie porozumiewania się, stanowi sposób przekazywania liter, liczb i całych wyrazów za pomocą odpowiednich układów palców, rąk oraz mimiki. Większość znaków języka migowego ma charakter dynamiczny i zawiera elementy ruchowe, choć istnieją również znaki statyczne. A zatem lingwistyczne mechanizmy są głęboko osadzone w analizie wzrokowej. Można więc oczekiwać, że percepcja znaków języka migowego odbywa się poprzez całościowe, holistyczne wzrokowo-przestrzenne opracowywanie informacji, charakterystyczne dla półkuli prawej (por. podrozdz. 20.5.2.2). Powstało w związku z tym przypuszczenie, że u głuchych może występować nietypowy wzorzec lateralizacji, gdyż ich prawa półkula prawdopodobnie jest zaangażowana w procesy mowy. Dotychczasowe dowody eksperymentalne w tym zakresie nie zawsze są jednoznaczne, a zasadnicze niezgodności występują między doniesieniami klinicznymi i eksperymentalnymi. Badania kliniczne stanowią interesujące studia pojedynczych przypadków osób głuchych, u których w następstwie uszkodzenia mózgu wystąpiła tak zwana „afazja migowa", czyli utrata zdolności porozumiewania się za pomocą języka migowego. Warto dodać, że zaburzenie takie ze względu na swoją specyfikę występuje niezwykle rzadko, w związku z tym opisano dotychczas niewielu takich pacjentów. Okazało się, że uszkodzenia wywołujące „afazję migową" dotyczą podobnych obszarów lewej półkuli jak te, które powodują afazję u osób prawidłowo słyszących. Wykazano również, że prawopółkulowe uszkodzenia u głuchych zazwyczaj nie powodują zaburzeń ani w zakresie nadawania, ani rozumienia języka migowego. Obserwacje te sugerują podobną mózgową reprezentację mowy u głuchych, jak u słyszących.

Odmienne wnioski można jednak wysnuć analizując wyniki badań eksperymentalnych, prowadzonych w ostatnich latach za pomocą metod laboratoryjnych (por. podrozdz. 20.5.1), na kilkunastoosobowych grupach osób niesłyszących, u których poza głuchotą nie występowały inne zaburzenia ośrodkowego układu nerwowego. Uogólniając wyniki tych doświadczeń, można stwierdzić, że u głuchych stosunkowo często występuje odmienna reprezentacja funkcji mowy od powszechnie przyjętej za typową, to znaczy brak wyraźnych różnic między półkulami, albo z przewagą prawej półkuli. Przeprowadzone przeze mnie w tym zakresie badania nad rozpoznawaniem lateralnie eksponowanych słów u 13 – 14-letnich dzieci głuchych od urodzenia wykazywały również odmienny wzorzec asymetrii, niż u normalnie słyszących. Dzieci głuche, w przeciwieństwie do słyszących, istotnie lepiej rozpoznawały słowa adresowane do prawej niż do lewej półkuli. Wynik ten, a także niezgodności danych uzyskiwanych przez różnych badaczy nie są łatwe do wyjaśnienia. Wydaje się, że przyczyna rozbieżności prawdopodobnie leży w niezbyt precyzyjnym uwzględnianiu różnic indywidualnych charakteryzujących osoby badane w eksperymentach przeprowadzonych przez różnych autorów. Skoro głusi różnią się wiekiem, w którym rozpoczynają terapię i trening werbalny, a także doświadczeniami lingwistycznymi w trakcie ontogenezy (nabywanymi zarówno poprzez resztki słuchu, jak i poprzez stosowanie języka migowego), to nic dziwnego, że mogą przejawiać zróżnicowaną mózgową reprezentację mowy. Przeprowadzona przez autorkę niniejszego rozdziału dokładna analiza wyników uzyskanych przez różnych autorów wykazała, że nietypowa prawopółkulowa przewaga w zadaniach werbalnych szczególnie często zaznacza się u głuchych dzieci. Można zatem przypuszczać, że dłuższy trening językowy przez naukę pisania, czytania i artykułowania mowy, który, jak się wydaje, zachodzi u dorosłych osób niesłyszących, może stwarzać okazję do stopniowego kształtowania typowej, lewopółkulowej przewagi w procesach werbalnych. Jednakże proces ten jest u głuchych znacznie dłuższy niż u normalnie słyszących. Stosunkowo późne rozpoczęcie terapii u badanych przez nas dzieci głuchych mogło zaowocować zarówno zredukowanymi doświadczeniami lingwistycznymi, jak i zubożonym treningiem w sekwencyjnym opracowywaniu informacji. Hipoteza o wpływie różnic indywidualnych na wzorzec asymetrii u głuchych znalazła poparcie w badaniach innych autorów, którzy sugerowali, że nie tyle wczesne doświadczenia akustyczne, ile lingwistyczne (zarówno oralne, jak i migowe) determinują typowy wzorzec lateralizacji mózgu.

Opierając się na danych przytoczonych w niniejszym podrozdziale, na pytanie, czy indywidualne warunki rozwoju dziecka mogą mieć wpływ na mózgową reprezentację funkcji mowy, można odpowiedzieć twierdząco. Zgodnie z zaprezentowanym stanowiskiem, jest ona wynikiem wzajemnego oddziaływania zarówno czynników genetycznych, jak i środowiskowych i może ulegać modyfikacji w trakcie rozwoju. Funkcjonalna reorganizacja nie jest jednak następstwem początkowej ekwipotencjalności półkul i stopniowego kształtowania asymetrii, ale plastyczności mózgu.

## 20.7.4. „Okresy krytyczne"

Przedstawione modyfikacje mózgowej reprezentacji mowy u dzieci, których rozwój odbywał się w nietypowych warunkach, nasuwają kolejne pytanie, czy w trakcie ontogenezy występuje tak zwany „okres krytyczny", w którym czynniki środowiskowe szczególnie łatwo mogą wpływać na półkulową reprezentację funkcji mowy?

Hipoteza o występowaniu takiego okresu znajduje poparcie w różnorodnych dowodach eksperymentalnych. Niektórzy autorzy wiążą „okres krytyczny" ze zmianami w układzie nerwowym. Badania anatomiczne na poziomie komórkowym wykazały, że dramatyczne zwiększenie liczby rozgałęzień dendrytów w neuronach okolicy Broca następuje między 12 a 24 miesiącem życia. Ponadto wykazano, że w trzech pierwszych latach życia następuje we wszystkich 6 warstwach korowych tej okolicy intensywna mielinizacja włókien nerwowych i znaczący przyrost wytwarzanych połączeń. Również spoidło wielkie mózgu przechodzi w trakcie ontogenezy szereg zmian neuroanatomicznych, a wielkość charakterystyczną dla dorosłego mózgu osiąga w 4, a czasem nawet dopiero w 10 roku życia.

Kolejne dowody na istnienie „okresu krytycznego" pochodzą z badań klinicznych (por. podrozdz. 20.6.1) i wskazują na łagodniejsze konsekwencje uszkodzenia mózgu i bardziej optymistyczne rokowania u dzieci młodszych niż u starszych. Jak wspomniano wcześniej, w ostatnich latach przeprowadzono w tym zakresie wiele badań, a autorzy wskazują na różne rokowania dotyczące wznowienia funkcji językowych zależnie od wieku, w którym nastąpiło uszkodzenie mózgu. Interesujące podsumowanie dotychczasowych doniesień w tym zakresie przedstawiła D. Bishop w swojej pracy przeglądowej. Autorka ta wyraża opinię, że jeśli uszkodzenie mózgu nastąpiło przed 10 rokiem życia, restytucja funkcji mowy jest w zasadzie regułą. Wiadomo również, że sprawność językowa dzieci, u których w pierwszych latach życia wystąpiło takie uszkodzenie, stosunkowo często nie odbiegała od normy. Również badania Marcotte i współpracowników przeprowadzone na dzieciach, które utraciły słuch w różnym wieku wykazały, że głuchota nabyta przed 3 rokiem życia powoduje prawopółkulową specjalizację dla mowy. Nasze badania własne przeprowadzone za pomocą nieco innej procedury eksperymentalnej niż zastosowana przez Marcotte wskazują natomiast, że całkowita utrata słuchu nawet w 5 roku życia dziecka może spowodować modyfikacje asymetrii półkulowej dla funkcji mowy.

Warto zwrócić także uwagę, że większość badań nad „okresem krytycznym" koncentruje się na możliwości nauki języków obcych przez dzieci, które z różnych powodów wyemigrowały do innych lingwistycznie kultur. Niemal 5 mln dzieci w Stanach Zjednoczonych żyje w środowiskach mówiących więcej niż jednym językiem. Większość z tych dzieci ostatecznie opanowuje elementy obu języków, wiele staje się biegłymi ich użytkownikami. Badania nad poprawnością opanowania drugiego języka w zakresie stosowania form gramatycznych, składni, artykulacji i zasobu słownictwa u emigrantów wykazały, że sprawność językowa wyraźnie obniża się wraz z wiekiem, w którym rozpoczęli jego naukę. Nie różniła się ona od wymowy rodowitych Amerykanów u 68% osób przybyłych do Stanów przed 6 rokiem życia, u 41% osiedlonych między 7 a 12 rokiem i zaledwie u 13% zamieszkałych tam w wieku ponad 19 lat.

Jeśli przyjąć więc założenie, że w rozwoju funkcjonalnej organizacji mowy istnieje „okres krytyczny", to można sądzić, że mózgowa reprezentacja języka obcego wyuczonego w późniejszym okresie życia (to znaczy po tym „okresie krytycznym") może być odmienna niż języka ojczystego. Język obcy wyuczony we wczesnym dzieciństwie ma zatem podobną reprezentację mózgową jak ojczysty, podczas gdy reprezentacja języka opanowanego w wieku starszym jest odmienna. Badania z ostatnich lat potwierdziły słuszność takiej hipotezy. Na przykład u Papuasów z Nowej Gwinei, którzy w różnym okresie dzieciństwa wyemigrowali do Australii i rozpoczęli tam naukę angielskiego, wykazano zróżnicowany wzorzec asymetrii w rozpoznawaniu słów angielskich. Typową lewopółkulową przewagę zaobserwowano wyłącznie u osób, które osiedliły się przed 8 rokiem życia, podczas gdy u przybyłych w wieku późniejszym, między 9 a 12 rokiem, wystąpiła prawopółkulowa specjalizacja. Wynik ten wskazuje na odmienną mózgową reprezentację języka obcego nabytego przez dzieci starsze niż przez młodsze.

Podsumowując przytoczone dane, można więc ogólnie stwierdzić, że choć rozmaite źródła potwierdzają istnienie „okresu krytycznego", nie udało się jednak jeszcze precyzyjnie ustalić jego zakresu czasowego. Jest to spowodowane prawdopodobnie różnorodnymi metodami badawczymi stosowanymi przez autorów. Wydaje się jednak, że zakres ten jest znacznie krótszy niż okres dojrzewania płciowego, jak to postulowali tradycjonaliści.

## 20.8. Czy inny gatunek zwierzęcy może opanować język?

Wśród naukowców wiele kontrowersji budzi zagadnienie dotyczące możliwości opanowania komunikacji językowej przez małpy człekokształtne. Wszelkie dotychczasowe próby opanowania przez te zwierzęta mowy dźwiękowej kończyły się niepowodzeniem ze względu na nieodpowiednią budowę anatomiczną ich narządów głosu i mowy. Z tego względu badania empiryczne nad możliwościami opanowania przez małpy człekokształtne językowego porozumiewania się koncentrują się na języku migowym (opis patrz wyżej). Wiele badań w tym zakresie przeprowadzili naukowcy amerykańscy — Roger i Beatrice Gardnerowie, ucząc szympansicę Washoe specyficznych, zapożyczonych z języka migowego ruchów ramienia czy ręki dla określenia desygnatów podstawowych przedmiotów. W czasie żmudnych sesji treningowych, podczas prezentacji określonych desygnatów modelowano odpowiednio rękę szympansa. W trakcie uczenia stosowano więc metodę warunkowania instrumentalnego (dokładny opis patrz rozdz. 16), a za poprawne wykonanie zadania małpa otrzymywała nagrodę w postaci łakoci lub owoców. Metoda ta była więc zasadniczo odmienna od procesu nabywania mowy przez dziecko w trakcie rozwoju (patrz wyżej), które opanowuje ją spontanicznie, bez żadnych nagród. W wyniku kilkuletniego treningu udało się wyuczyć Washoe ok. 300 znaków języka migowego dla określenia różnorodnych przedmiotów i czynności. Możliwe było ponadto tworzenie przez nią sekwencji kilku znaków (prekursor zdań) stanowiących serie pojęć, np. *więcej owoców, Washoe przeprasza*. W procesie łączenia znaków wykryto jednak pewną prawidłowość: tworzone sekwencje stanowiły jedynie serie pojęć — były więc nośnikiem informacji semantycznej, nie podlegały natomiast regułom gramatycznym — a więc brak w nich było informacji syntaktycznej, np. *proszę pomarańcza Washoe mnie jeść pomarańcza*.

Zainspirowani tymi osiągnięciami badacze podjęli następne próby uczenia języka migowego inne szympansy, a również goryla i orangutana. Choć zwierzęta te opanowywały znaki języka migowego i potrafiły łączyć je w grupy (tworzyć sekwencje), to wciąż dyskusyjne pozostaje stosowanie przez nie reguł gramatycznych. Uważa się zatem, że łączenie wyrazów z zastosowaniem reguł składni jest specyficzną cechą wyłącznie języków społeczności ludzkich, która decyduje o ekonomicznym charakterze naszego języka i pozwala z niewielkiej liczby głosek utworzyć ogromny zbiór wyrazów, a z tych ostatnich nieskończony zbiór zdań.

Opanowany przez małpy w drodze treningu instrumentalnego język gestów jest więc raczej daleki od języka ludzkiego. Sens zdania nie jest przecież wyłącznie sumą znaczeń składających się na nie wyrazów, ale również efektem zastosowanych reguł gramatycznych (składni), charakterystycznych dla w pełni rozwiniętego języka. Większość autorów uważa więc, że małpy nie są w stanie przekroczyć bariery produkowania nowych jakościowo znaków w drodze łączenia elementów zgodnie z regułami gramatycznymi danego języka. W literaturze brak jest danych na temat mózgowej reprezentacji opisanego wyuczonego systemu porozumiewania się zwierząt.

# 20.9. Podsumowanie

W niniejszym rozdziale przedstawiono obszerny przegląd badań na temat neuropsychologicznego podłoża mowy człowieka. Zaprezentowane zostały badania kliniczne i eksperymentalne wskazujące na istotną rolę lewej półkuli w regulacji tych procesów.

Na podstawie rezultatów śródoperacyjnego drażnienia mózgu, obserwacji pacjentów z ogniskowymi uszkodzeniami, a także najnowszych technik obrazowania mózgu wykazano, że określone obszary tej półkuli kontrolują specyficzne funkcje językowe: ekspresję, rozumienie, nazywanie, powtarzanie, pisanie i czytanie. Na podstawie eksperymentów przeprowadzonych na pacjentach z rozszczepionym mózgiem stwierdzono udział prawej półkuli w niektórych funkcjach mowy. Prawopółkulowa reprezentacja niektórych procesów werbalnych znalazła potwierdzenie w badaniach pacjentów z ogniskowymi uszkodzeniami mózgu oraz osób bez uszkodzeń układu nerwowego. U podłoża funkcji mowy leżą prawdopodobnie swoiste mechanizmy czasowe, zabezpieczające odpowiednie ramy zarówno dla rozumienia mowy słyszanej, jak formułowania wypowiedzi słownych. Mechanizmy czasowe programujące mowę są prawdopodobnie reprezentowane w lewopółkulowych obszarach, zazwyczaj uważanych za kontrolujące procesy językowe. Trening w opracowywaniu informacji czasowej może odgrywać istotną rolę w leczeniu zaburzeń językowych występujących w wyniku uszkodzeń mózgu. Lewopółkulowa reprezentacja funkcji mowy wydaje się wrodzona, choć możliwe są modyfikacje tego typowego wzorca w ontogenezie pod wpływem specyficznych warunków rozwoju osobniczego.

*Podziękowania*

Praca częściowo finansowana z grantu KBN nr PBZ-MIN/001/P05/06.

**LITERATURA UZUPEŁNIAJĄCA**

Atmanspacher H., Ruhnau E. (red.): *Time, Temporality, Now*. Springer Verlag, Berlin 1997, 396 s.
Budohoska W., Grabowska A.: *Dwie półkule — jeden mózg*. Wiedza Powszechna, Seria Omega, Warszawa 1994, 207 s.
Bishop D., Mogford K. (red.): *Language Development in Exceptional Circumstances*. Lawrence Erlbaum Associates, Hilsdale 1994, 313 s.
Damasio A.R.: Aphasia. *New Engl. J. Med.* 1992, **326**: 531 – 539.
Harley T.A.: *The Psychology of Language*. Psychology Press, East Sussex 1996, 482 s.
Hellige J.B.: *Hemispheric Asymmetry: What's Right and What's Left*. Harvard University Press, Cambridge 1993, 396 s.
Herzyk A., Kądzielawa D. (red.): Zaburzenia w funkcjonowaniu człowieka z perspektywy neuropsychologii klinicznej. Wyd. UMCS, Lublin 1996, 251 s.
Pöppel E.: *Granice świadomości*. PIW, Warszawa 1989, 209 s.
Steinbüchel N.V., Wittmann M., Szeląg E.: Temporal constraints of perceiving, generating and integrating information: clinical evidence. *Res. Neurol. Neurosci.* 1999, **14**: 167 – 1.
Szeląg E., Pöppel E.: Temporal perception: a key to understand language. *Behav. Brain Sci.* 2000, **23**: 53.
Szeląg E., Wasilewski R., Fersten E.: Hemispheric differences in the perception of words and faces in deaf and hearing children. *Scand. J. Psychol.* 1992, **32**: 1 – 11.
Szeląg E.: Neuropsychologiczne podłoże mowy człowieka. *Kosmos* 1996, **45**: 179 – 200.
Szeląg E.: The effect of auditory experience on hemispheric asymmetry in a post-lingually deaf child: a case study. *Cortex* 1996, **32**: 647 – 661.

■ ROZDZIAŁ **21**

# Mózg, płeć i hormony

Anna Grabowska

Wstęp ■ Wpływ hormonów na rozwój mózgu w okresie prenatalnym ■ Wpływ aktywizujący u osób dorosłych ■ Wpływ neuroprotekcyjny ■ Podsumowanie

## 21.1. Wstęp

Codzienne obserwacje wskazują, że poszczególne osoby mające podobny poziom inteligencji mogą się różnić pod względem zdolności. Jedni np. wykazują szczególne uzdolnienia językowe, inni zaś przejawiają talenty konstrukcyjne. Okazuje się, że jeśli damy grupie kobiet i mężczyzn do rozwiązania szereg testów odwołujących się do różnych zdolności, poziom wykonania tych testów będzie różny, w zależności od płci osób badanych. Test, który jest jednym z najczęściej używanych w tego rodzaju badaniach, ilustruje ryc. 21.1. Na rysunku pokazano trójwymiarową figurę składającą się z połączonych ze sobą sześcianów. Zadanie polega na tym, by spośród czterech możliwości znajdujących się na dole wybrać tę, która dokładnie odpowiada figurze górnej, przy czym nie może to być jej lustrzane odbicie. Oczywiście na to, by móc wykonać to zadanie, należy w umyśle dokonać rotacji figur i dopiero wtedy je porównać. Zarówno w tym zadaniu, jak i w innych, odwołujących się do wyobraźni przestrzennej, lepiej wypadają mężczyźni.

Wiele badań eksperymentalnych dowodzi istnienia różnic w poziomie wykonania różnorodnych zadań poznawczych u mężczyzn i kobiet. Zadaniem, wykazującym najczęściej przewagę kobiet, jest tzw. test fluencji fonologicznej, w którym osoba badana ma w określonym czasie wymienić jak największą liczbę obiektów zaczynających się na daną literę. Powyższe przykłady dotyczą testów, jakie przeprowadza się w laboratoriach badawczych. Są one stosunkowo proste. Ich wspólną cechą jest to, że można dokładnie w jakichś jednostkach, np. liczbie błędów albo czasie potrzebnym do wykonania zadania, oszacować sprawność danej osoby, i dlatego są użyteczne w badaniach. Różnice między mężczyznami i kobietami są widoczne również w różnych bardziej złożonych zadaniach, jakie wykonujemy w życiu

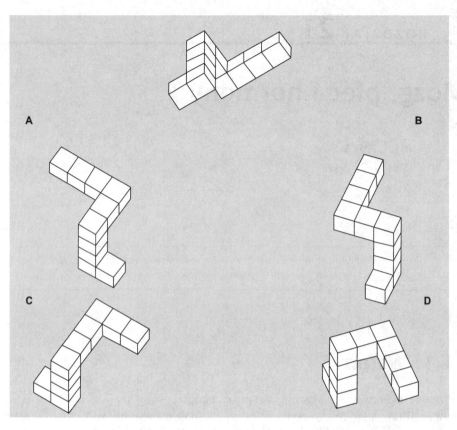

**Ryc. 21.1.** Test rotacji umysłowej (ang. mental rotation)

codziennym. Uważa się np., że mężczyźni wykazują szczególne uzdolnienia we wszelkich czynnościach wymagających myślenia przestrzennego, np. w posługiwaniu się mapą, w wymyślaniu rozmaitych konstrukcji czy grze w szachy. Są też bardziej uzdolnieni matematycznie, co wiąże się z ich większą zdolnością do rozwiązywania problemów teoretycznych i abstrakcji. Przeprowadzono interesujące badania dotyczące różnic między dwoma płciami w uzdolnieniach matematycznych. Wynikało z nich, że w początkowych klasach szkoły, gdy nauczanie matematyki bardziej opiera się na rachunkach niż na myśleniu teoretycznym, dziewczynki często są nieco lepsze niż chłopcy. Natomiast im wyższy poziom nauczania matematyki, tym różnice te bardziej się powiększają na korzyść chłopców. Jeśli natomiast porównuje się liczebności kobiet i mężczyzn wśród osób o wybitnych zdolnościach matematycznych, na każdą kobietę przypada aż 13 mężczyzn. Kobiety zaś wykazują przewagę w różnorodnych zadaniach językowych, zwłaszcza takich, które wymagają fluencji językowej, szybkości artykulacji i stosowania reguł gramatycznych. Umieją też lepiej dobierać właściwe słowa, tak by wywołać odpowiedni efekt na rozmówcy. Są też wyjątkowo sprawne w zadaniach wymagających precyzji ruchów i zapamiętywaniu szczegółów.

Różnice nie ograniczają się do procesów poznawczych, lecz dotyczą również sfery emocjonalnej i kontaktów społecznych. Ogólnie kobiety przywiązują duże znaczenie do sygnałów natury emocjonalnej i socjalnej i lepiej niż mężczyźni potrafią je dostrzegać. Mężczyźni zaś, w większym stopniu niż kobiety, są skłonni postępować zgodnie z racjonalną oceną sytuacji, a swe zainteresowania kierują ku sprawom technicznym i urządzeniom. Skłonność do agresji przejawiają w bardziej pierwotny, fizyczny sposób, kobiety zaś agresję wyrażają częściej za pomocą słów. Ta charakterystyka kobiet i mężczyzn ma swoje odbicie w zawodach, jakie są przez nich wybierane. Wśród przedszkolanek, pielęgniarek, nauczycieli i lekarzy dominują kobiety. Kobiety dominują też na studiach związanych z tymi zawodami. Ponadto ich zdolności językowe znajdują odzwierciedlenie w ich większej proporcji na studiach linwistycznych. Mężczyźni zaś wybierają zawody techniczne i mechaniczne, architekturę oraz zawody wymagające rozwiązywania problemów teoretycznych, np. zawód naukowca. Dobrze się czują w roli polityków. Dominują na studiach politechnicznych, architekturze, matematyce.

Zasadnicze pytanie, na które usiłują odpowiedzieć badacze, dotyczy zagadnienia, czy różnice psychiczne między płciami mają jakieś uwarunkowanie biologiczne, tj. czy mózgi kobiet i mężczyzn czymś różnią się od siebie. Przez długie lata panowało przekonanie, że są one jedynie konsekwencją różnic w wychowaniu dziewcząt i chłopców. Zwracano uwagę na to, że istnieją pewne stereotypy wychowania dziewcząt i chłopców, którym powszechnie się poddajemy, kształtując tym samym sposoby zachowania i reagowania adekwatne do naszych wyobrażeń o rolach męskich i kobiecych. Chłopcom więc typowo kupuje się strzelby, łuki, samochody i klocki, zachęcając ich tym samym do „chłopięcych" zabaw. W zabawach tych dominuje bądź element walki, bądź samotne rozwiązywanie problemu (klocki). Dziewczynki zaś dostają lalki oraz wszelkie zabawki potrzebne do zabawy w dom, lekarza czy sklep, które to z natury rzeczy skłaniają je do współdziałania z rówieśniczkami. Ponadto, na ogół, reagujemy współczuciem, widząc łzy w oczach dziewczynki, chłopcom zaś tłumaczymy, że prawdziwy mężczyzna nigdy nie płacze.

Czy jednak rzeczywiście wszystkie różnice w zachowaniach mężczyzn i kobiet wynikają z wychowania i uwarunkowań kulturowych? W ostatnich latach przeprowadzono bardzo wiele badań wskazujących, że już przed urodzeniem działają czynniki, które wpływają na odmienne ukształtowanie psychiki kobiet i mężczyzn. Rodzimy się już różni, a różnice psychiczne mają najprawdopodobniej uwarunkowania neurobiologiczne. Badania dowodzą, że podstawową rolę w procesie kształtowania się mózgu w kierunki męskim lub żeńskim odgrywają hormony płciowe. Hormony też wpływają na nasze zachowania w życiu dorosłym.

Wprawdzie od dawna wiadomo, że niektóre hormony płciowe są produkowane przez mózg, niemniej do niedawna ich wpływ (zgodnie z nazwą) wiązano niemal wyłącznie z funkcjami seksualnymi i rozrodczymi. Zauważono wprawdzie, że wraz z naturalnymi fluktuacjami tych hormonów w cyklu menstruacyjnym u kobiet następują wahania wydolności psychicznej, jednak efekty te przypisywano nie tyle bezpośredniemu wpływowi hormonów na mózg, co raczej traktowano je jako wtórne do ogólnych zmian samopoczucia występujących w cyklu.

Dziś nie ulega wątpliwości, że hormony płciowe wpływają bezpośrednio na mózg. Oddziaływania te zachodzą zarówno w czasie jego organizacji w okresie prenatalnym, jak i w wieku dojrzałym. We wczesnych stadiach rozwoju hormony płciowe wpływają na procesy związane z tworzeniem się tkanki nerwowej oraz kształtowaniem się połączeń między neuronami. Również sprawność funkcjonowania mózgu u człowieka dorosłego może ulegać wahaniom w zależności od aktualnego poziomu hormonów, jakie nań oddziałują. Mówimy wówczas o wpływie aktywizującym. Coraz więcej badań wskazuje też, że hormony płciowe, a zwłaszcza estrogeny, mogą odgrywać niezwykle pożyteczną, neuroprotekcyjną rolę, chroniąc mózg przed niekorzystnymi zmianami zachodzącymi w nim pod wpływem chorób neurodegeneracyjnych, jak np. choroba Alzheimera, lub pod wpływem starzenia się.

# 21.2. Wpływ hormonów na rozwój mózgu w okresie prenatalnym

## 21.2.1. Kształtowanie się płci

Z wyjątkiem chromosomów płciowych, mężczyźni i kobiety mają ten sam materiał genetyczny. Jajo zawiera jedynie żeński chromosom X, plemnik zaś albo żeński chromosom X, albo męski Y. Tak więc geny przenoszone przez ojców decydują o płci dziecka. Geny jednakże nie dają gwarancji, że urodzi się chłopiec lub dziewczynka. Zasadniczą rolę odgrywają tu hormony płciowe działające na płód w łonie matki. U płodów męskich, a więc mających chromosom Y, wykształcają się jądra i one to, począwszy od 6. tygodnia życia, zaczynają produkować hormony męskie. Prawidłowa produkcja tych hormonów jest warunkiem niezbędnym, by płód przekształcił się w mężczyznę. Jeśli z jakichś względów płód nie produkuje męskich hormonów płciowych, męskie cechy płciowe nie ukształtują się i urodzi się dziewczynka. Tak więc, nawet płód o męskich chromosomach może urodzić się dziewczynką, płód zaś o żeńskich — chłopcem *, jeżeli nastąpią jakieś zakłócenia w normalnej produkcji hormonów płciowych.

Warto wiedzieć, że jądra produkują dwa typy hormonów, z których jeden pobudza pierwotną tkankę do rozwijania się w kierunku męskich narządów (maskulinizacja), drugi zaś hamuje naturalny proces rozwoju tej tkanki w narządy kobiece (defeminizacja). Obydwa te elementy są niezbędne do prawidłowego rozwoju zgodnego z płcią chromosomalną. Ważny jest tu nie tylko poziom wytwarzanego przez jądra androgenu. Na to, by androgen mógł działać, musi on być wychwytywany przez komórki. Do tego zaś potrzebne są odpowiednie receptory, zarówno androgenu, jak i estrogenu. Jeśli ich zabraknie, nawet duże dawki androgenu nie wywrą maskulinizującego wpływu na płód.

Androgeny działają więc na rozwijającą się tkankę poprzez receptory androgenu, dzięki którym przenikają do jądra komórki i mogą wpływać na zachodzące tam

---

* Z punktu widzenia narządów płciowych zewnętrznych, ale często i wewnętrznych.

procesy ekspresji genów. Sprawę komplikuje fakt, że testosteron (hormon męski) i estrogen (hormon żeński) mają podobną budowę, i testosteron często działa poprzez receptory estrogenu. Zostaje on wówczas przekształcony w estradiol w procesie zwanym aromatyzacją (za pomocą enzymu aromatazy) i łączy się z receptorami estrogenu. Z powyższego wynika więc, że również estrogeny działają maskulinizująco.

Dlaczego jednak wszystkie płody, zarówno męskie jak i żeńskie, nie zostają zmaskulinizowane pod wpływem estrogenu (płodu lub matki)? Po pierwsze, jajniki nie produkują wystarczającej ilości estrogenów aż do dojrzałości płciowej, po drugie zaś, matczyny estradiol (podstawowy hormon należący do tej grupy) jest deaktywowany przez pewne substancje białkowe, które przyłączając się do estrogenów, uniemożliwiają ich przedostanie się do płodu przez barierę łożyskową. W konsekwencji, na rozwijający się mózg płodu ma wpływ jedynie estradiol wytwarzany w komórce w procesie aromatyzacji i tylko mózgi samców zawierają go dużo.

Oczywiście różne nieprawidłowości produkcji hormonów występujące w życiu płodowym prowadzą do różnorodnych patologii kształtowania się płci biologicznej (tj. narządów płciowych). Tym zagadnieniem nie będziemy się zajmować, skupiając się raczej na wpływie hormonów na rozwijający się mózg.

# 21.2.2. Wpływ hormonów płciowych na organizację mózgu

Z informacji przedstawionych powyżej wynika, że hormony płciowe stanowią kluczowy element w całym procesie różnicowania się płci. Można powiedzieć, że odgrywają one rolę organizującą w procesie rozwoju narządów płciowych. Ta organizująca rola dotyczy jednak nie tylko tkanek, z których tworzą się narządy płciowe, ale również i tkanki mózgowej. Dzięki temu wpływają one na to, jak w przyszłości będzie się zachowywał dany osobnik, i to zarówno w sferze aktywności seksualnej, jak i innych zachowań.

## 21.2.2.1. Wpływ hormonów na późniejsze zachowania seksualne

Dane na ten temat pochodzą głównie z badań na zwierzętach (głównie szczurach), u których prowadzono eksperymenty ze sztuczną modyfikacją poziomu hormonów płciowych. Z badań tych wynika, że niedostatek hormonów męskich w okresie płodowym prowadzi do zaniku męskich zachowań seksualnych nawet wówczas, gdy wykształcą się odpowiednie narządy płciowe. Dowiedziono eksperymentalnie, że działanie androgenów we wczesnym okresie życia (szczury rodzą się we wczesnym stadium rozwoju, więc wystarczą manipulacje hormonalne zaraz po urodzeniu) ma dwojaki efekt: prowadzi jednocześnie do definizacji (czyli zaniku żeńskich form aktywności seksualnej) oraz do maskulinizacji (czyli rozwoju zachowań samczych). W jaki sposób te cechy można rozgraniczyć? Dobrym modelem jest tu kastracja szczurów zaraz po urodzeniu i w wieku dorosłym obserwacja ich zachowań po podaniu bądź hormonów żeńskich, które zwykle wywołują zachowania charakterystyczne dla samic, bądź męskich, które wywołują zachowania samcze. Wykazano, że jeśli po usunięciu jajników u nowonarodzonych samiczek podaje im się testosteron, to w wieku dorosłym podanie estradiolu i progesteronu nie spowoduje odpowiedniej dla samiczek reakcji na samca. Działanie maskulinizujące wczesnego podawania testosteronu u wykastrowanych samiczek zaś spowoduje, że po podaniu testosteronu w wieku dojrzałym będą one wykazywały zachowania seksualne typowe dla samców.

Czy u człowieka prenatalnie działające hormony również wpływają na późniejsze zachowania seksualne, np. na orientację seksualną? Trudno na to w sposób jednoznaczny odpowiedzieć. Są jednak przesłanki potwierdzające taki punkt widzenia. Niektórzy autorzy sądzą, że przyczyną homoseksualizmu mogą być subtelne różnice w budowie mózgu, wynikające z nieprawidłowości poziomu prenatalnych androgenów. Pewnym pośrednim dowodem świadczącym, że rzeczywiście homoseksualizm może mieć podłoże hormonalne, jest stwierdzenie większej liczby osób homoseksualnych wśród dziewcząt z przerostem nadnerczy (omówienie różnych form patologii hormonalnych znajdzie Czytelnik w dalszej części rozdziału). Podobne skutki stwierdzono u dziewcząt, których matki zażywały w czasie ciąży diethylstilbestrol (DES — syntetyczna forma estrogenu podtrzymująca ciążę). Na marginesie warto dodać, że substancja ta okazała się nieskuteczna, jeśli chodzi o podtrzymywanie ciąży, doprowadziła jednakże do wzrostu skłonności homoseksualnych.

Pośrednich dowodów potwierdzających związek homoseksualizmu z poziomem hormonów prenatalnych dostarczają dane wskazujące, że niektóre jądra podwzgórza, których wielkość jest płciowo zróżnicowana, mają u homoseksualnych i transseksualnych mężczyzn inną budowę niż u heteroseksualnych. Z innych danych zaś wiadomo, że wielkość struktur tego obszaru może się zmieniać pod wpływem androgenów. Dodatkowym argumentem przemawiającym za tezą, że zarówno orientacja seksualna, jak i identyfikacja z płcią (zaburzenia w tym zakresie przejawiają się m.in. jako transseksualizm) mogą zależeć od poziomu hormonów płciowych w okresie prenatalnym, są doniesienia o związku tych zjawisk z leworęcznością, która, jak się przypuszcza, również może mieć hormonalne podłoże. Warto tu nadmienić, że w ostatnich latach pojawiły się prace wskazujące na różnice w poziomie testosteronu u osób lewo- i praworęcznych. Badania wykazały, że zarówno wśród osób homoseksualnych, jak i transseksualnych występuje zwiększenie liczby leworęcznych. W naszych badaniach stwierdziliśmy ponadto, że zwiększona liczba leworęcznych występuje tylko w takiej podgrupie osób transseksualnych, które nie mają leworęcznych w rodzinie, a więc u których najprawdopodobniej leworęczność nie jest zdeterminowana genetycznie, lecz być może jest wynikiem gry hormonów.

Interesujące jest też, że prenatalna androgenizacja może zostać zahamowana przez stres, który hamuje produkcję androgenów u męskich płodów. Udowodniono, że matczyny stres wywołuje uwalnianie endogennych opioidów, które z kolei hamują wydzielanie gonadotropiny i w konsekwencji obniżają produkcję androgenów przez jądra płodu. Dane te potwierdzają badania na szczurach. Potomstwo samic poddanych eksperymentalnemu stresowi wykazuje typ zabaw płci przeciwnej, a po podaniu hormonów płci przeciwnej przejawia łatwiej zachowania seksualne sprzeczne z własną płcią. Co ciekawe, płciowo zróżnicowane jądro (ang. sexually dimorphic nucleus, SDN), znajdujące się w okolicy przedwzrokowej podwzgórza, które jest znacznie większe u samców (i mężczyzn) zmienia swą wielkość (zmniejsza się) pod wpływem prenatalnego stresu. Ponieważ właśnie w tym rejonie istnieje duża koncentracja receptorów androgenu, można przypuszczać, że wpływy te dokonują się za pośrednictwem androgenów. Warto też dodać, że również u człowieka stres może hamować proces maskulinizacji. Niektóre prace dowodzą, że w okresie wojny, gdy matki ciężarne są narażone w wysokim stopniu na stres, rodzi się więcej osób homoseksualnych.

## 21.2.2.2. Wpływ hormonów na zachowania poznawcze i emocjonalne

Prenatalny wpływ hormonów na mózg ujawnia się nie tylko w późniejszych zachowaniach seksualnych, ale w szerokiej gamie innych zachowań oraz uzdolnień, które są zróżnicowane płciowo. Zaobserwowano, że zachowania dorosłych myszy mogą zależeć od środowiska hormonalnego macicy. Zarodki żeńskie, które są otoczone samcami (ryc. 21.2), i które w związku z tym są poddawane wyższym stężeniom testosteronu, jako dorosłe wykazują, oprócz cech anatomicznej maskulinizacji, większą agresywność. Są też mniej atrakcyjne dla samców. Zarodki męskie zaś, otoczone samiczkami, w wieku późniejszym wykazują cechy feminizacji.

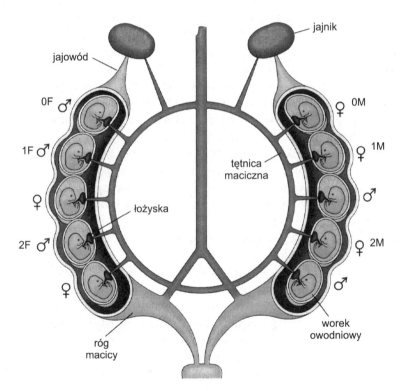

**Ryc. 21.2.** Zarodki myszy w macicy. Zarodki żeńskie (samice) sąsiadujące z obu stron z zarodkami męskimi (samice 2M) są poddane działaniu testosteronu w większym stopniu niż samice, które nie mają w sąsiedztwie zarodków męskich (0M). Zarodki samców otoczone zarodkami żeńskimi są oznaczone na rysunku jako samce 2F. (Wg: Crews. *Świat Nauki* 1994, 3(31): 46 – 53)

Obserwacje te znajdują potwierdzenie w badaniach, w których wykazano, że zależnie od poziomu wcześnie działającego testosteronu szczury w wieku dorosłym są mniej lub bardziej agresywne. Okazało się np., że samce szczurów wykastrowane jako osobniki dorosłe były bardziej agresywne niż te, które wykastrowano we wczesnym okresie życia. Jaki może być mechanizm tych zmian? Uważa się, że we wczesnym okresie życia androgeny nie tylko wpływają na to, że mózg kształtuje się w sposób bardziej męski (np. ma odpowiednią budowę struktur odpowiedzialnych za zachowania seksualne oraz jest bardziej asymetryczny — por. rozdz. 19), ale też, że stymulują one rozwój obwodów neuronalnych wrażliwych na androgeny, które, jak się uważa, mogą być zaangażowane w społeczne zachowania agresywne. W konsekwencji, w wieku dojrzałym, gdy poziom androgenów znacznie wzrasta, ich pobudzenie może prowadzić do zachowań agresywnych, typowych dla samców.

Najbardziej spektakularnych danych dotyczących wpływu prenatalnie działających hormonów płciowych na kształtujący się mózg, a co za tym idzie na zachowanie w wieku późniejszym człowieka, dostarczają badania dziewcząt, które w okresie prenatalnym lub neonatalnym zostały poddane działaniu nadmiernej ilości androgenów. Taka sytuacja występuje u osób z wrodzonym przerostem nadnerczy (ang. congenital adrenal hyperperplasia, CAH). Zaburzenie to jest wynikiem nieprawidłowości działania jednego z enzymów nadnerczowych, co w konsekwencji prowadzi do rozrostu nadnerczy i nadprodukcji androgenu (u kobiet występuje poziom pośredni między typowym dla kobiet i mężczyzn). U żeńskich płodów narządy wewnętrzne rozwijają się normalnie, lecz zewnętrzne są zmaskulinizowane. Takie kobiety mogą rodzić. Stwierdza się u nich jednak cechy zachowań chłopięcych i większą agresywność. Następującą w takich przypadkach maskulinizację narządów rozrodczych można skorygować oraz zatrzymać nadprodukcję androgenów przez odpowiednie leczenie farmakologiczne. Jednak skutki ich prenatalnego oddziaływania na mózg pozostają nieodwracalne. Dziewczynki takie prezentują zachowania typowo chłopięce, są skore do bójek, bawią się w wojnę, wyścigi samochodowe i budują konstrukcje z klocków, za nic mając zabawy rówieśniczek w lalki i dom. Co więcej, dziewczęta te poddane testom psychologicznym rozwiązują je podobnie jak chłopcy, wykazując duże zdolności wzrokowo-przestrzenne.

Podobny, maskulinizujący wpływ obserwowano u dziewcząt, których matki zażywały wspomniany już preparat estrogenowy DES. Dziewczynki, które urodziły się po takiej kuracji, wykazywały większą asymetrię mózgową. Na przykład w testach rozdzielnousznego słyszenia uzyskały większą przewagę prawego ucha. Wyniki te są szczególnie ważne, jeśli chodzi o rozważania dotyczące ewentualnego wpływu hormonów na mózg i rozdzielenia wpływów biologicznych i kulturowych. W przeciwieństwie do innych zaburzeń, np. CAH, dziewczynki te nie przejawiają żadnych anomalii zewnętrznych, i w związku z tym nie ma żadnych powodów, by rodzice traktowali je w sposób odmienny od tego, w jaki traktują swoje inne córki. Jeśli więc obserwuje się jakieś zmiany w zachowaniu czy zdolnościach u takich dziewcząt, można je przypisać bezpośredniemu wpływowi hormonów na mózg, a nie czynnikom socjalnym.

Innym zaburzeniem, które prowadzi do nietypowego poziomu hormonów płciowych u rozwijającego się płodu, jest zespół niewrażliwości na androgen. Jego przyczyna jest natury genetycznej i polega na niewytworzeniu receptorów androgenu (gen dla receptorów androgenu mieści się na chromosomie X). Mimo iż androgen jest produkowany w prawidłowych ilościach, nie oddziałuje on na procesy zachodzące w komórkach, ponieważ nie jest wychwytywany przez receptory (bo ich nie ma). U genetycznych mężczyzn powstają oczywiście jądra produkujące adrogeny. Ponieważ jednak ich działanie jest zablokowane, nie rozwijają się narządy wewnętrzne męskie. Jednakże normalnie funkcjonujące jądra nie tyko produkują androgeny, ale również i inny hormon, który przeciwdziała rozwojowi wewnętrznych narządów płciowych kobiecych (defeminizacja). W efekcie brak jest również narządów żeńskich lub są one nieprawidłowe. Zewnętrznie osoby takie są kobietami i w okresie dojrzewania rozwijają drugorzędowe cechy kobiece (pod wpływem niewielkich ilości estrogenów wytwarzanych przez jądra). Przejawiają one nie tylko kobiece cechy budowy anatomicznej i kobiecą identyfikację z płcią, ale też i kobiecy typ psychiki, co ujawnia się m.in. w lepszych osiągnięciach w testach werbalnych, w porównaniu z testami wzrokowo-przestrzennymi.

Istnieje jeszcze jedna, szczególna forma zaburzeń polegająca na tym, że testosteron nie przekształca się w dihydrotestosteron. Ta właśnie forma androgenu jest niezbędna do normalnego rozwoju zewnętrznych narządów płciowych. U takich mężczyzn zewnętrzne narządy są zbliżone do kobiecych i zgodnie z tym wyznacznikiem płci są oni na ogół wychowywani. W okresie dojrzewania, jednakże, nie rosną im piersi, normalna zaś produkcja testosteronu przez jądra powoduje zmianę głosu, wzrost penisów oraz opuszczenie się jąder. Osoby te często już przed okresem dojrzewania mają kłopoty z identyfikacją z płcią kobiecą i zmiany następujące w tym okresie powodują akceptację ról płciowych męskich. To podważa szeroko rozpowszechniony pogląd, że identyfikacja z płcią jest głównie oparta na wzorcach zachowania i raz ukształtowana nie podlega zmianom.

## 21.2.2.3. Hormony a leworęczność i dysleksja

Niektóre teorie działanie hormonów płciowych w okresie prenatalnym odnoszą również do takich zjawisk, jak leworęczność i dysleksja. Najbardziej znaną teorią, która wywarła ogromny wpływ na rozwój badań nad różnicami płciowymi, jest teoria N. Geschwinda. Geschwind był jednym z pierwszych badaczy, którzy w hormonach płciowych upatrywali źródła zmienności mózgu. Rozwój mózgu w okresie płodowym uzależniał on przede wszystkim od działania testosteronu. Założył on, że dwie półkule mózgowe nie rozwijają się w tym samym tempie, półkula prawa wyprzedza bowiem pod tym względem lewą. Taka nierównomierność jest normalną rozwojową tendencją. Niemniej u osób, u których poziom testosteronu jest wysoki, ta początkowa nierównomierność rozwoju jest znacznie większa. Dzieje się tak pod wpływem testosteronu, który stymuluje rozwój prawej półkuli. W konsekwencji szybciej rozwijająca się półkula prawa hamuje rozwój lewej. W przypadkach zbyt wysokiego poziomu testosteronu mechanizm ten może prowadzić do leworęczności (lewa półkula steruje prawą ręką) oraz dysfunkcji językowych, takich jak np. dysleksja czy jąkanie się (lewa półkula jest odpowiedzialna za procesy językowe). Przyspieszony rozwój prawej półkuli miałby z kolei prowadzić do szczególnego rozwoju zdolności wzrokowo-przestrzennych. Ponieważ poziom testosteronu u mężczyzn z założenia jest wyższy, ryzyko wystąpienia leworęczności i dysleksji jest większe u tej płci. Ostatnio pojawiły się prace pokazujące, że u osób leworęcznych poziom testosteronu w wieku dorosłym jest niższy, a nie wyższy. Dane te jednak nie podważają słuszności tez Geschwinda, jeśli się założy, że prenatalnie wyższy poziom tego hormonu może prowadzić do jego niższego poziomu w wieku dorosłym.

Drugim istotnym elementem teorii Geschwinda było założenie, że zbyt wysoki poziom testosteronu prowadzi nie tylko do nierównomiernego rozwoju półkul mózgowych, ale do pewnych zaburzeń układu immunologicznego, wskutek nieprawidłowości rozwoju grasicy. W efekcie może dochodzić do uruchamiania w nadmiernym stopniu mechanizmów obronnych w odniesieniu do substancji, które normalnie nie wywołują silnych reakcji immunologicznych.

Geshwind dowodził, że jeśli jego teoria jest słuszna, to wśród mężczyzn więcej powinno być osób leworęcznych, dyslektyków oraz osób jąkających się, a jednocześnie zjawiska te powinny współwystępować z chorobami immunologicznymi. Przeprowadzono bardzo wiele badań, które miały na celu sprawdzenie tych hipotez. Wykazały one, że rzeczywiście wśród osób z dysleksją jest ogromna przewaga mężczyzn: dysleksja w tej grupie występuje ponad trzykrotnie częściej. Również jąkanie znacznie częściej zdarza się u mężczyzn. Jeśli chodzi o leworęczność, to nie wszystkie badania wykazują tu istotne różnice płciowe. Warto jednak zwrócić uwagę, że nawet w tych pracach, w których nie ma istotnych różnic, z reguły obserwuje się pewną przewagę leworęcznych wśród populacji męskiej, w porównaniu z kobiecą. Co więcej, dokładniejsze badania dotyczące siły preferencji wyboru jednej z rąk wskazują, że wśród kobiet osoby praworęczne osiągają bardziej skrajne wyniki, tj., różnica między ręką prawą i lewą jest u nich większa niż u praworęcznych mężczyzn. Jednak niektórzy autorzy, tłumaczą ten efekt większą skłonnością kobiet do konformizmu. Ogólnie można przyjąć, że wprawdzie różnice nie są bardzo duże, niemniej ich kierunek jest zgodny z przewidywaniami Geschwinda. Przewidywania te nie całkiem się sprawdzają, jeśli chodzi o częstość występowania zaburzeń immunologicznych u dwojga płci, częściej bowiem występują one u kobiet. Jeśli jednak wziąć pod uwagę jedynie populację leworęcznych lub np. populację osób o wysokich uzdolnieniach matematycznych (teoria Geschwinda zakłada, że talenty matematyczne, zależne od rozwoju prawej półkuli, i leworęczność idą w parze), to okaże się, że rzeczywiście osoby te wykazują zwiększoną podatność na choroby immunologiczne, takie jak różne alergie czy astma. Wśród leworęcznych jest np. 2,5 raza więcej osób cierpiących na te zaburzenia niż wśród praworęcznych. Co więcej, jeśli porównuje się częstość występowania leworęczności w różnych grupach osób, to tam gdzie nasilenie leworęczności wzrasta, z reguły wzrasta też nasilenie chorób immunologicznych. Między tymi czynnikami więc najprawdopodobniej istnieje jakiś związek. Stosunkowo większą podatność kobiet na choroby immunologiczne Geschwind wyjaśnia w ten sposób, że w okresie dorosłym testosteron pełni funkcję ochronną w odniesieniu do chorób układu immunologicznego; w związku z tym ta część jego teorii może odnosić się tylko do wieku dziecięcego.

Pewnym poparciem dla teorii Geschwinda jest obserwacja, że chłopcy później zaczynają mówić, co jest zgodne z założeniem, że rozwój lewej półkuli jest u nich wolniejszy. Również niektóre dane anatomiczne przemawiają na korzyść tej teorii. Na przykład, badania mózgów ludzkich płodów dowiodły, że prawa półkula jest większa u płodów męskich; u płodów żeńskich zaś bądź brak jest takiej asymetrii, bądź jest ona skierowana w przeciwnym kierunku. Co więcej, szczegółowe badania nad rozwojem anatomicznym półkul mózgowych wskazują, że istotnie w pierwszym okresie rozwoju prawa półkula może rozwijać się szybciej. Na przykład w lewej półkuli później pojawiają się niektóre zawoje w okolicy bruzdy Sylwiusza. Wykazano również, że kolaterale dendrytyczne w obszarach, które później zawiadują funkcjami mowy, rozwijają się później w półkuli lewej, choć generalnie ich gęstość w tej półkuli jest większa.

Nie wszyscy autorzy zgadzają się z teorią Geschwinda. Na ogół istnieje jednak zgodność co do faktu, iż prenatalnie działające hormony płciowe w sposób istotny wpływają na rozwijający się mózg. W efekcie płeć męska koreluje z takimi zjawiskami, jak leworęczność czy dysleksja. Coraz więcej prac sugeruje jednak, że mechanizmy działania hormonów mogą być znacznie bardziej złożone, niż to zakłada teoria Geschwinda, np. że mogą być one inne u dwojga płci.

## 21.2.2.4. Mechanizmy neuronalne działania hormonów

Z powyższych rozważań wynika, że hormony płciowe mają istotny wpływ na procesy zachodzące w rozwijającym się mózgu. Jaki jest mechanizm tych oddziaływań? Wykazano, że androgeny działają stymulujaco na synaptogenezę (tworzenie się synaps, dzięki którym komórki kontaktują się ze sobą), hamują eliminację synaps, stymulują proliferację komórek oraz wzrost nerwów. Ma to ważne znaczenie dla procesu rozwoju mózgu, w którym neurony współzawodniczą ze sobą w tworzeniu połączeń. Te, które wygrywają w tym współzawodnictwie, przeżywają, tworząc synapsy, te, które przegrywają, „wypadają z gry", bo po prostu umierają.

Receptory androgenów i estrogenów są rozłożone w tkance nerwowej w sposób nierównomierny, co może stanowić podstawę dla późniejszego rozwoju różnic płciowych w odniesieniu do niektórych tylko struktur. Stwierdzono np. półkulowe różnice w rozkładzie receptorów androgenów w płatach czołowych u makaków. Okazało się, że u samców tych zwierząt poziom receptorów androgenu w półkuli lewej i prawej znacznie się różni, natomiast u samic takich różnic nie zaobserwowano. Wydaje się, że swobodnie wędrujący androgen może być wychwytywany przez tkankę nerwową zależnie od poziomu receptorów, a więc zależnie od wrażliwości tej tkanki na androgen. Poziom androgenu wychwytywanego przez komórkę może zaś w istotny sposób modyfikować wiele procesów związanych z rozwojem tkanki nerwowej. Nierównomierny rozkład receptorów androgenu w dwóch półkulach mózgowych może prowadzić do tworzenia synaps z tej strony, gdzie jest więcej receptorów androgenu. Neurony ze strony przeciwnej, które przegrały współzawodnictwo, mogą zamierać. Niesymetryczny rozkład receptorów w mózgu może więc prowadzić do powstawania anatomicznych i funkcjonalnych różnic półkulowych. I tu dochodzimy do różnic półkulowych (por. rozdz. 19) między płciami. U płodów płci męskiej poziom androgenu jest wysoki, w związku z czym mózg męski może wykazywać dużą podatność na powstawanie asymetrii. W mózgu kobiecym zaś poziom androgenu jest niski, w związku z czym dojrzewanie lewej i prawej półkuli może zachodzić w sposób bardziej symetryczny, a na dodatek eliminacja włókien i neuronów może zachodzić wolniej.

Oczywiście wykazanie asymetrii w poziomie androgenów jedynie u samców jest niezwykle interesujące i zgadza się z obserwacjami wiążącymi większą asymetrię mózgową z płcią męską. Podsumowując, możemy stwierdzić, że zarówno asymetria mózgu, jak i zmiany w nim zachodzące w rozwoju, które, jak widzieliśmy, są zależne od płci, mogą w istotny sposób być generowane przez hormony płciowe.

## 21.3. Wpływ aktywizujący u osób dorosłych

Jak podkreślano we wstępie, hormony mają znaczący wpływ na mózg nie tylko w okresie, kiedy następuje jego rozwój (wpływ organizujący), ale również u dorosłych osobników (wpływ aktywizujący). Przeprowadzono wiele badań na zwierzętach, które ukazują szereg zmian zarówno na poziomie zachowania, jak i neuroanatomii i biochemii. Ze względu na ograniczenie miejsca nie będziemy ich tu szerzej omawiać. Szczególne zainteresowanie budziły struktury związane z uczeniem się i pamięcią, zwłaszcza kompleks hipokampa. Okazało się, że podlegają one morfologicznym zmianom o charakterze dymorficznym, mającym istotny związek z poziomem hormonów płciowych. Wykazano, że u myszy liczba kolców dendrytycznych, od których m.in. zależą procesy uczenia, maleje pod wpływem deprywacji od estrogenu (wykastrowane samiczki). Poddanie samiczek nawet krótkotrwałej terapii estrogenowej prowadzi natomiast do gwałtownego wzrostu kolców. Ma też wpływ na całe drzewko dendrytyczne, tj. liczbę kolaterali, jakie na nim występują, co oczywiście rzutuje na liczbę tworzonych połączeń, a tym samym i na przebieg procesów uczenia się i pamięci.

Dotychczasowe badania nad wpływem aktualnego poziomu hormonów na poziom funkcjonowania człowieka, a zwłaszcza na procesy poznawcze, dotyczyły trzech zagadnień: 1) wahań funkcji poznawczych w cyklu menstruacyjnym, 2) wpływu terapii estrogenowych u starszych kobiet na funkcje poznawcze oraz 3) wpływu chirurgicznej menopauzy na te funkcje.

## 21.3.1. Wahania funkcji poznawczych w cyklu menstruacyjnym

Dogodnym obiektem badań nad wpływem hormonów na funkcje psychiczne wydawały się kobiety, u których w cyklu menstruacyjnym następują fluktuacje poszczególnych hormonów (ryc. 21.3). W późnym okresie folikularnym (bezpośrednio poprzedzającym jajeczkowanie) następuje skokowy krótkotrwały wzrost poziomu estradiolu przy jednocześnie stosunkowo niskim poziomie progesteronu. Poziom estradiolu i progesteronu wzrasta też i jest stosunkowo wysoki przez kilka dni w tzw. fazie środkowo-

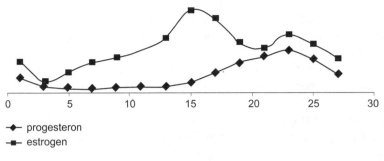

0   5   10   15   20   25   30

◆ progesteron
■ estrogen

**Ryc. 21.3.** Zmiany poziomu żeńskich hormonów w cyklu menstruacyjnym

-lutealnej (między jajeczkowaniem a miesiączką). W fazie menstruacyjnej oraz we wczesnej folikularnej poziom obu tych hormonów pozostaje niski.

W badaniach, o których mowa, najczęściej stosowano takie testy, które wykazują zróżnicowanie płciowe, tj., w których wykonaniu kobiety i mężczyźni w sposób systematyczny różnią się od siebie. Ogólnie kobiety wykazują wyższość w różnorodnych zadaniach werbalnych oraz zadaniach wymagających precyzji ruchów, mężczyźni zaś w szerokiej gamie zadań angażujących funkcje wzrokowo-przestrzenne. Jedna z najbardziej znanych badaczek tego problemu E. Hampson porównywała poziom wykonania różnych testów w późnej fazie folikularnej (z wysokim poziomem estrogenu) i w fazie menstruacyjnej (z niskim poziomem estrogenu). Stosowała testy „męskie" badające funkcje przestrzenne oraz wnioskowanie i testy „kobiece": fluencję werbalną, artykulację, koordynację manualną i szybkość spostrzegania. Rycina 21.4 przedstawia wyniki uzyskane przez kobiety w dwóch fazach: menstruacyjnej i późnej folokularnej. Wartości dodatnie oznaczają lepsze wykonanie testów „męskich", a ujemne — kobiecych. Jak widać, w fazie z wysokim poziomem estrogenów lepsze było wykonanie testów kobiecych, a w fazie z niskim poziomem tych hormonów — męskich.

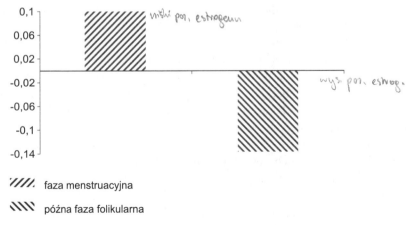

⧼ faza menstruacyjna

⧼ późna faza folikularna

**Ryc. 21.4.** Wpływ fazy cyklu menstruacyjnego na wykonanie testów poznawczych (wg badań E. Hampson). Wartości dodatnie oznaczają lepsze wykonanie testów „męskich", a ujemne „kobiecych"

W innych badaniach podobne różnice stwierdzono w odniesieniu do fazy wczesnej folikularnej, w której poziom zarówno estrogenu, jak i pregosteronu jest niski i środkowo-lutealnej, gdy ten poziom dla obu hormonów jest wysoki. Analiza korelacyjna wykazała ponadto pozytywny związek między poziomem estradiolu i testami fluencji a negatywny między poziomem estradiolu a zdolnościami przestrzennymi.

Podsumowując, estrogeny zdają się sprzyjać tym zadaniom, w których przewagę uzyskują kobiety i działają negatywnie na testy, w których przewagę uzyskują mężczyźni.

## 21.3.2. Wpływ terapii estrogenowych u starszych kobiet na funkcje poznawcze

Innym dogodnym modelem do badań aktywizującego wpływu estrogenu na funkcje poznawcze stały się kobiety w wieku postmenopauzalnym, u których nastąpił gwałtowny naturalny spadek poziomu hormonów żeńskich. Niektóre z kobiet poddają się estrogenowej terapii zastępczej. Można więc u nich badać wpływ hormonów na funkcje poznawcze, zestawiając ich wyniki z wynikami kobiet, które nie zażywają estrogenu.

Już pierwsze badania prowadzone w latach 50. ubiegłego wieku w USA sygnalizowały pozytywne efekty terapii estrogenowych, ale co ciekawe, badania te wskazywały, że wybiórczo dotyczą one pamięci werbalnej. Po odstawieniu estrogenów, po okresie jednego roku, wyniki tych samych osób pogorszyły się, co wskazuje, że efekt działania estrogenu jest krótkotrwały i wiąże się prawdopodobnie z aktualnym poziomem tego hormonu.

Te zachęcające dane spowodowały ogromne zainteresowanie problemem. Przeprowadzono wiele badań, które pomimo wielu pozytywnych sygnałów okazały się mniej jednoznaczne, niż przypuszczano. Problem w tym, że badania te prowadzono w sposób pozostawiający wiele do życzenia: liczebności badanych osób były zbyt małe, w grupach kontrolnych nie stosowano placebo, nie mierzono bezpośrednio poziomu hormonów, stosowano różne formy i dawki estrogenów, czas stosowania terapii był zmienny, brak było ślepych prób, brak było kontroli takich czynników jak depresja, zażywanie narkotyków, wpływ innych terapii np. progestinu razem z estradiolem. W efekcie trudno było więc stwierdzić, jakim oddziaływaniom podlegały mózgi badanych osób.

Dopiero w ostatnich latach zaczęto prowadzić badania zgodnie z prawidłami sztuki. W jednym z nich starszym kobietom podawano przez okres dwóch tygodni estradiol lub placebo i badano ich wydolność w szeregu testów poznawczych bezpośrednio przed rozpoczęciem terapii i po niej. Początkowa analiza danych nie wykazała, by grupy zażywające estradiol i placebo różniły się między sobą. Pomiary estradiolu we krwi wykazały jednakże znaczne różnice wewnątrz grupy zażywającej ten hormon: u niektórych osób jego poziom we krwi wzrastał gwałtownie pod wpływem terapii, u innych jednak pozostawał na niskim poziomie. Gdy porównano między sobą grupy z wysokim i niskim poziomem estradiolu, okazało się, że ta z wysokim poziomem przewyższała grupę z niskim we wszystkich testach pamięci werbalnej (zarówno badanej bezpośrednio po prezentacji materiału, jak i z odroczeniem). Brak było natomiast takich różnic w testach pamięci niewerbalnej, testach przestrzennych czy teście uwagowym. Zmiany samopoczucia, które również kontrolowano, nie korelowały z wykonaniem testów. Badanie to nie tylko potwierdzało, że estrogeny mogą mieć wybiórczy wpływ na pamięć werbalną, ale co więcej, że efekt ten bezpośrednio zależy od aktualnego poziomu estradiolu we krwi oraz że pozytywny wpływ może pojawiać się po bardzo krótkim czasie stosowania hormonu. Ponieważ te pozytywne efekty obserwowano u kobiet, które w okres menopauzy weszły ponad 17 lat wcześniej, wyniki te pokazują, że mózg utrzymuje wrażliwość na estrogen nawet po wielu latach niskiej jego zawartości we krwi.

Ogólnie, uzyskane dotąd dane sugerują, że estrogeny mogą modulować przebieg niektórych specyficznych funkcji, zwłaszcza takich, gdzie w grę wchodzi uczenie się i pamięć werbalna. Mogą również wpływać na sprawność niektórych funkcji ruchowych. Ponieważ nie wszystkie badania dawały jednoznacznie pozytywne wyniki, zaczęto przyglądać się dokładniej efektom terapii w zależności od czasu ich trwania. W jednym z takich badań, w których stosowano kilka testów angażujących pamięć werbalną (pamięć listy słów bezpośrednio po ekspozycji, po okresie odroczenia oraz podtest podobieństw z testu inteligencji Wechslera badający zdolność do abstrakcyjnego myślenia), wykazano, że wykonanie tych testów jest najsłabsze u tych osób, które nigdy nie zażywały estrogenów i coraz lepsze w grupach zażywających estrogeny, przy czym wyniki były tym lepsze, im dłuższy okres terapii. Co ciekawe, kilkakrotnie powtarzane badania wykazywały poprawę wykonania u osób stosujących terapię. Efekty te były niezależne od wieku, wykształcenia i pochodzenia etnicznego.

Mimo iż stosowanie terapii estrogenowych stwarza szansę polepszenia jakości życia starszych kobiet, decyzje co do ich stosowania muszą być podejmowane z wielką ostrożnością ze względu na zwiększenie ryzyka wystąpienia raka, jakie się z mini wiążą.

## 21.3.3. Wpływ chirurgicznej menopauzy na funkcje poznawcze

Odrębny nurt dotyczący wpływu estrogenów na pracę mózgu stanowią badania kobiet, które przeszły tzw. chirurgiczną menopauzę. Są to kobiety, którym ze względów terapeutycznych usunięto jajniki, co oczywiście spowodowało drastyczną zmianę poziomu estrogenów. Tego rodzaju przypadki pozwalają na bardzo ścisłą kontrolę wszystkich parametrów. W dobrze zaplanowanych badaniach tego rodzaju mierzy się poziom hormonów u kobiet w jakiś czas przed wykonaniem operacji, a następnie w różnych okresach po operacji, jednocześnie dając do wykonania różne zadania badające procesy poznawcze. W niektórych badaniach podaje się różnym kobietom różne formy estrogenu. Często też za grupę porównawczą służą kobiety, którym podaje się placebo. Grupę kontrolną mogą stanowić kobiety, które przeszły np. operację usunięcia macicy, ale nie jajników. W tego rodzaju badaniach stwierdzono, że już po upływie dwóch miesięcy od operacji kobiety otrzymujące estrogen bądź poprawiły swoje wyniki, bądź ich nie pogarszały w testach pamięci werbalnej i uczenia się par słów, podczas gdy kobiety zażywające placebo w analogicznych testach bądź utrzymywały stały poziom wykonania, bądź poziom ten pogarszał się. Efekt pogorszenia był najprawdopodobniej związany z obniżeniem poziomu estrogenów we krwi. Ujemne skutki deprywacji od estrogenów stwierdzono również i w innych pracach, wykazując jednocześnie, że występują one w silniejszym stopniu, niż u kobiet z fizjologiczną menopauzą.

A jak działa testosteron? Poziom tego hormonu u kobiet jest generalnie bardzo niski. W niektórych przypadkach może on jednak być patologicznie wysoki, co na ogół prowadzi do wyjątkowo dobrych wyników w testach przestrzennych. Stwierdzono, że podawanie testosteronu podczas terapii transseksualnych kobiet wpływa pozytywnie na poziom wykonania testów przestrzennych, natomiast obniżająco na poziom wykonania testów fluencji werbalnej. Są również prace, w których starano się określić wpływ naturalnych zmian poziomu testosteronu na funkcje poznawcze u kobiet. Zgodnie z oczekiwaniem wykazano w nich, że stosunkowo wysoki poziom testosteronu sprzyja dobremu wykonaniu testów przestrzennych. Nie stwierdzono natomiast jego wpływu na testy werbalne.

## 21.3.4. Hormony a funkcje mózgowe u mężczyzn

Badacze interesowali się, czy hormony wpływają również na funkcje psychiczne u mężczyzn. Wydaje się, że w przeciwieństwie do tego, co obserwuje się u kobiet, wysoki poziom testosteronu u mężczyzn wiąże się raczej ze słabym wykonaniem testów przestrzennych. Przeprowadzono interesujące badania, w których zdrowym mężczyznom podawano przez 8 tygodni testosteron lub placebo. Skutki porównywano z podobną terapią stosowaną u mężczyzn, u których występowało zaburzenie polegające na obniżonej produkcji testosteronu przez jądra. W grupie zdrowych mężczyzn podanie testosteronu obniżało ich zdolności wzrokowo-przestrzenne. Grupa z obniżoną produkcją testosteronu ogólnie we wszystkich testach wypadała gorzej, jednak jej wyniki poprawiały się pod wpływem podawania testosteronu. Podobny pozytywny wpływ podawania testosteronu stwierdzono u starszych mężczyzn, u których w naturalny sposób (z wiekiem) nastąpił spadek jego poziomu.

Ogólnie więc, testosteron zaaplikowany osobom o niskim jego poziomie (kobietom lub mężczyznom z patologicznie niskim poziomem tego hormonu oraz starszym mężczyznom) wpływa pozytywnie na wyniki testów przestrzennych. Odwrotnie jest, gdy podaje się go osobom z naturalnie wysokim jego poziomem. Jeśli porównywano wyniki mężczyzn charakteryzujących się różnym poziomem testosteronu, lecz w granicach normy, nie stwierdzono widocznego wpływu na wykonanie zadań poznawczych.

Wiadomo, że w zależności od pory dnia następują fluktuacje poziomu testosteronu (jego poziom jest najwyższy rano). Zastanawiano się więc, czy te fluktuacje mają wpływ na poziom wykonania testów poznawczych. Jeśli dotychczasowe przypuszczenia są słuszne, to kobiety badane wcześnie rano powinny lepiej wykonywać testy przestrzenne, niż kobiety badane w późniejszych godzinach. U mężczyzn tendencja powinna być dokładnie odwrotna. Uzyskane wyniki zdają się potwierdzać te przewidywania. Ponadto, niektórzy autorzy wskazują na istnienie sezonowych wahań poziomu wykonania testów poznawczych, co, jak postulowano, ma związek z sezonowymi fluktuacjami testosteronu. Nowsze badania wskazują, że rzeczywiście pory roku mają wpływ na wydolność psychiczną i asymetrię mózgową (i to nie tylko u mężczyzn, lecz również u kobiet), jednak związek tych zjawisk z fluktuacjami hormonów jest niejasny.

Jeśli chodzi o wpływ estrogenów na funkcje psychiczne u mężczyzn, to danych tych jest bardzo mało i są niejednoznaczne. Estradiol u mężczyzn jest produkowany z testosteronu z udziałem enzymu aromatazy. Niektórzy badacze stwierdzają pozytywny związek między ilością naturalnie występującego estradiolu a wydolnością umysłową, przynajmniej jeśli chodzi o poziom wykonania niektórych testów angażujących pamięć krótkotrwałą i uwagę oraz pamięć wzrokową. Ciekawe, że badania prowadzone na starszych osobach, powyżej 65. roku życia wykazały, że poziom estradiolu u mężczyzn jest wyższy niż u kobiet w podobnym wieku niestosujących estrogenowych terapii zastępczych. Konkluzja, jaką wyciągają autorzy w odniesieniu do pozytywnego wpływu estradiolu na pamięć u mężczyzn, może jednak budzić wątpliwości ze względu na fakt, że badana grupa mężczyzn różniła się od kobiet również wyraźnie wyższym poziomem testosteronu.

# 21.4. Wpływy neuroprotekcyjne

Wykazanie pozytywnych skutków terapii estrogenowych u starszych kobiet zachęciło badaczy do podejmowania badań sprawdzających, na ile stosowanie tych terapii może działać zapobiegawczo w przypadku choroby Alzheimera oraz czy estrogeny mogą wykazywać działanie lecznicze u tych osób, u których choroba Alzheimera już się rozwinęła (por. rozdz. 23).

## 21.4.1. Rola estrogenów w zapobieganiu demencji i chorobie Alzheimera

Najwięcej takich badań prowadzi się w USA. W jednym z nich przebadano 1282 starsze kobiety, spośród których 12,5% relacjonowało stosowanie terapii estrogenowej w różnych dawkach i różnym okresie. Badacze stwierdzili, że stosowanie terapii estrogenowej zmniejszało ryzyko wystąpienia choroby Alzheimera z 16% u osób niezażywających estrogenów do 5,8% u osób stosujących terapię estrogenową. Ten pozytywny wynik wzmacniało stwierdzenie, że kobiety, które zażywały estrogeny przez okres dłuższy niż 1 rok, wykazywały większy spadek ryzyka zachorowania, niż kobiety stosujące tę kurację przez okres krótszy. W innych badaniach stwierdzono spadek ryzyka wystąpienia choroby Alzheimera aż o 50%. W badaniach tych nie wykazano jednak wpływu długości trwania terapii. Metaanaliza prac dotyczących wpływu kuracji estrogenowych ogólnie na procesy demencyjne wykazała, że ich stosowanie zmniejsza ryzyko wystąpienia demencji przeciętnie aż o 29%.

Skoro wyniki badań kobiet stosujących terapie zastępcze okazały się tak obiecujące, zaczęto zastanawiać się, czy istnieje jakiś związek między naturalnie występującym u kobiet poziomem estrogenów a podatnością na procesy demencji. Taka hipoteza wydawała się tym bardziej rozsądna, że dane epidemiologiczne wskazują na większą zapadalność na chorobę Alzheimera wśród kobiet niż wśród mężczyzn (proporcja ta wynosi 1,6 : 1,0), nawet jeśli uwzględni się poprawkę na większą długość życia kobiet. Obserwacja ta wydaje się ważna, zwłaszcza w świetle danych pokazujących, że w starszym wieku u kobiet poziom estrogenów może spadać do poziomu niższego niż u mężczyzn. Niedawno ukazała się praca, w której porównywano poziom estrogenu we krwi u kobiet, które nigdy nie stosowały terapii zastępczej. Porównano ze sobą dwie grupy: grupę osób bez symptomów demencji i grupę osób z chorobą Alzheimera. Okazało się, że poziom ten był istotnie wyższy u osób zdrowych w porównaniu z chorymi. Co więcej, szczegółowe porównania wykazały, że im niższy poziom estradiolu, tym większe prawdopodobieństwo choroby. Wydaje się, więc, że poziom estradiolu u kobiet z chorobą Alzheimera jest niższy, co może stanowić przesłankę do twierdzenia, że niski poziom estrogenów zwiększa ryzyko wystąpienia tej choroby. Warto tu również wspomnieć o danych wskazujących na mniejszą śmiertelność kobiet stosujących terapię zastępczą.

## 21.4.2. Rola estrogenów w terapii choroby Alzheimera

Stwierdzenie pozytywnej roli estrogenów w zapobieganiu chorobie Alzheimera zachęciło badaczy do prób stosowania tych hormonów w terapii tej choroby. Wyniki nielicznych dotąd przeprowadzonych badań nie są jednak jednoznaczne, choć niektóre z nich pokazują pozytywne efekty. W badaniach prowadzonych na kobietach z chorobą Alzheimera niektórym pacjentkom podawano przez pewien okres estrogeny, a innym — placebo i porównywano efekty. Stwierdzono m.in., że podawanie estrogenu przez 2 miesiące prowadzi do poprawy pamięci i uwagi. Co więcej, te pozytywne efekty znikają, gdy terapia zostaje przerwana.

W literaturze pojawia się jednak coraz więcej prac nie potwierdzających pozytywnego wpływu estrogenów na stan pacjentów z chorobą Alzheimera. Jeśli pozytywne efekty w ogóle się obserwuje, na ogół są one słabe i dotyczą tylko nielicznych testów. Negatywne przykłady mogą sugerować, że podawanie estrogenów nie jest w stanie odwrócić deficytów poznawczych, które już nastąpiły. W związku z tymi niejednoznacznymi wynikami na razie brak jest podejmowania prób klinicznych stosowania estrogenów w terapii choroby Alzheimera.

# 21.5. Podsumowanie

W niniejszym rozdziale dokonano przeglądu współczesnych badań wskazujących, że różnice pomiędzy mężczyznami w zdolnościach i poziomie wykonania zadań poznawczych mogą mieć swoje źródło w oddziaływaniach hormonów płciowych na mózg. Hormony wpływają na mózg zarówno w okresie jego powstawania w okresie prenatalnym (wpływ organizujący), jak i w dorosłym życiu człowieka (wpływ aktywizujący). Odgrywają one ponadto rolę neuroprotekcyjną, zmniejszając ryzyko zachorowania na chorobę Alzheimera.

Stwierdzenie, że hormony płciowe mogą rzeczywiście wpływać na procesy psychiczne, nieuchronnie prowadziło do prób określenia neurobiologicznej natury tych wpływów. Obecnie prowadzi się wiele badań, które wskazują, że hormony, których rolę ograniczano dotąd do sfery zachowań i procesów związanych z seksem, odgrywają zasadniczą rolę w biochemicznych procesach zachodzących w mózgu. Wpływy te dotyczą zwłaszcza tych rejonów mózgu, które są związane z procesami uczenia się i pamięci. Wykazano m.in., że pod ich wpływem nie tylko mogą tworzyć się nowe połączenia synaptyczne, a nawet powstawać kolce i drzewka dendrytyczne, ale też, że działają protekcyjnie na neurony, które ulegają degeneracji w procesach demencyjnych. Coraz lepiej poznajemy też mechanizmy molekularne tych zmian.

Warto podkreślić, że badania biochemiczne, molekularne i anatomiczne pokazujące, w jaki sposób hormony wpływają na procesy psychiczne, nie tylko uwiarygodniają badania psychologiczne, ale otwierają zupełnie nowe perspektywy dla zrozumienia ludzkich zachowań oraz dla przeciwdziałania chorobom atakującym mózg.

## LITERATURA UZUPEŁNIAJĄCA

Blum D.: *Mózg i płeć. O biologicznych różnicach między kobietami a mężczyznami.* Prószyński i S-ka, Warszawa 2000.

Ellis L., Ebertz L. (red.): *Males, Females, and Behavior: Toward Biological Understanding.* Praeger Westport, 1998.

Grabowska A.: Neurobiologiczne korelaty różnic psychicznych między płciami. *Kolokwia Psychologiczne* 2001, **9**: 47 – 76.

Herman-Jeglińska A., Dulko S., Grabowska A.: Transsexuality and adextrality: do they share a common origin? W: L. Ellis, L. Ebertz (red.) *Sexual Orientation: Toward Biological Understanding.* Praeger Westport 1997, 163 – 180.

Kimura D.: *Sex and Cognition.* The MIT Press, Cambridge, England 1999.

Kuczyńska A., Dzikowska E.K. (red.): *Zrozumieć płeć. Studia interdyscyplinarne II.* Wydawnictwo Uniwersytetu Wrocławskiego, Wrocław 2004.

# ROZDZIAŁ 22

# Starzenie się układu nerwowego

Grażyna Niewiadomska

---

Wprowadzenie ■ Makroskopowe zmiany w starzejącym się mózgu ■ Zmiany mikroskopowe w starzejącym się mózgu ■ Zmiany czynnościowe w mózgu spowodowane procesem starzenia się ■ Wpływ procesu starzenia na zdolności poznawcze ■ Podsumowanie

---

## 22.1. Wprowadzenie

Mózg, podobnie jak inne narządy i tkanki, ma pewną zdolność do zmian plastycznych, która pozwala mu kompensować niekorzystne wpływy środowiska zewnętrznego lub nieprawidłowości przemian biologicznych zachodzące w obrębie samej tkanki nerwowej. Ta zdolność adaptacji maleje jednak z wiekiem. Oznacza to, że w miarę upływu czasu dojrzały układ nerwowy staje się coraz bardziej wrażliwy na różne neurotoksyczne substancje i nie jest zdolny do skutecznej obrony przed ich uszkadzającym wpływem. Opisując zmiany, jakie zachodzą w układzie nerwowym w wyniku starzenia się, należy jednak wyraźnie rozgraniczyć pomiędzy „normalnie" starzejącym się mózgiem a zmianami, jakie zachodzą w układzie nerwowym w wyniku różnorodnych procesów patologicznych (ryc. 22.1).

W układzie nerwowym normalne starzenie się nie objawia się dramatycznymi zmianami struktury, a jego wynikiem jest spowolnienie i pogorszenie jakości funkcji układu nerwowego u w zasadzie zdrowych osobników. Natomiast zmiany, będące wynikiem procesów patologicznych, prowadzą do rozwoju różnorodnych zespołów klinicznych, wśród których najczęstsze są tak zwane zespoły otępienne (demencje). Jednym z najpoważniejszych jest choroba Alzheimera. Te procesy chorobowe są zwykle nieodwracalne, objawiają się poważnymi zaburzeniami strukturalnymi, w tym wymieraniem neuronów oraz powstawaniem patologicznych tworów w tkance mózgowej i prowadzą do utraty zdolności poznawczych i intelektualnych.

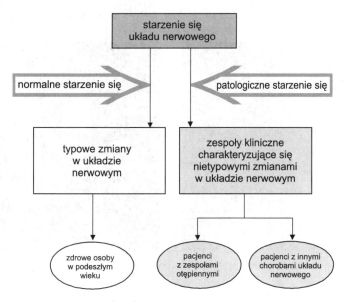

**Ryc. 22.1.** Normalne i patologiczne starzenie się w układzie nerwowym to dwa odrębne procesy

# 22.2. Makroskopowe zmiany w starzejącym się mózgu

W wieku około 50 lat tkanka mózgowa zaczyna się obkurczać. W tym wieku średnia waga mózgu z około 1,4 kg w wieku 25 lat zmniejsza się do 1,2 kg. Jednak w przeciwieństwie do powszechnie panującego obiegowego poglądu to obkurczenie mózgu nie oznacza przyspieszonego zaniku komórek nerwowych. Jest ono rezultatem ubytku wody z komórek nerwowych. Najbardziej uderzającą zmianą pojawiającą się w mózgu wraz z wiekiem jest ubytek zawartości wody w komórkach nerwowych. Należy zaznaczyć, że dotyczy to jedynie wnętrza komórek, natomiast w przestrzeni międzykomórkowej zawartość wody nie zmienia się. W związku z tym, około 50 roku życia masa uwodnionej tkanki mózgowej zaczyna maleć. Obniżenie uwodnionej masy mózgu obserwowano także u starych zwierząt laboratoryjnych. Ubytek wody z komórek nerwowych prowadzi do znaczącego wzrostu zawartości białka w neuronach i ma wpływ na przebieg procesów metabolicznych i aktywność neuronów. Utrata wody prowadzi do obkurczenia neuronów i do zmniejszenia z wiekiem objętości struktur mózgowych. Nie wszystkie okolice mózgu są jednakowo podatne na te zmiany. Pewne okolice kory mózgu, np. kora ciemieniowa i potyliczna, które zawierają dużo małych neuronów (tzw. komórek ziarnistych), nie tracą więcej niż 8% swej objętości. Dzieje się tak dlatego, że neurony ziarniste tracą znacznie mniej wody niż duże neurony piramidalne. Stąd znacznie większe zaburzenia strukturalne obserwuje się w asocjacyjnej korze czołowej oraz szczególnie nasilone w korze ruchowej, których cytoarchitektonika charakteryzuje się obecnością licznych komórek piramidalnych w dobrze wykształconych warstwach III i V.

Osoba starsza

Osoba 88-letnia z zaawansowaną chorobą Alzheimera

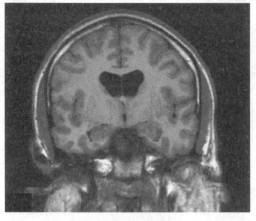 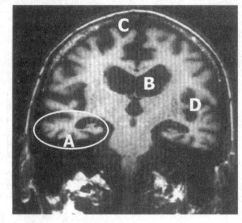

Makroskopowe zmiany w obrazie mózgu w chorobie Alzheimera:
A. Obkurczenie hipokampa
B. Powiększenie komór mózgowych
C. Obkurczenie kory mózgowej i powiększenie przestrzeni śródczaszkowej
D. Poszerzenie bruzd między zwojami mózgu

**Ryc. 22.2.** Wykorzystanie techniki MRI w obrazowaniu mózgu u osoby zdrowej i u osoby dotkniętej chorobą otępienną. Przekroje mózgu na poziomie kory skroniowej pokazują powiększone komory mózgu i poszerzone bruzdy między zwojami oraz obkurczenie tkanki mózgowej w korze i hipokampie u osoby chorej w porównaniu z osobą zdrową

Zmiany makroskopowe można obrazować używając techniki rezonansu magnetycznego (ang. magnetic resonance imaging, MRI). Cząsteczki wody umieszczone w silnym polu magnetycznym ulegają rezonansowi i wydzielają kwanty energii w postaci fal radiowych. Promieniowanie to można mierzyć umieszczając wokół głowy badanego szereg detektorów. Sygnał z tych detektorów jest przetwarzany przez program komputerowy, który tworzy przestrzenny obraz tkanki mózgowej. Rekonstrukcja struktury mózgu u zdrowych osób dorosłych i osób w podeszłym wieku pozwala porównać, w jakim stopniu wiek wpływa na zaburzenia w zawartości wody w tkance mózgowej. Dzięki możliwości nieinwazyjnego obrazowania mózgu stwierdzono także, że z wiekiem zmienia się makroskopowy wygląd mózgu. Obkurczanie tkanki nerwowej powoduje poszerzenie się odstępów (bruzd) pomiędzy zawojami mózgu oraz powiększenie się wewnątrzmózgowych przestrzeni zwanych komorami mózgu. Istnieje jednak bardzo duża zmienność indywidualna w obrębie tych cech. Ponadto zmiany te zależne są także od płci. U mężczyzn pojawiają się wcześniej (ok. 40 roku życia) niż u kobiet i zwykle są bardziej nasilone. Najpoważniejsze zmiany makroskopowe obserwuje się w chorobach neurodegeneracyjnych, np. w chorobie Alzheimera te zmiany są szczególnie duże w niektórych obszarach mózgu takich, jak kora ciemieniowa i skroniowa (ryc. 22.2) (por. rozdz. 23).

# 22.3. Zmiany mikroskopowe w starzejącym się mózgu

## 22.3.1. Czy z wiekiem tracimy znaczącą liczbę neuronów?

Od połowy lat 50. ubiegłego wieku wraz z opublikowaniem wyników badań morfometrycznych Brody'ego uważano, że u człowieka w czasie starzenia się znacznie maleje liczba neuronów w korze mózgowej, co jest przyczyną poważnego obniżenia zdolności poznawczych i intelektualnych ludzi starych. Badania te były obarczone jednak poważnymi błędami metodycznymi. Wprowadzenie przez Gundensena nowej stereologicznej metody liczenia komórek w danej strukturze pozwoliło zweryfikować wyniki wcześniejszych badań. Obecnie większość danych pomiarowych otrzymanych u ludzi oraz u małp naczelnych świadczy o tym, że liczba komórek nerwowych w mózgu nie zmniejsza się znacząco wraz z wiekiem.

Nie oznacza to, że komórek w mózgu nie ubywa wcale. Szacuje się, że codziennie obumiera około 10 tys. neuronów w korze mózgu, co jednak nie stanowi wielkiej straty wobec ogólnej liczby komórek w korze (średnio ok. $10^{-11}$). Ponadto w pewnych okolicach mózgu ubywa więcej neuronów niż w innych. W trakcie normalnego starzenia się prawie nie obserwuje się wymierania neuronów w strukturach pnia mózgu oraz w strukturze nazywanej istotą czarną. Jest to o tyle ciekawe, że w chorobie Parkinsona, która dotyka ludzi starych, właśnie w tej okolicy mózgu degenerują niemal wszystkie neurony dopaminergiczne (syntetyzujące neuroprzekaźnik dopaminę). Natomiast strukturą wrażliwą na obumieranie neuronów jest móżdżek, w którym najbardziej dotkniętą populacją są tzw. komórki Purkinjego. Ponieważ móżdżek zaangażowany jest w kontrolę motoryki ciała, a przy tym również w korze ruchowej występują stosunkowo poważne zmiany morfologiczne, to nic dziwnego, że u ludzi starych obserwuje się znaczne pogorszenie funkcji ruchowych. Badania z wykorzystaniem technik stereologicznych pokazały, że w mózgu zdrowych osób nie cierpiących na żaden z zespołów otępiennych nie obserwuje się ubytku neuronów nawet w tych strukturach, które są szczególnie dotkliwie uszkodzone w chorobie Alzheimera, tzn. w okolicy podstawnej przodomózgowia, w hipokampie i korze śródwęchowej. Hipokamp jest strukturą mózgu ważną dla procesu uczenia się i formowania pamięci. Jednak wbrew poprzednim przypuszczeniom w procesie fizjologicznego starzenia się neurony hipokampa nie wymierają, nawet jeżeli u starych osób obserwowano przed śmiercią pewne zaburzenia procesów pamięci. Stosunkowo najpoważniejsze zmiany zachodzą w obszarze kory mózgowej zwanej płatami czołowymi. Jest to filogenetycznie najmłodsza część kory zaangażowana głównie w złożone funkcje poznawcze i mentalne. Pogorszenie tych funkcji obserwowane u starych ludzi jest najczęściej związane z zaburzeniami czynności płatów czołowych. Jednak charakter tych zaburzeń jest trudny do określenia. Nie polega on na utracie komórek nerwowych, gdyż w mózgu starych osób nie obserwowano istotnych zmian

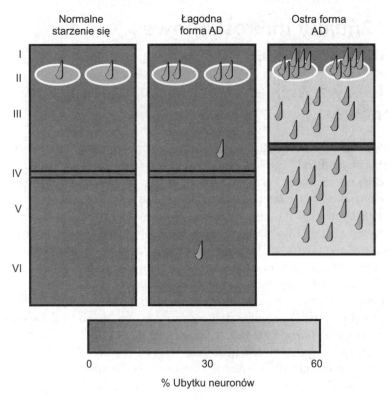

**Ryc. 22.3.** Liczba komórek nerwowych nie zmniejsza się z wiekiem. Wymieranie komórek nerwowych jest zjawiskiem cechującym stany chorobowe mózgu. AD — choroba Alzheimera; I – VI — warstwy kory mózgowej

*choline , układ cholinergiczny*

neurodegeneracyjnych. Być może pogorszenie to ma związek z obniżoną innerwacją cholinergiczną, jaką płaty czołowe otrzymują z okolicy podstawnej przodomózgowia, gdzie położona jest główna pula neuronów cholinergicznych mózgu.

Należy jednak podkreślić wyraźnie, że opisane wyżej zmiany liczby neuronów w normalnie starzejącym się mózgu są nieznaczne w porównaniu z ich naprawdę masowym wymieraniem w różnych chorobach neurodegeneracyjnych. Dotyczy to np. neuronów ruchowych pnia mózgu i rdzenia kręgowego w chorobach z zaburzeniami układu ruchowego, neuronów dopaminergicznych istoty czarnej w chorobie Parkinsona i neuronów cholinergicznych okolicy podstawnej mózgu w chorobie Alzheimera. Ponadto cechą charakterystyczną wszystkich zespołów otępiennych jest utrata dużej liczby neuronów w korze mózgu (ryc. 22.3) (por. rozdz. 23).

Niewiele jednak istnieje w literaturze wiarygodnych danych co do stopnia ubytku wraz z wiekiem neuronów w strukturach podkorowych mózgu. Na podstawie dotychczasowych badań uważano, że z wiekiem dochodzi do atrofii neuronów cholinergicznych, co prowadzi do zaniku projekcji cholinergicznej oraz związanego z tym upośledzenia procesów uczenia się i pamięci. Jednak ostatnio pojawiają się doniesienia, z których wynika, że w procesie naturalnego starzenia się neurony cholinergiczne wcale nie ulegają atrofii. Wydaje się, że pogorszenie projekcji cholinergicznej w mózgu jest spowodowane raczej zanikiem fenotypu neuroprzekaźnikowego neuronów cholinergicznych. Oznacza to, że z wiekiem neurony te tracą zdolność do syntezy charakterystycznego dla nich neuroprzekaźnika, acetylocholiny. Potwierdziły to między innymi nasze badania, w których ocenialiśmy wpływ podawania czynnika wzrostu nerwów NGF (ang. nerve growth factor) na morfologię neuronów cholinergicznych u starych szczurów.

W tych doświadczeniach znakowano neurony cholinergiczne w tkance mózgowej metodą immunohistochemiczną, wykorzystując trzy przeciwciała monoklonalne. Jedno z nich specyficznie rozpoznawało acetylotransferazę cholinową ChAT (enzym syntetyzujący acetylocholinę), drugie, białko receptora NGF o wysokim powinowactwie TrkA, a trzecie białko receptora o niskim powinowactwie, tak zwane białko p75$^{NTR}$. Oba białka występują specyficznie jedynie w neuronach cholinergicznych i dlatego są bardzo dobrymi markerami tych neuronów. Okazało się, że u starych szczurów obraz morfologiczny neuronów znakowanych na ChAT był bardzo zły, u niektórych zwierząt wręcz nie wykrywano tych neuronów. Mogło to oznaczać, że z wiekiem neurony cholinergiczne ulegają atrofii, a nawet całkowicie degenerują. Jednak równoczesne znakowanie receptora p75$^{NTR}$ oraz klasyczne histologiczne barwienie metodą Nissla pokazały, że obraz morfologiczny tych neuronów u starych szczurów jest równie prawidłowy, jak u młodych zwierząt (ryc. 22.4). Neurony cholinergiczne nie obumierają w starym mózgu, a jedynie tracą zdolność do syntezy acetylocholiny.

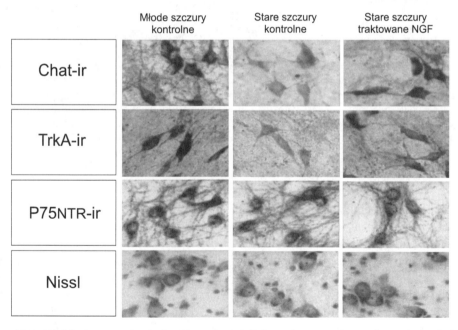

**Ryc. 22.4.** Morfologia neuronów cholinergicznych w wielkokomórkowym jądrze podstawnym u młodych i starych szczurów kontrolnych i starych szczurów otrzymujących infuzje NGF. ChAT-, TrkA-, p75NTR-ir znakowanie immunohistochemiczne oraz barwienie metodą Nissla. (Wg: Niewiadomska i in. *Neurobiol. Aging* 2002, 23: 601–613)

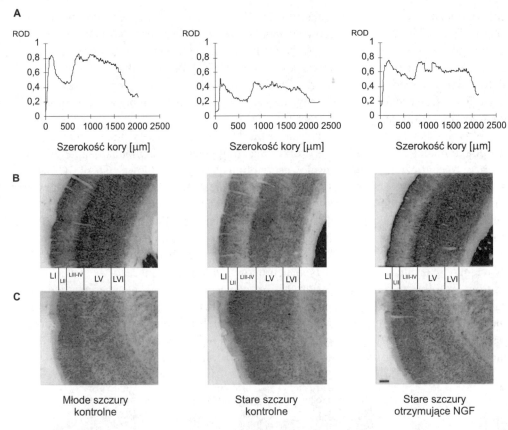

Młode szczury kontrolne     Stare szczury kontrolne     Stare szczury otrzymujące NGF

**Ryc. 22.5.** Rozmieszczenie włókien nerwowych zawierających acetyolesterazę cholinową w czuciowo--ruchowej korze ciemieniowej (pola S1HL i S1Fl) u młodych i starych szczurów. Laminarny wzór wysokiej aktywności AChE w warstwach korowych (**B**) odzwierciedla pomiar względnej gęstości optycznej (ROD) mierzonej poprzez szerokość kory (**A**) z wykorzystaniem komputerowej analizy obrazu. Barwione metodą Nissla sąsiednie skrawki tkanki mózgowej (**C**) stanowią odniesienie w celu wyznaczenia poszczególnych warstw kory. Wyraźny trójpasmowy wzór wysokiej aktywności AChE zanika u starych szczurów (środkowy pionowy panel). Podawanie NGF powoduje wzrost dokorowej projekcji cholinergicznej u starych zwierząt (prawy pionowy panel) i przywrócenie wzorca charakterystycznego dla młodych szczurów. Skala = 200 μm. (Wg: Niewiadomska i in. *Neurobiol. Aging* 2002, 23: 601 – 613)

Można temu przeciwdziałać podając NGF. U starych szczurów, otrzymujących NGF obraz morfologiczny neuronów cholinergicznych przypomina ten obserwowany u zwierząt młodych. Wyniki podobne do naszych uzyskano u starych małp.

Podawanie starym szczurom egzogennego NGF w pobliże okolicy podstawnej spowodowało nie tylko ponowną ekspresję ChAT lub nawet jej wzrost, a tym samym przywrócenie fenotypu cholinergicznego w większości neuronów, ale także zwiększenie wydzielania acetylocholiny w zakończeniach dokorowej projekcji cholinergicznej mierzone aktywnością enzymu rozkładającego acetylocholinę AChE (acetyloesteraza cholinowa) w korze mózgowej. U starych szczurów nie otrzymujących NGF gęstość AChE-pozytywnych włókien korowych była znacząco mniejsza w analizowanych polach korowych. Zanikał też typowy trzywarstwowy wzór aktywności enzymu zlokalizowany w I, III i V – VI warstwie kory somatosensorycznej. Dokomorowe infuzje NGF spowodowały wzrost ekspresji AChE u starych szczurów tak, że wzór i poziom intensywności reakcji nie różnił się od poziomu ekspresji enzymu u młodych szczurów (ryc. 22.5).

Z naszych badań wynika, że atrofia i wymieranie komórek cholinergicznych w trakcie fizjologicznego starzenia się pojawia się jako zjawisko krańcowe, a także, że neurony cholinergiczne zachowują potencjalną zdolność do syntezy acetylocholiny, którą można stymulować podając NGF. NGF wywiera troficzne działanie nawet wówczas, gdy został podany w bardzo późnej fazie starzenia się. Stąd słuszna wydaje się taktyka zmierzająca do podtrzymania czynności układu cholinergicznego.

## 22.3.2. W starzejącym się mózgu zmienia się morfologia neuronów

Z wiekiem obkurczeniu ulegają ciała komórek nerwowych, zmienia się także obraz morfologiczny ich wypustek. Dotyczy to przede wszystkim rozgałęzień dendrytycznych, przy czym dopóki nie osiągniemy naprawdę zaawansowanego wieku (powyżej 80 lat), nie są to zmiany niekorzystne. U normalnie starzejących się osób w wieku między 50 a 75 rokiem życia drzewka dendrytyczne neuronów korowych są bardziej rozgałęzione i większe niż u osób młodych. Największe różnice dotyczą średniej długości segmentów końcowych rozgałęzień dendrytycznych. Również w hipokampie szczurów długość apikalnych i podstawnych dendrytów komórek piramidalnych była większa u starych zwierząt niż w młodej grupie kontrolnej. Przypuszczalnie rozrost drzewka dendrytycznego jest zmianą kompensującą ubytek neuronów i wynikające z tego zmniejszenie liczby połączeń neuronalnych.

W starzejącym się mózgu dochodzi także do zmniejszenia liczby połączeń synaptycznych pomiędzy neuronami. Stopień nasilenia tych zmian jest jednak zależny od środowiska, w jakim żyjemy. Badania na szczurach wykazały, że zwierzęta hodowane w homogennej grupie wiekowej w tzw. zubożonym środowisku o bardzo ograniczonej ilości bodźców miały na starość znacznie zmniejszoną liczbę połączeń synaptycznych i zmniejszoną liczbę kolców dendrytycznych. Natomiast u zwierząt starych, hodowanych w środowisku bogatym w bodźce oraz wśród osobników w różnym wieku (w tym młodych) nie stwierdzono zmniejszenia liczby kolców dendrytycznych i połączeń synaptycznych. Ponadto najwięcej korzystnych zmian, łącznie z większą masą mózgu, obserwowano u szczurów, które aktywnie wykorzystywały możliwości wzbogaconego środowiska. U zwierząt pasywnych zmiany nie były istotne. Uważa się, że te zmiany morfologiczne są przejawem plastyczności dojrzałego układu nerwowego i świadczą o tym, że mózg bardzo długo zachowuje zdolności kompensacyjne i adaptacyjne wobec zmieniającego się środowiska.

Jednak zdolność do odbudowy połączeń synaptycznych i rozrastania się drzewka dendrytycznego ma ograniczenie wiekowe. Średnio powyżej 80 roku życia mózg nie przejawia już tak dynamicznych zmian strukturalnych. Pojawiają się morfologiczne zmiany świadczące o nasileniu procesów degeneracyjnych. Należy do nich rozległe i utrzymujące się zanikanie kolców dendrytycznych w całej korze oraz pojawianie się pęcherzykowatości, puchnięcie i skręcanie się poziomych rozgałęzień dendrytycznych. W ślad za tym pojawia się pęcznienie całego neuronu i zanikanie dendrytów. Ostatecznie neuron ulega całkowitej atrofii i obumiera.

## 22.3.3. Histologiczne wskaźniki starzenia się mózgu

O starzeniu się komórek nerwowych w mózgu świadczy nie tylko ich obkurczanie się i obumieranie, ale zanim do tego dojdzie, także gromadzenie się w ich wnętrzu nierozpuszczalnych pigmentów, takich jak neuromelanina i lipofuscyna. W miarę starzenia się w mózgu pojawia się też coraz większa liczba patologicznych struktur nazywanych płytkami starczymi (ang. neuritic plaques, NP) i splotami włókienek nerwowych (ang. neurofibrillary tangles, NFT). Tymi zmianami szczególnie dotknięte są duże neurony piramidalne, podczas gdy w małych komórkach gromadzi się mniej pigmentów i rzadziej ulegają one zwyrodnieniu prowadzącemu do tworzenia się NP i NFT.

Neuromelanina jest ciemnym barwnikiem gromadzącym się szczególnie obficie w komórkach katecholaminergicznych, np. neuronach dopaminergicznych istoty czarnej (nazwa tej struktury pochodzi właśnie od ciemnego wybarwienia przez neuromelaninę). Barwnik nagromadza się w tych neuronach wraz z wiekiem. Nie wiadomo, czy jest w jakikolwiek sposób związana ze śmiercią komórek istoty czarnej. Badania układu dopaminergicznego u starych szczurów pokazały, że nagromadzanie się z wiekiem neuromelaniny nie uszkadzało w istotny sposób funkcji neuronów.

Nagromadzanie się w komórkach drugiego z pigmentów, lipofuscyny, jest jednym z najbardziej charakterystycznych wskaźników starzenia się układu nerwowego. W neuronie, jak w każdej komórce, błona komórkowa podlega ciągłej recyrkulacji i naprawie. W procesie tym biorą udział lizosomy. Lipofuscyna jest substancją niejednorodną. Powstaje wskutek transformacji lizosomów drugiego rzędu. Tworzy się w wyniku utleniania wielonienasyconych kwasów tłuszczowych lub nie-enzymatycznej glikozylacji długo żyjących białek i kwasów nukleinowych. Utlenione grupy cukrowe tworzą wiązania krzyżowe pomiędzy białkami. Powstałe w ten sposób substancje są oporne na hydrolizę, nie podlegają strawieniu i odkładają się w cyto-plazmie neuronu. Niektóre ze składników lipofuscyny mają właściwości fluorescen-cyjne. Stąd im starsza tkanka nerwowa, tym bardziej świeci obserwowana w mikro-skopie, po wzbudzeniu światłem o odpowiedniej długości fali. Nie ma przekonujących dowodów na to, że lipofuscyna jest substancją toksyczną dla komórek nerwowych. Niektórzy uważają wręcz, że gromadzenie się lipofuscyny jest raczej odzwierciedleniem aktywności metabolicznej komórki niż jej rzeczywistego wieku.

Natomiast patologicznymi wskaźnikami starzenia się mózgu są płytki starcze oraz sploty włókienkowe, które masowo tworzą się u pacjentów z chorobami neuro-degeneracyjnymi, ale obecne są także u normalnie starzejących się osób (ryc. 22.6). Obie struktury powstają wskutek degeneracji komórek nerwowych. NP składają się z luźnych agregatów utworzonych z odgałęzień neuronów i komórek glejowych. Zawierają

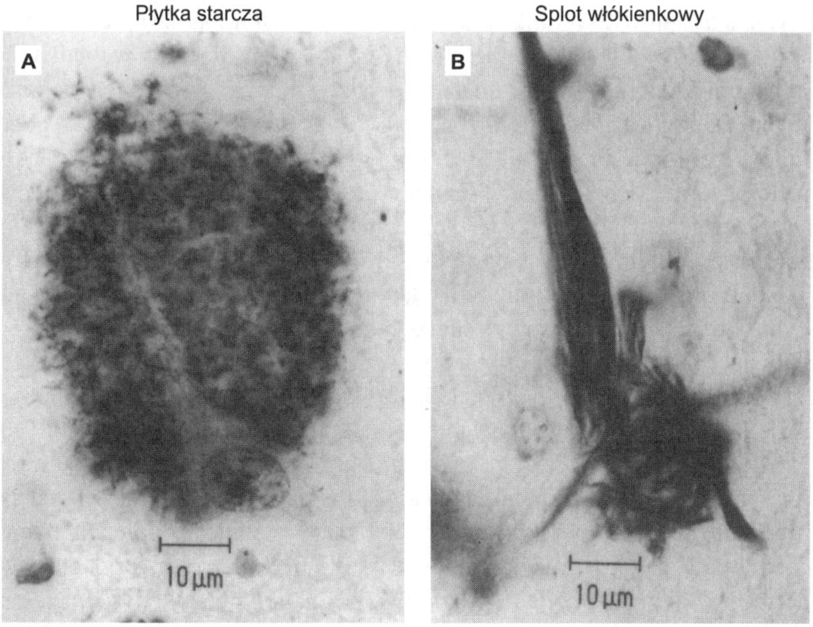

Płytka starcza          Splot włókienkowy

**Ryc. 22.6.** Płytka starcza (**A**) zawierająca zewnątrzkomórkowe złogi $\beta$-amyloidu i sploty włókienkowe (**B**) wypełniające wnętrze neuronu piramidalnego w zwoju okołohipokampalnym kory mózgowej u człowieka. (Wg: Dani i in. 1997; zmodyf.)

także depozyty strukturalnych białek cytoplazmatycznych, takich jak związane z mikrotubulami białko tau oraz związane z błonami białko $\beta$-amyloidalne. Ponadto można w nich znaleźć zewnątrzkomórkowe produkty uboczne procesu neurodegeneracji. Rozróżnia się dwa rodzaje płytek starczych w mózgu. Pierwszy typ to tzw. płytki rozproszone (ang. diffuse plaques), które zawierają głównie fragmenty filamentów komórkowych, nie mają zwartej struktury, a ich obecność w tkance mózgowej nie koreluje z występowaniem i stopniem nasilenia zespołów otępiennych. Drugi typ to płytki neurotyczne (ang. neuritic plaques), które zawierają głównie złogi $\beta$-amyloidu i dystroficzne fragmenty neurytów i są charakterystyczne dla choroby Alzheimera (por. rozdz. 23).

NFT składają się również z depozytów białek strukturalnych neuronów oraz z degenerujących krótkich odcinków dendrytów i końcowych rozgałęzień aksonalnych. Jednak ich głównym składnikiem są parzyste filamenty helikalne (ang. paired helical filaments, PHF), które powstają wskutek nieprawidłowej fosforylacji białka tau. Proces prowadzący do powstawania tych form pozostaje nadal nie wyjaśniony. Z badań *post mortem* u ludzi wynika, że struktury te częściej tworzą się w dużych neuronach. Dlatego NP i NFT występują najliczniej w III i V warstwie nowej kory oraz w II warstwie kory śródwęchowej, gdzie leżą duże neurony piramidalne.

Transport aksonalny zachodzi w dużej mierze z udziałem aparatu mikrotubularnego aksonów. Elementy komórkowe są transportowane po mikrotubulach przez białka motoryczne należące do dwóch nadrodzin: kinezyn i dynein, które wykazują odmienne preferencje kierunku ruchu. Kinezyny wędrują na ogół w kierunku zakończeń aksonalnych, a dyneiny w kierunku ciała perikarionu. Natomiast strukturę cytoszkieletu aksonów i dendrytów tworzą głównie tubulina, białka neurofilamentów, białka związane z mikrotubulami MAP (ang. microtubule associated proteins), wśród nich białka tau oraz aktyna i białka przyłączające się do aktyny. Mikrotubule są jednym ze składników cytoszkieletu komórki. Przenikają one komórkę, utrzymują jej kształt, są również szlakami transportu pęcherzyków, organelli i substancji odżywczych. Białko tau jest kodowane przez gen znajdujący się na dłuższym ramieniu chromosomu 17. Jest białkiem wysoce rozpuszczalnym, które w normalnych warunkach przyłącza się do mikrotubul. U ludzi zidentyfikowano 6 izoform białka tau. Poszczególne izoformy białka tau różnią się nie tylko liczbą aminokwasów w łańcuchu, ale również obecnością 3 lub 4 domen wiążących się z mikrotubulami oraz lokalizacją 1 lub 2 insercji. Ciężar cząsteczkowy izoform białka tau wynosi od 45 do 65 kDa. N-koniec białka tau jest odpowiedzialny za transdukcję sygnału poprzez reagowanie z białkami, takimi jak kinazy PLC-$\gamma$ i Src, natomiast C-koniec odpowiada za przyłączanie się białka tau do mikrotubuli, regulację ich polimeryzacji i stabilizację. Białko tau ulega fosforylacji w miejscach występowania seryny i treoniny. Dla długiej izoformy białka tau występuje 79 potencjalnych miejsc fosforylacji, która zachodzi z udziałem kinaz białkowych. Hiperfosforylacja w krytycznych miejscach białka tau przyłączonego do mikrotubul powoduje dysocjację białka od mikrotubul i depolimeryzację tubuliny, co w konsekwencji prowadzi do destabilizacji mikrotubul. Odczepione od mikrotubul agregaty tau łączą się w pary, ulegają skręceniu i tworzą spiralne włókna PHF. Skutkiem zaburzeń w wiązaniu białka tau do tubuliny, stanowiącej szkielet mikrotubuli, i zakłóceń w równowadze pomiędzy różnymi izoformami białka tau jest nagromadzenie się nadmiernych ilości wolnego, wysoce ufosforylowanego białka tau, które z kompartmentu aksonalnego zostaje przesunięte do kompartmentu somato-dendrytycznego neuronu. Struktury mikrotubularne nie funkcjonują wówczas prawidłowo, a złogi tau uniemożliwiają transport komórkowy. W rezultacie tego neurony nie są w stanie przekazywać sygnału elektrycznego ani transportować substancji odżywczych i innych ważnych składników w obrębie komórki (ryc. 22.7).

Badania białka tau nabrały ogromnego znaczenia, gdy okazało się, że nienaturalnie skręcone pary włókien białka tau występują nie tylko w chorobie Alzheimera, ale również w chorobie zwanej otępieniem czołowo-skroniowym, w chorobie Picka, zespole Downa, parkinsonizmie kodowanym przez gen zlokalizowany na chromosomie 17 (FTDP-17), w postępującym porażeniu ponadjądrowym (ang. progressive supranuclear palsy, PSP) i zwyrodnieniu korowo-podstawnym (ang. corticobasal degeneration, CBD). Wszystkie te choroby noszą nazwę tauopatii i mogą mieć podłoże w nieprawidłowej fosforylacji specyficznych izoform białka tau w różnych komórkach nerwowych mózgu. Jeden z genów, którego produkt jest związany z etiologią otępienia czołowo-skroniowego, znajduje się w chromosomie 17, a więc w tym samym, w którym zlokalizowany jest gen kodujący białko tau. W 1998 roku Schellenberg zidentyfikował mutację genu kodującego tę chorobę. Jego odkrycie wskazało na możliwość występowania zmian otępiennych wskutek zaburzeń przetwarzania i gromadzenia białka tau. Również w chorobie Alzheimera zagęszczenie zwyrodnień neurofibrylarnych jest ściśle skorelowane ze stopniem otępienia.

Odkrycia dokonane w ciągu ostatnich dziesięciu lat w biochemii, neurobiologii

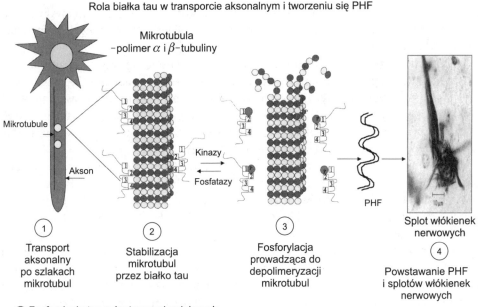

Rola białka tau w transporcie aksonalnym i tworzeniu się PHF

Mikrotubula
–polimer $\alpha$ i $\beta$–tubuliny

Mikrotubule

Akson

Kinazy

Fosfatazy

PHF

Splot włókienek nerwowych

(1) Transport aksonalny po szlakach mikrotubul

(2) Stabilizacja mikrotubul przez białko tau

(3) Fosforylacja prowadząca do depolimeryzacji mikrotubul

(4) Powstawanie PHF i splotów włókienek nerwowych

● Fosforylacja tau w krytycznych miejscach

**Ryc. 22.7.** Transport aksonalny zachodzi w dużej mierze po szlakach mikrotubul (1). Białko tau przyłącza się do tubuliny poprzez swoje domeny wiązania z mikrotubulami (1 – 4) i stabilizuje je (2). W wyniku hiperfosforylacji białka tau w specyficznych miejscach łańcucha dochodzi do oddysocjowania białka tau od tubuliny. Tubulina ulega depolimeryzacji, a struktury mikrotubularne zostają rozerwane (3). W wyniku tego neurony nie są w stanie przekazywać sygnałów elektrycznych ani transportować ważnych dla siebie składników w obrębie komórki. Wysoce ufosforylowane cząsteczki białka tau łączą się w pary, ulegają skręceniu i tworzą parzyste spiralnie skręcone włókienka PHF. Duże ilości PHF zbijają się i tworzą sploty włókienek nerwowych NT (4). Komórka nerwowa wypełniona splotami umiera

molekularnej i epidemiologii wskazują, że nieprawidłowy metabolizm APP i $\beta$-amyloidu uruchamia kaskadę zdarzeń, które prowadzą do zmian w białku tau, objawiających się destrukcją cytoszkieletu neuronów i tym samym uszkodzeniem transportu substancji sygnałowych i organelli w komórce (por. rozdz. 23). Z kolei przemiany metaboliczne APP w mózgu regulowane są przez układ projekcji cholinergicznej. Badania na hodowlach komórkowych oraz na skrawkach mózgowych szczura wykazały, że w ten proces zaangażowane są receptory muskarynowe acetylocholiny M1 i M3, zlokalizowane na cholinoceptywnych komórkach kory mózgowej. Molekularny mechanizm kontroli i regulacji przemian APP przez acetylocholinę nie został jeszcze dobrze poznany. Wiadomo, że zarówno *in vitro*, jak i *in vivo* jednymi z przekaźników informacji, które pośredniczą w tym procesie, są kinaza białkowa C – PKC oraz fosfoinozytole. Jeżeli farmakologicznie zwiększono aktywność kinazy PKC (np. podając metylazoksymetanol), to obserwowano wzrost poziomu sekrecyjnej formy APP oraz zmniejszenie ilości formy APP związanej z błonami biologicznymi. Ponadto wykazano, że aktywacja drogi przekazywania sygnału z udziałem PKC zmniejsza tworzenie się toksycznej formy A$\beta$. Sugeruje się, że zmiany w gęstości postsynaptycznych receptorów muskarynowych lub brak ich aktywacji wskutek uszkodzenia docierającego do kory pobudzenia cholinergicznego prowadzi do przesunięcia równowagi w procesie przemiany APP na korzyść patogennej formy Aβ. Najnowsze doniesienia uzupełniają spójny obraz zależności pomiędzy układem cholinergicznym, neurotrofinami, integralnością aparatu transportu wewnątrzkomórkowego i zmianami otępiennymi o charakterze tauopatii. Skonstruowano myszy transgeniczne syntetyzujące przeciwciało skierowane przeciw własnemu NGF. Obok oczywistych zaburzeń w układzie cholinergicznym, brak czynnego NGF w mózgu tych zwierząt połączony był z wysokim stopniem ufosforylowania białka tau i występowaniem splotów neurofibrylarnych PHF.

Wiele danych wskazuje na to, że NP i NFT to dwie kolejne fazy tego samego procesu degeneracji cytoszkieletu komórek nerwowych. Tworzenie się NP sygnalizuje zaburzenia struktury neurytów i poprzedza rozpadanie się aparatu tubularnego perykarionu oraz powstawanie NFT. Zarówno NP, jak i NFT mogą bardzo dynamicznie zmieniać swoje rozmiary. Na przykład w korze śródwęchowej płytka o rozmiarach 30 μm² powstała wskutek rozpadu jednego neuronu może powiększyć się do 30 000 μm², obejmując bardzo wiele neuronów. Po utworzeniu się obie struktury nie muszą pozostawać w mózgu na zawsze. Mogą one zanikać nawet w krótkim czasie po powstaniu. Niestety mechanizm usuwania ich z kory mózgowej jest bardzo słabo poznany. Badania populacyjne u normalnych, zdrowych osób pochodzących z różnych grup etnicznych oraz obszarów geograficznych udowodniły, że procesy neurodegeneracyjne prowadzące do tworzenia się NP i NFT są zaprogramowane. Ich powstawanie jest kilkufazowe i rozpoczyna się w wieku około 50 – 55 lat tworzeniem się płytek starczych. Pojawienie się NFT i rozpad komórki może nastąpić bardzo szybko, bo już w ciągu roku od powstania NP, bądź z odroczeniem nawet około 15 lat.

# 22.4. Zmiany czynnościowe w mózgu spowodowane procesem starzenia się

## 22.4.1. Aktywność bioelektryczna starzejącego się mózgu

Aktywność bioelektryczna mózgu może być mierzona za pomocą elektroencefalografii. EEG odzwierciedla ogólną aktywność elektryczną obszaru mózgu, znad którego zbierany jest sygnał u czuwających osób w spoczynku, nie mówi natomiast nic o aktywności pojedynczej komórki. Technika ta jest stosowana rutynowo w postępowaniu klinicznym u ludzi, ale także u ludzi i zwierząt w różnych testach laboratoryjnych. Wyniki niektórych badań pokazują, że wraz z wiekiem pojawiają się zmiany w zapisie EEG. Uważa się, że u około 24% osób w podeszłym wieku pojawiają się zaburzenia w zapisie EEG. Wśród osób z chorobami neurodegeneracyjnymi aż 50% chorych ma poważne zmiany w zapisie EEG. Nie można jednoznacznie stwierdzić, że zmiany te są wynikiem procesu starzenia się. Prawdopodobne jest, że zarówno u osób normalnie starzejących się, jak i u osób z chorobami neurodegeneracyjnymi są to zmiany wtórne wywołane np. nadciśnieniem tętniczym lub arteriosklerozą.

## 22.4.2. Potencjały wywołane

Alternatywną techniką wobec pomiaru spontanicznej aktywności bioelektrycznej mózgu jest pomiar EEG, w czasie gdy osobie badanej prezentuje się różnego rodzaju bodźce. Najczęściej są to bodźce wzrokowe, np. błyski światła lub poruszające się czarno-białe wzorce, które specyficznie stymulują układ wzrokowy. Zwielokrotniony potencjał czynnościowy generowany w układzie czuciowym po stymulacji dociera do pól sensorycznych kory wzrokowej, gdzie wywołuje równoczesną odpowiedź dużej liczby neuronów kory. Zsynchronizowana aktywność tych komórek, czyli tzw. potencjał wywołany, może być zmierzony elektroencefalograficznie. Potencjały wywołane można porównywać analizując następujące ich cechy: wczesny komponent (czas zanim potencjał osiągnie wartości ujemne), wysokość fali potencjału (amplitudę) oraz późny komponent (czas trwania potencjału po tym, gdy po raz pierwszy osiągnie on wartość ujemną).

Wzrokowe potencjały wywołane u normalnie starzejących się osób różnią się wieloma cechami od tych obserwowanych u ludzi młodych. Wczesny komponent trwa zwykle dłużej, fala potencjału ma znacznie wyższą amplitudę, a późny komponent jest również mocno rozciągnięty w czasie. U osób cierpiących na demencje starcze zmiany te są znacznie bardziej nasilone, przy czym dotyczy to szczególnie późnego komponentu. Zmiany w potencjałach wywołanych u ludzi starych nie dotyczą wyłącznie bodźców wzrokowych. Podobne różnice obserwowano także w układzie somatosensorycznym i słuchowym. Różnice w potencjałach wywołanych obserwowane między młodymi i starymi osobami mogą być spowodowane wolniejszym na starość przewodzeniem sygnału wzdłuż nerwów. Wolniejsze przewodzenie przez neurony dróg czuciowych oraz zmiany odpowiedzi w korze mogą odzwierciedlać spowolnienie czasu reakcji oraz zaburzenia funkcji poznawczych, będących skutkiem starzenia się.

## 22.4.3. Metabolizm energetyczny
## w starzejącym się mózgu

Mimo że mózg stanowi zaledwie 2% masy ciała, to zużywa aż 20% glukozy i tlenu transportowanego z krwią. To wysokie zużycie substancji energetycznych w mózgu zapewnione jest nie przez zwiększenie objętości krwi dostarczanej do mózgu, ale poprzez zwiększenie tempa przepływu krwi przez mózg, które w tym narządzie jest w ogóle większe niż w innych okolicach ciała. Lokalną aktywność mózgu można ocenić mierząc mózgowy przepływ krwi (ang. cerebral blood flow, CBF; technika wprowadzona w latach 40. XX w.). U normalnie starzejących się osób, nie cierpiących na żadne zaburzenia krążenia, CBF jest tylko nieznacznie obniżony w porównaniu z osobami młodymi.

Rozwinięcie w ostatnich latach techniki pozytonowej tomografii emisyjnej (PET) pozwoliło wykorzystać CBF do nieinwazyjnej oceny metabolizmu mózgu i do mapowania obszarów aktywności mózgu w odpowiedzi na różne bodźce sensoryczne. Wyniki z użyciem techniki PET również potwierdzają tylko nieznaczne pogorszenie funkcji u normalnie starzejących się osób. Bardzo znaczące różnice występują dopiero u starych osób dotkniętych chorobami neurodegeneracyjnymi. Niekiedy zmiany te można przypisać pojawieniu się symptomów zaburzeń mentalnych lub pogorszeniu pamięci. Jednak zużycie glukozy jest zdecydowanie obniżone tylko u chorych cierpiących na zespoły otępienne, np. na chorobę Alzheimera. Zmiany te korelują ze stwierdzonymi *post mortem* zmianami morfologicznymi i występują najsilniej w tych okolicach mózgu, w których zmiany neurodegeneracyjne są również największe. Stwierdzono klinicznie, ze lokalne zmiany w poziomie zużycia glukozy zwykle poprzedzają zmiany strukturalne w tych obszarach mózgu i mogą być wskaźnikiem późniejszych zmian prowadzących do zespołów otępiennych.

Badania na zwierzętach, pozwalające stosować szersze spektrum metod (np. autoradiografia z wykorzystaniem znakowanej 2-deoksyglukozy) potwierdzają wyniki otrzymane u ludzi. U starych szczurów obserwowano 20% obniżenie zużycia glukozy w porównaniu ze zwierzętami młodymi. Interesujący jest fakt, że najniższy poziom zużycia glukozy odnotowano w okolicach mózgu związanych z funkcjami wzrokowymi i słuchowymi. Ponadto zmiany w poziomie wykorzystania glukozy korelowały z pogorszeniem się zdolności do uczenia się ocenianej w testach behawioralnych. Obniżeniu zdolności do wykorzystania glukozy towarzyszy również spadek poziomu zużycia tlenu. U szczurów różnica między zwierzętami młodymi i starymi wynosi średnio 15%, przy czym w niektórych okolicach mózgu jest szczególnie dotkliwa, np. w hipokampie, strukturze związanej z procesami zapamiętywania osiąga aż 25%.

## 22.4.4. Zmiany w poziomie syntezy neuroprzekaźników

Starzenie się układu nerwowego wiąże się zwykle z takimi zmianami fizjologicznymi, jak zaburzenia snu, nadmierna drażliwość i wzrost poczucia zagrożenia oraz obniżenie aktywności intelektualnej. Wszystkie te objawy mogą być spowodowane zmianami w poziomie syntezy neuroprzekaźników oraz zmianami w odpowiedzi układu nerwowego na pobudzenie przez te neuroprzekaźniki. Większość z układów neurotransmisyjnych w mózgu wykazuje pogorszenie funkcji wraz z wiekiem (tab. 22.1). Istnieje wiele dowodów na to, że te zmiany powodują związane z wiekiem pogorszenie funkcji poznawczych.

Po raz pierwszy stwierdzono to w przypadku dopaminy, neuroprzekaźnika syntetyzowanego przez komórki nerwowe istoty czarnej śródmózgowia. Synteza dopaminy spada z wiekiem, jednak u większości osób są to zmiany nieznaczne i nie powodujące symptomów chorobowych. Jednak pewien odsetek populacji osób starszych podlega procesowi degeneracji komórek dopaminergicznych. U tych osób synteza dopaminy spada nawet o 90%, co prowadzi do rozwoju choroby Parkinsona. Podobnie dużą utratę komórek GABAergicznych obserwuje się w jądrze ogoniastym

**Tabela 22.1.** Zmiany poziomu neuroprzekaźników w mózgu związane z procesem starzenia się lub z chorobami neurodegeneracyjnymi

| Transmiter/ Enzym | Fizjologiczne starzenie się | Alkoholizm | Choroba Alzheimera | Choroba Huntingtona | Choroba Parkinsona |
|---|---|---|---|---|---|
| ACh, ChAT | ↓ | ↓ | ↓↓↓ | ↓ | ↓ |
| AChE | ←→ | ↓ | ↓↓ | ↓ | – |
| DA | ↓ | ↓ | ↓ | ↓ | ↓↓↓ |
| NE | ↓↓ | ↓ | ↓ | – | – |
| GABA | ↓ | ↓ | ↓ | ↓ | – |
| 5-HT | ←→ | – | ↓↓ | ↑ | ↓ |
| Glut | ←→ | – | ↓ | – | – |
| SS | ←→ | – | ↓ | – | – |

ACh — acetylocholina, AChE — acetyloesteraza cholinowa, ChAT — acetylotransferaza cholinowa, DA — dopamina, GABA — kwas γ-aminomasłowy, Glut — glutaminian, 5–HT — serotonina, NE — noradrenalina, SS — somatostatyna; ↓ spadek, ↑ wzrost, ←→ brak zmian, — niepewny kierunek zmian.

u pacjentów dotkniętych chorobą Huntingtona. Z kolei w chorobie Alzheimera atrofii i wymieraniu podlegają neurony cholinergiczne położone w okolicy podstawnej przodomózgowia, skąd pochodzi projekcja cholinergiczna do kory mózgu i hipokampa.

Receptory glutaminergiczne są normalnie aktywowane przez aminokwas L-glutaminian, który jest głównym neuroprzekaźnikiem pobudzającym w mózgu. Glutaminian wywiera działanie przez kilka różnych receptorów. Jednymi z nich są receptory NMDA (ang. N-methyl-D-aspartate), których stymulacja powoduje otwarcie kanałów dla jonów wapnia i związany z tym napływ jonów wapnia do wnętrza neuronu. Wiadomo, że zmiany wewnątrzkomórkowego stężenie jonów wapnia mają wpływ na regulację procesów biochemicznych prowadzących do modyfikacji synaps (por. rozdz. 14) i związanych z tym procesów formowania się pamięci. Aktywność dużych komórek piramidalnych kory mózgowej zależy od równowagi pomiędzy pobudzeniem komórki przez glutaminian i hamowaniem przez GABA (por. rozdz. 2). Nadmierne i przedłużające się pobudzenie receptorów NMDA przez glutaminian prowadzi do zaburzenia tej równowagi i jest wysoce toksyczne dla komórek nerwowych. Może to powodować śmierć neuronów wskutek ekscytotoksyczności. W takim przypadku dochodzi do przeładowania komórki jonami wapnia i nadmiernej aktywacji zależnych od wapnia białek enzymatycznych, takich jak np. proteazy. Skutkiem tego jest uruchomienie procesów degradacyjnych i zwiększona produkcja wolnych rodników tlenowych. Na podstawie wyników niektórych badań można sądzić, że z wiekiem mechanizmy kontrolujące równowagę pomiędzy pobudzeniem i hamowaniem komórek nerwowych ulegają przesunięciu tak, iż dochodzi do nadmiernej przewagi procesów pobudzających. Wydaje się także, że z wiekiem neurony stają się bardziej wrażliwe (co może wynikać z pogorszenia zdolności kompensacyjnych) na ekscytotoksyczność. Bez wątpienia nasilona ekscytotoksyczność związana z nadmiernym pobudzeniem przez glutaminian jest zjawiskiem obserwowanym w chorobach neurodegeneracyjnych, w tym w chorobie Alzheimera.

## 22.5. Wpływ procesu starzenia się na zdolności poznawcze

Bardzo ogólna definicja mówi, że proces poznawczy jest to utrzymanie w pamięci nabytych informacji przez bardzo długi okres i swobodne wykorzystywanie tych informacji do modyfikowania naszych reakcji i zachowania w odpowiedzi na zmiany zachodzące w środowisku. Można stosować ją zarówno u człowieka, jak i u zwierząt. W psychologii człowieka poznanie definiuje się jako zdolność do myślenia i takich procesów mentalnych, jak mowa, pamięć i wnioskowanie, które są z procesem myślenia nierozerwalnie związane. W praktyce nie sposób oddzielić myślenia od takich procesów, jak percepcja i uwaga, które zapewniają dotarcie informacji do mózgu oraz od systemu reakcji, np. wypowiedzi lub działania, które są zewnętrznym przejawem zachodzącego procesu myślenia. Etap percepcji oznacza nabywanie informacji docierającej ze środowiska poprzez układy sensoryczne (wzrokowy, słuchowy itd.). Procesy uwagi zapewniają ocenę i selekcję informacji. Etap pamięci to magazynowanie nowo nabytych informacji oraz wydobywanie starszych informacji mających znaczenie w aktualnej sytuacji. Myślenie to wykorzystywanie tych informacji do wnioskowania i rozwiązywania problemów. Ostatecznie pojawia się reakcja w formie naszej wypowiedzi lub naszego działania. Większość z tych stadiów wpływa na siebie wzajemnie i może przebiegać równolegle w czasie. Wiadomo, że na każdym z tych etapów dochodzi do zaburzeń w wyniku starzenia się układu nerwowego.

### 22.5.1. Percepcja bodźców sensorycznych w starzejącym się mózgu

Wrażliwość na bodźce wzrokowe maleje stopniowo poczynając od ok. 40 roku życia. Bardzo gwałtownie maleje tzw. bezwzględny próg wykrywania bodźców świetlnych. Różnice wrażliwości wzrokowej związane z wiekiem można oceniać badając zdolność adaptacji do ciemności. U ludzi młodych (20 lat) zdolność adaptacji do ciemności jest 200 razy większa niż u osób w wieku 80 lat. Malejąca z wiekiem elastyczność soczewki oka pogarsza ostrość widzenia bliskich przedmiotów. Zwężeniu ulega także pole widzenia oka. Zmniejszenie rozmiarów źrenicy oraz zmętnienie płynu wypełniającego gałkę oczną zmniejsza zdolność siatkówki do wykrywania bodźców świetlnych. W okresie pomiędzy 20 a 70 rokiem życia prawidłowe rozpoznawanie kolorów maleje o 25%. Zaburzone jest również postrzeganie wielu aspektów przestrzeni, np. postrzeganie głębi oraz prawidłowe lokowanie w przestrzeni poruszających się bodźców. U osób starszych przyczyną tych zaburzeń może być zjawisko tzw. utrzymywania się bodźca, które polega na tym, że po pobudzeniu układu nerwowego jego aktywność utrzymuje się jeszcze przez jakiś czas po ustaniu działania bodźca. W konsekwencji dwa bodźce następujące szybko po sobie zlewają się i nie są rozpoznawane jako oddzielne zdarzenia.

W układzie słuchowym wraz z wiekiem obniża się wrażliwość na bodźce o wysokiej częstotliwości. Mimo stosunkowo nie zmienionej czułości na bodźce o niskiej częstotliwości pogarsza to zdolność do prawidłowego rozpoznawania bodźców, co oznacza trudności w rozpoznawaniu mowy. Z wiekiem maleje też próg różnicowania pomiędzy różnymi częstotliwościami bodźców. Aby dwa bodźce zostały rozpoznane jako różne, ich częstotliwość musi różnić się znacznie bardziej niż w młodości. Pogorszenie percepcji dotyczy także bodźców o innych modalnościach.

## 22.5.2. Wpływ procesu starzenia się na mózgowe procesy uwagi

Układ nerwowy nie przetwarza równocześnie wszystkich informacji docierających ze środowiska, ale przede wszystkim te, które w danej chwili mają największe znaczenie dla organizmu. Oznacza to, że informacja musi być w jakiś sposób oceniana i selekcjonowana. W mózgu służą temu zadaniu procesy uwagi. Dla mechanizmów poznawczych istotne są trzy cechy procesu uwagi: czułość, selektywność i podzielność.

Czułość to zdolność do utrzymania uwagi w czasie i wykrywania zachodzących zmian. Podczas badań laboratoryjnych u ludzi zwykle prosi się osobę uczestniczącą w teście o zidentyfikowanie zmiany, jaka pojawiła się w długiej sekwencji prezentowanych bodźców. Wydaje się, że czułość uwagi nie pogarsza się znacząco z wiekiem. W tego rodzaju zadaniach różnice między osobami młodymi i starymi ujawniają się wówczas, gdy tempo prezentacji bodźców jest zbyt szybkie, gdy test jest zbyt nużący dla badanego lub gdy do rozwiązania zadania konieczne jest zaangażowanie pamięci.

Selektywność uwagi oznacza zdolność do skupienia się na wybranym bodźcu i równoczesnym wyeliminowaniu bodźców nieznaczących. Osoby starsze mają nieco pogorszoną selektywność uwagi, jednak prawdziwe problemy pojawiają się dopiero wówczas, gdy sytuacja wymaga przetwarzania informacji docierającej z więcej niż jednego źródła. Jeżeli ponadto w proces ten zaangażowana jest pamięć, to różnice między osobami młodymi i starymi są jeszcze większe. Selektywność uwagi bada się często w teście dwudzielnego słuchania (ang. dichotic listening). Seria bodźców (liter, liczb lub wyrazów) jest prezentowana przez słuchawki w taki sposób, że w tym samym czasie do każdego ucha docierają dwa różne bodźce (np. 1 – 9 – 4 do prawego i 7 – 2 – 8 do lewego). Badani poproszeni o powtórzenie słyszanych bodźców, najpierw odtwarzają te, słyszane jednym uchem (1 – 9 – 4), a następnie te, słyszane drugim (7 – 2 – 8). U osób starszych pogorszenie wykonania tego zadania jest szczególnie silne przy odtwarzaniu drugiej serii bodźców. Ponieważ jednak w czasie odtwarzania serii bodźców z pierwszego ucha druga seria musi być dłużej utrzymana w pamięci, możliwe jest, że deficyt obserwowany u ludzi starych zależy bardziej od sprawności pamięci i nie musi wynikać z gorszej selektywności uwagi.

Z wiekiem obniża się także podzielność uwagi. Różnice te są większe, gdy uwaga musi być podzielona na kilka różnych rzeczy równocześnie. Mechanizm leżący u podłoża tych różnic nie jest jasny. Prawdopodobnie pogorszenie podzielności uwagi u starych osób wynika z obniżenia tempa przetwarzania informacji przez układ nerwowy. Jeżeli konieczne jest przetwarzanie wielu bodźców lub wykonywanie kilku zadań równocześnie, to efekt spowolnienia kumuluje się i ostatecznie wykonanie zadania staje się niemożliwe.

## 22.5.3. Uczenie się i pamięć w starzejącym się mózgu

Spowolnienie procesów mentalnych jest jedną z najczęściej występujących zmian czynnościowych związanych z procesem starzenia się w układzie nerwowym. Najczęściej zmiany te można obserwować mierząc czas reakcji, czyli czas, jaki jest konieczny, aby odpowiedzieć na dany bodziec. Podłożem pogorszenia procesów mentalnych może być bardzo wiele przyczyn. Utrata synaps może spowodować spowolnienie procesów przetwarzania informacji, pozbawiając układ nerwowy możliwości wielopoziomowego równoczesnego analizowania docierających bodźców. Degradacja osłonki mielinowej włókien aksonów, obserwowana w starzejącym się układzie nerwowym, może opóźniać przewodzenie sygnałów wzdłuż włókien nerwowych. Uszkodzenie osłonki mielinowej jest prawdopodobnie skutkiem zwiększonego poziomu oksydacji kwasów tłuszczowych. Zjawisko to nazywa się peroksydacją lipidów błonowych i jest cechą nasilającą się z wiekiem i obserwowaną w trakcie fizjologicznego starzenia się. Jednak w trakcie normalnego starzenia się utrata funkcji intelektualnych zachodzi bardzo wolno.

W trakcie normalnego rozwoju zdolności poznawcze wzrastają szybko w czasie dzieciństwa i okresu dojrzewania, tak iż wraz z osiągnięciem dorosłości (często połączonym z zakończeniem edukacji) osiągają one optymalny poziom. Maksymalna wartość, jaką ta krzywa może osiągnąć, jest cechą indywidualną i zależy nie tylko od cech dziedzicznych, ale także od przebytych w dzieciństwie chorób, sposobu odżywiania, ekspozycji na działanie czynników neurotoksycznych, sposobu wychowania i rodzaju edukacji (ryc. 22.8).

Ekspozycja na niektóre szkodliwe wpływy może ograniczać rozwój zdolności poznawczych, tak że osiągnięcie optimum staje się niemożliwe, co często obserwuje się w przypadkach patologicznego rozwoju układu nerwowego. Jeśli mamy do czynienia z fizjologicznym starzeniem się, krzywa zdolności poznawczych po osiągnięciu optimum utrzymuje się na niezmienionym poziomie przez kilka kolejnych dekad życia i około 60 lat zaczyna wolno opadać (ryc. 22.9A – B – C), jednak nigdy nie jest to gwałtowne obniżenie zdolności poznawczych. Jedynie w przypadku wystąpienia zdarzeń „katastroficznych", np. urazu lub udaru mózgu lub innych nie do końca poznanych czynników leżących u podłoża chorób neurodegeneracyjnych dochodzi do gwałtownego załamania przebiegu krzywej zdolności poznawczych i do przeistoczenia się fizjologicznego starzenia się w proces patologiczny (ryc. 22.9A – D).

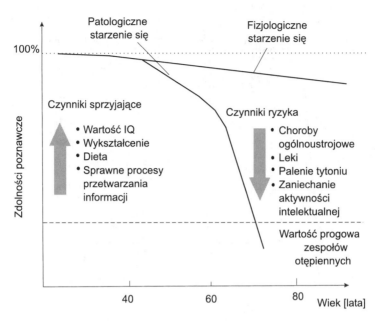

**Ryc. 22.8.** Wpływ środowiskowych czynników ryzyka lub czynników ochronnych, które mogą przyspieszać lub opóźniać pogorszenie czynności poznawczych związane z procesem starzenia się

Zdolności poznawcze pogarszają się na tyle, że obserwuje się występowanie objawów otępiennych wskazujących na przekroczenie progu stanu przedklinicznego, a następnie wystąpienie objawów świadczących o rozwoju zespołów otępiennych. W stanach patologicznych zdarzenia te występują w stosunkowo wczesnym okresie życia, wówczas gdy u osób zdrowych krzywa zdolności poznawczych znajduje się na poziomie optymalnym. W niektórych przypadkach procesy regeneracyjne lub leczenie kliniczne może spowodować częściową (ryc. 22.9E) lub niemal całkowitą (ryc. 22.9F) restytucję funkcji poznawczych. Należy wyraźnie podkreślić, że proces fizjologicznego starzenia się nie prowadzi do poważnych zaburzeń czynności intelektualnych, które nawet w bardzo późnym wieku są tylko nieznacznie pogorszone. Zupełnie odmienny jest proces patologicznego starzenia się, którego podłożem są bardzo często strukturalne zmiany degeneracyjne w tkance mózgowej.

Pogorszenie zdolności poznawczych związane z wiekiem nie jest procesem jednorodnym, ponieważ uczenie się i pamięć nie są zjawiskami jednorodnymi (por. rozdz. 15). U osób starszych różne formy pamięci ulegają zaburzeniu w różnym stopniu. Przeważa nawet pogląd, że w trakcie fizjologicznego starzenia się procesy pamięci *per se* nie są szczególnie uszkodzone. Obserwowane pogorszenie zdolności poznawczych wynika raczej z obniżenia sprawności procesów związanych z formowaniem się pamięci. Uważa się, że u osób starszych występuje zmniejszenie szybkości procesów przetwarzania informacji (ang. lower processing speed), zredukowanie możliwości przetwarzania informacji (ang. reduced processing resources), deficyt procesów hamowania (ang. age-reduced inhibitory deficits) oraz uszkodzenie kontroli wykonawczej procesów poznawczych. Jednym z najpoważniej uszkodzonych

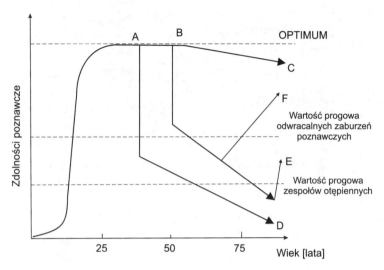

**Ryc. 22.9.** Zmiany efektywności procesów poznawczych w trakcie fizjologicznego i patologicznego starzenia się

nieasocjacyjnych czynników uczenia jest proces uwagi, który odpowiada za selektywność i wydajność przetwarzania informacji. Drugą ważną zmianą związaną z upływem czasu jest upośledzenie procesów hamowania modulujących aktywność układu nerwowego. Związane są one z pamięcią, ponieważ: 1) zapewniają kontrolę dostępu do pamięci operacyjnej, czyli do informacji ściśle związanej z zadaniem do wykonania, ponadto 2) wspomagają usuwanie już dłużej nieznaczącej informacji z pamięci operacyjnej, a także 3) zapewniają powstrzymanie się od wcześniej nabytych, ale niewłaściwych dla danej sytuacji reakcji.

Kontrola wykonawcza procesów poznawczych odbywa się z udziałem procesów automatycznych, wymagających niewielkiej pojemności uwagi i przejawiających się bez udziału woli oraz procesów kontrolowanych, zamierzonych i wymagających udziału woli. Uważa się, że procesy automatyczne są odporne na wpływ wieku. Uszkodzeniu ulegają natomiast procesy kontrolowane. Dotyczy to szczególnie zaburzeń w inicjowaniu procesów poznawczych, w szczegółowym, dogłębnym opracowywaniu kodowanej informacji, w doborze strategii poszukiwawczych w wydobywaniu informacji z magazynu pamięci oraz w tłumieniu nie znaczących, nie związanych z danym zadaniem informacji lub procesów.

U zwierząt pogorszenie funkcji poznawczych dotyczy bardzo różnych form uczenia się, na przykład warunkowania klasycznego i instrumentalnego, uczenia się biernego i czynnego unikania, uczenia się zadań różnicowania. U ludzi uczenie się jest gorsze w podeszłym wieku. Jednak, co bardzo ciekawe, większe różnice obserwuje się wówczas, gdy są to testy prowadzone w laboratorium, natomiast w codziennym życiu często otrzymuje się całkiem odmienne wyniki. Ogólnie, z wiekiem znacznie bardziej pogorszona jest pamięć krótkotrwała niż pamięć długotrwała. Zmniejsza się przede wszystkim pojemność pamięci krótkotrwałej oraz skraca czas jej trwania. Jednak istnieją sposoby pozwalające kompensować pogorszenie sprawności pamięci. Badając osoby starsze w różnych testach pamięciowych, zauważono, że wykonują one zadania zupełnie sprawnie, jeżeli otrzymują wskazówki co do skutecznych strategii.

Ogólnie, osoby starsze są gorsze w uczeniu się zadań ruchowych, ale wyniki nie są jednoznaczne. Wiele wskazuje na to, że gorsze zapamiętywanie może być związane nie tyle z samymi procesami mnemonicznymi, ale wynikać raczej z zaburzeń w układzie ruchowym. Uczenie się zadań wzrokowo-przestrzennych, np. uczenie się lokalizacji przedmiotów w przestrzeni lub uczenie się tras jest gorsze u osób w podeszłym wieku. Jeżeli jednak zapamiętywanie lokalizacji jest połączone z możliwością poruszania się w tej przestrzeni, to nie ma różnic wiekowych. Ludzie starsi są gorsi w odtwarzaniu trasy i czasowo-przestrzennym porządkowaniu znaków szczególnych związanych z analizowaną przestrzenią, ale bardzo dobrze zapamiętują widziane znaki i równie dobrze rozpoznają je prezentowane w oddzielnej sesji doświadczalnej. Wiąże się to z pewną ogólną formą zaburzeń odnoszącą się również do innych rodzajów pamięci. Polega ona na tym, że w wyniku starzenia się bardzo pogarsza się zdolność do wydobywania informacji z magazynu pamięci (ang. retrieval or recall from memory storage), natomiast niemal wcale nie zmniejsza się zdolność do rozpoznawania (ang. recognition). Dobrze ilustruje tę różnicę test, w którym badanym osobom prezentuje się listę kilkunastu wyrazów. Osoby starsze, proszone o zapisanie wyrazów, które wcześniej słyszały w pojedynczej prezentacji (recall), przypominają ich sobie znacząco mniej niż osoby młode. Jeżeli jednak prosi się takie osoby o zaznaczenie słyszanych wyrazów na liście, wymieszanych wraz z innymi wcześniej nie prezentowanymi wyrazami (recognition), to wykonują one zadanie na takim samym poziomie jak osoby młode. Obniżenie sprawności wydobywania informacji z magazynu pamięci jest najpoważniejszym uszkodzeniem procesów poznawczych, jakie dotykają nas na starość.

Pamięć długotrwała u ludzi dzieli się ogólnie na dwie kategorie, pamięć epizodyczną, która zawiera informacje o zdarzeniach zaszłych w określonym czasie i miejscu, oraz pamięć semantyczną, która jest długotrwałą pamięcią znaczenia słów, pojęć reguł i twierdzeń, a także faktów i zasad odnoszących się do danego doświadczenia. Wpływ wieku na oba systemy pamięci jest różny. Pamięć epizodyczna ulega znacznie większym zaburzeniom na starość niż pamięć semantyczna, która jest stosunkowo odporna na uszkodzenia związane z wiekiem. Uważa się, że w pewnym przedziale wiekowym zasoby pamięci semantycznej wynikające z większej ilości nabytej informacji i doświadczenia sprawiają, że osoby starsze są sprawniejsze w niektórych zadaniach poznawczych niż ludzie młodzi.

Można sądzić, że w mniejszym lub większym stopniu u osób starszych pogorszenie pamięci dotyczy wszystkich jej form. Istnieje jednak rodzaj pamięci, który nie ulega zaburzeniom z wiekiem, a osoby starsze są często nawet lepsze w tego typu zadaniach niż osoby młode. Jest to tzw. pamięć prospektywna, pamięć rzeczy lub zadań do wykonania w przyszłości, np. pamiętać zadzwonić do elektrowni o 14.30 lub pamiętać zapytać Janka o zdanie w tej sprawie, gdy się z nim znowu spotkamy. Okazuje się, że w testach skonstruowanych tak, aby przypominały codzienne sytuacje życiowe, badane osoby starsze mają lepszy poziom wykonania zadania niż dorosłe osoby młode. Tłumaczy się to tym, iż ludzie starsi przejawiają większą motywację, mają silniej rozbudowane poczucie obowiązku oraz bardziej uporządkowany schemat codziennych nawyków i zajęć.

# 22.6. Podsumowanie

Najbardziej znaczącą zmianą zachodzącą z wiekiem w mózgu jest zmniejszenie jego masy, które jest dużo większe u osób dotkniętych chorobami neurodegeneracyjnymi niż u normalnie starzejących się osób. W mózgu obserwuje się także selektywny ubytek komórek nerwowych, który nie jest zbyt znaczący w trakcie fizjologicznego starzenia się, ale przybiera rozmiary patologiczne u osób starszych dotkniętych chorobami demencyjnymi. W trakcie normalnego starzenia się ubytek neuronów może być kompensowany przez adaptacyjne mechanizmy plastyczności uruchamiane w mózgu. Te mechanizmy nie są skuteczne w przypadku patologicznego starzenia się. Dopiero w bardzo późnym wieku można zaobserwować takie zwyrodnieniowe zmiany, jak postępujące rozdęcie ciała neuronów, utrata połączeń synaptycznych i dendrytów, pojawianie się żylakowatości oraz akumulacja pigmentów neuromelaniny i lipofuscyny. Podczas starzenia się zmniejsza się przepływ mózgowy krwi, metabolizm glukozy oraz zużycie tlenu. Zmieniają się także właściwości bioelektryczne tkanki mózgowej, co może wynikać ze zmniejszenia prędkości rozprzestrzeniania się potencjałów czynnościowych. Maleje także synteza większości neuroprzekaźników, czego skutkiem są zmiany behawioralne dotyczące głównie zdolności poznawczych. Wiele aspektów naszych zdolności poznawczych zmienia się z wiekiem i chociaż większość z nich ulega pogorszeniu, to wielkość i wzór tego upośledzenia jest cechą indywidualną i w dużej mierze zależy od rodzaju czynności. Niektóre formy pamięci są mniej sprawne na starość w porównaniu z naszymi możliwościami w młodości. Część z nich nie zmienia się wcale, a niektóre są nawet sprawniejsze wraz z upływem lat. W trakcie fizjologicznego starzenia się funkcje poznawcze nie zmniejszają i dopiero w bardzo późnym wieku możemy obserwować znaczące pogorszenie uczenia się i zapamiętywania. Znaczące zmiany dotyczą głównie pamięci krótkoterminowej i są dużo łagodniejsze w odniesieniu do pamięci długotrwałej. Tylko część populacji ludzi starych ulega wyraźnemu pogorszeniu zdolności poznawczych, co zwykle jest skutkiem procesów patologicznych prowadzących do rozwoju chorób neurodegeneracyjnych i związanych z nimi zespołów otępiennych.

## LITERATURA UZUPEŁNIAJĄCA

Baddeley A.D., Kopelman M.D., Wilson B.A. (red.): *The Handbook of Memory Disorders*. John Wiley & Sons Ltd., 2002.
Dani S.U., Hori A., Walter G.F. (red.): *Principles of Neural Aging*. Elsevier, 1997.
Hof P.R., Mobbs C.V. (red.): *Functional Neurobiology of Aging*. Academic Press, 2001.
Świat Nauki — wydanie specjalne „Młodym być", 2004.

# ROZDZIAŁ 23

# Choroba Alzheimera

Maria Brzyska, Danek Elbaum

---

Wprowadzenie ■ Neuropsychologiczne objawy choroby Alzheimera ■ Charakterystyka zmian neuropatologicznych ■ Charakterystyka biochemiczna zmian neuropatologicznych ■ Etiologia choroby Alzheimera ■ Diagnostyka i terapia ■ Uwagi końcowe ■ Podsumowanie

---

## 23.1. Wprowadzenie

Wydłużeniu się życia człowieka towarzyszy pojawienie się szeregu różnych chorób i niedomagań charakterystycznych dla wieku podeszłego. Jednym ze schorzeń, na które zapada coraz większa grupa osób wchodzących w jesień życia, jest choroba Alzheimera. Przybiera ona postać postępującego zaniku pamięci, prowadzącego do całkowitej demencji u pacjentów w końcowej fazie choroby. Od momentu, gdy zdano sobie sprawę, że schorzenie to stanowi odrębną jednostkę chorobową, rozpoczęto badania zmierzające do ustalenia jej przyczyn. Już Alois Alzheimer, który w 1907 roku jako pierwszy opisał przypadek zachorowania na tę chorobę, trafnie powiązał obecność charakterystycznych zmian patomorfologicznych w mózgu pacjentki z obserwowaną u niej demencją. Skomplikowany charakter tego schorzenia nie pozwolił dotychczas na opracowanie jednoznacznej metody diagnostycznej, przydatnej zwłaszcza w początkach choroby, ani też skutecznej terapii. Choroba Alzheimera nie omija żadnego ze środowisk, choć zauważono, że istnieją rodziny, w których zachorowania zdarzają się znacznie częściej niż przeciętnie. Nasunęło to przypuszczenie, że jedną z przyczyn zachorowań mogą być uwarunkowania genetyczne. Na tej podstawie wyróżniono 2 postaci tej choroby: sporadyczną (o nieustalonej etiologii) oraz rodzinną (ang. Familial Alzheimer Disease, FAD).

# 23.2. Neuropsychologiczne objawy choroby Alzheimera

Podstawowym, choć niespecyficznym objawem choroby Alzheimera są postępujące zaburzenia pamięci. Pojawiają się one początkowo dyskretnie, a ich częstotliwość i zakres powoli narasta. W miarę nasilania się choroby, co wiąże się z powiększaniem się mikrouszkodzeń w tkance mózgu, dochodzi do zaburzeń innych funkcji poznawczych, m.in. funkcji językowych, wzrokowo-przestrzennych, myślenia. W końcowym stadium choroby proces otępienny przybiera postać otępienia właściwego, w którym oprócz zaniku aktywności poznawczej dochodzi do pełnego rozpadu umiejętności i do degradacji osobowości pacjenta.

Choroba może rozpoczynać się w różnym wieku. Ustalona arbitralnie granica 65 lat służy do kwalifikowania zachorowań jako wczesną postać choroby Alzheimera (ujawniającą się przed 65 rokiem życia) lub postać późną (pojawiającą się po 65 roku życia). Jakkolwiek nie obserwuje się różnic w objawach obu jej postaci, to na ogół szybszy postęp schorzenia oraz bardziej nasilone objawy kliniczne i patomorfologiczne występują u pacjentów z wczesnym początkiem choroby. Wcześnie objawiająca się postać jest spowodowana przyczynami genetycznymi (por. podrozdz. 23.5).

Czas trwania choroby Alzheimera określa się na ok. 4 – 16 lat, przy czym przyjmuje się, że około połowę tego czasu wypełniają głównie zaburzenia pamięci. Mimo zindywidualizowanego przebiegu choroby w jej rozwoju można wyróżnić kilka charakterystycznych etapów. W pierwszym okresie rzadko następuje pogorszenie sprawności intelektualnej, zaburzenia funkcji poznawczych czy zmiany emocjonalne. W tym stadium choroby pacjenci są samodzielni, często kontynuują pracę zawodową, choć mają kłopoty z zapamiętywaniem nowych informacji oraz z podzielnością uwagi. Zakres pamięci natychmiastowej (ang. immediate memory) początkowo jest prawidłowy. Przyczyną nietrwałości śladu pamięciowego jest patologiczny wzrost wrażliwości na wszelkiego rodzaju zakłócenia, co prawdopodobnie uniemożliwia proces trwałego zapisania informacji w jednym z systemów pamięci. W związku z tym zakłócone jest także precyzyjne odzyskiwanie zapamiętanych już informacji. Brak możliwości zapamiętywania tego, co się dzieje wokół, jest jednym z przejawów choroby Alzheimera, łatwym do zaobserwowania w życiu codziennym. Objawem osiowym, który narasta w miarę postępu choroby, jest zaburzenie zapamiętywania i nabywania nowych informacji. Te zaburzenia pamięci pojawiają się początkowo w warunkach badania klinicznego, a w miarę postępu choroby stają się dominującym objawem, dezorganizującym życie codzienne chorego i jego bliskich.

W drugim stadium choroby zaburzenia pamięci wpływają destrukcyjnie na inne procesy poznawcze. U niektórych osób występują trudności językowe w postaci obniżenia poziomu gotowości słowa, przejawiające się wydłużeniem czasu przywołania z pamięci określenia, które powinno być użyte w danym kontekście. Przy zachowanej logice wypowiedzi stopniowo prowadzi to do braku płynności i sensu przekazywanej relacji. U innych chorych mogą dominować trudności w rozpoznawaniu przestrzeni i poruszaniu się w niej, co prowadzi do błądzenia nawet w znanych okolicach, popełniania błędów w rozpoznawaniu przedmiotów lub osób. Niekiedy występują także zmiany w sferze emocjonalnej. W środkowym stadium choroby zaburzenia procesów językowych i wzrokowo-przestrzennych występują zwykle wybiórczo, ale towarzyszą im zawsze zaburzenia pamięci.

W ostatnim stadium choroby zakłócenia pamięci są tak silne, że pacjent zapomina nie tylko fakty z życia, ale także wszelkie umiejętności, również podstawowe, takie jak umiejętność samodzielnego jedzenia czy utrzymywania pionowej postawy ciała. Utrata aktywności poznawczej prowadzi do pełnego rozpadu wszelkich funkcji i potrzeb pacjenta, powodując zaburzenia świadomości. Chory jest wówczas całkowicie zależny od opieki otoczenia. Stan ten ma charakter nieodwracalny i nosi nazwę otępienia właściwego.

# 23.3. Charakterystyka zmian neuropatologicznych

Objawy neuropsychologiczne choroby Alzheimera są skutkiem rozległego uszkodzenia tkanki mózgowej. Dotyczą one głównie okolic położonych w płacie skroniowym oraz hipokampa. Początkowym objawem tych zmian są zaburzenia metaboliczne przybierające postać zmniejszonego zużycia glukozy. Metabolizm glukozy odgrywa kluczową rolę w prawidłowym funkcjonowaniu tkanki mózgowej. Od niego zależy synteza acetylokoenzymu A (acetylo-CoA), będącego głównym przenośnikiem zaktywowanych grup acylowych w komórce. Koenzym ten, między innymi, uczestniczy w procesie syntezy acetylocholiny oraz innych neurotransmiterów. Od przemian glukozy zależy także wytwarzanie ATP, niezbędnego we wszystkich procesach biochemicznych, takich jak na przykład przekazywanie sygnałów przez synapsy, utrzymanie prawidłowej konformacji białek, a także ich fosforylacji i degradacji oraz utrzymywanie homeostazy jonowej.

W miarę rozwoju choroby zmianom czynnościowym towarzyszy pojawianie się ubytków tkanki mózgowej, prowadzące do zmiany kształtu i wielkości poszczególnych struktur oraz poszerzania się sąsiadujących z nimi przestrzeni płynowych. W zaawansowanych stadiach choroby dochodzi do istotnego zmniejszania się masy mózgu, zwłaszcza struktur hipokampa (nawet o 45%), płata skroniowego (około 15%), ciała migdałowatego (około 36%), któremu towarzyszy powiększenie komór bocznych mózgu (około 23%), bruzd mózgu oraz szczeliny poprzecznej (od 20 do 80%) (por. ryc. 22.2).

Przeprowadzone badania histopatologiczne wykazały, że uszkodzenie tkanki mózgu w chorobie Alzheimera wynika z obecności charakterystycznych zmian przybierających postać złogów amyloidowych obserwowanych pozakomórkowo w tkance, noszących nazwę płytek starczych, oraz w ściankach naczyń mózgu (jest to tzw. angiopatia kongofilna). Obraz mikroskopowy tych zmian pokazano na rycinie 23.1. Wewnątrz neuronów obserwuje się obecność kłębków neurofibrylarnych, noszących także nazwę zwyrodnienia neurofibrylarnego. Obecność tych struktur jest przyczyną postępującej degeneracji neuronów. Ubytek neuronów w następstwie odkładania się β-amyloidu i zmian w cytoszkielecie komórek powoduje z kolei znaczne zmniejszenie liczby połączeń synaptycznych. W przebiegu choroby Alzheimera zanika około 40% zakończeń presynaptycznych w II, III i V warstwie kory czołowej, skroniowej i ciemieniowej (por. ryc. 22.3). Zamieranie neuronów i zakończeń

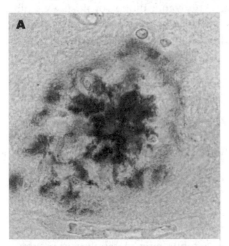

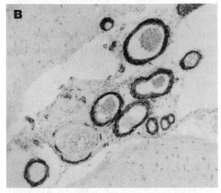

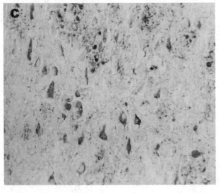

**Ryc. 23.1.** Obraz mikroskopowy typowych zmian obserwowanych w tkance mózgu w chorobie Alzheimera. **A** — płytka starcza z obszaru hipokampa (pow. 675×), o średnicy zazwyczaj około 50 μm stanowi złożone uszkodzenie neuropilu. Widoczny w centralnej części płytki depozyt włókien amyloidowych (tzw. rdzeń płytki) otoczony jest przez dystroficzne neuryty. **B** — obraz angiopatii kongofilnej (pow. 67×) w naczyniach mózgu. **C** — zmiany neurofibrylarne oraz amyloidowe z pola CA4 hipokampa (pow. 135×). Wszystkie typy uszkodzeń wybarwiono immunohistochemicznie, z użyciem przeciwciał przeciwko β-amyloidowi (A i B) oraz białku tau (C). (Wg: Hendriks i Van Broeckhoven 1996, za zgodą *Eur. J. Biochem.*)

synaptycznych o określonych właściwościach biochemicznych znajduje odzwierciedlenie w zmniejszeniu poziomu neurotransmiterów i związanych z nimi enzymów. U osób z chorobą Alzheimera stwierdzono w mózgu zmniejszenie poziomu neuroprzekaźników, takich jak acetylocholina, glutaminian, noradrenalina, dopamina, serotonina, kwas $\gamma$-aminomasłowy (GABA) oraz innych związków biologicznie czynnych (somatostatyny, neuropeptydu Y czy substancji P) (por. tab. 22.1). W odpowiedzi na zaburzenia biochemiczne występuje silna aktywacja mikrogleju, której wyrazem jest ekspresja antygenu zgodności tkankowej (HLA-DR) oraz pojawienie się reaktywnych astrocytów wokół uszkodzeń kory powodowanych obecnością płytek starczych. Wewnątrzkomórkowo obserwuje się wzrost poziomu uszkodzeń DNA oraz aktywności kaspaz, a także zmiany w ekspresji genów związanych z apoptozą, takich jak rodzina *Bcl-2* lub *Par-4*.

## 23.3.1. Charakterystyka zmian amyloidowych i neurofibrylarnych w mózgu

Złogi amyloidowe i zwyrodnienie neurofibrylarne są najwcześniej poznanymi strukturami histopatologicznymi, stwierdzonymi w mózgach pacjentów zmarłych na chorobę Alzheimera. Większość argumentów przemawia za wcześniejszym powstawaniem zmian amyloidowych, które z kolei indukują powstawanie zmian neurofibrylarnych. Złogi amyloidowe mogą wykazywać różną postać morfologiczną. W ośrodkowym układzie nerwowym opisano dotychczas dwa rodzaje tworów amyloidowych: amyloid rozproszony oraz występujący ogniskowo w postaci płytek starczych (zwanych również blaszkami) w neuropilu i w ścianach naczyń. Amyloid przybierający postać skupisk może tworzyć ogniska w formie blaszek (płytek) prymitywnych, blaszek klasycznych oraz blaszek wypalonych. Uważa się, że przedstawione w takiej kolejności typy płytek (blaszek) stanowią kolejne etapy przekształcania się zmian amyloidowych w trakcie choroby. Płytki klasyczne (zwane także neurytycznymi) charakteryzują się obecnością centralnie usytuowanego rdzenia zbudowanego z $\beta$-amyloidu otoczonego wieńcem neurytów. Blaszki prymitywne składają się jedynie z luźnych pasm włókienek amyloidowych, bez obecności zwartego rdzenia, natomiast w przypadku blaszek wypalonych obserwuje się wyłącznie rdzeń amyloidowy bez otaczających wypustek nerwowych. Duża część neurytów otaczających rdzeń blaszki wykazuje cechy zwyrodnienia neurofibrylarnego. Zmiany neurofibrylarne, w przeciwieństwie do amyloidowych, obserwowane są przede wszystkim wewnątrzkomórkowo. Przybierają one postać parzystych, spiralnie skręconych włókienek (ang. paired helical filaments, PHF), zbudowanych głównie z białka tau, a także ubikwityny, tworzących sploty neurofibrylarne w obrębie cytoszkieletu komórek nerwowych. W neuropilu obserwuje się ponadto tzw. nitki neuropilowe, wykrywane immunohistochemicznie przeciwciałami skierowanymi przeciw białku tau i ubikwitynie. Występowanie ich jest spowodowane głównie zmianami w drzewku dendrytycznym komórek nerwowych oraz rozpadem drzewka.

Neuropatolodzy mówią o chorobie Alzheimera w przypadkach równoczesnego występowania blaszek starczych i neuronów wykazujących cechy zwyrodnienia neurofibrylarnego, chciaż u pacjentów powyżej 80 roku życia obserwuje się na ogół przewagę zmian amyloidowych. Co ciekawe, także w tkance mózgu osób starszych, nie wykazujących zaburzeń neurologicznych, obserwuje się w neuropilu złogi amyloidowe (tzw. płytki rozmyte), których obecność nie powoduje demencji (por. ryc. 22.6). Spostrzeżenie to doprowadziło do wniosku, że zmiany amyloidowe nie powodują objawów chorobowych do momentu, w którym następuje przekroczenie progowego nasilenia tych zmian w ośrodkowym układzie nerwowym. Obecność rozmytych płytek amyloidowych w tkance mózgu osób zdrowych bywa niekiedy traktowana jako stan przedkliniczny choroby.

Oprócz $\beta$-amyloidu w skład płytek i złogów, zarówno o charakterze fizjologicznym, jak i neuropatologicznych, wchodzą także inne białka. Badania immunocytochemiczne dowiodły obecności białek składowych dopełniacza (C1q, C3 i C4), białek ostrej fazy ($\alpha$-chymotrypsyna, $\alpha$-makroglobulina), apolipoproteiny E, klusteryny, witronektyny, transtyretyny oraz gelsoliny i cystatyny w obrębie płytek. Ponadto w mózgach pacjentów zmarłych na chorobę Alzheimera obserwowano *post mortem* w mikrogleju obecność interleukiny 1 i 6 oraz czynnika martwicy nowotworu (ang. tumor necrosis factor, TNF), co nasuwało przypuszczenie o związku typowych dla tej choroby zmian neuropatologicznych z procesami zapalnymi. Potwierdzeniem tego przypuszczenia mogą być obserwacje, że mózgi osób z chorobą Alzheimera wykazują ślady procesów regeneracji, w których mogą brać udział cytokiny, czynniki stymulujące wzrost, cząsteczki adhezyjne, proteazy oraz integryny.

## 23.3.2. Anatomiczna lokalizacja zmian neuropatologicznych w chorobie Alzheimera

Zmiany obserwowane we wczesnych etapach choroby Alzheimera mają charakterystyczny rozkład topograficzny i dynamikę rozwoju, natomiast w późnych stadiach choroby są one umiejscowione dość równomiernie w dużych obszarach kory (ryc. 23.2 i 23.3).

Podobnie jak w przypadku objawów neuropsychologicznych, w rozwoju choroby Alzheimera wykazano istnienie określonych stadiów, charakteryzujących się specyficznym obrazem histopatologicznym zmian amyloidowych oraz neurofibrylarnych. W stadium początkowym złogi amyloidowe pojawiają się w korze nowej, głównie w podstawnych zakrętach płatów: czołowego, skroniowego i potylicznego. Kora mózgowa stara i dawna płata skroniowego (ang. allocortex), tj. hipokamp, zakręt zębaty, podkładka — nie zawiera większych ilości struktur amyloidowych, podczas gdy powierzchowne warstwy przedpodkładki oraz warstwa II kory śródwęchowej wykazują obecność słabo barwiących się złogów o rozmytych granicach. W następnym stadium złogi amyloidowe pojawiają się w większości okolic kory nowej, z wyjątkiem okolic projekcyjnych. Największe nasilenie zmian obserwuje się w warstwach I,

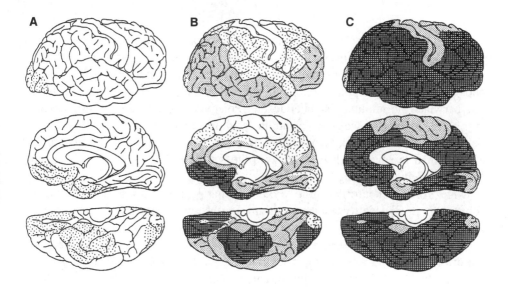

**Ryc. 23.2.** Rozkład zmian amyloidowych w mózgu człowieka w trakcie rozwoju choroby Alzheimera. **A, B** i **C** oznaczają kolejne stadia rozwoju schorzenia. Stadium **A** — początek procesu akumulacji złogów w korze nowej. Stadium **B** — obecność złogów amyloidowych stwierdza się we wszystkich polach asocjacyjnych. Umiarkowane zmiany w obszarze hipokampa. Stadium **C** — depozyty β-amyloidowe widoczne we wszystkich obszarach kory nowej, także w polach ruchowych i czuciowych. Stopień szarości proporcjonalny do natężenia zmian. (Wg: Braak i Braak 1991, za zgodą Munksgaard International Publishers Ltd., Copenhagen, Denmark)

| Okres transentorynalny<br>I - II | Okres limbiczny<br>III - IV | Okres korowy<br>V - VI |
|---|---|---|

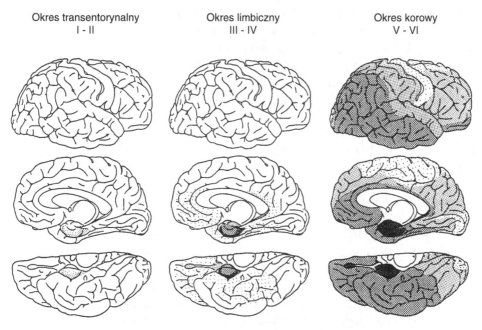

**Ryc. 23.3.** Rozkład zmian neurofibrylarnych (nitek neuropilowych oraz splotów neurofibrylarnych) w trakcie rozwoju choroby Alzheimera. W stadium transentorynalnym zmiany są ograniczone do pojedynczych warstw kory transentorynalnej, rozprzestrzeniają się na obszary entorynalne w stadium limbicznym, natomiast w ostatnim stadium, korowym, zajmują bardzo duże obszary kory nowej, a ich intensywność jest największa w obszarze hipokampa. (Wg: Braak i Braak 1991, za zgodą Munksgaard International Publishers Ltd., Copenhagen, Denmark)

V i VI. W hipokampie występuje jeszcze stosunkowo niewielka ilość zmian amyloidowych, które są zauważalne w warstwie piramidowej podkładki i w polu CA1. W polach CA2 – CA4 obserwuje się pojedyncze złogi amyloidowe. W warstwie drobnokomórkowej przedpodkładki pojawiają się rozlane złogi amyloidowe, intensywnie barwiące się immunohistochemicznie. Pojedyncze pasma amyloidu pojawiają się w korze śródwęchowej. W ostatnim stadium choroby blaszki amyloidowe występują we wszystkich okolicach kory nowej, także w okolicach projekcyjnych. Nasilenie zmian jest bardzo duże. Poza korą mózgu duże złogi amyloidowe znajdują się także w obrębie ciała migdałowatego.

Również zmiany neurofibrylarne wykazują charakterystyczny rozkład w trakcie choroby (ryc. 23.3). Najwcześniej (stadium I) obserwuje się zmiany w obszarze przejściowym między korą śródwęchową a korą nową — w korze transentorynalnej, w warstwie II. Pojedyncze kłębki neurofibrylarne pojawiają się również w warstwie II właściwej kory śródwęchowej i w obszarze CA1 hipokampa oraz w niektórych jądrach podstawy i w jądrze przednio-grzbietowym wzgórza. W stadium II zmiany w korze transentorynalnej nasilają się i zaczynają obejmować sąsiednie obszary — korę śródwęchową, pole CA1 hipokampa, a także podkładkę. W stadium tym nie obserwuje się zmian w korze nowej, dlatego też okres ten nazwano „okresem śródwęchowym". W następstwie postępującego procesu patologicznego w okolicy kory transentorynalnej oraz kory śródwęchowej większość neuronów warstwy II wykazuje zmiany neurofibrylarne, podobnie jak neurony podkładki i hipokampa właściwego. W tym stadium (stadium III) widoczne są pozakomórkowe kłębki neurofibrylarne (ang. ghost tangles) powstałe na skutek obumarcia neuronów. Jednocześnie w korze nowej obserwuje się tylko pojedyncze sploty neurofibrylarne w warstwach III i V. Stadium IV charakteryzuje się obecnością zmian w strukturach kory starej i dawnej (ang. allocortex) oraz kory przejściowej (ang. periallocortex), a także w jądrach ciała migdałowatego. W części korowo-przyśrodkowej ciała migdałowatego obserwuje się przewagę płytek neurytycznych, natomiast w podstawno-bocznej przewagę splotów neurofibrylarnych i zmian w neuropilu. Stadia III i IV noszą nazwę „okresu limbicznego". W tym okresie zmiany w obrębie kory nowej wykazują średnie nasilenie i w zasadzie nie są umiejscowione w okolicach projekcyjnych kory mózgu. Rozprzestrzenienie się procesu patologicznego na kolejne okolice kory nowej jest charakterystyczne dla „okresu korowego", który składa się z dwu ostatnich stadiów w rozwoju choroby Alzheimera — V i VI. W stadium V obserwuje się bardzo dużą liczbę płytek neurytycznych w większości zakrętów płata skroniowego, zwłaszcza w warstwie III. Postępuje obumieranie neuronów w obszarach kory starej i przejściowej oraz ciała migdałowatego. W ostatnim, VI stadium choroby proces zwyrodnieniowy obejmuje wszystkie okolice kory oraz struktury podkorowe. Zniszczenie komórek nerwowych znajduje odbicie w zmniejszeniu masy mózgowia.

W początkowych okresach choroby zmiany neuropatologiczne (zwłaszcza zmiany neurofibrylarne) rozwijają się w określonych warstwach i okolicach kory płata skroniowego związanych z pamięcią (por. rozdz. 15). Umiejscowienie tych zmian koreluje z obrazem klinicznym choroby i wyjaśnia, dlaczego głównym objawem obserwowanym przez pacjentów są zaburzenia pamięci. Zniszczenie II warstwy kory śródwęchowej we wczesnym etapie choroby powoduje zakłócenia w funkcjonowaniu dróg eferentnych wychodzących z tej warstwy i kończących się w zakręcie zębatym (jest to tzw. droga przeszywająca — ang. perforant path). W obrębie kory nowej proces patologiczny rozwija się głównie w warstwach III i V. Neurony tych warstw są w znacznym stopniu źródłem połączeń będących podstawą długich dróg kojarzeniowych, spoidłowych i projekcyjnych.

# 23.4. Charakterystyka biochemiczna zmian neuropatologicznych

## 23.4.1. Białko $\beta$-amyloidu i jego prekursor (APP)

Najbardziej charakterystycznym składnikiem płytek starczych jest $\beta$-amyloid — peptyd zbudowany z 39–43 aminokwasów, uwalniany proteolitycznie z większego białka transbłonowego, zwanego prekursorem $\beta$-amyloidu (ang. amyloid precursor protein, APP).

Ekspresja APP następuje we wszystkich typach komórek i tkanek organizmu, zwłaszcza mózgu, serca, śledziony, nerek i mięśni. APP jest integralnym białkiem błonowym, zawierającym długi N-końcowy fragment położony zewnątrzkomórkowo,

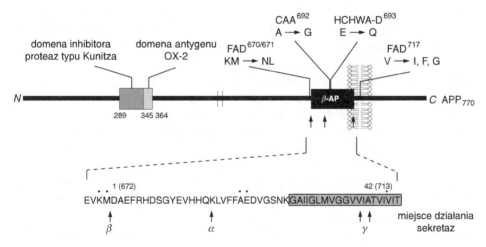

**Ryc. 23.4.** Schemat budowy białka prekursorowego $\beta$-amyloidu (izoformy $APP_{770}$), z zaznaczonym położeniem najważniejszych fragmentów i mutacji w ich obrębie. Widoczne są mutacje występujące w dwóch rodzinnych postaciach choroby o wczesnym początku (FAD — Familial Alzheimer Disease) polegające na zastąpieniu reszt lizyny i metioniny (K, M) resztami asparaginy i leucyny (N, L) ($FAD^{670/671}$-mutacja szwedzka) oraz reszty waliny (V) resztami izoleucyny, fenyloalaniny lub glicyny (I, F, G)- $FAD^{717}$, a także mutacje w obrębie fragmentu $\beta$-amyloidowego, będące przyczyną dziedzicznej amyloidozy z krwotokami typu holenderskiego ($HCHWA-D^{693}$) i flamandzkiego ($CAA^{692}$). W dolnej cześci rysunku przedstawiono strukturę cząsteczki $\beta$-amyloidu i zaznaczono miejsca proteolitycznego działania $\alpha$-, $\beta$- i $\gamma$-sekretazy. (Wg: Iversen i in. 1995, za zgodą Portland Press Ltd, London)

pojedynczą część wbudowaną w membranę oraz krótszy, C-końcowy fragment znajdujący się wewnątrz komórki. Schemat budowy cząsteczki APP przedstawiono na rycinie 23.4.

W mózgu człowieka występują najczęściej trzy formy APP: $APP_{770}$, $APP_{751}$ oraz znajdowane w największych ilościach $APP_{695}$. Różnią się one występowaniem niektórych fragmentów, ale wszystkie są potencjalnie amyloidogenne.

W trakcie fizjologicznego szlaku obróbki APP enzym, umownie nazwany $\alpha$-sekretazą, powoduje proteolizę cząsteczki APP, w wyniku czego następuje przecięcie sekwencji $\beta$-amyloidu. Prowadzi to do uwalniania do przestrzeni międzykomórkowych dużego, rozpuszczalnego N-końcowego fragmentu APP oraz odsłaniania krótszego fragmentu tego białka wbudowanego w błonę, zawierającego jedynie fragment cząsteczki $\beta$-amyloidu. Szlak ten nie jest amyloidogenny, gdyż przecięcie sekwencji $\beta$-amyloidu pomiędzy 16 a 17 aminokwasem przez $\alpha$-sekretazę wyklucza powstanie cząsteczki $\beta$-amyloidu, wobec czego nie prowadzi on do rozwoju zmian patologicznych charakterystycznych dla choroby Alzheimera.

Opisano także kilka dróg prowadzących do uwalniania $\beta$-amyloidu. Proces ten zachodzi pod wpływem $\beta$- i $\gamma$-sekretazy, dwóch enzymów intensywnie badanych w ciągu kilku ostatnich lat. Podobnie jak $\alpha$-sekretaza, $\beta$-sekretaza powoduje nacięcie cząsteczki APP w pobliżu N-końca, uwalniając jednocześnie duży fragment jego cząsteczki i pozostawiając nadal związany z błoną fragment C-końca zawierający nietkniętą sekwencję amyloidu. Następnie, w wyniku działania $\gamma$-sekretazy uwalniana jest cząsteczka $\beta$-amyloidu. O ile cięcie APP przez $\alpha$-sekretazę następuje głównie w błonie komórkowej albo jej pobliżu, o tyle proteoliza pod wpływem sekretaz $\beta$- i $\gamma$- zachodzi w przedziałach komórkowych. Sekretazy są enzymami, których istnienie przewidziano na podstawie powstających produktów cięcia APP. Poszukiwania enzymów, których właściwości przypominałyby działanie sekretaz, prowadzono przede wszystkim metodami biologii molekularnej, sprawdzając czy wzrost ekspresji białka — kandydata lub jego całkowity brak powoduje zmiany w ilości uwalnianych produktów APP. Aktywność proteolityczną odpowiadającą $\alpha$-sekretazie wykazują białka ADAM należące do większej rodziny dezintegryn i metaloproteinaz (ang. a disintegrin and metalloproteinase) oraz enzym przekształcający czynnik nekrozy guza $\alpha$, w skrócie TACE (ang. tumor necrosis factor-$\alpha$ converting enzyme). Aminokwasy, z których zbudowane są białka ADAM10 i TACE, wykazują tylko 21% identyczności, ale istnieją dowody, że domeny katalityczne obu tych białek charakteryzuje podobieństwo strukturalne.

Enzym przecinający cząsteczkę APP w miejscu $\beta$-sekretazowym został zidentyfikowany przez kilka zespołów badawczych i nadano mu nazwę BACE (ang. $\beta$-site APP cleaving enzyme). Wzrost ekspresji BACE w komórkach powoduje wzrost cięcia APP w miejscu charakterystycznym dla $\beta$-sekretazy, a inhibicja — zmniejszenie.

Przecinanie APP przez $\gamma$-sekretazę zachodzi wewnątrz transmembranowej domeny APP. Ten rodzaj cięcia APP jest zależny od obecności preseniliny 1 i 2 (PS1 i PS2) (por. podrozdz. 23.5.1.2). Na tej podstawie wnioskowano, że PS1 może odgrywać rolę $\gamma$-sekretazy lub też być istotnym kofaktorem tego enzymu. Oprócz preseniliny w skład kompleksu o aktywności $\gamma$-sekretazy wchodzą także inne białka.

## 23.4.1.1. Struktura fizykochemiczna β-amyloidu

β-Amyloid wykrywany w płynie mózgowo-rdzeniowym zarówno osób zdrowych, jak i z chorobą Alzheimera oraz w płynach pohodowlanych komórek neuronowych i nieneuronowych występuje w postaci peptydów o różnej długości. Wszystkie one jednak, podobnie jak peptyd otrzymywany syntetycznie, wykazują szereg charakterystycznych właściwości, wynikających ze zdolności do przybierania konformacji β, a następnie agregacji.

W cząsteczce β-amyloidu wyróżnia się zasadniczo dwa fragmenty: hydrofilowy, tworzony przez N-końcowe aminokwasy 1 – 28, zawierający dużą ilość (46%) reszt obdarzonych ładunkiem, pochodzący z zewnątrzkomórkowej części APP, oraz silnie hydrofobowy, zawierający 12 – 14 aminokwasów C-końcowych, w większości o konformacji β, pochodzących z wewnątrzmembranowego fragmentu APP. Zbadanie tych dwu domen doprowadziło do wniosku, że hydrofobowa część C-końcowa jest odpowiedzialna za słabą rozpuszczalność β-amyloidu, natomiast N-końcowy obszar hydrofilowy określa stabilność jego cząsteczki w określonych warunkach pH, a także bierze udział w zmianie konformacji. Badania dowiodły, że w roztworach organicznych monomeryczny β-amyloid przybiera konformację α, natomiast przejście do roztworów wodnych wiąże się ze zmianą konformacji $\alpha \rightarrow \beta$, co indukuje oligomeryzację peptydu i sprzyja tworzeniu większych struktur (jest to tzw. agregacja) i tworzeniu włókien.

Wiele czynników wpływa na zdolność β-amyloidu do agregacji: ilość i rodzaj aminokwasów w cząsteczce peptydu, pH roztworu, jego temperatura, obecność niektórych jonów metali, stężenie soli w roztworze i inne. Kinetykę i mechanizm agregacji β-amyloidu badano wieloma metodami fizykochemicznymi. Uważa się, że proces tworzenia skupisk tego peptydu nie przebiega liniowo (tzn. proporcjonalnie do stężenia β-amyloidu), lecz zależy od długości stadium nukleacji, czyli utworzenia tzw. zarodków. Etap nukleacji charakteryzuje się powstawaniem wielu niewielkich ziaren lub kryształów związku chemicznego, nazywanych zarodkami nukleacji. Proces tworzenia zarodków jest powolny, natomiast w momencie osiągnięcia przez zarodki pewnej wielkości granicznej, charakterystycznej dla danej substancji, bardzo szybko przebiega przyłączanie do niego następnych cząstek, przekształcających się w duże skupiska, włókna lub kryształy. W chorobie Alzheimera może to oznaczać, że proces powstawania większych skupisk amyloidowych nie zachodzi, dopóki tworzą się struktury nie przekraczające pewnej, charakterystycznej dla tego peptydu, wielkości granicznej. Dodanie z zewnątrz gotowego ziarna β-amyloidu, będącego zarodkiem nukleacji, powoduje bardzo szybkie tworzenie włókien w całym roztworze. Istnieje duże prawdopodobieństwo, że szybkość agregacji jest czynnikiem krytycznym w procesie tworzenia płytek przebiegającym w mózgu, gdyż powoli agregujące struktury mogłyby być usuwane przez enzymy proteolityczne, zanim dojdzie do powstania trwałego złogu uszkadzającego tkankę. Płytki neurytyczne zawierają na ogół łatwiej agregujący β-amyloid składający się z 42 – 43 aminokwasów, podczas gdy w złogach naczyniowych (angiopatia kongofilna) przeważają krótsze formy β-amyloidu (39 – 40-aminokwasowe).

Zarówno APP jak i β-amyloid należą do białek wiążących jony metali, zwłaszcza miedź, cynk i w mniejszym stopniu żelazo i glin. β-amyloid wiąże jony metali poprzez reszty histydynowe, co zwiększa agregację tego peptydu, zwłaszcza w lekko kwaśnym środowisku. O ile wiązanie cynku i glinu jest istotne dla struktury peptydu, o tyle wiązaniu miedzi, a przypuszczalnie także żelaza towarzyszą procesy utleniania i redukcji, mogące przyczyniać się do powstawania lub powiększania się stresu oksydacyjnego obserwowanego w tej chorobie.

### 23.4.1.2. Molekularne i komórkowe mechanizmy toksyczności β-amyloidu

Mimo dużego postępu w badaniach nad biologicznymi właściwościami β-amyloidu, nie został wyjaśniony mechanizm jego toksyczności. Oprócz stwierdzenia toksyczności agregatów β-amyloidu, zauważono, że mniejsze struktury, tzw. oligomery, również wykazują działanie toksyczne. Wykazano także, że komórki neuronowe wykazują znacznie większą wrażliwość na toksyczne właściwości β-amyloidu niż komórki glejowe. W patofizjologii choroby Alzheimera obserwuje się zmiany w aktywności niektórych enzymów mitochondrialnych, co sugeruje zaburzenia procesów utleniania i redukcji oraz możliwość powstawania wolnych rodników tlenowych, przyczyniają-cych się do powstawania stresu oksydacyjnego. W poszukiwaniu mechanizmu tok-syczności badano także możliwość zakłócania równowagi jonowej w komórce poprzez zmiany przewodnictwa membrany oraz modyfikację działania kanałów jonowych. W hodowlach neuronowych i w obecności β-amyloidu obserwowano wzrost wewnątrz-komórkowego stężenia wapnia w odpowiedzi na depolaryzację błon oraz działanie aminokwasów pobudzających. Nadmierny wzrost stężenia wapnia w komórce może powodować wiele niepożądanych odpowiedzi komórkowych w postaci aktywacji proteaz i nukleaz, zaburzenia procesów fosforylacji i defosforylacji, powstania stresu oksydacyjnego, zmian w poziomie przekaźników sygnałów, receptorów muskaryno-wych i ryanodynowych, aż do zmian w poziomie transkrypcji innych białek.

Określenie mechanizmu śmierci neuronów, następującej w obecności β-amyloidu, jest jednym z ważniejszych obszarów badań nad toksycznością tego peptydu. Znane są dwa procesy, w następstwie których następuje obumieranie komórek: apoptoza (inaczej programowana śmierć komórki) i nekroza. Apoptoza jest aktywnym procesem samounicestwienia pojedynczych komórek, który przebiega w warunkach rozwoju tkanek i ich prawidłowego funkcjonowania, podczas gdy nekroza występuje zazwyczaj na skutek dramatycznego uszkodzenia całych grup komórek.

W pierwotnych hodowlach neuronowych β-amyloid indukuje powstawanie zmian w morfologii komórki (obkurczanie się ciała komórki, kondensację chromatyny, fragmentację jądra, zmiany powierzchni komórki oraz w efekcie końcowy rozpad komórki), które są cechami charakterystycznymi programowanej śmierci komórki — apoptozy. Badania immunohistochemiczne wskazują, że śmierć komórek przez apoptozę jest obserwowana częściej w tych rejonach mózgu, gdzie występują klasyczne płytki neurytyczne. Wzrost ekspresji białek bcl-2 częściowo chroni komórki przed śmiercią poprzez apoptozę, ale nie blokuje neurotoksyczności samego β-amyloidu. Szybszą degenerację neuronów obserwuje się podczas uwalniania aminokwasów pobudzających oraz aktywacji receptorów jonotropowych w czasie niedotlenienia. W odpowiedzi na tak drastyczne bodźce następuje szybkie powiększanie się neuronów, fragmentacja neurytów oraz liza komórek. Objawy te są charakterystyczne dla procesu nekrozy. Obecny stan wiedzy nie pozwala na rozstrzygnięcie, który z tych szlaków śmierci komórki (apoptoza czy nekroza) odgrywa dominującą rolę w chorobie Alzheimera.

## 23.4.2. Białko tau

Jednym z przejawów neurotoksyczności $\beta$-amyloidu jest indukowanie zmian w fosforylacji białka tau, czego wyrazem jest pojawianie się parzystych filamentów helikalnych (PHF). PHF są głównymi składnikami splotów neurofibrylarnych występujących w perikarionie neuronów, a także tworzą nitki neuropilowe rozsiane w istocie szarej mózgu, w dystroficznych neurytach obserwowanych w pobliżu płytek starczych oraz w nabłonku węchowym. Badania z udziałem myszy pozwoliły na stwierdzenie, że wstrzyknięcie amyloidu powoduje nadmierną fosforylację tau i w efekcie powstawanie splotów neurofibrylarnych w neuronach leżących z dala od miejsca, gdzie podano amyloid.

W warunkach fizjologicznych, tau, będące częścią cytoszkieletu neuronów, stanowią grupę białek o niewielkiej masie cząsteczkowej, związanych lub wiążących się ze strukturami mikrotubuli, a ich funkcją jest zarówno ułatwienie łączenia się podjednostek tubuliny w celu utworzenia mikrotubuli, jak i stabilizacja już powstałych struktur. Prawidłowe białko tau obserwowane w mózgu człowieka występuje w postaci sześciu izoform powstających w wyniku alternatywnej obróbki transkryptów kodowanych przez ten sam gen (leżący na chromosomie 17), a każda izoforma białka tau zawiera 3 lub 4 następujące po sobie ugrupowania aminokwasów, składające się z 31 lub 32 reszt, umożliwiające wiązanie się cząsteczki białka z mikrotubulami.

Główna różnica między białkiem tau, występującym w ośrodkowym układzie nerwowym w warunkach fizjologicznych, a białkiem będącym przyczyną powstawania parzystych spiralnych filamentów oraz zwyrodnienia włókienkowego w dystroficznych neurytach obserwowanych w chorobie Alzheimera polega przede wszystkim na zaburzeniu fosforylacji określonych reszt aminokwasowych. Nadmiernie ufosforylowane białko tau jest niezdolne do wiązania się z mikrotubulami. Parzyste spiralne filamenty zawierają zmienne ilości wszystkich sześciu izoform białka tau, związanych w różnych proporcjach. Zarówno metodami biochemicznymi (immunohistochemia, sekwencjonowanie), jak i fizykochemicznymi (spektrometria masowa), ustalono, że jedynie w patologicznym tau reszty seryny (w pozycji 202, 235, 262, 369 i 404) oraz reszty treoniny (181 i 231), sąsiadujące z resztami proliny, są ufosforylowane. Przyczyną tych zmian jest zmniejszona aktywność lub inaktywacja fosfataz PP2A i PP2B (kalcyneuryna) pojawiająca się w chorobie Alzheimera. W regulacji procesu fosforylacji i defosforylacji specyficznych miejsc akceptorowych dla fosfataz biorą także udział kinazy zależne od proliny: kinaza aktywowana czynnikiem mitogennym

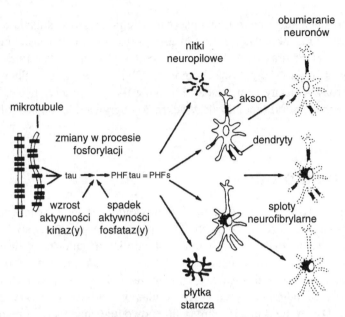

**Ryc. 23.5.** Hipotetyczny mechanizm prowadzący do przekształcenia prawidłowego białka tau w tau patologiczne, tworzące parzyste filamenty helikalne. Fizjologiczne białko tau przedstawiono w postaci prostokątów związanych z mikrotubulami. Białko tau tworzące spiralne parzyste filamenty (PFH) powstaje w perikarionie neuronów i ich wypustkach aksonalnych oraz dendrytycznych w następstwie nadmiernej aktywności lub niewłaściwej aktywacji nieznanej kinazy (lub zespołu kinaz) oraz obniżonej aktywności (lub ekspresji) fosfatazy lub zespołu fosfataz regulujących stopień fosforylacji normalnego białka tau, występującego fizjologicznie w ośrodkowym układzie nerwowym. W konsekwencji nadmiernie ufosforylowane białko tau, tworzące PFH, gromadzi się w wypustkach neuronów oraz w perikarionie komórek neuronów, tworząc sploty neurofibrylarne, nici neuropilowe i powoduje powstawanie dystrofii neuronów znajdujących się w pobliżu płytek starczych (neurytycznych). (Wg: Trojanowski i Lee. *FASEB J.* 1995, 15: 1570–1576, za zgodą *FASEB J.*, Bethesda)

(kinaza MAP), kinaza-3 syntazy glikogenu (GSK3), oraz kinazy zależne od cykliny: cdk2 i cdk5 (ang. cyclin-dependent kinase) i kinaza tau-tubulina. Fosforylacja białka tau w miejscach wiązania z mikrotubulami przebiega z udziałem kinaz MARK (ang. microtubule-affinity regulating kinases). W następstwie nadmiernego nasilenia tego procesu dochodzi do rozpadu połączenia tau-tubulina, destabilizacji mikrotubul i zmian w cytoszkielecie. Następstwem tego rodzaju zmian jest zakłócenie transportu aksonalnego, co prowadzi do obumierania aksonów i dendrytów oraz śmierci komórki neuronowej.

# 23.5. Etiologia choroby Alzheimera

Badania epidemiologiczne nie wiążą występowania choroby Alzheimera z określoną rasą, sposobem życia czy też nawykami higienicznymi. Wyróżniono trzy grupy czynników ryzyka o różnym prawdopodobieństwie, które mogą wykazywać związek z częstszymi zachorowaniami. Niewątpliwie do czynników najbardziej sprzyjających wystąpieniu tej choroby należy zaliczyć zaawansowany wiek (wśród osób w wieku 60 – 69 lat odsetek zachorowań wynosi 0,4%, podczas gdy w grupie o 20 lat starszej — 11%), wystąpienie choroby u któregoś z bliskich krewnych oraz posiadanie allelu *e4* apolipoproteiny E. Prawdopodobnymi czynnikami ryzyka wystąpienia choroby Alzheimera mogą być urazy głowy, choroby tarczycy, depresje, późny wiek matki w chwili urodzenia pacjenta, a także niski poziom wykształcenia. Do trzeciej grupy czynników, najsłabiej wyrażonych statystycznie, zaliczono nerwowy tryb życia (stresy), obecność rozpuszczalnych soli glinu w wodzie pitnej oraz nadmierne spożywanie alkoholu. U kobiet choroba występuje nieco częściej. Procentowy wzrost zachorowań w tej grupie ryzyka powiększa się z wiekiem, co może wiązać się z poziomem estrogenu. Sugerowano, że palenie papierosów może być czynnikiem przeciwdziałającym chorobie Alzheimera. Przypuszcza się, że nikotyna obecna w dymie papierosowym częściowo kompensuje niedobory receptorów nikotynowych zaistniałe w mózgu. Przyjmowanie leków przeciwzapalnych jest brane pod uwagę jako następny czynnik ochronny. Leki te prawdopodobnie zmniejszają odczyny zapalne związane z powstawaniem płytek starczych. Badania z udziałem osób przyjmujących inhibitory biosyntezy cholesterolu wskazują, że choroba Alzheimera jest u nich rzadziej rozpoznawana. Nasunęło to przypuszczenie, że powstawanie $\beta$-amyloidu może zależeć od poziomu cholesterolu. Uważa się, że może to być spowodowane nagromadzeniem $\beta$- i $\gamma$-sekretaz oraz APP w pobliżu fragmentów błony bogatych w cholesterol, co może sprzyjać wzrostowi szybkości uwalniania $\beta$-amyloidu.

Przedstawione przyczyny sprzyjające zachorowaniu stanowią mieszaninę czynników środowiskowych i genetycznych oraz pokazują, jak bardzo heterogennym schorzeniem jest choroba Alzheimera.

## 23.5.1. Czynniki genetyczne

Podstawową przesłanką do przeprowadzenia badań nad genetycznym podłożem danego schorzenia jest większa częstotliwość jego występowania w obrębie określonych rodzin niż w całej populacji. Badania wykazały, że około 5% wszystkich przypadków choroby

**Tabela 23.1.** Udział czynników genetycznych w chorobie Alzheimera

| Miejsce (chromosom) i ilość oraz % mutacji | Gen | Postać choroby | % zachorowań | Komentarz |
|---|---|---|---|---|
| 1   (9, 5,7%) | *PS2* | wczesna | ~ 0,3 | 15 rodzin |
| 14 (133, 84,2%) | *PS1* | wczesna | ~ 4,2 | 268 rodzin |
| 21 (16, 10,1%) | *APP* | wczesna | ~ 0,5 | 43 rodziny |
| 19 | *ApoE* | wszystkie | 40 – 50 | efekt dawki ryzyka |
| ? | ? | późna | 40 – 50 | wzrost podatności na zachorowanie |

Alzheimera stanowią zachorowania o wczesnym początku spowodowane przez gen *APP* lub geny presenilin albo inne nieznane geny. Czwarty gen, *APOE* uznawany jest za główny czynnik ryzyka dla zachorowań o złożonej etiologii, obejmujących pozostałe 95% przypadków, w większości o późnym początku. Oprócz tych genów, których udział w genezie choroby Alzheimera nie budzi wątpliwości, wytypowano ponad 100 genów, które mogą predysponować do zachorowania na tę chorobę, choć sama ich obecność nie może być jedyną jej przyczyną. Tabela 23.1 przedstawia w sposób syntetyczny obecny stan wiedzy o podstawowych przyczynach genetycznych choroby Alzheimera.

### 23.5.1.1. Białko prekursorowe β-amyloidu (APP)

Białko prekursorowe β-amyloidu jest kodowane w genie leżącym na 21 chromosomie. Wskazania, że gen ten może być odpowiedzialny za chorobę Alzheimera, pochodziły z badań nad zespołem Downa (trisomia 21), w którym obserwowano nadekspresję APP wraz z towarzyszącymi zmianami neurodegeneracyjnymi, analogicznymi do obserwowanych w chorobie Alzheimera. Mutacje w tym genie zidentyfikowano najwcześniej, choć jest ich stosunkowo niewiele (16). Powodują one cięższe niż w przypadku postaci sporadycznej uszkodzenia mózgu i wcześniejsze pojawianie się objawów klinicznych. Miejsca i rodzaj mutacji przedstawiono na rycinie 23.4. Mechanizmy odpowiedzialne za przekładanie się poszczególnych mutacji na przyczynę choroby Alzheimera nie zostały dotąd poznane. Niektóre z mutacji, leżące w pobliżu miejsc cięcia przez sekretazy, powodują zmiany w obróbce APP. Większość z nich prowadzi do tego samego efektu końcowego — wzrostu ilości powstającego β-amyloidu, i szybkiego powstawania złogów. Uważa się, że są odpowiedzialne za ok. 10% przypadków postaci rodzinnej choroby Alzheimera. Mutacje często noszą nazwy miejsc, w których występują zachorowania danego typu. Mutacja „szwedzka" tej choroby (APP[670/671]) uprzywilejowuje szlak β-sekretazy, mutacja „holenderska" (APP[692]) powoduje inhibicję α-sekretazy, wobec czego zwiększa się udział szlaku β-sekretazy, natomiast mutacja „londyńska" (APP[717]) powoduje powstawanie dłuższych, a więc szybciej agregujących form β-amyloidu.

### 23.5.1.2. Preseniliny I i II (PS1 i PS2)

PS1 i PS2 są to integralne białka błonowe o homologii budowy wynoszącej 67%, zawierające 10 obszarów hydrofobowych, z których 8 to obszary przechodzące przez błonę. Zarówno PS1 jak i PS2 są proteolitycznie cięte przez niezidentyfikowaną proteazę zwaną presenilinazą na dwa fragmenty, N- i C-końcowy o masie 30 i 20 kDa. Białko pełnej długości występuje sporadycznie, stąd uważa się, że fragmenty tworzą heterodimery lub multimery z innymi białkami, takimi jak na przykład nikastryna. Istnieje wiele danych wskazujących, że białka te wykazują aktywność γ-sekretazy (por. podrozdz. 23.4). Stwierdzono, że preseniliny biorą udział nie tylko w proteolizie APP, ale również innych białek transbłonowych, takich jak np. Notch, ErbB-4, LPR, CD44, nektyna1α, czy E-kadheryna. Co więcej, wydaje się, że funkcje presenilin nie ograniczają się do aktywności γ-sekretazy, gdyż białko to uczestniczy w transporcie receptora TrKB i telencefaliny oraz przemianach kateniny.

Preseniliny, kodowane przez geny położone na chromosomach 14 (*PS1*) i 1 (*PS2*) są odpowiedzialne za około 80% przypadków rodzinnej choroby Alzheimera. Ogółem wykryto ponad 140 mutacji w genie *PS1* i 10 mutacji w genie *PS2*. Aktualne dane na ten temat znajdują się w Internecie (strona http://www.molgen.ua.ac.be/ /ADMutations).

### 23.5.1.3. Apolipoproteina E

Apolipoproteina E (ApoE) jest białkiem osocza, biorącym udział w transporcie cholesterolu i innych lipidów. Przypuszczalnie uczestniczy w procesach wzrostu i regeneracji nerwów w trakcie rozwoju lub w następstwie zranienia. Kodowane jest przez gen leżący na chromosomie 19. U człowieka występuje w postaci trzech izoform: E2, E3 i E4. Częstotliwość występowania alleli *e2*, *e3* i *e4* kodujących te 3 izoformy w populacji wynosi odpowiednio: 15, 75 i 10%. Obecność izoformy E4 od dawna wiązano z podwyższonym poziomem cholesterolu we krwi oraz zwiększoną zachorowalnością na chorobę wieńcową. Obserwacja obecności apolipoproteiny w płytkach starczych, naczyniowych złogach amyloidowych oraz splotach neurofibrylarnych pozwoliła na powiązanie zwiększonego ryzyka zachorowania na chorobę Alzheimera z profilem występowania poszczególnych alleli apolipoproteiny E w populacji. Stwierdzono, że ryzyko wystąpienia choroby Alzheimera u nosicieli allelu *e4* jest większe niż u innych ludzi i jest efektem zależnym od liczby kopii tego allelu (tzw. efekt dawki ryzyka). Oznacza to, że osoby, u których stwierdzono dwie kopie tego allelu (homozygotyczność), są narażone na dwukrotnie wcześniejsze (o 10 lat) wystąpienie choroby niż osoby mające 1 allel (5 lat). W rodzinach, gdzie występują mutacje w genie kodującym APP, dodatkowe posiadanie allelu *e4* obniża wiek zachorowania na chorobę Alzheimera. Prawidłowość ta nie została potwierdzona w rodzinach z mutacjami genów kodujących preseniliny. Natomiast posiadanie allelu *e2* jest czynnikiem ochronnym, opóźniającym pojawienie się choroby u osób z nadekspresją APP (dotyczy to zarówno choroby Alzheimera, jak i zespołu Downa). Badania sugerują, że około 50% ryzyka wystąpienia choroby Alzheimera u danej osoby jest zakodowane w postaci odpowiedniego allelu apolipoproteiny E. Izoformy ApoE różnią się zdolnością wiązania $\beta$-amyloidu i białka tau, co prawdopodobnie jest istotne w etiologii choroby. ApoE4 wiąże się szybciej z amyloidem niż pozostałe izoformy, tworząc włókna, które osadzają się w postaci gęstych struktur. W przeciwieństwie do ApoE2 i ApoE3, ApoE4 nie wiąże się z białkiem tau. Ponieważ wiązanie białka tau z apolipoproteinami prawdopodobnie zapobiega fosforylacji tau i tworzeniu włókien neurofibrylarnych przypuszczalnie, jest to drugi powód zwiększonej liczby zachorowań u osób mających allel *e4*.

### 23.5.1.4. Inne genetyczne czynniki ryzyka

Analiza danych epidemiologicznych, rodzinnych oraz dotyczących bliźniąt sugeruje, że znaczna część tzw. sporadycznych zachorowań na chorobę Alzheimera o późnym początku również może mieć związek z czynnikami genetycznymi, które wprawdzie same nie są wystarczające do wywołania choroby, ale zwiększają podatność na zachorowanie. Koncepcja o wieloczynnikowej etiologii choroby Alzheimera jest zgodna z hipotezą o tzw. genetycznych czynnikach ryzyka, predysponujących do zachorowania. Genetyczne metody analizy wskazują, że związek między chorobą Alzheimera o późnym początku może wystąpić w przypadku białek kodowanych na chromosomach 1, 5, 9, 10, 12 i 21. Do poznanych do tej pory białek stanowiących genetyczny czynnik ryzyka w chorobie Alzheimera zaliczono między innymi: makroglobulinę $\alpha$2M (ang. $\alpha$ 2macro-globulin), białko związane z receptorem lipoprotein niskiej gęstości (ang. low density lipoprotein receptor-related protein, LPR), obydwa kodowane przez geny na chromosomie 12, enzym rozkładający insulinę (ang. insulin degrading enzyme, IDE) na chromosomie 10, i ponad 100 innych. Definitywne potwierdzenie lub wykluczenie udziału tych i innych białek w podatności na chorobę Alzheimera prawdopodobnie potrwa kilka lat.

# 23.6. Diagnostyka i terapia

Przedstawione badania podstawowe, choć wciąż wymagające uzupełnienia, prowadzi się z myślą o dwóch najważniejszych celach: opracowaniu metod diagnostycznych, pozwalających bezbłędnie rozpoznać chorobę w najwcześniejszych jej stadiach, oraz opracowaniu skutecznej terapii, hamującej postęp choroby lub zapobiegającej jej wystąpieniu.

Pierwszym problemem, dla pacjenta i lekarza, jest postawienie prawidłowej diagnozy. Objawy choroby Alzheimera są mało charakterystyczne. Podobne symptomy obserwuje się w wielu chorobach wieku podeszłego, co jest przyczyną trudności w rozpoznaniu tej choroby. Jednoznaczną diagnozę można uzyskać jedynie na podstawie badań histopatologicznych tkanki mózgowej, co przeprowadza się dopiero po śmierci pacjenta. Nie zdołano niestety opracować prostego testu jednoznacznie rozpoznającego chorobę. Stosowane testy psychologiczne [np. Krótka Ocena Stanu Psychicznego — ang. Mini-Mental State Examination (MMSE), Test Rysowania Zegara, Test Łączenia Punktów i inne] pozwalają neuropsychologowi na postawienie diagnozy z 80–90% pewnością. Często stosowaną skalą umożliwiającą porównanie pacjentów podejrzewanych o chorobę Alzheimera ze zdrowymi równolatkami oraz rejestrację dynamiki zmian choroby jest Skala Oceny Choroby Alzheimera (ang. Alzheimer's Disease Assesment Scale, ADAS). Zastosowanie jednej z nowoczesnych przyżyciowych metod obrazowania mózgu, takich jak tomografia komputerowa (CT), tomografia pozytonowa (PET), fotonowa (SPECT) czy magnetyczny rezonans jądrowy (MRI), pozwala na wykluczenie innych przyczyn zaburzeń (guzy mózgu, krwiaki, wodogłowie) i uzyskanie częściowego potwierdzenia wstępnej diagnozy. Niestety, monitorowanie stężenia takich substancji jak neurotransmitery, pierwiastki śladowe, określone aminokwasy, enzymy czy jony metali we krwi lub płynie mózgowo-rdzeniowym pacjentów nie ma praktycznego znaczenia w chorobie Alzheimera.

Pewne nadzieje wiąże się z opracowywaniem komercyjnych zestawów do oznaczania zawartości izoform białka tau o określonym stopniu fosforylacji oraz APP i jego fragmentów w płynie mózgowo-rdzeniowym oraz wykorzystaniem genetycznych metod wykrywania mutacji chromosomowych. Niestety nie są to metody dostępne w powszechnej praktyce laboratoryjnej. Różnorodność przyczyn leżących u podstaw choroby Alzheimera utrudnia zarówno jej diagnostykę, jak i terapię.

W poszukiwaniu leków, które mogłyby być przydatne w terapii tej choroby, stosuje się zasadniczo dwie strategie. Pierwsza obejmuje poszukiwanie czynników lub grup czynników, których działanie mogłoby kompensować zniszczenia zachodzące w mózgu w trakcie postępu choroby. Do tego typu leków zalicza się inhibitory acetylocholinesterazy, substancje poprawiające działanie receptorów lub innych układów, których funkcjonowanie jest zmienione w chorobie Alzheimera, substancje o działaniu przeciwzapalnym i regulującym procesy immunologiczne. Ten rodzaj leków nie zapobiega degeneracji neuronów, ale spowolnia nasilanie się objawów otępienia i przedłuża okres samodzielnego funkcjonowania pacjenta. Stosowana jako pierwsza takryna jest obecnie wypierana przez bezpieczniejsze i skuteczniejsze związki, takie jak riwastygmina (Excelon), donepezil, metrifonal i galantamina. Leki tego typu muszą być stosowane bez przerw, gdyż ich odstawienie powoduje szybszą utratę zdolności poznawczych, której nie można nadrobić po wznowieniu leczenia. Jednakże jak dotąd są jedynymi skutecznymi terapeutykami dostępnymi w powszechnej praktyce lekarskiej. Zastosowanie antyoksydantów (witamina E oraz selegilina) wg niektórych badań również opóźnia postęp choroby. Próby kompensowania innych niedoborów w mózgu chorych nie doprowadziły do opracowania tak skutecznej terapii. W celu zmniejszenia niedoborów kognitywnych stosuje się leki nootropowe — piracetam, nicergolinę czy też preparaty na bazie miłorzębu (*Gingko biloba*). Wiedza o rzadszym występowaniu choroby u osób palących skłoniła do podjęcia prób stosowania nikotyny i jej bardziej selektywnych analogów, próbowano także rekompensować niedobory receptorów muskarynowych. Skuteczność tych prób była jednak niewielka. Od niedawna trwające próby z zastosowaniem komórek macierzystych w chorobie Alzheimera stanowią jeszcze jedną możliwość kompensowania niedoborów neuronów określonego typu (np. cholinergicznych) poprzez suplementację z zewnątrz.

Druga strategia poszukiwania remedium koncentruje się na próbach leczenia przyczynowego. Ze względu na istotną funkcję $\beta$-amyloidu w patogenezie tej choroby duże znaczenie miałoby zmniejszenie jego ilości oraz agregacji. Identyfikacja białek o aktywności sekretaz umożliwia podjęcie próby ograniczenia produkcji $\beta$-amyloidu. Bierze się tu pod uwagę zarówno aktywację $\alpha$-sekretazy, jak i zmniejszenie aktywności sekretaz $\beta$- i $\gamma$. BACE wydaje się lepszym celem terapeutycznym, ponieważ jest zaangażowana jedynie w proteolizę APP, podczas gdy preseniliny uczestniczą także w proteolizie wewnątrzmembranowej innych białek, co może powodować poważne skutki niepożądane (np. zahamowanie przekazywania sygnału poprzez szlak Notch). Nie oznacza to braku możliwości zmniejszenia ilości powstającego $\beta$-amyloidu poprzez inaktywację presenilin, ale wskazuje na konieczność poszukiwania bardziej precyzyjnych oddziaływań. Warto wspomnieć, że riwastygmina (Excelon) oprócz hamowania rozkładu acetylocholiny także aktywuje $\alpha$-sekretazę. Innym stymulatorem $\alpha$-sekretazy jest nicergolina — środek blokujący kanały wapniowe — działający prawdopodobnie poprzez izoformy kinazy białkowej C. Zwiększenie proporcji $\beta$-amyloidu rozkładanego w stosunku do powstającego stanowi kolejne podejście o potencjale terapeutycznym. W tym kontekście ważne są badania nad właściwościami dwóch metaloproteinaz: enzymu rozkładającego insulinę (ang. insulin degrading enzyme, IDE) oraz neprylizyny. Obydwa uczestniczą w rozkładzie $\beta$-amyloidu w neuronach. Gdyby udało się zwiększyć szybkość rozpadu tego peptydu, ograniczałoby to możliwość zaburzania równowagi między peptydem produkowanym i rozkładanym. Inne możliwości wiążą się z próbami zmniejszenia neurotoksyczności już powstałego $\beta$-amyloidu poprzez dążenie do zmniejszenia jego agregacji. Próby przeciwdziałania tworzeniu włókien amyloidowych i rozluźniania istniejących już płytek podejmowano syntetyzując peptydy łączące się z $\beta$-amyloidem i zapobiegające powstawaniu konfiguracji $\beta$, a w konsekwencji tworzeniu włókien i złogów. Podejmowane są także próby hamowania agregacji $\beta$-amyloidu poprzez zastosowanie związków chelatujących jony metali. Badany chelator (clioquinol) hamował powstawanie włókien amyloidowych *in vitro*, a w mózgu szczura zmniejszał rozmiary i liczbę złogów. Istnieje jednak pytanie o bezpieczeństwo powtórzenia podobnych prób u człowieka.

Po wielu latach intensywnych badań nad etiologią i patogenezą choroby Alzheimera rozpoczęto prace nad szczepionką przeciwdziałającą nagromadzaniu się $\beta$-amyloidu. Badania na myszach transgenicznych pozwoliły na stwierdzenie, że immunizacja polegająca na zaszczepieniu szybciej agregującą, 42-aminokwasową formą amyloidu może redukować jego poziom, hamować powiększanie się już istniejących płytek i nawet rozpuszczać je, co stworzyło nadzieję na możliwość zastosowania nowego podejścia terapeutycznego.

Inna z branych pod uwagę możliwych terapii zapobiegających degeneracji neuronów dotyczy użycia neurotrofin (np. czynnika wzrostu nerwów — NGF, czy też wywodzącego się z mózgu czynnika neurotroficznego — BDNF) w celu niedopuszczenia do zamierania neuronów w trakcie choroby lub doprowadzenia do ich częściowej regeneracji. Pilotowe badania z udziałem NGF wykazały, że może on spełniać pokładane nadzieje, jednakże problemem jest sposób podawania tego leku oraz jego wysoki koszt. Jako sposób na zwiększenie puli aktywnego NGF w mózgu zaproponowano stymulację jego wydzielania przez pochodne ksantyny. Podejmowano także próby zmniejszenia aktywności astrogleju, która prowadzi do chronicznej obecności procesów zapalnych w tkance mózgu otaczającej płytki neurytyczne. Rozpatruje się także możliwość ingerowania w naruszoną równowagę procesu fosforylacji i defosforylacji białka tau w nadziei na jej przywrócenie i, w efekcie, uzyskanie stabilizacji cytoszkieletu oraz utrzymanie prawidłowego funkcjonowania neuronów.

Dużą nadzieję na postęp w leczeniu choroby Alzheimera stanowi terapia genowa, która znajduje się jeszcze we wczesnej fazie. Jej celem jest zahamowanie lub zredukowanie ekspresji zmutowanego allelu, do czego najczęściej używa się oligonukleotydów antysensownych (łączących się z odpowiednim fragmentem DNA lub RNA i blokujących transkrypcję i/lub translację). Do tej pory udało się zidentyfikować docelową sekwencję w genie kodującym APP, dokonać syntezy odpowiedniego oligonukleotydu antysensownego oraz wektora umożliwiającego wprowadzenie go do komórki, i zaobserwować spadek produkcji β-amyloidu w mózgu myszy transgenicznych. Prowadzone są także próby obniżenia ekspresji BACE działaniem odpowiednio zaprojektowanych rybozymów i deoksyrybozymów (fragmentów RNA i DNA o działaniu katalitycznym, które powodują degradację komplementarnej nici kwasu nukleinowego).

Jak wynika z przedstawionego przeglądu możliwości oddziaływań terapeutycznych, istnieje wiele dróg poszukiwań mechanizmów ingerowania w przebieg choroby. Jednakże dopóki nie stanie się możliwe zdiagnozowanie choroby przed wystąpieniem jej objawów, prawdopodobnie nadal będzie konieczne rozwijanie strategii kompensacji niedoborów neurotransmiterów i innych substancji biologicznie czynnych.

Istnieją także poglądy, że chorobie Alzheimera można zapobiegać. Podstawowym czynnikiem byłaby tu dieta o ograniczonej kaloryczności, wzbogacowa w kwas foliowy. Stwierdzono, że u szczurów dieta taka chroni neurony przed neurotoksycznością i apoptozą poprzez mechanizmy związane z indukowaniem czynników wzrostu i stymulacją białek szoku cieplnego i innych białek pojawiających się podczas stresu. Jakkolwiek nie sprawdzono dotąd skuteczności tej hipotezy w badaniach nad dużymi populacjami ludzkimi, jej wypróbowanie jest możliwe przez każdego z nas. Wymaga jedynie świadomego postępowania i samokontroli. Co więcej, nie powoduje ona skutków niepożądanych i niewiele jest sytuacji, w których lekarz mógłby ją odradzić. Ponadto, zaleca ona łączyć dietę z aktywnością fizyczną i umysłową.

Żaden z założonych kierunków badań nie jest łatwy, ale szybki przyrost informacji dotyczących różnych aspektów choroby Alzheimera stwarza rosnącą nadzieję chorym i ich rodzinom.


# 23.7. Uwagi końcowe

W ciągu ostatnich lat nastąpił ogromny postęp w badaniach nad chorobą Alzheimera. Obejmuje on zarówno badania nad zmianami neurocytopatologicznymi obserwowanymi w tej chorobie oraz właściwościami ich głównych składników, jak i jej uwarunkowaniami genetycznymi. Umożliwił on zastosowanie skutecznej terapii farmakologicznej, pozwalającej na złagodzenie jej objawów. Jednakże każdy, kto zetknął się z osobą, u której wystąpiła choroba, zdaje sobie sprawę, jak dramatyczne zmiany powoduje ona w funkcjonowaniu chorego. Zmiany w strukturze mózgu w tej chorobie są głębokie i postępują szybko, dlatego tylko wczesne podjęcie leczenia nie dopuszcza do ich powiększania się. Jednym z najbardziej istotnych problemów, ograniczającym możliwość wczesnego zastosowania właściwego leczenia, jest opracowanie prostej, niezbyt kosztownej i niezawodnej metody diagnostycznej wykrywającej wystąpienie choroby w jej najwcześniejszych stadiach. O trudności tego przedsięwzięcia świadczy brak jednoznacznych wyników, mimo zaangażowania znacznych środków. Etap ten w dużym stopniu warunkuje możliwości poszukiwań terapeutycznych. Prowadzenie badań podstawowych jest możliwe dzięki zastosowaniu różnego typu warunków modelowych (pierwotne hodowle komórkowe, linie komórkowe pochodzenia neuronowego i nieneuronowego), niezbędnych przy tego rodzaju celach. Bardzo przydatny w badaniach okazał się zwierzęcy model choroby — mysz transgeniczna, u której wywołano nadekspresję APP w tkance mózgu. Istnienie transgenicznej myszy nie tylko przyspieszyło badania podstawowe, ale okazało się przydatne w badaniach nad nowymi podejściami farmakologicznymi.

Innym kierunkiem badań, którego wartość trudno przecenić, są studia nad przyczynami genetycznymi choroby Alzheimera. Najprawdopodobniej nie odkryto jeszcze wszystkich modyfikacji genetycznych leżących u podłoża tej choroby. Połączenie badań genetycznych z obiecującym podejściem immunizacyjnym może mogłoby w przyszłości doprowadzić do skonstruowania szczepionki genowej — specyficznej i miejmy nadzieję skutecznej metody zapobiegawczej. Inną interesującą perspektywę postuluje farmakogenomika. Określenie genotypu pacjenta w celu wdrożenia bardziej ukierunkowanego leczenia zostało już zapoczątkowane przez niektóre firmy farmaceutyczne.

W świetle niezwykle złożonej etiologii tej choroby bardzo ważne wydaje się również zbadanie oddziaływań między czynnikami genetycznymi i środowiskowymi, przyczyniającymi się do jej powstania. Odkrycie takich współzależności miałoby ogromne znaczenie w zapobieganiu chorobie Alzheimera.

## 23.8. Podsumowanie

Choroba Alzheimera jest formą postępującej demencji starczej, występującej w wielu odmianach. W krajach rozwiniętych gospodarczo dotyka ona około 10% populacji, która przekroczyła 65 rok życia. Przyczyną objawów klinicznych, rozpoczynających się utratą pamięci, stopniowo doprowadzającą do degradacji osobowości pacjenta, są zmiany neuropatologiczne tkanki mózgowej. Uszkodzeniu mózgu, makroskopowo przejawiającemu się w postaci zaniku wielu neuronów, towarzyszy występowanie wewnątrzkomórkowych, spiralnych filamentów oraz amorficznych złogów (tzw. płytek starczych), obserwowanych pozakomórkowo zarówno w tkance mózgowej, jak i w ściankach naczyń opon mózgowo-rdzeniowych. Głównym składnikiem złogów jest $\beta$-amyloid — peptyd składający się z 39–43 aminokwasów, uwalniany proteolitycznie z większego (4 kDa) białka transbłonowego, zwanego prekursorem $\beta$-amyloidu. Zwyrodnienie włókienkowe natomiast powstaje w następstwie zaburzeń fosforylacji białka tau. Zmianom w neuronach towarzyszy znaczny ubytek zakończeń synaptycznych, co znajduje odzwierciedlenie w obniżeniu poziomu neurotransmiterów i ich enzymów.

Etiologia choroby Alzheimera nie została dotychczas wyjaśniona, choć częściowo poznano czynniki genetyczne zwiększające prawdopodobieństwo jej wystąpienia. Są to przede wszystkim mutacje w genach leżących na chromosomach: 1, 14, 19 i 21. Istniejące dane wskazują na heterogenność choroby oraz wywołujących ją przyczyn.

Nie zdołano, niestety, opracować dotychczas jednoznacznej i niezawodnej metody diagnostycznej, ani skutecznego postępowania terapeutycznego przeciwdziałającego zmianom obserwowanym w tej chorobie.

*Podziękowanie*

Autorzy dziękują za wsparcie finansowe KBN, grant nr 3 P05F 005 24.

## LITERATURA UZUPEŁNIAJĄCA

*Acta Neurol. Scand.* 1996, Supl. **165**, 144 s. (numer poświęcony chorobie Alzheimera).

*Biochim. Biophys. Acta* 2000, **1502** (1) 200 s. (zeszyt specjalny: Molecular basis of Alzheimer's disease).

Braak H., Braak E.: Neuropathological stageing of Alzheimer-related changes. *Acta Neuropathol.* 1991, **82**: 239–259.

Hendriks L., Van Broeckhoven C.: The β-amyloid precursor protein gene and Alzheimer's disease. *Eur. J. Biochem.* 1996, **237**: 6–15.

Iversen L., Mortshire-Smith R., Pollack S., Shearman M.: The toxicity in vitro of β-amyloid protein. *Biochem. J.* 1995, **311**: 1–16.

Lee V.M-Y., Goedert M., Trojanowski J.Q.: Neurodegenerative tauopathies. *Annu. Rev. Neurosci.* 2001, **24**: 1121–1159.

Płaty skroniowe: morfologia, funkcja i ich zaburzenia. Mat. Szkoły wiosennej PTBUN, Warszawa 1995.

Rocchi A., Pellegrini S., Siciliano G. i Murri L.: Causative and susceptibility genes for Alzheimer's disease: a review. *Brain Res. Bull.* 2003, **61**: 1–24.

Strosznajder J., Mossakowski M. (red.): *Mózg a starzenie.* Warszawa 2001.

Tandon A., Fraser P.: The presenilins. *Genome Biology* 2002, **3**: review 3014/1–9.

Wasco W., Tanzi R.E. (red.): *Molecular Mechanisms of Dementia.* Humana Press, 1997.

# ROZDZIAŁ 24

# Neuroplastyczność

MAŁGORZATA KOSSUT

---

Wprowadzenie ■ Plastyczność rozwojowa ■ Plastyczność kompensacyjna dorosłego mózgu ■ Neuroplastyczność po uszkodzeniu kory mózgowej ■ Mechanizmy zmian plastycznych ■ Zmiany strukturalne ■ Podsumowanie

---

## 24.1. Wprowadzenie

Kiedy właściwości komórek nerwowych zmieniają się w sposób trwały pod wpływem działania bodźców ze środowiska, mówimy o plastyczności neuronalnej. Na poziomie systemowym plastyczność to właściwość układu nerwowego, która zapewnia jego zdolność do adaptacji, zmienności, samonaprawy, a wreszcie uczenia się i pamięci. Jest to powszechna cecha neuronów, znajdowana na wszystkich piętrach układu nerwowego i występująca w świecie zwierzęcym już od poziomu robaków płaskich. Nazywamy ją także neuroplastycznością. Wśród rozmaitych jej przejawów wyróżniamy plastyczność rozwojową, plastyczność pouszkodzeniową (kompensacyjną) dorosłego mózgu, plastyczność wywołaną wzmożonym doświadczeniem czuciowym lub ruchowym oraz plastyczność związaną z uczeniem się i pamięcią.

Zrozumienie mechanizmów plastyczności jest podstawowym wyzwaniem neurobiologii. Istnieją przesłanki wskazujące na to, że molekularny mechanizm różnych form zmian plastycznych może być podobny, a o ich specyfice decydują warunki lokalne, intensywność reakcji, stan organizmu. Zmiany plastyczne takie jak uczenie się i pamięć kształtują tożsamość organizmu, a zmiany takie jak reorganizacja w odpowiedzi na uraz leżą u podstaw kompensacji funkcji w układzie nerwowym. Z tych przyczyn badanie mechanizmów zmian plastycznych ma nie tylko znaczenie poznawcze, ale również może być pomocne w wytłumaczeniu zmian patologicznych i w poszukiwaniu skutecznej rehabilitacji.

W niniejszym rozdziale omówiono zagadnienia związane z plastycznością rozwojową oraz plastycznością kompensacyjną dorosłego mózgu.

# 24.2. Plastyczność rozwojowa

Plastyczność rozwijającego się mózgu jest ogromna. Jak wiadomo, młodociany mózg uczy się najszybciej, przyswaja największą ilość informacji i opanowuje rozległy repertuar sterowania ruchami. W tym okresie nawet duże uszkodzenie mózgu może zostać naprawione. Zarówno wyspecjalizowane obszary kory mózgowej, jak i ośrodki podkorowe mogą zmienić swoją normalną specyfikę. Na przykład usunięcie mózgowych struktur wzrokowych powoduje, że włókna nerwu wzrokowego kierują się do jąder wzgórza normalnie przetwarzających informację słuchową, a kora słuchowa zaczyna reagować na bodźce wzrokowe. Ludzie niewidomi od urodzenia „używają" swej kory wzrokowej do zupełnie innych niż normalnie celów, znajdują się w niej ośrodki związane z pamięcią werbalną. Takie duże „przemeblowanie" mózgu nie występuje u dorosłych ssaków. Również zmiany w obwodowym układzie nerwowym (np. uszkodzenie nerwów czuciowych) wywołane w okresie okołoporodowym szybko odbijają się na strukturze i funkcji centralnych ośrodków mózgu. Na przykład, jeśli wkrótce po urodzeniu usunąć myszy wszystkie wąsy (wibrysy) i unerwiające je zakończenia nerwowe, to nie wykształci się prawidłowo reprezentacja wibrys w korze mózgowej, tzw. pole baryłkowe. Pole baryłkowe jest to morfologicznie zróżnicowany

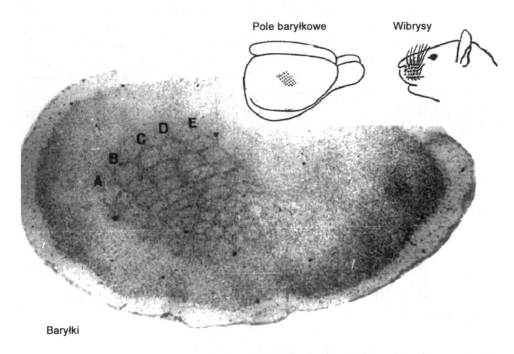

**Ryc. 24.1.** Pola baryłkowe w korze somatosensorycznej myszy. Wibrysy rosną na pyszczku w pięciu rzędach. Ich korowe reprezentacje (baryłki) znajdują się w korze ciemieniowej przeciwległej półkuli mózgu, w IV warstwie kory. Preparat mózgu ucięty w płaszczyźnie stycznej do powierzchni kory ciemieniowej pokazuje pole baryłkowe. Rzędy baryłek (A do E) ustawione są w ten sam sposób co rzędy wibrys na pyszczku

obszar kory somatosensorycznej, w której pierścieniowate zespoły komórek, nazywane baryłkami, odtwarzają układ wibrys na pyszczku myszy (ryc. 24.1).

Dlaczego młodociany mózg ma tak dużą zdolność naprawy, kompensacji, zmiany normalnego schematu połączeń? Prawdopodobnie wielka labilność cytoszkieletu, jaka występuje w tym okresie, połączona ze zdolnością do wzrostu aksonów, dendrytów i filopodiów, stwarza warunki sprzyjające powstawaniu nowych połączeń. Te nowe połączenia są bardzo łatwo modyfikowalne, a sposób, w jaki są zmieniane, jest w znacznym stopniu zależny od aktywacji dróg nerwowych przez napływające z otoczenia bodźce. Jak to się ma do genetycznego programu rozwoju? Dlaczego — poza programem genetycznym — młodociany mózg ma pewien margines na modyfikacje wywołane zmienioną aktywnością funkcjonalną? Dokładniejsze przyjrzenie się niektórym zjawiskom związanym z rozwojem mózgu pozawala na wyjaśnienie przynajmniej niektórych pytań.

Rozwój ontogenetyczny mózgu jest procesem niezwykle skomplikowanym. Miliardy komórek (w ludzkim mózgu 10 miliardów neuronów) muszą połączyć się ze sobą w odpowiedni sposób, z tymi komórkami co trzeba, a nie z sąsiednimi, taką a nie inną liczbą synaps, aksony muszą spotkać się z odpowiednimi dendrytami w odpowiednim rejonie drzewka dendrytycznego, a nie gdziekolwiek. W jaki sposób osiągana jest taka specyfika połączeń? Czy wszelkie instrukcje dla migrujących neuronów i rosnących aksonów są zakodowane genetycznie? Czy aktywność funkcjonalna ma w tym procesie jakiekolwiek znaczenie? Im bardziej rozwijają się narzędzia badawcze biologii molekularnej, tym więcej mamy informacji o zróżnicowaniu chemicznym mózgu i tym mniejsza wydaje się rola aktywności funkcjonalnej w kształtowaniu połączeń nerwowych. Większość połączeń nerwowych powstaje dzięki genetycznie zaprogramowanym interakcjom chemicznym. Dobitnym argumentem za genetycznym zaprogramowaniem rozwoju połączeń w układzie nerwowym jest fakt, że w komórkach rozwijających się struktur mózgu następuje aktywacja bardzo wielkiej liczby genów. Wiele z nich (choć na tym etapie badań trudno jeszcze podać konkretne liczby) jest zaangażowanych wybiórczo w rozwój układu nerwowego. Istnieje jednak kilka dobrze opisanych sytuacji, w różnych rejonach mózgu, na ogół na dość późnych etapach rozwoju, w których aktywność funkcjonalna danej struktury konieczna jest do jej prawidłowego rozwoju.

# 24.2.1. Rola aktywności funkcjonalnej w rozwoju — „use it or lose it", czyli „co nieużywane będzie odrzucane"

### 24.2.1.1. Wzrost i wycofywanie aksonów

Przebieg szlaków nerwowych jest kształtowany poprzez gradienty atraktantów (substancji przyciągających stożki wzrostu aksonów i migrujące komórki) i repelentów (substancji odpychających). Jednakże wydzielanie tych substancji i ich synteza mogą, przynajmniej w pewnych okresach rozwoju, być regulowane przez aktywność elektryczną neuronów. Wydaje się, że wpływ aktywności funkcjonalnej jest widoczny zwłaszcza w końcowej fazie rozwoju, kiedy na trwałość tworzonych połączeń synaptycznych bardzo istotny wpływ ma pobudzenie synaptyczne. Wiele doświadczeń wskazuje na to, że do tego, by nowo powstające połączenie między neuronami miało szansę przeżyć, konieczne jest, by było aktywne funkcjonalnie. Właśnie aktywność zapewni wydzielenie czynnika troficznego i będzie dla danej synapsy „pocałunkiem życia".

We wczesnej fazie rozwoju układu nerwowego występuje nadmiar neuronów, aksonów i synaps. Na bazie tego nadmiaru kształtuje się, poprzez eliminacje połączeń nieaktywnych lub słabiej aktywnych, „okablowanie" układu nerwowego. Niewykorzystywane lub słabo wykorzystywane elementy zanikają. Ukuto slogan opisujący to zjawisko „Use it or lose it" („co nieużywane, będzie odrzucane"). Przypuszczano, że w dużych mózgach kręgowców zaprogramowanie genetyczne nie byłoby w stanie dostarczyć szczegółowych informacji dla każdego połączenia nerwowego. Często używane porównanie mówi, że samo zaprogramowanie genetyczne połączeń neuronu to jak list, który ma tylko kod pocztowy — sam kod wskaże ulicę, na którą trzeba list dostarczyć, ale żeby znaleźć dom i numer mieszkania, trzeba wejść w interakcje — pogadać z sąsiadami, co zapewni wytworzenie funkcjonalnego połączenia — doręczenie listu.

Takim pytaniem o adres jest, w wypadku rosnących aksonów, elektryczna aktywność czynnościowa, a zwłaszcza znalezienie w otoczeniu innych włókien o podobnych wzorcach wyładowań. Synchroniczna aktywność presynaptyczna zwiększa prawdopodobieństwo pobudzenia neuronu postsynaptycznego, co wydaje się istotne i przy tworzeniu nowych połączeń synaptycznych i przy wzmacnianiu już istniejących. Doświadczenia nad rozwojem połączeń siatkówki oka z ciałem kolankowatym bocznym rzuciły wiele światła na to zjawisko. Ciało kolankowate boczne składa się z kilku warstw, naprzemiennie unerwianych przez jedno lub drugie oko. Jednak we wczesnym okresie rozwoju, zanim nastąpi segregacja aksonów z każdego

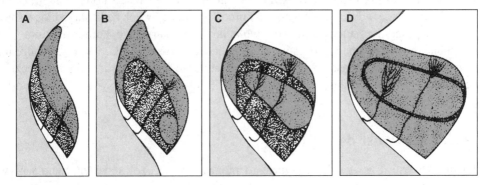

**Ryc. 24.2.** Eliminacja rozgałęzień aksonów komórek zwojowych siatkówki w odpowiednich warstwach ciała kolankowatego bocznego kota. A — bardzo wczesna faza rozwoju, D — zakończenie rozwoju. W stadium pośrednim C — wyraźne odgałęzienia aksonów w niewłaściwych warstwach jądra. (Wg: Sretavana i Shatz. *J. Neurosci.* 1986, 6: 234–251, za zgodą)

oka do odpowiedniej warstwy, są one przemieszane. Aksony przechodzą przez wszystkie warstwy i dają odgałęzienia we wszystkich warstwach. W miarę dorastania niektóre rozgałęzienia zostają eliminowane z niewłaściwych warstw, a rozrastają się we właściwych (ryc. 24.2). Na ich zakończeniach powstają wtedy synapsy mogące przewodzić impulsy elektryczne. W układzie wzrokowym kotów i małp wiele procesów zależy od konkurencji i rywalizacji między wejściami z obu oczu. Rozdzielenie się aksonów do właściwych warstw w ciele kolankowatym bocznym należy do tych procesów. Jeżeli wcześnie w okresie płodowym, przed dojściem nerwów wzrokowych do ciała kolankowatego, usunąć embrionowi jedno oko, to aksony z pozostałego oka wypełnią wszystkie warstwy. Jeżeli, bez usuwania oka, zablokować aktywność komórek wzrokowych siatkówki przez wstrzyknięcie do oka tetrodotoksyny, która hamuje powstawanie potencjału czynnościowego, to segregacja aksonów nie nastąpi. To dowodzi, że aktywność funkcjonalna jest niezbędna do prawidłowego rozrostu kolaterali aksonalnych. Co więcej, wyniki tego doświadczenia pokazują, że myśląc o roli aktywności neuronalnej w kształtowaniu połączeń, trzeba rozważyć nie tylko udział potencjałów wywołanych przez bodźce czuciowe, ale przede wszystkim aktywność spontaniczną. Segregacja aksonów do poszczególnych warstw ciała kolankowatego odbywa się przed urodzeniem, więc nie ma jeszcze mowy o pobudzeniu spowodowanym bodźcami wzrokowymi. Natomiast spontaniczną aktywność elektryczną można rejestrować już w embrionalnym układzie wzrokowym: udowodniono, że im bliżej siebie położone są komórki, tym bardziej skorelowana, bardziej zbliżona w czasie jest ich aktywność elektryczna. Przypuśćmy, wobec tego, że zakończenia aksonów dwóch blisko siebie położonych komórek zwojowych siatkówki, o skorelowanej aktywności elektrycznej, unerwiają cztery położone blisko siebie komórki ciała kolankowatego bocznego. Każda z tych komórek ciała kolan-kowatego ma synapsy z obu komórek zwojowych oraz, dodatkowo, synapsy z innej komórki zwojowej, położonej w siatkówce daleko od dwóch poprzednich, i z jednej komórki siatkówki drugiego oka. W tych dwóch ostatnich komórkach również występuje aktywność spontaniczna, ale ich wyładowania nie są skorelowane ani ze sobą, ani z pierwszą parą komórek. Para komórek o aktywności skorelowanej będzie tu miała przewagę, gdyż wiele synaps na komórkach docelowych zadziała jednocześnie, ich sygnał ulegnie zsumowaniu i wywoła dużą depolaryzację komórki, która jest potrzebna do wywołania procesów stabilizujących trwałość aktywnego połączenia synaptycznego. Natomiast aksony, których działalność nie doprowadzi do dostatecznej depolaryzacji (np. działające „w pojedynkę"), osłabią swoje synapsy z komórką postsynaptyczną.

## 24.2.1.2. Wzrost dendrytów

Na przykładzie drzewka dendrytycznego można również zobaczyć zarówno wpływ czynników genetycznych, jak i wpływ aktywności funkcjonalnej na rozwój wypustek neuronu. Z jednej strony istnieje silne genetyczne zaprogramowanie nadające komórce określoną morfologię — neurony piramidalne i neurony gwiaździste można odróżnić w hodowlach *in vitro* z kory mózgowej, czyli w sztucznych warunkach bez

A                          B

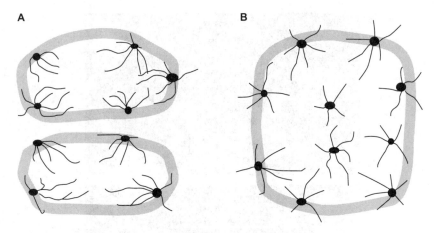

**Ryc. 24.3.** Schemat przedstawiający przebieg dendrytów neuronów baryłek. **A** — baryłki kontrolne.
**B** — baryłki zmienione po usunięciu rzędu wibrys

aktywności funkcjonalnej, na podstawie charakterystycznej morfologii ich drzewka
dendrytycznego. Z drugiej strony jest wiele przykładów wpływu środowiska na
wzrost dendrytów. Drzewko dendrytyczne niektórych neuronów ulega modyfikacji
podczas rozwoju mózgu. Na przykład komórki mitralne opuszki węchowej mają
początkowo kilka dendrytów podstawnych, które kontaktują się z kilkoma sąsiednimi
kłębkami. W trakcie rozwoju większość z tych dendrytów zanika i komórka mitralna
ma połączenia tylko z jednym kłębkiem. Ten proces wydaje się ściśle zaprogramowany
genetycznie. Innym przykładem jest zachowanie dendrytów w baryłkach (reprezentacji
wibrys w korze mózgowej). W polu baryłkowym kory somatosensorycznej gryzoni
dendryty komórek tworzących baryłkę są skierowane do środka baryłki. Jeśli po
urodzeniu przeciąć nerw czuciowy wibrys, pole baryłkowe nie rozwija się normalnie,
a neurony baryłek mają dendryty skierowane we wszystkie strony (ryc. 24.3).
W niektórych przypadkach widać więc wpływ aktywności aferentnej na kształtowanie
drzewka dendrytycznego.

# 24.2.2. Najważniejsze modele eksperymentalne plastyczności rozwojowej

## 24.2.2.1. Plastyczność kolumn dominacji ocznej

Najlepiej chyba poznanym procesem plastyczności rozwojowej jest plastyczność
kolumn dominacji ocznej w korze wzrokowej kotów i małp (por. rozdz. 9). Kolumna
korowa to segment kory mózgowej o walcowatym kształcie rozciągający się przez
całą grubość kory, od jej powierzchni do substancji białej. W takiej kolumnie neurony
odpowiadają wybiórczo na określoną cechę bodźca zmysłowego. Kolumny dominacji
ocznej zostały odkryte przez Davida Hubela i Torstena Wiesela (Nagroda Nobla

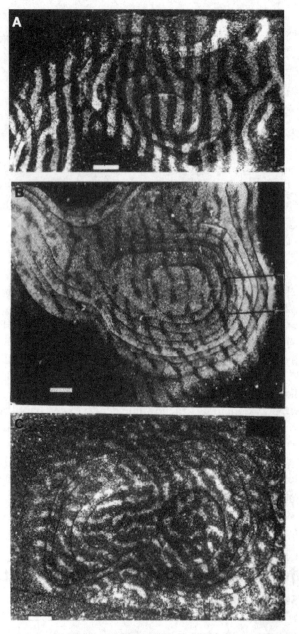

**Ryc. 24.4.** Kolumny dominacji ocznej i ich plastyczność uwidoczniona metodą transsynaptycznego transportu radioaktywnych aminokwasów. Preparaty z IV warstwy kory wzrokowej małpy, cięcie prostopadłe do długiej osi kolumn. **A** — rozmieszczenie zakończeń aksonów niosących informację z jednego oka (jasne prążki). **B** — nastrzyknięto znacznikami oko otwarte podczas okresu deprywacji; kolumny z nim połączone (jasne paski) są znacznie szersze niż kolumny połączone z okiem zamkniętym (ciemne paski). **C** — sytuacja odwrotna, nastrzyknięto oko zamknięte podczas okresu deprywacji, jego kolumny (jasne paski) są znacznie węższe niż z oka otwartego (ciemne paski). (Wg: Le Vay i in. *J. Comp. Neurol.* 1980, 191: 1 – 51, za zgodą)

w 1980). Stwierdzili oni, podczas rejestracji mikroelektrodą zewnątrzkomórkową odpowiedzi neuronów kory wzrokowej na bodźce świetlne, że jeżeli droga elektrody przebiega prostopadle do powierzchni kory mózgowej, to wszystkie napotkane neurony odpowiadają silniej na pobudzenie tego samego oka. W korze naprzemiennie ustawione są kolumny zdominowane przez jedno lub drugie oko, tak że kolumny reprezentujące tę samą okolicę pola widzenia, poprzez jedno lub drugie oko, znajdują się obok siebie.

Kolumna dominacji ocznej jest kształtowana poprzez aksony dochodzące do kory wzrokowej z ciała kolankowatego bocznego. Każdy taki akson przynosi informację o pobudzeniu tylko jednego oka. Jak wspomniano wyżej, ciało kolankowate ma kilka warstw. Aksony komórek położonych w pierwszej warstwie ciała kolankowatego są połączone funkcjonalnie z okiem położonym po przeciwnej stronie głowy, a z drugiej warstwy — z okiem po tej samej stronie. Te dwa rodzaje aksonów mają zakończenia w osobnych obszarach warstwy IV kory wzrokowej. Uwidoczniono to za pomocą metody śledzenia transportu transsynaptycznego radioaktywnych aminokwasów, wstrzykniętych do jednego oka małpy (ryc. 24.4). Aminokwasy są wychwytywane przez ciała komórek zwojowych siatkówki i przenoszone transportem aksonalnym poprzez włókna nerwu wzrokowego do odpowiedniej warstwy ciał kolankowatych bocznych. Tam poprzez szczelinę synaptyczną przechodzą do następnego neuronu i jego aksonem wędrują aż do zakończeń w IV warstwie kory wzrokowej. Jeśli wykonać autoradiogramy z preparatów ciętych stycznie do IV warstwy kory, to widać na nich naprzemienne obszary wyznakowane radioaktywnie i niewyznakowane; wyznakowane odpowiadają okolicom, gdzie znajdują się zakończenia komórek połączonych z okiem, do którego wstrzyknięto aminokwasy radioaktywne.

U bardzo młodych kotów kolumny dominacji ocznej są bardzo labilne. W tym okresie życia bardzo łatwo jest wywołać ich plastyczność. Zamknięcie jednego oka na zaledwie kilka godzin powoduje, że oko otwarte pobudza więcej, niż normalnie, komórek. Występuje tu silna rywalizacja między aksonami ze wzgórza o możliwość utworzenia sprawnych synaps na komórkach kory wzrokowej. Wynik tej rywalizacji szybko odbija się na drzewkach aksonalnych. Zamknięcie jednego oka na kilka dni powoduje, że rozgałęzienia końcowe aksonów komórek ciała kolankowatego bocznego z informacją z tego oka obkurczają się i zajmują w IV warstwie kory mniej miejsca niż normalnie. Na ich miejsce wrastają aksony z otwartego oka. Po miesiącu takiej jednoocznej deprywacji komórki kory wzrokowej niemal zupełnie nie reagują na bodźce wzrokowe przesuwane przed uprzednio zamkniętym okiem. Zjawisko to, nazywane zmianą dominacji ocznej, jest często używane jako model doświadczalny do badań mechanizmów plastyczności mózgu. Można ją łatwo wywołać u kotów w wieku od 4 do 12 tygodni, ale nie u zwierząt dorosłych. Występuje tu tak zwany okres krytyczny (por. rozdz. 9), po którego upływie ten rodzaj plastyczności zanika. Jest to najbardziej znany przykład wpływu aktywności funkcjonalnej na strukturę mózgu.

## 24.2.2.2. Plastyczność układu wibrysy – baryłki

Inny przykład często badanego przejawu plastyczności rozwojowej to plastyczność pola baryłkowego w korze somatosensorycznej myszy. Rosnące na pyszczku wibrysy mają swoje zróżnicowane cytoarchitektonicznie reprezentacje na wszystkich piętrach wstępującej drogi czuciowej — w jądrach trójdzielnych, we wzgórzu i w korze. Na każdym poziomie jednej wibrysie odpowiada wyodrębniona grupa komórek, nazywana baryłeczką w jądrach nerwu trójdzielnego, baryłkoidem we wzgórzu i baryłką w korze. Wszędzie te małe struktury ustawione są tak, że ich układ odzwierciedla układ wibrys na pyszczku. Jeśli w okresie od 1. do 4. dnia życia usuniemy z pyszczka rząd wibrys poprzez uszkodzenie pęcherzyków włosowych, w korze nie wykształci się odpowiedni rząd baryłek (ryc. 24.5). Jeśli zrobimy to piątego dnia życia, po

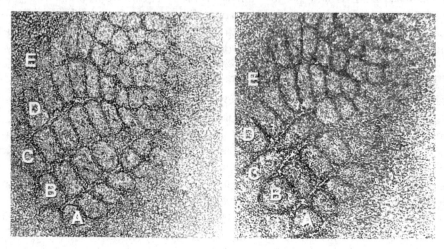

**Ryc. 24.5.** Normalne pole baryłkowe myszy (z lewej) i pole ze zmianą plastyczną. Rząd C baryłek jest skurczony, a jego bryłki nie są wyodrębnione, natomiast rzędy B i D są większe niż normalnie. Tak dzieje się w odpowiedzi na uszkodzenie wibrys rzędu C tuż po urodzeniu

upływie okresu krytycznego dla tej formy plastyczności, baryłki powstaną normalnie. Żeby zakłócić rozwój baryłkoidów we wzgórzu, trzeba usunąć wibrysy w pierwszych dwóch dniach życia — tam okres krytyczny jest krótszy.

# 24.2.3. Okres krytyczny

Okres krytyczny jest bardzo istotnym pojęciem w rozwoju i plastyczności mózgu. W niniejszym rozdziale opisano niektóre zmiany plastyczne, mogące zachodzić tylko w pewnym przedziale czasowym rozwoju, ale dotyczy to wielu innych zjawisk związanych z zachowaniem ludzi i zwierząt; np. imprinting (wpajanie) u ptaków zachodzi tylko w ciągu kilku dni po urodzeniu. Podobnie istnieje określony okres rozwoju osobniczego, w którym ptaki śpiewające mogą nauczyć się pieśni swojego gatunku. Również do normalnego rozwoju mowy u człowieka konieczny jest trening w pierwszych latach życia. Mamy tu do czynienie ze szczególnym mechanizmem, dzięki któremu układ nerwowy stwarza „okienka czasowe" kiedy „oczekuje" na to, by wpływy otoczenia dały bodźce do zajścia ważnych dla organizmu procesów lub zmian strukturalnych.

Mimo licznych badań nie udało się jeszcze z całą pewnością zidentyfikować czynnika odpowiedzialnego za zakończenie okresu krytycznego, czyli zakończenia fazy szybkiej plastyczności. Najwięcej badań dotyczyło roli receptora typu NMDA (N-metylo-D-asparaginian) dla glutaminianu w modelu zmiany dominacji ocznej. W młodocianej korze mózgowej poziom tego receptora w IV warstwie jest wysoki, zaczyna się zmniejszać mniej więcej wtedy, kiedy kończy się okres krytyczny, a u dorosłych zwierząt jest niski. Ze względu na ogromną rolę, jaką ten receptor odgrywa w mechanizmach plastyczności, sądzono, że to on, a zwłaszcza jedna z jego podjednostek charakterystyczna dla mózgu niedojrzałego, jest odpowiedzialny za trwanie okresu krytycznego. Okazało się jednak, iż mimo że receptor NMDA jest niewątpliwie niezbędny do zajścia zmian plastycznych, zmiany w jego składzie podjednostkowym z układu młodocianego na dorosły nie powodują zakończenia okresu krytycznego.

Uwaga badaczy skupiła się następnie na układzie GABAergicznym (GABA — kwas $\gamma$-aminomasłowy), czyli na głównym układzie neurotransmisji hamującej mózgu. Wydaje się, że w korze wzrokowej układ transmisji pobudzeniowej dojrzewa przed układem transmisji hamującej. Okres, kiedy pobudzenie funkcjonuje sprawnie, a hamowanie rozpoczyna działać, miałby według jednej koncepcji stanowić moment rozpoczęcia okresu łatwej plastyczności kolumn dominacji ocznej. Nasilenie się oddziaływań hamujących w transmisji informacji wewnątrz kory mózgowej zamykałoby (według jeszcze innej grupy badaczy) okres łatwego zachodzenia zmian plastycznych. O istotności prawidłowej transmisji hamującej w tym procesie świadczą wyniki eksperymentów, w których u zwierząt z częściowo upośledzoną syntezą GABA stwierdzono upośledzenie plastyczności kolumn dominacji ocznej.

Najnowszym kandydatem na czynnik kończący okres krytyczny są białka macierzy zewnątrzkomórkowej. Są one rodzajem spoiwa dla tkanki i istnieją pewne dowody na ich rolę w plastycznych modyfikacjach połączeń międzyneuronowych. Sugeruje się, że po upływie okresu rozwoju białka te otaczają neurony tak dokładnie, że stanowią barierę dla plastyczności, utrudniając penetrację cząsteczek i np. ruch receptorów w błonie plazmatycznej. Dowodem przemawiającym za taką koncepcją jest przywrócenie zdolności do plastyczności kolumn dominacji ocznej po zakończeniu okresu krytycznego, jeśli zwierzętom do kory wzrokowej wstrzyknąć chondroitynazę, enzym proteolityczny trawiący białka substancji pozakomórkowej. Z pewnością nie jest to jeszcze ostatnie słowo w debacie nad molekularnymi mechanizmami okresu krytycznego.

## 24.3. Plastyczność kompensacyjna dorosłego mózgu

Plastyczność dorosłego mózgu to zjawisko odkryte niedawno. Jeszcze 30 lat temu większość neurobiologów uważała, że po zakończeniu okresu, w którym można wywołać plastyczność rozwojową, właściwości neuronów w czuciowych obszarach kory mózgu są ustalone i nie można ich zmienić poprzez zmiany wejścia zmysłowego. Miały one stanowić „hardware" aparatu analityczno-percepcyjnego mózgu. Jednakże już w latach 70. ubiegłego wieku pojawiały się prace eksperymentalne, z początku z trudnością akceptowane, które pokazywały, że eliminacja wejścia zmysłowego może powodować zmiany neuroplastyczne w dorosłej korze mózgowej. Głębokie przekonanie o stałości struktury i funkcji układu nerwowego dorosłego człowieka utrudniało akceptację nowych danych eksperymentalnych, a nawet zauważenie plastyczności spontanicznie występującej u pacjentów z urazami mózgu. Ten opór został przełamany w latach 80. przez wpływową grupę uczonych amerykańskich. Od tego czasu zgromadzono dużo danych eksperymentalnych i klinicznych dokumentujących zmiany plastyczne zachodzące w mózgu po przecięciu nerwów obwodowych, uszkodzeniach siatkówki, amputacjach, urazach mózgu, treningu i uczeniu się. Mimo że badania dotyczyły przede wszystkim kory mózgowej, w niektórych układach (np. w układzie somatosensorycznym) zaobserwowano zmiany plastyczne na wszystkich piętrach wstępującej drogi czuciowej. U małp pokazano ogromne zmiany anatomiczne, zwłaszcza we wzgórzu, w kilkanaście lat po amputacji kończyn. Metodami nieinwazyjnego mapowania mózgu zarejestrowano dynamiczne zmiany lokalizacji reprezentacji czuciowych w mózgu u ludzi.

## 24.3.1. Plastyczność reprezentacji czuciowych kory mózgowej

Udowodniono, że uszkodzenie nerwu czuciowego powoduje zmiany pól recepcyjnych neuronów kory somatosensorycznej. Kiedy przetnie się gałązkę nerwu przewodzącego impulsy z receptorów dotykowych skóry jednego palca, neurony w korowej reprezentacji tego palca tracą swe główne wejście zmysłowe; następuje lokalna deaferentacja. Przez kilkanaście minut neurony w tym obszarze nie reagują na pobudzenie, później zaś można pobudzić je do odpowiedzi dotknięciem sąsiednich palców (ryc. 24.6). Obszar kory, związany uprzednio z aktywacją nerwu z jednego palca, po jego uszkodzeniu jest „kolonizowany" przez wejścia dotykowe z sąsiednich palców. Ten przykład również wskazuje na to, że w korze mózgowej istnieje rywalizacja między sąsiadującymi reprezentacjami receptorów zmysłowych — osłabienie jednej reprezentacji poprzez eliminacje dopływu bodźców czuciowych powoduje, że traci ona swoje miejsce w korze na rzecz aktywnych funkcjonalnie sąsiadów.

Takie zmiany mogą rozpoczynać się bardzo szybko po przecięciu nerwu. Mogą również rozwijać się i powiększać w miarę upływu czasu po deaferentacji. U małp,

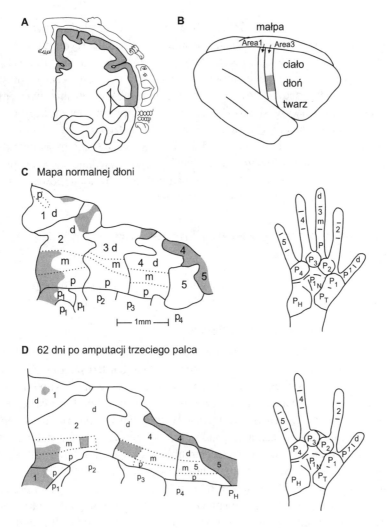

**Ryc. 24.6.** Reprezentacje korowe receptorów dotykowych. **A** — Homunkulus — stworzona przez W. Penfielda mapa pobudzenia ludzkiej kory mózgowej przez dotyk różnych części ciała. **B** — Schemat lokalizacji reprezentacji dłoni w korze somatsensorycznej małpy. **C** — Szczegółowa mapa reprezentacji palców, 1 — kciuk, 5 — mały palec, **D** — mapa reprezentacji palców 2 miesiące po amputacji palca 3. Widać poszerzenie się korowych reprezentacji palca 2. i 4. (Wg: Merzenich i in. *J. Comp. Neurol.*1984, 224: 541 – 604)

które badano w 10 – 20 lat po amputacji ramienia, obserwowano bardzo rozległe zmiany topograficznej mapy powierzchni ciała w korze mózgowej; przemapowania dochodziły do kilku centymetrów i korowa reprezentacja ręki była zastąpiona reprezentacją twarzy i tułowia. Jak wiadomo, nerwy obwodowe mają zdolność regeneracji i kiedy przecięty nerw odrasta i ponownie unerwia skórę, zmiany plastyczne map korowych cofają się i jest odtwarzana wyjściowa mapa ciała. Na ogół, przynajmniej początkowo, jest ona mniej precyzyjna od oryginału.

Przez wiele lat sądzono, że nie można wywołać zmian plastycznych w dorosłej korze wzrokowej. Okazało się jednak, że kiedy całkowicie wyeliminować dopływ informacji wzrokowych do fragmentu kory poprzez uszkodzenie odpowiadających sobie obszarów w siatkówkach obydwu oczu, po pewnym czasie początkowo milczący obszar kory będzie można pobudzić przez aktywowanie przyległych do miejsca uszkodzenia rejonów siatkówki. Tak więc odnerwiony obszar kory wzrokowej „wypełnia się" reprezentacją sąsiednich okolic pola widzenia.

Stwierdzono również, że można zaindukować plastyczne zmiany w dorosłej korze ruchowej. Przecięcie obwodowego nerwu ruchowego wywołuje znaczne przemapowania w odpowiednich częściach kory ruchowej; mogą one występować już wkrótce po uszkodzeniu nerwu lub unieruchomieniu kończyny.

## 24.3.1.1. Anatomiczne podstawy kompensacyjnej plastyczności dorosłej kory mózgowej

Istnieje kilka neuronalnych mechanizmów współpracujących przy powstawaniu zmian reprezentacji czuciowych w procesie plastyczności kompensacyjnej w korze mózgowej.

### 24.3.1.1.1. Uruchomienie słabych połączeń

Trzeba pamiętać, że drzewka aksonalne neuronów z jąder projekcyjnych wzgórza mają w korze, zwłaszcza w korze somatosensorycznej, bardzo szeroki zakres (średnio 700 μ) i zachodzą na siebie. W pewnych miejscach występuje skupienie aksonów niosących informację z jednego nerwu czuciowego — to będzie korowa reprezentacja skóry obsługiwanej przez ten nerw. Jednak w tym samym obszarze występują też, chociaż mniej gęsto, zakończenia aksonalne niosące informację z sąsiednich nerwów. Jeżeli uszkodzimy główne wejście i dominujące aferenty zamilkną, słabsze wejścia będą mogły się ujawnić. Na ogół takie słabsze wejścia są aktywnie hamowane przez wejścia silniejsze i po ich eliminacji to hamowanie ustaje. Zasięg zmian plastycznych zależy też od działania połączeń wewnątrzkorowych. Sąsiadujące obszary kory są ze sobą połączone krótkimi, biegnącymi poziomo w korze aksonami. Im bardziej obfite są takie połączenia, tym łatwiej jeden obszar korowy może „skolonizować" drugi.

### 24.3.1.1.2. Sprouting (wyrastanie obocznic) aksonów

Opisane wyżej wykorzystywanie istniejących połączeń nie wyklucza możliwości tworzenia nowych, zwłaszcza w przypadkach długotrwałego odnerwienia. Bardzo ważną rolę w plastyczności odgrywa zjawisko sproutingu, czyli wyrastania nowych odgałęzień (kolaterali) aksonów (ryc. 24.7). Sprouting jest obserwowany w sytuacji, gdy akson jest nienaruszony, ale sąsiaduje z obszarami, do których zmniejszono dopływ informacji. Aktywne neurony, z normalną aferentacją, wypuszczają wtedy kolaterale aksonów w stronę mniej pobudzonych obszarów. Taki sprouting aksonów tworzących połączenia wewnątrzkorowe udowodniono w korze wzrokowej i somatosensorycznej po eliminacji dopływu informacji czuciowej do wybranych segmentów kory.

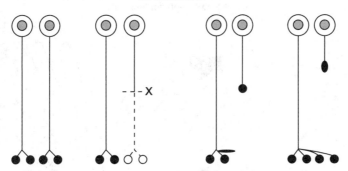

**Ryc. 24.7.** Sprouting (wyrastanie obocznic) z nieuszkodzonego aksonu po tym, jak sąsiadujący neuron uległ uszkodzeniu

### 24.3.1.1.3. Zmiany w ośrodkach podkorowych

Zmian wywołanych odnerwieniem można poszukiwać także w podkorowych ośrodkach wstępującej drogi czuciowej. Rejestrowano zmiany topografii reprezentacji ciała na wszystkich poziomach wstępującej drogi czucia dotyku. Zaobserwowano przemapowania zarówno w jądrze klinowatym (*n. cuneatus*), jak i w jądrze brzuszno-tylno-przyśrodkowym (*n. ventralis postero-medialis*) wzgórza. Nie znaleziono natomiast takich modfyfikacji w podkorowych ośrodkach drogi wzrokowej.

### 24.3.1.2. Przemapowanie mózgu u ludzi po amputacjach kończyn

Dowody na przemapowanie kory mózgowej po amputacji kończyn otrzymano także u ludzi, z zastosowaniem przezczaszkowej stymulacji magnetycznej i innych metod nieinwazyjnego mapowania funkcji mózgu. Stwierdzono poszerzanie się reprezentacji twarzy i tułowia w korze somatosensorycznej pacjentów z amputowaną ręką. Zarejestrowano także bardzo szybkie zmiany — miejscowe znieczulenie palca powodowało natychmiastowy zanik jego reprezentacji w korze mózgowej na rzecz reprezentacji sąsiednich palców. Sugeruje się, że takie zmiany map korowych mogą leżeć u podstaw odczuwania wrażeń fantomowych. U pacjentów z amputacją często występują tzw. odczucia przeniesione, dotknięcie nienaruszonej części ciała powoduje uczucie dotykania (lub bólu) amputowanej kończyny. Stwierdzono, że jako dotknięcie kończyny fantomowej odczuwa się dotknięcie tych okolic ciała, których reprezentacja korowa rozrasta się na miejsce reprezentacji amputowanej kończyny.

## 24.3.2. Przemapowanie mózgu w wyniku doświadczenia zmysłowego

Co ciekawe, można także indukować zmiany plastyczne reprezentacji korowych w nieuszkodzonym układzie nerwowym poprzez trening czuciowy. Zaobserwowano powiększanie się reprezentacji korowej palców po treningu, w którym małpy uczyły

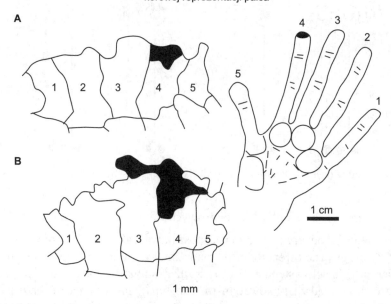

**Ryc. 24.8.** Wpływ stymulacji dotykowej na reprezentację czubka palca. **A** — korowa reprezentacja palców. Na czarno zaznaczona reprezentacja czubka palca 4. **B** — po treningu, w którym małpa dotykała czubkiem palca wirującego cylindra (trening trwał kilka tygodni). Widać powiększenie się reprezentacji czubka palca

się odróżniania chropowatości powierzchni czubkami palców (ryc. 24.8). Stwierdzono, że ludzie niewidomi posługujący się alfabetem Braille'a mają powiększoną korową reprezentację używanych przy czytaniu palców. Co więcej, w ich korze wzrokowej powstaje ośrodek odbierający informacje dotykowe dotyczące czytanych liter. Znaleziono również rozrost reprezentacji palców lewej ręki u muzyków grających na instrumentach strunowych.

## 24.4. Neuroplastyczność po uszkodzeniach kory mózgowej

Odrębnym zagadnieniem jest neuroplastyczność kompensacyjna występująca po uszkodzeniach ośrodkowego układu nerwowego. Od ponad stu lat stosuje się eksperymentalne uszkodzenia kory mózgowej w celu ustalenia lokalizacji funkcji zmysłowych i poznawczych w poszczególnych obszarach kory. Bardzo wiele z tych doświadczeń pokazało, że upośledzona w wyniku operacji funkcja częściowo lub całkowicie powraca. Inne struktury korowe lub podkorowe przejmują funkcje okolic uszkodzonych, a także zmienia się strategia behawioralna organizmu. Wokół obszarów uszkodzonych, ale także w odległych okolicach, powstają zmiany plastyczne. Ich

**604**

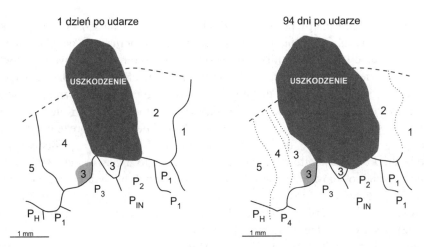

1 dzień po udarze        94 dni po udarze

**Ryc. 24.9.** Reprezentacje palców w korze somatosensorycznej po udarze. W 1 dzień po udarze widać uszkodzenie w obrębie reprezentacji palca 3. Receptory dotykowe z tego palca nie są nigdzie reprezentowane. 94 dni po udarze widać, po pierwsze, powiększenie się obszaru martwej tkanki, po drugie — pojawienie się reprezentacji palca 3. na terenie zajmowanym uprzednio przez palec 4., którego reprezentacja jest teraz zmniejszona

zrozumienie ma bardzo bliski związek z kliniką — tłumaczy bowiem zmiany zachodzące po udarach mózgu.

Kwestia przemapowania okolic sensorycznych kory mózgowej po udarze została po raz pierwszy zbadana metodami elektrofizjologicznymi w latach 50. ubiegłego wieku. Szczurom uszkodzono korę ruchową w miejscu reprezentacji mięśni nogi, a po kilku miesiącach wykonywano mapę funkcji ruchowej, drażniąc prądem elektrycznym korę motoryczną punkt po punkcie, tak aby uzyskać skurcze mięśni. Stwierdzono, że usunięta przez uszkodzenie kory reprezentacja mięśni nogi została odtworzona w miejscu sąsiadującym z uszkodzeniem. Podobne badania podjęto na nowo dopiero w latach 90., z zastosowaniem znacznie dokładniejszych metod elektrofizjologicznych. Po urazach kory somatosensorycznej w obszarze palców ręki u małp zaobserwowano pojawianie się uszkodzonej reprezentacji w nowych miejscach, w postaci kompletnej lub prawie kompletnej (ryc. 24.9). Reprezentacje palców były mniejsze niż normalnie, a pola recepcyjne neuronów były większe — tzn. odzyskana percepcja dotykowa powinna być mniej dokładna, tak jak się to obserwuje u pacjentów po udarze w obszarze kory somatosensorycznej. Zanotowano też pojawienie się reprezentacji palców w „nieodpowiednim" miejscu — tj. w okolicy kory somatosensorycznej zazwyczaj rejestrującej pobudzenie proprioceptorów.

## 24.4.1. Naprawa uszkodzeń kory poprzez plastyczność wywołaną aktywnością funkcjonalną

Badania konsekwencji urazów kory ruchowej przyniosły nieoczekiwane wyniki. Zachodzeniu zmian plastycznych kory mózgowej sprzyjał trening używania rąk, jakim poddane były małpy po lezji. Uszkodzenia kory somatosensorycznej powodują zanik czucia dotyku. Odpowiedni trening zmuszający do poruszania palcami i używania ich do manipulacji przedmiotami częściowo przywracał utraconą sprawność chwytania i czucia skórnego w obszarach ciała reprezentowanych w uszkodzonym obszarze kory. Okazało się, że u małp nie poddanych treningowi po sztucznie wywołanych udarach uszkodzenie korowe (obszar nieaktywny) powiększało się i nie obserwowano pojawiania się na nowo utraconych, na skutek uszkodzenia, reprezentacji. Fakt ten tłumaczono tym, że gdy nie wymuszano ruchów kończyny upośledzonej przez uszkodzenie kory, nastąpiło tzw. zjawisko wyuczonego nieużywania i sytuacja braku wewnętrznych bodźców inicjujących ruch, które mogłyby indukować powstawanie nowej reprezentacji. Wprowadzenie treningu manipulacyjnego, z jednoczesnym ograniczeniem ruchomości drugiej, sprawnej dłoni, stworzyło warunki, w których wytworzyły się ponownie utracone reprezentacje.

Trening daje rezultaty również w przypadku zastosowania w wiele lat po udarze. W grupie chorych z ubytkami pola widzenia, powstałymi na skutek uszkodzenia nerwu wzrokowego lub innych części drogi wzrokowej, zastosowano komputerowy trening, który miał uczyć pacjentów zauważania bodźców położonych na granicy między normalną i uszkodzoną częścią pola widzenia. Taki długotrwały trening (np. po godzinie dziennie przez pół roku) przynosi istotne powiększenie funkcjonalnego pola widzenia.

Ciekawe, że korzystny wpływ na niepowiększanie się obszaru uszkodzenia ma trzymanie zwierząt w tzw. wzbogaconym środowisku — tzn. z innymi zwierzętami w klatce, gdzie jest dużo zabawek i przedmiotów do eksplorowania. Te obserwacje dają jasne wskazania co do postępowania z pacjentami po udarach mózgu. Urucho-mienie mechanizmów ciekawości, poszukiwania i eksploracji może na przykład zwiększać wydzielanie neuromodulatorów z niespecyficznych systemów aktywujących mózgu, co jak wspomniano wyżej, ma wpływ ułatwiający zmiany plastyczne. Wzbogacone środowisko powoduje także podniesienie poziomu czynników wzro-stowych w mózgu, co sprzyja modulacji i wzrostowi połączeń międzyneuronowych (por. rozdz. 4 i 22).

Powyższe przykłady ilustrują znaczną zdolność dorosłego mózgu do zmian charakteru odpowiedzi neuronów i modyfikacji połączeń międzyneuronalnych w wy-niku zmienionego wzorca pobudzenia zmysłowego. Ta zdolność może być skutecznie wykorzystana do wywołania i spotęgowania zmian naprawczych mózgu.

# 24.5. Mechanizmy zmian plastycznych

Współczesne teorie plastyczności biorą swój początek z koncepcji Hebba, który postulował, że do zmiany połączenia między neuronami konieczne jest skuteczne pobudzenie neuronu postsynaptycznego przez presynaptyczny. Poźniejsze opracowania wprowadziły do tej zasady pewne uzupełnienie, uwzględniające także możliwość osłabienia połączenia. Według zasady BCM (od nazwisk Bienenstock, Cooper,

Munro) każda synapsa ma swój próg skutecznego pobudzenia, próg ruchomy i zależny od aktualnego stanu neuronów i historii danej synapsy. Jeżeli pobudzenie przekroczy wartość progową, synapsa zostanie wzmocniona, połączenie między neuronami będzie bardziej trwałe. Jeżeli pobudzenie będzie podprogowe, synapsa zostanie osłabiona.

Co sprawia, że pobudzenie jest skuteczne i osiąga wartość nadprogową?

## 24.5.1. Przestrzenne i czasowe sumowanie pobudzeniowych potencjałów synaptycznych oraz koincydencja pobudzeń z konwergujących aferentów

Sumowanie potencjałów synaptycznych na błonie postsynaptycznej to zjawisko znane od dawna (ryc. 24.10). Stałe sumowania, różne dla różnych synaps, są bardzo istotnym czynnikiem regulującym pobudliwość synapsy.

Koincydencja pobudzeń z konwergujących aksonów to podstawowy sposób przyporządkowania sobie, przez określone wejścia aferentne, określonych obszarów kory. Komórki nerwowe cechuje niesłychane bogactwo i znaczna długość rozgałęzień wypustek dendrytycznych i aksonalnych. Średnia wielkość ciała neuronu wynosi około 15 μ, natomiast średnia długość aksonu w korze mózgowej to 50 mm (ryc. 24.11). Bardzo obficie rozgałęzione drzewka aksonalne i dendryty tworzą na każdym neuronie kilka tysięcy synaps. Im obficiej rozgałęzia się akson w rejonie określonego neuronu, tym więcej synaps będzie mógł utworzyć na dendrytach tego neuronu (ryc. 24.12). Synapsy z jednego aksonu działają prawie jednocześnie, stąd duża szansa, że pobudzą skutecznie neuron postsynaptyczny. Z kolei konwergencja na jednym neuronie aksonów z dwóch różnych struktur daje podstawę do torowania, przez aktywność jednej struktury, reaktywności na pobudzenie drugiej. Tak mogą być kojarzone informacje o np. dwóch rodzajach bodźców czuciowych, co jest podstawą odruchów warunkowych. Wiele terapii rehabilitacyjnych, a także sposobów na polepszenie pamięci stosuje metodę pobudzenia układu przez receptory zmysłowe różnych modalności — wzrok, słuch, dotyk, węch, bodźce proprioceptywne. Takie strategie mają właśnie na celu konwergencję pobudzeń z różnych źródeł, która ma zwiększyć szansę wytworzenia nowego połączenia synaptycznego lub usprawnienia połączenia istniejącego.

Ewolucja wytworzyła specjalne mechanizmy molekularne do detekcji jednoczesnego pobudzenia neuronu. Najważniejszy z nich to kompleks receptora NMDA (por. rozdz. 2). Jest to receptor jonotropowy dla glutaminianu, którego pobudzenie otwiera największy kanał wapniowy mózgu. Jego działanie zależy nie tylko od obecności neuroprzekaźnika, ale i od wartości potencjału błony komórkowej. Kanał ten, w warunkach spoczynkowego potencjału błonowego, jest zablokowany przez przyciągany elektrostatycznie jon magnezu. Depolaryzacja błony do wartości około −40 mv powoduje odsunięcie jonu magnezu i odblokowanie kanału. To oznacza, że do

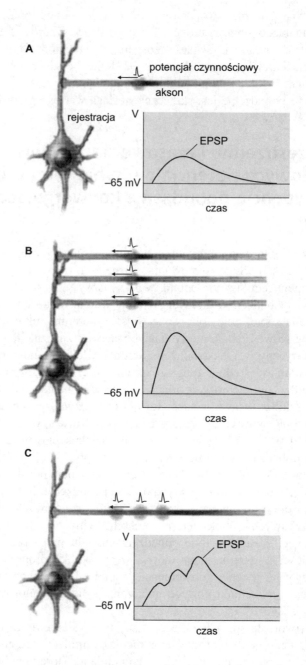

**Ryc. 24.10.** Przestrzenne i czasowe sumowanie na błonie postsynaptycznej. **A** — presynaptyczny potencjał czynnościowy wywołuje mały EPSP w neuronie postsynaptycznym. **B** — przestrzenne sumowanie EPSP; kiedy dwa lub więcej wejść działa równocześnie, ich EPSP dodają się. **C** — sumowanie czasowe — kiedy w aksonie presynaptycznym wyładowania następują szybko jedno po drugim, wywołane przez nie EPSP dodają się

aktywacji receptora NMDA potrzebne są dwa czynniki — związanie neurotransmitera z miejscami wiążącymi receptora i pewne zdepolaryzowanie błony przez np. pobudzenie nadchodzące z innego neuronu. Potrzebna jest koincydencja aktywności dwóch wejść lub szybko po sobie następujące pobudzenie jednej synapsy — stąd nazwa — detektor koincydencji.

Niedawno wysunięto sugestię, popartą już licznymi danymi eksperymentalnymi, że w wielu formach neuroplastyczności dużą rolę odgrywa tzw. aktywacja milczących synaps. Według tej koncepcji, istnieje grupa synaps, w których działają tylko receptory NMDA. W warunkach słabego pobudzenia takie synapsy po prostu nie są aktywowane, gdyż receptory NMDA nie mogą pozbyć się bloku magnezowego. Natomiast kiedy nadejdzie silne pobudzenie (np. z sąsiednich synaps), zaczyna działać receptor NMDA, otwiera się jego kanał wapniowy i wejście jonów wapnia do komórki powoduje eksternalizację receptorów dla glutaminianu typu AMPA znajdujących się tuż pod błoną postsynaptyczną, we wnętrzu komórki, (por. rozdz. 2). To są najszybsze, łatwe do zaktywowania receptory pobudzające mózgu i kiedy zostaną wbudowane w błonę postsynaptyczną, synapsa przestaje być milcząca i zaczyna odpowiadać już na słabe pobudzenia.

Detekcja koincydencji za pomocą receptora NMDA to nie tylko współdziałanie dwóch lub więcej wejść w usunięciu bloku magnezowego. W momencie otwarcia się kanału i wchodzenia jonów wapnia i sodu do komórki rozpoczyna się aktywacja wielu procesów biochemicznych i komórkowych. Im dłużej taka aktywacja trwa, czyli im dłużej po aktywacji receptora trwa potencjał postsynaptyczny, tym po pierwsze silniej

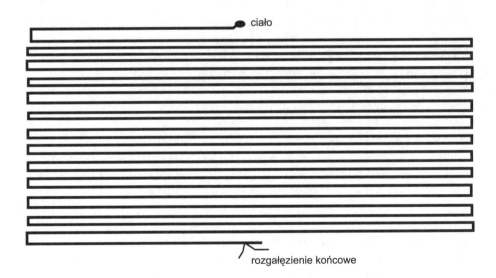

Rzeczywista proporcja średniej wielkości ciała neuronu do długości aksonu
ciało - 15 mikronów
akson - 50 milimetrów

**Ryc. 24.11.** Schemat proporcji wielkości ciała neuronu do długości aksonu

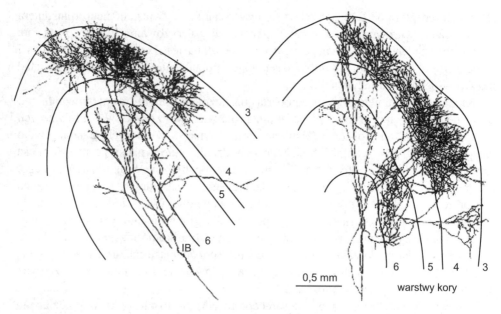

0,5 mm

6 | 5 | 4 | 3

warstwy kory

**Ryc. 24.12.** Rekonstrukcja drzewka aksonalnego neuronu z ciała kolankowatego bocznego, którego zakończenia rozgałęziają się obficie w IV warstwie kory wzrokowej

można pobudzać kaskadę procesów postynaptycznych, a po drugie, inne wejścia działające w tym czasie na neuron mogą wykorzystywać sytuację częściowej depolaryzacji błony dla spotęgowania swego działania.

Receptor NMDA składa się z szeregu podjednostek. Długość trwania EPSP (pobudzeniowego potencjału synaptycznego, ang. excitatory post synaptic potential) po pobudzeniu tego receptora zależy od proporcji w cząsteczce receptora podjednostek nazwanych NR2A i NR2B. Im więcej NR2B, tym dłuższy czas otwarcia kanału jonowego. Podjednostka NR2B przeważa u młodych zwierząt, w czasie rozwoju postanatalnego połączeń w mózgu wtedy, kiedy procesy plastyczne zachodzą szczególnie łatwo.

W 1999 roku Tsien i wsp. doniesli o wynikach eksperymentów wykonywanych na myszach, u których otrzymano nadekspresję podjednostki NR2B w przodomózgowiu. Te zwierzęta szybciej uczyły się różnych zadań (nazwano je „smart mice", czyli bystre myszy), a w ich hipokampach łatwiej dawało się wywołać długotrwałe wzmocnienie synaptyczne. Pomiary elektrofizjologiczne pokazały, że czas trwania pobudzeniowego potencjału postsynaptycznego na pobudzenia receptora NMDA trwa u nich tak długo, jak u zwierząt bardzo młodych. Te doświadczenia dobitnie wskazywały na regulację neuroplastyczności przez właściwości receptora NMDA. Rola receptora NMDA w procesach plastyczności w rozwijającym się i dorosłym układzie nerwowym została dowiedziona w doświadczeniach, w których zastosowano miejscową blokadę tych receptorów przez antagonistów receptora. Zahamowano w ten sposób plastyczność kolumn dominacji ocznej w korze wzrokowej kotów, plastyczność połączeń z siatkówki do wzgórków górnych, plastyczność powstawania zmian morfologii barytek w korze somatosensorycznej szczurów. Także u dorosłych zwierząt blokada receptorów NMDA w specyficznych polach kory mózgowej zaburza plastyczność korowych map powierzchni ciała wywołaną przecięciem nerwu obwodowego, a także zmiany map korowych powstające pod wpływem uczenia asocjacyjnego.

## 24.5.2. Podprogowe pobudzenie neuronów przez niespecyficzne układy aktywujące (neuromodulatory)

Bardzo istotne dla neuroplastyczności jest działanie neuromodulatorów wydzielanych przez zakończenia aksonów należących do niespecyficznych układów aktywujących mózgu, a przede wszystkim układu cholinergicznego i noradrenergicznego. Te długie aksony, obficie rozgałęziające się w korze mózgowej, wydzielają swój neuroprzekaźnik zarówno do szczeliny synaptycznej, jak i z żylakowatości aksonalnych, którym nie towarzyszy strona postsynaptyczna (to tzw. transmisja objętościowa, por. rozdz. 2). Działanie tych neuromodulatorów może powodować lub wydłużać pewną depolaryzację błony neuronów, co w rezultacie ułatwia aktywację receptorów typu NMDA. Elektryczne pobudzenie tych dróg nasila eksperymentalnie indukowane zmiany plastyczne, natomiast uszkodzenie szlaków cholinergicznych lub eliminacja neuronów noradrenergicznych znacznie zmniejsza plastyczność kory mózgowej. Podobny, choć mniej udokumentowany wpływ na neuroplastyczność, mają serotonina i dopamina. Pierwsze badania kliniczne pokazywały, że zastosowanie D-amfetaminy, podnoszącej poziom dopaminy, polepsza odzyskiwanie funkcji ruchowych po udarze i jest pomocne w leczeniu afazji. Działaniem takiego mechanizmu tłumaczy się korzystny wpływ uwagi i motywacji na reakcje plastyczne, przede wszystkim na uczenie się i zapamiętywanie.

Czynnikami sprzyjającymi zmianom plastycznym są też różne neurotrofiny (por. rozdz. 6).

## 24.5.3. Lokalne zmniejszenie oddziaływań hamujących

Układ transmisji pobudzeniowej mózgu jest pod stałą kontrolą układu neurotransmisji hamującej. Wysoki poziom hamowania synaptycznego utrudnia, a nawet uniemożliwia zmiany plastyczne. Stwierdzono, że np. po uszkodzeniu nerwu obwodowego, w miejscu jego projekcji w korze szybko spada poziom transmitera hamującego, GABA. Jeśli uszkodzenie jest zlokalizowane w korze mózgowej, np. w wyniku udaru, wokół niego również spada poziom oddziaływań hamujących. Taka zmiana równowagi hamującej i pobudzeniowej neurotramsmisji może ułatwiać zmiany plastyczne.

## 24.5.4. Wpływ wcześniejszego doświadczenia

Według modelu plastyczności BMC, łatwość zmodyfikowania synapsy zależy od modyfikacji, jakim ulegała ona poprzednio (jest to nazywane metaplastycznością). Badania nad długotrwałym wzmocnieniem synaptycznym (LTP, por. rozdz. 14) pokazały, że można tak silnie aktywować określone połączenie synaptyczne, że osiągnie ono maksimum wzbudzenia i nie będzie można go zwiększyć nowym pobudzeniem. Następuje wysycenie układu, przeciążenie informacją utrudniające dalsze zmiany. Natomiast jeśli nie ma nasycenia, uprzednie wzmocnienie danej drogi ułatwia jej plastyczność. Widać to dobrze w przypadku plastyczności związanej z uczeniem się i pamięcią. Interakcje nowych informacji ze starym śladem pamięciowym i asocjacje nowego śladu ze starym ułatwiają proces zapamiętywania. Wiadomo z licznych doświadczeń neuropsychologicznych, że techniką skutecznego zapamiętywania jest kojarzenie sobie nowych informacji z czymś, co już dobrze pamiętamy. Aktywacja neuronów należących do nowego śladu pamięciowego przez silnie pobudzony stary ślad może, na drodze heterosynaptycznej facylitacji, zwiększyć pobudzenie w obwodach należących do nowego śladu.

## 24.6. Zmiany strukturalne

Silne pobudzenie neuronu, takie które może trwale zmienić siłę synapsy, prowadzi do szeregu przemian biochemicznych w komórkach (por. rozdz. 14). Te przemiany prowadzą do aktywacji genów, z których część, jak się przypuszcza, koduje białka potrzebne do wytworzenia nowych synaps. Nie ma jeszcze dowodów na to, jakie to są białka. Temu, czy w obwodach, w których występują zmiany plastyczne, dochodzi do zmian liczby, ustawienia i kształtu synaps, poświęcono wiele badań. W szeregu prac opisano wzrost liczby synaps w aktywnych drogach nerwowych, a spadek w nieaktywnych, to samo dotyczy kolców synaptycznych. Wiele badań udowodniło występowanie sproutingu aksonów i przyjmuje się oczywiście, że nowe zakończenia aksonalne tworzą synapsy. Jednakże zmiana siły synapsy może też odbywać się na drodze np. zwiększenia liczby receptorów (milczące synapsy) albo zmiany ich powinowactwa do neuroprzekaźnika. Sprawa jest kontrowersyjna zwłaszcza w przypadku zmian plastycznych wywołanych przez uczenie się. Jak się wydaje, plastyczność pewnych obszarów mózgu (kora somatosensoryczna) łatwiej przejawia się wzrostem nowych kolców dendrytycznych niż w przypadku innych obszarów (kora wzrokowa). Nowe metody obserwacji przyżyciowych kolców dendrytów wyznakowanych fluorescencyjnie, z użyciem mikroskopu dwufotonowego, otworzyły nowe pole do badań. Jednakże na razie wyniki nie są jednoznaczne, choć panuje zgoda co do tego, że w korze mózgowej dorosłych zwierząt struktura aksonów i dendrytów wydaje się dość stała, a elementem plastycznym są kolce dendrytów.

# 24.7. Podsumowanie

Neuroplastyczność to zdolność mózgu do reagowania trwałymi zmianami funkcjonowania na zmiany otoczenia lub na uszkodzenie układu nerwowego. Taką zmienność umożliwiają molekularne i komórkowe mechanizmy odbioru, integracji i wzmacniania sygnałów i obfite połączenia międzyneuronowe. Omówione są tu zjawiska plastyczności występujące podczas rozwoju układu nerwowego i jej przejawy zachodzące w mózgu dorosłym pod wpływem uszkodzenia nerwów czuciowych, pobudzenia czuciowego i uczenia się oraz uszkodzenia mózgu przez udar. Na tych przykładach zilustrowane są najważniejsze mechanizmy plastyczności mózgu: rola spójnego silnego pobudzenia, wpływ neuromodulatorów, rola receptorów typu NMDA i AMPA, rola neuroprzekaźnika hamującego.

**LITERATURA UZUPEŁNIAJĄCA**

Gage F.H.: O mózgu, który sam się wyleczył. *Świat Nauki* 2003, **10**: 30 – 37.

Holloway M.: Ćwiczenia dla mózgu. *Świat Nauki* 2004, **10**: 60 – 67.

Kaas J.H.: Plasticity of sensory and motor maps in adult mammals. *A. Rev. Neurosci.* 1991, **14**, 137 – 167.

Kossut M.: Plastyczność rozwojowa. Zjawiska wzrostu i regresu. W: *Mechanizmy plastyczności mózgu*, red. M. Kossut, PWN 1993, 15 – 46.

Krawczyk M., Sidaway M.: Kliniczne efekty intensywnej fizykoterapii u pacjentów z udarem mózgu. *Neurol. Neurochirurg. Pol.* 2002, **36** Suppl. 1: 41 – 60.

Merzenich M., Kaas J.H., Wall J.T., Nelson J.R., Sur M., Felleman D.: Topographic reorganization of somatosensory cortical areas 3b and 1 in adult monkeys following restricted deafferentation. *Neuroscience* 1983, **8**, 33 – 55.

Niewiadomska G.: Czynniki troficzne. W: *Mechanizmy plastyczności mózgu*, red. M. Kossut, PWN 1993, 47 – 64.

Sadowski B.: *Biologiczne mechanizmy zachowanie się ludzi i zwierząt*, PWN, Warszawa 2002.

# ROZDZIAŁ 25

# W poszukiwaniu integracyjnych mechanizmów działania mózgu

ANDRZEJ WRÓBEL

---

Wprowadzenie ■ Sposoby scalania cech podstawowych w jednoznaczną reprezentację bodźca ■ Podstawowe mechanizmy składania linii ■ Udział połączeń poziomych i zwrotnych w integracji ■ Rola aktywności oscylacyjnej w integracji ■ Właściwości dynamiczne połączeń międzykomórkowych ■ Zależność percepcji od kontekstu ■ Rola uwagi w procesach integracji ■ Teoria gnostyczna ■ Mózg jako filtr rzeczywistości ■ Zakończenie?

---

## 25.1. Wprowadzenie

Nawet najprostsze zachowanie wymaga szybkiego, skoordynowanego działania wielu obszarów mózgu. W wielu rozdziałach tej książki opisano procesy, dzięki którym bodziec czuciowy wywołuje równoległą aktywację struktur wzrokowych, asocjacyjnych, ruchowych i emocjonalnych mózgu, składających się na rozpoznanie i decyzję. Gdy na przykład widzimy zapalające się zielone światło sygnalizacji ulicznej, efektem tych procesów jest decyzja: „naprzód". W procesie tym rozpoznanie, czyli świadoma percepcja, objawia się nam natychmiast, jako holistyczna reprezentacja przedmiotu, a nie jako zbiór wrażeń cząstkowych, generowanych w wielu oddzielnych kanałach zmysłowych. Od dawna znany jest pogląd, że podobnie jak odruch warunkowy, również świadomość jest przejawem działania mózgu. Poważne próby weryfikacji tej hipotezy rozpoczęto jednak dopiero w ostatniej dekadzie dwudziestego wieku, którą parlamenty europejski i amerykański ogłosiły dekadą mózgu.

Neurobiologia poznawcza — to nowa dziedzina badania funkcji mózgu, rozwijająca się szybko wraz z postępem w metodach doświadczalnych i teoretycznych. W jej ramach próbuje się określić neuronowe podłoże wyższych czynności nerwowych. Szczególnie intensywnie badane są w ostatnich latach hipotezy dotyczące integracyjnych procesów mózgowych. Pionierskie doświadczenia w tej dziedzinie wykonano na układach czuciowych. Wynika to z faktu, że bodźce sensoryczne można stosunkowo łatwo skwantyfikować (w porównaniu, na przykład, z bodźcami emocjonalnymi) oraz że budowa anatomiczna i funkcjonalna tych układów jest najlepiej poznana. Próbując przedstawić współczesny stan badań nad integracją informacji w sieci neuronowej, trzeba oprzeć się, siłą rzeczy, na dostępnych wynikach badań, z których większość przeprowadzono na układzie wzrokowym. Przedstawiane w niniejszym rozdziale hipotezy dotyczące powstawania zespołów komórkowych są jednak ogólnej natury. Można się spodziewać, że dane dotyczące innych systemów w mózgu będą zbliżone do tych, które uzyskano dotychczas na układach czuciowych. Cytowane w tym rozdziale badania aktywności neuronowej w korze czuciowo-ruchowej oraz w korze płata czołowego wydają się potwierdzać te oczekiwania.

## 25.2. Sposoby scalania cech podstawowych w jednoznaczną reprezentację bodźca

W rozdziale 6 wykazano, że mózg składa się z wielu wyspecjalizowanych systemów neuronowych, realizujących odmienne funkcje. Wewnętrzna organizacja tych systemów jest również oparta na modułowym sposobie opracowywania informacji. Szczególnie wyraźnie widać to na przykładzie układów czuciowych (por. rozdz. 8). Na początku procesu percepcji bodźce sensoryczne są rozkładane na elementarne komponenty, z których można złożyć nie tylko pierwotny wzorzec, ale również wiele innych konstrukcji. Taka droga syntezy wytwarza w konsekwencji poważny problem jednoznaczności scalania (lub grupowania, ang. binding) cech elementarnych w ostateczne moduły (konstrukty) zwane również perceptami. Rozważania teoretyczne wykazują, że istnieje kilka sposobów rozwiązania problemu scalania, a badania eksperymentalne dowodzą, że mózg korzysta prawopodobnie ze wszystkich tych możliwości.

Rycina 25.1 ilustruje w sposób schematyczny problem scalania (ryc. 25.1A, B) i sposoby jego rozwiązania (ryc. 25.1C – E) w układzie wzrokowym. Wyobraźmy sobie sieć złożoną z czterech jednostek kodujących cechy elementarne bodźca. Aktywność dwóch z nich oznacza pobudzenie powierzchni recepcyjnej układu wzrokowego określonym kształtem (trójkątem lub kwadratem), a dwie pozostałe jednostki to detektory wzoru (inaczej faktury powierzchni). Gdy w polu widzenia pojawia się zakreskowany kwadrat, kod rozkładu aktywności w sieci jest jednoznaczny (ryc. 25.1A). Dwa bodźce o różnym kształcie i fakturze powodują jednakże konflikt interpretacyjny, gdyż pobudzenie wszystkich czterech detektorów cech nie pozwala przyporządkować właściwej faktury powierzchni odpowiedniemu kształtowi bodźca (ryc. 25.1B). Opisując niżej sposoby rozwiązania tego konfliktu założono, że źródłem pobudzenia sieci jest para bodźców złożona z kratkowanego trójkąta i kwadratu w paski.

Klasycznym sposobem rozwiązania problemu grupowania jest konwergencja wyjść detektorów cech elementarnych na jednej komórce wyższego rzędu, której działanie reprezentuje obecność danego bodźca (ryc. 25.1C). Hipotetyczne neurony pobudzane selektywnie przez obecność określonych cech składających się na reprezentację bodźca są nazywane jednostkami gnostycznymi (ang. gnostic, cardinal,

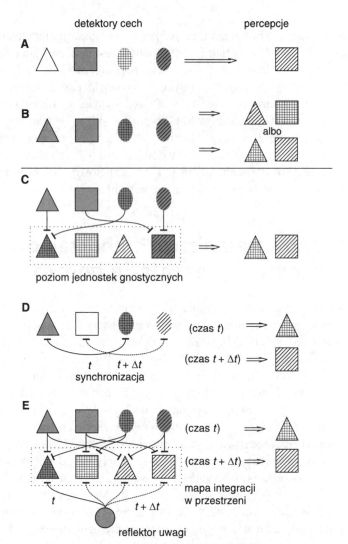

**Ryc. 25.1.** Problem niejednoznaczności scalania i jego potencjalne rozwiązania. Wszystkie przykłady pokazują sieć, która w swej pierwszej warstwie ma cztery komórki-detektory cech: dwie z nich reagują w sposób specyficzny na kształty („trójkąt" i „kwadrat"), a dwie inne są wrażliwe na wzór powierzchni bodźców („w kratkę" i „zakreskowany"). **A** — gdy powierzchnię recepcyjną pobudza tylko jeden bodziec, wzorzec aktywności sieci (dwie aktywne komórki oznaczono szarym kolorem) pozwala określić go w sposób jednoznaczny (percepcja zakreskowanego kwadratu z prawej strony). **B** — dwa bodźce jednocześnie stymulujące powierzchnię recepcyjną wywołują pobudzenie wszystkich detektorów cech i w konsekwencji wieloznaczną sytuację percepcyjną. **C, D, E** — hipotetyczne sposoby rozwiązania problemu scalania. **C** — oddzielna reprezentacja wszystkich możliwych bodźców w komórkach gnostycznych. Według tego modelu detektory cech wysyłają aksony konwergujące w specyficzny sposób na komórkach wyższego poziomu integracji (gnostycznych), które odpowiadają tylko wtedy, gdy bodziec o danym zespole cech elementarnych pojawi się w polu recepcyjnym. **D** — scalanie przez synchronizację aktywności odpowiednich komórek. Skorelowana w czasie aktywność czynnościowa detektorów trójkąta i faktury „siatki" implikuje percepcję odpowiedniego bodźca. Synchronizacja innego zestawu komórek w czasie $t + \Delta t$ wywołuje inną percepcję. Dla uproszczenia, wzajemne połączenia między komórkami zaznaczono na rysunku za pomocą pojedynczej linii z pobudzeniowym zakończeniem synaptycznym na obu jej końcach. **E** — w modelu z systemem uwagi detektory poszczególnych cech konwergują na komórkach wyższego poziomu integracji (tzw. „mapy integracji

teacher lub grandmother cells; por. ryc. 3.9 oraz podrozdz. 25.9). Powstanie jednostek gnostycznych dla wszystkich możliwych kombinacji cech elementarnych wydaje się jednak nierealne, nawet wobec potencjalnie wielkiej liczby komórek w mózgu ($10^{11}$). Każdy nowy bodziec wymagałby bowiem wytworzenia nowej jednostki gnostycznej. Liczba takich jednostek musiałaby wzrastać eksponencjalnie wraz ze wzrostem liczby cech, a ich specjalizacja wykluczałaby możliwość jakiejkolwiek elastyczności w sieci percepcyjnej. Dodatkową trudnością koncepcyjną w tym rozwiązaniu jest potrzeba niezależnej reprezentacji komórek gnostycznych we wszystkich miejscach pola widzenia (czyli we wszystkich hiperkolumnach asocjacyjnej kory wzrokowej; por. rozdz. 8). Spełnienie tego warunku zwiększałoby jeszcze bardziej liczbę komórek niezbędnych do realizacji takiej sieci.

Druga hipoteza mająca na celu rozwiązanie problemu scalania sugeruje, że wszystkie detektory cech, reagujące na określony bodziec w polu widzenia, synchronizują swoje wyładowania z dokładnością do kilku milisekund. Jednocześnie, wzajemnej desynchronizacji ulegałaby aktywność komórek kodujących cechy różnych bodźców. W hipotezie tej bodziec wzrokowy jest więc reprezentowany przez pobudzenie zespołu komórek, z których każda reaguje jedynie na jedną z jego cech elementarnych (ryc. 25.1D). Opis ten jest rozwinięciem klasycznej hipotezy Hebba, według której reprezentacja bodźca umiejscowiona jest w zespole komórek rozproszonych pod względem lokalizacji, ale działających razem, dzięki sieci aktywnych połączeń synaptycznych (por. podrozdz. 3.4.4). Model Hebba jest elastyczniejszy i bardziej ekonomiczny od konwergencyjnego, gdyż pojedynczy neuron może w różnym czasie uczestniczyć w wielu różnych zespołach komórkowych. Dzięki tej możliwości, model kodowania przez synchronizację pozbawiony jest również konieczności nadmiarowego powielania komórek wyższego rzędu we wszystkich miejscach korowej reprezentacji pola widzenia. Model ten umożliwia również kodowanie ciągle nowych percepcji w postaci różnych wzorców aktywności tej samej sieci neuronowej. Dla uniknięcia niejednoznaczności, która mogłaby powstać przez uczestnictwo tego samego neuronu w dwu różnych zespołach komórkowych, hipoteza synchronizacji sugeruje rozdział reprezentacji obu bodźców w domenie czasu. Synchroniczne pobudzenie jednego zespołu w czasie $t$ powinno być odróżnialne od aktywacji innego zespołu w czasie $t+\Delta t$.

Warto zauważyć, że obie przedstawione hipotezy (gnostyczna i synchronizacyjna) wymagają jednoczesnej aktywności komórek presynaptycznych. Różnica między nimi dotyczy długości okresu, w którym wymagana jest taka synchronizacja wejść. Zgodnie z zasadą sumowania czasowego (por. rozdz. 3), co najmniej dwie komórki presynaptyczne (detektory cech) muszą zwiększyć częstotliwość swoich wyładowań w sekundowej skali czasu (ang. rate coherence), aby pobudzić neuron postsynaptyczny (gnostyczny). Hipoteza synchronizacji impulsowej (ang. event coherence) wymaga, aby większość neuronów zespołu (wzajemnie na siebie oddziałujących) była pobudzona prawie jednocześnie, to znaczy w przedziale czasu krótszym niż kilka milisekund.

w przestrzeni"), ale wejścia te nie wystarczają do wyzwolenia percepcji. Dopiero dodatkowe pobudzenie, tzw. skierowana uwaga, umożliwia aktywację jednostek integrujących wszystkie cechy bodźca, jeśli w chwili $t$ (aktywacji „reflektorem uwagi") znajduje się on w odpowiednim miejscu pola widzenia

Inne modele rozwiązują problem scalania cech elementarnych bodźców z użyciem dodatkowej, wewnętrznej aktywności mózgu. Aktywność ta może powstawać w strukturach mózgu związanych z procesami uwagi i w sposób ukierunkowany wpływać na powstawanie określonych percepcji, jak to przedstawiono na rycinie 25.1E (por. podrozdz. 25.8). Alternatywnie, pobudzenie układów zmysłowych może być traktowane jako proces chaotyczny, wynikający z niespecyficznej aktywności mózgu lub z motywacji ukierunkowanej na rozpoznanie otoczenia. Oba te rozwiązania nie wykluczają udziału synchronizacji impulsowej w funkcjonalnym scalaniu zespołów komórkowych. Ostatnio coraz większe uznanie zyskuje pogląd, że wiele z przedstawionych wyżej mechanizmów grupowania wrażeń elementarnych występuje w rzeczywistości równolegle.

Wszystkie wymienione hipotezy scalania wywodzą się od dawnych teorii asocjacyjnych, które zakładały, że percepcje skomplikowanych bodźców są kombinacją elementarnych doznań zmysłowych. Istotnie, kanały układów czuciowych są zbudowane w ten sposób, że wrażenia dotyczące różnych aspektów bodźca (np. dla bodźców wzrokowych: elementy kształtu, kolor, ruch, odległość) są odczytywane przez inne układy neuronowe i w różnych polach funkcjonalnych kory (ryc. 25.2, por.

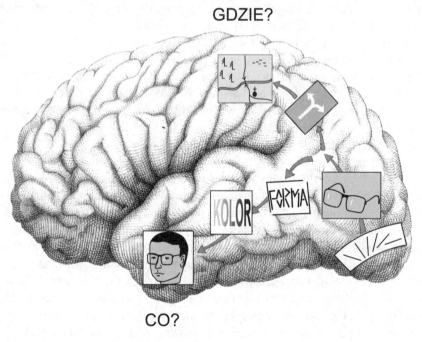

GDZIE?

CO?

**Ryc. 25.2.** Schemat szlaków wzrokowych w korze mózgu. Poszczególne pola specjalizują się w przetwarzaniu: orientacji bodźca (linie w okolicy pierwszorzędowej kory wzrokowej), głębi (okulary), prostych cech kształtu (forma), koloru i kierunku lokalizacji (znak drogowy). W rezultacie dochodzi do rozpoznania zarówno treści bodźca („co"), jak i jego położenia („gdzie"). Jednoznaczna percepcja powinna zawierać obie te informacje, co wymaga mechanizmu integracyjnego. Położenie i kolejność połączeń pól korowych zaznaczono jedynie symbolicznie. Por. rozdz. 8 dla dokładniejszego opisu. (Wg: Posner i Reichle. *Images of Mind*. Scientific American Library, New York, 1994, 257 s., zmodyf.)

również dokładniejszy opis w rozdz. 8). Z drugiej strony, psychofizjologowie teorii postaci (niem. Gestalt) od wielu lat dowodzą, że świadome percepcje całości poprzedzają rozpoznanie części składowych bodźców. Elementy składowe są zauważane dopiero w drugiej kolejności i to jedynie w miarę potrzeby, gdyż nie niosą w sobie jednoznacznych wartości informacyjnych. Również ten pogląd znalazł poparcie w wynikach niektórych badań neurofizjologicznych.

W następnych podrozdziałach przedstawiono kolejno, w sposób bardziej szczegółowy, wszystkie omówione wyżej mechanizmy integracyjne. Na początku, Czytelnik znajdzie opis skomplikowanych procesów scalania, które odbywają się w mózgu bez włączania mechanizmów uwagi czy innej świadomej kontroli.

# 25.3. Podstawowe mechanizmy składania linii

Komórki pierwszorzędowej kory wzrokowej, uczestniczące w analizie kształtu bodźca, mają niewielkie pola recepcyjne o postaci wydłużonych „pałeczek", których długość wynosi od ułamka do kilku stopni kątowych. Oznacza to, że bodźcem, który najlepiej pobudza taką komórkę, jest podłużny przedmiot, umiejscowiony pod określonym kątem w polu widzenia (ryc. 25.2). Pokazano doświadczalnie, że takie pola recepcyjne są wynikiem konwergencji punktowych, koncentrycznych pól recepcyjnych neuronów niższego rzędu (por. ryc. 3.9 oraz rozdz. 8).

Ostatnie badania pierwszorzędowej kory wzrokowej kota i małpy pokazały, że komórki tej kory reagują na bodźce zgodnie z hipotezą synchronizacji impulsowej. W większości doświadczeń udało się stwierdzić, że neurony pobudzane tym samym bodźcem mają tendencję do generowania potencjałów czynnościowych jednocześnie, nawet wtedy gdy są daleko od siebie położone. Na przykład, grupa badaczy z pracowni Wolfa Singera w Instytucie Maxa Plancka we Frankurcie przeprowadziła doświadczenie, w którym zarejestrowano dwie komórki znajdujące się w odległości 7 mm w okolicy 17 kory wzrokowej sychronizujące swą aktywność jedynie wtedy, gdy były pobudzane tym samym bodźcem wzrokowym. Gdy pola recepcyjne tych neuronów stymulowano różnymi bodźcami, aktywność obu komórek była mniej skorelowana, lub w ogóle nie wykazywała wzajemnej zależności w czasie (ryc. 25.3). To i podobne doświadczenia przeprowadzane w innych laboratoriach potwierdzają hipotezę, że korelacja aktywności może stanowić podstawę dynamicznego scalania grupy neuronów w funkcjonalny zespół komórkowy typu hebbowskiego. Doświadczenia te wykazują, że wspólne cechy bodźców, takie jak ciągłość czy jednoczesny ruch elementów składowych, mogą być podstawą synchronizacji aktywności komórek w korze wzrokowej.

Podstawową zaletą hipotezy sychronizacyjnej jest założenie, że ten sam neuron może korelować swoją aktywność z różnymi zespołami komórek w różnym czasie. Organizacja taka umożliwia dostosowanie wzorca aktywności sieci neuronowej do dynamicznych relacji między elementami bodźca, nieustannie zmieniającego swe położenie względem obserwatora. Ta sama pula neuronów może być przez to wykorzystana w sposób bardziej ekonomiczny. Doświadczenia testujące te założenia

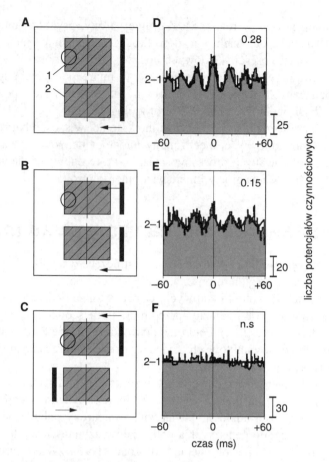

**Ryc. 25.3.** Stopień synchronizacji aktywności między oddalonymi grupami neuronów zależy od ciągłości bodźca. W doświadczeniu tym rejestrowano aktywność dwu grup neuronów obszaru V1 kory wzrokowej kota, w odległości 7 mm jedna od drugiej. Obie grupy neuronów reagowały najlepiej na poruszające się „pałeczki" świetlne o pionowej orientacji. Pola recepcyjne obu grup (1, 2) miały podobną czułość orientacyjną i znajdowały się w niewielkiej odległości na siatkówce, co umożliwiało wspólną ich aktywację według jednej z trzech procedur: **A** — jednym, długim bodźcem poruszającym się jednocześnie w obu polach, **B** — dwoma krótszymi bodźcami poruszającymi się w tym samym kierunku, oraz **C** — takimi samymi krótkimi bodźcami poruszającymi się w przeciwnych kierunkach. Kółko oznacza centrum obszaru najlepszego widzenia siatkówki, a pionowe kreski — preferowaną orientację bodźca. **D, E, F** — odpowiednie korelogramy otrzymane w czasie stosowania każdej z procedur. Wspólny, długi bodziec powodował synchronizację obu oscylacyjnych odpowiedzi, co wywoływało głębokie „falowanie" korelogramu (D). Synchronizacja ta zmniejszała się wraz z przerwaniem ciągłości bodźca (E) i znikła całkowicie przy niezgodnie poruszających się bodźcach (F). Zmiana konfiguracji między bodźcami nie wpływała natomiast na siłę oscylacji wewnątrz każdej grupy neuronowej (nie pokazane na rysunku). Liczby w prawym górnym rogu korelogramów odpowiadają wyliczonej wielkości korelacji. ns — korelacja nieistotna. (Wg: Engel i in. W: Wróbel 1994, zmodyf.)

zostały wykonane w kilku laboratoriach na świecie. Szczególnie elegancki przykład przedstawiony jest na rycinie 25.4. Pokazano na niej reakcje kilku neuronów okolicy „MT" kory wzrokowej małpy (por. rozdz. 6 i 8) na poruszające się bodźce wzrokowe oraz na towarzyszące tym reakcjom zmiany synchronizacji między odpowiednimi szeregami potencjałów czynnościowych. Pola recepcyjne sąsiednich komórek, których aktywność rejestrowano jedną z dwóch niezależnych elektrod, miały podobną czułość na kierunek ruchu bodźców (por. rozdz. 8). Tak więc, neurony rejestrowane przez elektrodę 1 reagowały na przesuwanie bodźca o kształcie „pałeczki" prawoskośnie — w dół, w polu wzrokowym, a aktywność neuronów odbieranych przez elektrodę 2 wzrastała w odpowiedzi na „pałeczkę" przesuwającą się poziomo — w prawo (wzdłuż odpowiednich strzałek na ryc. 25.4A, D). Aktywność obu grup komórek rejestrowana w odpowiedzi na tę samą „pałeczkę" przesuwającą się w kierunku pośrednim (ryc. 25.4A) była silnie zsynchronizowana (ryc. 25.4B). Gdy pola recepcyjne tych samych komórek były pobudzane przez dwa niezależne bodźce (ryc. 25.4D), ich aktywność impulsowa nie wykazywała koincydencji (ryc. 25.4E).

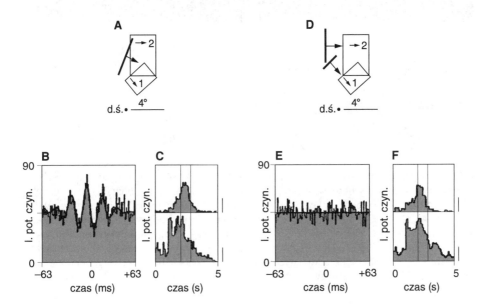

**Ryc. 25.4.** Synchronizacja aktywności komórek w okolicy MT (V5) kory wzrokowej czuwającej małpy występuje tylko w czasie ich wzbudzenia przez ten sam bodziec. **A, D** — schemat pól recepcyjnych dwu grup komórek (1 i 2) wraz z kierunkami, w których poruszający się bodziec wywoływał najlepszą odpowiedź (mniejsze strzałki). Grube linie oznaczają odpowiednie bodźce w obu sytuacjach doświadczalnych (A i D). **B, C** — histogramy uzyskane podczas stymulacji pól recepcyjnych jednym bodźcem poruszającym się w kierunku zbliżonym do optymalnego dla obu grup komórek. **E, F** — histogramy uzyskane podczas jednoczesnej stymulacji obu pól recepcyjnych dwoma bodźcami poruszającymi się w różnych kierunkach. **C, F** — wzrost aktywności neuronów z grupy 1 (górny panel) i 2 (dolny panel) w czasie gdy odpowiedni bodziec przesuwał się przez ich pole recepcyjne. Aktywność tę mierzono częstotliwością potencjałów iglicowych (odcinek skalujący z prawej strony odpowiada 40 potencjałom na sekundę) zliczonych podczas dziesięciokrotnej stymulacji. Cienkie pionowe linie oznaczają odcinek czasu, w którym obliczano korelacje między impulsami 1 i 2 przedstawione w B i E. **B** — pojedynczy bodziec wywołuje silną synchronizację aktywności obu grup komórek, która wyraża się wyraźnymi pikami w korelogramie. **E** — dwa różne bodźce, specyficzne dla obu grup neuronowych, nie wywołują takiej synchronizacji. d.ś. — położenie dołka środkowego na siatkówce. Odległości mierzone w stopniach kątowych. (Wg: Kreiter i Singer. W: Singer i Gray 1995, zmodyf.)

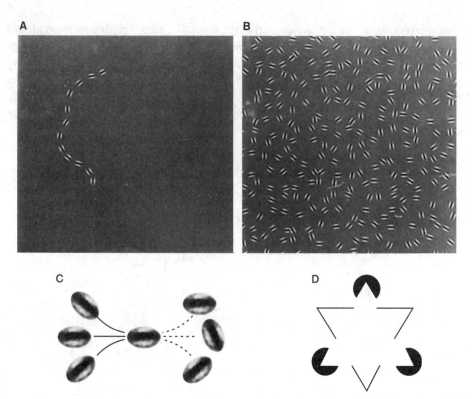

**Ryc. 25.5.** Integracja konturów w układzie wzrokowym człowieka. **A** — linia krzywa, która wyłania się automatycznie podczas obserwacji rysunku B. **B** — tylko niektóre z podobnych elementów rozrzuconych na rysunku spełniają kryterium ciągłości przedstawionym w (C) i grupują się wzdłuż jednej linii (A). **C** — połączenia między elementami określają zasady scalania automatycznego w A i B. Grupowanie następuje jedynie wtedy, gdy orientacja elementów odpowiada funkcjom pierwszego stopnia (ciągłe łuki po lewej stronie); elementy po prawej nie są scalane. **D** — iluzoryczny trójkąt wybija się z tła w sposób automatyczny dzięki integracji elementów o podobnej orientacji grupowej. (Wg: Field i in. W: Pantev i in. 1994, zmodyf.)

Wyniki te pokazują, że liczna grupa neuronów o nakładających się polach recepcyjnych i podobnych odpowiedziach na niezależne bodźce jest, potencjalnie, niejednorodna funkcjonalnie. Pod wpływem stymulacji różnymi bodźcami neurony te dzielą się na grupy, wyróżniane dzięki specyficznym wzorcom wewnętrznej synchronizacji. Koherentna aktywność (przejawiająca się koincydencją impulsów czynnościowych) może więc być tym czynnikiem, który wyróżnia w dużej liczbie komórek zespoły neuronów związane z określonym bodźcem.

Warto tu dodać, że również w doświadczeniach psychofizjologicznych można określić takie wspólne cechy elementów bodźca, które w efekcie pozwalają na sensowną segmentację obrazu. Na przykład, grupa badaczy z Uniwersytetu McGill określiła zasady asocjacji małych elementów kierunkowych w polu wzrokowym człowieka. W przeprowadzonych tam doświadczeniach wykazano, że sąsiednie elementy obrazu mają tendencje do łączenia się wzdłuż pozornie łączącej je krzywej (ryc. 25.5B) wtedy, gdy ich orientacja w przestrzeni nie zmienia się zbyt gwałtownie (ryc. 25.5C). Tego typu asocjacje nie wymagają uczenia i z tego powodu nazywa się je często asocjacjami automatycznymi (termin odpowiadający ang. pre-attentive), które prawdopodobnie powstają dzięki połączeniom na wstępujących szlakach mózgu (czyli od powierzchni recepcyjnej do kory asocjacyjnej, ang. bottom-up).

## 25.4. Udział połączeń poziomych i zwrotnych w integracji

Zgodnie z hipotezą Hebba, z chwilą integracji zespołu komórkowego, pobudzenie ogarnia jednocześnie wszystkie należące do niego neurony, również te, których pola recepcyjne nie są aktualnie stymulowane przez bodziec (por. ryc. 3.8). Inaczej

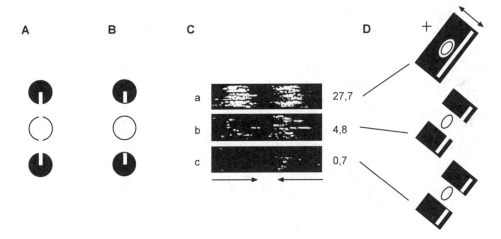

**Ryc. 25.6.** Odpowiedzi komórki obszaru V2 kory małpy na nie istniejące kontury. **A** — iluzoryczne wrażenie linii pionowej. **B** — drobna zmiana bodźca wywołuje zniknięcie złudzenia. **C** — reakcje neuronu w obszarze V2 na rzeczywiste oraz iluzoryczne krawędzie bodźców. Jego aktywność rejestrowano w czasie, gdy małpa fiksowała wzrok na krzyżyku widocznym z lewej, górnej strony pola recepcyjnego w (D). **D** — trzy różne bodźce wywołujące odpowiedź neuronu: biały prostokąt (na górze), oba jego końce połączone nie istniejącymi bokami (pośrodku) i rozdzielone wąskimi liniami od tła (na dole), poruszające się (strzałki) w obu kierunkach przez pole recepcyjne. Pole recepcyjne przedstawiono w postaci elipsy o tym samym kształcie, dla kolejnych stymulacji. Aktywność neuronu obrazują białe punkty na czarnym tle, w kolejnych prostokątach w C (a, b, c). Każdy punkt oznacza jeden potencjał czynnościowy, a zgrupowanie takich punktów w linii — serię iglic, świadczących o tym, że bodziec pobudził pole recepcyjne badanej komórki. Wszystkie bodźce przesuwały się ośmiokrotnie przez pole (stąd osiem linii w każdym czarnym prostokącie), w obu kierunkach, tak jak pokazują strzałki na dole kolumny. Najlepszą odpowiedź wywoływało przesuwanie w prawo białego prostokąta o rzeczywistych krawędziach (a). Krawędź iluzoryczna również wywoływała reakcję, chociaż słabszą (b). Gdy końce pałeczki ograniczono cienkimi liniami (c), odpowiedź neuronu prawie zupełnie znikła. Średnie częstości wyładowań neuronu (Hz) podczas prób z kolejnymi bodźcami przedstawiono z prawej strony rysunków w C. (Wg: Heydt i in. W: Wróbel 1994, zmodyf.)

mówiąc, określone komórki mogą być pobudzane jako „uzupełnienie" zespołu, co może być przyczyną iluzji, takich jak przedstawiono na rycinie 25.5D. Komórki aktywowane przez iluzoryczne bodźce znaleziono niedawno w obszarze drugorzędowej kory wzrokowej małpy (ryc. 25.6). Odkrycie to stanowi przyczynek do hipotezy, że wyższe okolice przetwarzania informacji wzrokowej mogą stanowić dodatkowe źródło integracji dla pól niższego rzędu.

Istnieją liczne dane anatomiczne wskazujące, że kolejne okolice pierwszo- i drugorzędowej oraz asocjacyjnej kory wzrokowej mają bogate międzypoziomowe, w tym zwrotne, połączenia. Ze wszystkich tych okolic najbardziej precyzyjne odwzorowanie położenia bodźca na siatkówce występuje w pierwszorzędowej korze wzrokowej. Do niej więc muszą wysyłać informację zwrotną okolice bardziej wyspecjalizowane, aby dokonywana w nich synteza wzrokowa mogła zostać umiejscowiona w określonym obszarze pola widzenia. Oprócz połączeń zwrotnych między kolejnymi poziomami układu wzrokowego poszczególne okolice kory wzrokowej wyspecjalizowane w analizie określonych aspektów bodźca mają liczne połączenia wzajemne. Wydaje się oczywiste, że muszą one brać udział w integracji informacji o poszczególnych cechach bodźca wzrokowego.

Zgodnie z tymi przewidywaniami stwierdzono, że komórki różnych okolic układu wzrokowego mogą synchronizować swoją aktywność czynnościową. W licznych doświadczeniach zarejestrowano pozytywne korelacje, bez opóźnienia w czasie, między impulsami czynnościowymi komórek znajdujących się nie tylko w tym

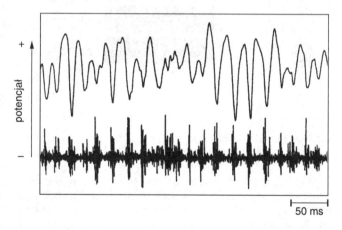

**Ryc. 25.7.** Przykład aktywności oscylacyjnej w odpowiedzi komórek kory wzrokowej kota na poruszającą się pałeczkę świetlną. Z odbieranego przez elektrodę sygnału elektrycznego odfiltrowano niskie (górny rysunek) i wysokie (dolny rysunek) pasmo częstotliwości. Górny przebieg obrazuje zmiany tzw. potencjału polowego, wynikającego z sumarycznej aktywności postsynaptycznej wielu komórek w pobliżu elektrody rejestrującej. Wąskie, pionowe kreski na dolnym rysunku przedstawiają potencjały czynnościowe kilku komórek (amplituda każdej iglicy jest tym większa, im bliżej odpowiedniej komórki znajduje się elektroda rejestrująca). Rejestracja została dokonana podczas przesuwania pałeczki świetlnej przez pole recepcyjne grupy komórek. Widać, że taka stymulacja wywoływała koherentną i rytmiczną aktywność w różnych neuronach. Potencjały czynnościowe pojawiają się paczkami w czasie najniższej wartości potencjału polowego. (Wg: Roelfsema i in. W: Pantev i in. 1994, zmodyf.)

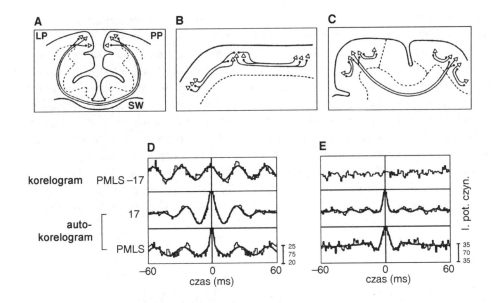

**Ryc. 25.8.** Nawet daleko od siebie położone komórki mogą synchronizować swoje wyładowania czynnościowe dzięki aktywności oscylacyjnej w sieci neuronowej złożonej z pobudzeniowych połączeń zwrotnych. Przykłady sieci, których elementy znajdują się: **A** — w przeciwległych półkulach mózgu; **B** — w kilku ośrodkach pośrednich; **C** — w okolicach połączonych włóknami nerwowymi o różnej długości. Synchronizacja aktywności grupowej następuje w takich sieciach (A, B, C) mimo znacznych różnic w czasach przewodzenia potencjałów czynnościowych. **D, E** — analiza aktywności dwóch grup komórek odbieranych przez elektrody umieszczone w różnych polach układu wzrokowego kota: w pierwszorzędowej korze wzrokowej i w polu PMLS, w którym komórki są specyficznie pobudzane przez poruszające się bodźce. Obie grupy komórek reagowały na podobną orientację i szybkość bodźców, chociaż ich pola recepcyjne nie nakrywały się. Stopień korelacji między aktywnością tych grup neuronalnych zmieniał się w trakcie kolejnych stymulacji. D — przykład silnej modulacji korelogramu (górny histogram). W tym samym czasie autokorelogramy czynności odpowiednich grup neuronów (pola 17 — w środku i PMLS — na dole) wykazują szereg maksimów drugiego rzędu, świadczących o oscylacyjnym charakterze ich wyładowań. E — przykład stymulacji, podczas której aktywność tych samych grup neuronów nie była skorelowana. W tym samym czasie autokorelogramy aktywności obu grup nie miały charakteru oscylacyjnego, lecz tylko jeden, centralnie położony pik. Doświadczenie to pokazuje, że koincydencja aktywności czynnościowej różnych komórek idzie w parze z oscylacyjnym charakterem ich funkcji autokorelacji. LP, PP — lewa i prawa półkula mózgu. SW — spoidło wielkie. Skalę intensywności korelacji impulsowej dla wszystkich trzech korelogramów podano łącznie na dole rysunku. (Wg: Roelfsema i in. W: Pantev i in. 1994, zmodyf.)

samym polu kory wzrokowej (np. polu 17 wg Brodmanna), ale również w różnych polach (17, 18 i pola wyższych poziomów opracowywania informacji wzrokowej), a nawet w odpowiednich polach obu półkul mózgu (por. ryc. 25.8). Występowanie korelacji aktywności komórek zaangażowanych w opracowywanie różnych aspektów bodźca wzrokowego, takich jak kształt i ruch, jest wskazówką, że mechanizm synchronizacji może być wykorzystywany do integracji wszystkich aspektów bodźca wzrokowego. Co więcej, istnieją również dowody doświadczalne na synchronizację wyładowań komórek należących do różnych systemów w mózgu, na przykład komórek kory czuciowej i ruchowej, a nawet wzrokowej i ruchowej.

Patrząc na funkcjonalną mapę przetwarzania informacji wzrokowej w korze człowieka (ryc. 25.2), łatwo zauważyć, że różne aspekty bodźca aktywują komórki w odległych okolicach mózgu. Tak więc, gdy obserwujemy czerwony autobus poruszający się w naszym kierunku po szosie, percepcji tej towarzyszy pobudzenie okolic płata skroniowego (kolor, kształt) oraz ciemieniowego (ruch, kierunek, położenie). Dla uniknięcia niejednoznaczności w rozpoznaniu (por. podrozdz. 25.1) wydaje się konieczne połączenie tych cząstkowych wrażeń w unikatowy wzorzec aktywności mózgu. Koncepcja sugerująca, że kluczem do powstania percepcji może być mechanizm synchronizacji pobudzenia w specyficznym zespole komórek różnych systemów mózgu, jest bardzo atrakcyjna i leży u podstaw wielu współczesnych badań z zakresu fizjologii poznania.

## 25.5. Rola aktywności oscylacyjnej w mechanizmie synchronizacji

W poprzednich podrozdziałach przedstawiono dowody na to, że synchronizacja aktywności czynnościowej może być mechanizmem, dzięki któremu wiele neuronów położonych w różnych częściach mózgu łączy się czasowo w funkcjonalny zespół typu hebbowskiego. Przyglądając się dokładnie korelogramom przedstawionym na rycinach 25.3, 25.4 i 25.8D łatwo zauważyć, że po obu stronach centralnego piku, który jest rezultatem jednoczesnej aktywności czynnościowej rejestrowanej przez obie elektrody, występują mniejsze maksima wyrażające skłonność obu grup komórek do okresowego wzbudzenia w tym samym rytmie. Na rycinie 25.7 pokazano przykład oscylacyjnej aktywności grupy neuronów kory wzrokowej kota. Częstotliwość takiej aktywności zawiera się zwykle w elektroencefalograficznym paśmie $\gamma$ (30 – 90 Hz). Chociaż oscylacyjny charakter aktywności mózgu potwierdzono w wielu laboratoriach, jego rola w przetwarzaniu informacji nerwowej ciągle pozostaje nie ustalona. Jedni badacze uważają oscylacje za uboczny produkt pobudzenia mózgu, podczas gdy inni przypisują im rolę nośnika w procesie synchronizacji pobudzenia, zachodzącego między komórkami położonymi w dużej odległości od siebie.

Większość korelogramów obserwowanych doświadczalnie wykazuje pik w zerze, co oznacza, że aktywności rejestrowanych neuronów są zsynchronizowane bez przesunięcia w czasie (potencjały czynnościowe komórek występują jednocześnie). Taką wysoce zsynchronizowaną (jednoczesną) aktywność stwierdzono również dla komórek położonych w różnych okolicach kory mózgu, a nawet w różnych półkulach. Obserwacje te są o tyle zaskakujące, że czas potrzebny na przekazanie potencjału czynnościowego wzdłuż aksonu pomiędzy półkulami jest dość długi (3 – 30 ms, a nawet więcej). Symulacyjne badania modelowe pokazały, że w sieci z pobudzenio-wymi połączeniami zwrotnymi aktywność oscylacyjna sprzyja jednoczesnej aktywacji wszystkich komórek, nawet wtedy, gdy jej wewnętrzne opóźnienia są bardzo duże (ryc. 25.8A). Obliczono, że sieć taka może osiągnąć stan synchronizacji po kilku zaledwie cyklach. Doświadczenia na zwierzętach wydają się potwierdzać wyniki modelowania. Stwierdzono bowiem, że przecięcie spoidła wielkiego uniemożliwia synchronizację aktywności neuronów w symetrycznych okolicach obu półkul, co było możliwe przed wykonaniem operacji. Dalsze badania modelowe wykazały, że oscylacje mogą synchronizować również aktywność sieci z wielosynaptycznymi łańcuchami neuronowymi (ryc. 25.8B) oraz takich, w których opóźnienia wewnętrzne między kolejnymi elementami znacznie się różnią (ryc. 25.8C).

Z opisanych wyżej doświadczeń modelowych można wnioskować, że synchronizacji impulsów czynnościowych daleko od siebie położonych komórek powinny towarzyszyć oscylacje ich aktywności. Sugestia ta znalazła potwierdzenie w doświadczeniach grupy badaczy skupionych we wspomnianym już wyżej laboratorium Wolfa Singera. Stwierdzili oni, że zsynchronizowanej aktywności komórek znajdujących się w daleko od siebie położonych okolicach mózgu (na przykład w przeciwległych półkulach) prawie zawsze towarzyszą komponenty oscylacyjne. Na rycinie 25.8D przedstawiono przykład synchronicznej aktywności neuronów położonych w odległych okolicach kory wzrokowej kota (pola 17 i tzw. okolicy PMLS uczestniczącej w analizie ruchu). Gdyby dane wskazujące na udział oscylacji w synchronizacji aktywności neuronowej potwierdziły się, mogłoby to wskazywać na ich rolę w organizowaniu dynamicznych zespołów komórkowych typu hebbowskiego.

# 25.6. Właściwości dynamiczne połączeń międzykomórkowych

Z hipotezy Hebba wynika, że zespoły komórkowe łączą się w funkcjonalne grupy w zależności od aktualnych potrzeb „obliczeniowych" mózgu. Na przykład percepcja trójkąta może wzbudzić ściśle określoną grupę komórek w korze wzrokowej (por. ryc. 3.8), które w tym czasie tworzą sieć pobudzających się nawzajem elementów. W następnej chwili (lub w innym zakresie częstotliwości oscylacyjnej) te same neurony mogą być aktywnymi elementami innego zespołu komórkowego. Teoria Hebbowska implikuje więc, że oddziaływania między neuronami, choć oparte na bazie istniejących połączeń anatomicznych, ulegają stałym zmianom w zależności od konfiguracji oddziałujących bodźców, aktualnego behawioralnego stanu zwierzęcia lub poziomu wzbudzenia. Istotnie wielu badaczy stwierdziło, że funkcjonalne związki między neuronami ulegają zmianom w zależności od tych czynników.

Rycina 25.9 pokazuje przykład korelacji między szeregami potencjałów iglicowych dwu neuronów kory słuchowej małpy, której prezentowano bodziec słuchowy poruszający się z lewa na prawo lub w odwrotnym kierunku. Pierwszy korelogram (ryc. 25.9A) pokazuje pik położony na prawo od środka, szerokości ok. 30 ms. Takie

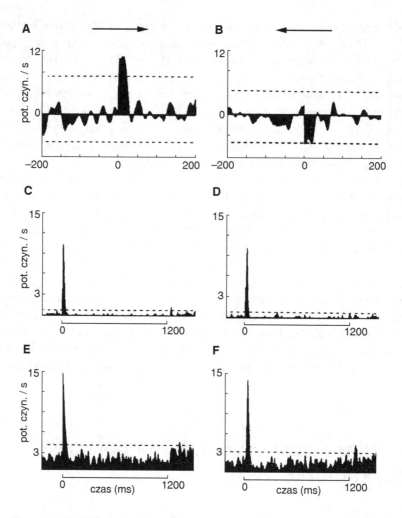

**Ryc. 25.9.** Interakcja między komórkami w korze słuchowej czuwającej małpy zależy od charakteru bodźca. Przykład przedstawia zmianę korelacji między aktywnością dwu neuronów po zmianie kierunku ruchu bodźca słuchowego. **A, B** — korelogramy obliczone w czasie rejestracji odpowiedzi dwu komórek na bodziec poruszający się w prawo (A) i w lewo (B). **C, D** oraz **E, F** — jednocześnie rejestrowane histogramy odpowiedzi obu neuronów na odpowiednie bodźce słuchowe są identyczne i niezależne od kierunku ruchu bodźca. (Wg: Ahissar i in. W: Aertsen i Breitenberg 1992, zmodyf.)

umiejscowienie piku oznacza, że prawdopodobieństwo wystąpienia potencjału iglicowego w neuronie 2 wzrasta znacząco przez czas 30 ms po wyładowaniu iglicowym w neuronie 1. Drugi korelogram, uzyskany podczas przesuwania bodźca słuchowego z prawa na lewo, pokazuje zupełnie inną relację między aktywnością obu neuronów (ryc. 25.9B). W tym przypadku korelacja atywności obu neuronów jest ujemna: wyładowanie iglicowe w neuronie 1 zmniejsza prawdopodobieństwo powstania potencjału czynnościowego w neuronie 2. Warto zwrócić uwagę, że proste histogramy aktywności obu neuronów nie zmieniają się w zależności od kierunku ruchu bodźca słuchowego (ryc. 25.9C – F). Dalsza analiza odpowiedzi tych neuronów pokazała, że istotne wartości korelacji (zarówno dodatnich, jak i ujemnych), takie jak pokazano na rycinie 25.9A i B, obserwuje się jedynie w trakcie wzmożonej aktywności obu komórek, to znaczy wtedy, gdy reagują one intensywnie na pojawienie się właściwego bodźca (piki na ryc. 25.9C – F). Przez pozostały czas doświadczenia (płaskie odcinki na histogramach 25.9C – F) nie obserwowano istotnych statystycznie zależności między wyładowaniami obu komórek.

Przedstawione doświadczenie, jak również wiele innych, dowodzi, że obserwowana synchronizacja aktywności między neuronami podlega raptownym modulacjom w zależności od charakteru bodźca. Poszukiwania badaczy współpracujących z Georgem L. Gersteinem z Uniwersytetu Pensylwańskiego doprowadziły do pojawienia się nowych metod analizy korelacyjnej czynności wielu neuronów mózgu. Jedną z takich metod jest analiza nazwana grupowaniem grawitacyjnym. Została ona skonstruowana specjalnie w celu wykrywania synchronizacji aktywności dużej liczby komórek. Przykład takiej grupowej korelacji w różnym kontekście behawioralnym przedstawia rycina 25.10. Każda linia na tym rysunku obrazuje zmieniającą się w czasie korelację między dwoma z pięciu jednocześnie rejestrowanych neuronów w korze czołowej małpy. Im bardziej linia ta jest nachylona w dół, tym większa jest również dodatnia korelacja między obydwoma neuronami. Odchylenie linii w górę pokazuje korelację ujemną. Grupowanie się linii w skorelowane wiązki oraz podobny charakter ich zmian w czasie sugeruje udział odpowiednich neuronów w tym samym zespole komórkowym.

Panele przedstawione na rycinie 25.10 obrazują zmiany korelacji między wszystkimi pięcioma neuronami, analizowane w dwu półsekundowych odcinkach czasu, w różnych momentach wykonywania przez małpę wyuczonego zadania ruchowego. Pierwszy odcinek rozpoczyna się z chwilą, gdy małpa słyszy sygnał warunkowy i rozpoczyna ruch ręki w celu przyciśnięcia właściwego klucza (ryc. 25.10A), a drugi odcinek jest okresem od 1 do 1,5 s po wykonaniu reakcji, gdy ręka małpy wraca do pozycji neutralnej (ryc. 25.10B). Na obu panelach można łatwo zaobserwować różnice w przebiegu wiązek linii, odpowiadające zmianom korelacji aktywności grupy badanych komórek. Po usłyszeniu bodźca warunkowego tylko jedna para neuronów wykazuje dodatnią korelację (pojedyncza linia biegnąca w dół), podczas gdy inne pozostają w stanie podstawowym lub nawet wykazują lekką tendencję do odchylenia w górę, sugerującą korelację ujemną (ryc. 25.10A). Zupełnie odmienny jest wzorzec rozwijania się korelacji grupowej po wykonaniu reakcji warunkowej (ryc. 25.10B). W tym przypadku wszystkie linie opadają w dół w prawie identyczny sposób, wskazując, że całą grupę pięciu badanych neuronów łączy koherentny wzorzec aktywności. Takie skorelowane pobudzenie obserwowano jedynie w specyficznie wybranym czasie reakcji warunkowej. Te same neurony nie były skorelowane w podobny sposób, ani wcześniej, ani później w trakcie tej samej próby doświadczalnej.

Przedstawiony przykład analizy grawitacyjnej pokazuje, że w mózgu zwierząt można zarejestrować grupy neuronów o silnie skorelowanej aktywności, której wzorzec zmienia się bardzo szybko. Korelacje aktywności tej samej grupy komórek

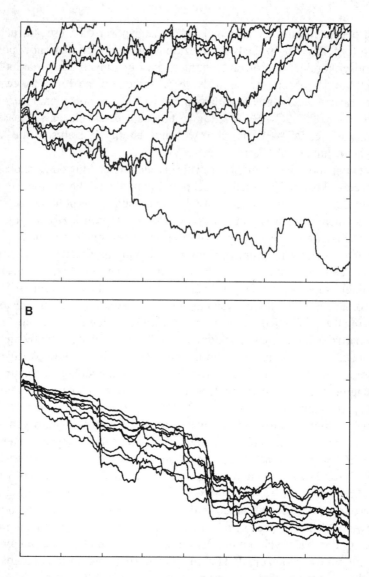

**Ryc. 25.10.** Zmiana wzajemnych korelacji w grupie neuronów kory czołowej w zależności od stanu behawioralnego małpy. Jednoczesna analiza korelacji (tzw. grupowanie grawitacyjne) między aktywnością pięciu neuronów kory czołowej małpy podczas wykonywania zadania różnicowania kierunkowego z odroczeniem. Pojedyncze krzywe pokazują korelacje aktywności pary neuronów podczas 0,5 s odcinka aktywności w jednej sesji doświadczalnej. Analiza **A** rozpoczyna się z chwilą zapalenia sygnału wyzwalającego ruch, a analiza **B** obejmuje czas po wykonaniu reakcji. Grupowanie krzywych jest inne w obu momentach doświadczenia, co dowodzi, że korelacje między komórkami zmieniają się dynamicznie, w zależności od kontekstu bodźca i stanu behawioralnego zwierzęcia. Pozostałe objaśnienia w tekście. (Wg: Vaadia i Aertsen. W: Aertsen i Breitenberg 1992, zmodyf.)

zobrazowane na rycinie 25.10A i B uzyskano w zaledwie sekundowym odstępie czasu, co świadczy o tym, że zmiany połączeń funkcjonalnych wewnątrz zespołów komórkowych następują bardzo szybko. W układzie wzrokowym stwierdzono, że do zsynchronizowania aktywności grupy komórek kory wystarczy czas rzędu 50 – 100 ms. Jest to czas porównywalny z minimalnym czasem wyuczonej reakcji różnicowania wzrokowego, w eksperymentach behawioralnych na zwierzętach.

Ostatnie badania wydają się wskazywać na to, że istotne znaczenie w pracy mózgu ma jednoczesne pobudzanie dużych zespołów komórkowych. Synchronizacja w zespole może być wywołana przez aktywność oscylacyjną, jak to opisano wyżej (podrozdz. 25.5). Jeszcze szybciej, zespół komórek może się znaleźć w stanie koherentnej aktywności dzięki efektywnemu pobudzeniu przez silne połączenia wewnętrzne, ukształtowane podczas procesu uczenia (por. podrozdz. 3.4.4). W tym podrozdziale starano się pokazać jeszcze jedną możliwość aktywacji zespołów komórkowych — poprzez dynamiczne połączenia funkcjonalne. Złożona struktura sieci nerwowej stwarza w sobie możliwość szerokiego rozprzestrzeniania się pobudzenia na wiele neuronów jednocześnie. Jeżeli sieć ta jest aktywowana podprogowo przez systemy modulujące, to nawet pojedyncza, ale zsynchronizowana paczka impulsów związana ze specyficznym wejściem może wystarczyć do aktywacji zespołu komórkowego, a więc do osiągnięcia istotnego stanu funkcjonalnego układu. Hipoteza ta jest opisana bardziej szczegółowo niżej.

## 25.7. Zależność percepcji od kontekstu

W poprzednich podrozdziałach starano się przedstawić dowody na to, że kod neuronalny dla wyższych czynności nerwowych opiera się na koherentnej aktywności grup komórek nerwowych. Wydaje się, że spoiwem łączącym takie grupy w zespoły mogą być nie tylko trwałe połączenia anatomiczne o ustalonej, dużej wadze synaptycznej, ale również dynamicznie zmieniający się poziom korelacji aktywności neuronalnej, oparty na dodatkowych mechanizmach modulacyjnych. Jak wynika z doświadczeń przedstawionych w poprzednim podrozdziale, korelacja czynności między komórkami w korze mózgu jest zależna od charakteru bodźca oraz od kontekstu behewioralnego, w jakim jest on postrzegany. Dane te wymagają rewizji naszego dotychczasowego poglądu przedstawiającego układ nerwowy jako statyczną strukturę z powoli zmieniającymi się (np. pod wpływem uczenia) wagami połączeń synaptycznych. Oprócz strukturalnej (anatomicznej) sieci połączeń, w działającym mózgu tworzą się ciągle dynamiczne połączenia funkcjonalne (o stałej czasu — rzędu od dziesiątek do setek milisekund).

Każdy neuron w korze mózgowej łączy się z tysiącami innych (por. rozdz. 3). Przypadkowa aktywność w sieci nie wywołuje w takim neuronie potencjału czynnościowego, gdyż pojedynczy kontakt synaptyczny ma, na ogół, bardzo małą wagę. Pobudzenie neuronu wymaga zsynchronizowanego działania określonej liczby (ale nie wszystkich) aktywnych wejść. W każdej chwili efektywna jest tylko część połączeń synaptycznych. W następnym momencie ten sam neuron może być koaktywowany z inną grupą komórek dzięki nowej, również efektywnej konfiguracji pobudzenia. Skład synchronicznie pobudzonego zespołu komórek zależy zarówno od zmiennej w czasie charakterystyki bodźca, jak również od podprogowych wpływów, wywieranych przez ukierunkowaną uwagę lub niespecyficzne układy pobudzające (por. rozdz. 17). Na świadomą percepcję składa się aktywacja kory pochodząca z wejścia sensorycznego, które wnosi do zespołu komórkowego chwilowe określenie elementów treściowych bodźca (ang. content), oraz z układów modulacyjnych, które zapewniają możliwość koniunkcji tych elementarnych wrażeń w czasie (ang. context). Praca mózgu to ustawicznie zmieniające się układy chwilowo pobudzonych grup neuronów, powodujące równie szybkie, nieliniowe zmiany efektywności odpowiednich synaps (por. ryc. 25.10). Ta dynamiczna, zależna od kontekstu, reorganizacja połączeń stanowi, być może, podstawowy mechanizm, na którym opiera się nasza zdolność do szybkich zmian percepcji, zachowań ruchowych oraz asocjacji zmysłowo--ruchowych.

## 25.8. Rola uwagi w procesach integracji

Rycina 25.5 przedstawia przykłady automatycznych asocjacji wzrokowych, które zachodzą na wstępujących połączeniach drogi wzrokowej (ang. „bottom-up") i nie wymagają świadomej percepcji (por. podrozdz. 25.3). W odróżnieniu od takich bodźców, obraz bardziej skomplikowany, pokazany na rycinie 25.11, jest rozpoznawany łatwo jedynie przez osoby, które widziały ten rysunek już wcześniej. Jest oczywiste, że złożony kształt, jak również pomieszanie elementów dalmatyńczyka i tła na tym obrazku nie pozwala na automatyczne połączenie poszczególnych części rysunku.

**Ryc. 25.11.** Asocjacja i rozpoznanie kształtu w układzie wzrokowym człowieka wymagająca działania integracyjnego mózgu. Kształt skomplikowanego bodźca i tło zbudowane są z podobnych elementów. Dla rozpoznanie bodźca (pies) potrzebna jest uwaga i odwołanie się do pamięci wzrokowej, a więc aktywacja szlaków zstępujących. (Wg: James. W: Pantev i in., 1994)

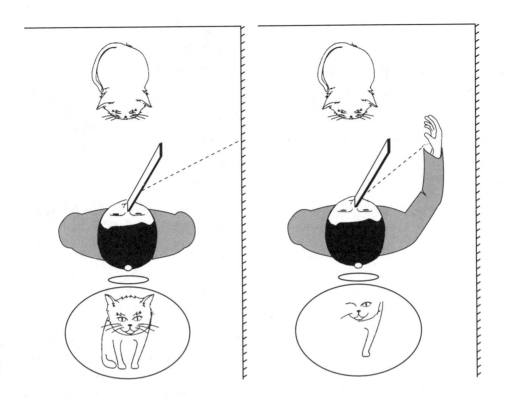

**Ryc. 25.12.** Kot z Cheshire. W tym prostym doświadczeniu wykorzystuje się zjawisko rywalizacji obuocznej, które polega na tym, że każdy punkt pola widzenia jest reprezentowany w korze wzrokowej przez oddzielne wejście z lewego i prawego oka. Ruch w polu widzenia jednego oka kieruje uwagę na jego reprezentację korową, co może spowodować wymazanie obrazu widzianego drugim okiem. Jeśli patrzący zwracał szczególną uwagę na określony fragment kociego pyszczka przed poruszeniem ręką, niektóre części obrazu — oczy lub „drwiący uśmiech" — mogą pozostać. Dokładniejsze objaśnienia w tekście

Rozpoznanie psa wymaga uwagi oraz skonfrontowania nowego bodźca z wzorcem przechowywanym w pamięci wzrokowej, a więc aktywacji dróg zstępujących, prowadzących z okolic mózgu o wyższym poziomie integracji, do okolic niższych poziomów (ang. „top-down" process). Rolę uwagi w procesie widzenia można poznać wykonując eksperyment przedstawiony na rycinie 25.12. Aby wykonać ten eksperyment, nazywany „Kot z Cheshire" (dla upamiętnienia dziwnych umiejętności partnera Alicji w krainie czarów), oprzyjmy głowę na nieruchomej podpórce i patrzymy wprost przed siebie. Następnie, umieśćmy przed sobą lusterko w ten sposób, aby jednym okiem widzieć pyszczek kota, a drugim odbicie białej ściany. Jeśli teraz pomachamy ręką po stronie oka patrzącego na odbitą w lustrze ścianę, dokładnie w tym miejscu pola widzenia, które odpowiada widzianemu lewym okiem kotu, obraz zwierzęcia zniknie. Zjawisko to tłumaczy się rywalizacją między obrazami przekazywanymi z tego samego fragmentu pola widzenia, przez oddzielne szlaki wzrokowe,

**Ryc. 25.13.** Przekrzywiona litera T w prawej części ryciny „rzuca się" w oczy natychmiast. Odnalezienie tej samej litery po lewej stronie wymaga kilku ruchów wewnętrznego reflektora uwagi

z siatkówek obu oczu do kory (por. rozdz. 8). Chwilowy ruch ręki, będący silnym bodźcem wzrokowym, skupia na sobie uwagę mózgu, ale w prawym polu widzenia, w płaszczyźnie fiksacji, nie znajduje on żadnego sensownego podmiotu percepcji (oprócz jednolitego, białego tła). Zdarza się, że w doświadczeniu tym zniknie nam tylko część obrazu, pozostawiając jedynie drwiący uśmiech kota z powieści Lewisa Carrolla.

Najbardziej rozwiniętą hipotezę dotyczącą roli uwagi w procesie scalania bodźców wzrokowych sformułowała Anne Treisman z Uniwersytetu w Oksfordzie. Po serii bardzo pomysłowych eksperymentów (ryc. 25.13) stwierdziła ona, że proces percepcji można podzielić na trzy etapy. W pierwszym z nich, najbardziej podstawowym, układ wzrokowy koduje automatycznie obraz pola widzenia według podstawowego katalogu cech, do których zalicza się kolor, wielkość, kontrast, orientację, krzywiznę, zakończenia lub „zamkniętość" linii, ruch i odległość. Każda z tych cech ma, prawdopodobnie, oddzielną reprezentację w korze wzrokowej (por. ryc. 25.2), w postaci odpowiedniej (tzw. elementarnej) mapy, kodującej jej położenie w polu widzenia. W pierwszym, podświadomym etapie, odnotowywana jest jednak tylko obecność danej cechy w polu, bez dokładnej lokalizacji. Obserwator, któremu wyświetla się bardzo krótko (przez ok. 200 ms) przezrocze przedstawione z prawej strony ryciny 25.13, łatwo stwierdza obecność przekrzywionej litery T (dwie krótkie linie, o różnej od otoczenia orientacji), ale często myli się w ocenie jej położenia. W odróżnieniu od tego eksperymentu, zauważenie identycznej, przekrzywionej litery T wśród tła zawierającego kilka cech identyfikacyjnych, wymaga najpierw lokalizacji szukanej litery w polu wzrokowym. Czas potrzebny do rozpoznania jest w tym przypadku proporcjonalny do liczby dystraktorów (wszystkich liter na rysunku). Doświadczenie to wskazuje, że w celu połączenia kilku cech podstawowych (orientacja w przestrzeni, liczba zakończeń linii itp.) konieczna jest uwaga, która w sposób sekwencyjny kierowana jest ku kolejnym miejscom w polu widzenia.

Ukierunkowana uwaga charakteryzuje drugi etap rozpoznania. Jej wzbudzenie jest wywoływane obecnością którejkolwiek z cech podstawowych i powoduje przeszukanie specjalnej „mapy integracji przestrzennej", znajdującej się na wyższym poziomie przetwarzania informacji (por. ryc. 25.1E). Reflektor uwagi lokalizuje i scala wszystkie cechy bodźca obecne w „oświetlonym" miejscu mapy integracji, dzięki konwergencji informacji lokalnych z właściwych map elementarnych. Ostatnim etapem rozpoznania, według przedstawianej hipotezy, byłoby porównanie zintegrowanego zespołu cech elementarnych z, przechowywanym w pamięci wzrokowej, najbardziej podobnym wzorcem bodźca. Proces rozpoznania musi być stale odtwarzany, aby ciągłość percepcji nie została przerwana. Ptak siedzący na gałęzi zmienia przecież zasadniczo zarys linii skrzydeł, ich wielkość, a często nawet kolor widocznego upierzenia z chwilą, gdy wzbija się do lotu. Wydaje się, że mechanizmem pozwalającym na ciągłe uaktualnianie świadomej percepcji może być właśnie uwaga, ukierunkowana na określony w czasie i przestrzeni obiekt.

Doświadczenia przeprowadzone w ostatnich latach potwierdzają, że komórki układu wzrokowego reagują zdecydowanie silniej na te same bodźce, gdy ich pola recepcyjne znajdują się w tym miejscu pola widzenia, na które jest skierowana uwaga badanego zwierzęcia. Silniejsze reakcje neuronów wskazują, że oprócz specyficznego bodźca wzrokowego są one pobudzane przez jakieś dodatkowe wejście modulujące. Kilka lat temu rozpoczęto w Instytucie im. M. Nenckiego doświadczenia mające na celu zidentyfikowanie nośnika uwagi, który w miarę potrzeby wzmagałby reaktywność

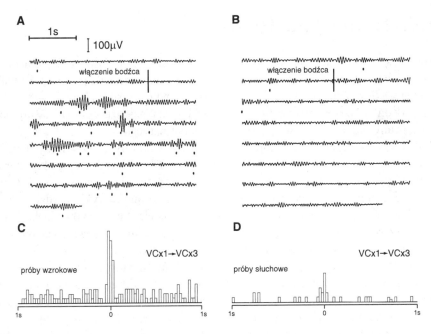

Ryc. 25.14. A, B — zwiększenie amplitudy i częstotliwości pojawiania się paczek aktywności $\beta$ w korze wzrokowej kota, w czasie wykonywania zadania różnicowania wzrokowego (A) w porównaniu ze słuchowym (B). Kolejne osiem rzędów rejestracji aktywności elektroencefalograficznej w A i B przedstawiają ciągły zapis z tej samej okolicy kory wzrokowej (VCx1) w czasie, gdy kot z uwagą przyglądał się bodźcowi wzrokowemu (A) lub przysłuchiwał bodźcowi słuchowemu (B) przed wykonaniem reakcji warunkowej. C, D — korelacja paczek oscylacji (zaznaczonych pionowymi znacznikami w A i B) między dwoma punktami kory wzrokowej (VCx1 i VCx3 — tej ostatniej rejestracji nie pokazano na rycinie) w czasie zadania wzrokowego (C) i słuchowego (D). Sygnał EEG w A i B przefiltrowano w paśmie 16–24 Hz. (Wg: Wróbel 2000, zmodyf.)

odpowiednich elementów układu wzrokowego. W wyniku przeprowadzonych badań udało się stwierdzić, że podczas rozwiązywania zadania wzrokowego w korze wzrokowej i ciele kolankowatym bocznym kotów pojawiają się paczki aktywności oscylacyjnej o częstotliwości około 20 Hz, odpowiadającej tzw. pasmu $\beta$ w elektroencefalografii (ryc. 25.14A). Wykazano ponadto, że aktywność ta nie jest związana z określonym bodźcem wzrokowym i pojawia się w układzie wzrokowym tylko wtedy, gdy kot wykonuje prawidłowo odruch warunkowy. Cechy te pozwalają wiązać aktywność w paśmie $\beta$ z procesami uwagi. Przeprowadzane u tych samych kotów specjalne testy elektrofizjologiczne pozwalają wnioskować, że pojawieniu się oscylacji $\beta$ towarzyszy pobudzenie badanych struktur drogi wzrokowej. Co więcej, oscylacje rejestrowane jednocześnie w wybranych miejscach kory wzrokowej wykazują wysoką korelację podczas prób różnicowania wzrokowego, która zmniejsza się w kontrolnych próbach słuchowych (rys. 25.14C, D). Wszystkie te dane pozwalają przypuszczać, że paczki aktywności oscylacyjnej w paśmie $\beta$ mogą być poszukiwanym nośnikiem (reflektorem) uwagi w układzie wzrokowym.

## 25.9. Teoria gnostyczna

Każdy z nas przeżył zapewne sytuację, w której na starym, nieostrym zdjęciu, spośród wielu widocznych na nim twarzy rozpoznał natychmiast tę jedną — twarz bliskiego znajomego. Nieważne, że znajomy bardzo się od tego czasu postarzał — te rysy, to na pewno on! Istotnie, twarze ludzkie stanowią dla nas szczególny rodzaj bodźca rozpoznawany natychmiast, w sposób prawie automatyczny.

Liczne doświadczenia behawioralne na małpach wykazały, że w okolicy skroniowej dolnej (a ściślej, w jednym z jej pól, tzw. polu TE) znajdują się grupy komórek reagujące specyficznie na bodźce o stopniu skomplikowania znacznie większym niż opisywane w poprzednich podrozdziałach. Komórki te mają zwykle bardzo duże pola recepcyjne i reagują intensywnie niezależnie od miejsca, w którym taki bodziec się pokaże. Szeroko znane i intensywnie badane są komórki reagujące na bodźce w rodzaju dłoni czy też określonych twarzy (ludzkich lub małpich, ryc. 25.2). Wielkość takich reakcji często nie zależy od zmiany niektórych elementarnych cech bodźca (np. wielkości, rotacji, koloru, położenia w polu widzenia). Stałość odpowiedzi komórek mogłaby wskazywać, że przynajmniej dla nielicznych, ale ważnych biologicznie bodźców układ nerwowy wyodrębnił jednostki gnostyczne (por. ryc. 25.1C i podrozdz. 3.5.2). Jednak nawet najbardziej specyficzne z takich neuronów przestają odpowiadać, gdy twarz przedstawiana jest z profilu (kształt ten może oczywiście pobudzać intensywnie inną komórkę) lub porusza się. W obecnym stanie wiedzy należy więc sądzić, że również percepcja twarzy wymaga jednoczesnego pobudzenia co najmniej kilku komórek o różnej specyfice pól recepcyjnych i położonych prawdopodobnie w różnych, asocjacyjnych polach wzrokowych.

Okolica skroniowa dolna stanowi ostatnie piętro w kanale wzrokowym odpowiedzialnym za widzenie kształtu (ryc. 25.2). Włókna komórek z tej okolicy kierują się, między innymi, do struktur limbicznych. Chociaż istnieją dane wskazujące, że np. komórki w ciele migdałowatym odpowiadają również na skomplikowane bodźce wzrokowe, rola układu limbicznego polega głównie na kontroli percepcji i utrwalania się wzrokowych śladów pamięciowych (por. rozdz. 15, 16, 17).

# 25.10. Mózg jako filtr rzeczywistości

Teorie scalania reprezentacji i gnostyczna umiejscawiają aktywność percepcyjną w czuciowych i asocjacyjnych obszarach kory mózgu. W ostatnich latach pojawiają się hipotezy kwestionujące przedstawiony w podrozdziale 25.2 model percepcji, który zakłada konieczność istnienia reprezentacji środowiska zewnętrznego w mózgu. Punktem wyjścia w tych nowych teoriach jest konstatacja, że zadaniem mózgu nie jest odwzorowanie rzeczywistości, lecz reagowanie na nią. Bodźce czuciowe angażują nieuchronnie układ emocjonalny i ruchowy, powodując zmiany aktywności prawie we wszystkich strukturach mózgu. Oczywiście, zmiany te są wzajemnie zależne, gdyż większość neuronów w mózgu jest powiązana ze sobą przez zaledwie kilka synaps. Co więcej, poszczególne fragmenty różnych struktur sieci nerwowej łączą się czasowo w silnie związane zespoły funkcjonalne na podstawie przedstawionych wyżej mechanizmów integracyjnych oraz działania różnych układów modulacyjnych (np. mechanizmu uwagi). Proces percepcji nie jest więc celem samym w sobie, lecz jedynie przejściowym etapem zachowania.

Badania procesów integracyjnych w percepcji zmieniły więc prosty sposób opisu mózgu jako automatu odruchowo-warunkowego na model systemu wytwarzającego własne wizje świata zewnętrznego. W systemie takim wejście sensoryczne nie jest już wyłącznym dostarczycielem informacji, lecz raczej katalizatorem zmian jego stanu wewnętrznego. Bodźce zewnętrzne zyskują swoją „reprezentację" przez wpływ, jaki wywierają na zastany stan funkcjonalny całego mózgu. Jedną z możliwości sformalizowania takiego modelu działania mózgu są metody teorii chaosu, w którym stan mózgu opisuje się jako dynamiczną ewolucję pomiędzy kolejnymi atraktorami.

W laboratorium Waltera J. Freemana, w Berkeley, prowadzono globalne rejestracje zmian aktywności opuszki węchowej królika w procesie uczenia. Aktywność tę rejestrowano za pomocą matrycy 64 elektrod umieszczonych na powierzchni opuszki, mierząc amplitudę fal EEG odbieranych przez wszystkie elektrody w czasie ok. 100-milisekundowego odcinka na szczycie każdego wdechu (ryc. 25.15A). Po połączeniu podobnych wartości amplitud można było otrzymać mapę pobudzenia powierzchni opuszki w czasie wdychania czystego powietrza (ryc. 25.15B). Mapa ta nie ulegała zmianie przez wiele dni doświadczalnych, a stymulacja innymi zapachami wprowadzała w niej jedynie przejściowe perturbacje przez okres trwania doznania. Po tym okresie kontrolnym królikom prezentowano specyficzny zapach (np. banana), kojarząc go z bodźcem bezwarunkowym (np. lekkim drażnieniem prądem). Proces warunkowania zmieniał mapę aktywności opuszki w sposób istotny, w całym rejestrowanym obszarze ok. 5 mm$^2$ (ryc. 25.15C). Głównym, wielokrotnie spraw-

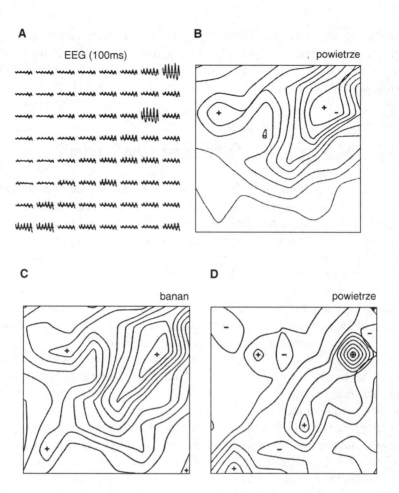

**Ryc. 25.15.** Kolejne wykresy konturowe amplitud fal elektroencefalograficznych (EEG) opuszki królika w trakcie kolejnych etapów procesu warunkowania. **A** — 100 ms odcinki rejestracji EEG, z 64 elektrod umieszczonych na opuszce węchowej królika, w czasie wdechu. Wszystkie fale EEG są podobne w domenie częstotliwości, zmienia się jedynie ich amplituda. Kształt fal EEG nie niesie informacji o zapachu. Informacja ta zawarta jest w rozkładzie przestrzennym amplitudy tych fal, zobrazowanym w **B**. **C** — obraz mapy konturowej zmienia się po tym, jak królika nauczono odróżniania zapachu banana. Po tym doświadczeniu zmienił się jednak również wykres konturowy odpowiedzi opuszki podczas wdechu czystego powietrza (**D**). (Wg: Freeman 1999)

dzonym wynikiem tego doświadczenia była obserwacja, że powrót do bodźca kontrolnego (powietrza) nie przywracał pierwotnej mapy aktywności, ale wywoływał jej nowy wzór (ryc. 25.15D). Z doświadczeń tych autorzy wnioskowali, że wzorzec pobudzenia kory nie jest prostym wynikiem działania bodźca zmysłowego, lecz tworzy zupełnie nową mapę aktywności, zależną od doświadczenia i kontekstu, w jakim się ten bodziec pojawił. Podobne rezultaty uzyskano również w innych pracowniach naukowych i na innych układach czuciowych (m.in. na układzie wzrokowym małpy). Wydaje się, że układ nerwowy zwierząt podlega nieustannej reorganizacji pod wpływem doświadczeń percepcyjnych. Można by zaryzykować twierdzenie, że przeczytanie tej książki zmieniło strukturę połączeń również w Twoim, Czytelniku, mózgu.

Kontakt organizmu z otoczeniem polega na szukaniu nowych wrażeń zmysłowych poprzez celowe sterowanie układem ruchowym (np. podążaniem za atrakcyjnym zapachem lub ruchem oczu przy czytaniu książki). W takim opisie akt percepcji można rozumieć jako krok na drodze samoorganizacji mózgu w procesie celowego ukierunkowania reakcji (zachowań) organizmu. Na podstawie doświadczeń przeprowadzonych ze swoimi współpracownikami Walter Freeman twierdzi, że zamiast reprezentacji bodźców czuciowych sieć nerwowa tworzy jedynie ślad ich znaczenia, przechowywany w postaci pamięci map aktywności całego mózgu (atraktorów). R. Coterill oraz J.K. O'Regan i A. Noe, autorzy konkurencyjnych modeli, postulują, że mózg zapamiętuje wyłącznie mapy aktywności będące wynikiem odpowiednich algorytmów zmysłowo-ruchowych powstających w trakcie procesu percepcji. W ich hipotezie jedyną reprezentacją obiektów wzrokowych są one same, a wrażenie widzenia jest jednoznaczne z poczuciem dostępności odpowiedniego doznania w chwili zwrócenia oczu (lub uwagi wzrokowej) w odpowiednim kierunku. Świadome widzenie zaczyna się, gdy mózg opanuje prawa rządzące zależnościami wzrokowo-ruchowymi. Koncepcja świata jako „pamięci zewnętrznej" tłumaczy wiele psychofizjologicznych obserwacji, jak np. stabilność i ciągłość przestrzenną percepcji wzrokowych (pomimo ciągłych ruchów oka i przesłaniania jednych obiektów przez inne) oraz niedostrzeganie nawet dużych zmian w bodźcach wzrokowych, zachodzących poza polem uwagi.

Wszystkie te nowe modele uznają, że każdy ruch jest pytaniem skierowanym ku środowisku, a kolejne wrażenia zmysłowe i percepcje są odpowiedziami na te pytania, a zarazem ukierunkowaniem dalszego, automatycznego zachowania. Z badań Beniamina Libeta można wnioskować, że świadomość percepcyjna jest za wolna, aby być bezpośrednim rozkazodawcą ruchów, adekwatnych do aktualnych potrzeb organizmu. Z tego powodu Rodney Cotterill zaproponował, że dla sterowania zachowaniem wystarczy bardzo krótka pamięć zawarta w chwilowym stanie aktywności proprioceptorów i schematy odpowiednich reakcji zakodowane, w wyniku uczenia, w sieci neuronowej. Świadomość percepcyjna odgrywa w tej koncepcji rolę kontrolera sprawującego stały nadzór nad automatycznym zachowaniem ruchowym skierowanym na osiągnięcie strategicznego, dla organizmu, celu.

Neuroinformatycy szacują, że ilość informacji przetwarzanej na wszystkich receptorach zmysłów człowieka jest rzędu $10^9$ bitów/s, z czego tylko ok. 100 bitów/s dociera do naszej świadomości. Pozostała, wielka część tej informacji jest użyta przez układ nerwowy do realizacji zadań w automatycznych łukach odruchowych oraz odsiana przez mechanizmy hamujące. Taki sposób działania sieci nerwowej implikuje, że nigdy nie zobaczymy obiektywnego, nie przefiltrowanego przez własny mózg, świata. Ale któż z nas wytrzymałby obraz obiektywnej rzeczywistości wyposażony w całe, nieskończone bogactwo szczegółów?

# 25.11. Zakończenie?

W niniejszym rozdziale przedstawiono stan badań nad mechanizmami integrującymi aktywność zespołów komórkowych w procesie percepcji oraz inne koncepcje interakcji organizmu z otoczeniem nie oparte na tworzeniu wewnątrzmózgowej reprezentacji świata zewnętrznego. Pytanie o mechanizmy scalania informacji w sieci nerwowej jest jednym z podstawowych zagadnień neurobiologii, gdyż prowadzi bezpośrednio do zasadniczych problemów teorii poznania. Chociaż teraz nie możemy jeszcze udzielić satysfakcjonującej odpowiedzi na to pytanie, to ostatnie lata przyniosły obiecujący początek.

*Podziękowanie*

Autor dziękuje Komitetowi Badań Naukowych za dotację finansową, grant nr 6 P05A 090 20.

## LITERATURA UZUPEŁNIAJĄCA

Aertsen A., Braitenberg V. (red.): *Information Processing in the Cortex. Experiments and Theory*. Springer-Verlag, Berlin, 1992, 263 s.

Cotterill R.: *Enchanted looms*. Cambridge University Press. Cambridge 1998, 508 s.

Freeman W.J.: *How Brains Make up Their Minds*. Weidenfeld & Nicholson, London 1999, 180 s.

O'Regan J.K., Noe A.: A sensorimotor account of vision and visual consciousness. *Behav. Brain Sci.* 2001, **24**(5).

Libet B.: Unconscious cerebral initiative and the role of conscious will in voluntary action. *Behav. Brain Sci.* 1985, **8**: 529 – 566.

Pantev Ch., Elbert T., Lutkenkoner B. (red.): *Oscillatory Event-Related Brain Dynamics*. Plenum Press, New York 1994, 468 s.

Singer W., Gray Ch.M.: Visual feature integration and the temporal correlation hypothesis. *Ann. Rev. Neurosci.* 1995, **18**: 555 – 586.

Treisman A.: Features and objects in visual processing. *Scientific American*, 1986, 114 – 125.

Wróbel A.: „Jak działa mózg" — czyli od receptora do percepcji. W: *Mechanizmy plastyczności mózgu*. M. Kossut (red.). PWN, Warszawa 1994, 212 – 243.

Wróbel A.: Beta activity: a carrier for visual attention. *Acta Neurobiol. Exp.* 2000, 247 – 260.

# Słowniczek terminów specjalistycznych

**ACTH** (skrót od ang. adrenocorticotropic hormone) — hormon adrenokortykotropowy, zwany często hormonem kortykotropowym (kortykotropina), wydzielany przez komórki gruczołowe przedniego płata przysadki mózgowej

**adaptacja** — 1) zmniejszenie reaktywności komórki nerwowej na skutek długotrwałej jednorodnej stymulacji; 2) zmiana wrażliwości układu czuciowego zapewniająca dobry odbiór bodźców w zmieniających się warunkach, np. adaptacja do światła i ciemności; 3) przystosowanie organizmu do zmieniających się warunków otoczenia

**ADH** (ang. antidiuretic hormone) — neurohormon antydiuretyczny syntetyzowany w podwzgórzu

**adhezja** — przyleganie, przywieranie (do podłoża bezpostaciowego, włóknistego, lub do błony komórkowej)

**afazja** — częściowe lub całkowite zaburzenie mechanizmów programujących czynności nadawania i odbioru mowy u człowieka, spowodowane uszkodzeniem struktur mózgowych

**afazja migowa** — zaburzenie zdolności porozumiewania się językiem migowym u osób głuchych

**akson** — wyjściowe włókno nerwowe neuronu, przekazujące jego aktywność do innych neuronów; neuron ma na ogół tylko jeden akson o licznych rozgłęzieniach (zwanych kolateralami)

**amnezja** — zaburzenie lub utrata pamięci deklaratywnej; niepamięć

- amnezja wsteczna (retrogradna) dotyczy odtwarzania informacji otrzymanych przed zadziałaniem czynnika traumatycznego (wywołującego niepamięć)

- amnezja następcza (anterogradna) dotyczy zapamiętywania nowych informacji, otrzymanych po zadziałaniu czynnika traumatycznego (wywołującego niepamięć)

**analgezja** — zniesienie lub osłabienie czucia bólu i aktywności nocyceptywnej. Może być wywołane stresem (analgezja postresowa), czynnikami farmakologicznymi lub zabiegami chirurgicznymi

**analogiczne struktury** — struktury anatomiczne różnych zwierząt spełniające podobną funkcję i zewnętrznie podobne, lecz różniące się rozwojem embrionalnym i planem budowy (np. oczy kręgowców i owadów)

**anhedonia** — utrata zdolności odczuwania przyjemności (satysfakcji), która towarzyszy czynnościom lub przeżyciom dostarczającym zazwyczaj tych uczuć. Częsty objaw depresji (zwłaszcza endogennych), pojawia się również w nerwicach, schizofrenii, zaburzeniach osobowości, niekiedy może występować także u osób zdrowych

**anksjolityki** — leki przeciwlękowe

**antygen** — czynnik zdolny do wywołania reakcji odpornościowej

**apoptoza** — programowana śmierć komórek. Pewne sygnały mogą uruchamiać skomplikowany program genetyczny, w wyniku którego DNA komórki zostaje pocięte na krótkie odcinki, większość wody usunięta z komórki, a ona sama usunięta przez komórki glejowe bez wywoływania stanu zapalnego. Apoptoza jest częstym zjawiskiem w czasie rozwoju, jest też ważnym mechanizmem usuwania niepotrzebnych lub źle funkcjonujących komórek w ciągu całego życia

**apraksja** (inaczej agnozja kinestetyczna) — niezdolność do wykonywania złożonych celowych aktów ruchowych, przy zachowaniu umiejętności wykonywania ruchów prostych. Zaburzenie to jest najczęściej spowodowane uszkodzeniem kory przedruchowej

**asocjacja** — funkcjonalny związek, skojarzenie ze sobą śladów pamięciowych dwóch lub więcej zjawisk (np. bodźców, reakcji ruchowych itp.) przejawiający się w tym, że przypomnienie sobie jednego z nich przywołuje ślad pamięciowy pozostałych

**asymetria półkulowa** — różnice funkcjonalne i anatomiczne między dwoma półkulami mózgowymi. Dotyczy różnych funkcji psychicznych, przede wszystkim mowy, dla której dominująca jest półkula lewa. Występuje głównie u człowieka, choć pewne jej formy stwierdza się również u zwierząt

**ataksja** — zaburzenie koordynacji ruchów

**atetoza** — zespół chorobowy spowodowany uszkodzeniem jąder podstawy, charakteryzujący się występowaniem ruchów mimowolnych odsiebnych części kończyn, powodując ich nienaturalne ustawienie

**atonia** — osłabienie lub całkowity brak napięcia (tonusu) mięśniowego w mięśniach szkieletowych

**atraktor** — ustalony stan dynamiki układu (pojęcie z teorii chaosu). W sieci neuronowej oznacza charakterystyczny stan aktywności zespołu komórek (np. toniczny lub oscylacyjny)

**autokorelogram** (in. „korelogram własny") — korelogram obliczony z szeregu potencjałów czynnościowych pojedynczego neuronu. Pik w pobliżu zera osi czasu oznacza tendencję do aktywności „paczkowej", a występowanie maksimów kolejnych rzędów (po obu stronach opóźnienia o czasie zero) wskazuje na aktywność rytmiczną

**autokrynne** (autokrynowe) **działanie** — wpływ substancji troficznej wywierany na komórkę wydzielającą tę substancję

**bezsenność rzekoma** — silnie wyrażone zaburzenia snu nocnego (nazywane zaburzeniami II fazy snu) w postaci budzenia się w nocy i ponownego zasypiania i/lub płytkiego snu, z zachowaną częściową percepcją bodźców z otoczenia

**białka G** — rodzina homologicznych białek o budowie podjednostkowej, wiążących i hydrolizujących guanozynotrifosforan (GTP). Białka te sprzęgają receptor neuroprzekaźnika z wewnątrzkomórkowymi enzymami, powodując ich aktywację lub inhibicję, co prowadzi do zwiększenia lub obniżenia

poziomu wtórnych przekaźników. Podjednostka tego białka może też działać bezpośrednio na kanał jonowy

**białko tau** — białko cytoplazmatyczne, którego główną fizjologiczną funkcją jest udział w procesach polimeryzacji tubuliny. Należy do rodziny białek związanych z mikrotubulami. W układzie nerwowym występuje sześć różnych jego izoform. W normalnym stanie fizjologicznym białko tau stabilizuje mikrotubule w aksonach neuronów, bierze udział w kotwiczeniu białek enzymatycznych, takich jak kinazy i fosfatazy, moduluje wyrastanie neurytów i przekazywanie sygnałów w komórce oraz reguluje transport pęcherzyków plazmalemmalnych po elementach strukturalnych cytoszkieletu komórkowego. Ze względu na te funkcje odgrywa ono bardzo ważną rolę w procesach plastyczności, zachodzących w układzie nerwowym. Nieprawidłowe modyfikacje białka tau, takie jak hiperfosforylacja, glikacja, oksydacja oraz skracanie łańcucha aminokwasowego, mogą zaburzać te procesy i powodować zmiany neurodegeneracyjne, będące przyczyną chorób otępiennych, w tym choroby Alzheimera

**bodziec** — zmiana zachodząca w środowisku zewnętrznym lub wewnętrznym, wywołująca odpowiednią reakcję komórki, receptora, tkanki lub całego organizmu
• bodziec apetytywny — bodziec wywołujący reakcję zmierzającą do osiągnięcia, rozszerzenia lub przedłużenia kontaktu z tym bodźcem
• bodziec awersyjny — bodziec wywołujący reakcję zmierzającą do uniknięcia lub skrócenia czasu działania tego bodźca na cały organizm lub jego część
• bodziec bezwarunkowy — bodziec wywołujący wrodzoną reakcję organizmu
• bodziec kinestetyczny — bodziec pochodzący z receptorów mieszczących się w stawach, ścięgnach i mięśniach, informujący o ruchu i położeniu różnych części ciała
• bodziec warunkowy — bodziec pierwotnie biologicznie obojętny, który w wyniku stosowania go w określonej relacji z bodźcem bezwarunkowym nabywa właściwości wywoływania reakcji organizmu o charakterze pobudzającym lub hamującym (patrz: hamujący bodziec warunkowy, pobudzający bodziec warunkowy)

**ból** — nieprzyjemne zmysłowe i emocjonalne odczucie powstające wskutek uszkodzenia tkanki lub też towarzyszące bodźcom aktualnie, bądź potencjalnie uszkadzającym tkankę (definicja zatwierdzona w 1979 r. przez Komitet Taksonomii Międzynarodowego Towarzystwa Badania Bólu)

**bradykinezja** — spowolnienie wykonywania ruchów

**chemoatraktor** (chemoatraktant)— sygnał chemiczny „przywołujący" określone komórki bądź wypustki komórek, powodujący ich nagromadzenie w miejscu największego stężenia chemoatraktora

**chemotaksja** — ukierunkowany ruch komórek lub organizmów wielokomórkowych w następstwie przyciągania ich przez bodźce chemiczne

**choroba Huntingtona** (pląsawica) — zespół chorobowy występujący w wyniku uszkodzenia jąder podstawy, polegający na wykonywaniu szybkich, obszernych ruchów mimowolnych rąk i nóg, połączony z grymasami twarzy karykaturalnie naśladującymi ruchy dowolne

**CRH** (ang. corticotropin-releasing hormone) — neurohormon syntetyzowany w podwzgórzu (kortykoliberyna), uwalniający hormon kortykotropowy przysadki mózgowej. Często stosowane są także nazwy, ACTH-RH i CRF (ang. adrenocorticotropic hormone releasing hormone, corticotropin-releasing factor)

**Cykl Krebsa** (cykl kwasów trikarboksylowych, cykl kwasu cytrynowego) — odkryty przez Krebsa, Martiusa i Knoopa w 1937 r. proces kataboliczny przemiany materii, w którym zbiegają się procesy przemiany białek, tłuszczów i węglowodanów; prowadzi do tworzenia składników budulcowych organizmu i substratów przemiany energetycznej w łańcuchu oddechowym

**cytokiny** — substancje, zwykle o charakterze czynników wzrostowych, regulujące funkcjonowanie różnych typów komórek oraz pośredniczące w reakcjach zapalnych i odpornościowych. Oryginalnie opisano je jako regulatory komórek układu krwiotwórczego i odpornościowego. Należą tu np. takie białka jak interleukiny, interferony itd.

**czas utajenia reakcji** (latencja) — czas upływający między początkiem działania bodźca a początkiem reakcji

**czopki** — komórki receptorowe siatkówki, aktywne w świetle dziennym, zapewniające widzenie barw oraz detali obrazu. Występują głównie w centralnej części siatkówki

**czuwanie** — stan czynnościowy układu nerwowego, charakteryzujący się gotowością do odbierania informacji z otoczenia i do reagowania na bodźce

**dendryt** — wypustka komórki nerwowej, odbierająca sygnały dochodzące do neuronu z innych komórek nerwowych za pośrednictwem synaps. W synapsie iglice dochodzące z kolbek aksonów presynaptycznych wywołują wydzielanie porcji neuromediatora, co prowadzi do polaryzacji błony postsynaptycznej dendrytu w postaci potencjałów postsynaptycznych. Na drzewku dendrytycznym odbywa się proces sumowania czasowo-przestrzennego wielu takich potencjałów

**depolaryzacja** — zmniejszenie potencjału błony komórkowej, zwiększające prawdopodobieństwo, że neuron wytworzy potencjał czynnościowy, czyli że zostanie pobudzony

**deprywacja sensoryczna** — długotrwałe pozbawienie dopływu bodźców zmysłowych, np. wzrokowych, słuchowych, czuciowych. Deprywacja w okresie krytycznym prowadzi do trwałych zaburzeń anatomicznych i funkcjonalnych układu nerwowego (por. okres krytyczny)

**dermatom** — obszar skóry unerwiany przez włókna nerwowe, które wchodzą do rdzenia kręgowego wspólnym korzonkiem grzbietowym

**desmosom** — struktura powstała z przekształconych powierzchni dwóch sąsiadujących komórek, o średnicy 1 µm, złożona z warstw białkowych błony komórkowej i pokładu międzykomórkowej substancji cementującej; utrzymuje zwarty układ komórek (kohezję, zwartość)

**detektor cechy** — neuron lub komórka modelowa reagująca wybiórczo na daną cechę bodźca

**dysforia** — zaburzenie nastroju polegające na złym samopoczuciu, niezadowoleniu, drażliwości. Przejawami zewnętrznymi stanów dysforycznych bywają wybuchy gniewu, zachowanie agresywne słowne i ruchowe

**dywergencja** — sposób połączeń w sieci neuronowej, w którym jedna komórka presynaptyczna przekazuje swoją aktywność kilku neuronom postsynaptycznym

**dyzartria** — zaburzenia mówienia spowodowane zaburzeniami kontroli mięśni aparatu wokalnego

**egzocytoza** — proces umożliwiający uwolnienie neuroprzekaźnika z pęcherzyków synaptycznych do szczeliny synaptycznej. Polega on na zakotwiczeniu się pęcherzyka przy błonie plazmatycznej komórki i zlaniu się jego błony z błoną presynaptyczną, co powoduje uwolnienie zawartości pęcherzyka

**eikozanoidy** — biologicznie czynne związki chemiczne, powstałe w wyniku rozpadu niektórych wielonienasyconych kwasów tłuszczowych, takich jak kwas arachidonowy. Proces ten zachodzi z udziałem fosfolipaz, zwłaszcza fosfolipazy A2

**eksony** — fragmenty genów kodujące końcową postać RNA. Większość genów organizmów eukariotycznych jest nieciągła, tzn. obszary kodujące (np. zawierające informację o budowie fragmentów łańcucha polipetydowego) są poprzedzielane odcinkami nie kodującymi (intronami). W procesie transkrypcji przepisana jest całość informacji genetycznej zarówno z eksonów, jak i z intronów, w wyniku czego powstaje tzw. pierwotny transkrypt (np. pre-mRNA). Podlega on obróbce, w tym i wycinaniu intronów, co prowadzi do wytworzenia dojrzałej postaci np. mRNA, rRNA, tRNA itp.

**endocytoza** — pobieranie przez komórkę substancji stałych lub cieczy bez ich przenikania przez błonę komórkową; proces wymagający energii (aktywny), polegający na otoczeniu substancji lub porcji cieczy błoną komórkową i wchłonięciu powstałego pęcherzyka przez komórkę

**endorfiny** — grupa neuromodulatorów białkowych, które podobnie jak morfina hamują ból (endogenne morfiny). Zwane są też endogennymi neuropeptydami, peptydami opioidowymi lub neuromodulatorami opioidowymi. Przeciwstawne w stosunku do nich działanie wywiera nalokson

**ependymocyty** — komórki gleju nabłonkowego, pochodzenia ektodermalnego, wyściełające komory mózgu, wodociąg i kanał środkowy rdzenia kręgowego. W trakcie rozwoju zarodkowego mózgu z ependymocytów powstaje część tylna przysadki mózgowej, szyszynka i narząd podsklepieniowy

**EPSP** (ang. excitatory postsynaptic potential) — postsynaptyczny potencjał pobudzeniowy. Krótkotrwała (ok. 10 ms) depolaryzacja błony postsynaptycznej wywołana mediatorem wydzielonym z zakończenia presynaptycznego po dojściu do niego iglicy potencjału czynnościowego

**euforia** — błogostan, stan podwyższonego nastroju ze skłonnością do optymizmu, z dobrym samopoczuciem fizycznym, niekiedy wzmożoną aktywnością ruchową. Nasilona euforia łączy się zwykle z silnym pobudzeniem psychoruchowym i nosi nazwę stanu maniakalnego. Euforia może być skutkiem rozmaitych zatruć, np. alkoholem, kokainą, haszyszem

**eukariotyczne komórki** — komórki pochodzące z organizmów należących do *Eukaryota* (wszystkich organizmów wielokomórkowych i jednokomórkowych z wyjątkiem bakterii, bakteriopodobnych *Mycoplasmatales*, riketsji oraz sinic). Charakteryzują się obecnością jądra komórkowego oraz występowaniem innych, obłonionych organelli w cytoplazmie (mitochonriów, plastydów, lizosomów)

**fagocyt** — komórka mająca właściwości żerne, a więc zdolność wchłaniania i degradowania innych komórek bądź ich elementów (w procesie fagocytozy). Typowym fagocytem jest makrofag

**fagocytoza** — pobieranie przez komórkę substancji stałych o średnicy większej od 0,1 μm bez ich przenikania przez błonę komórkową

**filamenty** — białkowe składniki włókienkowe cytoplazmy tworzące sieć szkieletu komórkowego

**fosfatazy białkowe** — enzymy znoszące skutki działania kinaz białkowych (tzn. odszczepiające reszty kwasu fosforowego od cząsteczek białka) i hamujące w komórkach procesy zależne od fosforylacji białek. Należą do nich fosfatazy serynowo--treoninowe typu 1 — zależne od ATP i jonów $Mg^{2+}$, typu 2A — stymulowane polikationami, typu 2B — stymulowane kalcyneuryną i typu 2C zależne od jonów $Mg^{2+}$ oraz fosfatazy tyrozynowe i fosfatazy o podwójnej swoistości. Defosforylacja białka tau regulowana jest poprzez endogenne fosfatazy, fosfatazę białkową 1 (PP1), 2A (PP2A), 2B (PP2B) i 2C (PP2C). Ich poziom w komórkach zmienia się wraz z rozwojem osobniczym. Zaburzenie z wiekiem równowagi w dynamicznym procesie fosforylacji i defosforylacji białka przez kinazy i fosfatazy prowadzi do nagromadzania się patologicznych izoform tego białka i rozwoju tauopatii.

**fosforylacja** — przyłączanie reszty fosforanowej do związku chemicznego. Fosforylacja prowadzona przez swoiste enzymy zwane kinazami stanowi podstawowy sposób regulacji procesów metabolicznych w komórce. Fosforylacja białek zmienia zwykle ich strukturę i funkcje

**GABA** — kwas γ-aminomasłowy. Podstawowy neurotransmiter hamujący układu nerwowego

**glejowe komórki** — składniki tkanki nerwowej pełniące funkcje podtrzymujące, takie jak wytwarzanie mieliny, usuwanie zbędnych produktów ze środowiska zewnątrzkomórkowego, dostarczanie czynników troficznych. Wyróżnia się astrocyty, oligodendrocyty, komórki Schwanna, mikroglej

**glej właściwy** (makroglej) — postać gleju wypustkowego, w skład którego wchodzą komórki gwiaździste (astrocyty) długowypustkowe (astroglej włóknisty) i krótkowypustkowe (astroglej protoplazmatyczny) oraz oligodendrocyty (komórki skąpowypustkowe)

**glej promienisty** — podklasa komórek makrogleju występująca powszechnie w mózgu w trakcie rozwoju zarodkowego; postnatalnie obecna w strukturach mózgu, w których utrzymują się procesy powstawania neuronów (opuszka węchowa, hipokamp). Odgrywa rolę rusztowania, ukierunkowującego migrację neuronów i wyrastanie neurytów

**glutaminian** — podstawowy neurotransmiter pobudzający układu nerwowego

**granulocyty** — białe krwinki ziarniste, składniki osocza krwi i limfy. Różnią się od pozostałych krwinek białych (leukocytów) obecnością swoistych ziarnistości w cytoplazmie i jądrem płatowym pozbawionym na ogół jąderka. Wyróżnia się granulocyty obojętnochłonne (neutrofile), które stanowią ok. 60 – 75% wszystkich leukocytów, kwasochłonne (eozynofile) oraz zasadochłonne (bazofile)

**habituacja** — stopniowe, stosunkowo krótkotrwałe zmniejszanie się wrodzonej reakcji organizmu na powtarzający się bodziec; przywykanie

**hamowanie oboczne** (wstępujące i zwrotne) — hamowanie przez neuron aktywności sąsiednich komórek podobnego typu

**hamowanie synaptyczne** — proces obniżenia pobudliwości neuronu spowodowany hiperpolaryzacją jego błony komórkowej na skutek aktywności komórek presynaptycznych

- hamowanie postsynaptyczne (IPSP — ang. inhibitory postsynaptic potential) jest wywoływane przez synapsy hamujących neuronów pośredniczących (wstawkowych) wydzielających mediator hamulcowy (np. GABA)
- hamowanie presynaptyczne następuje dzięki zmniejszaniu wydzielania transmitera z kolbki aksonu presynaptycznego pod wpływem pobudzającego działania synapsy akso-aksonowej i zwiększenia stężenia wapnia w kolbce synaptycznej
- hamowanie wsteczne lub zwrotne — hamowanie komórki przekaźnikowej przez interneuron hamujący pobudzany przez kolaterale aksonu tej komórki (np. motoneuron i komórka Renshawa w rdzeniu kręgowym)
- hamowanie wstępujące lub wyprzedzające — hamowanie neuronów przekaźnikowych przez komórki wstawkowe pobudzane kolateralami

tych samych włókien aferentnych, które aktywują komórkę przekaźnikową

**hamujący bodziec warunkowy** — bodziec pierwotnie obojętny, który kojarzony jest z niższym prawdopodobieństwem działania bodźca bezwarunkowego, niż wówczas gdy bodziec warunkowy nie działa

**hemidesmosom** — część desmosomu wykształcona na powierzchni jednej z dwóch komórek współtworzących desmosom (np. nabłonka, gleju); jeśli występuje na powierzchni komórek zwróconej ku powierzchni błony podstawnej, odgrywa rolę w przyleganiu komórek do podłoża (por. desmosom)

**hemiplegia** — niedowład lub porażenie obu kończyn po jednej stronie ciała

**hiperpolaryzacja** — zwiększenie potencjału błony komórkowej neuronu, zmniejszające prawdopodobieństwo powstania potencjału czynnościowego

**histogram** — wykres liczby zdarzeń (np. potencjałów czynnościowych) występujących w określonym odcinku czasu (np. od pojawienia się bodźca). Uśredniony histogram po bodźcu pokazuje liczbę potencjałów czynnościowych wywołanych w komórce nerwowej po wielokrotnym powtórzeniu tego samego bodźca. Zliczenia potencjałów czynnościowych dodaje się przy każdym powtórzeniu, w tych samych przedziałach czasu, liczonych od początku bodźca

**homeostaza** (równowaga wewnątrzustrojowa) — zdolność organizmu do zachowania względnie stałego stanu równowagi procesów życiowych, mimo zmiennych warunków otoczenia (termin wprowadzony przez H.G. Cannona w 1932 r.). W homeostazie mechanizmy koordynujące funkcje układu nerwowego i wewnątrzwydzielniczego działają na zasadzie sprzężeń zwrotnych

**homologiczne struktury** — struktury występujące u różnych gatunków zwierząt, powstające w trakcie rozwoju embrionalnego z tych samych zawiązków i mające taki sam ogólny plan budowy (np. kończyny przednie zwierząt czworonożnych, skrzydła ptaków i płetwy delfinów). Powstają w drodze ewolucji struktur pierwotnych. S.h. mogą być zarazem analogiczne (por. analogiczne struktury)

**immunoglobuliny** (gammaglobuliny) — przeciwciała będące białkami osocza

**integracja** (scalanie, grupowanie) — proces w układzie nerwowym pozwalający na jednoczesną aktywację wielu neuronów określonego zespołu komórek. Sugeruje się, że scalanie odbywa się przez sieć połączeń o dużej jednostkowej wadze synaptycznej wytworzonych w wyniku uczenia lub przejściowych połączeń funkcjonalnych

**internalizacja** — wchłonięcie substancji zewnątrzkomórkowej lub związanej z błoną komórkową do wnętrza komórki. Szczególnym przypadkiem są zjawiska internalizacji ligandów związanych z receptorami błonowymi. W psychologii oznacza przyjęcie za własne poglądów i postaw innych ludzi, najczęściej rodziców

**jednostka gnostyczna** — hipotetyczny neuron pobudzany selektywnie przez zespół określonych cech składających się na reprezentację skomplikowanego bodźca

**jednostka ruchowa** — kompleks składający się z motoneuronu i unerwionych przez jego akson włókien mięśniowych

**jednostronne pomijanie** — zaburzenie występujące po uszkodzeniu mózgu, polegające na pomijaniu, niezauważaniu jednej strony otoczenia lub własnego ciała. U człowieka na ogół występuje po uszkodzeniach prawostronnych i dotyczy lewej strony przestrzeni

**kanał drobnokomórkowy** — droga nerwowa rozpoczynająca się w małych komórkach zwojowych siatkówki, przewodząca informacje do warstw i struktur mózgowych związanych przede wszystkim z percepcją barwy i kształtu. Szybkość przewodzenia w tym kanale jest stosunkowo mała

**kanał jonowy** — por w błonie komórkowej, otwierany pod wpływem zmian potencjału błonowego (tzw. kanał zależny od napięcia, sterowany napięciem, napięciowozależny) lub w następstwie przyłączenia neuroprzekaźnika (tzw. kanał regulowany przez detektor chemiczny, jakim jest receptor neuroprzekaźnika). Kanał jonowy jest kompleksem białek błonowych o strukturze podjednostkowej

**kanał wielkokomórkowy** — droga nerwowa rozpoczynająca się w dużych komórkach zwojowych siatkówki, przewodząca informacje do warstw i struktur mózgowych związanych przede wszystkim z percepcją ruchu bodźców wzrokowych. Jest niewrażliwy na barwy. Charakteryzuje się dużą szybkością przewodzenia

**kinaza** — enzym fosforylujący (przyczepiający reszty kwasu fosforowego do niektórych białek). Kinazy aktywowane czynnikiem mitogennym (MAP) stanowią łańcuch kolejno aktywowanych

kinaz białkowych, tworzących kaskadę fosforylacji. Ta ostatnia jest uważana za wspólny dla kręgowców, drożdży i innych eukariotycznych organizmów, podstawowy mechanizm sprzęgający zachodzącą na poziomie błony komórkowej pierwotną reakcję komórki na działanie czynników zewnętrznych z odpowiedzią komórki na dany bodziec

**klonus** — rytmiczne skurcze mięśni towarzyszące wzmożeniu odruchów wyprostnych

**kolaterale włókien nerwowych** — rozgałęzienia neurytów komórek nerwowych

**kolumna korowa** — zespół komórek o podobnych właściwościach tworzący jednostkę funkcjonalną, np. w korze wzrokowej: kolumny nachylenia (utworzone przez neurony reagujące na to samo nachylenie bodźca) oraz kolumny dominacji ocznej (utworzone przez komórki reagujące głównie na stymulacje z lewego lub prawego oka). Kolumny są ułożone pionowo w stosunku do powierzchni kory

**komisurotomia** (rozszczepienie mózgu) — chirurgiczne przecięcie włókien spoidła wielkiego mózgu. Często obejmuje również spoidło przednie i spoidło hipokampa

**komórka gnostyczna** — patrz jednostka gnostyczna

**komórka immunokompetentna** — komórka zdolna do czynnego udziału w procesach immunologicznych

**komórka macierzysta** — komórka, której program genetyczny jest na tyle mało ograniczony, że może wytwarzać komórki potomne o fenotypach różnych tkanek. Komórki takie występują na wczesnych etapach rozwoju. Komórki macierzyste określonych tkanek (np. układu krwiotwórczego) mają bardziej ograniczone możliwości i tylko rzadko można spowodować, że produkują komórki innych typów

**komórka pnia** — komórka macierzysta wszystkich krwinek dojrzewających w szpiku

**komórka progenitorowa** — komórka rozrodcza o możliwościach węższych niż komórka macierzysta. W wyniku podziałów komórki progenitorowej mogą powstawać komórki potomne jednego, lub najwyżej kilku typów, charakterystyczne dla jednej tkanki

**komórki glejowe** — składniki tkanki nerwowej (astrocyty, oligodendrocyty, komórki Schwanna, mikroglej), pełniące funkcje podtrzymujące, takie jak: wytwarzanie mieliny, usuwanie zbędnych produktów ze środowiska zewnątrzkomórkowego, dostarczanie czynników troficznych

**konwergencja** — sposób połączeń w sieci neuronowej, w którym wiele komórek presynaptycznych przekazuje swoje pobudzenia na jedną komórkę postsynaptyczną

**korelogram** (korelogram wzajemny) — histogram koincydencji między zdarzeniami. W neurobiologii stosuje się go przede wszystkim do określenia wzajemnych opóźnień między potencjałami czynnościowymi dwu neuronów. Iglice występujące jednocześnie zliczane są w środkowym przedziale czasu, oznaczonym „0" (zero). Iglice 1 poprzedzające iglice 2 zlicza się w odpowiednich przedziałach czasu na lewo od zera, a następujące po iglicy 2, w przedziałach czasu na prawo od zera. Pik korelogramu w zerze (korelacja pozytywna) oznacza, że potencjały czynnościowe obu badanych neuronów mają tendencje do występowania razem, bez opóźnienia w czasie (czyli do tzw. synchronizacji)

**latencja** — okres utajonego pobudzenia; czas upływający między początkiem działania bodźca a początkiem reakcji, zależący między innymi od liczby synaps i opóźnienia synaptycznego

**lateralizacja** (asymetria półkulowa) — stronna organizacja mózgu człowieka, w której lewa i prawa półkula pełnią odmienne funkcje. Termin używany również w odniesieniu do asymetrii czynnościowej ciała człowieka. U większości ludzi przeważa sprawność prawej strony ciała (ręki, oka, nogi). L. skrzyżowana oznacza niejednorodną przewagę (np. gdy sprawniejsza jest lewa ręka, prawe oko i prawa noga)

**leworęczność** — preferencja w wykonywaniu różnorodnych czynności za pomocą lewej ręki. Większość ludzi cechuje praworęczność. Przeciętnie w populacji jest około 10% osób leworęcznych

**ligand** — substancja wiążąca się specyficznie z inną substancją. Zazwyczaj pojęcie to odnosi się do neuroprzekaźnika, hormonu, leku lub innego czynnika, który wiąże się z receptorem lub kanałem jonowym

**lobektomia** — chirurgiczne usunięcie części płatów czołowych mózgu; najczęściej przeprowadzana w celach leczniczych u chorych na padaczkę lub cierpiących na psychozy

**lobotomia** — chirurgiczne przecięcie połączeń nerwowych między płatami czołowymi a resztą mózgu. Zabieg stosowany u chorych na padaczkę lub psychozy

**LTD** (ang. long term depression) — długotrwałe osłabienie transmisji synaptycznej; powstaje w wyniku równoczesnej aktywacji dwóch oddzielnych wejść pobudzających i odpowiedniej polaryzacji błony komórki postsynaptycznej (poniżej progu odblokowania NMDA-zależnych kanałów jonowych) prowadzących do długotrwałego obniżenia amplitudy polowego EPSP wywoływanego pobudzeniem pojedynczego wejścia

**LTP** (ang. long term potentiation) — długotrwałe wzmocnienie transmisji synaptycznej; zastosowanie serii bodźców o częstotliwości tężcowej wobec pobudzających włókien presynaptycznych powoduje długotrwały wzrost amplitudy (w porównaniu z jej wartością przed tetanizacją) polowego EPSP wywoływanego stymulacją o niskiej częstotliwości

- LTP włókien mszatych — forma LTP odkryta jak dotychczas jedynie w synapsach pobudzających tworzonych przez włókna mszate na dendrytach proksymalnych komórek piramidalnych w polu CA3 hipokampa; wywołanie tej formy LTP wymaga wzrostu $[Ca^{2+}]_i$ w zakończeniach presynaptycznych, nie zależy natomiast od aktywacji receptorów NMDA i postsynaptycznych zmian $[Ca^{2+}]_i$ oraz od wartości potencjału błony postsynaptycznej

- LTP zależne od NMDA — forma LTP występująca w synapsach pobudzających zakrętu zębatego i pola CA1 hipokampa, a także w innych okolicach mózgu, do wywołania której konieczna jest aktywacja receptorów NMDA oraz przejściowy wzrost $[Ca^{2+}]_i$ w części postsynaptycznej, a także udział kinaz białkowych zależnych od wapnia, przede wszystkim kinazy białkowej II (CamKII) zależnej od wapnia i kalmoduliny

**macierz zewnątrzkomórkowa** — substancja o złożonym składzie chemicznym, zawierająca liczne białka o charakterze glikoprotein. Znajduje się na zewnątrz komórek odpowiadając np. za zjawiska przylegania (adhezji)

**mechanoreceptory skórne** — receptory wrażliwe na bodźce mechaniczne działające na skórę, np. na dotyk, ucisk itp. Rozmieszczone są w różnych warstwach skóry. Wyróżnia się m.s. Meissnera, Merkla, Paciniego, Ruffiniego o różnej budowie i wrażliwości na szczególne cechy bodźców mechanicznych. Różne jest też ich zagęszczenie w poszczególnych warstwach skóry

**mięśnie antygrawitacyjne** — mięśnie, których praca (skurcz) przeciwdziała sile ciążenia (np. m. prostowniki)

**mikroneurografia** — rejestracja aktywności pojedynczych włókien nerwowych za pomocą mikroelektrod wprowadzanych przez skórę i umieszczanych w pobliżu badanego nerwu obwodowego. Stosowana w badaniach klinicznych

**mikrotubule** — jeden z trzech rodzajów filamentów tworzących sieć cytoszkieletu (obok mikrofilamentów i filamentów pośrednich), o największych wymiarach (około 230 Å) średnicy. Zbudowane są z tubuliny — białka o budowie heterodimeru $\alpha$-$\beta$; powstają przez jego polimeryzację. Tworzą siateczkę cytoplazmatyczną, złożoną z membran i organelli takich, jak np. mitochondria

**mitogenny czynnik** — związek chemiczny pobudzający komórkę do podziału mitotycznego (mitozy)

**monoplegia** — niedowład lub porażenie jednej kończyny

**morfogeneza** (rozwój morfotyczny) — proces formowania się tkanek i narządów w rozwoju osobniczym (ontogenezie); szerzej definiowana jako nauka zajmująca się embrionalnym i postembrionalnym rozwojem osobniczym i rodzajowym (połączenie ontogenezy i filogenezy)

**morfogeny** — grupa genów, których ekspresja powoduje różnicowanie się tkanek i struktur. Ich ekspresja następuje w okresie rozwoju organizmu w ściśle określonych, często bardzo małych obszarach tkanki. Białka produkowane w wyniku translacji RNA tych genów blokują i uruchamiają inne kluczowe geny, ukierunkowując ekspresję całej kaskady genów. W sumie, ten proces określa specyfikę (fenotyp) różnych tkanek, które powstają w oparciu o ten sam genom. Ekspresja pewnych morfogenów może też indukować powstawanie całych skomplikowanych narządów, np. oka

**motoneuron** — komórka nerwowa położona w rogach brzusznych rdzenia kręgowego, której akson dochodzi bezpośrednio do mięśnia
- motoneuron $\alpha$ — motoneuron unerwiający włókna mięśniowe zewnątrzwrzecionowe. Pobudzenie m.$\alpha$ wywołuje skurcz mięśnia
- motoneuron $\gamma$ — motoneuron unerwiający kurczliwe elementy we wrzecionach mięśniowych. Pobudzenie m.$\gamma$ stanowi jeden z mechanizmów kontrolujących napięcie mięśniowe

**mRNA** (ang. messenger rybonucleic acid) — informacyjny (matrycowy) kwas rybonukleinowy. Syntetyzowany u *Eukaryota* w jądrze komórkowym na matrycy DNA (proces przepisania kodu genetycznego, transkrypcji), a następnie przenoszony do cytoplazmy, gdzie pełni funkcję matrycy do syntezy białka (proces odczytania kodu genetycznego — translacji). Istotą struktury mRNA jest jego komplementarność do struktury DNA: struktura cząsteczki mRNA jest identyczna ze strukturą jednej z nici podwójnej helisy DNA, a komplementarna do struktury drugiej nici

**nawyk** — wzorzec zachowania nabywany przez powtarzanie

**neuroblast** — niedojrzała komórka nerwowa. Nie może się ona dzielić, ale nie ma jeszcze wypustek (aksonów i dendrytów) i może migrować w układzie nerwowym z miejsca, w którym powstała, do miejsca, w którym umiejscowi się na stałe

**neuromodulacja** — różne mechanizmy wpływające na aktywność elektryczną neuronów. Modulacja pobudliwości neuronu umożliwia adaptację do zmieniającego się środowiska

**neuromodulator** — substancja, która zmienia zdolność neuronu docelowego do odpowiedzi na określony bodziec. W efekcie dochodzi do wzmożenia lub osłabienia transmisji synaptycznej. Neuromodulator może działać zarówno na część presynaptyczną, np. wpływając na ilość uwalnianego neuroprzekaźnika i czas jego uwalniania, jak i na część postsynaptyczną, np. regulując wrażliwość receptorów.

**neuron** — komórka nerwowa, podstawowa jednostka układu nerwowego. Pobudzenie n. następuje przez szybką depolaryzację błony komórkowej i jest przekazywane w kierunku od dendrytów i ciała komórki do zakończenia aksonu

**neurotransmitery** (neuroprzekaźniki) — związki chemiczne uwalniane w niewielkich ilościach przez zakończenia komórek nerwowych w odpowiedzi na pobudzenie, dyfundujące następnie wzdłuż przestrzeni synaptycznych między zakończeniami nerwowymi a komórkami docelowymi powodując pobudzenie lub hamowanie komórek docelowych

**neurotrofiny** — neuronalne czynniki wzrostowe. Neurotrofiny regulują procesy rozwojowe w układzie nerwowym, uczestniczą w plastyczności neuronalnej, ale mogą oddziaływać również na komórki nienerwowe, w tym i te spoza układu nerwowego. Jako pierwszy został odkryty NGF — czynnik wzrostu nerwów

**neutrofil** — granulocyt obojętnochłonny

**NMDA** — kwas *N*-metylo-D-asparaginowy; substancja agonistyczna podklasy jonotropowych receptorów glutaminianu

**NMR** (ang. nuclear magnetic resonance) — manetyczny rezonans jądrowy; nieinwazyjna technika uzyskiwania obrazów tomograficznych ciała ludzkiego wykorzystująca zmianę momentu magnetycznego atomów (zazwyczaj wodoru lub węgla) w polu magnetycznym

**nocycepcja** — zespół mechanizmów odbierania, przetwarzania, przewodzenia, modulowania i reagowania na bodźce uszkadzające lub potencjalnie uszkadzające tkankę. Bodźce te są nazwane bodźcami nocyceptywnymi, a receptory, na które te bodźce działają — nocyceptorami

**nukleotydy** — podstawowe jednostki, z których zbudowany jest kwas nukleinowy. Nukleotyd złożony jest z trzech związków chemicznych: tzw. zasady azotowej — purynowej (adenina A lub guanina G) lub pirymidynowej (tymina — T, cytozyna — C lub uracyl — U), pięciowęglowej cząsteczki cukrowca (pentoza: ryboza w RNA i deoksyryboza w DNA) i grupy fosforanowej

**odmóżdżenie** (decerebracja) — odizolowanie części pnia mózgu, móżdżku i rdzenia kręgowego od wyższych struktur OUN. Może do niego dojść na skutek urazu, niedokrwienia lub cięcia chirurgicznego, które wykonuje się przez śródmózgowie, zwykle między górnym a dolnym wzgórkiem czworaczym. Cięcie takie wykonuje się eksperymentalnie, u zwierząt, w celu zbadania funkcji mostu, rdzenia przedłużonego i móżdżku oraz oddziaływania tych struktur na rdzeń kręgowy

**odruch** — złożona jednostka funkcjonalna OUN umożliwiająca reakcję organizmu na bodziec środowiska zewnętrznego lub wewnętrznego, zachodząca w wyniku sekwencyjnego współdziałania określonych grup neuronów
- **odruch bezwarunkowy** — złożona jednostka funkcjonalna ośrodkowego układu nerwowego umożliwiająca wrodzoną reakcję organizmu na bodziec mający zazwyczaj istotne znaczenie biologiczne
- **odruch miotatyczny** (odruch na rozciąganie) — monosynaptyczny odruch rdzeniowy, w którym pobudzenie pierwszorzędowych receptorów we wrzecionach mięśniowych, np. w wyniku rozciągnięcia mięśnia, powoduje pobudzenie motoneuronów tego mięśnia i w efekcie jego skurcz
- **odruch warunkowy** — złożona jednostka funkcjonalna OUN, zawierająca połączenia neuronowe zarówno wrodzone, jak i wytworzone w wyniku procesu uczenia się, umożliwiająca wykonanie nabytej reakcji organizmu na bodziec sygnalizujący określone prawdopodobieństwo działania bodźca bezwarunkowego zależne lub też niezależne od zmiany w zachowaniu się
- **odruch zginania** — polisynaptyczny odruch rdzeniowy, w którym następuje pobudzenie motoneuronów mięśni zginaczy w wyniku pobudzenia aferentów biegnących od drugorzędowych receptorów mięśniowych, receptorów skórnych, stawowych lub bólowych

**okolica Broca** — tylna część dolnego zawoju czołowego mózgu po stronie lewej (pole 44 wg Brodmanna), stanowiąca tzw. ruchowy obszar mowy

**okolica Wernickego** — tylna część pierwszego zawoju skroniowego kory mózgowej po stronie lewej (pole 22 wg Brodmanna), stanowiąca tzw. czuciowy obszar mowy

**okres krytyczny** — okres w rozwoju, w którym działanie bodźców wywołuje plastyczne zmiany w układzie nerwowym. Najlepiej są opisane okresy krytyczne zachodzące we wczesnym okresie życia (por. plastyczność ukł. nerw., plastyczność rozwojowa i deprywacja sensoryczna)

**pamięć** — zdolność do kodowania (tworzenia śladów), przechowywania i odtwarzania informacji. Ze względu na czas trwania śladu wyróżnia się pamięć sensoryczną, krótkotrwałą i długotrwałą; ze względu na rodzaj informacji wyróżnia się pamięć deklaratywną (in. opisową) oraz niedeklaratywną (in. proceduralną)
- **pamięć deklaratywna, opisowa** — długotrwała pamięć miejsc, zdarzeń, faktów, ludzi i wyobrażeń. U ludzi stanowi podstawę nabywania wiedzy. Pamięć deklaratywną dzieli się na epizodyczną (dotyczącą doświadczeń osobniczych pamiętanych w kontekście czasowo-przestrzennym) oraz semantyczną (dotyczącą ogólnych faktów, praw i znaczeń, np. zdarzeń historycznych, praw matematycznych czy nazw przedmiotów). Niekiedy wyróżnia się też pamięć rozpoznawczą, czyli zdolność do odróżniania znajomych bodźców od nowych.
- **pamięć długotrwała** — rodzaj pamięci pozwalający zachować ślady znacznej ilości doznań trwale lub przez bardzo długi okres; jej formowanie wymaga syntezy białek i transkrypcji genów. Stymulacja elektryczna zastosowana tuż

po okresie nabywania informacji zaburza lub uniemożliwia tworzenie się tego rodzaju pamięci, nie uszkadza jednak już istniejącej pamięci długotrwałej
- pamięć krótkotrwała — rodzaj pamięci, która utrzymuje się od kilku sekund lub minut do (zdaniem niektórych) nawet kilku godzin, jej tworzenie nie zależy od syntezy białek, jest natomiast zaburzone przez stymulację elektryczną mózgu
- pamięć niedeklaratywna (proceduralna) — długotrwała pamięć umiejętności i nawyków nabytych drogą warunkowania. Zalicza się do niej także zjawiska prymowania, habituacji oraz uwrażliwiania (sensytyzacji)
- pamięć operacyjna — pojęcie obejmujące pamięć krótkotrwałą wraz z operacjami mentalnymi wykonywanymi na reprezentacjach utrzymywanych w tej pamięci
- pamięć sensoryczna — pamięć związania bezpośrednio z percepcją i trwająca od kilku milisekund do kilku sekund. W pamięci tej jest przechowywana informacja o pobudzeniu sensorycznym związanym z bodźcem

**parakrynne** (parakrynowe) **działanie** — działanie hormonu lub substancji troficznej na komórkę sąsiadującą z komórką wydzielającą tę substancję

**paraplegia** — niedowład lub porażenie kończyn dolnych

**parkinsonizm** (choroba Parkinsona) — zespół chorobowy charakteryzujący się m.in. drżeniem spoczynkowym mięśni, wzmożonym napięciem mięśni zginaczy i prostowników, trudnością w rozpoczynaniu ruchu, spowolnieniem ruchów i zaburzeniem odruchów postawy; zmianom tym towarzyszy drastyczne obniżenie poziomu dopaminy w prążkowiu w wyniku uszkodzenia substancji czarnej

**percepcja** — proces aktywnego odbioru, analizy i interpretacji zjawisk zmysłowych, w którym nadchodzące aktualnie informacje są przetwarzane w świetle zarejestrowanej w pamięci wiedzy o otaczającym świecie

**PET** (ang. positron emission tomography) — emisyjna tomografia pozytonowa; technika badawcza pozwalająca na zobrazowanie czynności mózgu *in vivo*. Opiera się na badaniu metabolicznej aktywności oraz przepływu krwi w różnych częściach mózgu. Pacjentowi podaje się znakowaną radioaktywnie biologicznie czynną substancję (np. deoksyglukozę) i bada (przez pomiar promieniowania

gamma) jej nagromadzenie w różnych częściach mózgu

**pinocytoza** — pobieranie przez komórkę cieczy w porcjach, bez ich przenikania przez błonę komórkową

**plastyczność rozwojowa** — zdolność do zmiany kierunku lub nasilenia różnorodnych procesów rozwojowych w wyniku działania czynników niezależnych od genetycznego programu rozwoju. Plastyczność rozwojowa powoduje, że genetycznie określone procesy rozwoju nie są sztywno określone, ale mają pewien margines swobody — plastyczność. W tym zakresie wynik rozwoju jest zależny od czynników zewnętrznych, a nie od programu genetycznego. Umożliwia to lepsze dopasowanie powstającego organizmu do warunków środowiska, a także kompensację pewnych zaburzeń. Niektóre prawidłowe cechy układu nerwowego, np. rozdzielenie projekcji z obu oczu w korze wzrokowej, są całkowicie zależne od działania mechanizmów plastyczności rozwojowej

**plastyczność układu nerwowego** — zdolność układu nerwowego do ulegania trwałym zmianom strukturalnym i funkcjonalnym pod wpływem przetwarzanych informacji. Zjawisko plastyczności stanowi podłoże uczenia się i pamięci, zmian rozwojowych oraz zmian kompensacyjnych po uszkodzeniach mózgu

**plejotropizm** (plejotropowe działanie) — powodowanie licznych zmian fenotypowych przez daną substancję lub czynnik fizyczny; w odniesieniu do substancji troficznych — działanie kilkukierunkowe: mitogenne, tropowe i troficzne

**płyn pozakomórkowy** — płyn międzykomórkowy i krążące osocze krwi

**płyn interstycjalny** (śródmiąższowy) — płyn międzykomórkowy, znajdujący się poza łożyskiem naczyniowym

**płytki starcze** — zewnątrzkomórkowe złogi $\beta$-amyloidu obserwowane w korze, hipokampie oraz w układzie limbicznym w chorobie Alzheimera

**pobudzenie** — wywołana przez czynnik zewnętrzny fizjologiczna reakcja komórki (przejawiająca się m.in. w postaci depolaryzacji błony), tkanki, narządu lub organizmu. Terminem tym określa się również wzmożenie częstotliwości lub wzrost natężenia reakcji czy procesów fizjologicznych

**pobudzający bodziec warunkowy** — bodziec pierwotnie obojętny, którego działanie kojarzone jest z większym prawdopodobieństwem działania bodźca bezwarunkowego, niż wówczas gdy bodziec warunkowy nie działa

**pole recepcyjne komórki** — pobudzająco-hamujący obszar powierzchni recepcyjnej układu czuciowego, którego stymulacja wywołuje zmianę częstości wyładowań iglicowych w badanej komórce. Niektórzy badacze używają tego określenia również dla oznaczenia kąta bryłowego, z którego można pobudzić telereceptory powierzchni recepcyjnej (wzrok, słuch)

**połączenia sieci nerwowej** — aksony, drogi lub szlaki nerwowe łączące systemem konwergencyjno-dywergencyjnym komórki nerwowe i ośrodki
* połączenia aferentne — aksony docierające do danej struktury układu nerwowego z innych jego części. Także neurony, których aksony tworzą synapsy na danym neuronie
* połączenia eferentne — aksony wysyłane przez dany neuron lub strukturę układu nerwowego do innych neuronów (struktur) i tworzące tam synapsy
* połączenia poziome — połączenia łączące głównie okolice korowe różnych szlaków (bądź kanałów), znajdujące się na tym samym poziomie przetwarzania informacji
* połączenia wstępujące — połączenia przewodzące aktywność z niższych do wyższych poziomów przetwarzania (struktur)
* połączenia zwrotne — połączenia wpływające modulująco na neurony stanowiące źródło aktywności

**POMC** (ang. pro-opiomelanocortin) — proopiomelanokortyna, prekursor przysadkowego hormonu adrenokortykotropowego (ACTH) i neuropeptydu β-endorfiny

**popęd** — ośrodkowy proces nerwowy wywołany przez określoną potrzebę organizmu, zawiadujący reakcjami organizmu zmierzającymi do zaspokojenia tej potrzeby; napęd
* popędy pierwotne — p. wrodzone
* wtórne — p. nabyte w toku uczenia się

**potencjał czynnościowy** (iglicowy) — szybka zmiana napięcia na błonie neuronu wywołana aktywnym pobudzeniem błony komórkowej przez bodziec depolaryzacyjny. P. cz. generowany jest fizjologicznie na błonie wzgórka aksonowego po przekroczeniu progu pobudzenia wzgórka i następnie propagowany wzdłuż aksonu (a także wstecz na ciało komórki i dendryty). W częstotliwości przeka-

zywanych aksonami potencjałów czynnościowych zawarta jest informacja o sile i czasie trwania bodźca depolaryzującego na wzgórku aksonowym

**potencjał spoczynkowy** — napięcie na błonie komórki nerwowej określane przez ujemny potencjał środowiska wewnątrzkomórkowego

**potranslacyjna modyfikacja** — zmiana struktury białka (łańcucha polipeptydowego) zachodząca po jego wytworzeniu w procesie translacji. Modyfikacje potranslacyjne, takie jak np. glikozylacja, acetylacja, metylacja, ograniczona proteoliza, a zwłaszcza fosforylacja, mają charakter regulacyjny, wpływając na czynność lub budowę białek

**pręciki** — komórki receptorowe siatkówki działające przy słabym oświetleniu; ich reakcja nie zależy od barwy światła. Pręciki, w przeciwieństwie do czopków, znajdują się na całej powierzchni siatkówki

**priming (prymowanie)** — ułatwienie reagowania poprzez wcześniejsze eksponowanie bodźca stanowiącego „podpowiedź". Na przykład prezentacja słowa „owoc" może ułatwić późniejsze rozpoznanie słów „banan" czy „jabłko" (prymowanie semantyczne), lub też spowodować, że „ow..." zostanie dopełnione do słowa „owoc", a nie „owca", „owad" czy „owies" (prymowanie percepcyjne). Forma pamięci niedeklaratywnej

**progenitorowa komórka** — komórka będąca bezpośrednim przodkiem komórki potomnej

**proliferacja** — proces namnażania się komórek

**propriospinalne drogi** — drogi własne rdzenia łączące między sobą poszczególne jego segmenty

**proteoliza** — enzymatyczne rozszczepienie cząsteczki białka (łańcucha polipeptydowego). Proteoliza ograniczona (nie prowadząca do degradacji białka) może regulować jego czynność biologiczną

**prozopagnozja** — zaburzenie polegające na niemożności rozpoznawania twarzy. Dotyczy twarzy nawet osób bliskich. Występuje na skutek uszkodzenia okolic skroniowo-potylicznych mózgu człowieka

**przeciwciała** — białka wytwarzane przez limfocyty B, wiążące się z antygenami i mogące je neutralizować bądź ułatwiać ich likwidację przez inne komórki

**reakcja** — wszelka odpowiedź organizmu, tkanki lub komórki na działanie bodźca
* reakcja bezwarunkowa — wrodzona reakcja organizmu na bodziec o istotnym znaczeniu biologicznym

- reakcja instrumentalna — nabyta w procesie warunkowania instrumentalnego reakcja organizmu zmieniająca prawdopodobieństwo pojawienia się bodźca bezwarunkowego
- reakcja odroczona — reakcja behawioralna pojawiająca się na krótkotrwały ślad pamięciowy bodźca, a nie na jego aktualne działanie
- reakcja orientacyjna — złożona wrodzona reakcja organizmu na nowy bodziec, przejawiająca się w zwróceniu głowy lub całego ciała w kierunku bodźca oraz aktywacji siatkowatego układu wzbudzającego i układu sympatycznego
- reakcja warunkowa — nabyta w procesie warunkowania odpowiedź organizmu na bodziec, który pierwotnie reakcji takiej nie wywoływał
- reakcja posturalna — reakcja umożliwiająca utrzymanie właściwej postawy ciała

**receptor** — 1) wyspecjalizowana komórka lub zakończenie nerwowe przetwarzające sygnały o danej modalności (np. fale świetlne lub akustyczne) na sygnały nerwowe; 2) ugrupowanie chemiczne w błonie komórkowej, które po związaniu się z endogennym lub egzogennym przekaźnikiem chemicznym wywołuje zmiany właściwości błony lub wpływa na procesy wewnątrzkomórkowe (por. adaptacja)

**redagowanie mRNA** — proces modyfikacji potranskrypcyjnej zmieniający sekwencję nukleotydów w mRNA

**retinotopia** — uporządkowana reprezentacja siatkówki w korze oraz na wszystkich pośrednich poziomach układu nerwowego polegająca na tym, że leżące obok siebie obszary siatkówki dają projekcję do sąsiadujących ze sobą obszarów w mózgu

**rozróżnianie bodźców** — rozpoznawanie dwóch bodźców jako różnych na poziomie percepcyjnym

**różnicowanie reakcji** — wytwarzanie odmiennych reakcji na rozróżniane bodźce

**ruch dowolny** — ruch wyuczony, którego wykonanie zależy od wyższych struktur OUN

**rybosomy** — organelle komórkowe, związane z syntezą białka, zbudowane z białek i rybosomowego RNA (rRNA). W komórce występują w powiązaniu z błonami siateczki endoplazmatycznej (endoplazmatycznego retikulum, ER), współtworząc tzw. szorstkie ER

**siatkówka** — struktura znajdująca się w tylnej części oka, zawierająca światłoczułe receptory: czopki i pręciki, oraz komórki nerwowe. W siatkówce następuje przetwarzanie sygnałów świetlnych na sygnały nerwowe, które następnie są przekazywane do mózgu

**skurcz tężcowy** — skurcz włókien mięśniowych jednostki ruchowej wywołany drażnieniem (pobudzeniem) jej motoneuronu z charakterystyczną dla tej jednostki częstotliwością bodźca, przy której zanikają przerwy między skurczami wywołanymi pojedynczymi impulsami

**słuch fonematyczny** — zdolność do analizy i syntezy dźwięków mowy

**somatotopia** — topograficzne odwzorowanie mapy ciała w układzie nerwowym. Występuje w różnych strukturach OUN, ale jest najbardziej zróżnicowana w czuciowych i ruchowych okolicach kory mózgowej

**spastyczność** — niedowład kończyn połączony z nadmiernym napięciem mięśni prostowników

**sploty** (kłębki) **neurofibrylarne** — strukturalne zmiany w obrębie cytoplazmy neuronu, które mogą być obserwowane w ciele komórki, dendrytach lub aksonie; występujące w mózgach osób zmarłych z objawami demencji typu Alzheimerowskiego. Zbudowane są z parzystych, skręconych włókienek tworzących charakterystyczne struktury kłębków, widocznych w mikroskopie elektronowym

**sprzężenie zwrotne w układzie nerwowym** — sposób połączeń między komórkami w sieci neuronowej, dzięki któremu neurony wyższego poziomu oddziałują na neurony niższego poziomu. Może mieć charakter hamujący lub pobudzający

**stereoskopia** — zdolność do oceny głębi na podstawie niezgodności obrazów powstających na siatkówkach dwojga oczu, gdy patrzymy na przedmioty znajdujące się w różnej odległości

**stres** — zespół nerwowych i hormonalnych reakcji organizmu na nieobojętne bodźce biologicznie zwane stresorami. Reakcje te pozwalają na przywrócenie homeostazy wewnątrzustrojowej. Termin „stres" został wprowadzony przez H. Sely'ego w latach trzydziestych ubiegłego wieku

**sumowanie czasowo-przestrzenne** — proces zlewania się wpływów polaryzujących (pobudzających i hamujących) na ciele i dendrytach komórki postsynaptycznej. Sumaryczny potencjał na błonie wzgórka aksonowego komórki postsynaptycznej nazywany jest „wolnym potencjałem"

**synapsa** — funkcjonalny kontakt między neuronami. Potencjał czynnościowy w kolbce synaptycznej wywołuje uwolnienie mediatora do szczeliny synaptycznej i polaryzację błony postsynaptycznej. Synapsa pobudzająca powoduje depolaryzację, hamująca zaś hiperpolaryzację komórki postsynaptycznej

**synchronizacja** — funkcjonalne sprzężenie aktywności komórek sieci nerwowej prowadzące do koincydencji występowania impulsów czynnościowych tych komórek w przedziale kilku miliseund

**syncytium** (łac.) — zespólnia komórkowa powstała przez zlanie się wielu komórek

**sztywność odmóżdżeniowa** — toniczne pobudzenie mięśni prostowników powodujące maksymalny wyprost wszystkich kończyn na skutek przecięcia pnia mózgu na granicy śródmózgowia i mostu

**sztywność dekortykacyjna** — toniczne pobudzenie mięśni prostowników kończyn dolnych i mięśni zginaczy kończyn przednich występujące u człowieka w wyniku uszkodzenia półkul mózgowych

**tauopatie** — choroby należące do grupy zespołów otępiennych o podłożu neurodegeneracyjnym. Należą do nich, między innymi, otępienie czołowo-skroniowe, choroba Picka, zespół Downa, parkinsonizm kodowany przez gen zlokalizowany w chromosomie 17 (FTDP-17), postępujące porażenie ponadjądrowe (PSP), zwyrodnienie korowo-podstawne (CBD) oraz choroba Alzheimera. Wszystkie te choroby mają podłoże w nieprawidłowej fosforylacji specyficznych izoform białka tau w komórkach nerwowych różnych struktur mózgu. Wspólną neuropatologiczną cechą tych chorób jest zanik neuronów i tworzenie się parzystych spiralnie skręconych włókienek PHF, które ulegają dalszej agregacji, tworząc sploty włókienkowe NT

**tomografia komputerowa** (CT — ang. computerized tomography) — metoda uzyskiwania 3-wymiarowego komputerowego obrazu wybranych struktur, powstającego dzięki nałożeniu na siebie obrazów rentgenowskich wielu przekrojów badanej struktury

**transaminacja** — proces enzymatyczny przeniesienia grupy aminowej w przemianie aminokwasów

**transkrypcja** — proces przepisania informacji genetycznej z DNA na RNA. W komórkach eukariotycznych transkrypcja zachodzi w jądrze komórkowym

**translacja** — proces przetłumaczenia informacji genetycznej zapisanej z wykorzystaniem kodu genetycznego (opartego na sekwencji nukleotydów) na sekwencję aminokwasów w łańcuchu polipeptydowym. Translacja zachodzi w cytoplazmie z udziałem rybosomów

**transport aksonalny** — aktywny ruch składników komórkowych w aksonie. Synteza organelli komórkowych i większości białek zachodzi w ciele komórki nerwowej, skąd są one transportowane do wypustek nerwowych dzięki istnieniu specjalnego mechanizmu. Transport aksonalny może odbywać się również w kierunku przeciwnym — wstecznie. Szybkość transportu wynosi od kilku mm do 400 mm na dobę

**uczenie się** — zależne od doświadczenia tworzenie trwałych śladów, wewnętrznych reprezentacji doznań, lub też, będące efektem doświadczenia, trwałe przekształcanie takich reprezentacji

**uwaga** — koncentrowanie się na określonym bodźcu, odczuciu czy myśli; uważa się, że u jej podłoża leży ukierunkowany proces aktywacji tych części układu nerwowego, które uczestniczą w procesie integracyjnym

**uwrażliwienie** (sensytyzacja) — przejściowe zwiększenie reakcji organizmu na określony rodzaj bodźca wskutek poprzedzenia go innym bodźcem, np. bólowym

**waga synaptyczna** — parametr określający efektywność określonej synapsy. Mierzy się go zwykle stosunkiem częstotliwości impulsów czynnościowych komórki postsynaptycznej do presynatycznej przy braku innych wpływów synaptycznych

**warunkowanie** — forma uczenia się asocjacyjnego polegająca na poznawaniu relacji pomiędzy bodźcami o różnym znaczeniu biologicznym oraz zachowaniem się organizmu a dostępnością tych bodźców

**wolny potencjał** — potencjał elektryczny błony neuronu będący wynikiem sumowania czasowo-przestrzennego potencjałów postsynaptycznych

**wtórne przekaźniki** — substancje powstające w wyniku pobudzenia receptorów metabotropowych, odgrywające rolę w przekazywaniu wewnątrzkomórkowych sygnałów. Należą do nich cykliczne nukleotydy (cAMP i cGMP), diacyloglicerol, kwas arachidonowy, eikonozoidy, 1,4,5 trisfosforan inozytolu (IP3), jony wapnia ($Ca^{+2}$).

**wzmocnienie** — 1) bodziec lub zdarzenie zwiększające prawdopodobieństwo powtórzenia reakcji wykonanej przez organizm (w warunkowaniu instrumentalnym) bądź bodziec bezwarunkowy zwiększający prawdopodobieństwo wykonania reakcji warunkowej na bodziec warunkowy (w warunkowaniu klasycznym); 2) proces zwiększania siły reakcji w wyniku stosowania bodźca wzmacniającego

**zespół neuronowy** — grupa komórek nerwowych związana „funkcjonalnie" w wyniku zsynchronizowanej aktywności. Synchronizacja ta jest na ogół wywoływana oscylacjami w obwodach wzajemnych sprzężeń zwrotnych z.n. Kilkuset milisekundowa synchronizacja z.n. stanowi podstawę koncepcji „perceptu" w teorii scalania reprezentacji bodźców

**złącze ścisłe** — miejsce kontaktu sąsiadujących komórek, w którym następuje punktowa integracja fragmentów błon tych komórek

**złącze szczelinowe** — miejsce bliskiego kontaktu sąsiadujących komórek, bądź bezpośredniego, przez kanały błonowe z pominięciem przestrzeni pozakomórkowej, bądź pośredniego, przez szczelinę o średnicy 2 nm

**zwój grzbietowy** — segmentalne skupisko komórek nerwowych o podobnej budowie i funkcji, położone bocznie od rdzenia kręgowego, poza jego obrębem. Wypustki tych komórek doprowadzają informacje z obwodowych części ciała do rdzenia kręgowego i wyższych struktur OUN

**zwojowa komórka** — komórka siatkówki o koncentrycznym polu recepcyjnym, wysyłająca do mózgu sygnały o bodźcach wzrokowych

# Skorowidz

Opracowała *Renata Godlewska*

Gwiazdką oznaczono numery stron, na których hasła występują na rycinach bądź w tabelach, a pogrubiono numery stron, na których zawarte są ważne informacje dotyczące danego hasła.

**656**

**657**

**659**

laminina 81, 91
lancetnik 149
Land E. 199
Lange C. 397
LeDoux J.E. 362, 396, 403, 404
leki nootropowe 585
– przeciwdepresyjne 423
– uspokajające, nasenne 430*
lektyna 81
Lenhossek 74
Lenneberg 516
leukomalezja 227
leukotrieny 11
Lev-Rama 333
Levitzki W. 518
Levy J. 473
leworęczność 472, 476
lęk 400
– wolno płynący 420
Liao David 218
Liberman A. 511
Libeta B. 639
ligand (przekaźnik pierwotny; pierwszego rzędu) 11
limfocyty 111, 112*
– B (komórki B) 111
– T (komórki T) 100, 111
limfokiny 103
linia limfoidalna 111, 112*
– mieloidalna 111, 112*
lipidacja 14
lipofuscyna 552
lipopolisacharyd (LPS) 103
Lisman 334
lobektomia skroniowa 445
*lobus parolfactorius* 346
Loewi Otto 28
lokomocja pozorna 245
Lömo 322
lotne rozpuszczalniki 430*
LTD p. długotrwałe osłabienie transmisji synaptycznej
LTP p. długotrwałe wzmocnienie transmisji synaptycznej
Lugaro 74
Lundberg A. 244

Ławicka W. 369
Łuria A. 498, 499

magnetoencefalografia 450
Magoun H.W. 250
Maier 311
makroglej 75, 113
makroglobulina 572, 584

MAO p. oksydaza monoaminowa
Marcotte 521
Marinesco 74
marker powierzchniowy $CD^{4+}$, $CD^{8+}$ 111
Marquis 378, 383
Marshall J. 465
Maruszewski M. 499
maskulinizacja 528
Mason P. 309
Maxwell J. 194
McGlone J. 479
MCP-1 106
mechanoreceptory 208
– Merkla 284
– Ruffiniego 284
– skórne 283, 296, 297
– szybko adaptujące się 284
– wolno adaptujące się 284
Medwin Gardner 322
melatonina 19, 163
Melzack 306
merkaptan 85
Merzenich M. 513, 514
metadon 440
metaplastyczność 612
metoda disektora 547
– lateralnej prezentacji bodźców 448
– potencjałów wywołanych 449
– rozdzielnousznego słyszenia 449
metrifonal 585
metylantranilan 345
metylazoksymetanol 555
metylotransferaza histaminy 34
– katecholowa 32
mezoderma 122
MHC główny kompleks zgodności tkankowej 100
*miasthenia gravis* 31
miejsce sinawe w pniu mózgu 33
– wiążące cAMP 342
mielina 142
mielinizacja 83, 142
międzymózgowie 131*, 132, 366
mięsień antagonistyczny 286
– antygrawitacyjne 287, 290*
– rzęskowy 174
– synergistyczny 240
– szkieletowy 234
– zginacz 286
Mikoshiba 333
mikroglej 74, 75
–, typy 78
Miller S. 383
Milner 354, 411
minapryna 424

**663**

Nò L. de 377
Noe A. 639
noggin 123
nomifenzyna 424
noradrenalina 28, 32, 37*, 301, 302, 306, 309, 559*
NT-3, NT-4/5 (neurotrofiny) 92, 109, 117, 129
nukleacja 577

objawy odstawienne p. zespół abstynencyjny
obrazowanie funkcji metodą rezonansu magnetycz-
    nego (fMRI) 353
obszar TE, TEO 191
obwodowe mediatory bólu 303
odpowiedź (odruch) ucieczki 384, 385
– unikania 384
– – bierna, czynna 385
odruch(y) 376
– Babińskiego 139
– bólowy 288*
– instrumentalny 383
– na rozciąganie (miotatyczny) 240, 242*
– obronny 384
– rdzeniowe 240, 243*
– warunkowy 376, 379, 381
– wrodzony 376
– wyprostny, skrzyżowany 241*
– zginania 241*, 244
– z narządów Golgiego 243*
Ojemann G. 496
oko 173*
– ciemieniowe 163
okolica przedczołowa 169
oksydaza monoaminowa (MAO) 32
oksygenaza hemowa 41
oksytocyna 38*
Olds J. i M.E. 411, 412
oligodendrocyty 75, 77, 78, 83
opiaty 430*, 435
opioidy 38*
opona miękka 82
– naczyniowa 82
– pajęczynowa 82
opuszka 250
– węchowa 131, 165
O'Regan J.K. 639
organizacja somatotopowa 285
organizator międzymózgowia 126
osłonka mielinowa 49
osłupienie depresyjne (stupor depressivus) 422
ośrodek nerwowy 373
ośrodkowy generator wzorca lokomocyjnego 245*,
    246
– układ nerwowy (OUN) 99, 101, 104, 105*
– – –, rozwój 122*-146

otępienie czołowo-skroniowe 554
– właściwe 569
Owen A.M. 368

Packard M.G. 372
Palie W. 518
palmitylacja 14
pamięć 316, 349
– asocjacyjna 350, 361
– bezpośrednia 350
– deklaratywna 350, 352
– długotrwała 350*, 352, 565
– emocjonalna 362
– epizodyczna 350, 364
–, formy 317
– międzymodalna 362
– niedeklaratywna (proceduralna) 350
– nieuświadomiona 350
– prospektywna 565
– przestrzenna 350, 362, 364
– rozpoznawcza 350, 356, 370
– semantyczna 350
– sensoryczna 349
– słuchowa (echoiczna) 349
– świadoma 350
– świeża (krótkotrwała, operacyjna) 349, 352
– trwała 349
– wewnątrzmodalna 362
– wzrokowa (ikoniczna) 349
Papez J. 399
parafazja 501
parakrynne wytwarzanie 10
paralaksa ruchowa 204
parkinsonizm p. choroba Parkinsona 554
pars opercularis 476
– triangularis 476
parzyste filamenty helikalne 553, 579
Pawłow I.P. 376, 381
Payne 225
PCP 430*, 431
PDGF (płytkowy czynnik wzrostu) 78, 129
Penfield W. 495
peptydy opioidowe 37*, 38
percepcja 68
percepty 615
pergolid 425
perikarion 77
PET p. emisyjna tomografia pozytonowa
Petersen S.E. 371
Petrides M. 368, 370
pęcherzyk oczny 131*
– synaptyczny 28
pęczek przyśrodkowy przodomózgowia 412*
pień mózgu 131, 250

uzależnienie 432
- lekowe 429, 431*
-, model zwierzęcy 435

Valium 35
Vargha-Khadem F. 365, 517
Viagra 41
VIP (naczynioaktywny peptyd jelitowy) 116
Virchow Rudolf 73

waga synaptyczna 56
Wall 306
wapń jako wtórny przekaźnik 15
warstwa podpłytkowa 134
warunkowanie 376, 377
- instrumentalne 383
- klasyczne 337*, 340, 341, 382*
Watkins 311
wazopresyna 38*
Weiskrantz L. 185
wenlafaksyna 424
Wernicke K. 444
Weronal 35
Westlig G. 295
wibrysy (włosy czuciowe) 151
widzenie barw 194
Wiesel T. 181, 192, 219, 595
Willner P. 427
wimentyna 91
Wise R.A. 413
witamina E 585
Witelson S. 517, 518
witronektyna 572
włókna pnące 332
- równoległe 332
- wewnątrzwrzecionowe 237, 338
- zewnątrzwrzecionowe 237
wolny potencjał 50, 54
- - generatorowy 65
- - wzgórka aksonowego (neuronu) 52
wrażenia fantomowe 603
wrodzony przerost nadnerczy 532
wrzeciono mięśniowe 237
wstęga przyśrodkowa 285
wściekłość 401
wygaszanie odruchu 383
- reakcji warunkowej 392
wyższe czynności nerwowe 68
wzgórek aksonowy 48, 52
- czworaczy dolny 162, 163
- - górny 164, 177, 179
wzgórze 131

Young T. 194, 200

zacienianie 387
zaćma (katarakta) 218, 226
Zaidel E. 458, 459, 494, 495
zakręt oczodołowy 370
- płata skroniowego 574
- prosty 370
- tasiemeczkowaty 159
Zangwill O. 498
zapamiętywanie 68, 320*
zarodki nukleacji 577
zasada BCM 606
zasadowy czynnik wzrostu fibroblastów p. bFGF
Zatorre R. 507
zawój obręczy 169
zbiorczy potencjał synaptyczny 322
Zeki 200
zespół abstynencyjny (objawy odstawienne) 431, 437
- chronicznego zmęczenia 108
- depresyjny 418
- - endogenny 418, 420
- - objawowy 418
- -, objawy 418, 419*
- - psychogenny 418
- - somatyczny 418
- Downa 554, 582
- inwolucyjny 418
- komórek 63, 69
- Korsakowa 351*, 366, 367
- nerwicowy 418
- niewrażliwości na androgen 532
zgięcie głowowe 131*
- mostowe 131*
zjawisko prymowania 350
- stereoskopowe 202
- zacieniania 387
złącza ścisłe 83
złogi amyloidowe 569, 571
złudzenie Ehrensteina 67*
- Hermanna 66*
- strzały Mullera-Lyera 480
zmiana dominacji ocznej 597
Zola-Morgan S. 366
związki opiatowe 414
zwój podstawy 371
- zębaty hipokampa 160, 572
zwyrodnienie korowo-podstawne 554
- neurofibrylarne 571

źrenica 173

żółta plamka 67
żylakowatość 39